Kiesel   Fachwörter der Logistik
          Logistics Dictionary

Fachwörter der Logistik

Logistics Dictionary

Deutsch-Englisch
English-German

Von Jens Kiesel

12., wesentlich überarbeitete und erweiterte Auflage

Publicis MCD Corporate Publishing

Die Deutsche Bibliothek – CIP-Einheitsaufnahme
Ein Titeldatensatz für diese Publikation ist bei Der Deutschen Bibliothek
erhältlich

Autor und Verlag haben dieses Buch mit großer Sorgfalt erstellt. Dennoch
können Fehler nicht ausgeschlossen werden. Eine Haftung des Verlags oder des
Autors, gleich aus welchem Rechtsgrund, für Schäden und Folgeschäden, die
aus der An- und Verwendung der in diesem Buch gegebenen Informationen
entstehen könnten, ist ausgeschlossen.

This book was carefully produced. Nevertheless, author and publisher do not
warrant the information contained therein to be free of errors. Neither the
author nor the publisher can assume any liability or legal responsibility for
omissions or errors.

ISBN 3-89578-167-3

12. Auflage, 2001

Herausgeber: Siemens Aktiengesellschaft, Berlin und München
Verlag: Publicis MCD Corporate Publishing, Erlangen und München
© 1990 by Siemens Aktiengesellschaft, Berlin und München
© 1997 by Publicis MCD Werbeagentur GmbH, München

Aus dem Vorwort zur ersten Auflage

Logistik ist zu einem wesentlichen markt- und geschäftsbestimmenden Faktor moderner Unternehmen geworden. Dazu hat insbesondere auch die zunehmende Internationalisierung der Märkte beigetragen.

Die Fähigkeit eines Unternehmens, seine Kunden schnell, präzise, zuverlässig, fehlerfrei und flexibel nach den Marktanforderungen zu beliefern und zu bedienen, ist eines der Hauptziele der Logistik. Dies bei möglichst niedrigen Logistikkosten zu erreichen, ist Aufgabe aller Stellen in der Logistikkette. Die vorliegenden „Fachwörter der Logistik" resultieren aus jahrelanger praktischer Arbeit in diesen Stellen, wie z. B. Vertrieb, Produktion, Beschaffung, Handel und Verkehr.

Wir glauben, daß wir bei dieser umfangreichen Sammlung von mehr als jeweils 4.000 Fachwörtern in Deutsch und Englisch sicherlich die wichtigsten und aktuellsten Begriffe der relativ jungen Disziplin Logistik berücksichtigt haben.

München, im September 1990

Aus dem Vorwort zur fünften Auflage

Was hat sich seit der ersten Auflage verändert? Logistik ist sicherlich noch wettbewerbsbestimmender und internationaler geworden. Professionelles Management und effiziente Gestaltung der Logistikprozesse sind noch enger verknüpft mit Themen wie z. B. Kunden-, Mitarbeiter-, Wettbewerbs- und Prozeßorientierung, Zeitmanagement, Innovationskraft, Produktivitätssteigerung und Spitzenqualität sowie mit der oft notwendigen Verhaltensänderung unserer Mitarbeiter bei der Überwindung von technischen, prozeßorientierten und kulturellen Barrieren. Die Anwendung moderner Informations-Techniken für die Kommunikation über weltweite Netze und Datenautobahnen ist nahezu explodiert.

Die jetzt mit mehr als jeweils 8.500 Fachwörtern der Logistik komplett überarbeitete und in ihrem Umfang mehr als verdoppelte fünfte Auflage orientiert sich an diesen Themen. Auf vielfache Anregung sind nunmehr für die berufliche Praxis des Logistikers und sein Umfeld Synonyme und Beispiele aufgeführt, wesentliche Begriffe definiert und – wo sinnvoll – erläutert worden. Für die vielen Anregungen von außerhalb und innerhalb unserer Firma besten Dank.

München, im Oktober 1995

Vorwort zur zwölften Auflage

Das zentrale Anliegen dieses Fachwörterbuches – Logistiker mit Begriffen und gebräuchlichen Redewendungen aus der Logistik entlang der Prozesskette zu unterstützen – ist für erfolgreiches Zusammenarbeiten noch bedeutender geworden. Während der letzten fünf Jahre wurden etwa 15.000 Exemplare dieses Büchleins verkauft, was wohl die zunehmende Rolle der Logistik in einem durch den globalen Wettbewerb geprägten Umfeld widerspiegelt.

Der Erfolg dieses Wörterbuches liegt auch an den Beiträgen vieler einzelner Personen, denen wir sehr zu Dank verpflichtet sind. Aus aller Welt, und als Informationsquelle für uns, erreichen uns immer wieder Anregungen von Logistikern, die dieses Büchlein für Übersetzungen am Arbeitsplatz benützen oder um mit ihren Kollegen, Kunden oder Lieferanten rund um den Globus zu kommunizieren.

In diese überarbeitete und erweiterte Neuauflage haben wir mehr als 1000 neue Begriffe, Abkürzungen und praktische Anwendungsbeispiele für deren Gebrauch aufgenommen. Damit enthält das Büchlein jetzt rund 11.500 Einträge vom Deutschen ins Englische und umgekehrt. Es ist der Wunsch des Herausgebers, daß dieses Wörterbuch dazu beiträgt, Logistikern und Geschäftsleuten zu helfen, die „Supply Chain" besser zu verstehen und effektiver zu managen.

Wie bisher sind wir für alle Erweiterungs- und Verbesserungsvorschläge zu diesem Wörterbuch sehr dankbar. Im Anhang finden Sie dazu eine heraustrennbare Karte, die Sie auch verwenden können, wenn Sie über Neuauflagen des Fachwörterbuches informiert werden wollen.

München, im Februar 2001   Jens Kiesel

From the preface of the first edition

Logistics has become an important determining factor for the market and overall business development to today's corporations. The growth in importance of the international marketplace has been a major contributing factor to this.

The primary goal of logistics is to promote a corporation's ability to serve its customers in a rapid, precise, error-free and flexible fashion. It is the task of all the functional areas in the logistics chain to accomplish this at the lowest cost level possible. This Logistics Dictionary is the result of many years of experience acquired in sales, manufacturing, procurement, distribution, transportation and elsewhere.

We believe that this German-English collection of more than 4,000 logistics terms is representative for this new discipline.

Munich, September 1990

From the preface to the fifth edition

What has changed since the edition five years ago? The field of logistics has become more international and more important for a company's position in the marketplace. Professional management and efficient design of logistics processes are even more closely related to a firm's orientation to its customers, employees, and competitors. Logistics is vital for time management, innovative strength, increased productivity and quality. They play a role in the behavioral changes our employees often must go through when trying to cross technical, process-oriented, and cultural barriers. The use of modern information and communication technologies with worldwide networks and data highways has experienced explosive growth.

This completely revised 5th edition that has more than doubled with its more than 8,500 terms from the logistics field takes these changes into account. In response to numerous requests, it now includes many synonyms and examples that will come in handy for the logistician's daily work and his business environment. We want to thank those both inside and outside our corporation who made many useful suggestions.

Munich, October 1995

Preface to the twelfth edition

The central purpose of this dictionary – to assist logistics people in understanding of logistics terms and day-to-day expressions along the supply chain process – is becoming more and more important to working together successfully. Over a period of five years, about 15,000 copies of this booklet have been sold, reflecting the increasing role of logistics in a global competitive environment.

The success of this dictionary is also based on the contributions of many individuals to whom we owe a great deal. As a feedback from all over the world and an important source of new information to us, many suggestions have been given from fellow logisticians who use this booklet for specific translations on site or to communicate with their colleagues, customers or suppliers about logistics processes around the globe.

With this revised and enlarged new edition, we added more than 1,000 new terms, abbreviations and down-to-earth examples of how to use them. The booklet now contains about 11,500 entries, English to German and vice versa. It is the editor's wish that this dictionary may help logistics people, and business managers in general, to understand and manage the supply chain more effectively.

As always, we very much appreciate any and all suggestions for additional entries to this dictionary or improvements that could be made. A reply card for this purpose appears near the back of the book. You may also use this card if you would like to be included on the distribution list advising you of new editions and updates when they become available.

Jens Kiesel

Munich, February 2001

A

Ab Werk (Definition des 'Incoterms' siehe EXW) / Ex Works (definition of the 'incoterm' see EXW)
Abarbeitung *f.* / processing
Abarbeitungsgrad *m.* / degree of processing
Abbau *m.* (Personal) / downsizing (workforce)
Abbau *m.;* Aufgabe *f.;* Zurücknahme *f.* (z.B. ~ von Geschäftsaktivitäten; ~ von Kapital; von Lagerbeständen) / disinvestment (e.g. ~ of business activities; ~ of capital; ~ of stocks)
abbauen, Lager ~ / reduce inventory; reduce stock
abbestellen *v.* / cancel
Abbestellung *f.* / cancellation
abbezahlen *v.* / pay off
abbrechen *v.* (z.B. eine PC-Verbindung ~) / abort (e.g. ~ a PC-connection)
Abbruch *m.* (~ eines Programms) / termination (~ of a program)
abbuchen *v.* (Bankkonto) / debit (bank account)
Abbuchung *f.* / debit; direct debit
Abbuchungsauftrag *m.* / debit order; direct debit order
Abbuchungsverfahren *n.* / direct debiting service
ABC (Activity Based Costing; Prozesskostenrechnung) (die Fähigkeit des Rechnungswesens einer Firma, Betriebskosten für bestimmte Produkte, Kunden, Lieferkanäle oder Logistikaktivitäten prozessorientiert zu verfolgen. Dies gibt ein besseres Bild über die Kosten und das daraus resultierende Ergebnis) / Activity Based Costing (ABC) (the ability of a firm's cost accounting system to trace operating costs to specific products, customers, supply channels or logistics activities. This gives a truer picture of the costs and subsequent profit associated)
ABC-Analyse *f.* / ABC analysis; ABC evaluation analysis
ABC-Klassifikation *f.* / ABC classification
ABC-Verteilung *f.* / ABC distribution (also known as 80:20 rule)
Abdichtmaterial *n.* / sealing material
Abfahrt *f.;* Abflug *f.* / departure
Abfahrtszeit *f.* / departure time
Abfahrtszeit, fahrplanmäßige ~ *f.* / scheduled time of departure
Abfahrtszeit, geschätzte ~ *f.* / ETD (estimated time of departure)
Abfall *m.;* Schrott *m.* / scrap
Abfallbehälter *m.;* Mülltonne *f.* / garbage can
Abfallbeseitigung *f.* / trash removal
Abfallkompaktor *m.;* Presse für Abfall / trash compactor
Abfallplatz *m.;* Mülldeponie *f.* / waste disposal site; dump place
Abfallprodukt *n.* / by-product
Abfallverwertung *f.* / recycling
Abfallwiederverwertung *f.* / reuse of waste
abfertigen *v.* / clear; dispatch
Abfertigung *f.* / clearance
Abfertigungsgebühr *f.* / dispatch fee; servicing fee
Abfindung *f.* Schadensersatz *m.;* Entschädigung *f.* / compensation; indemnity
Abflug *f.;* Abfahrt *f.* / departure
Abfragesprache *f.* / query language
abgabefrei *adj.* / tax-free
Abgabepreis *m.* / selling price
Abgangsdatum *n.* / dispatch date
Abgangshafen *m.* / port of departure
Abgangsort *m.* / dispatching location
abgehend *adj.* (Ggs. eingehend) / outgoing (opp. incoming)
abgehende Ladung; ausgehende Ladung; Fracht (Ausgang) / outbound cargo

abgehende Lieferung f.; Auslieferung f.
(Ggs. ankommende Lieferung) /
outbound delivery (opp. inbound
delivery)
abgehender Transport; ausgehender
Verkehr / outbound transportation
Abgeltung f. / payment in lieu
abgenutzt adj. / worn; worn out
abgepackte Waren fpl. / packaged goods
abgeschlossen adj.; verschlossen adj. /
locked; sealed
Abgleich (mit Bestandskorrektur) (~ von
körperlichem und buchmäßigem
Bestand) / reconciling inventory (~ of
stock on hand and booked inventory)
Abgleich m. / netting; balancing
Abgrenzungsdatum n. / accrual date
Abgrenzungskonto n. / accrual account
abheben, Geld ~ v. / withdraw money
Abhol- und Zustellservice m. / pick up
and delivery service
Abholdienst m. / pick-up service
abholen v. (Waren etc. ~) / collect v.;
pick up v. (~ goods etc.)
Abholgeschäft n. / cash and carry shop
Abkommen n. (z.B. ein ~
unterschreiben) / agreement (sign an ~)
Abkürzung f. / abbreviation
Abkürzungsverzeichnis n. / list of
abbreviations
Abladegebühr, Auf- und ~ f. / handling
charges
Ablage f.; Datei f.; Akte f. / file
Ablagekorb m. (Büro); Schale
(Kleinpalette) f.; Tablett n.; Tablar n. /
tray
Ablauf (Reihenfolge) m. / sequence
Ablauf (Verfahren) m. / procedure
Ablauf m. (Beendigung) (z.B. ~ der
Arbeitserlaubnis; ~ einer Frist) /
expiration; expiry (e.g. ~ of a work
permit; ~ of a deadline)
Ablaufdatum; Verfallstag (z.B. ~ einer
Kreditkarte) n. / expiration date (e.g. ~ of
a credit card)

Ablaufdiagramm; Ablaufplan;
Flussdiagramm / flow chart
ablauffähig adj. (z.B. ~es
Computerprogramm) / executable (e.g.
~ computer program)
Ablauflogik f.; Verarbeitungslogik f. /
processing logic
Ablauforganisation f. / operational
organization; process organization
Ablaufplanung f. / operation scheduling;
process planning
Ablaufprotokoll n. / flow trace
Ablaufsteuerung f. (z.B. ~ von
Aufträgen) / flow control (e.g. ~ of
orders)
Ablaufterminierung f. / scheduling
sequence
Ablaufuntersuchung f.; Ist-Aufnahme
f.; Untersuchung von Abläufen f. (z.B.
werden aktuelle Prozesse in Form einer
Grobablaufanalyse untersucht) / scan
analysis; scanning (e.g. as a quick ~
actual processes are taken)
ablehnen v. (z.B. einen Vorschlag ~) /
turn down (e.g. ~ a proposal)
ableiten (~ von) v.; zurückführen (~ auf)
v; herrühren (~ von) v. / derive (~ from)
Abliefernachweis m.; Liefernachweis
m.; Auslieferungsnachweis m. / proof of
delivery; evidence of delivery
Ablieferungsanzeige f.; Lieferanzeige f.
/ delivery advice
abmelden v. (sich vom Server ~) / log off
(~ from the server)
Abmessung f. / dimension
Abmessung der Fracht; Frachtgröße f. /
size of freight
Abmessung, Fahrzeug-~ f. / dimension
of the vehicle
Abnahme (~ einer Lieferung) f. /
acceptance (~ of a delivery)
Abnahme (Verschlechterung) f.; Verfall
m.; Abschwung m.; Wertminderung f.
(z.B. die Abschwungphase im
Lebenszyklus eines Produktes) /

deterioration (e.g. the ~ phase of a product's lifecycle)

Abnahme *f.* (Verminderung); Minderung *f.* / decrease

Abnahmebedingungen *fpl.* / conditions of acceptance

Abnahmegrenze *f.* / acceptance limit

Abnahmeprotokoll *n.* / acceptance certificate

Abnahmeprüfung *f.* (z.B. ~ von Waren) / acceptance test (e.g. ~ of goods)

Abnahmetest *m.* (z.B. ~ durch Kunden) / acceptance test (e.g. customer ~)

Abnahmevorschrift *f.* / acceptance instruction; acceptance specification

abnehmen, Hörer ~ (Telefon) / lift the handset (phone)

Abonnent *m.* / subscriber

abordnen *f.*; versetzen *v.* / delegate (~ short term; ~ long term)

Abordnung *f.* (z.B. ~ von Mitarbeitern ins Ausland) / short term delegation (e.g. ~ of personnel to foreign countries)

Abrechnung *f.* / account

Abrechnung, jährliche ~ *f.* / yearly clearing

Abrechnung, monatliche ~ *f.* / monthly clearing

Abrechnung, Schluss-~ *f.*; Endabrechnung *f.* / settlement of accounts; final account

Abrechnung, tagesgenaue ~ *f.* / daily pro rata billing

Abrechnung, tägliche ~ *f.* / daily clearing

Abrechnungsart *f.* / charging method; accounting method

Abrechnungsbeleg *m.* / receipt

Abrechnungszeitraum *m.* / accounting period

Abruf *m.* (z.B. Auftrag auf ~) / call; calling up (e.g. order on call)

Abrufauftrag *m.*; Abrufbestellung *f.* / blanket order; call-off order; make-and-take order

Abrufbestellung *f.* / blanket purchase order; blanket order

abrufen *v.* / call forward

Abrufmenge *f.* (z.B. aktuelle ~) / release quantity; ; call-off amount (e.g. current ~)

Abrufmethode *f.* / call-off method

Abruftermin *m.*; Freigabetermin *m.* (z.B. geänderter ~) / release date; release due date (e.g. revised ~)

abrüsten *v.* / take down; tear down

Abrüstzeit *f.* / dismantling time

ABS (Auftragsfreigabe mit Belastungsschranke) / order release with load limitation

Absatz / sales

Absatz- und Vertriebsplanung *f.* / sales and operations planning

Absatzforschung *f.*; Marktforschung *f.* / market research

Absatzgebiet *n.* (z.B. regionales ~) / market (e.g. local ~)

Absatzkosten *pl.*; Distributionskosten *pl.* / distribution costs

Absatzmarkt *m.* / market; sales market

Absatzplan *m.* / sales plan

Absatzprognose *f.* / sales forecast

Absatzwerbung *f.* / marketing communications

abschicken *v.* / ship

Abschlagszahlung *f.* / partial payment; part payment; installment

Abschluss *m.* (z.B. ~ eines Kontos) / closing (e.g. ~ of an account)

Abschlussarbeit *f.* (z.B. ~ eines Fertigungsauftrages) / closing operation (e.g. ~ of a production order)

Abschlusstermin *m.* / closing date; due date

Abschnitt *m.* / segment

abschreiben *v.* (i.S.v. finanzielle Forderung) / depreciate; write off

Abschreibung *f.*; Entwertung *f.*; Wertminderung *f.* (finanzielle ~) / depreciation (financial ~)

Abschreibung auf Wiederbeschaffung *f.* (~ aus steuerlichen od. betriebswirtschaftlichen Gründen) / replacement method of depreciation (~ for tax or economic purpose)

Abschreibung, degressive ~ *f.* / declining balance method of depreciation

Abschreibung, handelsrechtliche ~ *f.* / book depreciation

Abschreibung, kalkulatorische ~ *f.* / cost accounting depreciation; imputed depreciation –

Abschreibung, lineare ~ *f.* / straight-line method of depreciation

Abschreibungsdauer *f.* / depreciation period; depreciable life

Abschreibungskosten *pl.* / depreciation costs; depreciation charges

Abschreibungsrate *f.* / depreciation rate

Abschreibungstabelle *f.* / table of depreciation rates

Abschwung *m.*; Verschlechterung *f.*; Verfall *m.*; Wertminderung *f.* (z.B. die Abschwungphase im Lebenszyklus eines Produktes) / deterioration (e.g. the ~ phase of a product's lifecycle)

absenden *v.*; versenden *v.*; abschicken *v.* / ship; dispatch; send off; forward

Absender *m.* (Adresse) / return address

Absender *m.*; Versender *m.*; Verlader *m.* (als Firma oder Person, d.h. nicht Absender als Adressangabe) / sender; consigner; shipper

absichtlich *adv.*; mit Absicht / intentionally

Absichtserklärung *f.;* Leitsatz *m.* / mission statement

Absichtserklärung *f.;* vorläufige (noch nicht feste) Bestellung *f.* / letter of intent (LOI)

Absolvent *m.;* Hochschulabsolvent *m.*; Akademiker *m.*; Graduierter *m.* (dies gilt ganz allgemein, d.h. ein "graduate" kann Absolvent einer Schule, eines College oder einer Hochschule sein) (z.B. als Absolvent an der Michigan State University in Lansing,MA abgeschlossen haben) / graduate (i.e. ~ from highschool, college or university) (e.g. to be graduated from Michigan State University in Lansing,MA)

Absprache, in ~ (z.B. ~ mit dem Geschäftsführer) / in coordination (e.g. ~ with the manager)

abstecken *v.* (z.B. Interessensgebiete ~) / stake out; outline (e.g. ~ the fields of interests)

abstellen, Missstände ~ *v.;* Mängel beheben *v.* / remedy defects

Abstimmdatum *n.* / reconciliation date

abstimmen *v.*; in Einklang bringen *v.*; korrigieren *v.* (z.B. das Bankkonto ~) / reconcile; match; align; adjust (e.g. ~ the bank account)

Abstimmkonto *n.*; Berichtigungskonto / reconciliation account

Abstimmsumme *f.* / reconciliation total

Abstimmung (z.B. ~ an der Fehlerquelle) / correction (e.g. ~ at the source)

Abstimmung *f.* / adjustment

Abstimmung, in ~ *f.*; in Absprache *f.* (z.B. ~ mit dem Geschäftsführer) / in coordination (e.g. ~ with the manager)

abtasten *v.*; abfragen *v.* / scan

Abteilung (zur Unterstützung); Back Office (z.B. unser Back Office sollte einige Overheadfolien für das nächste Kundengespräch entwerfen) / back office (e.g. our ~ should design some overheads for the next customer meeting)

Abteilung *f.* / department

Abteilungsleiter *m.* / head of department; department head

abtreten *v.*; überlassen *v.*; verzichten *v.* / relinguish

Abtretung *f.* (z.B. ~ von Forderungen) / assignment (e.g. ~ of accounts receivable)

Abtretung *f.*; Verzicht *m.* (z.B. ~ bei Rückversicherung) / cession; abandonment (e.g. ~ in reinsurance)

Abwägung *f.* / consideration

Abwärtstrend *m.*; fallende Tendenz *f.*; Rückgang *m.* / downward trend; downswing

Abweichsignal *n.* / tracking signal

Abweichung *f.*; Regelabweichung *f.* / deviation; variance

Abweichung, dispositive ~ *f.* / variance in material planning

Abweichung, Logistikkosten-~ *f.* (z.B. ~ von SOLL-IST-Kosten) / logistics cost variance (e.g. ~ of targeted-actual cost)

Abweichung, mittlere ~ *f.* / mean deviation

Abweichung, Planungs-~ *f.* / planning variance

Abweichung, Qualitäts-~ *f.* / quality discrepancy

Abweichung, zulässige ~ *f.*; zulässige Schwankung *f.* (z.B. ~ in gelieferter Stückzahl) / admissible allowance (e.g. ~ in quantity delivered)

abwerten *v.* / devaluate

Abwertung *f.* / devaluation

Abwesenheit *f.* (z.B. unentschuldigte ~) / absenteeism; absence (e.g. unexcused ~)

Abwesenheit von der Arbeit *f.* (i.S.v. Fehlzeit) / absence from work

Abwesenheitszeit *f.* / absence time

abwickeln *v.*; bearbeiten *v.*; verarbeiten *v.* (z.B. ~ eines Vorganges) / process; handle

Abwicklung *f.*; Abarbeitung *f.*; Bearbeitung *f.*; Handhabung *f.*; Verarbeitung *f.* / processing; handling

Abwicklung, elektronische Geschäfts-~ *f.* / electronic business processing

Abwicklung, Zahlungs-~ *f.* / handling of payments

Abwicklungsgebühr *f.* / settlement fee

Abwicklungskosten *pl.* / transaction costs

abzahlen *v.*; abbezahlen *v.*; tilgen *v.* / pay off; pay in installments

Abzahlung *f.* / payment of installments

abziehen *v.* (z.B. Bestand vom Lager ~) / withdraw (e.g. ~ inventory from stock)

abziehen; reduzieren (z.B. während des Schlussverkaufes können Sie weitere 10% ~) / take off (e.g. during sale you may ~ an additional ten percent)

Abzug *m.* / deduction

Abzug, Quellensteuer-~ *m.* / deduction of withholding tax

abzugsfähig *adj.* / deductible

Activity Based Costing (Prozesskostenrechnung; siehe ABC) / Activity Based Costing (see ABC)

Add-on Dienstleistung *f.*; Add-on Dienst *m.*; Add-on Service *m.* zusätzliche Dienstleistung *f.* (~ als ein zusätzliches Angebot) / add-on service (~ as an additional offer)

Administration *f.*; Verwaltung *f.* / administration

Administration, Zentrale ~ / corporate stewardship

Administrationsprozess / stewardship process

Adressaufbereitung *f.* / address layout

Adressbuch *n.* / directory

Adresse *f.* / address

Adresse, Rechnungs-~ *f.* / invoice address

Adressendatei *f.* / address file

Adressenschema *n.* / address scheme

Adressierungsschema, weltweit gültiges ~ *n.* / universally valid addressing scheme

Adressliste *f.* / mailing list

Adressraum *m.* / address space

Adressverzeichnis *n.* / address directory

ADSL (Übertragungsstandard mit dem Ziel, nicht ausgelastete Bandbreiten innerhalb des Kupferkabelnetzes zu nützen; siehe auch 'Datenübertragungssystem') / ADSL (Asymmetric Digital Subscriber Line)

ADSp (Allgemeine Deutsche Spediteurbedingungen)

AGB (allgemeine Geschäftsbedingungen) *fpl.* / general terms of business

Agentur *f.*; Vertretung *f.* / agency

Akademie / college

Akademiker *m.;* Absolvent *m.*; Hochschulabsolvent *m.*; Graduierter *m.* (dies gilt ganz allgemein, d.h. ein "graduate" kann Absolvent einer Schule, eines College oder einer Hochschule sein) (z.B. als Absolvent an der Michigan State University in Lansing,MA abgeschlossen haben) / graduate (i.e. ~ from highschool, college or university) (e.g. to be graduated from Michigan State University in Lansing,MA)

Akkordarbeit *f.*; Akkord *m.* / piecework

Akkordarbeiter *m.* / pieceworker

Akkordlohn *m.* / piecework wages

Akkordlöhner *m.* / piecework employee; employee paid per piece

Akkordlohnsatz *m.* / job rate

Akkordrichtsatz *m.* / basic piecework rate

Akkordsatz, differenzierter ~ *m.* / differential piecework

Akkordverdienst *m.* / piecework earnings

Akkordzeit *f.* / piecework time

Akkreditiv *n.* / letter of credit

Akontozahlung / down payment

Akte *f.*; Datei *f.*; Ablage *f.* (z.B. es steht in den Akten) / file (e.g. it is in the files)

Aktenzeichen *n.* / file reference

Aktie *f.* / stock; share

Aktienbörse *f.*; Börse *f.* / stock exchange

Aktienkapital *n.*; Grundkapital *n.* / stock capital

Aktienmarkt *m.* / stock market

Aktionär *m.* / shareholder; stockholder

Aktionärspflege (Werben und Betreuen von Aktionären) *f.* / investor relation

Aktionärsversammlung *n.* / shareholder meeting

aktiv *adj.*; tätig *adj.*; tatkräftig *adj.*; geschäftig *adj.* (Ggs. reaktiv) / active (opp. reactive)

Aktiva *npl.*; Vermögen *n.*; Betriebsmittel *npl.*; Geldmittel *npl.* / assets

Aktiva und Passiva / assets and liabilities

aktivieren *v.*; kapitalisieren *v.* / activate; capitalize

Aktivität *f.*; Tätigkeit *f.*; Betätigung *f.*; Vorgang *m.* / activity

Aktivitätenplan *m.* / plan of activities

Aktoren *mpl.* / actuators

aktualisieren *v.* / update

Aktualisierung *f.* / update

aktuell (allerneuest) *adj.* (z.B. ~e Informationen) / up-to-the-minute (e.g. ~ information)

aktuell *adj.* / actual

aktuell; zeitgerecht *adj.*; pünktlich *adj.*; rechtzeitig *adj.* / timely

aktueller Stand *m.*; Jahresauflauf (~ zum Heutezeitpunkt) *m.* (z.B. im Geschäftsjahr bis heute erreicht) / year-to-date (ytd); current state (e.g. ~ achieved until today)

aktuelles Fälligkeitsdatum *n.* / current due date

AKZ (Auftragskennzeichen) *n.* / order code

AKZ-Verantwortlicher *m.* / AKZ co-ordinator

Alleinstellungsmerkmal (Marketing) *n.*; besondere Verkaufsmöglichkeit *f.* / unique selling proposition (USP)

Alleinvertreter *m.* / sole agent

allerniedrigster Preis / rock bottom price (coll. AmE)

allgemein *adj.*; allgemeingültig *adj.*; generell *adj.* / general; generic

allgemeine Geschäftsbedingungen (AGB) *fpl.* / general terms of business

allgemeiner Brauch / common practice

Allgemeinverständnis *n.*; herkömmliche Auffassung *f.* / conventional wisdom; common sense

Allianzen und Firmenzukäufe / alliances and company acquisitions

Allradlenkung *f.* / all-wheel steering

alt *adj.*; altmodisch *adj.* (z.B. ~e Einrichtung, ~e Betriebsanlagen) / outdated (e.g. ~ equipment)

Altdatenbestand *m.* / old database

Altdatenübernahme *f.* / transfer of old data

Alternativangebot *n.* / alternative quotation

Alternativkosten / opportunity costs

Alternativmodus *m.* / alternative mode

Altersgrenze *f.* / age limit

Altersprofil *n.* / age profile

Altersversorgung *f.*; Pensionsplan *m.*; Versorgungsplan für die Pensionierung / pension plan

Altersversorgung, betriebliche ~ *f.* / corporate pension plan; retirement benefits

Altlast (Computer) / legacy (Computer)

altmodisch *adj.* (z.B. ~e Einrichtung, ~e Betriebsanlagen) / out-dated (e.g. ~ equipment)

American Production and Inventory Control Society (APICS) (Weltweit tätige Fachorganisation auf den Gebieten Produktion und Fertigungssteuerung, sowie Bestands- und Ressourcenmanagement. Jährliche nationale und internationale Konferenzen. Muttergesellschaft der deutschen 'Gesellschaft für Produktionsmanagement e.V.' (s. GfPM) Hauptsitz: 500 W. Annadale Road, Falls Church, Virginia 22046-4274, USA. Telefon: +1(703) 237-8344, Fax: +1 (703) 534-4767))

Amortisation *f.* / amortization

Analyse *f.* / analysis (*pl.* analyses)

Analyse der Lieferkette / supply chain analysis

Analyse, Durchführung einer Logistik- ~ (z.B. nach der ~ wird eine kontinuierliche Analyse durchgeführt, d.h. die Analyse wird ständig wiederholt) / logistics analysis process (LAP) (e.g. after the LAP a continuous ReLAP takes place)

Analysen und Berichte / analyses and reports

analysieren *v.*; untersuchen *v.* / analyze

anbieten *v.* / offer

anbieten, Dienst ~ (z.B. für unsere Kunden Citylogistik als zusätzlichen ~) / market a service (e.g. market city logistics as an additional service for our customers)

Anbieter (Angebot) *m.* / bidder; tenderer

Anbieter, Trainings-~ *m.* / training provider

Anbieterkreis *m.* / sellers

Anbindung *f.* (z.B. ~ an das Hinterland) / connection (e.g. ~ to the hinterland)

Änderung / modification

Änderung des Fälligkeitstermines / change of due date

Änderung vorbehalten *f.* (~ ohne weitere Mitteilung) / subject to change; subject to modification; subject to alteration (~ without notice)

Änderungsanforderung *pl.* (z.B. ~ von Kunden) *f.* / change request (e.g. ~ from customers)

Änderungsantrag, Konstruktions-~ *m.* / engineering change application

Änderungsbereitschaft / willingness for change

Änderungsdatum *n.* / date of update; date of change

Änderungsdienst *m.* / revision service

Änderungsgebühr *f.*; Umbuchungsgebühr *f.* / alteration fee

Änderungsgeschichte *f.* (z.B. ~ eines Produktes) / engineering change history (e.g. ~ of a product)

Änderungslauf, Netto-~ *m.* ('netto', d.h. betrifft nur Daten, die sich seit dem letzten Lauf geändert haben) / net change planning run

Änderungsliste *f.* / change request listing

Änderungsmitteilung *f.* / engineering change notice; alteration notice

Änderungsmodus *m.* / change mode

Änderungsnachweis *m.* / record of changes

Änderungsprotokoll *n.* / update log

Änderungsregel *f.* / update rule

Andlersche Losgrößenformel *f.* (wirtschaftliche Losgröße) / Andler's batch size formula (economic lot size)

anerkannter Lieferant *m.* / certified supplier

anerkennen *v.*; genehmigen *v.* / approve

Anerkennung (Genehmigung) / approval

Anerkennung (Leistung) *f.* / recognition

Anfang (Fertigungsprozess) (z.B. bei der Herstellung von Chips: die eigentliche Chipfertigung; *Ggs.* Ende eines Fertigungsprozesses: Montage und Verpakkung der Chips) / front end (production process) (e.g. in chip production: manufacturing of the chips; *opp.* back end production process: assembly and packaging of the chips)

Anfangsarbeitsgang *m.*; erster Schwerpunktsarbeitsgang *m.* / feeder operation

Anfangsbestand *m.* / initial stock; opening stock

Anfangsgehalt *n.* / entry-level salary

Anfangskapazität *f.* / initial capacity

Anfangstermin, frühester ~ / earliest start date

Anforderung / requirement

Anforderungen, konkrete geschäftliche ~ *fpl.* / specific business requirements

Anfrage *f.*; Auskunft *f.* / request; query; inquiry

Anfrageplanung *f.* / inquiry scheduling

Angaben / data

angeblich *adv.* (z.B. er soll ~ neue Verhandlungen verlangt haben) / allegedly (e.g. he ~ demanded new negotiations)

Angebot *n.*; Lieferangebot *n.*; Offerte *f.* / offer; bid; quotation; tender

Angebot *n.*; Sortiment *n.* (z.B. ~ von Produkten) / assortment (e.g. ~ of products)

Angebot einholen / solicit a bid; solicit a proposal; send out a request for a quotation

Angebot einreichen; Angebot unterbreiten / submit an offer; submit a bid; submit a proposal

Angebot und Nachfrage / supply and demand

Angebot unterbreiten / submit an offer

Angebot zurückziehen / withdraw a bid

Angebot, Festofferten-~ *n.*; bestätigtes Angebot / firm offer

Angebot, Pauschal-~ *n.* / package deal

angebotener Preis *m.*; Angebotspreis *m.* / quoted price

Angebots- und Auftragsbearbeitung *f.* / offer and order processing

Angebotsabgabe *n.*; Bieten *n.*; Preisgebot (z.B. Angebote ausschreiben; Abgabe von Angeboten) / bidding; tendering (e.g. to advertise biddings; submission of bids; tendering of bids)

Angebotsabgabe, Aufforderung zur ~ / request for proposal (RFP); request for quotation (RFQ); request to submit an offer

Angebotsabwicklung *f.*; Angebotsbearbeitung *f.* / quotation processing; bid processing; tender processing; offer processing

Angebotsanfrage *f.* / quest for quotation

Angebotsbearbeitung / quotation processing

Angebotsbedingungen *fpl.* / terms of a bid

Angebotsdatum *n.* / date of quotation

Angebotsfrist *f.* / quotation deadline; deadline for submission of a quotation

Angebotskalkulation *f.* / quotation calculation; quotation costing

Angebotspreis / quoted price

Angebotsprozess *m.* / quoting procedure

angegeben, wie ~ (z.B. häufige Formulierung in Zusammenhang mit "..außer es ist speziell darauf hingewiesen") / as stated (e.g. often used in combination with "..unless stated otherwise")

Angeklagter *m.* / defendant

angekündigter Wareneingang / advised delivery (incoming goods)

angelernter Arbeiter / semi-skilled worker

angemessen / appropriate; adequate; resonable

angeschlossen sein (z.B. am Server ~) / to be connected; to be wired (e.g. ~ with the server)

Angestellter (Gehalts-, nicht Lohnempfänger) *m.*; Gehaltsempfänger *m.* / salaried employee

Angestellter, außertariflicher ~ *m.* (Ggs. Tarifangestellter) / exempt employee (opp. non-exempt employee)

Angestellter, Büro-~ *m.* / white-collar worker

Angestellter, leitender ~ / executive

Angestellter, tariflicher ~ *m.* (Ggs. außertariflicher Angestellter) / non-exempt employee (opp. exempt employee)

Angriff, in ~ nehmen (z.B. ~, die Bestände zu reduzieren) / tackle (e.g. ~ to reduce inventories)

Angst *f.*; Besorgnis *f.* / anxiety

ängstlich *adj.*; besorgt *adj.* / anxious

Anhalten der Ware (auf dem Transport) / stoppage (in transit)

Anhaltspunkt *m.* / clue

Anhängelast *f.* / trailor load

Anhänger *m.*; Hänger *m.* (LKW-~) / trailer

Anhänger, Kasten-~ *m.* / box trailer

anheben *v.*; hochheben *v.*; heben *v.* / lift

Anklage *f.* (z.B. gegen jd. ~ erheben) / charge (e.g. to bring a ~ against s.o.)

anklicken *v.* (z.B. mit der Maus auf dem PC-Bildschirm ~) / click (e.g. ~ with the mouse on the PC screen)

anklicken und fallen lassen; drag and drop (Bedienungstechnik auf grafischen Benutzeroberflächen wie z.B. Windows. Datenobjekte können mit der Maus erfasst und verschoben werden (z.B. mit dem Cursor der PC-Maus) / drag and drop (e.g. with PC-mouse cursor)

anklopfen *v.* (in der Telekommunikation verwendet) / call waiting (CW)

ankommend / inbound

ankommende Ladung; eingehende Ladung; Fracht (Eingang) / inbound cargo

ankommende Lieferung *f.*; Anlieferung *f.* (Ggs. abgehende Lieferung) / inbound delivery (opp. outbound delivery)

ankommender Verkehr; eingehender Transport / inbound transportation

ankreuzen *v.* (z.B. Fragen in einem Formular ~) / tick; mark (e.g. ~ questions in a form)

Ankreuzfeld *n.* / check box

Ankunft *f.* / arrival

Ankunftshafen *m.* / port of arrival; harbor of arrival

Ankunftszeit, fahrplanmäßige ~ *f.* / scheduled time of arrival

Ankunftszeit, geschätzte ~ *f.* / ETA (estimated time of arrival)

Anlage *f.* (z.B. ~ zu einem Brief) / enclosure; attachment (e.g. ~ of a letter)

Anlage *f.* (z.B. Computer, Maschine) / system (e.g. computer, machine)

Anlage *f.*; Einrichtung *f.* / facilities *pl.*

Anlage- und Umlaufvermögen *n.*; Betriebsvermögen *n.*; Betriebskapital *n.* / working capital

Anlage, Fabrikations-~ *f.* / production facility

Anlage, schlüsselfertige ~ *f.*; Gesamtanlage *f.* / turn-key system

Anlageberatung *f.*; Anlagetip *m.* / investment advisory

Anlagen (Verfahrenstechnik) *fpl.* / process engineering systems

Anlagen und Bauten / facilities and buildings

Anlagenauftrag *m.* / installation order

Anlagenbestand *m.* (i.S.v. Vermögen) / asset portfolio

Anlagengeschäft *n.* / project business

Anlagenmontage *f.* / system assembly

Anlagenplanung (Fabrikplanung) / plant layout

Anlagenplanung / system planning

Anlagentechnik *f.* / industrial and building systems

Anlagenwerte (immaterielle) *mpl.* / intangible assets

Anlagenzubehör *n.* / system accessories

Anlagetip / investment advice

Anlagevermögen *n.* / fixed assets; plant and equipment; capital assets

Anlaufkosten *pl.* / start-up costs; launching costs

Anlaufserie *f.*; Nullserie *f.* / pilot lot; pilot production

Anleihe / loan

anleiten *v.* / instruct

anleiten *v.*; coachen *v.*; betreuen *v.* (z.B. ~ von Mitarbeitern, um wesentliche Verbesserungen zu erzielen) / coach (e.g. ~ employees to gain substantial improvements)

Anleitung / instruction (specification)

Anlernkraft *f.*; angelernter Mitarbeiter *m.*; angelernter Arbeiter *m.* / semi-skilled worker

Anlernzeit *f.* / training time

Anlieferung (direkt an Lager) / ship-to-stock delivery (i.e. without inspection of incoming goods)

Anlieferung (direkt in die Fertigung) / ship-to-line delivery

Anlieferung (Ggs. abgehende Lieferung) / inbound delivery (opp. outbound delivery)

Anlieferungstermin, erwarteter ~ *m.* / expected delivery date

anmelden, sich ~ *v.* (~ am Server) / log on (~ to a server)

Anmeldung, Einfuhr-~ *f.* / import notification

Annahme *f.*; Entgegennahme *f.* (z.B. die ~ der Waren) / receipt (e.g. the ~ of incoming goods)

Annahme einer Sendung / acceptance of a shipment

Annahme unter Vorbehalt *m.* / subject to acceptance

Annahme, Paket-~ *f.*; Paketannahmestelle *f.* / parcel receiving station

Annahmebestätigung *f.* / notice of acceptance

Annahmeverweigerung *f.*; Nichtannahme *f.* (z.B. ~ einer Lieferung) / refusal to accept; refusal; non-acceptance (e.g. refusal of a delivery)

annehmen, Auftrag ~ / take an order

annehmen, Vertrag ~ *v.* / accept a contract

Annonce (z.B. ~ in einer Zeitung) / advertisement (e.g.~ in a newspaper)

annullieren *v.*; stornieren *v.* / cancel

Annullierung / cancellation

Annullierungsgebühr *f.* / cancellation charge; cancellation fee

anonyme Sachnummer *f.* / non-significant part number

Anordnung (Zusammenstellung) *f.* / arrangement

Anordnung *f.* (Anweisung) / order

Anordnung *f.* (z.B. ~ von Maschinen als Fertigungslinie nach dem Verrichtungsprinzip) / line layout; functional layout (e.g. ~ of machines as a production line)

anpacken *v.* (z.B. Sie sollten lieber ~ statt nur Theorien zu wälzen) / walk the talk (coll. AmE; e.g. you better should ~ instead of just playing around with theories)

anpacken v.; in Angriff nehmen (z.B. ~, die Bestände zu reduzieren) / tackle (e.g. ~ to reduce inventories)

anpassen v. (z.B. anhand der mitgelieferten Beschreibungen können Logistiker die Tools auf ihre eigene Situation ~) / apply (e.g. through the provision of descriptions logisticians may ~ the tools to their own situation)

anpassen v. / adapt

anpassen, an Kundenanforderungen ~; an Kundenwünsche anpassen (z.B. ein Produkt ~) / customize (e.g. ~ a product)

Anpassung, funktionsübergreifende ~ funktionsübergreifende Ausrichtung f. / interfunctional alignment

Anpassung, Kaufkraft-~ / adjustment of purchasing power

Anreiz m.; Ansporn m. / incentive

Anrufbeantworter m.; Telefon-Anrufbeantworter m.(Beispiele für Ansagen: 1.: „Dies ist der Apparat von Julius Martini. Ich bin zur Zeit nicht am Arbeitsplatz; aber wenn Sie Ihren Namen und Ihre Telefonnummer hinterlassen, werde ich mich so schnell wie möglich mit Ihnen in Verbindung setzen"; 2.: „Lisa Morgen. Ich bin gerade nicht erreichbar. Bitte hinterlassen Sie eine Nachricht nach dem Signalton. Ich werde Sie so bald wie möglich zurückrufen") / answering machine; answerphone; phone answering machine (examples of messages: 1.: „You reached Julius Martini. I am away from my desk right now but if you leave your name and phone number I'll get back to you as soon as possible"; 2.: This is Lisa Morgen. I can't come to the phone right now. Please leave a message after the beep. I'll call you back as soon as possible")

Anrufverteilung f. / call distribution

Anrufweiterschaltung f. / call forwarding busy (CFB); call forwarding no reply (CFNR); call forwarding unconditional (CFU)

Ansatzpunkt (Beginn) / starting point

Ansatzpunkt m. (z.B. ~ für Verbesserungen) / leverage point (e.g. ~ for improvements)

Anschaffung f.; Erwerb m. / acquisition

Anschaffungs- und Herstellkosten pl. / acquisition and production costs

Anschaffungsjahr und -monat / date of acquisition (year and month)

Anschaffungskosten pl. / original costs; initial costs

Anschaffungswert m. / original value; acquistion value

Anschaltung an das Internet / hookup to the Internet

ANSI (American National Standards Institute)

Ansporn m.; Anreiz m. / incentive

Ansprechpartner m. / contact

Anspruch m. / entitlement

Anspruch m.; Rechtsanspruch m.; Versicherungsanspruch m. / claim

Anspruch einklagen / file a claim

Anspruch erheben; beanspruchen v. (z.B. 1. den Anspruch erheben, dass die Lieferung komplett war; 2. ... unsere Sendung erhebt keinen Anspruch auf Vollständigkeit) / claim (e.g. 1. ~ that the delivery has been complete; 2. ... our shipment does not ~ completeness)

Anspruch geltend machen / submit a claim v.

Anspruch haben auf ... / entitled to ...

anspruchsvoll adj. (z.B. der Kunde wird immer ~er) / demanding (e.g. the customer has become more and more ~)

Anstellreihe / line

Anstieg (z.B. ~ der Produktivität) / increase (e.g. ~ of productivity)

anstoßen, Aufträge ~ / launch orders; start orders; initiate orders

anstreben *v.*; erstreben *v.* (z.B. Produktivitätsverbesserungen ~) / aim (e.g. ~ at productivity improvements)

Anstrengung / effort

Anteil haben, einen ~ (z.B. Firma X hält einen Anteil von 20 Prozent an Firma Y) / hold a stake (e.g. company X holds a 20 percent stake in company Y)

Anteil, mehrheitlicher ~ *f.* (z.B. einen Mehrheitsanteil erwerben) / majority stake (e.g. acquire a ~)

anteilig *adj.; adv.* (z.B. die ~en Kosten betragen ...) / proportionate(ly) (e.g. the proportionate costs are ...)

Antrag / application

Antragsteller *m.* / applicant; requestor

Antrieb (drehzahlveränderbar) *m.* / variable speed drive

Antriebstechnik *f.* / drive systems; drive technology

Antwort *f.*; Reaktion *f.*; Rückantwort *f.* / response

Antwortzeit / response time

Anwalt *m.*; Rechtsanwalt *m.* / attorney; attorney at law; lawyer

Anweisung / instruction (specification)

anwendbar *adv.* (z.B. das Konzept muss ~ sein) / applicable (e.g. the concept must be ~)

Anwendbarkeit / application

anwenden *v.*; benutzen *v.*; verwenden *v.* / apply; use; utilize; employ

Anwender *m.*; Nutzer *m.* / user

Anwenderanforderung *f.* / user requirement

Anwenderbefragung *f.* / user survey

Anwenderbetreuung *f.* / user support; user service

Anwendersoftware, Büro-~ *f.* / office application software

Anwendung *f.*; Anwendbarkeit *f.*; Bewerbung *f.*; Antrag *m.* / application

Anwendung *f.;* Gebrauch *m.* / application; use

Anwendung, falsche ~ / misuse

Anwendungsbereich *m.* / scope of application

anwendungorientiert *adj.* / application-oriented

Anwendungssoftware / application software

Anwendungssoftware, Individual-~ *f.;* angepasste Anwendungssoftware *f.* / individualized application software; customized application software

anwendungsspezifisch *adj.* / application-specific

Anwendungstechnik *f.* / applications engineering

Anwendungszentrum *n.* / application center

Anwesenheit *f.* / attendance

Anwesenheitserfassung, Zeit- und ~ *f.* / time and attendance capturing

Anwesenheitskontrolle *f.* / attendance check

Anwesenheitszeit *f.* / attendance time

any-to-any-Kommunikation *f.* (Kommunikation ist von jedem zu jedem möglich, d.h. alle Teilnehmer sind miteinander verbunden) / any-to-any communication

Anzahl, lieferbare ~ *f.;* lieferbare Menge *f.* lieferbare Stückzahl *f.* / quantity available; quantity in stock

anzahlen *v.* / pay down; make a down payment

Anzahlung *f.*; Vorauszahlung *f.*; Akontozahlung *f.* / down payment; advance payment; payment in advance; payment on account

Anzeige *f.* (z.B. ~ eines Instrumentes) / display (e.g. ~ of an instrument)

Anzeige *f.*; Reklame *f.*; Annonce *f.* (z.B. ~ in einer Zeitung) / advertisement; ad (e.g.~ in a newspaper)

Anzeige, Rufnummern-~ *f.* / calling line identification presentation (CLIP); caller ID

Anzeige, Tank-~ *f.;* Benzinuhr *f.* / fuel control; fuel gauge

Anzeige, Zahlungs-~ *f.* / advice of payments

Anzeigetafel / billboard

APE-Einkaufstechniker *m.*; APE-Einkäufer *m.* (z.B. frühzeitige Beteiligung des Einkäufers am Produktionsprozess) / APE (advanced purchasing engineer) (e.g. early involvement of the purchasing engineer in the production process)

APICS (s. American Production and Inventory Control Society)

Applet (Programmerweiterung) *n.* (kleines Java-Programm, das ähnlich wie ein Bild in eine HTML-Seite eingebunden werden kann) / applet (small Java program that can be included in an HTML page, much as an image can be included)

Application Sharing *n.* (gemeinsames Bearbeiten einer Anwendung von unterschiedlichen PCs aus) / application sharing

Applikations-Dienstleister *m.* (ASP) (IT-Unternehmen, das elektronische Dienstleistungen aller Art anbietet und als "Computerprogramme aus der Steckdose" über das Netz an seine Kunden liefert, wie z.B. System- und Anwendersoftware-Programme, die in großen Rechenzentren zum Abruf bereitgehalten werden) / Application Service Provider (ASP)

Arbeit *f.* / work; labor; operation

Arbeit, einfache ~ *f.* / low-skilled labor

Arbeit, in ~ *f.* / in process

Arbeit, in ~ befindlicher Werkauftrag / job order in process

Arbeit, Schicht-~ *f.* / shift work

Arbeiter *m.* / worker; blue-collar worker

Arbeiter, Hafen-~ *m.* / docker; dock worker

Arbeiter, Lager-~ *m.* / warehouse worker

Arbeitgeber *m.* / employer

Arbeitgeberverband *m.* / employers' association

Arbeitnehmer und Arbeitgeber / labor and management

Arbeitnehmer, gewerblicher ~ *m.* / blue-collar worker; blue-collar employee

Arbeitnehmervertreter (~ im Aufsichtsrat) *m.* / board employee representative; employee-elected representative (~ on the supervisory board)

Arbeitsablaufdarstellung *f.* / process chart

Arbeitsanweisung / work instruction

Arbeitsauftrag *m.* / work order

Arbeitsauftragsnummer *f.* / job number

Arbeitsbedingungen *fpl.* / working conditions

Arbeitsbegleitschein *m.* / work accompanying bill

Arbeitsbereicherung *f.* / job enrichment

Arbeitsbeschaffungsprogramm *n.* / job creation program

Arbeitsbeschreibung *f.*; Stellenbeschreibung *f.* / job description

Arbeitsbewertung *f.* / job assessment; job evaluation

Arbeitsbewertungsschlüssel *m.* / labor grading key

Arbeitsblatt *n.;* Arbeitsunterlage *f.* / work sheet

Arbeitsebene / operative level

Arbeitseinheit *f.* / unit of work

Arbeitseinstufung *f.* / job grading

Arbeitsergebnis (z.B. ~ einer Maschine) / output (~ e.g. of a machine)

Arbeitserlaubnis, Ablauf der ~ / expiration of work permit

Arbeitserleichterung *f.* / facilitation of work

Arbeitserweiterung *f.* / job enlargement

Arbeitsfähigkeit *f.*; Beschäftigungs-Fähigkeit *f.*; Job-Verwendbarkeit *f.* (i.S.v. Erhaltung der Arbeitsmarktfähigkeit der Arbeitnehmer / employability

Arbeitsfolgeplan *m.* / operation record

Arbeitsfortschritt *m.* / work status

Arbeitsfortschrittskontrolle / progress control; progress check

Arbeitsfortschrittsüberwachung *f.*; Arbeitsfortschrittskontrolle *f.*; Fortschrittskontrolle *f.* / progress control; progress check

Arbeitsgang (am *Anfang* einer Fertigungslinie) *m.*; vorgelagerte Bearbeitung (von einem Bearbeitungsort in Richtung Fertigungsanfang gesehen) / upstream operation

Arbeitsgang (am *Ende* einer Fertigungslinie) *m.*; nachgelagerte Bearbeitung *f.* (von einem Bearbeitungsort in Richtung Fertigungsende gesehen) / downstream operation

Arbeitsgang *m.* / operation

Arbeitsgang, erster Schwerpunkts-~ / feeder operation

Arbeitsgangbeschreibung *f.* / operation description

Arbeitsgangbogen *m.* / operation sheet

Arbeitsgangfolge / sequence of operations

Arbeitsgangnummer *f.* / operation number

Arbeitsgangpufferzeit *f.* / work step buffer time

Arbeitsgangterminierung *f.* / routing scheduling; sequencing

arbeitsgangweise Terminierung *f.* / detailed scheduling

Arbeitsgestaltung *f.* / human (factors) engineering

Arbeitsgewohnheit *f.* / work habit

Arbeitsgruppe *f.*; Gruppe *f.* / team; workgroup; group

Arbeitsgruppe, autonome ~ *f.* / autonomous workgroup; self-directed work team

Arbeitshäufung *f.*; Belastungsspitze *f.* / peak load

Arbeitshöhe *f.* (z.B. Artikel werden in der richtigen ~ übergeben) / working hight (e.g. articles are presented to the workers at a convenient ~)

Arbeitsinhalt *m.* / work content

Arbeitsinsel *f.* (z.B. ~ zur Komplettmontage eines Produktes in einer Montageeinheit) / work cell

Arbeitskarte *f.* / time card

Arbeitskollege *m.* / work mate

Arbeitskontrolle *f.* / work control

Arbeitskosten *pl.*; Lohnkosten *pl.* / costs of labor; labor costs

Arbeitskraft, ungelernte ~ *f.* / unskilled worker

Arbeitskräftevermittlung *f.* / placement

Arbeitskreis *m.*; Fachkreis *m.*; Rat *m.* / council

Arbeitskreis Logistik *m.* / logistics council

Arbeitsleistung *f.*; Berufstätigkeit *f.* / job performance

arbeitslos *adj.* / jobless; unemployed

Arbeitslosenrate *f.* / unemployment rate

Arbeitslosenversicherung *f.* / unemployment insurance

Arbeitslosigkeit *f.* / unemployment

Arbeitsmarkt *m.* / job market

Arbeitsmethode / work method; work technique

Arbeitspapiere *npl.* / job papers; work papers

Arbeitsplan *m.* (Fertigung) / routing plan; route sheet; routing; routing card (production)

Arbeitsplan *m.*; Aufgabenstruktur *f.* (Organisation) / task structure (organization)

Arbeitsplan, aktiver ~ *m.* / current production plan

Arbeitsplaner *m.* / work scheduler

Arbeitsplanerstellung *f.* / creation of a routing; drawing up of a production plan

Arbeitsplankalkulation *f.* / costing of a routing; costing of a production plan

Arbeitsplankopfzeile *f.* / routing plan header line

Arbeitsplanmaterialzeile *f.* / routing plan material line

Arbeitsplanung *f.* / work planning; work scheduling

Arbeitsplanverwaltung *f.* / routing plan administration

Arbeitsplatz *m.* / work center; workplace; work station

Arbeitsplatzanordnung *f.* / workplace layout

Arbeitsplatzbeschreibung *f.* / work center description; workplace description

Arbeitsplatzcomputer / desktop PC

Arbeitsplätze schaffen *mpl.* / generate jobs

Arbeitsplatzgestaltung *f.* / design of workplace

Arbeitsplatzgestaltung im Büro *f.* / design of office workplace

Arbeitsplatzgruppe *f.* / work center group

Arbeitsplatzkennung *f.* / work center identification

Arbeitsplatz-PC / desktop PC

Arbeitsplatzsicherheit *f.* / job security; security of employment

Arbeitsplatzstruktur *f.* / workplace structure

Arbeitsplatzverlust *m.* / job loss

Arbeitsplatzwechsel *m.* / job rotation

Arbeitspraxis *f.* / working practice

Arbeitsproduktivität (pro Mitarbeiter) *f.* / productivity per employee

Arbeitsproduktivität *f.* / labor productivity; workforce productivity

Arbeitsrecht *n.* / labor law

Arbeitsschritt, körperlich belastender ~ *m.* / taxing operation

Arbeitsschutz *m.*; Betriebssicherheit *f.* / industrial safety

Arbeitssicherheit *f.* / health and safety at work

Arbeitsspeicher *m.* (Speicherplatz für Daten in einem Computer, Größe gemessen in Mega Bytes) / random-access memory (RAM) (storage area for data in a computer, size measured in Mega Bytes)

Arbeitsstudium *n.* / work study

Arbeitsstunde, Ausstoß pro ~ / man-hour output

Arbeitsstunden, tatsächliche ~ *fpl.* / actual working hours

Arbeitstag *m.* / work day

Arbeitsteilung *f.* / division of labor

Arbeitsunterlage *f.*; Arbeitsblatt *n.* / work sheet

Arbeitsunterteilung *f.* (z.B. eine Arbeit unterteilen in einzelne Schritte) / job breakdown; subdive (e.g. to divide a job into single steps)

Arbeitsverfahren / work technique; method

Arbeitsverteiler *m.* / dispatcher

Arbeitsverteilung *f.* / work distribution

Arbeitsvolumen, schwankendes ~ (z.B. der Einsatz von Aushilfskräften bzw. Zeitarbeitern stellt eine hervorragende Möglichkeit dar, den Personaleinsatz flexibel zu gestalten und an ~ anzupassen) / fluctuating work (e.g. the use of temporary help is an excellent way to flex the workforce and adjust to ~ volumes)

Arbeitsvorbereitung *f.* / operations planning and scheduling

Arbeitsvorgang, überlappender ~ *m.* / overlapping operation

Arbeitsvorgangsvariante *f.* / operations variant

Arbeitsvorrat *m.* / work on hand; available work

Arbeitswirtschaft *f.* / human engineering

Arbeitszeit / working hours

Arbeitszeit, flexible ~ *f.* / flexible working time; flexible working hours

Arbeitszeitmodelle, flexible ~ *npl.* / flexible working time models

Arbeitszufriedenheit f. / job satisfaction
Arbeitszuweisung f. / job assignment
Architekt m. / architect
Archivierung f. / archiving
Archivsystem n. / archiving system
Art und Weise f.; Methode f.; Vorgehen n. / approach
Art und Weise f.; Modalität f.; Ausführungsart f. / modality
Artikel m.; Teil n.; Werkstück n. / article; part; item
Artikel der höheren Dispositionsstufe / parent item
Artikel, Einfuhr-~ mpl. / import goods
Artikelnummer f.; Teilenummer f.; Sachnummer f. / article number; part number; item number
Artikelstruktur f.; Erzeugnisstruktur f.; Erzeugnisgliederung f. / product structure
ASCII (American Standard Code of Information Interchange)
ASP (siehe Applikations-Dienstleister) / ASP (Application Service Provider)
Asset Management n. (Methode, durch die ein Unternehmen sein Vermögen auf das notwendige Optimum reduziert. Zum Vermögen gehören Gebäude, Maschinen wie auch Forderungen an Kunden und Lagerbestände. Durch konsequentes ~ werden Geldmittel freigesetzt für neue Investitionen) / asset management (Method to reduce company assets to the necessary optimum. Assets include buildings, machinery and outstanding customer invoices, as well as inventories. Capital can be freed up for new investment by rigorous application of ~ methods)
Attribut n.; Eigenschaft f. / attribute
Attributbezeichnung f. / attribute tag
Attributprüfung f. / attribute inspection; attribute check
Audit n.; Revision f.; Hausrevision f. / audit; internal audit

Auf- und Abladegebühr f. / handling charges
auf Ziel kaufen v. / buy on credit
Aufbau m. (z.B. 1. die Straße ist im Bau; 2. der Aufbau des Zeitungsartikels ist sehr wortgewaltig) / construction (e.g. 1. the road is under construction; 2. the construction of the article in the newspaper is very powerful)
Aufbauorganisation f. (z.B. die ~ mitgestalten) / hierarchical organization; structural organization (e.g. participating in shaping the ~)
Aufbereitungsroutine f. / editing routine
Aufbewahrungsfrist f. / retention time
Auffassung, allgemeine ~ / common sense
Auffassung, herkömmliche ~ / conventional wisdom
Aufforderung f.; Aufruf m. (z.B.: Zahlungs-~) / call (e.g. ~ for payment)
Aufforderung zur Angebotsabgabe / request for proposal (RFP); request for quotation (RFQ); request to submit an offer
Aufforderung zur Einreichung von Vortragsthemen (z.B. ~ für einen Logistikkongress) / call for papers (e.g. ~ for a logistics conference)
Auffrischungskurs m.; Auffrischungsseminar n. / refresher course; refresher seminar
Auffüllauftrag / replenishment order
Auffüllorder f.; Auffüllauftrag m. / fill order
Auffüllung f.; Nachlieferung f. / replenishment
Aufgabe f. (Funktion) / function
Aufgabe f. (z.B. seine ~ ist es, eine neue Abteilung aufzubauen) / assignment (e.g. his ~ is to establish a new department)
Aufgabe f. / task
Aufgabe f.; Abbau m; Zurücknahme f. (z.B. ~ von Geschäftsaktivitäten; ~ von Kapital; von Lagerbeständen) /

disinvestment (e.g. ~ of business activities; ~ of capital; ~ of stocks)

Aufgabe, Führungs-~ *f.* (z.B dies ist eine ~) / executive function (e.g. this is an ~)

Aufgabe, geschäftsgebietsüber-greifende ~ *f.* / interdivisional task

Aufgabe, operative ~ *f.* / operational task

Aufgabe, übergreifende ~ *f.* (z.B. eine ~ im Auftrag der Bereichsleitung) / task of common interest (e.g. a ~ on behalf of the business group management)

Aufgaben, gemeinsame ~ *fpl.* / common tasks

Aufgaben, kaufmännische ~ *fpl.* / business administration

Aufgabenbewertung *f.* / task evaluation

Aufgabenfeld *n.* / task area

Aufgabengebiet *n.* / field of action; assignment of duties; competence

Aufgabenschwerpunkt *m.* (z.B. ~ der IuK-Arbeit) / focus of tasks (e.g. ~ in I&C activities)

Aufgabenstruktur / task structure (organization)

Aufgabenzuordnung *f.;* Aufgaben-zuteilung *f.;* Aufgabenzuweisung *f.;* / assignment of tasks

aufgeben *v.;* beenden *v.;* aufhören *v.;* einstellen *v.* (z.B. die Lieferantenbeziehung ~) / discontinue (e.g. ~ the supplier relationship)

aufgeblähte Organisation *f.;* aufgeblähte Verwaltung *f.* / bloated organization

aufgegliedert; spezifiziert (z.B. die Rechnung ist ~) / itemized (e.g. the invoice is ~)

aufgestauter Bedarf *m.* / pent-up demand

aufhängen, das Telefon (z.B. wir sind gleich für Sie da, bitte bleiben Sie am Apparat, hängen Sie nicht auf) / hang up (e.g. we will be right with you, please hold the line, don't hang up)

Aufhebung der Preisbindung / price deregulation; deregulation of prices

aufholen *v.* (z.B. die Zeit ~) / make up (e.g. ~ the time)

aufhören *v.;* beenden *v.;* aufgeben *v.;* einstellen *v.* (z.B. die Lieferantenbeziehung ~) / discontinue (e.g. ~ the supplier relationship)

Aufkauf eines Unternehmens *m.;* Übernahme eines Unternehmens *f.* / buyout

Aufklärung *f.* / clarification

Aufkommen, Fracht-~ *n.* / volume of cargo

Auflaufwert *m.* / cumulative amount

Auflistung, tabellarische ~ *f.* / tabular listing

Auflösung (analytische) *f.* (z.B. Bedarfsauflösung mit Hilfe von Dispositionsverfahren) / explosion (analytical) (e.g. using MRP-systems)

Auflösung *f.* (i.S.v. Geschäftsaufgabe) / liquidation

Aufpreis *m.;* Zuschlag *m.* / surcharge

Aufriss *m.;* Aufstellung *f.* (z.B. ~ über Beschwerden, die von verschiedenen Kunden eingegangen sind) / breakdown (e.g. a ~ of what type of complaints are received by various customers)

Aufruf *m.;* Aufforderung *f.* / call

aufschieben, Zahlung ~ *v.* / defer payment

Aufschlag *m.*; Preisaufschlag / premium; extra payment; special payment

Aufschlag, Gewinn-~ *m.* / markup

Aufschlag, prozentualer ~ *m.* / percentage markup

Aufschub / suspension

Aufseher *m.*; Aufsichtsperson *f.* / supervisor

Aufsichtsperson / supervisor

Aufsichtspflicht *f.* / supervisory duty

Aufsichtsrat *m.* / supervisory board

Aufsichtsratsvorsitzender / chairman of the supervisory board

aufstellen *v.*; entwerfen *v.*; entwickeln *v.* (z.B. einen Vertriebsplan ~) / draw up (e.g. to ~ a sales plan)

Aufstellung / scheme
Aufstellung, laut ~ *f.* / as per statement
Aufstiegschance *f.* / promotion chance
aufstocken, Lager ~ / build up inventory
aufstrebender Markt (z.B. wir werden in diesem aufstrebenden Markt ein modernes Logistiksystem aufziehen) / emerging market (e.g. we will install a state-of-the-art logistics system in this ~)
Aufteilung / segmentation
Auftrag *m.*; Bestellung *f.*; Beschaffungsauftrag *m.* / order
Auftrag annehmen / take an order
Auftrag erteilen; Bestellung aufgeben / place an order
Auftrag, Abruf-~ *m.* / call-off order
Auftrag, angehaltener ~ *m.* / hold order
Auftrag, Bestelländerungs-~ *f.* / change order
Auftrag, entscheidender ~ / vital order
Auftrag, externer (Kauf) **~** / purchase order
Auftrag, Fabrik-~ *m.* / manufacturing order
Auftrag, fest eingeplanter ~ *m.* / firmly planned order
Auftrag, fester ~ *m.* / firm order
Auftrag, Fremdfertigungs-~ *m.*; Entlastungsauftrag *m.* / subcontracting order
Auftrag, Füll-~ *m.* (Füllaufträge, vorgezogen oder verspätet vorgegeben, dienen dem Abbau von Belastungsspitzen) / forcing order
Auftrag, gefrorener ~ *m.* (z.B. nicht änderbarer, d.h. eingefrorener Liefertermin) / frozen order (e.g. non changeable, i.e. frozen delivery date)
Auftrag, geplanter ~ *m.* / planned order
Auftrag, Groß-~ *m.* / bulk order
Auftrag, im ~ (~ und auf Rechnung von ...) / by order (~ and for account of ...)
Auftrag, interner ~ *m.* / internal order
Auftrag, laufender ~ *m.* / current order; running order

Auftrag, nach ~ bauen; nach Auftrag konstruieren; nach Auftrag errichten / build-to-order; engineer-to-order
Auftrag, offener (Kauf) **~** / open purchase order
Auftrag, rückständiger ~ *m.* (noch nicht belieferter, fälliger Kundenauftrag) / outstanding order
Auftrag, Tages-~ *m.* / day order
Auftrag, teilbelieferter ~ *m.* / partial order
Auftrag, wichtiger ~ *m.*; entscheidender Auftrag *m.* / vital order
Aufträge anstoßen *mpl.* / launch orders; start orders; initiate orders
Aufträge bereitstellen / stage orders
Aufträge in Arbeit *mpl.* / live load
Aufträge zusammenfassen; kommissionieren / batch orders
Aufträge, ausgelieferte ~ *mpl.* / shipped orders
Auftraggeber / customer
Auftragnehmer, bevorzugter ~; Vorzugslieferant *m.*; bevorzugter Lieferant / preferred supplier; prime contractor
Auftragsablaufplan *m.* / order schedule
Auftragsabschluss *m.* / order completion; completion of order
Auftragsabschlusskarte *f.* / order finish card
Auftragsabwicklung / order processing
Auftragsabwicklungsverfahren *n.* / order processing system
auftragsanonymer Bedarf *m.* / summarized requirements
Auftragsart *f.* / order type; type of order
Auftragsbearbeitung / order processing
Auftragsbearbeitungszeit *f.* / order processing time
auftragsbedingt *adj.* / order related
Auftragsbeginn / order initiation
Auftragsbegleitkarte *f.* (Fertigung) / shop traveller (manufacturing)
Auftragsbereitstellung *f.*; Bereitstellung von Aufträgen / staging of orders

Auftragsbestand *m.* / orders on hand; order stock; orders in hand; goods on order

Auftragsbestand, eingefrorener ~ *m.* / frozen order stock

Auftragsbestand, unerfüllter ~ *m.*; Auftragsrückstand *m.* / backlog order; order backlog

Auftragsbestätigung *f.* / order confirmation; acknowledgement of order; order acknowledgement

auftragsbezogen fertigen *v.*; nach Maß fertigen / make-to-order; produce-to-order

auftragsbezogen montieren *v.* / assemble-to-order

auftragsbezogene Fertigung *f.* / manufacturing to order

auftragsbezogener Bedarf *m.* / pegged requirements

Auftragsbildung *f.* / order generation

Auftragsdatei *f.* / order file

Auftragsdaten *npl.* / order data

Auftragsdatum *n.* / order date

Auftragsdisposition / order planning

Auftragsdurchführung *f.* / order execution

Auftragsdurchführungsanzeige *f.* / order activity flag

Auftragsdurchlauf / order cycle

Auftragsdurchlaufzeit *f.* / order throughput time; order cycle time

Auftragseingang *m.* / order entry; order receipt; orders received; new orders

Auftragseingang und Umsatz *m.* / new orders and sales

Auftragseingangsbuch *n.* / orders received book

Auftragseingangsprognose *f.* / order receipt forecast

Auftragseinplanung *f.* / order scheduling

Auftragseinplanungsmethode *f.* / order scheduling method

Auftragsendtermin *m.* / order deadline

Auftragsentnahme *f.*; Entnahme von Aufträgen (aus dem Lagerregal) / order picking (from the rack)

Auftragserfüllung *f.* / order fulfillment

Auftragserfüllungsgrad *m.* / order fill rate

Auftragserhalt *m.* / receipt of order

Auftragserteilung *f.* / placing of orders

Auftragsfertigung *f.* / job order production

Auftragsfinanzierung *f.* / order financing

Auftragsfluss *m.* / order flow

Auftragsfolge *f.* / order sequence

Auftragsformular *n.* / order form

Auftragsfreigabe *f.*; Auftragsvorgabe *f.*; Bestellvorgabe *f.* / order release

Auftragsfreigabe mit Belastungsschranke (ABS) *f.* / order release with load limitation

auftragsgemäß *adj.* / as per order

Auftragskennzeichen (AKZ) *n.* / order code

Auftragsklärung *f.* / order clarification

Auftragskosten *pl.* (Fertigung) / job costs; job order costs (production)

Auftragskosten *pl.*; Bestellkosten *pl.*; Beschaffungskosten *pl.* (Beschaffung) / order costs; ordering costs (procurement)

Auftragskosten, direkte ~ *fpl.* (Material, Lohn, etc.) / prime costs (material, wages, etc.)

Auftragskostenausgleich *m.* / sales cost adjustment

Auftrags-Liefer-Prozess *m.* / make-market cycle

Auftragsliste *f.* / order list

Auftragsmappe *f.*; Auftragspapiere *npl.* / shop packet

Auftragsmenge *f.*; Bestellmenge *f.* (z.B. kleinste ~) / order quantity; ordering quantity (e.g. minimum ~)

Auftragsmengenschlüssel *m.* / order quantity key

Auftragsnetz *n.* / order network

Auftragsnummer f.; Bestellnummer f. / order number

Auftragsoptimierung f. / order optimization

Auftragsphase f. / order phase

Auftragsplan m. / order plan

Auftragsplanung f.; Auftragsdisposition f., / order planning

Auftragsposition f. / order item

Auftragspriorität f. / order priority

Auftragspufferzeit f. / order slack

Auftragsrückstand / backlog order

Auftragssammelstelle f. / order collection center; order consolidation center (CC); order groupage center

Auftragsstand m.; Auftragsstatus m. / order status

Auftragsstart m.; Auftragsbeginn m. / order initiation

Auftragsstatus / order status

Auftragssteuerung f. / order control

Auftragsstruktur f. / order structure

Auftragsstückliste f.; Bestellstückliste f. / order bill of material

Auftragsterminierung f. / order scheduling

Auftragsübermittlung f. / conveyance of order

Auftragsüberwachung / order monitoring

Auftragsverbund m. / joint order

Auftragsverfahren; Auftragsvorgehen) n. / ordering procedure

Auftragsverfolgung f.; Auftragsüberwachung f. / order monitoring; order tracking; follow-up of orders

Auftragsvergabe / award of contracts

Auftragsvergabe an Fremdfirmen / subcontract

Auftragsverhandlung f. / order negotiation

Auftragsvorschlag (Fertigung) m. / order proposal; suggested work order (manufacturing)

Auftragsvorschlag m.; Bestellvorschlag m.; Beschaffungsvorschlag m. / order proposal; order recommendation; suggested purchase order

Auftragswert m.; Wert der Bestellung; Bestellwert m. / order value

Auftragswesen n. / sales order processing

Auftragszeile f. (z.B. ~ einer Einkaufsbestellung) / order line (e.g. ~ of a purchasing order)

Auftragszeit f. / order time

Auftragszentrum (AZ) n.; Auftrags-abwicklung f.; Auftragsbearbeitung f.; Bestellabwicklung f. / Order Processing (department)

Auftragszusammenstellung f. (z.B. ~ von Aufträgen mit gleicher Versandadresse) / order consolidation; order configuration (e.g. ~ of orders with same destination of delivery)

Auftragszustand m. / job status

Auftragszyklus m.; Auftragsdurchlauf m. / order cycle

Aufwand (Kosten) / costs

Aufwand (Leistung) m.; Anstrengung f. / effort

Aufwand, betrieblicher ~ / costs of operations

Aufwand, Bezahlung nach ~ f. / payment pay-as-you-go; at cost

Aufwandsentschädigung f. / expense allowance

Aufwandskonto n. / expense account

aufwandsneutral / neutral to the expense account

aufwandsrelevant / relevant to the expense account

aufwärtskompatibel adj. / upwardly compatible

Aufwendungspauschale f. (z.B. ~ zur Abdeckung bestimmter Dienstleistungen) / allowance

Aufzeichnung f.; Eintragung f. / record

Aufzug m.; Fahrstuhl m. / elevator

Ausbeutung *f.* (z.B. ~ von Rohstoffen) / exploitation (e.g. ~ of resources)

Ausbildung *f.* / education

Ausbildung, gewerbliche ~ *f.*; gewerbliche Berufsausbildung *f.* / vocational training; industrial training

Ausbildung, innerbetriebliche ~ *f.* / in-house training

Ausbildung, kaufmännische ~ *f.* / commercial training

Ausbildungs- und Wissensprofil *n.* / training and know-how profile

Ausbildungszentrum / training center

Ausblick *m.*; Vorausschau *f.* / outlook

Ausbreitung, starke ~ / proliferation

Ausbringung / yield

Ausbringungsleistung / production rate

ausdehnen *v.*; erweitern *v.* (z.B. Geschäftsaktivitäten ~) / extend (e.g. ~ business activities)

Ausdruck (Drucker) *m.* / printout

ausdrücken *v.*; sagen *v.* (z.B. Sie wissen schon, was ich meine) / say (e.g. you know what I'm saying)

auseinandernehmen / disassemble

auseinandernehmen, Ladung ~ *f.* / dismantle a shipment of cargo

Ausfall *m.*; Störung *f.* / breakdown; failure; downtime (in production)

Ausfallkosten *pl.*; Fehlmengenkosten *pl.* (~ durch Maschinenausfall; ~ durch Fehlteile) / downtime costs; shortage costs (~ through idle machine capacity; ~ through missing parts)

Ausfallmuster *n.*; Muster *n.* / sample; specimen

Ausfallzeit / downtime

Ausfuhr / export

Ausführbarkeit *f.*; Durchführbarkeit *f.* / feasibility

Ausfuhrbescheinigung *f.* / export confirmation; export certificate

Ausfuhrbewilligung *f.* / export licence

ausführen *v.* (z.B. ~ von Konzepten) / implement (e.g. ~ concepts); put into practice

ausführen *v.* (z.B. 1. einen Wunsch verwirklichen; 2. einen Plan ausführen) / realize; carry out (e.g. 1. to realize a desire; 2. to carry out a plan)

Ausfuhrgenehmigung *f.* / export permit; export license

Ausfuhrland *n.* / country of exportation

Ausfuhrnachweis *m.* / proof of exportation

Ausfuhrtarif *m.* / export tariff

Ausführung *f.* (z.B. ~ eines Konzepts) / implementation (e.g. ~ of a concept)

Ausführungsart *f.*; Modalität *f.*; Art und Weise *f.* / modality

Ausführungsplan *m.* / implementation plan

Ausfuhrverantwortlicher *m.* / export officer

Ausfuhrverbot *n.* / embargo; export prohibition

Ausfuhrvorschrift *f.* / export regulation

Ausfuhrzoll *m.* / export duty

Ausfuhrzollformalität *f.* / export customs formality

Ausgabe, Daten-~ *f.* / data output

Ausgabeformat *n.* / output format

Ausgabekurs *m.* / issue price

Ausgaben / costs

ausgabenwirksam / affecting expenses

Ausgabestand *m.* (z.B. ~ von Zeichnungen) / revision level; engineering revision level (e.g. ~ of drawings)

Ausgangslage *f.* / initial situation

Ausgangsleistung *f.* (z.B. ~ einer Maschine) / output (e.g. ~ of a machine)

Ausgangsmaterial *n.* / original material

Ausgangsort *m.*; Ursprung *m.*; Herkunft *f.* / origin

Ausgangssituation *f.*; Ausgangslage *f.* / initial situation

Ausgangsstückliste *f.* / master bill of material

Ausgangszone, Waren-~ *f.* / shipping area

ausgebucht, total ~ (z.B. der Flug ist ~) / fully booked (e.g. the flight is ~)

ausgeglichen *adj.* / balanced

ausgehen *v.* (z.B. das Material geht uns aus) / run short (e.g. we are running short with material)

ausgehende Ladung; abgehende Ladung; Fracht (Ausgang) / outbound cargo

ausgehender Verkehr; abgehender Transport / outbound transportation

ausgelieferte Aufträge *mpl.* / shipped orders

Ausgleich *m.*; Saldo *m.* / balance

Ausgleich, Kapazitäts-~ *m.* / capacity adjustment

ausgleichen / compensate

ausgliedern *v.*; abstoßen *v.* (z.B. ~ eines Unternehmensteiles) / outsource (e.g. ~ a part of the company); spin off

Ausgliederung / outsourcing (Vergabe bzw. Ausgliederung von Leistungen an externe Dienstleister)

Ausgliederung *f.* (z.B. ~ der Geschäftsaktivitäten X in eine neue Firma Y) / carve out (e.g. ~ X business in a new company Y)

Ausgliederung *f.*; Ausgründung *f.* (z.B. ~ von Unternehmensteilen in eine rechtlich selbständige Einheit) / hive-off (e.g. ~ of assets and liabilities of a company to a separate legal entity)

aushandeln *v.*; handeln *v.*; verhandeln *v.* / negotiate

Aushilfe *f.*; Aushilfskraft *f.*; Zeitarbeiter (z.B. der Einsatz von Aushilfskräften bzw. Zeitarbeitern stellt eine hervorragende Möglichkeit dar, den Personaleinsatz flexibel zu gestalten und an schwankendes Arbeitsvolumen anzupassen) / temporary help (e.g. the use of temporary help is an excellent way to flex the workforce and adjust to fluctuating work volumes)

Auskunft / request

Auskunft, Flug-~ *f.* / flight information

Auskunftssystem *n.* / retrieval system

Ausladekosten *pl.* / unloading costs

ausladen *v.* (z.B. einen großen Haufen ~) / unload (e.g. ~ a big load)

Auslagen / expenses

Auslagen im Geschäftsinteresse / entertainment expenses

Auslagerung, Ein- und ~ *f.* / storage and disbursement

Auslagerungsliste *f.* / disbursement list

Ausland *n.* / foreign countries; overseas

Ausland, Beteiligungen ~ *fpl.* / associated companies international; affiliated companies international

Ausland, im ~ / abroad

Ausland, ins ~ versetzter Mitarbeiter / expatriate

ausländische Arbeitskräfte *fpl.* / foreign labor; foreign workforce

ausländisches Werk *n.*; ausländische Fertigung *f.* (z.B. ~ außerhalb von Deutschland) / foreign plant; foreign factory (e.g. ~ outside of Germany)

Auslandsfertigung *f.* / foreign production

Auslandsmarkt *m.* / foreign market

Auslandsvertrieb / international sales

Auslastung *f.*; Belastung (von Maschinen) *f.* (kapazitätsmäßig) / load (capacity-wise)

Auslastung des Raumes; Raumnutzung *f.*; Nutzung des Raumes; Nutzungsgrad Raumes (z.B. die ~ des Lagers ist ziemlich hoch) / cube utilization (of the warehouse) (e.g. the ~ of the warehouse is pretty high)

Auslastung, Fahrzeug-~ *f.* / loading rate

Auslastungsfaktor *m.* / loading factor

Auslastungsgrad *m.* / loading rate; percentage utilization

Auslastungsgrenze *f.* / utilization limit

auslaufen *v.* (z.B. das Material geht uns aus) / run short (e.g. we are running short of material)

Auslaufteil *n.* / phase-out part

Auslauftermin *m.* / cut-off date

ausleihen, Geld (an *jmdn.* verleihen) / lend money (~ to *sbd.*)

ausleihen, Geld (von *jmdm.* ausleihen) / borrow money (~ from *sbd.*)

ausliefern, versenden und ~ / ship and deliver

ausliefernde Stelle *f.* / shipping point

Auslieferung *f.* (Ggs. ankommende Lieferung) / outbound delivery (opp. inbound delivery)

Auslieferungsauftrag / delivery order

Auslieferungslager *n.*; Distributionslager *n.*; Verteillager *n.* / distribution warehouse

Auslieferungsnachweis *m.*; Ablifernachweis *m.*; Liefernachweis *m.* / proof of delivery

Ausnahmetarif *m.* / exceptional tariff

Ausnutzung *f.*; Ausbeutung *f.* (z.B. ~ von Rohstoffen) / exploitation (e.g. ~ of resources)

Ausnutzung, maximale ~ *f.* / maximum utilization

Ausprägung / characteristic

Auspuff-Abgas *n.* / exhaust fume; exhaust emission

Ausrichtung, funktionsübergreifende ~ *f.* (z.B. Einzelfunktionen aufeinander abstimmen) / interfunctional alignment (e.g. to align functions)

Ausrüstung *f.*; Geräte *npl.*; Betriebsanlagen *fpl.*; Maschinen *fpl.* / equipment; devices

ausschalten *v.* / switch off

Ausscheiden *n.* (z.B. vorzeitiger Ruhestand) / retirement (e.g. early retirement)

ausschlachten *v.* / salvage

Ausschlachtung *f.* / salvage operation

ausschließend *adv.*; exklusiv *adj.* (Ggs. inklusiv; einschließend) (z.B. dies ist unser Exklusivpreis; dieser Preis ist ohne alles, d.h. beinhaltet keine Nebenkosten) / exclusive (opp. inclusive) (e.g. this is our exclusive price)

ausschließlich Verpackung / packing excluded

Ausschreibung *f.* / request for bids; quotation request; invitation to bid; invitation to tender

Ausschreibungsdatum *n.* / bid invitation date

Ausschuss *m.*; Schrott *m.*; Verschnitt *m.* / scrap

Ausschuss *m.* (Zurückweisung); Ausschussteile *npl.* / rejects

Ausschuss *m.* (z.B. Arbeits-~) / committee (e.g. work ~)

Ausschuss für Logistik (AL) Logistikausschuss *m.*; Logistikkommission *f.* / logistics committee

Ausschussanteil *m.* / scrap factor

Ausschussfaktor *m.*; Ausschussrate *f.* / scrap rate

Ausschussteile / rejects

Ausschussverwertung *f.* / salvage

Außenbestände *mpl.* / outstandings

Außenbeziehungen *fpl.* / external relations

Außendienst *m.* / field service

Außendienstlogistik *f.* / field service logistics

Außendiensttechniker *m.* / field service engineer

Außeneinsatz *m.* (z.B. ~ eines Gabelstaplers) / outdoor use (e.g. ~ of a forc lift truck)

Außenhandel *m.* / foreign trade

Außenlogistik *f.* / field logistics

Außenmaße *npl.* / exterior dimensions

Außenmontage *f.* / field installation

Außenstelle / liaison office

Außenwirtschaftsmeldung *f.* / foreign trade documents

Außenwirtschaftsrecht *n.* / international commercial law (export control)

außergerichtlicher Vergleich *m.* / voluntary agreement

außergewöhnlich / outstanding

äußerster Termin / final deadline

außertariflicher Mitarbeiter *m.*; außertariflicher Angestellter *m.* (Ggs. tariflicher Mitarbeiter) / exempt employee (opp. non-exempt employee)

Aussperrung *f.* / lock-out

Ausstapeln, Ein- und ~ *n.* / stacking and retrieval

Ausstattungsmerkmal *n.* (z.B. wahlweises ~ als Computerzusatz) / feature (e.g. optional ~ as an addition to the computer)

ausstehendes Geld *n.* / money due

Ausstellung / trade fair

Ausstellungsdatum *n.* / date of issue

Ausstoß *m.*; Ausgangsleistung *f.*; Arbeitsergebnis *n.* (z.B. ~ einer Maschine) / output (e.g. ~ of a machine)

Ausstoß pro Arbeitsstunde / hourly output

Austausch *m.* (z.B. ~ von Information) / exchange (e.g. ~ of information)

austauschbar *adj.* / interchangeable

austauschen, Daten über Verbundsysteme ~ *v.* / network *v.*

ausüben *v.* (einer Tätigkeit); praktizieren *v.* / practice

Ausverkauf *m.*; Schlussverkauf *m.* / clearance sale; sell-out

ausverkauft *adv.* / sold out

Auswahl *f.* / selection

Auswahl *f.*; Warensortiment *n.* / assortment

Auswahl und Vielfalt *f.* (z.B. ~ von Produkten) / choice and variety (e.g. ~ of products)

Auswahl, Bewerber-~ *f.* / candidate selection

auswählen *v.* / select

Ausweicharbeitsplatz *m.*; Ersatzarbeitsplatz *m.* / alternate work center; standby work center

Ausweichmaschine *f.* / alternate machine

Ausweichmaterial *n.* / alternate material; substitute

Ausweis *m.* / identification card (ID)

Ausweitung *f.*; Erweiterung *f.* Expansion *f.* / expansion

auswerten *v.* / evaluate

Auswertung *f.*; Evaluierung *f.* / evaluation

Auswertung, Kosten-~ / cost analysis

Auswirkung *f.* / effect

auszahlen (z.B. das lohnt sich nicht); lohnen / pay off (e.g. that does't ~)

auszeichnen *v.* (Preisschild, Preisetikett) / label; mark

Auszeichnung *f.*; Bepreisung *f.* (z.B. anbringen von Preisschildern oder -etiketten an die Ware) / ticketing (e.g. to apply price tags or price labels to merchandise)

Auszeichnung; Preis *m.* (z.B. ~ für hervorragende Leistung) *f.* / award (e.g. ~ for outstanding performance)

Auszubildende(r) *m.*; Lehrling *m.* / trainee; apprentice

Authentizität *f.*; Berechtigung *f.*; Echtheit *f.* (z.B. ~sprüfung für PC-Nutzer außerhalb der Firma mit Zugriff auf Firmenrechner hinter der Firewall) / authenticity (e.g. ~ check for PC users with remote access to company computers behind the firewall)

Autobahn *f.*; Schnellstraße *f.* / motorway (BrE); throughway; expressway (AmE)

Autoelektronik *f.* / automotive electronics

Auto-Karosserie *f.* / body; auto body

Automationsstufe *f.*; Automatisierungsgrad *m.* / degree of automation

automatisch gesteuertes Transportfahrzeug *n.* / automated guided vehicle

automatische Anrufverteilung *f.* (z.B. ~ an die anwesenden Agenten in einem Call Center) / Automatic Call Distribution (ACD)

automatisches Fördersystem *n.* / automated handling system

automatisieren *v.* / automate

automatisierte Lagerung
(automatisiertes Lagersystem für die
Ein- und Auslagerung von Waren) /
Automatic Storage & Retrieval System
(ASRS) (automated system for moving
goods into and retrieving it from storage
locations)

automatisiertes Identifikationssystem
(z.B. ~ unter Verwendung von
Barcodeetiketten) / automated
identification system (e.g. ~ by using
barcode labels)

automatisiertes Lagersystem /
automated storage system

Automatisierung *f.*;
Automatisierungstechnik *f.* /
automation; automation technology

Automatisierung mit Robotern /
robotization

Automatisierung, flexible ~ *f.* (~ durch
flexible Nutzung der Betriebsmittel und
durch verschiedene Produkte und
Vorgänge) / flexible automation (~ by
using flexible utilization of equipment
and through different products and
procedures)

Automatisierungsgrad / degree of
automation

Automatisierungsstufe *f.* / stage of
automation; automation level

Automatisierungssystem *n.* /
automation system

Automatisierungstechnik / automation

Automobiltechnik *f.* / automotive
systems

autonom *adj.* / autonomous; self-
managing

autonome Arbeitsgruppe *f.* / self-
directed work team

Autoscheinwerfer *mpl.* / headlights

Autovermietung *f.* / car rental

avisierter Wareneingang *m.*;
angekündigter Wareneingang *m.* /
advised delivery; announced delivery
(incoming goods)

AWB (Luftfrachtbrief) *m.* / airway bill
(AWB)

AZ (Auftragszentrum) *n.*;
Auftragsabwicklung *f.*; Auftragsbearbeitung *f.*; Bestellabwicklung *f.* /
order processing

B

BA (Beratungsausschuss) *m.* / consulting
committee; board of advisors

Bach, den ~ runtergehen *v.*; es geht
bergab (fam.: z.B. ein Vorhaben,
Geschäft oder Geschäftsergebnis 'geht
den Bach runter' oder 'in die Binsen') /
go down the drain; go down the tube
(coll.: e.g. the action, business or profit
goes down the drain)

Back Office; Abteilung zur
Unterstützung (z.B. unser Back Office
sollte einige Overheadfolien für das
nächste Kundengespräch entwerfen) /
back office (e.g. our ~ should design
some overheads for the next customer
meeting)

Backbone *n.* / backbone *n.*
(Hochgeschwindigkeitsnetzwerk für
Internetcomputer)

Bahn *f.* / railway

Bahn, per ~ *f.* / by rail

bahnamtlich *adj.* / by railway officials

Bahnanbindung *f.* (z.B. ~ ist
vorausgesetzt, ~ wird benötigt) /
service, rail ~ (e.g. ~ is needed)

bahnbrechend *adj.* (z.B. dies ist eine ~e
Erfindung) / cutting edge (e.g. this is a ~
invention)

Bahnen *fpl.* (z.B. ein Sortiersystem,
bestehend aus 15 ~, sortiert die Waren
nach ihrem Bestimmungsort) / lanes
(e.g. a sorting system of 15 ~ sorts the
goods for final destination)

Bahnfracht *f.* / rail freight

Bahnfrachtbrief *m.* / railway consignment

Bahngleis *n.* / railroad track; railway track

Bahnhof, Güter-~ *m.* / freight terminal

bahnlagernd *adj.* / be left at the station until called for

Bahnsammelstelle *f.* / railway groupage

Bahnspediteur *m.* / railroad agent

Bahntransport *m.* / rail transport

Balanced Scorecard *f.* (Managementmethode, die Vision und strategische Unternehmensziele mit operativen Maßnahmen, der normalen Geschäftstätigkeit, verbindet. Damit verbunden ist ein Bewertungssystem, das für eine Organisation oder auch für einzelne Personen eine Balance herstellen soll zwischen z.B. finanziellen Ergebnisgrößen und operativen Treibergrößen) / balanced scorecard (BSC)

bald, so ~ (schnell) wie möglich / asap (short for 'as soon as possible')

Band *n.* / tape

Band *n.; *Fließband *n.; *Förderband *n.* / conveyor; conveyor belt

Bandarbeiter *m.* / line worker

Bandbreite *f.* / bandwith

Bandmontage *f.; *Bandfertigung *f.; */ line assembly

Bandprüfung *f.* / tape test

Bandspule *f.* / reel

Bank, Europäische Zentral-~ (EZB) *f.* / European Central Bank (ECB)

Bankauskunft *f.* / bank reference

Bankbeleg *m.* / bank receipt

Bankkonto *n.* / bank account

Bankkredit *m.* / loan

bankrott *adj.* / bankrupt

Bankrott *m.; *Konkurs *m.* (z.B. ~ erklären) / bankruptcy (e.g. file for ~)

Banküberweisung *f.* / bank transfer; remittance; money transfer

bar / cash

bar bezahlen *v.* / pay in cash

bar oder per Kreditkarte bezahlen *v.* / pay cash or credit

bar oder unbar *m.* (z.B. wie wollen Sie zahlen, ~?) / cash or credit (e.g. how would you like to pay, ~?)

Barauslagen *fpl.* / cash expenditure

Barcode *m.* / barcode

Barcodedrucker *m.* / barcode printer

Barcodeetikett *n.* / barcode label

Barcodescanner (zum Abtasten des Barcodes von einem Barcodeetikett) *m.* / barcode scanner *f.*

Barerstattung *f.* / cash refund

Bargeld *n.; *Barvermögen *n.* / cash

Bargeld, ungenutztes ~ *v.; *ungenutztes Geld *v.* / idle cash; idle money

bargeldlose Zahlung *f.* / cashless payment

bargeldloser Zahlungsverkehr *m.* / cashless money transfer

Barkasse *f.; *Sofortzahlung *f.* / spot cash

Barriere, kulturelle ~ *f.* (z.B. Hindernis in der Art des Denken und Handelns) / cultural barrier (e.g. blockage in the way of thinking and acting)

Barrieren *fpl.* (vor allem mentale ~ bei der Zusammenarbeit über Abteilungsgrenzen hinweg)/ walls (fig., coll. AmE; especially mental barriers in cross-functional co-operation)

Barrierenbeseitigung *f.; *Hindernisbeseitigung *f.* / barrier removal; elimination of barriers

Barvermögen *n.* / cash

Barzahlung *f.* / cash payment

Barzahlung bei Lieferung / cash on delivery (cod)

Barzahlungspreis *m.* / cash price

Barzahlungsrabatt / cash discount

Basis *f.* / basis; base

Basisbestand *m.* / base inventory level

Basisindex *m.* / base index

Basiskosten *pl.* / basic direct costs

Basispreis *m.* / base price

Basistechnologie *f.* / base technology

Basiswert *m.* / basic value

Batcheingabe f. / batch input session
Batchprogramm n. / batch program
Batchverarbeitung / batch processing
Bauelement n.; **Baugruppe** n. (z.B. elektronisch) / component (e.g. electronical ~)
Baugruppe f.; Modul n. / module
Baugruppenlager / component store
Baukastenstückliste f. / one level bill of material; single level explosion
Baukastenverwendungsnachweis / where-used bill of material
Bauliste f. / assembly list
Baumstruktur f. / tree structure
Baustein m. (z.B. Logistikbausteine, d.h. die wichtigsten Logistikprinzipien, welche die Logistikkette bilden) / building block (e.g. logistics building blocks, i.e. the major logistics principles that form a supply chain)
Bausteinsystem n. / building block system
Baustelle, Montage-~ f.; Montagegelände n. (z.B. auf der Montagebaustelle) / installation site (e.g. at the ~)
Baustellenfertigung f. / construction-site manufacturing; project shop
Baustellenmontage f. / site assembly
Baustufe f.; Fertigungsstufe f.; Produktionsgrad m. / production level
Bauteil / component
Bauten und Anlagen / buildings and facilities
BBDS (Bereichsbeauftragter für den Datenschutz) / group data protection officer
BBIS (Bereichsbeauftragter für Informationssicherheit) / group data security officer
BDSG (Bundesdatenschutzgesetz) n. / german federal data protection act
beabsichtigen v. / intent
beachten v / berücksichtigen v. / consider; regard
Beamter m. / civil servant

beanspruchen v.; Anspruch erheben (z.B. ~, dass die Lieferung komplett war) / claim (e.g. to ~ that the delivery has been complete)
beanstanden / complain
Beanstandung f. / claim; complaint
bearbeiten v. ; Aufgabe bearbeiten v. / process
bearbeiten v.; maschinell bearbeiten v. (Fertigung) / machine
Bearbeitung / processing; handling
Bearbeitung, nachgelagerte ~ / downstream operation
Bearbeitung, sofortige ~ von Aufträgen f. / instantaneous processing
Bearbeitung, vorgelagerte ~ / upstream operation
Bearbeitungsdatum n. / process date
Bearbeitungsgebühr f. / handling charge
Bearbeitungskosten pl. / handling costs
Bearbeitungsreihenfolge f. (Fertigung) / machining sequence
Bearbeitungsstand m. / processing stage
Bearbeitungsverfahren n. (Fertigung) / machining procedure; processing procedure
Bearbeitungsvorschrift f.; Arbeitsanweisung f. / work instruction; work specification; processing instruction
Bearbeitungszeit f. (z.B. ~ für ein Stück pro Arbeitsgang) / running time; operation time; process time; processing time
Bearbeitungszentrum n. / processing center
Beauftragter m.; Repräsentant m. / representative
Beauftragter für Informationssicherheit m. / information security officer
Bebauungsplan m. / zoning plan
Bedarf m. (Nachfrage); Kundenbedarf m.; Marktbedarf m.; Marktnachfrage f. (~ nach) / demand; market demand (~ for)

Bedarf *m.* (Notwendigkeit); Bedürfnis *n.* (z.B. ~ an etwas haben) need (e.g. to have ~ for s-th.)

Bedarf *m.* (Anforderung) / requirement

Bedarf decken *v.* / cover the demand

Bedarf schaffen *m.*; Bedarf erzeugen *m.* / create demand

Bedarf vom Schwesterwerk / interplant demand

Bedarf, aufgestauter ~ *m.* / pent-up demand

Bedarf, auftragsanonymer ~ *m.* / summarized requirements

Bedarf, auftragsbezogener ~ *m.* / pegged requirements

Bedarf, den ~ befriedigen *m.* / meet the demand

Bedarf, den ~ decken *m.* / cover the demand; supply the needs

Bedarf, den ~ übersteigen *m.* / exceed the demand

Bedarf, disponierter ~ *m.* / planned requirements

Bedarf, durchschnittlicher ~ *m.* / average demand

Bedarf, Eigen- ~ *m.* / inhouse requirements

Bedarf, externer ~ *m.* / external demand; exogenous demand

Bedarf, fest zugeordneter ~ *m.* / firm allocated requirements; firm allocated demand

Bedarf, gemeinschaftlicher ~ *m.*; komplementäre Nachfrage *f.* / joint demand

Bedarf, geringer ~ *m.* / low demand

Bedarf, gesteigerter ~ *m.*; Bedarfszunahme *f.* / increased demand

Bedarf, hinter den ~ zurückfallen *m.* / fall short of the requirements

Bedarf, interner ~ / internal requirements

Bedarf, mittelbar entstandener ~ *m.* / dependent demand

Bedarf, möglicher ~ *m.* / potential demand

Bedarf, nach ~ *m.* / demand-oriented; when required

Bedarf, Tages- ~ *m.* / daily requirement

Bedarf, ungeplanter ~ *m.* / unplanned requirements

Bedarf, ursprünglicher ~ *m.* / original demand

Bedarf, zusätzlicher ~ / additional demand

Bedarfs- und Auftragsrechnung *f.*; Materialdisposition *f.*; Materialbedarfsplanung *f.* / material requirements planning (MRP)

Bedarfsabnahme *f.* / reduced demand

Bedarfsanalyse *f.* / demand analysis

Bedarfsänderung *f.* / requirements alteration

Bedarfsartikel *mpl.* / necessaries; commodities

Bedarfsauflösung *f.* / requirements explosion

Bedarfsaufschlüsselung *f.* / demand filtering

Bedarfsberechnung *f.* / calculation of requirements

Bedarfsbündelung *f.* / pooling of demand

Bedarfsdeckung *f.* / demand coverage

Bedarfsermittlung / requirements planning

Bedarfsfall, im ~ *m.* (z.B. nur ~ anrufen) / in case; if necessary (e.g. call just ~)

Bedarfsfortschreibung *f.* / updating of requirements

bedarfsgesteuert *adj.* / demand-driven

Bedarfsliste *f.* (mit Terminen) / demand schedule; demand listing (with dates)

Bedarfsmanagement *n.* / demand management

Bedarfsmeldung *f.* / requirements notice

Bedarfsmenge *f.* / required quantity

bedarfsorientiert *adj.* / demand-oriented

bedarfsorientiertes Bestellsystem *n.* / demand-oriented system; pull-type ordering system

Bedarfsorientierung f. / demand-orientation

Bedarfsplan m. / requirement schedule

Bedarfsplanung f.; Bedarfsermittlung f.; Bedarfsrechnung f. / requirements planning; requirement scheduling

Bedarfsprofil n. / demand profile; demand pattern

Bedarfsprognose f.; Bedarfsvorhersage f.; Bedarfsvorschau f. / requirements forecast; demand forecast

Bedarfsrechnung / requirements planning

Bedarfsreservierung f. / requirements pegging

Bedarfsspanne f. / required margin

Bedarfsspitzen fpl. / spikes in demand; peaks in demand

Bedarfssteuerung f. / demand control

Bedarfstermin m. / date of requirements; requirements date

Bedarfsverschiebung f. / shift in demand

Bedarfsverteilung f. / demand distribution

Bedarfsvorhersage; Bedarfsvorschau / requirements forecast

Bedarfswert m. / demand value

Bedarfszeitreihe f. / requirements time series

Bedarfszunahme / increased demand

Bedeutung f. / importance

bedienen (einer Maschine) v. / operate

Bediener (einer Maschine) m. / machine operator

Bediengerät n. / operation equipment

Bedienplatz m. / operator station

Bediensystem n. / operator communication system

Bedienung, menügeführte ~ f. / menu driven handling; menu driven operation

Bedienungsanleitung f. / instruction; manual; operation manual

Bedingung, Rahmen-~ f. / general condition

Bedingungen (Verträge etc.) pl.; Vertragsbedingungen pl. / terms

Bedingungen, Entsendungs-~ (für die Entsendung von Mitarbeitern ins Ausland) / expatriate policy

Bedingungen, Handels-~ fpl. / terms of trade

bedrohen v.; **drohen** v. (~ mit) / threaten (~ with)

Bedrohung f.; **Drohung** f.; **Gefahr** f. / threat

Bedürfnis n. (z.B. ~ an etwas haben) / need (e.g. to have ~ for s-th.)

beeinflussen v. / influence; bias

beenden v.; aufhören v.; aufgeben v.; einstellen v. (z.B. die Lieferantenbeziehung ~) / stop; shut down; discontinue (e.g. ~ the supplier relationship)

befähigen (~ für) / qualify (~ for)

Befähiger m. (Maßnahme, die etwas ermöglicht, z.B. Verbesserungen) / enabler

befähigt (~ für) / eligible (~ for)

befähigt, nicht ~ (~ für) / ineligible (~ for)

Befähigung f. (Arbeitnehmern oder einer Gruppe von Arbeitnehmern einräumen, eigene Entscheidungen treffen zu können. Jeder trägt Verantwortung und muss Rechenschaft geben) / empowerment (allowing a worker or group of workers to make their own job decisions. Each becomes responsible and is held accountable)

Befähigung der Mitarbeiter / employee empowerment

Befangenheit f.; Tendenz f.; Vorurteil n. / bias

Befehl m. / command

Befehl ausführen m. / execute a command

Befehlszeile f. / command line

befördern v. (beruflich) / promote (job)

befördern v. (Waren) / expedite; convey; forward; transport (e.g. ~ goods)

Beförderung (Waren) f. / transportation; carriage

Beförderung *f.* (ranglich, Mitarbeiterbeförderung) / promotion

Beförderungsart *f.* / mode of transportation

Beförderungskosten; Frachtkosten / freight charges; freight expenditure

Beförderungsliste *f.* (ranglich, zur Mitarbeiterbeförderung) / promotion list

Beförderungsmittel *npl.*; Transportmittel *mpl.* / means of transport

Beförderungsvorschrift / forwarding instruction

Beförderungsweg *m.*; Leitweg *m.*; Route *f.* / route

Befrachter *m.* / charterer

Befreiung *f.* (z.B. ~ vom Zoll) / exemption (e.g. ~ from duty)

befristetes Beschäftigungsverhältnis / temporary work

Befugnisstufe / authority level

befürchten *v.*; fürchten *v.* (z.B. ich fürchte, die Lieferung wird nicht rechtzeitig eintreffen) / be afraid (e.g. I am afraid the delivery will not be on time)

begierig wissen wollen (z.B. 1. ich möchte gerne wissen, 2. er ist gespannt auf seinen Bericht) / anxious (e.g. 1. I am ~ to know, 2. he is ~ for his report)

Beginn der Nachricht / beginning of message

Beginntermin, frühester ~ *m.*; frühester Starttermin *m.*; frühester Anfangstermin *m.* / earliest start date

Beginntermin, letzter ~ *m.*; letzter Starttermin *m.*; spätester Anfangstermin *m.* / latest start date

beglaubigt *adj.*; bescheinigt *adj.* / certified

Beglaubigung *f.*; Legitimierung *f.* / authentication

Beglaubigung *f.*; Zertifizierung *f.*; Bescheinigung *f.* (bei Urkunden und Bescheinigungen im Englischen: 'to whom it may concern') / certification

Beglaubigungsklausel *f.* (Urkunde) / acknowledgement

begleichen, Rechnung ~.; bezahlen einer Rechnung; / pay a bill; settle an account

Begleitpapiere *npl.* / accompanying documents

begreifen (merken) *v.*; sich klarmachen *v.*; erkennen *v.*; feststellen *v.* / realize

Begrenzung, Schadens-~ *f.* / limiting of the damage

Begriff *m.*; Fachbegriff *m.*; Fachausdruck *m.* / term

Begriff, Schlüssel-~ *m.* / key term

Begriffsbestimmung / definition

Behälter *m.* (i.d.R. mit vorab fest definierter Menge eines Produktes oder Materials) / case (usually a container which holds a fixed, pre-determined quantity of a product or material)

Behälter *m.*; Container *m.*; Sammelbehälter *m.*; Transporteinheit *f.* / container; bin

Behälter *m.*; Kiste *f.* / tray

Behälter, Lager-~ *m.* / storage bin

Behälter, Pendel-~ *m.* / shuttle container

Behälterentnahmen, Durchlaufregal für ~; Durchlaufregal für Kistenentnahmen / case pick flow rack

Behälterstellposition *f.*; Behälterstellplatz *m.* / container storage position

Behältersystem, Zwei-~ *n.* (einfaches Bestellsystem mit festem Bestellpunkt) / two-bin system

Behandlung *f.* / treatment

beheben, Mängel ~ *v.*; Missstände abstellen *v.* / remedy defects

beherrschen *v.*; im Zaume halten / keep under control

Behörde *f.* / administrative authority; administrative agency (*pl.* authorities)

beiderseitiges Interesse *n.* / mutual interest

beiderseitiges Vertrauen / mutual trust

Beifahrersitz *m.* / passenger seat

Beiladung *f.* / additional cargo
Beilage, Packungs-- *f.* / package insert
beinhalten *v.* (etwas ~) / contain (~ s-th)
Beipack / accessory
Beisatz *m.* / trailer record
Beispiel, praktisches ~ / real world example; down-to-earth example
beistellen *v.* / consign
Beistellung (Waren-~ zu einer Lieferung) *f.* / consignment
Beistellung (Zubehör) *f.*; Beipack *f.* / accessory
Beistellung des Kunden *f.* / customer-supplied equipment
Beitrag *m.* / contribution
beitragen *v.* (zu etw. ~) / contribute (~ to s-th.)
bekanntgeben *v.* (z.B. hiermit wird bekanntgegeben ...) / announce (e.g. this is to announce ...)
beklagen, sich ~ / complain
Bekleidungsindustrie *f.* / apparel industry
Beladefrist; Verladefrist (d.h. erlaubte Ladezeit) / loading period (i.e. time allowed for loading)
Beladegebühr *f.* / loading charge
beladen *v.* / load
Beladung, Schiffs-~ *f.* / loading of a ship
Beladungszeit *f.* / loading time
belasten (~ mit) *v.* (z.B. er wurde mit 30 $ belastet) / charge (~ with) (e.g. he was charged with 30 $)
belastend, körperlich ~er Arbeitsschritt *m.* / taxing operation
Belastung (von Maschinen) / load (capacity-wise)
Belastung *f.* (z.B. ~ eines Kontos; ein Konto belasten) / charge; debit (e.g. the charge of an an account; the debit of an an account; to charge an account)
Belastung, geglättete ~ / balanced loading
Belastungsaufgabe *f.* / debit note

Belastungsausgleich *m.*; Belastungsglättung *f.* / load levelling; load compensation; load balancing
Belastungsgruppe *f.* / load center; machine center
Belastungshochrechnung / load forecast
Belastungsplan *m.*; Belegungsplan *m.* (Kapazität) / loading plan
Belastungsplanung *f.* / load planning
Belastungsprofil *n.* (z.B. ~ einer Maschine) / load profile (e.g. ~ of a machine)
Belastungsschranke, Auftragsfreigabe mit ~ *f.* / order release with load limitation
Belastungsspitze / peak load
Belastungsübersicht *f.* / load report; load chart
Belastungsübersicht je Arbeitsplatz / overview of work center capacity load
Belastungsvorschau *f.*; Belastungshochrechnung *f.*; Kapazitätsprognose *f.* / load forecast; load projection
belaufen, sich ~ auf (z.B. die Rechnung beträgt ... DM) / amount to (e.g. the bill amounts to ... $)
Beleg (Beweis) / evidence
Beleg, Kassen-~ *m.* / receipt; sales slip
Beleg, Rechnungs-~ *m.* / billing form; sales slip
Belegnummer *f.* / docket number
Belegorganisation *f.* / document organization
Belegschaft / personnel
Belegung *f.*; Füllgrad *m.* (~ eines Lagers); Inanspruchnahme *f.* (z.B. Belegung = genutzte Lagerplätze zu Gesamtlagerplatz in Prozent) / occupancy (~ of a warehouse) (e.g. occupancy = used locations in relation to available locations as a percentage)
Belegung des Lagers; Lagerbelegung *f.*; genutzte Lagerkapazität; genutzte Kapazität des Lagers / warehouse occupancy

Belegungsart f. / load type
Belegungsliste f.; Ladeliste f. / loading list
Belegungsplan (Flächen) m. / layout plan
Belegungsplan (Kapazität) / loading plan
Belegungsversuch (Telekommunikation) m. / call attempt
Belegungszeit f. / loading time; occupation period
Beleuchtungstechnik f. / lighting systems
beliefern / supply
beliefern; versorgen (mit Speisen und Getränken) sorgen für; versorgen mit / cater
Bemühung / endeavor
benachrichtigen v. / inform; notify; advise
Benachrichtigung f. / notification
Benchmark m.(Herkunft des Wortes „benchmark" ursprünglich aus dem angelsächsischen Sprachraum: für Messungen etc. zeichnet der Schreiner mit einem Stift auf seiner Werkbank (bench) Markierungen (marks) auf) / benchmark
Benchmark m.; Bezugsmarke f.; Vergleichsmaßstab m. (z.B. ~ im Vergleich mit dem besten Wettbewerber) / benchmark (e.g. ~ in comparison with the best-of-class competitor)
Benchmarking n. (das aktuelle Tätigkeitsprofil einer Firma an anderen Firmen mit ähnlicher Tätigkeit messen, die als 'Beste in ihrer Klasse' betrachtet werden. Diese 'Spitzen'lösungen werden dann auf das Tätigkeitsfeld der eigenen Firma übertragen) / benchmarking (to measure a company's current operation profile against other companies with similar operations that are considered to be the 'best-in-class'. These 'best' practices are then

incorporated into the own company's operations)
Benchmarks setzen npl. / set benchmarks
Benchmarks, Logistik-~ pl. (Beispiele: 1. Fehlerraten von weniger als eins pro 1.000 Sendungen, 2. Logistikkosten von gut unter 5% des Umsatzes, 3. Bestandsumschlag von 10 oder mehr pro Jahr, 4. Transportkosten von einem Prozent der Umsatzerlöse oder weniger) / logistics benchmarks (examples: 1. error rates of less than one per 1,000 order shipments, 2. logistics costs of well under 5% of sales, 3. inventory turnover of 10 or more times per year, 4. transportation costs of one percent of sales revenues or less)
Benimmregeln fpl.; Verhaltensregeln fpl. / the do's and don'ts (coll.)
Benummerungs- und Identifizierungssystem n. / numbering and identification system
benutzerfreundlich adj. / user-friendly
Benutzeridentifikation (Benutzer-ID) f. / user ID
Benutzeroberfläche f. / user interface
Benutzerrechte npl. / user rights
Benzinuhr f.; Tankanzeige f. / fuel control; fuel gauge
Benzinverbrauch m. / gas consumption
Beobachtung / surveillance
Beobachtungssystem n. / monitoring system
Bepreisung f.; Auszeichnung f. (z.B. anbringen von Preisschildern oder -etiketten an die Ware) / ticketing (e.g. to apply price tags or price labels to merchandise)
beraten v. / advise
beratender Ingenieur m. / engineering consultant
Berater m. (z.B. Aufgaben eines Beraters: 1. Probleme erkennen und analysieren, 2. Lösungen empfehlen,

die auf betrieblichen, technischen und menschlichen Fakten beruhen, 3. Durchführungspläne entwickeln, 4. Mitarbeiter trainieren und qualifizieren) / consultant; advisor (e.g. consultant's tasks: 1. identify and analyze problems, 2. recommend solutions, based on operational, technical and human factors, 3. prepare action plans, 4. train and qualify personnel)

Berater, externer ~ / outside consultant

Berater, Fach-~ *m.* / professional consultant; technical consultant

Berater, interner ~ / in-house consultant

Beratung *f.* / consulting; consulting service; advisory; advisory service

Beratung, Outplacement-~ *f.* (professionelle Unterstützung bei der Vermittlung von Arbeitsverhältnissen für Institutionen, Firmen und Privatpersonen) (z.B. ~ wird dringend für ca. 200 Personen benötigt, da die Firma den Fertigungsstandort im Juli nächsten Jahres schließen wird) / outplacement consulting (professional placement support for institutions, companies and individuals (e.g. ~ is urgently needed for some two hundred people because the company will shut down its manufacturing site in July next year)

Beratungsausschuss (BA) *m.* / consulting committee; board of advisors

Beratungsprojekt *n.* / consulting project

berechnen *v.*; kalkulieren,*v* / calculate

Berechnung / calculation; computation

berechtigen (z.B. jmdn. ~ etwas zu tun) *v.* / entitle (e.g. ~ *s.o.* to do *s.th.*)

berechtigt *adj.*; befähigt *adj.*; qualifiziert *adj.* (~ für) / eligible (~ for)

berechtigt sein (~ zu); Anspruch haben (~ auf) / entitled (~ to)

berechtigt, nicht ~ *adj.*; nicht befähigt *adj.*; nicht qualifiziert *adj.* (~ für) / ineligible (~ for)

Berechtigung *f.* / authorization

Berechtigung, Freigabe-~ *f.* / release authorization

Berechtigungscode *m.* / authorization code

Berechtigungsgruppe *f.* / authorization group

Berechtigungsprüfung *f.* / authorization check

Bereich *m.* (i.S.v. Schwankungsbreite) / range; area

Bereich *m.*; Gebiet *n.* / area

Bereich *m.*; Geschäftsbereich *m.*; Unternehmensbereich *m.* / group; division

Bereich mit eigener Rechtsform *m.* / separate legal unit

Bereich, geschäftsführender ~ *n.* (z.B. unternehmerisch geführter ~) / business unit (e.g. entrepreneurially managed ~)

Bereiche und Regionen / groups and regions

bereichs- und regionen-übergreitende Maßnahme / inter-groups and inter-regional measure

Bereichs- und Regionsgrenzen / group and regional boundaries

Bereichsbeauftragter für den Datenschutz (BBDS) / group data protection officer

Bereichsbeauftragter für Informationssicherheit (BBIS) / group data security officer

Bereichsleitung / group executive management

bereichsorientiert *adj.* / group-oriented

Bereichsprojekt *n.* / group project

Bereichsreferent für Umweltschutz *m.* / environmental protection representative

bereichsübergreifend *adj.* / cross-divisional; inter-divisional; cross-group; inter-group

bereichsübergreifende Entwicklung *f.* / inter-group development

bereichsübergreifendes Team *n.* / inter-group team

bereichsüberschreitendes Projekt *n.* / inter-group project; cross-group project

Bereichsvertriebe *mpl.* / group sales

Bereichsvorstand *f.*; Bereichsleitung *f.* / group executive management

bereitgestelltes Material *n.* / staged material

Bereitschaft zur Veränderung; Änderungsbereitschaft *f.* / willingness for change

Bereitschaftskosten *pl.* / standby costs

Bereitstellager *n.* (z.B. ausgewiesene Fläche in einer Fertigungseinheit, in der Material zum kurzen Zugriff bereitgestellt wird) / Pick-up and Delivery location (P&D location) (e.g. location for temporary material storage in a manufacturing unit)

Bereitstellauftrag *m.* / staging order

bereitstellen *v.* (z.B. 1. Material körperlich bereitstellen; z.B. 2. genaue und aktuelle Informationen für Exporteure bereitstellen) / make available (e.g. 1. provide material; e.g. 2. provide accurate and timely information to exporters)

Bereitstellen und Betreiben (~ von) / provision and operation (~ of)

Bereitstellfläche *f.* / staging area; kitting area; pick area

Bereitstellliste / picking list

Bereitstellstation *f.* / marshalling station

Bereitstellsystem *n.* / staging system

Bereitstelltermin *m.* / staging date; pick date

Bereitstellung *f.*; Zuordnung (z.B. körperliche ~ von Material, ~ eines Auftrages) / **provision**; staging; allocation (e.g. ~ of material, ~ of an order)

Bereitstellung von Aufträgen *f.* / staging of orders

Bereitstellung, unverrechnete ~ von Material / uncharged provision of material

Bereitstellungspreis *m.* / staging charge

bergab, es geht ~ (fam.: z.B. ein Vorhaben, Geschäft oder Geschäftsergebnis 'geht den Bach runter' oder 'in die Binsen'.) / it goes down the drain (coll.: e.g. the action, business or profit goes down the drain)

Bericht *m.* / report

Bericht über Logistik / report on logistics

Bericht, Jahres-~ *m.* / annual report

Bericht, Kassen-~ *m.* / cash report

Bericht, Lagerbestands-~ *m.* / inventory report

Bericht, Schadens-~ *m.* / damage report

Berichte, Analysen und ~ / analyses and reports

berichten (~ über) *v.* / report (~ on)

Berichtigung, Kaufkraft-~ *f.*; Kaufkraftanpassung *f.* / adjustment of purchasing power

Berichtsbogen *f.*; Scorecard *f.*; Bewertungsblatt *f.*; Bewertungsliste *f.*; Blatt mit Bewertungsziffern (z.B. ~ mit erzielten Ergebnissen anhand von Zielsetzungsparametern, wie z.B. finanzielle und operative Kennzahlen, Ergebnis- und Treibergrößen, kurz- und langfristige Aspekte) / scorecard (e.g. ~ with results achieved, using objectives, e.g. financial and operational measures, outcome measures and performance drivers, short and longtime aspects)

Berichtserstattungshäufigkeit *f.* / frequency of reporting

Berichtspflicht *f.* / reporting responsibility

Berichtswesen *n.* / reporting

Berichtswesen, internes ~ *n.* / internal reporting system

berücksichtigen *v.*; beachten *v.* / regard; consider

Beruf *m.* / profession; occupation

Beruf ausüben *m.* / hold a job

Beruf des Logistikers *m.*; Logistik-Beruf *m.* / logistics profession

Beruf, von ~ (z.B. er ist ~ LKW-Fahrer) / by trade (e.g. ~ he is a trucker)

berufen *adv.;* ernannt *adv.* (z.B. er ist der vor kurzem bzw. neu ernannte Logistikmanager der Firma) / appointed (e.g. he is the recently resp. newly appointed logistics manager of the company)

Berufs... / professional ...

Berufsausbildung / professional training

Berufsausbildung, gewerbliche ~ *f.;* gewerbliche Ausbildung *f.* / vocational training; industrial training

Berufserfahrung *f.* professional experience

Berufsgenossenschaft *f.* / professional association

Berufsschule / professional school

Berufstätigkeit / job performance

Besatzung, Schiffs-~ *f.;* Besatzung *f.* / crew

beschädigte Ladung *f.* / damaged cargo

beschädigte Ware (im Lager); Lagerschaden *m.* / warehouse damage

Beschädigung *f.;* Schaden *m.* / damage

Beschädigung, absichtliche ~ *f.;* vorsätzliche Beschädigung *f.* / willful damage

Beschädigung, Sach-~ *f.* (mutwillige ~) / damage (wilful ~)

beschaffen / order

Beschaffung *f.* (z.B. ~ von Waren von extern) / purchase (e.g. ~ of goods from outside)

Beschaffung, fertigungssynchrone ~ *f.* / just-in-time purchasing

Beschaffungsabteilung *f.* / procurement; procurement office

Beschaffungsart *f.* / mode of procurement

Beschaffungsauftrag / purchase order

Beschaffungsdisposition / purchase order planning

Beschaffungsfrist *f.* / purchase ordering deadline

Beschaffungskompetenz *f.* / procurement competence

Beschaffungskosten / order costs

Beschaffungslogistik *f.;* Logistik in der Beschaffung / procurement logistics

Beschaffungsmarkt *m.* / source of supply

Beschaffungsmethode *f.* / ordering method

Beschaffungsmöglichkeit *f.* / procurement possibility

Beschaffungsparameter *m.* / ordering parameter

Beschaffungsplanung *f.;* Beschaffungsdisposition *f.* / purchase order planning

Beschaffungsrechnung *f.;* Bestell-rechnung *f.* / purchase order calculation

Beschaffungsschlüssel *m.* / ordering key

Beschaffungsvorgänge *mpl.* / procurement activities

Beschaffungsvorschlag / order proposal

Beschaffungszeit *f.* / ordering period

Beschaffungszeitpunkt / order point

Beschaffungszeitpunktmethode / order point method

Beschaffungsziele *npl.* / procurement objectives

beschäftigen, *jmdn.* **~** *v.* / employ (~ *s.o.*); have *s.o.* on one's payroll

Beschäftigung *f.* / employment

Beschäftigungsbedingungen *fpl.* / conditions of employment

Beschäftigungsfähigkeit *f.;* Arbeitsfähigkeit *f.;* Job-Verwendbarkeit *f.* (i.S.v. Erhaltung der Arbeitsmarktfähigkeit der Arbeitnehmer / employability

Beschäftigungsgrad *m.* / employment level

beschäftigungslos, *jmdn.* **~ machen** / make *s.o.* idle; put *s.o.* out of work

Beschäftigungsniveau *n.* / level of employment

Beschäftigungsstruktur *f.* / workforce structure

Beschäftigungsverhältnis, vorübergehendes ~ *n.*; befristetes Beschäftigungsverhältnis *n.* / temporary work

bescheinigt / certified

Bescheinigung *f.;* Beglaubigung *f.* (bei Urkunden und Bescheinigungen im Englischen: 'to whom it may concern') / certificate

Beschlag *m.*; Zubehör *n.*; Verbindung *n.* / fitting

beschleunigen *v.* / accelerate; quicken; speed up

beschleunigt durchführen / carry out quickly

Beschleunigung, Innovations-~ *f.* / accelerated innovation

Beschluss *m.*; Entscheidung *f.* / decision

Beschlussvorlage *f.;* Entscheidungsvorlage *f.* (z.B. die Entscheidungsvorlage für Herrn E.W. Müller muss rechtzeitig abgegeben werden) / decision proposal (e.g. the decision proposal for Mr. E.W. Mueller has to be delivered on time)

Beschränkung *f.* / restriction; limitation

Beschränkung, Einfuhr-~ *f.* / import restriction

Beschränkung, Handels-~ *f.* / trade sanction

Beschränkung, Import ~ *f.* / import restriction

Beschreibung *f.*; Bezeichnung *f.* / description

Beschriftungsvorschrift *f.* / marking instruction

Beschuldigung dementieren / deny the charge

Beschwerde / complaint

Beschwerdemanagement *n.*/ complaint management

beschweren, sich ~ *v.*; sich beklagen *v.*; beanstanden *v.*; reklamieren *v.* / complain

Beseitigung *f.*; Umzug *m.* / removal

Beseitigung, Abfall-~ *f.* / trash removal

Besetztton *m.* / busy tone; engaged-tone

Besitz *m.*; Eigentum *n.*; Eigentumsrecht *n.* / ownership; property

Besitzer / owner

Besonderheit *f.* (z.B. ~ als wahlweiser Computerzusatz) / feature (e.g. optional ~ as an addition to the computer)

Besorgnis / anxiety

besorgt / anxious

Besprechung *f.* / meeting

Besprechungsprotokoll *n.* / minutes

besprochen, wie ~; wie vereinbart / as agreed upon

besser dran sein; günstiger sein (z.B. mit diesem Angebot sind Sie viel besser dran, dieses Angebot ist viel günstiger) / to be better off (e.g. you are much better off with this offer)

Best Practice; Spitzenanwendung *f.*; Spitzenlösung *f.*; Vorbildlösung *f.* (z.B.: das Ergebnis unseres Benchmarkings ist, dass Firma X in Europa die besten Konzepte für City-Logistik liefert) / best practice (e.g.: as a result of our benchmarking, ~ concepts in city logistics in Europe are provided by company X)

Bestand *m.*; Bestände *fpl.*; Vorrat *m.* (z.B. ~ an fertigen Erzeugnissen, ~ an unfertigem Material, ~ an Rohmaterial) (Anmerkung: für die folgenden Einträge in diesem Fachwörterbuch, die im Zusammenhang mit dem Begriff 'Bestand' stehen: im amerikanischen Sprachgebrauch wird hierfür zumeist 'inventory (AmE)' verwendet, im britischen Sprachgebrauch wird 'stock (BrE)' gebraucht. 'stock' wird jedoch in beiden Sprachen auch für 'lagern oder einlagern' verwendet, im AmE auch für 'Aktie') / inventory (AmE); stock (BrE) (e.g. ~ of finished goods, ~ of unfinished material, ~ of raw material)

Bestand an unfertigen Erzeugnissen *m.* / process inventory; semi-finished inventory

Bestand beim Kunden (gehört dem Hersteller) *m.* / consigned inventory; consigned stock

Bestand in der Fertigung / work-in-progress inventory

Bestand zum Bestellzeitpunkt *m.* / order point stock level; order point inventory level

Bestand, blockierter ~ / allocated inventory

Bestand, buchmäßiger ~ *m.* / booked inventory

Bestand, buchmäßiger ~ zu Ist-Kosten *m.* / booked inventory at actual cost; booked stock at actual cost

Bestand, buchmäßiger ~ zu Standardkosten *m.* / booked inventory at standard cost; booked stock at standard cost

Bestand, dispositiver ~ *m.* / inventory at disposal; stock at disposal

Bestand, eiserner ~ *m.* / reserve inventory

Bestand, fest reservierter ~ *m.* / firm allocated inventory; firm allocated stock

Bestand, geplanter ~ *m.*; Sollbestand *m.* / planned inventory; planned stock

Bestand, geringer ~ / low inventory

Bestand, im Verteilsystem befindlicher ~ (z.B. Bestand auf dem Weg zwischen Werk und Kunde) / inventory in transit (e.g. inventory in transit between factory and customer)

Bestand, ohne ~ *m.* / out of inventory; out of stock

Bestand, Plan-~ *m.* / planned inventory; target inventory

Bestand, reservierter ~ *m.*; blockierter Bestand *m.* / allocated inventory; allocated stock; reserved inventory

Bestand, spekulativer ~ *m.* / hedge inventory

Bestand, Unterwegs-~ (auf Straße oder Schiene) / rolling warehouse

Bestand, verfügbarer ~ *m.*; verfügbarer Lagerbestand *m.* / available inventory; available stock

Bestände, umfangreiche ~ / heavy inventory

Beständeeinheitswert *m.* / inventory unit value

Beständewagnis *n.* / inventory risk

Beständigkeit *f.* (z.B. bei Lieferungen) / continuity (e.g. in deliveries)

Bestandsabbau *m.*; Bestandsreduzierung *f.*; Vorratsabbau *m.*; Lagerabbau *m.* / inventory reduction; stock reduction; inventory cutting; destocking

Bestandsabfrage *f.* / inventory request; stock request

Bestandsabgleich *m.* / inventory balancing; stock balancing

Bestandsabnahme / decrease of inventory

Bestandsabstimmung *f.*; Bestandsausgleich *m.* / inventory reconciliation; stock reconciliation

Bestandsabwertung *f.* / inventory write-off

Bestandsaufnahme / inventory take

Bestandsaufwertung *f.* / inventory write-up

Bestandsausgleich / inventory reconciliation

Bestandsbericht, Lager-~ *m.* / inventory report

Bestandsbewegung, Datum letzte ~ *n.* / date of last inventory transaction

Bestandsdatei, laufende ~ *f.* / perpetual inventory file; on-going stock file; continual stock file

Bestandsdaten *npl.* / inventory data

Bestandsdifferenz *f.* / inventory difference

Bestandsentwicklung *f.* / inventory level development

Bestandsfortschreibung *f.* / inventory update

Bestandsführung *f.*; Bestandsmanagement *n.*; Bestandswirtschaft *f.* / inventory management; stock management

Bestandshöhe *f.* / inventory level

Bestandshöhenüberwachung *f.* / inventory level control; stock level control

Bestandsknappheit *f.*; Lagerknappheit *f.* / inventory shortage; stock shortage

Bestandskontrolle / inventory control

Bestandskosten *pl.* / inventory costs; stock costs

Bestandslagerung und -verwaltung *f.* / inventory storage and handling

bestandslos / stockless; zero buffer

bestandslose Fertigung *f.* / stockless production

Bestandsmanagement (i.S.v. Betriebsvermögen) *n.* / asset management

Bestandsmanagement (i.S.v. z.B. Fertigungs- oder Lagerbeständen) / inventory management

Bestandsnutzung *f.* (z.B. gesamtes Inventar in % vom Umsatz) / asset utilization (e.g. net inventory of all assets as a percentage of sales)

Bestandsobergrenze *f.* / maximum inventory level

Bestandspolitik *f.*; Lagerpolitik *f.* / inventory policy; stock policy

Bestandsposition *f.* / inventory item

Bestandsprogramm *n.* / inventory program; stock program

Bestandsprotokoll *n.*; Bestandsunterlage *f.* / inventory record; stock record

Bestandspuffer *m.*; Pufferbestand *m.* / inventory buffer; stock buffer; buffer stocks

Bestandsrechnung *f.* / calculation of inventory; calculation of stock

Bestandsreduzierung / inventory reduction

Bestandsreichweite *f.* / range of inventory; range of stock

Bestandssteuerung *f.*; Lagerbestandssteuerung *f.*; Bestandskontrolle *f.*; Lagerhaltungskontrolle *f.* / inventory control; stock control

Bestandstabelle *f.* / inventory chart; stock chart

Bestandstyp *m.* / type of inventory; type of stock

Bestandsübersicht *f.*; Lagerbestandsliste *f.* / inventory status report; stock status report

Bestandsumschlag *m.*; Bestandsumschlagshäufigkeit (z.B. ~ der Ware) / turns; turnover; inventory turn (e.g. ~ of goods)

Bestandsuntergrenze *f.* / minimum inventory level

Bestandsunterlage / inventory record

Bestandsverlust *m.* / inventory shrinkage

Bestandswirtschaft / inventory management

Bestandteil / element

bestätigen (anerkennen) *v.* / confirm; acknowledge

bestätigen (unterzeichnen) *v.*; indossieren (genehmigen) *v.*; zustimmen *v.* / endorse (approve)

bestätigtes Angebot / firm offer

Bestätigung (Anerkennung) *f.* / confirmation; acknowledgement

Bestätigung (Genehmigung) .; Zustimmung *f.* / endorsement (approval)

Bestätigung, Buchungs-~ *f.* / confirmation of booking

Bestätigung, Liefer-~ *f.* / confirmation of delivery

bestechen *v.*; betrügen *v.*; schmieren *v.* (z.B. im Verdacht stehen, bestochen zu haben) / cheat (e.g. to be suspected of having cheated)

bestehend *adv.* (z.B. ~e und zukünftige Kunden) / existing (~ and prospective customers)

Bestellabwicklung / order processing

Bestellabwicklungsverfahren *n.* / purchasing procedure

Bestelländerungsauftrag *f.* / change order

Bestellanforderung *f.* / purchase requisition

Bestellauftrag / purchase order

Bestellaufzeit *f.* / purchase lead time

Bestellbedingungen *fpl.* / commercial terms

Bestellbestand *m.* / stock on order

Bestellbestandsrechnung *f.* / order stock calculation; stock on order calculation

Bestellbestandswert *m.* / stock on order value

Bestellblock *m.* (Papiervordrucke) / order pad

Bestelleingang *m.* / incoming purchase order

bestellen *v.* / order

Bestellfälligkeitsdatum *n.* / purchase delivery due date

Bestellfortschritt *m.* / purchase progress

Bestellgrenze *f.* / order limit

Bestellgrenzenrechnung *f.* / order limit calculation

Bestellintervall *n.* / replenishment cycle

Bestellkosten / order costs

Bestellmenge (z.B. minimale ~) / order quantity (e.g. minimum ~)

Bestellmenge, zusammengefasste ~ / lot

Bestellmengenrechnung *f.* / order quantity calculation

Bestellnummer / order number

Bestelllosgröße *f.* / purchase delivery batch quantity

Bestellprogramm *n.* / ordering program

Bestellpunkt *m.*; Bestellzeitpunkt *m.*; Beschaffungszeitpunkt *m.* / order point

Bestellpunkt, fester ~ *m.* / fixed order point

Bestellpunkt, gleitender ~ *m.* / floating order point

Bestellpunkt, terminabhängiger ~ *m.* / time-based order point

Bestellpunktmethode *f.*; Bestellzeitpunktmethode *f.*; Beschaffungszeitpunktmethode *f.* (Bestandssteuerungsmethode zur Lageraufüllung nach z.B. Maximum-Minimum Level) / order point method

(inventory control method to refill stock, e.g. on a max-min level basis)

Bestellpunktrechnung *f.* / order point calculation

Bestellrechnung / order calculation

Bestellregel *n.* / order policy

Bestellschein *m.* / order form

Bestellstückliste / order bill of material

Bestellsystem, bedarfsorientiertes ~ *n.* / pull-type ordering system

Bestellsystem, verbrauchsorientiertes ~ *n.* / consumption-oriented ordering system

Bestellüberwachung *f.* / order monitoring

Bestellung / order

Bestellung aufgeben / place an order

Bestellung mit vereinbarter Zahlung / cash order

Bestellung, externe ~ *f.*; externer Auftrag *m.*; Bestellauftrag (extern) *m.* / external purchase order

Bestellung, interne ~ *f.*; interner Auftrag *m.* / internal order

Bestellung, offene ~ *f.*; offener Auftrag *m.* / open purchase order

Bestellung, vorläufige (noch nicht feste) ~ *f*; Absichtserklärung *f.; f.* / letter of intent (LOI)

Bestellverfahren (-vorgehen) *n.* / ordering procedure

Bestellvorgabe / order release

Bestellvorschlag / order proposal

Bestellwert / order value

Bestellwesen *n.* / ordering

Bestellzeit *f.* / order delivery time

Bestellzeitpunkt *m.* / order point

Bestellzeitpunkt, Bestand zum ~ *m.* / order point stock level; order point inventory level

Bestellzeitpunktmethode *f.* / order point method

Bestellzettel (BZ) *m.* / order form; order slip

Besteuerung, ausländische ~ *fpl.* / foreign taxation

Besteuerung, Doppel-~ *f.* / double taxation

Besteuerung, Pauschal-~ *f.* / taxation at a flat rate

bestimmen / define

bestimmt *adj.*; eindeutig *adj.* / definite

Bestimmung *f.* / determination

Bestimmung *f.*; Klausel *f.*; Vorschrift *f.* / provision; clause

Bestimmung, Devisen-~ *f.* / exchange regulation

Bestimmungsbahnhof *m.* / station of destination

Bestimmungshafen *m.* / port of destination

Bestimmungsort *m.* / point of destination

Best-in-class; Bester in seiner Art (bezieht sich auf Firmen oder Organisationen, die dafür bekannt sind, dass sie bei einem bestimmten Prozess hervorragend sind und dazu gebenchmarkt wurden) / best-in-class (refers to companies or organizations that are known to be excellent in the specific process being benchmarked)

Bestreben *n.*; Bemühung *f.* / endeavor; endeavour (BrE)

bestücken *v.* (Leiterplatte) / pick-and-place (printed circuit board)

Bestückungsautomat *m.*; Bestücksystem *n.*; Bestückungsmaschine *f.* / pick-and-place machine

Bestückungsseite *f.* / components side

besuchen, eine Veranstaltung ~; an einer Veranstaltung teilnehmen / attend a program

Besucherdienst *m.* / visitor services

Betätigung / activity

Beteiligte *mpl.*; Interessensvertreter *m.* (wirtschaftliche, staatliche oder andere gesellschaftliche Gruppen, wie z.B. Aktionäre, Mitarbeiter, Kunden, Lieferanten, die ein Interesse an den Leistungen und am finanziellen Ergebnis eines Unternehmens geltend machen) / stakeholder

Beteiligung *f.* (Kapital-~) / stake; participation (financial ~)

Beteiligungen Ausland *fpl.* / associated companies international; affiliated companies international

Beteiligungen Inland *fpl.* / associated companies domestic; affiliated companies domestic

Beteiligungscontrolling *n.* / controlling subsidiaries and associated companies

Beteiligungsgesellschaft *f.*; Tochtergesellschaft *f.*; (Mehrheitsbeteiligung, d.h. Beteiligung mehr als 50%) / subsidiary (majority stake, i.e. owned more than 50%)

Beteiligungsgesellschaft *f.*; Tochtergesellschaft *f.*; (Minderheitsbeteiligung, d.h. Beteiligung weniger als 50%) / associated company; affiliated company (minority stake, i.e. owned less than 50%)

Betracht, in ~ ziehen *m.* / consider

Betrachtung *f.* / focus

Betrachtung, ganzheitliche ~ gesamtheitliche Betrachtung; integrierte Betrachtung / holistic approach; integrated approach

Betrag *m.*; Summe *f.* / amount

Betrag, Rechnungs-~ *m.* / invoice amount

betragen *v.*; sich belaufen auf (z.B. die Rechnung beträgt ... DM) / amount to (e.g. the bill amounts to ... $)

betreffen *v.* (z.B. betreffend Ihres Schreibens ...) / concern (e.g. concerning your letter ...)

betreiben / operate

Betreiben, das ~ *n.* (z.B. von IuK) / operation (e.g. of I&C)

betreuen; anleiten *v.*; trainieren *v.* (z.B. ~ von Mitarbeitern, um wesentliche Verbesserungen zu erzielen) / coach

(e.g. ~ employees to gain substantial improvements)

Betreuer *m.*; Ratgeber *m.* / mentor

Betreuung *f.* / support

Betreuung, Kunden-~ *f.* / customer care

Betrieb (mit Pflicht der Gewerkschaftszugehörigkeit) *m.* / closed shop (opp. open shop)

Betrieb (ohne Pflicht der Gewerkschaftszugehörigkeit) *m.* / open shop (opp. closed shop)

Betrieb / operations; plant

Betrieb, fahrplanmäßiger ~ *m.* / scheduled service

Betrieb, in ~ nehmen *f.* / start-up; put in operation

Betrieb, in ~ sein *v.*; betreiben *v.*; bedienen *v.*; funktionieren *v.* / operate

betrieblicher Aufwand / costs of operations

Betriebs- und Geschäftsausstattung *f.* / fixtures and furnishings

betriebs... / operations ...

Betriebsabrechnung *f.* / cost center accounting

Betriebsanlagen / equipment

Betriebsanleitung *f.*; Handbuch *n.*; Manual *n.* / manual

Betriebsanordnung *f.*; Fabrikplanung *f.*; Anlagenplanung *f.* / plant layout

Betriebsart *f.* / mode of operation; operation category; operation type

betriebsärztlicher Dienst *m.* / company medical service

Betriebsauftrag / production order; shop order

Betriebsauftragsüberwachung *f.* / shop order tracking

Betriebsauftragsvorgabe *f.* / shop order release

Betriebsbelegschaft *f.*; Fertigungsbelegschaft *f.*; Werkspersonal *n.* / factory personnel

Betriebsbüro *n.* / general operational service

Betriebsdatei *f.* / production file

Betriebsdaten *npl.*; Fertigungsdaten *n.*pl / production data

Betriebsdatenerfassung *f.* / production data capturing

Betriebsergebnis *n.*; operatives Ergebnis *n.*; Geschäftsergebnis *n.* (z.B. ~ entweder als Nettogewinn oder als Nettoverlust) / operating result; operating income; earnings from operations; business profit (e.g. ~ either as a net profit or a net loss)

Betriebserhaltung *f.* / plant maintenance

Betriebsferien / works holidays

Betriebsführung / operational management

Betriebsgelände *n.*; Gelände *n.*; Grundstück *n.* (z.B. 1: auf dem ~ des Kunden; z.B. 2: auf dem Fabrik~) / premises (e.g. 1: at the customer's ~; e.g. 2: ~ of factory)

Betriebsgröße, optimale ~ *f.* / optimum plant size; optimal size of operations

Betriebskalender / shop calendar

Betriebskapital *n.*; Betriebsvermögen *n.*; Anlage- und Umlaufvermögen *n.* / working capital; operating capital

Betriebskosten *pl.*; betrieblicher Aufwand *m.* / costs of operations; operational costs; operating costs; working costs

Betriebsleiter *m.* / factory manager; works manager

Betriebsleitung (BL) *f.*; Betriebsführung *f.* / works management

Betriebsliste *f.* / plant list

Betriebsmittel / assets

Betriebsoptimum *n.* (d.h. Minimum aller Durchschnittskosten) / ideal capacity (i.e. minimum of total average costs)

Betriebspause *f.* / break; rest period

Betriebsrat (BR) *m.* / works council

Betriebsratsvorsitzender *m.* / head of works council

Betriebsruhe *f.*; Betriebsferien *pl.* / works holidays

Betriebsschutz *m.* / security

Betriebssicherheit / industrial safety

Betriebsstoffe *mpl.* / factory supplies; fuels

Betriebsstörung *f.*; Störung der Fertigung / break in production

Betriebsstrukturdaten *npl.* / factory structure data

Betriebssystem / operating system

Betriebsvereinbarung *f.* / labor-management agreement

Betriebsverfassung *f.* / labor relations

Betriebsverfassungsgesetz *n.* / labor-management relations act

Betriebsvermögen *n.;* Betriebskapital *n.;* Anlage- und Umlaufvermögen *n.* / working capital

Betriebswirtschaft *f.* (vgl. zu 'Volkswirtschaft') / business economics; industrial economics (compare to 'national economy'; 'economics')

betroffen sein *adv.*; beunruhigt sein *adv.* (z.B. wir sind sehr beunruhigt wegen Ihrer Lieferprobleme) / concerned (e.g. we are very much concerned about your delivery problems)

Betrug *m.*; Schwindel *m.* (z.B. *jmdn.* des Betruges für schuldig halten) / fraud; deceit; deception (e.g. find *s.o.* guilty of fraud)

betrügen *v.*; bestechen *v.*; schmieren *v.* (z.B. im Verdacht stehen, bestochen zu haben) / cheat (e.g. to be suspected of having cheated)

beunruhigt sein *adv.*; betroffen sein *adv.* (z.B. wir sind sehr beunruhigt wegen Ihrer Lieferprobleme) / concerned (e.g. we are very much ~ about your delivery problems)

beurteilen *v.* / evaluate

Beurteilung / assessment; appraisal; rating

Beurteilung, Leistungs-~ *f.*; Mitarbeiterbeurteilung *f.*; Personalbeurteilung *f.* / performance appraisal

Beurteilung, Lieferanten-~ *f.* / supplier rating; vendor rating

Beurteilung, Mitarbeiter-~ / performance appraisal

Beurteilung, Vorgesetzten-~ *f.*; Leistungsbeurteilung der Vorgesetzten (von unten nach oben, d.h. Mitarbeiter beurteilen ihre Vorgesetzten) / upward appraisal; upward performance appraisal (down to top, i.e. employees rate their bosses)

bevorraten *v.*; Vorräte anlegen / stockpile

Bevorratung / stockpiling

bevorzugen / prefer

bevorzugter Auftragnehmer; Vorzugslieferant *m.*; bevorzugter Lieferant / preferred supplier; prime contractor

bewähren, sich ~ *v.* (z.B. das Konzept hat sich in der Praxis bewährt) / prove (e.g. the concept has proved itself in practice)

bewährt / approved

bewältigen *v.*; fertigwerden mit *v.* (z. B. ~ Lieferproblemen) / cope (e.g. with delivery problems)

bewegliche Funkanlagen *fpl.* / mobile radio equipment

Bewegung, Markt-~ *f.* / movement of the market

Bewegungsdaten *npl.* / movement data

Bewegungsdatum *n.* / transaction date

Bewegungsmenge *f.* / transaction quantity

Bewegungsnachweis *m.* / proof of transaction

Beweis *m.;* Beleg *m.*; Zeugenaussage *f.* (z.B. als bewiesen ansehen) / evidence (e.g. to see evidence)

bewerben, sich (~ um eine Arbeitsstelle) *v.* / apply (~ for a job)

bewerben, sich ~ *v.* (~ um ein Projekt) / bid (~ for a project)

Bewerberauswahl *f.* / candidate selection

Bewerbung (~ um ein Projekt) / bid (~ for a project)

Bewerbung (~ um eine Arbeitsstelle) / application (~ for a job)

Bewertung *f.*; Beurteilung *f.*; Überprüfung *f.* / assessment; appraisal

Bewertung der Kundenzufriedenheit / customer satisfaction rating

Bewertungsblatt; Scorecard *f.*; Bewertungsliste (z.B. ~ mit erzielten Ergebnissen anhand von Zielsetzungsparametern, wie z.B. finanzielle und operative Kennzahlen, Ergebnis- und Treibergrößen, kurz- und langfristige Aspekte) / scorecard (e.g. ~ with results achieved, using objectives, e.g. financial and operational measures, outcome measures and performance drivers, short and longtime aspects)

Bewertungsziffer *f.* / score

Bewirtungsspesen *pl.*; Bewirtungskosten *pl.* (z.B. Reise- und Bewirtungsspesen) / entertainment expenses (e.g. travel and entertainment expenses)

Bewusstmachung, Workshop zur ~ / awareness workshop

Bewusstsein *n.* / awareness; consciousness

bezahlen und mitnehmen / cash and carry

bezahlen, bar ~ *v.* / pay in cash

bezahlen, bar oder per Kreditkarte ~ *v.* / pay cash or credit

bezahlen, eine Rechnung ~; Rechnung begleichen / settle an account

bezahlt, über~ *adv.* / overpriced

bezahlte Fracht *f.* / carriage paid (CP); freight paid

Bezahlung *f.*; Zahlung *f.*; Entlohnung *f.* / payment

Bezahlung nach Aufwand *f.* / pay at cost; payment pay-as-you-go

Bezahlung nach Nutzung *f.* / pay for use

Bezahlung, gegen sofortige ~ / for promt cash

Bezahlung, monatliche ~ *f.*; monatliche Rechnung *f.* / monthly payment; monthly invoice

Bezeichnung / description

beziehen, sich ~ auf / relate to

Beziehung *f.* / relationship

Beziehung, in ~ bringen verbinden *v.*; Bezug haben; in Zusammenhang bringen (gedanklich) / relate

Beziehung, Kunden-~ *f.* / customer relationship

Beziehung, Lieferanten-~ *f.* / customer relationship

Beziehung, Win-Win-~ *f.*; Beziehung zu beiderseitigem Nutzen (z.B. das ist eine echte Win-Win Beziehung mit unserem Lieferanten) / win-win-relationship (e.g. this is a real win-win relationship with our supplier)

Beziehungen *fpl.* (z.B. er hat hervorragende ~ zum Wettbewerb) / connections (e.g. he has excellent ~ to the competition)

Beziehungsnetz *n.* (z.B. informelle Beziehungen) / network (relations) (e.g. informal relations)

Bezug *m.*; Beschaffung *f.* (z.B. Waren von extern) / purchase (e.g. goods from outside)

Bezug haben auf *m.*; sich beziehen auf *v.* / relate to

Bezug vom Schwesterwerk / interplant order

Bezug von mehreren Lieferanten ~ *m.*; Mehrfachbezug *m.* / multiple-sourcing (opp. single-sourcing)

Bezug von nur einem Lieferant Einzelbezug *m.* / single-sourcing (opp. multiple-sourcing)

Bezug, geplanter ~ *m.* / planned supply (incoming delivery)

bezug, in ~ auf / relating to

Bezug, mit ~ auf / with reference to ...

Bezug, Quer-~ *m.*; Querlieferung *f.* / intersegment delivery

Bezug, ungeplanter ~ *m.* / unplanned withdrawal

bezüglich *adj.*; in bezug auf *v.* / relating to

Bezugskarte *f.* / issue card; requisition card

Bezugskosten / cost of acquisition

Bezugsmarke / benchmark

Bezugspapier *n.* / requisition receipt (withdrawal)

Bezugspunkt / reference point

Bezugsquelle / source

Bezugsquelle, einzige ~ *f.*; Einzelbezugsquelle *f.* / single source (opp. multiple source)

Bezugsquellen, mehrfache ~ *fpl.* / multiple sources (opp. single sources)

Bezugsquellen, weltweite ~ *fpl.* / global sources

Bezugsquellenübersicht *f.* / sourcing profile

Bieten (z.B. Angebote ausschreiben; Abgabe von Angeboten) / bidding (e.g. to advertise biddings; submission of bids)

Bilanz *f.* / balance sheet; annual financial statement; year-end financial statement; annual accounts (BrE)

Bilanz *f.* / statement of assets and liabilities

Bilanz, ausführliche ~ *f.* / detailed balance sheet

Bilanz, geprüfte ~ *f.* / audited balance sheet

Bilanzbuchhalter *m.* / accountant

Bilanzgewinn *m.* / profit (as shown in the balance sheet)

Bilanzierung *f.*; Handelsbilanzierung *f.* / financial statements

Bilanzierungsgrundsatz *m.* / accounting principle; guideline for drawing up a balance sheet

Bilanzposten *m.* / balance sheet item

Bilanzprüfung *f.* / balance sheet audit

Bilanzsumme *f.* / balance sheet total

bilateral *adj.* / bilateral; mutual

Bildschirm *m.*; Bildschirmmaske *f.* / screen

Bildschirm, Funktionsablauf am ~ / screen procedure

Bildschirmmaske / screen

Bildschirmsteuerung *f.* / terminal control

Bildschirmtext (BTX) *m.* / interactive videotext

Bildsichtgerät / visual display unit (VDU)

Bildung *f.* / education

Bildung, gewerbliche ~ *f.* / vocational education

Bildung, kaufmännische ~ *f.*; kaufmännische Weiterbildung *f.* / commercial education

Bildungsplanung *f.* / educational planning

Bildungspolitik *f.* / education policy

Bildungsprogramm *n.* / educational program

Bildungszentrum / training center

Bildverarbeitung *f.* / image processing

billig *adj.* (z.B. Billigausgabe bzw. kostengünstige Version eines Produktes) / cheap; inexpensive; low-cost (e.g. low-cost version of a product)

Billiganbieter *m.* / discounter

Billigprodukt *n.*; Produkt der unteren Preiskategorie (i.S.v. Marktkategorie) / low-end product

Billigteil *n.* / cheap inventory item

binär *adj.* / binary

binär verschlüsselte Dezimale *f.* / binary coded decimal

Binärcode *m.* / binary code

Bindefrist *f.* / validity period

Binnenhandel *m.* / home trade; national trade; domestic trade

Binnenmarkt *m.*; eigener Markt *m.*; Inlandsmarkt *m.* / national market; domestic market; home market

Binnenschiffer *m.*; Binnenschifffahrtsunternehmen *n.* / inland waterway carrier

Binnenschifffahrt *f.* / inland shipping
Binnenschifffahrt *f.* / inland waterway
Binnenverkehr *m.* / inland traffic; domestic traffic
bisher *adv.* / previously
Bit *n.* / bit (binary digit)
Bitdichte *f.* / bit density
BizTalk (Kurzform für 'Business Talk'; Framework, das auf XML-Schemata und Industrienormen für den Informationsaustausch basiert und den Unternehmen ermöglicht, auf einfache Weise ~-Dokumente mit ihren Online-Handelspartnern auszutauschen) / BizTalk
BL (Betriebsleitung) *f.*; Betriebsführung *f.* / works management
Blankobezug *m.* / blank purchase
Blatt mit Bewertungsziffern; Scorecard *f.* (z.B. ~ mit erzielten Ergebnissen anhand von Zielsetzungsparametern, wie z.B. finanzielle und operative Kennzahlen, Ergebnis- und Treibergrößen, kurz- und langfristige Aspekte) / scorecard (e.g. ~ with results achieved, using objectives, e.g. financial and operational measures, outcome measures and performance drivers, short and longtime aspects) / scorecard (e.g. with results achieved, using objectives)
blockierter Bestand / allocated inventory
Blocklager *n.* / block of stock (storage items arranged in blocks)
Bluetooth (Standard für die Funkübertragung von Daten zwischen unterschiedlichen elektronischen Geräten über kurze Distanzen; z.B. verständigen sich Computer, Drucker, Scanner, Handys oder Organizer drahtlos untereinander) / bluetooth
Bodenlager *n.* / ground storage
bodenlos *adj.*; grenzenlos *adj.* / abysmal
bohren *v.* / drill
Bonität *f.* / credit rating

Bonus *m.*; Aufschlag *m.* (z.B. Preisaufschlag) / premium (e.g. extra or special payment)
Bonus *m.*; Zulage *f.* (z.B. Vergütung in Form einer Leistungsprämie, die an eine beiderseitig vereinbarte Zielerreichung gebunden ist) / bonus (e.g. as an incentive bonus tied to mutually agreed goals)
Bonussystem *n.*; Prämiensystem *n.* / bonus system
Bord *n.*; Fach *n.*; Regalbrett *n.*; Regalfach *n.* / shelf (pl. shelves)
Bordbuch *n.* / logbook
Bordnetz *n.* (im Automobil) / electrical distribution system (in cars)
Bordstein *m.* / kerbstone; kerb
Bordwand *f.* / gate
Bordwand, Scharnier-~ *f.* / folding gate
Börse *f.*; Aktienbörse *f.* / stock exchange
Börse, Frachten-~ *f.*; Frachtvermittlung *f.* / freight exchange
Börsenmaterial *n.* / trade commodities
BR (Betriebsrat) *m.* / works council
brachliegend *adj.*; ungenutzt *adj.* / idle
Brachzeit / downtime
Brainstorming *n.* (fam.: z.B. wir hatten vergangenen Freitag ein ~-Meeting mit Graham Archer) / think tank (coll.: e.g. we had a ~ last Friday with Graham Archer)
Brainstorming *n.* / brainstorming
Brandschutzmauer *f.*; Firewall *f.* (die ~ dient dazu, um z.B. beim Intranet seiner Firma unberechtigte oder illegale Ein- und Zugriffe von außen bzw. nach außen zu verhindern) / firewall (e.g. in a company's intranet, the ~ serves to protect from unauthorized or illegal access from outside and to the outside)
Breitbandnetz *n.* / broadband network
Breitbandübermittlung *f.* / broadband transmission
Breite *f.* / width
Breiteneinführung *f.* / roll-out
Breitengeschäft *n.* / dealers business

Bremskeil *m.* / chock
Brief *m.* (Beispiele zu Briefanfang und -schluss: 1 (formell): Sehr geehrte Damen und Herren, besten Dank für die Lieferung ... Hochachtungsvoll, Nachname; 2 (formell, Nachname des Adressaten bekannt): Sehr geehrter Herr oder Frau X, besten Dank ... Mit freundlichen Grüßen, Nachname; 3 (formell, Anrede im Amerikanischen mit Vornamen, im Deutschen nicht üblich): Sehr geehrter Herr oder Frau X, besten Dank ... Mit freundlichen Grüßen, Vor- und Nachname; 4 (weniger formell, Anrede im Amerikanischen mit Vornamen, im Deutschen nicht üblich): Sehr geehrter Herr oder Frau X, besten Dank ... Mit freundlichen Grüßen, Vor- und Nachname; 5 (persönlich, nicht formell): Lieber Peter, vielen Dank ... Herzliche Grüße, Paul / letter (examples of letter opening and close: 1 (formal): Dear Sirs, Thank you for the delivery ... Yours sincerely, First and last name; 2 (formal, last name of addressee known): Dear Mr. or Ms. X, Thank you ... Yours sincerely, First and last Name; 3 (formal, addressing s.o. by his first name; not common in German): Dear John: Thank you ... Regards, First and last name; 4 (less formal, addressing s.o. by his first name; not common in German): Dear John, Thank you ... Regards, First name; 5 (personal, informal): Dear Peter, Thank you ... Best regards, Paul)
Brief *m.* / letter
Brief, Eil~ *m.* / express letter
Brief, Geschäfts~ *m.* / business letter
Briefkasten *m.*; Postkasten *m.* / letter box; mail box
Briefkastenfirma *f.* / letterbox company
Briefmarke *f.* / stamp
Briefpost *f.* / mail; post
Briefwechsel *m.* / correspondence
bringen *v.* / bring
bringen, zurück *v.* / bring back

Bringprinzip (Ggs. Holprinzip) / push principle (opp. pull principle)
Broschüre *f.*; Heft *n.* / booklet
Broschüre *f.*; Prospekt *m.*; Handbuch *n.* / brochure
browsen *v* (Ansteuern verschiedener Dokumente im -> WWW durch Anklicken von -> Links) (z.B. im Intenet surfen) / browse; surf (e.g. browsing the internet)
Browser (Zugangs-Software zum Internet, mit der die Internet-Inhalte dargestellt werden; siehe auch ->Client-Programm zur Darstellung von -> HTML-Dokumenten, die von einem -> WWW-Server mittels einer -> HTTP-Verbindung gesendet werden) / browser
Bruch *m.* (z.B. 1. ~ zwischen betrieblichen Funktionen; 2. ~ des Materialflusses) / disruption (e.g. 1. ~ between corporate functions; 2. ~ of the material flow)
Bruch *m.* (z.B. der Unfall hatte einen totalen ~ der Ladung zur Folge) / breakage (e.g. the accident caused a total ~ of the cargo)
Bruch *m.*; Bruchteil *m.* / fraction
Bruch, Vertrags-~ *m.* / breach of contract
bruchsicher *adj.* / breakproof; unbreakable
Bruchteil / fraction
brutto *adv.* / gross
Bruttobedarf *m.* / gross requirements
Bruttobedarfsermittlung *f.* / gross requirements calculation
Bruttobelastung *f.* / gross load
Bruttobelastungsmethode *f.* / gross load method
Bruttoergebnis *n.* / gross return; earnings before tax; pretax income
Bruttogewicht *n.* / gross weight
Bruttogewinn *m.*; Vertriebsspanne *f.* / gross profit
Bruttolohn *m.* / gross wage

Bruttosozialprodukt (BSP) *n.* / Gross National Product (GNP)

Bruttoumsatz *m.* / gross sales

Bruttoverkaufspreis *m.* / gross sales price

B-Teile-Bestellschlüssel / B-part ordering key

BTX (Bildschirmtext) *m.* / BTX (interactive videotext)

buchen *v.* (einen Sitzplatz ~, eine Fahrkarte ~) / book (~ a seat, ~ a ticket)

Buchhaltung *f.* / bookkeeping

buchmäßige Materialzugänge *mpl.* / accounting receipts

buchmäßiger Bestand *m.* / booked inventory

buchmäßiger Bestand zu Ist-Kosten *m.* / booked inventory at actual cost; booked stock at actual cost

buchmäßiger Bestand zu Standard-kosten *m.* / booked inventory at standard cost; booked stock at standard cost

Buchmonat *m.* / posting month

Buchung *f.* / booking; posting

Buchungsbeleg *m.* / booking voucher

Buchungsbestätigung *f.* / confirmation of booking

Buchungsdatum *n.* / posting date; entry date

Buchungsschlüssel *m.* / account code

Buchwert *m.* / book value

Budget *n.*; Wirtschaftsplan *m.* / budget

Bummelstreik *m.* / go-slow

Bündelung, Bedarfs~ *f.* / pooling of demand; bundling of demand

Bündelungspunkt *m.*; Konsolidierungsstelle *f.* / consolidation point

Bundesdatenschutzgesetz (BDSG) *n.* / german federal data protection act

Bundesgrenzschutz *m.*; Grenzschutz *m.* / border police

Bundesregierung (in den USA wird die Bundesregierung 'the Feds' genannt) *f.* / Federal Government; the Feds

Bundesvereinigung Logistik e.V. (BVL) (Äquivalent in USA: s. 'Council of Logistics Management') (Größter Logistikverband Europas mit u.a. jährlichem Logistikkongress. Ziel der BVL ist das ganzheitliche Denken und Handeln in logistischen Prozessen durchzusetzen. Offizielles Mitteilungsblatt der BVL ist „Logistik Heute" aus dem HUSS-VERLAG GmbH, München. Hauptsitz der BVL: Schlachte 31, D-28195 Bremen. Telefon: +49 (421) 173840, Fax: +49 (421) 167800, e-mail: bvl@bvl.de, Internet: http: www.bvl.de)

Bürgschaft / pledge; security

Büro *n.*; Referat *n.* (i.S.v. Dienststelle) / office

Büro Einkauf, zentrales ~ (weltweit) *f.* / global procurement office

Büroangestellter *m.* / white-collar worker

Büroanwendersoftware *f.* / office application software

Büroautomatisierung / office automation

Bürogerät *n.*; Büromaschine *f.* / office machine; office equipment

Bürokommunikation *f.* / office communication

Bürokommunikationsgeräte *npl.* / office communications equipment

Bürokratie *f.* / bureaucracy

Büromaschine / office machine

Büromaterial *n.* / office supplies; stationery

Bus *m.* (Leitungssystem zur Steuerung des Datenaustausches zwischen verschiedenen Komponenten eines PC's, wie z.B. zwischen Arbeitsspeicher, Prozessor, Festplatte, ...) / bus

Business Excellence *f.*; unternehmerische Spitzenleistung *f.* / business excellence

Business-to-Business; Geschäft zwischen Unternehmen *n*. / business-to-business (B2B)

Business-to-Consumer; Geschäft zwischen Unternehmen und Endverbrauchern *n*. / business-to-consumer (B2C)

BVL (s. Bundesvereinigung Logistik e.V.)

Byte *n*. / byte

BZ (Bestellzettel) *m*. / order form; order slip

BZ-Empfänger *m*. (Bestellzettel-Empfänger, Abk. BZEMPF) / order recipient (German abbr. BZEMPF, Bestellzettel-Empfänger)

C

CAD (Computer Aided Design) computerunterstützte Entwicklung *f*.

CAE (Computer Aided Engineering) computerunterstützte Konstruktion *f*.

Call-by-Call (Zugang zum Fernsprechnetz oder zum Internet ohne Vertrag und ohne Verpflichtung, d.h. die Wahl des Dienstleisters erfolgt jeweils 'von Telefonat zu Telefonat', also 'von Fall zu Fall'. Ggs. 'Preselection': hier wird mit einem Dienstleister der Zugang zum Fernsprechnetz oder zum Internet vertraglich festgelegt, d.h. alle Verbindungen in das Fernnetz werden automatisch über diesen Dienstleister geführt.) / call-by-call

CAM (Computer Aided Manufacturing) computerunterstützte Fertigung *f*.

CAO (Computer Aided Administration and Organization) computerunterstützte Verwaltung und Organisation

CAP (Computer Aided Planning) computerunterstützte Planung *f*

CAQ (Computer Aided Quality) computerunterstützte Qualitätssicherung *f*.

CAS (Computer Aided Storage) computerunterstütztes Lagersystem *n*.

CASE (Computer Aided Software Engineering) computerunterstützte Softwareentwicklung *f*.

Cashflow *m*. (Jahresüberschuss minus Dividende plus Abschreibungen) / cash flow

CAT (Computer Aided Test) computerunterstützter Test *m*.

CBI (Computer Based Information) *f*.; computerunterstützte Information *f*.

CBT (Computer Based Training) *n*.; computerunterstütztes Training *n*.

CCITT (Comité Consultatif International Télégraphique) (International Telegraph & Telephone Consultative Committee) / CCITT

CD-ROM *f*. / CD-ROM (Compact Disc - Read Only Memory)

CEPT (**C**onférence **E**uropéenne des Administrations des **P**ostes et des **T**élécommunications. Frühere Konferenz der europäischen Post- und Fernmeldeverwaltungen. Bekannt durch die gleichnamigen CEPT-Standards) / CEPT (European Post & Telegraph Conference)

CFR (Cost and Freight): „Kosten und Fracht" (...benannter Bestimmungshafen) bedeutet, dass der Verkäufer die Kosten und die Fracht tragen muss, die erforderlich sind, um die Ware zum benannten Bestimmungshafen zu befördern; jedoch gehen die Gefahr des Verlusts oder der Beschädigung der Ware ebenso wie zusätzliche Kosten, die auf Ereignisse nach Lieferung der Ware an Bord zurückzuführen sind, vom Verkäufer auf den Käufer über, sobald die Ware die Schiffsreling im Verschiffungshafen überschritten hat.

Die CFR-Klausel verpflichtet den Verkäufer, die Ware zur Ausfuhr freizumachen. Diese Klausel kann nur für den See- oder Binnenschiffstransport verwendet werden. Hat die Schiffsreling keine praktische Bedeutung, wie bei Ro-Ro- oder Containertransporten, ist die -> CPT-Klausel geeigneter. © Internationale Handelskammer; Copyright-, Quellennachweis und Umgang mit Incoterms s. „Incoterms".) / CFR - Cost and Freight (Übersetzung s. englischer Teil)

CGI (Common Gateway Interface; es beschreibt, wie vom Anwender am Web-Browser eingegebene Daten an den Web-Server gesendet und dort an ein CGI-Programm weitergereicht werden.) / common gateway interface (CGI)

Chancen *fpl.*; Gewinnchancen (z.B. die Chancen stehen gut oder schlecht für *jmdn.*, z.B. 1 zu 5) / odds (e.g. odds are in *s.o.'s* favor or against *s.o.*, e.g. 1 to 5)

Chancen, Risiken und ~ / risks and opportunities

Chaos *n.*; Durcheinander *n.* (z.B. dieses Lager ist ein ~!) / mess (e.g. this warehouse is a ~!)

chaotische Lagerung *f.* (Methode zur Einlagerung aus vorher nicht festgelegte Lagerplätze) / chaotic storage

Charge *f.* / batch

Chargenabwicklung *f.* / batch handling

Check-In Bereich *m.* (Flughafen) / check-in area (Airport)

Chefetage *f.* / executive floor

Chief Executive Officer (s. auch 'President') (höchste Spitzenführungskraft eines Unternehmens, entspricht etwa dem Begriff 'Vorsitzender des Vorstandes') / chief executive officer (CEO) (see also 'president')

Chief Information Officer (CIO) (Leiter 'Information und Kommunikation' (IuK) /

CIO (Chief Information Officer): head of 'information and communication' (I&C)

Chipkarte *f.* (Speicherkarte zur Autorisierung) / chip card

CIF (Cost, Insurance and Freight): „Kosten, Versicherung, Fracht" (...benannter Bestimmungshafen) bedeutet, dass der Verkäufer die gleichen Verpflichtungen wie bei der CFR-Klausel hat, jedoch zusätzlich die Seetransportversicherung gegen die vom Käufer getragene Gefahr des Verlusts oder der Beschädigung der Ware während des Transports abzuschließen hat. Der Verkäufer schließt den Versicherungsvertrag ab und zahlt die Versicherungsprämie. Der Käufer sollte beachten, dass gemäß dieser Klausel der Verkäufer nur verpflichtet ist, eine Versicherung zu Mindestbedingungen abzuschließen. Die CIF-Klausel verpflichtet den Verkäufer, die Ware zur Ausfuhr freizumachen. Diese Klausel kann nur für den See- oder Binnenschiffstransport verwendet werden. Hat die Schiffsreling keine praktische Bedeutung, wie bei Ro-Ro- oder Containertransporten, ist die -> CIP-Klausel geeigneter. © Internationale Handelskammer; Copyright-, Quellennachweis und Umgang mit Incoterms s. „Incoterms".) / CIF - Cost, Insurance and Freight (Übersetzung s. englischer Teil)

cif&c (Kosten, Versicherung, Fracht, Provision) / cost, insurance, freight, commission (cif&c)

cif&i (Kosten, Versicherung, Fracht, Zinsen) / cost, insurance, freight, interest (cif&i)

cifci (Kosten, Versicherung, Fracht, Provision, Zinsen) / cost, insurance, freight, commission, interest (cifci)

CIM (Computer Integrated Manufacturing); computerintegrierte Fertigung *f.* / CIM

CIO (Leiter 'Information und Kommunikation'; IuK) / CIO (Chief Information Officer) (head of 'information and communication'; I&C)

CIP (Carriage and Insurance Paid to): „Frachtfrei versichert" (...benannter Bestimmungshafen) bedeutet, dass der Verkäufer die gleichen Verpflichtungen wie bei der CPT-Klausel hat, jedoch zusätzlich die Transportversicherung gegen die vom Käufer getragene Gefahr des Verlusts oder der Beschädigung der Ware während des Transports abzuschließen hat. Der Verkäufer schließt die Versicherung ab und zahlt die Versicherungsprämie. Der Käufer sollte beachten, dass gemäß dieser Klausel der Verkäufer nur verpflichtet ist, eine Versicherung zu Mindestbedingungen abzuschließen. Die CIP-Klausel verpflichtet den Verkäufer, die Ware zur Ausfuhr freizumachen. Diese Klausel kann für jede Transportart verwendet werden, einschließlich des multimodalen Transports. © Internationale Handelskammer; Copyright-, Quellennachweis und Umgang mit Incoterms s. „Incoterms".) / CIP - Carriage and Insurance Paid To (Übersetzung s. englischer Teil)

cirka (ca.) / approximately (approx.)

City Netz *n.*; Stadtnetz *n.* / city network

Citylogistik *f.* (Logistik im städtischen Nahverkehr: meist Lieferung zum Endabnehmer) / city logistics (logistics in urban environment; mainly delivery to the end user)

CKD-Prinzip *n.* (Methode, bei der ein Produkt total in Einzelpositionen zerlegt geliefert und erst nach Transport an seinem Bestimmungsort

zusammengebaut wird) / CKD-principle (completely knocked-down)

Clearing *n.* / Clearing

clever *adj.* (z.B. ein sehr fähiger, cleverer Mitarbeiter) / capable (e.g. a very capable, competent, smart employee)

Client (Programm auf einem Computer, das Daten eines -> Servers empfängt und interpretiert)

Client-Server-Architektur *f.* / client-server architecture

Client-Server-Technik *f.* / client-server technology

CLM (s. Council of Logistics Management)

Coach *m.* (Betreuer von Mitarbeitern) / coach (coach of employees)

coachen *v.*; anleiten *v.*; betreuen *v.* (z.B. ~ von Mitarbeitern, um wesentliche Verbesserungen zu erzielen) / coach (e.g. ~ employees to gain substantial improvements)

Code *m.* / code; key

Codenummer *f.* / code number

Codierung *f.* / coding

College *n.*; höhere Lehranstalt *f.*; Akademie *f.* (... meistens mit besonderem fachlichen Schwerpunkt, daher in etwa vergleichbar - auch von der Art des Abschlusses - mit einer 'Fachhochschule') / college

Computer Aided Administration and Organization (CAO) computerunterstützte Verwaltung und Organisation / Computer Aided Administration and Organization (CAO)

Computer Aided Design (CAD) computerunterstützte Entwicklung *f.*

Computer Aided Engineering (CAE) computerunterstützte Konstruktion *f.*

Computer Aided Manufacturing (CAM) computerunterstützte Fertigung *f.*

Computer Aided Planning (CAP) computerunterstützte Planung *f.*

Computer Aided Quality (CAQ) computerunterstützte Qualitätssicherung *f.*

Computer Aided Software Engineering (CASE) computerunterstützte Softwareentwicklung *f.*

Computer Aided Storage (CAS) computerunterstütztes Lagersystem *n*

Computer Aided Test (CAT) computerunterstützter Test *m*

Computer Assisted Industry (CAI)

Computer Based Information (CBI) *f.*; computerunterstützte Information *f.*

Computer Based Training (CBT) *n.*; computerunterstütztes Training *n*

Computer Integrated Manufacturing (CIM) computerintegrierte Fertigung *f.*

Computer, fest installierter ~ / desktop PC

Computer, tragbarer ~ / laptop PC

computerintegrierte Fertigung / Computer Integrated Manufacturing (CIM)

computerunterstützte Entwicklung / Computer Aided Design (CAD)

computerunterstützte Fertigung / Computer Aided Manufacturing (CAM)

computerunterstützte Information / Computer Based Information (CBI)

computerunterstützte Konstruktion / Computer Aided Engineering (CAE)

computerunterstützte Planung / Computer Aided Planning (CAP)

computerunterstützte Qualitätssicherung / Computer Aided Quality (CAQ)

computerunterstützte Softwareentwicklung / Computer Aided Software Engineering (CASE)

computerunterstützte Verwaltung und Organisation / Computer Aided Administration and Organization (CAO)

computerunterstützter Test / Computer Aided Test (CAT)

computerunterstütztes Lagersystem / Computer Aided Storage (CAS)

computerunterstütztes Training / Computer Based Training (CBT)

Container (speziell für Kleinteile) *m.* (wiederverwendbarer Behälter, wird hauptsächlich für den Transport loser Teile verwendet) / tote (reusable container, mainly used for transport of loose items)

Container; Behälter / container

Container, Roll-~ *m.* / roll container

Containerfahrgestell *n.* / boogie; container chassis

Container-Fahrzeug *n.* / container carrier

Containerhafen *m.* / container port

Container-Hebevorrichtung *f.* / container lifting device

Container-Ladesystem *n.* / container hoisting system

Container-LKW *m.* / container truck

Containerschiff *n.* / container ship

Containerstellplatz *m.* / container yard

Containerterminal *n.* / container terminal

Containertransport *m.* / container transport

Controlling; Leistungsmessung / performance measurement

Controlling, kaufmännisches ~ / controlling

Controllingsystem *n.* / controlling system; measurement system

Convenience-Produkte (in der Großgastronomie industriell vorgefertigte oder zubereitete Lebensmittel für Schnellrestaurants oder Fertigmenüs für Tiefkühlregale) *npl.* / convenience products

Cookie (eigentlich amerikanisch 'Keks'; Cookies sind Miniprogramme bzw. kleine Textdateien, die von Web-Seiten auf der Festplatte des PC gespeichert werden und Informationen über den PC-Betreiber und seine Interessen enthalten) / cookie

Corporate Design n. (visuelles Erscheinungsbild einer Firma) (s. auch 'Corporate Identity') / corporate design

Corporate Identity f.; Erscheinungsbild eines Unternehmens n. (1. Außenwirkung: Gesamtbild, wie sich ein Unternehmen nach außen hin darstellt. 2. Innenwirkung: Ausdruck dafür, wie sich die Mitarbeiter mit ihrem Unternehmen identifizieren) / corporate identity

Corporate Network n.; unternehmensweites Netzwerk n. / corporate network

Council of Logistics Management (CLM) (Äquivalent in Europa: s. Bundesvereinigung Logistik e.V.) (BVL) (Wichtigste US-amerikanische Gesellschaft mit jährlichen Logistikkonferenzen. Hauptsitz: 2805 Butterfield Road, Suite 200, Oak Brook, Illinois 60523, USA. Phone: +1 (630) 574-0985, Fax: +1 (630) 574-0989; E-mail: clmadmin@clm1.org; Internet: www.clm1.org)

Courtage f.; Kurtage f. (Maklergebühr) / courtage; broker's fee; brokerage

CPM (kritischer Weg-Methode) (Methode unter Nutzung der Netzplantechnik) / critical path method (CPM)

CPT (Carriage Paid To): „Frachtfrei" (benannter Bestimmungsort) bedeutet, dass der Verkäufer die Fracht für die Beförderung der Ware bis zum benannten Bestimmungsort trägt. Die Gefahr des Verlustes oder der Beschädigung der Ware geht, ebenso wie zusätzliche Kosten, die auf Ereignisse nach Lieferung der Ware an den Frachtführer zurückzuführen sind, vom Verkäufer auf den Käufer über, sobald die Ware dem Frachtführer übergeben worden ist. „Frachtführer" ist, wer sich durch einen Beförderungsvertrag verpflichtet, die Beförderung per Schiene, Straße, See, Luft, Binnengewässer oder in einer Kombination dieser Transportarten durchzuführen oder durchführen zu lassen. Werden mehrere aufeinanderfolgende Frachtführer für die Beförderung zum benannten Ort eingesetzt, geht die Gefahr auf den Käufer über, sobald die Ware dem ersten Frachtführer übergeben worden ist. Die CPT-Klausel verpflichtet den Verkäufer, die Ware zur Ausfuhr freizumachen. Diese Klausel kann für jede Transportart verwendet werden, einschließlich des multimodalen Transports.
© Internationale Handelskammer; Copyright-, Quellennachweis und Umgang mit Incoterms s. „Incoterms".) / CPT - Carriage Paid To (Übersetzung s. englischer Teil)

CPU (zentrale Recheneinheit eines Computers) / CPU (Core Processor Unit)

CPU-Datum n. / CPU date

CPU-Zeit f. / CPU time

CRM; Kundenbeziehungs-Management n. / customer relationship management (CRM)

Cross Docking n. (direkter Warenfluss vom Wareneingang bis -ausgang durch Beseitigung irgendwelcher dazwischenliegender, zusätzlicher Schritte. Ziel ist es, die Anzahl der Zugriffe zu reduzieren, wie oft die Ware angefasst wird) / cross docking (direct flow of merchandise from the receiving function to the shipping function, eliminating any additional steps in between. The idea is to decrease the number of times merchandise gets handled)

C-Teil n. / C-part

CTI (Verknüpfung von Telefon- und Computerfunktionen. Durch CTI können Funktionen der

Telekommunikationsanlage von einem PC gesteuert bzw. ausgewertet werden.) / CTI (**Computer** **Telephony** **Integration**)

Cursorpositionierung *f.* / cursor positioning

Cybercash (Elektronisches Geld für die Bezahlung kleinerer Beträge über das Internet) / cybercash

Cyberspace (Computerwelt) *f.* (~ und die Gesellschaft, die sich damit befasst) / cyberspace (world of computers) (~ and the society that gathers around them) (coll. AmE.)

D

Dach, Schiebe-~ *n.* / sliding roof; sunshine roof

Dachgesellschaft *f.;* Holdinggesellschaft *f.* / holding; holding company

DAF (Delivered At Frontier) : „Geliefert Grenze" (...benannter Ort) bedeutet, dass der Verkäufer seine Lieferverpflichtungen erfüllt, wenn die zur Ausfuhr freigemachte Ware an der benannten Stelle des benannten Grenzorts zur Verfügung gestellt wird, jedoch vor der Zollgrenze des benachbarten Landes. Der Begriff „*Grenze*" schließt jede Grenze ein, auch die Grenze des Ausfuhrlandes. Es ist daher von entscheidender Bedeutung, die fragliche Grenze genau zu bestimmen und stets Stelle und Ort in der Vertragsklausel zu benennen. Diese Klausel ist hauptsächlich für den Eisenbahn- oder Straßentransport vorgesehen, sie kann jedoch für jede Transportart verwendet werden. © Internationale Handelskammer; Copyright-, Quellennachweis und Umgang mit Incoterms s. „Incoterms".)

/ DAF - Delivered At Frontier (Übersetzung s. englischer Teil)

Damnum *n.* / bank discount

darauf hinauslaufen *v.* (z.B. es läuft darauf hinaus, dass die Produkte ausgehen) / boil down (e.g. it boils down to running out of products)

Darlehen *n.* / loan

Darlehensgewährung *f.* / loan grant

darstellen / reflect

Darstellung, grafische ~ *f.*; Diagramm *n.*; Grafik *f.* / chart; diagram; graphics

Datei *f.*; Ablage *f.*; Akte *f;* (z.B. es steht in den Akten) / file (e.g. it is in the files)

Dateiverwaltung *f.* / file management

Dateiverzeichnis *n.* / directory

Daten (über Verbundsysteme) **austauschen** *v.* / network *v.*

Daten *npl.* / data

Daten übertragen (z.B. vom Großrechner auf PC) / downloading of data (e.g. from mainframe computer to PC)

Daten- und Funktionsmodell *n.* / data and functional model

Daten- und Informationssysteme *npl.* / data and information systems

Daten, gültige ~ *npl.*; Angaben *fpl.* / valid data

Datenausgabe *f.* / data output

Datenaustausch *m.* / data interchange; data exchange

Datenautobahn *f.* / data highway; information highway (coll. AmE)

Datenbank *f.*; Datenbestand *m.* / database

Datenbankfeld *n.* / database field

Datenbankzugriffsroutine *f.* / database access routine

Datenbestand / database

Datenbestand, lokaler ~ *m.* / local database

Dateneingabe *f.* / data entry

Datenendgeräte *npl.* / data peripheral equipment

Datenerfassung *f.* / data entry; data capturing; data capture

Datenerfassung, mobile ~ / mobile data entry

Datenerfassungsgerät, portables ~ *n.* / portable data terminal (PDT)

Datenerhebung *f.* / data collection

Datenfernübertragung / telecommunication

Datenfluss *m.* / data flow

Datenflussplan *m.* (~ eines Systems) / system flow chart

Datenformat *n.* / data format

Datenhaltung, gemeinsame ~ *f.* / common data management

Datenintervall *n.* / data range

Datenleitung *f.* / data line

Datenmodell *n.* / data model

Datenmodellierung *f.* / data modelling

Datenobjekt *n.* / data object

Datenpfad *m.* / data path

Datenqualität *f.* (z.B. mangelnde ~) / data quality (e.g. deficient ~)

Datenquelle *f.* / data source

Datenreduzierung *f.* / data reduction

Datenrückfluss *m.* / reflux of data

Datensammlung *f.* / data collection

Datenschutz *m.* / data protection

Datenschutzbeauftragter (DSB) *m.* / data protection officer

Datenschutz-Verbindungsperson (DSVB) *f.* / data protection liasion official

Datensicherheit *f.* / data security

Datensicherung *f.* / data backup

Datensichtgerät / visual display unit (VDU)

Datenspeicher *m.* / data storage

Datenübermittlungseinrichtung *f.*; Vermittlungseinrichtung *f.* (elektronisch) / data switching equipment (electronically)

Datenübernahme *f.* (z.B. ~ vom Großcomputer auf PC) / data transfer; PC upload (e.g. ~ from mainframe computer to PC)

Datenübertragung *f.* / data transfer

Datenübertragungseinrichtung (DUE) *f.* / data communications equipment

Datenübertragungssystem (z.B. Internet-Zugang für PC-Nutzer über die "Datenautobahn" und digitalen Teilnehmeranschluss wie ISDN, ADSL, SDSL, HDSL, VDSL) *n.* / data communication system (e.g. internet access for PC users via "data highway" such as ISDN: Integrated Services Digital Network, ADSL: Asymetric Digital Subscriber Line, SDSL: Single Digital Subscriber Line, HDSL: High Digital Subscriber Line, VDSL: Very High Digital Subscriber Line)

Datenübertragungssystem, drahtloses ~ *f.* / wireless data communication system

Datenverarbeitung (DV) *f.* / data processing (DP)

Datenverdichtung *f.* / data compression

Datenverwaltung *f.* / data administration

Datenwiedergewinnung / data recovery

DATEX-J Netz / DATEX-J network (Germany: DATEX-J Netz) (network for interactive videotext)

DATEX-L Netz *n.* / DATEX-L network (Germany: DATEX-L Netz) (data circuit switching network)

DATEX-Netz *n.* / DATEX network

DATEX-P Anschluss *m.* / DATEX-P connection; synchronous X.25 connection (Germany: DATEX-P Anschluss) (synchronous X.25 connection)

DATEX-P Netz *n.* / DATEX-P network (Germany: DATEX-P Netz) (datex packet switching network)

Datum *n.* / date

Datum letzte Bestandsbewegung *n.* / date of last inventory transaction

Datum letzter Lagerabgang *n.* / date of last issue

Datum letzter Lagerzugang *n.* / date of last receipt

Datum, Angebots-~ *n.* / date of quotation

Datum, Fälligkeits-~ *n.* / due date

Datum, Verfalls-~ *n.* / expiration date

Dauer *f.*; Zeitdauer *f.*; Vorgangsdauer *f.* / duration

Dauer, Halte-~ *f.* / stop period

Dauerauftrag *m.* (z.B. Bankkonto) / standing order (e.g. bank account)

dauernd / continuous

DAV (s. 'Deutsche Außenhandels- und Verkehrs-Akademie') *f.*

DDP (Delivered Duty Paid): „Geliefert verzollt" (...benannter Bestimmungsort) bedeutet, dass der Verkäufer seine Lieferverpflichtung erfüllt, wenn die Ware am benannten Ort im Einfuhrland zur Verfügung stellt wird. Der Verkäufer hat alle Kosten und Gefahren der zur Einfuhr freigemachten Ware bis zu diesem Ort einschließlich Zölle, Steuern und anderen Abgaben zu tragen. Während die Klausel -> EXW („Ab Werk") die Mindestverpflichtung des Verkäufers darstellt, enthält die DDP-Klausel seine Maximalverpflichtung. Diese Klausel sollte nicht verwendet werden, wenn es dem Verkäufer nicht möglich ist, direkt oder indirekt die Einfuhrbewilligung zu beschaffen. Wünschen die Parteien, dass der Käufer die Ware zur Einfuhr freimacht, ist die -> DDU-Klausel geeigneter. Wünschen die Parteien, dass von den Verpflichtungen des Verkäufers bestimmte bei der Einfuhr der Ware anfallende Abgaben ausgeschlossen werden, sollte dies durch einen entsprechenden Zusatz deutlich gemacht werden, wie: „Geliefert verzollt, Mehrwertsteuer nicht bezahlt (... benannter Bestimmungshafen)". Diese Klausel kann für jede Transportart verwendet werden.
© Internationale Handelskammer; Copyright-, Quellennachweis und Umgang mit Incoterms s. „Incoterms".)
/ DDP - Delivered Duty Paid (Übersetzung s. englischer Teil)

DDU (Delivered Duty Unpaid): „Geliefert unverzollt" (...benannter Bestimmungsort) bedeutet, dass der Verkäufer seine Lieferverpflichtung erfüllt, wenn die Ware am benannten Ort zur Verfügung stellt wird. Der Verkäufer hat alle Kosten und Gefahren der Beförderung bis zu diesem Ort (außer den bei der Einfuhr anfallenden Zöllen, Steuern und anderen öffentlichen Abgaben) sowie die Kosten und Gefahren der Erledigung der Ausfuhr von Ausfuhrzollformalitäten zu tragen. Der Käufer hat alle zusätzlichen Kosten und Gefahren zu tragen, die durch sein Versäumnis, die Ware rechtzeitig zur Einfuhr freizumachen, entstehen. Wünschen die Parteien, dass der Verkäufer die Einfuhrzollformalitäten erledigt und die dadurch bedingten Kosten und Gefahren trägt, so ist dies ausdrücklich zu vermerken. Wünschen die Parteien, dass in die Verpflichtungen des Verkäufers bestimmte bei der Einfuhr der Ware anfallende Kosten (z.B. Mehrwertsteuer) eingeschlossen werden, sollte dies durch einen entsprechenden Zusatz deutlich gemacht werden, wie: „Geliefert unverzollt, Mehrwertsteuer bezahlt (... benannter Bestimmungshafen)". Diese Klausel kann für jede Transportart verwendet werden.
© Internationale Handelskammer; Copyright-, Quellennachweis und Umgang mit Incoterms s. „Incoterms".)
/ DDU - Delivered Duty Unpaid (Übersetzung s. englischer Teil)

Debatte, das steht nicht zur ~ / that's not the issue

Debitoren *mpl.*; Forderungen *fpl.* / receivables; accounts receivable; outstanding debts

Debitorenkonto *n.* / debit account

Decke des Lagergebäudes; Lagergebäudedecke *f.* / warehouse ceiling

Deckel, Tank-~ *m.;* Tankverschluss *m.* / fuel cap

decken *v.*; umfassen *v.* (z.B. die Versicherung deckt alles) / cover (e.g. the insurance covers all)

decken, Bedarf ~ *v.* / cover the demand

Deckenfördersystem *n.* / overhead conveyor system

Deckung *f.*; Eindeckung *f.* / coverage

Deckung *f.*; Umfang *m.* (z.B. die Deckung des Schadens durch die Versicherungsgesellschaft ist ausgezeichnet) / coverage (e.g. the coverage of the damage by the insurance company is excellent)

Deckung, Kosten-~ *f.* / cost coverage

Deckungsbeitrag *m.* / margin

DECT (Standard für die Schnurlos-Telefonie) / DECT (Digital Enhanced Cordless Communication)

defekt *adj.*; fehlerhaft *adj.* / faulty

Defekt *m.* / defect

definieren *v.*; bestimmen *v.* / define; determine

Definition *f.*; Begriffsbestimmung *f.* / definition

Defizit *n.* / deficit

Defizitanalyse *f.* / gap analysis

degressive Abschreibung *f.* / declining-balance method of depreciation

Deichselhubwagen *m.* / pedestrian pallet truck

Deichselstapler *m.* / pedestrian stacker

Deklarationsschein *m.* / declaration certificate; declaration form

deklariert *adv.* / declared

deklariert, nicht ~ *adv.* / undeclared

Dekomprimierung *f.* / decompression

dementieren, Beschuldigung ~; leugnen *v.* / deny the charge

Deming-Rad *n.* (symbolhafte Darstellung innerhalb des 'Kontinuierlichen Verbesserungs-Programmes (KVP)') / Deming wheel (instructive symbol within the 'Continuous Improvement Process (CIP)')

Demontage *f.* / disassembly

demontierbar *adj.* / detachable

demontieren *v.*; auseinandernehmen *v.* / disassemble; dismantle

Denken und Handeln / thinking and acting

Depalettierstation *f.* / de-pallet station

Deponie *f.* / landfill

Depot *n.*; Nachschublager *n.* / depot

Depotnummer *f.* (Bankkonto) / lockbox account number; safe custody account number (bank account)

DEQ (Delivered Ex Quay, Duty Paid): „Geliefert ab Kai (verzollt)" (...benannter Bestimmungshafen) bedeutet, dass der Verkäufer seine Lieferverpflichtung erfüllt, wenn er die zur Einfuhr freigemachte Ware dem Käufer am Kai des benannten Bestimmungshafens zur Verfügung stellt. Der Verkäufer hat alle Gefahren und Kosten einschließlich Zölle, Steuern und anderer Kosten für die Lieferung der Ware bis zu diesem Ort zu tragen. Diese Klausel sollte nicht verwendet werden, wenn es dem Verkäufer nicht möglich ist, entweder direkt oder indirekt die Einfuhrbewilligung zu beschaffen. Wünschen die Parteien, dass der Käufer die Einfuhrabfertigung vornimmt und die Zollgebühren trägt, sollte statt „verzollt" das Wort „unverzollt" eingesetzt werden. Wünschen die Parteien, dass von den Verpflichtungen des Verkäufers bestimmte bei der Einfuhr der Ware anfallende Abgaben (z.B. Mehrwertsteuer) ausgeschlossen

werden, sollte dies durch einen entsprechenden Zusatz deutlich gemacht werden, wie: „Geliefert ab Kai, Mehrwertsteuer nicht bezahlt (... benannter Bestimmungshafen)". Diese Klausel kann nur für den See- oder Binnenschiffstransport verwendet werden.
© Internationale Handelskammer; Copyright-, Quellennachweis und Umgang mit Incoterms s. „Incoterms".) / DEQ - Delivered Ex Quay (Übersetzung s. englischer Teil)

Deregulierung f. (Privatisierung öffentlich gebundener Unternehmungen) / deregulation

Deregulierung des Marktes f.; Marktöffnung f. / market deregulation

DES (Delivered Ex Ship): „Geliefert ab Schiff" (...benannter Bestimmungshafen) bedeutet, dass der Verkäufer seine Lieferverpflichtung erfüllt, wenn die Ware, die vom Verkäufer nicht für die Einfuhr freizumachen ist, dem Käufer an Bord des Schiffs im benannten Bestimmungshafen zur Verfügung gestellt wird. Der Verkäufer hat alle Kosten und Gefahren der Lieferung der Ware bis zum benannten Bestimmungshafen zu tragen. Diese Klausel kann nur für den See- oder Binnenschiffstransport verwendet werden.
© Internationale Handelskammer; Copyright-, Quellennachweis und Umgang mit Incoterms s. „Incoterms".) / DES - Delivered Ex Ship (Übersetzung s. englischer Teil)

Design n. / design

Desinvestition f. / disinvestment

detaillieren v. / specify

detailliert adj.; eingehend adj. (z.B. die Logistikprozesse ~ untersuchen) / in-depth (e.g. to take an ~ look at the logistics processes)

Detailplanung f. / detail planning

deterministisch adj. / deterministic

deutlich adj.; entscheidend adj.; wesentlich adj.; klar adj. (z.B. ein ~er Wettbewerbsvorteil) / distinctive (e.g. a ~ competitive advantage)

Deutsche Außenhandels- und Verkehrs-Akademie (DAV) (s. auch 'Bundesvereinigung Logistik e.V.') f. (Fortbildungsinstitution, die sich auf Bereiche der Außenwirtschaft und der Verkehrswirtschaft spezialisiert hat. Sitz: Marktstraße 2, Börsenhof B, D-28195 Bremen. Telefon +49 (421) 3608440, Fax: +49 (421) 325431)

Deutsche Logistik Akademie (DLA) (s. auch 'Bundesvereinigung Logistik e.V.') (Initiative der Bundesvereinigung Logistik (BVL) und der Deutschen Außenhandels- und Verkehrsakademie (DAV). Fördert in enger Zusammenarbeit mit der BVL die notwendige Weiterbildung auf dem Logistiksektor durch ein umfangreiches, modular aufgebautes Seminarangebot und das „Kompakt Studium Logistik". Sitz: Marktstraße 2, Börsenhof B, D-28195 Bremen. Telefon +49 (421) 3608460, Fax: +49 (421) 3608466)

Deutung f. / interpretation

Devisen fpl. / foreign exchange

Devisenbestimmung f. / exchange regulation

Devisenkontrolle f. / exchange control

Devisenkurs / exchange rate

dezentralisiert adj.; dezentral adj. / decentralized

Dezentralisierung von Verantwortung f. / decentralization of responsibility

Dezimale, binär verschlüsselte ~ f. / binary coded decimal

DFÜ f. (Datenfernübertragung zwischen Computern über größere Entfernungen) / telecommunication

Diagnose f. / diagnosis

Diagnosetechnik *f.* / diagnostic technique

Diagramm *n.*; grafische Darstellung *f.*; Grafik *f.* / diagram; chart; graphics

Dialog *m.* / dialogue

dicht *adj.*; wasserdicht *adj.*; wasserundurchlässig *adj.* / water proof

Diebstahl *m.* / theft

Dienst (z.B. erbrachte Dienstleistung) / service (e.g. ~ delivered)

Dienst anbieten (z.B. für unsere Kunden Citylogistik als zusätzlichen ~) / market a service (e.g. market city logistics as an additional service for our customers)

Dienst nach Vorschrift / work-to-rule

Dienst, Add-on ~ *m.*; zusätzliche Dienstleistung *f.*; Add-on Service *m.* (~ als ein zusätzliches Angebot) / add-on service (~ as an additional offer)

Dienst, öffentlicher ~ *m.*; Staatsdienst *m.* / civil service

dienstälter / senior

Dienstalter *n.* / seniority; length of service

Dienste *pl.* / services

Dienste, gemeinsame ~; Shared Services (Geschäftseinheit, die Dienstleistungen und Ressourcen für interne oder auch externe Kunden anbietet und liefert) (z.B. Kostensenkung durch Aufbau von Shared Services mit beispielsweise Gebäudemanagement und IT-Infrastruktur, aber auch Dienstleistungen für Logistik, Personal, Buchhaltung oder Zahlungsabwicklung) / Shared Services (business unit which offers and provides services and resources for internal but also for external customers) (e.g. cost reduction through setting up Shared Services with services as facility management, IT infrastructure as well as services for logistics, personnel, accounting or cash management)

Dienstleister *m.*; Dienstleistungsfirma *f.*; Dienstleistungsunternehmen *n.* / provider; service provider; service company; third party company

Dienstleister, Auftragsabwicklung durch ~ / third party order processing

Dienstleister, Logistik-~ (LS-Abteilung) *m.* / third party logistics; LS (logistics services department)

Dienstleistung *f.* (z.B. erbrachte ~) / service (e.g. ~ delivered)

Dienstleistungseinheit *f.* / service unit

Dienstleistungsfirma / service company

Dienstleistungsgeschäft *n.* / service business

Dienstleistungsgesellschaft *f.* / service economy

dienstleistungsorientiert; servicebewusst; serviceorientiert / service-minded; service-oriented; focused on service

Dienstleistungsunternehmen / service company

Dienstleistungszentrum *n.* / service center

Dienstprogramm *n.* / utility program

Dienstzeit *f.*; Arbeitszeit *f.* / working hours

Diesel-Direkteinspritzer *m.* / diesel direct injector

differenzieren / differentiate

Differenzierung / differentiation

Differenzierungsvorteil *m.* / differential advantage

Differenzplanung *f.* / differential planning

digital *adj.* / digital

digitale Signatur *f.*; digitale Unterschrift *f.* (eindeutige Identifizierung des Absenders bei Übertragung elektronischer Nachrichten, wie z.B. für e-commerce, b2b, b2c, Internet-Shopping, E-mails, etc.) / digital signature

digitalisieren *v.* / digitize

Diplom... *m.* / graduate ...

direkte Fertigungskosten / direct labor cost

direkte Kosten *pl.*; Einzelkosten *pl.* / direct costs

direkte Lohnkosten *pl.*; direkte Fertigungskosten *pl.* / direct labor cost

Direkteinspritzer, Diesel-~ *m.* / diesel direct injector

Direktion; Verwaltungsrat / board of directors

Direktkunde *m.* / direct customer

Direktlieferung (an Lager) / ship-to-stock delivery

Direktlieferung (in die Fertigung) / ship-to-line delivery

Direktlieferung *f.* (~ eines Unterlieferanten an einen Kunden) / drop shipment (~ from a sub-supplier to a customer)

Direktlieferung *f.* (z.B. ab Fabrik) / direct shipping; direct delivery (e.g. ex factory)

Direktlohn / direct wages

Direktor *m.* / director

Direktverkehr *m.* (i.S.v. Zusammenarbeit) / direct interaction (co-operation)

Direktversandfirma *f.* / direct merchant

Diskussionsveranstaltung / forum

Disponent *m.* / expeditor

Disposition *f.*; Terminwesen *n.*; Terminwirtschaft / material planning

Disposition, Ersatzteil-~ *f.* / spare parts planning

Disposition, verbrauchsgesteuerte Material-~ *f.* / consumption-driven material planning; material planning by order point technique

Dispositionsabteilung *f.* / material planning department

Dispositionsart *f.* / type of material planning

Dispositionsartenschlüssel *m.* / material planning key

Dispositionsdatei *f.* / material planning file

Dispositionsdatei, zentrale ~ *f.* / central material planning file

Dispositionsdaten *npl.* / material planning data

Dispositionsebene *f.* (z.B. Dispositionsstufe in einer Stückliste) / level; level of explosion (e.g. level of product structure in a bill of material)

Dispositionsmethode *f.* (z.B. für Fertigungserzeugnisse) / method of material planning (e.g. for finished goods)

Dispositionsrechnung *f.* / calculation of material planning

Dispositionsstufe.; Dispositionsebene *f.* *f.* (z.B. Dispositionsstufe in einer Stückliste) / level; level of product structure (e.g. level of product structure in a bill of material)

Dispositionsstufe, Artikel der höheren ~ / parent item

Dispositionsstufencode *m.* / explosion level code

Dispositionsüberwachung *f.* / material planning control

dispositive Abweichung (~ in der Materialplanung) *f.* / variance (~ in material planning)

dispositiver Bestand *m.* / inventory at disposal; stock at disposal

Distance Learning *n.*; Fernunterricht *m.*; Fernausbildung *f.* (z.B. um die Leistungsfähigkeit unserer Logistiker zu verbessern, gewinnt Distance Learning online und unter Einsatz von Multimedia zunehmend an Bedeutung / distance learning (e.g. to improve the performance of our logistics workforce, online distance learning by using multimedia is becoming more and more important)

Distribution *f.*; Verteilung *f.* (z.B. Warenauslieferung) / distribution (e.g. delivery of goods)

Distributionskosten / distribution costs

Distributionslager / distribution warehouse

Distributionslogistik *f.*; Logistik in der Distribution / distribution logistics

Distributionsnetz *n.*; Verteilnetz *n.* / distribution network

Distributionszentrum *n.*; Lieferzentrum *n.*; Vertriebszentrum *n.*; Absatzzentrum *n.* / distribution center; shipping center

disziplinarisch ... zugeordnet / disciplinary assigned to ...; assigned for disciplinary purposes to ...; subordinated in disciplinary terms

DLA (s. 'Deutsche Logistik Akademie')

DLZ (Durchlaufzeit) *f.* / throughput time; cycle time; ('lead time'als alleiniger Begriff wird eher für 'Lieferzeit' verwendet)

DMS (Dokumenten-Management-System) / DMS (document management system)

Dock *n.* / dock

Dockgebühr *f.* / dock charges

Docking, Cross ~ *n.* (direkter Warenfluss vom Wareneingang bis -ausgang durch Beseitigung irgendwelcher dazwischenliegender, zusätzlicher Schritte. Ziel ist es, die Anzahl der Zugriffe zu reduzieren, wie oft die Ware angefasst wird) / cross docking (direct flow of merchandise from the receiving function to the shipping function, eliminating any additional steps in between. The idea is to decrease the number of times merchandise gets handled)

Dokument gegen Akzept / documents against acceptance (DA)

Dokument gegen Kasse / documents against cash (DC)

Dokument gegen Zahlung / documents against payment (DP)

dokumentäre Tratte *f.* / documentary draft

Dokumentation *f.* / documentation

Dokumentenformat *n.* (z.B. die Abteilung Information und Kommunikation bevorzugt ein herstellerunabhängiges ~ für den elektronischen Dokumentenaustausch) / document format (e.g. the I&C department prefers a manufacturer-independent ~ for electronic document exchange)

Dokumenten-Inkasso *n.* / documentary collection

Dokumenten-Management-System (DMS) / document management system (DMS)

Dokumententyp *m.* / form type

Domain; Domäne (Name, der auf eine Internetseite bzw. -adresse verweist. Ein logisches Teilnetz eines Computernetzwerks wird als Domain bezeichnet und mit einem eigenen Namen, dem Domain-Namen, versehen. Die Domain-Struktur des Internets ist hierarchisch gegliedert. Die oberste Domain (Top-Level-Domain) bezeichnet das Land (z.B. 'de' für Deutschland) oder die Art der Einrichtung (z.B. 'com' für private Unternehmen), die eine Domain verwaltet.) / domain

Domain, First-Level ~ (Bezeichnung für den letzten Teil eines Namens im Internet, wie z.B. für Deutschland: 'de', Österreich: 'at') / first level domain

Domizilwechsel *m.* / change of address

Doppelbesteuerung *f.* / double taxation

Doppelklick *m.* (~ mit der PC-Maus) / double-click (~ with the PC-mouse)

Doppelspiel *n.* / double-dealing

Doppelstockwagen *m.* / double-decker coach

DOS (Plattenbetriebssystem) ('MS-DOS' ist der Markenname des Microsoft Betriebssystems) / DOS (Disk Operating System) ('MS-DOS' is the trade name of the Microsoft disk operating system)

DOT-Code (verschlüsseltes Herstelldatum) *m.* / DOT code

Dozent *m.* / instructor

dpi (Punkte pro Zoll; Maßeinheit für die Auflösung von Druckern, Faxgeräten, Digitalcameras. Je höher die Auflösung, desto gleichmäßiger und hochwertiger, aber auch speicherintensiver, werden die Abbildungen) / dpi (dots per inch)

drag and drop; anklicken und fallen lassen (Bedienungstechnik auf grafischen Benutzeroberflächen wie z.B. Windows. Datenobjekte können mit der Maus erfasst und verschoben werden (z.B. mit dem Cursor der PC-Maus) / drag and drop (e.g. with PC-mouse cursor)

drahtlos *adj.* / wireless

drahtlose Übertragung *f.* / wireless communication

drahtloses Datenübertragungssystem *n.* / wireless data communication system

DRAM (Speicherchip) / DRAM (Dynamic Random Access Memory)

dranbleiben (am Telefon ~, d.h. nicht einhängen) / hang on (on the phone: i.e. hold the line)

Drehen *n.* / turning

Drehmaschine *f.* / lathe

Drehmomentwandler *m.* / torque converter

Dreierkonferenz *f.* (Kommunikation) / three party service (3PTY) (communications)

Dressdowntag *m.* (USA: an einem bestimmten Tag, meistens Freitag: alle Mitarbeiter, vom Vorstand bis zum Arbeiter, kommen leger bekleidet zur Arbeit) / dress down day (USA: a certain day, mainly Fridays: all employees from board members to frontline workers come to work dressed down with casual clothing)

dringend *adj.*; eilt! *adj.* / urgent

Dringlichkeit, Gespür für ~; Empfindung für Dringlichkeit; Sinn der Notwendigkeit / sense of urgency

Dringlichkeitsreihenfolge / order of priority

drohen *v.*; **berohen** *v.* (~ mit) / threaten (~ with)

Drohung *f.*; **Bedrohung** *f.*; **Gefahr** *f.* / threat

Druck (Papier) *m.* / print

Druck (Zwang) *m.* / pressure

Druck von Kollegen *m.*; sozialer Druck *m.* / peer pressure

Druckanstoß *m.* / print initialization

Druckbild *n.* / print layout

Drucker, Barcode-~ *m.* / barcode printer

Druckertreiber *m.* / printer driver

Drucksache *f.* / printed matter

Druckwiederholung *f.* / repeat print

DSB (Datenschutzbeauftragter) *m.* / data protection officer

DSL-Standard (Zugangstechnologie bei der Datenübertragung) / DSL standard (digital subscriber line)

DSVB (Datenschutz-Verbindungsperson) *f.* / data protection liasion official

Dual Mode Handy (Mobiltelefon, das sowohl als Mobiltelefon als auch als Telefon für das Festnetz genutzt werden kann) / dual mode cell

DUE (Datenübertragungseinrichtung) *f.* / data communications equipment (DCE)

Due Diligence *f.*; gebührende Sorgfalt *f.*; ganzheitliche Unternehmensbewertung *f.* (beim Verkauf einer Unternehmung die problemadäquate, strukturierte und sorgfältige Aufbereitung von Geschäftsdaten, um potentiellen Investoren eine faire Chancen- und Risikoprüfung zu ermöglichen) (z.B. ~ bei der Prüfung anlässlich der Übernahme eines Unternehmens) / due diligence

Duplikatfrachtbrief *m.* / duplicate of consignment note

Durchbruch *m.* (z.B. auf dem Gebiet der Kundenzufriedenheit einen ~ erzielen)/ breakthrough (e.g. achieving customer satisfaction ~)

Durchdringung, hohe ~ *f.* / high penetration

Durcheinander n.; Chaos n. (z.B. dieses Lager ist ein ~!) / mess (e.g. this warehouse is a ~!)
Durchfahrregal n. / drive through rack
Durchfahrtbreite f. / passage width
Durchfahrthöhe f. / passage hight
Durchführbarkeit / feasibility
Durchführbarkeitsstudie f.; Wirtschaftlichkeitsbetrachtung f.; Machbarkeitsstudie f. / feasibility study
Durchfuhrgut n. / transit good
durchgängiger Informationsfluss m. (z.B. elektronischer ~) / universal information flow; transparent information flow (e.g. electronic ~)
Durchlaufdiagramm n.; Flussdiagramm n.; Ablaufdiagramm (~plan, ~grafik, -schema) / flow chart
Durchlaufkennzahl f. / throughput key data
Durchlaufregal (für Kartons) / carton flow rack
Durchlaufregal (für Kistenentnahmen); Durchlaufregal für Behälterentnahmen / case pick flow rack
Durchlaufregal n. / flow storage rack
Durchlaufterminierung f. / manufacturing lead time scheduling
Durchlaufüberwachung f.; Ablaufsteuerung f. (z.B. von Aufträgen) / flow control (e.g. of orders)
Durchlaufzeit (DLZ) f. / throughput time; cycle time; ('lead time' als alleiniger Begriff wird eher für 'Lieferzeit' verwendet)
Durchlaufzeit, Gesamt-~ f.; Zykluszeit f. / overall cycle time
Durchlaufzeittage mpl. / cycle days
Durchlaufzeitversatz m. (Differenz von End- zu Anfangstermin) / leadtime offset
durchorganisieren / rationalize
Durchsatz m. / throughput
Durchschnitt, gleitender ~ m. / moving average
Durchschnitt, im ~ m./ on average

Durchschnitt, Tages-~ m. / average per day
durchschnittlich / average
Durchschnittspreis m. / average price
Durchschnittspreis, gleitender ~ m. / floating average price
Durchwahl zu Nebenstellen / direct dialing (DD)
DV (Datenverarbeitung) f. / DP (data processing)
DV-Bürotechnologie f.; Büroautomatisierung f. / office automation
DV-Lastenheft n. / data processing requirement specification
DV-Pflichtenheft n. / data processing functional specification
DV-Verfahren n.; DV-System n. / EDP (electronic data processing) system
DV-Verfahrenslandschaft f. / data processing procedure environment
dynamisch adj. / dynamic
dynamische Losgröße (Losgröße mit bedarfsabhängiger Mengenanpassung) f. / dynamic lot size

E

EA (Entscheidungsausschuss) m. / decision committee
Ebene f. (z.B. es gibt drei hierarchische ~n) / echelon (e.g. there are three ~s of hierarchy authority)
Ebene f.; Stufe f / level; tier
Ebene, Dispositions-~ f. (z.B. ~ in einer Stückliste) / level; ~ of product structure in a bill of material
Ebene, Lieferant der ersten ~; direkter Lieferant / first tier supplier
Ebene, Lieferant der zweiten ~; Unterlieferant m. / second tier supplier

Ebene, operative ~ *f.*; Arbeitsebene *f.* (Ggs. Managementebene) / operative level (opp. management level)

ebenenorientiert *adj.* / level-oriented

ebenfalls *adv.*; gleichfalls *adv.* (z.B. danke ~) / likewise (e.g. thank you, ~)

E-Beschaffung (elektronisch organisierte Abläufe in der Beschaffung) / e-procurement (electronic procurement)

EBIT (Ergebnis vor Zinsen und Ertragssteuern) / EBIT (Earnings Before Interest and Taxes)

e-cash (bargeldloser Zahlungsverkehr im Online-Betrieb) / e-cash

echt *adj.*; unverfälscht *adj.* / real; genuine

Echteinsatz (z.B. eines Verfahrens) *m.* / productive use (e.g. of a procedure)

Echtheit *f.*; Berechtigung *f.*; Authentizität *f.* (z.B. ~sprüfung für PC-Nutzer außerhalb der Firma mit Zugriff auf Firmenrechner hinter der Firewall) / authenticity (e.g. ~ check for PC users with remote access to company computers behind the firewall)

Echtzeit *f.* / real time

Echtzeitumgebung *f.* / realtime environment

Echtzeitverfolgung *f.* (z.B. ~ einer Sendung, d.h. zu jedem Zeitpunkt wissen, wo sich die Sendung befindet, z.B. mittels eines Satelliten-Positionierungs-Systems) / realtime tracking (e.g. ~ of a shipment, i.e. to know at any given time where the shipment is located, e.g. through a satellite positioning system)

Ecklohn *m.*; Grundlohn *m.* / basic rate; basic wage rate

Ecktermin *m.* / basic time limit

ECR (efficient consumer response) (effiziente Reaktion auf Kundennachfrage: wird in erster Linie im Lebensmittel- und Konsumgüterbereich eingesetzt. Es ist ein bedarfsgesteuertes Nachschubsystem, das so gestaltet ist, dass alle an der Kette beteiligten Mitglieder so miteinander verbunden sind, dass sie ein mächtiges, durchflussoptimiertes Distributionsnetz bilden. Das System wird durch zeitsynchronen Nachschub gesteuert, der auf Kundennachfrage basiert. Der Informationsaustausch gestattet es dem Hersteller oder Lieferanten, den Bedarf vorherzusagen und entsprechend darauf zu reagieren. Statt auf das Eintreffen eines Auftrages zu 'warten', kann er aufgrund der Kassenterminal-Informationen produktbezogene Maßnahmen einleiten oder fertigen. Der unverzügliche Austausch von genauen Daten ist ein wesentliches Merkmal für den Erfolg dieses Konzeptes / ECR (is primarily used in the grocery and consumer goods industries. It is a demand-driven replenishment system designed to link all parties in the channel to create a massive flow-through distribution network. The system is driven by time-phased replenishment based on consumer demand. The sharing of information allows the manufacturer or supplier to anticipate demand and react to it. Instead of 'waiting' for an order to arrive, they can initiate or manufacture product based on point of sale information. The sharing of accurate, instantaneous data is an essential ingredient to success of this concept)

EDI (s. Elektronischen Datenaustausch) / Electronic Data Interchange

EDIFACT (Elektronischer Datenaustausch für Verwaltung, Handel und Transport) / Electronic Data Interchange for Administration, Commerce and Transport (EDIFACT)

EDI-Partner *m.* / EDI partner

EDI-Standard *m.* / EDI standard

EDI-Vorgang *m.* / EDI transaction

Effekt *m.* / effect
Effekten / securities
effektive Zeit *f.*; Ist-Zeit *f.* / actual time
Effektivität *f.*; Schlagkraft *f.*;
Wirksamkeit *f.* (d.h. das richtige
machen) / effectiveness (i.e. to do the
right things)
Effektivverzinsung / yield (interest)
Effizienz *f.*; Leistungsfähigkeit *f.*;
Wirtschaftlichkeit *f.* (d.h. etwas richtig
machen) / efficiency (i.e. to do the
things right)
Effizienzsteigerung *f.* / increased
efficiency; improved efficiency
EFQM (s. European Foundation for
Quality Management)
e-Fulfillment; elektronische
Auftragserfüllung *n.* / e-fulfillment
E-Geschäftsabwicklung (elektronische
Abläufe in und zwischen Firmen) / e-
business (electronic business)
E-Handel *m.*; E-Commerce *m.*;
elektronischer Handel *m.*; *f.*;
elektronischer Geschäftsverkehr *m.*
(elektronischer Handel mit Produkten
und Dienstleistungen, z.B. präsentieren
Firmen ihre Produkte auf eigenen Web-
Seiten. Hier können sich die Kunden
dann informieren, bestellen und
gegebenenfalls auch gleich bezahlen.) /
electronic commerce; e-commerce (EC)
Ehepartner *m.* (z.B. beim Logistik-
Kongress wird ein Ehepartner-
Programm angeboten) / spouse (e.g. at
the logistics conference, a spouse
program will be offered)
Ehrenvorsitzender *m.* (z.B. des
Aufsichtsrates) / honorary chairman
(e.g. of the supervisory board)
eichen *v.* / calibrate
Eichmarke *f.* / calibration mark
Eichsystem *n.* / calibration system
Eigen- und Fremdanteil *m.* / own and
foreign share

Eigenbedarf *m.*; interner Bedarf *m.* /
internal requirements; own
requirements; inhouse requirements
Eigenentwicklung *f.* / in-house
development
eigener Markt *m.*; Heimatmarkt *m.* /
home market; domestic market; national
market
Eigenerzeugnis *n.* / in-house product;
self-made product
Eigenfertigung *f.* / in-house
manufacturing
Eigenfertigung oder Kauf / make or buy
Eigenfertigungsteil *n.* / in-house
production part
Eigenkapital *n.* / equity capital;
shareholders' equity
Eigenkapitalsrendite *f.* / return on
equity (ROE)
Eigenkosten *pl.* / own costs
Eigenleistung *f.* / internal service; inside
service
Eigenschaft / attribute
Eigentum / ownership
Eigentum, geistiges ~ *n.* / intellectual
property
Eigentümer *m.*; Besitzer *m.* / owner
Eigentumsrecht / right of ownership
Eigentumsunterlagen *fpl.* / property
records
Eigentumsvorbehalt *m.* / right of
ownership
Eigenverbrauch *m.* / consumption
Eigner, Schiffs-~ *m.* / shipowner
Eilauftrag *m.*; Eilbestellung *f.* / express
order; urgent order; rush order
Eilbestellung / express order
Eilbrief *m.* / express letter
Eileinsatz *m.* / fire fighting action
Eilfracht *f.*; Eilgut *n.* / express goods
Eilgut *n.*; Eilfracht *f.* (z.B. mit der Bahn) /
express goods (e.g. by rail)
Eilmaßnahme *f.*; Eileinsatz *m.* / fire
fighting action
eilt! / urgent

Ein- und Auslagerung *f.* / storage and disbursement

Ein- und Ausstapeln *n.* / stacking and retrieval

Ein- und Aussteigen (bei einem LKW) *n.* / mounting and dismounting (of a truck)

einachsig *adj.* / single-axle

Einbahnstraße *f.* / one way street

Einbahnverkehr *m.* / one way traffic

Einbauanleitung *f.* / installation instruction; manual

einbehalten *v.;* zurückhalten *v.* / withhold

Einbeziehung der Mitarbeiter *f.* / people involvement

Einbeziehung des Kunden / customer integration

Einbindung des Lieferanten / supplier integration

Einblick bekommen *v.* (z.B. Einblick in die logistischen Aspekte bekommen, die für das wirtschaftliche Ergebnis der Firma von Bedeutung sind) / gain insight (e.g. to ~ into the logistical aspects that are important for the firm's profitability)

eindecken (z.B. sich mit Material~) / stock up (e.g. ~ with material)

Eindeckung / coverage

Eindeckung, frühzeitige ~ *f.* / forward coverage

Eindeckungsrechnung *f.* / coverage calculation

Eindeckungsreichweite *f.* / days of supply (DOS); range of coverage

Eindeckzeit *f.* / coverage time

eindeutig *adj.;* bestimmt *adj.* / definite

Einfallsreichtum / ingenuity

Einfluss *m.* (z.B. 1. das Gewicht hat ~ auf den Transportpreis, 2. z.B. ~ haben auf ...) / impact (e.g. 1. the weight has an ~ on the transportation price, 2. to have an ~ on ...)

Einfluss nehmen (z.B. Herr D. versucht, seinen Einfluss auf die Firmenübernahme auszuüben) / lobby (e.g. Mr. D. is lobbying for the acquisition of the company)

Einflussgröße *f.* / parameter

einfügen (einlegen) *v.* / insert

einfügen (zusammenführen) *v.* (z.B. zusammenführen von Boxen oder ähnlichen Behältnissen von unterschiedlichen Fördersystemen auf eine einzige Linie) / merge (e.g. to merge boxes or similar items from various conveyor lines to a single conveyor line)

Einfuhr *f.;* Import *m.* / import

Einfuhr, vorübergehende ~ *f.* / temporary import

Einfuhr, zollfreie ~ *f.* / tax free import

Einfuhrabfertigung *f.* / import clearance

Einfuhranmeldung *f.* / import notification

Einfuhrartikel *mpl.* / import goods

einführbar *adj.* / importable

Einfuhrbelastung *f.* / import duty

Einfuhrbescheinigung, internationale ~ *f.* / international import certificate

Einfuhrbeschränkung *f.* / import restriction

Einfuhrbestimmung / import regulation

Einfuhrbewilligung *f.* / import licence

einführen *v.;* in die Tat umsetzen *v.;* ausführen *v.;* realisieren (z.B. ~ von Konzepten, Projekten oder Verbesserungen) / implement; put into action; put into practice; put to work (e.g. ~ concepts, projects or improvements)

einführen, Verbesserungen ~ Verbesserungen umsetzen; Verbesserungen durchführen (realisieren) / implement improvements

Einfuhrgenehmigung *f.;* Importlizenz *f.;* Importbewilligung *f.* / import license; import permit

Einfuhrland *n.* / country of importation

Einfuhrtarif *m.* / import tariff

Einfuhrumsatzsteuer *f.* / import sales tax

Einfuhrumsatzsteuer *f.* / import turnover tax

Einführung *f.* (z.B. ~ eines neuen Produktes) / introduction (e.g. ~ of a new product)

Einführung *f.*; Umsetzung *f.*; Ausführung *f.*; Realisierung *f.*; Einsatz *m.* (z.B. ~ eines Konzeptes) / implementation (e.g. ~ of a concept)

Einführung, Breiten-~ *f.* / roll-out

Einführung, praktische ~ (Realisierung) *f.*; praktische Umsetzung *f.*; praktische Ausführung *f.* / practical implementation

Einführung, stufenweise ~ *f.*; stufenweise Implementierung *f.* (z.B. ~ eines Konzeptes) / implementation in stages (e.g. ~ of a concept)

Einführungsangebot *n.* (z.B. ~ eines neuen Produktes in den Markt) / introductory offer (e.g. ~ of a new product into the marketplace)

Einführungsdatum *n.* / implementation date

Einführungsdauer *f.*; Umsetzungsdauer *f.*; Ausführungsdauer *f.*; Realisierungsdauer *f.* / implementation time

Einführungsfähigkeit, Problemlösungs- und ~ *f.* / problem-solving and implementation ability

Einführungskonzept *n.* / introduction concept

Einführungsplan *m.*; Umsetzungsplan *m.*; Ausführungsplan *m.*; Realisierungsplan *m.* / implementation plan; action plan

Einführungsstrategie *f.* (z.B. eine ~ für den Breiteneinsatz eines neuen Logistiksystems entwickeln) / roll-out strategy (e.g. to develop a strategy for the implementation of a new logistics concept)

Einführungstermin *m.* / launching date

Einfuhrzoll *m.*; Einfuhrbelastung *f.* / import duty

Einfuhrzollformalität *f.* / import customs formality

Eingabe *f.* / input

Eingabe, Daten-~ *f.* / data input

Eingabefeld *n.* / entry field

Eingabemaske *f.* / input screen

Eingang, Lager-~ *m.* / warehouse entry

Eingang, Zahlungs-~ *m.* / receipt of payments

Eingangs-Ausgangs-Steuerung *f.*; Vorgabe-Lieferüberwachung *f.* / input-output control

Eingangsbestätigung *f.* / notice of arrival

Eingangsdatum *n.* / arrival date

Eingangshafen *m.* / point of entry

Eingangskontrolle *f.* / inspection of incoming material

Eingangsmeldung *f.* / receipt report; receiving sheet (form)

Eingangsnachricht *f.* / incoming message

Eingangsprüfung *f.*; Wareneingangsprüfung *f.* / incoming goods inspection; receiving inspection; input check; input control

Eingangsrechnungsprüfung (ERP) *f.* / invoice auditing

Eingangstermin, geplanter ~ *m.* / planned arrival time

Eingangsvermerk / notice of receipt

Eingangszone, Waren-~ *f.* / receiving area

eingedeckt, reichlich ~ mit *v.* (z.B. Material reichlich auf Lager haben) / run long (e.g. run long of material)

eingefrorene Zone *f.* / frozen zone

eingefrorener Auftragsbestand *m.* / frozen order stock

eingefrorener Lagerbestand *m.* / frozen inventory

eingehend *adj.*; ankommend *adv.* / inbound; incoming

eingehend *adj.*; detailliert *adj.* (z.B. die Logistikprozesse ~ untersuchen) / in-

depth (e.g. to take an ~ look at the logistics processes)
eingehende Fracht *f.* / inbound freight
eingehende Ladung; ankommende Ladung; Fracht (Eingang) / inbound cargo
eingehender Kundenauftrag *m.* / incoming order
eingehender Transport; ankommender Verkehr / inbound transportation
Einhaltung *f.* (z.B. ~ von Planungsparametern) / adherence (e.g. ~ to planning parameters)
Einhaltung *f.* (z.B. ~ von Verträgen) / compliance (e.g. ~ with contracts)
einhängen, das Telefon ~ (z.B. wir sind gleich für Sie da, bitte bleiben Sie am Apparat, hängen Sie nicht ein) / hang up (e.g. we will be right with you, please hold the line, don't hang up)
Einheit *f.* (z.B. Geschäfts-~) / entity; unit (e.g. business ~)
Einheit, funktionsorientierte ~ *f.* / function-oriented unit
Einheitsladung *f.* / unitized load
Einheitspreis *m.* / uniform price
Einheitszolltarif *m.* / single-schedule tariff
Einkauf *m.* / purchasing; procurement
Einkauf, Fachkreis ~ *m.* / buyers council
Einkauf, zentrales Büro ~ (weltweit) *f.* / global procurement office
einkaufen für teures Geld / buy at a premium
Einkäufer *m.*; Käufer *m.* / purchaser; buyer
Einkäufer, APE-~ *m.*; APE-Einkaufstechniker *m.* (z.B. frühzeitige Beteiligung des Einkäufers am Produktionsprozess) / APE (advanced purchasing engineer) (e.g. early involvement of the purchasing engineer in the production process)
Einkäufer, verhandlungsführender ~ *m.* / lead negotiator; senior buyer
Einkäuferkennzeichen / buyer code

Einkäuferschlüssel *m.*; Einkäuferkennzeichen *n.* / buyer code
Einkaufsbeauftragter *m.* / purchasing agent
Einkaufsbedingungen *fpl.* / purchase conditions
Einkaufsfachtagung *f.* / buyers conference
Einkaufs-Informations-System (EIS) *n.* / purchasing information system
Einkaufskennzahlen *fpl.* / purchasing key data
Einkaufsladen *m.* / retail shop
Einkaufsleiter *m.* / purchasing manager
Einkaufslogistik *f.* / purchasing logistics
Einkaufsmarketing *n.* / purchasing marketing
Einkaufsmatrix *f.* / purchase matrix
Einkaufspolitik *f.* / purchasing policy
Einkaufspreis *m.*; Kaufpreis *m.* / purchase price; ordering price
Einkaufsprovision *f.* / purchase commission
Einkaufsschlüsselnummer (ESN) *f.* / purchasing commodity code
Einkaufstasche *f.*; Tragetasche *f.* / tote bag
Einkaufsvereinbarung *f.* / purchase agreement
Einkaufsverfahren *n.* / purchasing procedure
einkaufswirksam *adj.* / purchasing-effective
einklagen, Anspruch ~ *v.* / file a claim
Einklang, in ~ bringen *v.*; korrigieren *v.* (z.B. das Bankkonto ~) / reconcile (e.g. ~ the bank account)
Einkommen, Real-~ *n.* / real income
Einkünfte *fpl.* / income
Einladung *f.*; Einladungsmitteilung *f.* (z.B. ~ für einen Besprechungstermin) / notice of meeting
Einlagenspanne *f.* / contribution margin
einlagern *v.*; in das Lager aufnehmen *v.* / take into stock
Einlagerung / storage

Einlagerungszeit / storage time
einleuchtend *adv.*; offensichtlich *adv.*; zweifellos *adv.*/ evidently
Einlieferungsschein *m.*; Posteinlieferungsschein *m.* / postal receipt
Einmalfertigung *f.* / non-repetitive production
Einnahmen *fpl.*; Geldeinnahmen *fpl.* / receipts
Einnahmen *fpl.*; Verrechnungseinnahmen *fpl.* / revenue *pl.*
Einnahmen, Tages-~ *fpl.* / day's takings
einpacken *v.*; einwickeln *v.* / wrap
einpacken *v.*; packen *v.*; verpacken *v.* / pack
Einrichtearbeit *f.* (z.B. Maschinen-~) / tooling (e.g. machine ~)
einrichten *v.*; rüsten *v.* / set up
Einrichter *m.* / supervisor; tool setter; setup man
Einrichtezeit *f.* / setup time
Einrichtezuschlag *m.* / setup allowance
Einrichtung *f.*; Anlage *f.* / facilities *pl.*
Einsatz *m.* (z.B. ~ eines Gabelstaplers) / use (e.g. ~ of a forc lift truck)
Einsatz *m.* (z.B. der ~ bzw. das Risiko ist groß) / stake (e.g. stakes are high)
Einsatz *m.* (z.B. Einsatz von Beratern) / deployment (e.g. deployment of consultants)
Einsatzfaktorenplanung *f.*; Ressourcenplanung *f.* (Planung aller für ein Geschäft notwendige Einsatzfaktoren, z.B. Menschen, Material, Maschinen, Geld) / Management Resource Planning (MRP II); resource planning
Einsatzort *m.* / site of usage; location; site
Einsatztest *m.* (z.B. beim Kunden) / field test (e.g. at the customer's site)
einschalten und loslegen (PC) / plug & play (PC)

einschließend *adv.*; inklusiv *adv.* (Ggs. exklusiv; ausschließend) (z.B. dies ist unser Inklusiv- bzw. Pauschalpreis; dieser Preis schließt alles mit ein) / inclusive (opp. exclusive) (e.g. this is our all inclusive price)
einschließlich (z.B. ~ Verpackung) *adv.* / including (e.g. ~ packaging)
einschließlich Verpackung / packing included
Einschränkung *f.*; Zwang *m.* / constraint
Einschreiben *n.* / registered letter
einsetzen *v.* (z.B. die Abteilung hat Tools zum Logistikcontrolling eingesetzt) / have in place (e.g. the department has tools in place for logistics performance measurement)
einsetzen *v.*; entfalten *v.*; entwickeln *v.* / deploy
Einsparungen *fpl.* (z.B.erhebliche ~) / savings (e.g.significant ~)
Einsparungspotential *n.* / saving potential
Einstandspreis *m.*; Selbstkostenpreis / cost price; landed cost
einstecken und loslegen (PC) / plug & play (PC)
einstellen *v.*; beenden *v.*; aufgeben *v.*; aufhören *v.* (z.B. die Lieferantenbeziehung ~) / discontinue (e.g. ~ the supplier relationship)
einstellen und entlassen *v.* / hire and fire
Einstellung *f.* (z.B. eine unterschiedliche ~ haben zu dieser Logistiklösung) / mindset; attitude (e.g. to have a different ~ towards this logistics solution)
Einstellung *f.*; Personalbeschaffung *f.* / staff recruitment; personnel recruitment; recruitment of personnel
Einstiegsgehalt *n.*; Anfangsgehalt *n.* / entry level salary; initial salary
eintauschen *v.* (z.B. das Geschäft dieser Firma besteht darin, Waren gegen Dienstleistung zu tauschen) / trade for (e.g. the company's business is to trade goods for service)

Einteilung in Gruppen / grouping
Eintragung / record
einverstanden sein (z.B. 1.
einverstanden sein mit, zustimmen zu
2. wie vereinbart) / agree (e.g. 1. agree
to, 2. as agreed upon)
Einwegbehälter *m.* / one-way container
Einwegpalette *f.* / one-way pallet
Einwegverpackung *f.* / non-returnable
package
Einwegverpackung *f.* / one-way
transportation item
Einwilligung / approval
Einzelanfertigung *f.* / specific
production; individual production
Einzelarbeitsplatz *m.* / single work
center
Einzelbedarf *m.* / individual
requirements
Einzelbedarfsführung *f.* / discrete
requirements planning
Einzelbezug / single-sourcing (opp.
multiple-sourcing)
Einzelbezugsquelle / single source (opp.
multiple source)
Einzelfertiger *m.* / single product
manufacturer
Einzelfertigung *f.* / single item
production; unit production; job
production
Einzelhalbleiter *m.* / small-signal
semiconductor
Einzelhandel *m.* / retail business
Einzelhandelsgeschäft *n.* / retail store
Einzelhandelslager *n.* / retail
distribution center
Einzelhandelsmarkt *m.* / retail market
Einzelhandelspreis *m.*; Ladenpreis *m.* /
retail price
Einzelhändler *m.* / retailer
Einzelkosten / direct costs
einzeln *adj.* (z.B. ein ~es Stück) / odd
(e.g. an ~ piece)
Einzelposition *f.* (z.B. ~ eines
Kundenauftrages) / line item (e.g. ~ of a
customer order)

Einzelpufferzeit *f.* / single-buffer time
Einzelteil *n.* / piece; single-part
Einzelteilbestellung *f.* / single-item order
Einzelteil-Fälligkeitstermin *m.* / single-
part due date
Einzelverarbeitung *f.* / single-
processing
Einzelverfahren *n.* / detailed procedure
Einzelverkauf *m.* / retail
einzige(r) *adj.*; exklusiv *m.* (z.B. er ist für
dieses Produkt der einzige Händler in
der Stadt) / sole; only (e.g. for this
product he is the ~ retailer in town)
Einzug *m.*; Inkasso *n.* (~ von Geld) /
collection (~ of money)
Einzugsgebiet *n.* / collection area
Einzugskosten *pl.* / collection fees
EIS (Einkaufs-Informations-System) *n.* /
purchasing information system
Eisenbahntransport *m.*;
Eisenbahnfrachtverkehr *m* / rail
transport
eiserner Bestand / reserve inventory
ELA (Europäische Logistik Gesellschaft)
/ ELA (European Logistics Association.
The European Logistics Association is a
federation of 36 national organisations,
covering almost every country in
western Europe. The ELA-goal is to
provide a link and an open forum for any
individual or society concerned with
logistics within Europe and to serve
industry and trade. ELA formulates
European Logistics Education Standards
and encourages the acceptance of
these standards in each member nation.
Headquarters: Avenue des Arts 19,
Kunstlaan 19, B-1210 Brussels,
Belgium; Phone: +32 2 230 0211; Fax:
+32 2 230 8123; E-mail: ela@elalog.org;
Internet: www.elalog.org)
Electronic Data Interchange (siehe
'Elektronischer Datenaustausch (EDI)')
elektrischer Strom *m.* / electric current
Elektrizität *f.* / electricity
Elektrofirma *f.* / electrical company
Elektroindustrie *f.* / electrical industry
Elektrokarren *m.* / electric car

elektromechanisch *adj.* / electromechanical

Elektromotor *m.* / electric motor

elektromotorisches System *n.* / electrical motor system

Elektronik *f.* / electronics

Elektronikfirma *f.* / electronics company

Elektroniklieferant *m.* / electronics supplier

Elektronikwerk *n.* / electronics plant

elektronisch / electronic; electronically

elektronisch verfügbar / electronically available; available in electronic form

elektronische Geschäftsabwicklung *f.* / electronic business processing

elektronische Geschäftsabwicklung *f.*; E-Handel *m.;* elektronischer Handel *m.;* elektronischer Geschäftsverkehr *m.* (elektronischer Handel mit Produkten und Dienstleistungen, z.B. präsentieren Firmen ihre Produkte auf eigenen Web-Seiten. Hier können sich die Kunden dann informieren, bestellen und gegebenenfalls auch gleich bezahlen.) / electronic commerce; e-commerce (EC)

elektronische Post (E-mail) *f.* / electronic mail (e-mail)

elektronische Unterschrift *f.* / electronic signature

elektronische Verbindung *f.* / electronic link

Elektronischer Datenaustausch (EDI) (EDI ist die Computer-zu-Computer-Kommunikation zum Austausch standardisierter Geschäftsdaten in einem Format, das es dem Empfänger erlaubt, die beabsichtigte Transaktion auszuführen, z.B. häufig zur Übermittlung von Aufträgen an Lieferanten eingesetzt) / Electronic Data Interchange (EDI) (see English definition there)

Elektronischer Datenaustausch für Verwaltung, Handel und Transport (EDIFACT) / Electronic Data Interchange for Administration, Commerce and Transport (EDIFACT)

elektronischer Geschäftsprozess *m.* / electronic business process

elektronischer Geschäftsverkehr *m.* / electronic business transaction

elektronischer Handel *m.;* E-Handel *m.;* E-Commerce *m.;* elektronische Geschäftsabwicklung *f.;* elektronischer Geschäftsverkehr *m.* (elektronischer Handel mit Produkten und Dienstleistungen, insb. über das Internet; z.B. präsentieren Firmen ihre Produkte auf eigenen Web-Seiten. Hier können sich die Kunden dann informieren, bestellen und gegebenenfalls auch gleich bezahlen.) / electronic commerce; e-commerce (EC)

elektronischer Informationsfluss *m.* / electronic information flow

Elektroschlepper *m.* / electric tractor

Elektrotechnik *f.* / electrical engineering; electrotechnology

Elektrowagen *m.* / electric platform truck

Element *n.*; Bestandteil *m.*; Glied *n.* / element

eliminieren *v.* / eliminate

E-Logistik (elektronisch organisierte Abläufe in der Logistik) / e-logistics (electronic logistics)

E-mail (elektronische Post: Nachrichten werden von einem E-mail Anschluss über ein Computernetzwerk an einen oder mehrere E-mail Teilnehmer od. Empfänger mittels spezieller Protokolle automatisch verschickt) *f.* / electronic mail (e-mail)

E-mail (elektronische Post: Nachrichten werden von einem E-mail Anschluss über ein Computernetzwerk an einen oder mehrere E-mail Teilnehmer od. Empfänger mittels spezieller Protokolle automatisch verschickt) *f.* / electronic mail (e-mail)

E-mail Anschluss *m.* (s. E-mail) / e-mail connection; electronic mail connection

E-mail Anschluss *m.* (s. E-mail) / e-mail connection; electronic mail connection

E-mail Teilnehmer *m.* (s. E-mail) / e-mail subscriber; electronic mail subscriber

E-mail Teilnehmer *m.* (s. E-mail) / e-mail subscriber; electronic mail subscriber

Embargo *n.;* Handelsverbot *n.* / embargo

Empfang *m.;* Empfangsbereich *m.;* Empfangszone *f.* / reception; reception area

Empfangender / remittee

Empfänger *m.* (z.B. ~ einer Mitteilung) / addressee; receiver; recipient (e.g. ~ of a message)

Empfänger, Zahlungs-~ *m.;* Empfangender *m.* / remittee; payee; recipient of payment

Empfangsbestätigung; Empfangsbescheinigung / receipt

Empfangsraum *m.;* Empfangsbereich *m.;* Empfangszone *f.* / reception; reception area

Empfangsspediteur *m.* / receiving agent

Empfangsstation *f.*; Zieladresse *f.* / destination; point of delivery

Empfangsstelle *f.* / receiving station; receiving point

Empfangszone *m.;* Empfangsbereich *m.;* Empfangsraum *f.* / reception; reception area

Empfehlung / recommendation

Empfindung für Dringlichkeit; Gespür für Dringlichkeit; Sinn der Notwendigkeit / sense of urgency

empfohlener Listenpreis / suggested list price (SLP)

empfohlener Verkaufspreis, vom Hersteller ~ *m.* / manufacturer's suggested retail price (MSRP)

Endabrechnung / settlement of accounts

Endbetrag / net amount

Ende (Fertigungsprozess) (z.B. bei der Herstellung von Chips: Montage und Verpackung der Chips; *Ggs.* Anfang eines Fertigungsprozesses: die eigentliche Chipfertigung) / back end (production process) (e.g. in chip production: assembly and packaging of the chips; *opp.* front end production process: manufacturing of the chips)

Ende der Saison *n.*; Saisonende *n.* / end of season

Endempfänger *m.* / final consignee

Enderbraucherpreis *m.;* Verbraucherpreis *m.* / consumer price

Enderzeugnis / end product; final product; finished product

Endfertigung *f.* / final manufacturing

Endgerät *n.* / terminal

Endkontrolle *f.* / final check

Endkunde *m.*; Endverbraucher *m.* / end customer; end user

Endmontage *f.*; Zusammenbau *m.* / final assembly

Endprodukt *n.*; Enderzeugnis *n.*; Fertigerzeugnis *n.* / finished product; finished good; end product; final product

Endprüfung *f.* / final inspection

Endsystem *n.* / data end system

Endtermin, frühester ~ *m.* / earliest finish date

Endtermin, letzter ~ *m.* / latest finish date

Endtermin, ursprünglicher ~ *m.* / original due date

Endverbraucher / end customer; end user

Endverbraucherpreis (geschätzt); geschätzter Verkaufspreis / EST (estimated street price)

Endverbraucherpreis *m.* / consumer price

Endverbraucherprodukt (Kundenartikel) *n.* / consumer product

Energiebilanz *f.* / energy balance

Energieerzeugung *f.* / power generation

Energierückgewinnung *f.* / energy reclamation

Energietechnik *f.* / power engineering

Energieverbrauch *m.* / power consumption

Energieverteilung *f.* / energy distribution

Energieverteilungsanlage *f.* / power distribution system

Energiewirtschaft *f.* / power economics

Engagement *n.*; Versprechen *n.*; Verpflichtung *f.* (zu einer Sache stehen) / commitment

engagiert *adv.* / committed

engagierte Mitarbeiter; engagiertes Personal *n.* / committed workforce

Engineering, Simultaneous ~ *n.*; paralleles Konstruieren *n.*; simultane Arbeit *f.* (d.h. paralleles oder überlapptes und nicht sequentielles Konstruieren) / simultaneous engineering (SE); concurrent engineering (i.e. parallel or overlapped, not sequential engineering)

Engpass *m.* / bottleneck

Engpass, Kapazitäts-~ *m.* / capacity bottleneck

Engpassarbeitsgang *m.* / bottleneck operation; limiting operation

entdecken *v.*; wahrnehmen *v.* / detect; notice; find out; discover

Entdeckung *f.* / detection

Enterprise, Extended ~ (s. Extended Enterprise)

entfalten *v.*; entwickeln *v.*; einsetzen *v.* / deploy

Entfaltung *f.*; Entwicklung *f.* (z.B. ~ einer Geschäftsidee) / deployment (e.g. ~ of a business idea)

entfernt *adj.* / remote

Entfernung *f.* / distance

entgegengesetzt / contradictory

Entgegennahme *f.*; Annahme *f.* (z.B. die ~ der Waren) / receipt (e.g. the ~ of incoming goods)

entgegennehmen, Auftrag ~ *m.*; Auftrag annehmen / take an order

Entladefrist *f.* / unloading period

Entladegebühr *f.* / unloading charge

entladen *v.*; ausladen *v.* (z.B. einen großen Haufen ~) / unload; drop (e.g. ~ a big load)

Entladung *f.* / unloading

Entladung, Schiffs-~ *f.* / unloading of a ship

entlassen *v.* / layoff; discharge; fire

Entlassung *f.* / layoff; discharge; dismissal; firing

Entlastungsauftrag / subcontracting order

entleeren *v.* (z.B. einen Lastwagen ~) / deplete; empty (e.g. ~ a truck)

Entlohnung *f.* / compensation

Entlohnung *f.*; Bezahlung *f.*; Zahlung *f.* / payment

Entlohnung, leistungsorientierte ~ *f.* / performance based compensation

Entnahme *f.*; Lagerentnahme *f.* / withdrawal

Entnahme von Aufträgen; Auftragsentnahme (aus dem Lagerregal) *f.* / pick orders (from the rack)

Entnahme, falsche ~ / mispick

Entnahme, Hand-~ *f.* / withdrawal by hand

Entnahme, ungeplante ~ *f.* / unplanned issue

Entnahmebeleg / picking receipt

Entnahmedatum *n.* / picking date

Entnahmeeinheit (Lager) *f.* / inventory issue unit; stock issue unit

Entnahmefehler *m.*; Fehlentnahme *f.* / picking error

Entnahmeliste *f.*; Bereitstelliste *f.* / picking list; staging list

Entnahmepapiere *f.* / picking documents

Entnahmevorgang *m.* (z.B. Vorgang der Materialentnahme aus dem Lagerbereich) / picking (e.g. process of selecting material from storage area)

entnehmen *v.*; herausnehmen *v.* / pick; take out

Entschädigung / compensation

Entschädigungsanspruch *m.* / right to compensation

entscheidend *adj.*; **klar** *adj.*; **wesentlich** *adj.*; **deutlich** *adj.* (z.B. ein ~er Wettbewerbsvorteil) / distinctive (e.g. a ~ competitive advantage)

Entscheidung / decision

Entscheidungsausschuss (EA) *m.* / decision committee

Entscheidungsbaum *m.* / decision tree

Entscheidungstabelle *f.* / decision table

Entscheidungsträger *m.* / decision maker

Entscheidungsunterlage *f.* / decision document

Entscheidungsunterstützungssystem *n.* / decision support system (DSS)

Entscheidungsvorbereitung *f.* / decision preparation

Entscheidungsvorlage *f.*; Beschlussvorlage *f.* (z.B. die ~ für Herrn E.W. Müller muss rechtzeitig abgegeben werden) / decision proposal (e.g. the ~ for Mr. E.W. Mueller has to be delivered on time

Entscheidungsweg *m.* / decision path

entschuldigen, sich ~ *v.* (z.B. wir entschuldigen uns für die verspätete Lieferung) / apologize (e.g. we ~ for the late delivery)

entsenden (von Mitarbeitern ins Ausland) / expatriate

entsenden (von Mitarbeitern ins Ausland) / expatriate

Entsendungsbedingungen (für die Entsendung von Mitarbeitern ins Ausland) / expatriate policy

entsorgen *v.* / dispose

Entsorgung *f.* / disposal

Entsorgungseinrichtung *f.* / removal device; disposal equipment

Entsorgungslogistik *f.*; Logistik in der Entsorgung / disposal logistics; reverse logistics; wastestream logistics

entsprechen *v.* (z.B. das Produkt entspricht der Nachfrage) / meet (e.g. the product ~s the demand)

entstören *v.* / debug

Entstörmanagement *n.*; Fehlermanagement *n.* / fault management

entwerfen *v.*; entwickeln *v.*; aufstellen *v.* (z.B. einen Vertriebsplan ~) / draw up (e.g. to ~ a sales plan)

Entwertung (z.B. finanzielle ~) / depreciation (e.g. financial ~)

entwickeln *v.* (ein besseres Verständnis ~) / develop (~ a better understanding)

entwickeln *v.* (ein Produkt ~) / develop (~ a product)

entwickeln *v.*; entfalten *v.*; einsetzen *v.* / deploy

entwickeln *v.*; entwerfen *v.*; aufstellen *v.* (z.B. einen Vertriebsplan ~) / draw up (e.g. ~ a sales plan)

entwickeln, Konzept ~; Plan entwickeln; konzipieren *v.* / develop a plan

Entwickler *m.* / developer

Entwickler, Software-~ *m.* / software developer

Entwicklung *f.* / development

Entwicklung *f.*; Entfaltung *f.* (z.B. ~ einer Geschäftsidee) / deployment (e.g. ~ of a business idea)

Entwicklung, Bestands-~ *f.* / inventory level development

Entwicklung, computerunterstützte ~ *f.* / Computer Aided Design (CAD)

Entwicklung, Eigen-~ *f.* / in-house development

Entwicklung, Forschung und ~ (F&E) *f.* / research and development (R&D)

Entwicklung, Führungskräfte-~ *f.* / management development

Entwicklung, Geschäfts-~ *f.* / business development

Entwicklung, Grundlagen-~ *f.* / basic development

Entwicklung, Karriere-~ *f.* / career pathing

Entwicklung, Managementtraining und -~ / management training and development

Entwicklung, Neu-~ *f.* / redesign

Entwicklung, Organisations-~ *f.* / organizational development

Entwicklung, Personal-~ *f.* / personnel development; human resources development; HR development

Entwicklung, Personal-~ Führungskreis / executive development

Entwicklung, Persönlichkeits-~ *f.* / personality development

Entwicklung, Produkt-~ *f.*/ product development

Entwicklung, System-~ *f.*; Verfahrensentwicklung *f.* / system development; system design

Entwicklungsaufgabe, gemeinsame ~ *f.* / common development task

Entwicklungsauftrag *m.* / design order

Entwicklungsingenieur *m.* / design engineer

Entwicklungskosten *pl.* / development costs

Entwicklungsmanagement *n.* / development management

Entwicklungsprozess, Produkt-~ *m.*; / product development process

Entwicklungszentrum *n.* / design center

Entwurf *m.* (z.B. ~ eines Briefes oder Dokuments) / draft (e.g. ~ of a letter or a document)

Entwurf *m.* (z.B. ~ für Produkte, Schaltpläne, Geräte, etc.) / design (e.g. ~of products, circuits, equipment, etc.)

Entwurf, Zeichnungs-~ (Skizze) / sketch

EQA (s. European Quality Award)

erdgebundene Übertragung *f.* / terrestrial communication

ereignisorientiert *adj.* / event-oriented

Erfahrung (Wissen) / know-how

Erfahrung *f.* (z.B. ~ aus einem Projekt, ~ aus der Praxis) / expertise; lesson learned (e.g. ~ from a project, ~ from real-life)

Erfahrungsaustausch *m.* / exchange of experience

erfassen *v.* (z.B. Messwert ~) / record (e.g. ~ a measurement)

Erfassung *f.* (z.B. Daten-~ *f.*) / capturing (e.g. data ~)

Erfassung und Steuerung *f.* (z.B. die Anwendung der 'Tracking & Tracing'-Techniken HR ermöglicht die lückenlose ~ der einzelnen Komponenten während des gesamten Produktionsvorganges) / tracking & tracing (e.g. the application of ~ technology allows any part to be monitored and steered throughout the entire production process)

Erfindungsgabe / ingenuity

Erfolg *m.* / success

Erfolg, Kurzfrist-~ *m.* / short-term success

Erfolg, Langzeit-~ *m.* / long-time success; long-term success

Erfolg, Schlüssel zum ~ *m.* / key for success

erfolgreich / effective

erfolgreich sein *v.*; gelingen *v.* (z.B. 1. das Projekt gelang ihm, 2. erfolgreich sein als Manager, 3. Erfolg haben bei Vorgesetzten) / succeed (e.g. 1. he succeeded in the project, 2. succeed as a manager, 3. succeed with the boss)

Erfolgsbeteiligung *f.* / profit sharing

Erfolgsdenken *n.* / breakthrough thinking

Erfolgsfaktor *m.* (z.B. wesentlicher ~) / success factor (e.g. substantial ~; critical ~)

erfolgsorientiert *adj.* / success-oriented

Erfolgspotential *n.* / success potential

erforderlich *adj.*; notwendig *adj.* / required; necessary

erfüllen, Verpflichtungen ~ *v.* / fulfill obligations

Erfüllung *f.* (z.B. Auftrags-~) / fulfillment (e.g. order ~)

Erfüllungsgrad *m.*; Servicegrad *m.* (z.B. der Auftragserfüllungsgrad ist 95%) / fill rate (e.g. the order ~ is 95 percent)

Erfüllungsort *m.* / place of delivery; place of performance

Ergänzung / counterpart

Ergänzung / supplementation; addition

Ergebnis / result

Ergebnis *n.*; Jahresüberschuss *m.* (z.B. im Geschäftsjahr) / net earnings; net income; result (e.g. of the fiscal year)

Ergebnis *n.*; Resultat *n.*; das Wesentliche *n.*; Fazit *n.*; zusammengefasst (z.B. 1: zusammengefasst kann man sagen, dass der Gewinn dieses laufenden Geschäftsjahres ausgezeichnet sein wird; 2: auf einen Nenner gebracht: es zählt nur das Geld; 3: das Ergebnis ist, dass ihm wirklich alles egal ist; 4: es zählt nur das, was „unter dem Strich" rauskommt) / bottom line (e.g. 1: the ~ is that the business profit of this current FY will be outstanding; 2: well, when you get down to the ~, it's only money that matters; 3: the ~ is that he really doesn't care; 4: all that counts is the ~)

Ergebnis erzielen; Ergebnis erreichen; Ergebnis abwerfen; Ergebnis liefern / yield

Ergebnis verfolgen *n.* (z.B. das ~, beobachten, nicht aus den Augen lassen) / keep score; keep records; (e.g. ~ about the results)

Ergebnis, nutzbares ~ / tangible result

Ergebnis, operatives ~ (z.B. ~ entweder als Nettogewinn oder als Nettoverlust) / operating result (e.g. ~ either as a net profit or a net loss)

ergebnisorientiert *adj.* / result-oriented

Ergebnisrechnung *f.* / income statement; statement of income

Ergebnisse, lieferbare ~ *npl.*; fertige Ergebnisse *npl.* (z.B. ~ einer Studie) / deliverables (e.g. ~ of a study)

ergebniswirksam (z.B. die Maßnahme wird ~ sein) / impact on profitability (e.g. the measurement will have an ~)

Ergebniswirkung *f.* / impact on net income; impact on net result

Ergonomie *f.* / ergonomics

ergonomisch *adj.* / ergonomic

erhalten, Schadensersatz ~ *v.* / recover damages

erhalten, Wettbewerbsvorsprung ~ / sustain competitive edge

erheben *v.*; sammeln *v.* (z.B. von Marktinformationen) / gather (e.g. market information)

Erhebung / investigation

Erhebung von Straßen-Nutzungsgebühren / roadpricing

Erhebung, Daten-~ *f.* / data collection

erhoffen *v.*; voraussehen *v.*; erwarten *v.*; / anticipate

erhöhen *v.*; vergrößern *v.*; steigern *v.*; erweitern / enhance

Erhöhung (z.B. ~ der Produktivität) / increase (e.g. ~ of productivity)

Erholungszuschlag *m.* / fatigue allowance

Erinnerung, Zahlungs-~ *f.* / reminder of payment

erkanntes Problem / recognized problem

erkennen / realize

Erkenntnis / perception

Erkenntnis, Unternehmensführung durch ~ *f.* / management by perception

Erklärung *f.* (z.B. ~ des guten Ergebnisses) / explanation (e.g. ~ of the excellent result)

Erklärung *f.* (z.B. eine ~ abgeben) / statement (e.g. to make a ~)

Erlass, Gebühren-~ *m.*; Gebührenverzicht *m.* / fee waiver

Erleichterung, Arbeits-~ *f.* / facilitation of work

Erlös / profit

Erlös, Umsatz-~ *m.* / sales revenue

ERM (~ ist ein Ansatz zur integrierten Geschäftsabwicklung in einem Unternehmens unter Einbeziehung sämtlicher geschäftsrelevanter Ressourcen) / enterprise resource management (ERM)

Ermäßigung *f.*; Reduzierung *f.* / reduction

ermöglichen *v.* / enable

ernannt *adv.*; berufen *adv.* (z.B. er ist der vor kurzem bzw. neu ~e Logistikmanager der Firma) / appointed (e.g. he is the recently resp. newly ~ logistics manager of the company)

ernsthaft *adj.*; tiefschürfend und bedeutungsvoll (z.B. unsere Personalabteilung hatte ein ernstes Gespräch mit Herrn X. über seine Einstellung zur Arbeit) / D&M (deep and meaningful) (e.g. our HR department had a D&M talk with Mr. X about his attitude towards his job)

ernsthafter Schaden *f.* / serious damage

erobern *v.* (z.B. Marktanteil ~) / capture (e.g. ~ market share)

Eröffnung (z.B. ~ eines Kontos) *f.* / opening (e.g. ~ of an account)

ERP (Eingangsrechnungsprüfung) *f.* / invoice auditing

ERP (Unternehmensplanung) / ERP (enterprise resource planning)

erproben, praktisch ~ *v.* / test in practice

erprobt *adj.*; bewährt *adj.* / approved

Erreichbarkeit *f.* (z.B. ~ im Büro) / accessibility; availability (e.g. ~ in the office)

Erreichbarkeit, steuerbare ~ *f.* / controlled availability

erreichen, Ergebnis ~ / yield

erreichen, Ziel ~ (z.B. wir sind dabei, das Ziel zu erreichen) / achieve a goal (e.g. we are on our way to achieving the goal)

Errichtung *f.* (z.B. ~ einer Zweigstelle) / establishment (e.g. ~ of a branch)

Ersatz *m.* / replacement

Ersatzarbeitsplatz / alternate work center

Ersatzauftrag *m.* / replacement order

Ersatzbearbeitungszeit *f.* / alternate processing time

Ersatzbelegungszeit *f.* / alternate loading time; alternate occupation time

Ersatzbeschaffung *f.*; Wiederbeschaffung *f.* / replacement

Ersatzlieferung *f.* / replacement supply

ersatzpflichtig, schadens~ *adj.* / liable for damages

Ersatzteil *n.* / spare part; service part; repair part

Ersatzteilbestellung *f.* / spare parts order

Ersatzteildisposition *f.* / spare parts planning

Ersatzteile *npl.* / spare parts

Ersatzteilversorgung *f.* / spares replenishment

Erscheinungsbild eines Unternehmens / corporate identity

erschließen *v.* (z.B. neue Märkte ~) / tap (e.g. ~ new markets)

ersetzen *v.* / replace

Erstattung, Rück-~ *f.*; Preisrückerstattung *f.* / refund; reimbursement; repayment

Erstauftrag *m.* / pilot order

Erstellungsdatum *n.* / creation date

Erstinstallation *f.* / initial installation

erstklassig *adj.* / first-rate

Erstprüfung *f.* / original inspection

erstreben *v.* (z.B. ~ von Produktivitätsverbesserungen) / aim (e.g. ~ at productivity improvements)

Ertrag / profit

Ertragsgrenze *f.* / profit limit; yield limit

Ertragskraft *f.* / earning power

Ertragslage *f.* / income position

Ertragsschwelle *f.* / break-even point

Ertragssteigerung *f.* / increase in earnings

Ertragswert *m.* / earning value

Ertragszentrum *n.* / profit center

Ertüchtigung der Mitarbeiter /
employee empowerment
erwarten v.; voraussehen v.; erhoffen v. /
anticipate
erwartet adj.; voraussichtlich adj. (z.B.
der ~e Liefertermin wird Freitag
nächster Woche sein) / anticipated (e.g.
the ~ day of delivery will be Friday next
week)
erwarteter Anlieferungstermin m. /
expected delivery date; anticipated day
of delivery
erweitern / enhance
erweitern v.; ausdehnen v. (z.B.
Geschäftsaktivitäten) / extend (e.g.
business activities)
erweiterte Partnerschaft (z.B. ~ über
Firmengrenzen hinaus) / extended
partnership (e.g. ~ beyond business
limits)
erweitertes Unternehmen (s. Extended
Enterprise)
Erweiterung / expansion
Erwerb / acquisition
erzeugen v.; herstellen v. / manufacture
Erzeugnis n.; Produkt n.; Fabrikat n. /
product
Erzeugnis, definiertes ~ n. / defined
product
Erzeugnisebene f. / product level
Erzeugnisgliederung / product structure
Erzeugnisgruppe f.; Produktgruppe f. /
product group
Erzeugnismatrix Teilematrix / matrix
bill of material
Erzeugnisnummer f. / product number
Erzeugnisse, unfertige ~ / work in
process (WIP)
Erzeugnisspektrum n.;
Produktsortiment n. / product range
Erzeugnisstruktur / product structure
Erzeugnisvariante f. / product variant
erzielen, Ergebnis ~ Ergebnis erreichen;
Ergebnis abwerfen; Ergebnis liefern /
yield

ESN (Einkaufsschlüsselnummer) f. /
purchasing commodity code
EST (geschätzter Verkaufspreis;
geschätzter Endverbraucherpreis) / EST
(estimated street price)
Etikett n. / label; tag
Etikettierung f. / labelling
ETSI (Europäisches
Normierungsgremium für
Telekommunikation) / ETSI (European
Telecommunication Standards Institute)
Europadistribution f. / European
distribution
Europäische Union (EU) (Richtlinie der
~) f. / European Union (EU) (guideline of
the ~)
Europäische Zentralbank (EZB) f. /
European Central Bank (ECB)
Europalette f. / Euro pallet
Europavertrieb / European sales
**European Computer Manufacturing
Association** (ECMA)
**European Foundation for Quality
Management** (EFQM) (s. auch
'European Quality Award (EQA)':
Initiative führender westeuropäischer
Unternehmen, die die Möglichkeit
erkannten, durch ein umfassendes
Qualitätsmanagement
Wettbewerbsvorteile zu erzielen durch
u.a.: Förderung der Akzeptanz von TQM
als Strategie zur Erzielung globaler
Wettbewerbsvorteile sowie durch
Förderung und Unterstützung der
Einführung von Maßnahmen zur
Qualitätsverbesserung. Vergibt jährlich
den Qualitätspreis "European Quality
Award (EQA)". Sitz: Brussels
Representative Office, Avenue des
Pléiades 19, B-1200 Brussels, Belgium
Telefon: +32-2-775 3511, Fax: +32-2-
779 1237)) / EFQM (Initiative of leading
Western European businesses in
recognition of the potential for gaining
competitive advantage through:
accelerating the acceptance of quality

as a strategy for global competitive advantage as well as stimulating and assisting the deployment of quality improvement activities. Annual Quality Award "European Quality Award (EQA)".

European Quality Award (EQA) (s. auch 'European Foundation for Quality Management (EFQM)': Zum ersten Mal 1992 verliehener Qualitätspreis; umfasst: 1. Europäische Qualitätspreise, die denjenigen Unternehmen verliehen werden, die Spitzenleistungen durch Qualitätsmanagement als grundlegenden Prozess zur kontinuierlichen Verbesserung (s. hierzu auch 'KVP') nachweisen und 2. den "eigentlichen" European Quality Award (EQA), der dem besten aller Gewinner der Europäischen Qualitätspreise und damit dem erfolgreichsten Vertreter von Total Quality Management (TQM) in Europa verliehen wird.) / European Quality Award (The European Quality Award which was presented for the first time in 1992, incorporates: 1. European Quality Prizes, awarded to organizations that demonstrate excellence in the management of quality as their fundamental process for continuous improvement (see also CIP) and 2. The European Quality Award itself which is awarded to the best of Prizewinners - the most successful exponent of Total Quality Management (TQM) in Europe.)

EVA (ein sich stark am Marktwert der Aktie orientierendes System zur Beurteilung der Finanzkraft eines Unternehmens. Bennett Stewart, USA, ist Begründer des EVA-Konzeptes) / EVA (Economic Value Added: a corporate financial performance measurement system most directly linked to stock market value. Bennett Stewart, USA, is the founder of the EVA concept)

Evaluierung / evaluation

EVO (Einkaufsvolumen) n. / purchasing volume (PVO)

Exekutivausschuss m. / executive board committee

exklusiv adv.; ausschließend adv. (Ggs. inklusiv; einschließend) (z.B. dies ist unser Exklusivpreis; dieser Preis ist ohne alles, d.h. beinhaltet keine Nebenkosten) / exclusive (opp. inclusive) (e.g. this is our exclusive price)

exklusiv m.; einzige(r) adj. (z.B. er ist für dieses Produkt der einzige Händler in der Stadt) / sole; only (e.g. for this product he is the ~ retailer in town)

Experimentalstudio n. / experimental studio

Experte m.; Sachverständiger m. (z.B. er ist ~ auf diesem Gebiet) / expert (e.g. he is an ~ on this subject)

Experten-Know-how n. / expert know-how

Expertenmeinung f. / expert opinion

Expertensystem n. / expert system

Expertenwissen f. / expert knowledge

exponentielle Glättung f. / exponential smoothing

Export m.; Ausfuhr f. / export

Export-Abwicklungszentrum n. / export order processing center

Exporteur m. (z.B. ~ nach Amerika) / exporter (e.g. ~ to America)

Exportformalität f. / export formality

exportieren v.; ausführen v. (~ nach) / export (~ to)

Exportpreis m. / export price

Exportrabatt m. / export discount

Exportrechnung f. / export bill

Exportstrategie f. / export strategy

Exportüberschuss m. / export surplus

Expressdienst m. / express service

Expressgut n. / express parcel; fast freight (AmE)

Extended Enterprise (erweitertes Unternehmen) (partnerschaftliche

Beziehung, in der Kunde und Lieferant gemeinsam die Potentiale einer engeren Zusammenarbeit ermitteln und ausschöpfen) / Extended Enterprise (partner relationship in which both the customer and the supplier jointly assess and improve the performance of their combined efforts)

externe, Kennziffer für ~ Priorität / external priority code

externer Bedarf *m.* / external demand; exogenous demand

externer Berater / outside consultant

externer Lieferant *m.*; Fremdlieferant *m.* / external supplier

Extrakosten *pl.*; Zusatzkosten *pl.*; Mehrkosten *pl.*; Nebenabgaben *fpl.* / additional charges

Extranet *n.* (durch Passwortzugang geschützter Bereich des Intranets, auf den ein externer Kunde oder Partner über das Internet zugreifen kann; das Zugangsverfahren muss i.d.R. mit den Geschäftspartnern vertraglich geregelt sein; vgl. 'Intranet' und 'Internet') / extranet (compare: 'intranet' and 'internet')

Extrarabatt *m.*; Sonderrabatt *m.* / special discount

EXW (Ex Works): „Ab Werk" (...benannter Ort) bedeutet, dass der Verkäufer seine Lieferverpflichtung erfüllt, wenn er die Ware auf seinem Gelände (d.h. Werk, Fabrikationsstätte, Lager usw.) dem Käufer zur Verfügung stellt. Er ist insbesondere mangels anderer Vereinbarung nicht verpflichtet, die Ware auf das vom Käufer zu beschaffende Beförderungsmittel zu verladen oder die Ware zur Ausfuhr freizumachen. Der Käufer trägt alle Kosten und Gefahren, die mit dem Transport der Ware von dem Gelände des Verkäufers zum vereinbarten Bestimmungsort verbunden sind. Diese Klausel stellt daher die

Mindestverpflichtung für den Verkäufer dar. Diese Klausel sollte nicht verwendet werden, wenn es dem Käufer nicht möglich ist, direkt oder indirekt die Exportformalitäten zu erledigen. Unter solchen Umständen sollte die -> FCA-Klausel verwendet werden.

© Internationale Handelskammer; Copyright-, Quellennachweis und Umgang mit Incoterms s. „Incoterms".) / EXW - Ex Works (Übersetzung s. englischer Teil)

EZB (Europäische Zentralbank) *f.* / ECB (European Central Bank)

F

F&E (Forschung und Entwicklung) *f.* / research and development (R&D)

Fabrik *f.*; Betrieb *m.*; Werk *n.* / plant; factory; operations; works

Fabrik, ab ~ / ex works

Fabrikarbeiter *m.* / factory worker

Fabrikat / product

Fabrikatebezeichnung *f.* / product name; brand name

Fabrikatedatenbank *f.* / product database

Fabrikategruppe *f.* / product sub-group

Fabrikationsanlage *f.* / production facility

Fabrikationskosten / manufacturing costs; production costs

Fabrikationszeit / manufacturing throughput time

Fabrikauftrag *m.* / manufacturing order

Fabrikbestand *m.* / manufacturing inventory

Fabrikdatum *n.* / factory date

Fabrikgebäude *n.* / factory building

Fabrikkalender *m.*; Betriebskalender *m.* / shop calendar; manufacturing day calendar; factory calendar; works calendar

Fabrikkalenderdatum n. / shop date

Fabrikleiter m. / production manager

Fabrikplanung / plant layout

Fabrikpreis m. / factory price

Fabrikverkaufsladen / outlet store; factory outlet

Fabrik-Verkaufszentrum (für 'direkt ab Fabrik'-Verkauf) / factory outlet center (FOC)

Fach ... ; fach ... / professional ...; technical ...

Fach n.; Bord n.; Regalbrett n.; Regalfach n. / shelf (pl. shelves)

Facharbeiter m.; gelernte Arbeitskraft f. / skilled worker; professional; specialist

Facharbeiterplatz m. / specialist workplace

Fachaufgabe f. / technical task

Fachausdruck m.; Fachbegriff m.; Begriff m.; / term

Fachberater m. / professional consultant; technical consultant

Fachberatung f. / technical consulting

Fachbuch n. / technical book

Facheinkäufer m. / technical buyer

Fachgebiet n. / technical area

Fachinformationsdienst m. / technical information service

Fachkompetenz f. / professional competence; technical competence

Fachkongress m. / conference; congress; convention

Fachkraft / professional; expert; specialist

Fachkreis m.; Arbeitskreis m.; Rat m. / council

Fachkreis Einkauf m. / buyers council

Fachleute pl. / experts; specialists

fachlich adj.; professionell adj. / professional

fachlich zugeordnet; Fachverantwortung haben (z.B. er ist fachlich, d.h. nicht organisatorisch, Herrn A. zugeordnet; Ggs.: er gehört organisatorisch zu ...

siehe 'organisatorisch zugeordnet zu ...') / functionally reporting to ...; functional responsibility; subordinated in technical terms; dotted line responsibility (e.g. he reports functionally, i.e. not organizationally, to Mr. A or: he has a dotted, i.e. not solid, line responsibility to Mr. A.; opp.: he has a solid line to ... see 'solid line responsibility')

fachliche Förderung f. / specialist support

fachliche Kompetenz f. / technical competence; professional competence

fachliche Weiterbildung f.; berufliche Weiterbildung f.; berufliche Förderung f. / professional development

Fachmann m. / expert; specialist

Fachmann m.; Fachkraft f. / professional; expert; specialist

Fachmesse / trade fair

Fachschule f.; Berufsschule f. / professional school

Fachsprache f. / technical language

Fachstudium n. / professional studies

Fachverantwortung / functional responsibility

Fachvertreter m. / technical representative

Fachwissen / know-how

Facility Management n.; Gebäude-Management n.; Immobilien-Management n. (Betrieb und Unterhalt von Gebäuden, insb. mit dem Ziel, die Wirtschaftlichkeit zu erhöhen) / facility management; real estate management

Facility Services mpl.; Standortdienste mpl. / facility services

Factoring (die Geschäftstätigkeit einer ~-Firma besteht u.a. darin, gegen Gewährung eines Darlehens Forderungen von Lieferanten anzukaufen und anschließend bei deren Kunden das Inkasso durchzuführen; damit können Lieferanten schneller oder risikoärmer an das Geld für die von ihnen erbrachten Leistungen gelangen.)

/ factoring (the business of such a ~ firm is to purchase accounts receivable from suppliers by granting them loans and collecting afterwards the money from the suppliers' customers; that's how suppliers can get their money for deliveries faster or with less risks)

Faden *m.* (im Internet: z.B. chronologische Verknüpfung von Beiträgen einer Newsgroup, die zu einem Thema gehören) / thread

Faden, roter ~ *m.*; das Wesentliche *n.*; Hauptaussage *f.*; Kernaussage *f.* / main plot; gist; central thread

fähig *adj.*; clever *adj.* (z.B. ein sehr fähiger, cleverer Mitarbeiter) / capable; competent; smart; bright (e.g. a very capable, competent, smart, bright employee)

fähiges Mitarbeiterpotential *n.* / skilled manpower

Fähigkeit *f.* (z.B. ~, Verträge inhaltlich zu entwerfen und zu formulieren) / ability (e.g. ~ to design and formulate the contents of contracts)

Fähigkeiten *fpl.*; Können *n.* (~ unserer Mitarbeiter) / skills and abilities; capabilities; potential *pl.* (~ of our people)

Fahrer, LKW-~ *m.* / truck driver; trucker

Fahrer, Stapler-~ *m.*; Staplerführer *m.* / fork truck driver

fahrerloses Flurförderzeug *n.* / automatically controlled ground conveyor

fahrerloses Transportsystem *n.* / robot transportation system

Fahrersitz *m.* / driver's seat

Fahrgastschutz *m.* / passenger protection

Fahrgastservice *m.* / passenger service

Fahrlässigkeit / default

Fahrplan *m.* / schedule

fahrplanmäßige Abfahrtszeit *f.* / scheduled time of departure

fahrplanmäßige Ankunftszeit *f.* / scheduled time of arrival

fahrplanmäßiger Betrieb *m.* / scheduled service

Fahrstrecke *f.* / route

Fahrstreifen *m.* / lane

Fahrstuhl *m.*; Aufzug *m.* / elevator

Fahrten, Lager-~ *pl.* / warehouse travel

Fahrtenbuch *n.* / logbook

Fahrtenschreiber *m.* / recording speedometer

Fahrtkostenzuschuss *m.* / commuting allowance

Fahrtziel *n.* / destination

Fahrweg *m.* / passage; driveway

Fahrzeug, Container-~ *n.* / container carrier

Fahrzeug, überlanges ~ *n.* / long size vehicle

Fahrzeugabmessung *f.* / dimension of the vehicle

Fahrzeugauslastung *f.* / loading rate

Fahrzeuge, Fernverkehr-~ *npl.* / main line rolling stock

Fahrzeuge, Nahverkehr-~ *npl.* / mass transit rolling stock

Fahrzeugplane *f.* / car cover

Fairness *f.*; Gerechtigkeit *f.* / equity

Faktor *m.* / factor

Faktura / invoice

Faktura, Handels-~ *f.* / commercial invoice

Fakturawert *m.*; Rechnungswert *m.* / invoice value

Fakturierung *f.* / invoicing; invoicing to customer

Fall, auf jeden ~ / at any rate

fallen lassen *v.* (z.B. eine Kiste ~) / drop (e.g. ~ a box)

fallende Tendenz / downward trend

fällig *adj.* (z.B. ~ bei Vorlage der Rechnung) / due (e.g. ~ on presentation of the invoice)

fällige Steuern / tax due

Fälligkeit, geänderte ~ / revised due date

Fälligkeitsdatum *n.*; Fälligkeitstag *m.*; Fälligkeitstermin *m.* / due date

Fälligkeitsdatum, aktuelles ~ *n.* / current due date

Fälligkeitsschlüssel *m.* / maturity code

Fallstudie *f.* / case study

falsch *adj.* / fake

falsche Anwendung / misuse

falsche Entnahme / mispick

falsche Lagerentnahmen / mispicks

fälschen *v.* / fake

Falschgeld *n.* / fake money

Faltblatt *n.* / leaflet; flyer

FAQ (häufig gestellte Fragen) (FAQ ist die gebräuchliche Abkürzung für ein Dokument, das auf häufig gestellte Fragen vorformulierte Anworten bereithält) / FAQ (frequently asked questions)

Farbmonitor *m.* / color monitor

FAS (Free Alongside Ship): "Frei Längsseite Seeschiff" (...benannter Verschiffungshafen) bedeutet, dass der Verkäufer seine Lieferverpflichtung erfüllt, wenn die Ware längsseits des Schiffs am Kai oder in Leichterschiffen im benannten Verschiffungshafen verbracht ist. Dies bedeutet, dass der Käufer alle Kosten und Gefahren des Verlusts oder der Beschädigung der Ware von diesem Zeitpunkt an zu tragen hat. Die FAS-Klausel verpflichtet den Käufer, die Ware zur Ausfuhr freizumachen. Sie sollte nicht verwendet werden, wenn der Käufer die Exportformalitäten weder direkt noch indirekt erledigen kann. Diese Klausel kann nur für den See- oder Binnenschiffstransport verwendet werden.
© Internationale Handelskammer; Copyright-, Quellennachweis und Umgang mit Incoterms s. "Incoterms".) / FAS - Free Alongside Ship (Übersetzung s. englischer Teil)

Fassungsvermögen *n.* / capacity

Fax (Dokument) *n.* / fax (document); facsimile

Fax (Gerät) *n.*; Telefaxgerät *n.* / fax machine; fax (device)

Fax auf Abruf; Fax-on-Demand (Abruf von Textdokumenten aus einem Server durch den Empfänger) / fax on demand

Fax auf Abruf; Fax-Polling (Abruf von Textdokumenten eines anderen Faxgerätes durch den Empfänger) / fax polling

faxen / send a fax

FBG (Flachbaugruppe) *f.*; bestückte Leiterplatte (d.h. mit elektronischen Bauelementen bestückte Leiterplatte) / printed circuit board (PCB); plug-in module; printed board assembly

FCA (Free Carrier): "Frei Frachtführer" (benannter Ort) bedeutet, dass der Verkäufer seine Lieferverpflichtung erfüllt, wenn die zur Ausfuhr freigemachte Ware dem vom Käufer benannten Frachtführer am benannten Ort oder an der benannten Stelle übergibt. Wenn der Käufer keine bestimmte Stelle angegeben hat, kann der Verkäufer innerhalb des festgelegten Ortes oder Bereichs wählen, wo der Frachtführer die Ware übernehmen soll. Wird der Handelspraxis entsprechend die Unterstützung des Verkäufers benötigt, um den Vertrag mit dem Frachtführer abzuschließen (wie im Eisenbahn- oder Luftfrachtverkehr), so kann dies durch den Verkäufer auf Gefahr und Kosten des Käufers erfolgen. Diese Klausel kann für jede Transportart verwendet werden, einschließlich des multimodalen Transports.
"Frachtführer" ist, wer sich durch einen Beförderungsvertrag verpflichtet, die Beförderung per Schiene, Straße, See, Luft, Binnengewässer oder in einer Kombination dieser Transportarten durchzuführen oder durchführen zu

lassen. Weist der Käufer den Verkäufer an, die Ware an eine Person, die nicht "Frachtführer" ist, z.B. einen Spediteur, zu liefern, hat der Verkäufer seine Verpflichtungen erfüllt, wenn die Ware in Obhut dieser Person gelangt ist. "*Transportterminal*" ist ein Güterbahnhof, eine Güterumschlagsanlage, ein Containerterminal oder Containerstellplatz, eine Mehrzweckumschlagsanlage oder jede ähnliche Güterannahmestelle. Der Begriff "*Container*" schließt alle Einrichtungen zur Bildung von Ladungseinheiten ein, wie alle Containerarten und bzw. oder Flats, unabhängig ob ISO genormt oder nicht, sowie Anhänger, Wechselaufbauten, Ro-Ro-Einrichtungen und Iglus. Er gilt für alle Beförderungsarten.
© Internationale Handelskammer; Copyright-, Quellennachweis und Umgang mit Incoterms s. "Incoterms".) / FCA - Free Carrier (Übersetzung s. englischer Teil)

FCL (ein ganzer Wagen voll) (Ggs. LCL, d.h. Stückgut, Teilladung) / FCL (full carload) (opp. LCL, less than carload)

FCR (Spediteur-Übernahmebescheinigung) *f.* / forwarding agent's certificate of receipt (FCR)

FEFO (Waren mit dem zeitlich nächsten Verfallsdatum werden zuerst geliefert) / FEFO (First-Expiration, First-Out)

Fehlbestand *m.*; Fehlbetrag *m.*; Mangel *m.* (z.B. ~ einer bestimmten Menge an Material) / shortage (e.g. ~ of a certain quantity of material)

Fehlbestandsrate *f.*; Fehlbestandsgrad *m.* / stock out rate

Fehldisposition *f.* / material planning error

Fehlentnahme *f.*; Entnahmefehler *m.* / picking error

Fehlentnahmen *fpl.*; falsche Entnahmen; falsche Lagerentnahmen / mispicks

Fehler *m.* / error; defect

Fehler vermeiden / avoid errors

Fehler, Lese-~ *m.* (z.B. ~ wegen eines schlecht gedruckten Barcodeetiketts) / reading error (e.g. ~ due to a poorly printed barcode label)

Fehler, systematischer ~ *m.* (z.B. mit einem systematischen Fehler behaftet) / bias (e.g. biased)

Fehleranalyse *f.* (z.B. ~ und dann: Korrektur an der Fehlerquelle) / fault analysis (e.g. ~ and then: correction at the source)

Fehlerbehebung *f.* / error elimination

Fehlerbericht *m.* / error report; troubleshooting report

Fehlercode *m.* / error code

Fehlererkennung *f.* / error detection

fehlerhaft / faulty

fehlerhafte Funktion *f.* (z.B ~ einer Maschine) / malfunction (e.g. ~ of a machine)

Fehlerhäufigkeit *f.*; Störungshäufigkeit *f.* / failure frequency; error ratio; error rate

Fehlerliste *f.* / exception report

Fehlermanagement / fault management

Fehlermeldung *f.* / error message; error note

Fehlerquelle *f.* / error source

Fehlerrate *f.* / failure rate; fault rate

Fehlersuche *f.* / troubleshooting

Fehlerursache *f.* / error cause

Fehlerverursacher *m.* / failure origin

Fehlerwahrscheinlichkeit *f.* / error probability

fehlgeleitet (z.B. die Lieferung ist ~) / misrouted (e.g. the shipment is ~)

Fehllieferung *f.* / wrong delivery

Fehlmenge *f.* / deficiency; shortage; missing quantity

Fehlmengenkosten *pl.* (~ durch Maschinenausfall; ~ durch Fehlteile) / downtime costs (~ through idle machine capacity; ~ through missing parts)

Fehlsendungen *fpl.* / misships

Fehlspeicherung (von Informationen) *f.* / misfiling (of information)

Fehlteil *n.* / missing part

Fehlteilliste *f.* / shortage list

Feinplanung *f.* / finite planning

Feinterminierung *f.* / finite scheduling

Feldeigenschaft *f.* / field attribute

Feldversuch *m.*; Einsatztest *m.* (z.B. ~ beim Kunden) / field test (e.g. ~ at the customer's site)

Ferngespräch *n.* (Telefon) / long-distance call (phone)

Fernmeldetechnik / telecommunications

Fernschreiber *m.* / telex

Fernsehwerbung *f.* / commercial; commercial on TV

Fernsteuerung *f.* / remote control

Fernunterricht *m.*; Fernausbildung *f.*; Distance Learning *n.* (z.B. um die Leistungsfähigkeit unserer Logistiker zu verbessern, gewinnt Distance Learning online und unter Einsatz von Multimedia zunehmend an Bedeutung) / distance learning (e.g. to improve the performance of our logistics workforce, online ~ by using multimedia is becoming more and more important)

Fernverkehr *m.* (Telefon) / long-distance traffic (phone)

Fernverkehr *m.* (Transport) / long-distance transport

Fernverkehr, Lieferung im ~ / long-haul shipment

Fernverkehrfahrzeuge *npl.* / main line rolling stock

Fernvermittlungsstelle *f.* / toll office; long distance center

Fernwartung *f.* / remote maintenance

Fernziel (Verkehr) *n.* / long distance haul destination (traffic)

Fernziel (Zielsetzung) *n.* / long-term objective

fertigen auf Lager / make-to-stock

fertigen, auftragsbezogen ~ *v.*; nach Maß fertigen / make-to-order; produce-to-order

Fertigerzeugnis / finished product

Fertigfabrikatebestand *m.* / finished product stock

Fertiggüter *npl.*; Fertigwaren *fpl.* / finished goods

Fertigkeit *f.* / skill; proficiency

Fertiglagerdisposition *f.* / finished stock control

Fertigmeldekarte *f.*; Rückmeldekarte *f.* / ready card; feedback card; completion card

Fertigproduktdisposition / master production scheduling

Fertigstellung *f.* / completion

Fertigstellungsgrad *m.* / degree of completion

Fertigstellungsmenge *f.* (gebuchte ~) / completed accounting quantity

Fertigung / production; manufacturing

Fertigung auf Lager / production to stock

Fertigung im Ausland / foreign production; manufacturing plant abroad

Fertigung nach Kundenauftrag *f.* / production to order

Fertigung, auftragsbezogene ~ *f.* / manufacturing to order

Fertigung, ausländische ~ *f.* (z.B. außerhalb von Deutschland) / foreign production; foreign plant (e.g. outside of Germany)

Fertigung, computerintegrierte ~ / Computer Integrated Manufacturing (CIM)

Fertigung, computerunterstützte ~ / Computer Aided Manufacturing (CAM)

Fertigung, funktionsorientierte ~ / function-oriented production

Fertigung, handwerkliche ~ *f.* / trade manufacture

Fertigung, losfreie ~ *f.*; stückweise Fertigung *f.* (in der Serienfertigung) /

single-unit processing; single-job processing

Fertigung, losweise ~ *f.*;
Batchverarbeitung *f.*; Stapelverarbeitung *f.* / batch processing; batch production; batch mode of operation

Fertigung, prozessorientierte ~ /
process-oriented production

Fertigung, schlanke ~ *f.*; Lean Production *f.* (schneller, kosten- und aufwandsarmer Durchlauf) / lean production

Fertigung, Störung der ~ / break in production

Fertigung, stückweise ~ / single-unit processing

Fertigung, überlappte ~ *f.* / overlapping production; lap phasing

Fertigungsablauf *m.* / production procedure; job routing; operations path

Fertigungsanlage / production facility

Fertigungsanlauf *m.* / start of production

Fertigungsarbeit *f.* / production work

Fertigungsart *f.* / production type

Fertigungsauftrag *m.*; Werkstattauftrag *m.*; Betriebsauftrag *m.* / production order; manufacturing order; shop order; job order

Fertigungsaufträge, nicht vorgegebene ~ *mpl.* / nicht vorgegebene Belastung *m.* / dead load

Fertigungsauftragsbestand *m.* / production order stock; production orders on hand

Fertigungsauftragsdatei *f.* / shop order file

Fertigungsauftragsverwaltung *f.* / shop order administration

Fertigungsausschuss *m.* / production scrap

Fertigungsautomation *f.* / manufacturing automation; machine automation

Fertigungsbelege / production documents

Fertigungsbelegschaft *f.*;
Betriebsbelegschaft *f.*; Werkspersonal *n.* / factory personnel

Fertigungsdaten / production data

Fertigungsdurchlaufzeit *f.* / manufacturing throughput time

Fertigungsfeinplanung *f.* / finite production planning

Fertigungsfluss *m.* / production flow

Fertigungsflussanalyse *f.* / production flow analysis (PFA)

Fertigungsfortschritt *m.* / manufacturing progress; production progress

Fertigungsfreigabe *f.*;
Produktionsfreigabe *f.* / production release; release to manufacturing; release to production

Fertigungsgemeinkosten *pl.* / production overhead; manufacturing overhead

Fertigungsgrobplanung *f.* / master scheduling

Fertigungsgruppe, produktorientierte ~ *f.* / technology group

Fertigungsinsel *f.* / production island

Fertigungskapazität *f.*;
Produktionskapazität *f.* / production capacity; manufacturing capacity

Fertigungskosten (z.B. geplante ~) / factory costs (e.g. planned ~)

Fertigungskosten, direkte ~ / direct labor cost

Fertigungsleitung *f.* / production management; manufacturing management

Fertigungslenkung / production control

Fertigungslohn *m.*;
Fertigungslohnkosten *pl.* / production wages

Fertigungslohn, mengenabhängiger ~ *m.* / piecerate wage (pay)

Fertigungslohnkosten / production wages

fertigungsloses Unternehmen n.; Unternehmen ohne Fertigung n. / fabless company

Fertigungsmenge; Produktionsmenge / manufacturing quantity; production quantity

Fertigungsmittel (Ausstattung) npl. / manufacturing equipment; manufacturing facilities

Fertigungsmittel / means of production

Fertigungsnest n. / machining cell

Fertigungsphasen-Überwachung f. / block control

Fertigungsplan / production plan

Fertigungsplaner m. / production planner

Fertigungsplanung / production planning

Fertigungsprogramm / production schedule

Fertigungsprozess (Anfang) (z.B. bei der Herstellung von Chips: die eigentliche Chipfertigung; Ggs. Ende eines Fertigungsprozesses) / production process (front end) (e.g. in chip production: manufacturing of the chips; opp. back end production process)

Fertigungsprozess (Ende) (z.B. bei der Herstellung von Chips: Montage und Verpackung der Chips; Ggs. Anfang eines Fertigungsprozesses) / production process (back end) (e.g. in chip production: assembly and packaging of the chips; opp. front end production process)

Fertigungsprozess m. / manufacturing process

Fertigungsrückstand m. / backlog of work

Fertigungsschlüssel m. / production key

Fertigungsschritt m. / production step

Fertigungsspektrum n.; Produktionsspektrum n. / production range

Fertigungsstammdaten npl. / production main data

Fertigungsstand m. / production status

Fertigungsstandort / production site

Fertigungssteuerung / production control

Fertigungssteuerung, maschinelle ~ f. / computerized production control

Fertigungssteuerung, simultane ~ f. / simultaneous production control

Fertigungssteuerungssystem, integriertes ~ n. / integrated production control system

Fertigungsstörung f. / production failure; production breakdown

Fertigungsstraße f. / production line

Fertigungsstückliste f. / production bill of material; manufacturing bill of material

Fertigungsstufe / production level

Fertigungsstunde f. / production hour

Fertigungssystem, integriertes ~ n. / integrated manufacturing system

Fertigungstechnik f. / manufacturing technology

Fertigungstermin m. / production date

Fertigungsterminplanung / production scheduling; production planning

Fertigungstiefe f. / manufacturing depth

Fertigungsunterlagen fpl.; Fertigungsbelege mpl. / production documents; production papers

Fertigungsunternehmen n.; Hersteller m. / manufacturing company; manufacturing corporation; manufacturer; producer

Fertigungsverfahren / production process

Fertigungsvorbereitung f. / production engineering; manufacturing engineering

Fertigungsvorschrift f. / processing sheet

Fertigungswirtschaft f.; Industriebetriebslehre f. / industrial engineering

Fertigungszuschlag m. (z.B. ~ zur Ausschusskompensierung) / production allowance (e.g. ~ to compensate scrap)

Fertigwaren / finished goods
fertigwerden mit v. (z. B. ~ Lieferproblemen) / cope (e.g. ~ with delivery problems)
fest reservierter Bestand m. / firm allocated inventory; firm allocated stock
fest zugeordneter Bedarf m. / firm allocated requirements
feste Bestellmenge f. / fixed order quantity
feste Lagerordnung f. / fixed storage rule
feste Losgröße f. / fixed batch size; stationary batch size
feste Zusage; Versprechen / pledge
fester Auftrag m. / firm order
fester Bestellpunkt m. / fixed order point
festes Programm n. / fixed program
festgefahren adj. (z.B. eine ~e Situation) / deadlocked (e.g. a ~ situation)
Festkosten pl. / fixed costs
festlegen v.; sich verpflichten v. (z.B. die Firma verpflichtete sich, die Lieferfrist einzuhalten) / commit (e.g. the company committed itself to keep the delivery deadline)
Festlegung der Grundausrichtung (z.B. ~ des Geschäftsauftrages) / baselining (e.g. ~ of the line of business)
Festoffertenangebot n.; bestätigtes Angebot / firm offer
Festpreis m. / fixed price; firm price
feststellen; erkennen v. / realize
festverzinslich adj. / fixed rate of interest
festverzinsliche Wertpapiere npl. / fixed-income securities
FIFO (First-In, First-Out) (Lagerungsmethode: "was zuerst eingelagert wird, wird zuerst ausgelagert" oder: "wer zuerst kommt, mahlt zuerst") (Ggs. LIFO) / First-In, First-Out (FIFO) (storage method:"who comes first, serves first") (opp. LIFO)
fiktiv adj. (z.B. eine fiktive, d.h. keine tatsächlich existierende Sachnummer) / fictious; dummy (e.g. a fictious, i.e. a dummy part number)
fiktive Baugruppe f.; Phantombaugruppe f. / transient subassembly
fiktiver Vorgang m.; Scheinvorgang m. / dummy activity
File Transfer (Datenübertragung von einem Computer zu einem anderen Computer nach FTP-Protokoll) / file transfer
Filiale f. / branch
Filiallager n. / branch warehouse
Finanzabteilung f. / finance department
Finanzbedarf m. / financial requirements
Finanzbehörde f. / Internal Revenue Service (IRS) (in USA so bezeichnet)
Finanzchef m. / chief financial officer (CFO)
finanzielle Lage f. / financial position
Finanzierung f. / financing
Finanzierungskosten pl. / financing costs
Finanzmittel npl. / (financial) funds
Finanzmittelplanung f. / financial resource planning
Finanzpolitik f. / financial policy
Finanzschulden fpl. / debts; liabilities
Finanzschulden zu Eigenkapital (e.g. das Verhältnis von ~ ist bei dieser Firma 0,5:1) / debt-to-equity (e.g. the ~ ratio of this company is 0,5 to 1)
Firewall f.; Brandschutzmauer f. (die ~ dient dazu, um z.B. beim Intranet einer Firma unberechtigte oder illegale Ein- und Zugriffe von außen nach außen zu verhindern) / firewall (e.g. in a company's intranet, the ~ serves to protect from unauthorized or illegal access from outside and to the outside)
Firma; Unternehmen / company; enterprise
Firmenarchiv n. / company archive
Firmenaufbau / company structure
Firmengliederung / company structure

Firmenkultur f.; Unternehmenskultur f. / corporate culture

Firmenleitung f.; Hauptsitz m.; Zentrale f. / headquarters (HQ)

Firmenname und Firmenmarke / company name and trade name

Firmenpolitik / company policy

Firmenrestrukturierung / restructuring of the company

Firmensprecher m. / company spokesman

Firmensteckbrief m. / company profile

Firmenstrukur f.; Firmenaufbau m.; Firmengliederung f. / company structure

firmenübergreifend adj. / cross-company

Firmenübernahme f. (z.B. ~ gegen den Willen der Firma) / company takeover (e.g. unfriendly ~)

Firmenwerbung f. / corporate advertising

Firmenzeitschrift f. / corporate journal

First-Come, First-Serve (FCFS) (z.B. bei der Materialzuweisung für einen Auftrag blitzschnell sein, die sogenannte 'Windhundmethode': "wer als erster kommt, wird zuerst bedient" oder: "wer zuerst kommt, mahlt zuerst" (fam.) / First-Come, First-Serve (FCFS) (e.g. be quick like a flash at the allocation of material for an order, the so-called 'greyhound method', i.e. "who comes first, serves first")

First-In, First-Out (FIFO) (Lagerungsmethode: "was zuerst eingelagert wird, wird zuerst ausgelagert" oder: "wer zuerst kommt, mahlt zuerst" (Ggs. LIFO) / First-In, First-Out (FIFO) (storage method:"who comes first, serves first") (opp. LIFO)

First-Level Domain (Bezeichnung für den letzten Teil eines Namens im Internet, wie z.B. für Deutschland: 'de', Österreich: 'at') / first level domain

Fiskaljahr n.; Geschäftsjahr (GJ) n. / fiscal year (FY)

Fitnessprojekt n. (z.B. ~ zur Produktivitätssteigerung) / fitness project (e.g. ~ for productivity improvement)

fixe Gemeinkosten pl. / fixed overhead

Flachbaugruppe (FBG) f.; bestückte Leiterplatte (d.h. mit elektronischen Bauelementen bestückte Leiterplatte) / printed circuit board (PCB); plug-in module; printed board assembly

Fläche (eines Lagers) f.; Lagerfläche f. (in Quadratfuß; 1 qm = ca. 10.76 sq.ft.) / floor space; square footage (of a warehouse); warehouse square footage (in square foot; 1 sq.ft. = approx. 0,093 qm)

Flächendeckung f. / area coverage

Flachpalette f. / flat pallet

Flachwagen m. / flat wagon

Flaute / slump

flexibel gestalten, Personaleinsatz (z.B. der Einsatz von Aushilfskräften bzw. Zeitarbeitern stellt eine hervorragende Möglichkeit dar, den Personaleinsatz flexibel zu gestalten und an das schwankende Arbeitsvolumen anzupassen) / to flex the workforce (e.g. the use of temporary help is an excellent way to flex the workforce and adjust to fluctuating work volumes)

Flexibilität f. / flexibility

Flexibilität bezüglich Kundenanforderungen / responsiveness

flexible Abarbeitung (Arbeitsschritte) (z.B. wahlfrei abzuarbeitende Folge von Arbeitsschritten) / flexible routing

flexible Arbeitszeit f. / flexible working time; flexible working hours

flexible Arbeitszeitmodelle npl. / flexible working time models

flexible Automatisierung f. (~ durch flexible Nutzung der Betriebsmittel und durch verschiedene Produkte und Vorgänge)/ flexible automation (~ by using flexible utilization of equipment and through different products and procedures)

flexible Programmierung *f.* / flexible programming

flexibles Fertigungssystem *n.* / flexible manufacturing system (FMS)

Fließband *n.* / conveyor belt

Fließfertigung *f.* / assembly line production; continuous production; Continuous Flow Manufacturing (CFM)

Flugauskunft *f.* / flight information

Flughafen *m.* / airport

Flughafenbus *m.* / airport shuttle bus

Flughalle *f.* / hangar

Fluglinie *f.* / airline

Flugnummer *f.* / flight number

Flugpreis *m.* / air fare

Flugsteig *m.* / gate

Flugstrecke *f.* / air route

Flugverbindung (direkte) *f.* / air connection (direct flight)

Flugzeug *n.* / airplane; plane

Flugzeug, per ~ / by air

Flugziel *n.* / destination

Fluktuation *f.* (z.B. Personalschwankung) / fluctuation (e.g. fluctuation of personnel)

Flurfördermittel *n.* / ground transportation

Flurförderzeug *n.* / ground conveyor

Flurförderzeug mit Unterflurketten *n.* (System, um bewegliche Transportbehälter mittels in den Fußboden eingelassender Ketten und Richtungszeigern automatisch an bestimmte Stellen der Fertigung zu lenken) / tow-veyor (system to pull movable carts by underfloor chains and setting of indicators automatically to certain destinations of a manufacturing site)

Fluss *m.* (Ablauf eines Vorgangs bzw. Ablauffolge) (z.B. Materialfluss, Warenfluss, Informationsfluss) / flow (e.g. flow of material, goods, information)

Flussdiagramm *n.* / flow chart

Flussdiagramm erstellen (für einen Prozess) *v.* / to flowchart a process

Flussgestaltung *f.;* Management des Fließens *n./* flow management

Flussgrad / flow rate

flüssige Mittel *npl.;* liquide Mittel *npl.* / cash assets; liquid assets

Flussoptimierung *f.* / flow optimization

flussorientiert *adj.* / flow-oriented

Flussprinzip *n.* / flow principle

Flussrate *f.;* Flussgrad *m.* / flow rate

Flussregelungssystem *n.* / flow control system

Flussschaubild *n.* / flow chart

FOB (Free On Board): "Frei an Bord" (...benannter Verschiffungshafen) bedeutet, dass der Verkäufer seine Lieferverpflichtung erfüllt, wenn die Ware die Schiffsreling in dem benannten Verschiffungshafen überschritten hat. Dies bedeutet, dass der Käufer von diesem Zeitpunkt an alle Kosten und Gefahren des Verlusts oder der Beschädigung der Ware von diesem Zeitpunkt an zu tragen hat. Die FOB-Klausel verpflichtet den Verkäufer, die Ware zur Ausfuhr freizumachen. Diese Klausel kann nur für den See- oder Binnenschiffstransport verwendet werden. Hat die Schiffsreling keine praktische Bedeutung, wie bei Ro-Ro- oder Containertransporten, ist die -> FCA-Klausel geeigneter. © Internationale Handelskammer; Copyright-, Quellennachweis und Umgang mit Incoterms s. "Incoterms".) / FOB - Free On Board (Übersetzung s. englischer Teil)

Fobkosten *pl.* (s. FOB=Free On Board) / fob charges

Foblieferung *f.* (s. 'FOB=Free On Board') / delivery fob; fob delivery

Foblieferung *f.* (z.B. 1. ... frei Bahnstation; 2. ... frei Abflughafen; 3. ... frei Hafen; 4. ... frei Kai; 5. ... frei LKW;

Lieferung frei aller Kosten / delivery free on board (FOB) (e.g. 1. ... FOB rail; 2. ... FOB airport; 3. ... FOB shipping port; 4. ... FOB quay; 5. ... FOB truck)

Fokus, Management-~ *m.* / managerial focus

Folge / sequence

Folge von Arbeitsgängen
Arbeitsgangfolge *f.* / sequence of operations; operating sequence

folgen *v.*; nachfolgen *v.* (z.B. Nachfolger werden für diese Position von Herrn A.) / succeed (e.g. to succeed Mr. A. in this position)

Folgerichtigkeit *f.*; Widerspruchsfreiheit *f.* / consistency

Folgetätigkeit *f.* / successor activity

Folie *f.* (z.B. ~ für einen Overheadprojektor) / chart; overhead transparency; slide (e.g. ~ for an overhead projector)

Folienschweißgerät *n.* / automated sealing unit

Förderanlage, Stückgut-~ *f.* / cargo conveyor

Förderband *n.*; Fließband *n.*; Band *n.* / conveyor belt; conveyor

fördern *v.* (eine Person oder eine Gruppe in Entwicklung und Fähigkeiten ~) / facilitate (~ the development or the progress of a person or a group)

fordern, Schadensersatz ~ *v.* / claim damages

Fördersystem *n.*; Förderband *n.* / conveyor system; handling system

Fördersystem, automatisches ~ *n.* / automated handling system

Fördersystem, Decken~ *n.* / overhead conveyor system

Fördertechnik *f.*; Materialbeförderung *f.*; Montage und Transport / material handling

Förderung *f.* (i.S.v. befruchten, z.B. das Seminar wird den Austausch von Wissen und praktischer Erfahrung zwischen den Teilnehmern fördern) / cross-fertilization (e.g. for the attendees, the seminar will stimulate cross-fertilization of logistics knowledge and practical experience)

Forderung *f.* / claim

Förderung, fachliche ~ *f.*; fachliche Weiterbildung *f.*; berufliche Weiterbildung *f.* / professional development

Forderungen (aus Lieferungen und Leistungen) *fpl.* / trade debitors

Forderungen / receivables

Format, Daten-~ *n.* / data format

Formular *n.*; Gestaltungsvorlage *f.*; Leerformular *n.*; Schablone *f.* (z.B. ~ für PC mit der Möglichkeit zum Ausfüllen von Leerfeldern) / template

Formular *n.*; Liste *f.*; Verzeichnis *n.* / schedule; form

Formular, Auftrags-~ *n.* / order form

Formular, Order-~ *m.*; Orderschein *n.* / order form

Formularzuführung *f.* / form feed

Formwerkzeug *n.* / mold (AmE); mould (BrE)

Forschung *f.* / research

Forschung und Entwicklung (F&E) *f.* / research and development (R&D)

fortfahren; fortsetzen / proceed; continue

fortlaufend / continuous

Fortschreibung *f.* / updating

Fortschritt *m.*; Weiterentwicklung *f.* / progress

Fortschrittskontrolle / progress control; progress check

fortsetzen / proceed; continue

Forum *n.*; Diskussionsveranstaltung *f.* / forum

Fracht *f.* (per Bahn) / freight (by rail; rail freight)

Fracht *f.* (per LKW) / freight (by truck)

Fracht *f.* (per Luft) / freight (by air; air freight)

Fracht *f.* (per Schiff) / freight (by ship; shipload)

Fracht *f.*; Frachtgut *n.*; Rollgut *n.;*
Ladung *f.* / cargo; freight; cartage goods
Fracht, Abmessung der ~; Frachtgröße
f. / size of freight
Fracht, bezahlte ~ *f.* / carriage paid (CP);
freight paid
Fracht, eingehende ~ *f.* / inbound freight
Fracht, Luft-~ *f.* / air cargo
Fracht, Über-~ *f.* / overfreight
Fracht, zu bezahlende ~ *f.* / payable
freight
Frachtannahmeschein *m.*;
Verladungsschein *m.* / shipping note
Frachtaufkommen *n.* / volume of cargo
Frachtbrief *m.*; Versandanzeige *f.* /
consignment note; waybill
Frachtbrief, Bahn-~ *m.* / railway
consignment
Frachtbrief, internationaler ~ *m.* /
international consignment note
Frachtenbörse *f.;* Frachtvermittlung *f.* /
freight exchange
Frachtenvermittlung *f.;* Frachtbörse *f.* /
freight exchange
Frachterhöhung *f.* / increase of freight
rates
Frachtermäßigung *f.* / reduction in
freight rate
frachtfrei (Definition des 'Incoterms'
siehe CPT) / Carriage Paid To (definition
of the 'incoterm' see CPT)
frachtfrei *adj.* / carriage prepaid; freight
prepaid
frachtfrei versichert (Definition des
'Incoterms' siehe CIP) / Carriage and
Insurance Paid To (definition of the
'incoterm' see CIP)
Frachtführer / freight carrier
Frachtgewerbe *n.;* Frachtgeschäft *n.* /
freight industry; freight business
Frachtgröße *f.*; Abmessung der Fracht /
size of freight
Frachtgut *n.;* Rollgut *n.;* Ladung *f.* /
freight; cargo
Frachtgutsendung / consignment

Frachtinkasso *n.* / collection of freight
charges
Frachtkosten *pl.*; Beförderungskosten
pl. / freight charges; freight expenditure
Frachtliste *f.* / cargo list; tally
Frachtmakler *m.* (z.B. seine
Maklergebühr beträgt ... DM) / freight
broker (e.g. his brokerage is ... DM)
Frachtpapiere *npl.* / shipping documents
frachtpflichtiges Gewicht *n.* /
chargeable weight
Frachtrate *f.* / cargo rate
Frachtsatz *m.* / freight rate
Frachtschaden, verheimlichter ~;
versteckter Frachtschaden; kaschierter
Schaden am Frachtgut / concealed
freight damage
Frachtschiff *n.* / freighter; cargo ship
Frachtterminal *n.* / cargo terminal
Frachttonnen *pl.* / freight tons
Frachtverkehr *m.* (z.B. per Bahn; per
LKW; per Luft; per Schiff) / freight traffic
(e.g. by rail; by truck; by air; by ship)
Frachtversicherung *f.* / cargo insurance;
Carriage Insurance Freight (CIF)
Frachtvertrag *m.* / contract of carriage;
freight contract
Frachtvorlage *f.* (d.h. Fracht ist im
voraus zu bezahlen) / advanced freight;
freight payment in advance; freight
down payment
Frachtzuschlag *m.* / additional carriage;
additional freight
Frage *f.* / question
Fragebogen *m.* / questionnaire
Frame (Technologie zur Gliederung von
Seiten im WWW, die eine Unterteilung
der Webseiten in unterschiedliche
Bereiche ermöglicht, so dass diese sich
einzeln anklicken und verändern lassen)
/ frame
Franchise *n.* (von einer Unternehmung
eingeräumtes Alleinverkaufsrecht bzw.
Privileg, ein Produkt oder eine
Dienstleistung zu vermarkten)
(Franchisegeber i.d.R. Hersteller:

franchisor; Franchisenehmer i.d.R. Einzelhändler: franchisee) / franchising (exclusive privilege granted by a company to a retailer to market a product or service; producer: franchisor; retailer: franchisee)

Franchising *n.* (Der Betriebstyp ~ ist eine Symbiose zwischen dem Franchisegeber, der ein Unternehmenskonzept entwickelt hat, und einem Franchisenehmer, der es übernimmt. Der Franchisenehmer versucht, die Unternehmensidee mit Hilfe vorgegebener Produkte und zentral gesteuerter Werbestrategien vor Ort umzusetzen) / franchising

franco *adj.*; frei aller Kosten / free of all charges; freight free

franco Fracht und Zoll / carriage and duty prepaid

franco, Lieferung ~ Bestimmungsort Lieferung frei Bestimmungsort; frei Bestimmungsort / delivery free destination; prepaid delivery

Frankaturvorschrift *f.* / prepayment instruction

Fräsen *n.* / milling

frei *adj.* (Gebühren vom Absender im Voraus bezahlt) / free (charges prepaid by sender)

frei aller Kosten / free of all charges

frei an Bord (Definition des 'Incoterms' siehe FOB) / Free on Board (definition of the 'incoterm' see FOB)

frei Bestimmungsort / delivery free destination

frei Frachtführer (Definition des 'Incoterms' siehe FCA) / Free Carrier (definition of the 'incoterm' see FCA)

frei Kai / free on quay (FOB quay)

frei Längsseite Seeschiff (Definition des 'Incoterms' siehe FAS) / Free Alongside Ship (definition of the 'incoterm' see FAS)

frei LKW / free on truck (FOB truck)

frei verfügbar *adj.* (Bestand) / available to promise (stock)

frei Waggon / free on truck

frei, Lieferung ~ aller Kosten (z.B. 1. frei Bahnstation; 2. frei Abflughafen; 3. frei Hafen; 4. frei Kai; 5. frei LKW) / delivery free on board (FOB) (e.g. 1. ... FOB rail; 2. ... FOB airport; 3. ... FOB shipping port; 4. ... FOB quay; 5. ... FOB truck)

frei, Lieferung ~ Baustelle / delivery free site

frei, Lieferung ~ Bestimmungsort / delivery free destination

frei, Lieferung ~ Grenze (unverzollt) / delivery free frontier; delivery free border (not cleared)

frei, Lieferung ~ Haus / delivery free house; delivery free domicile

freiberufliche Tätigkeit *f.* / freelance work

Freibetrag *m.* (steuerlicher Freibetrag) / allowable deduction (tax-free amount)

freie Kapazität / available capacity

freie Rücklage *f.* / retained earnings

freier Platz (Warteschlange) / slot

freier Tag (z.B. ich würde gerne einen Tag freinehmen) / day off (e.g. I would like to take a ~)

freier Verkehr *m.* (~ beim Grenzübertritt bzw. Zoll) / free circulation (~ at the border or customs)

Freigabe *f.* / release

Freigabe von Software *f.* / release of software

Freigabe, Produktions-~ *f.*; Fertigungsfreigabe *f.* / release to production; release to manufacturing

Freigabeberechtigung *f.* / release authorization

Freigabecode *m.* / release code

Freigabestelle *f.* / release point

Freigabetermin *m.* (z.B. geänderter ~) / release date (e.g. revised ~)

Freigabeverfahren *n.* / release procedure

Freigabezeit *f.* / release time
freigeben *v.* (z.B. Material für die Montage ~) / release (e.g. ~ material for assembly)
freigeben *v.* / authorize
Freihandelszone *f.* / free trade area
Frei-Haus-Lieferung *f.*; Zustellung frei Haus / free delivery
freinehmen (z.B. ich würde gerne einen Tag ~) / take off (e.g. I would like to take a day ~)
freitragender Gabelstapler *m.* / counterbalanced forc lift
Fremdbezug *m.* / outside supply; purchase from outside supplier; purchase from sub-supplier
fremde Spesen *pl.* / other's charges
Fremdfertigung *f.* / outside production; subcontracting
Fremdfertigungsauftrag *m.*; Entlastungsauftrag *m.* / subcontracting order
Fremdfirmen, Vergabe von Aufträgen an ~; Auftragsvergabe an Fremdfirmen *f.* / subcontract
Fremdherstellung (~ von) *f.* / outside manufacturing (~ of)
Fremdleistung *f.* / external service; outside service
Fremdlieferant / external supplier; sub-supplier
Fremdprodukt *n.* / external product; outside product; product from other vendors
Fremdsprachentraining *n.* / foreign language training
Fremdvertrag *m.* / external contract
Fremdwährung *f.* / foreign currency
Freude (*f.*; Vergnügen *n.* (z.B. es war eine ~) / pleasure (e.g. it's been a ~)
Frist (Endtermin) *f.* / deadline
Frist (Zeitabschnitt) *f.* (z.B. ~ von 10 Tagen) / time limit; time allowance; time-span (e.g. ~ of ten days)
Frist bewilligen *v.* / grant a deadline

Frist überschreiten *f.*; Frist überziehen / exceed the deadline
Frist, abgelaufene ~ / elapsed time
Frist, äußerste ~ *m.*; letzter Termin *m.*; äußerster Termin / final deadline
Frist, die ~ einhalten *v.* / keep the time limit; meet the deadline
Frist, Verjährungs-~ *f.* / limitation period
Fristablauf *m.* / expiration of time; lapse of time; deadline expiration
Fristaufschub *m.*; Verlängerung *f.* (z.B. ~ der Geltungsdauer) / extension (e.g. ~ of validity)
fristgerecht *adj.* / on schedule
fristlos *adv.* / without notice
Fristplan / time schedule
Frontalunterricht *m.*; Seminar im Stil von Frontalunterricht / face-to-face seminar; classroom seminar
frostempfindlich *adj.* / sensitive to frost
frühester Beginntermin *m.*; frühester Starttermin *m.*; frühester Anfangstermin *m.* / earliest start date
frühzeitige Eindeckung *f.* / forward coverage
FTC (amerik. Kartellbehörde) / FTC (Federal Trade Commission)
FTP (File Transfer Protocol) (Prozedur, um über das Internet Dateien zu übertragen)
FTZ (Foreign Trade Zone) (z.B. in der ~ ist die Ware nicht zollpflichtig) / FTZ (e.g. while in ~, merchandise is not subject to duty)
Fügerichtung *f.* / assembly direction
führend *adj.* (z.B. eine ~e Technologie) / leading-edge (e.g. a ~ technology)
führende Firma *f.*; führendes Unternehmen / major player
Fuhrgeld *n.*; Rollgeld *n.*; Transportgeld *n.*; Wagengeld *n.* / truckage
Fuhrpark *m.* / fleet; vehicle fleet
Führung *f.* / leadership
Führung durch Zielvereinbarung *f.*; management by objectives *n.*;

zielgesteuerte Unternehmensführung *f.* / management by objectives (MBO)

Führungsaufgabe *f.* (z.B dies ist eine ~) / executive function (e.g. this is a ~)

Führungsebene / management level

Führungskraft *f.* / manager

Führungskraft, geschäftsführende ~ *f.*; leitender Angestellter / executive

Führungskraft, hochrangige ~ *f.* / top-rank executive; top-ranking executive

Führungskräfte, obere ~ / senior management

Führungskräfteentwicklung *f.* / management development

Führungskräfteseminar / management seminar

Führungskräftetraining / management training; executive education

Führungskreis, oberster ~ / top management

Führungskreis, Personalentwicklung ~ / executive development

Führungsnachwuchs *m.* / future leaders

Führungsrahmen *m.* (z.B. ~ als geeignetes Instrument für die Personalentwicklung und Führung) / leadership framework (e.g. ~ as a suitable tool for personnel development and leadership)

Führungsspanne *f.*; Leitungsspanne *f.* (~ im Management) / span of control (~ in management) / span of control (~ in management)

Führungsverhalten *n.* / management style

Fuhrunternehmen *n.* / haulage company

Füllauftrag *m.* (Füllaufträge, vorgezogen oder verspätet vorgegeben, dienen dem Abbau von Belastungsspitzen) / forcing order

Füllgrad *m.*; Inanspruchnahme *f.*; Belegung *f.* (z.B. eines Lagers) (z.B. Belegung = genutzte Lagerplätze zu Gesamtlagerplatz in Prozent) / occupancy (e.g. occupancy = used

locations in relation to available locations as a percentage)

Fundbüro *n.* (Flughafen) / lost and found (Airport)

Funktion *m.* / function

funktional ...; Funktions... (z.B. Funktionsanalyse) / functional ... (e.g. functional analysis)

Funktionalität *f.* / functionality

Funktionen- und Aufgabenstruktur *f.* / function and task structure

funktionieren (z.B. es funktioniert) / operate; work (e.g. it works)

Funktionsablauf am Bildschirm / screen procedure

Funktionsbaustein *m.* / function module

Funktionsinhalt *m.* / content of functions

Funktionsmuster *n.* / functional sample

Funktionsoptimierung *f.* / function optimization

funktionsorientierte Einheit *f.* / function-oriented unit

funktionsorientierte Produktion *f.*; funktionsorientierte Fertigung (Losfertigung) *f.* / function-oriented production; function-oriented manufacturing; intermittent production (batches)

Funktionsstufe *f.* (z.B. die Bezahlung bzw. das Gehalt richtet sich nach der ~) / position level (e.g. the income is determined by the ~)

funktionsübergreifend *adj.*; interdisziplinär *adj.* / cross-functional

funktionsübergreifend zusammenarbeiten / work across organizations; work cross-functional

funktionsübergreifende Anpassung; funktionsübergreifende Ausrichtung *f.* (z.B. Einzelfunktionen aufeinander abstimmen) / interfunctional alignment (e.g. align functions)

Funkübertragung, Identifizierungs- (Datenerfassungs-) System mit ~ *n.* / radio frequency identification system

Für und Wider *n.* (z.B. das ~ bezüglich von just-in-time) / pros and cons (e.g. the ~ concerning just-in-time)

fürchten *v.*; befürchten *v.* (z.B. ich fürchte, die Lieferung wird nicht rechtzeitig eintreffen) / be afraid (e.g. I am afraid the delivery will not be on time)

Fusion *f.*; Fusionierung *f.* / merger

Fusionen und (Firmen-)Übernahmen / mergers and acquisitions (M&A)

fusionieren *v.* / merge

Fuß fassen (z.B. ~ in einem Markt) / gain a foothold (e.g. ~ in a market)

Fuzzy Logik *f.* / fuzzy logic

G

GAAP (allgemein anerkannte Bilanzierungs-Regeln; z.B. ist US GAAP der Standard für den Börsengang in den USA) / GAAP (Generally Accepted Accounting Practices; e.g. US GAAP is the standard for listing on the US stock exchanges)

Gabelhubwagen *m.* / pallet truck

Gabelstapler (mit seitlicher Klemmvorrichtung) *m.* / clamp truck

Gabelstapler *m.* / forklift truck; fork truck

Gabelstapler, freitragender ~ *m.* / counterbalanced forc lift

Gabelstapler, Treibgas-~ *m.* / LPG fork lift

Gang *m.*; Gasse (~ zwischen den Lagerregalen) *f.* / aisle (~ between racks)

Gangbreite *f.* / aisle width

gängige Artikel *mpl.* / fast-selling products

ganz *adj.*; vollständig *adj.* / entire; complete

ganzheitliche Betrachtung gesamtheitliche Betrachtung; integrierte Betrachtung / holistic approach; integrated approach

ganzheitliche Logistik *f.* / integrated logistics; holistic logistics approach

ganzheitliche Sicht *f.* / comprehensive approach

ganzheitlicher Ansatz *m.*; gesamtheitlicher Ansatz *m.* / holistic approach; overall approach

ganzheitlicher Prozess *m.*; gesamtheitlicher Prozess *m.* / overall process

Ganzheitlichkeit *f.* (z.B. die ~ einer Prozessmethode) / entirety (e.g. the ~ of a process approach)

Ganzheitlichkeit, Konzept der ~ *n.* / holistic concept

Garage *f.*; Parkgarage *f.* / garage; parking garage

Garantie *f.* / warranty

Garantie, Geld-zurück-~ *f.* (z.B. bei Nichtgefallen: Geld-zurück-Garantie) / money back guarantee

Garantie, Zahlungs-~ *f.* / payment guarantee

Garantieanspruch *m.* / guaranty claim

Garantieklausel *f.* / warranty clause

Garantienehmer *m.* / warrantee

Garnitur *f.*; Gebinde *f.* / kit

Gasse (~ zwischen den Lagerregalen) *f.*; Gang *m.*; / aisle (~ between racks)

Gateway *n.* (Verbindungspunkt, der verschiedene Internetprotokolle übersetzt, z.B. für E-mail, und somit die netzübergreifende Kommunikation ermöglicht) / gateway

GATT (General Agreement on Tariffs and Trade) (Das GATT-Abkommen wurde im April 1994 von 117 Ländern unterzeichnet und deckt 90% des gesamten Welthandels ab. Die tragende Körperschaft von GATT ist WTO, die Welt-Handels-Organisation) / GATT (The GATT agreements were signed by 117 countries in April of 1994 and covers 90% of all world trade. The ruling body of GATT is WTO, the World Trade Organization)

Gattung *f.* / generic *n.*

Gattung, Waren-~ *f.* / type of merchandise

Gauss'sche Verteilung *f.*; Glockenkurve *f.* / bell curve

GBK (Geschäftsbereichskennzahl) *f.* / group identification number (GBK number)

geänderter Liefertermin *m.*; geänderte Fälligkeit *f.* / revised due date

Gebäude, Fabrik-~ *n.* / factory building

Gebäude-Management *n.*; Immobilien-Management *n.*; Facility-Management *n.* (Betrieb und Unterhalt von Gebäuden, insb. mit dem Ziel, die Wirtschaftlichkeit zu erhöhen) / facility management; real estate management

Gebäudetechnik *f.* / building systems

Gebäudeverwaltung *f.* / building administration

Gebiet *n.*; Bereich *m.* / area

Gebiete *npl.* (z.B.~ für Verbesserungen) / areas (e.g. ~ for or of improvements)

Gebinde *n.*; Garnitur *f.* / kit

Gebot *n.* / bidding

Gebrauch *m.*; Anwendung *f.* / use; application

Gebrauch, nur für den internen ~ *m.* / for internal use only

Gebrauchsanweisung *f.*; Anleitung *f.*; Anweisung *f.* / instruction (specifications); directions

Gebrauchsartikel *pl.*; Waren *fpl.*; Handelswaren *fpl.*; Wirtschaftsgüter *npl.*/ commodities

Gebrauchsgüter *npl.*; dauerhaft haltbare, langlebige Güter *npl.* (Ggs. Verbrauchsgüter; Konsumgüter) / durables; durable goods (opp. non-durables; non-durable goods; consumer goods)

Gebrauchskosten / user costs

Gebühr *f.* (z.B. ~ für ein Produkt oder eine Leistung) / charge (e.g. ~ for a product or a support service)

Gebühr *f.*; Honorar *n.* / fee

Gebühr, Lager-~ *f.*; Staugebühr *f.* / loading charge

Gebühren, Hafen-~ *fpl.* / port charges

Gebühren, Hafennutzungs-~ *fpl.* / keelage charges

Gebührenerhebung *f.* (von Leistungen) (z.B. monatliche Verrechnung für unsere Beratungsleistung) / charging (of services) (e.g. monthly charging for our consulting services)

Gebührenerlass *m.*; Gebührenverzicht *m.* / remission of fees; fee waiver

gebührenfrei *adv.*; kostenlos *adv.*; gratis *adv.*; umsonst *adv.*; gebührenfrei *adv.* / free of charge

Gebührenordnung *f.*; Gebührenaufstellung *f.* / scale of fees; scale of charges

gebührenpflichtig *adj.* / subject to charges

Gebührenverzicht *m.*; Gebührenerlass *m.* / fee waiver

gebunden *adv.*; verpflichtet *adv.* (z.B. das Personal weiß sich dem Geschäftsauftrag ~) / committed (e.g. the staff is ~ to the company mission)

gebundene Preise *mpl.* / controlled prices

geeignet / appropriate

Gefahr *f.*; Bedrohung *f.*; Drohung *f.* / threat

Gefahr, auf ~ des Empfängers / at consignee's risk

Gefahr, auf Kosten und ~ (~ von) / on account and risk (~ of)

gefährden *v.* (z.B. einen Vertrag ~) / risk (e.g. ~ an agreement)

Gefahrenübergang *m.* / transfer of risk

Gefahrgut *n.* / dangerous cargo

gefährliche Güter *npl.* / dangerous goods; hazardous goods

geforderte Verfügbarkeitszeit f. / required time; required availability

Gefriergut n. / frozen cargo

gefrorener Auftrag adj. (z.B. nicht änderbarer, d.h. eingefrorener Auftragstermin) / frozen order (e.g. non-changeable, i.e. frozen order date)

Gegenangebot n. / counter-offer

Gegengeschäft n. / counterdeal; back-to-back transaction; counter-purchase

gegenseitig adj. / mutual

Gegenseitigkeit, Geschäft auf ~ n. / cross selling

Gegenstand m. / subject

Gegenstück n. / counterpart

Gegenteiliges, wenn nicht ~ vereinbart / unless otherwise agreed upon

Gegenvorschlag m. / counter proposal

Gegenwartswert m. / present value

gegenzeichnen v. / countersign

Gegenzeichnung f. / countersignature

Gehalt n. / salary; remuneration; paycheck (AmE)

Gehaltsempfänger / salaried employee; salary earner

Gehaltserhöhung f. / salary increase

Gehaltsgruppe f. / pay grade

Gehaltsliste, Lohn- und ~ f. / payroll

Gehaltsnachzahlung f. / back pay

geheim adj. / secret; confidential

Geheimhaltung f. / concealment

Geheimschutz m. / industrial security

gehören zu, organisatorisch ~; organisatorisch zugeordnet zu ...; organisatorische Verantwortung haben (z.B. er gehört organisatorisch zu Herrn B.; Ggs. er berichtet fachlich an ...; siehe 'fachlich zugeordnet zu ...')/ organizationally reporting to ...; organizational responsibility; solid line responsibility (e.g. he reports to Mr. B. or: he has a solid line responsibility to Mr. B.; opp. he has a dotted line to ...; see 'dotted line responsibility')

Geisteshaltung für Wandel / culture of change

geistiges Eigentum n. / intellectual property

Gelände n.; **Betriebsgelände** n.; **Grundstück** n. (z.B. 1: auf dem ~ des Kunden; z.B. 2: auf dem Fabrik~) / premises (e.g. 1: at the customer's ~; e.g. 2: ~ of factory)

Geld n. / money

Geld abheben v. / withdraw money

Geld leihen (an jmdn. verleihen) / lend money (~ to sbd.)

Geld leihen (von jmdm. ausleihen) / borrow money (~ from sbd.)

Geld überweisen v. / transfer money

Geld- und Kapitalmarkt m. / money and capital markets

Geld zum Fenster hinauswerfen / pour money down the drain

Geld, ausstehendes ~ n. / money due

Geld, einkaufen für teures ~ / buy at a premium

Geld, Hafen-~ n. / port dues

Geld, ungenutztes ~ v.; ungenutztes Bargeld v. / idle money; idle cash

Geld, verfügbares ~ n. / money on hand

Geldautomat m. / Automated Teller Machine (ATM); cash dispenser; money machine

Geldautomatenkarte f. / cash card

Geldeinnahmen fpl.; **Einnahmen** fpl. / receipts

Geldfluss m.; **Cashflow** m. / cash flow

Geldgeber für ein Projekt / sponsor for a project

Geldguthaben n. / money on account

geldlose Zuwendungen fpl.; Sondervergünstigungen fpl. (zu Lohn und Gehalt) / fringe benefits (i.e. non-cash benefits)

Geldmittel / assets

Geldnutzung / cash utilization

Geldstrafe f. / penalty; forfeit

Geldverschwendung / waste of money

Geld-zurück-Garantie f. (z.B. bei Nichtgefallen: ~) / money back guarantee

Gelegenheitsarbeit f. / parttime job; odd job (AmE); casual job (BrE)

gelernte Arbeitskraft / skilled worker

Geliefert ab Kai (verzollt) (Definition des 'Incoterms' siehe CEQ) / Delivered Ex Quay (Duty Paid) (definition of the 'incoterm' see CEQ)

Geliefert ab Schiff (Definition des 'Incoterms' siehe DES) / Delivered Ex Ship (definition of the 'incoterm' see DES)

Geliefert Grenze (Definition des 'Incoterms' siehe DAF) / Delivered At Frontier (definition of the 'incoterm' see DAF)

Geliefert unverzollt (Definition des 'Incoterms' siehe DDU) / Delivered Duty Unpaid (definition of the 'incoterm' see DDU)

Geliefert verzollt (Definition des 'Incoterms' siehe DDP) / Delivered Duty Paid (definition of the 'incoterm' see DDP)

gelieferte Menge f. / quantity delivered

gelingen v. (z.B. 1. das Projekt gelang ihm; 2. erfolgreich sein als Manager; 3. Erfolg haben bei Vorgesetzten) / succeed (e.g. 1. he succeeded in the project; 2. succeed as a manager; 3. succeed with the boss)

geltend machen (z.B. wir müssen unsere Forderungen ~ oder eintreiben) / enforce (e.g. we have to ~ our charges)

gemäß ... / according to ...

gemäß Vereinbarung f.; vereinbarungsgemäß adv. / according to agreement

Gemeinkosten pl.; Kosten des laufenden Geschäftes / overhead costs; overhead

Gemeinkosten, anteilige ~ pl. / proportionate overhead

Gemeinkosten, fixe ~ pl. / fixed overhead

Gemeinkostensatz m. / overhead rate; burden rate

Gemeinkostensatz pro Stunde m. / overhead rate per hour

gemeinsam adj. (z.B. gemeinsame Sprache) / common (e.g. ~ language)

gemeinsam adj. (z.B. gemeinsames Softwareprojekt) / joint (e.g. ~ software project)

gemeinsame Aufgaben fpl. / common tasks

gemeinsame Datenhaltung f. / common data management

Gemeinsame Dienste; Shared Services (Geschäftseinheit, die Dienstleistungen und Ressourcen für interne oder auch externe Kunden anbietet und liefert) (z.B. Kostensenkung durch Aufbau von Shared Services mit beispielsweise Gebäudemanagement und IT-Infrastruktur, aber auch Dienstleistungen für Logistik, Personal, Buchhaltung oder Zahlungsabwicklung) / Shared Services (business unit which offers and provides services and resources for internal but also for external customers) (e.g. cost reduction through setting up Shared Services with services as facility management, IT infrastructure as well as services for logistics, personnel, accounting or cash management)

gemeinsame Entwicklungsaufgabe f. / common research and development task

gemeinsame Softwarefunktionen fpl. / common software functions

gemeinsamer Zolltarif m. / common customs tariff

Gemeinsamkeiten fpl./ generics

Gemeinschaft mit Kunden f.; Zusammenarbeit mit Kunden f. / customer alliance

Gemeinschaft mit Lieferanten f.; Zusammenarbeit mit Lieferanten f. / supplier alliance

Gemeinschaft zu beiderseitigem Nutzen (z.B. ~ zwischen Hersteller und

Lieferant) / win-win-alliance (e.g. ~ between customer and supplier)

gemeinschaftlicher Bedarf *m.*; komplementäre Nachfrage *f.* / joint demand

Gemeinschaftsarbeit (Team) / teamwork

Gemeinschaftsforschung *f.* / joint research

Gemeinschaftsprojekt *n.* / joint project

Gemeinschaftsunternehmen *n.* / joint venture

genau *adv.* (pünktlich) (z.B. Punkt ein Uhr) / punctual; on the minute; sharp (e.g. at one o'clock sharp)

genau *adv.* / exact

Genauigkeit *f.* / accuracy

genehmigen / approve

Genehmigung / license

Genehmigung *f.*; Anerkennung *f.*; Einwilligung; *f.* / approval

genehmigungspflichtig *adj.* / subject to approval; subject to authorization

General Agreement on Tariffs and Trade (s. GATT)

Generalauftragnehmer *m.* / general contractor

Generaldirektor *m.*; Hauptgeschäftsführer *m.*; Leiter eines Geschäftes / managing director

Generalist *m.* (Mitarbeiter mit größerem Überblick über betriebliche Zusammenhänge; Ggs. Spezialist) / generalist

Generalpolice *f.* / master policy

Generalunternehmer *m.* / general contractor

Generalvertreter *m.* / general agent

generell; allgemeingültig / general; generic

Genialität *f.*; Einfallsreichtum *m.*; Erfindungsgabe *f.*; Geschicklichkeit *f.* / ingenuity

genormtes Übertragungsprotokoll *n.* / standardized transfer protocol

genutzte Lagerkapazität; Lagerbelegung *f.*; Belegung des Lagers; genutzte Kapazität des Lagers / warehouse occupancy

geografischer Standort *m.* / geographical location

Gepäck *n.* / luggage; baggage

Gepäckermittlung (bei Verlust) *f.* / baggage tracing; lost baggage claim

Gepflogenheit, allgemeine ~ / common practice

geplante Zeit *f.* / planned time

geprüfte Bilanz *f.* / audited balance sheet

Geräte / equipment

Gerätetechnik *f.*; Produktionstechnik *f.* / product engineering

Gerätetreiber *m.*; Treiber für Geräte *m.* (z.B. für einen Drucker, Druckertreiber) / device driver (e.g. for a printer, printer driver)

Geräteverwaltung *f.* / device management

Geratewohl, aufs ~; wahllos; zufällig / random

gerecht *adj.* / equitable

Gerechtigkeit *f.*; Fairness *f.* / equity

Gericht *n.* (z.B. 1. vor Gericht gehen, anklagen; 2. angeklagt sein wegen ...; 3. *jmdm.* den Prozess machen) / trial (e.g. 1. go to trial; 2. to be on trial for ...;. 3. to bring *s.o.* to trial)

Gericht, Schieds-~ *n.* / court of arbitration

Gerichtsstand *m.* / area of jurisdiction; point of arbitration

Gerichtsverfahren *n.*; Klage *f.* (eine ~ ist anstehend) / lawsuit (a ~ is pending)

Gerücht *n.* (z.B. es gibt ein ~, dass ...) / rumor (AmE); rumour (BrE) (e.g. there is a ~ that ...)

Gesamtanlage (schlüsselfertig) / turn-key system

Gesamtbearbeitungszeit (in der Fertigung) *f.* / total production time

Gesamtbedarf *m.* / total requirements

Gesamtbedarfsauftrag (nach Produkteinstellung) *m.* (Auftrag zur Abdeckung des gesamten noch zu erwartenden Bedarfs, z.B. für ein Auslaufprodukt) / all-time order (after product phase-out)

Gesamtbestand *m.* / total inventory

Gesamtbetriebsrat (GBR) *m.* / central works council

Gesamtdurchlaufzeit *f.* / overall cycle time

gesamtheitliche Betrachtung / holistic point of view

gesamtheitlicher Ansatz / holistic approach

gesamtheitlicher Prozess / overall process

Gesamtkosten *pl.* / total capital expenditures

Gesamtkosten für die Einführung eines IT-Systems (Gesamtheit aller Kosten, d.h. nicht nur für Erwerb oder Lizensierung, sondern auch Zusatz- oder Folgekosten, wie z.B. System-Analysen und -Anpassungen, Training und Qualifizierung, Versions-Änderungen und -Upgrades, Speichererweiterungen, etc.) / total cost of ownership

Gesamtleistung *f.* / total operating performance

Gesamtlogistikkette *f.*; vom Kunden zum Kunden; Gesamtprozesskette; Logistikpipeline (Logistik-Kette: siehe hierzu auch Zeichnung in diesem Fachwörterbuch) / end-to-end logistics chain; customer-to-customer supply chain; logistics pipeline (supply chain: see illustration in this dictionary)

Gesamtmenge *f.* / total quantity

Gesamtoptimierung *f.* / overall optimization

Gesamtplan *m.* / master plan; aggregate plan

Gesamtprozess *m.*; Gesamtzyklus *m.* (gesamter Waren-, Material-, Informations- und Geldfluss eines Geschäftes) / end-to-end process; total process; order-to-cash cycle (total flow of goods, material, information and money within a business)

Gesamtprozesskette (Logistik) (Logistik-Kette: siehe Zeichnung in diesem Fachwörterbuch) / end-to-end logistics chain (supply chain: see illustration in this dictionary)

Gesamtstrategie *f.* / overall strategy

Gesamtsumme *f.* / grand total

Gesamtverbrauch *m.* / total usage

Gesamtverwendungsmenge *f.* / total amount used

Gesamtvorstand / managing board

Gesamtwert *m.* / total value

Gesamtzyklus *m.* / end-to-end process

Geschäft *n.* / business

Geschäft *n.;* Laden *m.* / store; shop

Geschäft auf Gegenseitigkeit *n.* / cross selling

Geschäft ausweiten *v.* (i.S.v. Umsatz steigern) / build volume

Geschäft *n;* Handel *m.;* (fam.: z.B. damit haben wir ein gutes Geschäft gemacht) / deal (coll.: e.g. this business was a big deal for us)

Geschäft zwischen Unternehmen *n.* / business-to-business (B2B)

Geschäft zwischen Unternehmen und Endabnehmern *n.* / business-to-consumer (B2C)

Geschäft, internationales ~ *n.* / international business; international operations

Geschäft, Massen-~ *n.* / bulk business

geschäftig / active (opp. reactive)

geschäftlicher Nutzen *m.* / commercial benefit

Geschäftsablauf *m.* / course of business

Geschäftsabwicklung, elektronische ~ *f.* / electronic business processing

Geschäftsabwicklung, Kritieren für die ~ *npl.* / criteria for business transactions

Geschäftsabwicklungsprozess *m.* / business transaction handling process

Geschäftsanforderung *f.* / business requirement

Geschäftsart *f.* / type of business

Geschäftsauftrag (z.B. im Rahmen des ~es einer Logistikabteilung) / business mandate (e.g. in the context of the ~ of a logistics department)

Geschäftsauftrag *m.*; Aufgabe / mission

Geschäftsbedingung *f.* / business condition

Geschäftsbedingungen *fpl.* / terms of trade; trading conditions

Geschäftsbedingungen, allgemeine ~ *fpl.* / general terms of business

Geschäftsbereich / business unit; group

Geschäftsbereichskennzahl (GBK) *f.* / group identification number

Geschäftsbereichs-übergreifender Geschäftsverkehr *m.* / interdivisional business activities

Geschäftsbericht *m.* / annual report

Geschäftsbeziehung *f.* / business relation; business association; business alliance

Geschäftsbeziehung, mit *jmdm.* in einer ~ stehen; handeln *v.*; Handel treiben / trade

geschäftsbezogen *adj.* / business-related

Geschäftsbrief *m.* (Beispiele zu Briefanfang und -schluss: siehe 'Brief') / business letter (examples of letter opening and close: see 'letter')

Geschäftsdurchsprache *f.* / strategic business discussion

Geschäftsentwicklung *f.* / business development

Geschäftserfolgsfaktor *m.* / business success factor

Geschäftsergebnis *n.* (z.B. ~ entweder als Nettogewinn oder als Nettoverlust) / operating result (e.g. ~ either as a net profit or a net loss)

Geschäftsfeld *n.* (z.B. unternehmerisch geführtes ~) / business unit (e.g. entrepreneurially managed ~)

Geschäftsfeldplanung *f.* / strategic business planning; strategic business planning and development

geschäftsführend *adj.* (z.B. ~er Gesellschafter) / managing (e.g. ~ partner)

geschäftsführende Führungskraft *f.*; leitender Angestellter / executive

Geschäftsführer *m.* / chief executive; chief operating officer (COO)

Geschäftsführung *f.* / management

Geschäftsführungsaufwand *m.* / overhead (coll. AmE)

Geschäftsgebaren *n.* / business habits

Geschäftsgebiet *n.*; Arbeitssgebiet (LOB) *n.* / business unit (e.g. entrepreneurially managed ~); line of business (LOB)

Geschäftsgebiet, selbständiges ~ *n.* / special division; independent division

Geschäftsgebietsleiter *m.* / division manager

Geschäftsgebietsleitung *f.* / division management

geschäftsgebietsübergreifende Aufgabe *f.* / interdivisional task

Geschäftsinteresse, Auslagen im ~ / entertainment expenses

Geschäftsinteressen *npl.* (z.B. der Account Manager vertritt die weltweiten ~ am Headquarter des Kunden) / business interests (e.g. the account manager represents the global ~ at the customer's head offices)

Geschäftsjahr (GJ) *n.* (z.B. im GJ 19..; kommendes GJ) / fiscal year (FY); fiscal; financial year (e.g. in FY 19..; coming FY)

Geschäftsjahr, laufendes ~ *n.* / current fiscal year; current financial year (BrE)

Geschäftsjahr, vergangenes ~ *n.* / previous fiscal year (FY)

Geschäftsjahresschluss *m.* / fiscal year end; financial year end (BrE)

Geschäftsleitung / managing board

Geschäftsleute *pl.* / tradespeople

Geschäftsmann *m.* / businessman
Geschäftsnachricht *f.* / business message
Geschäftspartner *m.*; Verhandlungspartner *m.* / business partner; trading partner
Geschäftsplan / business plan; budget
Geschäftsplanung *f.* / business planning
Geschäftspolitik *f.* / business policy
Geschäftsprozess *m.* (z.B. 1. der wesentliche Geschäftsprozess; 2. Gestaltung von Geschäftsprozessen; 3. Anpassung von Geschäftsprozessen) / business process (e.g. 1. the key business process; 2. design or layout of business processes; 3. adjustment of business processes)
Geschäftsprozessberatung *f.*; Prozessberatung *f.* / business process consulting
Geschäftsprozesse, Gestaltung der ~ *f.*; Management der Geschäftsprozesse *n.* / business process management
Geschäftsprozessneuorganisation *f.* / business process reengineering (BPR)
Geschäftsräume *mpl.* (z.B. das Meeting findet in unseren ~n statt) / business premises; premises (e.g. the meeting will be in our ~)
Geschäftsregeln *fpl.* / business guidelines
Geschäftsschlüssel (i.S.v. Kennzahl) *m.* / business key figure; business reference number; business characteristic number
Geschäftssegment *n.* / business segment; business sector
geschäftsspezifisch *adj.* (z.B. ~e Notwendigkeiten) / business-specific (e.g. ~ necessities)
Geschäftssteuerung (i.S.v. operational steuern) *f.* / business control (to run a business; to run an operation)
Geschäftsstrategie *f.* / business strategy; business planning
Geschäftsstruktur *f.* / business structure
Geschäftstermin / appointment

Geschäftstreiber *m.* / business driver
Geschäftsumfeld *n.*; Geschäftswelt *f.* (z.B. es ist im täglichen Geschäft, im normalen Geschäftsumfeld, allgemein so üblich) / business environment (e.g. it's common practice in daily business, in normal business environment)
geschäftsverantwortliche Einheit *f.*; (z.B. unternehmerisch geführte ~) / business unit (e.g. entrepreneurially managed ~)
Geschäftsverantwortlicher *m.* / manager (person responsible for conducting business)
Geschäftsverantwortung *f.* (z.B. dezentrale ~) / business responsibility; business accountability (e.g. decentralized ~)
Geschäftsverbindungen *fpl.*; Geschäftsbeziehungen *f. pl.*; Geschäftszusammenschlüsse *mpl.* / business alliances; business ties
Geschäftsverkehr, geschäftsbereichs-übergreifender ~ *m.* / interdivisional business activities; interdivisional business procedures
Geschäftsverschlüsselungssystem / business key code system
Geschäftsvolumen *n.* / business volume
Geschäftsvorgang *m.* / business transaction
Geschäftswelt (z.B. es ist im täglichen Geschäft, im normalen Geschäftsumfeld, allgemein so üblich) / business environment (fig., e.g. it's common practice in daily business, in normal business environment)
Geschäftswert *m.* / economic value added
Geschäftsziel *n.* / business objective; business target
Geschäftszielvermittlung; -entfaltung *f.* (Mitarbeitern die unternehmerischen Zielsetzungen aufzeigen bzw. entfalten) / policy deployment

Geschäftszusammenschlüsse / business alliances
geschätzte Abfahrtszeit *f.* / ETD (estimated time of departure)
geschätzte Ankunftszeit *f.* / ETA (estimated time of arrival)
geschätzter Verkaufspreis; geschätzter Endverbraucherpreis / EST (estimated street price)
Geschicklichkeit / ingenuity
geschirmter Raum *m.* / shielded room
Geschlecht (männlich; weiblich) *n.* / gender; sex (male; female)
geschlossene Benutzergruppe *f.* / closed user groups (CUG)
geschlossene Teilnehmergruppe (PC) *f.* / closed subscriber group (PC)
geschlossener Markt *m.* / closed market; exclusive market
geschlossenes Lager *n.* / closed warehouse
Gesellschaft (Firma) / enterprise
Gesellschaft (Gemeinwesen) / society
Gesellschaft für Produktionsmanagement e.V. (GfPM) (s. auch 'APICS' im Teil Englisch-Deutsch: Als Berufsverband anerkannter gemeinnütziger Verein für Firmen und Menschen, die in den Bereichen Fertigungssteuerung, Logistik oder Produktionsmanagement beruflich engagiert sind. Jährliche Konferenzen und regelmäßige Arbeitskreise in ganz Deutschland und Österreich. GfPM ist Mitglied der internationalen APICS-Organisation. Sitz: Luitpoldstraße 22, D-84347 Pfarrkirchen. Telefon: +49 (8561) 5427, Fax +49 (8561) 5688; Internet: www.gfpm-online.de)
Gesellschaft, Dach-- *f.*; Holdinggesellschaft *f.* / holding; holding company
gesendet *adv.*; verschickt; *adv.* (~ von) / shipped; forwarded (~ by)

Gesetz gegen unlauteren Wettbewerb *n.* / trade practices act
Gesetzgebung *f.* / legislation
gesetzlich / legitimate
Gesichtspunkt *m.*; Standpunkt *m.* / point of view; standpoint
gespannt sein; gerne wissen wollen; begierig wissen wollen; neugierig sein (z.B. 1. .. ich möchte gerne wissen, 2. .. er ist gespannt auf seinen Bericht) / anxious (e.g. 1. I am ~ to know, 2. he is ~ for his report)
Gesprächsgegenstand; Gesprächsthema / subject
Gespür für Dringlichkeit; Empfindung für Dringlichkeit; Sinn der Notwendigkeit / sense of urgency
gestalten *v.* (z.B. einen Arbeitsplatz im Büro ~; einen Logistikprozess ~) / design (e.g. ~ an office workplace; ~ a logistics process)
gestalten und moderieren (z.B. ~ von Arbeitsgruppen) / organizing and facilitating (e.g. ~ of workgroups)
Gestaltung (Kosten) *f.*; kostenbewusste Gestaltung *f.*; kostenbestimmte Ausführung *f.* / design-to-cost
Gestaltung *f.* (z.B. ~ von Prozessen; ~ der IuK; ~ des Projektablaufs) / design (e.g. ~ of processes; ~ of I&C; ~ of the project course)
Gestaltung der Geschäftsprozesse *f.*; Management der Geschäftsprozesse *n.* / business process management
Gestaltung der Lieferantenbeziehung / shaping of the supplier relationship
Gestaltung, kostenbewusste ~ / design-to-cost
Gestehungskosten / prime costs
gestreute Speicherungsform *f.* / random organization
getaktet / time-phased
Gewährleistung *f.*; Garantie *f.* / warranty; guarantee
Gewährleistungskosten *pl.* / guarantee costs; warranty costs

Gewährung, Darlehens-~ f. / loan grant

Gewalt (~ über) / control (~ over)

Gewerbe, Fracht-~ n.; Frachtgeschäft n. / freight industry; freight business

Gewerbe, Luftfracht-~ n. / air cargo industry

Gewerbe, Speditions-~ n. ; Speditionswirtschaft f. / forwarding industry; forwarding business

Gewerbe, Transport-~ n.; Transportwirtschaft f.; Verkehrsgewerbe n.; Verkehrswirtschaft f. / transportation industry; transport industry; transportation business

Gewerbezone f. / commercial zone

gewerbliche Ausbildung f.; gewerbliche Berufsausbildung f. / vocational training; industrial training

gewerbliche Bildung f. / vocational education

gewerbliche Qualifizierung / industrial qualification

gewerbliche Weiterbildung / industrial training

gewerblicher Arbeitnehmer m. / blue-collar worker; blue-collar employee

gewerblicher Rechtsschutz m. (z.B. ~ für Patente) / intellectual property (e.g. ~ for patents)

Gewerkschaft f. / union

Gewicht n. / weight

gewichteter Verbrauchsfaktor m. / usage weight factor

Gewichtsfracht f. / weight rate

Gewichtsnota f. / weight note; weight list

Gewichtung f. / weighting

Gewichtungsfehler m. / weighting bias

Gewinn (~ von etw. haben) / benefit (~ from)

Gewinn (finanziell) m.; Ertrag m.; Erlös m. / profit; net profits; earnings

Gewinn machen v. (Ergebnis erwirtschaften) / make profit

Gewinn nach Steuern m. / profit after tax

Gewinn und Verlust (GuV) / profit and loss (P&L)

Gewinn- und Verlustrechnung f. / profit and loss statement

Gewinn vor Steuern m.; Rendite vor Steuern f. / profit before tax; before tax yield

Gewinn, Kurzfrist-~ m.; Kurzfristerfolg m. / short-term profit

Gewinn, Langzeit-~ m./ long-term profit

Gewinn, mit ~ verkaufen / sell at a premium

Gewinn, produzieren mit ~ / produce with profit

Gewinnaufschlag m. / markup

Gewinnbeteiligung f. / profit-sharing

Gewinnchancen (z.B. die Chancen stehen gut oder schlecht für jmdn., z.B. 1 zu 5) / odds (e.g. odds are in s.o.'s favor or against s.o., e.g. 1 to 5.)

Gewinne schnellen in die Höhe / profits soar

Gewinnspanne f.; Handelsspanne f. / profit margin

Gewohnheit f.; Übung f. (z.B. aus der Übung kommen; ..zur Gewohnheit werden) / habit; practice (e.g. get out of practice; ..become a habit)

GfPM (s. Gesellschaft für Produktionsmanagement e.V.)

Gigaoperationen pro Sekunde (GOP) (GOP=Milliarden Operationen pro Sekunde) fpl. / giga operations per second (GOP) (GOP=giga operations: billion operations)

Girokonto n. / deposits account

Gitterboxpalette f. / cage pallet; skeleton box pallet

GJ (Geschäftsjahr) n. (z.B. im GJ 19..; kommendes GJ) / fiscal year (FY); fiscal; financial year (e.g. in FY 19..; coming FY)

Glasfaser f. / fiber optics

glatt adj.; glätten v. / smooth

Glättung f.; Glätten n. / smoothing

Glättung, exponentielle ~ *f.* / exponential smoothing

Glättungsfaktor *m.* / smoothing factor

Glättungskonstante *f.* / smoothing constant

Glättungsparameter *m.* / smoothing parameter

Glaubhaftigkeitsprüfung / plausibility check

Gläubiger *m.* / creditor

Glaubwürdigkeit *f.* (z.B. ~ gegenüber dem Kunden) / credibility (e.g. ~ towards the customer)

gleichfalls *adv.*; ebenfalls *adv.* (z.B. danke ~) / likewise (e.g. thank you, ~)

Gleichstrom *m.* / direct current (DC)

Gleichteil *n.* / identical part

Gleichteilestückliste *f.* / identical parts list

Gleichung *f.* / equation

Gleis *n.*; Spur *f.* / track

Gleis, Bahn-~ *n.* / railroad track; railway track

Gleisanschluss (in der Fabrik) *m.* / works siding

gleitender Bestellpunkt *m.* / floating order point

gleitender Durchschnitt *m.* / moving average

gleitender Durchschnittspreis *m.* / floating average costs

Gleitzeit *f.* / flextime

Glied *f.* (z.B. das letzte ~ in der Herstellkette ist die Versandabteilung) / link (e.g. the final ~ in the production chain is packing and dispatch)

Gliederung / classification

global *adv.*; weltweit *adv.* (z.B. ~ tätig werden) / global (e.g. go ~)

global denken, lokal handeln / think globally, act locally

global tätiges Unternehmen *n.* / global player (coll.)

globales Denken *n.* (z.B. global denken, lokal handeln) / global thinking (e.g. think globally, act locally)

Globalisierung *f.* (i.S.v. weltweit tätig sein) / globalization

Glockenkurve *f.*; Gauss'sche Verteilung *f.* / bell curve

Glück *n.* / chance

Gönnerschaftsposten *m.* / patronage position

Goodwill (z.B. wichtig beim Erwerb einer Firma: finanzieller Aufschlag zum Geschäfts- bzw. Firmenwert, der über das eigentliche Vermögen eines Unternehmens hinausgeht) / goodwill (e.g. important for the acquisition of a company: extra charge for the value of a company that exceeds the net assets)

GOP (Gigaoperationen pro Sekunde) (GOP=Milliarden Operationen pro Sekunde) *fpl.* / giga operations per second (GOP) (GOP=giga operations per second: billion operations)

GPRS-Standard (Übertragungstechnik für GSM-Datenfunk, bei dem die Teilnehmer permanent online sind) / general packet radio service (GPRS) standard

Grad (z.B. Liefer-Servicegrad) / rate (e.g. delivery fill rate)

Grad der Lieferbereitschaft / service level

Graduierter *m.*; Absolvent *m.*; Hochschulabsolvent *m.*; Akademiker *m.* (dies gilt ganz allgemein, d.h. ein "graduate" kann Absolvent einer Schule, eines College oder einer Hochschule sein) (z.B. als Absolvent an der Michigan State University in Lansing,MA abgeschlossen haben) / graduate (i.e. ~ from highschool, college or university) (e.g. to be graduated from Michigan State University in Lansing,MA)

graduierter Student (s. 'Student') / graduate

grafische Darstellung *f.*; Diagramm *n.*; Grafik *f.* / chart; diagram; graphics

gratis *adv.*; kostenlos *adv.*; umsonst *adv.*; gebührenfrei *adv.* / free of charge

greifbar *adj.;* real *adj.* / tangible
greifbar, nicht ~; immateriell *adj.* /
intangible
Grenzabfertigung *f.* / customs clearance
Grenzbahnhof *m.* / border station (rail)
Grenzbeamter *f.* / border official
Grenze *f.;* Hindernis *n.;* Beschränkung *f.*
/ boundary; barrier; limit
Grenze *f.;* Landesgrenze *f.* / border
Grenzen, einseitige ~ *fpl.* / unilateral
limits
grenzenlos *adj.;* bodenlos *adj.* / abysmal
Grenzkosten *f.* / marginal costs
Grenzproduktivität *f.* / marginal
productivity
Grenzschutz *m.;* Bundesgrenzschutz *m.* /
border police
grenzüberschreitend (z.B. ~er Handel;
~er Verkehr) *adv.* / cross-border; border-
crossing (e.g. ~ trade; ~ traffic)
Grenzzollabfertigung *f.* / border
customs clearance
grob *adj.* (z.B. eine ~e Schätzung) /
rough (e.g. a ~ estimation)
Grobdarstellung *f.* / outline; sketch
Grobentwurf *m.* / preliminary design
Grobplanung *f.* / rough-cut planning;
rough planning
Grobterminierung *f.* / rough-cut
scheduling
groß *adj.* (Anwendungsbeispiele: *big*
(groß, bedeutend: z.B. building,
business, profit, mistake, the big Five);
great (bedeutend, berühmt: z.B.
celebrity, actor, speaker; *beträchtlich*:
z.B. number; super: time); large (Fläche,
Umfang, Inhalt: z.B. container, room,
business, enterprise, producer, farm);
huge (riesig, enorm, mächtig, gewaltig,
ungemein groß: z.B. mountain); *vast*
(unermesslich, riesig, weit, ausgedehnt:
z.B. quantity, majority, difference); *tall*
(hochgewachsen: z.B. person, tree) /
large; big; great; huge; tall
Groß- bzw. Schlüsselkunden-Manager
m. (~ für Großkundenbetreuung) / key

account manager (~ who is responsible
for major customers)
Großantrieb *m.* / large drive
Großauftrag *m.* / bulk order
Großauftrag *m.;* Großbestellung *f.* / bulk
order
Großbetrieb *m.* / large-scale operation
Großbildwand *f.* / large display screen
Großcontainer *m.* / large container
Größe *f.* / size
große Mengen kaufen *v.* / buy in bulk
Größe, Liefergut~~ *f.* / shipment size
Großeinkauf *m.* / bulk purchase
**Größenvorteil, Wirtschaftlichkeit
durch ~** (bezieht sich auf: ... Volumen,
... Menge, ...) (z.B. Wirtschaftlichkeit
durch Fertigung großer Stückzahlen des
Produktes P.) / economies of scale
(relates to: ... volume, ... quantity, ...)
(e.g. economics through production of
huge quantities of product P.)
größeres (ein ~ Problem) / major (a ~
problem)
Großhandel *m.* / wholesale
Großhändler *m.* / distributor;
wholesaler; wholesale dealer
Großkunde *m.* / key account
Großkundenmanagement *n.* / key
account management
Großlager *n.* / bulk warehouse
Großpackung *f.* / bulk pack; giant-size
pack
Großprojekt *n.* / major project
Großrechner *m.* / mainframe (computer)
Großserie *f.* / mass-produced series
Großunternehmen *n.* / large enterprise
Großverbraucher *m.* / bulk consumer
Groupware *f.* / groupware
Grundanforderungen *fpl.* (z.B. ~ eines
Projektes) / base lines (e.g. ~ of a
project)
Grundausrichtung, Festlegung der ~
(z.B. ~ des Geschäftsauftrages) /
baselining (e.g. ~ of the line of
business)

Grundbausteine *mpl.* (z.B. ~ eines Logistiksystems) / building blocks (e.g. ~ of a logistics system)
Grunddaten *npl.* / basic data
Grunddatenverwaltung *f.* / maintenance of basic data
Gründe herausfinden (z.B. ~ für einen schlechten Materialfluss) / root causes (e.g. ~ for a poor material flow)
Grundgebühr *f.* / basic fee; fixed charge
Grundkapital / stock capital
Grundlagen *fpl.* / basics; fundamentals
Grundlagenentwicklung *f.* / basic development
Grundlagenforschung *f.* / basic research
Grundlast *f.* / basic load
Grundlohn / basic rate
Grundsatz *m.* / principle; axiom
Grundsatz der Unabhängigkeit *m.* (d.h. nach diesem Prinzip zu handeln bedeutet: alle Beteiligten müssen sich so verhalten, wie es zwischen rechtlich unabhängigen Einheiten üblich ist) / arm's length principle (i.e. acting according to this principle means: all parties involved have to act in the way customary between legally independent units)
Grundsatzaufgabe *f.* / principle task
Grundsätze des Geschäftsverkehrs *fpl.* / principal business policies and procedures; fundamental business policies and procedures
Grundsätze *mpl.* / policies
Grundstoffindustrie *f.* / basic industry
Grundstück (Bauplatz) / building site
Grundstück (Besitz) / property
Grundstück (Standort) / site
Grundstück *n.*; Betriebsgelände *n.*; Gelände *n.* (z.B. 1: auf dem ~ des Kunden; z.B. 2: auf dem Fabrik~) / premises (e.g. 1: at the customer's ~; e.g. 2: ~ of factory)
Grundteil *n.*; Standardteil *n.* (z.B. ~ eines Produktes) / basic part (e.g. ~ of a product)

Grundtyp *m.* / basic type
Gründung *f.*; Errichtung *f.* (z.B. ~ einer Zweigstelle) / establishment (e.g. ~ of a branch)
Grundverpackung / packaging
Grundzeit *f.* / basic time
Gruppe / team
Gruppe *f.*; Kategorie *f.*; Klasse *f.* / category
Gruppe, Produkt-~ *f.*; Erzeugnisgruppe *f.* / product group
Gruppe, Waren-~ *f.* / commodity group
Gruppenarbeit (z.B. ~ als Bestandteil eines Seminares) / break-out session (e.g. ~ as part of a seminar)
Gruppenarbeit *f.* / group work
Gruppenarbeitsplatz *m.* / group work center
Gruppenbildung *f.*; Einteilung in Gruppen *f.* / grouping
Gruppenfertigung *f.* / team production; group production
Gruppenleiter *m.*; Teamleiter *m.* / team leader
Gruppenprämie *f.* / group incentive
grüßen (*jmdn.* ~) *v.* (z.B. bitte grüßen Sie Guggi sehr herzlich von mir) / give regards (~ to *sbd.*) (e.g. please give my best regards to Guggi)
GSM (Mobilfunkstandard für Sprach-Anwendungen; Nachfolgesystem ist UMTS für Multimedia-Anwendungen) / GSM (global system for mobile communication)
gültig ab ... (es folgt die Datumsangabe) (z.B: gültig ab 1. Oktober 20..) / as of ... (date); effective from ... (date); effective as of ... (date) (e.g. ~ October 1, 20..)
gültig bis ... *adv.* / valid until ...
Gültigkeit *f.* / validity
Gültigkeitsdatum *n.* / validity date
Gültigkeitsdauer *f.* / validity period
Gunsten, zu Ihren ~ *fpl.* / in your favour
günstiger sein; besser dran sein (z.B. mit diesem Angebot sind Sie viel besser dran, dieses Angebot ist viel günstiger) /

to be better off (e.g. you are much better off with this offer)

Guss *m.* / casting

Guss, Spritz-~ *m.* / die casting

Gut, Gefahr-~ *n.* / dangerous cargo

Gut, Gefrier-~ *n.* / frozen cargo

Gut, Leicht-~ *n.* / light cargo

Gut, Massen-~ *n.* / bulk commodity

Gut, Schwer-~ *n.* / havy cargo

Gut, Transit-~ *n.* / transit cargo

Güter; Waren / goods

Güter, gefährliche ~ *npl.* / hazardous goods

Güterannahmestelle *f.* / receiving point

Güterbahnhof *m.* / railway terminal; freight terminal; freight depot; goods yard (BrE) (station)

Güterfernverkehr *m.* / long distance goods traffic; long distance hauling

Güternahverkehr *m.* / short distance goods traffic; short haul transportation; local hauling

Güterumschlagsanlage *f.* / freight station

Güterumschlagstechnik *f.* / trailer loading and unloading system

Güterverkehr *m.* / freight traffic

Güterverkehrszentrum *n.* (Zusammenschluss von Verkehrsbetrieben unterschiedlichster Ausrichtung - z.B. Transport, Lagerei, Spedition - und mehrerer Verkehrsträger - z.B. LKW, Bahn, Flugzeug - mit dem Ziel der Planung, Steuerung und Abwicklung integrierter Güterströme.) / freight traffic center (Integration of freight handling companies and service providers - e.g. transportation, warehousing, forwarding - and intermodal transportation freight carriers - e.g. using truck, rail, air - with the objective to plan, control and process integrated flow of goods)

Güterwagen / wagon

Gutmenge *f.*; Ausbringung *f.* / yield

Gutmenge, erreichte ~ (in Relation zur Vorgabemenge) / yield-to-target

Gutschrift *f.* / credit; credit certificate

Gutschriftsanzeige *f.* / credit note

Gutschriftverfahren *n.* / credit note procedure

GuV (Gewinn- und Verlust) *f.* / profit and loss (P&L)

GVW (gross vehicle weight) (z.B. Brutto-Fahrzeuggewicht ist das auf amerikanischen Highways erlaubte Maximalgewicht inklusive des Fahrzeugs und der Ladung. Das GVW in den USA beträgt 80.000 Pfund = ca. 36 to) / GVW (e.g. gross vehicle weight is the maximum load allowed on US highways including the vehicle and the load. The GVW in the United States is 80,000 pounds)

GWB (Geschäftswertbeitrag) *m.* / EVA (Economic Value Added)

H

Hacker *m.* (Person, die unerlaubt und strafwidrig in Computernetze eindringt) / hacker (person that penetrates unauthorized and illegally computer networks)

Hafen *f.* / port; harbor

Hafen, Abgangs-~ *f.* / port of departure; harbor of departure

Hafen, Ankunfts-~ *f.* / port of arrival; harbor of arrival

Hafenarbeiter *m.* / docker; dock worker

Hafengebühren *fpl.* / port charges

Hafenhinterlandverkehr *m.* / port hinterland traffic

Hafennutzungsgebühren *fpl.* / keelage charges

Hafenspediteur *m.* / port agent

haften *v.* / be liable; be responsible

Haftpflichtversicherung *f.* / liability insurance

Haftung für ein Produkt; Produkthaftung *f.* / product liability

Haftung übernehmen *v.* / assume liability; take responsibility

Haftung; Haftpflicht / liability

Haftung, Individual-~ *f.* / individual liability

Haftungsausschluss *m.* / exclusion from liability

Haftungsverzicht *m.* / waiver of liablity

Halbfabrikate *npl.*; unfertige Erzeugnisse *npl.* / work in process (WIP); semi-finished goods; semi-processed items

Halbfabrikatebestand *m.* / semi-finished product inventory

halbfertig *adj.* / semi-finished

Halbleiter *m.* / semiconductor

Halbzeug *n.* / semi-processed material

Haltbarkeit (im Lager) *f.* (z.B. maximale ~) / shelf life limit (e.g. maximum ~)

Haltbarkeit *f.*; Haltbarkeitsdauer *f.* / durability

Haltedauer *f.* / stop period

halten, sich ~ *v.* (z.B. sich an Fakten halten; fam. '... halten Sie sich an Tatsachen, keine Märchen bitte') / stick (e.g. ~ to the facts; coll. '... hey man, just the facts, please, no stories')

Haltezeit *f.* / stop time

Handarbeitsplatz *m.* / manual work center

Handbremse *f.* / handbrake

Handbuch *n.*; Broschüre *f.*; Prospekt *m.* / brochure; manual

Handel *m.* (z.B. damit haben wir ein gutes Geschäft gemacht) / deal (e.g. this business was a big deal for us)

Handel *m.* (z.B. internationaler ~) / commerce (e.g. international ~)

Handel *m.*; Handwerk *n.* / trade

Handel treiben; handeln *v.*; mit *jmdm.* in einer Geschäftsbeziehung stehen / trade

Handel, Tausch-~ *m.*; Tauschgeschäft *n.* / barter; swap

handeln *v.* / trade

handeln *v.*; aushandeln *v.*; verhandeln *v.* / negotiate

handeln *v.*; herunterhandeln *v.* / bargain

Handelsabkommen *n.* / trade agreement

Handelsartikel *m.* / commodity

Handelsbedingungen *fpl.* / terms of trade

Handelsbeschränkung / trade sanction

Handelsbezeichnung *f.*; Markenname *m.* / trade name

Handelsbilanz *f.* / trade balance

Handelsbilanzdefizit *n.* / trade gap

Handelsbilanzierung *f.*; Bilanzierung *f.* / financial statements

Handelsbrauch *m.* / trade usage

Handelsfaktura *f.* / commercial invoice

Handelsgesellschaft *f.* / trading company

Handelsgewicht *n.* / commercial weight

Handelsgüter *npl.* / merchandise

Handelskammer *f.* / chamber of commerce

Handelskreditbrief *m.* / commercial letter of credit

Handelsmission *f.* / trade mission

Handelsniederlassung *f.* / trade post

Handelspreis *m.* / market price; trade price

Handelsrechnung *f.* / commercial invoice

Handelsrecht *n.* / commercial law

handelsrechtliche Abschreibung *f.* / book depreciation

Handelsschranken *fpl.* / trade barriers

Handelsspanne / profit margin

handelsüblich *adj.* / customary

Handelsverbot *n.*; Embargo *m.* / embargo

Handelsvertreter *m.* (nicht gebundener Groß- oder Einzelhändler) / merchant (operates for his own account)

Handelsvertreter *m.*; Vertreter *m.* / sales representative; sales rep; sales agent

Handelsware *f.* / merchandise; merchandise held for resale

118

Handelswaren pl.; Waren fpl.; Gebrauchsartikel mpl.; Wirtschaftsgüter npl. / commodities
Handelsweg m. / trade channel
Handelswert m. / commercial value
Handels-Zwangsmittel / trade sanction
Händen, zu ~ von ... / for the attention of ...
Handentnahme f. / withdrawal by hand
Handgabelhubwagen m. / hand pallet truck
Handgepäck n. / carry-on baggage
Handhabung / processing
Handhabungsgeräte npl. / manipulating equipment; processing tools
Handhabungssystem für Materialien n. / material handling system
Händler m. / dealer; trader
Händlerprovision f. / dealer allowance
Händlerrabatt m. / trade discount
Handlungsbedarf m. / need for action
Handlungsfreiheit f. / freedom of action
Handlungskosten / overhead expenses
Handlungsspielraum m. / room for maneuver
Handlungsweise f. / procedure
Handwagen m.; Leiterwagen m. / hand operated truck; hand cart
Handwerk / trade; craft
Handwerker m. / tradesman; craftsman
handwerkliche Fertigung f. / trade manufacture
handwerkliches Können n. / craftsmanship
Handwerkzeug, elektrisches ~ n. / handheld power tool
Handy n.; Mobiltelefon n. (Anm.: in USA ist das Wort "handy" total unbekannt, im üblichen Sprachgebrauch wird meist "cellphone" benützt) / cellphone; cellular phone; mobile phone
Hänger m.; Anhänger m. (LKW-~) / trailer
Harmonisierung f. / harmonization
Harmonisierungskonzept n. / harmonization concept

Häufigkeit f. / frequency
Häufigkeit, Schadens-~ f. / frequency of damage events
Haupt ... (das ~problem ist ...) / main ... (the ~ problem is ...)
Hauptabteilung f. / corporate unit
Hauptabteilungsleiter m. / head of corporate unit
Hauptansatzpunkt m. (z.B. ~ einer Aussage) / main focus (e.g. ~ of a message)
Hauptbetrieb m.; Hauptwerk n. / main operations
Hauptbuchkonto n. / general ledger account
Hauptgeschäft / core business
Hauptgeschäftsführer / managing director
Hauptgesichtspunkt m. / key focus
Hauptkonkurrent m. / main competitor; major competitor
Hauptlager n. / main store
Hauptlieferant m. / main supplier
Hauptlieferzentrum n. / primary distribution center
Hauptmenü n. / main menu
Hauptpersonalbüro n. / main personnel office
Hauptproduktionsplan m.; Primärprogramm n. (z.B. 1. ~ mit Überdeckung, 2. ~ mit Unterdeckung) / master production schedule (MPS); master schedule (e.g. 1. overstated ~, 2. understated ~)
Hauptpunkt m.; wesentliches Thema n. / key issue
Hauptredner m. / keynote speaker
Hauptsitz / headquarters (HQ)
Hauptspeicher m. (Computer) / main storage
Hauptspeichergröße f. (Computer) / main storage volume
Hauptspeicherverwaltung f. (Computer) / storage control program
Hauptströmung f.; Trend m. (z.B. mit dem Trend gehen, tun was die

Allgemeinheit macht) / mainstream (e.g. going ~)

Haupttermin *m.* / main deadline

Hauptumsatzträger *m.* (z.B. ~ bezogen auf ein Produkt) / key item (e.g. ~ in terms of product turnover)

Hauptverantwortung *f.* (gemäß Organisationsplan hat Hr. C die ~) / main responsibility (according to the organization chart, Mr. C has the ~)

Hauptverkehrszeit *f.;* Spitzenzeit (Verkehr) *f.* / traffic peak time; rush hour

Hauptwerk / main plant

Hauptzeit (eines Maschinenlaufes) *f.* / machine running time

Hause, im ~ (i.S.v. Eigenfertigung) / in-house (e.g. in-house production)

Hausrevision / audit

Haus-zu-Haus-Beförderung *f.* / door-to-door carriage; door-to-door pick-up and delivery

Havarie *f.* (Schiffskollison, Schiffsunfall) (z.B. Bezahlung für Seeschaden) / average (ship collision, ship accident) (e.g. payment for damage due to average)

Havarieeinschluss *m.* / provisional average deposit

Havariegelder *npl.* (Seeverkehr) / disbursements (ship)

HBI-Standard (Schnittstellenstandard für sicheres Homebanking) / home banking computer interface (HBI) standard

HDSL (siehe Datenübertragungssystem)

Hebel *m.* / lever

Hebelwirkung *f.;* Hebelkraft *f.* / leverage

heben *v.;* hochheben *v.;* anheben *v.* / lift

Heben und Senken *m.* (z.B. ~ von Lasten) / lifting and lowering (e.g. ~ of cargo)

Hebevorrichtung für Paletten; Palettenhebezeug *n.* / pallet jack

Hebevorrichtung, Container-~ *f.* / container lifting device

Hebezeug *n.* / lift truck

Heckantrieb *m.* / rear drive; rear wheel drive

Heft / booklet

heften, zusammen ~ *v.* (z.B. die Papiere zusammenheften) / staple (e.g. to ~ the papers)

Hefter *m.*; Heftmaschine *f.* / stapler

Heimarbeit *f.* / outside work; work at home

Help Desk *n.* (z. B. Kundenauskunft und -beratung, etc.) / help desk (e.g. customer information and support, etc.)

Herabsetzung *f.*; Verminderung *f.* (z.B. 1. ~ des Einkaufspreises; 2~ der Zollgebühren für beschädigte Importlieferungen) / abatement (e.g. 1. ~ of the purchase price; 2. ~ of tax charges on damaged imported deliveries)

herausfinden, Gründe ~ (z.B. ~ für einen schlechten Materialfluss) / root causes (e.g. ~ for a poor material flow)

Herausforderung *f.* (die ~ bewältigen) / challenge (tackle the ~)

Herausgeber *m.* / editor; publisher

herausstehen *v.* (z.B. Schaden an Lagergütern durch herausstehende Nägel in Paletten) / protrude (e.g. damage on warehouse items by protruding nails in pallets)

hergestellt, manuell ~ *adj.;* handgemacht *adj.* / hand made

hergestellt, maschinell ~ *adj.* / machine made

hergestellt, selbst ~ *adj.;* hausgemacht *adj.* / home made

herkömmliche Auffassung / conventional wisdom

herkömmliches System / conventional system

Herkunft / origin

Herkunft, Waren-~ *f.* / origin of goods

Herkunftsland *n.*; Ursprungsland *n.* / country of origin (COO)

Herrschaft verlieren (~ über) / lose control (~ over)

herrühren (~ von) / derive (~ from)

Herstell- und Abwicklungskosten *pl.* / process and handling costs

Herstelldurchlaufzeit *f.*; Fabrikationszeit *f.*; Verarbeitungszeit *f.* / manufacturing throughput time

herstellen / manufacture

Hersteller / manufacturing company

Herstellkosten *pl.*; Produktionskosten *pl.*; Fertigungskosten *pl.* (z.B. geplante ~) / factory costs; production costs; manufacturing costs (e.g. planned ~)

Herstellungskette *f.* (z.B. das letzte Glied in der ~ ist die Versandabteilung) / production chain (e.g. the final link in the ~ is packing and dispatch)

herunterhandeln *v.;* handeln *v.* / bargain

heruntersetzen (den Preis ~) *v.* / mark down (~ the price)

hervorragend *adj.;* außergewöhnlich *adj.* / outstanding

HGB (Handelsgesetzbuch)

Hierarchie *f.* (z.B. 1. aufgeblähte ~, 2. flache ~, 3. reduzierte ~) / hierarchy (e.g. 1. bloated ~, 2. flat ~, 3. flattened ~)

Hierarchieebene *f.* / hierarchical level

hierarchisches Netz *n.* / hierarchical network

Highschool *f.* (keinesfalls mit dem deutschen Begriff 'Hochschule' vergleichbar, sondern in etwa mit einem deutschen Gymnasium. Der Abschluss ('graduation' mit 'highschool diploma') erfolgt nach 12 Klassen und berechtigt zum Studium an einem amerikanischen College.) / high school

Hilfs- und Betriebsstoffe / indirect material

hilfs-...; Hilfs-... (z.B. Outsourcing in Betracht ziehen, falls ~funktionen nicht mehr benötigt werden) / ancillary (e.g. consider outsourcing if ~ support services are no more needed)

Hilfseinrichtung *f.* / auxiliary facility

Hilfskraft *f.* / helper

Hilfsmaschine *f.;* Ausweichmaschine *f.* / auxiliary machine; standby machine; alternate machine

Hilfsmaterial *n.;* Hilfs- und Betriebsstoffe *mpl.* / indirect material

hinauslaufen, darauf ~ *v.* (z.B. es läuft darauf hinaus, dass die Produkte ausgehen) / boil down (e.g. it boils down to running out of products)

Hindernis *n.* / road block; stumbling block; obstacle; barrier

Hindernisbeseitigung / barrier removal

hintereinander *adv.;* der Reihe nach / successively

hinterherhinken / lag behind

Hinterland *m.* (z.B. Anbindung eines Hafens an das ~) / hinterland (e.g. connection of a port to the ~)

Hinterlandverkehr, Hafen-~ *m.* / port hinterland traffic

Hinweis *m.* (z.B. PC: Online-~ zur Erinnerung an einen wichtigen Liefertermin) / promt (e.g. PC: online-~ to warn about an important delivery date)

Hinweis *m.;* Tip *m.* / hint

Hochgeschwindigkeits-Datennetz *n.* / high-speed data network

hochheben *v.;* heben *v.;* anheben *v.* / lift

Hochpreisprodukt *n.*; Produkt der oberen Preiskategorie (i.S.v. Marktkategorie) / high-end product

hochrangige Führungskraft *f.* / top-rank executive; top-ranking executive

hochrangiger Mitarbeiter *m.* / high-ranking employee

Hochrechnung / forecast

Hochregallager *n.* / high base store; high bay warehouse

Hochregalstapler *m.* / high rack stacker

Hochschulabsolvent *m.;* Absolvent *m.;* Akademiker *m.*; Graduierter *m.* (dies gilt ganz allgemein, d.h. ein "graduate" kann Absolvent einer Schule, eines College oder einer Hochschule sein) (z.B. als Absolvent an der Michigan State

University in Lansing,MA abgeschlossen haben) / graduate (i.e. ~ from highschool, college or university) (e.g. to be graduated from Michigan State University in Lansing,MA)

Hochschule f. (der deutsche Begriff 'Hochschule' (vergleichbar mit einem amerikanischen 'college' oder der 'university') entspricht nicht dem amerikanischen Begriff 'highschool' (dieser entspricht in etwa dem deutschen Begriff 'Gymnasium'). Der deutsche Gymnasialabschluss (Abiturzeugnis) berechtigt einen Schüler zum Studium an einer beliebigen Universität der EU, d.h. der Begriff 'Gymnasium' hat nichts zu tun mit dem amerikanischen Begriff 'gymnasium' oder 'gym', das ist das Gebäude, in welchem man turnt oder Turnunterricht hat) / university

Hochspannung f. / high voltage

höchstes ... adj.; oberstes ... adj. (z.B. ~ Ziel) / supreme ... (e.g. ~ goal)

Höchstgrenze f.; Obergrenze f. / limit; ceiling

Höchstleistung f. / peak performance; peak output

Höchststand / peak; peak level

Hoffnungsträger m. (z.B. ein besonders befähigter ~ als Nachwuchskraft) / high potential (e.g. a special qualified ~ junior employee)

Höflichkeit f. (z.B. 1. ~ gegenüber dem Kunden; 2. mit freundlicher Genehmigung von ICC) / courtesy (e.g. 1. ~ towards the customer; 2. courtesy of ICC)

Höhe f. / height

Höhe, Hub-~ f. (z.B. ~ eines Schubmaststaplers für das Stapeln) / lift height (e.g. ~ of a reach truck for stacking)

Höhepunkt m.; Höchststand m. / peak; peak level

Holdinggesellschaft f.; Dachgesellschaft f. / holding; holding company

Holprinzip (Ggs.: Schiebeprinzip) / pull principle (opp. push principle)

Holzpalette f. / wooden pallet

Homepage f. (Hauptseite innerhalb des WWW, mit der sich Organisationen, Unternehmen und Privatpersonen im Internet darstellen.) / homepage

Honorar n.; Gebühr n. / fee

Hörer abnehmen (Telefon) / lift the handset (phone)

horizontale Integration; horizontale Kooperation (Zusammenschluss von z.B. Unternehmen, die in der gleichen Stufe der Wertschöpfungskette, entweder als direkte Wettbewerber, oder 'nebeneinander' in benachbarten geografischen und funktionalen Feldern tätig sind; Ggs. siehe 'vertikale Integration') / horizontal integration; horizontal cooperation (opp. see 'vertical integration')

horizontale Organisation f. / horizontal organization

Hotline (Direktruf) f.; Telefonschnelldienst m. (z.B. Telefonschnelldienst für Fehlermeldung und -lokalisierung einer Softwarefirma) / hotline (direct call)

HTML (Hyper Text Markup Language) (Sprache zur Erstellung von Seiten im World Wide Web)

HTTP (Hyper Text Transfer Protocol) (Datenübertragungsverfahren im World Wide Web)

Hubgerüst n. (z.B. ~ eines Schubmaststaplers) / mast (e.g. ~ of a reach truck)

Hubhöhe f. (z.B. ~ eines Schubmaststaplers für das Stapeln) / lift height (e.g. ~ of a reach truck for stacking)

Hubwagen m. / pallet truck

Hubwagen, Paletten-~ m. / pallet lift truck

Huckepackverkehr *m.* (z.B. Bahnverladung für LKW) / motorail service; piggy-back service (e.g. rail roll-on-roll-off service for trucks)

Hupe *f.* / horn

Hybride *m.* / hybrids

Hyperlink *m.* (s. 'Hypertext')

Hypertext *m.* (Methode, mit der im World Wide Web Seiten unterschiedlicher Dateien und Rechner miteinander verknüpft werden können, d.h. Texte sind mit anderen Dokumenten verknüpft, die weitere Informationen zur gleichen oder verwandten Thematik enthalten. Hypertext-Verknüpfungen sind durch unterschiedliche Farbe und Unterstreichung gekennzeichnet.) / hypertext (WWW procedure to link pages of different files and computers, i.e. text is linked to other documents containing more information on the same or related topic. Hypertext links are identified as different colored text with underline)

Hypothek *f.* (z.B. eine ~ aufnehmen auf ein Haus) / mortgage (e.g. raise a ~ on a house)

Hypothekenpfandbrief *m.* / mortgage bond

I

ICC (Internationale Handelskammer: die Weltorganisation der Wirtschaft); s. auch -> 'Incoterms' / ICC (International Chamber of Commerce: the world business organization)

Icon; Ikone (Symbol in einer grafischen Benutzeroberfläche, das einen Befehl, eine Anwendung, eine Datei o.ä. repräsentiert) / icon

ID (I-Punkt) *m.* (z.B. ~ im Lager, an dem die ordnungsmäßige Auslagerung kontrolliert wird) / identification point

Identbegriff *m.* / identifier

Identifikation *f.* / identification

Identifikationsschild *n.* (z.B. Metallschild auf einer wiederverwendbaren Transporteinrichtung zur Identifikation des darauf befindlichen Produktes) / license plate (e.g. fixed metal plate of reusable transport unit in a factory with imprinted barcode to identify a product)

Identifikationsschlüssel *f.* / identification code

Identifikationssystem, automatisiertes ~ (z.B. ~ unter Verwendung von Barcodeetiketten) / automated identification system (e.g. ~ by using barcode labels)

Identifikationssystem, Lagerplatz-~ *n.* / stock locator system

Identifikationsvorgang *m.* / identification process

identifizieren *v.* / identify

Identifizierungs- (Datenerfassungs-) System mit Funkübertragung *n.* / radio frequency identification system

Identifizierungssystem, Benummerungs- und ~ *n.* / numbering and identification system

IK (Information und Kommunikation) / IC (Information and Communication)

Illiquidität *f.* / illiquidity

immateriell *adj.*; nicht greifbar; / intangible

immaterielle Werte *mpl.* / intangible assets

Immobilie *f.* / real estate

Immobilienmakler *m.* / realtor

Immobilien-Management *n.*; Gebäude-Management *n.*; Facility-Management *n.* (Betrieb und Unterhalt von Gebäuden, insb. mit dem Ziel, die Wirtschaftlichkeit zu erhöhen) / real estate management; facility management

Implementierung, stufenweise ~ *f.;* stufenweise Einführung *f.* (z.B. ~ eines Konzeptes) / implementation in stages (e.g. ~ of a concept)

Import *m.;* Einfuhr *f.* / import

Importbeschränkung *f.* / import restriction

Importbestimmung *f.;* Einfuhrbestimmung *f.* / import regulation

Importbewilligung / import license

Importe *mpl.* / imported goods

Importeur *m.* / importer

Importfragen *fpl.* / import matters

importieren *v.;* einführen *v.* (~ nach) / import (~ to)

Importkonossement *n.* / import bill of lading

Importkontingent *n.* / import quota

Importlizenz / import license

Importrechnung *f.* / import bill

Importsteuer *f.* / import tax

Importstrategie *f.* / import strategy

Importüberschuss *m.* / import surplus

Impuls *m.* (z.B. Impulse für einen permanenten Verbesserungsprozess in der Lieferantenbeziehung geben) / stimulus (e.g. provide stimuli for a continuous process of improvement in the supplier relationship)

Inanspruchnahme *f.;* Nutzung (z.B. ~ von Rechten, Möglichkeiten usw.) / utilization (e.g. ~ of rights, chances etc.)

Inbetriebnahmedatum *n.* / start-up date

Incoterms *f.* (INternational COmmercial TERMS): Internationale Regeln zur Auslegung der hauptsächlich verwendeten Vertragsformen in Außenhandelsverträgen gemäß ICC (Internationale Handelskammer); Details hierzu siehe CFR, CIF, CIP, CPT, DAF, DDP, DDU, DEQ, DES, EXW, FAS, FCA, FOB.
© Internationale Handelskammer 1990, ICC-Publ. Nr. 460; Bezugsquellenhinweis: der vollständige Text der Incoterms 1990 kann zusammen mit einer Preis- und Publikationsliste bei ICC Deutschland, Postfach 10 08 26, D-50448 Köln, Fax.: (0228)257 5593 bezogen werden. Der fachmännische Umgang mit Incoterms 1990 ist nur mit Hilfe eines vollständigen Textes dieser Publikation möglich. / incoterms

Index *n.;* Indexverzeichnis *n.* / index

indirekte Kosten *pl.* / indirect costs

indirekter Lohn *m.* / indirect wages; indirect labor

Individual-Anwendungssoftware *f.;* angepasste Anwendungssoftware *f.* / individualized application software; customized application software

Individualhaftung *f.* / individual liability

Indossament *n.;* Bestätigung *f.* .; Zustimmung *f.* (Vermerk auf einem Dokument) / endorsement

indossieren (genehmigen) *v.;* bestätigen (unterzeichnen) *v.;* zustimmen *v.* / endorse (approve)

Industrie *f.* / industry

Industrie, Zuliefer-~ *f.* / supplier industry

Industrieausrüstung *f.* / industrial equipment

Industrie-Automatisierungssystem *n.* / industrial automation system

Industriebetriebslehre / industrial engineering

Industriebonze; Industriemagnat / tycoon (AmE, F)

Industrieelektronik *f.* / industrial electronics

Industrieerzeugnis *n.* / industrial product

industrieller Fertigungsbereich *m.* / industrial fields of production

Industriepark *m.* / industrial park

Industrieroboter *m.* / industrial robot

Industriestandard *m.* / industrial standard

Industriestaubsauger *m.* / industrial vacuum cleaner

Industriestrukturen *fpl.* / industry structures

Industrieturbine *f.* / industrial turbine

Inflation *f.* / inflation

Inflationsrate *f.* / inflation rate

Informatik *f.* / computer science

Informatiker *m.* / information scientist

Information *f.*; Nachricht *f.* (Hinweis: ... im Englischen nie 'informations') / information

Information und Kommunikation (IuK) / information and communication (I&C)

Information, computerunterstützte ~ / Computer Based Information (CBI)

Information, geschäftlich notwendige ~ *f.* / information relevant to business

Informationen mit dem Kunden austauschen / trade information with the customer

Informationen, teilen von ~ / information sharing

Informations- und Kommunikations-Leiter (CIO): Leiter 'Information und Kommunikation' (IuK) / CIO (Chief Information Officer): head of 'information and communication' (I&C)

Informations- und Kommunikationsservice *m.* / information and communication service

Informations- und Pressewesen / public relations (PR)

Informations-, durchgängige ~ und Kommunikationsplattform *f.* / uniform information and communication platform

Informationsaustausch *m.* / information exchange; exchange of information; information sharing

Informationsbereitschaft *f.* (Reaktionsbereitschaft gegenüber (Kunden-) Anfragen) / customer responsiveness

Informationsbruch *m.* / information interrupt

Informationsbus *m.*; Kommunikationsbus *m.* / communications bus

Informationsfähigkeit *f.* / information capability; capability to provide information

Informationsfluss, durchgängiger ~ *m.* (z.B. elektronischer ~) / universal information flow; transparent information flow (e.g. electronical ~)

Informationsflussanalyse *f.* / information flow analysis

Informationskette *f.* / information chain

Informationslogistik *f.* / information logistics

Informationsmanagement *n.* / information management

Informationsmenge *f.* / information quantity

Informationsnetz *n.* / information network

Informationspflicht *f.* / duty to inform

Informationsprozess *m.* / information process

Informationssicherheit (IS) *f.* / information security (IS)

Informationssicherheit, Beauftragter für ~ *m.* / information security officer

Informationsspeicherung *f.* / information storage

Informationssystem *n.* / information system

Informationstechnologie (IT) *f.* / information technology (IT)

Informationsverarbeitung *f.* / information processing

Informationsvorsprung *m.*; Informationsvorteil *m.* / information edge

Informationsweg *m.* / information channel

Informationsweitergabe *f.*; teilen von Informationen / information sharing

Informationszentrum *n.* / information center

informieren; auf dem laufenden halten (z.B. 1. Ich werde Sie über die Entwicklungen auf dem laufenden halten *bzw.* informieren; 2. Im allgemeinen ist er gut unterrichtet *bzw.* informiert) / keep posted (e.g. 1. I will keep you posted on the developments; 2. Usually he is well posted)

Infrastruktur *f.* / infrastructure

Infrastruktur, Straßen-~ *f.* / road infrastructure

Infrastrukturdienste *mpl.* / infrastructure services

Ingenieur *m.* / engineer

Ingenieurbüro *n.* / engineering company

Inhaber eines Produktes; Produktverantwortlicher *m.*; Produktinhaber *m.* / product owner

Inhaber eines Prozesses; Prozessverantwortlicher *m.*; Prozessinhaber *m.* / process owner

Inhalt *m.* / content

Inhaltsangabe *f.* / list of contents

Inhaltsverzeichnis *n.* / table of contents

Inhousestruktur *f.* / in-house structure

Inkasso / collection (~ of money)

Inkasso, Dokumenten-~ *n.* / documentary collection

Inkasso, Fracht-~ *n.* / collection of freight charges

Inkassoauftrag *m.* / collection order

Inkassogebühr *f.* / collection fee

Inkassospesen *pl.* / collection charges; collection expenses

inklusiv *adv.*; einschließend *adv.* (Ggs. exklusiv; ausschließend) (z.B. dies ist unser Inklusiv- bzw. Pauschalpreis; dieser Preis schließt alles mit ein) / including; inclusive (opp. exclusive) (e.g. this is our all inclusive price)

inkompatibel *adj.* / incompatible

Inkonsistenz *f.* / inconsistency

Inland, Beteiligungen ~ *fpl.* / associated companies domestic; affiliated companies domestic

inländische Steuern *fpl.* / domestic taxation

inländischer Verbrauch *m.* / domestic consumption

Inlandsfertigung *f.* / domestic production

Inlandsmarkt *m.*; Heimatmarkt *m.* / national market; domestic market

Inlandspreis *m.* / domestic price

Inlandsvertrieb / domestic sales

Inlandswert einer Ware / current domestic value

Inneneinsatz *m.* (z.B. ~ eines Gabelstaplers) / indoor use (e.g. ~ of a forc lift truck)

Innenmaße *npl.* / inside measurements

innerbetriebliche Ausbildung *f.* / in-house training

innerbetrieblicher Transport *m.* / in-house transport

innerhalb *adv.* (z.B. 1. Verkauf zwischen unterschiedlichen Bereichen oder externen Firmen; 2. vergleiche 'intra-...') / intra-... (e.g. 1. intra-company sales; 2. compare 'inter-...')

Innovation *f.* / innovation

Innovationsbeschleunigung *f.* / accelerated innovation

Innovationskraft *f.* / innovative strength

Innovationsprozess *m.* / innovation process

Innovationszentrum *n.* / innovation center

inoffiziell *adv.* / off-the-record

Inselfertigung *f.*; Nestfertigung *f.* / group technology manufacturing

Installationsgerät *n.* / installation equipment; installation device

Instandhaltung / maintenance

Instandsetzung / repair

instruieren *v.* / brief

Instruktion *f.* (kurze und knappe Information über relevante Schwerpunkte od. Ereignisse) / briefing

Instrument *n.* / instrument

Instrumente, strategische ~ und Methoden / strategic tools and methods

Integrallösung *f.* (z.B. ~ für logistische Aufgaben) / comprehensive solution (e.g. ~ for logistics problems)

Integration *f.*; Zusammenführung *f.*; Zusammenschluss *m.* (z.B. durch ~ verschiedener Aufgaben) / integration (e.g. through ~ of different tasks, tasks ~)

Integration, horizontale ~; horizontale Kooperation (Zusammenschluss von z.B. Unternehmen, die in der gleichen Stufe der Wertschöpfungskette, entweder als direkte Wettbewerber, oder 'nebeneinander' in benachbarten geografischen und funktionalen Feldern tätig sind; Ggs. siehe 'vertikale Integration') / horizontal integration; horizontal cooperation (opp. see 'vertical integration')

Integration, Logistikketten-~ (Ziel der ~: möglichst hohen Mehrwert erzielen durch kontinuierliche Verbesserung der Beziehungen zwischen dem Unternehmen, seinen Lieferanten und seinen Kunden) / supply chain integration (objective of ~: continuously improving the relationship between the firm, its suppliers, and its customers to ensure the highest added value)

Integration, Prozessketten-~ *f.*; Logistikkettenintegration / process chain integration

Integration, vertikale ~; vertikale Kooperation (Zusammenschluss von z.B. Dienstleistern und Verladern, die in 'nacheinander' angeordneten Stufen der Wertschöpfungskette tätig sind; siehe 'horizontale Integration') / vertical integration; vertical cooperation (opp. see 'horizontal integration')

Integrationstest *m.* / integration test

Integrationsworkshop *m.* (z.B. ~ mit interdisziplinärer Zusammensetzung der Teilnehmer) / integration workshop (e.g. ~ with cross-functional mix of participants)

Integrator *m.* / integrator

integrieren *v.* / integrate

integrierte Betrachtung / holistic approach

integrierte Datenverarbeitung *f.* / integrated data processing

integrierte Produktionsmethode *f.* / integrated production method

integrierter Prozess (z.B. integrierter Prozessansatz im Vgl. zu funktionalem Ansatz) / integrated process (e.g. integrated process approach vs. functional approach)

integrierter Schaltkreis *m.* / integrated circuit

integriertes Fertigungssteuerungssystem *n.* / integrated production control system

integriertes Fertigungssystem *n.* / integrated manufacturing system

intelligent *adj.* / intelligent

inter-... *adv.*; zwischen; wechselseitig; übergreifend (z.B. 1. Verkauf zwischen unterschiedlichen Bereichen oder externen Firmen; 2. vergleiche 'intra-...') / inter-. (e.g. 1. inter-company sales; 2. compare 'intra-...')

interdisziplinär / cross-functional

interdisziplinäres Team (bezieht sich auf ein Team, dessen Mitglieder aufgrund ihrer speziellen Fähigkeiten oder Kenntnisse ausgewählt wurden, aber ebenso als Vertreter ihrer entsprechenden Abteilungen, Standorte oder Bereiche handeln) / cross-functional team (refers to a team whose members are selected for their specific skill or knowledge levels, but who also act as representatives of their respective departments, location, or division)

Interessensgruppe, Vertretung einer ~ / lobby

Interessensverband / association

Interessensvertreter *m.*; Beteiligte *mpl.* (wirtschaftliche, staatliche oder andere gesellschaftliche Gruppen, wie z.B. Aktionäre, Mitarbeiter, Kunden, Lieferanten, die ein Interesse an den Leistungen und am finanziellen Ergebnis eines Unternehmens geltend machen) / stakeholder

Interessent, Kauf-~ *m.* / potential customer

Interimskonto / suspense account

interkulturelles Training *n.* / intercultural training

intermodale Transportkette *f.* / intermodal transport chain

intern, unternehmens-~ *adj.* / in-company

internationale Einfuhrbescheinigung *f.* / international import certificate

Internationale Handelskammer (die Weltorganisation der Wirtschaft); s. auch -> 'Incoterms' / International Chamber of Commerce (ICC: the world business organization)

Internationale Standardisierungs Organisation (ISO) *f.* / International Organization for Standardization (ISO)

internationaler Markt *m.* / international market

internationales Einkaufsbüro *n.* / international procurement office

internationales Geschäft *n.* / international business; international operations

interne Bestellung *f.*; interner Auftrag *m.* / internal order

interne technische Dienste *mpl.* / internal technical services

interner Auftrag / internal order

interner Bedarf / internal requirements

interner Berater / in-house consultant

interner Kunde *m.* / internal customer

interner Lieferant *m.* / internal supplier

internes Berichtswesen *n.* / internal reporting system

Internet *n.* (Definition: vgl. 'Extranet' und 'Intranet' *n.*;) (Aus Anwendersicht alle Daten od. Verfahren, auf die die Öffentlichkeit zugreifen kann; aus technischer Sicht alle über ein bestimmtes Netz-Protokoll - nämlich TCP-IP - erreichbaren Netze, Server und Dienste) / internet (compare: 'extranet' and 'intranet')

Internet Service Provider (ISP) *m.*; Internet-Dienstleister *m.* (Unternehmen, das gegen Entgelt den Internet-Zugang über eigene Netze bietet) / Internet Service Provider (ISP)

Internet, Anschaltung an das ~ / hookup to the Internet

Internet, im ~ stöbern (fam.) / surf the net (coll. AmE)

Internet-Dienstleister *m.* (IT-Unternehmen, das den Zugang zum Internet anbietet) / Internet Service Provider (ISP)

Internet-Protokoll (IP) *n.* / internet protocol (IP)

Internet-Telefonie *f.* (Telefonie über das Internet) / Internet Telephony

intra-... *adv.*; innerhalb *adv.* (z.B. 1. Verbundvertrieb, d.h. innerhalb der Firma, firmenintern; 2. vergleiche 'inter-...') / intra-... (e.g. 1. intra-company sales; 2. compare 'inter-...')

Intranet *n.* (Definition: vgl. 'Extranet' und 'Internet' *n.*;) (Aus Anwendersicht alle Daten od. Verfahren, auf die von internen Mitarbeitern od. Verfahren ohne weiteres zugegriffen werden kann; aus technischer Sicht alle durch eine oder mehrere Firewalls vom Internet abgeschirmten Netze, Server und Dienste im Unternehmen) / intranet (compare: 'extranet' and 'internet')

Inventarumstellung f. (z.B. Austausch von Computern) / inventory change (e.g. exchange of computer equipment)

Inventur f.; Lageraufnahme f.; Bestandsaufnahme f. / inventory; stocktaking

Inventur machen den Lagerbestand aufnehmen / make up an inventory; take stock; take inventory

Inventur, körperliche ~ f. / physical inventory

Inventur, Perioden-~ f. / cyclical inventory count

Inventur, permanente ~ f. / perpetual inventory; continuous inventory

Inventur, Stichtags-~ f. / end-of-period inventory

Inventurarbeiten fpl. / inventory proceedings; stocktaking proceedings

Inventurbuch n. / inventory register

Inventurdifferenz f. / inventory discrepancy

Investition (nach Wirtschaftswert) f. (z.B. ~ für IuK-Ausstattung) / investment (economic value); capital spending; capital expenditure and investment (e.g. ~ on I&C equipment)

Investitionsausschuss m. / capital investment committee

Investitionsgüter npl. / industrial goods; investment goods; capital goods; equipment goods

Investitionsgüterindustrie f. / equipment industry

Investitionsplan m. / investment plan

Investitionsplanung f. / investment planning

IP (Internet Protocol) n. (Datenüber-tragungsverfahren im Internet)

IP-Adresse f. (eindeutig identifizierende und weltweit gültige numerische Adresse eines Rechners im Internet) / IP address (the unique numeric address assigned to a computer on the internet)

IP-Telefonie f. (auf der Grundlage des 'Internet Protokoll'-Standards lassen sich gemeinsam mit der Sprache auch Daten und Video im Intra- bzw. Internet übertragen) / IP-telephony

I-Punkt (ID) m. (z.B. ~ im Lager, an dem die ordnungsmäßige Auslagerung kontrolliert wird) / identification point

Irrtümer und Auslassungen vorbehalten / errors and omissions excepted

IS (Informationssicherheit) f. / information security (IS)

ISDN / Integrated Services Digital Network (ISDN)

ISDN-Teilnehmer m. / ISDN subscriber

ISO (Internationale Standardisierungs Organisation) f. / International Organization for Standardization (ISO)

ISO 9000 (Qualitätsstandard) / ISO 9000 (quality standard)

ISO 9001, zertifiziert nach ~ / certified acc. to ISO 9001

ISO-Referenzmodell n. / ISO reference model

ISP (IT-Unternehmen, das gegen Entgelt den Internet-Zugang über eigene Netze bietet) / ISP (Internet Service Provider)

IST n. (Ggs. SOLL; der englische Begriff 'actual' entspricht nicht dem deutschen Begriff 'aktuell', sondern bedeutet eher 'laufend' oder 'auf neuestem Stand') / actual (opp. target)

IST im Vergleich zum SOLL; IST im Vergleich zum Plan / actual vs. estimated; actual vs. target

Ist-Analyse f. / actual analysis

Ist-Aufnahme f.; Untersuchung von Abläufen f.; Ablaufuntersuchung f. (z.B. werden aktuelle Prozesse in Form einer Grobablaufanalyse untersucht) / scan; scanning (e.g. as a quick ~ actual processes are taken)

Ist-Bestand m. / actual inventory; actual stock

Ist-Daten npl. / actual data

Ist-Gemeinkosten pl. / current overhead costs

Ist-Kapazität f. / actual capacity
Ist-Kosten-Kalkulation f. / actual cost calculation
Ist-Leistung f. / actual performance
Ist-Wert m. / actual value
Ist-Zeit / actual time
IT (Informations-Technologie) f. / information technology (IT)
IT-Infrastruktur f. / IT infrastructure
IT-System (System der Informations-Technologie) n. / IT system (information technology system)
IT-System, Gesamtkosten für die Einführung eines ~s (Gesamtheit aller Kosten, d.h. nicht nur für Erwerb oder Lizensierung, sondern auch Zusatz- oder Folgekosten, wie z.B. System-Analysen und -Anpassungen, Training und Qualifizierung, Versions-Änderungen und -Upgrades, Speichererweiterungen, etc.) / total cost of ownership
IuK (Information und Kommunikation) / information and communication (I&C)
IuK-Aktivitäten fpl. / I&C activities
IuK-Anwendung f. / I&C application
IuK-Arbeit f. / I&C operations
IuK-Architektur f. / I&C architecture
IuK-Bedarf m. / I&C needs; I&C requirements
IuK-Berichterstattung f. / I&C report
IuK-Dienste m. / I&C services
IuK-Durchdringung f. / I&C penetration
IuK-Ebene f. / I&C level
IuK-Eckdaten npl. / I&C key figures
IuK-Einsatz m.; IuK-Anwendung f. / I&C application
IuK-Geschäftsauftrag m. / I&C business mandate
IuK-Infrastruktur f. / I&C infrastructure
IuK-Infrastruktur, durchgängige ~ f. / integrated I&C infrastructure
IuK-Investitionsplanung f. / I&C investment planning
IuK-Kommission f. / I&C commission

IuK-Kosten pl. / I&C costs; I&C expenditures; I&C expenses
IuK-Leistung f. / I&C performance
IuK-Leiter (CIO) (Leiter 'Information und Kommunikation'; IuK) / CIO (Chief Information Officer) (head of 'information and communication'; I&C)
IuK-Plattform f. / I&C platform
IuK-Systeme npl. (z.B. anforderungsgerechte IuK-Systeme) / I&C systems (e.g. I&C systems that meet the requirements)
IuK-Technik f. / I&C technology

J

Jahr 2000 Problem n. / y2k problem
Jahresabschluss m. / year-end results; year-end financial statement
Jahresauflauf (zum Heutezeitpunkt) / year-to-date (ytd) (achieved until today)
Jahresbedarf m. / yearly requirements
Jahresbericht m. / annual report
Jahresinventur f. / annual inventory take; annual stock take
Jahresprogramm n. / annual program
Jahresprüfung f. / annual review
Jahresüberschuss / net earnings (e.g. of the fiscal year)
Jahresverbrauch m. / usage per year
Jahresverbrauch, voraussichtlicher ~ / projected usage per year
Jahreszahlung f. / annual payment
jahreszeitliche Schwankungen / seasonal variations
jährlich adj. / annual; yearly
jährliche Abrechnung f. / yearly clearing
jährlicher Verbrauch m. / annual usage
Java (objektorientierte Programmier-sprache zur Gestaltung von -> WEB-Seiten) / Java

Job-Verwendbarkeit f.; Beschäftigungs-Fähigkeit f.; Arbeitsfähigkeit f. (i.S.v. Erhaltung der Arbeitsmarktfähigkeit der Arbeitnehmer) / employability

just-in-time (JIT) / just-in-time (JIT)

just-in-time Lieferung f.; wartezeitfreie Lieferung f. (z.B. für ~ An- bzw. Ausieferung) / just-in-time delivery (e.g. ~ for inbound- or outbound delivery)

JVM (Java Virtuelle Maschine) (individuelles Programm als Teil aller Browser, das in die Sprache des jeweiligen Computers übersetzt) / JVM (Java Virtual Machine) (individual program that is part of all browsers to translate into the computer's specific language)

K

Kabel n. / cable

Kabelanlage f. / cable system

Kabotage f. (Ausschluss ausländischer Speditionsunternehmen für den Binnentransport) / cabotage

Kai m. / quay

Kaizen (s. Kontinuierlicher Verbesserungs Prozess) (KVP) / Kaizen (s. Continuous Improvement Process) (CIP)

Kalenderdatum n. / calendar date

Kalibrierdienst m. / calibration service

Kalkulation f. / calculation

Kalkulationsart f. / calculation method

Kalkulationsartenkennzeichen n. / cost calculation type code

Kalkulationsblatt n.; Tabellenkalkulation f. / spreadsheet; spreadsheet calculation

Kalkulationszeitpunkt m. / calculation time

kalkulatorische Abschreibung f. / cost accounting depreciation; imputed depreciation

kalkulatorische Kosten pl. / imputed costs

kalkulatorische Zinsen mpl. / costed interest

kalkulieren v. / calculate

Kanal m. (z.B. Vertriebs-~) / channel (e.g. distribution ~)

Kanban (-System) (Japanische Fertigungsmethode nach dem Ziehprinzip) / Kanban (system)

Kannfeld n. / optional field

Kannkapazität / normal capacity

Kante f.; Grat m.; Rand m.; Vorsprung m. (z.B. ~ des Containers) / edge (e.g. ~ of the container)

Kapazität f. / capacity

Kapazität des Lagers; Lagerkapazität f. / warehouse storage capacity

Kapazität des Lagers, genutzte ~; genutzte Lagerkapazität; Lagerbelegung f.; Belegung des Lagers / warehouse occupancy; effectively used warehouse capacity

Kapazität, belegte ~ f. / utilized capacity

Kapazität, freie ~ / available capacity

Kapazität, geplante ~ f. / planned capacity

Kapazität, geschätzte ~ f. / estimated capacity

Kapazität, Lade-~ f. / cargo capacity

Kapazität, überschüssige ~ f. / excess capacity

Kapazität, unendliche ~ / infinite capacity

Kapazität, verfügbare ~ f.; freie Kapazität f. / available capacity; spare capacity

Kapazitätsabgleich m. / capacity alignment; capacity levelling

Kapazitätsausgleich m. / capacity adjustment

Kapazitätsausgleichsrechnung f. / capacity levelling calculation

Kapazitätsauslastung *f.* / capacity utilization

Kapazitätsbedarf *m.* / capacity requirements

Kapazitätsbedarfsliste *f.* / capacity requirements list

Kapazitätsbedarfsplanung *f.* / capacity requirements planning

Kapazitätsbelastung *f.* / capacity load

Kapazitätsbelastungsrechnung *f.* / capacity load calculation

Kapazitätsbelastungsübersicht *f.* / capacity load overview

Kapazitätsbelegungsplan *m.* / capacity load plan

Kapazitätsbestand *m.* / capacity stock

Kapazitätseinlastung *f.* / dispatching of capacity

Kapazitätsengpass *m.* / capacity bottleneck

Kapazitätsentlastung *f.* / capacity load reduction

Kapazitätsfeinplanung *f.* / finite capacity planning

Kapazitätsgrobplanung *f.* / rough-cut capacity planning

Kapazitätsliste *f.* / capacity list

Kapazitätsplanung *f.* / capacity planning

Kapazitätsprognose / load forecast

Kapazitätsrechnung *f.* / capacity calculation

Kapazitätsreserve *f.* / spare capacity

Kapazitätssprung *m.* / capacity increment

Kapazitätssteuerung *f.* / capacity control

Kapazitätsterminierung *f.* / capacity scheduling

Kapazitätsverwaltung *f.* / capacity management

Kapazitätsverwendungsnachweisliste *m.* / capacity where-used list

Kapital, bedingtes ~ *n.* / conditional capital

Kapital, eingesetztes ~ *n.* / capital employed

Kapital, gebundenes ~ *n.* / tied up capital

Kapital, geistiges ~ *n.*(die Mitarbeiterressourcen einer Firma: Fähigkeiten, Zeit, Anstrengungen und Wissen) / intellectual capital (the employees as human resources of a company: skills, time, effort and know how)

Kapital, genehmigtes ~ *n.* / authorized capital

Kapital, totes ~ *n.* / idle capital

Kapitalanlage *f.* / capital investment

Kapitalbedarf *m.* / cash requirements

Kapitalbedarfsdatum *n.* / cash requirements date

Kapitalbindung, hohe ~ *f.* / extended capital tied-up

Kapitalbindungskosten *pl.* / capital tied up costs

Kapitalbindungsnachweis *m.* / capital tied-up list

kapitalintensiv *adj.* / capital-intensive

kapitalisieren / activate

Kapitalkosten *pl.* / capital cost

Kapitalnutzung *f.*; Geldnutzung *f.* / cash utilization

Karossenlager *n.* / warehouse for automobile bodies

Karosserie *f.* / bodywork

Karosserie~, Auto- *f.* / auto body; body

Karriereentwicklung *f.* / career pathing

Karriereschritt *m.* / career step

Kartell *n.* / cartel

Kartellrecht *n.* / cartel law; antitrust law

Karteninhaber (Kreditkarte) *m.* / cardholder (credit card)

Kartennummer *f.* / card number

Karton *m.*; Schachtel *f.* / carton

Kartonagenlager *n.* / packing material inventory

Kartons, Durchlaufregal für ~ / carton flow rack

Karussell *n.* (Materialhandlings-System im Lager zur besseren Flächennutzung) / carousel (material handling system in warehouses for a better utilization of space)

Kassageschäft *n.* / cash transaction; spot sale

Kassamarkt *m.* (Verkauf gegen Sofortkasse) / spot market

Kassapreis *m.* / spot price; spot rate

Kasse, Laden-~ *f.* / cash register

Kassenbeleg *m.* / sales slip

Kassenbericht *m.* / cash report

Kassenbestand *m.* / cash on hand

Kassenmittel *pl.* / cash resources

Kassenterminal / POS (point of sales) terminal

Kassenzettel *m.* / receipt

Kassierer *m.* / cashier

Kastenanhänger *m.* / box trailer

Katalog *m.* / catalogue

Katalysator *m.* (z.B. 3-Wege-~) / catalyzer (e.g. 3-way ~)

Kategorie *f.*; Gruppe *f.*; Klasse *f.* / category

Kauf *m.* (z.B. ein guter ~) / buy (coll. AmE: e.g. a good ~)

Kauf auf Probe *m.* / purchase on acceptance

Kauf eines Unternehmens / buyout

Kauf, Massen-~ *m.* / bulk buying

Kauf, Raten-~ *m.* / installment purchase

kaufen, auf Ziel ~ *v.* / buy on credit

kaufen, große Mengen ~ *v.* / buy in bulk

Kaufentscheidung *f.* / decision to buy; purchase decision

Käufer / buyer

Käufermarkt *m.* / buyers market

Kaufhaus *n.*; Warenhaus *n.* / department store

Kaufinteressent *m.* / potential customer

Kaufkraft *f.* / purchasing power

Kaufkraftberichtigung *f.*; Kaufkraft-Anpassung *f.* / adjustment of purchasing power

Kaufmann, der ~ *m.* (z.B. Leiter der kaufmännischen Abteilung) / the "Kaufmann" (e.g. head of the department 'finance and business administration': no specific eqivalent in English)

kaufmännisch *adj.* / commercial

kaufmännische Abteilung *f.* / commercial department; financial services; finance and business administration

kaufmännische Aufgaben *fpl.* / business administration

kaufmännische Ausbildung *f.* / commercial training

kaufmännische Bildung *f.*; kaufmännische Weiterbildung *f.* / commercial education

kaufmännische Funktion *f.* / commercial function

kaufmännische Grundsatzaufgaben *fpl.* / fundamental commercial functions

kaufmännische Leitung *f.* (z.B. ~ einer regionalen Einheit) / commercial management (e.g. ~ of a regional unit)

kaufmännische Mitarbeiter *mpl.* / commercial staff

kaufmännische Vertriebsaufgaben *fpl.* / commercial sales functions

kaufmännische Weiterbildung / commercial education

kaufmännischer Bereich *m.* / commercial ~ sector

kaufmännisches Controlling / controlling

Kaufpreis / purchase price

Kaufteil *n.* / puchase part; purchased item

Kauftypen *mpl.* / types of purchasing

Kaufverpflichtung *f.*; Verpflichtung zum Kauf; Abnahmeverpflichtung *f.* / obligation to buy

Kaufvertrag *m.* / sales contract; purchase contract

Kaution / security

Kehrtwendung *f.* (z.B. Geschäftsergebnis von rot nach schwarz) / turnaround (e.g. business result from red ink to black)

kennenlernen *v.;* vorstellen *v.* (z.B. 1. Jack, ich hätte gerne, dass Sie Herrn Peter Fischer kennenlernen *bzw.:* Jack, ich möchte Ihnen gerne Herrn Peter Fischer vorstellen; 2. sehr erfreut, Sie kennenzulernen) / meet (e.g. 1. I would like you to ~ Mr. Peter Fischer; 2. pleased to ~ you)

Kenngröße *f.* / characteristic

Kenntnis *f.* (z.B. profunde ~ der Geschäftspraxis) / knowledge (e.g. excellent ~ of business practices)

Kennzahl *f.* / key figure; reference number; characteristic number

Kennzahlen *fpl.* (Maßstäbe als Messungen, z.B. bei Produktionskosten, Durchlaufzeit, Gemeinkosten, Verkaufspreisen, etc.) / key data; metrics (standards of measurement e.g. in areas such as production costs, cycle time, overhead costs, retail prices, etc.)

Kennzahlen, logistische ~; logistische Messgrößen (z.B. Servicegrad, Durchlaufzeit, Bestand, Kosten) / logistics metrics (e.g. fill rate, cycle time, inventory, cost)

Kennzahlensystem *n.* / performance measurement system

Kennzeichen niedrigste Dispositionsstufe / low-level code

kennzeichnen *v.* / mark

Kennziffer für externe Priorität / external priority code

keramisches Bauelement *n.* / ceramic component

Kerngeschäft *n.;* Hauptgeschäft *n.;* Schlüsselgeschäft *n.* / core business

Kernkompetenz *f.;* Schlüsselfähigkeit *f.;* Kern-Know-how *n.* / core competency

Kernkraftwerk *n.* / nuclear power plant

Kernnetz *n.* / core network

Kernprozess *m.* / core process

Kernteam *n.* / core team

Kette *f.* (z.B. die Glieder einer ~) / chain (e.g. the links of a ~)

Kette *f.*; Lieferkette *f.* / chain; supply chain

Kette, Herstellungs-~ *f.* (z.B. das letzte Glied in der ~ ist die Versandabteilung) / production chain (e.g. the final link in the ~ is packing and dispatch)

Kette, intermodale Transport-~ *f.* / intermodal transport chain

Kettenanfang *m.* (z.B. *Anfang* einer Wertschöpfungskette, d.h. Angebotsbearbeitung) / front end

Kettenende *n.* (z.B. *Ende* einer Wertschöpfungskette, d.h. Distribution) / back end

Kettenlaufzeit *f.* (z.B. gesamte Fertigungsdurchlaufzeit) / cumulative lead time (e.g. total production lead time)

Kettenpufferzeit *f.* / chain buffer time

Kippsorter (Umlaufsystem aus Kästen oder Paletten, die an bestimmten Stellen kippen, um die transportierten Produkte in unterschiedliche bereitgestellte Container oder auf Richtungsrutschen abzuladen) / tilt-tray sorter (mechanism of moving boxes or trays that tilt on certain positions to deliver the products carried into container or onto distinctive chutes)

Kiste *f.;* Behälter *m.* / tray

Kistenentnahmen, Durchlaufregal für ~; Durchlaufregal für Behälterentnahmen / case pick flow rack

Klage *f.;* Gerichtsverfahren *n.* (~ ist anstehend) / lawsuit (~ is pending)

Klage, Schadensersatz-~ *f.* / lawsuit for damages; action for damages

Kläger *m.* / plaintiff

klar *adj.*; entscheidend *adj.*; wesentlich *adj.*; deutlich *adj.* (z.B. ein ~er Wettbewerbsvorteil) / distinctive (e.g. a ~ competitive advantage)

klarmachen, sich ~ / realize

Klarsichtpackung f. / transparent pack

Klasse f.; Kategorie f.; Gruppe f. / category

klassifizieren v. / classify

Klassifizierung f.; Gliederung f. / classification

Klassifizierung und Codierung / classification and coding

Klausel / term; provision

Kleiderordnung f. (z.B. Geschäftstermin: formale bzw. geschäftsmäßige Kleidung) / dress code (e.g. business meeting: dress code is business formal)

Kleidung, passende ~ (z.B. die ~ während des Meetings ist salopp) / appropriate attire (e.g. during the meeting, ~ is business casual)

Klein- und Mittelstands-Unternehmen (KMU) mpl. / small and medium sized enterprises (SME)

Kleinbetrieb m. / small-scale operation

Kleinpalette (Schale) f.; Ablagekorb m.(Büro); Tablett n.; Tablar n. / tray

Kleinserie f. / small-sized production

Kleinteile npl. / small components

Kleinteilelager n. / small components warehouse

Kleinunternehmen n. / small enterprise

Klimaanlage f. / air condition (AC)

Klimaanlage, LKW-~ f. / truck AC

Klimasystem n. / air conditioning system

knapp adv. (z.B. ~ bei Kasse; ~ an Material) / short (e.g. ~ of cash; ~ of material)

knapp sein v.; auslaufen v.; ausgehen v. (z.B. Material geht aus) / run short; run out (e.g. ~ of material)

Knopfdruck, per ~ m. / by push button

Knoten m. / node

Know-how n.; Sachkenntnis f.; Fachwissen n.; Erfahrung f. / know-how

Koexistenz f. / co-existence

Kolben m. / piston

Kollege (guter) ~ m.; Kumpel m. / buddy (coll. AmE)

Kollege m. / colleague; peer

Kollegen, Druck von ~ m.; sozialer Druck m. / peer pressure

Kolliliste f.; Packliste f. / packing list

Kollispezifikation f. / weights & measurements

Kollo n.; Packstück n. / package

Kombinationstechnik f. / combined technology

Kommentar m. (z.B. gibt es irgendwelche Kommentare, Fragen oder Bemerkungen zu dieser Präsentation?) / thought; comment (e.g. are there any comments, thoughts or remarks on this presentation?)

Kommission f. / commission

Kommission f.; Frachtgutsendung f.; Sendung f.; Konsignation f. / consignment

Kommissionierbereich m. (z.B. im ~ werden Konfigurationen papierlos zusammengestellt) / kitting station (e.g. in the ~ kits are composed without any paperwork)

Kommissionierbereich m. / order collection area

kommissionieren v. (z.B. ~ von Einzelaufträgen zu einem Gesamtauftrag) / batch (e.g. ~ orders to a complete order)

kommissionieren v. / order picking; picking; pick

Kommissioniergerät n. / order picker device

Kommissionierlager n. / order picking warehouse

Kommissionierpersonal n. / order collectors

Kommissionierung f. / picking; order picking

Kommissionierung f.; Auftragszusammenstellung f. / commissioning; consignment

Kommissionsware *f.* / consignment goods

Kommune *f.*; Kommunalverwaltung *f.* / local authority

Kommunikation *f.* / communication

Kommunikation, lokale ~ *f.* / local communication

Kommunikation, offene ~ *f.* / open communication

Kommunikationsanlage *f.* / telecommunications system

Kommunikationsanwendung *f.* / communications application

Kommunikationsart *f.* / communications type

Kommunikationsbedarf *m.* / communications needs

Kommunikationsberater *m.* / communications engineer

Kommunikationsbus / communications bus

Kommunikationsdienst *m.* / communications service

Kommunikationsendgerät *n.* / communication terminal

Kommunikationsfachmann *m.* / communications expert

Kommunikationsgeschehen *n.* / communications process

Kommunikationsleistung *f.* / communications performance

Kommunikationsnetz *n.* / communications network

Kommunikationsordnung (KO) *f.* / Communications Policy (CP)

Kommunikationspartner *m.* / communications partner

Kommunikationsprotokoll, einheitliches ~ *n.* / uniform communications protocol

Kommunikationssatellit *m.* / communications satellite

Kommunikationsschiene *f.* / communications path

Kommunikationstechnologie *f.* / communications technology

Kommunikationsweg *m.* / communication channel

Kompaktiereinrichtung *f.* (z.B. ~ für leere Kartons) / compaction system (e.g. ~ for emtied cartons)

Kompaktlager *n.* / compact warehouse

kompatibel *adj.*; vereinbar *adj.* (~ mit) / compatible; consistent (~ with)

Kompatibilität *f.*; Portabilität *f.* (d.h. Austauschbarkeit) / compatibility; portability (i.e. interchangeability)

Kompensationsgeschäft *n.* / barter trade

kompensieren *v.*; ausgleichen *v.* / compensate

Kompetenz *f.* / competence.; Aufgabengebiet *n*

Kompetenz, Fach-~ *f.* / technical competence; professional competence

Kompetenz, fachliche ~ *f.* / technical competence; professional competence

Kompetenz, Sozial-~ *f.* / social competence

Kompetenz, Systemauswahl-~ *f.* / competence in system selection

Kompetenz, Systemintegrations-~ *f.* / competence in systems integration

Kompetenz, Wirtschaftlichkeit durch ~ (bezieht sich auf: ... Mitarbeiter-Fähigkeiten, ... -Unternehmergeist, ... -Training und -Motivation, ... Innovation) (z.B. Wirtschaftlichkeit durch geschäfts- und zielorientiertes Training von Management und Mitarbeitern) / economies of competence (relates to: ... employees' skills, ... entrepreneurial spirit, ...training and motivation, ... innovation, ...) (e.g. economics through business- and goal-oriented training of management and staff)

Kompetenzen, Suche nach ~ (z.B. ~ von Fachkräften mit Kenntnissen auf dem Gebiet des SCM) / call for competencies (e.g. ~ for professionals with know-how in the field of supply chain management)

Kompetenzzentrum *n.* / competence center (CC); center of competence

Kompetenzzentrum, Logistik-~ *n.* / logistics competence center

Komplettauftragslieferung *f.* (d.h. keine Teillieferungen) / complete order delivery (i.e. no partial deliveries)

Komplettladung *f.* (Ggs. Stückgut; Teilladung) / complete load; full load (opp. partial load, e.g. less than carload)

Komplettlösung *f.* / complete approach

komplex *adj.*; verwickelt *adj.*; verworren *adj.* (z.B. eine ~e Situation) / complex (e.g. a ~ situation)

Komplexität *f.*; Kompliziertheit *f.* / complexity

Komplexitätsmatrix *f.* / complexity matrix

Kompliziertheit / complexity

Komponente *f.*; Bauteil *n.* / component

Komponentenlager *n.*; Baugruppenlager *n.* / component store

Kompressor *m.* / compressor

Kompromiss *m.*; Tausch *m.*; Tradeoff *m.* (z.B. der ~ bestand darin, ab jetzt einen 24 Stunden Lieferservice auf Kosten etwas höherer Liefergebühren zu garantieren) / tradeoff; trade-off (e.g. the ~ was to guarantee from now on a 24 hour delivery service by slightly increasing delivery costs)

Kondensator *m.* / capacitor

Kondition *f.* / condition

Konferenz *f.* / conference

Konfiguration *f.*; Zusammenstellung *f.* (z.B. ~ eines Auftrages) / configuration (e.g. ~ of an order)

Konfigurations- und Schnittstellenmanagement *n.* / configuration and interface management

Konfigurationsmanagement *n.* / configuration management

Konformität *f.* / conformity

Kongress *m.* / congress; convention

Konjunkturflaute *f.*; Flaute *f.* / slump; slow-down (in economic activity)

Konjunkturschwankung *f.* / cyclical variation

Konjunkturzyklus *m.* / trade cycle

Konkurrent *m.*; Wettbewerber *m.*; Mitbewerber *m.* / competitor

Konkurrenz (z.B. die ~ nimmt zu) / competition (e.g. the ~ intensifies)

konkurrenzfähig *adj.* / competitive

Konkurrenzvorhaben *n.* / competitors' activities; competitors' projects

konkurrieren *v.* / compete

Konkurs *m.* (z.B. ~ erklären) / bankruptcy (e.g. file for ~)

Können *n.* (das ~ unserer Mitarbeiter) / skills and abilities; capabilities; potential *pl.* (~ of our people)

Konnossement *n.*; Frachtbrief *m.*; Ladeschein *m.* / bill of lading

Konnossement, durch ~ *n.* / through bill of lading

Konnossement, reines ~ *n.* / clean bill of lading

Konossement, Import-~ *n.* / import bill of lading

Konsignatär (Warenempfänger) *m.* / consignee

Konsignation / consignment

Konsignationslager *n.* / store for unpaid supply items; stock on commission; consignment stock; consignment store

Konsignationsware *f.* / goods on consignment

Konsolidierungskonzept *n.* / consolidation concept

Konsolidierungsstelle *f.*; Bündelungspunkt *m.* / consolidation point

Konsortium *n.* (z.B. Vereinigung der am 'Integrated Supply Chain Management Program' des Massachusetts Institute of Technology (MIT) beteiligten Firmen) / consortium (e.g. consortium of the companies of the 'Integrated Supply Chain Management Program' of the Massachusetts Institute of Technology (MIT))

konstruieren *v.* / design; engineer
Konstruieren, paralleles ~; simultane Arbeit *f.* (d.h. paralleles oder überlapptes und nicht sequentielles Konstruieren) / simultaneous engineering (SE); concurrent engineering (i.e. parallel or overlapped, not sequential engineering)
Konstrukteur *m.*; Entwicklungsingenieur *m.* / designer; design engineer
Konstruktion (Abteilung) *f.*; technische Planung *f.* / engineering (department)
Konstruktion (Zeichnung) *f.* / design
Konstruktion *f.*; Aufbau *m.* (z.B. 1. die Straße ist im Bau; 2. der Satzaufbau (die Satzkonstruktion) des Artikels ist sehr wortgewaltig) / construction (e.g. 1. the road is under ~; 2. the ~ of the article is very powerful)
Konstruktion, computerunterstützte ~ / Computer Aided Engineering (CAE)
Konstruktionsänderung *f.* / design change; technical alteration
Konstruktionsänderungsantrag *m.* / engineering change application
Konstruktionsbüro *n.*; technische Abteilung *f.* / engineering department
Konstruktionsnummer *f.* / construction number; design number
Konstruktionsstückliste *f.* / construction bill of material; design parts list
Konsulatsfaktura *f.* / consular invoice
Konsulatsgebühr *f.* / consular charge; consular fee
Konsulatsvorschrift *f.* / consular regulation
Konsumgüter *npl.*; Verbrauchsgüter *npl.* (Ggs. Gebrauchsgüter, dauerhaft haltbare, langlebige Güter) / consumer goods; non-durables; non-durable goods (opp. durables; durable goods)
Kontaktpflege im Betrieb *f.* / human relations
Kontaktstelle *f.* / liaison services

kontinuierlich *adj.*; fortlaufend *adj.*; ständig *adj.*; dauernd *adj.* / continuous
kontinuierliche Verbesserung *f.*; ständige Verbesserung *f.* / continuous improvement
Kontinuierlicher Verbesserungs-Prozess (KVP) *m.* / continuous improvement process (CIP)
Konto belasten / charge an account
Konto, Bank-~ *n.* / bank account
Konto, Giro-~ *n.* / deposits account
Konto, personenbezogenes ~ *n.* / personal account
Konto, Sach-~ *n.* / impersonal account
Konto, Spar-~ *n.* / savings account
Kontoabschluss *m.* / closing of an account
Kontoauszug *m.* (z.B. ~ des Bankkontos) / account statement (e.g. ~ of the bank account)
Konto-Belastung *f.* (z.B. Belastung eines Kontos) / charge; debit (e.g. the charge of an an account; the debit of an an account)
Kontoeröffnung *f.* / opening of an account
Kontonummer *f.* / account number
Kontrakt / contract
kontraproduktiv *adj.* (Ggs. produktiv) / counterproductive (opp. productive)
Kontrolle / inspection
Kontrolle des Ablaufverhaltens / performance measurement
Kontrolle, außer ~ geraten / get out of control
Kontrolle, Devisen-~ *f.* / exchange control
kontrollieren / control; supervise
Kontrollmethode *f.* / testing method; control method
Kontrollpflicht *f.* / control duty
Konvention *f.* / convention
Konventionalstrafe *f.* / contract penalty; liquidated damages

konventionelles System n.; herkömmliches System n. / conventional system

Konzentration der Rechenzentren / concentration of data centers

konzentrieren v. (z.B. sich auf etwas ~) / focus (e.g. to ~ on something)

Konzept n.; Begriff m. / concept

Konzept der Ganzheitlichkeit n. / holistic concept

Konzept, SOLL-~ n. / rated concept; reference concept

Konzern m. / company; corporation; concern

Konzernabschluss m. / consolidated financial statements

Konzerngewinn m. / consolidated net income

Konzernlogistik / corporate logistics

Konzession / license

konzipieren v.; Plan entwickeln; Konzept entwickeln / develop a plan

Kooperation f.; Zusammenarbeit (allgemein) f.; Zusammenwirken n. (z.B. 1. effektiveres Zusammenspiel von Funktionen durch verbesserte Kooperation aller in der Lieferkette beteiligten Mitarbeiter; 2. Zusammenarbeit und Partnerschaft mit Lieferanten) / cooperation; alliance; joint operating (e.g. 1. more effective integration of functions through improved cooperation of all employees involved in the supply chain; 2. cooperation and alliances with suppliers)

Kooperation, horizontale ~; horizontale Integration (Zusammenschluss von z.B. Unternehmen, die in der gleichen Stufe der Wertschöpfungskette, entweder als direkte Wettbewerber, oder 'nebeneinander' in benachbarten geografischen und funktionalen Feldern tätig sind; Ggs. siehe 'vertikale Integration') / horizontal cooperation;

horizontal integration (opp. see 'vertical integration')

Kooperation, vertikale ~; vertikale Integration (Zusammenschluss von z.B. Dienstleistern und Verladern, die in 'nacheinander' angeordneten Stufen der Wertschöpfungskette tätig sind; Ggs. siehe 'horizontale Integration') / vertical cooperation ; vertical integration (opp. see 'horizontal integration')

Kooperationsstrategie f. / cooperation strategy

Kooperationsvereinbarung f. / cooperation agreement

Koordination f. / coordination

Koordinator, Prozess-~ m.; Logistikketten-Koordinator m. / supply chain coordinator

Koordinierungsaufgabe, übergreifende ~ f. / multi-disciplinary coordination task

Kopfzahl (Anzahl von Mitarbeitern) f. / headcount; number of people; payroll number

koppeln v. (z.B. die Daten sind online miteinander gekoppelt) / couple (e.g. the data are coupled on-line)

Koppelnetz n. / switching network

Koppelprodukt n. / joint product

Kopplungsfähigkeit f. / linkage capability

Kopplungsgeschäft n. / tie-in sale

körperlich adj. (z.B. System zur ~en Bewegung von Produkten) / physical (e.g. system for the ~ movement of products)

körperlich belastender Arbeitsschritt m. / taxing operation

körperliche Inventur f.; körperliche Bestandsaufnahme f. / physical inventory

körperliche Schwerarbeit f. / physical exertion

körperlicher Bestand / stock on hand

körperlicher Lagerbestand / physical stock

Korrektur f.; Abstimmung f. (z.B. ~ an der Fehlerquelle) / correction (e.g. ~ at the source)

Korrekturstation f.; Korrekturplatz m. / rectification station

korrigieren (z.B. das Bankkonto ~) / reconcile (e.g. ~ the bank account)

Kosten pl.; Kostenaufwand m.; Ausgaben fpl.; Aufwand (Kosten) m. / costs; expenses; charges; expenditure

kosten v. / cost

Kosten der Betriebsbereitschaft / standby operating costs

Kosten der Kommunikations-verbindung pl. (Leitungskosten) / costs of communications link (line cost)

Kosten der ungenutzten Kapazität / idle capacity costs

Kosten des laufenden Geschäftes / overhead costs

Kosten für technische Planung und Bearbeitung f. / engineering costs

Kosten für Treibstoff; Treibstoffkosten pl. / fuel costs

Kosten für Wartung; Wartungskosten pl. / maintenance costs

Kosten nach Arbeitsinhalt pl. / expenses by work category

Kosten nach Kostenarten pl. / expenses by type of costs

Kosten per Einheit / costs per piece

Kosten reduzieren / cut cost

Kosten und Fracht (Definition des 'Incoterms' siehe CFR) / Cost and Freight (definition of the 'incoterm' see CFR)

Kosten verrechnen v. / allocate costs; transfer costs

Kosten, auf ~ und Gefahr von ... / on account and risk of ...

Kosten, beeinflussbare ~ pl. / influencable costs; variable costs

Kosten, Fabrikations-~ / manufacturing costs; production costs

Kosten, Gebrauchs-~ / user costs

Kosten, Handlungs-~ / overhead expenses

Kosten, indirekte ~ pl. / indirect costs

Kosten, kalkulatorische ~ pl. / imputed costs

Kosten, laufende ~ pl. / running costs

Kosten, Neben-~ pl. / incidentals; charges

Kosten, Offenlegung der ~ (z.B. ~ in einer unternehmens-übergreifenden Partnerschaft) / open cost book (e.g. ~ in inter-company partnering)

Kosten, Planungs-~ pl. / planning costs

Kosten, Qualitäts-~ pl. / quality costs

Kosten, überflüssige ~ (z.B. ~ durch Geldverschwendung) / redundant costs (e.g. ~ through waste of money)

Kosten, variable ~ pl. / variable costs

Kosten, Versicherung, Fracht (Definition des 'Incoterms' siehe CIF) / Cost, Insurance and Freight (definition of the 'incoterm' see CIF)

Kosten, Versicherung, Fracht, Provision (cif&c) / cost, insurance, freight, commission

Kosten, Versicherung, Fracht, Provision, Zinsen (cifci) / cost, insurance, freight, commission, interest

Kosten, Versicherung, Fracht, Zinsen (cif&i) / cost, insurance, freight, interest

Kosten, Warte-~ pl. / cost of waiting time

Kosten, Wiedereinlagerungs-~ pl. / recurring storage costs

Kostenabweichung f. / cost variance

Kostenanalyse f.; betriebswirtschaftliche Auswertung f. / cost analysis

Kostenanforderungen fpl. / cost requirements

Kostenart f. / type of costs

Kostenaufstellung f. / cost account

Kostenaufwand / costs

Kostenbericht m. / cost report

kostenbestimmte Ausführung; kostenbewusste Gestaltung / design-to-cost

Kostenbewusstsein n. / cost consciousness
Kostenbezug m. / cost reference
Kostenblock m. / cost pool
Kostendeckung f. / cost coverage
Kostendruck m. / cost pressure
Kosteneinzelnachweis m. / cost itemization
Kostenerstattung f. / reimbursement of expenses
Kostenfaktor m. / cost element
Kostenführerschaft f. / cost leadership
kostengünstig adj.; billig adj. (z.B. Billigausgabe, d.h. ~e Version eines Produktes) / low-cost (e.g. ~ version of a product)
Kostenkalkulation f. / cost calculation
kostenlos adv.; gratis adv.; umsonst adv.; gebührenfrei adv. / free of charge
kostenloser Prospekt m. / complimentary copy
Kostenoptimierung f. / cost optimization
Kostenplan m. / cost plan
Kostenplanung f. / cost planning
Kostenposition f. / cost position
Kostenrechnung f. / cost accounting
Kostenrechnung, Produkt-~ f. / product costing
Kostenreduzierung f. / cost reduction; cost cutting
Kostensammler m. / cost collector
Kostensatz m. / cost rate
Kostenschätzung f. / cost estimation
Kostensenkungsprogramm n. / cost reduction program
Kostenstelle f. / cost center
Kostenstelle, abgebende ~ f. / sender cost center
Kostenstelle, empfangende ~ f. / receiver cost center
Kostenstelle, federführende ~ / responsible cost center
Kostenstelle, übergeordnete ~ f. / superior cost center

Kostenstelle, verantwortliche ~ f.; federführende Kostenstelle f. / responsible cost center
Kostenstellengliederung (nach Abteilungen) f. / departmentalization of costs
Kostenstellennummer f. / cost center number
Kostenstellenplan m. / cost center plan
Kostenstruktur f. (z.B. ~ aus Sicht der Prozesse) / cost structure (e.g. ~ from the process perspective)
Kostenstrukturanalyse (KSA) f. / cost structure analysis (CSA)
Kostenstundensatz m. / hourly rate (costs)
Kostenteilung f.; anteilmäßige Kostenumlage f. / cost apportionment; cost allocation
Kostenträger m. / cost unit; cost object
Kostenübersicht / breakdown of costs
Kostenüberwachung f. / controlling of costs; cost control
Kostenumlage / cost allocation
Kostenvergleich m. / cost comparison
Kostenvermeidung f. / cost avoidance
Kostenverteilung f.; Kostenumlage f.; Kostenzuordnung f. / cost allocation
Kostenvoranschlag m. / cost estimate
Kostenvorteil m. / cost advantage
Kostenweiterverrechnung f. / cost transfer
kostenwirksam adj. / cost-effective
Kostenzuordnung f. / cost allocation
KOZ (Kürzeste Operationszeit-Regel: Methode zur Reihenfolgeplanung: Arbeitsgang mit kürzester Bearbeitungszeit wird zuerst eingeplant) f. / shortest processing time rule (SPT)
Kraft, treibende ~ f. / compelling needs pl.
Kraftfahrzeugelektronik f. / vehicle electronics
Kraftstoffverbrauch m. / fuel consumption

Kraftwerk *n.* (z.B. fossil befeuertes ~) / power station; power plant (e.g. fossil-fuelled ~)

Krananlage *f.* / crane installation

Krankenversicherung *f.* / health insurance

Kredit *m.*; Darlehen *n.*, Ausleihung *f.*; Anleihe *f.* / loan

Kreditkarte *f.* / credit card

Kreditkarte, bar oder per ~ bezahlen *v.* / pay cash or credit

Kreditorenkonto *n.*; Gläubigerkonto *n.* / creditor account

Kreditprüfung *f.* / credit check; credit investigation

Kreisdarstellung *f.* / pie chart diagram

Kriterium *n.* (*pl.* Kriterien) / criterion (*pl.* criteria)

Kritieren für die Geschäftsabwicklung *npl.* / criteria for business transactions

kritischer Weg *m.* / critical path

kritischer Weg-Methode (CPM) (Methode unter Nutzung der Netzplantechnik) / critical path method (CPM)

KSA (Kostenstrukturanalyse) *f.* / cost structure analysis (CSA)

Kubage *f.* / cubic volume

Kühl(lager)haus (z.B. ~ für Lebensmittel); Lebensmittelkühlhaus *n.* / cold storage operation (e.g. ~ for groceries)

Kühlraum *m.* / cold room

Kühlzone *f.* / refrigerated space; refrigerated zone

kulturelle Barriere *f.* (i.S.v. Hindernis in der Art des Denken und Handelns) / cultural barrier (e.g. blockage in the way of thinking and acting)

kumuliert *adj.* / cumulative

Kunde *m.*; Auftraggeber *m.* (z.B. der Kunde hat immer recht; der Kunde ist König) / customer; client (e.g. the customer is always right)

Kunde, interner ~ *m.* / internal customer

Kunden, Lieferung an ~ *f.* / delivery; outbound transportation

Kunden, vom ~ zum Kunden (Logistik-Kette: siehe Zeichnung in diesem Fachwörterbuch) / end-to-end logistics chain (supply chain: see illustration in this dictionary)

Kunden, Zusammenarbeit mit ~ / customer alliance

Kundenanbindung / customer integration

Kundenanforderung / customer demand

Kundenanforderungen, Flexibilität bezüglich ~ / responsiveness

Kundenanlieferung, Zeitdauer bis zur ~ *f.*; Lieferdauer *f.* (Zeitdauer vom Auftrag bis zur Auslieferung an den Kunden) / time-to-customer

Kundenanpassung *f.* / customization

Kundenauftrag *m.*; Kundenbestellung *f.* / customer order

Kundenauftrag, eingehender ~ *m.* / incoming order

Kundenauftrag, unerledigter ~; offener Kundenauftrag (z.B. Artikel A. ist gerade nicht lieferbar, wird aber bald an Sie geliefert) / backorder; open order; unfilled order (e.g. article A. is on backorder but will be delivered to you soon)

Kundenauftragsabwicklung *f.* / customer order processing; customer order servicing

kundenauftragsbezogene Fließfertigung *f.* / demand flow technology (DFT)

Kundenauftragsdatei *f.* / customer order file

Kundenauftragsdisposition *f.* / customer order planning and scheduling

Kundenauftragsfertigung *f.* (i.S.v. auftragsbezogen fertigen) / production for customer orders; production to customer order (e.g. make-to-order)

Kundenauftragsvorgabe *f.* / customer order release

Kundenbedarf (~ nach) / demand (~ for)

Kundenbedürfnis *n.* / customer need

Kundenbeistellung von Material (~ durch den Kunden) / provision of material (~ by the customer)

Kundenbestellung / customer order

kundenbestimmt *adj.* (z.B. durch den Kunden bestimmtes Vorgehen) / customer-driven (e.g. procedure determined by the customer)

Kundenbetreuer *m.* / account manager

Kundenbetreuung *f.* / account management; customer care

Kundenbeziehung *f.* / customer relationship

Kundenbeziehungs-Management *n.* / customer relationship management (CRM)

Kundenbindung *f.* (z.B. ~ erhöhen) / customer loyalty (to strengthen ~)

Kundenbuchhaltung *f.* / accounts receivable

Kundendienst; Kundendienstabteilung *f.* / customer service; after-sales service

Kundendienstmonteur *m.* / service engineer

Kundendienstzentrum *n.;* Call Center *n.;* Servicezentrum (Telefon) *n.* ('Inbound'-Funktion eines Call Centers: es werden Anrufe, E-Mails oder Faxe entgegengenommen; 'Outbound'-Funktion: es wird aktiv kommuniziert, z.B. werden Kunden für Marketingaktionen gezielt angerufen) / customer service center; call center

Kundeneinbindung *f.;* Kundenanbindung *f.;* Einbeziehung des Kunden *f.* / customer integration; customer involvement

Kundenfertigung *f.* / customer production; make-to-order poduction

kundenfreundlich *adj.* / customer-friendly

Kundengruppe *f.* / customer group

kundenindividuell *adj.* / customized

Kundenklassifizierung *f.* / customer classification

Kundenkontakt, Mitarbeiter mit ~ *m.*; Verkäufer *m.* / front-line employee

Kundenkreis *m.* / customers; clientele

Kundenmanagement *n.*/ account management

Kundennachfrage *f.*; Kundenwunsch *m.*; Kundenanforderung *f.* / customer demand

Kundennutzen erzeugen *m.* / create customer value

kundenorientiert *adj.* / customer-oriented

Kundenorientierung *f.* / customer orientation; customer focus

Kundenpreisbildung *f.* / formation of customer price

Kundensegment *n.* / customer segment

Kundenservicegrad *m.* / customer service degree

Kundensitz *m.* / customer's site

Kundenspektrum *n.*; Kundschaft *f.*; Kundenstamm *m.* / customer base

kundenspezifische Anfertigung *f.* / custom-made; made-to-order

Kundenstamm / customer base

Kundentyp *m.* / customer type

Kundenvertrauen *n.* (z.B. ~ gewinnen; ~ zurückgewinnen, ~ wiedererlangen) / customer confidence (e.g. gain ~, regain ~)

Kundenvorteil *m.* / customer benefit

Kundenwunsch / customer demand

Kundenwünsche, an ~ anpassen (z.B. ein Produkt ~) / customize (e.g. ~ a product)

Kundenzufriedenheit *f.*; Zufriedenstellung des Kunden *f.* / customer satisfaction

Kundenzufriedenheit, Bewertung der ~ / customer satisfaction rating

Kündigungsfrist *f.* / cancellation term; cancellation period; notice period

Kundschaft / customer base

Kunststoffwerk *n.* / plastics plant

Kupplung *f.* / clutch
Kurierdienst *m.* / courier service
Kurs, Auffrischungs-~ *m.*;
Auffrischungsseminar *n.* / refresher
course; refresher seminar
Kurtage / courtage
Kurve *f.* / curve
kurz *adj.* / brief
Kurz- und Mittelfristziel *n.*
(Zielsetzung) / short and medium-term
objective
Kurz- und Mittelstreckenziel *n.*
(Verkehr) / short and medium haul
destination (traffic)
Kurzanleitung (Gebrauchsanweisung) /
quick reference (instruction)
Kurzarbeit *f.* (Ggs. Überstunden) /
short-time work (opp. overtime)
kurzarbeiten *v.* / work undertime
kürzen *v.*; verkürzen *v.*; verringern *v.*;
reduzieren *v.*; verkleinern *v.*; vermindern
v. / reduce; shorten; cut
Kürzeste Operationszeit-Regel (KOZ)
f. (Methode zur Reihenfolgeplanung:
Arbeitsgang mit kürzester
Bearbeitungszeit wird zuerst eingeplant) /
shortest processing time rule (SPT)
kürzester Weg *m.* / shortest path
Kurzfristerfolg *m.* / short-term success
Kurzfristgewinn *m*; Kurzfristerfolg
(finanziell) *m.* / short-term profit
kurzfristig *adj.* / short-term
kurzfristige Wirkung *f.* / short-term
effect; short-term impact
Kurzfristplanung *f.* / short-term
planning
Kurzrufnummer *f.* (Telefon) / speed-dial
number (phone)
Kürzung (z.B. ~ von Ausgaben) / cut
back (e.g. ~ of expenditure)
Kurzwahl *f.* (Telefon) / speed-dialling
(phone)
Küstenschifffahrt *f.* / coastal shipping
KVP *m.* (Kontinuierlicher
Verbesserungs-Prozess) / continuous
improvement process (CIP)

L

Ladebuch *n.* / cargo book
Ladeeinheit *f.* / standard load
Ladefähigkeit *f.* (z.B. ~ eines LKW) /
loading capacity; load capacity (e.g. ~ of
a truck)
Ladefläche *f.*; Lademaß *n.* / load area;
load space
Ladefrist *f.*; Verladefrist *f.*; Beladefrist *f.*
(d.h. erlaubte Ladezeit) / loading period
(i.e. time allowed for loading)
Ladegebühr *f.*; Staugeld *n.*; Staugebühr
f. / loading charges; stowage
Ladekapazität *f.* / cargo capacity
Ladeliste / loading list; bill-of-loading
Ladeluke *f.* / cargo hatch
Lademaß / load area
Lademaßüberschreitung *f.* /
overlapping
Lademethode *f.* / loading method
Laden *m.* (Einzelhandels-~) / retail shop
laden in den PC *v.* (z.B. überspielen von
Daten des Großrechners in den PC) /
download (e.g. transfer of data from
mainframe to PC)
Laden *m*; Geschäft *n.* / store; shop
Laden, Einkaufs-~ *m.* / retail shop
Ladenhüter *m.* / non moving item
Ladenkasse *f.* / cash register
Ladenpreis / retail price (RP)
Ladeplatz *m.* / loading bay; loading site
Laderampe *f.*; Rampe *f.* / loading ramp;
ramp; loading platform
Ladesystem, Container-~ *n.* / container
hoisting system
Ladezone *f.*; Bereitstellfläche *f.* / pick
area
Ladung (Verlust der ~) *m.* / cargo (loss of
~)
Ladung (Wert der ~) *m.* / cargo (value of
~)
Ladung *f.*; Last *f.* / load
Ladung *f.*; Rollgut *n.*; Frachtgut *n.* /
freight; cargo

Ladung auseinandernehmen f. / dismantle a shipment of cargo

Ladung, ankommende ~; eingehende Ladung; Fracht (Eingang) / inbound cargo

Ladung, ausgehende ~; abgehende Ladung; Fracht (Ausgang) / outbound cargo

Ladung, Bei-~ f. / additional cargo

Ladung, beschädigte ~ f. / damaged cargo

Ladung, Massen-~ f. / bulk cargo

Ladung, Schiffs-~ f. / shipload; cargo

Ladung, Stückgut-~ f. / mixed cargo

Ladungspartie / truck load (TL)

Ladungsregister n. / loading records

Ladungs-Verfolgungssystem n. / package tracking system

Lagebericht m. / general review

Lageplan m. (z.B. ~ des Werkes) / site plan (e.g. ~ of the plant)

Lager (Gebäude) n.; Lagergebäude n.; Lagerhaus n. / warehouse; storehouse; store (building)

Lager n. (in einem Geschäft das ~ im 'Hinterzimmer') / back room

Lager n.; Lagerbetrieb m. / warehouse operations

Lager abbauen (Ware) / reduce inventory; reduce stock

Lager aufstocken (Ware) / build up inventory

Lager räumen / clear inventory; clear stock; sell off inventory

Lager unter Zollverschluss / bonded warehouse

Lager, ab ~ n. / ex store

Lager, auf ~ bleiben n. / remain in stock; remain in store

Lager, auf ~ fertigen; fertigen auf Lager / make-to-stock; make for stock; produce to store; produce for stock

Lager, auf ~ haben / have inventory; have in stock

Lager, auf ~ halten n., vorrätig haben / hold in store; keep in store

Lager, auf ~ legen / take in stock

Lager, automatisiertes ~ n. / automated warehouse

Lager, Baugruppen-~ / component store

Lager, das ~ auffüllen / build up inventory; replenish; restock

Lager, in das ~ aufnehmen / take into stock

Lager, Komponenten-~ n.; Baugruppenlager n. / component store

Lager, Langgut-~ n. / long load warehouse

Lager, Nachschub-~ / depot

Lager, nicht auf ~ n. / not in stock; not in store

Lager, nur gängige Sorten auf ~ haben / have only conventional designs in store

Lager, regionales ~ / regional warehouse

Lager, reichhaltiges ~ n.; umfangreiche Bestände mpl. / heavy inventory; heavy stock

Lager, reichsortiertes ~ n. / well assorted stock

Lager, Verweildauer im ~ f.; Lagerungszeit f.; Lagerzeit f.; Einlagerungszeit f. / storage time; storage period

Lagerabbau / inventory reduction

Lagerabgang, Datum letzter ~ n. / date of last issue

Lagerabgangscode m. / issue code

Lagerabgleich m. / inventory alignment; stock alignment; inventory levelling; stock levelling

Lagerabnahme / decrease of inventory

Lagerabruf m. / warehouse requisition

Lagerabwicklung f. / storage operations; warehousing

Lageranforderung f. / inventory requisition; stock requisition

Lagerangleichung f. / inventory adjustment; stock adjustment

Lageranlieferung f. / store supplies

Lagerarbeiter m. / warehouse worker

Lagerartikel m. / article in stock

Lageraufbau *m.*; Bevorratung *f.* / stockpiling

Lagerauffüllung *f.* / inventory build-up; restocking; replenishment

Lageraufnahmefähigkeit *f.*; Lagerkapazität *f.*; Speicherkapazität *f.* / storage capacity

Lagerauftrag *m.*; Vorratsauftrag *m.* / inventory order; stock order

Lagerausgaben *fpl.*; Lagerkosten *pl.* / storage expenses

Lagerausgang *m.*; Lagerausstoß *m.* / warehouse output; warehouse outgoings

Lagerausstattung *f.*; Lagergeräte *pl.* / warehouse equipment

Lagerauswahl *f.* / inventory selection; stock selection

Lagerautomatisierung *f.* / storage automation

Lagerbedarf *m.* / inventory requirements; stock requirements

Lagerbehälter *m.* / storage bin

Lagerbelegung *f.*; Belegung des Lagers; genutzte Lagerkapazität; genutzte Kapazität des Lagers / warehouse occupancy

Lagerbestand *m.*; Lagervorrat *m.* (Ware) / goods on hand; goods in stock

Lagerbestand auffüllen / build up inventory; replenish

Lagerbestand, buchmäßiger ~ *m.* / accounted inventory; accounted stock

Lagerbestand, den ~ aufnehmen / make up an inventory

Lagerbestand, durchschnittlicher ~ *m.* / average inventory; average stock

Lagerbestand, effektiver ~ *m.* / effective inventory; effective stock

Lagerbestand, eingefrorener ~ *m.* / frozen inventory

Lagerbestand, geschätzter ~ *m.* / estimated inventory; estimated stock

Lagerbestand, höchster ~ *m.*; Lagerhöchststand *m.* / stock-peak

Lagerbestand, veralteter ~ *m.* / obsolete inventory; obsolete stock

Lagerbestand, verfügbarer ~ / available inventory

Lagerbestand, vorhandener ~ / stock on hand; stock on hand inventory

Lagerbestandes, Wiederauffüllung des ~ *f.* / inventory replenishment

Lagerbestandsaufnahme / inventory take

Lagerbestandsbericht *m.* / inventory report

Lagerbestandsbewertung *f.* / inventory evaluation; stock evaluation

Lagerbestandsliste / inventory status report

Lagerbestandssteuerung / inventory control

Lagerbestandsumschlag *m.* / turnover of inventory; turnover of stock

Lagerbestandswert / inventory value

Lagerbestellung *f.* / store order

Lagerbestellzettelsatz (LBS) *m.* / warehouse order form set (WOF)

Lagerbetrieb *m.* / storage operation

Lagerbetrieb *m.*; Lager *n.* / warehouse operations

Lagerbewegung *f.* / inventory movement; stock movement

Lagerbewegungsliste *f.*; Lagerbewegungsübersicht *f.* / inventory movement report; stock movement report

Lagerbewertung *f.* / inventory valuation

Lagerbewertungsausgleich *m.* / inventory valuation adjustment; stock valuation adjustment

Lagerbox *f.* / storage box

Lagerbuch *n.* / store book

Lagerbuchführung *f.* / inventory accounting; stock accounting

Lagerbuchkonto *n.*; Lagerkonto *n.* / inventory ledger account; stock ledger account; store account

Lagerebene *f.* / storage level

Lagereindeckungszeit, durchschnittliche ~ *f.* / average inventory coverage time; average stock coverage time

Lagereingang *m.* / warehouse entry

Lagereinheit *f.* / storage unit

Lagereinrichtungen *fpl.* / storage facilities

Lagerempfangsbescheinigung *f.* / warehouse receipt

Lagerentnahme *f.* / withdrawal

Lagerentnahmekarte *f.* / inventory issue card; stock issue card

Lagerergänzung *f.* / replenishment (of stocks)

Lagerergänzungsauftrag *m.* / inventory replenishment order; stock replenishment order

lagerfähig *adj.* / storable

Lagerfähigkeitsdauer *f.* / storage life span

Lagerfahrten *pl.* / warehouse travel

Lagerfahrzeug mit Kanzel (zur Regalentnahme) / warehouse turret truck (picking device)

Lagerfertigung *f.*; Vorratsfertigung *f.*; Fertigung auf Lager *f.* / production to stock; stock production

Lagerfläche *f.* / storage area; storage space

Lagerfläche *f.*; Fläche (~ eines Lagers) *f.* (in Quadratfuß; 1 qm = ca. 10.76 sq.ft.) / square footage (~ of a warehouse); warehouse square footage (in square foot; 1 sq.ft. = approx. 0,093 qm)

Lagerform *f.* / storage shape; warehouse shape

Lagerfrist *f.* / storage deadline

Lagerfunktion *f.* / storage function

Lagergebäude / warehouse (building)

Lagergebäudedecke *f.*; Decke des Lagergebäudes / warehouse ceiling

Lagergebühr *f.*; Staugebühr *f.* / loading charge; storage charge

lagergeldfrei *adj.* / free of warehouse charges

Lagergeräte *pl.*; Lagerausstattung *f.* / warehouse equipment

Lagergröße *f.* / size of the warehouse

Lagergut *n.* / stored goods; goods in storage

Lagerhaltung *f.* / stockkeeping

Lagerhaltungskontrolle / inventory control

Lagerhaltungskosten *pl.*; Lagerkosten *pl.* / warehousing costs; inventory carrying costs; inventory holding costs

Lagerhauptbuch *n.* / store ledger

Lagerhaus / warehouse (building)

Lagerhöchststand / stock-peak

Lagerinvestition *f.* / investment in stock

Lagerist *m.* / storekeeper; stockkeeper

Lagerkapazität *f.*; Kapazität des Lagers / warehouse storage capacity; storage capacity

Lagerkarte *f.* / stores ledger card

Lagerknappheit / inventory shortage

Lagerkonto / inventory ledger account

Lagerkontrolle *f.* (~ nach Wareneinheiten) / storage unit control (~ by items)

Lagerkosten / warehousing costs

Lagerleiter *m.* / store manager

Lagerliste *f.* / stock register

Lagerlogistik *f.* / storage logistics

lagerlos *adj.* / stockless

Lagermanagement *n.* / warehouse management

Lagermethoden *fpl.* / storage methods

Lagermiete *f.* / warehouse rent; store rent; store hire

Lagerminderung *f.*; Lagerabnahme *f.*; Bestandsabnahme *f.* / decrease of inventory; decrease of stock

Lagermöglichkeiten *fpl.* / storage means

lagern *v.* / store; keep in stock

lagern und verwalten *v.* (z.B. ~ von Beständen) / store and handle (e.g. ~ of inventory)

Lagernummer *f.* / storage number

Lagerpersonal *n.* / warehouse personnel

Lagerplatz *m.*; Lagerort *m.*; Lagerstelle *f.* / storage location; storage bin

Lagerplatzidentifikationssystem *n.* / storage identification system

Lagerplatzkarte *f.* / bin card; bin tag

Lagerplatzkennzahl *f.* / storage identification number

Lagerplatzverwaltung *f.* / bin management

Lagerpolitik / inventory policy

Lagerposition *f.* (i.S.v. Lagerartikel) / stockkeeping unit (SKU); stockkeeping item

Lagerposition mit Nullbestand *f.* / stock out item

Lagerpreiszettel *m.* / inventory tag; stock tag

Lagerproduktivität *f.*; Produktivität des Lagers / warehouse productivity

Lagerraum / storeroom

Lagerraum *m.*; Rauminhalt (~ eines Lagers) *m.* (in Kubikfuß; 1 cbm = ca. 35.31 cu.ft.) / cubage (~ of a warehouse); warehouse cubage (in cubic foot; 1 cu.ft. = approx. 0,0283 cbm)

Lagerräumung *f.* / clearance

Lagerregal *n.*; Regal *n.* / rack

Lagerreserve *f.* / inventory reserves

Lagerrestbestand *m.* / residue of stocks; leftover stock

Lagerrückgabebeleg *m.* / return goods notice

Lagerschaden *m.* / warehouse damage

Lagerschein *m.* / storage check

Lagerspesen / storing expenses

Lagerstandort *m.* / warehouse location

Lagerstelle / storage bin

Lagersteuerung *f.*; Steuerung des Lagers / stockroom control; control of warehouse equipment

Lagerstufe *f.* / stocking echelon

Lagersystem *n.* / storage system

Lagersystem, automatisiertes ~ / automated storage system

Lagersystem, computerunterstütztes ~ / Computer Aided Storage (CAS)

Lagertechnik *f.* / storage technology

Lagertyp *m.* (i.S.v. Gebäudetyp; Art der Lagereinrichtung) / type of warehouse

Lagerüberprüfung *f.* / stock check

Lagerumschlag *m.*; Bestandsumschlag *m.* / inventory turnover; stock turnover

Lagerumschlagsrate *f.* / rate of inventory turnover; rate of stock turnover; inventory turnover rate; stock turnover rate

Lagerung (an mehreren Lagerplätzen) *f.* / multistocking

Lagerung *f.*; Einlagerung *f.* / storage; warehousing

Lagerung, automatisierte ~ (automatisiertes Lagersystem für die Ein- und Auslagerung von Waren) / Automatic Storage & Retrieval System (ASRS) (automated system for moving goods into and retrieving it from storage locations)

Lagerung, bewegliche ~ *f.* / movable stock

Lagerung, chaotische ~ *f.* (Methode zur Einlagerung auf vorher nicht festgelegte Lagerplätze) / chaotic storage

Lagerung, Massen-~ *f.*; Lagerung von Massengütern (Lagerungsart, bei der der z.B. Paletten mit Waren gleicher Lagernummer neben- oder übereinander gestapelt werden) / bulk floor storage (storage mode where e.g. pallets of goods of the same SKU are floor stacked)

Lagerungszeit / storage time

Lagerungszinsen *mpl.* / storage interests

Lagerverkauf *m.* / ex-stock business

Lagerversandauftrag *m.* / inventory delivery order; stock delivery order

Lagervervollständigung *f.* / inventory completion; stock completion

Lagerverwalter *m.* / warehouse manager

Lagerverwaltung *f.* / warehouse management; store management

Lagerverwaltungssystem *n.* / storage control system

Lagervorrat / goods on hand

Lagervorrat aufbauen; das Lager auffüllen; Lagerbestand auffüllen; Lager aufstocken / build up inventory; build up stock; replenish

Lagervorrat, geringer ~ *m.*; geringer Bestand *m.* / low inventory; low stock

Lagervorrat, vorhandener ~ vorhandener Lagerbestand; körperlicher Bestand (Material) / stock on hand; stock in hand

Lagervorräte auffüllen / replenish

Lagervorräte aufstocken / restock; reload

lagervorrätig *adv.* / carried in stock

Lagerwertausgleich *m.* / inventory value levelling; stock value levelling

Lagerwirtschaft / stock inventory management

Lagerzeit / storage time

Lagerzugang *m.* / incoming inventory; incoming stock

Lagerzugang, Datum letzter ~ *n.* / date of last receipt

Lagerzugang, geplanter ~ *m.* / scheduled receipt

LAN (Local Area Network) lokales Netz *n.* / local area network (LAN)

Landegebühr *f.* / landing charge

Länder und Kommunen / regional and local authorities

Länderbereich *m.* / regional operation

Länderreferent *mpl.* / area representative

Landesbüro *n.*; Landesvertretung *f.* / national agency

Landesgesellschaft *f.* / international subsidiary; international affiliate

Landesvertretung / national agency

Landstraße *f.* / country road

Landtransport *m.* / surface transport

Landverkehr *m.* / ground transportation; land transportation; land carriage

Länge *f.* / length

lange Last *f.*; Langgut *n.* / long load

langfristig *adj.* / long-range, long-dated

langfristiges Programm *m.* / long-term program

Langfristplanung *f.* / long-term planning

Langgut *n.* / long size material

Langgut-Lager *n.* / long load warehouse

Langläufer *m.* / long-lead item

langlebige Güter *npl.* / durable goods

Langsamdreher *mpl.*; Waren mit geringer Umschlagshäufigkeit / slow-moving goods

Langstreckenflug *m.*/ long-haul flight

Langzeiterfolg *m.* / long-time success

Langzeiterfolg *m.*/ long-term success

Langzeitgewinn *m.* / long-term profit

Langzeitwirkung *f.* / long-term effect

Lärmpegel *m.* / noise level

Laserschweißen *n.*/ laser welding

Last / load

Last, Anhänge-~ *f.* / trailor load

Last, lange ~ *f.*; Langgut *n.* / long load

Last, Über-~ *f.* / overload

Lastanhänger *m.* / trailer

Lasten, zu ~ des Empfängers / to consignee's account

Lasten, zu Ihren ~ *fpl.* / to your account

Lastenheber *m.* / cargo lifter

Lastenheft *n.* / requirement specification

Lastenheft, DV-~ *n.* / data processing requirement specification

Last-In, First-Out (LIFO) (Lagerungsmethode: "was zuletzt eingelagert wird, wird zuerst entnommen" oder: "wer zuletzt kommt, mahlt trotzdem zuerst") / Last-In, First-Out (LIFO) (storage method:"who comes last, serves first") (opp. FIFO)

Lastschriftverfahren *n.* / debit note procedure

Lastwagen (LKW), per ~ / by truck

Lastwagen *m.*; LKW *m.* / truck (AmE); lorry (BrE)

Lastwagenladung *f.*; Ladungspartie *f.*; Wagenladung *f.* / truck load (TL); car load; wagon load

laufende Bestandsdatei *f.* / perpetual inventory file; on-going stock file; continual stock file

laufende Lagerkontrolle *f.* / permanent stock control

laufende Nummer *f.;* Seriennummer *f.* / serial number

laufender Auftrag *m.* / current order; running order

laufendes Geschäftsjahr *n.* / current fiscal year; current financial year (BrE)

Laufwerk *n.* / drive

Laufzeit *f.* (z.B. ~ eines Informationssignals) / run time (e.g. ~ of an information signal)

Laufzeit der Auftragsvorbereitung / order preparation lead time

Laufzeitcode *m.* / lead time code

Laufzettel *m.* / paper order slip

laut Aufstellung *f.* / as per statement

laut Rechnung / as per invoice

LBS (Lagerbestellzettelsatz) *m.* / warehouse order form set (WOF)

Lean Management *n.*; schlankes Management (wenig Hierarchie) / lean management

Lean Production; schlanke Fertigung (schneller, kosten- und aufwandsarmer Durchlauf) / lean production

Leasingdauer *f.* / leasing period

Leasingvertrag *m.* / leasing agreement

Lebensdauer *f.*; Lebenszyklus *m.* / life cycle

Lebensdauer, mittlere ~ *f.* / mean life cycle

Lebensdauer, Produkt-~ / product life cycle

Lebensdauer, wirtschaftliche ~ / economic lifetime

Lebenslauf *m.* (z.B. ~ als Teil des Bewerbungsschreibens) / résumé; curriculum vitae (BrE)

Lebensmittelgeschäft *n.* / grocery store

Lebensmittelhandel *m.* / grocery industry

Lebensmittelkühlhaus *n.*; Kühl(lager)haus (~ für Lebensmittel) / cold storage operation (~ for groceries)

Lebensversicherung *f.* / life insurance

Lebenszeit *f.* / life time

Lebenszyklus / life cycle

Lebenszyklus, Logistik-~ *m.* (z.B. Produkte durchlaufen verschiedene Stadien in ihrem ~, von der Beschaffung des Rohmaterials über die Distribution bis zur Verwendung als Endprodukt) / logistics life cycle (e.g. products move through different stages of their ~, from raw materials procurement to distribution and use of finished goods)

Lebenszykluskosten *pl.* / life cycle costs

lebhafte Nachfrage *f.* / active demand

leer *adj.* / empty; blank

leer zurück / returned empty

Leerfahrten *pl.* / empty miles

Leerformular *n.*; Gestaltungsvorlage *f.*; Schablone *f.*; Muster *n.* (z.B. ~ für PC mit der Möglichkeit zum Ausfüllen von Leerfeldern) / template

Leergewicht *n.*; Tara *n.* (z.B. ~ oder Tara ist das Gewicht eines LKW oder Anhängers ohne das Gewicht der Ladung) / tare weight; unladen weight

Leergut *n.* / empties

Leerlauf, im ~ sein *m.*; leerlaufen *v.* / run idle

leerlaufen / run idle

Leerzeit / idle time; downtime

legitim *adj.*; gesetzlich *adj.*; rechtmäßig *adj.* / legitimate

legitimieren *v.*; rechtfertigen *v.* / legitimate

Lehranstalt, höhere ~ / college

Lehre *f.*; Lehrzeit *f.* / apprenticeship

Lehrkörper *m.*; Referenten *pl.* / faculty

Lehrling *m.;* Auszubildende(r) *m.* / apprentice; trainee

Lehrwerkstatt *f.* / apprentice workshop

Lehrzeit / apprenticeship

Leichterschiff *n.* / lighter

Leichtgut *n.* / light cargo

Leihbehälter *m.;* Pfandgut *n.* / loan container; returnable

leihen, Geld (an *jmdn.* verleihen) / lend money (~ to *sbd.*)

leihen, Geld (von *jmdm.* ausleihen) / borrow money (~ from *sbd.*)

Leihverpackung *f.* / loan container

leisten, Schadensersatz ~ *v.* / pay damages

Leister, Zahlungs-~ *m.;* Zahlender *m.* / remitter; payer; sender of payment

Leistung *f.* / performance

Leistung, Eigen-~ *f.* / internal service; inside service

Leistung, Fremd-~ *f.* / external service; outside service

Leistung, hervorragende ~ / excellent performance; excellence

Leistung, logistische ~ *f.;* Logistikleistung *f.* / logistics performance

Leistungen und Kosten / services and costing; services and expenditures

Leistungsabweichung *f.;* Leistungsgradabweichung *f.* / efficiency variance

Leistungsbereitschaft *f.* / willingness to perform

Leistungsbeschreibung *f.* / specification; performance specification

Leistungsbeurteilung *f.;* Mitarbeiterbeurteilung *f.;* Personalbeurteilung *f.* / performance appraisal

Leistungsbeurteilung der Vorgesetzten / upward appraisal; feedback

Leistungsbeurteilung, -schätzung *f.* / performance rating; efficency rating; merit rating

Leistungsdaten *npl.* / performance figures

Leistungseinbuße *f.* / output loss

Leistungsempfänger *m.* / beneficiary

Leistungserstellung und Abrechnung / itemizing and accounting

leistungsfähig *adj.* (z.B. ein ~er Computer) / efficient; powerful (e.g. a ~ computer)

Leistungsfähigkeit / efficiency (i.e. to do the things right)

Leistungsfähigkeit, betriebliche ~ *f.* / operating efficiency

Leistungsfaktor *m.* / performance factor

Leistungsgrad *m.* / level of efficiency; labor utilization rate

Leistungskenngrößen der Logistik *fpl.* / measures of performance in logistics

Leistungskennzahlen, -messgrößen *fpl.* / performance standards

Leistungsmerkmal *n.* / performance characteristic; performance criterion

Leistungsmessdaten *npl.* / performance metrics

Leistungsmessung *f.;* Leistungsüberwachung *f.;* Controlling *n.;* Kontrolle des Ablaufverhaltens / performance measurement; controlling

Leistungsmesswerte *mpl.* / performance measures

Leistungsnachweis *m.* / performance record; certificate

Leistungsnorm *f.* / performance standard

Leistungspaket *n.* / service package

Leistungspflicht *f.* / liability

leistungspflichtig *adj.* / liable to pay

Leistungsprämie *f.* (z.B. Vergütung in Form einer ~, die an eine beiderseitig vereinbarte Zielerreichung gebunden ist) / incentive bonus; individual performance incentive (e.g. ~ as a compensation tied to mutually agreed goals)

Leistungsprämiensystem *n.;* Entlohnungssystem *n.* / incentive system; reward system

Leistungsprofil *n.* / performance profile

leistungsstark *adj.* / powerful

Leistungsüberwachung / performance measurement; performance monitoring

Leistungsverbesserung *f.;* Leistungssteigerung *f.* / performance improvement

Leistungsverrechnung *f.* / billing of services

Leistungsverrechnung, innerbetriebliche ~ *f.* / internal cost allocation

Leistungszulage *f.* / merit raise; efficiency bonus

Leitbild, Unternehmens-~ *n.* / company principles

Leiteinkauf *m.* / core commodity management

Leiteinkäufer *m.* / core buyer; core commodity manager

leitend *adj.*; geschäftsführend *adj.* (z.B. ~er Gesellschafter) / managing; acting (e.g. ~ partner)

leitende Angestellte *pl.* / executive staff; managerial staff

leitender Angestellter / executive

Leiter *m.*; Verantwortlicher *m.* (z.B. 1. Herr B. übernimmt die Leitung für das Logistiktraining, 2. Das Management hat Herrn C. die Leitung für das Projekt übertragen) / person in charge (e.g. 1. Mr. B. takes charge of the logistics training, 2. The management put Mr. C. in charge of the project.)

Leiter der Fertigungsprüfung / chief inspector manufacturing

Leiter der Vertriebsregion / head of sales region

Leiter eines Geschäftes / managing director

Leiter von ... *m.* / head of ...

Leiter, Lager-~ *m.* / store manager

Leiterplatte, bestückte ~ / printed circuit board (PCB)

Leiterwagen *m.;* Handwagen *m.* / hand cart; hand operated truck

Leitlinie, -faden / guideline

Leitmerkmal *n.* / controlling feature

Leitrechner *m.* / control computer

Leitsatz *m.;* Absichtserklärung *f.* / mission statement

Leitstation *f.* / control station

Leitstelle *f.* / control center

Leitsystem *n.* / control system

Leitungskosten *pl.* (~ für Kommunikation) / line cost (~ for communication)

Leitungskosten *pl.* (Management) / management expenses

Leitungskreis *m.* / management committee

Leitungsspanne (~ im Management)

Leitungsverlust *m.* (elektrisch) / loss of power (electrical)

Leitungsvermittlung *f.* / circuit switching; line switching

Leitweg / route

Leitwegkennung *f.* / alternate routing

lenken; steuern / control

Lenkradverstellung *f.* / steering wheel adjustment

Lenkung *f.;* Führung *f.* / guidance

Lenkungsausschuss, -gremium / steering committee

Lenkungskosten *pl.* / guidance costs; management costs

Lenkungsteam *n.* / steering team

Lernen im Beruf; praktische Ausbildung *f.* / on-the-job training

Lernen in der Organisation / organizational learning

lernende Organisation *f.*; lernendes Unternehmen *n.* (z.B. handlungsorientiertes, ergebnisgerichtetes Lernen mit kontinuierlicher Verbesserung in der eigenen Organisationsumgebung) / learning organization; learning enterprise (e.g. action and result oriented learning with continuous improvement in the own organizational environment)

Lernkurve (z.B. ~ bei der Chipherstellung) / learning curve (e.g. ~ in chip production)

Lernzyklus m. / learning cycle
Lesefehler m. (z.B. ~ wegen eines schlecht gedruckten Barcodeetiketts) / reading error (e.g. ~ due to a poorly printed barcode label)
letzter Beginntermin m.; letzter Starttermin m.; spätester Anfangstermin m. / latest start date
letzter Einstandspreis m. / recent cost price
letzter Endtermin m. / latest finish date
letzter Kauf m. / last purchase; last-time buy
letztes Jahr n.; vorhergehendes Jahr n.; voriges Jahr n. / last year; preceding year; previous year
leugnen v.; Beschuldigung dementieren / deny the charge
liberalisierte Wirtschaft f. / liberalized economy
Liberalisierung f. (Öffnung des Marktes, d.h. keine Geld- und Mengenbeschränkungen) / liberalization (of foreign trade, i.e. no restrictions of money and volume)
Lichtschranke f. / photocell
Lichtzeigersystem n. / pick by light system
Liefer- und Lagerlogistik f. / shipping and storage logistics
Liefer(routen)planung f. / shipment routing
Lieferabkommen n.; Liefervertrag m. / delivery agreement; delivery contract
Lieferabteilung f. / delivery department
Lieferadresse f.; Lieferort m. / place of delivery
Lieferangebot / offer
Lieferanschrift f.; Warenadresse f. / delivery address
Lieferanstoß m. / delivery initiation
Lieferant m.; Zulieferer m. (Zulieferfirma) / supplier; vendor (vending firm)
Lieferant der ersten Ebene; direkter Lieferant / first tier supplier

Lieferant der zweiten Ebene; Unterlieferant m. / second tier supplier
Lieferant des Lieferanten; Unterlieferant m. / sub-supplier
Lieferant sein (~ für die Firma Hautz) / be supplier (~ to the Hautz company)
Lieferant, anerkannter ~ m. / certified supplier
Lieferant, bevorzugter; Vorzugslieferant m.; bevorzugter Auftragnehmer / preferred supplier; prime contractor
Lieferant, Bezug von mehreren ~en m.; Mehrfachbezug m. / multiple-sourcing (opp. single-sourcing)
Lieferant, Bezug von nur einem ~ Einzelbezug m. / single-sourcing (opp. multiple-sourcing)
Lieferant, direkter ~; Lieferant der ersten Ebene / first tier supplier
Lieferant, externer ~ m.; Fremdlieferant m. / external supplier
Lieferant, interner ~ m. / internal supplier
Lieferant, kaum angebundener ~ m. / loosely coupled supplier
Lieferant, stark angebundener ~ m. / tightly coupled supplier
Lieferant, zuverlässiger ~ m. / reliable supplier
Lieferanten, Zusammenarbeit mit ~; Kooperation / supplier alliance
Lieferantenabrufbeleg m. / call-off delivery voucher
Lieferantenanbindung / supplier integration
Lieferantenauftragsdatei f. / order file of suppliers
Lieferantenauswahl f. / supplier selection
Lieferantenbasis f. / supply base
Lieferantenbeurteilung f. / supplier rating; vendor rating
Lieferantenbeziehung, Gestaltung der ~ / shaping of the supplier relationship

lieferantenbezogen *adj.* / supplier-related

Lieferanteneinbindung *f.*; Lieferantenanbindung *f.*; Einbindung des Lieferanten *f.* / supplier integration; supplier involvement

Lieferantenertüchtigung *f.;* Lieferantentraining *n.* / supplier training

Lieferantenimage *n.* / supplier's image

Lieferantenkonto *n.* / supplier account

Lieferantenlager *n.* / supplier storage

Lieferantenmanagement *n.* / supplier management

Lieferantennummer *f.* / supplier number; vendor number

Lieferantenpflege *f.* / supplier relations (maintaining good relations with suppliers and vendors)

Lieferantenstruktur *f.* / supplier spectrum; supplier structure

Lieferantentraining *n.*; Training des Lieferanten / supplier training

Lieferantenwechsel *m.* / change of suppliers

Lieferanzeige / delivery advice

Lieferauftrag *m.*; Auslieferungsauftrag *m.*; Versandauftrag *m.* / delivery order

lieferbare Anzahl *f.;* lieferbare Menge *f.* lieferbare Stückzahl *f.* / quantity available; quantity in stock

Lieferbedingungen *fpl.* (z.B. unsere ~ sind wie folgt: ...) / terms of delivery (e.g. our ~ are as follows: ...)

Lieferbeleg *m.* / certificate of delivered goods

Lieferbereitschaftsgrad / service level

Lieferbeständigkeit *f.*; Liefergleichmäßigkeit *f.* / delivery consistency

Lieferbestätigung *f.* / confirmation of delivery

Lieferdatum *n.* / delivery date

Lieferdauer / time-to-customer; lead time

Liefereinteilung *f.* / delivery schedule

Lieferfähigkeit *f.* / delivery capability; delivery availability

Lieferfrist *f.* / delivery deadline

Lieferfristüberschreitung *f.;* Lieferverzögerung *f.* / delay in delivery; delinquent delivery

Liefergeschäft *n.* / standard product business

Liefergleichmäßigkeit / delivery consistency

Liefergutgröße *f.* / shipment size

Liefergutverfolgung *f.* / shipment tracking

Lieferkette *f.*; Kette *f.* / supply chain; chain

Lieferkettenmanagement (siehe 'Supply Chain' und 'Supply Chain Management') / supply chain management (SCM; see 'supply chain' and 'supply chain management')

Lieferkomponente *f.* / delivery item

Lieferland *n.* / country of delivery

Lieferlogistik / supplies logistics; deliveries logistics; shipping logistics

Lieferlos *n.* / delivery lot

Liefermanagement *n.* / supply management

Liefermeldung *f.* / delivery notice

Liefermenge *f.* / delivery quantity

liefern *v.*; beliefern *v.* / supply; deliver

liefern, Ergebnis ~ / yield

liefern, versenden und ~ versenden und ausliefern / ship and deliver

Liefernachweis *m.* / proof of delivery; delivery record

Lieferort *m.*; Lieferadresse *f.* / place of delivery

Lieferplan *m.* / delivery schedule;

Lieferprogramm *n.* / delivery program

Lieferprozess *m.* / delivery process; delivery cycle; process of delivery

Lieferqualität *f.* / delivery quality

Lieferreichweite *f.* / range of supply; duration of supply

Lieferschein *m.* / bill of delivery; delivery notice; dispatch docket

Lieferservice *m.* / delivery service

Lieferservice, Rund-um-die-Uhr-~ *f.*; Lieferung im Nachtsprung *f.*; Übernacht-Lieferung *f.* / 24 hour delivery service; overnight delivery

Liefertermin *m.* / delivery date; date of delivery; delivery due date

Liefertermin, geänderter ~ *m.*; geänderte Fälligkeit *f.* / revised due date

Liefertreue *f.*; Lieferzuverlässigkeit *f.*; Termintreue *f.* / delivery reliability; service reliability; delivery dependability

Lieferübereinstimmung *f.* / supply compliance

Lieferüberwachung (~umfang, ~güte) *f.* / supply control; output control

Lieferüberwachung (~verfolgung) *f.* / shipment tracking

Lieferumfang *f.* / quantity of delivery

Lieferung (direkt an Lager) / ship-to-stock delivery

Lieferung (direkt in die Fertigung) / ship-to-line delivery

Lieferung *f.* / delivery; shipment

Lieferung am selben Tag; Sofortlieferung *f.* / same day shipment

Lieferung an Kunden *f.* / delivery; outbound transportation

Lieferung franco Bestimmungsort Lieferung frei Bestimmungsort; frei Bestimmungsort / delivery free destination; prepaid delivery

Lieferung frei an Bord (FOB); Lieferung frei aller Kosten (z.B. 1. ... frei Bahnstation; 2. ... frei Abflughafen; 3. ... frei Hafen; 4. ... frei Kai; 5. ... frei LKW) / delivery free on board (FOB) (e.g. 1. ... FOB rail; 2. ... FOB airport; 3. ... FOB shipping port; 4. ... FOB quay; 5. ... FOB truck)

Lieferung frei Haus / delivery free house; delivery free domicile

Lieferung im Fernverkehr / long-haul shipment

Lieferung im Nachtsprung / 24 hour delivery service; overnight delivery

Lieferung von Massengut / mass shipment

Lieferung, abgehende ~ *f.*; Auslieferung *f.* (Ggs. ankommende Lieferung) / outbound delivery (opp. inbound delivery)

Lieferung, ankommende ~ *f.*; Anlieferung *f.* (Ggs. abgehende Lieferung) / inbound delivery (opp. outbound delivery)

Lieferung, just-in-time ~ *f.*; wartezeitfreie Lieferung *f.* (z.B. An- oder Auslieferung) / just-in-time delivery (e.g. inbound- or outbound delivery)

Lieferung, Komplettauftrags-~ *f.* (d.h. keine Teillieferungen) / complete order delivery (i.e. no partial deliveries)

Lieferung, line-to-line-~ *f.* (Lieferung von der Fertigungslinie des Lieferanten direkt an die Fertigungslinie des Abnehmers) / line-to-line delivery; line-to-line shipment

Lieferung, Quer-~ *f.;* Querbezug *m.* / intersegment delivery

Lieferung, ship-to-line-~ *f.*; Direktlieferung *f.*; Direktanlieferung *f.* (Lieferung direkt an die Fertigungslinie des Abnehmers) / ship-to-line delivery; ship-to-line shipment

Lieferung, ship-to-stock-~ *f.*; Direktlieferung *f.*; Direktanlieferung *f.* (Einlagerung ohne Eingangsprüfung) / ship-to-stock delivery; ship-to-stock shipment

Lieferung, wartezeitfreie ~ (z.B. An- oder Auslieferung) / just-in-time delivery (e.g. inbound- or outbound delivery)

Lieferung, zahlbar bei ~ / cash on delivery; payment on delivery

Lieferungen, unverrechnete ~ und Leistungen / uncharged deliveries and services; unbilled deliveries and services

Lieferverhalten *n.* / delivery performance

Lieferverschiebung *f.* / delivery postponement

Liefervertrag / delivery agreement

Lieferverzögerung *f.;* Lieferfristüberschreitung *f.* / delay in delivery; delinquent delivery

Lieferverzug *m.* / delivery delay; delinquent delivery

Liefer-Voranzeige *f.* (über den Inhalt einer erwarteten Sendung, z.B. über EDI) / Advance Ship Note (ASN) (content list of an expected delivery, e.g. via EDI)

Liefervorschrift *fpl.;* Lieferbedingung *f.* / delivery instruction; delivery specification; terms of delivery

Lieferwagen *m.;* Van *m.* / transporter; van

Lieferweg *m.* / supply channel; delivery channel; supply line

Lieferzeit *f.* (Zeitdauer vom Zulieferer bis zum Hersteller bzw. Distributor) / lead time; delivery lead time; vendor lead time; supplier lead time

Lieferzeit, bestätigte ~ *f.* / confirmed delivery time; approved delivery time

Lieferzeit, geforderte ~ *f.;* gewünschte Lieferzeit *f.* / requested delivery time

Lieferzeit, geplante ~ *f.* / planned delivery time

Lieferzeit, gesamte ~ (vom Auftrag bis zur Auslieferung) / order-to-delivery cycle

Lieferzeit, gewünschte ~ / requested delivery time

Lieferzeit, tatsächliche ~ *f.* / actual delivery time

Lieferzeitverkürzung *f.* / shortening of delivery time

Lieferzentrum / distribution center

Lieferzentrum, zentrales ~ *n.* / central distribution center; central delivery center

Lieferzusage *f.* / order promise

Lieferzuverlässigkeit / delivery reliability

Lieferzyklus *m.;* gesamte Lieferzeit *f.* (vom Auftrag bis zur Auslieferung) / order-to-delivery cycle

Liegetage *mpl.* / demurrage period; idle days

Liegezeit *f.;* Verweildauer *f.* / waiting time

Liegezeit, Strafe für ~ (eine Strafe, die vom Spediteur erhoben wird, wenn er die 'zulässige Zeit' für das Laden oder Entladen überschreitet; wird angewendet bei Bahn, Wassertransport, Pipelines) / demurrage (a charge levied on the shipper for going beyond the 'free time' for loading and unloading; applies to railroads, water carriers, pipelines)

LIFO (Last-In, First-Out) (Lagerungsmethode: "was zuletzt eingelagert wird, wird zuerst entnommen" oder: "wer zuletzt kommt, mahlt trotzdem zuerst" (fam.) (Ggs. FIFO) / Last-In, First-Out (LIFO) (storage method:"who comes last, serves first") (opp. FIFO)

lineare Abschreibung *f.* / straight-line method of depreciation

line-to-line-Lieferung *f.* (Lieferung von der Fertigungslinie des Lieferanten direkt an die Fertigungslinie des Abnehmers) / line-to-line delivery; line-to-line shipment

Linie, Schifffahrts-~ *f.* / shipping line

Linienfunktion *f.* / line function

Linienmanager *m.;* Manager in der Linie *m.* / line manager

Linienpuffer *m.* / line buffer

Link *m.* (Methode, mit der im World Wide Web Seiten unterschiedlicher Dateien und Rechner miteinander verknüpft werden können, d.h. Texte sind mit anderen Dokumenten verknüpft, die weitere Informationen zur gleichen oder verwandten Thematik enthalten. Hypertext-Verknüpfungen sind durch unterschiedliche Farbe und Unterstreichung gekennzeichnet) / link (WWW procedure to link pages of different files and computers, i.e. text is linked to other documents containing more information on the same or related topic. Hypertext links are identified as different colored text with underline)

linksbündig *adj.* / left-justified

Liquidationswert *m.* / liquidation value

liquide Mittel *npl.;* flüssige Mittel *npl.* / cash assets

Liquidität *f.* / liquidity

Liste; Planungsliste / list; plan; schedule

Liste, Fracht-~ *f.* / cargo list; tally

Listenpreis *m.* / list price

Listenpreis, empfohlener ~ / suggested list price (SLP)

Lizenz *f.*; Konzession *f.*; Genehmigung *f.* / license; permit

Lizenz, in ~ / under license

Lizenzbetrag / license fee

Lizenzgeber *m.* / licensor

Lizenzgebühr *f.*; Lizenzbetrag *m.* / license fee; royalty

Lizenznahme *f.* / licensing

LKW *m.;* Lastwagen *m.* / truck (AmE); lorry (BrE)

LKW, Container-~ *m.* / container truck

LKW, per ~ (Lastwagen) / by truck

LKW-Fahrer *m.* / truck driver; trucker

LKW-Klimaanlage *f.* / truck AC

LKW-Rampe *f.* / truck pad

LKW-Transport *m.* / motor transport

LOB (Arbeitsgebiet *n.*; Geschäftsgebiet *f.*; Sparte *f.*) / LOB (line of business)

Lobby *f.*; Vertretung einer Interessensgruppe / lobby

Local Area Network (LAN) lokales Netz *n.* / local area network (LAN)

logische Reihenfolge *f.* / logical sequence

Logistik (im Englischen ist der Ausdruck "logistic" nicht gebräuchlich; richtig ist "logistics") / logistic (the term "logistic" is not common usage; correct is "logistics")

Logistik *f.* (Definition der Siemens AG: Logistik ist die marktgerechte Gestaltung, Planung, Steuerung und Abwicklung aller Material-, Waren- und Informationsflüsse zur Erfüllung der Kundenaufträge) / logistics (definition by Siemens AG: 'logistics is the market-oriented design, planning, control and processing of all material, goods and information flows to fulfill the customer orders')

Logistik *f.* (Logistik-Definition des Council of Logistics Management CLM, USA: "Logistik ist derjenige Teil des Supply-Chain-Prozesses, der den effizienten und kosten-effektiven Fluss von Gütern und deren Lagerung ebenso plant, implementiert und steuert wie Dienstleistungen und Informationen, die damit in Zusammenhang stehen; u. zw. vom Ursprungs- bis zum Verbrauchspunkt und mit dem Ziel, den Kundenwünschen zu entsprechen.") / logistics (definition by the Council of Logistics Management CLM, USA: "Logistics is that part of the supply chain process that plans, implements, and controls the efficient, cost-effective flow and storage of goods, services, and related information from the point of origin to the point of consumption in order to meet customers' requirements")

Logistik im schlanken Unternehmen (Management, Administration) / lean management logistics

Logistik im Service / service logistics

Logistik im Vertrieb / sales logistics

Logistik in der Beschaffung / procurement logistics

Logistik in der Distribution / distribution logistics

Logistik in der Entsorgung / disposal logistics; wastestream logistics

Logistik in der Produktion / production logistics

Logistik... (z.B. ~kosten) / logistics ... (e.g. ~ cost, "logistical" is not common usage)

Logistik, Ausschuss für ~ (AL); Logistikausschuss *m.*; Logistikkommission *f.* / logistics committee

Logistik, Außendienst-~ *f.* / field service logistics

Logistik, Beschaffungs-~ *f.* / procurement logistics; logistics in procurement

Logistik, Distributions-~ *f.* / distribution logistics; logistics in distribution

Logistik, ganzheitliche ~ *f.* / integrated logistics; holistic logistics approach

Logistik, Informations-~ *f.* / information logistics

Logistik, internationale ~ / global logistics

Logistik, Konzern-~ / corporate logistics

Logistik, Leistungskenngrößen der ~ *fpl.* / measures of performance in logistics

Logistik, Liefer-~ *f.*; Lieferlogistik / deliveries logistics; supplies logistics

Logistik, Produktions-~ *f.* / production logistics; logistics in production

Logistik, Recycling-~ *f.*; Wiederverwertungslogistik *f*; Entsorgungslogistik *f.* / recycling logistics; reuse logistics

Logistik, schnelle ~ *f.* / quick response logistics

Logistik, Transport-~ *f.* / transportation logistics

Logistik, Verkehrs-~ *f.* / traffic logistics

Logistik, virtuelle ~ (z.B. weltweite Anwendung von just-in-time, d.h. Teile und Material in kurzer Zeit bedarfsorientiert liefern; erlaubt 'Multis' überall auf der Welt zu geringen Kosten zu produzieren und trotzdem die Waren in wettbewerbsgerechter Zeit zu vermarkten) / **virtual logistics** (e.g. global application of just-in-time, i.e. the process of delivering parts and materials in small timely batches as needed; allows multinationals to produce at low cost anywhere in the world and still get goods to market at a competitive speed)

Logistik, Wiederverwertungs-~ *f.*; Recyclinglogistik *f.*; Entsorgungslogistik *f.* / reuse logistics; recycling logistics; reverse logistics

Logistikabteilung *f.* / logistics department

Logistikanalyse, Durchführung einer ~ (z.B. nach der Analyse des Logistikprozesses wird eine kontinuierliche Analyse durchgeführt, d.h. die Analyse wird ständig wiederholt) / **logistics analysis process** (LAP) (e.g. after the LAP a continuous ReLAP takes place)

Logistikarbeitskreis *m.*; Logistik-Fachkreis *m.*; Arbeitskreis Logistik *m.* / logistics council

Logistikaufgaben *fpl.* (Logistik befasst sich mit der Gestaltung und dem Betrieb der räumlichen und zeitlichen Verfügbarkeit von Gütern und Dienstleistungen auf der Grundlage ökonomischer und ökologischer Erfordernisse. Die Vernetzung von Abläufen spielt dabei eine wesentliche Rolle) / **logistics tasks** (Logistics deals with the design and operation of the geografical and timely availability of goods and services based on economical and ecological requirements. Related to this, the integration of processes is of substantial importance)

Logistikausschuss (AL) / logistics committee

Logistikbegriffe *mpl.* / logistics terms

Logistikbenchmarks *pl.* (Beispiele: 1. Fehlerraten von weniger als eins pro 1.000 Sendungen, 2. Logistikkosten von gut unter 5% des Umsatzes, 3. Bestandsumschlag von 10 oder mehr pro Jahr, 4. Transportkosten von einem Prozent der Umsatzerlöse oder weniger) / logistics benchmarks (examples: 1. error rates of less than one per 1,000 order shipments, 2. logistics costs of well under 5% of sales, 3. inventory turnover of 10 or more times per year, 4. transportation costs of one percent of sales revenues or less)

Logistikbericht *m.*; Bericht über Logistik / logistics report; report on logistics

Logistik-Beruf *m.*; Beruf des Logistikers *m.* / logistics profession

Logistikbewusstsein *n.* / logistics awareness

Logistikcontrolling *n.* / logistics performance measurement

Logistikdefinition *f.* / logistics definition

Logistikdienstleister *m.* / third party logistics; logistics services (LS)

Logistiker *m.* / logistician

Logistikfachkreis / logistics council

Logistikfachtagung *f.*; Logistiktagung *f.* / logistics conference

Logistikführungskraft *f.* / logistics manager

Logistikgrundlagen, -grundsätze / logistics basics

Logistikinformation *f.* / logistics information

Logistikkette *f.* (siehe 'Supply Chain') / logistics chain (see 'supply chain')

Logistikkette, Analyse der ~ / supply chain analysis

Logistikkette, Gesamt~ *f.*; vom Kunden zum Kunden; Gesamtprozesskette *f.*;

Logistikpipeline *f.* (Logistik-Kette: siehe hierzu auch Zeichnung in diesem Fachwörterbuch) / end-to-end logistics chain; customer-to-customer supply chain; logistics pipeline (supply chain: see illustration in this dictionary)

Logistikkettenintegration (Ziel der ~: möglichst hohen Mehrwert erzielen durch kontinuierliche Verbesserung der Beziehungen zwischen dem Unternehmen, seinen Lieferanten und seinen Kunden) / supply chain integration (objective of ~: continuously improving the relationship between the firm, its suppliers, and its customers to ensure the highest added value)

Logistikkettenkoordinator / supply chain coordinator

Logistikkommission / logistics committee

Logistik-Kompetenzzentrum *n.* / logistics competence center

Logistikkonzept *n.* / logistics concept

Logistikkosten *pl.* (z.B. Kosten der Logistikkette in % vom Umsatz) / logistics costs (e.g. total supply chain related costs as a percentage of sales)

Logistikkostenabweichung *f.* (z.B. ~ von SOLL und IST-Kosten) / logistics cost variance (e.g. ~ of targeted-actual costs)

Logistik-Lebenszyklus *m.* (z.B. Produkte durchlaufen verschiedene Stadien in ihrem ~, von der Beschaffung des Rohmaterials über die Distribution bis zur Verwendung als Endprodukt) / logistics life cycle (e.g. products move through different stages of their ~, from raw materials procurement to distribution and use of finished goods)

Logistikleistung *f.* / logistics performance

Logistikleiter *m.* / logistics manager

Logistikmanagement *n.* / logistics management

Logistikmesspunkte *mpl.* / logistics control points

Logistikmitarbeiter *mpl.* / logistics staff

Logistikorganisation *f.* / logistics organization

Logistikpersonal *n.*; Logistikmitarbeiter *mpl.* / logistics staff

Logistikpipeline (Logistik-Kette: siehe Zeichnung in diesem Fachwörterbuch) / end-to-end logistics chain (supply chain: see illustration in this dictionary)

Logistikplanung *f.* / logistics planning

Logistikplanung, strategische ~ *f.* / strategic logistics planning

Logistikprinzipien *npl.* / logistics principles

Logistikprojekt *n.* / logistics project

Logistikprozess *m.* / logistics process; supply chain process

Logistikprozess, durchgängiger ~ *m.* / seamless logistics process

Logistikregeln *fpl.* / logistics rules

Logistiksteuerung *f.* / logistics controlling

Logistikstrategie *f.* / logistics strategy

Logistiksystem *n.* / logistics system

Logistiktagung *f.* / logistics conference

Logistiktraining *n.* / logistics training

Logistikunternehmen *n.* / logistics company

Logistikzentrum *n.* / logistics center

Logistikziele *npl.* / logistics targets

Logistikzyklus *m.* / logistics cycle

logistisch *adj.* / logistical

logistische Kennzahlen; logistische Messgrößen (z.B. Servicegrad, Durchlaufzeit, Bestand, Kosten) / logistics metrics (e.g. fill rate, cycle time, inventory, cost)

logistische Leistung *f.*; Logistikleistung *f.* / logistics performance

Lohn *m.* / wages; pay

Lohn und Gehalt / wages and salaries

Lohn- und Gehaltsliste *f.* / payroll

Lohn, direkter ~ *m.*; Direktlohn *m.* / direct wages; direct labor

Lohn, indirekter ~ *m.* / indirect wages; indirect labor

Lohnbeleg *m.*; Lohnzettel *m.* / wage slip

Lohnbuchhaltung *f.* / payroll accounting

Lohnempfänger *m.* / wage earner

lohnen; auszahlen (z.B. das lohnt sich nicht) / pay off (e.g. that does't ~)

Lohngruppe *f.*; Lohnsatz *m.* / labor grade; wage rate

Lohnkosten / costs of labor

Lohnkosten der Fertigungsstufe / wages at the production level

Lohnkosten, direkte ~ *pl.*; direkte Fertigungskosten *pl.* / direct labor costs

Lohnsatz / wage rate

Lohnsatz pro Stunde *m.* / labor rate per hour; wage rate per hour

Lohnsteigerung *f.* / wage increase

Lohnstunden *fpl.* / labor hours; wage hours

Lohnwoche *f.* / pay week

Lohnzettel / wage slip

lokales Netz / local area network (LAN)

Lokalverkehr / local traffic

Los *n.*; zusammengefasste Bestellmenge *f.*; Partie (Los) *f.* / lot; batch

Losbegleitkarte *f.* / batch card

Losbildung *f.*; Losgrößenbildung *f.* / lotsizing

löschen *v.* / delete; erase

Löschhafen *m.* / port of discharge

Löschvormerkung *f.* (z.B. ~, vom Benutzer gesetzt) / delete flag; delete indicator (e.g. ~, set by user)

Losdurchlaufzeit *f.* / batch throughput time

Loseinkauf *m.* / batch buying

Losfüller (bei festen Losgrößen) *m.* / float

Losgröße *f.* / lot size; batch size

Losgröße, dynamische ~ *f.* (Losgröße mit bedarfsabhängiger Mengenanpassung) / dynamic lot size

Losgröße, gleitende wirtschaftliche ~ *f.* / least unit cost lot size

Losgrößenbildung / lotsizing

Losgrößenformel, Andlersche ~ *f.*
(wirtschaftliche Losgröße) / Andler's
batch size formula (economic lot size)
Losmenge *f.* / batch volume; batch
quantity
Losmengenabweichung *f.* / lot quantity
variation
Losquantität *f.* / run quantity
Losreichweite *f.* / lot range
Losteilung *f.* / lot splitting
Lösung *f.* (z.B. hierzu gibt es keine ~) /
solution (e.g. there is no ~ to it)
losweise Fertigung *f.*; Batchverarbeitung
f.; Stapelverarbeitung *f.* / batch
processing; batch production; batch
mode of operation
losweise Werkstattfertigung *f.* / lot-by-
lot production
**losweise Werkstattfertigung mit sehr
hohem Wiederholgrad** / semi-process
flow
Loswert *m.* / batch material value
Loswertschöpfung *f.* / batch value-added
LS (Logistik Service); Logistik-
Dienstleister / logistics services (LS);
third party logistics
LTL (Stückgut) / LTL (less than
truckload)
Lücke *f.* / gap
Luftfracht *f.* / air freight; air cargo
Luftfrachtbrief (AWB) *m.* / airway bill
(AWB)
Luftfrachtgewerbe *n.* / air cargo
industry
Luftfrachtverkehr *m.* / air transport
Luftführungssystem *n.* / air circuit
system
Luftpost *f.* / air mail

M

Machbarkeitsstudie / feasibility study

Macht (~ über) *f.*; Gewalt *f.* / control;
power (~ over)
Magazin *n.* / magazine; warehouse
mager *adj.*; schlank *adj.* / lean
Magnetband *n.* / magnetic tape
Magnetbandgerät *n.* / magnetic tape
unit
Mahnung *f.* / reminder
Mahnwesen *n.* / dunning
Mail-Server (Anwendung auf einem
Server, der ein- und ausgehende E-mails
verwaltet und and die Clients
weiterleitet) / mail server
Make or Buy-Entscheidung *f.* / make or
buy decision
makeln (Telefon) / toggle (phone)
Makler *m.* / broker
Maklergebühr *f.;* Maklerprovision *f.* /
brokerage; brokere's commission
MAN (Metropolitan Area Network)
management by objectives (MBO) /
Führung durch Zielvereinbarung;
zielgesteuerte Unternehmensführung
Management der Geschäftsprozesse *n.;*
Gestaltung der Geschäftsprozesse *f.* /
business process management
Management der Logistikkette *n.*;
Versorgungsmanagement *n.*;
Lieferkettenmanagement *n.*;
Pipelinemanagement *n.* (Methode zur
Steuerung aller Vorgänge im
Logistikprozess - vom Bezug des
Rohmaterials bis zur Lieferung an den
Endverbraucher. Idealerweise arbeitet
hierbei ein Netzwerk von Firmen
zusammen, um ein Produkt oder eine
Dienstleistung zu liefern. -> 'Extended
Enterprise') / supply chain management
(SCM; the practice of controlling all the
interchanges in the logistics process
from acquisition of raw materials to
delivery to end user. Ideally, a network
of firms interact to deliver the product or
service. -> 'Extended Enterprise')
Management der Vermögenswerte;
Bestandsmanagement (i.S.v.

Betriebsvermögen) *n.* / asset management

Management des Fließens *n.;* Flussgestaltung *f.* / flow management

Management Informationsystem (MIS)

Management(selbst)verpflichtung *f.;* Selbstverpflichtung des Managements; Verpflichtung des Managements / management commitment

Management, Gebäude-~ *n.;* Immobilien-Management *n.;* Facility-Management *n.* (Betrieb und Unterhalt von Gebäuden, insb. mit dem Ziel, die Wirtschaftlichkeit zu erhöhen) / facility management; real estate management

Management, Kauf eines Unternehmens durch dessen ~ / management buyout (MBO)

Management, Kundenbeziehungs-~ *n.* / customer relationship management (CRM)

Management, Lager-~ *n.* / warehouse management

Management, Lean ~ *n.;* schlankes Management (wenig Hierarchie) / lean management; schlankes Management

Management, Lieferanten-~ *n.* / supplier management

Management, mittleres ~ / mid-level management

Management, oberes ~; obere Führungskräfte (OFK) *fpl.* / senior management; upper-level management

Management, oberstes ~ *n.* (~ einer Firma) / chief executives (~ of a company)

Management, Regalnachfüll-~ *n.* (z.B. der Lieferant sorgt beim Einzelhändler für rechtzeitiges Auffüllen des Regals) / shelf management (e.g. at the retailer's site, the supplier cares for the on-time replenishment of the shelf)

Management, schlankes ~ (wenig Hierarchie) / lean management

Management, Veränderungs-~ *n.* / change management; management of change

Managementebene *f.;* Führungsebene *f.* / management level; leadership level

Managementfokus *m.* (im Mittelpunkt des Managementinteresses) / managerial focus

Managementfunktion *f.* / management function

Managementtraining und -entwicklung / management training and development

Managementtraining *n.;* Führungskräftetraining *n.;* Führungskräfteseminar *n.* / management training

Manager in der Linie *m.;* Linienmanager *m.* / line manager

Manager zur Sicherung von Kundenlieferungen (Koordinator mit Aufgabe und Verantwortung über die ganze Lieferkette hinweg, um zuverlässige Kundenlieferungen zu garantieren) / customer supply assurance manager (manager with task and responsibility to coordinate the whole supply chain to assure reliable deliveries to the customer)

Mandant *m.* / client

mandantenabhängig *adj.* / client-specific

mandantenübergreifend *adj.* / for all clients

mandantenunabhängig *adj.* / client-independent

Mangel (z.B. Qualitäts-~) *m.* / defect; shortcoming (e.g. quality ~)

Mangel (z.B. zu geringe Menge eines bestimmten Materials) / shortage (e.g. of a certain material quantity)

Mangel *m.* (z.B. ~ an Zeit) / lack (e.g. ~ of time)

Mängel beheben *v.;* Missstände abstellen *v.* / remedy defects

Mangel, Platz-~ *m.* (z.B.: sie leiden unter ständigem ~) / lack of space (e.g.: they are suffering from constant ~)

Mängelanzeige *f.* / notice of defect

mangelhaft *adj.* / defective

mangelhafte Verladung *f.* / defective loading

mangelhafte Verpackung *f.* / defective packing; insufficient packing

Mangelhaftung *f.* / responsibility for defects

Mängelrüge *f.*; Reklamation *f.*; Beschwerde *f.* / complaint

Mangelware *f.* / scare commodity

Mannmonat (MM) *m.* / man-month

Mannschaft *f.* / staff; crew

Mannstunde *f.* / man-hour

Manövrierfläche *f.* / manoeuvring area

Manual / manual

manuell hergestellt *adj.*; handgemacht *adj.* / hand made

MAP / manufacturing automation protocol (MAP)

Mapping, Prozess- *n.*; Prozesserfassung *f.*; Prozessverfolgung *f.* (Methode zur Prozessanalyse, -darstellung und -gestaltung) / process mapping (method to analyze, to follow up and to design processes)

Marke *f.* (z.B. ... was die Kleidung betrifft ist es für sie äußerst wichtig, nur bekannte Marken zu kaufen) / label (e.g. ... if it comes to clothing, it is most important to her to buy only big labels)

Marke *f.* / brand; type

Marke und Name (~ einer Firma) / logo and name (~ of a company)

Marke, Eich-~ *f.* / calibration mark

Markenartikel *mpl.* / traded goods

markenloses Produkt *n.* / generic

Markenname / trade name

Marketing *n.* (i.S.v. Absatzaktivität, -tätigkeit, -funktion, -wirtschaft) / marketing

Marketingdienst *m.* / marketing service

Markierung *f.* / marking

Markt *m.* (z.B. dieses Produkt gibt es noch nicht erhältlich, ist noch nicht auf dem Markt erhältlich) / market; marketplace (e.g. this product is not yet available on the marketplace)

Markt erschließen, einen ~ / tap a market

Markt- und Wettbewerbsbeobachtung *f.* / market and competition analysis

Markt, aufstrebender ~ (z.B. wir werden in diesem aufstrebenden Markt ein modernes Logistiksystem aufziehen) / emerging market (e.g. we will install a state-of-the-art logistics system in this emerging market)

Markt, eigener ~ *m.*; Heimatmarkt *m.* / national market; domestic market

Markt, gesättigter ~ *m.* / mature market

Markt, internationaler ~ *m.* / international market

Markt, sich verstärkt am ~ orientieren / be more market-oriented

Marktanalyse *f.* / market analysis

Marktanforderung *f.* / market requirement

Marktanteil *m.* / market share

Marktbedarf (~ nach; ~ an) / demand (~ for)

Marktbeeinflussung *f.* / impact on the market

Marktbeobachtung *f.* / market observation; market review

marktbestimmt *adj.* / market-driven

Marktbewegung *f.* / movement of the market

Marktdurchdringung *f.* / market penetration

Markteinführung *f.* / market introduction

Markteinführung, Zeitdauer bis zur ~ *f.*; Produkteinführungszeit *f.* (Zeitdauer, bis ein Produkt erstmals auf dem Markt erscheint) / time-to-market

Markteintritt *m.*; Marktzugang *m.* / market entry

Markterholung f. / recovery of the market

Marktforschung / market research

Marktführer m. / market leader

Marktlücke f. / market niche; market gap

Marktnachfrage (~ nach) / demand (~ for)

Marktnähe f. / market proximity

Marktöffnung / market deregulation

marktorientiert adj. / market-oriented

Marktorientierung f. / market orientation

Marktposition f. / market position

Marktposition des Unternehmens (im Wettbewerb) / company´s competitive position

Marktpotentialanalyse (MPA) f. / market potential analysis (MPA)

Marktpreis, durchschnittlicher ~ m. / average market price

Marktpreisniveau n. / market price level

Marktpreisverhalten n. / price reaction; market price behaviour; price behaviour

Marktsättigung f. / market saturation

Marktschwankung f. / market fluctuation

Marktstörung f. / market disturbance

Marktstrategieplanung f. / marketing-plan

Marktstruktur f. / market structure

Markttransparenz f. / market transparency

Marktuntersuchung f. / market study

Marktverhalten n. / market behavior

Marktvorherrschaft f. / market dominance

Marktwert m. / market value; market rate

Marktwirtschaft, freie ~ f. / free market economy

Marktzugang m.; Markteintritt m. / market entry

maschinell hergestellt adj. / machine made

Maschinen f.pl; Ausrüstung f.; Geräte npl.; Betriebsanlagen fpl. / equipment; devices

Maschinenausfall m.; Maschinenstörung f. / machine breakdown; machine failure

Maschinenauslastung, geglättete ~ f.; geglättete Belastung f. / balanced loading

Maschinenbelastung f.; Maschinenbelegung f. / machine load; machine loading

Maschinenbelastung mit Kapazitätsgrenze f. / finite capacity loading; finite loading

Maschinenbelastung ohne Kapazitätsgrenze f. / infinite capacity loading; infinite loading

Maschinenbelastung, geplante ~ f. / scheduled load

Maschinenbelegung / machine load

Maschinenfabrik f. / engineering works

Maschinengruppendatei f. / work center file

Maschinenkapazität f. / machine capacity

Maschinenkapazität, maximale ~ f. / maximum machine capacity

Maschinenkapazität, normale ~ f. / normal machine capacity

Maschinenkostensatz m. / machine burden unit

Maschinenlaufzeit f. / machine run time

Maschinennutzung f. / machine utilization

Maschinenschlüssel m. / machine key

Maschinenstillstandzeit / machine down time

Maschinenstörung / machine failure; machine breakdown

Maschinenstunde f. / machine-hour

Maschinenstundensatz m. / machine-hour rate

Maschinenzeit, beeinflussbare ~ f. / controlled machine time

Maschinenzuführung f. / machine feeding

164

Maß *n.*; Messung *f.* / measurement
Maß, nach ~ fertigen / make-to-order
Masse *f.* / bulk; mass
Maßeinheit *f.* / unit of measurement
Massenfertiger *m.* / mass producer
Massenfertigung *f.* / mass production
Massengeschäft *n.* / bulk business
Massengut *n.* / bulk goods; bulk commodity
Massenkauf *m.* / bulk buying
Massenladung *f.* / bulk cargo
Massenlagerung *f.*; Lagerung von Massengütern (Lagerungsart, bei der z.B. Paletten mit Waren gleicher Lagernummer neben- oder übereinander gestapelt werden) / bulk floor storage (storage mode where e.g. pallets of goods of the same SKU are floor stacked)
Massenmarkt *m.* / mass market
Massenprodukt *n.* / mass product
Massenspeicher *m.* / mass storage
Massenverarbeitung *f.* / mass processing; bulk processing
Massenversand *m.* / bulk mailing
maßgeschneidert *adj.* (z.B. der Kunde verlangt ~e Systeme) / client-specific (e.g. the customer demands ~ systems)
Maßnahme *f.* (z.B. ~ ergreifen) / measure (e.g. take ~)
Maßnahme, strategische ~ *f.* / strategic measure
maßnahmenorientiert *adj.* / action-oriented
Maßstab *m.* / scale
Maßstab *m.*; Metermaß *n.* / measuring stick
Matchcode *m.* / matchcode
Material *n.* (z.B. allgemeines ~, besonderes ~) / material (e.g. general ~, special ~)
Material, reserviertes ~ *n.* (z.B. ~ um ein Erzeugnis zu montieren, d.h. Materialbestand für laufende Aufträge) / reserved material (e.g. ~ to assemble a

product, i.e. material for orders in process)
Material, veraltetes ~ *n.* / obsolete material
Materialabruf *m;* Materialabgang *m..* / material requisition, material withdrawl
Materialannahme *f.* / receiving of material
Materialanteil *m.* / material content
Materialart *f.* / type of material
Materialaufwand *m.* / costs of material
Materialbedarf *m.* / material requirements
Materialbeförderung *f.;* Fördertechnik *f.;* Montage und Transport / material handling
Materialbeistellung (~ durch den Kunden) *f.*; Kundenbeistellung (~ von Material) *f.* / provision of material; material supplied; consigned material or parts (~ by the customer)
Materialbereitsteller *m.* (~ an der Montagelinie) / line-filler
Materialbereitstellung (Fertigung) *f.* / material to be processed
Materialbereitstellungsliste *f.* / staging bill of material
Materialbeschaffung *f.* / material procurement
Materialbeschreibung *f.* / material description
Materialbestand *m.* / material inventory
Materialbewegung / material movement
materialbezogen *adj.* / material-related
Materialbezug *m.* / material requisition
Materialbezugskarte *f.* / material issue card; material requisition card
Materialbezugsschein *m.* / material supply bill; material requisition form
Materialdisposition / material requirements planning (MRP)
Materialebene *f.* / material level
Materialeinzelkosten *pl.* / direct material costs
Materialentnahmen, geplante ~ *fpl.* / planned withdrawals of material

Materialentnahmen, tatsächliche ~ *fpl.*
/ actual withdrawals

Materialfluss *m.* / material flow; flow of
material; physical flow

Materialflusssteuerung *f.* / material flow
control

Materialflusssystem *n.* / material flow
system

Materialflusstechnik *f.* / material
handling engineering

Materialgemeinkosten *pl.* / indirect
material costs; material overhead

Materialknappheit *f.* / material shortage

Materialkosten *pl.* / material costs

Materialkostenkalkulation *f.* /
calculation of material costs

Materialkostensenkung (MKS) *f.* /
material cost reduction

Materialkostenübersicht *f.* / summary
of material costs; material costs
overview

Materiallager *n.* / material warehouse

Materialnummer *f.* / material number

Materialpreisveränderung *f.* / purchase
price variance; material price change

Materialtransportzeit *f.* / material
handling time

Materialtyp *m.* / material type

Materialverbrauch *m.* / material
demand

Materialverwaltung *f.* / materials
administration

Materialwesen *n.*; Materialwirtschaft *f.* /
material control; materials management
(and control)

Materialwirtschaft / material control

Materialwirtschaftsleiter *m.* / materials
manager

Materialzugang *m.* / material additions

Materialzugänge, buchmäßige ~ *mpl.* /
accounting receipts material

Materialzuschlag *m.* (beim
Zuschneiden) / material trim allowance

materielle Vermögenswerte *mpl.*;
Sachvermögen *n.* / tangible assets

Maus *f.* / mouse

Mausbedienung *f.* / mouse handling

Maustaste *f.* / mouse button

Mauszeiger *m.* / cursor; pointer

Maut (Straße) *f.;* Straßennutzungsgebühr *f.* / road toll

Maximalbestand *m.* / maximum stock

maximale Ausnutzung *f.* / maximum
utilization

maximale Maschinenkapazität *f.* /
maximum machine capacity

Mean Time Between Failures (MTBF)
(Zeitspanne zwischen zwei Fehlern) /
Mean Time Between Failures (MTBF)

Mean Time To Repair (MTTR)
(Zeitspanne zwischen zwei
Reparaturen) / Mean Time To Repair
(MTTR)

mechanische Fertigung *f.* / mechanical
production; mechanical manufacturing

Medienpolitik *f.* / media policies

Megaoperationen pro Sekunde
(MOPS) (MOPS=Millionen Operationen
pro Sekunde) *fpl.* / million operations
per second (MOPS)

Mehraufwand *m.* / additional effort;
additional expenditure

Mehrbedarf / additional demand

Mehrbestand / surplus inventory

Mehrentnahme *f.* / over withdrawal

mehrfach *adj.*; vielfach *adj.* / multiple

Mehrfachbezug (Ggs. Einzelbezug;
Bezug bei nur einem Lieferanten) /
multiple-sourcing (opp. single-sourcing)

Mehrfachnutzung (Mehrschichtbetrieb)
f. / multiple-shift usage

Mehrfachrufnummer *f.* / multiple
subscriber number (MSN)

Mehrfachverwendung, -verwendbarkeit
f.; Vielfachverwendung *f.* / multiple use;
multiple usage

Mehrfachverwendungsteil *n.*;
Wiederholteil / multiple usage part;
common part

Mehrkosten / additional charges

Mehrkosten, abrechenbare ~ *pl.* /
invoiceable additional cost

Mehrmandantensystem *n.* / multi-client system

Mehrmaschinenbedienung *f.* / multiple machine operation

Mehrplatzsystem *n.* / multi-user system

Mehrschichtarbeit *f.* / multiple shift operation

mehrstufig *adj.* / multi-level; multi-stage

mehrstufige Stückliste *f.* / multi-level bill of material

Mehrverbrauch *m.* / additional consumption

Mehrwegestapler *m.* / multi-way reach truck

Mehrwegverpackung *f.* / dual-use package

Mehrwert *m.*; Wertzuwachs *m.*; Wertschöpfung *f.* (z.B. Mehrwertsteuer) / value-added (e.g. value-added tax)

Mehrwert schaffen; Zusatznutzen erzeugen; Wert steigern (z.B. hervorragende Firmen versuchen, für die von ihnen vertriebenen Produkte und Leistungen Mehrwert zu schaffen) / add value (e.g. excellent companies seek to add value to the products and services they market)

Mehrwertsteuer (MwSt.) *f.* / value-added tax (VAT)

Mehrzweckumschlagsanlage *f.* / multi-purpose cargo terminal

Mehrzweckwaggon; Vielzweckwaggon / multipurpose railcar

Meilenstein *m.* / milestone

Meinungsbildner *m.* / opinion leader

Meinungsumfrage *f.*; Stimmabgabe *f.* / poll

Meister, Schicht-~ *m.* / shift foreman

Meldung *f.* / notice

Meldung, Schadens-~ *f.* / notification of a claim

Menge *f.*; Stückzahl *f.* / quantity; amount

Menge, bestellte ~ / quantity ordered

Menge, Fertigungs ~ *f.*; Produktionsmenge *f.* / manufacturing quantity; production quantity

Menge, Fertigungs-~; Produktionsmenge / manufacturing quantity; production quantity

Menge, gelieferte ~ *f.* / quantity delivered

Menge, Informations-~ *f.* / information quantity

Menge, lieferbare ~, *f.;* lieferbare Anzahl *f.;* lieferbare Stückzahl *f.* / quantity available; quantity in stock

Mengen kaufen, große ~ *v.* / buy in bulk

Mengenabweichung *f.* / quantity variance

Mengengerüst *n.* / quantity structure

Mengenplanung *f.* / quantity planning

Mengenplanung, revolvierende ~ *f.* (z.B. ~ von Fertigungserzeugnissen) / revolving quantity planning (e.g. ~ for finished products)

Mengenrabatt *m.* / quantity discount

Mengenschwankung *f.* / volume variance

Mengenübersichtsstückliste *f.*; Summenstückliste *f.* / summarized bill of material; summarized explosion

Mengenübersichts-Verwendungs-nachweis *m.* / summary where-used list

Mengenvorgabe *f.* / quantity

Menschenverstand, gesunder ~ *m.*; allgemeine Auffassung *f.*; üblich *adv.* / common sense

menschliche Arbeitskraft *f.* / human resource

Mentalitätsänderung *f.* / mentality change

Merkmal *n.*; Ausprägung *f.* / characteristic

Merkmal, Tätigkeits-~ *n.* / job characteristic

merkwürdig; komisch; eigenartig / oddly

Mess- und Prüftechnik *f.* / test and measurement technology

Messe *f.*; Fachmesse *f.*; Ausstellung *f.* / trade fair; trade show; exhibition

Messeagentur *f.* / trade fair agency

messen v. / measure
Messen und Ausstellungen / trade fairs and exhibitions
messen, sich ~ v.; sich vergleichen v. (z.B. ~ mit dem besten Wettbewerber) / benchmark (e.g. ~ in comparison with the best-of-class competitor)
Messgröße / standard
Messgröße f. / measurement category
Messgrößen, logistische ~ (z.B. Servicegrad, Durchlaufzeit, Bestand, Kosten) / logistics metrics (e.g. fill rate, cycle time, inventory, cost)
Messgrößeneinheit f. / measurement unit
Messlatte (z.B. unser neues Logistiksystem ist eine ~ für unsere Wettbewerber) / benchmark (e.g. our new supply chain system represents a ~ for our competition)
Messlehre f. / gauge
Messpunkt m. / point of measurement; control point; check point; break point
Messung / measurement
Messvorgang m. / measurement process
Metermaß n.; Maßstab m. / measuring stick; yardstick
Methode / approach
Methoden und Tools / methods and tools
Methodenmix m. (z.B. ~ von Schiebe- und Ziehprinzip) / method mix (e.g. ~ of push and pull)
Methodenschulung f. / methods training
Metropolitan Area Network (MAN)
Microcomputerbaustein m. / microcomputer component
Middleware f. (Software- oder Funktionsschicht, die zwischen Client und Server liegt und welche die Verbindung und den Informationsaustausch zwischen den Systemen ermöglicht) / middleware (a layer of software or functions between client and server that allows both, the interconnection and the exchange of information between the systems)

Mietdauer; Mietverhältnis; Pachtverhältnis / tenancy
Miete f.; Pacht f. / rent; lease
Mieter; Pächter / tenant
Mietgeschäft n. / rental business
Migration f.; Überleitung f.; Umänderung f. (z.B. ~ von BAV zu EDIFACT) / migration (e.g. ~ from BAV to EDIFACT)
Migrationskonzept n.; Überleitungskonzept n. / migration concept
Migrationsstrategie f.; Überleitungsstrategie f. / migration strategy
Mikroelektronik f. / microelectronics
Mindergewicht n. / shortage in weight
Minderung (Abnahme) / decrease
Minderung (Preisabschlag; Preissenkung) / price reduction
Minderung (Schwund) / shrinkage
Mindestbearbeitungszeit f. / minimum processing time
Mindestbestand m.; minimaler Bestand m. / minimum stock
Mindestliefermenge f. / minimum delivery quantity
Mindestlos n. / minimum batch; minimum lot
Minimalbestandsüberwachung f. / base stock control
minimaler Bestand / minimum stock
Minimalfracht f. / minimum freight rate
minimieren v. / minimize
MIPS / million instructions per second (MIPS)
MIS (Management Information Systeme) / management information systems (MIS)
Mischkalkulation f. / hybrid costing
Missbrauch m.; falsche Anwendung f. / misuse
Mitarbeiter m. / employee; staff member; co-worker
Mitarbeiter an der Front (fam.) / firing line people (coll.)

Mitarbeiter mit Kundenkontakt *m.*; Verkäufer *m.* / front-line employee

Mitarbeiter, angelernter ~ / semi-skilled worker

Mitarbeiter, außertariflicher ~ *m.*; außertariflicher Angestellter *m.* (Ggs. tariflicher Mitarbeiter) / exempt employee (opp. non-exempt employee)

Mitarbeiter, Einbeziehung der ~ *f.* / people involvement

Mitarbeiter, engagierte ~ / committed workforce

Mitarbeiter, gleichrangiger ~ *m.*; gleichrangiger Partner *m.* / peer

Mitarbeiter, hochrangiger ~ *m.* / high-ranking employee

Mitarbeiter, ins Ausland versetzter ~ / expatriate

Mitarbeiter, tariflicher ~ *m.*; tariflicher Angestellter *m.* (Ggs. außertariflicher Mitarbeiter) / non-exempt employee (opp. exempt employee)

Mitarbeiter, ungelernter ~ *m.* / unskilled employee

Mitarbeiterabbau *m.*; Personalabbau *m.* / workforce reduction

Mitarbeiterbefähigung *f.*; Befähigung der Mitarbeiter; Ertüchtigung der Mitarbeiter / employee empowerment

Mitarbeiterbeteiligung *f.* (z.B. ~ bei Geschäftsentscheidungen) / employee participation (e.g. ~ at business decisions)

Mitarbeiterbeurteilung / performance appraisal

Mitarbeiterpotential, fähiges ~ *n.* / skilled manpower

Mitarbeiterqualifikation *f.* / employee qualification

Mitarbeiterqualifizierung *f.* / employee qualification

Mitarbeitertraining *n.*; Mitarbeiter-schulung *f.* / training; employee training; personnel training

Mitbestimmung *f.* / codetermination

Mitbestimmungsgesetz *n.* / Codetermination Act

Mitbewerber / competitor

Mitglied des Aufsichtsrats *n.* / member of the supervisory board

Mitglied des Bereichsvorstands *n.* / member of the group executive management

Mitglied des Vorstandes / member of the managing board

Mitglied, stellvertretendes ~ *n.* (z.B. ~ des Vorstandes) / deputy member (e.g. ~ of the managing board)

Mitglieder und Nichtmitglieder (z.B. die Teilnahme am Logistikseminar kostet für ~ das gleiche) / members and nonmembers (e.g. the participation fee for the logistics seminar is the same for ~)

Mitgliedstaat *m.* / member state

mitlaufende Kalkulation *f.* / concurrent costing

mitliefern *v.* / supply with

Mitteilnehmer *m.* / fellow participant

Mitteilung / message

Mitteilungsblatt *n.* / newsletter

Mittel (Geld) / resource

Mittel (Maßnahme) *n.* / means

Mittel und Methoden / means and methods

Mittelabfluss *m.* / outflow of funds

Mitteleuropäische Zeit *f.* / CET (Central European Time)

mittelfristig *adj.* / mid-term; medium-range; medium-term

Mittelfristplanung *f.*; mittelfristige Planung *f.* / mid-term planning

Mittelplanung (Finanzen) *f.* / resource planning

Mittelstandsunternehmen / medium-sized company

Mittelwert, einfacher ~ *m.* / simple mean

mittleres Management / mid-level management

Mitverantwortung *f.* / joint responsibility

Mitvertrieb *m.* / co-distribution

MKS (Materialkostensenkung) *f.* / material cost reduction

MM (Mannmonat) *m.* / man-month

Möbeltransport *m.* / furniture transport

mobil *adj.* / mobile

Mobilkran *m.* / mobile crane

Mobiltelefon *n.*; Handy *n.* (Anm.: in USA ist das Wort "handy" total unbekannt, im üblichen Sprachgebrauch wird meist "cellphone" benützt) / cellphone; cellular phone; mobile phone

modal, multi~ *adj.* / multimodal

Modalität *f.*; Ausführungsart *f.*; Art und Weise *f.* / modality

Modeartikel *fpl.* / fashion goods; fancy goods

Modell *n.* / model

Modell, ein ~ erstellen; ein Modell entwickeln / modelling; build a model

Modellanalyse *f.* / model analysis

Modem *n.* (zusammengesetztes Wort aus MODulator, DEModulator: wandelt (moduliert bzw. demoduliert) Signale um, die z.B. vom PC über Telefonleitung zu einem anderen PC übertragen werden) / modem

Modeprodukt *n.* (auch Liebhaberpreis, extrafeines Essen, schicker Sportwagen, ausgefallener Geschäftsanzug, etc.) / fancy product (also fancy price, fancy food; fancy sports car; fancy business dress, etc.)

Moderator *m.* / facilitator

Moderieren, Gestalten und ~ (z.B. ~ von Arbeitsgruppen) / organizing and facilitating (e.g. ~ of workgroups)

modern *adj.*; führend *adj.* (z.B. eine ~ Technologie) / leading-edge (e.g. a ~ technology)

modernisieren / modernize

Modernitätsgrad *m.* / degree of modernization

Modewort *n.*; Schlagwort *n.* (z.B. ist 'Reengineering' nur wieder ein neues ~ auf dem Markt?) / buzzword (e.g. is 'reengineering' just again a new ~ in the market-place?)

Modifizierung *f.*; Änderung *f.* / modification; alteration; change; variation

Modul / module; subassembly

modulare Stückliste *f.* / modular bill of material

modulares Bausteinsystem *n.* / modular building block system

Modulbauweise, System in ~ / modular build-up system

Möglichkeit (für Verbesserungen) *f.*; Verbesserungspotential *n.* / opportunity (for improvements)

Möglichkeit *f.* (zur Auswahl); Option *f.* / option

momentane Kosten pro Einheit / current unit cost

Monat, laufender ~ *m.* / current month

monatlich *adj.* / monthly

monatliche Abrechnung *f.* / monthly clearing

monatliche Bezahlung *f.*; monatliche Rechnung *f.* / monthly payment; monthly invoice

monatliche Rechnung *f.*; monatliche Bezahlung *f.* / monthly invoice; monthly payment

Monatsabschluss *m.* / monthly closing

Monatsende *n.* / end of month

Monatsende, Abschluss zum ~ *n.* / month-end closing

Monopol *n.* / monopoly

Monopolist *m.* / monopolist

Montage (~ auf der Baustelle) *f.* / installation (~ on site)

Montage (~ in der Fertigung) *f.* / assembly (~ in manufacturing)

Montage *f.*; Montagegelände *n.* (z.B. auf dem Montagegelände) / installation site (e.g. at the installation site)

Montage- und Handhabungstechnik f. / assembling and manipulating equipment

Montageauftrag m. / assembly order

Montagebandfertigung f. / line production; line assembly

Montagedurchlaufzeit f. / assembly throughput time

Montageeinzelarbeitsplatz m. / individual assembly workplace

Montagegruppe f.; Montagetrupp m. (~ auf der Baustelle) / building team (e.g. on site ~)

Montagelinie f. / assembly line

Montageliste f. / assembly parts list

Montagemenge f. / assembly quantity

Montageplan (Baustelle) m. / build schedule (on plan)

Montageplan (Fertigung) m. / assembly plan (manufacturing)

Montageprogramm n. / assembly program

Montagetrupp m.; Montagegruppe f. (~ auf der Baustelle) / building team (e.g. on site ~)

montieren v. / install; mount; assemble

montieren, auftragsbezogen ~ v. / assemble-to-order

MOPS (Megaoperationen pro Sekunde) (MOPS=Millionen Operationen pro Sekunde) fpl. / million operations per second (MOPS)

Motivation f. / motivation

Motor m. / engine

MPA (Marktpotentialanalyse) f. / market potential analysis (MPA)

MTBF (Mean Time Between Failures (Zeitspanne zwischen zwei Fehlern)

MTM-Verfahren (Methode zur Zeiterfassung) / method for time measurement (MTM)

MTTR (Mean Time To Repair) (Zeitspanne zwischen zwei Reparaturen)

Mülldeponie f.; Abfallplatz m. / dump place; waste disposal site

Mülltonne f.; **Abfallbehälter** m. / garbage can

multifunktionell adj. / multi-functional

Multimedia pl. (Nutzung verschiedener Medien auf Computer, z. B. Text, Bild, Ton, Kommunikation, Animation, Videosequenzen) / multimedia

multimodal adj. / multimodal

Multimomentaufnahme f. / activity sampling

multinational adj. / multinational

multinationale Prozesse (über Ländergrenzen hinweg) / transnational processes

Multiplexer (MUX) m. / multiplexer

multiuser-fähig adj. / designed for multi-user operation

murksen v. (z.B. ~ Sie doch nicht mit dieser Software herum) / mess (e.g. don't ~ around with this software)

Mussdatenelement n. / mandatory data element

Mussdatenfeld n. / mandatory data field

Mussfeld n. / mandatory field

Muster (Probe) / sample

Muster n.; Gestaltungsvorlage f.; Schablone f.; Leerformular n. (z.B. ~ für PC mit der Möglichkeit zum Ausfüllen von Leerfeldern) / template

Musterangebot n. / sample quotation

Muttern und Schrauben / nuts and bolts

MUX (Multiplexer) m. / multiplexer

MwSt (Mehrwertsteuer) f. / VAT (value-added tax)

N

Nacharbeit f. / rework

Nacharbeitsauftrag m. / rework order

Nacharbeitsschleife f. / rework loop

Nachauftragsphase f. / post-order phase

Nachbau (Lizenz) m. / production under license; licensed production

Nachbau *m.* / reproduction
Nachbearbeitung *f.* / postprocessing
Nachbearbeitung, maschinell ~ *f.* / mechanical finishing
nachbessern *v.* / rework
nachbestellen *v.* / reorder
Nachbestellung *f.* / reorder
Nachbestellung *f.*; Auffüllauftrag *m.* / replenishment order; reorder
Nachbestellungsniveau *n.* / reorder level
nachdatieren *v.* / postdate
nachfolgen *v.* (z.B. Nachfolger werden für diese Position von Herrn A.) / succeed (e.g. ~ Mr. A. in this position)
Nachfolger *m.* / successor
Nachfolgeseminar *n.* / follow-up seminar
nachforschen *v.*; nachfragen *v.* / inquire
Nachforschung *f.* (z.B. ~ bezüglich Auftragsverfolgung) / tracing (e.g. ~ of an order)
Nachfrage *f.*; Bedarf *m.* / demand; need
Nachfrage, komplementäre ~ / joint demand
Nachfrage, lebhafte ~ *f.* / active demand
Nachfrage, momentane ~ *f.* / current demand
Nachfrage, schwache ~ *f.*; geringer Bedarf *m.* / weak demand
Nachfrage, schwankende ~ *f.*; schwankender Bedarf *m.* / fluctuating demand; lumpy demand
nachfragebedingt *adv.* (z.B. aufgrund der großen Nachfrage für unsere hervorragenden Produkte mussten wir weitere 100 Stück liefern) / according to demand (e.g. according to the great demand for our outstanding products we had to deliver another one hundred items)
nachfragegesteuert *adj.* / demand-driven
nachfragen *v.*; nachforschen *v.* / inquire
Nachfrageschwankung *f.* / demand variance

Nachfrageunstimmigkeit *f.* / demand discrepancy
Nachfüllsystem *n.*; Nachschubsystem *n.*; Wiederbeschaffungssystem *n.* / replenishment system
Nachgebühr *f.* / postage due; due postage
nachgelagerte Bearbeitung / downstream operation
nachgelagerte Fertigungsstufe *f.* / successor stage; downstream manufacturing step
Nachholbedarf *m.* / backlash demand
Nachkalkulation *f.* / actual costs calculation; final calculation; ex-post costing
Nachlass *m.*; Rabatt *m.* / deduction; discount
nachlassen *v.*; Preis ermäßigen *v.* / reduce
Nachlauf *m.* (Transport) / onward-carriage; subsequent transport (traffic)
Nachlaufkosten *pl.* / follow-up costs
Nachlaufzeit *f.* / follow-up time
Nachleistung *f.* (finanziell) / supplementary payment
Nachlieferung *f.*; Auffüllung *f.* / replenishment
Nachlieferung, kostenlose ~ *f.* / free of charge replacement
Nachnahme, gegen ~ *f.*; Barzahlung bei Lieferung *f.* / collect on delivery (COD); cash on delivery (COD)
Nachnahmebetrag *m.* / amount to be collected on delivery
Nachnahmegebühr *f.* / COD charge (collect on delivery); c.o.d. charge
Nachnahmesendung *f.* / COD consignment (collect on delivery); c.o.d. consignment
nachprüfen *v.* / review; verify
Nachprüfung *f.* / review; audit
Nachricht *f.*; Mitteilung *f.* / message
Nachricht; Information / information

Nachricht, Beginn der ~
(Kommunikation) / beginning of message
(communications)
Nachrichtenerstellung *f.* / message
preparation
Nachrichtenkabel *n.* /
telecommunications cables
Nachrichtentechnik *f.*;
Fernmeldetechnik *f.* /
telecommunications
Nachrichtenübertragung / transfer of
messages; transmission of messages
nachrüsten *v.* (z.B. ~ von zusätzlichen
Eigenschaften) / setup change (e.g. ~ of
supplementary features)
nachschicken *v*; nachsenden *v.* / forward
Nachschub *m.*; Wiederauffüllung *f.* /
replenishment
Nachschubdisposition *f.* / replenishment
planning
Nachschublager / depot
Nachschubsystem *n.*; Nachfüllsystem *n.*;
Wiederbeschaffungssystem *n.* /
replenishment system
nachsenden *v*; nachschicken *v.* / forward
Nachteil *m./* disadvantage
Nachtschicht *f.* / night shift
Nachversicherung *f.* / subsequent
insurance
Nachweis *m.* / proof
Nachweisprüfung / acknowledgement
Nachwuchskräfte *fpl.* / junior staff
Nadeldrucker *m.* / dot matrix printer
NAFTA (North American Free Trade
Agreement: Das Nordamerikanische
Freihandelsabkommen hat, seitdem es
am 1. Januar 1994 in Kraft getreten ist,
eine Freihandelszone geschaffen, die
die USA, Mexico und Kanada umfasst) /
NAFTA (has, since it became effective
on January 1, 1994, created a free trade
area comprising the United States,
Mexico and Canada)
Nähe von Terminals / proximity of
terminals
nahtlos *adj.* / seemless

Nahtransport *m.;* Nahverkehr *m.* / local
transportation; local goods traffic
Nahtverkehr *m.;* Nahtransport *m.* / local
goods traffic; local transportation
Nahverkehr *m.*; Lokalverkehr *m.* / local
traffic
Nahverkehrfahrzeuge *npl.* / mass transit
rolling stock
Namenskonvention *f.* / naming
convention
Nämlichkeit (Zoll) *f.* / identity (customs)
Nämlichkeitsschein *m.* / reentry permit
nationaler Markt *m.* / national market
Navigation *f.;* Routenführung *f.;*
Routenlenkung *f.* / navigation; route
guidance
Navigationssystem *n.;*
Routenführungssystem *n.;*
Routenlenkungssystem *n.* / navigation
system; route guidance system
Navigator *m.* (Softwareprogramm zum
Ansteuern verschiedener Stellen einer
WWW-Seite oder verschiedener
Dokumente im WWW durch Anklicken
von Links) / navigator
Nebenabgaben / additional charges
Nebenabreden *fpl.* / collateral
agreements
Nebenbedarf *m.* / secondary demand
Nebenbetriebszone *f.* / service area
Nebendaten *npl.* / incidental data
Nebeneffekt *m.* / side effect
Nebenkosten *pl.* / incidentals; charges
Nebenleistungen *f.* (zu Lohn und Gehalt)
/ fringe benefits
Nebenprodukt *n.*; Abfallprodukt *n.* / by-
product; co-product
Nebenstellen, Durchwahl zu ~ / direct
dialing (DD)
Nebenstellenanlage *f.* / private automatic
branch exchange (PABX)
Nebenstraße *f.* / side street; by-road
Nebenvertrag / subcontract
negative Verfügbarkeit *f.* / minus
availability
nehmen *v.* / take

nehmen, zurück~ *v.* / take back

neigen, zu etwas ~ *v.*; tendieren *v.*; geneigt sein (z.B. Spitzenfirmen tendieren viel mehr dazu, Logistik als Kernkompetenz zu nutzen als ihre weniger fortschrittlichen Konkurrenten) / apt (e.g. world class firms are far more ~ to exploit logistics as a core competency than their less advanced competitors)

Nennbetrag *m.* / nominal amount

Nennwert *m.* (zum ~; unter ~) / nominal value; face value (at par; below par)

Nennwert *m.* / nominal value; face value

Nestfertigung / group technology

netto *adv.* / net

netto Kasse im voraus *f.* / cash in advance

Nettobedarf *m.* / net requirements

Nettobedarfsrechnung *f.*; Nettobedarfsermittlung *f.* / net requirements calculation

Nettobetrag *m.*; Endbetrag *m.* / net amount

Nettoergebnis *n.* / net result

Nettogewicht *n.*; Reingewicht *n.* / net weight

Nettogewinn *m.* / net profit

Nettolohn *m.* / net wage

Nettoumsatz *m.* / net sales

Nettoverkaufspreis *m.* / net sales price

Nettoverlust *m.* / net loss

Netz *n.*; Netzwerk *n.* / net; network

Netz, ans ~ angeschlossen sein *n.* / hooked up to the network

Netz, externes ~ *n.* (siehe 'Internet'; Ggs.: internes Netz *n.*; Intranet *n.*) / extranet (see 'internet'; opp.: intranet)

Netz, hierarchisches ~ *n.* / hierarchical network

Netz, öffentliches ~ *n.* / public network

Netz, privates ~ *n.* / private network

Netz, Transport~ *n.*; Versandnetz *n.*; Speditionsnetz *n.* / shipping network

Netz, weltweites ~ / World Wide Web (WWW)

Netzanschlusspunkt *m.* / network access point

Netzarchitektur *f.* / network architecture

Netzbetreiber *m.* / network operator

Netzelement *n.* / network element

Netzkoordinierung (NK) *f.* / network coordination

Netzleittechnik *f.* / network power system control

Netzmanagement *n.* / network management

Netzplan *m.* / network plan

Netzplantechnik *f.* / network plan technique

Netzrechner; Server / server

Netzschnittstelle *f.* / network interface

Netztopologie *f.* / network topology

Netzübergang *m.* / network bridge

Netzübergangsdienst *m.* / network connecting service

Netzübergangseinrichtung *f.* / network connecting equipment

Netzwerk / net

Netzwerk, unternehmensweites ~ / corporate network

Netzwerkdienst *f.* / network services

Netzwerktechnik *f.* / network technology

Netzzugang *m.* / network gateway

Neuanlauf *m.* / ramp-up

Neuaufwurf *m.* (Einarbeitung von neuen oder geänderten Daten in das Primärprogramm) / new planning; regenerative MRP

neue Ökonomie *f.* (stellvertretend z.B. Elektronik, Informations-, Kommunikations-, Biotechnologie, ...) / new economy (represented by e.g. electronics, information, communication, biotechnology, ...)

Neuentwicklung *f.* / redesign

Neues Regelsystem (NRS) *n.* (z.B. ~ für die elektronische Geschäftsabwicklung) / new guideline (NRS) (e.g. ~ for electronic business transactions)

Neugestaltung (~organisation) *f.*;
Umgestaltung (~organisation) *f.*;
Reengineering *f.* / redesign;
reengineering

Neugestaltung eines Geschäftes
Umgestaltung eines Geschäftes;
Reengineering eines Geschäftes;
Umorganisation eines Geschäfts /
business redesign; business
reengineering

Neugestaltung von Logistikprozessen;
Reengineering von Logistikprozessen *n.*
/ logistics process redesign; logistics
process reengineering

neugierig sein; gespannt sein; gerne
wissen wollen; begierig wissen wollen
(z.B. 1. .. ich möchte gerne wissen, 2. ..
er ist gespannt auf seinen Bericht) /
anxious (e.g. 1. I am ~ to know, 2. he is
~ for his report)

neuordnen *v.* / rearrange

Neuplanung *f.* (z.B. ~ von unten nach
oben) / replanning (e.g. bottom-up ~)

neuronales Netz *n.* / neural network

neuzuordnen *v.* / reallocate

Newsgroup *f.* (Diskussionsgruppe, z.B.
zu bestimmten Themenbereichen im
Internet)

nicht legitim; unrechtmäßig *adj.* /
illegitimate

Nichtannahme; Annahmeverweigerung
f. (z.B. ~ einer Lieferung) / refusal to
accept (e.g. refusal of a delivery)

nichtwertschöpfende Tätigkeit *f.*
(Verschwendung) / non-value adding
activity (waste)

Niederlassung *f.*; Zweigniederlassung *f.*
(~ im Inland, ~ im Ausland) / subsidiary;
branch office; regional office (domestic
~, international ~)

Niedriglohn *m.* / low-wage

niedrigster Wert *m.* / lowest value

Niete, eine ~ ziehen (fam.); Pech haben /
pick a lemon (coll. AmE); to have bad
luck

Nischenmarkt *m.* / niche market

niveauwirksam (preislich) *adj.* / impact
on price level

Nominalverzinsung / yield (interest)

Norm / standard

normal ('üblich') *adj.; adv.* / normal;
usual

normal ... ('Norm') *adj.* / standard ...

Normalarbeitstag *m.* / standard work
day

Normalausführung *f.* / conventional
design; standard design

Normalbeschäftigung *f.* / normal level
of capacity utilization

Normalkapazität *f.*; Kannkapazität *f.* /
normal capacity

Normalkosten *pl.* / standard costs

Normalkostenkalkulation *f.* / normal
cost calculation

Normallaufzeit *f.* / standard run time

Normalleistung / standard performance

Normalpreis / standard price

Normalpreisprodukt *n.*; Produkt der
mittleren Preiskategorie (i.S.v.
Marktkategorie) / mid-range product

Normalverteilung *f.* / normal
distribution

Normalzeit / standard time

Normarbeitsplatz *m.* / standard work
center

Normen *fpl.* / standards

Normteil *n.* / standard part

Normung / standardization

Note *f.* / grade

Notenbank, US-~ / the Fed

Notfall *m.* / emergency

Notfallplan *m.*; Notplan *m.*; Plan für
unvorhersehbare Ereignisse *m.* /
contingency plan; emergency plan

Notfertigung *f.* / makeshift production

Notiz *f.*, Vermerk *m.* / memorandum

notwendig / required

Notwendigkeit, echte *f.* ~ / real needs *pl.*

Notwendigkeit, Sinn der ~; Gespür für
Dringlichkeit; Empfindung für
Dringlichkeit / sense of urgency

NRS (Neues Regelsystem) *n.* (z.B. ~ für die elektronische Geschäftsabwicklung) / new guideline (NRS) (e.g. ~ for electronic business transactions)

Nullbestand *m.* (Bedarf, der nicht durch Lagerbestand abgedeckt werden kann) / stockout

Null-Fehler-Fertigung *f.* / zero defect production

Nullpunktverschiebung *f.* / zero offset

Nullserie / pilot lot

Numerierungsplan *m.* / numbering scheme

numerische Steuerung *f.* / numeric control

Nummer *f.* / number

Nummer, laufende ~ *f.;* Seriennummer *f.* / serial number

Nummer, Rechnungs-~ *f.* / invoice number

Nummernbereich *m.* / number interval

Nummernkreis *m.* / number range

Nummernschild *n.* (KFZ) / license plate (car)

Nummernvergabe *f.* / number assignment

nur zur Verrechnung (Scheck) / for deposit only (check); not negotiable

nutzbares Ergebnis / tangible result

Nutzen *m.;* Gewinn *m.* / benefit

nutzen *v.* (z.B. Spitzenfirmen tendieren viel mehr dazu, Logistik als Kernkompetenz zu ~ als ihre weniger fortschrittlichen Konkurrenten) / exploit (e.g. world class firms are far more apt to ~ logistics as a core competency than their less advanced competitors)

nutzen *v.* / use; utilize

Nutzen haben; Vorteil haben; Nutzen ziehen; Nutzen ziehen aus; Vorteil haben durch / benefit; derive profit (e.g. ~ from)

Nutzen, beiderseitiger ~ *m.* / mutual benefits

Nutzen, geschäftlicher ~ *m.* / commercial benefit

Nutzen, greifbarer ~ *m.;* realer Nutzen *m.* / tangible benefits

Nutzen, Shareholder- ~ *m.* (z.B. Kundennutzen zum Wohle der Shareholder schaffen) / shareholder benefit (e.g. delivering value to the customer for the benefit of the shareholders)

Nutzen, zusätzlicher ~; Zusatznutzen *m.;* Zusatzwert *m.* / added value

Nutzenanalyse *f.* / coverage analysis

Nutzer / user

Nutzfahrzeug *n.* / commercial vehicle

Nutzlast *f.;* Tragfähigkeit *f.* / net load; carrying capacity

Nutzlastmethode *f.* / net load method

nützlich *adj.;* zweckmäßig *adj.* / useful

Nützlichkeit *f.;* Zweckmäßigkeit *f.* / usefulness

nutzlos *adj.;* zwecklos *adj.* / useless

Nutzlosigkeit *f.;* Zwecklosigkeit *f.* / uselessness

Nutzung (z.B. ~ von Rechten, ~ von Möglichkeiten usw.) / utilization (e.g. ~ of rights, ~ of chances etc.)

Nutzung des Raumes *f.;* Raumnutzung *f.;* Nutzungsgrad des Raumes; Auslastung des Raumes (z.B. die ~ des Lagers ist ziemlich hoch) / cube utilization (e.g. the ~ of the warehouse is pretty high)

Nutzung, Bezahlung nach ~ *f.* / pay for use

Nutzungsdauer, tatsächliche Produkt-~ *f.* / actual product lifetime

Nutzungsdauer, wirtschaftliche ~ *f.;* wirtschaftliche Lebensdauer *f.* / economic lifetime; effective lifetime

Nutzungsgrad *m.* / usage rate

Nutzungshauptzeit *f.* / usage main time

Nutzungsrecht *n.* / right of use

Nutzungszeit (Fertigung) *f.* / machine time

Nutzwert (für den Kunden) *m.* / customer value

O

oben, von ~ nach unten (~-Ansatz) / top-down (~ approach)
Oberbegriff *m.* / generic term
obere Sachnummer / upper part number
oberes Management; obere Führungskräfte / senior management; upper-level management
Obergrenze / limit; ceiling
oberster Führungskreis / top management
oberstes ... (z.B. ~ Ziel) / supreme ... (e.g. ~ goal)
Oberstufe / upper part number
Objektschutz *m.* / physical protection
Obligationen *fpl.* / bonds
obligatorisch *adj.*; zwangsweise *adj.* / compulsory
Obligo *n.*; Haftung *f.*; Haftpflicht *f.* / liability
OEM / original equipment manufacturer (OEM)
OEM-Geschäft *n.* / OEM business
OEM-Produkt *n.* / OEM product
offene Abrufmenge *f.* / open release quantity
offene Bestellung (Beschaffung) *f.*; offener Auftrag *m.* / open purchase order
offene Bestellung *f.*; offener Auftrag *m.* (Fertigung) / open manufacturing order
offene Kommunikation *f.* / open communication
offene Police *f.* / open policy
offene Rechnung *f.* / uncleared invoice
offener Auftrag (Beschaffung) *f.*; / open purchase order
offener Auftrag *f.* (Fertigung) / open manufacturing order
offener Kundenauftrag; unerledigter Kundenauftrag (Terminverzug) (z.B. Artikel A. ist gerade nicht lieferbar, wird aber bald an Sie geliefert) / backorder; open order; unfilled order (e.g. article A.

is on backorder but will be delivered to you soon)
offenes Lager *n.* / open warehouse
Offenlegung der Kosten *f.* (z.B. ~ in einer unternehmens-übergreifenden Partnerschaft) / open cost book (e.g. ~ in inter-company partnering)
offensichtlich / evidently
öffentlich *adj.* / public
öffentliche Hand *f.* / public sector
öffentliche Verkehrsmittel *npl.* / public transportation
öffentliche Vermittlungssysteme *npl.* / public switching systems
öffentlicher Auftraggeber *m.* / public authorities
öffentliches Kommunikationsnetz *n.* / public communication network
öffentliches Netz *n.* / public network
Öffentlichkeit *f.* (in der ~) / public (in ~)
Öffentlichkeitsarbeit (PR) *f.*; Informations- und Pressewesen *n.* / public relations (PR)
Offerte / offer
OFK (obere Führungskräfte) / senior management
OI (Organisation und Information) / MIS (Management Information Systems)
OI-Aktivitäten *fpl.* / MIS activities
OIL (Organisation, Information und Logistik) / organization, information and logistics (OIL)
OI-Leiter *m.* / manager MIS; MIS manager
OI-Stelle *f.* / MIS department
Ökologie *f.* / ecology
Ökonomie *f.* / economy
OLE-Technik *f.* / object linking and embedding technique (OLE)
Ölfilter *m.* / oil filter
Ölkanne *f.* / oil can
Ölmessstab *m.* / oil dipstick
Ölstandsanzeiger *m.* / oil-level gauge
Öltanker *m.* / oil tanker
Ölwanne *f.* / oil sump
Ölwechsel *m.* / oil change

online *adj.* (direkt mit dem Computer verbunden) / online
Onlinehilfe *f.* / online help
Onlinehinweis *m.* (z.B. PC: ~ zur Erinnerung an einen wichtigen Liefertermin) / online-promt (e.g. ~ to warn about an important delivery date)
operativ *adj.* / operational
operative Aufgabe *f.* / operational task
operative Ebene *f.*; Arbeitsebene *f.* (Ggs. Managementebene) / operative level (opp. management level)
operative Planung *f.* / operational planning
operatives Ergebnis *n.* (z.B. ~ entweder als Nettogewinn oder als Nettoverlust) / operating result (e.g. ~ either as a net profit or a net loss)
Opportunitätskosten *pl.*; Alternativkosten *pl.*; alternative Kosten *pl.* (z.B. Ertrag, der zu erzielen gewesen wäre, wenn kein Geld aufgenommen oder für etwas anderes ausgegeben worden wäre) / opportunity cost (e.g. profit that could have been obtained if no money had been borrowed or had been spent for other reasons)
optimale Auftragsmenge *f.* / optimum order quantity
optimale Losgröße *f.* / optimal batch size; economic lot size
Optimalwert *m.* / optimum value
optimieren *v.* / optimize
Optimierung *f.* (~ von, ~ durch) / optimization (~ of, ~ through)
Optimierung des Lagerumschlages *f.* / inventory ratio optimization; stock ratio optimization
Optimierungsgrößen *fpl.* / optimization quantities
Optimierungsprozess *m.* / optimization process
Option *f.*; Möglichkeit *f.* / option
ordentlich *adj.* / proper
ordentlich *adv.* / properly
Order *f.*; Bestellung *f.* / order

Order, Auffüll-~ *f.*; Auffüllauftrag *m.* / fill order
Orderkonnossement *n.* / order bill of lading
Orderschein *m.*; Orderformular *n.* / order form
ordnen *m.*; sortieren *m.* / sort
Ordnung, Gebühren-~ *f.*; Gebührenaufstellung *f.* / scale of fees; scale of charges
Ordnungsbegriff *m.* / sort criterion (plural of 'criterion'='criteria')
ordnungsgemäß *adv.* / orderly
ordnungsmäßig *adj.*; richtig *adj.* / correct
Ordnungsmäßigkeit *f.*; Richtigkeit *f.* (z.B. ~ der Datenverarbeitung) / correctness (e.g. ~ in data processing)
Ordnungsmerkmal / sort criterion (plural of 'criterion'='criteria')
Ordnungsschema *n.* / structural hierarchy
Organisation *f.*; Organisationsstruktur *f.*; Strukturorganisation *f.* (z.B.~ einer Geschäftseinheit) / organization; organizational structure (e.g. ~ of a business unit)
Organisation und Information (OI) (s. auch IuK) / organization und information (OI) (see also I&C)
Organisation, aufgeblähte ~ *f.*; aufgeblähte Verwaltung *f.* / bloated organization
Organisation, gestraffte ~ *f.* / streamlined organization
Organisation, horizontale ~ *f.* / horizontal organization
Organisation, Information und Logistik (OIL) / Organization, Information and Logistics (OIL)
Organisation, lernende ~ *f.*; lernendes Unternehmen *n.* (z.B. handlungsorientiertes, ergebnisgerichtetes Lernen mit kontinuierlicher Verbesserung in der eigenen Organisationsumgebung) /

learning organization; learning enterprise (e.g. action and result oriented learning with continuous improvement in the own organizational environment)

Organisation, rechtlich selbständige ~ *f.*; rechtlich selbständiges Unternehmen *n.*; Rechtseinheit *f.* / legal entity

Organisation, Regional-~ *f.* / regional organization

Organisation, vertikale ~ *f.* / vertical organization

Organisation, virtuelle ~ *f.* (z.B. ... unter Nutzung von Telearbeit) / virtual organization (e.g. ... by using teleworking)

Organisationsanweisung *f.*; Arbeitsanweisung *f.* / operating instruction

Organisationsarbeit *f.* / organizational work

Organisationsberatung *f.* / organizational consulting

Organisationsentwicklung *f.* / organizational development

Organisationsgrenzen, über ~ hinweg zusammenarbeiten; funktions-übergreifend zusammenarbeiten / work across organizations; work across organizational interfaces; work cross-functionally

Organisationslernen *n.*; Lernen in der Organisation (Ggs. offene Seminare für jedermann) / organizational learning (opp. seminars open to everybody)

Organisationsplan *n.*; Organisationsschema *n.* / organization chart

Organisationsprojekt *n.* / organizational project

Organisationsstruktur (z.B. ~ einer Geschäftseinheit) / organization (e.g. ~ of a business unit)

Organisationsziel *n.* / organizational goal; organizational objective

Organisator *m.* / organizer

organisatorisch zugeordnet zu ...; organisatorische Verantwortung haben; organisatorisch gehören zu ... (z.B. er gehört organisatorisch zu Herrn B.; Ggs. er berichtet fachlich an; ... siehe 'fachlich zugeordnet zu ...') / organizationally reporting to ...; organizational responsibility; solid line responsibility (e.g. he reports to Mr. B. or: he has a solid line responsibility to Mr. B.; opp. he has a dotted line to ...; see 'dotted line responsilility')

Orientierung *f.*; Ausrichtung *f.* / orientation

original *adj.* / original

Original *n.* / original

Originalverpackung *f.* / original packing

Ort und Stelle, an ~; im Haus / on the premises

Ort und Stelle, an ~; sofort *adv.* / on the spot

Ort, an ~ und Stelle; sofort *adv.* / on the spot

Ort, vor ~; am Standort (z.B. auf dem Montagegelände) / at site; on-site (e.g. at the installation site)

Ortsgespräch *n.* (Telefon) / local call (phone)

Ortsnetzbereich *m.* / local network area

Ortsvermittlungsstelle *f.* / local office; local exchange

Ortszeit *f.* / local time

OSI / Open Systems Interconnection (OSI)

Ostmärkte *mpl.* (Europa) / eastern markets (Europe)

Outplacement *f.* / outplacement

Outplacement-Beratung *f.* (professionelle Unterstützung bei der Vermittlung von Arbeitsverhältnissen für Institutionen, Firmen und Privatpersonen) (z.B. ~ wird dringend für ca. 200 Personen benötigt, da die Firma den Fertigungsstandort im Juli nächsten Jahres schließen wird) / outplacement consulting (professional placement support for institutions, companies and individuals (e.g. ~ is urgently needed for some two hundred people because the company will shut down its manufacturing site in July next year)

Outsourcing n.; Ausgliederung f. (Vergabe bzw. Ausgliederung von Leistungen an externe Dienstleister) / outsourcing

Outsourcingvertrag m. / outsourcing contract

P

p.a. ; pro Jahr (z.B. Veränderung der Bestände ~) / per annum; per year (e.g. variance of inventory ~)

PA / Packet Assembly

Pacht f.; Miete f. / lease; rent

Pachtdauer f.; Mietverhältnis; Pachtverhältnis / tenancy

Pächter; Mieter / tenant

Päckchen n. / small parcel

packen v.; einpacken v.; verpacken v. / pack

Packerei; Packzone f. / packing department; pack area

Packliste / packing list

Packmaterial n.; Verpackungsmaterial f. / packing material

Packpapier n. / packing paper

Packstück / package

Packstückidentifikation f. / package identification

Packtisch m. / packing table

Packung, Groß-~ f. / bulk pack; giant-size pack

Packung, Klarsicht-~ f. / transparent pack

Packungsbeilage f. / package insert

Packzettel m. / packing slip

Packzone f.; Packerei f. / pack area

PAD / Packet Disassembly

Paket n.; Postpaket n. / parcel

Paket, Zubehör-~ n. / accessory pack

Paketannahme f.; Paketannahmestelle f. / parcel receiving station

Paketanschluss m. / packet connection

Paketbeförderung f. / parcel delivery

Paketdienst m. / parcel service

Paketkarte f. / parcel dispatch notice

Paketpost f. / parcel post

Paketvermittlung f. / packet switching

Paketzustellwagen m. / parcel van

Palette f. / pallet

Palette, Euro-~ f. / Euro-pallet

Palette, Klein-~ (Schale) f.; Ablagekorb m.(Büro); Tablett n.; Tablar n. / tray

Palettenfördersystem n. / pallet handling system

Palettenhebezeug n.; Hebevorrichtung für Paletten / pallet jack

Palettenhubwagen m. / pallet lift truck

Palettenlager n. / pallet warehouse

Palettenprüfung f. / pallet approval

Palettenrecycling n.; Wiederverwendung von Paletten / pallet recycling; reuse of pallets

Palettenregal n. / pallet rack

Palettenschein m. / pallet form

Palettenspeicher m. / pallet storage unit

Palettenstapler m. / pallet storage and retrieval vehicle

Palettenumschlag m. / pallet throughput

Palettenwechsler m. / pallet changer

palettieren v. / palletize

Palettierung f. / palletizing

Panzerkarton m. / shielded cardboard

papierloser Einkauf m. / paperless purchasing

Pappkarton m. / cardboard carton

Paradigmenwechsel m. / paradigm shift

parallele Einführung (z.B. ~ eines neuen Systems zeitlich parallel zum bestehenden bisherigen System) / parallel implementation; parallel conversion (e.g. ~ of a new system timely parallel to the existing system)

Parameter m. / parameter

Parameter für Systemgestaltung / system design parameter
Parameterkarte f. / parameter card
Parametrisierung f. / parameterization
Paretoanalyse f. / pareto analysis
Parkfläche f. / parking area
Parkgarage f.; Garage f. / parking garage; garage
Parkplatz m. / parking lot
Partie (Los) / lot
Partie f.; Posten m.; Positionen f.pl (z.B. Anzahl gelieferter Positionen als Prozentsatz gewünschter Positionen) / lines (e.g. complete ~ shipped as a percentage of total ~ called for)
Partiefracht f. / consignment freight
partieller Neuaufwurf m. / partial new planning
Partner, gleichrangiger ~ / peer
Partnerkonzept (z.B. ~ über Firmengrenzen hinaus) / partnership concept (e.g. ~ beyond business limits)
Partnerschaft f. (z.B. ~ mit Lieferanten) / partnership (e.g. ~ with suppliers)
Partnerschaft, erweiterte ~ (z.B. ~ über Firmengrenzen hinaus) / extended partnership (e.g. ~ beyond business limits)
partnerschaftliche Beziehung f.; Partnerschaftsbeziehung f. / partner relationship
Partner-zu-Partner Kommunikation f. / peer-to-peer networking
passend adj.; geeignet adj.; richtig adj.; angemessen adj. / appropriate
passende Kleidung (z.B. Geschäftstreffen: ~ während des Meetings ist salopp) / appropriate attire (business meeting: e.g. during the meeting, ~ is business casual)
passive Bauelemente / passive components
Paternosterlager n. / paternoster warehouse
Paternosterregal n. / paternoster storage; rotating storage

Patronatserklärung f. (z.B. ~ gegenüber einer Bank) / letter of support (e.g. ~ to a bank)
Pauschalangebot n. / package deal
Pauschalbesteuerung f. / taxation at a flat rate
Pauschale / lump sum
Pauschalfracht f. / lump sum freight
Pauschalpreis m ; pauschale Gebühr f. / all inclusive price; flat rate
Pauschalregulierung f. / lump sum settlement
Pauschalsatz / lump sum
Pauschalsumme f.; Pauschale f.; Pauschalsatz m. / lump sum
Pauschaltarif m.; pauschale Gebühr f. / flat rate
PC (Personal Computer) m. / personal computer (PC)
PC, fest installierter ~ m.; fest installierter Computer m.; Arbeitsplatzcomputer m. (Tischgerät) / desktop PC; desktop computer
PC, tragbarer ~ m.; tragbarer Computer m. / laptop PC; laptop computer
PCMCIA-Karte (scheckkartengroße Speicher-Einsteckkarte für Laptops zur Datenübertragung) / PCMCIA card (Personal Computer Memory Card International Association)
Pech haben; eine Niete ziehen (fam.) / to have bad luck; pick a lemon (coll. AmE)
Pendelbehälter m. / shuttle container
Pendelfahrzeug n.; Shuttle n. / shuttle
Pendelverkehr m. (z.B. ~ am Flughafen) / shuttle service (e.g. ~ at the airport)
Pendler m. / commuter
Pension f.; Rente f. / pension; retirement pension; retirement pay
Pensionär; Ruheständler / retiree
Pensionierung f.; Ruhestand m.; Ausscheiden n. (z.B. vorzeitiger Ruhestand) / retirement (e.g. early ~)
Pensionrückstellung f / pension reserve
Pensionsfond m. (in den USA sind 'pension funds' riesige Fonds mit denen

die Altersversorgung für Arbeitnehmer abgesichert wird) / pension fund

Pensionsplan *m.*; Versorgungsplan für die Pensionierung; Altersversorgung *f.* / pension plan

per Bahn / by rail

per Flugzeug / by air

per LKW (Lastkraftwagen) / by truck

per Post / by mail

per Schiff / by ship

Periode *f.* / period

Periode, Planungs-~ *f.* / planning period

Periodeninventur *f.* / cyclical inventory count

Periodenlänge *f.* / period length

Periodenverbrauch *m.* / usage per period

periodisch *adj.* / cyclical

Peripherievertrieb *m.* / peripheral sales

permanente Inventur *f.* / perpetual inventory; perpetual stocktaking; continuous inventory

Persenning *f* / Plane *f.* / tarpaulin

Personal (Mitarbeiter) *n.*; Belegschaft *f.* / personnel; staff; workforce

Personal Computer (PC) *m.* / personal computer (PC)

Personal, engagiertes ~ *n.*; engagierte Mitarbeiter *mpl.* / committed workforce

Personal, Referat ~ / Personnel

Personalabbau / workforce reduction

Personalabbau, unternehmensweiter ~; Verringerung des Personalbestandes (in einer Firma); Verkleinerung des Unternehmens (Personal) / corporate downsizing

Personalabteilung *f.* / Human Resources (HR)

Personalakte *f.* / personal file

Personalangelegenheit *f.* / personnel matter

Personalangelegenheiten der Firmenleitung / personnel matters of company management

Personalaufgaben *fpl.* / human resources tasks

Personalaufwand / personnel costs

Personalauswahl *f.* / personnel selection

Personalbeschaffung *f.*; Einstellung *f.* / staff recruitment; personnel recruitment; recruitment of personnel

Personalbestands-Verringerung; unternehmensweiter Personalabbau; Verkleinerung des Unternehmens (Personal) / corporate downsizing (staff)

Personalbeurteilung / performance appraisal

Personalchef *m.*; Personalleiter *m.* / personnel manager

Personaldienste *mpl.* / personnel services

Personaldisposition / human resources management

Personaleinsatz flexibel gestalten (z.B. der Einsatz von Aushilfskräften bzw. Zeitarbeitern stellt eine hervorragende Möglichkeit dar, den Personaleinsatz flexibel zu gestalten und an schwankendes Arbeitsvolumen anzupassen) / to flex the workforce (e.g. the use of temporary help is an excellent way to flex the workforce and adjust to fluctuating work volumes)

Personalentwicklung *f.* / personnel development; human resources development; HR development

Personalentwicklung Führungskreis / executive development

Personalführung *f.* / human resources management; HR management

personalintensiv *adj.* / labor-intensive

Personalkapazität / manpower

Personalkosten (für Sozialleistungen) *pl.* / costs of employee benefits

Personalkosten *pl.*; Personalaufwand *m.* / personnel costs; employment costs

Personalleistungen *fpl.*; Sozialleistungen *fpl.* (z.B. die Firmenpolitik ist es, gute ~ zu gewähren) / benefits; employee benefits (e.g. the company policy is to grant good ~)

Personalleiter *m.;* Personalchef *m.* / personnel manager

Personalprofil *n.* / staffing pattern

Personalreduzierung *f.* / personnel reduction

Personalreserve *f.* / back-up people

Personalvermittler *m.* / headhunter (coll.)

Personalverwaltung *f.* / personnel administration

personenbezogene Daten *npl.* (z.B. Verarbeitung von ~) / personal data; privacy data (e.g. processing of ~)

personenbezogenes Konto *n.* / personal account

Personennahverkehr *m.* / short distance passenger traffic

Personensuchanlage *f.* / paging device

persönlich *adj.* / personal

persönliche Verteilzeit *f.* / personal need allowance

Persönlichkeitsentwicklung *f.* / personality development

PERT / Program Evaluation and Review Technique (PERT)

Pfad *m.* / path

Pfand *n.* (z.B. für diesen Behälter müssen wir ~ bezahlen) / deposit (e.g. we have to pay a ~ for this container)

Pfand *n.;* Sicherheit *n.* / security

Pfandbrief *m.;* Hypothek *f.* (z.B. eine Hypothek aufnehmen auf ein Haus) / mortgage (e.g. raise a ~ on a house)

Pfandgut *n.;* Leihbehälter *m.* / returnable; loan container

Pfandrecht *n.* / lien

Pfandvertrag *m.* / contract of lien

Pfeiler *m.;* Säule *f.* / pillar

Pflichten, Rechte und ~ / rights and obligations

Pflichtenheft *n.* / functional specification

Pflichtenheft, DV-~ *n.* / data processing functional specification

pflichtig, gebühren~ *adj.* / subject to charges

Pflichttraining *n.* / formal training

Pflichtverletzung *f.* / violation of professional ethics

Pförtner *m.* / security; doorman

Pfosten *m.* / post

Phantombaugruppe / transient subassembly

Phantomstückliste *f.* / phantom bill of material; pseudo-bill of material

Phase *f.* / phase

physikalische Zählung / physical count

physischer Bestand *m.;* körperlicher Lagerbestand *m.* / physical stock

pick-pack (kommissionieren, d.h. bereit- bzw. zusammenstellen von Waren nach vorgegebenen Aufträgen in z.B. Warenentnahme und Versandabteilungen, Logistikzentren, Lager- und Verteilsystemen) / pick & pack

Pick-Pack-Kommissioniersystem *n.* (Kommissioniersystem zum Bereit- bzw. Zusammenstellen von Waren nach vorgegebenen Aufträgen) / pick-and-pack system; pick & pack system

Pier *f.* / pier; jetty

Pilotfertigung *f.;* Pilotwerk *n.* (Werk zur Fertigung neuer Produkte oder zur Entwicklung neuer Fertigungsverfahren) / pilot plant (plant to manufacture new products or to develop new production procedures)

Pilotprojekt *n.;* Versuchsprojekt *n.* / pilot project

PIN-Code *m.* / personal identification number (PIN)

Pipeline / supply chain

Pipeline, Logistik-~; Gesamtlogistikkette (Logistik-Kette: siehe Zeichnung in diesem Fachwörterbuch) / end-to-end logistics chain (supply chain: see illustration in this dictionary)

Pipelinebestand *m.;* im Prozess befindlicher Bestand; Bestand im Prozess; Unterwegsbestand *m.* / in-process inventory

Pipelinemanagement (siehe 'Supply Chain Management') / supply chain management (see 'SCM')

Pipelinesteuerung *f.* (z.B. Steuerung der gesamten Logistikkette) / pipeline control (e.g. ~ of the entire logistics chain)

Plan (Entwurf, Zeichnung) *m.* / blueprint

Plan (Fahr~, Vorgehens~, Zeit~) *m.* / schedule

Plan (Planung) *m.* (z.B. Finanz-~) / plan; budget (e.g. financial ~)

Plan entwickeln; Konzept entwickeln; konzipieren *v.* / develop a plan

Plan, IST im Vergleich zum ~ / actual vs. estimated

Plan, Kosten-~ *m.* / cost plan

Plan, Notfall-~ *m.;* Notplan *m.;* Plan für unvorhersehbare Ereignisse *m.* / contingency plan; emergency plan

Plan, strategischer ~ (z.B. gibt es einen strategischen Plan, um die Leistung der Lieferkette mit den Unternehmenszielen zu verknüpfen?) / strategic plan (e.g. is there a formal ~ that links the performance of the supply chain to the corporate goals and objectives?)

Planabweichung *f.* / deviation from plan; plan variance

Planauftrag *m.* / scheduled order

Planbestand *m.* / planned inventory; target inventory

Plane *f ;* Persenning *f.* / tarpaulin

Plane, Fahrzeug-~ *f.* / car cover

Planengestell *n.* / tarpaulin frame

Planenkette *f.* / tarpaulin chain

Planenöse *f.* / tarpaulin eye

Planenseil *n.* / tarpaulin rope

plangemäß *adj.;* ordnungsgemäß *adj.* / orderly

plangemäß *adj.;* planmäßig *adj.* / according to schedule; as scheduled

plangesteuert *adj.* / plan-controlled

Plan-Ist-Abweichung *f.* (Rechnungswesen) / budget variance; variance of planned and actual data; plan-to-actual variance; estimated-to-actual variance

Plan-Ist-Vergleich *m.* / comparison of planned and actual data; plan-to-actual comparison

Plankosten *pl.* / scheduled costs; target costs

Plankostenkalkulation *f.* / plan cost calculation

planmäßig *adj.;* plangemäß *adj.* / according to schedule; as scheduled

planmäßige Bestellung *f.* / scheduled purchasing

Plannummer *f.* / plan number

Planposition *f.* / plan position

Planung *f.* / budgeting; planning

Planung, computerunterstützte ~ / Computer Aided Planning (CAP)

Planung, Detail-~ *f.* / detail planning

Planung, Finanzmittel-~ *f.* / financial resource planning

Planung, geschäftspolitische ~ *f.* / business policy planning

Planung, Kurzfrist-~ *f.* / short-term planning

Planung, Langfrist-~ *f.* / long-term planning

Planung, Mittel-~ (Finanzen) *f.* / (financial) resource planning

Planung, Mittelfrist-~ *f.;* mittelfristige Planung *f.* / mid-term planning

Planung, operative ~ *f.* / operational planning

Planung, Qualitäts-~ *fl.* / quality planning

Planung, revolvierende ~ *f.* / revolving planning

Planung, rollierende ~ *f.* / continuous planning

Planung, stufenweise ~ *f.* / level-by-level planning

Planung, sukzessive ~ *f.* / consecutive planning

Planung, verbrauchsgesteuerte ~ *f.* / consumption-driven planning

Planungshorizont *m.* / planning horizon; planning time span

Planungskosten *pl.* / planning costs

Planungsmethode *f.* / planning method

planungsorientierte Steuerung (Ggs. nachfrageorientierte Steuerung) / push principle (opp. pull principle)

Planungsperiode *f.* / planning period

Planungsphase *f.* / planning stage

Planungstermin *m.* / planning date

Planungszeitraum *m.* / planning period

Planungszyklus *m.* / planning cycle

Planungszyklus, System mit geschlossenem ~ *n.* / closed-loop planning system

Planwertermittlung *f.* / forecasting

Planwirtschaft *f.* / command economy; controlled economy

Plastikfolie *f.* / polythene sheet

Plattform *f.* / platform

Platz *m.* (z.B.: da gibt es noch viel freien ~) / space (e.g.: there is a lot of open ~ left)

Platz, Umschlag-~ *m.* (z.B. ~ Hafen) / handling place (e.g. ~ port)

Platzmangel *m.* (z.B.: sie leiden unter ständigem ~) / lack of space (e.g.: they are suffering from constant ~)

Platzreservierung *f.* / seat reservation

Plausibilitätsprüfung *f.*; Glaubhaftigkeitsprüfung *f.* / plausibility check; validity check

plazieren *v.* (z.B. ~ von Gütern durch automatische Regalbediengeräte) / put into position (e.g. put goods into position by means of automated rack operation equipment)

Plenum, im ~ (Seminar) / plenary session (seminar)

Police ausstellen *f.*; Versicherungsschein ausstellen *m.* / issue an insurance policy

Polier *v.* / foreman

Poolbildung *f.* / formation of pools

POP-Server (Point of Presence) (Rechner eines Dienstleisters

('Providers'), z.B. als Einwählpunkt für den Internetzugang) / pop server

Portabilität; Kompatibilität (d.h. Austauschbarkeit) / portability; compatibility (i.e. interchangeability)

portables Datenerfassungsgerät *n.* / portable data terminal (PDT)

Portal ('Empfangstor' d.h. Zugang zum Inter- oder Intranet mit kundenorientierten Informationen, Angeboten und Werbung; bekannt als Unternehmens-, Markt- oder Arbeitsplatzportale) *n.* / portal ('entrance', i.e. access to the internet presenting customer oriented information, offers and commercials; known as enterprise, marketplace or workplace portals)

Portfolio (z.B. das Firmen-~ zeigt das Spektrum der Arbeitsgebiete) *n.* / portfolio (e.g. the company's ~ shows the field of business activities)

portieren *v.* / port

Porto *n.* / postage

Porto bezahlt *n.*; portofrei *adj.* / postage paid

Porto- und Versand (z.B. bitte vergessen Sie nicht, für US-Aufträge $ 10 für ~ zu berücksichtigen) / postage & handling (e.g. please do not forget to add $ 10 to cover ~ on US orders)

portofrei / post paid

Position *f.* / position

Position des Primärprogramms *f.* / master schedule item

Position für Endmontage *f.* / end item

Positionen *fpl.*; Partie *f.*; Posten *m.* (z.B. Anzahl gelieferter Positionen als Prozentsatz gewünschter Positionen) / lines (e.g. complete ~ shipped as a percentage of total ~ called for)

positionieren *v.* (z.B. ~ eines Produktes oder einer Leistung in einem ausgewählten Marktsegment) / position (e.g. ~ a product or service within a chosen market segment)

Positionierhilfe *f.* / positioning aid
Positionierung *f.* (z.B. ~ der IuK-Ressourcen) / positioning (e.g. ~ of the I&C resources)
Positionierungssystem *n.* (z.B. System zur weltweiten Positionsbestimmung über Satellit) / positioning system (e.g. global positioning satellite system)
Positionierungssystem über Satellit *n.* / satellite positioning system
Positionsbestimmung *f.* / position assessment
positive Wirkung *f.* / positive effect
Post *f.*; Postamt *n.* / post office
Post, Brief-~ *f.* / mail; post
Post, Paket-~ *f.* / parcel post
Post, per ~ / by mail
Postadresse *f.* / mailing address
Postamt *n.* / post office
Postanweisung *f.* / money order; postal order
Postausgang *m.* / outgoing mail
Postbote *m.* / postman
Posteingang *m.* / incoming mail
Posteinlieferungsschein / postal receipt
Posten *m.*; Partie *f.*; Positionen *fpl.* (z.B. Anzahl gelieferter Positionen als Prozentsatz gewünschter Positionen) / lines (e.g. complete ~ shipped as a percentage of total ~ called for)
Posten, Gönnerschafts-~ *m.* / patronage position
POS-Terminal *n.*; Terminal am Verkaufspunkt *n.*; Kassenterminal *n.* (elektronisches Erfassungsgerät am Verkaufspunkt, normalerweise an der Kasse) / POS terminal
Postfach *n.* / P.O. Box
Postgraduate-Student (siehe 'Student') / postgraduate
Postkasten *m.*; Briefkasten *m.* / letter box; mail box
Postkorb *m.*; Briefkasten *m.* / mailbox
postlagernd *adj.* / general delivery
Postleitzahl *f.* / ZIP code; postcode (BrE)
Postpaket / parcel

Postsendung *f.* / mail
Postversandfirma / mail order company
Postwurfsendung *f.* / bulk mail
Potential / potential
Potentialanalyse *f.* / potential analysis
potentiell *adj.*; Potential *n.* / potential
PPS (Produktionsplanung und -steuerung) / production planning and control
PR (Öffentlichkeitsarbeit) *f.*; Informations- und Pressewesen *n.* / public relations (PR)
Präferenzberechtigung *f.* / preferential entitlement
Präferenzgut *n.* / preference item
Präferenzkennziffer *f.* / preferential code
Präferenzsatz *m.* (z.B. beim Zoll) / preferential rate (e.g. ~ at customs)
Praktikant *m.* / student intern; trainee; work placement student
Praktiker *m.* / practioneer
Praktikum *n.* / internship; traineeship; work placement
praktisch *adj.* (z.B. im Seminar werden ~e Ratschläge gegeben) / down-to-earth (e.g. the seminar will provide ~ advice)
praktisch erproben *v.* / test in practice
praktische Ausbildung / on-the-job training
praktische Ausführung / practical implementation
praktisches Beispiel / real world example
Prämie *f.*; Zuschlag *m.* / bonus rate; premium; cash premium
Prämie, Gruppen-~ *f.* / group incentive
Prämie, individuelle ~ *f.* / individual incentive
Prämie, Leistungs-~ *f.* (z.B. Vergütung in Form einer ~, die an eine beiderseitig vereinbarte Zielerreichung gebunden ist) / incentive bonus; individual performance incentive (e.g. ~ as a compensation tied to mutually agreed goals)

prämienberechtigt *adj.* / eligible for an incentive

Prämienlohnsystem *n.* / premium system

Prämiensystem / bonus system

Prämisse / precondition

Präsentationsgraphik *f.* / presentation graphics

Präsentationswerkzeug *n.* / presentation tool

Präsident (s. 'President')

Praxis *f.* (z.B. es funktioniert in der ~, nicht nur in der Theorie) / practice (e.g. it works in ~, not only in theory)

praxisbezogen, problem- und ~ *adj.* / problem-related and practice-oriented

Präzisionswerkzeug *n.* / precision tool

Preis (Geld) *m.* / price; charge

Preis (Gewinn bei Wettbewerb) *m.;* Auszeichnung (z.B. ~ für hervorragende Leistung) *f.* / award (e.g. ~ for outstanding performance)

Preis (z.B. Sie bekommen es dort zu einem besseren ~) / rate (e.g. you'll get it there for a better ~)

Preis ab Werk / price ex works; factory price

Preis aushandeln / negotiate a price

Preis bei Barzahlung; Barzahlungspreis *m.* / cash price

Preis festsetzen *m.* / price; pricing; set a price

Preis je Einheit / unit price

Preis, absolut tiefster ~ / rock bottom price (coll. AmE)

Preis, angebotener ~ *m.;* Angebotspreis *m.* / quoted price

Preis, Barzahlungs-~ *m.* / cash price

Preis, Bruttoverkaufs-~ *m.* / gross sales price

Preis, Nettoverkaufs-~ *m.* / net sales price

Preis, Pauschal-~ *m.;* pauschale Gebühr *f.* / all inclusive price; flat rate

Preis, schwindelerregender ~ *m.* / staggering price

Preis, Verbraucher-~ *m.;* Endverbraucherpreis *m.* / consumer price

Preisabsprache *f.* / price collusion

Preisabsprache *f.* / price fixing

Preisänderung vorbehalten *f.* / price subject to change

Preisanpassung *f.* / price adjustment

Preisaufschlag (~bonus) *m.* / price premium

Preisbildung *f.* / pricing

Preisdifferenz *f.* / price difference

Preisdruck *m.* / price pressure

Preise aufgrund der Marktsituation bilden / target pricing

Preise reduzieren *v.* (z.B. ~ bei Ware während des Schlussverkaufes) / mark down prices (e.g. ~ for merchandise during sale)

Preise und Konditionen / price, terms and conditions

Preise und Kosten / price and cost

Preise, gebundene ~ *mpl.* / controlled prices

preiselastisch *adj.* / price elastic

Preiselastizität *f.* / price elasticity; price flexibility

Preiserhöhung *f.*; Preissteigerung *f.* / price increase; markup

Preisermäßigung / price reduction; reduction in price; price decrease

Preisermittlung *f.* / price research; price determination; pricing

Preisetikett *n.* / price label

Preisgebot (z.B. Angebote ausschreiben; Abgabe von Angeboten) / bidding (e.g. to advertise biddings; submission of bids)

Preisgestaltung, Produkt-~ *f.* / product pricing

Preisgleitklausel *f.* / price escalation clause

Preishöhe / price level

Preiskampf (~krieg) *m.* / price war

Preisklausel *f.* / price clause

Preis-Leistungsverhältnis *n.* / price-performance ratio

Preislenkung *f.* / price regulation; regulation of prices

Preisliste *f.* / price list

Preisminderung *f.* / price reduction

Preisnachlass *m.* (z.B. ~ wegen Lieferschäden) / allowance (e.g. ~ because of delivery damages)

Preisniveau *n.*; Preishöhe *f.* / price level

Preisobergrenze *f.* / price limit; price ceiling

Preispolitik *f.* / price policy

Preisrückerstattung *f.;* Rückerstattung *f.* / refund; refunding

Preisschwankung *f.* / price fluctuation

Preissenkung *f.* / price reduction; price cut

Preisspanne *f.* / price margin

Preisstellung *f.* / price condition

Preisstruktur *f.* / price structure

Preissturz *m.* / price plunge; price drop

Preisunterbietung *f.* / underselling; dumping

Preisuntergrenze *f.* / bottom price; minimum price

Preisvereinbarung *f.* / price agreement

Preisverfall *m.* / decline of prices; deteriorating prices; eroding prices; plummeting prices

Preisverhalten *n.* / price behavior

Preisverzeichnis *f.* / price list; schedule of prices

Preisvorteil *m.* / price advantage

Preiswettbewerb *m.* / price competition

Preselection Vertrag (im ~ wird mit einem Dienstleister der Zugang zum Fernsprechnetz oder zum Internet vertraglich festgelegt, d.h. alle Verbindungen in das Fernnetz werden automatisch über diesen Dienstleister geführt. Ggs. 'Call-by-Call': hier erfolgt der Zugang bzw. die Wahl des Dienstleisters zum Fernsprechnetz oder zum Internet 'von Fall zu Fall' durch den Teilnehmer) / preselection contract

President *m.* (in USA: eine Firma oder Firmengruppe hat nur einen CEO, der gleichzeitig 'President' sein kann ('President and CEO'). Eine größere Firma kann möglicherweise mehrere 'Presidents' für verschiedene operative Funktionen haben, aber nie mehr als einen CEO) / president

Presse (für Abfall); Abfallkompaktor *m.* / trash compactor

Pressereferat *n.* / press office

Pressluft *f.* / compressed air

Presslufthammer *m.* / jack-hammer

primär *adj.*; vor allem *adv.* / primarily; in the first place

Primärbedarf *m.* / primary requirement

Primärbedarfsdisposition *f.*; Fertigproduktdisposition *f.* / master production scheduling

Primärbedarfsliste *f.* / primary requirement list

Primärprogramm *n.*; Hauptproduktionsplan *m.* (z.B. ~ mit Überdeckung, ~mit Unterdeckung) / master production schedule (MPS) (e.g. overstated ~, understated ~)

Primärschlüssel *m.* / primary key

Printed Wiring Assembly (PWA) / printed wiring assembly (PWA)

Prinzip, Pull-~ *n.*; Ziehprinzip *n.*; Holprinzip *n.* (nachfrageorientierte Steuerung) (Ggs. Push-, Schiebe-, Bring-Prinzip) / pull principle; pull system (opp. push principle)

Prinzip, Push-~ *n.*; Schiebeprinzip *n.*; Bringprinzip *n.*; planungsorientierte Steuerung (Ggs. Pull-, Zieh-, Hol-Prinzip) / push principle; push system (opp. pull principle)

priorisieren / prioritize *v.*; give priority (~ to)

Priorität *f.*; Rangfolge *f.* / priority

Prioritäten neu vergeben / reprioritize

Prioritätenreihenfolge *f.*; Dringlichkeitsreihenfolge *f.* / order of priority

Prioritätsplanung *f.* / priority planning

Prioritätsregel *f.* / priority rule

Prioritätsregelmethode *f.* / priority rules method

Prioritätssteuerung *f.* / priority control

privates Netz *n.* / private network

pro Kopf *m.* / per capita

pro-aktiv *adj.*; tatkräftig unterstützend *adj.* (Steigerung von 'aktiv', z.B. i.S.v. zukünftigen Vorhaben) / proactive

Probe *f.* (z.B. dieser Artikel ist eine kostenlose ~) / sample (e.g. this article is a free ~)

Probe *f.* (zur ~) / trial (for ~)

Probe, Kauf auf ~ *m.* / purchase on acceptance

Probe, Waren-~ *f.* / merchandise sample

Probeauftrag *m.*; Versuchsauftrag *m.* / trial order

Probelauf *m.* / trial run; test run

Probezeit *f.* / probation period; qualifying period; probationary period

Problem (z.B. wo ist das ~?) / problem; issue (e.g. what's the ~?)

problem- und praxisbezogen *adj.* / problem-related and practice-oriented

Problem, das ist nicht das ~ *n.*; das steht nicht zur Debatte *f.* / that's not the issue

Problem, erkanntes ~ / recognized problem

Probleme verdecken *npl.* / hide problems

Problemlösungs- und Einführungsfähigkeit *f.* / problem-solving and implementation ability

procurement / Beschaffung *f.*; Einkauf *m.*

Production, Lean ~; schlanke Fertigung (schneller, kosten- und aufwandsarmer Durchlauf) / lean production

Produkt (für den Endverbraucher; Kundenartikel) *n.* / consumer product

Produkt / product

Produkt der unteren Preiskategorie (mittleren ~; höheren ~) *n.* (i.S.v. Marktkategorie) / low-end product (mid-range ~; high-end ~)

Produkt, angearbeitetes ~ *n.*; Zwischenprodukt *n.* / semi-finished product

Produkt, Fremd-~ *n.* / external product; outside product; product from other vendors

Produkt, markenloses ~ *n.* / generic

Produkt, umweltfreundliches ~ *n.* / green product (coll.)

Produktanlauf *m.* / product start-up

Produktauslauf *m.* / product phase-out; product wind-down

Produktausprägung *f.* / product configuration

Produktausstoß pro Stunde / products per hour

Produktauswahl *f.* / product choice; choice of products

Produktbeschreibung *f.* / product description; product specification

produktbezogen *adj.* / product-related

Produktdesign für Investitionsgüter / product design for capital goods

Produktdesign für Konsumgüter / product design for consumer goods

Produktdurchlaufzeit *f.* / product throughput time

Produkteinführung *f.* / new product introduction

Produkteinführungszeit / time-to-market

Produktentstehungsphase / product development phase

Produktentstehungsprozess / product development process

Produktentstehungszyklus *m.* / product development cycle

Produktentwicklung *f.*; / product development

Produktentwicklungsprozess *m.*; / product development process

Produktentwurf *m.*; Produktgestaltung *f.* / product design

Produktfamilie *f.* / product family

Produktgeschäft n. / product business

Produktgestaltung / product design

Produktgruppe / product group

Produkthaftung f.; Haftung für ein Produkt / product liability

Produktion f.; Fertigung f. / production; manufacturing

Produktion und Beschaffung / production and procurement

Produktion, funktionsorientierte ~ f.; funktionsorientierte Fertigung f. (Losfertigung) / function-oriented production; function-oriented manufacturing; intermittent production (batches)

Produktion, prozessorientierte ~ f.; prozessorientierte Fertigung f. / process-oriented production; process-oriented manufacturing

Produktionsanlage / production facility

Produktionsausbeute / production output

Produktionsautomatisierung f. / factory automation

Produktionsbericht m. / production report

Produktionseffektivität f. / production efficiency

Produktionsergebnis n.; Produktionsleistung f.; Produktionsausbeute f. / production output

Produktionsfaktorenplanung f. / manufacturing resource planning (MRP I)

Produktionsfreigabe f.; Fertigungsfreigabe f. / release to production; release to manufacturing

Produktionsgrad / production rate

Produktionskapazität / production capacity

Produktionskosten (z.B. geplante ~) / factory costs (e.g. planned ~)

Produktionsleistung f.; production output; Ausbringungsleistung m. / production rate

Produktionsleittechnik f. / production control systems

Produktionslenkung / production control

Produktionslogistik f.; Logistik in der Produktion / production logistics; logistics in production

Produktionslogistik im schlanken Unternehmen / lean production logistics

Produktionsmenge; Fertigungsmenge / production quantity; manufacturing quantity

Produktionsmethode, integrierte ~ f. / integrated production method

Produktionsmittel npl.; Fertigungsmittel npl. (Material) / production resources; means of production

Produktionsnetzplan m. / production network

Produktionsphase f. / production phase; stage of production

Produktionsplan m.; Fertigungsliste m. / production plan; process sheet; master route sheet

Produktionsplanperiode f. / production plan period

Produktionsplanung f.; Fertigungsplanung f. / production planning; manufacturing planning

Produktionsplanung und -steuerung (PPS) / production planning and control

Produktionsprogramm m.; Fertigungsprogramm n. / production program; production schedule

Produktionsprozess m. / production cycle

Produktionsrahmenplanung f. (Grobplanung) / production framework planning

Produktionsrückgang m. / setback in production

Produktionsspektrum / production range

Produktionsstandort m.; Fertigungsstandort m. / production site;

manufacturing site; manufacturing location

Produktionsstätte *f.*; Produktionsanlage *f.*; Fertigungsanlage *f.* / production facility; manufacturing facility

Produktionssteuerung *f.*; Fertigungssteuerung *f.*; Produktionslenkung *f.*; Fertigungslenkung *f.* / production control; manufacturing control

Produktionsstillstand *m.* / production breakdown; production stoppage

Produktionssystem *n.* / production system

Produktionstechnik / product engineering

Produktionsterminplanung / production planning; production scheduling

Produktionszentrum *n.* / production center

produktiv werden / become productive

produktiv, nicht ~; unproduktiv *adj.* (z.B. der größte Teil der Durchlaufzeit wird als ~ betrachtet) / non-productive (e.g. the major part of the throughput time is considered to be ~)

produktive Arbeit *f.* / productive work

produktiver Betrieb *m.* / productive operation

Produktivität *f.* / productivity; productiveness

Produktivität des Lagers; Lagerproduktivität *f.* / warehouse productivity

Produktivitätsdefizit / lack of productivity

Produktivitätsfortschritt *m.* / productivity progress

Produktivitätslücke *f.* / productivity gap

Produktivitätsmangel *m.*; Produktivitätsdefizit *n.* / lack of productivity

Produktivitätsprogramm *n.*; Produktivitätssteigerungsprogramm / productivity program

Produktivitätssteigerung *f.*; Produktivitätsverbesserung *f.* / productivity improvement; productivity enhancement

Produktivitätssteigerungsprogramm (PSP) *n.* / productivity improvement program (PIP)

Produktivitätsverbesserung / productivity improvement

Produktivitätsvorsprung *m.* / edge in productivity

Produktivitätswachstum *n.* / productivity growth

Produktivitätsziel *n.* / productivity goal

Produktkostenrechnung *f.* / product costing

Produktlebenszyklus *m.*; Produktlebensdauer *f.* / product life cycle

Produktlebenszyklusanalyse *f.* / product life cycle analysis

Produktlebenszykluskosten *pl.* / product life cycle costs

Produktlinie *f.* / product line

Produktlösung *f.* / product solution

Produktmanagement *n.* / product management

Produktmarketing *n.* / product marketing

Produkt-Nutzungsdauer, tatsächliche ~ *f.* / actual product lifetime

Produktorganisation *f.* / product organization

Produktpalette *f.* / range of products

Produktplan *m.* / product plan

Produktplanung *f.* / product planning

Produktpreisgestaltung *f.* / product pricing

Produktprogrammplanung *f.*; Programmplanung *f.* / product program planning; program planning

Produktqualität *f.* / product quality

Produktrentabilität *f.* / product profitability

Produktsortiment / product range

Produkttechnik *f.*
(Dienstleistungsabteilung) / engineering
services

Produktverantwortung *f.* / product
responsibility

Produktverteilung *f.* (z.B. entsprechend
dem (Pull-) Bedarf der Zweigstelle) /
pull-distribution (e.g. according to the
(pull) demand of the subsidiary)

Produktverteilung, zentrale ~ *f.*;
Zwangsverteilung *f.* (unabhängig vom
Bedarf der Zweigstelle) / push-
distribution; forced distribution

Produktvielfalt *f.* / product variety;
choice of products

Produktweg *m.* (z.B. der ~ durch die
Fertigung wird durch Abtastung von
Strichcodes ermittelt) / product routing
(e.g. the ~ through manufacturing is
identified by means of bar code
scanning)

Produzentenmarkt *m.* / producers'
market

professionell *adj.*; Berufs...; Fach... /
professional

Professor, außerordentlicher ~ *m.* /
associate professor

Profil *n.* / profile

Proformarechnung *f.* / proforma invoice

profund *adj.*; tiefschürfend *adj.*; in die
Tiefe gehend *adj.* (z.B. ~
Logistikerfahrung) / in-depth (e.g. ~
logistics expertise)

profunde Kenntnis *f.* / thorough
knowledge

Prognose *f.*; Voraussage *f.*; Vorhersage *f.*;
Hochrechnung *f.* / forecast; projection

Prognoseabteilung *f.* / forecasting
department

Prognoseart *f.* / forecast type

Prognosegenauigkeit *f.* / forecast
accuracy

prognosegesteuerte Disposition *f.* /
forecast-based material planning

Prognosehorizont *m.* / forecast horizon

Prognoseintervall *n.* / forecasting
interval

Prognosemodell *n.* / forecasting model

Prognoseplanung, rollierende ~ /
rolling forecast planning

Prognoserisiko *n.* / prediction risk

Prognoseschlüssel *m.*;
Vorhersageschlüssel *m.* / forecast key

Programm, langfristiges ~ *m.* / long-
term program

**Programm, Produktivitätssteigerungs-
~** / productivity program

Programmablauf *m.* / program flow

Programmfertigung *f.* / program
production

Programmfortschritt *m.* / program
progress

Programmierung *f.* / programming

Programmierungsplan *m.* /
programming schedule

Programmpaket *n.* / software package

Programmplanung / program planning

Programmsperre *f.* / interlock

Programmstart *m.* / initialization

Programmtyp *m.* / program type

Programmverzeichnis *n.* / program
directory

**Programm-zu-Programm
Kommunikation** / program-to-program
communication

Projekt *n.*; Vorhaben *n.* / project

Projekt, bereichsüberschreitendes ~ *n.*
/ cross-group project; inter-group project

Projekt, Geldgeber für ein ~ / sponsor
for a project

Projekt, regionenüberschreitendes ~ *f.* /
cross-regional project

Projekt, strategisches ~ *n.* / strategic
project

Projektabwicklung / project
management

Projektcontrolling *n.* / project
controlling

Projektdienste *mpl.* / project services

Projektdokumentation *f.* / project
documentation

Projektierung *f.*; Projektplanung *f.* / project planning

Projektierungsmethode *f.* / project planning method

Projektierungsphase *f.* / design phase

Projektmanagement *n.*; Projektabwicklung *f.* / project management

Projektorganisation *f.* / project organization

Projektorganisator *m.* / project organizer

Projektplanung / project planning

Projektstart *m.* / project kick-off

Projektstruktur *f.* / project structure

Projektteam *n.* (z.B. Einsatz eines ~s) / project team (e.g. installation of a ~)

Pro-Kopf-Bedarf *m.* / per capita demand

Pro-Kopf-Einkommen *n.* / per capita income

Pro-Kopf-Produktivität *f.* / productivity per head

Pro-Kopf-Verbrauch *m.* / per capita consumption

Prolongation *f.* / prolongation

Prospekt *m.*; Broschüre *f.*; Handbuch *n.* / brochure

Protektionismus *m.*; Schutzzollpolitik *f.* / protectionism

Protokoll *n.* / protocol

Protokoll führen *n.* / take the minutes; keep the minutes

Protokolldatei *f.* / log file

Protokollierung *f.* / logging

Provider, Internet Service ~ (ISP) *m.*; Internet-Dienstleister *m.* (Unternehmen, das gegen Entgelt den Internet-Zugang über eigene Netze bietet) / Internet Service Provider (ISP)

Provinz, hinterste ~ (z.B. er musste einiges dringendes Zeug in die ~ liefern) / sticks (coll.) (e.g. he had to deliver some urgent stuff in the ~)

Provision *f.* / commission (fee, charge)

Provision, Händler-~ *f.* / dealer allowance

provisorische Fertigung *f.* / provisional production; temporary production

Proxy *m.* (lokaler Rechner eines Providers ('Betreiber'), der für den schnellen Zugriff Internet-Seiten speichert und aus dem World Wide Web zwischenspeichert) / proxy

Prozentsatz *m.* / percentage

prozentualer Aufschlag *m.* / percentage markup

Prozess *m.* (Straf~) / trial; case; law suit; suit

Prozess *m.*; Fertigungsverfahren *n.* / process; production process

Prozess, am ~ orientiert / process-oriented

Prozess, Auftrags-Liefer-~ *m.* / make-market cycle

Prozess, Bestand im ~; im Prozess befindlicher Bestand; Pipelinebestand *m.*; Unterwegsbestand *m.* / in-process inventory

Prozess, den gesamten ~ betreffend / throughout the whole process

Prozess, Flussdiagramm für einen ~ erstellen / to flowchart a process

Prozess, ganzheitlicher ~; gesamtheitlicher Prozess / overall process

Prozess, im ~ befindlicher Bestand; Bestand im Prozess; Pipelinebestand *m.*; Unterwegsbestand *m.* / in-process inventory

Prozess, integrierter ~ (z.B. ~ im Vgl. zu funktionalem Ansatz) / integrated process (e.g. ~ approach vs. functional approach)

Prozess, ständiger ~ / ongoing process

Prozessablaufplan *m.* / process flow chart

Prozessabwicklung *f.* / process handling

Prozessanalyse *f.*; Prozessuntersuchung *f.* / process analysis; process diagnosis; activity analysis

Prozessautomatisierung *f.* / process automation

Prozessbegleiter *m.* (jd in einer Organisation, der z.B. Geschäfts-, Vertriebs-, Fertigungs- oder Logistikprozesse kontinuierlich überwacht und verbessert) / process supervisor (s-b in an organization who accompanies, continuously monitors and improves e.g. the business, sales, manufacturing or logistics processes)

Prozessberatung *f.* / process consulting

Prozessberatung *f.*; Geschäftsprozessberatung *f.* / business process consulting

Prozessbeteiligter *m.* / stakeholder in the process; participant in the process

Prozessdauer / process cycle time

Prozessdurchgängigkeit *f.* / process comprehensiveness

Prozessdurchlaufzeit *f.*; Prozessdauer *f.* / process cycle time

Prozessentwicklung *f.* / process development

Prozesserfassung *f.* / process mapping

Prozessfähigkeit *f.* / process capability

Prozessgestaltung *f.* / process design

Prozessgestaltungskompetenz *f.* / competence in process design

Prozessinhaber *m.*; Prozessverantwortlicher *m.*; Inhaber eines Prozesses / process owner

Prozesskette (Logistik); Supply Chain (SC; der gesteuerte Waren- und Informationsfluss vom Rohmaterial bis zum Verkauf an den Endverbraucher) *f.*; Logistikkette *f.*; Lieferkette *f.*; Pipeline *f.* / supply chain (SC; the managed flow of goods and information from raw material to final sale); supply pipeline; process chain

Prozesskette (Logistik), Analyse der ~ Analyse der Logistikkette; Analyse der Lieferkette / supply chain analysis

Prozesskettenintegration *f.*; Logistikkettenintegration / supply chain integration

Prozesskoordinator *m.*; Logistikketten-Koordinator *m.* / supply chain coordinator

Prozesskosten der Logistikkette (z.B. ~ in % vom Umsatz) / supply chain costs (e.g. ~ as a percentage of sales)

Prozesskostenrechnung *f.* / activity-based accounting

Prozessleitsystem *n.* / process control system

Prozesslenkung / process control

Prozesslinie *f.* / process line

Prozessmapping *n.*; Prozessverfolgung *f.* (Methode zur Prozessanalyse, -darstellung und -gestaltung) / process mapping

Prozessneugestaltung *f.*; Prozess-Reengineering *n.* / process redesign; process reengineering

Prozessoptimierung *f.* / process optimization

Prozessor *m.* (das 'Gehirn' des Computers) / processor

Prozessorganisator *m.* / process organizer

prozessorientiert *adj.*; am Prozess orientiert *m.* / process-oriented

prozessorientierte Produktion *f.*; prozessorientierte Fertigung *f.* / process-oriented production; process-oriented manufacturing

Prozessorientierung *f.* / process orientation

Prozessphase / stage of process

Prozessqualität *f.* / process quality

Prozess-Reengineering / process reengineering; process redesign

Prozessschritt *m.* / process step

Prozesssicherheit *f.* / process reliability

Prozessstadium / stage of process

Prozesssteuerung *f.*; Prozesslenkung *f.* / process control

Prozesssteuerung, statistische ~ *f.* / statistical process control (SPC)

Prozessstrecke *f.* / process flow

Prozessstufe / stage of process

Prozessuntersuchung / process analysis
Prozessverantwortlicher *m.*;
  Prozessinhaber *m.*; Inhaber eines
  Prozesses / process owner
Prozessverantwortung, gemeinsame ~
  f. / joint ownership of processes
Prozessverbesserung *f.* / process
  improvement
Prozessvereinfachung *f.* / process
  simplification
Prüf(kontroll)kosten *pl.* / inspection
  costs
Prüf(kontroll)platz *m.* / inspection
  station
Prüfauftrag *m.* / test order
Prüfeinrichtung *f.* / test equipment;
  inspection device
prüfen *v.* / test; check
Prüffeld *n.* / testing; test section
Prüfgerät *n.* / testing instrument
Prüfkapazität *f.* / testing capacity
Prüfmittel *n.* / test equipment
Prüftechnik *f.* / testing facilities; test
  systems
Prüfung *f.* (Verträge, die einer
  gesetzlichen ~ unterliegen) / scrutiny
  (e.g. contracts which are subject to legal
  ~)
Prüfung *f.*; Kontrolle *f.* / inspection
Prüfung, Abnahme-~ *f.* (z.B. ~ von
  Waren) / acceptance (test) (e.g. ~ of
  goods)
Prüfung, Paletten-~ *f.* / pallet approval
Prüfungsbericht *m.* / audit report
Prüfvorschrift *f.* / test instruction
Prüfzeit *f.*; Prüfkontrollzeit *f.* / test time;
  inspection time
Pseudoeintrag *m.* / dummy entry
Pseudolieferant *m.* / pseudo-vendor;
  pseudo-supplier
Pseudostückliste *f.* / planning bill of
  material; dummy parts list
PSP (Produktivitätssteigerungs-
  Programm) *n.* / productivity
  improvement program (PSP)

PTT / Postal, Telegraph and Telephone
  (PTT)
Puffer *m.* / buffer
Pufferbestand / inventory buffer
Pufferbestand, null ~ *m.*; bestandslos
  adj. / zero inventory buffer
Pufferdimensionierung *f.* / buffer
  dimensioning
Pufferlager *n.* / buffer storage
Puffermenge *f.* / buffer quantity
Pufferzeit *f.* / buffer time
Pufferzone *f.* / buffer zone
Pull-Prinzip *n.*; Ziehprinzip *n.*;
  Holprinzip *n.* (nachfrageorientierte
  Steuerung) (Ggs. Push-, Schiebe-, Bring-
  Prinzip) / pull principle; pull system
  (opp. push principle)
Punkt *m.*; Sachverhalt *m.*; Problem *n.* /
  issue
Punkt ein Uhr; pünktlich um ein Uhr;
  genau um ein Uhr / at one o'clock sharp
pünktlich *adv.* / on time; on schedule
Pünktlichkeit *f.* / punctuality
Punkt-zu-Punkt Verbindung *f.* / point-
  to-point connection
Push-Prinzip *n.*; Schiebeprinzip *n.*;
  Bringprinzip *n.*; planungsorientierte
  Steuerung (Ggs. Pull-, Zieh-, Hol-Prinzip)
  / push principle; push system (opp. pull
  principle)

Q

QFD (Quality Function Deployment)
QS (Qualitätssicherung) *f.* (z.B. ~ nach
  ISO 9000) / quality assurance (e.g. ~
  according to ISO 9000)
Qualifikation *f.*; berufliche Qualifikation
  f. / qualification; professional
  qualification
qualifizieren *v.*; befähigen, *jmdn.* *v.* (~
  für) / qualify *sbd.* (~ for)

qualifiziert (berechtigt) (~ zu) / eligible (~ for)

qualifiziert, nicht ~; nicht berechtigt (~ für) / ineligible (~ for)

Qualifizierung & Training / Qualification & Training

Qualifizierung f. / qualification

Qualifizierung, gewerbliche ~ / industrial qualification

Qualität f. / quality

qualitativ adj. / qualitative

Qualitätsabweichung f. / quality discrepancy

Qualitätsbeauftragter (QB) m. / quality officer

Qualitätsbescheinigung f. / certificate of quality

Qualitätsbewusstsein n. / quality awareness

Qualitätserzeugnis n. / high quality product

Qualitätsfehler m.; Qualitätsmangel m. / quality defect

Qualitätsförderung f. / quality promotion

Qualitätsgruppe f. / quality group

Qualitätskontrolle f.; Qualitätsprüfung f. / quality check; quality inspection and test; quality inspection

Qualitätskosten pl. / quality costs

Qualitätslenkung; Qualitätssteuerung / quality control

Qualitätsmanagement n. / quality management

Qualitätsmangel / quality defect

Qualitätsnorm f.; Qualitätsstandard m. / quality standard

Qualitätsordnung f. / quality policy

Qualitätsplanung f. / quality planning

Qualitätsprobleme npl. / quality problems

Qualitätsprüfer m. / quality control inspector

Qualitätsprüfung / quality inspection and test

Qualitätsrevision f. / quality audit

Qualitätssicherung (QS) f. (z.B. ~ nach ISO 9000) / quality assurance (e.g. ~ according to ISO 9000)

Qualitätssicherung, computerunterstützte ~ / Computer Aided Quality (CAQ)

Qualitätsstandard m.; Qualitätsnorm f. / quality standard

Qualitätssteuerung f.; Qualitätslenkung f. / quality control

Qualitätsverbesserung f. / quality improvement

Qualitätszeugnis n. / quality certificate

Qualitätszirkel m. / quality circle

Quality Function Deployment (QFD)

Quantensprung m. (Innovationssprung, wesentliche Verbesserung) / quantum jump; quantum leap

quantifizierbare Kosten pl.; reale Kosten pl.; wirkliche Kosten pl. / tangible costs

quantifizierbare, nicht ~ Kosten pl. / intangible costs

quantitativ adj. / quantitative

Quartalszahlen fpl. / quarterly accounts

Quellcode m. / source code

Quelle (Bezugsmöglichkeit) f.; Bezugsquelle f. / source

Quelle (Geldmittel) f.; Mittel (Geld) n. / resource

Quelle, Daten-~ f. / data source

Quelle, in Richtung zur ~; vom Anwender weg (z.B. Arbeitsgang am Anfang einer Fertigungslinie) / upstream (e.g. upstream operation)

Quellensteuer f. / withholding tax

Quellensteuerabzug m. / deduction of withholding tax

Quellprogramm n. / source program

Quellsprache f. / source language

Querbezug m.; Querlieferung f. / intersegment delivery

Querlieferung f.; Querbezug m. / intersegment shipment; intersegment delivery

Quervergleich m. / cross comparison

Querverweis *m.* / cross-reference
quittieren *v.* (z.B.: den Empfang der Sendung ~) / give a receipt (e.g.: ~ for the reception of the delivery)
Quittung *f.*; Beleg *m.*; Abrechnungsbeleg *m.*; Empfangsbestätigung; Empfangsbescheinigung *f.* / receipt; slip; voucher
Quote *f.* / quota
quotieren *v.* / quote; rate

R

R&R (Schiene und Straße) / (R&R) rail and road
Rabatt *m.* / rebate; discount
Rabatt abziehen *v.* / deduct a discount
Rabatt, Schadenfreiheits-~ *m.* / no-claims bonus
Rabatte *mpl.* / rebates and allowances
Rabattmenge *f.* (z.B. ~ für eine Einkaufsbestellung) / discount order quantity (e.g. ~ for a purchasing order)
Radio Frequency Data Communication (RFDC) (wird für den beiderseitigen Austausch von Bestandsinformationen zwischen mobilen Terminals und einem Rechner beliebiger Größe eingesetzt. Die Bestandsinformation wird normalerweise in das mobile Terminal direkt von Barcodeetiketten eingescannt) / RFDC (radio frequency data communication (manages realtime, two-way exchange of inventory information between mobile terminals and a host computer of any size. Inventory information is typically scanned into the mobile terminal from barcodes)
Radlader *m.* / wheel loader
Radstand *m.* / wheelbase
Rahmen *m.*; Umfang *m.* / frame; scope

Rahmenauftrag *m.* / frame order; blanket order
Rahmenbedingung *f.* / general condition
Rahmenbestellung *f.*; Abrufbestellung *f.* / blanket purchase order; skeleton order
Rahmenvertrag *m.*; Rahmenvereinbarung *f.* / framework contract; basic contract; master contract; master agreement; skeleton contract
RAM (Speicherchip) / RAM (Random Access Memory)
Rampe *f.*; Laderampe *f.* / ramp; loading ramp
Rampe, LKW-~ *f.* / truck pad
Rand / edge (e.g. the edge of the container)
Randbedingung *f.* / ancillary constraint
Rangfolge / priority
ranghöher *adj.*; dienstälter *adj.*; Ober... / senior ...
Rangordnung *f.* / rank order
Raster *n.* / grid
Rat / advice
Rat *m.*; Arbeitskreis *m.*; Fachkreis *m.* / council
Rate *f.* (z.B. Wachstums-~) / rate (e.g. growth ~)
Rate, Fracht-~ *f.* / cargo rate
Ratenkauf *m.* / installment purchase
Ratenzahlung *f.* / payment by installments
Ratgeber / mentor
rationalisieren *v.*; modernisieren *v.*; durchorganisieren *v.*; verbessern *v.* / rationalize; streamline
Rationalisierung *f.* / rationalization
rationelle Stückzahl *f.* / economic batch quantity
Ratschlag *m.*; Rat *m.* / advice
räumen, Lager ~ / clear inventory; clear stock; sell off inventory
Rauminhalt (eines Lagers) *m.*; Lagerraum *m.* (in Kubikfuß; 1 cbm = ca. 35.31 cu.ft.) / cubage (of a warehouse); warehouse cubage

Rauminhalt *m.* (z.B. Kubikmeter=cbm) / volume; capacity; cubage; cubic content (e.g. cubic foot=cu.ft.)

Raumnutzung *f.*; Nutzung des Raumes; Nutzungsgrad des Raumes; Auslastung des Raumes (z.B. die ~ des Lagers ist ziemlich hoch) / cube utilization (e.g. the ~ of the warehouse is pretty high)

Raumplanung *f.* / space planning

raumsparend *adj.* / space-saving

Räumungsverkauf *m.* / sell-out; closeout sale

RE (Regionale Einheit) *f.* / Regional Unit

reagierend, nur ~ / reactive (opp. active, proactive)

Reaktion / response

Reaktionsbereitschaft (die Fähigkeit, auf immer kürzere Lieferzeiten mit der größtmöglichen Flexibilität zu reagieren) / responsiveness (the ability to respond in ever-shorter leadtimes with the greatest possible flexibility)

Reaktionsnotwendigkeit *f.* / necessity of reaction; necessity of responsiveness

Reaktionsvermögen *n.*; Reaktionsbereitschaft *f.*; Schnelligkeit des Feedbacks; Flexibilität bezüglich Kundenanforderungen *f.* / responsiveness

Reaktionszeit *f.*; Antwortzeit *f.* / response time

reaktiv *adj.*; nur reagierend *adj.* (Ggs. aktiv, proaktiv) / reactive (opp. active, proactive)

real *adj.*; greifbar *adj.* / tangible

Realeinkommen *n.* / real income

realer Nutzen / tangible benefits

Realisierbarkeit *f.* / feasibility

realisieren *v.*; einführen *v.*; in die Tat umsetzen *v.*; ausführen *v.* (z.B. ~ von Konzepten, Projekten oder Verbesserungen) / put into practice; implement (e.g. ~ concepts, projects or improvements)

Realisierung *f.* (z.B. ~ eines Konzeptes) / implementation (e.g. ~ of a concept)

Realisierungsdauer / implementation time

Realisierungsplan / implementation plan

Rechenmethode *f.*; Berechnung *f.* / computation

Rechenzentrum (RZ) *n.* / data center (DC)

Recherche, Volltext-~ *f.* / full text search

rechnergestützte Verfahren *n.* / computerized methods

Rechnung *f.* (z.B. im Restaurant: das geht auf meine ~; das geht auf seine ~) / check (e.g. in a restaurant: that's on me; that's his doing)

Rechnung *f.* (z.B. im Restaurant: die ~ bitte!) / check (e.g. in a restaurant: the ~, please!)

Rechnung *f.*; Faktura *f.* / invoice; bill

Rechnung begleichen; eine Rechnung bezahlen / pay a bill; settle an account

Rechnung, auf ~ / on account

Rechnung, Export-~ *f.* / export bill

Rechnung, Import-~ *f.* / import bill

Rechnung, in ~ stellen / charge s.th. to s.o.'s account

Rechnung, laut ~ / as per invoice

Rechnung, monatliche ~ *f.*; monatliche Bezahlung *f.* / monthly invoice; monthly payment

Rechnungsabgrenzungsposten *mpl.* / prepaid expenses

Rechnungsadresse *f.* / invoice address

Rechnungsbeleg *m.* / billing form; voucher

Rechnungsbetrag *m.* / invoice amount

Rechnungsdatum *n.* / date of invoice

Rechnungseingang *m.* / receipt of invoice

Rechnungsempfänger *m.* / invoice recipient

Rechnungshinweis *m.*; Rechnungsbezugshinweis *m.* / billing reference information

Rechnungslegung *f.*; Rechnungsschreibung *f.*; Fakturierung *f.* / invoicing

Rechnungslegung, nach ~ f. / after receipt of invoice
Rechnungsnummer f. / invoice number
Rechnungsprüfer m. / controller
Rechnungsprüfung / audit
Rechnungsstellung f. / billing; issuing an invoice
Rechnungssumme f. / amount payable
Rechnungswert / invoice value
Rechnungswesen n. / accounting
Rechnungswesen Ausland n. / financial statements and reporting for foreign subsidiaries
Rechnungswesen, Grundsätze des ~s / accounting policies and procedures
Recht, Handels-~ n. / commercial law
Recht, Kartell-~ n. / antitrust law
Recht, Nutzungs-~ n. / right of use
Rechte und Pflichten / rights and obligations
Rechte, alle ~ vorbehalten npl. / all rights reserved
rechtfertigen v. / legitimate
rechtmäßig adj. / legitimate
rechtmäßig adj; legal adj; gesetzmäßig adj. / lawful; legal; legitimate
Rechtsabteilung f. / legal department
Rechtsanspruch / legal claim
Rechtsanwalt m.; Anwalt m. / attorney; attorney at law; lawyer
rechtsbündig adj. / right-justified
Rechtsform, Bereich mit eigener ~ m. / separate legal unit
Rechtslage f. / legal position
Rechtsmittel n. (z.B. wir sollten ~ einlegen) / legal remedy; appeal (e.g. we should lodge an appeal)
Rechtsschutz, gewerblicher ~ m. (z.B. ~ für Patente) / intellectual property (e.g. ~ for patents)
Rechtsstreit m.; Prozess m. / law suit; suit; trial; case
rechtsverbindlich adj. / legally binding
Rechtsverletzung f. / infringement (~ of the law)

rechtswirksam adj. (z.B. der Vertrag ist ~) / valid (e.g. the contract is ~)
rechtzeitig adv. / in time
Rechtzeitigkeit f. / timeliness
Recycling n.; Abfallverwertung f.; Wiederverwertung f.; Wiederverwendung f. / recycling
Recyclinglogistik f.; Entsorgungslogistik; Wiederverwertungslogistik f. / recycling logistics; reverse logistics; reuse logistics
Redundanz f. / redundancy
reduzieren v.; verkürzen v.; kürzen v.; verringern v.; verkleinern v.; vermindern v. / reduce; shorten; cut
reduzieren; abziehen (z.B. während des Schlussverkaufes können Sie weitere 10% ~) / take off (e.g. during sale you may ~ an additional ten percent)
reduzieren, Preise ~ v. (z.B. ~ bei Ware während des Schlussverkaufes) / mark down prices (e.g. ~ for merchandise during sale)
Reduzierung / reduction
Reengineering / redesign
Reengineering eines Geschäftes / business redesign
Reengineering von Logistikprozessen / logistics process redesign
Reexpedition f.; Rückversand m.; Rücksendung f. / reshipment
Refaktie f. (z.B. ~ von Fracht) / refund (e.g. ~ of freight charges)
Referat / office (department)
Referat n.; Vortrag m. / presentation
Referat Personal / Personnel
Referat, technisches ~ / Technical Services
Referenten pl.; Lehrkörper m. / faculty
Regal n.; Lagerregal n. / rack
Regal, Durchfahr-~ n. / drive through rack
Regal, Paletten-~ n. / pallet rack
Regal, Paternoster-~ n. / paternoster storage; rotating storage

Regal, Verschiebe-~ *n.* / mobile rack

Regalbediengerät *n.* / rack operation equipment; miniload crane

Regalebene *f.* (z.B. Regalhöhe bei der Entnahme von Paletten) / picking level

Regalfach *n.*; Bord *n.*; Regalbrett *n.*; Fach *n.* / shelf (pl. shelves)

Regalförderzeug *n.* / rack serving unit

Regallager *n.* / high-bay racking; high density store

Regalnachfüllmanagement *n.* (z.B. der Lieferant sorgt beim Einzelhändler für rechtzeitiges Auffüllen des Regals) / shelf management (e.g. at the retailer's site, the supplier cares for the on-time replenishment of the shelf)

Regalreihe *f.* / row of racking

Regalsystem *n.* (z.B. Fachboden- oder Paletten-~) / racking system (e.g. shelved or pallet ~)

Regel *f.* / rule

Regel- und Ordnungssystem (Leitlinie) / rule and administration system (guideline)

Regelabweichung / variance; deviation

Regelkreis *m.* / control loop; control system

regeln / control

Regeln im Geschäftsverkehr / rules for business policies and procedures

Regeltarif *m.* / standard tariff

Regeltechnik / control engineering

Regelung *f.*; Vereinbarung *f.* (z.B. außergewöhnlich schnelle Entscheidungen führen oft zu außergewöhnlichen Ergebnissen) / settlement (e.g. extremely quick settlements often result in extreme outcomes)

Regelung *f.;* Vorschrift *f.* (z.B. ab 01. Oktober gilt folgende Regelung) / regulation; directive (e.g. as of October 1, the following directive will be in effect)

Regelwerk und Schlüsselsystem (Leitlinie) / rule and key code system (guideline)

Region *f.* / region

Region Inland *f.* / domestic region

Regionalaufgaben *fpl.* / regional functions

Regionale Einheit (RE) *f.* / Regional Unit; regional organization

Regionale Repräsentanz (RR) *f.* / regional representative office

regionaler Dienstleister *m.* / regional service provider

regionaler Markt *m.* / regional market

regionales Lager / regional warehouse

regionales Lieferzentrum *n.* / regional delivery center

regionales Warenlager *n.* / regional warehouse; regional depot

Regionalgesellschaft (RG) *f.* / Regional Company; regional subsidiary

Regionallager (Bestand) *n.* / regional inventory; regional stock (inventory)

Regionallager *n.*; regionales Lager (Gebäude) / regional warehouse; regional distribution facility; regional depot (building)

Regionalorganisation *f.* / regional organization

Regionalstrategie *f.* / regional strategy

Regionalunternehmer *m.* / regional entrepreneur

Regionalvertrieb *m.* / regional sales

Regionen Ausland *fpl.* / international regions

Regionen Inland *fpl.* / domestic regions; national regions

Regionengrenze *f.* / regional boundary

Regionenpostamt *n.* / regional post office

regionenüberschreitendes Projekt *n.* / inter-regional project; cross-regional project

Regress *m.*; Rückgriff *m.* / recourse

Regressanspruch / right of recourse

Regulierung, Pauschal-~ *f.* / lump sum settlement

Reichweite *f.* (z.B. ~ von Beständen) / range (e.g. ~ of inventories)

Reichweite *f.* (z.B. ein Luftfrachtspediteur hat eine gute geografische ~) / coverage (e.g. an air carrier has a broad geographic ~)

Reifenverschleiß *m.* / tyre wear

Reihe, der ~ nach / successively

Reihenfolge / sequence

Reihenfolgeplanung *f.* / sequence planning

Reimport *m.;* Wiedereinfuhr *f.* / reimport

Reinertrag *m.* / net profits; net proceeds

reines Konnossement *n.* / clean bill of lading

Reingewicht / net weight

Reingewinn *m.;* Überschuss *m.* / surplus

Reinraumanlagen *fpl.* / clean room facilities

Reiseantrag *m.* / travel requisition

Reisespesen *pl.;* Reisekosten *pl.* (z.B. Reise- und Bewirtungsspesen) / travel expenses (e.g. travel and entertainment expenses)

Reisevorschuss *m.* / travel advance

Reklamation *f.* / complaint

Reklamationsabteilung *f.* / complaints department

Reklame *f.* (z.B. ~ in einer Zeitung) / advertisement (e.g. ~ in a newspaper)

Reklametafel *f.;* Anzeigetafel *f.* / billboard

reklamieren / complain

Rekonstruktion *f.* / reconstruction

Relais *n.* / relay

Relationsverkehr *m.* / regular routed traffic connection

Rendite (nach Steuern) *f.* / after tax yield

Rendite (Verzinsung) *f.;* Nominalverzinsung *f.;* Effektivverzinsung *f.* / yield (interest)

Rendite (vor Steuern) / profit before tax

Rendite des Anlagevermögens / return on assets (ROA)

Renner *m.* / high-usage item

Rentabilität *f.* / profitability

Rentabilität des investierten Kapitals (RIK) / return on investment (ROI)

Rentabilitätssteigerung *f.* / gain in productivity

Rente *f.;* Pension *f.* / pension; retirement pension; retirement pay

Rentenmarkt *m.* / bond market

Rentenversicherungsbeitrag *m.* / pension contribution

Rentner; Ruheständler; Pensionär / **retiree**

Reorganisation *f.;* Umorganisation *f.* / reorganization

Reparatur *f.;* Instandsetzung *f.* / repair

Reparatur- und Austauschdienst *m.* / repair and replacement service

Reparaturkosten *pl.* / repair costs

Reparaturzeit *f.* / repair time

Reparaturzentrum *n.* / repair center

Repräsentant / representative

Repräsentanz / representative office

Repräsentanz, Regionale ~ (RR) *f.* / regional representative office

Reputation; Ruf / reputation

Reserve, Kapazitäts-~ *f.* / spare capacity

Reserveausrüstung *f.* / standby equipment

Reservekapazität *f.* / reserve capacity

Reserven, stille ~ *fpl.* / hidden assets; concealed assets

reservierte Menge *f.* / reserved quantity; allocated quantity

reservierter Bedarf *m.;* zugeordneter Bedarf *m.* / allocated requirements

reservierter Bestand *m.;* blockierter Bestand *m.* / allocated inventory; allocated stock; reserved inventory

reserviertes Material *n.* (z.B. ~, um ein Erzeugnis zu montieren, d.h. Materialbestand für laufende Aufträge) / reserved material (e.g. ~ to assemble a product, i.e. material for orders in process)

Reservierung *f.* / reservation

Ressourcen, gemeinsame Nutzung von ~; gemeinsame Nutzung von Dienstleistungen / shared services

Ressourcenplanung / Management Resource Planning (MRP II)

Rest *m.* / leftover; remainder

Restbedarf (~ nach Produkteinstellung) *m.* / all-time requirements (~ after product phase-out)

Resteverkauf *m.* / remnant sale

Restmenge *f.* / remaining quantity

Restmüllverarbeitung; Restmüllverwertung *f.* / waste processing

Restrukturierung *f.* / restructuring

Restrukturierung der Firma Firmenrestrukturierung *f.* / restructuring of the company

Restrukturierungsmaßnahmen *fpl.* / restructuring measures

Reststoffe *mpl.* (z.B. ~ werden gesammelt für die Wiederverwertung) / residual materials (e.g. ~ are collected for recycling)

Resttragfähigkeit *f.* (z.B. ~ eines Schubmaststaplers) / residual capacity (e.g. ~ of a reach truck)

Resultat *n.*; das Wesentliche *n.*; Ergebnis *n.*; zusammengefasst (z.B. 1: zusammengefasst kann man sagen, dass der Gewinn dieses laufenden Geschäftsjahres ausgezeichnet sein wird; 2: auf einen Nenner gebracht: es zählt nur das Geld; 3: das Ergebnis ist, dass ihm wirklich alles egal ist; 4: es zählt nur das, was "unter dem Strich" rauskommt) / bottom line (e.g. 1: the ~ is that the business profit of this current FY will be outstanding; 2: when you get down to the ~, it's only money that matters; 3: the ~ is that he really doesn't care; 4: all that counts is the ~)

Resultat *n.*; Ergebnis *n.* (z.B. außergewöhnlich schnelle Entscheidungen führen oft zu außergewöhnlichen Ergebnissen) /

outcome (e.g. extremely quick settlements often result in extreme outcomes)

Retouren *fpl.* / returned goods

retten *v.* / rescue

Rettungsaktion *f.* (z.B. ein Unternehmen vor dem Bankrott retten) / rescue operation (e.g. to prevent an enterprise of bankruptcy)

Revision *f.*; Hausrevision *f.*; Audit *n.*/ audit; internal audit

revolvierende Mengenplanung *f.* (z.B. ~ von Fertigungserzeugnissen) / revolving quantity planning (e.g. ~ for finished products)

revolvierende Planung *f.* / revolving planning

Rezession *f.* / recession

RFDC (s. Radio Frequency Data Communication)

RG (Regionalgesellschaft) *f.* / Regional Company

richtig *adj.* / appropriate

richtig *adv.* / correctly

Richtigkeit (z.B. ~ in der Datenverarbeitung) / correctness (e.g. ~ in data processing)

Richtlinie *f.*; Leitlinie, -faden / guideline

Richtlinienkompetenz *f.* / guideline authority

Richtlosgröße *f.* / standard quantity run

Richtung *f.* / direction

Richtung, in ~ von *f.* / towards

riesig *adj.*; gigantisch *adj.* (z.B. dieser Artikel ist ein ~er Erfolg am Markt) / titanic (e.g. this product is a ~ success on the market)

RIK (Rentabilität des investierten Kapitals) / return on investment (ROI)

Risiken und Chancen / risks and opportunities

Risiko *n.* / risk

Risiko, hohes ~ eingehen *v.*; allerhand riskieren *v.* / take a high risc; play for high stakes

Risikokapital n.; Wagniskapital n. / venture capital

risikolos adj. / risk-free

Risikomanagement n. / risk management

Risikoversicherung f. / risk insurance

riskieren, allerhand ~ / take a high risc; play for high stakes

Roaming, Internationales ~ n. (durch das 'internationale Wandern' ist es möglich, unter der eigenen Mobiltelefonnummer länderübergreifend erreichbar zu sein.) / international roaming

Roboter, Industrie-- m. / industrial robot

Robotersteuerung f. / robot control

Robotertechnologie f. / robotics

Rohertrag m. / gross result

Rohmaterial n.; Werkstoff m.; Rohstoff m. / raw material

Rohstoff / raw material

Rohteil n. / raw part

ROI (return on investment)

Rollcontainer m. / roll container

Rolle f. (z.B. JIT spielt eine wesentliche ~ für unser Geschäft) / role; part (e.g. just-in-time plays a vital ~ in our business)

Rollenbahn (Beförderung durch Schwerkraft auf schräger Ebene) f. / gravity conveyor; gravity roller conveyor

rollende Ware (Bahn oder Straße) / goods in transit (rail or road)

Rollgeld n.; Fuhrgeld n.; Transportgeld n.; Wagengeld n.; Rollfuhr f.; Beförderungskosten pl. / truckage; freight charge; cartage; drayage; carriage; carriage charges

Rollgut n.; Fracht f. / cartage goods pl.; freight

Rollgut n.; Frachtgut n.; Ladung f. / freight; cargo

rollierende Planung f. / continuous planning

rollierende Prognoseplanung / rolling forecast planning

Roll-On-Roll-Off ; Ro-Ro; RoRo; Roo (z.B. ~ Verkehr; ~ Auflieger; ~ Ladung) / roll-on-roll-off; roro; ro-ro; Roo (e.g. ~ traffic; ~ trailer; ~ cargo)

Roll-out Strategie f. (z.B. eine ~ für den weltweiten Einsatz eines neuen Unternehmenskonzeptes entwickeln) / roll-out strategy (e.g. to develop a ~ for the global implementation of a new corporate concept)

Rolltreppe f. / escalator

ROM (Speicher, der nur das Lesen zulässt, d.h. auf den also nicht geschrieben werden kann) / ROM (Read Only Memory)

Röntgenanalytik f. / X-ray analysis

Ro-Ro; RoRo; Roo; Roll-On-Roll-Off (z.B. ~ Verkehr; ~ Auflieger; ~ Ladung) / roll-on-roll-off; roro; ro-ro; Roo (e.g. ~ traffic; ~ trailer; ~ cargo)

Ro-Ro-Einrichtung f. / ro-ro-equipment

rote Zahlen schreiben fpl.; in den roten Zahlen sein fpl. / be in the red

Route / route

Routenführung f.; Routenlenkung f.; Navigation f. / route guidance; navigation

Router m. / router

RR (Regionale Repräsentanz) f. / regional representative office

Rückantwort / response

Rückdatierung f. / backdating

Rückerstattung f.; Preisrückerstattung f. (z.B. ~ von Fracht) / refund; refunding; reimbursement; repayment (e.g. ~ of freight charges)

Rückfluss (Geld) m. / pay-back

Rückfracht f.; Rückladung f. / return cargo

Rückfragegespräch (Telefon) / consulting call (phone)

Rückgabe f. / return

Rückgang; Rückschwung / downswing; downturn; decrease

Rückgriff / recourse

Rückgriffsrecht n.; Regressanspruch m. / right of recourse

Rückgut / returns

Rückhaltung f.; Zurückhaltung f. (z.B. ~ einer Lieferung) / retention (e.g. ~ of a delivery)

Rückkauf m. / repurchase

Rückkopplung f. (physikalisch) / feedback (physical)

Rückladung f.; Rückfracht f. / return cargo

Rücklage, freie ~ f. / retained earnings

Rücklagen fpl. / reserves

Rücklagen für Notfälle / contingency reserves

Rückläuferabwicklung f. / return parts processing

Rücklieferung f. / return delivery

Rückmeldekarte / ready card; response card

Rückmeldung f. / feedback; ready message; completion note

Rücknahme f. / taking back

Rückruf (Telefon) m. / return call (phone)

Rückruf (Waren) m. / call booking (goods)

Rückruf, automatischer ~ m. (Telefon) / automatic call back (phone)

Rückschwung; Rückgang / downswing; downturn; decrease

Rücksendung f. / return shipment

Rücksendung f.; Rückversand m. / reshipment

Rückspiegel m. / rear mirror

Rückstand m.; Verzögerung f. / lag

Rückstand, im ~ ; in Verzug (Bezahlung) / in arrears (payment)

rückständiger Auftrag m. (noch nicht belieferter, fälliger Kundenauftrag) / outstanding order

Rückstandsliste f. (Kundenaufträge) / backorder list; delay report; backlog list

Rückstellung f. / provision (accounting)

Rücktransport m. / backhaul

Rücktritt vorbehalten m. / subject to withdrawal

Rücktrittsklausel f. / cancellation clause

Rückversand m.; Rücksendung f. / reshipment

Rückversicherung f. / reinsurance

Rückwaren fpl.; Rückgut n. / returns; return goods; returned goods

Rückwärtsterminierung f. / back scheduling; backward scheduling; offsetting

Rückweisung f. / rejection

rückwirkend adj. / retroactive

rückzahlbar adj. / repayable

Rückzahlung f.; Tilgung f. / repayment

Ruf m.; Reputation f. / reputation; standing

Rufnummer f. / telephone number; call number; subscriber number

Rufnummernanzeige f. / calling line identification presentation (CLIP); caller ID

Rufnummernidentifizierung f. (Identifizierung (Rückverfolgung) von z.B. missbräuchlichen oder kriminellen Anrufen) / malicious call identification (MCID)

Rufumleitung f. / call forwarding

Ruhestand n. (z.B. vorzeitiger ~) / retirement (e.g. early ~)

Ruheständler m.; Pensionär m. / retired employee; retiree

Rumpf, Schiffs-~ m. / hull

rund (cirka) adj. (z.B. rund 35 Grad) / about (e.g. about (coll. also: 'some') 35 degrees)

Rundschreiben n. / circular; memo

Rund-um-die-Uhr-Lieferservice f.; Lieferung im Nachtsprung f.; Übernacht-Lieferung f. / 24 hour delivery service; overnight delivery

Rußfilter m. / soot filter

rüsten / set up

Rüstkosten pl. / setup costs

Rüstzeit *f.*; Umrüstzeit *f.* / setup time; make-ready time; changeover time; tear-down time

Rutsche *f.* / chute

RZ (Rechenzentrum) *n.* / data center (DC)

RZ-Gesamtleistung *f.* / total output of data centers

RZ-Leistung in MIPS (s. MIPS) *f.* / data center output in MIPS (s. MIPS)

S

Sach- und Dienstleistungskosten *pl.* / material and service costs

Sachanlageinvestition *f.* / capital expenditure

Sachbeschädigung *f.* (mutwillige ~) / damage (wilful ~)

Sache gefährden, eine ~ / risk s-th.; rock the boat (coll. AmE)

Sache kommen, zur ~ / get down to business

Sachkenntnis / know-how

Sachkonto *n.* / impersonal account

Sachnummer / article number

Sachnummer der Oberstufe *f.*; obere Sachnummer *f.*; Oberstufe *f.* / upper part number

Sachnummer der Unterstufe / lower part number

Sachnummer, anonyme ~ *f.* / non-significant part number

Sachnummer, beschreibende ~ *f.* / significant part number

Sachnummernverzeichnis *n.* / part number record file

Sachschaden *m.* / material damage; damage to property

Sachverhalt *m.* / issue

Sachvermögen *n.* / tangible property

Sachverständiger *m.* (z.B. er ist ~ auf diesem Gebiet) / expert (e.g. he is an ~ on this subject)

Sachwert / value

Sackgasse *f.* / dead end

sagen (z.B. bitte, ~ Sie Annette beste Grüße) / say hello (e.g. please ~ to Annette)

sagen *v.*; ausdrücken *v.* (z.B. Sie wissen schon, was ich meine) / say (e.g. you know what I'm saying)

saisonabhängig *adj.* / seasonal

saisonabhängiger Bedarf *m.* / seasonal demand

saisonale Schwankungen *fpl.* / seasonal variations

Saisonende / end of season

Saisonfaktoren *mpl.* / seasonal factors

Saisonkomponente *f.* / seasonal component

Saisonmodell *n.* / seasonal model

saldieren *v.* / balance

saldierte Bedarfsmengen *fpl.* / balanced requirements

saldierte Menge *f.* / balanced quantity

Saldo / balance

Sammelbehälter / container

Sammelgut *n.* / groupage; consolidation; general commodities; mixed consignment

Sammelgüter *npl.*; Sammelware *f.* / miscellaneous goods

Sammelgutspediteur *m.* / consolidator; consolidating forwarder

Sammelgutverkehr *m.* / groupage service

Sammelinkasso *n.* / premium collection

Sammelladung *f.* / consolidated consignment

Sammellager *n.* / consolidation warehouse

sammeln *v.* (zusammenfassen) (z.B. die Waren ~) / consolidate (e.g. ~ the goods)

sammeln *v.;* erheben *v.* (z.B. ~ von Marktinformationen) / gather (e.g. ~ market information)

Sammelrechnung *f.* / collected invoice; summary invoice

Sammelstelle, Bahn-~ *f.* / railway groupage

Sammelware *f.;* Sammelgüter *npl.* / miscellaneous goods

Sanierung *f.;* Rettungsaktion *f.* (z.B. ein Unternehmen vor dem Bankrott retten) / rescue operation (e.g. to prevent an enterprise of bankruptcy)

Sanktion *f.;* Handelsbeschränkung *f.;* Handels-Zwangsmittel *n.* / trade sanction

SAP-Bausteine *m.* / SAP module

Satellit *m.* / satellite

Satelliten Positionierungs System *n.* / satellite positioning system

Satellitenkommunikation *f.* / satellite communications

Sattelauflieger *m.* / semi-trailer

Satz, Tarif-~ *m.;* Tarif *m.* / tariff rate; tariff

Satzbeschreibung *f.* / record description

Satzbett *n.* / record layout

Satzformat *n.* / record format

Satzteile *npl.* / set of parts

Satzung *f.* / bylaws; byelaws; charter; statutes and articles; regulations

satzungsgemäß *adj.* / statutory; in accordance with the statutes

sauer *adj.* (z.B. wegen der verspäteten Lieferung war er stock-~; *Anm.:* 'pissed off' ist im amerikanischen Sprachgebrauch ein durchaus 'ziviler' Ausdruck) / pissed off (e.g. he was totally ~ because of the delayed delivery)

Säule *f.;* Pfeiler *m.* / pillar

säumig *adj.* / in default

säumiger Schuldner *m.* / defaulter

SC (Supply Chain; der gesteuerte Waren- und Informationsfluss vom Rohmaterial bis zum Verkauf an den Endverbraucher); Prozesskette *f.;* Logistikkette *f.;* Lieferkette *f.;* Pipeline *f.* / SC (supply chain; the managed flow of goods and information from raw material to final sale); supply pipeline

Scanner, Barcode-~; Strichcode-Scanner (~ zum Abtasten des Barcodes von einem Barcodeetikett) *n.* / barcode scanner

Schablone *f.;* Gestaltungsvorlage *f.;* Muster *n.;* Leerformular *n.* (z.B. ~ für PC mit der Möglichkeit zum Ausfüllen von Leerfeldern) / template

Schachtel *f.;* Karton *m.* / carton; box

Schaden / damage

Schaden am Frachtgut, kaschierter ~; verheimlichter Frachtschaden; versteckter Frachtschaden / concealed freight damage

Schaden, ernsthafter ~ *f.* / serious damage

Schaden, Vermögens-~ *m.* / damage to financial assets

Schadenfreiheitsrabatt *m.* / no-claims bonus

Schadensanalyse *f.* / loss analysis

Schadensbearbeitung *f.* / claims handling

Schadensbegrenzung *f.* / limiting of the damage

Schadensbericht *m.* / damage report

Schadensersatz *m.* / damages; compensation; indemnification

Schadensersatz erhalten *v.* / recover damages

Schadensersatz fordern *v.* / claim damages

Schadensersatz leisten / pay damages

Schadensersatzanspruch *m.* / claim for damages

Schadensersatzklage *f.* / lawsuit for damages; action for damages

schadensersatzpflichtig *adj.* / liable for damages

Schadensfall *m.* / claim; loss

Schadenshäufigkeit *f.* / frequency of damage events

Schadensmeldung *f.* / notification of a claim

Schadensversicherung *f.* / indemnity insurance

Schadenszertifikat *n.* / certificate of damage

schadhaft *adj.* / damaged

Schadstoff *m.* / harmful substance; harmful material

schaffen und aufrechterhalten *v.* (z.B. mit diesem Produkt eine Spitzenstellung ~) / create and sustain (e.g. to ~ world class performance with this product)

Schale (Kleinpalette) *f.;* Ablagekorb *m.* (Büro); Tablett *n.;* Tablar *n.* / tray

Schalter *m.* / counter

Schaltschrank *m.* / switchboard

Schalttafel *f.* / control board

Scharnierbordwand *f.* / folding gate

Schattenpreis *m.* / shadow price

schätzen *v.* (z.B. grobe Schätzung; grober Kostenvoranschlag) / estimate (e.g. rough estimate)

Schätzung *f.* / estimation

Schau- und Studienraum *m.* / exhibition and study room

Schaufellader *m.* / frontloader

Schautafel *f.* / information board

Scheck *m.* / check; cheque (BrE)

Schein, Order-~ *m.;* Orderformular *n.* / order form

Schein, Paletten-~ *f.* / pallet form

Scheinvorgang / dummy activity

Scheinwerfer, Auto-~ *mpl.* / headlights

Scheitelpunkt *m.;* Umkehrpunkt *m.* / turning point

Schema / scheme

Schicht *f.* / shift

Schichtarbeit *f.* / shift work

Schichtdauer *f.* / shift time

Schichtfaktor *m.* / shift factor

Schichtmeister *m.* / shift foreman

Schichtwechsel *m.* / shift change

Schichtzulage *f.* / shift differential

Schiebedach *n.* / sliding roof; sunshine roof

Schiebeprinzip (Ggs. Ziehprinzip) / push principle (opp. pull principle)

Schiebetür *f.;* Schiebetor *n.* / sliding door; sliding gate

Schiedsgericht *n.* / court of arbitration

Schiedsspruch / Schlichtung / arbitration

Schiedsstelle *f.* / arbitrative board

Schiedsverfahren *n.* / arbitration proceedings

Schiedswert *m.* / arbitrative value

schief *adj.* / skewed

Schiene *f.* / rail; track

Schiene und Straße / rail and road (R&R)

Schienentransport *m.* / carriage by rail

Schienenverkehr *m.* / railway traffic

Schiff *n.* / ship; boat; vessel

Schiff, per ~ *m.* / by ship

schiffbar *adj.* / navigable

Schiffbau *m.* / marine engineering

Schiffbau *m.* / shipbuilding

Schiffbruch *m.* / shipwreck

Schiffer *m.* / bargeman

Schifferknoten *m.* / sailors' knot

Schifffahrt *f.* / navigation

Schifffahrt, Binnen-~ *f.* / inland shipping

Schifffahrt, Küsten-~ *f.* / coastal shipping

Schifffahrt, See-~ *f.* / ocean shipping

Schifffahrtslinie *f.* / shipping line

Schifffahrtsweg *m.* / shipping route

Schiffsbeladung *f.* / loading of a ship

Schiffsbesatzung *f;* Besatzung *f.* / crew

Schiffseigner *m.* / shipowner

Schiffsentladung *f.* / unloading of a ship

Schiffsladung *f.* / shipload

Schiffsmakler *m.* / shipbroker

Schiffsreling *f.* / ship's rail

Schiffsrumpf *m.* / hull

Schiffswerft *f.* / shipyard

schlafen, darüber ~ (z.B. wenn Sie Zweifel daran haben, verschieben Sie die Entscheidung auf morgen und schlafen Sie eine Nacht darüber) / sleep on it (e.g. if you have doubts about it, delay your decision until tomorrow and sleep on it)

Schlagkraft *f.* (d.h. das richtige machen) / effectiveness (i.e. to do the right things)

schlagkräftig / effective

Schlagwort *n.*; Modewort *n.* (z.B. ist 'Reengineering' nur wieder ein neues ~ auf dem Markt?) / buzzword (e.g. is 'reengineering' just again a new ~ in the marketplace?)

schlank *adj.*; mager *adj.* / lean

schlanke Fertigung *f.*; Lean Production *f.* (schneller, kosten- und aufwandsarmer Durchlauf) / lean production

schlankes Management (wenig Hierarchie) / lean management

schlankes Unternehmen *n.* / lean corporation; lean company

Schleife *f.*; Zyklus *m.* / loop; cycle

schleppen *v.*; transportieren *v.* / tote

Schlepper *m.* / tractor

Schlepper, Elektro-~ *m.* / electric tractor

Schlichter *m.* / mediator; conciliator

Schlichter, Streit-~ *m.* (z.B. bei zivilrechtlichen Auseinandersetzungen zwischen zwei Partnern mit dem Ziel, Konflikte außergerichtlich zu lösen) / peer mediator

Schlichtung *f.*; Schiedsspruch *m.* / mediation; conciliation; arbitration

Schlichtungsausschuss *m.* / arbitration committee

Schließfach *n.* / locker

Schließung, Verkauf oder ~ (z.B. ~ eines Geschäftes, ~ einer Fabrik) / sell-out or shut-down (e.g. ~ of a business, ~ of a factory)

Schlupf *m.* / slack

Schlupfzeit *f.* / slack-time

Schlupfzeitregel *f.* / slack-time rule

Schluss; Schlussfolgerung / conclusion

Schlussabrechnung *f.*; Endabrechnung *f.* / settlement of accounts; final account

Schlüssel *m.* (z.B. Barcode, d.h. verschlüsselte Information auf einem Aufkleber mit 'bars'=Balken) / code (e.g. barcode, i.e. coded information on a label using bars)

Schlüssel- bzw. Großkunden-Manager *m.* (~ für Großkundenbetreuung) / key account manager (~ who is responsible for major customers)

Schlüssel zum Erfolg *m.* / key for success

Schlüssel, Fälligkeits-~ *m.* / maturity code

Schlüssel, generischer ~ *m.* / generic key

Schlüssel, identifizierender ~ *m.* / identification code; identification key

Schlüssel, klassifizierender ~ *m.* / classifying key

Schlüssel, sprechender ~ *m.* / mnemonic key

Schlüsselbegriff *m.* / key term

Schlüsselfähigkeit; Kernkompetenz / core competency

schlüsselfertig *adj.* / turnkey

schlüsselfertige Anlage *f.* / turn-key system

Schlüsselgeschäft / core business

Schlüsselgröße *f.* (z.B. markt- und erfolgsbestimmende ~) / key driver (e.g. ~ for market and succes)

Schlüsselnummer (im Einkauf) *f.* / commodity code

Schlüsselsystem *n.* / key code system

Schlussfolgerung *f.*; Schluss *m.* / conclusion

Schlussverkauf / clearance sale

schmieren *v.*; bestechen *v.*; betrügen *v.* (z.B. im Verdacht stehen, bestochen zu haben) / cheat (e.g. to be suspected of having cheated)

Schmiergeld *n.* / bribe money; money under the table (coll.)

schnell, so ~ wie möglich / asap (short for 'as soon as possible')

Schnelldreher *m.* (z.B. dieser Lagerartikel ist ein ~, d.h. mit häufiger oder großer Nachfrage) / mover, fast ~ (e.g. this warehouse item is a ~, i.e. with a frequent or great demand)

Schnelldreher *pl.* / fast-moving goods

Schnelligkeit des Feedbacks / responsiveness

Schnellstraße *f.;* Autobahn *f.* / motorway (BrE); throughway; expressway (AmE)

Schnitt, Tagesdurch-~ *m.* / average per day

Schnittpunkt *m.* / intersection

Schnittstelle (Unterbrechung) *f.;* Bruch *m.;* Unterbrechung *f.* (z.B. 1: ~ zwischen betrieblichen Funktionen; 2: ~ des Materialflusses) / disruption; stop-and-go (e.g. 1: ~ between corporate functions; 2: ~ of the material flow)

Schnittstelle (Verbindung) *f.* / interface

Schnittstellenkosten *pl.* / interface costs

Schnittstellenmanagement *n.* / interface management

Schnurlostelefon *n.* / cordless phone

Schreibtisch *m.* (z.B. Herr Kraske ist gerade nicht an seinem ~, aber er wird gleich zurück sein) / desk (e.g. Mr. Kraske is away from his ~ right now but he'll be back in a minute)

Schreibwaren *fpl.* / stationery

Schriftwechsel *m.* / correspondence

Schritt *m.* / step

Schrittmacher *m.* (z.B. diese Firma ist ein echter ~ in der Logistik) / pacemaker (e.g. this company is a real ~ in logistics)

schrittweise *adj.* / step-by-step

Schrott *m.;* **Abfall** *m.* / scrap

Schrottmaterial *n.* / scrap material

Schrottwert *m.* / salvage value

Schrumpffolie, Verpackung mit ~ / shrink wrapping

Schubkraft / driving force

Schubmaststapler *m.* / reach truck

Schulden / liabilities

schulden *adj.* (jd. etwas ~) / owe (to ~ s.o. s.th.)

schuldenfrei *adj.* / free of debts

Schuldentilgung *f.* / liquidation of debts

schuldig bekennen, sich ~ / plead guilty

Schuldner *m.;* Debitor *m.;* / debtor

Schuldner, säumigiger ~ *m.* / defaulter

Schuldschein *m.* / promissory note

Schuldverschreibung *f.* / bond; debenture bond

Schule, weiterführende ~ / high school

Schüler *m.* (USA: ein Schüler wird auch als 'Student' bezeichnet, der die 'elementary school' oder 'high school' (12 Klassen einer weiterführenden Schule) besucht) / student; pupil (USA: a 'student' is also somebody who attends an elementary school or a high school)

Schulung *f.;* Training *n.;* Trainingsmaßnahme *f.* (~ durchführen) / training (conduct a ~)

Schüttgut *n.* / bulk material; loose material

Schutzrechtskosten *pl.;* Lizenzgebühren *fpl.* / royalties

Schutzzollpolitik / protectionism

schwache Nachfrage *f.;* geringer Bedarf *m.* / weak demand

Schwächere, der ~ *m.;* der Unterlegene *m.;* der Schwächere *m.;* der Verlierer *m.* / underdog

Schwachstellen *fpl.* / weak points; gaps

schwankende Nachfrage *f.;* schwankender Bedarf *m.* / fluctuating demand; lumpy demand

schwankendes Arbeitsvolumen (z.B. der Einsatz von Aushilfskräften bzw. Zeitarbeitern stellt eine hervorragende Möglichkeit dar, den Personaleinsatz flexibel zu gestalten und an ~ anzupassen) / fluctuating work (e.g. the use of temporary help is an excellent way to flex the workforce and adjust to ~ volumes)

Schwankung *f.* / fluctuation; variation

Schwankung, Markt-~ *f.* / market fluctuation

Schwankung, zulässige ~ *f.* (z.B. ~ in gelieferter Stückzahl) / admissible allowance (e.g. ~ in quantity delivered)

Schwankungen, jahreszeitliche ~ /
seasonal variations
Schwarzarbeit *f.* / moonlighting
Schweißen, Laser-~ *n.*/ laser welding
Schwerarbeit, körperliche ~ *f.* /
physical exertion
Schwergut *n.* / havy cargo
Schwergut *n.* / heavy goods; heavy lift
Schwerpunkt *m.*; Hauptansatzpunkt *m.*
(z.B. ~ einer Aussage) / main focus;
emphasis; key point (e.g. ~ of a
message)
Schwerpunktsarbeitsgang *m.* / key
operation; primary operation
Schwerpunktsarbeitsplatz *m.* / key
work center
Schwesterwerk, Bedarf vom ~ /
interplant demand
schwimmende Ware *f.* / goods afloat
Schwindel *m.*; Betrug *m.* (z.B. jmdn. des
Betruges für schuldig halten) / fraud
(e.g. find *s.o.* guilty of fraud)
schwindelerregender Preis *m.* /
staggering price
Schwingtür (LKW-Anhänger) *f.* / swing-
out door (trailer)
Schwund *m.*; Minderung *f.* / shrinkage
SCM (Supply Chain Management)
(Methode zur Steuerung aller Vorgänge
im Logistikprozess - vom Bezug des
Rohmaterials bis zur Lieferung an den
Endverbraucher. Idealerweise arbeitet
hierbei ein Netzwerk von Firmen
zusammen, um ein Produkt oder eine
Dienstleistung zu liefern. -> 'Extended
Enterprise') Prozessmanagement der
Logistikkette *n.*;
Versorgungsmanagement *n.*;
Lieferkettenmanagement *n.*;
Pipelinemanagement *n.* / SCM (supply
chain management) (the practice of
controlling all the interchanges in the
logistics process from acquisition of raw
materials to delivery to end user. Ideally,
a network of firms interact to deliver the

product or service. -> 'Extended
Enterprise')
SCN (Siemens Corporate Network)
SCN-Dienstleister *m.* / SCN service
provider
SCN-Knoten *m.* / SCN node
Scorecard *f.*; Berichtsbogen *f.*;
Bewertungsblatt *f.*; Bewertungsliste *f.*;
Blatt mit Bewertungsziffern (z.B. ~ mit
erzielten Ergebnissen anhand von
Zielsetzungsparamotern, wie z.B.
finanzielle und operative Kennzahlen,
Ergebnis- und Treibergrößen, kurz- und
langfristige Aspekte) / scorecard (e.g. ~
with results achieved, using objectives,
e.g. financial and operational measures,
outcome measures and performance
drivers, short and longtime aspects)
Scorecard, Balanced ~
(Managementmethode, die Vision und
strategische Unternehmensziele mit
operativen Maßnahmen, der normalen
Geschäftätigkeit, verbindet. Damit
verbunden ist ein Bewertungssystem,
das für eine Organisation oder auch für
einzelne Personen eine Balance
herstellen soll zwischen z.B. finanziellen
Ergebnisgrößen und operativen
Treibergrößen) / balanced scorecard
(BSC)
Scrolling *n.* (systematisch (auf- oder
abwärts) Listen durchgehen; am PC-
Bildschirm durch Anklicken mit der
Maus auf einem bestimmten
Scrollknopf) / scrolling
SDSL (siehe Datenübertragungssystem)
SE (Simultaneous Engineering);
paralleles Konstruieren; simultane
Arbeit *f.* (d.h. paralleles oder
überlapptes und nicht sequentielles
Konstruieren) / simultaneous
engineering (SE) (i.e. parallel or
overlapped, not sequential engineering)
SEC (Börsenaufsichtsbehörde in den
USA; SEC-Regeln erfordern u.a. eine
umfassende Quartals-Berichterstattung

der an den US-Börsen gelisteten
Firmen) / SEC (Securities and Exchange
Commission; independent US
regulatory agency)

Seefracht *f.* / ocean freight; ocean cargo

seemäßige Verpackung *f.* / seaworthy
packing

Seeschifffahrt *f.* / ocean shipping

Seetransport *m.* / sea transport;
shipment by sea

Segmentierung *f.*; Aufteilung *f.* /
segmentation

Sekundärbedarf *m.* / dependent
requirements; secondary requirements

Sekundärindex *m.* / secondary index

Sekundärtechnik *f.* / secondary
equipment

selben Tag, Lieferung am ~;
Sofortlieferung *f.* / same day shipment

selbständiges Geschäftsgebiet *n.* /
special division; independent division

Selbstbewertung *f.* / self-assessment

Selbstkosten *pl.*; Gestehungskosten *pl.* /
prime costs; costs of sales

Selbstkostenpreis / cost price

Selbstkostenpreis, zum ~ / at cost

selbstprüfend *adj.* / self-checking

selbststeuernd *adj.* / self-regulating

Selbststeuerung *f.*; Selbstverantwortung
f. / self-control

Selbstverpflichtung *f.*; Versprechen *n.*;
Verpflichtung *f.* / commitment

Selbstverpflichtung des Managements /
management commitment

Selbstwählfernverkehr *m.* / direct
distance dialing (DDD)

seltsam; komisch; eigenartig / odd (i.e.
strange behavior)

seltsamerweise *adv.*; merkwürdig *adv.* /
oddly

Seminar (im Stil von Frontalunterricht);
Frontalunterricht *m.* / face-to-face
seminar; classroom seminar

Seminar, Auffrischungs- *n.*;
Auffrischungskurs *m.* / refresher course;
refresher seminar

Seminar, Nachfolge-~ *n.* / follow-up
seminar

Seminar, sich zu einem ~ anmelden *n.* /
register for a seminar

senden, Fax ~ *v.*; faxen *v.* / send a fax

Sender und Empfänger / sender and
receiver

Sender-Empfänger-Beziehung *f.* /
sender-recipient-relationship

Sendung / shipment; consignment

Sendung, Postwurf-~ *f.* / bulk mail

Sendung, Übernahme einer ~ *f.*;
Annahme einer Sendung *f.* / acceptance
of a shipment

Sendung, Waren-~ *f.* / shipment of
goods

Sendungen, sich überschneidende ~ *fpl.*
(z.B. ... wir entschuldigen uns für sich
eventuell ~) / cross-postings (e.g. ... we
apologize for any ~)

Sendungsverfolgung *f.* / tracking;
shipment tracking; package tracking

Sensorsystem *n.* / sensor system

Sensortechnik *f.* / sensor technology

Separiereinrichtung *f.* (Einrichtung bei
einem Fördersystem, um Kisten oder
ähnliche Behältnisse nach
unterschiedlichen Bestimmungsorten
zu trennen) / diverter (a device to divert
boxes or similar items on a conveyor
system to various locations)

sequentielle Abarbeitung *f.* (sequentiell
abzuarbeitende Folge von
Arbeitsschritten) / in-line process

Sequenz *f.*; Reihenfolge *f.*; Folge *f.*;
Ablauf *m.*/ sequence; order

Serienfertigung *f.* / serial production

Seriennummer *f.*; laufende Nummer *f.* /
serial number

Serienprodukt *n.*; Standarderzeugnis *n.* /
standard product

Server *m.*; Netzrechner *m.* (Computer,
der Daten über eine
Netzwerkverbindung an einen Client
übermittelt) / server

Server, Mail-~ (Anwendung auf einem Server, der ein- und ausgehende E-mails verwaltet und an die Clients weiterleitet) / mail server

Server, Point of Presence-~ (POP) (Rechner eines Dienstleisters, d.h. 'Providers', z.B. als Einwählpunkt für den Internetzugang)

Server, Web-~ (Server, der Dokumente im HTML-Format zum Abruf über das Internet bereithält) / web server

Service m.; Dienstleistung f.; Dienst m. (z.B. erbrachte ~) / service (e.g. ~ delivered)

Service und Einschaltung (Abteilung) / service and installation (department)

servicebewusst; serviceorientiert; dienstleistungsorientiert / service-minded; service-oriented; focused on service

Servicegrad (z.B. der ~ der Auftragserfüllung ist 95%) / fill rate (e.g. the order ~ is 95 percent)

Servicegrad m.; Lieferbereitschaftsgrad m.; Grad der Lieferbereitschaft m. (eine übliche Berechnung des Servicegrades ist: Anzahl gelieferter Positionen als Prozentsatz gewünschter Positionen) / service level; service rate; level of service; fill rate (a common calculation for a service level is: complete lines shipped as a percentage of total lines called for)

Servicegrad, Kunden-~ m. / degree of customer service; customer service degree; customer fill rate

Serviceingenieur m. / service engineer

Servicelogistik f.; Logistik im Service / service logistics

Servicenummern fpl.; 800er-Nummern fpl. (gebührenfreie Rufnummern, z.B. in Deutschland 0-800, in USA '1-800') / toll-free numbers; free call (free of charge phone call numbers, e.g. in Germany '0-800', in the USA '1-800') / toll free numbers; free call

serviceorientiert; servicebewusst; dienstleistungsorientiert / service-oriented; service-minded; focused on service

Servicezentrum n.; Call Center n.; Kundendienstzentrum n. ('Inbound'-Funktion eines Call Centers: es werden Anrufe, E-Mails oder Faxe entgegengenommen; 'Outbound'-Funktion: es wird aktiv kommuniziert, z.B. werden Kunden für Marketingaktionen gezielt angerufen) / call center

Shared Services; Gemeinsame Dienste (Geschäftseinheit, die Dienstleistungen und Ressourcen für interne oder auch externe Kunden anbietet und liefert) (z.B. Kostensenkung durch Aufbau von Shared Services mit beispielsweise Gebäudemanagement und IT-Infrastruktur, aber auch Dienstleistungen für Logistik, Personal, Buchhaltung oder Zahlungsabwicklung) / Shared Services (business unit which offers and provides services and resources for internal but also for external customers) (e.g. cost reduction through setting up Shared Services with services as facility management, IT infrastructure as well as services for logistics, personnel, accounting or cash management)

Shareholder m.; Aktionär m. / shareholder

Shareholder Nutzen m. (z.B. Kundennutzen zum Wohle der Shareholder schaffen) / shareholder benefit (e.g. delivering value to the customer for the benefit of the shareholders)

Shareholder Rendite m. (z.B. definiert durch Summe der Dividende plus Zuwachs des Aktienwertes in Relation zum Aktienpreis) / shareholder return (e.g. determined by the sum of the dividends plus the increase in the share price relative to the acquisition price of the share)

Shareholder Value *m.* (z.B. definiert durch Unternehmenswert, Art und Offenlegung der Geschäftsaktivitäten, Qualität der Managementpraktiken, Qualifikation der Mitarbeiter, etc.) / shareholder value (e.g. determined by the value of the company, the kind of business activities and how they are communicated to the public, the quality of management practices, the standard of employees' qualification, etc.)

Shareware *f.* (Softwareprogramme, die z.B. zum kostenlosen Test aus dem Internet heruntergeladen werden können. Wird das Programm dann regelmäßig benützt, ist oftmals eine kleine Gebühr zu entrichten) / shareware

ship-to-line-Lieferung *f.*; Direktlieferung in die Fertigung (Lieferung direkt an die Fertigungslinie des Abnehmers) / ship-to-line delivery; ship-to-line shipment

ship-to-stock-Lieferung *f.*; Direktlieferung in das Lager (Einlagerung ohne Eingangsprüfung) / ship-to-stock delivery; ship-to-stock shipment

Shuttle *n.*; Pendelfahrzeug *n.* / shuttle

Sicherheit *f.* / safety

Sicherheit *f.*; Bürgschaft *f.*; Kaution *f.*; Pfand *n.* / security

Sicherheit, Arbeitsplatz-~ *f.* / job security; security of employment

Sicherheitsbestand *m.*; eiserner Bestand *m.* / reserve inventory; safety level

Sicherheitsbestandsermittlung *f.* / safety stock calculation

Sicherheitseinbehalt *m.* / security retainment

Sicherheitsfrage *f.* / security issue

Sicherheitslaufzeit *f.* / safety lead time

Sicherheitsleistung *f.* / surety

Sicherheitspolster *n.* / safety cushion

Sicherheitsstop *m.* (beweglicher Metallstab, um automatisch Waren auf einer Rollenbahn anzuhalten) / blade stop (movable metal blade in roller conveyors to automatically stop goods movement)

Sicherheitstechnik *f.* / security and alarm systems

Sicherheitsvorrichtung *f.* / safety device

Sicherheitszeit *f.* / safety time

sichern *v.* (festigen); konsolidieren *v.* (z.B. das erreichte Ergebnis ~) / consolidate (e.g. ~ what has been achieved)

Sicherung (Schutz) *f.* / protection

Sicherung, Manager zur ~ von Kundenlieferungen (Koordinator mit Aufgabe und Verantwortung über die ganze Lieferkette hinweg, um zuverlässige Kundenlieferungen zu garantieren) / customer supply assurance manager (manager with task and responsibility to coordinate the whole supply chain to assure reliable deliveries to the customer)

Sicherung, Überlast-~ *f.* / overload saftey device

Sicherungsgruppe *f.* / personal security; bodyguards

Sicherungsinstrument *n.* / hedging instrument

Sicherungskopie *f.* (Computer) / back-up copy (computer)

Sichtprüfung *f.* / visual inspection

Signatur, digitale ~ *f.*; digitale Unterschrift *f.* (eindeutige Identifizierung des Absenders bei Übertragung elektronischer Nachrichten, wie z.B. für e-commerce, b2b, b2c, Internet-Shopping, E-mails, etc.) / digital signature

SIM-Karte (Chipkarte mit Prozessor und Speicher für ein GSM-Handy, auf der die vom Netzbetreiber vergebene Teilnehmernummer gespeichert ist) / SIM card (Subscriber Identity Module)

Simulation *f.* / simulation
Simulation, Unternehmens-~ *f.* / business simulation
Simulationsauftrag *m.* / simulation order
Simulationslauf *m.* / simulation run
simultane Fertigungssteuerung *f.* / simultaneous production control
Simultaneous Engineering (SE) *n.*; simultane Arbeit *f.* (d.h. paralleles oder überlapptes und nicht sequentielles Konstruieren)/ simultaneous engineering (SE); concurrent engineering (i.e. parallel or overlapped, not sequential engineering)
Sinn der Notwendigkeit; Gespür für Dringlichkeit; Empfindung für Dringlichkeit / sense of urgency
Sitzplatz *m.* (z.B. nehmen Sie doch bitte Platz, Frau Friederike) / seat (e.g. Friederike, please be seated)
Skonto *m.*; Barzahlungsrabatt *m.* / cash discount
SMD / surface mount device (SMD)
SMS (Dienst für die Versendung von Kurznachrichten über Handy) / SMS (Short Message Service)
SMT / surface mount technology (SMT)
SMTP-MIME (Simple Mail Transfer Protocol-Multipurpose Internet Mail Extension: herstellerneutraler, internationaler Standard der Internet-Welt. SMTP bildet die Basis für den Austausch von Nachrichten; darüberhinaus sorgt MIME dafür, dass nicht nur einfache Textinformationen, sondern z.B. auch Fotos oder Videos über das Internet verschickt werden können)
sofort *adv.* (z.B. gegen sofortige Bezahlung) / promt (e.g. for ~ cash)
sofort *adv.;* an Ort und Stelle / on the spot
sofortige Bearbeitung von Aufträgen *f.* / instantaneous processing
Sofortlieferung *f.* / instantaneous delivery

Sofortlieferung *f.*; Lieferung am selben Tag / same day shipment
Sofortzahlung *f.;* Barkasse *f.* / spot cash
Software, Freigabe von ~ *f.* / release of software
Softwarearchitekt *m.* / software architect
Softwaredienst *m.* / software service
Softwareentwickler *m.* / software developer
Softwareentwicklung, computerunterstützte ~ / Computer Aided Software Engineering (CASE)
Softwareergonomie *f.* / software ergonomics
Softwaremodellierer *m.* / software designer
Softwarepaket *n.* / software program package
Softwareprojekt *n.*; Softwarevorhaben *n.* / software project
Softwaretechnologie *f.* / software technology
Softwarevorhaben / software project
Solarenergie *f.* / solar energy
SOLL *n.* (Ggs. IST) / target (opp. actual)
SOLL, IST im Vergleich zum ~; IST im Vergleich zum Plan / actual vs. target ; actual vs. estimated
Sollbestand / planned inventory
Solleistung *f.* / rated output; rated performance
Sollfertigungszeit *f.* / standard labor time
SOLL-IST-Vergleich *m.* (z.B. ~ der Herstellkosten) / variance comparison; target-actual comparison; estimated-actual comparison (e.g. ~ of production cost)
Sollkapazität *f.* / rated capacity
Sollkonzept *n.* / reference concept; rated concept
Solltermin *m.* / target date
Sollwert *m.* / rated value; target value
Sollzeit *f.* / targeted time
Sonderanfertigung *f.* / special design
Sonderangebot *n.* / special offer

Sonderaufgabe f. / special assignment; special task

Sonderausgabe f. / special publication

sonderbar adj.; seltsam adj. (d.h. eigenartiges, komisches Verhalten) / odd (i.e. strange behavior)

Sonderprojekt n.; Sonderthema n. / special project

Sonderrabatt / special discount

Sonderthema / special project

Sondervergünstigungen; geldlose Zuwendungen fpl.; Nebenleistungen fpl. (zu Lohn und Gehalt) / fringe benefits (i.e. non-cash benefits)

Sondervergütung f. / extra allowance

Sonderverpackung f. / special packaging

Sonderzahlung f. / special payment

sonstige adj. / miscellaneous

sorgen für / cater

Sorgfalt f. / diligence

Sorgfalt, gebührende ~ f.; Due Diligence f.; ganzheitliche Unternehmensbewertung f. (beim Verkauf einer Unternehmung die problemadäquate, strukturierte und sorgfältige Aufbereitung von Geschäftsdaten, um potentiellen Investoren eine faire Chancen- und Risikoprüfung zu ermöglichen) (z.B. ~ bei der Prüfung anlässlich der Übernahme eines Unternehmens) / due diligence

Sortieranlage f. / sorter system

Sortierausgang m. / sorter outlet; sorting output spur

Sortierbegriff m.; Ordnungsmerkmal n.; Sortierkriterium n. / sort feature; sort criterion; sorting feature (plural of 'criterion'='criteria')

Sortierfeld n. / sort field

Sortierfolge f. / sort sequence

Sortierkennzeichen n. / sort indicator

Sortierlinie f.; Sortiergang n. / picking line

Sortiermaschine f. / sorting machine

Sortierung f. / sortation

Sortiervorgang m. / sorting process

Sortiment n.; Angebot n. (z.B. ~ von Produkten) / assortment (e.g. ~ of products)

Sortimentsgestaltung f. / store assortment

Soundkarte (Erweiterungskarte für Computer zur Aufnahme und Wiedergabe von Audiodaten) / sound card

soziale Einrichtungen fpl. / welfare; social services

sozialer Druck m.; Druck von Kollegen m. / peer pressure

Sozialkompetenz f. / social competence

Sozialleistungen fpl.; Personalleistungen fpl. (z.B. die Firmenpolitik ist es, gute ~ zu gewähren) / benefits; employee benefits (e.g. the company policy is to grant good ~)

Sozialpolitik f. / social policy

Sozialpolitik, betriebliche ~ f. / company social policy; corporate social policy

Sozialversicherung f. / social security; social insurance

Spanne (Gewinn) f. / margin (profit)

Spanne, Bedarf-~ f. / required margin

Spannzeug n. / chucking tool

Sparkonto n. / savings account

Sparprogramm n. / austerity program

sparsam adj.; wirtschaftlich f. / economical

Sparsamkeit f.; Wirtschaft f. / economy

Sparte / line of business

spätester Anfangstermin / latest start date

spätester Bestellzeitpunkt m. / latest order date

SPC (statistische Prozesssteuerung) f. / statistical process control (SPC)

Spediteur / forwarder; freight forwarder; freight carrier; shipping agent

Spediteur, Hafen-~ m. / port agent

Spediteuranbindung *f.* / forwarder integration

Spediteur-Übernahmebescheinigung (FCR) *f.* / forwarding agent's certificate of receipt (FCR)

Spedition / freight carrier

Speditionsauftrag *m.* / shipping order

Speditionsgewerbe (LKW) *n.* / trucking industry

Speditionsgewerbe *n. ;* Speditionswirtschaft *f.* / forwarding industry; forwarding business

Speditionslager *n.* / shipping warehouse

Speditionsnetz *n.*; Transportnetz *n.*; Versandnetz *n.* / shipping network

Speicher *m.* (Computer) / memory

Speicher, Daten-~ *m.* / data storage

Speicherbedarf *m.* / storage requirement

Speicherbelegung *f.* / storage allocation

Speicherkapazität / storage capacity

Speicherplatz *m.* / storage place

Speicherschutz *m.* (Computer) / memory protection

Speicherung, Informations-~ *f.* / information storage

Speicherungsform, gestreute ~ *f.* / random organization

spekulativer Bestand *m.* / hedge inventory

Spesen *pl.* (z.B. Reise- und Bewirtungs~) / expenses (e.g. travel and entertainment ~)

Spesen, eigene ~ / our charges

Spesen, fremde ~ *pl.* / other's charges

Spesen, Lager-~ / storing expenses

Spezialist *m.* / specialist

Spezialverpackung *f.* / special packing

spezielle Umstellungen *fpl.* / special changes

Spezifikation (Lastenheft; Pflichtenheft) *f.* / specification (reqirement ~; functional ~)

spezifischer Bedarf *m.* / selective demand

spezifiziert; aufgegliedert (z.B. ~e Rechnung) / itemized (e.g. ~ invoice)

Spiel, auf dem ~ stehen (z.B. unser Geschäft steht auf dem Spiel) / at stake (e.g. our business is ~)

Spielraum, Handlungs-~ *m.* / room for maneuver

Spitzenanwendung *f.*; Spitzenlösung *f.*; Vorbildlösung *f.* (z.B.: das Ergebnis unseres Benchmarkings ist, dass Firma X in Europa die besten Konzepte für City-Logistik liefert) / best practice (e.g.: as a result of our benchmarking, ~ concepts in city logistics in Europe are provided by company X)

Spitzenfirma *f.* (Firma, die auf einem der vorderen Plätze im DOW Jones Aktienindex steht) / blue chip company

Spitzenleistung im Service Spitzenservice *m.* / cutting edge service

Spitzenleistung in der Fertigung; Weltspitzenfertigung *f.* / world class manufacturing

Spitzenleistung, unternehmerische ~ *f.* / business excellence

Spitzenlösung *f.*; Spitzenanwendung *f.* / best practice

Spitzenservice / cutting edge service

Spitzenstellung *f.* (z.B. ~ schaffen und aufrechterhalten) / world class performance (e.g. create and sustain ~)

Spitzentechnologie *f.* (z.B. ~ in IuK) / state-of-the-art technology (e.g. ~ in I&C)

Spitzenunternehmen *f.* (z.B. führend mit Wettbewerbsvorsprung) / cutting-edge company; leading-edge company

Spitzenzeit, Verkehrs-~ *f.*; Hauptverkehrszeit *f.* / traffic peak time; rush hour

sporadischer Bedarf *m.* / sporadic demand

spottbillig *adj.* / dirt-cheap (coll. AmE)

Spracherkennungssystem *n.* / voice recognition system

Sprachkommunikation *f.* / voice communication

Sprecherausschuss *m.* / spokespersons' committee

Springer *m.* / stand-in

Spritzguss *m.* / die casting

Sprung *m.* (z.B. ein großer Schritt vorwärts; ein ~ nach vorne; ein toller Fortschritt) / leap (e.g. a big ~ forward)

sprunghafte Verbesserungen *fpl.* (z.B. ~ bei Kosten, Zeit und Qualität) / major improvements (e.g. ~ in costs, time and quality)

Spur *f.*; Gleis *n.* / track

SQL-Abfragesprache *f.* / Structured Query Language (SQL)

Staatsdienst *m.;* öffentlicher Dienst, *m.* / civil service

Staatshandelsländer *npl.* / state-controlled economies; centrally planned economies

Stab und Linie / staff and line

stabiles Wachstum *n.* / solid growth

Stabsabteilung *f.*; Stab *f.* / central department; staff department; corporate stewardship department

Stadtnetz *n.;* City-Netz *n.* / city network

Stakeholder *mpl.* (wirtschaftliche, staatliche oder andere gesellschaftliche Gruppen, wie z.B. Aktionäre, Mitarbeiter, Kunden, Lieferanten, die ein Interesse an den Leistungen und am finanziellen Ergebnis eines Unternehmens geltend machen) / stakeholder

Stammaktien / common stock

Stammdatei *f.* / master file

Stammdaten *npl.* / master data; main data

Stammdatenübernahme *f.* / transmission of master data

Stammdatenverwaltung *f.* / master data management

Stammhaus *n.* / head office; parent company

Stammhausvertrieb *m.* / corporate sales; central sales

Stammkapital *n.*; Stammaktien / common stock

Stammsatz *m.* / master record

Stammsatzpflege *f.* / master record maintenance

Stand *m.* (z.B. Liefer~) / status (e.g. delivery ~)

Stand der Technik *m.* / state-of-the-art

Stand der Technik, auf den ~ bringen; auf Vordermann bringen (fam.) (z.B. Hält Ihr Lager Schritt mit dem Stand der Technik im Lagerwesen? Wenn nicht, schauen Sie bitte, welche Schritte nötig sind, um es auf Vordermann, d.h. auf den Stand der Technik zu bringen.) / bring up to speed (e.g. is your warehouse operation keeping pace with state-of-the-art warehousing? If not, you better take a hard look at what steps are necessary to bring it up to speed.)

Stand vom ... (Datum) / as of ... (date)

Stand, aktueller ~ *m.*; Jahresauflauf (zum Heutezeitpunkt) *m.* (z.B. im Geschäftsjahr bis heute erreicht) / year-to-date (ytd); current state (e.g. achieved until today)

Standard *m.*; Norm *f.*; Messgröße *f.* / standard

Standard, DSL-~ (Zugangstechnologie bei der Datenübertragung) / DSL standard (digital subscriber line)

Standard, GPRS-~ (Übertragungstechnik für GSM-Datenfunk, bei dem die Teilnehmer permanent online sind) / general packet radio service (GPRS)

Standard, HBI-~ (Schnittstellenstandard für sicheres Homebanking) / home banking computer interface (HBI)

Standard, Industrie-~ *m.* / industrial standard

Standard, TAPI-~ (Telefonieschnittstelle, mit der Telefonfunktionen aus aus Windows-Anwendungen heraus steuerbar sind) /

TAPI (Telephony Application Programming Interface)

Standard, TWAIN-~ (Treiberstandard für Scanner) / TWAIN (Technology Without An Interesting Name)

Standard, URL-~ (bezeichnet eindeutig die Adresse eines Dokuments im Internet) / URL standard (Technology Without An Interesting Name)

Standard, USB-~ (einfacher Anschluss von Peripheriegeräten an einen Computer durch serielle-, d.h. Reihenschaltung) / USB standard (Universal Serial Bus)

Standardabweichung *f.* / standard deviation

Standardanwendungssoftware *f.* / standard application software

Standardarbeitsplan *m.* (gleicher Vorgang für unterschiedliche Sachnummern) / generic route

Standardauswertung *f.* / standard evaluation

Standardeinstellung *f.* (voreingestellter Wert) (z.B. Standardlaufwerk) / default (e.g. default drive)

Standarderzeugnis / standard product

Standardgeschäft *n.* / standard business

Standardisierbarkeit *f.* / suitability for standardization; standardizability

Standardisierung *f.*; Normung *f.*; Vereinheitlichung *f.* / standardization

Standardisierungsgrad, hoher ~ *m.* / high degree of standardization

Standardkosten *pl.* / standard costs

Standardkosten-Änderungsbetrag *m.* / standard cost change amount

Standardlaufzeit *f.* / standard running time

Standardleistung *f.*; Normalleistung *f.* / standard performance

Standardleistungsgrad *m.* / standard rating

Standardmenge pro Transporteinheit / move lot

Standardpaket *n.* (z.B. PC ~ wie Microsoft's 'Word for Windows', 'Powerpoint', 'Excel', etc.) / standard package (e.g. PC ~ like Microsoft's 'Word for Windows', 'Powerpoint', 'Excel', etc.)

Standardpreis *m.*; Normalpreis *m.* / standard price

Standards für die Nutzung / standards for the use

Standardsoftware *f.* / standard software

Standardteil *n.* (z.B. ~ eines Produktes) / basic part (e.g. ~ of a product)

Standardwert *m.* / default value

Standardzeit *f.*; Vorgabezeit *f.*; Normalzeit *f.* (z.B. ~ pro Stück) / standard time; time allowance (e.g. ~ per item)

ständig / continuous

ständig zunehmend / continuously increasing

ständige Überwachung *f.* / ongoing monitoring

ständige Verbesserung / continuous improvement

ständiger Prozess / ongoing process

Standort *m.* (z.B. ~ einer Geschäftseinheit oder einer Fabrik) / site (e.g. ~ of a business unit or factory)

Standort, am ~; vor Ort (z.B. auf dem Montagegelände) / at site; on-site (e.g. at the installation site)

Standort, geografischer ~ *m.* / geographical location

Standort, Lager-~ *m.* / warehouse location

Standortdienste *mpl.*; Facility Services *mpl.* / facility services; site services

standortspezifisch *m.* / site-specific

Standortverwaltung *f.* / general services; facilities administration

Standortwechsel *m.* / relocation

Standpunkt *m.*; Gesichtspunkt *m.* / standpoint; point of view

Stanzerei *f.* / press shop

Stapel *m.* (z.B. Bücher-~) / stack (e.g. ~ of books)

Stapelhöhe *f.* (z.B. die Ladekapazität des LKW hängt von der ~ der Kisten ab) / stocking hight (e.g. the loading capacity of the truck depends on the ~ of the boxes)

stapeln *v.*; stauen.; aufschichten *v.* / stack; pile up; build up; stow

Stapelverarbeitung / batch processing

Stapler *m.* / stacker

Stapler, Hochregal-~ *m.* / high rack stacker

Staplerfahrer *m.*; Staplerführer *m.* / fork truck driver

starr *adj.*; steif *adj.*; unbeweglich *adj.* / rigid

Starrheit *f.*; Unbeweglichkeit *f.* / rigidity

starten *v.* (z.B. eines Projektes) / kick-off (e.g. of a project)

Starttermin, frühester ~ / earliest start date

Starttermin, letzter ~ / latest start date

Startzeitpunkt *m.*; Ansatzpunkt *m.* / starting point

Statistik *f.* / statistics

statistisch *adj.* / statistical

statistische Erhebung / survey

statistische Prognose *f.* / statistical forecasting

statistische Prozesssteuerung (SPC) *f.* / statistical process control (SPC)

statistische Verteilung *f.* / statistical distribution

Stau, Verkehrs-~ *m.* / traffic jam; congestion

Staubsauger *m.* / vacuum cleaner

stauen / stow

Staugebühr; Staugeld / loading charges

Staumaterial *n.* / dunnage

Stauraum *m.*; Laderaum *m.* / stowage

Stechkarte *f.* (Zeiterfassung) / clock card; punch card

Steckdose *f.* (Ggs. Stecker *m.*) / outlet; jack; female (opp. male; plug)

Stecker *m.* (Ggs. Steckdose *f.*) / plug; male (opp. outlet; female)

Steckverbinder *m.* / connector

steif / rigid

steigende Tendenz / upward trend

steigendes Volumen *n.* / increasing volume

steigern (drastisch) *v.* (z.B. Produktivität ~) / boost (e.g. ~ productivity)

steigern / enhance

Steigerung *f.* / increase; enhancement

Stelle, an Ort und ~; im Haus / on the premises

Stelle, an Ort und ~; sofort *adv.* / on the spot

Stelle, ausliefernde ~ *f.* / shipping point

Stellenausschreibung, interne ~ *f.* / inhouse job posting

Stellenbeschreibung / job description

stellvertretender Vorsitzender *m.* (z.B. ~ des Vorstandes; ~des Aufsichtsrates) / deputy chairman (e.g. ~of the managing board; ~ of the supervisory board)

stellvertretendes Mitglied (~ des Vorstandes) *n.* / deputy member (~ of the managing board)

Stellvertreter *m.* / substitute; deputy

Sternkoppler *m.* / star coupler

Sternnetzwerk *n.* / star network

Steuer *f.* / tax

Steuer, Import-~ *f.* / import tax

Steuer, Quellen-~ *f.* / withholding tax

Steuerabteilung *f.* / tax department

Steuerabzug, Quellen-~ *m.* / deduction of withholding tax

steuerabzugsfähig *adj.* / tax-deductible

Steuerbehörde *f.* / tax authority

Steuerdaten *npl.*; Steuerungsdaten *npl.* / control data

Steuererklärung *f.* / tax reporting; tax return

steuerfrei *adj.* (z.B. der Kauf ist ~: es gibt Mehrwertsteuerrückerstattung bei der Ausreise) / tax free (e.g. the purchase is ~: there is VAT-reimbursement at departure)

Steuerfreibetrag *m.* / tax allowance

steuern *v.*; lenken *v.*; regeln *v.* / control

Steuern, Gewinn nach ~ *m.* / profit after tax

Steuern, Gewinn vor ~ *m.*; Rendite *f.* (vor Steuern) / profit before tax; before tax yield

steuerpflichtig *adj.* / taxable

Steuerschuld *f.*; fällige Steuern *fpl.* / tax due

Steuerung *f.* / control

Steuerung des Lagers / stockroom control

Steuerung, planungsorientierte ~ (Ggs. nachfrageorientierte Steuerung) / push principle (opp. pull principle)

Steuerungsaufwand *m.* / control overhead

Steuerungstechnik *f.*; Regeltechnik *f.* / control engineering

Stichprobe *f.* / snap check; quick check; spot check; random sample

Stichprobenentnahme *f.* / sampling

Stichtag *m.* / key date; effective date; vital due date

Stichtagsinventur *f.* / end-of-period inventory

stille Reserven *fpl.* / hidden assets; concealed assets

stilliegen *v.* / lie idle

Stillsetzung *m.*; Schließung *f.* / shut-down

Stillstand *m.*; toter Punkt *m.* (z.B. mit Verhandlungen am ~ ankommen) / deadlock (e.g. come to a ~ with negotiations)

Stillstand, Produktions-~ *m.* / production stoppage

Stillstandskosten *pl.* (z.B. ~ bei Maschinen) / idle plant expenses

Stillstandszeit *f.*; Ausfallzeit *f.*; Brachzeit *f.*; Leerzeit *f.* (~ bei Störungen) / downtime; idle time

Stillstandszeit, störungsbedingte ~ der Maschine *f.*; Maschinenstillstandzeit *f.* / machine down time

stochastisch *adj.* / stochastic

Störbehebung *f.* / fault clearance

stornieren / cancel

Stornierung *f.*; Annullierung *f.* / cancellation

Störung (Technik) *f.* / failure; breakdown (in production)

Störung (Unordnung) *f.* / disorder

Störung der Fertigung / break in production

Störungshäufigkeit / failure frequency

Störungsmeldung *f.* / failor report; fault report; production break note

Störungsstelle *f.* / fault reporting center

Störursache *f.* / cause of fault

Strafe für Liegezeit (eine Strafe, die vom Spediteur erhoben wird, wenn er die 'zulässige Zeit' für das Laden oder Entladen überschreitet; wird angewendet bei Bahn, Wassertransport, Pipelines) / demurrage (a charge levied on the shipper for going beyond the 'free time' for loading and unloading; applies to railroads, water carriers, pipelines)

Strafe für Wartezeit (eine Strafe, die vom Spediteur erhoben wird, wenn er die 'zulässige Zeit' für das Laden oder Entladen überschreitet; wird angewendet im Speditionsgewerbe mit LKW) / detention (a charge levied on the shipper for going beyond the 'free time' for loading and unloading; applies to trucking industry)

straffen *v.* (z.B. eine Organisation ~) / streamline (e.g. ~ an organization)

Straffung *f.* (z.B. die ~ des Vertriebes) / streamlining (e.g. the ~ of the distribution policy)

Strahlenschutz *m.* / radiation protection

Straße, Einbahn-~ *f.* / one way street

Straße, Land-~ *f.* / country road

Straße, Neben-~ *f.* / side street; by-road

Straße, Schnell-~ *f.;* Autobahn *f.* / motorway (BrE); throughway; expressway (AmE)

Straße, Umgehungs-~ *f.* / by-pass road

Straßeninfrastruktur *f.* / road infrastructure

Straßennutzungsgebühr *f.*; Maut (Straße) *f.* / road toll

Straßentransport *m.* / road transport

Straßenverkehrstechnik *f.* / traffic control systems

Strategie *f.* / strategy

Strategie, Roll-out-~ *f.* (z.B. eine ~ für den weltweiten Einsatz eines neuen Unternehmenskonzeptes entwickeln) / roll-out strategy (e.g. to develop a ~ for the global implementation of a new corporate concept)

Strategiepapier *n.* (z.B. gibt es ein ~, um die Leistung der Lieferkette mit den Unternehmenszielen zu verknüpfen?) / strategic plan (e.g. is there a formal ~ that links the performance of the supply chain to the corporate goals?)

strategische Aufgabe *f.* / strategic task

strategische Planung *f.* / strategic planning

strategischer Plan (s. Strategiepapier)

streben nach *v.* (z.B. Firmen, die hervorragende Leistungen in der Logistik anstreben) / pursue (e.g. companies which are pursuing logistics excellence)

Strecke, Fahr-~ *f.* / route

streichen *v.* (z.B. die Firma von der Liste der Lieferanten ~) / strike off (e.g. ~ the company from the list of suppliers)

Streichung *f.*; Kürzung *f.* (z.B. ~ von Ausgaben) / cut back (e.g. ~ of expenditure)

Streik *m.* / strike

Streitschlichtung *f.* (z.B. ~ unter Gleichen mit dem Ziel, bei zivilrechtlichen Auseinandersetzungen zwischen zwei Partnern Konflikte außergerichtlich zu lösen) / mediation (e.g. peer ~)

Streuung *f.* / spread

Strichcodescanner *m.* / barcode scanner

Stringsuche *f.* / string search

Strom, elektrischer *m.* ~ / electric current

Stromkabel und -leitungen / power cables

Struktogramm *n.* / structural diagram

Struktur *f.* / structure

Struktur, Markt-~ *f.* / market structure

Strukturbaum *m.* / structural tree

Strukturbruch *m.* / structural break

Strukturdatei *f.* / chain file; process file

Strukturdaten *npl.* / structural data

Strukturdatenverwaltung *fpl.* / structural data management

struktureller Vergleich *m.* / structural comparison

Strukturkennzahl *f.* / key data structure

Strukturorganisation *f.* (z.B. ~ einer Geschäftseinheit) / organization (e.g. ~ of a business unit)

Strukturstückliste *f.* / structure bill of material; indented explosion

Strukturstufe *f.* / structural step

Strukturverbindung *f.* / structural connection

Strukturverkettung *f.* (~ von Baugruppen) / component chain

Strukturverwendungsnachweis *m.* / where-used bill of material (structures)

Stückgut (LCL) *n.*; Teilladung *f.* (Ggs. eine volle Ladung, z.B. ein ganzer Waggon voll) / partial load; less than carload (LCL) (opp. a full load, e.g. a whole wagon)

Stückgut *n.* / general cargo; parcel service

Stückgut *n.*; Teilladung *f.* (Ggs. eine volle Ladung, z.B. ein ganzer Waggon voll) / LTL (less than truckload) (opp. a full load, e.g. a whole wagon)

Stückgutförderanlage *f.* / cargo conveyor

Stückgutladung f. / mixed cargo

Stückkosten pl.; Kosten per Einheit pl.; Verrechnungswert (pro Stück) m. / costs per piece; costs per item; costs per unit; unit costs

Stückkostenkalkulation / part cost calculation

Stückliste f. / bill of material; list of components

Stückliste, Auftrags-~ f.; Bestellstückliste f. / order bill of material

Stückliste, Ausgangs-~ f. / master bill of material

Stückliste, Baukasten-~ f. / one-level bill of material; quick-deck; single-level explosion

Stückliste, Bestell-~ / order bill of material

Stückliste, Fertigungs-~ f. / production bill of material; manufacturing bill of material

Stückliste, Gleichteile-~ f. / identical parts list

Stückliste, Konstruktions-~ f. / construction bill of material; design parts list

Stückliste, mehrstufige ~ f. / multi-level bill of material

Stückliste, Mengenübersichts-~ f.; Summenstückliste f. / summarized bill of material; summarized explosion

Stückliste, modulare ~ f. / modular bill of material; modular bill

Stückliste, Pseudo-~ f. / planning bill of material; dummy parts list

Stückliste, Struktur-~ f. / structure bill of material; indented explosion

Stückliste, Summen-~ / summarized bill of material

Stückliste, Typenvertreter-~ f. / super bill; super bill of material

Stückliste, Varianten-~ f. / variant bill of material

Stückliste, Zeichnungs-~ f. / drawing bill of material

Stücklistenauflösung f. / explosion of bill of material

Stücklistenbaum m. / bill-of-material tree

Stücklistenkette f. / bill-of-material chain

Stücklistenverwaltung f. / maintenance of bill of material

Stücklohn m. / piece rate

Stückpreis m.; Preis je Einheit m. / unit price

Stückverzeichnis n. / piece list

Stückwert m. / piece value

Stückzahl f. / quantity

Stückzahl, lieferbare ~, f.; lieferbare Anzahl f. lieferbare Menge f. / quantity available; quantity in stock

Stückzeit f. / time per piece; piece time; standard time per unit; job time

Student (im 1. Jahr) m. (ebenfalls für Schüler im 1. Jahr einer 'high school' verwendet) / freshman

Student (im 2. Jahr) m. (ebenfalls für Schüler im 2. Jahr einer 'high school' verwendet) / sophomore

Student (im 3. =vorletzten Jahr) m. (ebenfalls für Schüler im 3. =vorletzten Jahr einer 'high school' verwendet) / junior

Student (im 4. =letzten Jahr) m. (ebenfalls für Schüler im 4. =letzten Jahr einer 'high school' verwendet) / senior

Student m. (USA: als 'Student' wird auch ein Schüler bezeichnet, der die 'elementary school' oder 'high school' (12 Klassen einer weiterführenden Schule) besucht. Siehe auch unter: 'freshman', 'sophomore', 'junior', 'senior') (in USA: undergraduate = Student an einem College oder einer Universität bis zum z.B. 'bachelor of Arts = B.A. oder bachelor of Science = B.Sc.' (Studieninhalt etwa vergleichbar mit Studieninhalt des deutschen Vordiploms); graduate = Student an einer Universität zur Erlangung eines höheren akademischen Grades, z.B. 'masters' bzw. 'PhD' (etwa vergleichbar mit deutschem Diplom bzw. Promotion); *postgraduate* = Student an einer Universität nach Erlangung eines akademischen Grades) / student (USA: a 'student' is also somebody who attends an elementary school or a high school. See also 'student': differentiation of terms 'freshman', 'sophomore', 'junior', 'senior')

Studie *f.* / study

Stufe *f.*; **Ebene** *f.* (z.B. es gibt drei hierarchische ~n) / echelon (e.g. there are three ~s of hierarchy authority)

Stufe, Dispositions-~ *f.*; Dispositionsebene *f.* (z.B. ~ in einer Stückliste) / level (e.g. ~ of product structure in a bill of material)

Stufentermin *m.* / step date

stufenweise *adj.* / level-by-level

stufenweise Einführung *f.*; stufenweise Implementierung *f.* (z.B. ~ eines Konzeptes) / implementation in stages (e.g. ~ of a concept)

stufenweise Planung *f.* / level-by-level planning

Stundennachweis / time-sheet

Stundensatz *m.* / hourly rate

Stundenverdienst *m.* / hourly earnings

Stundenzettel *m.*; Stundennachweis *m.* / time sheet

Stützpunkt / liaison office

Stützpunktgesellschaft *f.* / representative company

Subadressierung *f.* / subaddressing (SUB)

Suboptimierung *f.* (z.B. ~ eines begrenzten Verantwortungsbereiches, ohne Bezug auf höhere oder gesamtheitliche Ziele) / suboptimization (e.g. ~ for a certain area of responsibility without referring to higher or overall objectives)

Substanzsteuer *f.* / tax on asset values

Substitution *f.* / substitution

Subunternehmer *m.* (z.B. vom Unternehmer beauftragter Zulieferer) / subcontractor (e.g. by prime contractor employed supplier)

Subvention *f.* / subsidy

subventionieren *v.* / subsidize

Suchbegriff *m.* (z.B. vorgegebener ~) / search query (e.g. prescribed~)

Suche nach Kompetenzen (z.B. ~ von Fachkräften mit Kenntnissen auf dem Gebiet des SCM) / call for competencies (e.g. ~ for professionals with know-how in the field of supply chain management)

Suchfunktion *f.* / search function

Suchkriterium *n.*; Suchbegriff *m.* / search term; search criterion

sukzessive Planung *f.* / consecutive planning

Summe (Addition) / sum; total amount

Summe (Zusammenfassung) / summary

Summe, in ~ / in sum

Summenstückliste / summarized bill of material

Supply Chain (SC; der gesteuerte Waren- und Informationsfluss vom Rohmaterial bis zum Verkauf an den Endverbraucher); Prozesskette *f.*; Logistikkette *f.*; Lieferkette *f.*; Pipeline *f.* / supply chain (SC; the managed flow of goods and information from raw material to final sale); supply pipeline

Supply Chain Management (SCM) (Methode zur Steuerung aller Vorgänge im Logistikprozess - vom Bezug des Rohmaterials bis zur Lieferung an den Endverbraucher. Idealerweise arbeitet hierbei ein Netzwerk von Firmen zusammen, um ein Produkt oder eine Dienstleistung zu liefern. -> 'Extended Enterprise') / supply chain management (SCM) (the practice of controlling all the interchanges in the logistics process from acquisition of raw materials to delivery to end user. Ideally, a network of firms interact to deliver the product or service. -> 'Extended Enterprise')

surfen v. (Ansteuern verschiedener Dokumente im -> WWW durch Anklicken von -> Links) (z.B. im Intenet surfen) / surf; browse (e.g. browsing the internet)

SVC (geschaltete virtuelle Verbindung) f. / switched virtual circuit (SVC)

SW (Software) f. / software (SW)

SW-Konfigurationsmanagement n. / software configuration management

SW-Schnittstellenmanagement n. / software interface management

synchron, zeit-~ adj. / time-phased

synchronisieren v.; aufeinander abstimmen v. / synchronize

Synchronübertragung f. / synchronous transmission

Synergie f. / synergy

Synergieeffekt m. / synergy effect

Synergien, Nutzung überbereichlicher ~ / exploiting inter-business unit synergies

System herunterfahren n. (Computer) / shut down the system (computer)

System mit geschlossenem Planungszyklus n. / closed-loop planning system

System- und Anlagenengineering n. / project and system engineering

System, betriebswirtschaftliches ~ n. / functional system

System, Eich-~ n. / calibration system

System, Gesamtkosten für die Einführung eines IT-~s (Gesamtheit aller Kosten, d.h. nicht nur für Erwerb oder Lizensierung, sondern auch Zusatz- oder Folgekosten, wie z.B. System-Analysen und -Anpassungen, Training und Qualifizierung, Versions-Änderungen und -Upgrades, Speichererweiterungen, etc.) / total cost of ownership

System, IT-~ (System der Informations-Technologie) n. / IT system (information technology system)

System, Kanban ~ n. (Japanische Fertigungsmethode: Ziehprinzip) / Kanban system

Systemabsturz m. / system crash

Systemanforderungen fpl. / system requirements

Systemarchitektur f. / system architecture

Systemauswahl f. / system selection

Systemauswahlkompetenz f. / competence in system selection

Systemberechtigung f. / system authorization

Systemdurchsatz m. / system performance

Systeme und Verfahren / systems and procedures

Systementwicklung f.; Verfahrensentwicklung f. / system development; system design

Systemgeschäft n. / systems business

Systemintegrationskompetenz f. / competence in systems integration

Systemintegrator m. (~ für) / systems integrator (~ in)

Systemkomponente f. / system component

Systemkonvention f. / system convention

Systemlösung f. / system solution

Systemplanung f. / system planning

Systemsoftware f. / system software

systemspezifisch adj. / system-specific

Systemtechnik f. / system engineering

Systemtest m. / system test

Systemübergang m. / system gateway

Systemverwalter m. / system administrator

T

tabellarische Auflistung *f.* / tabular listing

Tabelle *f.*; Übersicht *f.*; Schema *n.*; Aufstellung *f.* / table; overview; scheme; listing

Tabellenkalkulation / spreadsheet calculation

Tabellenpflege *f.* / table maintenance

Tablar *n.*; Tablett *n.*; Schale (Kleinpalette) *f.*; Ablagekorb *m.*(Büro) / tray

Tachometer *m.*; Tacho *m.* / speedometer

Tag, an jedem beliebigen ~ *m.* / at any given day

Tagegeld *n.* / daily allowance

Tages- und Nachtzeit, zu jeder ~ / at any time round-the-clock

Tagesauftrag *m.* / day order

Tagesbedarf *m.* / daily requirement

Tagesdaten *npl.* / daily data

Tagesdurchschnitt *m.* / average per day

Tageseinnahmen *fpl.* / day's takings

Tageskapazität *f.* / daily capacity

Tagesordnung *f.* (z.B. auf der ~ stehen) / agenda (e.g. to be on the ~)

Tagespreis *m.* / current price; ruling price

Tagessatz *m.* / daily rate

Tagesschicht *f.* / day-shift

Tagestour *f.* / day trip

Tageswert *m.* / day-by-day value

Tageszeit, zu jeder ~ / at any time of the day

tägliche Abrechnung *f.* / daily clearing

täglicher Bedarf *m.* / daily requirements; everyday consumption

Tagungsbericht *m.*; Tagungsunterlagen *fpl.* / handouts

taktisches Vorgehen *n.* / tactical measure

Taktzeit *f.* / cycle time

Tankanzeige *f.*; Benzinuhr *f.* / fuel control; fuel gauge

Tankdeckel *m.*; Tankverschluss *m.* / fuel cap

Tankstelle *f.* / gas station

TAPI-Standard (Telefonieschnittstelle, mit der Telefonfunktionen aus aus Windows-Anwendungen heraus steuerbar sind) / TAPI (Telephony Application Programming Interface)

Tara (Gewicht der Verpackung und des Verpackungsmaterials als Teil des Gesamtgewichtes einer Ware) / tare (weight of the package and packaging material as part of the whole weight of a merchandise)

Tara *n.*; Leergewicht *n.* (z.B. Tara oder Leergewicht ist das Gewicht eines LKW oder Anhängers ohne das Gewicht der Ladung) / tare; tare weight; unladen weight (e.g. tare or unladen weight is the weight of a truck or trailer set without the weight of the load)

Tarif *m.* / tariff

Tarif *m.*; Tarifsatz *m.* / tariff; tariff rate

tariflicher Angestellter (Ggs. außertariflicher Mitarbeiter) / non-exempt employee (opp. exempt employee)

Tarifnummer *f.* / tariff number

Tarifvertrag *m.* / wage contract; wage agreement

Tastendruck, auf ~ (z.B. alle relevanten Prozessdaten lassen sich ~ am Steuerpult abrufen) / by pressing a key (e.g. all relevant process data can be retrieved simply ~ on the keybord)

Tat, in die ~ umsetzen *v.*; einführen *v.*; ausführen *v.*; realisieren (z.B. ~ von Konzepten, Projekten oder Verbesserungen) / put into practice; implement (e.g. ~ concepts, projects or improvements)

tätig; aktiv (Ggs. reaktiv) / active (opp. reactive)

Tätigkeit / activity

Tätigkeit *f.*; Aufgabe *f.* (ausgeübte ~) / function; job

Tätigkeitsbereich *m.* / business operating area

Tätigkeitsbeschreibung *f.* / job description

Tätigkeitsmerkmal *n.* / job characteristic

Tätigkeitsnachweis *m.* / activity report

tatsächliche (Arbeits)stunden *fpl.* / actual (working) hours

tatsächliche Produkt-Nutzungsdauer *f.* / actual product lifetime

tatsächlicher Wert *m.* / actual value

tatsächlicher Zustand *m.* / actual condition

Tausch *m.;* Umtausch *m.* / exchange

Tauschgeschäft *n.;* Tauschhandel *m.* / barter; swap

Tauschhandel *m.;* Tauschgeschäft *n.* / barter; swap

Tauschwirtschaft *f.* / barter economy

taxieren *v.;* bewerten *v.* / valuate; estimate

Taylorismus *m.* (funktionale Arbeitsteilung) / taylorism

TBM (Zeitmanagement-Methode) / time based management (TBM)

TCP-IP (Transmission Control Protocol over Internet Protocol) (Basis-Kommunikationsprogramm, das auf allen ans Internet angeschlossenen Computern läuft) / TCP-IP (the basic communication program that runs on all computers connected to the Internet)

TCT (Zeitmanagement-Methode) / total cycle time (TCT)

Team, bereichsübergreifendes ~ *n.* / inter-group team

Team, interdisziplinäres ~ (bezieht sich auf ein Team, dessen Mitglieder aufgrund ihrer speziellen Fähigkeiten oder Kenntnisse ausgewählt wurden, aber ebenso als Vertreter ihrer entsprechenden Abteilungen, Standorte oder Bereiche handeln) / cross-functional team (refers to a team whose members are selected for their specific skill or knowledge levels, but who also act as representatives of their respective departments, location, or division)

Teamarbeit *f.;* Zusammenarbeit *f.;* Gemeinschaftsarbeit *f.* / teamwork

Teambeteiligung *f.;* Teamengagement *n.* / team involvement

Teamleiter / team leader

Teammethode *f.* / team approach

Teammotivation *f.* / team motivation

Teamsprecher *m.;* Sprecher *m.* / team speaker; spokesperson

Technik (Methode) *f.;* Arbeitsverfahren *n.;* Arbeitsmethode *f.* / technique

Technik (Technologie) *f.;* Technologie *f.* / technology

Technik *f.* (Abteilung) / Engineering and Manufacturing Services (department)

Technik, Lager-~ *f.* / storage technology

Techniker *m.* / technician

technikorientiert *adj.* / engineering focused

technisch *adj.* / technical

technische Abteilung / engineering department

technische Änderung *f.;* Konstruktionsänderung *f.* / technical alteration; technical change; engineering change; design change

technische Aufgaben *fpl.* / technical functions

technische Bildung *f.* / technical education

technische Daten *npl.* / engineering data

technische Dienste *mpl.;* technisches Referat *n.* (Abteilung) / technical services

technische Nutzungsdauer *f.* / physical life; physical life cycle

technische Planung / engineering

technische Schule *f.* / technical training center

technische Sicherheit *f.* / technical safety

technische Vorschriften *f.pl* / technical regulations

technische Zeichnung *f.* / technical drawing

technisches Niveau *n.* / technical standard; technical level

Technologie (Technik) / technology

Technologien und Werkstoffe / technologies and materials

Technologiezentrum *n.* / technology center

technologischer Wandel *m.* / technological change

Teil / article; part

Teil der Oberstufe / parent part

Teil, Verschleiß-~ *n.* / wearing part

Teilauftrag *m.* / partial order

Teileanzahl / number of parts

Teilebedarfsmenge *f.* / component requirements quantity

Teilebewegungsliste *f.* / parts movement list

Teilebezeichnung *f.* / part description

Teilecode *m.* / parts code

Teilefamilie *f.* / parts family; family of parts

Teilefertigung *f.* / parts production; part production shop

Teileliste *f.* / parts list

Teilematrix / matrix bill of material

teilen *v.* / split

Teilenachweis *m.*;
Teileverwendungsnachweis *m.*;
Baukasten-Verwendungsnachweis *m.* / where-used bill of material (parts)

Teilenummer / article number; part number

Teilenummer, untergeordnete ~ *f.*;
Unterstufennummer *f.*; Sachnummer der Unterstufe *f.* / lower part number

Teilereduzierung, Typen- und ~ *f.* / TUT (German method: 'types (variants) and parts reduction')

Teilestamm *m.* / parts master; item master

Teilestammdatei *f.* / parts master file

Teilestammsatz *m.* / part number master record

Teilestammsatzdatei *f.* / part number master records file

Teileverfügbarkeit *f.* / component availability

Teileverwendungsnachweis / where-used bill of material (parts)

Teilevielfalt *f.* / parts variety

Teilezahl *f.*; Teileanzahl *f.* / number of parts

Teilhabersystem *n.* / transaction system

Teilkostenkalkulation *f.*;
Stückkostenkalkulation *f.* / part cost calculation

Teilladung *f.* (Ggs. eine volle Ladung, z.B. ein ganzer Waggon voll) / partial load; less than carload (LCL) (opp. a full load, e.g. a whole wagon)

Teillieferung *f.* (z.B. Einkaufsauftrag mit Ablieferung in Teilmengen) / split delivery; partial delivery (e.g. purchasing order with ~)

Teillos *n.* / split lot; splitted lot

teilnehmen, an einer Veranstaltung ~; eine Veranstaltung besuchen / attend a program

Teilnehmer *m.*; Abonnent *m.* / subscriber

Teilnehmergruppe *f.* / subscriber group

Teilnetz *n.* / subnet

Teilprozess *m.* / subprocess

teilqualifiziert *adj.* / partially qualified

Teilschaden *m.* / partial loss

Teilzeitarbeit *f.* / part-time work

Teilzeitmitarbeiter *m.* / part-time employee

Telearbeit / tele-work

Telearbeit *f.* / telework

Telefaxgerät / fax machine

Telefon aufhängen, das ~; einhängen / hang up (~ the phone)

Telefon, am ~ bleiben (z.B. wir sind gleich für Sie da, bitte bleiben Sie am Apparat, hängen Sie nicht ein) / hang on; hold the line (e.g. we will be right with you, please hang on, don't hang up)

Telefon, verbinden am ~ (z.B.: "Können Sie mich, bitte, mit Herrn Eckhart

Morgen verbinden?") / put through (e.g.: "Could you put me through to Mr. Eckhart Morgen please")

Telefon-Anrufbeantworter *m.*; Anrufbeantworter *m.*(Beispiele für Ansagen: 1.: "Dies ist der Apparat von Julius Martini. Ich bin zur Zeit nicht am Arbeitsplatz; aber wenn Sie Ihren Namen und Ihre Telefonnummer hinterlassen, werde ich mich so schnell wie möglich mit Ihnen in Verbindung setzen"; 2.: "Lisa Morgen. Ich bin gerade nicht erreichbar. Bitte hinterlassen Sie eine Nachricht nach dem Signalton. Ich werde Sie so bald wie möglich zurückrufen") / answering machine; answerphone; phone answering machine (examples of messages: 1.: "You reached Julius Martini. I am away from my desk right now but if you leave your name and phone number I'll get back to you as soon as possible"; 2.: This is Lisa Morgen. I can't come to the phone right now. Please leave a message after the beep. I'll call you back as soon as possible")

Telefondienst / phone service
Telefonie *f.* / telephony
Telefonkarte *f.* / calling card
Telefonkonferenz *f.* / phone conference; telephone conference
Telefonschnelldienst / hotline (direct call)
Telefonservice *m.*; Telefondienst *m.* / phone service; telephone service
Telefonvermittlung *f.* / operator; telephone operator
Telefonzentrale *f.* / switchboard
Telekommunikation (TK) *f.*; Datenfernübertragung *f.* / telecommunication
Tendenz / tendency; bias
Tendenz, beschleunigte ~ / accelerating trend
Tendenz, fallende ~ / downward trend

tendenziös *adj.*; verzerrt *adj.*; voreingenommen *adj.* / biased (also spelled: 'biassed')
tendieren *v.*; zu etwas neigen *v.*; geneigt sein (z.B. Spitzenfirmen tendieren viel mehr dazu, Logistik als Kernkompetenz zu nutzen als ihre weniger fortschrittlichen Konkurrenten) / apt (e.g. world class firms are far more ~ to exploit logistics as a core competency than their less advanced competitors)
Termin (Treffen) *m.* (Vorsicht irreführend: "I have a date with Mr. *f.*" hieße, ein Rendezvous mit Hr. *f.* zu haben - ein geschäftlicher Termin ist i.d.R. ein 'meeting' oder ein 'appointment') / date (meeting)
Termin (Zeitpunkt) *m.* (z.B. 1: Tag der Lieferung; z.B. 2: die Besprechung ist am Montag) / date (point in time) (e.g. 1: date of delivery; e.g. 2: the date of the meeting is Monday or: the meeting will be held on Monday)
Termin *m.*; Geschäftstermin *m.* (Besprechungstermin; Treffen) / appointment
Termin, letzter ~ / final deadline
terminabhängige Position *f.* / date-dependent position
Terminal, Fracht ~ *n.* / cargo terminal
Terminal, Passagier ~ *n.* / passengers terminal
Terminals, Nähe von ~ / proximity of terminals
Terminänderung *f.*; Änderung des Fälligkeitstermines / change of due date
Terminauftrag *m.* / deadline order
Termineinhaltung *f.* / adherence to schedules
termingerecht *adv.*; zur rechten Zeit / according to schedule; in due time
Termingerüst *n.*; Terminrahmen *m.* / scheduling framework
terminiert *adj.* / scheduled
Terminierung *f.*; Terminplanung *f.* / scheduling

Terminierung mit Zeitabschnitten / block scheduling
Terminierung, arbeitsgangweise ~ f. / detailed scheduling
Terminkontrolle f. / term control
terminlich neu einplanen / reschedule
Terminliste f. / list of dates
Terminnetz n. / time network
Terminplan m. / schedule; term plan
Terminplaner m. / scheduler
Terminplanung / scheduling
Terminpuffer m. / time buffer
Terminrahmen / scheduling framework
Terminsicherung f. / expediting
Termintreue (Lieferung) / delivery reliability
Terminverschiebung f. / deadline shift
Terminverzug m. / scheduling delay
Terminverzug, tatsächlicher ~ m. / actual delay
Terminwesen; Terminwirtschaft (Fertigung) / material planning
Tertiärbedarf m. / tertiary demand
Test m.; Versuch m. / test; testing
Test, computerunterstützter ~ / Computer Aided Test (CAT)
Testinstallation f. / test installation
Testumgebung f. / testbed
teuer adj. / expensive
Textbaustein m. / word module
Textverarbeitung f. / word processing
Thema n.; Gesprächsgegenstand m. / subject; topic; issue
themenbezogen adj. / theme-orientated
Tiefstpreis, absoluter ~; absolut tiefster Preis m.; allerniedrigster Preis / rock bottom price (coll. AmE)
tilgen / pay off
Tilgung / repayment
Tilgung, Schulden-~ f. / liquidation of debts
Tip m.; Hinweis m. / hint
TIR-Heft n. / carnet-TIR
TK (Telekommunikation) f. / telecommunication
TL (Wagenladung) / truck load (TL)

Tochtergesellschaft f. (100%) / subsidiary (wholly owned); first tier company; offshoot of a company (coll. AmE)
Tochtergesellschaft f.; Beteiligungsgesellschaft f.; (Mehrheitsbeteiligung, d.h. Beteiligung mehr als 50%) / majority owned subsidiary (majority stake, i.e. owned more than 50%)
Tochtergesellschaft f.; Beteiligungsgesellschaft f.; (Minderheitsbeteiligung, d.h. Beteiligung weniger als 50%) / associated company; affiliated company (minority stake, i.e. owned less than 50%)
Tokenring m. / token-ring
Toleranz f. / tolerance
Toleranzgrenze f.; Toleranzlimit n. / tolerance limit
Toleranzgrenze, Bestimmung der ~ / tolerance design
Toleranzlimit / tolerance limit
Tool, Standard-~ n. (z.B. PC ~ wie Microsoft's 'Word for Windows', 'Powerpoint', 'Excel', etc.) / standard tool (e.g. PC ~ like Microsoft's 'Word for Windows', 'Powerpoint', 'Excel', etc.)
Tools und Methoden / tools and methods
top+ (zeitoptimierte Prozesse) mpl. / time optimized processes (top+)
Tor zum Warenausgang; Warenausgangstor n. / shipping door
Tor zur Warenanlieferung; Warenanlieferungstor n. / receiving door
Totalverlust m. / total loss
toter Punkt m.; Stillstand m. (z.B. mit Verhandlungen am ~ ankommen) / deadlock (e.g. come to a ~ with negotiations)
totes Kapital n. / idle capital
Tourenoptimierung f. / shipping route optimization

TPM (Methode, die durch vorbeugende Instandhaltung zur bestmöglichen Maschinenverfügbarkeit führt) / TPM (total productive maintenance)

TQC (Methode zur Qualitätssteuerung) / total quality control (TQC)

TQM (Methode zum Qualitätsmanagement) / total quality management (TQM)

Tradeoff *m.;* Tausch *m.;* Kompromiss *m.* (z.B. der ~ bestand z.B. Elektro- oder Maschinenbauindustrie, ab jetzt einen 24 Stunden Lieferservice auf Kosten etwas höherer Liefergebühren zu garantieren) / tradeoff; trade-off (e.g. the ~ was to guarantee from now on a 24 hour delivery service by slightly increasing delivery costs)

traditionelle Ökonomie *f.* (stellvertretend z.B. Elektro- oder Maschinenbauindustrie, ...) / old economy (represented by e.g. electrical industry, mechanical engineering, ...)

Tragetasche *f.;* Einkaufstasche *f.* / tote bag

Tragfähigkeit *f.* (z.B. ~ eines Gabelstaplers) / net load; capacity (e.g. ~ of a forc lift truck)

Training (ein ~ durchführen) / training (conduct a ~)

Training des Lieferanten; Lieferantentraining *n.* / supplier training

Training im Betrieb (Ggs. Training außerhalb des Betriebes) / on-site training (opp. training outside the company)

Training und Weiterbildung / training and education

Training, computerunterstütztes ~ / Computer Based Training (CBT)

Training, Führungskräfte-~ / management training

Training, interkulturelles ~ *n.* / intercultural training

Training, Management-~ *n.;* Führungskräftetraining *n.* / management training

Trainingsanbieter *m.* / training provider

Trainingsmaßnahme (eine ~ durchführen) / training (conduct a ~)

Trainingsprogramm *n.* / training program

Trainingszentrum *n.*; Bildungszentrum *n.*; Ausbildungszentrum *n.* / training center

Transaktion *f.* / transaction

Transferbrücke *f.* / transfer bridge

Transit *m.* / transit

Transitgut *n.* / transit cargo; transit goods

Transitlager *n.* / transit warehouse; transit store

Transparenz *f.* / transparency

Transport *m.*; Beförderung *f.* / transportation; transport; haulage; shipping

Transport und Bearbeitung; Versand- und Bearbeitung (z.B. bitte vergessen Sie nicht, für US-Aufträge $ 10 für Versand- und Bearbeitungsspesen zu berücksichtigen) / shipping & handling (e.g. please do not forget to add $ 10 to cover shipping & handling on US orders)

Transport und Verpackung / transport and packing

Transport und Versand / transportation and distribution (T&D)

Transport, abgehender ~; ausgehender Verkehr / outbound transportation

Transport, eingehender ~; ankommender Verkehr / inbound transportation

Transport, innerbetrieblicher ~ *m.* / in-house transport

Transport, Schienen-~ *m.* / carriage by rail

Transportanweisung *f.* / move order (instruction)

Transportautomatisierung *f.* / transportation automation; automated conveying

Transporteinheit; Behälter / container

Transporter *m.* / truck

Transportfahrzeug, automatisch gesteuertes ~ *n.* / automated guided vehicle

Transportgeld *n.*; Rollgeld *n.*; Fuhrgeld *n.*; Wagengeld *n.* / truckage

Transportgewerbe *n.*; Transportwirtschaft *f.*; Verkehrsgewerbe *n.*; Verkehrswirtschaft *f.* / transportation industry; transport industry; transportation business

transportieren *v.*; schleppen *v.* / tote

Transportkapazität *f.* / transport capacity

Transportkette *f.* / transport chain

Transportkette, intermodale ~ *f.* / intermodal transport chain

Transportkosten *pl.* / transport costs

Transportleistung *f.* (Netz) / transport service (network)

Transportlogistik *f.* / transportation logistics

Transportmittel / means of transport

Transportnetz *n.* (Kommunikation) / transport network (communications)

Transportnetz *n.*; Versandnetz *n.*; Speditionsnetz *n.* / shipping network

Transportplanung *f.* / transport planning

Transportprotokoll *n.* / transport protocol

Transportschaden *m.* / hauling claim

Transportsteuerung *f.* / transportation control

Transportsystem *n.* / conveyor system

Transportsystem *n.* / transportation system

Transporttechnik *f.* / transport technology

Transportunternehmen *n.*; Spediteur *m.*; Spedition *f.*; Frachtführer *m.* / carrier; freight carrier; transport company; freight forwarder; forwarding agent; haulage contractor

Transportversicherung *f.* / transport insurance

Transportvertrag *m.* / transport contract

Transportverzögerung *f.* / delay in transit; transport delay

Transportvorschrift *fpl.*; Beförderungsvorschrift *f.*; Versandanweisung *f.* / forwarding instruction; shipping instruction

Transportweg *m.* / transport route

Transportzeit *f.* / transportation time; move time; transport time

Transportzeitenmatrix *f.* / transporting-time matrix

Tratte ohne Dokument *f.* / clean draft

treffen *v.* (z.B. es ist eine Freude, Sie zu ~, Felix) / meet (e.g. nice to ~ you, Felix; nice meeting you, Felix)

Treffer *mpl.* (z.B. Messung der Logistikleistung: Trefferzahl bzw. -quote pünktlicher Lieferungen) / hits (e.g. measurement of logistics performance: number of hits or rate of deliveries on time)

Trefferliste *f.* / target list; hit list

treibende Kraft *f.*; Schubkraft *f.* / driving force

Treiber, Geräte-~ (z.B. ~ für einen Drucker) / device driver (e.g.~ for a printer)

Treiber, Geschäfts-~ *m.* / business driver

Treiber, Wachstums-~ *m.* / accelerator for growth

Treiberprogramm *n.* / driver program

Treibgas-Gabelstapler *m.* / LPG fork lift

Treibstoffkosten *pl.*; Kosten für Treibstoff / fuel costs

Trend *m.* / trend

Trend *m.*; Hauptströmung *f.* (z.B. mit dem Trend gehen, tun was die Allgemeinheit macht) / mainstream (e.g. going ~)

Trend, Abwärts-~ *m.*; fallende Tendenz *f.* / downward trend

trend, Aufwärts ~ *m.*; steigende Tendenz *f.* / upward trend

Trend, Zunahme-~ *m.*; beschleunigte Tendenz *f.* / accelerating trend

Trendmodell *n.* / trend model

trennen (Telefon) / disconnect (phone)

Trennwände *fpl.*; Barrieren *fpl.* (im übertragenen Sinn; d.h. vor allem mentale Barrieren bei der Zusammenarbeit über Abteilungsgrenzen hinweg, also Schnittstellen oder Brüche zwischen Abteilungen, Funktionen, etc.) / walls; barriers; functional silos; stove pipes (figuratively, coll. AmE; i.e. especially mental barriers in cross-functional co-operation)

treuhänderisch *adj.* / in trust

Trustcenter (Institution, die elektronische Schlüssel für die digitale Signatur vergibt) *n.* / trust center

Tunnelnutzungsgebühr *f.*; Maut (Tunnel) *f.* / tunnel toll

Tür, Schiebe-- *f.*; Schiebetor *n.* / sliding door; sliding gate

TWAIN-Standard (Treiberstandard für Scanner) / TWAIN (Technology Without An Interesting Name)

Twinaxialkabel *n.* / twinaxial cable

Type *f.* / type

Typen- und Teilereduzierung (TUT) *f.* / reduction of type variants and parts variety (German method: 'types (variants) and parts reduction')

typengebundenes Werkzeug *n.* / single-purpose tool

Typenvertreter *m.* / typical product

Typenvertreterstückliste *f.* / super bill; super bill of material

Typenvielfalt *f.* / type variety; variants variety

Typenzahl *f.* / number of types (variants)

Typklassfizierung *f.* / type classification

U

überarbeiten *v.*; umgestalten *v.* / redesign

Überbelastung *f.*; Überlast *f.* / overload

überbereichlich (für mehrere Bereiche) *adj.* / multidisciplinary

Überbestand *m.*; Mehrbestand *m.* / surplus inventory; surplus stock; excess inventory; overstock; oversupply

Überbevorratung *f.* / overstocking

überbewerten / over-evaluate

überbezahlt *adv.* / overpriced

Überblick *m.* / overview

Überbringer *m.* / bearer

überbrücken *v.* (z.B. die Kluft ~) / bridge (e.g. ~ the gap)

Übereinkunft *f.* / understanding

übereinstimmen *v.*; zusammenpassen *v.* / correspond; comply; match

Übereinstimmung *f.*; Zustimmung *f.* / consensus

Übereinstimmung mit, in ~ (z.B. dies geschieht in voller Übereinstimmung mit meinem Chef) / in concert (e.g. this is in full concert with my boss)

überfällig *adj.* / overdue; past due

überflüssige Kosten (z.B. ~ durch Geldverschwendung) / redundant costs (e.g. ~ through waste of money)

überflüssiger Arbeitsschritt *m.* / redundant step

Überfracht *f.* / overfreight

Überführungskosten *pl.* / transfer charges; transfer costs

Übergabe *f.* (z.B. ~ von Ware) / transfer (e.g. ~ of merchandise)

Übergabepunkt *m.*; Ablieferungsstelle *f.* / point of supply; supply point

Übergabeschein *m.* / transfer note

Übergangszeit *f.* / transit time; transfer time;

Übergangszeitenmatrix *f.* / transit-time matrix

übergeben *f.* (z.B. Ware ~) / transfer (e.g. ~ merchandise)

übergreifend / inter-... (e.g. 1. inter-company sales; 2. compare 'intra-...')

übergreifende Aufgabe *f.* (z.B. eine ~ im Auftrag der Bereichsleitung) / task of common interest (e.g. a ~ on behalf of the business group management)

Übergröße f. / oversize

überhandnehmen v.; wuchern v. (z.B. die Distributionskosten laufen davon od. steigen) / rampant (e.g. the distribution costs are running ~)

Überkapazität f. / overcapacity

überlagert adj. / superimposed

Überlandverkehr m. / long distance goods traffic; long distance hauling

Überlandverkehr m.; Fernverkehr m. / long-distance transport; long-distance haulage

überlanges Fahrzeug n. / long size vehicle

überlappender Arbeitsvorgang m. / overlapping operation

überlappte Fertigung f. / overlapping production; lap phasing

Überlappung f. / overlapping

Überlappungsart f. / lap phasing type

überlassen / relinquish

Überlast f. / overload

überlastet adv. / overloaded

Überlastsicherung f. / overload saftey device

Überlauf m. / overflow

überlegene Technik f. / high-grade technology

Überleitung f.; Umänderung f.; Migration f. (z.B. ~ von BAV in EDIFACT) / migration (e.g. ~ from BAV to EDIFACT)

Überlieferung (zu viel geliefert) f. / over delivery; over shipment; surplus delivery

übermäßige Kosten (z.B. ~ durch Geldverschwendung) / excessive costs (e.g. ~ through waste of money)

übermäßige Lagergebühren fpl. / excessive rates of storage

übermäßiger Bedarf m. / excessive demand

übermitteln v. (z.B. eine Nachricht ~) / pass on; transmit (e.g. ~ a message)

Übermittlungssystem n.; Übertragungssystem n. / transmission system

Übernacht-Lieferung f.; Rund-um-die-Uhr-Lieferservice f.; Lieferung im Nachtsprung f. / overnight delivery; 24 hour delivery service

Übernahme (~ des alten Datenbestandes) f. / transfer (~ of old database)

Übernahme eines Unternehmens f.; Aufkauf eines Unternehmens m. / buyout

Übernahme, Firmen-~ f. (z.B. ~ gegen den Willen der Firma) / company-takeover (e.g. unfriendly ~)

Übernahmebescheinigung (Ware) f. / forwarder's receipt (merchandise)

Übernahmen, Fusionen und (Firmen-)-~ / mergers and acquisitions (M&A)

übernehmen, Haftung ~ v. / assume liability; take responsibility

Überproduktion f. / surplus production; over production

Überprüfung / review; assessment

Überprüfungszeit f.; Überprüfzeit f. / review time; check time

überschätzen v. / over-estimate

überschneidende Sendungen, sich ~ fpl. (z.B. ... wir entschuldigen uns für sich eventuell ~) / cross-postings (e.g. ... we apologize for any ~)

überschreiten v. (z.B. den Bedarf ~) / exceed (e.g. ~ the demand)

Überschreiten der Gewinnschwelle / break even

überschreiten, Frist ~; Frist überziehen / exceed the deadline

Überschuss m. / surplus

Überschuss, Export-~ m. / export surplus

Überschuss, Import-~ m. / import surplus

überschüssige Kapazität f. / excess capacity

Überseevertrieb / sales overseas

Übersetzer *m.* (Computer) / compiler (computer)

Übersetzung *f.* (Sprache) / translation (language)

Übersicht *f.* / outline; scheme; overview

Übersicht der Kosten *f.*; Kostenübersicht *f.* / breakdown of costs; costs overview

Überstunden *fpl.* / overtime

Überstundenzuschlag *m.* / overtime premium

Übertrag; Überweisung (z.B. ~ von Geld) / remittance (e.g. ~ of money)

übertragbar *adj.* (z.B. das Konzept ist ~) / transferable (e.g. the concept is ~)

übertragen, Daten ~ (z.B. ~ vom Großrechner auf PC) / downloading of data (e.g. ~ from mainframe computer to PC)

übertragen, Nachrichten ~ / transfer of messages; transmission of messages

Übertragung, asynchrone ~ *n.* / asynchronous transmission

Übertragung, Daten-~ *f.* / data transfer

Übertragung, drahtlose ~ *f.* / wireless communication

Übertragung, erdgebundene ~ *f.* / terrestrial communication

Übertragungsgüte *f.*; Übertragungsqualität *f.* / transmission quality

Übertragungsleistung *f.*; Übertragungsverhalten *n.* / transmission performance

Übertragungsprotokoll, genormtes ~ *n.* / standardized transfer protocol

Übertragungsqualität / transmission quality

Übertragungssystem / transmission system

Übertragungsweg *m.* / transmission path

überwachen *v.* (z.B. Logistikleistung in der Auftragspipeline od. Lieferkette ~) / monitor (e.g. ~ logistics performance of the order cycle or supply chain)

überwachen *v.*; kontrollieren *v.* / survey; supervise; keep an eye on

Überwachung *f.*; Beobachtung *f.* / control; surveillance; monitoring

Überwachung, Ausschussfaktor-~ *f.* / scrap rate control

Überwachungsparameter *m.* / regulatory parameter

Überwachungsschleife *f.* / control loop

überweisen *v.*; Zahlung leisten *f.* / remit

überweisen, Geld ~ *v.* / transfer money

Überweisung *f.*; Übertrag *m.* (z.B. ~ von Geld) / remittance (e.g. ~ of money); money transfer

Überweisungsauftrag *m.* / remittance order

Überweisungskonto *n.* / remittance account

überzähliges Material *n.* / surplus material

überziehen, Frist ~ / exceed the deadline

üblich (z.B. es ist im täglichen Geschäft allgemein so ~) / common sense (e.g. it's ~ in daily business)

üblich *adj.; adv.* / normal; usual

üblich, allgemein ~ *adj.*; allgemeine Gepflogenheit *f.*; allgemeiner Brauch *m.* / common practice; quite normal

üblicherweise *adv.* / usually; normally

Übung *f.* (z.B. aus der ~ kommen; zur Gewohnheit werden) / habit (e.g. get out of practice, become a ~)

Uhr, Punkt ein ~; pünktlich um ein Uhr; genau um ein Uhr / at one o'clock sharp

umändern (verändern) / transform

Umänderung (Veränderung) *f.* (z.B. ~ von einem Schiebe- in ein Ziehprinzip) / transformation (e.g. ~ from a push to a pull system)

Umänderung *f.*; Überleitung *f.*; Migration *f.* (z.B. ~ von BAV in EDIFACT) / migration (e.g. ~ from BAV to EDIFACT)

Umbruch, industrieller ~ *m.* / industrial upheaval

umbuchen v. / repost; transfer to another account

Umbuchung (Position) f. (z.B. ~ auf ...) / reclassification; reposting; book transfer (e.g. ~ to ...)

Umbuchung (Termin) f. (z.B. Flug) / booking change (e.g. flight)

Umbuchungsgebühr / alteration fee

Umfang / scope

Umfang m.; Deckung f. (z.B. die Deckung des Schadens durch die Versicherungsgesellschaft ist ausgezeichnet) / coverage (e.g. the ~ of the damage by the insurance company is excellent)

umfangreiche Lagervorräte haben / carry heavy stock

umfassen v.; decken v. (z.B. die Versicherung deckt alles) / cover (e.g. the insurance covers all)

umfassende Sicht f.; ganzheitliche Sicht f. / comprehensive approach

Umfeld n. / associated field or area

Umfeld, Geschäfts-~ n.; Geschäftswelt f. (z.B. es ist im täglichen Geschäft, im normalen Geschäftsumfeld, allgemein so üblich) / business environment (e.g. it's common practice in daily business, in normal business environment)

Umfrage f.; statistische Erhebung f. / survey

umgehend adv.; unverzüglich adv. / without delay; straightaway; immediately

Umgehungsstraße f. / by-pass road

Umgestaltung / redesign

Umgestaltung eines Geschäftes / business redesign

Umladegebühr f. / transshipment charges

umladen v. / transship (also spelled: tranship)

Umlage f. (z.B. ~ der Gemeinkosten) / allocation (e.g. ~ of the overhead costs)

Umlagekosten pl. / assessment costs

umlagern v. / restock pile

Umlaufbestand m. / work in progress

Umlaufgeschwindigkeit f. / turnover rate

Umlaufkapital n.; Betriebskapital n. / operating capital

Umlaufvermögen n. / current assets; liquid capital

Umlaufzeit f.; Durchlaufzeit f. / time of circulation; cycle time

Umorganisation / reorganization

Umorganisation eines Geschäfts / business redesign

umpacken v. / repack

umreifen v. (z.B. versandbereite Kartons werden automatisch umreift und nach geografischem Bestimmungsort sortiert) / hoop (e.g. boxes ready for dispatch are automatically ~ed and stacked according to their geographic destination)

umrüsten v. (Maschinen) / retool; refit

Umrüstkosten pl. / setup costs; changeover costs

Umrüstzeit / setup time

Umsatz m.; Absatz m. / sales; turnover

Umsatz und Auftragseingang / sales and new orders

Umsatzerlös m. / sales revenue

Umsatzhöhe f. / sales level

Umsatzplanung f. / sales planning

Umsatzsteuer f. / sales tax

Umsatzwachstum m./ sales growth

Umschlag m. / turn; turnover

Umschlag, Paletten-~ m. / pallet throughput

Umschlag, Waren-~ m. / transfer of goods

Umschlagleistung f. / throughput capacity; throughput performance

Umschlagplatz m. (z.B. ~ Hafen) / handling place (e.g. ~ port)

Umschlagsfaktor m.; Umschlagsziffer f. / turnover factor; turnover rate

Umschlagshafen m. / port of transshipment

Umschlagshäufigkeit, Bestands-~ (z.B. ~ von Waren) / turnover (e.g. ~ of goods)

Umschlagshäufigkeit, Waren mit geringer ~; Langsamdreher *mpl.* / slow-moving goods

Umschlagshäufigkeit, Waren mit hoher ~; Schnelldreher *mpl.* / fast-moving goods

Umschlagskosten *pl.* / cargo handling charges

Umschlagsziffer / turnover factor

Umschlagzeit *f.*; Verweilzeit *f.* / turnaround time

Umschulung *f.* / retraining

Umschwung (Umkehr) *m.*; Kehrtwendung *f.* (z.B. Herrn Fischer gelang der ~, das Geschäftsergebnis änderte sich von rot nach schwarz) / turnaround (e.g. the ~ was Mr. Fischer's success, the business results changed from red ink to black)

Umschwung (Wechsel) *m.*; Veränderung *f.* (z.B. ~ der Unternehmenskultur) / change (e.g. culture ~)

umsetzen *v.* (z.B. ein Konzept ~) / put into practice (e.g. a concept into practice)

umsetzen *v.* (z.B. eine Vorstellung in die Realität ~) / turn into facts (e.g. turn a fiction into facts)

umsetzen *v.* (z.B. Ideen nutzbringend ~; Ideen in nutzbare Ergebnisse ~) / convert (e.g. to ~ ideas into tangible results)

umsetzen, in die Tat *v.*; anpacken *v.* (z.B. Sie sollten lieber ~ statt nur Theorien zu wälzen) / walk the talk (coll. AmE; e.g. you better should ~ instead of just playing around with theories)

umsetzen, Verbesserungen ~ / to implement improvements

Umsetzung *f.* (z.B. ~ eines Konzeptes) / implementation (e.g. ~ of a concept)

Umsetzung, parallele ~ *f.*; parallele Umstellung *f.*; parallele Einführung (z.B. ~ eines neuen DV-Systems zeitlich parallel zum bestehenden bisherigen System) / parallel conversion (e.g. ~ of a new EDP-system timely parallel to the existing system)

Umsetzung, praktische ~ / practical implementation

Umsetzungsdauer / implementation time

Umsetzungsplan / implementation plan

umsonst *adv.*; kostenlos *adv.*; gratis *adv.*; gebührenfrei *adv.* / free of charge

umsonst *adv.*; vergeblich *adv.* / in vain

umstellen *v.* (z.B. von alter auf neue Software) / changeover (e.g. from old to new software)

Umstellung, generelle ~ (Änderung) *f.* / general change

Umstellung, parallele ~ (z.B. ~ eines neuen DV-Systems zeitlich parallel zum bestehenden bisherigen System) / parallel conversion (e.g. ~ of a new system timely parallel to the existing EDP system)

umtauschen *v.* (~ gegen) / exchange (~ for)

umtauschen *v.* (z.B. Frau Schiller tauscht gerade um, was sie gestern gekauft hat) / take back (e.g. Ms. Schiller is on her way to ~ what she has bought yesterday)

Umterminierung, maschinelle ~ *f.* / automatic rescheduling

UMTS (Mobilfunkstandard für Multimedia-Anwendungen; Nachfolgesystem von GSM für Sprach-Anwendungen) / UMTS (**U**niversal **M**obile **T**elecommunication **S**ystem)

umwandeln *v.*; umändern (verändern) *v.* (von einem Zustand in einen anderen ~) / transform

Umwandlung *f.*; Umänderung (Veränderung) *f.* (z.B. ~ von einem Schiebe- in ein Ziehprinzip) / transformation (e.g. ~ from a push to a pull system)

Umweg *m.* / detour

Umwelt *f.* / environment
Umweltbewusstsein *n.* / environmental awareness
umweltfreundliches Produkt *n.* / green product (coll.)
Umweltschutz *m.* / environmental protection
Umweltschutz, Bereichsreferent für ~ *m.* / environmental protection representative
Umzug / removal
Umzugskosten *pl.* / moving expenses
unabhängig *adj.* / arm's length; independent
Unabhängigkeit, Grundsatz der ~ *m.* (d.h. nach diesem Prinzip zu handeln bedeutet: alle Beteiligten müssen sich so verhalten, wie es zwischen rechtlich unabhängigen Einheiten üblich ist) / arm's length principle (i.e. acting according to this principle means: all parties involved have to act in the way customary between legally independent units)
unbegrenzte Kapazität *f.*; unendliche Kapazität / infinite capacity
unbeweglich; starr; steif / rigid
Unbeweglichkeit / rigidity
unbrauchbar *adj.* / useless
Undergraduate-Student (siehe 'Student') / undergraduate
uneinbringliche Forderung *f.* / bad debt
uneinig sein *adv.* (~ mit) / at odds (~ with)
unerfüllter Auftragsbestand *m.*; Auftragsrückstand *m.* / backlog order; order backlog
unerledigter Kundenauftrag (Terminverzug); offener Kundenauftrag (z.B. Artikel A. ist gerade nicht lieferbar, wird aber bald an Sie geliefert) / backorder; open order; unfilled order (e.g. article A. is on backorder but will be delivered to you soon)
Unfähigkeit, Zahlungs-~ *f.* / financial insolvency

unfertige Erzeugnisse / work in process (WIP)
unfrei *adj.* (postalisch) / unpaid (postal)
ungefähr *adv.*; ca. *adv.* / approximately; approx.
ungelernte Arbeitskraft *f.* / unskilled worker
ungenügende Verpackung / improper packaging
ungenutzt *adj.*; brachliegend *adj.* / idle
ungenutztes Geld *v.;* ungenutztes Bargeld *v.* / idle money; idle cash
ungeplanter Bedarf *m.* / unplanned requirements
ungerade und gerade Zahlen (Nummern) / odd and even (numbers)
Ungleichgewicht *n.* / imbalance
ungültig *adj.* / invalid
Universalmaschine *f.* / universal tool machine
Universität *f.* (Vergleich der Ausbildungssysteme: s. Hochschule) / university
UNIX-Derivat *n.* / UNIX flavor
unmittelbar ... zugeordnet (Organisation); unmittelbar ... unterstellt / reporting directly to ... (organization)
unproduktiv *adj.*; nicht produktiv (z.B. der größte Teil der Durchlaufzeit wird als ~ betrachtet) / non-productive (e.g. the major part of the throughput time is considered to be ~)
unrechtmäßig *adj.*; nicht legitim / illegitimate
unsachgemäße Lagerung *f.* / careless storage
unten, von ~ nach oben (~-Ansatz) / bottom-up (~ approach)
unter Vorbehalt *m.* / with reservations
unter Zollverschluss *m.* / in bond
Unterbevorratung *f.* / understocking
unterbewerten / under-estimate
unterbieten *v.* / underbid; undercut; undersell; underquote
Unterbrechung / disruption

Unterdeckung *f.* / shortfall; under-coverage

Unterdrückung der Rufnummernanzeige / calling line identification restriction (CLIR); caller ID restriction

untergeordnet *adj.*; unwichtig *adj.* (z.B. Outsourcing in Betracht ziehen, falls Unterstützung zu ~en Dienstleistungen benötigt wird) / ancillary (e.g. consider outsourcing if ~ support services are needed)

untergeordnete Baugruppe *f.* / lower sub-assembly

Untergrenze *f.* / bottom limit

Unterhaltungselektronik *f.* / consumer electronics

Unterkapazität *f.* / undercapacity

Unterlage *f.* / document

Unterlegene, der ~ *m.*; der Schwächere *m.*; der Verlierer *m.* / underdog

Unterlieferant *m.*; Lieferant der zweiten Ebene; Lieferant des Lieferanten / second tier supplier; sub-supplier

unterlieferte Menge *f.* / short quantity

Unternehmen *n.*; Gesellschaft *f.*; Firma *f.* / enterprise; corporation; company; firm

Unternehmen *n.*; Organisation *f.* / entity

Unternehmen ohne Fertigung *n.;* fertigungsloses Unternehmen *n.* / fabless company

Unternehmen, erweitertes ~ (s. Extended Enterprise)

Unternehmen, globales ~ *n.;* Weltunternehmen *n.* / global company; international company; global player (coll.)

Unternehmen, Kauf eines ~s / buyout

Unternehmen, Klein- und Mittelstands-~ (KMU) *mpl.* / small and medium sized enterprises (SME)

Unternehmen, lernendes ~ (i.S.v. handlungsorientiertes, ergebnisgerichtetes Lernen mit kontinuierlicher Verbesserung in der eigenen Organisationsumgebung) / learning organization (e.g. action and result oriented learning with continuous improvement in the own organizational environment)

Unternehmen, Logistik-~ *n.* / logistics company

Unternehmen, mittelständisches ~ *n.*; Mittelstandsunternehmen *n.* / medium-sized company; medium-sized enterprise

Unternehmen, schlankes ~ *n.* / lean corporation; lean company

Unternehmen, verbundenes ~ *n.*; Tochtergesellschaft (weniger als 50%) *f.* / affiliated company (minority stake)

unternehmens... / corporate ...

Unternehmens, Übernahme eines ~ *f.;* Aufkauf eines Unternehmens *m.* / buyout

Unternehmensberater *m.* / management consultant

Unternehmensbereich / group

Unternehmensebene *f.* / company level

Unternehmenseinheit *f.* / company unit

Unternehmensentwicklung *f.* / corporate development; corporate strategy development

Unternehmenserfolgsfaktor *m.* / corporate success factor

Unternehmenserscheinungsbild / corporate identity

Unternehmensführung *f.*; Unternehmensleitung / company management

Unternehmensgeschichte *f.* / company history

Unternehmensgewinn *m.* / net income from operations

Unternehmenshierarchie *f.* / corporate hierarchy

unternehmensintern *adj.* / in-company

Unternehmenskommunikation *f.* / corporate communications

Unternehmenskultur / corporate culture

Unternehmensleitbild *n.* / company principles

Unternehmensleiter *mpl.* / corporate leaders

Unternehmensleitsätze *mpl.* / company guidelines; corporate guidelines; corporate mission statement

Unternehmensleitung / company management

Unternehmenslogistik / corporate logistics

Unternehmensmodell *n.* / enterprise model

Unternehmensorganisation *f.* / corporate organization

Unternehmensplanspiel *n.* / business game

Unternehmensplanung *f.* / corporate planning

Unternehmenspolitik *f.*; Firmenpolitik *f.* / company policy; corporate policy

Unternehmensprojekt *n.* / corporate project

Unternehmensrevision *f.* / corporate audit

Unternehmensrisiko *n.* / business risk

Unternehmenssimulation *f.* / business simulation

Unternehmensstrategie *f.* / corporate strategy

Unternehmensstruktur *f.* / corporate structure

Unternehmensvertretung in Verbänden / representation in associations

unternehmensweit *adj.* / company-wide; corporate-wide

unternehmensweites Netzwerk / corporate network

Unternehmenswert *m.*/ corporate value

Unternehmensziel *n.* (z.B. gibt es einen strategischen Plan, um die Leistung der Lieferkette mit den ~en zu verknüpfen?) / corporate objective; corporate goal (e.g. is there a ~ to link the performance of the supply chain to the corporate goals and objectives?)

Unternehmer *m.* / entrepreneur

Unternehmer... / entrepreneurial ...

Unternehmergeist *m.* / entrepreneurial spirit

unternehmerisch *adj.*; Unternehmer ... / entrepreneurial

unternehmerische Spitzenleistung *f.*; Business Excellence *f.*; / business excellence

unternehmerische Verantwortung *f.*; / business responsibility

Unternehmertum *n.* / entrepreneurship

Unternehmerverband *m.*; Wirtschaftsverband *m.* / trade association

Unternehmerwagnis *n.;* Unternehmerrisiko *n.* / business venture; business hazard

Unterproduktion *f.* / under-production

unterschätzen *v.*; unterbewerten *v.* / underestimate

unterscheiden *v.*; differenzieren *v.* / differentiate

Unterscheidung *f.*; Differenzierung *f.* / differentiation

Unterscheidungskriterium *n.* / differentiator

Unterschied *m.*; Verschiedenheit *f.* (z.B. wo ist denn der ~) / odds (e.g. what's the ~)

Unterschied, Zeit-~ *m.* / time lag; jet lag (airplane)

Unterschlagung *f.* / embezzlement

unterschreiben *v.;* unterzeichnen *v.* (z.B. eine Vereinbarung ~) / sign (e.g. ~ an agreement)

Unterschrift *f.* / signature

Unterschrift, digitale ~ *f.;* digitale Signatur *f.* (eindeutige Identifizierung des Absenders bei Übertragung elektronischer Nachrichten, wie z.B. für e-commerce, b2b, b2c, Internet-Shopping, E-mails, etc.) / digital signature

Unterschrift, elektronische ~ f. /
electronic signature
unterschriftsberechtigt adj. / authorized
to sign
Unterschriftsberechtigter m. /
authorized signatory
Unterschriftsberechtigung f. / signature
authorization
Unterschriftsvollmacht f. / signatory
power; proxy; power to sign
unterstellt, unmittelbar ... ~
(Organisation) / reporting directly to ...
(organization)
Unterstufennummer / lower part
number
unterstützen, jmdn. ~ v. / support sbd.;
back sbd.
unterstützend, tatkräftig ~ (Steigerung
von 'aktiv', z.B. i.S.v. zukünftigen
Vorhaben) / proactive
Unterstützungsteam n. / support team
untersuchen / analyze
Untersuchung f.; Erhebung f. (i.S.v.
Nachforschung) / investigation
Untersuchung von Abläufen f.;
Ablaufuntersuchung f. (z.B. werden
aktuelle Prozesse in Form einer
Grobablaufanalyse untersucht) / scan
analysis; scanning (e.g. as a quick ~
actual processes are taken)
Unterwegsbestand (auf Straße oder
Schiene) / rolling warehouse
Unterwegsbestand m.; im Prozess
befindlicher Bestand; Bestand im
Prozess; Pipelinebestand m. / in-process
inventory
Unterwegsbestand m.; im Verteilsystem
befindlicher Bestand (z.B. Bestand auf
dem Weg zwischen Werk und Kunde) /
pipeline inventory; inventory in transit;
stock in transit (e.g. inventory in transit
between factory and customer)
unterzeichnen v.; unterschreiben v. (z.B.
eine Vereinbarung ~) / sign (e.g. ~ an
agreement)

unverbindliche Preise mpl. / prices
subject to change
unverfälscht adj.; echt adj./ genuine; real
unverpackt adj.; ohne Verpackung f. /
unpacked
**unverrechnete Lieferungen und
Leistungen** / uncharged deliveries and
services; unbilled deliveries and services
unverzollt adj. / duty unpaid
unverzüglich adv.; umgehend adv. /
without delay; straightaway;
immediately
unvorhergesehen adj. / unforeseen
unvorhersehbar adj. / unpredictable
unwichtig adj.; untergeordnet adj. (z.B.
Outsourcing in Betracht ziehen, falls
Unterstützung zu ~en Dienstleistungen
benötigt wird) / ancillary (e.g. consider
outsourcing if ~ support services are
needed)
unwiderruflich adv. / irrevocable
unzustellbar adj. / undeliverable
üppiges Gehalt n. / lavish salary
Urheberrecht n. / copyright
URL (Uniform Resource Locator:
standardisierte Adresse im -> World
Wide Web)
URL-Standard (bezeichnet eindeutig
die Adresse eines Dokuments im
Internet) / URL standard (Uniform
Resource Locator)
Ursache-Wirkung-Diagramm n. /
cause-and-effect diagram; Ishikawa
diagram; fishbone diagram
Ursprung / origin
ursprüngliche Daten npl. / original data;
historical data
Ursprungsland / country of origin
Ursprungszeugnis n. / certificate of
origin
Urteil n. / verdict
US GAAP (allgemein anerkannte
Bilanzierungs-Regeln; z.B. ist US
GAAP der Standard für den Börsengang
in den USA) / US GAAP (Generally
Accepted Accounting Practices; e.g. US

GAAP is the standard for listing on the US stock exchanges)

USB-Standard (einfacher Anschluss von Peripheriegeräten an einen Computer durch serielle-, d.h. Reihenschaltung) / URL standard (Universal Serial Bus)

US-Notenbank / the Fed

USP (unique selling proposition; Begriff aus dem Marketing zu Alleinstellungsmerkmal bzw. zu besonderer Verkaufsmöglichkeit)

UTM (Universeller Transaktions Monitor) *m.* / universal transaction monitor (UTM)

V

Value Added Network (VAN) *n.* / value-added network

Value Added Service (VAS) *m.* / value-added service

Van *m.*; Lieferwagen *m.* / van; transporter

Vanity-Nummer (Telefon- oder Faxnummer, die wegen der leichteren Merkbarkeit aus einer Buchstabenkombination besteht; besonders im Bereich der 0800 "Free-Call"-Nummern üblich) / vanity number (0800-dialing number)

variabel *adj.* / variable

variable Kosten *pl.* / variable costs

Variante *f.* / variant

Variantenmontage *f.* / assembly of variants

Variantenstückliste *f.* / variant bill of material

Variantenteil *n.* / variant part

VAS (Value Added Service) *m.*

VDSL (siehe Datenübertragungssystem)

Ventil *n.* / valve

Veralterung *f.* / obsolescence

veralteter Lagerbestand *m.* / obsolete inventory; obsolete stock

Veränderung *f.* (z.B. ~ der Unternehmenskultur) / change (e.g. culture ~)

Veränderung fixer Bestellperioden / fixed time period override

Veränderung, Bereitschaft zur ~; Änderungsbereitschaft *f.* / willingness for change

Veränderungskultur *f.*; Geisteshaltung für Wandel / culture of change

Veränderungsmanagement *n.* / change management; management of change

Veränderungs-Manager *m.* (jd., der sich dafür einsetzt, neue Wege zu finden, ein Geschäft zu betreiben) / agent of change (AOC); change agent (somebody who lobbies for new ways of doing business)

Veränderungsnotwendigkeit, Bewusstsein für ~ *f.* / awareness of change

Veränderungsprozess *m.* / transformation process

Veränderungsschwung; Veränderungswirkung; Veränderungsstoßkraft / momentum of change

Veranstalter / organizer

Veranstaltung, an einer ~ teilnehmen; eine Veranstaltung besuchen / attend a program

verantwortlich *adj.* (z.B. jmdn. des Betruges für ~ halten) / responsible (e.g. find *s.o.* ~ of fraud)

verantwortlich machen (z.B. 1. jmdn. für etwas ~; 2. es auf Bestände schieben, Bestände dafür ~, dass die Kosten so hoch sind) / blame (e.g. 1. to ~ *s.o.* for 2. to ~ it on inventory that costs are that high)

verantwortlich sein *adv.* (z.B. Herr A. ist verantwortlich für das 'top+'-Projekt. Er ist der Leiter.) / be in charge; be responsible (e.g. Mr. A is in charge of - or is responsible for - the 'top+'-project. He is the person in charge.)

Verantwortlicher *m.* (z.B. 1. Herr B. übernimmt die Leitung für das Logistiktraining, 2. Das Management hat Herrn C. die Leitung für das Projekt übertragen) / **person in charge** (e.g. 1. Mr. B. takes charge of the logistics training, 2. The management put Mr. C. in charge of the project.)

Verantwortlichkeit *f.* / accountability

Verantwortung *f.* / responsibility

Verantwortung übernehmen (z.B. Firma K. übernimmt die Verantwortung für den Transport) / **take ownership** (e.g. the K. company takes ownership of the transport)

Verantwortung, Dezentralisierung von ~ *f.* / decentralization of responsibility

Verantwortung, organisatorische ~ haben; organisatorisch zugeordnet zu ...; organisatorisch gehören zu ... (z.B. er gehört organisatorisch zu Herrn B.; Ggs. er berichtet fachlich an ...; siehe 'fachlich zugeordnet zu ...') / organizationally reporting to ... (e.g. he reports to Mr. B. or: he has a solid line responsibility to Mr. B.; opp. he has a dotted line to ...; see 'dotted line responsibility')

Verantwortung, unternehmerische ~ *f.*; / business responsibility

Verantwortungsbereich *m.* / area of responsibility

Verantwortungsstufe *f.*; Befugnisstufe *f.* / authority level

Verantwortungszuweisung *f.* / assignment of responsibility

verarbeiten / process

verarbeitende Industrie *f.* / process industries; manufacturing industries

Verarbeitungsbetrieb *m.* / processing plant

Verarbeitungsleistung *f.*; Verarbeitungsmöglichkeit *f.* (Ausstoß) / processing capability (output)

Verarbeitungslogik / processing logic

Verarbeitungsstatus *m.* / status of processing

Verarbeitungszeit / manufacturing throughput time

Verband *m.*; Interessensverband *m.* / association

verbessern / improve; rationalize

Verbesserung *f.* / improvement

Verbesserung, gesamtheitliche ~ *f.* / holistic improvement

Verbesserung, kontinuierliche ~ *f.*; ständige Verbesserung *f.* / continuous improvement

Verbesserung, teilweise ~ *f.* / partial improvement

Verbesserung, zweistellige ~ *f.* (i.S.v. zweistelliger Prozentsatz, z.B. eine 15 %-ige Steigerung des Gewinnes) / double-digit improvement (double-digit percentage, e.g. a 15 percent increase in profit)

Verbesserungen umsetzen (realisieren) / implement improvements

Verbesserungen, betriebliche ~ *fpl.* / operational improvements

Verbesserungen, sprunghafte ~ *fpl.* (z.B. ~ bei Kosten, Zeit und Qualität) / major improvements (e.g. ~ in costs, time and quality)

Verbesserungspotential / opportunity for improvements

Verbesserungsvorschlag *m.* (z.B. eine ~- Prämie erhalten) / improvement suggestion (e.g. to get an ~ bonus)

Verbesserungsvorschlagsprogramm *n.* / suggestion program

Verbilligung *f.*; Preisermäßigung *f.* / price reduction; reduction in price

verbinden (angliedern) *v.* / associate

verbinden (gedanklich) / relate

verbinden (verknüpfen) *v.* (z.B. gibt es einen strategischen Plan, um die Leistung der Lieferkette mit den Unternehmenszielen zu ~?) / link (e.g. is there a formal strategic plan to ~ the performance of the supply chain to the corporate goals?)

verbinden *v.* (z.B.: "Können Sie mich, bitte, mit Herrn Eckhart Morgen verbinden?") / put through (e.g.: "Could you put me through to Mr. Eckhart Morgen please")

verbindliche Zielsetzung *f.* / binding objectives

Verbindlichkeit des Vertrages / legality of contract

Verbindlichkeiten *fpl.*; Schulden *fpl.* / liabilities; accounts payable

Verbindlichkeiten und Eigenmittel / liabilities & equity

Verbindlichkeiten, langfristige ~ *fpl.* / long term liabilities

Verbindung (Bindeglied) *f.*; Verkettung *f.* (physikalisch) / connection (link); linkage; link; interface connection (physically)

Verbindung (Telefon) / connection (phone)

Verbindung, elektronische ~ *f.* / electronic link

Verbindung, feste virtuelle ~ *f.* / permanent virtual circuit (PVC)

Verbindung, geschaltete virtuelle ~ *f.* / switched virtual circuit (SVC)

Verbindungen *fpl.*; Beziehungen *fpl.* (z.B. er hat hervorragende ~ zum Wettbewerb) / connections; relations (e.g. he has excellent ~ to the competition)

Verbindungsbüro *n.*; Verbindungsstelle *f.*; Außenstelle *f.*; Stützpunkt *m.* / liaison office; representative office

Verbindungskabel *n.* / link cable; drop cable

Verbindungskanal, abgehend (Internet; Datenübertragung) (z.B. Teilnehmer-Anschlussleitung vom Anwender in Richtung Provider) / upstream channel (internet; data communication) (e.g. subscriber line from user towards provider)

Verbindungskanal, ankommend (Internet; Datenübertragung) (z.B. Teilnehmer-Anschlussleitung vom Provider in Richtung Anwender) / downstream channel (internet; data communication) (e.g. subscriber line from provider towards user)

Verbindungspreis *m.* / connection charge

Verbindungsstelle; Verbindungsbüro / liaison office

Verbindungsstück *n.*; Zubehör *n.*; Beschlag *m.* / fitting

Verbindungsweg *m.* (~ zwischen verschiedenen Netzen, um z.B. Daten zu übertragen) / gateway

Verbrauch *m.* / consumption; usage

Verbrauch, erwarteter ~ *m.* / projected usage

Verbrauch, jährlicher ~ *m.* / annual usage

Verbrauch, Kraftstoff- ~ *m.*; Benzinverbrauch *m.* / fuel consumption; gas consumption

Verbraucher *m.* / consumer

Verbraucher, Groß- ~ *m.* / bulk consumer

Verbraucherpreis *m.*; Endverbraucherpreis *m.* / consumer price

Verbrauchsartikel *mpl.* / consumer goods

Verbrauchsfaktor, gewichteter ~ *m.* / usage weight factor

verbrauchsgesteuert *adj.* / consumption-driven

verbrauchsgesteuerte Materialdisposition *f.* / consumption-driven material planning; material planning by order point technique

verbrauchsgesteuerte Planung *f.* / consumption-driven planning

Verbrauchsgüter *npl.*; Konsumgüter *npl.* (Ggs. Gebrauchsgüter, dauerhaft haltbare, langlebige Güter) / non-durables; non-durable goods; consumer goods (opp. durables; durable goods)

verbrauchsorientiert *adj.* / consumption-oriented

verbrauchsorientiertes Bestellsystem *n.* / consumption-oriented ordering system

Verbrauchsprognose *f.* / consumption forecast

Verbrauchssteuer *f.* / consumer tax; indirect tax

Verbrauchssteuerung / usage control

Verbrauchswert *m.* / usage value

Verbundbestellung *f.* / joint order

verbunden (z.B. ~ mit dem Server) / wired; interlinked (e.g. ~ with the server)

verbunden *adv.* (Beziehungen) / associated; have ties (connections)

verbundenes Unternehmen; Tochtergesellschaft (weniger als 50%) / affiliated company (minority stake, i.e. owned less than 50%)

Verbundgeschäft *n.* / in-house business

Verbundvertrieb *m.* / intra-company sales

Verbundvorteil *m.;* Wirtschaftlichkeit durch Verbreiterung der Geschäftsbasis (bezieht sich auf: ... Geschäftsumfang, ... geografische Reichweite und Ausdehnung, ... gemeinsame Nutzung von Produktionseinrichtungen und Dienstleistungen durch mehrere Anwender oder Anwendungen, ... Partnerschaften, ... etc.) / economies of scope (relates to: : ... business volume, ... geografical range and expansion, ... joint production and shared services, ... partnering, ... etc.)

verderben *v.;* verfallen *v.* / detoriate; expire

verdichten *v.* / condense; compress

verdienen (Geld) *v.* / earn; make (money)

verdienen, ein Vermögen ~ / make a fortune

verdoppeln *v.* / double

verdreifachen *v.* (z.B. die Anzahl von Lieferungen hat sich verdreifacht) / triple (e.g. the number of deliveries tripled)

vereinbar (~ mit) / compatible (~ with)

vereinbaren; zustimmen *v.*; einverstanden sein (z.B. 1. einverstanden sein mit, zustimmen zu 2. wie vereinbart) / agree (e.g. 1. agree to, 2. as agreed upon)

vereinbart, wie ~ / as agreed upon

vereinbart, wie ~; wie vertraglich vereinbart / as contracted

vereinbarte Ziele *npl.* / agreed targets

Vereinbarung *f.*; Abkommen *n.* (eine ~ unterzeichnen) / agreement (sign an ~)

Vereinbarung *f.*; Regelung *f.* / settlement

Vereinbarung, gemäß ~ *f.*; vereinbarungsgemäß *adv.* / according to agreement

Vereinbarung, Kooperations-~ *f.* / cooperation agreement

Vereinbarungen *fpl.*; Vertragswerk *n.* / agreements

vereinfachen *v.* (z.B. Abläufe ~) / simplify (e.g. ~ procedures)

vereinfacht *adj.* (z.B. die Firma verwendet ~e Verfahren zur Versandabwicklung) / simplified (e.g. the company uses ~ shipping procedures)

Vereinfachung *f.* / simplification

vereinheitlichen *v.;* normen *v.* / standardize

Vereinheitlichung; Normung / standardization

Vereinigung (z.B. ~ der am 'Integrated Supply Chain Management Program' des Massachusetts Institute of Technology (MIT) beteiligten Firmen) *f.*; Konsortium *n.* / consortium (e.g. ~ of the companies of the 'Integrated Supply Chain Management Program' of the Massachusetts Institute of Technology (MIT))

Verfahren / procedure

Verfahren, Schieds-~ *n.* / arbitration proceedings

Verfahrensentwicklung *f.*; Systementwicklung *f.* / system design; system development

Verfahrensplanung *f.*; Systemplanung *f.* / procedure planning; systems planning

Verfall *m.*; Verschlechterung *f.*; Abschwung *m.*; Wertminderung *f.* (z.B. die Abschwungphase im Lebenszyklus eines Produktes) / deterioration (e.g. the ~ phase of a product's lifecycle)

verfallen *v.*; verderben *v.* / expire; detoriate

Verfallsdatum *n.* / expiration date

Verfallstag; Ablaufdatum (z.B. ~ einer Kreditkarte) *n.* / expiration date; date of expiration (e.g. ~ of a credit card)

Verfassung, Betriebs-~ *f.* / labor relations

Verfeinerung *f.* / refinement

verfolgen *v.* (z.B. ein Logistikkonzept ~, weiter daran arbeiten) / pursue (e.g. ~ a logistics concept)

Verfolgung, Auftrags-~ *f.* / order tracking

Verfolgung, Echtzeit-~ *f.* (z.B. ~ einer Sendung, d.h. zu jedem Zeitpunkt wissen, wo sich die Sendung befindet, z.B. mittels eines Satelliten-Positionierungssystems) / realtime tracking (e.g. ~ of a shipment, i.e. to know at any given time where the shipment is located, e.g. through a satellite positioning system)

Verfolgung, Prozess-~ *f.*; Prozess-Mapping *n.* (Methode zur Prozessanalyse, -darstellung und -gestaltung) / process mapping

Verfolgung, Sendungs-~ *f.* / tracking; shipment tracking; package tracking

verfügbar *adj.* / at disposal; available; disposable

verfügbare Kapazität *f.*; freie Kapazität *f.* / available capacity; spare capacity

verfügbare Zeit (z.B. ~ zwischen Auftragsbildung und Fälligkeitstermin) / available time (e.g. ~ between ordering and due date)

verfügbares Geld *n.* / money on hand

Verfügbarkeit *f.* / availability

Verfügbarkeitscode *m.* / availability code

Verfügbarkeitskontrolle *f.* / availability control

Verfügbarkeitsprüfung *f.* / availability check

Verfügbarkeitsrechnung *f.* / availability calculation

Verfügbarkeitstermin *m.* / availability date

Verfügbarkeitszeit *f.* / uptime

Verfügung haben, zur ~ *v.* / have at one's disposal

Verfügung, zur ~ (~ von) *f.* / at the disposal (~ of)

Vergabe von Aufträgen *f.*; Auftragsvergabe *f.* / award of contracts

Vergabe von Aufträgen an Fremdfirmen / subcontract

vergangene Zeit; verstrichene Zeit *f.* / elapsed time

vergangenes Geschäftsjahr *n.* / previous fiscal year (FY)

Vergangenheit, Verbrauch der ~ *m.* / past usage

Vergaser *m.* / carburettor

Vergleich *m.* / comparison

Vergleich, außergerichtlicher ~ *m.* / voluntary agreement

Vergleich, im ~ zum Vorjahr; gegenüber Vorjahr (z.B. die Folie zeigt den aktuellen Umsatz im Vergleich zum Umsatz des letzten Jahres) / against previous year (e.g. the slide shows the actual sales against the sales of the previous year)

Vergleich, struktureller ~ *m.* / structural comparison

vergleichen, sich ~; benchmarken *v.*; sich messen *v.* (z.B. im Vergleich mit dem besten Wettbewerber) / benchmark (e.g. in comparison with the best-of-class competitor)

Vergleichsmaßstab m.; Benchmark m. (Herkunft des Wortes "benchmark" ursprünglich aus dem angelsächsischen Sprachraum: für Messungen etc. zeichnet der Schreiner mit einem Stift auf seiner Werkbank (bench) Markierungen (marks) auf) / benchmark

Vergleichsmessungen *fpl.* / benchmark measures

Vergleichszeitraum m. / comparison period

Vergnügen n.; Freude f. (z.B. es war eine ~) / pleasure (e.g. it's been a ~)

vergrößern / enhance

Verhältnis n.; Wertverhältnis (~ zwischen Material A und Material B) / ratio (~ of material A and B)

verhandelbar *adj.* / negotiable

verhandeln v.; handeln v.; aushandeln v. / negotiate

Verhandlung f. / negotiation

Verhandlungsergebnis n. / negotiation result

verhandlungsführender Einkäufer m. / lead negotiator; senior buyer

Verhandlungsgeschick n. / negotiating skills

Verhandlungspartner / trading partner

Verhandlungsspanne f. / negotiation margin

verheimlichter Frachtschaden; versteckter Frachtschaden; kaschierter Schaden am Frachtgut / concealed freight damage

Verhütung (Vorbeugung) f. / prevention

Verinnerlichung f. / internalization

Verjährungsfrist f. / limitation period

Verkauf m. / sale

Verkauf oder Schließung (z.B. ~ eines Geschäftes, ~ einer Fabrik) / sell-out or shut-down (e.g. ~ of a business, ~ of a factory)

Verkäufer / front line employee

Verkäufer m. / vendor; seller

Verkäufer mpl.; Vertriebsmannschaft f.; Vertrieb vor Ort / sales force

Verkaufsabteilung / sales

Verkaufsaktion (-förderung) f.; Werbungsmaßnahme f. / promotion

Verkaufsauftrag m. / sales order

Verkaufsauftragsdatum n. / sales order date

Verkaufsauftragsmenge f. / sales order quantity

Verkaufsbedingungen fpl. / terms of sale; conditions of sale

Verkaufsbesuch m. / sales call

Verkaufsförderung f. / sales promotion

Verkaufsladen (für 'direkt ab Fabrik' Verkauf) m.; Fabrikverkauf m. / outlet store; factory outlet

Verkaufsleiter m. / sales manager

Verkaufsmethode f. / sales method

Verkaufsniederlassung f. / sales branch

Verkaufsplan m. / sales program

Verkaufspreis m.; Abgabepreis m. / selling price

Verkaufspreis, Brutto-~ m. / gross sales price

Verkaufspreis, Netto-~ m. / net sales price

Verkaufspreis, vom Hersteller empfohlener ~ m. / manufacturer's suggested retail price (MSRP)

Verkaufspunkt m. (z.B. an der Registrierkasse) / point of sale (POS)

Verkaufspunkt, Terminal am ~ / POS terminal

Verkaufsstatistik f. / sales statistics

Verkaufsstelle f. / sales outlet

Verkaufsvertreter m. / sales representative; sales rep; sales agent; agent

verkaufte Ware f. / goods sold

Verkehr m. / transportation; traffic

Verkehr, ankommender ~; eingehender Transport / inbound traffic; inbound transportation

Verkehr, ausgehender ~; abgehender Transport / outbound traffic; outbound transportation

Verkehr, Einbahn-~ *m.* / one way traffic

Verkehr, Fracht-~ *m.* / freight traffic

Verkehr, freier ~ *m.* (~ beim Grenzübertritt oder Zoll) / free circulation (~ at the border or at customs)

Verkehr, kombinierter ~ *m.* / combined transport

Verkehr, Land-~ *m.* / ground transportation; land transportation; land carriage

Verkehr, Relations-~ *m.* / regular routed traffic connection

Verkehr, wassergebundener ~ *m.* / water-bound traffic

Verkehrsbeziehung *f.* / communication link

Verkehrsgewerbe *n.;* Verkehrswirtschaft *f.;* Transportgewerbe *n.;* Transportwirtschaft *f.* / transportation industry; transport industry; transportation business

Verkehrsleitsystem *n.* / traffic guidance system

Verkehrslogistik *f.* / traffic logistics

Verkehrsmittel, öffentliche ~ *npl.* / public transportation

Verkehrsnetz *n.* / road and rail networks *pl.*

Verkehrsstau *m.* / traffic jam; congestion

Verkehrssteuer *f.* / transport tax

Verkehrstechnik *f.* / transportation systems

Verkehrsträger *m.* (z.B. ~ Straße) / carrier (e.g. ~ road)

Verkehrsvorschrift *f.* / traffic regulation

Verkehrswirtschaft *f.* / transportation economy

verketten *v.* / interlink

Verkettung / connection (link) (physically)

verklagen *v.* (z.B. Herr X wird wegen unbezahlter Rechnungen verklagt) / sue

(e.g. Mr. X will be sued for unpaid invoices)

verkleinern *v.;* verkürzen *v.;* kürzen *v.;* verringern *v.;* reduzieren *v.;* vermindern *v.* / reduce; shorten; cut

Verkleinerung des Unternehmens (Personal) / corporate downsizing

Verknappung *f.* / shortage

verkürzen *v.;* kürzen *v.;* verringern *v.;* reduzieren *v.;* verkleinern *v.;* vermindern *v.* (z.B. die Lieferkette ~) / shorten; reduce (e.g. ~ the supply chain)

Verladefrist / loading period (i.e. time allowed for loading)

Verlademannschaft (beladen, entladen) *f.* / loading crew

Verlader *m.* / forwarder; shipper; sender

Verladerampe *f.* / loading ramp

Verladung *f.;* Verschiffung *f.* / shipment; loading

Verladung, mangelhafte ~ *f.* / defective loading

Verladungsschein / shipping note

Verlagerungskosten *pl.* / relocation expenses

verlängerte Werkbank *f.* (an eine Firma Unteraufträge vergeben, d.h. sie wie eine eigene Fertigungsabteilung betrachten) / integrated sub-contracting (subcontracting a company, i.e. regarding like an own manufacturing department)

Verlängerung (z.B. ~ der Geltungsdauer) / extension (e.g. ~ of validity)

Verlauf *m.* / course

Verlegung des Geschäftes / removal of business

Verletzung *f.* (z.B. er hat sich während des Transportes das Bein verletzt) / injury (e.g. he has injured his leg during transportation)

Verletzung, Rechts-~ *f.* / infringement (of the law)

Verlierer, der ~ *m.;* der Unterlegene *m.;* der Schwächere *m.* / underdog

Verlust (~ der Ladung) *m.* / loss (~ of cargo)

Verlust *m.* (riesiger ~) / loss (titanic ~)

Verlustzeit *f.* (Maschinenausfall) / dead time

Vermarktung *f.* / marketing

Vermehrung, starke ~; starke Ausbreitung / proliferation

Vermerk *m.,* Notiz *f.* / memorandum

vermieten *v.* / rent; lease

vermindern *v.;* verkürzen *v.;* kürzen *v.;* verringern *v.;* reduzieren *v.;* verkleinern *v.* / reduce; shorten; cut

Verminderung; Herabsetzung *f.* (z.B. 1. ~ des Einkaufspreises; 2. ~ der Zollgebühren für beschädigte Importlieferungen) / abatement (e.g. 1. ~ of the purchase price; 2. ~ of tax charges on damaged imported deliveries)

Vermittler *m.* / agent

Vermittlung von Arbeitskräften *f.* / placement

Vermittlung, Telefon-~ *f.* / operator; telephone operator

Vermittlungseinrichtung (elektronische ~) / data switching equipment (electronical ~)

Vermittlungsleistung *f.* / switching service

Vermittlungspostamt *n.* (elektronisches ~) / switching post office (electronical ~)

Vermögen / assets

Vermögen, ein ~ verdienen / make a fortune

Vermögen, Umlauf-~ *n.* / current assets

Vermögensabgabe *f.* / capital levy

Vermögensschaden *m.* / damage to financial assets

Vermögenswerte, materielle ~ *mpl.;* Sachvermögen *n.* / tangible assets

vermögenswirksame Leistung *f.* / capital formation payment

vernachlässigen *v.* / neglect

Vernetzung *f.* / networking

Vernetzungsgrad von PCs *m.* / rate of networked PCs

verpacken *v.*; einwickeln *v.* / wrap

verpacken *v.;* packen *v.;* einpacken *v.* / pack

Verpackerei *f.* / package; packaging

verpackt *adj.* / packed

Verpackung *f.*; Grundverpackung *f.* / packaging

Verpackung eingeschlossen *f.* / packing included

Verpackung mit Schrumpffolie / shrink wrapping

Verpackung und Transport / packing and transport

Verpackung und Versand (z.B. automatische ~) / packing and dispatch (e.g. automated ~)

Verpackung, ausschließlich ~ / packing excluded

Verpackung, einschließlich ~ / packing included

Verpackung, Einweg-~ *f.* / non-returnable package

Verpackung, mangelhafte ~ *f.* / defective packing

Verpackung, Mehrweg-~ *f.* / dual-use package

Verpackung, ohne ~ / unpacked

Verpackung, Original-~ *f.* / original packing

Verpackung, seemäßige ~ *f.* / seaworthy packing

Verpackung, Spezial-~ *f.* / special packing

Verpackung, ungenügende ~ / improper packaging

Verpackungs- und Versanddienst *m.* / packing and shipping service

Verpackungsanlage *f.* / packing system

Verpackungseinheit *f.* / packing item

verpackungsfreundlich *adj.* / easy-to-pack

Verpackungskosten *pl.* / packing charges

Verpackungslinie *f.* / packing line

Verpackungsmaschine *f.* / packing machine; packing unit

Verpackungsmaterial *n.*; Packmaterial *n.* / packing material

Verpackungsmenge *f.* / packaging quantity

Verpackungsvorschrift *f.* / packing instruction

Verpflegungsdienst *m.* / catering service

verpflichten *v.*; festlegen *v.* (z.B. die Firma verpflichtete sich, die Lieferfrist einzuhalten) / **commit** (e.g. the company committed itself to keep the delivery deadline)

verpflichtet *adv.*; gebunden *adv.* (z.B. das Personal weiß sich zum Geschäftsauftrag ~) / **committed** (e.g. the staff is ~ to the company mission)

Verpflichtung *f.*; Versprechen *n.* / commitment

Verpflichtung des Managements / management commitment

Verpflichtung zum Kauf; Kaufverpflichtung *f.*; Abnahmeverpflichtung *f.* / obligation to buy

Verpflichtung, Zahlungs-~ *f.* / payment commitment

Verpflichtungen erfüllen *v.* / fulfill obligations

Verpflichtungserklärung *f.*; Haftungserklärung *f.* (z.B. ~ für das operative Geschäft) / formal obligation; undertaking (e.g. ~ in connection with operating business)

verrechnen (~ für) *v.* (z.B. wir werden der Abteilung E. die Projektunterstützung in Rechnung stellen (~ for); bill (e.g. we will ~ department E. for project support)

Verrechnung (von Leistungen) *f.*; Gebührenerhebung *f.* (z.B. monatliche ~ für unsere Beratungsleistung) / charging (of services) (e.g. monthly ~ for our consulting services)

Verrechnung, nur zur ~ (Scheck) / for deposit only (check); not negotiable

Verrechnungseinnahmen / revenue

Verrechnungskonto *n.* / clearing account

Verrechnungspreis *m.*; Gebühr *f.* (z.B. ~ für ein Produkt oder eine Leistung) / charge; fee (e.g. ~ for a product or a support service)

Verrechnungsprinzipien *npl.* / billing principles; charging principles

Verrechnungssatz *m.* (z.B. ~ für betriebliche, ~ für bereichsinterne, ~ für konzerninterne Leistungen) / charge rate (e.g. ~ for internal, ~ for intergroup, ~ for intercompany services)

Verrechnungssatzverfahren *n.* / standard record method

Verrechnungsscheck *m.* / crossed check; check (deposit only)

Verrechnungsstelle *f.*; Verrechnungsabteilung *f.*; Clearingstelle *f.* / clearing department

Verrechnungswert (~ pro Stück) / costs (~ per piece)

verringern *v.*; verkürzen *v.*; kürzen *v.*; reduzieren *v.*; verkleinern *v.*; vermindern *v.* / reduce; shorten; cut

Verringerung des Personalbestandes (in einer Firma); unternehmensweiter Personalabbau; Verkleinerung des Unternehmens (Personal) / corporate downsizing

verrückt *adv.*. (z.B. jemanden ~ machen) / nuts (e.g. to drive someone ~)

Versand *m.*; Versandabwicklung *f.*; Versandabteilung *f.* / dispatch

Versand gemäß Instruktionen / delivery according to instructions; dispatch according to instructions

Versand, Massen-~ *m.* / bulk mailing

Versand, Porto- und ~; Porto- und Versandspesen (z.B. bitte vergessen Sie nicht, für US-Aufträge $ 10 für ~ zu berücksichtigen) / postage & handling (e.g. please do not forget to add $ 10 to cover ~ on US orders)

Versand, Verpackung und ~ (z.B. automatische ~) / packing and dispatch (e.g. automated ~)

Versandabteilung; Versandabwicklung / shipping; dispatch

Versandanstoß m. / shipping initiation

Versandanweisung / forwarding instruction

Versandanzeige; Frachtbrief / consignment note

Versandart f. (z.B. per Bahn) / Method of Shipment (MOS) (e.g. by train)

Versandauftrag / delivery order

versandbereit adj. / ready for delivery; ready for dispatch

Versanddatum n. / delivery date; date of dispatch

Versanddienst, Verpackungs- und ~ m. / packing and shipping service

Versanddurchlaufzeit f. / shipping lead time

Versandeinheit f. / shipping unit

Versandfirma f.; Postversandfirma f. / mail order company

Versandleiter m. (Fuhrpark) / traffic manager

Versandliste / list of deliveries; dispatching list

Versandmanagement n. (Fuhrpark) / traffic management

Versandnachweis m. / evidence of dispatch

Versandnetz n.; Transportnetz n.; Speditionsnetz n. / shipping network

Versandpapiere npl. / shipping documents

Versandparameter mpl. / dispatching parameters

Versandmethode f. / dispatching method; method of delivery

Versandstation f. / forwarding station

Versandtermin m. / delivery date; shipping date

Versatz m. / offset

verschickt (~ durch) / shipped (~ by)

verschieben v. (zeitlich) / postpone

Verschieberegal n. / mobile rack

Verschiedenheit f.; Unterschied m. (z.B. wo ist denn der Unterschied) / odds (e.g. what's the ~)

Verschiffung f. / shipment

Verschiffungshafen m. / port of shipment

Verschlechterung f.; Verfall m.; Abschwung m.; Wertminderung f. (z.B. die Abschwungphase im Lebenszyklus eines Produktes) / deterioration (e.g. the ~ phase of a product's lifecycle)

Verschlechterung, Wechselkurs-~ f.; Wechselkursverfall m.; / decline of exchange rates

Verschleiß m. / wear-out

Verschleißteil n. / wearing part

verschlossen adj.; abgeschlossen adj. / locked; sealed

Verschluss, Tank-~ m.; Tankdeckel m. / fuel cap

verschlüsseln v. / encrypt; encode

verschlüsselter Text m. / cryptogram; code text; coded text

Verschlüsselung f. / encryption; encipherment; encoding

Verschlüsselungsprogramm n. / encryption program

Verschlüsselungsspezialist m. / cryptographer

Verschlüsselungssystem, Geschäfts-~ / business key code system

Verschnitt / scrap

Verschnittfaktor m. / waste factor

verschrotten v. / scrap

Verschrottung f.; Verwurf m. / scrapping

Verschulden n.; Fahrlässigkeit f.; Vertragswidrigkeit f. / default

Verschwendung f. / waste

versehen, reichlich ~ (~ mit) (wir sind reichlich mit Material eingedeckt) / run long (~ of) (e.g. we are running long of material)

versenden / ship

versenden und liefern; versenden und ausliefern / ship and deliver

Versender / sender
versetzen *f.*; abordnen *v.* / delegate (~ long term; ~ short term)
Versetzung *f.* (z.B. ~ von Mitarbeitern ins Ausland) / long term delegation (e.g. ~ of personnel to foreign countries)
Versicherung *f.* / insurance
Versicherung, Fracht-~ *f.* / cargo insurance
Versicherung, Haftpflicht-~ *f.* / liability insurance
Versicherung, Kranken-~ *f.* / health insurance
Versicherung, Risiko-~ *f.* / risk insurance
Versicherung, Schadens-~ *f.* / indemnity insurance
Versicherungsanspruch / claim
Versicherungspolice *f.* / insurance policy
Versicherungsprämie *f.* / insurance premium
Versicherungsschein ausstellen / issue an insurance policy
Versicherungssteuer *f.* / insurance tax
Versicherungswert *m.* / insurance value
Versionsbezeichnung *f.* / version identification
Versionsfreigabe *f.* / version release
Versionsverwaltung *f.* / version administration
versorgen; beliefern (~ mit Speisen und Getränken) / cater
Versorgungsmanagement / supply chain management (SCM)
Versorgungsplan für die Pensionierung; Pensionsplan *m.*; Altersversorgung *f.* / pension plan
Versorgungsrisiko *n.* / supply risk
verspätet *adj.*; verzögert *adv.* (z.B. die Lieferung kommt ~) / delayed (e.g. the shipment is ~)
Verspätung / delay
Versprechen *n.*; feste Zusage *f.*; Bürgschaft *f.* / pledge
versprechen *v.* / promise

Verständnis für Veränderungsnotwendigkeit / understanding of change
Verstärkung *f.* / reinforcement
verstauen *v.* / stow away
versteckter Frachtschaden; verheimlichter Frachtschaden; kaschierter Schaden am Frachtgut / concealed freight damage
versteckter Mangel *m.*; verborgener Mangel *m.* / hidden defect
versteuert *adj.* / tax-paid; after-tax
Verstoß *m.* / violation
verstreichen (Zeit) *v.* / elapse
Versuch / test
Versuch *m.* (z.B. einen ~ machen; *etw.* ausprobieren) / attempt (e.g. make an ~; give *s.th.* a try)
Versuchsauftrag / trial order
Versuchskaninchen *n.* / guinea pig
Versuchslinie *f.* / pilot line
Versuchsprojekt / pilot project
verteilen *v.* / distribute
Verteilerkreis *m.*; Verteilerliste *f.* / distribution list
Verteilerliste / distribution list
Verteillager / distribution warehouse
Verteilnetz / distribution network
Verteilstelle *f.* / distribution site
Verteilung / distribution
Verteilung, statistische ~ *f.* / statistical distribution
Verteilung, wertmäßige ~ *f.* / distribution by value
Verteilungslaufzeit / distribution time
Verteilungsschlüssel *m.* / distribution key
Verteilzentrum *n.* / distribution center (DC)
Verteuerung *f.* / cost increase; price increase
vertikale Bereiche *mpl.* / vertical units
vertikale Integration; vertikale Kooperation (Zusammenschluss von z.B. Dienstleistern und Verladern, die in 'nacheinander' angeordneten Stufen der

Wertschöpfungskette tätig sind; Ggs. siehe 'horizontale Integration') / vertical integration; vertical cooperation (opp. see 'horizontal integration')

Vertikalisierung *f.* / verticalization

Vertikal-Kommissioniergerät *n.* / vertical order picker device

Vertrag *m.* (z.B. rechtswirsamer ~) / contract (e.g. valid ~)

Vertrag *m.*; Kontrakt *m.* / contract

Vertrag annehmen *v.* / accept a contract

Vertrag, einen ~ abschließen / sign a contract; sign an agreement; hammer out a contract (coll. AmE)

Vertrag, einen ~ gestalten *v.* / draw up a contract

Vertrag, Pfand-~ *m.* / contract of lien

Vertrag, Tarif-~ *m.* / wage contract; wage agreement

vertraglich verpflichten *v.* / contract

vertraglich, wie ~ vereinbart / as contracted

Vertragsabschluss *m.* / conclusion of an agreement

Vertragsabteilung *f.* / contracts department

Vertragsbedingung *f.* (z.B. ~ für das Ausland) / contract condition (e.g. ~ for foreign subsidiaries)

Vertragsbedingungen *pl.*; Bedingungen (Verträge etc.) *pl.* / terms and conditions

Vertragsbeginn *m.* / commencement of a contract

Vertragsbruch *m.* / breach of contract

Vertragsdauer *f.* / term of a contract

Vertragsentwurf *m.* / draft agreement

Vertragsfertigung *f.* / contracted production

Vertragsfirma / contractor

Vertragsgegenstand *m.* / object of an agreement

vertragsgemäß *adv.*; vereinbarungsgemäß *adv.* / according to agreement

Vertragsklausel *f.* / covenant

Vertragspartner *m.*; Vertragsfirma *f.* / contractor; party to contract

Vertragsstrafe *f.*; Konventionalstrafe *f.* / contract penalty; penalty for breach of contract

Vertragsverhältnis *n.* / contractual relationship

Vertragsverhandlung *f.* / contract negotiation

Vertragswerk *n.;* Vereinbarungen *fpl.* / agreements

vertragswidrig *adv.* / contrary to the agreement

Vertragswidrigkeit / default

Vertrauen, gegenseitiges ~ *n.*; beiderseitiges Vertrauen / mutual trust

vertraulich *adj.* / confidential

Vertraulichkeit *f.* / confidentiality

Vertreter *m.;* Verkaufsvertreter *m.*; Handelsvertreter *m.* / sales representative; sales rep; sales agent

Vertretung / agency

Vertrieb (z.B. Warenauslieferung) / distribution (e.g. delivery of goods)

Vertrieb *m.* / sales

Vertrieb Ausland *m.*; Auslandsvertrieb *m.* / international sales

Vertrieb Europa *m.*; Europavertrieb *m.* / European sales

Vertrieb Inland *m.*; Inlandsvertrieb *m.* / national sales; domestic sales

Vertrieb Übersee *m.*; Überseevertrieb *m.* / sales overseas

Vertrieb und Marketing (z.B. ~ Inland, ~ Europa, ~ Ausland, ~ Welt) / sales promotion and marketing; business promotion and marketing (e.g. ~ domestic, ~ Europe, ~ international, ~ world)

Vertrieb vor Ort / sales force

vertrieblicher Leitfaden *m.* / sales guideline

Vertriebsabteilung *f.*; Verkaufsabteilung *f.* / sales; sales department

Vertriebsabweichung *f.* / sales variation

Vertriebsaufgaben, geschäftsgebietsübergreifende ~ *fpl.* / interdivisional sales promotion

Vertriebsaufgaben, kaufmännische ~ *fpl.* / commercial sales functions

Vertriebsdisposition *f.* / sales planning

Vertriebsergebnis *n.* / sales result

Vertriebsgesellschaft *f.* / sales company

Vertriebskanal *m.* / sales channel; distribution channel

Vertriebskette *f.* (~ für Auslieferungen) / distribution chain (~ for outbound deliveries)

Vertriebskosten *pl.* / sales costs

Vertriebslager *n.* / sales warehouse; sales distribution facility

Vertriebslaufzeit *f.*; Verteilungslaufzeit *f.* / distribution time

Vertriebsleitung *f.* / sales management

Vertriebslogistik *f.*; Logistik im Vertrieb / sales logistics

Vertriebsmannschaft / sales force

Vertriebsplanung, Absatz- und ~ *f.* / sales and operations planning

Vertriebspolitik *f.* / sales policy

Vertriebsregion *f.* / sales region

Vertriebsspanne; Bruttogewinn / gross profit (sales)

Vertriebstraining *n.* / sales training

Vertriebsunterstützung *f.* / sales support

Vertriebsweg *m.* / distribution channel; sales channel

Vertriebszentrum *n.* / DC (distribution center)

Verursacherprinzip *n.* / principle of causation; cost-by-causer principle; polluter-pays-principle

vervierfachen *v.* (z.B. die Anzahl von Lieferungen hat sich vervierfacht) / quadruple (e.g. the number of deliveries quadrubled)

verwalten *v.* / administer; manage

Verwaltung / administration

Verwaltung, aufgeblähte ~ / bloated administration; bloated organization

Verwaltung, Datei-~ *f.* / file management

Verwaltungsabläufe / management processes

Verwaltungskosten *pl.* / administration cost(s); administrative expenses

Verwaltungsprozesse *mpl.*; Verwaltungsabläufe *mpl.* / management processes

Verwaltungsrat *m.*; Direktion *f.* (US-amerikanische Besonderheit: Geschäftsführung eines Unternehmens, bestehend aus Personen, die sowohl von außerhalb der Firma kommen, d.h. im Sinne einer Aufsichtsratfunktion, als auch von innerhalb der Firma kommen, d.h. leitende Führungskräfte im Sinne einer Vorstandsfunktion) / board of directors (US-American speciality: governing board of a corporation consisting of people from outside the company as well as of executives from inside the company)

Verwaltungssystem, Lager-~ *n.* / storage control system

Verwarnung *f.*; Warnung *f.* / warning (preceding punishment)

verwechseln (~ mit) *v.* / confuse (~ with); mix up (~ with)

verweigern, Annahme ~ *v.* / refuse acceptance

Verweildauer / waiting time

Verweildauer im Lager *f.*; Lagerungszeit *f.*; Lagerzeit *f.*; Einlagerungszeit *f.* / storage time; storage period

Verweilzeit (Fertigung) / turnaround time (manufacturing)

verwenden *v.*; anwenden *v.* (z.B. wird Informationstechnologie verwendet?) / employ (e.g. is information technology being employed?)

Verwendungsnachweis, einstufiger ~ *m.* / single-level where-used list

Verwendungsnachweis, mehrstufiger ~ *m.* / multiple-level where-used list

Verwendungsnachweis, Mengenübersichts-~ *m.* / summary where-used list

Verwendungsnachweis, Struktur-~ *m.* / where-used bill of material (structures)

verwertbar *adj.* (Erfindung, Ressourcen, etc.) / usable; useful; exploitable (invention, resources, etc.)

verwickelt; komplex *adj.*; verworren *adj.* (z.B. eine ~e Situation) / complex (e.g. a ~ situation)

verwirklichen *v.*; ausführen *v.* (z.B. 1. einen Wunsch ~; 2. einen Plan ~) / realize; carry out (e.g. 1. to ~ a desire; 2. to ~ a plan)

Verwurf / scrapping

Verzeichnis / schedule

Verzeichnis, Adress-~ *n.* / address directory

Verzeichnis, Datei-~ *n.* / directory

verzerrt *adj.*; tendenziös *adj.*; voreingenommen *adj.*/ biased (also spelled: 'biassed')

Verzicht (z.B. ~ auf Rückversicherung) / cession (e.g. ~ in reinsurance)

Verzicht *m.*; Verzichtserklärung *f.* (z.B. ~ auf Garantieleistungen) / waiver (e.g. ~ of guarantee)

Verzicht, Gebühren-~ *m.*; Gebührenerlass *m.* / fee waiver; remission of fees

Verzicht, Haftungs-~ *m.* / waiver of liablity

verzichten / relinguish

verzichten auf *v.* / forgo; do without

Verzichterklärung *f.* / waiver; renunciation; disclaimer

verzinsen *v.* (Zins zahlen für) / pay interest (pay interest on)

verzinslich *adj.* / interest bearing

verzögert *adv.*; verspätet *adv.* (z.B. die Lieferung kommt ~) / delayed (e.g. the shipment is ~)

Verzögerung / delay; lag

Verzollung *f.*; Zollabfertigung *f.* / customs clearance

Verzug (Verzögerung) *m.*; Verspätung *f.* / delay

Verzug, in ~ (Bezahlung); im Rückstand (Bezahlung) / in arrears (payment)

Verzug, Liefer-~ *m.* / delivery delay; delinquent delivery

Verzug, Zahlungs-~ *m.* / delay in payment

Verzugsmeldung *f.* / delay notice

Verzugsstrafe *f.* (~ für verspätete Lieferung) / penalty (~ for delayed delivery)

Verzugszinsen *mpl.* / interest on arrears (for default)

Vetternwirtschaft *f.* / favouritism; nepotism

Vice President *m.* (Führungskraft, meistens verantwortlich für eine bestimmte Funktion in einem Unternehmen, z.B. für Logistik oder Produktion oder ...: eine entsprechende Bezeichnung gibt es im Deutschen nicht) / vice president (VP) (executive, mostly responsible for a certain functional area of the business, e.g. logistics or production or ...: A relating term does not exist in German)

Videokonferenz *f.* / video conference

Videosystem *n.* / video system

Videotext *m.*; Bildschirmtext (BTX) *m.* / video text; teletext

viel, zu ~ haben *v.*; reichlich versehen *v.*; reichlich eingedeckt *v.* (~ mit) (z.B. Material reichlich auf Lager haben) / run long (~ of) (e.g. ~ of material)

vielfach / multiple

Vielfachverwendung / multiple use

Vielfalt *f.* (z.B. ~ von Varianten, ~ an Teilen) / variety (e.g. ~ of variants, ~ of parts)

Vielfalt, Auswahl und ~ *f.* (z.B. ~ von Produkten) / choice and variety (e.g. ~ of products)

Vielfalt, Produkt-~ *f.* / product variety

vielseitig *adj.* (Fähigkeiten) / multi-skilled

Vielzweckwaggon; Mehrzweckwaggon / multipurpose railcar

Vier-Augen-Prinzip *n.* (aus Sicherheitsgründen sind mindestens zwei Personen nötig um genau nachzuprüfen) / security principle (because of security reasons at least two persons are required to double-check)

Viertel (z.B. die Geschäftsergebnisse bewegen sich im oberen ~ der Shareholder Value Skala) / quartile (e.g. the business results are in the upper ~ of the shareholder value scale)

virtuell *adj.*; tatsächlich *adj.*; praktisch *adj.*; eigentlich *adj.* (i.S.v. wie in Wirklichkeit, wie echt) (z.B. 'virtuelle' Adresse im Computer: kann wie eine 'echte Adresse' verwendet werden, muss aber in Wirklichkeit, d.h. physikalisch, nicht existieren) / virtual (e.g. 'virtual' computer address: can be used like a 'real' address but must not necessarily exist in reality, i.e. physically)

virtuell *adv.* (i.S.v. im Grunde genommen ..., praktisch ..., fast ...) (z.B. praktisch jeder kann sich 'Unternehmer' nennen) / virtually (e.g. virtually anyone can call himself an entrepreneur)

virtuelle Logistik (z.B. weltweite Anwendung von just-in-time, d.h. Teile und Material in kurzer Zeit bedarfsorientiert liefern; erlaubt multinationalen Firmen überall auf der Welt zu geringen Kosten zu produzieren und trotzdem die Waren in wettbewerbsgerechter Zeit zu vermarkten) / virtual logistics (e.g. global application of just-in-time, i.e. the process of delivering parts and materials in small timely batches as needed; allows multinationals to produce at low cost anywhere in the world and still get goods to market at a competitive speed)

virtuelle Organisation *n.* (z.B. ... unter Nutzung von Telearbeit) / virtual organization (e.g. ... by using teleworking)

virtuelle Realität (wie in der Wirklichkeit) (z.B. VR-Simulations-Software ermöglicht es, etwas wie in der Wirklichkeit zu betrachten. VR Panoramafilme können benutzt werden, um das Innere eines Lagers in einem 360 Grad Rundumblick wirklichkeitsnah zu betrachten; es ist möglich hinauf- oder herabzublicken, sich herumzudrehen oder für einen detaillierteren Blick oder einen Gesamtüberblick her- oder wegzuzoomen.) / virtual reality (VR) (e.g. VR simulation software gives the ability to look around just like in real life. VR panorama movies can be used to provide realistic 360 degree views of the inside of a warehouse that allow you to look up, down, turn around, zoom in to see the detail, or zoom out for a broader view.)

Vision *f.* / vision

Visualisierung *f.* / visualization

Visualisierungsmanagement *f.* (z.B. ~, um Verbesserungsergebnisse allen Mitarbeitern sichtbar zu machen) / visual management (e.g. ~ to visualize results of improvements to all employees)

Voice-Dialing (Rufnummernwahl über Spracheingabe) / voice dialing

Volatilität *f.*; Lebhaftigkeit *f.* (z.B. im Aktienmarkt: starke Kursschwankung einer Aktie) / volatility (e.g. stock market: strong fluctuation of a share's market price)

Volkswirtschaft *f.* (vgl. zu 'Betriebswirtschaft') / national economy; economics (compare to 'business economics')

Vollieferung *f.* / full delivery

Vollkostenkalkulation, *f.* / full cost pricing

Vollkostenrechnung / full absorption costing

Vollmacht, Unterschrifts-- *f.* / signatory power; proxy; power to sign

Vollsortimenter (d.h. Lieferant mit vollständigem Produktangebot 'aus einer Hand') *m.* / full-line supplier (i.e. supplier with a full range of products)

vollständig / complete; entire

Vollständigkeit *f.* / completeness

Volltextrecherche *f.* / full text search

vor allem / primarily

vor Ort (in der Firma) / on-site

vor Ort (Montage) *m.* / in the field

Vorankündigung, ohne ~ *f.* / without prior notice

Voranschlag *m.* / preliminary estimate

Vorarbeiter / foreman

Vorauftragsphase *f.* / pre-order phase

voraus *adv.* (z.B. für die Lieferung im ~ bezahlen) / upfront; in advance (e.g. to pay for the delivery ~)

voraus, im ~ *adv.* (zeitlich) / ahead of schedule (timewise)

Vorausanzeige einer Lieferung (über den Inhalt einer erwarteten Sendung, z.B. über EDI) / Advance Ship Note (ASN) (content list of an expected delivery, e.g. via EDI)

Vorausbestellung *f.* / advance order

vorausbezahlt *adv.* / prepaid

Voraussage / forecast

Vorausschau / outlook

voraussehen *v.*; erwarten *v.*; erhoffen *v.* / anticipate

voraussetzen *v.* (z.B. setzen Sie nicht selbstverständlich voraus, dass ...) / take for granted; presuppose (e.g. don't take it for granted that ...)

Voraussetzung *f.*; Prämisse *f.* / precondition; premise; prerequisite

voraussichtlich *adj.*; erwartet *adj.* (z.B. der ~e Liefertermin wird Freitag nächster Woche sein) / anticipated (e.g.

the ~ day of delivery will be Friday next week)

voraussichtlich; wahrscheinlich *adv.* (z.B. es ist eher wahrscheinlich, dass die Lieferung verspätet statt pünktlich ist) / likely (e.g. its more ~ that the delivery is delayed than on time)

voraussichtlicher Jahresverbrauch / projected usage per year

Vorauswahl *f.* / preselection

Vorauszahlung *f.*; Zahlung vor Lieferung *f.* / cash before delivery; advance payment

Vorbehalt, ohne ~ *m.* / without condition; without reservation

vorbehaltlich *v.* / subject to

Vorbereitung *f.* / preparation

Vorbereitungskosten *pl.* / preparation cost(s)

vorbestimmt *adj.* / predetermined

vorbeugend *adv.* / precautionary

vorbeugende Wartung *f.* / preventive maintenance

Vorbeugung (Verhinderung) / prevention

Vorbildlösung *f.*; Spitzenlösung *f.*; Spitzenanwendung *f.* (z.B.: das Ergebnis unseres Benchmarkings ist, dass Firma X in Europa die besten Konzepte für City-Logistik liefert) / best practice (e.g.: as a result of our benchmarking, ~ concepts in city logistics in Europe are provided by company X)

Vordermann, auf ~ bringen (fam.); auf den Stand der Technik bringen (z.B. Hält Ihr Lager Schritt mit dem Stand der Technik im Lagerwesen? Wenn nicht, schauen Sie bitte, welche Schritte nötig sind, um es auf Vordermann, d.h auf den Stand der Technik zu bringen.) / bring up to speed (e.g. is your warehouse operation keeping pace with state-of-the-art warehousing? If not, you better take a hard look at what steps are necessary to bring it up to speed.)

vordringlicher Bedarf *m.* / urgent demand

Vordruck *m.* / printed form
voreingenommen *adj.*; tendenziös *adj.*; verzerrt *adj.* / biased (also spelled: 'biassed')
Vorfeldentwicklung, zentrale ~ *f.* / corporate projects development
Vorfertigung *f.* / prefabrication; fabrication; parts manufacture; preproduction
Vorfertigungsauftrag *m.* / prefabrication order; fabrication order
Vorfracht *f.* / prior-carriage charges
Vorgabe (Freigabe) *f.* (z.B. Auftrags-~) / release (e.g. order ~)
Vorgabe-Lieferüberwachung / input-output control
Vorgabeliste *f.*; Versandliste *f.* / dispatching list
Vorgabemischung, beste ~ *f.* / best mix
Vorgabetafel *f.* / dispatch board
Vorgabezeit / standard time (e.g. ~ per item)
Vorgang / activity
Vorgänger(in) (z.B. die Vorgängerin dieses Jobs war Renate) / predecessor (e.g. the ~ of this job was Renate)
Vorgangsart *f.* / type of event; transaction type; occurence
Vorgangsdauer / duration
vorgeben *v.*; freigeben *v.* (z.B. Material für die Montage ~) *v* / release; issue (e.g. ~ material for assembly)
vorgegebener Auftrag *m.* / work release
Vorgehen *n.*; Verfahren *n.*; Handlungsweise *f.*; Ablauf *m.* / procedure
Vorgehensweise *f.*; Art und Weise *f.*; Methode *f.* / approach; method
Vorgehensweise *f.*; Vorgehensplan *m.*; Weg *m.* (z.B. ~ zum Logistikerfolg) / roadmap; route map (e.g. ~ to logistics success)
vorgelagerte Bearbeitung / upstream operation
Vorgesetztenbeurteilung *f.*; Leistungsbeurteilung der vorgesetzten Führungskraft (~ von unten nach oben, d.h. Mitarbeiter geben Feedback und beurteilen ihre Vorgesetzten) / upward appraisal; upward performance appraisal (~ down to top, i.e. employees rate their bosses)
Vorgesetzter *m.* / superior; boss
Vorhaben / project
vorhandener Bestand *m.* / on-hand inventory
vorhandener Lagerbestand / stock on hand
vorhandener Lagervorrat (Material) vorhandener Lagerbestand; körperlicher Bestand / stock on hand; stock in hand
vorhandenes System / existing system
vorhergehendes Jahr; voriges Jahr; letztes Jahr / preceding year; previous year; last year
Vorhersage / forecast
Vorhersageschlüssel / forecast key
vorhersehbar *adj.* / foreseeable; predictable
vorhersehbarer Bedarf *m.* / predictable requirement
Vorjahr *n.* / previous year
Vorjahr, im Vergleich zum ~; gegenüber Vorjahr (z.B. die Folie zeigt den aktuellen Umsatz ~) / against previous year (e.g. the slide shows the actual sales ~)
Vorkalkulation *f.* / precalculation
vorkommen *v.* / happen; occur
Vorlage, Beschluss ~ *f.*; Entscheidungs-vorlage *f.* / decision proposal
Vorlauf *m.* / precarriage
vorläufig *adj.* / preliminary; tentative
vorläufige Bestellung (noch nicht feste ~) *f*; Absichtserklärung *f.* / letter of intent (LOI)
Vorlaufprogramm *n.* / booting up
Vorlaufzeit *f.* (z.B. ~ für einen Fertigungsauftrag) / preparation time (e.g. ~ of a shop order)

vormerken *v.* (z.B. ~ für eine Lieferung) / put one's name down (e.g. ~ for a delivery)

Vormontage *f.* / pre-assembly; subassembly

vorrangig *adv.* / prevailing

Vorrat *m.*; Bestand *m.*; Bestände *fpl.*; (z.B. ~ an fertigen Erzeugnissen, ~ an unfertigem Material, ~ an Rohmaterial) / stock (BrE) inventory (AmE) (e.g. ~ of finished goods, ~ of unfinished material, ~ of raw material)

Vorräte anlegen / stockpile

Vorräte *mpl.* (körperlich) / supplies on hand

vorrätig haben / hold in store

Vorratsauftrag / stock order; inventory order

Vorratsfertigung / production to stock

Vorratslager *n.*; Lagerraum *m.*; Vorratslagerraum *m.* / storeroom; stockroom

Vorrechner *m.* / front-end processor

Vorrichtung *f.* / device; jig; appliance; fixture

Vorruhestand *m.* / pre-retirement

Vorschlag *m.*; Empfehlung *f.* / recommendation; suggestion; proposal

Vorschlag, Gegen-~ *m.* / counter proposal

Vorschlagswesen *n.* / suggestion system

Vorschrift (Bestimmung) / directive; provision

Vorschrift (Regelung) / regulation

Vorschrift, technische ~ *f.* / technical regulation

Vorsichtsmaßnahme *f.* / precaution

Vorsitzender des Aufsichtsrates *m.*; Aufsichtsratsvorsitzender *m.* / chairman of the supervisory board

Vorsitzender des Bereichsvorstands *m.* / group president

Vorsitzender des Vorstands *m.*; Vorstandsvorsitzender *m.* (siehe auch 'Chief Executive Officer (CEO)' und 'President') / chairman of the managing board (see also 'CEO' and 'president')

Vorsitzender, stellvertretender ~ *m.* (z.B. ~ des Vorstandes, ~ des Aufsichtsrates) / deputy chairman (e.g. ~ of the managing board; ~ of the supervisory board)

Vorsprung *m.* (z.B. ~ des Containers) / edge (e.g. ~ of the container)

Vorsprung haben / have an edge

Vorsprung, Produktivitäts-~ *m.* / edge in productivity

Vorstand *m.*; Geschäftsleitung *f.*; Gesamtvorstand *m.* / managing board; executive board

Vorstandsebene *f.* (z.B. in vielen Firmen wird Logistik mehr und mehr auf ~ angesiedelt) / board-level (e.g. logistics is becoming a ~ position in many firms)

Vorstandsmitglied *n.*; Mitglied des Vorstandes *n.* / member of the managing board

Vorstandsvorsitzender / chairman of the managing board (see also 'CEO' and 'president')

vorstellen *v.* (z.B. Jack, ich möchte Ihnen gerne Herrn Peter Fischer vorstellen) / meet; introduce (e.g. Jack, I would like you to meet Mr. Peter Fischer *or:* may I introduce Mr. X. to you)

Vorteil *m.* (z.B. er nützt es zu seinem ~ aus) / advantage (e.g. he makes an ~ out of it)

Vorteil haben (~ von) / benefit (e.g. derive profit (~ from).; benefit (~ from)

Vorteil, im ~ sein *m.*; Vorsprung haben *m.* / have an edge

Vorteil, Informations-~ / information edge

Vortrag / presentation

Vortrag halten (z.B. ~ über) / give a presentation; read a paper (e.g. to ~ on)

Vortragsthemen, Aufforderung zur Einreichung von ~ (z.B. ~ für einen Logistikkongress) / call for papers (e.g. ~ for a logistics conference)

Vortrefflichkeit *f.*; hervorragende Leistung / excellence; excellent performance

vorübergehende Einfuhr *f.* / temporary import

vorübergehendes Beschäftigungsverhältnis *n.*; befristetes Beschäftigungsverhältnis *n.* / temporary work

Vorurteil / bias

Vorwärtsintegration *f.* / forward integration

Vorwärtsterminierung *f.* / forward scheduling

vorwegnehmen *v.* / anticipate

vorziehen *v.* (zeitlich) / pull forward; pull ahead

vorziehen *v.*; bevorzugen *v.* / prefer; give priority to

Vorzugskunde *m.* / preferred customer; key customer

Vorzugslieferant *m.*; bevorzugter Auftragnehmer; bevorzugter Lieferant / preferred supplier; prime contractor; key supplier

VR (siehe 'virtuelle Realität') / VR (virtual reality)

W

Waage *f.* / weighing scale

Wachstum *n.*; Zunahme *f.*; Erhöhung *f.*; Anstieg *m.* (z.B. ~ der Produktivität) / increase (e.g. ~ of productivity)

Wachstum, stabiles ~ *n.* / solid growth

Wachstumsrate *f.*; Zuwachsrate *f.* / growth rate

Wachstumstreiber *m.* / accelerator for growth

Wagen voll, ein ganzer ~ (FCL) (Ggs. LCL, d.h. Stückgut, Teilladung) / FCL (full carload) (opp. LCL, less than carload)

Wagen, Einkaufs-~ *m.* / cart

Wagen, Elektro-~ *m.* / electric platform truck

Wagen, Hand-~ *m.*; Leiterwagen *m.* / hand operated truck; hand cart

Wagen, Handgabelhub-~ *m.* / hand pallet truck

Wagen, Palettenhub-~ *m.* / pallet lift truck

Wagengeld *n.*; Fuhrgeld *n.*; Rollgeld *n.*; Transportgeld *n.* / truckage

Wagenheber *m.* / jack

Wagenladung *f.* / truck load (TL)

Waggon *m.*; Güterwagen *m.* / wagon; freight car

Waggon, ab ~ *m.* / ex wagon

Waggon, frei ~ / free on truck

Waggon, Mehrzweck-~; Vielzweckwaggon / multipurpose railcar

Waggonfracht *f.*; Frachtgebühr für Waggonfracht *f.* / carload freight

Waggonladung *f.* / carload

Wagnis *n.* / venture

Wagniskapital *n.*; Risikokapital *n.* / venture capital

Wählen *n.* (Telefon) / dialing (phone)

wählen *v.* (Telefon) / dial (phone)

wahlfrei *adj.*; aufs Geratewohl; wahllos *adj.*; zufällig *adj.* / random

wahlfreier Zugriff / random access

Wahlmöglichkeit *f.* / option

Wählton *m.* / dial tone; dialing tone

wahrgenommenes Risiko *n.* / perceived risk

wahrnehmen *v.*; entdecken *v.* / detect; notice; find out; discover

Wahrnehmung *f.*; Erkenntnis *f.* / perception

wahrscheinlich *adv.* (z.B. es ist eher ~, dass die Lieferung verspätet statt pünktlich ist) / likely (e.g. its more ~ that the delivery is delayed than on time)

Wahrscheinlichkeit *f.* / likelihood

Wahrscheinlichkeit *f.* / probability

Währungsentwicklung *f.* / currency development

Währungssystem *n.* / monetary system

Walzstaße *f.* / rolling line

WAN (Wide Area Network) *n.* / wide area network

Wandel, technologischer ~ *m.* / technological change

Wanderrevision *f.* / patrol inspection

WAP (Wireless Application Protocol; Standard zur kabellosen Übertragung von Web-Seiten auf die Bildschirme von mobilen Endgeräten wie Handys, Organizern und Palmgeräten. Die dabei eingesetzte Seitenbeschreibungssprache ist WML, Wireless Markup Language) *n.* / wireless application protocol

Ware (für Export) freimachen. / clear the goods (for export)

Ware ohne Wert *n.* / free sample; no commercial value

Ware versenden *v.* / ship goods

Ware(n) / goods

Ware(n) des täglichen Bedarfs / convenience goods

Ware(n) unter Zollverschluss *f.* / bonded goods

Ware(n); Handelswaren *fpl.;* Gebrauchsartikel *mpl.;* Wirtschaftsgüter *npl.* / commodities

Ware, abgepackte ~ *f.* / packaged goods

Ware, Mangel-~ *f.* / scare commodity

Ware, rollende ~ / goods in transit (rail or road)

Ware, schwimmende ~ *f.* / goods afloat

Ware, zollfreie ~ *f.* / tax-free goods *f.*

Warenadresse / delivery address

Warenanlieferungstor *n.*; Tor zur Warenanlieferung; Wareneingang *m.* / receiving door

Warenannahme / incoming goods

Warenausgabeabteilung *f.*; Packerei *f.* / packing department; packing

Warenausgang *m.* / shipping; outgoing goods

Warenausgangstor *m.*; Tor zum Warenausgang / shipping door

Warenausgangszone *f.* / shipping area

Warenbegleitkarte *f.* / move ticket

Warenbegleitschein *m.* / docket

Warenbewegung *f.*; Materialbewegung *f.* / material movement

Warenbezeichnung *f.* / description of commodities

Wareneingang *m.* / receiving; incoming goods

Wareneingang, avisierter ~ *m.*; angekündigter Wareneingang *m.* / advised delivery; announced delivery (incoming goods)

Wareneingang, geplanter ~ *f.* / planned delivery (incoming goods)

Wareneingangsbescheinigung *f.* / delivery verification (incoming goods)

Wareneingangsbuchung *f.* / incoming goods transaction; receiving transaction

Wareneingangsmeldung *f.* / incoming goods notice; goods received notice

Wareneingangsprüfung / incoming goods inspection

Wareneingangsschein *m.* / certificate of incoming goods

Wareneingangstor *m.*; Warenanlieferungstor *n.*; Tor zur Warenanlieferung / receiving door

Wareneingangszone *f.* / receiving area

Warenempfänger *m.* (z.B. innerbetrieblicher ~) / goods recipient (e.g. in-house ~)

Warenfluss *m.;* Warenstrom *m.* / flow of goods

Warenforderungen *fpl.* / trade receivables

Warengruppe *f.* / commodity group

Warenhaus; Kaufhaus / department store

Warenherkunft *f.* / origin of goods

Warenlager, regionales ~ *n.* / regional warehouse (inventory); regional depot (inventory)

Warenlieferung *f.* / delivery of goods

Warenmuster *n.* / trade sample

Warenprobe *f.* / merchandise sample

Warensendung *f.* / shipment of goods

Warensortiment *n.*; Auswahl *f.* / assortment

Warentransportbegleitschein *m.* / certificate accompanying goods in transit

Warenumschlag *m.* / transfer of goods

Warenverkehrsbescheinigung *f.* / certificate of movement

Warenwert *m.* / commodity value; goods value

Warenzeichen (WZ) *n.* (z.B. eingetragenes ~) / trademark (TM) (e.g. registered ~)

Warnung; Verwarnung / warning (preceding punishment)

Wartebelastung *f.* / waiting traffic

Wartekosten *pl.* / cost of waiting time

warten (Service) *v.* / service; maintain

warten (Zeit) *v.* / wait

Warteschlange *f.*; Anstellreihe *f.* / line; queue (BrE)

Warteschlangentheorie *f.* (während des Wartens auf freie Maschinenkapazität) / queuing theory

Wartezeit (allgemein) *f.* / waiting time; standby time

Wartezeit (vor einer Maschine) *f.* (z.B. ~ auf freie Maschinenkapazität) / queue time (e.g. ~ for free machine capacity)

Wartezeit, ablaufbedingte ~ *f.* / inherent delay *n.*

Wartezeit, Strafe für ~ (eine Strafe, die vom Spediteur erhoben wird, wenn er die 'zulässige Zeit' für das Laden oder Entladen überschreitet; wird angewendet im Speditionsgewerbe mit LKW) / detention detention (a charge levied on the shipper for going beyond the 'free time' for loading and unloading; applies to trucking industry)

wartezeitfreie Lieferung *f.* (z.B. ~ für An- bzw. Ausieferung) / just-in-time delivery (e.g. ~ for inbound- or outbound delivery)

Wartung *f.*; Instandhaltung *f.* / maintenance

Wartung, vorbeugende ~ / preventive maintenance

Wartungsdienst *m.*; Wartungsservice *m.* / maintenance service

wartungsfrei *adj.* / maintenance-free

Wartungsfreundlichkeit *f.* / service-friendliness

Wartungskosten *pl.*; Kosten für Wartung / maintenance costs

Wartungslager *n.* / maintenance warehouse

Wartungsorganisation *f.* / service organization

Wartungsrhythmus / maintenance cycle

Wartungsservice / maintenance service

Wartungsvertrag *m.* / maintenance agreement; service contract

Wartungszyklus *m.*; Wartungsrhythmus *m.* / maintenance cycle

wasserdicht *adj.*; dicht *adj.*; wasserundurchlässig *adj.* / water proof

wassergebundener Verkehr *m.* / water-bound traffic

Web (Kurzform für ->World Wide Web)

Web-Server (Server, der Dokumente im HTML-Format zum Abruf über das Internet bereithält) / web server

Wechsel *m.*; Veränderung *f.*; Umschwung (Wechsel) *m.* (z.B. ~ der Unternehmenskultur) / change (e.g. culture ~)

Wechsel akzeptieren *v.* / accept a draft

Wechselaufbau (LKW) *m.* / swap

Wechselbeziehung *f.* / correlation

Wechselkurs *m.*; Devisenkurs *m.* / exchange rate; rate of exchange; currency rate

Wechselkursverfall *m.*; Wechselkursverschlechterung *f.* / decline of exchange rates

wechselseitig; zwischen; wechselseitig; übergreifend (z.B. 1. Verkauf zwischen unterschiedlichen Bereichen oder externen Firmen, 2. vergleiche 'intra-...') / inter-... (e.g. 1. inter-company sales, 2. compare 'intra-...')

Wechselstrom *m.* / alternating current (AC)

Wechselzeit *f.* / conversion time

Weg / route map (e.g. ~ to logistics success)

Weg *m.*; Pfad *m.* (z.B. die Firma ist vom richtigen ~ abgekommen) / track (e.g. the company is off ~)

Weg *m.*; Pfad *m.* / path

Weg, Schifffahrts-~ *m.* / shipping route

Weg, Transport-~ *m.* / transport route

Wegdarstellung *f.* / travel chart

Weiterbearbeitung, elektronische ~ *f.* / electronic postprocessing

Weiterbeförderung *f.* / further transport

Weiterbildung *f.* / continuing education; further education; ongoing education

Weiterbildung, fachliche ~ *f.*; berufliche Weiterbildung *f.;* berufliche Förderung *f.* / professional development

Weiterbildung, Führungskräfte-~ / executive education; management training

Weiterbildung, gewerbliche ~; gewerbliche Berufsausbildung / industrial training; vocational training

Weiterbildung, kaufmännische ~ / commercial education

Weiterentwicklung / progress

weiteres, bis auf ~ *adv.* / for the time being

Weitergabemenge *f.* / forwarding quantity; send-ahead quantity

weitergeben *v.* / forward

weitergeleitetes Teillos *n.* / send-ahead batch

weitermachen *v.*; fortfahren *v.*; fortsetzen *v.* / proceed; continue

Weiterstudium *n.*; Zusatzstudium *n.* / postgraduate studies

Weiterverarbeitung *f.* / downstream operations

Weltmarktniveau *n.* / world market level

Weltspitzenfertigung / world class manufacturing

Weltunternehmen *n.*; globales Unternehmen *n.* / global company; international company; global player (coll.)

Weltunternehmer *m.* / global entrepreneur

weltweit *adv.*; global *adv.* / global (e.g. go ~)

weltweite Beschaffung *f.* / global-sourcing

weltweite Logistik *f.*; internationale Logistik / global logistics; international logistics

weltweiter Markt *m.* / global market

wenden, sich ~ an *v.* (z.B. wegen des Transportschadens wenden Sie sich bitte an den Lieferanten) / apply (e.g. due to the transportation damage please ~ to the supplier)

wenn nichts Gegenteiliges vereinbart / unless otherwise agreed upon

Werbeagentur *f.* / advertising agency

Werbegeschenk (kleines) *n.* / giveaway

Werbegeschenk *n.* / advertising gift; promotional gift

Werbematerial *n.* / advertising material

Werbung *f.* / advertising

Werbung *f.*; Werbesendung *f.* / commercial

Werbung und Design / advertising and design

Werbungsmaßnahme / promotion

Werk / plant

Werk, ab ~ *n.*; ab Fabrik *f.* / ex works; ex factory

Werk, ausländisches ~ *n.*; ausländische Fertigung *f.* (z.B. ~ außerhalb von Deutschland) / foreign plant; foreign factory (e.g. ~ outside of Germany)

Werkbank, verlängerte ~ *f.* (an eine Firma Unteraufträge vergeben, d.h. sie wie eine eigene Fertigungsabteilung betrachten) / integrated sub-contracting (subcontracting a company, i.e. regarding it like an own manufacturing department)

Werkmeister *m.*; Vorarbeiter *m.*; Polier *m.* / foreman

Werks- und Objektschutz *m.* / plant and building security

Werksaufgaben *fpl.* / manufacturing services

Werksbibliothek *f.* / plant library; site library; works library

Werkschutz *m.* / plant security

Werksfeuerwehr *f.* / plant fire brigade

Werksleitung *f.* / plant management

Werkspersonal *n.*; Betriebsbelegschaft *f.*; Fertigungsbelegschaft *f.*; / factory personnel

Werkspreis *m.* / ex-factory price

Werksschutz *m.* / security

Werkstagekalender *m.* / workday calendar

Werkstatt *f.*; Werkstattbereich *m.* (z.B. in der ~) / workshop; shopfloor; job shop (e.g. in the shop; in the job shop; in the workshop; on the floor; on the shopfloor)

Werkstatt mit Bandfertigung / line shop

Werkstatt mit Fließfertigung *f.* / flowshop

Werkstattauftrag / production order

Werkstattbeleg *m.* / shop paper

Werkstattbestand *m.*; Bestand in der Fertigung / work-in-progress inventory

Werkstattfertigung *f.* / job shop production; shop production

Werkstattlager *n.* / manufacturing stores

Werkstattleistung *f.* / workshop output

Werkstattsteuerung *f.* / shopfloor control

Werkstattumfeld *n.* / shopfloor environment

Werkstoff / raw material

Werkstück / article

Werkstückträger *m.* / work holder

Werkstudent(in) / temporary student worker

Werksverkehr *m.* / works transport

Werksverwaltung *f.* / plant administration

Werkzeug *n.* / tool

Werkzeug, Präsentations-~ *n.* / presentation tool

Werkzeugbau *m.* / tool shop

Werkzeugkasten *m.* (z.B. ~ mit PC-Tools) / tool kit (e.g. ~ of PC-tools)

Werkzeuglager *n.* / tool room

Werkzeugleihschein *m.* / tool order

Werkzeugmaschine *f.* (z.B. ~ für spanende Bearbeitung) / machine tool; tool machine (e.g. ~ for cutting)

Werkzeugsatz *m.* / set of tools

Werkzeugwechselzeit *f.* / tool allowance

Wert *m.*; Sachwert *m.* / value

Wert der Bestellung / order value

Wert der Ladung / cargo value

Wert offener Bestellungen / purchase commitment

Wert steigern; Zusatznutzen erzeugen; Mehrwert schaffen (z.B. hervorragende Firmen versuchen, für die von ihnen vertriebenen Produkte und Leistungen Mehrwert zu schaffen) / add value (e.g. excellent companies seek to ~ to the products and services they market)

Wert, erzielter ~ *m.*; / created value

Wert, höchster ~ *m.* / highest value; maximum value

Wert, Nenn-~ *m.* (zum ~; unter ~) / nominal value; face value (at par; below par)

Wert, niedrigster ~ *m.* / lowest value; minimum value

Wert, Optimal-~ *m.* / optimum value

Wert, Schieds-~ *m.* / arbitrative value

Wert, tatsächlicher ~ *m.* / actual value

Wertanalyse *f.* / value analysis

Wertangabe *f.* / declaration of value

Wertberichtigung *f.* / value adjustment; adjustment of value (accounting)

Wertbestimmung *f.* / valuation

Werte, immaterielle ~ *mpl.* / intangible assets

wertfrei *adj.* / without value

Wertgegenstand *m.* / valuable article
wertmäßiger Lagerbestand *m.*;
Lagerbestands-Wert *m.* / inventory
value; stock value
Wertminderung / depreciation (financial
~)
Wertpapierbezeichnung *f.* / securities
description
Wertpapiere *npl.*; Effekten *pl.* /
securities
wertschöpfend *adj.* (z.B. ~e Tätigkeit) /
value-adding (e.g. ~ activity)
wertschöpfend, nicht ~ *adj.* (z.B. ~e
Tätigkeit) / non-value adding (e.g. ~
activity)
Wertschöpfung *f.*; Mehrwert *m.*;
Wertzuwachs *m.* (z.B. Mehrwert-Steuer)
/ value-added (e.g. VAT, value-added tax)
Wertschöpfungskette *f.* / value-added
chain; value-adding chain
Wertschöpfungspartnerschaft *f.* /
value-adding partnership
Wertschöpfungsprofil *n.* / value-added
profile; value-adding profile
Wertschöpfungsprozess *m.* / value-
added process; value-adding process
Wertschöpfungssystem *f.* / value-added
system; value adding system
Wertsteigerung *f.* / value enhancement;
value-added; increase in value
Wertstellung *f.* / value date
Wertverhältnis / value ratio
Wertzuwachs *m.*; Mehrwert *m.*;
Wertschöpfung *f.* / value-added (e.g.
VAT, value-added tax)
Wertzuwachskurve *f.* / value-added
curve
wesentlich *adj.*; klar *adj.*; entscheidend
adj.; deutlich *adj.* (z.B. ein ~er
Wettbewerbsvorteil) / distinctive (e.g. a
~ competitive advantage)
Wesentliche, das ~ *n.*; Resultat *n.*;
Ergebnis *n.*; Fazit *n.*; zusammengefasst
(z.B. 1: zusammengefasst kann man
sagen, dass der Gewinn dieses
laufenden Geschäftsjahres

ausgezeichnet sein wird; 2: auf einen
Nenner gebracht: es zählt nur das Geld;
3: das Ergebnis ist, dass ihm wirklich
alles egal ist; 4: es zählt nur das, was
"unter dem Strich" rauskommt) /
bottom line (e.g. 1: the ~ is that the
business profit of this current FY will be
outstanding; 2: well, when you get
down to the ~, it's only money that
matters; 3: the ~ is that he really
doesn't care; 4: all that counts is the ~)
wesentliches Thema / key issue
Wettbewerb *m.*(z.B. der ~ nimmt zu) /
competition (e.g. the ~ intensifies)
**Wettbewerb, Gesetz gegen unlauteren
~** *n.* / trade practices act
Wettbewerb, im internationalen ~ *m.* /
in the international arena (coll.)
Wettbewerber / competitor
Wettbewerber aus dem Rennen werfen
/ nock competitors out of race; put
competitors out of the running
Wettbewerbs- und Marktbeobachtung
f. / competitive and market analysis
Wettbewerbsbedingungen *fpl.* /
competitive conditions
Wettbewerbsfähigkeit *f.* /
competitiveness
Wettbewerbsklausel *f.* / non-
competition clause
Wettbewerbsnachteil *m.* / competitive
disadvantage
Wettbewerbsnutzen *mpl.* / competitive
benefits
Wettbewerbssituation *f.* / competitive
situation
Wettbewerbsstellung *f.* / competitive
position
Wettbewerbsvorsprung *m.* (z.B. einen
unbestrittenen ~ erreichen durch
hervorragende Logistik) / competitive
edge (e.g. to achieve an indisputable ~
through logistics excellence)
Wettbewerbsvorsprung erhalten /
sustain competitive edge

Wettbewerbsvorteil *m.* (z.B. mit diesen kurzen Lieferzeiten haben wir einen ~ gegenüber Firma A.) / competitive advantage (e.g. with these short leadtimes we have an ~ over company A.)

Wetterschutzkabine *f.* / weather protection cab

Wide Area Network (WAN)

widerspiegeln *v.*; darstellen *v.* / reflect

widersprechend *adj.*; entgegengesetzt *adj.* / contradictory

Widerspruch *m.* (z.B. im ~ zum Plan) / contradiction (e.g. in ~ to the plan)

Widerspruchsfreiheit / consistency

Wiederanlauf *m.* / restart; recovery start-up

Wiederauffüllung des Lagerbestandes *f.* / inventory replenishment

Wiederbeschaffung / replacement

Wiederbeschaffung, Abschreibung auf ~ *f.* (~ aus steuerlichen bzw. betriebswirtschaftlichen Gründen) / replacement method of depreciation (~ for tax resp. economic purpose)

Wiederbeschaffungsfrist *f.* / replacement deadline

Wiederbeschaffungssystem *n.*; Nachfüllsystem *n.*; Nachschubsystem *n.* / replenishment system

Wiederbeschaffungswert *m.* / replacement value

Wiederbeschaffungszeit *f.* / replacement period; procurement lead time; replenishment lead time

Wiedereinlagerung *f.* / restocking

Wiedereinlagerungskosten *pl.* / recurring storage costs

Wiederherstellung von Daten Datenwiedergewinnung *f.* / data recovery

Wiederherstellungsprogramm *n.* / recovery routine

Wiederherstellungssoftware *f.* / recovery software

Wiederherstellungszeit *f.* / recovery time

Wiederholfertigung *f.* / repetitive production

Wiederholteil / multiple usage part

Wiederverkauf *m.* / resale

Wiederverkäufer *m.* / reseller

Wiederverkaufsrabatt *m.* / discount for resale

Wiederverwendung / recycling

Wiederverwendung von Paletten; Palettenrecycling *n.* / pallet recycling; reuse of pallets

Wiederverwertung *f.* / recycling

Wiederverwertungslogistik *f.*; Recyclinglogistik *f.* / recycling logistics; reuse logistics

WIN (Wertsteigerungsinitiative; alle Geschäfte werden danach beurteilt, ob sie ihren Beitrag zur nachhaltigen Steigerung des Unternehmenswertes leisten) / WIN (value creation initiative to produce economic value-added; used to assess performance in all areas of business in terms of the contribution to a corporate's long-term value)

Win-Win-Beziehung *f.*; Beziehung zu beiderseitigem Nutzen (z.B. das ist eine echte ~ mit unserem Lieferanten) / win-win-relationship (e.g. this is a real ~ with our supplier)

Wireless Application Protokoll (WAP; Standard zur kabellosen Übertragung von Web-Seiten auf die Bildschirme von mobilen Endgeräten wie Handys, Organizern und Palmgeräten. Die dabei eingesetzte Seitenbeschreibungssprache ist WML, Wireless Markup Language) *n.* / wireless application protocol (WAP)

wirklicher Bedarf *m.* / effective demand

wirksam *adj.*; erfolgreich *adj.*; wirkungsvoll *adj.*; schlagkräftig *adj.* / effective

Wirksamkeit *f.* (d.h. das richtige machen) / effectiveness (i.e. to do the right things)

Wirkung, Kurzfrist-~ *f.* / short-term effect; short-term impact

Wirkung, Langzeit-~ *f.* / long-term effect

Wirkung, mit ~ vom ...; gültig ab ... (es folgt die Datumsangbe, z.B.: gültig ab 1. Oktober 20..) / as of ... (date); effective from ... (date); effective as of ... (date) (e.g. ~ October 1, 20..)

Wirkungsgrad *m.* / operating ratio

wirkungsvoll / effective

Wirtschaft *f.; Sparsamkeit f.* / economy

Wirtschaft, freie Markt-~ *f.* / free market economy

Wirtschaft, liberalisierte ~ *f.* / liberalized economy

Wirtschaft, Plan-~ *f.* / planned economy; controlled economy; command economy

Wirtschaft, Speditions-~ *f. ;* Speditionsgewerbe *n.* / forwarding industry; forwarding business

Wirtschaft, Tausch-~ *f.* / barter economy

Wirtschaft, Transport-~ *f.;* Transportgewerbe *n.;* Verkehrsgewerbe *n.;* Verkehrswirtschaft *f.* / transportation industry; transport industry; transportation business

wirtschaftlich *adj.* / economical; profitable

wirtschaftliche Bestellmenge *f.* / economic order quantity

wirtschaftliche Kennzahlen / economic data

wirtschaftliche Losgröße *f.* / economic batch size

wirtschaftliche Nutzungsdauer *f.;* wirtschaftliche Lebensdauer *f.* / economic lifetime; effective lifetime

Wirtschaftlichkeit *f.* (d.h. etwas richtig machen) / efficiency (i.e. to do the things right)

Wirtschaftlichkeit durch Größenvorteil (bezieht sich auf: ... Volumen, ... Menge, ...) (z.B. Wirtschaftlichkeit durch Fertigung großer Stückzahlen des Produktes P.) / economies of scale (relates to: ... volume, ... quantity, ...) (e.g. economics through production of huge quantities of product P.)

Wirtschaftlichkeit durch Kompetenz (bezieht sich auf: ... Mitarbeiter-Fähigkeiten, ... -Unternehmergeist, ... -Training und -Motivation, ... Innovation) (z.B. Wirtschaftlichkeit durch geschäfts- und zielorientiertes Training von Management und Mitarbeitern) / economies of competence (relates to: ... employees' skills, ... entrepreneurial spirit, ...training and motivation, ... innovation, ...) (e.g. economics through business- and goal-oriented training of management and staff)

Wirtschaftlichkeit durch Verbreiterung der Geschäftsbasis; Verbundvorteil *m.* (bezieht sich auf: ... Geschäftsumfang, ... geografische Reichweite und Ausdehnung, ... gemeinsame Nutzung von Produktionseinrichtungen und Dienstleistungen durch mehrere Anwender oder Anwendungen, ... Partnerschaften, ... etc.) / economies of scope (relates to: : ... business volume, ... geografical range and expansion, ... joint production and shared services, ... partnering, ... etc.)

Wirtschaftlichkeitsberechnung *f.* / profitability computation

Wirtschaftlichkeitsbetrachtung / feasibility study

Wirtschafts- und Marktbeobachtung *f.* / economic and market analysis

Wirtschaftsbeziehung *f.* / commercial relationship

Wirtschaftsdaten *npl.*; wirtschaftliche Kennzahlen *fpl.* / economic data

Wirtschaftsgut *n.* / commodity

Wirtschaftsplan / budget

Wirtschaftsplanung *f.* / business planning

Wirtschaftspolitik *f.* / economic policy

Wirtschaftspolitik und Außenbeziehungen / economic policy and external relations

Wirtschaftsprüfer (USA) / Certified Public Accountant (CPA)

Wirtschaftsprüfer *m.* / auditor

Wirtschaftssystem, neues *n.* (stellvertretend z.B. Elektronik, Informations-, Kommunikations-, Biotechnologie, ...) / new economy (represented by e.g. electronics, information, communication, biotechnology, ...)

Wirtschaftssystem, traditionelles ~ *n.* (stellvertretend z.B. Elektro- oder Maschinenbauindustrie, ...) / old economy (represented by e.g. electrical industry, mechanical engineering, ...)

Wirtschaftsverband / trade association

Wirtschaftszweige, nachgelagerte ~ / downstream industries

Wirtschaftszweige, vorgelagerte ~ / upstream industries

wissen, gerne ~ wollen (z.B. 1. ich möchte gerne wissen, 2. er ist gespannt auf seinen Bericht) / anxious (e.g. 1. I am ~ to know, 2. he is ~ for his report)

Wissens- und Ausbildungsprofil *n.* / know-how and training profile

Wissensbasis *f.* / knowledge base

Wissensmanagement *n./* knowledge management

Wissensverarbeitung *f.* / knowledge processing

WML (Wireless Markup Language; s. 'Wireless Application Protocol')

wohlsortiertes Lager *n.* / well-assorted stock

Wohlstand *m.* / prosperity

Wohnbauten *mpl.* / residential buildings

Workflow *m.* / workflow

Workshop *m.* (als alleinige Veranstaltung oder als Teil eines Arbeitsseminars) (z.B. 1. der Berater moderiert einen ~ mit dem Leitungskreis; 2. der Trainer veranstaltet ein Planspiel mit integriertem eintägigen ~) / workshop (e.g. 1. the consultant facilitates a ~ with the senior management; 2. the trainer organizes a business game that includes a one day ~)

Workshop zur Bewusstmachung / awareness workshop

Workshop, Integrations -~ *m.* (z.B. ~ mit interdisziplinärer Zusammensetzung der Teilnehmer) / integration workshop (e.g. ~ with cross-functional mix of participants)

Workstation *f.*; Arbeitsplatzcomputer *m.*; Arbeitsplatz-PC *m.* / workstation

world class *adj.* (ein Begriff zur Bezeichnung einer hervorragenden Leistung auf einem bestimmten Gebiet, z.B. der Logistik, die zu den 'Weltbesten' zählt. Der Sinn dahinter ist es, ähnliche Lösungen zu entwickeln, um diesen Standard zu erreichen oder zu übertreffen) / world class (a term used to denote a standard of excellence in a particular area, e.g. logistics, that is among the 'best in the world'. The idea is to try to develop similar approaches to meet or exceed this norm of excellence)

World Wide Web (WWW) *n.* (auch 'Web' genannt, ist ein verteiltes, weltweites Netzwerk von Computern, das Informationen und Quellen über das Internet liefert, die in Form von -> HTML-Dokumenten durch -> Links verbunden sind)

WTO (World Trade Organization) / (Welt-Handels-Organisation)

Wunschtermin *m.* / date requested; date wanted; desired date

WWW (s. World Wide Web)

WWW-Server *m.*; (Rechner im -> World Wide Web, der Daten über eine Netzwerkverbindung an einen -> Client liefert)

WZ *n.* (eingetragenes Warenzeichen) / trademark (TM) (registered trademark)

X

X.400 *n.* (CCITT E-mail Protokoll) / X.400 (CCITT e-mail protocol)

X.500 *n.* (CCITT) / X.500 (CCITT directory services protocol)

XML (Extensible Markup Language; 'X' in Verbindung mit 'ML' ist ein Akronym für Internet-Technologien, wie z.B. 'WML'; 'XML' steht für die Erweiterung des Internet-Standards HTML zur Strukturierung von Web-Dokumenten nach inhaltlichen Kriterien. Dadurch entsteht eine Sprache, die es Unternehmen im Rahmen des elektronischen Handels ermöglicht, Dokumente mit ihren Online-Partnern auszutauschen und darüber hinaus Systeme und Prozesse unabhängig von der Anwenderstruktur zu integrieren) / XML

Z

Zahl *f.;* Anzahl *f.* / number

zahlbar *adj.* / payable

zahlbar bei Lieferung / cash on delivery; payment on delivery

Zahlen, in den roten ~ sein / be in the red

Zahlen, in den schwarzen ~ sein (z.B. wieder schwarze Zahlen schreiben) / be in the black (e.g. move back into the black)

Zahlen, ungerade und gerade ~ / odd and even (numbers)

Zahlender / remitter

Zähler *m.* (z.B. Elektrozähler) / meter (e.g. electrometer)

Zählfehler *m.* / error of count

Zahlung / payment

Zahlung aufschieben *v.* / defer payment

Zahlung bei Auslieferung *f.* / payment on delivery

Zahlung leisten / remit

Zahlung nach Verbrauch *f.* / payment upon consumption

Zahlung, bargeldlose ~ *f.* / cashless payment

Zahlung, Bestellung mit vereinbarter ~ / cash order

Zahlung, in ~ geben *f.* / trade in

Zahlung, Jahres-~ *f.* / annual payment

Zählung, physikalische ~ / physical count

Zahlungsabwicklung *f.* / handling of payments

Zahlungsanweisung *f.* / payment order

Zahlungsanzeige *f.* / advice of payments

Zahlungsart *f.;* Zahlungsmodus *m.* / mode of payment

Zahlungsaufforderung *f.* / demand for payment; dunning letter

Zahlungsaufschub *m.* / payment extension

Zahlungsbedingungen, Liefer- und ~ *fpl.* (z.B. unsere ~ sind wie folgt: ...) / terms of payment (e.g. our ~ are as follows: ...)

Zahlungsbefehl *m.* / order to pay

Zahlungsbestätigung *f.* / acknowledgement of receipt of payment

Zahlungsbilanz *f.* / balance of payments

Zahlungseingang *m.* / receipt of payments

Zahlungseinstellung / suspension of payment

Zahlungsempfänger *m.;* Empfangender *m.* / remittee; payee; recipient of payment

Zahlungserinnerung *f.* / reminder of payment

zahlungsfähig *adj.* / solvent

Zahlungsgarantie *f.* / payment guarantee

Zahlungsleister *m.;* Zahlender *m.* / remitter; payer; sender of payment

Zahlungsmittel *npl.* / means of payment

Zahlungsmodus *m.;* Zahlungsart *f.* / mode of payment

Zahlungsnachweis *m.* / proof of payment

zahlungsunfähig *adj.* / insolvent; unable to pay

Zahlungsunfähigkeit *f.* / financial insolvency

Zahlungsunfähigkeit *f.* / insolvency

Zahlungsvereinbarung *f.* / payment agreement; payment arrangement

Zahlungsverfahren *n.* / payment procedure

Zahlungsverkehr, bargeldloser ~ *m.* / cashless money transfer

Zahlungsverpflichtung *f.* / payment commitment

Zahlungsverweigerung *f.* / refusal to pay

Zahlungsverzug *m.* / delay in payment

Zahlungsweise *f.* / payment method

Zahlungsziel *n.* / period allowed for payment

Zählwaage *f.* / counting scale

Zaume, im ~ halten / keep under control

ZBB (Zero-Based-Budgeting)

Zeichnung *f.* / drawing

Zeichnungsentwurf (Skizze) / sketch

Zeichnungsnummer *f.* / drawing number

Zeichnungsstückliste *f.* / drawing bill of material

Zeichnungsteil *n.* / part to specification

Zeichnungsvollmacht *f.* / authority to sign

Zeit *f.* / time

Zeit- und Anwesenheitserfassung *f.* / time and attendance capturing

Zeit, Fabrikations-~ *f.* / manufacturing throughput time

Zeit, geplante ~ *f.* / planned time

Zeit, Halte-~ *f.* / stop time

Zeit, Ist-~ *f.* / actual time

Zeit, Mitteleuropäische ~ *f.* / CET (Central European Time)

Zeit, Soll-~ *f.* / targeted time

Zeit, Takt-~ *f.* / cycle time

Zeit, verfügbare ~ (z.B. ~ zwischen Auftragsbildung und Fälligkeitstermin) / available time (e.g. ~ between ordering and due date)

Zeit, verstrichene ~ *f.;* abgelaufene Frist; vergangene Zeit / elapsed time

Zeit, zur rechten ~ / according to schedule

Zeitabschnitt *m.;* Frist *f.* (z.B. ~ von 10 Tagen) / time limit; time allowed; time-span (e.g. ~ of ten days)

Zeitarbeiter; Aushilfe *f.;* Aushilfskraft *f.* (z.B. der Einsatz von Aushilfskräften bzw. Zeitarbeitern stellt eine hervorragende Möglichkeit dar, den Personaleinsatz flexibel zu gestalten und an schwankendes Arbeitsvolumen anzupassen) / temporary help (e.g. the use of temporary help is an excellent way to flex the workforce and adjust to fluctuating work volumes)

Zeitaufnahme *f.* / time measurement

Zeitaufwand *m.* / time budget

Zeitdauer / duration

Zeitdauer bis zur Kundenanlieferung *f.;* Lieferdauer *f.* (Zeitdauer vom Auftrag bis zur Auslieferung an den Kunden) / lead time; time-to-customer

Zeitdauer bis zur Markteinführung *f.;* Produkteinführungszeit *f.* (Zeitdauer, bis ein Produkt erstmals auf dem Markt erscheint) / time-to-market

Zeiterfassung, Methode zur ~ (MTM-Verfahren) / method for time measurement (MTM)

Zeiterfassungskarte / punch card; Stechkarte

Zeitfenster *n.* / time window

zeitlicher Spielraum / buffer time (float) (part of the total float time)

zeitlicher, enger ~ Rahmen *m.* / tight schedule

Zeitlohn *m.* / paid by the hour; hourly wage

Zeitlöhner *m.* / hourly paid employee

Zeitlohnsatz *m.* / time work rate

Zeitmanagement *n.* / time management

Zeitmultiplex *m.* / time division multiplex

Zeitmultiplexverfahren *n.* / time-sharing process

zeitoptimierte Prozesse (top+) *mpl.* / time-optimized processes (top+)

Zeitorientierung *f.* / time orientation

Zeitplan *m.*; Fristplan *m.* / time schedule

Zeitplanung *f.* (z.B. die ~ ist gut) / timing (e.g. the ~ is good)

Zeitpunkt *m.* / point of time

Zeitpunkt, zu jedem beliebigen ~ / at any given time

Zeitrahmen, begrenzter ~ / limited time frame

Zeitraum, begrenzter ~ *m.*; begrenzter Zeitrahmen / limited time frame

Zeitrechnung laut Kalender / calendar time

Zeitreduzierung *f.* / time reduction

Zeitscheibe *f.* (z.B. mit monatlichen Zeitscheiben in der Planung rechnen) / time-bucket (e.g. to calculate with monthly time-buckets in the planning system)

Zeitstudie *f.* / time study; work measurement

zeitsynchron *adj.* / time-phased

Zeitunterschied (Flugzeug) *m.* / jet lag (airplane)

Zeitunterschied *m.* / time difference; time lag

Zeitvergleich *m.* / time comparison; comparison over time

Zeitvorgabe *f.* / allowed time

Zeitvorteil *m.* / time advantage

zentral...; unternehmens... / central ...; corporate ...

Zentralabteilung *f.* / corporate department; corporate division

Zentralabteilung Finanzen *f.* / Corporate Finance

Zentralabteilung Personal / Corporate Human Resources

Zentralabteilung Technik / Corporate Technology

Zentralabteilung Unternehmens-planung und -entwicklung / Corporate Planning and Development

Zentrale / headquarters (HQ)

zentrale Administration / corporate stewardship

zentrale Dienstleistungen / corporate business services; corporate services

zentrale Forschung und Entwicklung / corporate research and development

Zentrale Logistik *f.*; Unternehmenslogistik *f.*; Konzernlogistik *f.* / Corporate Logistics

zentrale Regeln Geschäftsverkehr / corporate business guidelines

zentrale Vertriebsaufgaben / corporate sales

zentrale Wirtschaftspolitik und Außenbeziehungen / corporate economics and relations

Zentraleinkauf / corporate purchasing

Zentraler Einkauf und Logistik / corporate purchasing and logistics

zentrales Büro Einkauf (weltweit) *f.* / global procurement office

zentrales Pressereferat / corporate press office

zentrales Referat / corporate office

zentralisiert *adj.* / centralized

Zentralisierung *f.* / centralization

Zentralkonzept *n.* / central concept

Zentrallaboratorium *n.* / central laboratories

Zentrallager *n.* / central warehouse

Zentralrechner *m.* / mainframe computer

Zentralstelle (zentrale Abteilung) *f.* / corporate office; central department

Zentralvorstand *m.* / corporate executive committee; corporate committee; executive committee

zerbrechlich *adj.* / fragile

zerlegen *v.* / strip; strip down; dismantle; take apart

Zero-Based-Budgeting (ZBB)
zertifiziert *adj.* / certified
zertifiziert nach ISO 9001 / certified acc. to ISO 9001
Zertifizierung *f.* (z.B. ISO 9000) / certification (e.g. ISO 9000)
Zertifizierung *f.*; Beglaubigung *f.*; Bescheinigung *f.* (~ bei Urkunden und Bescheinigungen im Englischen: 'to whom it may concern') / certification
Zettel, Pack-~ *m.* / packing slip
Zeugenaussage / evidence
Zeugnis / certificate
Ziehdatei *f.* / pull file
Ziehkartei *f.* / tub file
Ziehprinzip (Ggs.: Schiebeprinzip) / pull principle (opp. push principle)
Ziel *n.* / goal; target; aim; objective
Ziel erreichen (z.B. wir sind dabei, das Ziel zu erreichen) / achieve a goal (e.g. we are on our way to achieving the goal)
Ziel, auf ~ kaufen *v.* / buy on credit
Ziel, Fern-~ (Verkehr) *n.* / long distance haul destination (traffic)
Ziel, Fern-~ (Zielsetzung) *n.* / long-term objective
Ziel, in Richtung zum ~ *f.*; in Richtung zum Anwender; zukunftsgerichtet *adj.* (z.B. vorwärtsblicken: an die Zukunft denken) / downstream (e.g. think ~: think of the future)
Ziel, Kurz- und Mittelfrist-~ (Zielsetzung) *n.* / short and medium-term objective
Ziel, Kurz- und Mittelstrecken-~ (Verkehr) *n.* / short and medium haul destination (traffic)
Zieladresse; Bestimmungsort; Empfangsstation / destination
zielgesteuerte Unternehmensführung; Führung durch Zielvereinbarung / management by objectives (MBO)
Zielkostenrechnung *f.* / target costing
Ziel-Mittel-Planung *f.* / objective and means planning

Zielplanung *f.* / target planning; target budgeting
Zielsetzung / business objective; objective
Zielsetzung, verbindliche ~ *f.* / binding objective
Zielsprache *f.* (Ggs. Quellensprache) / target language (opp. source language)
Zielvereinbarung *f.* / agreement on operational targets; target agreement
Zielvereinbarungsprozess *m.* / policy deployment process
Zinsen *mpl.* / interest(s)
Zinssatz *m.* / interest rate
Zoll *m.*; Zollbehörde *f.* / customs
Zollabfertigung / customs clearance
Zollabkommen *n.* / customs convention; tariff agreement
Zollagent *m.* / customs agent
Zollager *n.*; Lager unter Zollverschluss *n.* / bonded warehouse
Zollanmeldung, internationale ~ *f.*; internationale Zollinhaltserklärung *f.* / international customs declaration
Zollbegleitschein *m.* / transit bond; customs permit
Zollbehörde *f.*, Zoll *m.* / customs authorities; customs
Zollbeschränkung *f.* / customs restriction
Zollbestimmungen *npl.*; Zollvorschriften *npl.* / customs regulations
Zolldeklaration *f.* / customs declaration
Zolldokument *n.* / customs document
Zollerklärung *f.* / customs declaration
Zollfahndung *f.* / customs investigation
Zollfaktura *f.* / customs invoice
zollfrei *adj.*; steuerfrei *adj.*; abgabefrei *adj.* / tax-free; duty-free
zollfreie Einfuhr *f.* / tax free import
zollfreie Ware *f.* / tax-free goods
Zollgebühren *fpl.* / customs fees; customs duty
Zollgewahrsam *m.* / customs custody
Zollgut *n.* / bonded goods

Zollinhaltserklärung, internationale ~ / international customs declaration

Zollkontingent n. / tariff quota

Zollkontrolle f. / customs control

Zollkosten pl. / customs charges

Zolllager f. / customs warehouse

zollpflichtig adj. (z.B. ~e Waren) / dutiable (e.g. ~ goods)

Zollquittung f. / customs receipt

Zolltarif m. / customs tariff

Zolltarif, gemeinsamer ~ m. / common customs tariff

Zollunion f. / customs union

Zollverschluss m. / customs bond; customs seal

Zollverschluss, Lager unter ~ / bonded warehouse

Zollverschlussware f. / bonded goods

Zollvorschriften npl.; Zollbestimmungen npl. / customs regulations

Zollwert m. / customs value; value for customs

Zollwertbestimmung f. / customs valuation

Zollzwecke, Wert nur für ~ / value for customs purposes only

Zone, Empfangs-~ f.; Empfangsraum m. / reception area

Zone, Kühl-~ f. / refrigerated space; refrigerated zone

Zubehör / accessory

Zubehörpaket n. / accessory pack

Zubringerdienst m. / feeder service

Zubringerleitung f. (Kommunikation) / feeder trunk (communications)

zuerst, wer ~ kommt, wird zuerst bedient (FCFS-Methode) (z.B. bei der Materialzuweisung für einen Auftrag blitzschnell sein, die sogenannte 'Windhundmethode': "wer als erster kommt, wird zuerst bedient" oder: "wer zuerst kommt, mahlt zuerst" (fam.) / first-come, first-serve (FCFS) (e.g. be quick like a flash at the allocation of material for an order, the so-called

'greyhound method', i.e. "who comes first, serves first")

Zufahrt (~ zu) / access (~ to)

zufällig / random

zufrieden adv. / content

Zufriedenheit f. / contentment

Zufriedenstellung des Kunden / customer satisfaction

Zugang, ungeplanter ~ m. / unplanned receipt

Zugangshäufigkeit f.; Zugriffshäufigkeit f. / access frequency

Zugangskennung f. / access code

Zugangskontrollsystem n. / access control system

Zugangsleistung f. (Kommunikationsnetz) / access service (communication network)

Zugangspunkt m.; Zugriffsstelle f. / access point

Zugangsschutz m. / access control

zugeordnet zu ... adj. / assigned to ...

zugeordnet, fachlich ~ zu ...; Fachverantwortung haben (z.B. er ist fachlich, d.h. nicht organisatorisch, Herrn A. zugeordnet; Ggs.: er gehört organisatorisch zu ... siehe 'organisatorisch zugeordnet zu ...') / functionally reporting to ...; functional responsibility; dotted line responsibility (e.g. he reports functionally, i.e. not organizationally, to Mr. or: he has a dotted, i.e. not solid, line responsibility to Mr. A.; opp.: he has a solid line to ... see 'solid line responsibility')

zugeordnet, organisatorisch ~ zu ...; organisatorische Verantwortung haben; gehören zu (organisatorisch) (z.B. er gehört organisatorisch zu Herrn B.; Ggs. er berichtet fachlich an ...; siehe 'fachlich zugeordnet zu ...') / organizationally reporting to ...; organizational responsibility; solid line responsibility (e.g. he reports to Mr. B. or: he has a solid line responsibility to

Mr. B.; opp. he has a dotted line to ...; see 'dotted line responsilility')

zugeordneter Bedarf / allocated requirements

Zugeständnis (in einer Verhandlung) *n.* (z.B. Leute, die frühzeitig kleine Zugeständnisse machen, versagen weniger) / concession (in a negotiation) (e.g. people who make small concessions early fail less)

zugesteuerte Teile *npl.* / operation attachment parts

zugeteilte Menge *f.* / allotted quantity

zugeteiltes Material *n.* (z.B. einem bestimmten Auftrag ~) / allocated material (e.g. ~ for a specific order)

Zugmaschine *f.* / tractor

Zugriff *m.* (z.B. ~ zu Logistikdaten) / access (e.g. ~ to logistics data)

Zugriff ist verweigert *m.* / access is denied

Zugriffsberechtigung *f.* / access authorization

Zugriffshäufigkeit / access frequency

Zugriffspfad *m.* / access path

Zugriffsrate *f.* / access rate

Zugriffsroutine, Datenbank-~ *f.* / database access routine

Zugriffsschutz *m.* / access security; access protection

Zugriffsstruktur *f.* / access structure

Zugriffszeit *f.* / access time

Zukunft bewältigen / meet future needs

Zukunft, für die ~ gerüstet sein *f.*; Zukunft bewältigen / meet future needs

zukünftig *adj.* (z.B. ~e und bestehende Kunden) / prospective (e.g. ~ and existing customers)

zukünftig *adv.*; in Zukunft / in the future; down the road (coll.)

zukunftsgerichtet *adj.*; in Richtung zum Ziel *f.* (z.B. vorwärtsblicken: an die Zukunft denken) / downstream (e.g. think downstream: think of the future)

Zukunftsplanung *f.* / forward planning

Zukunftstrend *m.* / future trend

Zulage *f.*; Bonus *m.* (z.B. Gehaltszulage) / bonus

Zulage wegen Arbeitserschwernis / work condition allowance

Zulage wegen Mehrleistung / proficiency allowance

Zulage, Leistungs-~ *f.* / merit raise; efficiency bonus

zulässige Abweichung *f.*; zulässige Schwankung *f.* (z.B. ~ in gelieferter Stückzahl) / admissible allowance (e.g. ~ in quantity delivered)

Zulieferer; Zulieferfirma / supplier

Zulieferindustrie *f.* / supplier industry

Zulieferintervall *n.* / vendor delivery frequency

Zunahme *f.*; Erhöhung *f.*; Anstieg *m.*; Wachstum *n.* (z.B. ~ der Produktivität) / increase; growth (e.g. ~ of productivity)

Zunahmetrend *m.*; beschleunigte Tendenz *f.* / accelerating trend

zuordnen (Kosten umlegen) *v.*; zuteilen *v.* / allocate (costs)

zuordnen *v.* (z.B. im Lager die gängigsten Stücke dem am besten zu erreichenden Ort ~) / assign (e.g. in a warehouse, ~ the most popular items to the most accessible locations)

Zuordnung *f.*; Bereitstellung *f.* (z.B. körperliche ~ von Material, ~ eines Auftrages) / staging; allocation (e.g. ~ of material, ~ of an order)

Zuordnung, disziplinarisch ~ / subordination in disciplinary terms

Zuordnung, fachlich ~ / subordination in technical terms

Zuordnungsbegriff *m.* / allocation term

zurückbleiben *v.*; hinterherhinken *v.* / lag behind; stay back

zurückbringen *v.* / bring back

zurückführen (~ auf) / derive (~ from)

zurückgestellter Bedarf *m.* / deferred demand

zurückhalten *v.*; einbehalten *v.* / withhold

Zurückhaltung *f.;* Rückhaltung *f.* (z.B. ~ einer Lieferung) / retention (e.g. ~ of a delivery)

Zurücknahme *f.;* Abbau *m;* Aufgabe *f.* (z.B. ~ von Geschäftsaktivitäten; ~ von Kapital; von Lagerbeständen) / disinvestment (e.g. ~ of business activities; ~ of capital; ~ of stocks)

zurücknehmen *v.* / take back

zurücksenden; zurückschicken *v.* / return

zurückstellen *v.* / set aside; reserve

zurückziehen, Angebot ~ / withdraw a bid

Zusage *f.* / promise

Zusammenarbeit (mit Geschäftspartnern) *f.* / partnering

Zusammenarbeit (Team) / teamwork

Zusammenarbeit (über Funktionen hinweg) *f.* / cooperation (across functions); collaborative working

Zusammenarbeit *f.*; Kooperation *f.*; Zusammenwirken *n.* (z.B. 1. effektiveres Zusammenspiel von Funktionen durch verbesserte Kooperation aller in der Lieferkette beteiligten Mitarbeiter; 2. Zusammenarbeit und Partnerschaft mit Lieferanten) / joint operating; cooperation; alliance (e.g. 1. more effective integration of functions through improved cooperation of all employees involved in the supply chain; 2. cooperation and alliances with suppliers)

Zusammenarbeit, Aufbau einer ~ / formation of an alliance

Zusammenarbeit, bereichs-überschreitende ~ *f.* / cross-group cooperation; inter-group cooperation

Zusammenarbeit, regionen-überschreitende ~ *f.* / cross-regional cooperation

zusammenarbeiten, funktions-übergreifend ~ / work across organizations

zusammenarbeiten, über Organisationsgrenzen hinweg ~ / work across organizational interfaces

Zusammenarbeitserklärung *f.* / memorandum of understanding (MOU)

Zusammenbau / final assembly

zusammenfassen *v.* / summarize; wrap up

Zusammenfassung *f.* / summary

zusammenführen *v.;* einfügen *v.* (z.B. ~ von Boxen oder ähnlichen Behältnissen von unterschiedlichen Fördersystemen auf eine einzige Linie) / merge (e.g. ~ boxes or similar items from various conveyor lines to a single conveyor line)

Zusammenführung *f.*; Zusammenschluss *m.*; Integration *f.* (z.B. durch ~ verschiedener Aufgaben) / integration (e.g. through ~ of different tasks, tasks integration)

zusammengefasst *adv.*; Resultat *n.*; das Wesentliche *n.*; Ergebnis *n.*; Fazit *n.*; (z.B. 1: zusammengefasst kann man sagen, dass der Gewinn dieses laufenden Geschäftsjahres ausgezeichnet sein wird; 2: auf einen Nenner gebracht: es zählt nur das Geld; 3: das Ergebnis ist, dass ihm wirklich alles egal ist; 4: es zählt nur das, was "unter dem Strich" rauskommt) / bottom line (e.g. 1: the ~ is that the business profit of this current FY will be outstanding; 2: well, when you get down to the ~, it's only money that matters; 3: the ~ is that he really doesn't care; 4: all that counts is the ~)

Zusammenhang (kausale Beziehung) *m.* (z.B. es besteht ein ~, d.h. Korrelation, zwischen der Entfernung und der Lieferzeit) / relation (e.g. there is a ~, i.e. a correlation, between the distance and the delivery time)

Zusammenhang, in ~ bringen / relate

zusammenheften *v.* (z.B. die Papiere ~) / staple (e.g. to ~ the papers)

zusammenpassen *v.;* übereinstimmen *v.* / match; correspond

zusammenstellen *v.* (z.B. 1. eine Lieferung ~, 2: Overheadfolien für einen Vortrag ~, 3: Zahlen ~, um über die Ergebnisse zu berichten) / put together; group; arrange (e.g. 1: to put a delivery together, 2: to arrange overhead transparencies for a presentation, 3: to group figures to report the results)

Zusammenstellung (z.B. ~ eines Auftrages) / configuration (e.g. ~ of an order)

Zusatzbedarf *m.;* zusätzlicher Bedarf *m.;* Mehrbedarf *m.* / additional demand; supplementary demand

Zusatzbestimmung *f.* / amendment

Zusatzinvestition *f.* / additional investment

Zusatzkosten / additional charges

Zusatzleistungen *fpl.* (~ zu Lohn und Gehalt) / fringe benefits (~ in addition to wages and salaries)

zusätzlich / additional

Zusatznutzen *m.;* Zusatzwert *m.* / value-added; extra value

Zusatznutzen erzeugen; Mehrwert schaffen; Wert steigern (z.B. hervorragende Firmen versuchen, für die von ihnen vertriebenen Produkte und Leistungen Mehrwert zu schaffen) / add value (e.g. excellent companies seek to ~ to the products and services they market)

Zusatzsteuer *f.* / additional tax

Zusatzstudium / postgraduate studies

Zusatzversicherung / additional insurance

Zusatzwert *m.;* Zusatznutzen *m.;* zusätzlicher Nutzen / added value; extra value

Zusatzzoll *m.* / additional customs duty

Zuschlag *m.;* Aufpreis *m.* / surcharge

Zuschlag *m.;* Prämie *f.* / bonus rate

Zuschlagsempfänger *m.* (Gewinner bei der Angebotsauswahl) / successful tenderer

Zuschlagsfaktor / allowance factor; yield factor

Zuschreibung *f.* (z.B. ~ des Anlagevermögens) / appreciation (e.g. ~ of fixed assets)

Zuschuss, Fahrtkosten-~ *m.* / commuting allowance

Zustand *m.* / status

Zustand, tatsächlicher ~ *m.* / actual condition

zuständig (verantwortlich) *adj.* (z.B. dafür ist Herr X ~) / responsible (e.g. this is Mr. X's responsibility)

zuständig *adj.* (z.B. die ~e Abteilung oder Stelle ist ...) / appropriate (e.g. the ~ department or authority is ...)

Zustelldienst *m.* / delivery service

Zustellservice, Abhol- und ~ *m.* / pick up and delivery service

Zustellung frei Haus / free delivery

Zustellwagen, Paket-~ *m.* / parcel van

zustimmen *v.;* vereinbaren *v.;* einverstanden sein (z.B. 1. einverstanden sein mit, zustimmen zu 2. wie vereinbart) / agree (e.g. 1. agree to, 2. as agreed upon)

Zustimmung / consensus

zuteilen / allocate

Zuteilung *f.* (z.B. ~ von Material, d.h. zugeteiltes Material) / allotment (e.g. ~ of material, i.e. allotted material)

Zutritt *m.;* Zufahrt *f.* (~ zu) / access (~ to)

zuverlässige Lieferung *f.* / reliable delivery; dependable delivery

zuverlässiger Lieferant *m.* / reliable supplier

Zuverlässigkeit *f.* / reliability

Zuwachsrate / growth rate

Zuwendungen, geldose ~ *fpl.;* Sondervergünstigungen *fpl.* (~ zu Lohn und Gehalt) / fringe benefits (i.e. non-cash benefits)

Zwang *m.;* Einschränkung *f.* / constraint

Zwangsverkauf *m.*;
  Zwangsversteigerung *f.* / forced sale
Zwangsverteilung / push-distribution
zwangsweise *adj.*; obligatorisch *adj.* /
  compulsory
zwecklos *adj.*; nutzlos *adj.* / useless
Zwecklosigkeit *f.*; Nutzlosigkeit *f.* /
  uselessness
zweckmäßig *adj.*; nützlich *adj.* / useful
Zweckmäßigkeit *f.*; Nützlichkeit *f.* /
  usefulness
zweiachsig *adj.* / dual-axle
Zwei-Behälter-System *n.* (einfaches
  Bestellsystem mit festem Bestellpunkt)
  / two-bin system
zweifelhafte Forderung *f.* / doubtful
  debt
zweifellos / evidently
Zweigniederlassung (~ im Inland, ~ im
  Ausland) / subsidiary (domestic ~,
  international ~)
Zweithersteller *m.*; Zweitlieferant *m.*;
  Zweitquelle (für Lieferungen) *f.* / second
  source
Zweitlieferant *m.*; Zweithersteller *m.*;
  Zweitquelle (für Lieferungen) *f.* / second
  source
zwischen ... (z.B. 1. Verkauf ~
  unterschiedlichen Bereichen oder
  externen Firmen, 2. vergleiche 'intra-...')
  / inter-... (e.g. 1. ~-company sales; 2.
  compare 'intra-...')
zwischenbetrieblich *adj.* / intercompany
Zwischenergebnis *n.* / intermediate
  result
Zwischengeschoss im Lager /
  warehouse mezzanine
Zwischenhandel *m.* / intermediate trade
Zwischenhändler *m.* / middleman;
  intermediary
Zwischenkunde *m.* / intermediate
  customer
Zwischenlager *n.* / intermediate store
Zwischenlagerung *f.* / temporary
  warehousing; temporary storage

Zwischenprodukt / semi-finished
  product
Zwischenspediteur *m.* / intermediate
  forwarder
Zwischensumme *f.* / subtotal
Zwischenverkauf vorbehalten *m.* /
  subject to prior sale
Zwischenzeit *f.* (Produktion) /
  interoperation time; interim period
  (manufacturing)
zyklische Fertigungssteuerung *f.* /
  cyclical production control
zyklische Planung *f.* / cyclic planning
Zyklus *m.*; Schleife *f.* / cycle; closed loop
Zyklus, Logistik-~ *m.* / logistics cycle
Zyklus, Produktentstehungs-~ *m.* /
  product development cycle
Zyklusbestand *m.* (Bestandsmenge, die
  sich durch periodische Anlieferungen
  ergibt) / cycle inventory; cycle stock

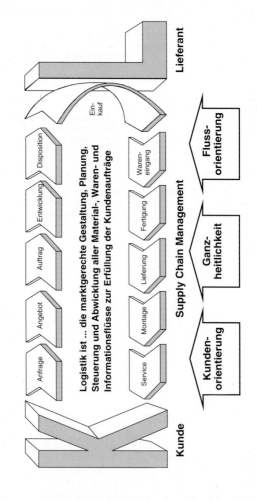

SIEMENS

Lieferant

Einkauf

Kunde

Anfrage · Angebot · Auftrag · Entwicklung · Disposition

Logistik ist ... die marktgerechte Gestaltung, Planung,
Steuerung und Abwicklung aller Material-, Waren- und
Informationsflüsse zur Erfüllung der Kundenaufträge

Service · Montage · Lieferung · Fertigung · Wareneingang

Supply Chain Management

Kunden-orientierung · Ganz-heitlichkeit · Fluss-orientierung

Logistik-Auftrag:
Hervorragende Logistikleistungen zu effizienten Logistikkosten bereitstellen

SIEMENS

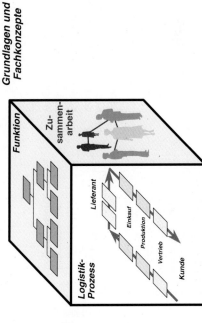

Grundlagen und Fachkonzepte

Organisation und Abläufe

Training und Weiterbildung

Logistik-Aufgabe:
Logistiksysteme ganzheitlich gestalten und kontinuierlich verbessern

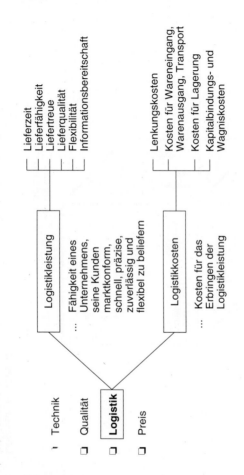

SIEMENS

- Technik
- Qualität
- **Logistik**
- Preis

Logistikleistung

… Fähigkeit eines Unternehmens, seine Kunden marktkonform, schnell, präzise, zuverlässig und flexibel zu beliefern

- Lieferzeit
- Lieferfähigkeit
- Liefertreue
- Lieferqualität
- Flexibilität
- Informationsbereitschaft

Logistikkosten

… Kosten für das Erbringen der Logistikleistung

- Lenkungskosten
- Kosten für Wareneingang, Warenausgang, Transport
- Kosten für Lagerung
- Kapitalbindungs- und Wagniskosten

Logistik-Erfolg:
Die Wettbewerbsposition und die Ergebnissituation des Unternehmens verbessern

SIEMENS

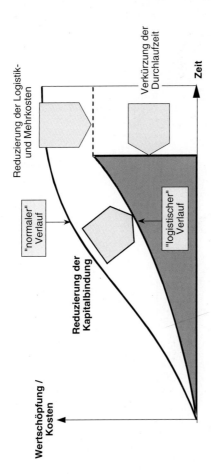

Logistik-Projekte:
Die Wertschöpfungskette optimieren und Verschwendung in Zeit und Geld eliminieren

SIEMENS

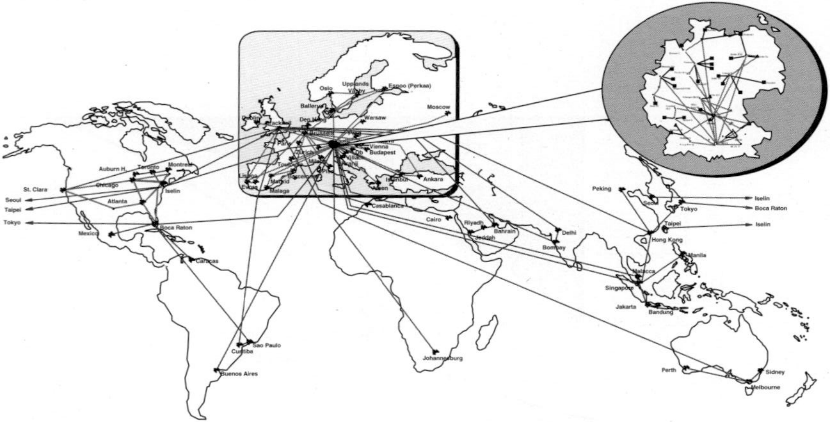

Die **richtige** Information zur **richtigen** Zeit am **richtigen** Platz

Logistik-Kommunikation:
Über elektronische Netzwerke Informationen weltweit und schnell verfügbar machen

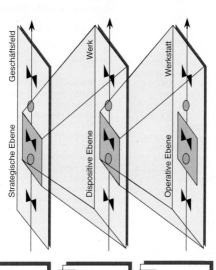

SIEMENS

Geschäftsfeld

Werk

Werkstatt

Strategische Ebene

Dispositive Ebene

Operative Ebene

Controlling (strategische Ebene)

Geschäfts- und Effizienzanalysen

- Gesamt-Produktivität, Ratiopotentiale
- Gesamt-Prozesse, Mitteleinsatz
- Gesamt-Bestände, Markt-Lieferzeiten

Controlling (dispositive Ebene)

Planung, Überwachung, Steuerung

- Logistikkosten, -leistung
- Prozesseffizienz
- Bestände, DLZ, Lieferantenbewertung

Controlling (operative Ebene)

Planung, Überwachung, Steuerung

- Kapazitätsnutzung, Flexibilität
- Prozesssicherheit, Handling, Transport
- Material- und Teilepuffer, Zeitpuffer

Logistik-Controlling:
Über mehrere Ebenen messen, verdichten und verfügbar machen

A

abandonment / Abtretung (z.B. ~ bei Rückversicherung)

abatement (e.g. 1. ~ of the purchase price; 2. ~ of tax charges on damaged imported deliveries) / Herabsetzung f.; Verminderung f. (z.B. 1. ~ des Einkaufspreises; 2. ~ der Zollgebühren für beschädigte Importlieferungen)

abbreviation / Abkürzung f.

ABC (Activity Based Costing) (the ability of a firm's cost accounting system to trace operating costs to specific products, customers, supply channels or logistics activities. This gives a truer picture of the costs and subsequent profit associated) / Activity Based Costing (ABC, Prozesskostenrechnung) (die Fähigkeit des Rechnungswesens einer Firma, Betriebskosten für bestimmte Produkte, Kunden, Lieferkanäle oder Logistikaktivitäten prozessorientiert zu verfolgen. Dies gibt ein besseres Bild über die Kosten und das daraus resultierende Ergebnis.

ABC analysis; ABC evaluation analysis / ABC-Analyse f.

ABC classification; ABC distribution (also known as 80:20 rule) / ABC-Klassifikation f.; ABC-Verteilung f.

ability (e.g. ~ to design and formulate the contents of contracts) / Fähigkeit f. (z.B. ~, Verträge inhaltlich zu entwerfen und zu formulieren)

abort (e.g. ~ a connection) / abbrechen v. (z.B. eine Verbindung ~)

about (e.g. the temperature is ~ (coll. also 'some') 35 degrees) / rund (cirka) (z.B. die Temperatur beträgt ~ 35 Grad)

abroad / im Ausland

absence (e.g. unexcused ~) / Abwesenheit (z.B. unentschuldigte ~)

absence from work / Abwesenheit von der Arbeit f. (i.S.v. Fehlzeit)

absence time / Abwesenheitszeit f.

abysmal / grenzenlos adj.; bodenlos adj.

AC (air condition) / Klimaanlage f.

AC (alternating current) / Wechselstrom m.

AC, truck ~ / LKW-Klimaanlage f.

accelerate; quicken; speed up / beschleunigen v.

accelerated innovation / Innovationsbeschleunigung f.

accelerator for growth / Wachstumstreiber m.

accept a contract / Vertrag annehmen v.

accept a draft / Wechsel akzeptieren v.

acceptance (~ of a delivery) / Abnahme (~ einer Lieferung)

acceptance certificate / Abnahmeprotokoll n.

acceptance instructions; acceptance specifications / Abnahmevorschriften fpl.

acceptance limit / Abnahmegrenze f.

acceptance of a shipment / Übernahme einer Sendung f.; Annahme einer Sendung f.

acceptance specifications / Abnahmevorschriften

acceptance test (e.g. customer ~) / Abnahmetest; Abnahmeprüfung m. (z.B. ~ durch Kunden)

acceptance, conditions of ~ / Abnahmebedingungen fpl.

acceptance, documents against ~ (DA) / Dokument gegen Akzept

acceptance, purchase on ~ / Kauf auf Probe m.

access (~ to) / Zutritt m.; Zufahrt f. (~ zu)

access (e.g. ~ to logistics data) / Zugriff m. (z.B. ~ auf Logistikdaten)

access authorization / Zugriffsberechtigung f.

access code / Zugangskennung f.

access control / Zugangsschutz m.

access control system / Zugangskontrollsystem *n.*

access frequency / Zugangshäufigkeit *f.*; Zugriffshäufigkeit *f.*

access is denied / Zugriff ist verweigert *m.*

access path / Zugriffspfad *m.*

access point / Zugangspunkt *m.;* Zugriffsstelle *f.*

access protection / Zugriffsschutz

access rate / Zugriffsrate *f.*

access security; access protection / Zugriffsschutz *m.*

access service (communication network) / Zugangsleistung *f.* (Kommunikationsnetz)

access structure / Zugriffsstruktur *f.*

access time / Zugriffszeit *f.*

access, database ~ routine / Datenbankzugriffsroutine *f.*

accessibility; availability (e.g. ~ in the office) / Erreichbarkeit *f.* (z.B. ~ im Büro)

accessory / Beistellung *f.*; Beipack *f.*; Zubehör *n.*

accessory pack / Zubehörpaket *n.*

according to ... / gemäß ...

according to agreement / vertragsgemäß *adv.*; gemäß Vereinbarung *f.*

according to demand (e.g. according to the great demand for our outstanding products we had to deliver another one hundred items) / nachfragebedingt *adv.* (z.B. aufgrund der großen Nachfrage für unsere hervorragenden Produkte mussten wir weitere 100 Stück liefern)

according to schedule; as scheduled / planmäßig *adj.;* plangemäß *adj.*

account / Abrechnung *f.*

account code / Buchungsschlüssel *m.*

account management / Kundenmanagement *n.*; Kundenbetreuung *f.*

account manager / Kundenbetreuer *m.*

account number / Kontonummer *f.*

account statement (e.g. ~ of the bank account) / Kontoauszug *m.* (z.B. ~ des Bankkontos)

account, bank ~ / Bankkonto *n.*

account, charge an ~ / Konto belasten

account, charge *s.th.* **to** *s.o.'s* **~** / *jmdm.* etwas in Rechnung stellen

account, closing of an ~ / Kontoabschluss *m*

account, creditor ~ / Kreditorenkonto *n.;* Gläubigerkonto *n.*

account, debit ~ / Debitorenkonto *n.*

account, deposits ~ / Girokonto *n.*

account, expense ~ / Aufwandskonto *n.*

account, final ~ / Schlussabrechnung

account, general ledger ~ / Hauptbuchkonto *n.*

account, impersonal ~ / Sachkonto *n.*

account, inventory ledger ~; stock ledger account; store account / Lagerbuchkonto *n.*; Lagerkonto *n.*

account, key ~ / Großkunde *m.;* Schlüsselkunde *m.*

account, on ~ / auf Rechnung

account, on ~ and risk (~ of) / auf Kosten und Gefahr (~ von)

account, opening of an ~ / Kontoeröffnung *f.*

account, payment on ~; down payment; advance payment; payment in advance; deposit / Anzahlung

account, personal ~ / personenbezogenes Konto *n.*

account, reconciliation ~ / Abstimmkonto *n.*; Berichtigungskonto

account, savings ~ / Sparkonto *n.*

account, settle an ~ / Rechnung begleichen; eine Rechnung bezahlen

account, stock ledger ~ / Lagerbuchkonto

account, to your ~ / zu Ihren Lasten *fpl.*

accountability / Verantwortlichkeit *f.*

accountability, business ~ (e.g. decentralized ~) / Geschäftsverantwortung *f.* (z.B. dezentrale ~)

accountant / Bilanzbuchhalter *m.*
Accountant, Certified Public ~ (CPA) / Wirtschaftsprüfer (USA)
accounting / Rechnungswesen *n.*
accounting method; charging method / Abrechnungsart *f.*
accounting period / Abrechnungszeitraum *m.*
accounting policies and procedures / Grundsätze des Rechnungswesens
accounting principle; guideline for drawing up a balance sheet / Bilanzierungsgrundsatz *m.*
accounting receipts / buchmäßige Materialzugänge *mpl.*
accounting, cost center ~ / Betriebsabrechnung *f.*
accounts payable / Verbindlichkeiten
accounts receivable (department) / Kundenbuchhaltung *f.* (Abteilung)
accounts receivable / Debitoren; Kundenforderungen *fpl.*
accounts, annual ~ (BrE) / Bilanz *f.*
accounts, settlement of ~; final account / Schlussabrechnung *f.*; Endabrechnung *f.*
accrual account / Abgrenzungskonto *n.*
accrual date / Abgrenzungsdatum *n.*
accuracy / Genauigkeit *f.*
ACD (Automatic Call Distribution) / automatische Anrufverteilung *f.* (z.B. ~ an die anwesenden Agenten in einem Call Center)
achieve a goal (e.g. we are on our way to achieving the goal) / Ziel erreichen (z.B. wir sind dabei, das Ziel zu erreichen)
acknowledge / bestätigen *v.* (anerkennen)
acknowledgement; confirmation; verification / Nachweisprüfung *f.*
acknowledgement / Beglaubigungsklausel *f.* (Urkunde)
acknowledgement / Bestätigung *f.* (Anerkennung)
acknowledgement of order / Auftragsbestätigung

acknowledgement of receipt of payment / Zahlungsbestätigung *f.*
acoustics coupler / Akustikkoppler *m.*
acquisition / Anschaffung *f.*; Erwerb *m.*; Übernahme *f.*
acquisition activity / Beteiligungsinvestition *f.*
acquisition and production costs / Anschaffungs- und Herstellkosten *pl.*
acquisition, costs of ~ / Bezugskosten
acquisition, date of ~ (year and month) / Anschaffungsjahr und -monat
acquisitions, alliances and company ~ / Allianzen und Firmenzukäufe
acquisitions, mergers and ~ (M&A) / Fusionen und (Firmen-)Übernahmen
acquistion value / Anschaffungswert
acting (e.g. ~ partner) / leitend *adj.*; geschäftsführend *adj.* (z.B. ~er Gesellschafter)
action for damages; lawsuit for damages; / Schadensersatzklage *f.*
action-oriented / maßnahmenorientiert *adj.*
action plan / Einführungsplan *m.*
action, fire fighting ~ / Eilmaßnahme *f.*; Eileinsatz *m.*
action, freedom of ~ / Handlungsfreiheit *f.*
action, put into ~; implement; put into action; put into practice; put to work (e.g. put concepts, projects or improvements ~) / einführen *v.*; in die Tat umsetzen *v.*; ausführen *v.*; realisieren (z.B. Konzepte, Projekte oder Verbesserungen ~)
activate; capitalize / aktivieren *v.*; kapitalisieren *v.*
active (opp. reactive) / aktiv *adj.*; tätig *adj.*; tatkräftig *adj.*; geschäftig *adj.* (Ggs. reaktiv)
active demand / lebhafte Nachfrage *f.*
activities, plan of ~ / Aktivitätenplan *m.*
activity / Aktivität *f.*; Tätigkeit *f.*; Betätigung *f.*; Vorgang *m.*
activity analysis / Prozessanalyse

activity-based accounting /
Prozesskostenrechnung f.
Activity Based Costing (see ABC)
activity report / Tätigkeitsnachweis m.
activity sampling; period time sheet /
Multimomentaufnahme f.
actual (opp. target) / IST n. (Ggs. SOLL;
der englische Begriff 'actual' entspricht
nicht dem deutschen Begriff 'aktuell',
sondern bedeutet eher 'laufend' oder
'auf neuestem Stand'.)
actual (working) hours / tatsächliche
(Arbeits)stunden fpl.
actual analysis / Istanalyse f.
actual capacity / Ist-Kapazität f.
actual condition / tatsächlicher Zustand
m.
actual cost calculation / Ist-Kosten-
Kalkulation f.
actual data / Ist-Daten npl.
actual inventory; actual stock / Ist-
Bestand m.
actual performance / Ist-Leistung f.
actual product lifetime / tatsächliche
Produkt-Nutzungsdauer f.
actual time / effektive Zeit f.; Ist-Zeit f.
actual value / Ist-Wert m.; tatsächlicher
Wert m.
actual vs. estimated / IST im Vergleich
zum SOLL; IST im Vergleich zum Plan
actuators / Aktoren mpl.
actuators plant / Aktorenwerk n.
ad; advertisement (e.g.~ in a newspaper)
/ Anzeige f.; Reklame f.; Annonce f. (z.B.
~ in einer Zeitung)
adapt / anpassen v.
add-on service (~ as an additional offer) /
zusätzliche Dienstleistung f.; Add-on
Service m. (~ als ein zusätzliches
Angebot)
add value (e.g. excellent companies
seek to ~ to the products and services
they market) / Mehrwert schaffen;
Zusatznutzen erzeugen; Wert steigern
(z.B. hervorragende Firmen versuchen,

für die von ihnen vertriebenen Produkte
und Leistungen Mehrwert zu schaffen)
added value / Zusatzwert m.;
Zusatznutzen m.;zusätzlicher Nutzen
added value, preconceived ~ /
erwarteter Nutzen
addition; supplementation / Ergänzung
additional; in addition / zusätzlich.
additional cargo / Beiladung f.
additional carriage; additional freight /
Frachtzuschlag m.
additional charges / Extrakosten pl.;
Zusatzkosten pl.; Mehrkosten pl.;
Nebenabgaben fpl.
additional consumption /
Mehrverbrauch m.
additional customs duty / Zusatzzoll m.
additional demand; supplementary
demand / Zusatzbedarf m.; zusätzlicher
Bedarf m.; Mehrbedarf m.
additional effort; additional expenditure
/ Mehraufwand m.
additional freight / Frachtzuschlag
additional insurance; subsequent
insurance / Nachversicherung f.;
Zusatzversicherung f.
additional investment /
Zusatzinvestition f.
additional tax / Zusatzsteuer f.
additional, invoiceable ~ cost /
abrechenbare Mehrkosten pl.
address / Adresse f.
address directory / Adressverzeichnis n.
address file / Adressendatei f.
address layout / Adressaufbereitung f.
address list / Adressliste
address scheme / Adressenschema n.
address space / Adressraum m.
address, change of ~ / Adressänderung
f.; Domizilwechsel m.
address, invoice ~ / Rechnungsadresse f.
address, return ~ / Absender (Adresse)
m.
addressee (e.g. ~ of a message);
receiver; recipient / Empfänger m. (z.B.
~ einer Mitteilung)

addressing, universally valid ~ scheme
/ weltweit gültiges Adressierungsschema
n.
adherence (e.g. ~ to planning
parameters) / Einhaltung *f.* (z.B. ~ von
Planungsparametern)
adherence to schedules /
Termineinhaltung *f.*
adjust (e.g. ~ the bank account) /
abstimmen *v.*; in Einklang bringen *v.*;
korrigieren *v.* (z.B. das Bankkonto ~)
adjustment / Abstimmung *f.*
adjustment of purchasing power /
Kaufkraftberichtigung *f.*;
Kaufkraftanpassung *f.*
adjustment of value (accounting) /
Wertberichtigung
adjustment, capacity ~ /
Kapazitätsausgleich *m.*
adjustment, sales cost ~ /
Auftragskostenausgleich *m.*
administer; manage / verwalten *v.*
administration / Administration *f.*;
Verwaltung *f.*
administration costs; administrative
expenses / Verwaltungskosten *pl.*
administrative authority *pl.*
(authorities); administrative agency /
Behörde *f.*
administrative expenses /
Verwaltungskosten
admissible allowance (e.g. ~ in quantity
delivered) / zulässige Abweichung *f.*;
zulässige Schwankung *f.* (z.B. ~ in
gelieferter Stückzahl)
ADSL (Asymmetric Digital Subscriber
Line; see 'data communication system') /
ADSL (Übertragungsstandard mit dem
Ziel, nicht ausgelastete Bandbreiten
innerhalb des Kupferkabelnetzes zu
nützen; siehe
'Datenübertragungssystem')
advance order / Vorausbestellung *f.*
advance payment; cash before delivery /
Vorauszahlung *f.*; Zahlung vor
Lieferung *f.*

Advance Ship Note (ASN) (content list
of an expected delivery, e.g. via EDI) /
Liefer-Voranzeige *f.*; Vorausanzeige
einer Lieferung (~ über den Inhalt einer
erwarteten Sendung, z.B. über EDI)
advance, in ~; upfront (e.g. to pay for the
delivery ~) / voraus (z.B. für die
Lieferung im ~ bezahlen)
advanced freight; freight payment in
advance; freight down payment /
Frachtvorlage *f.* (d.h. Fracht ist im
voraus zu bezahlen)
advanced purchasing engineer (APE)
(e.g. early involvement of the
purchasing engineer in the production
process) / APE-Einkaufstechniker *m.*;
APE-Einkäufer *m.* (z.B. frühzeitige
Beteiligung des Einkäufers am
Produktionsprozess)
advantage (e.g. he makes an ~ out of it) /
Vorteil *m.* (z.B. er nützt es zu seinem ~
aus)
advantage over the competition (e.g.
with these short leadtimes we have an
~ over company A.) /
Wettbewerbsvorteil *m.* (z.B. mit diesen
kurzen Lieferzeiten haben wir einen ~
gegenüber Firma A.)
advantage, differential ~ /
Differenzierungsvorteil *m.*
advertisement (e.g. ~ in a newspaper);
ad / Anzeige *f.*; Reklame *f.*; Annonce *f.*
(z.B. ~ in einer Zeitung)
advertising / Werbung *f.*
advertising agency / Werbeagentur *f.*
advertising and design / Werbung und
Design
advertising gift; promotional gift;
giveaway / Werbegeschenk *n.*
advertising material / Werbematerial *n.*
advertising, corporate ~ /
Firmenwerbung *f.*
advice / Ratschlag *m.*; Rat *m.*
advice of payments / Zahlungsanzeige *f.*
advise; inform; notify / benachrichtigen
v.

advise / beraten *v.*

advised delivery (incoming goods); announced delivery / avisierter Wareneingang *m.*; angekündigter Wareneingang *m.*

advisor / Berater

advisors, board of ~ / Beratungsausschuss (BA)

advisory; advisory service / Beratung

affecting expenses / ausgabenwirksam

affiliate, international ~ / Landesgesellschaft

affiliated companies domestic / Beteiligungen Inland

affiliated companies international / Beteiligungen Ausland

affiliated company; associated company (minority stake, i.e. owned less than 50%) / verbundenes Unternehmen *f.*; Tochtergesellschaft (weniger als 50%) *f.*

afloat, goods ~ / schwimmende Ware *f.*

afraid, be ~ (e.g. I am afraid the delivery will not be on time) / fürchten *v.*; befürchten *v.* (z.B. ich fürchte, die Lieferung wird nicht rechtzeitig eintreffen)

after-sales service / Kundendienstabteilung

after-tax / versteuert

age limit / Altersgrenze *f.*

age profile / Altersprofil *n.*

agency / Agentur *f.*; Vertretung *f.*

agency, administrative ~ / Behörde

agency, national ~ / Landesbüro *n.*; Landesvertretung *f.*

agenda (e.g. to be on the ~) / Tagesordnung *f.* (z.B. auf der ~ stehen)

agent / Vermittler *m.*

agent of change (AOC) (somebody who lobbies for new ways of doing business) / Veränderungs-Manager *m.* (jd., der sich dafür einsetzt, neue Wege zu finden, ein Geschäft zu betreiben)

agent, customs ~ / Zollagent *m.*

agent, port ~ / Hafenspediteur *m.*

agent, sole ~ / Alleinvertreter *m.*

aggregate plan / Gesamtplan *m.*

agree (e.g. 1. agree to, 2. as agreed upon) / zustimmen *v.*; vereinbaren *v.*; einverstanden sein (z.B. 1. einverstanden sein mit, zustimmen zu, 2. wie vereinbart)

agreed targets / vereinbarte Ziele *npl.*

agreed, as ~ upon / wie besprochen; wie vereinbart

agreed, unless otherwise ~ upon / wenn nicht Gegenteiliges vereinbart

agreement (sign an ~) / Vereinbarung *f.*; Abkommen *n.* (~ unterzeichnen)

agreement on operational targets / Zielvereinbarung *f.*

agreement, according to ~ / gemäß Vereinbarung *f.*

agreement, according to ~ / vertragsgemäß *adv.*

agreement, conclusion of an ~ / Vertragsabschluss *m.*

agreement, contrary to the ~ / vertragswidrig *adv.*

agreement, cooperation ~ / Kooperationsvereinbarung *f.*

agreement, delivery ~; delivery contract / Lieferabkommen *n.*; Liefervertrag *m.*

agreement, draft ~ / Vertragsentwurf *m.*

agreement, object of an ~ / Vertragsgegenstand *m.*

agreement, purchase ~ / Einkaufsvereinbarung *f.*

agreement, tariff ~; customs convention / Zollabkommen *n.*

agreement, voluntary ~ / außergerichtlicher Vergleich *m.*

agreement, wage ~; wage contract / Tarifvertrag *m.*

agreements / Vertragswerk *n.*; Vereinbarungen *fpl.*

AGVS (Automated Guided Vehicle System)

ahead of schedule (timewise) / im voraus (zeitlich) *adv.*

aim; goal; objective; target / Ziel *n.*

aim (e.g. aiming at productivity improvements) / anstreben *v.*; erstreben *v.* (z.B. ~ von Produktivitäts-Verbesserungen)

air cargo / Luftfracht *f.*

air cargo industry / Luftfrachtgewerbe *n.*

air circuit system / Luftführungssystem *n.*

air condition (AC) / Klimaanlage *f.*

air conditioning system / Klimasystem *n.*

air connection (direct flight) / Flugverbindung (direkte) *f.*

air fare / Flugpreis *m.*

air freight; air cargo / Luftfracht *f.*

air mail / Luftpost *f.*

air route / Flugstrecke *f.*

air transport / Luftfrachtverkehr *m.*

air, by ~ / per Flugzeug

airline / Fluglinie *f.*

airplane; plane / Flugzeug *n.*

airport / Flughafen *m.*

airport shuttle bus / Flughafenbus *m.*

airway bill / Luftfrachtbrief (AWB) *m.*

aisle (between racks) / Gang *m.*; Gasse (zwischen den Lagerregalen) *f.*

aisle width / Gangbreite *f.*

AKZ (order code) / AKZ (Auftragskennzeichen) *n.*

AL (logistics committee) / Ausschuss für Logistik (AL) Logistikausschuss *m.*; Logistikkommission *f.*

align (e.g. ~ the bank account) / abstimmen (z.B. das Bankkonto ~)

alignment, interfunctional ~ (e.g. to align functions) / funktionsübergreifende Anpassung *f.*; funktionsübergreifende Ausrichtung *f.* (z.B. Einzelfunktionen aufeinander abstimmen)

all-time requirements / Restbedarf (nach Produkteinstellung) *m.*

all-wheel steering / Allradlenkung *f.*

allegedly (e.g. he ~ demanded new negotiations) / angeblich *adv.* (z.B. er

soll ~ neue Verhandlungen verlangt haben)

alliance; cooperation; joint operating (e.g. 1. more effective integration of functions through improved cooperation of all employees involved in the supply chain; 2. cooperation and alliances with suppliers) / Kooperation *f.*; Zusammenarbeit (allgemein) *f.*; Zusammenwirken *n.* (z.B. 1. effektiveres Zusammenspiel von Funktionen durch verbesserte Kooperation aller in der Lieferkette beteiligten Mitarbeiter; 2. Zusammenarbeit und Partnerschaft mit Lieferanten)

alliance, customer ~ / Gemeinschaft mit Kunden *f.*; Zusammenarbeit mit Kunden *f.*

alliance, formation of an ~ / Aufbau einer Zusammenarbeit

alliance, supplier ~ / Gemeinschaft mit Lieferanten *f.*; Zusammenarbeit mit Lieferanten *f.*

alliances and company acquisitions / Allianzen und Firmenzukäufe

alliances, business ~; business ties / Geschäftsverbindungen *fpl.*; Geschäftsbeziehungen *f. pl.*; Geschäftszusammenschlüsse *mpl.*

allocate / zuordnen *v.*; zuteilen *v.*

allocate costs; transfer costs / Kosten verrechnen *v.*

allocated inventory; allocated stock; reserved inventory / reservierter Bestand *m.*; blockierter Bestand *m.*

allocated material (e.g. ~ for a specific order) / zugeteiltes Material *n.* (z.B. einem bestimmten Auftrag ~)

allocated quantity / reservierte Menge

allocated requirements / reservierter Bedarf *m.*; zugeordneter Bedarf *m.*

allocation; staging (e.g. ~ of material, ~ of an order) / Bereitstellung *f.*; Zuordnung *f.* (z.B. körperliche ~ von Material, ~ eines Auftrages)

allocation (e.g. cost ~ of overhead) / Umlage *f.* (z.B. ~ der Gemeinkosten)
allocation term / Zuordnungsbegriff *m.*
allocation, cost ~ / Kostenverteilung *f.*; Kostenumlage *f.*; Kostenzuordnung *f.*
allotment (e.g. ~ of material, i.e. allotted material) / Zuteilung *f.* (z.B. ~ von Material, d.h. zugeteiltes Material)
allotted quantity / zugeteilte Menge *f.*
allowable deduction (tax-free amount) / Freibetrag *m.* (steuerlicher ~)
allowance (e.g. price ~ because of delivery damages) / Preisnachlass *m.*; Entschädigung *f.* (z.B. ~ wegen Lieferschäden)
allowance / Aufwendungspauschale *f.* (z.B. ~ zur Abdeckung bestimmter Dienstleistungen)
allowance factor / Zuschlagsfaktor
allowance, admissible ~ (e.g. ~ in quantity delivered) / zulässige Abweichung *f.*; zulässige Schwankung *f.* (z.B. ~ in gelieferter Stückzahl)
allowance, commuting ~ / Fahrtkostenzuschuss *m.*
allowance, dealer ~ / Händlerprovision *f.*
allowance, expense ~ / Aufwandsentschädigung *f.*
allowance, fatigue ~ / Erholungszuschlag *m.*
allowance, production ~ (e.g. ~ to compensate scrap) / Fertigungszuschlag *m.* (z.B. ~ zur Ausschuss-Kompensierung)
allowance, setup ~ / Einrichtezuschlag *m.*
allowed time / Zeitvorgabe *f.*
alteration / Modifizierung
alteration fee / Änderungsgebühr *f.*; Umbuchungsgebühr *f.*
alteration history (e.g. ~ of a product); engineering change history / Änderungsgeschichte *f.* (z.B. ~ eines Produktes)
alteration notice / Änderungsmitteilung

alternate loading time; alternate occupation time / Ersatzbelegungszeit *f.*
alternate machine / Ausweichmaschine *f.*
alternate material; substitute / Ausweichmaterial *n.*
alternate occupation time / Ersatzbelegungszeit
alternate processing time / Ersatzbearbeitungszeit *f.*
alternate routing / Leitwegkennung *f.*
alternate work center; standby work center / Ausweicharbeitsplatz *m.*; Ersatzarbeitsplatz *m.*
alternating current (AC) / Wechselstrom *m.*
alternative mode / Alternativmodus *m.*
alternative quotation / Alternativangebot *n.*
amendment / Zusatzbestimmung *f.*
American Production and Inventory Control Society (APICS) (see also 'Gesellschaft für Produktions-management e.V.') (Professional worldwide acting society in the field of production, inventory control and resource management. Annual national and international conferences. Parent company of the German GfPM. Headquarters: 500 W. Annadale Road, Falls Church, Virginia 22046-4274, USA. Phone: +1 (703. 237-8344, Fax: +1 (703. 534-4767)
amortization / Amortisation *f.*
amount / Betrag *m.*; Summe *f.*
amount / Menge
amount payable / Rechnungssumme *f.*
amount to (e.g. the bill amounts to ... $) / betragen *v.*; sich belaufen auf (z.B. die Rechnung beträgt ... DM)
amount to be collected on delivery / Nachnahmebetrag *m.*
amount, call-off ~ / Abrufmenge *f.*
amount, cumulative ~ / Auflaufwert *m.*
amount, invoice ~ / Rechnungsbetrag *m.*

amount, total ~ used / Gesamtverwendungsmenge f.

analyses and reports / Analysen und Berichte

analysis (pl. analyses) / Analyse f.

analysis, cost ~ / Kostenanalyse f.; betriebswirtschaftliche Auswertung f.

analysis, coverage ~ / Nutzenanalyse f.

analysis, process ~; process diagnosis; activity analysis / Prozessanalyse f.; Prozessuntersuchung f.

analysis, supply chain ~ / Analyse der Prozesskette; Analyse der Logistikkette; Analyse der Lieferkette

analyze / analysieren v.; untersuchen v.

ancillary (e.g. consider outsourcing if ~ support services are needed) / untergeordnet adj.; unwichtig adj. (z.B. Outsourcing in Betracht ziehen, falls Unterstützung zu weniger wichtigen Dienstleistungen benötigt wird)

ancillary constraint / Randbedingung f.

Andler's batch size formula (economic lot size) / Andlersche Losgrößenformel f. (wirtschaftliche Losgröße)

announce (e.g. this is to ~) / bekanntgeben v. (z.B. hiermit wird bekanntgegeben)

annual; yearly / jährlich

annual accounts (BrE) / Bilanz

annual inventory take; annual stock take / Jahresinventur f.

annual payment / Jahreszahlung f.

annual program / Jahresprogramm n.

annual report / Jahresbericht m.; Geschäftsbericht m.

annual review / Jahresprüfung f.

annual usage / jährlicher Verbrauch m.

ANSI (American National Standards Institute)

answering machine; answerphone; phone answering machine (examples of messages: 1.: "You reached Julius Martini. I am away from my desk right now but if you leave your name and phone number I'll get back to you as soon as possible"; 2.: This is Lisa Morgen. I can't come to the phone right now. Please leave a message after the beep. I'll call you back as soon as possible") / Anrufbeantworter m.; Telefon-Anrufbeantworter m.(Beispiele für Ansagen: 1.: "Dies ist der Apparat von Julius Martini. Ich bin zur Zeit nicht am Arbeitsplatz; aber wenn Sie Ihren Namen und Ihre Telefonnummer hinterlassen, werde ich mich so schnell wie möglich mit Ihnen in Verbindung setzen"; 2.: "Lisa Morgen. Ich bin gerade nicht erreichbar. Bitte hinterlassen Sie eine Nachricht nach dem Signalton. Ich werde Sie so bald wie möglich zurückrufen")

anticipate / voraussehen v.; erwarten v.; erhoffen v.

anticipated (e.g. the ~ day of delivery will be Friday next week) / voraussichtlich adj.; erwartet adj. (z.B. der ~e Liefertermin wird Freitag nächster Woche sein)

antitrust law; cartel law / Kartellrecht n.

anxiety / Angst f.; Besorgnis f.

anxious; afraid / ängstlich adj.; besorgt adj.

anxious (e.g. 1. I am ~ to know, 2. he is ~ for his report) / gespannt sein; gerne wissen wollen; begierig wissen wollen; neugierig sein (z.B. 1. ich möchte gerne wissen, 2. er ist gespannt auf seinen Bericht)

any-to-any communication / any-to-any-Kommunikation f. (Kommunikation ist von jedem zu jedem möglich, d.h. alle Teilnehmer sind miteinander verbunden)

APE (advanced purchasing engineer) (e.g. early involvement of the purchasing engineer in the production process) / APE-Einkaufstechniker m.; APE-Einkäufer m. (z.B. frühzeitige Beteiligung des Einkäufers am Produktionsprozess)

APICS (see American Production and Inventory Control Society)

apologize (e.g. we ~ for the late delivery) / sich entschuldigen v. (z.B. wir entschuldigen uns für die verspätete Lieferung)

apparel industry / Bekleidungsindustrie f.

applet (small Java program that can be included in an HTML page, much as an image can be included) / Applet (Programmerweiterung) n. (kleines Java-Programm, das ähnlich wie ein Bild in eine HTML-Seite eingebunden werden kann)

appliance / Vorrichtung

applicable (e.g. the concept must be ~) / anwendbar adv. (z.B. das Konzept muss ~ sein)

applicant; requestor / Antragsteller m.

application; use / Anwendung f.; Gebrauch m.

application / Anwendung f.; Anwendbarkeit f.; Bewerbung f.; Antrag m.

application center / Anwendungszentrum n.

application-oriented / anwendungsorientiert adj.

Application Service Provider (ASP) / Applikations-Dienstleister m. (ASP) (IT-Unternehmen, das elektronische Dienstleistungen aller Art anbietet und als "Computerprogramme aus der Steckdose" über das Netz an seine Kunden liefert, wie z.B. System- und Anwendersoftware-Programme, die in großen Rechenzentren zum Abruf bereitgehalten werden)

application sharing / Application Sharing n. (gemeinsames Bearbeiten einer Anwendung von unterschiedlichen PCs aus)

application software, customized ~; individualized application software / angepasste Anwendungssoftware f.; Individual-Anwendungssoftware f.

application-specific / anwendungsspezifisch adj.

application, individualized ~ software; customized application software / angepasste Anwendungssoftware f.

application, office ~ software / Büro-Anwendersoftware f.

application, provision of ~ software / Anwendungssoftware (Bereitstellung)

application, scope of ~ / Anwendungsbereich m.

applications engineering / Anwendungstechnik f.

apply; use; utilize / anwenden v.; benutzen v.; verwenden v.

apply (~ for a job) / sich bewerben v. (~ um eine Arbeitsstelle)

apply (e.g. due to the transportation damage please ~ to the supplier) / wenden, sich ~ an v. (z.B. wegen des Transportschadens wenden Sie sich bitte an den Lieferanten)

apply (e.g. through the provision of descriptions logisticians may ~ the tools to their own situation) / anpassen v. (z.B. anhand der mitgelieferten Beschreibungen können Logistiker die Tools auf ihre eigene Situation anpassen)

appointed (e.g. he is the recently resp. newly ~ logistics manager of the company) / ernannt adv.; berufen adv. (z.B. er ist der vor kurzem bzw. neu ernannte Logistikmanager der Firma)

appointment / Termin m.; Geschäftstermin m. (i.S.v. Besprechungstermin; Treffen)

apportionment, cost ~; cost allocation / Kostenteilung f.; anteilmäßige Kostenumlage f.

appraisal / Beurteilung f.; Bewertung f.

appraisal, performance ~ / Leistungsbeurteilung f.;

Mitarbeiterbeurteilung *f.*;
Personalbeurteilung *f.*

appraisal, upward ~; upward
performance appraisal (~ down to top,
i.e. employees rate their bosses) /
Vorgesetztenbeurteilung *f.*;
Leistungsbeurteilung der vorgesetzten
Führungskraft (~ von unten nach oben,
d.h. Mitarbeiter geben Feedback und
beurteilen ihre Vorgesetzten)

appreciate in value / Wertsteigerung

appreciation (~ of fixed assets) /
Zuschreibung *f.* (z.B. ~ des
Anlagevermögens)

apprentice; trainee / Lehrling *m.*;
Auszubildende(r)

apprentice workshop / Lehrwerkstatt *f.*

apprenticeship / Lehre *f.*; Lehrzeit *f.*

approach (how s-th. is done); method /
Vorgehensweise *f.* (wie etw. getan wird);
Art und Weise *f.*; Methode *f.*

approach, complete ~ / Komplettlösung
f.

approach, comprehensive ~ /
umfassende Sicht *f.*; ganzheitliche Sicht
f.

approach, holistic ~; integrated
approach / ganzheitliche Betrachtung
gesamtheitliche Betrachtung; integrierte
Betrachtung

approach, overall ~ / ganzheitlicher
Ansatz

appropriate (business meeting: e.g.
during the meeting, ~ attire is business
casual) / passend *adj.*; geeignet *adj.*;
richtig *adj.*; angemessen *adj.* (z.B.
Geschäftstreffen: die ~e Kleidung
während des Meetings ist salopp)

appropriate (e.g. the ~ department
resp. authority is ...) / zuständig *adj.* (z.B.
die ~e Abteilung bzw. Stelle ist ...)

approval / Genehmigung *f.*;
Anerkennung *f.*; Einwilligung; *f.*

approval, pallet ~ / Palettenprüfung *f.*

approval, subject to ~; subject to
authorization / genehmigungspflichtig
adj.

approve / anerkennen *v.*; genehmigen *v.*

approved / erprobt *adj.*; bewährt *adj.*

approximately (approx.) / ungefähr *adv;*
(ca.) *adv.*

apt (e.g. world class firms are far more ~
to exploit logistics as a core
competency than their less advanced
competitors) / tendieren *v.;* zu etwas
neigen *v.;* geneigt sein (z.B.
Spitzenfirmen tendieren viel mehr dazu,
Logistik als Kernkompetenz zu nutzen
als ihre weniger fortschrittlichen
Konkurrenten)

arbitration / Schlichtung *f.*;
Schiedsspruch *m.*

arbitration committee /
Schlichtungsausschuss *m.*

arbitration proceedings /
Schiedsverfahren *n.*

arbitration, court of ~ / Schiedsgericht
n.

arbitrative board / Schiedsstelle *f.*

arbitrative value / Schiedswert *m.*

architect / Architekt *m.*

architecture, competence in ~ /
Architektur-Kompetenz *f.*

archive, company ~ / Firmenarchiv *n.*

archiving / Archivierung *f.*

archiving system / Archivsystem *n.*

area / Bereich (i.S.v. Schwankungsbreite)

area / Gebiet *n.;* Bereich *m.*

area coverage / Flächendeckung *f.*

area of jurisdiction; point of arbitration /
Gerichtsstand *m.*

area of responsibility /
Verantwortungsbereich *m.*

area representative / Länderreferent
mpl.

area, pack ~ / Packzone *f.*; Packerei *f.*

area, pick ~ / Ladezone *f.*;
Bereitstellfläche *f.*

area, receiving ~ / Wareneingangszone *f.*

area, reception ~; reception / Empfang *m.;* Empfangsbereich *m.;* Empfangszone *f.*

area, shipping ~ / Warenausgangszone *f.*

areas (e.g. ~ for or of improvement) / Gebiete *npl.* (z.B. ~ für Verbesserungen)

arm's length; independent / unabhängig *adj.*

arm's length principle (i.e. acting according to this principle means: all parties involved have to act in the way customary between legally independent units) / Grundsatz der Unabhängigkeit *m.* (d.h. nach diesem Prinzip zu handeln bedeutet: alle Beteiligten müssen sich so verhalten, wie es zwischen rechtlich unabhängigen Einheiten üblich ist)

arrange; put together; group (e.g. 1: to put a delivery together, 2: to arrange overhead transparencies for a presentation, 3: to group figures to report the results) / zusammenstellen (z.B. 1. eine Lieferung ~, 2: Overheadfolien für einen Vortrag ~, 3: Zahlen ~, um über die Ergebnisse zu berichten)

arrangement / Anordnung (Zusammenstellung) *f.*

arrears, in ~ (payment) / in Verzug (Bezahlung); im Rückstand (Bezahlung)

arrears, interest on ~ (for default) / Verzugszinsen *mpl.*

arrival / Ankunft *f.*

arrival date / Eingangsdatum *n.*

arrival, estimated time of ~ (ETA) / geschätzte Ankunftszeit *f.*

arrival, port of ~; harbor of arrival / Ankunftshafen *f.*

arrival, scheduled time of ~ / fahrplanmäßige Ankunftszeit *f.*

article; item; part / Artikel *m.*; Teil *n.*; Werkstück *n.*

article in stock / Lagerartikel *m.*

article number; part number; item number / Artikelnummer *f.*; Teilenummer *f.*; Sachnummer *f.*

articles, statutes and ~; charter; regulations; bylaws / Satzung *f.*

as of ... (date); effective from ... (date); effective as of ... (date) (e.g. ~ October 1, 20..) / mit Wirkung vom ... (es folgt die Datumsangbe, z.B.: gültig ab 1. Oktober 20..)

as per invoice / laut Rechnung

as scheduled; according to schedule / planmäßig *adj.;* plangemäß *adj.*

asap (short for 'as soon as possible') / so schnell (bald) wie möglich

ASCII (American Standard Code of Information Interchange)

ASN (see Advance Ship Note)

ASP (Application Service Provider) / ASP (siehe Applikations-Dienstleister)

ASRS (see Automatic Storage & Retrieval System)

assemble / montieren

assemble-to- order / auftragsbezogen montieren *v.*

assembling and manipulating equipment / Montage- und Handhabungstechnik *f.*

assembly (~ in manufacturing) / Montage (~ in der Fertigung) *f.*

assembly direction / Fügerichtung *f.*

assembly line / Montagelinie *f.*

assembly line production; continuous production; Continuous Flow Manufacturing (CFM) / Fließfertigung *f.*

assembly list / Bauliste *f.*

assembly of variants / Variantenmontage *f.*

assembly order / Montageauftrag *m.*

assembly parts list / Montageliste *f.*

assembly plan (manufacturing) / Montageplan (Fertigung) *m.*

assembly program / Montageprogramm *n.*

assembly throughput time / Montagedurchlaufzeit *f.*

assembly, dis~ / Demontage *f.*

assembly, site ~ / Baustellenmontage *f.*

assembly, system ~ / Anlagenmontage *f.*

assessment / Bewertung *f.*; Beurteilung *f.*; Überprüfung *f.*

assessment costs / Umlagekosten *pl.*

asset management (Method to reduce company assets to the necessary optimum. Assets include buildings, machinery and outstanding customer invoices, as well as inventories. Capital can be freed up for new investment by rigorous application of ~ methods) / Asset Management *n.* (Methode, durch die ein Unternehmen sein Vermögen auf das notwendige Optimum reduziert. Zum Vermögen gehören Gebäude, Maschinen wie auch Forderungen an Kunden und Lagerbestände. Durch konsequentes ~ werden Geldmittel freigesetzt für neue Investitionen)

asset management / Management der Vermögenswerte; Bestandsmanagement (i.S.v. Betriebsvermögen) *n.*

asset portfolio / Anlagenbestand *m.* (i.S.v. Vermögen)

asset utilization (e.g. net inventory of all assets as a percentage of sales) / Bestandsnutzung *f.* (z.B. gesamtes Inventar in % vom Umsatz)

assets / Aktiva *npl.*; Vermögen *n.*; Betriebsmittel *npl.*; Geldmittel *npl.*

assets and liabilities / Aktiva und Passiva

assets, concealed ~ / stille Reserven *fpl.*

assets, current ~ / Umlaufvermögen *n.*

assets, damage to financial ~ / Vermögensschaden *m.*

assets, fixed ~; plant and equipment; capital assets / Anlagevermögen *n.*

assets, intangible ~ / immaterielle Werte *mpl.*

assets, return on ~ / Rendite des Anlagevermögens

assets, statement of ~ **and liabilities** / Bilanz *f.*

assets, tangible ~ / materielle Vermögenswerte *mpl.*; Sachvermögen *n.*

assign (e.g. in a warehouse, ~ the most popular items to the most accessible locations) / zuordnen *v.* (z.B. im Lager die gängigsten Stücke dem am besten zu erreichenden Ort ~)

assigned to ... for disciplinary purposes; disciplinary assigned to ...; subordinated in disciplinary terms / disziplinarisch ... zugeordnet

assigned to / zugeordnet *adj.*

assignment (e.g. ~ of accounts receivable) / Abtretung *f.* (z.B. ~ von Forderungen)

assignment (e.g. his ~ is to establish a new department) / Aufgabe *f.* (z.B. seine ~ ist es, eine neue Abteilung aufzubauen)

assignment of duties / Aufgabengebiet

assignment of responsibility / Verantwortungszuweisung *f.*

assignment of tasks / Aufgabenzuordnung *f.*

associate / verbinden (angliedern) *v.*

associated companies domestic; affiliated companies domestic / Beteiligungen Inland *fpl.*

associated companies international; affiliated companies international / Beteiligungen Ausland *fpl.*

associated company; affiliated company (minority stake, i.e. owned less than 50%) / Beteiligungsgesellschaft *f.;* Tochtergesellschaft *f.* (Beteiligung weniger als 50%)

associated field or area / Umfeld *n.*

association / Verband *m.*; Interessensverband *m.*

association, employers' ~ / Arbeitgeberverband *m.*

association, trade ~ / Unternehmerverband *m.*; Wirtschaftsverband *m.*

assortment (e.g. ~ of products) / Sortiment *n.*; Angebot *n.* (z.B. ~ von Produkten)

assortment / Auswahl *f.*; Warensortiment *n.*

assortment, store ~ / Sortimentsgestaltung f.

assume liability; take responsibility / Haftung übernehmen v.

assurance, customer supply ~ manager (manager with task and responsibility to coordinate the whole supply chain to assure reliable deliveries to the customer) / Manager zur Sicherung von Kundenlieferungen (Koordinator mit Aufgabe und Verantwortung über die ganze Lieferkette hinweg, um zuverlässige Kundenlieferungen zu garantieren)

at any time of the day / zu jeder Tageszeit

at any time round-the-clock / zu jeder Tages- und Nachtzeit

at cost / zum Selbstkostenpreis; zu Selbstkosten pl.

at disposal; available; disposable / verfügbar adj.

at site / vor Ort

ATM (Automated Teller Machine); cash dispenser; money machine / Geldautomat m.

attachment (e.g. ~ of a letter) / Anlage (z.B. ~ zu einem Brief)

attempt (e.g. make an ~; give s.th. a try) / Versuch f. (z.B. einen ~ machen; etw. ausprobieren)

attend a program / an einer Veranstaltung teilnehmen; eine Veranstaltung besuchen

attendance / Anwesenheit f.

attendance check / Anwesenheitskontrolle f.

attendance time / Anwesenheitszeit f.

attendance, time and ~ capturing / Zeit- und Anwesenheitserfassung f.

attention, for the ~ (~ of) / zu Händen (~ von)

attire, appropriate ~ (business meeting: e.g. during the meeting, ~ is business casual) / passende Kleidung (z.B.

Geschäftstreffen: die ~ während des Meetings ist salopp)

attitude; mindset (e.g. to have a different ~ towards this logistics solution) / Einstellung (z.B. eine unterschiedliche ~ haben zu dieser Logistiklösung)

attorney; attorney at law; lawyer / Anwalt m.; Rechtsanwalt m.

attribute / Attribut n.; Eigenschaft f.

attribute / besonderer Zusatz (Ausstattung)

attribute check / Attributprüfung

attribute inspection; attribute check / Attributprüfung f.

attribute tag / Attributbezeichnung f.

audit; internal audit / Revision f.; Audit n.; Hausrevision f.

audited balance sheet / geprüfte Bilanz f.

auditor / Wirtschaftsprüfer m.

austerity program / Sparprogramm n.

authentication / Beglaubigung f.; Legitimierung f.

authenticity (e.g. ~ check for PC users with remote access to company computers behind the firewall) / Authentizität f.; Berechtigung f.; Echtheit f. (z.B. ~prüfung für PC-Nutzer außerhalb der Firma mit Zugriff auf Firmenrechner hinter der Firewall)

authorities, customs ~; customs / Zollbehörde f., Zoll m.

authorities, regional and local ~ / Länder und Kommunen

authority level / Verantwortungsstufe f.; Befugnisstufe f.

authority to sign / Zeichnungsvollmacht f.

authority, administrative ~ (pl. authorities); administrative agency / Behörde f.

authority, guideline ~ / Richtlinienkompetenz f.

authorization / Berechtigung f.

authorization check / Berechtigungsprüfung f.

authorization code / Berechtigungscode m.

authorization group / Berechtigungsgruppe f.

authorization, release ~ / Freigabeberechtigung f.

authorization, subject to ~ / genehmigungspflichtig

authorize / freigeben v.

authorized signatory / Unterschriftsberechtigter m.

authorized to sign / unterschriftsberechtigt adj.

auto body; body / Karosserie f.; Auto-Karosserie f.

automate / automatisieren v.

automated conveying / Transportautomatisierung f.

automated guided vehicle / automatisch gesteuertes Transportfahrzeug n.

Automated Guided Vehicle System (AGVS) / fahrerloses Transportsystem

automated handling system / automatisches Fördersystem n.

automated identification system (e.g. ~ by using barcode labels) / automatisiertes Identifikationssystem (z.B. ~ unter Verwendung von Barcodeetiketten)

automated sealing unit / Folienschweißgerät n.

automated storage system / automatisches Lagersystem

Automated Teller Machine (ATM); cash dispenser; money machine / Geldautomat m.

Automatic Call Distribution (ACD) / automatische Anrufverteilung f. (z.B. ~ an die anwesenden Agenten in einem Call Center)

Automatic Storage & Retrieval System (ASRS) (automated system for moving goods into and retrieving it from storage locations) / automatisierte Lagerung (automatisiertes Lagersystem für die Ein- und Auslagerung von Waren)

automatically controlled ground conveyor / fahrerloses Flurförderzeug n.

automation; automation technology / Automatisierung f.; Automatisierungstechnik f.

automation level / Automatisierungsstufe

automation system / Automatisierungssystem n.

automation technology / Automatisierungstechnik; Automatisierung

automation, degree of ~ / Automationsstufe f.; Automatisierungsgrad m.

automation, flexible ~ (~ by using flexible utilization of equipment and through different products and procedures) / flexible Automatisierung f. (~ durch flexible Nutzung der Betriebsmittel und durch verschiedene Produkte und Vorgänge)

automation, hard ~ / Automatisierung für einen bestimmten Zweck (Vorgang, Produkt), ohne Möglichkeit das Investment anders zu nutzen

automation, industrial ~ system / Industrie-Automatisierungssystem n.

automation, office ~ / DV-Bürotechnologie f.; Büroautomatisierung f.

automation, stage of ~; automation level / Automatisierungsstufe f.

automotive electronics / Autoelektronik f.

automotive systems / Automobiltechnik f.

autonomous; self-managing / autonom adj.

autonomous workgroup; self-directed workgroup / autonome Arbeitsgruppe f.

auxiliary facility / Hilfseinrichtung f.

auxiliary machine; standby machine / Hilfsmaschine f.

availability / Verfügbarkeit f.

availability calculation /
Verfügbarkeitsrechnung *f.*
availability check /
Verfügbarkeitsprüfung *f.*
availability code / Verfügbarkeitscode *m.*
availability control /
Verfügbarkeitskontrolle *f.*
availability date / Verfügbarkeitstermin
m.
availability, controlled ~ / steuerbare
Erreichbarkeit *f.*
available / verfügbar
available capacity; spare capacity /
verfügbare Kapazität *f.*; freie Kapazität *f.*
available earnings / Bilanzgewinn *m.*
available in electronic form /
elektronisch verfügbar
available time (e.g. ~ between ordering
and due date) / verfügbare Zeit (z.B. ~
zwischen Auftragsbildung und
Fälligkeitstermin)
available to promise (stock) / frei
verfügbar *adj.* (Bestand)
available work / Arbeitsvorrat
available, make ~; provide (e.g. 1. make
material available; e.g. 2. make accurate
and timely information available to
exporters) / bereitstellen *v.* (z.B. 1.
Material körperlich bereitstellen; z.B. 2.
genaue und aktuelle Informationen für
Exporteure bereitstellen)
available, quantity ~; quantity in stock /
lieferbare Anzahl *f.*; lieferbare Menge *f.*
lieferbare Stückzahl *f.*
average (ship collision; accident) (e.g.
payment for damage due to ~) / Havarie
f. (Schiffskollison, Schiffsunfall) (z.B.
Bezahlung für die ~)
average per day / Tagesdurchschnitt *m.*
average, moving ~ / gleitender
Durchschnitt *m.*
average, on ~ / im Durchschnitt *m.*
avoid errors / Fehler vermeiden
award (e.g. ~ for outstanding
performance) / Auszeichnung (z.B. ~ für
hervorragende Leistung) *f.*; Preis *m.*

award of contracts / Vergabe von
Aufträgen *f.*; Auftragsvergabe *f.*
awareness; consciousness / Bewusstsein
n.
awareness workshop / Workshop zur
Bewusstmachung
AWB (airway bill) / Luftfrachtbrief
(AWB) *m.*
axiom / Grundsatz
axle, dual-~ / zweiachsig *adj.*
axle, single-~ / einachsig *adj.*

B

B2B; b2b (business-to-business) /
Geschäft zwischen Unternehmen *n.*
B2C; b2c (business-to-consumer) /
Geschäft zwischen Unternehmen und
Endverbrauchern *n.*
B-part ordering key / B-Teile-
Bestellschlüssel
back; support / *jmdn.* unterstützen
back end (production process) (e.g. in
chip production: assembly and
packaging of the chips; *opp.* front end
production process: manufacturing of
the chips) / Ende (Fertigungsprozess)
(z.B. bei der Herstellung von Chips:
Montage und Verpackung der Chips;
Ggs. Anfang eines
Fertigungsprozesses: die eigentliche
Chipfertigung)
back end / Kettenende *n.* (z.B. *Ende* einer
Wertschöpfungskette, d.h. Distribution)
back office (e.g. our ~ should design
some overheads for the next customer
meeting) / Back Office; Abteilung zur
Unterstützung (z.B. unser Back Office
sollte einige Overheadfolien für das
nächste Kundengespräch entwerfen)
back pay / Gehaltsnachzahlung *f.*
back room / Lager *n.* (in einem Geschäft
das ~ im 'Hinterzimmer')

back scheduling; backward scheduling; offsetting / Rückwärtsterminierung *f.*
back-to-back transaction / Gegengeschäft
back-up copy (computer) / Sicherungskopie *f.* (Computer)
back-up people / Personalreserve *f.*
back, bring ~ / zurückbringen *v.*
back, take ~ / zurücknehmen *v.*
backbone / Backbone *n.* (Hochgeschwindigkeitsnetzwerk für Internetcomputer)
backdating / Rückdatierung *f.*
backhaul / Rücktransport *m.*
backlash demand; make up; recover / Nachholbedarf *m.*
backlog list / Rückstandsliste (Kundenaufträge)
backlog of work / Fertigungsrückstand *m.*
backlog order; order backlog / unerfüllter Auftragsbestand *m.*; Auftragsrückstand *m.*
backorder; open order; unfilled order (e.g. article A. is on backorder but will be delivered to you soon) / unerledigter Kundenauftrag (Terminverzug); offener Kundenauftrag (z.B. Artikel A. ist gerade nicht lieferbar, wird aber bald an Sie geliefert)
backorder list; delay report; backlog list / Rückstandsliste *f.* (Kundenaufträge)
backward scheduling / Rückwärtsterminierung
bad debt / uneinbringliche Forderung *f.*
bad luck, to have ~; pick a lemon (coll. AmE) / Pech haben; eine Niete ziehen (fam.)
bag, tote ~ / Einkaufstasche *f.*; Tragetasche *f.*
baggage; luggage / Gepäck *n.*
baggage checkroom / Gepäckaufbewahrung *f.*
baggage tracing; lost baggage claim / Gepäckermittlung (bei Verlust) *f.*
balance / Ausgleich *m.*; Saldo *m.*

balance / saldieren *v.*
balance of payments / Zahlungsbilanz *f.*
balance sheet; annual financial statement; year-end financial statement; annual accounts (BrE) / Bilanz *f.*
balance sheet audit / Bilanzprüfung *f.*
balance sheet item / Bilanzposten *m.*
balance sheet total / Bilanzsumme *f.*
balance, audited ~ sheet / geprüfte Bilanz *f.*
balance, detailed ~ sheet / ausführliche Bilanz *f.*
balance, guideline for drawing up a ~ sheet / Bilanzierungsgrundsatz
balanced / ausgeglichen *adj.*
balanced quantity / saldierte Menge *f.*
balanced requirements / saldierte Bedarfsmengen *fpl.*
balanced scorecard (BSC) / Balanced Scorecard (Managementmethode, die Vision und strategische Unternehmensziele mit operativen Maßnahmen, der normalen Geschäftstätigkeit, verbindet. Damit verbunden ist ein Bewertungssystem, das für eine Organisation oder auch für einzelne Personen eine Balance herstellen soll zwischen z.B. finanziellen Ergebnisgrößen und operativen Treibergrößen)
balancing / Abgleich
bandwith / Bandbreite *f.*
bank account / Bankkonto *n.*
bank discount / Damnum *n.*
bank receipt / Bankbeleg *m.*
bank reference / Bankauskunft *f.*
bank transfer; remittance; money transfer / Banküberweisung *f.*
bankrupt / bankrott *adj.*
bankruptcy (e.g. file for ~) / Bankrott *m.*; Konkurs *m.* (z.B. ~ erklären)
barcode / Barcode *m.*
barcode label / Barcodeetikett *n.*
barcode printer / Barcode-Drucker *m.*

barcode scanner / Barcodescanner *m.*
(zum Abtasten des Barcodes von einem
Barcodeetikett)
bargain / handeln *v.;* herunterhandeln *v.;*
feilschen *v.*
bargeman / Schiffer *m.*
barrier; boundary; border / Grenze *f.*
barrier / Barriere *f.;* Hindernis *n.;*
Grenze *f.*
barrier removal; elimination of barriers
/ Barrierenbeseitigung *f.;*
Hindernisbeseitigung *f.*
barrier, cultural ~ (e.g. blockage in the
way of thinking and acting) / kulturelle
Barriere *f.* (i.S.v. Hindernis in der Art des
Denken und Handelns)
barriers; walls; functional silos; stove
pipes (figuratively, coll. AmE; i.e.
especially mental barriers in cross-
functional co-operation) / Trennwände
fpl.; Barrieren *fpl.* (im übertragenen
Sinn; d.h. vor allem mentale Barrieren
bei der Zusammenarbeit über
Abteilungsgrenzen hinweg, also
Schnittstellen oder Brüche zwischen
Abteilungen, Funktionen, etc.)
barriers, elimination of ~ /
Barrierenbeseitigung
barter; swap / Tauschgeschäft *n.;*
Tauschhandel *m.*
barter economy / Tauschwirtschaft *f.*
barter trade / Kompensationsgeschäft *n.*
base / Basis *f.*
base index / Basisindex *m.*
base inventory level / Basisbestand *m.*
base lines (e.g. ~ of a project) /
Grundanforderungen *fpl.* (z.B. ~ eines
Projektes)
base price / Basispreis *m.*
base stock control /
Minimalbestandsüberwachung *f.*
base technology / Basistechnologie *f.*
baselining (e.g. ~ of the line of business)
/ Festlegung der Grundausrichtung (z.B.
~ des Geschäftsauftrages)

basic contract; master contract; master
agreement; skeleton contract /
Rahmenvertrag *m.*;
Rahmenvereinbarung *f.*
basic data / Grunddaten *npl.*
basic development /
Grundlagenentwicklung *f.*
basic direct costs / Basiskosten *pl.*
basic industry / Grundstoffindustrie *f.*
basic load / Grundlast *f.*
basic part (e.g. ~ of a product) /
Grundteil *n.*; Standardteil *n.* (z.B. ~
eines Produktes)
basic piecework rate / Akkordrichtsatz
m.
basic rate; basic wage rate / Ecklohn *m.*;
Grundlohn *m.*
basic research / Grundlagenforschung *f.*
basic time / Grundzeit *f.*
basic time limit / Ecktermin *m.*
basic type / Grundtyp *m.*
basic value / Basiswert *m.*
basic wage rate / Ecklohn
basic, maintenance of ~ data /
Grunddatenverwaltung *f.*
basics; fundamentals / Grundlagen *fpl.*
basis; base / Basis *f.*
batch / Charge *f.*
batch / Los
batch buying / Loseinkauf *m.*
batch card / Losbegleitkarte *f.*
batch handling / Chargenabwicklung *f.*
batch input session / Batcheingabe *f.*
batch material value / Loswert *m.*
batch mode of operation / losweise
Fertigung
batch orders, to ~ / Aufträge
zusammenfassen; kommissionieren
batch processing; batch production;
batch mode of operation / losweise
Fertigung *f.*; Batchverarbeitung *f.*;
Stapelverarbeitung *f.*
batch production / losweise Fertigung
batch program / Batchprogramm *n.*
batch quantity / Losmenge
batch size / Losgröße

batch throughput time /
Losdurchlaufzeit *f.*
batch value-added / Loswertschöpfung
f.
batch volume; batch quantity /
Losmenge *f.*
batch, Andler's ~ size formula
(economic lot size) / Andlersche
Losgrößenformel *f.* (wirtschaftliche
Losgröße)
batch, purchase delivery ~ quantity /
Bestelllosgröße *f.*
BBDS (group data protection officer) /
Bereichsbeauftragter für den
Datenschutz (BBDS)
BBIS (group data security officer) /
Bereichsbeauftragter für
Informationssicherheit (BBIS)
BDSG (german federal data protection
act) / Bundesdatenschutzgesetz (BDSG)
n.
bearer / Überbringer *m.*
before delivery, cash ~; advance
payment / Vorauszahlung *f.*; Zahlung vor
Lieferung *f.*
before tax yield / Gewinn vor Steuern
beginning of message (communications)
/ Beginn der Nachricht (Kommunikation)
bell curve / Gauß'sche Verteilung *f.*;
Glockenkurve *f.*
benchmark measures /
Vergleichsmessungen *fpl.*
benchmark *n.* / Benchmark *m.*;
Bezugsmarke *f.*; Vergleichsmaßstab *m.*;
Messlatte *f.* (Herkunft des Wortes
"benchmark" ursprünglich aus dem
angelsächsischen Sprachraum: für
Messungen etc. zeichnet der Schreiner
mit einem Stift auf seiner Werkbank
(bench) Markierungen (marks) auf)
benchmark *v.* (e.g. ~ in comparison with
the best-of-class competitor) /
benchmarken *v.;* sich messen *v.;* sich
vergleichen *v.* (z.B. ~ im Vergleich mit
dem besten Wettbewerber)

benchmarking (to measure a
company's current operation profile
against other companies with similar
operations that are considered to be the
'best-in-class'. These 'best' practices
are then incorporated into the own
company's operations) / Benchmarking
n.
benchmarks, logistics ~ (examples: 1.
error rates of less than one per 1,000
order shipments, 2. logistics costs of
well under 5% of sales, 3. inventory
turnover of 10 or more times per year,
4. transportation costs of one percent of
sales revenues or less) / Logistik-
Benchmarks *mpl.* (Beispiele: 1.
Fehlerraten von weniger als eins pro
1.000 Sendungen, 2. Logistikkosten von
gut unter 5% des Umsatzes, 3.
Bestandsumschlag von 10 oder mehr
pro Jahr, 4. Transportkosten von einem
Prozent der Umsatzerlöse oder
weniger)
benchmarks, set ~ / Benchmarks setzen
npl.
beneficiary / Leistungsempfänger *m.*
benefit; derive profit (~ from) / Nutzen
haben; Vorteil haben (~ von)
benefit / Nutzen *m.*; Gewinn *m.*
benefit, commercial ~ / geschäftlicher
Nutzen *m.*
benefit, health ~ / Krankenversicherung
benefit, shareholder ~ (e.g. delivering
value to the customer for the benefit of
the shareholders) / Shareholder-Nutzen
m. (z.B. Kundennutzen zum Wohle der
Shareholder schaffen)
benefits; employee benefits (e.g. the
company policy is to grant good ~) /
Personalleistungen *fpl.*; Sozialleistungen
f.pl (z.B. die Firmenpolitik ist es, gute ~
zu gewähren)
benefits, mutual ~ / beiderseitiger
Nutzen *m.*
benefits, retirement ~ / betriebliche
Altersversorgung

benefits, tangible ~ / greifbarer Nutzen *m.*; realer Nutzen *m.*

best-in-class (refers to companies or organizations that are known to be excellent in the specific process being benchmarked) / Bester in seiner Art

best mix / beste Vorgabemischung *f.*

best practice (e.g.: as a result of our benchmarking, ~ concepts in city logistics in Europe are provided by company X) / Best Practice; Spitzenlösung *f.*; Spitzenanwendung *f.*; Vorbildlösung *f.* (z.B.: das Ergebnis unseres Benchmarkings ist, dass Firma X in Europa die besten Konzepte für City-Logistik liefert)

better off, to be ~ (e.g. you are much better off with this offer) / besser dran sein; günstiger sein (z.B. mit diesem Angebot sind Sie viel besser dran, dieses Angebot ist viel günstiger)

bias; influence / beeinflussen *v.*

bias (e.g. asymptotic ~) / Vorspannung *f.* (z.B. asymptotische ~); Ausrichtung *f.*

bias (e.g. biased) / systematischer Fehler *m.* (z.B. mit einem systematischen Fehler behaftet)

bias / Befangenheit *f.*; Tendenz *f.*; Vorurteil *n.*; Vorliebe *f.*; Neigung *f.*

bias, weighting ~ / Gewichtungsfehler *m.*

biased (also spelled: 'biassed') / tendenziös *adj.*; verzerrt *adj.*; voreingenommen *adj.*

bid (~ for a job) / sich bewerben *v.*; Bewerbung *f.* (~ um eine Arbeitsstelle)

bid (~ for a project) / Bewerbung *f.* (~ um ein Projekt)

bid / Angebot

bid invitation date / Ausschreibungsdatum *n.*

bid processing / Angebotsabwicklung

bid, invitation to ~; request for bids; quotation request; invitation to tender / Ausschreibung

bid, solicit a ~; solicit a proposal; send out a request for a quotation / Angebot einholen *n.*

bid, submit a ~ / Angebot einreichen; Angebot unterbreiten

bid, terms of a ~ / Angebotsbedingungen *fpl.*

bid, withdraw a ~ / Angebot zurückziehen

bidder; tenderer / Anbieter *m.*

bidding; tendering (e.g. to advertise biddings; submission of bids; tendering of bids) / Angebotsabgabe *n.*; Bieten *n.*; Preisgebot *n.*; Gebot *n.* (z.B. Angebote ausschreiben; Abgabe von Angeboten)

big / groß (z.B. *big* (groß, bedeutend: z.B. building, business, profit, mistake, the big Five); *great* (bedeutend, berühmt: z.B. celebrity, actor, speaker; beträchtlich: z.B. number; super: time); *large* (Fläche, Umfang, Inhalt: z.B. container, room, business, enterprise, producer, farm); *huge* (riesig, enorm, mächtig, gewaltig, ungemein groß: z.B. mountain); *vast* (unermesslich, riesig, weit, ausgedehnt: z.B. quantity, majority, difference); *tall* (hochgewachsen: z.B. person, tree)

bilateral; mutual / bilateral *adj.*

bill; invoice / Rechnung

bill (~ for) / verrechnen (~ für) (z.B. der Abteilung E. die Projektunterstützung in Rechnung stellen)

bill of delivery; delivery notice; dispatch docket / Lieferschein *m.*

bill of lading (clean ~) / Konnossement *n.* (reines ~)

bill of lading, import ~ / Importkonnossement *n.*

bill of loading (BOL) / Ladeliste *f.*

bill of material (BOM); list of components / Stückliste *f.*

bill of material chain / Stücklistenkette *f.*

bill of material tree / Stücklistenbaum *m.*

bill, clean ~ of lading / reines Konnossement *n.*
bill, construction ~ of material; design parts list / Konstruktionsstückliste *f.*
bill, drawing ~ of material / Zeichnungsstückliste *f.*
bill, explosion of ~ of material / Stücklistenauflösung *f.*
bill, export ~ / Exportrechnung *f.*
bill, import ~ / Importrechnung *f.*
bill, manufacturing ~ of material / Fertigungsstückliste
bill, matrix ~ of material / Erzeugnismatrix Teilematrix
bill, modular ~ of material; modular bill / modulare Stückliste *f.*
bill, multi-level ~ of material / mehrstufige Stückliste *f.*
bill, one-level ~ of material; quick-deck; single-level explosion / Baukastenstückliste *f.*
bill, pay a ~ / Rechnung begleichen *f.*
bill, planning ~ of material; dummy parts list / Pseudostückliste *f.*
bill, production ~ of material; manufacturing bill of material / Fertigungsstückliste *f.*
bill, structure ~ of material; indented explosion / Strukturstückliste *f.*
bill, summarized ~ of material; summarized explosion / Mengenübersichtsstückliste *f.*; Summenstückliste *f.*
bill, super ~ of material / Typenvertreterstückliste
bill, variant ~ of material / Variantenstückliste *f.*
bill, where-used ~ of material / Teilenachweis *m.*; Teileverwendungsnachweis *m.*; Baukastenverwendungsnachweis *m.*
billboard / Reklametafel *f.*; Anzeigetafel *f.*
billing; issuing an invoice / Rechnungsstellung *f.*

billing form; voucher / Rechnungsbeleg *m.*
billing of services / Leistungsverrechnung *f.*
billing principles; charging principles / Verrechnungsprinzipien *npl.*
billing reference information / Rechnungshinweis *m.;* Rechnungsbezugshinweis *m.*
billing, daily pro rata ~ / tagesgenaue Abrechnung *f.*
bin / Behälter
bin card; bin tag / Lagerplatzkarte *f.*
bin management / Lagerplatzverwaltung *f.*
bin tag / Lagerplatzkarte
bin, storage ~ / Lagerbehälter *m.*
bin, two-~ system / Zwei-Behälter-System *n.*
binary / binär *adj.*
binary code / Binärcode *m.*
binary coded decimal / binär verschlüsselte Dezimale *f.*
binary digit / Bit *n.*
binding objectives / verbindliche Zielsetzung *f.*
bit (binary digit) / Bit *n.*
bit density / Bitdichte *f.*
BizTalk / BizTalk (Kurzform für 'Business Talk'; Framework, das auf XML-Schemata und Industrienormen für den Informationsaustausch basiert und den Unternehmen ermöglicht, auf einfache Weise ~-Dokumente mit ihren Online-Handelspartnern auszutauschen)
black, be in the ~ (e.g. move back into the black) / in den schwarzen Zahlen sein (z.B. wieder schwarze Zahlen schreiben)
blade stop (movable metal blade in roller conveyors to automatically stop goods movement) / Sicherheitsstop *m.* (beweglicher Metallstab, um automatisch Waren auf einer Rollenbahn anzuhalten)

blame (e.g. 1. ~ *s.o.* for, 2. ~ it on inventory that costs are that high) / verantwortlich machen (z.B. 1. *jmdn.* für etwas ~; 2. es auf die Bestände schieben, dass die Kosten so hoch sind)
blank; empty / leer *adj.*
blank purchase / Blankobezug *m.*
blanket order / Rahmenauftrag *m.*; Abrufauftrag *m.*; Abrufbestellung *f.*
blanket purchase order; skeleton order / Rahmenbestellung *f.*; Abrufbestellung *f.*
bloated organization; bloated administration; / aufgeblähte Organisation *f.*; aufgeblähte Verwaltung *f.*
block control / Fertigungsphasen-Überwachung *f.*
block of stock (storage (items) arranged in blocks) / Blocklager *n.*
block scheduling / Terminierung mit Zeitabschnitten
blocked operations / funktionsorientierte Produktion
blue chip company / Spitzenfirma *f.*
blue-collar worker; blue-collar employee / gewerblicher Arbeitnehmer *m.;* Arbeiter *m.*
blueprint / Plan (Entwurf, Zeichnung) *m.*
bluetooth / Bluetooth (Standard für die Funkübertragung von Daten zwischen unterschiedlichen elektronischen Geräten über kurze Distanzen; z.B. verständigen sich Computer, Drucker, Scanner, Handys oder Organizer drahtlos untereinander)
board employee representative (~ on the supervisory board); employee-elected representative / Arbeitnehmervertreter (~ im Aufsichtsrat) *m.*
board-level (e.g. logistics is becoming a ~ position in many firms) / Vorstandsebene *f.* (z.B. in vielen Firmen wird Logistik mehr und mehr auf ~ angesiedelt)

board of advisors / Beratungsausschuss (BA)
board of directors (US-American speciality: governing board of a corporation consisting of people from outside the company as well as of executives from inside the company) / Verwaltungsrat *m.*; Direktion *f.* (US-amerikanische Besonderheit: Geschäftsführung eines Unternehmens, bestehend aus Personen, die sowohl von außerhalb der Firma kommen (d.h. im Sinne einer Aufsichtsratfunktion) als auch von innerhalb der Firma kommen, d.h. leitende Führungskräfte im Sinne einer Vorstandsfunktion)
board, executive ~ / Vorstand
board, managing ~; executive board / Vorstand *m.*; Geschäftsleitung *f.*; Gesamtvorstand *m.*
body; auto body / Karosserie *f.;* Auto-Karosserie *f.*
bodyguards / Sicherungsgruppe
bodywork / Karosserie *f.*
boil down (e.g. it boils down to running out of products) / darauf hinauslaufen *v.* (z.B. es läuft darauf hinaus, dass die Produkte ausgehen)
bond; debenture bond / Schuldverschreibung *f.*
bond; seal / Zollverschluss *m.*
bond market / Rentenmarkt *m.*
bond, in ~ / unter Zollverschluss *m.*
bonded goods / Waren unter Zollverschluss *f.*
bonded goods / Zollgut *n.;* Zollverschlussware *f.*
bonded warehouse / Zollager *n.*; Lager unter Zollverschluss *n.*
bonds / Obligationen *fpl.*
bonus / Bonus *m.*; Zulage *f.* (z.B. Gehaltszulage)
bonus rate / Prämie *m.*; Zuschlag *m.*
bonus system / Bonussystem *n.*; Prämiensystem *n.*

bonus, efficiency ~ / Leistungszulage
bonus, incentive ~; individual performance incentive (e.g. ~ as a compensation tied to mutually agreed goals) / Leistungsprämie f. (z.B. Vergütung in Form einer ~, die an eine beiderseitig vereinbarte Zielerreichung gebunden ist)
bonus, no-claims ~ / Schadenfreiheitsrabatt m.
boogie; container chassis / Container-Fahrgestell n.
book (~ a seat, ~ a ticket etc.) / buchen v. (einen Sitzplatz ~, eine Fahrkarte ~)
book depreciation / handelsrechtliche Abschreibung f.
book transfer; (e.g. ~ to) / Umbuchung (Position) (z.B. ~ auf)
book value / Buchwert m.
book, cargo ~ / Ladebuch n
booked inventory / buchmäßiger Bestand m.
booked inventory at actual cost; booked stock at actual cost / buchmäßiger Bestand zu Ist-Kosten m.
booked inventory at standard cost; booked stock at standard cost / buchmäßiger Bestand zu Standardkosten m.
booked, fully ~ (e.g. the flight is ~) / ausgebucht, total ~ adv. (z.B. der Flug ist ~)
booking; posting / Buchung f.
booking change (e.g. flight) / Umbuchung (Termin) f. (z.B. Flug)
booking voucher / Buchungsbeleg m.
booking, confirmation of ~ / Buchungsbestätigung f.
bookkeeping / Buchhaltung f.
booklet / Broschüre f.; Heft n.
boost (e.g. ~ productivity) / steigern (drastisch) v. (z.B. Produktivität ~)
booting up / Vorlaufprogramm n.
border / Grenze f.; Landesgrenze f.
border official / Grenzbeamter f.

border police / Grenzschutz m.; Bundesgrenzschutz m.
border station (rail) / Grenzbahnhof m.
border, cross-~; border-crossing (e.g. ~ trade; ~ traffic) / grenzüberschreitend (z.B. ~er Handel; ~er Verkehr) adv.
borrow money (~ from sbd.) / Geld leihen (von jmdm. ~) (ausleihen)
boss / Vorgesetzter
bottleneck / Engpass m.
bottleneck, capacity ~ / Kapazitätsengpass m.
bottom limit / Untergrenze f.
bottom line (e.g. 1: the ~ is that the business profit of this current FY will be outstanding; 2: well, when you get down to the ~, it's only money that matters; 3: the ~ is that he really doesn't care; 4: all that counts is the ~) / Resultat n.; das Wesentliche n.; Ergebnis n.; Fazit n.; zusammengefasst (z.B. 1: zusammengefasst kann man sagen, dass der Gewinn dieses laufenden Geschäftsjahres ausgezeichnet sein wird; 2: auf einen Nenner gebracht: es zählt nur das Geld; 3: das Ergebnis ist, dass ihm wirklich alles egal ist; 4: es zählt nur das, was "unter dem Strich" rauskommt)
bottom-up (~ approach) / von unten nach oben (~-Ansatz)
bought item / Kaufteil
boundary / Grenze
box / Schachtel f.; Karton m.
box trailer / Kastenanhänger m.
box, skeleton ~ pallet; cage pallet / Gitterboxpalette f.
BPR (business process reengineering) / Geschäftsprozess-Neuorganisation f.
brainstorming / Brainstorming n.
branch / Filiale f.
branch office; subsidiary; regional office (domestic ~, international ~) / Niederlassung f.; Zweigniederlassung f. (~ im Inland, ~ im Ausland)
branch warehouse / Filiallager n.

brand; type / Marke *f.*
breach of contract / Vertragsbruch *m.*
break; rest period / Betriebspause *f.*
break even / Überschreiten der Gewinnschwelle
break even point / Ertragsschwelle *f.*
break in production / Betriebsstörung *f.*; Störung der Fertigung
break out session / ~ as part of a seminar / Gruppenarbeit (z.B. ~ als Bestandteil eines Seminares)
break point / Messpunkt
breakage (e.g. the accident caused a total ~ of the cargo) / Bruch *m.* (z.B. der Unfall hatte einen totalen ~ der Ladung zur Folge)
breakdown (e.g. ~ of what type of complaints are received by various customers) / Aufstellung *f.*; Aufriss *m.* (z.B. ~ über Beschwerden, die von verschiedenen Kunden eingegangen sind)
breakdown (in production); failure; downtime / Ausfall *m.*; Störung *f.*
breakdown of costs; costs overview / Übersicht der Kosten *f.*; Kostenübersicht *f.*
breakproof; unbreakable / bruchsicher *adj.*
breakthrough (e.g. achieving customer satisfaction ~) / Durchbruch *m.* (z.B. auf dem Gebiet der Kundenzufriedenheit einen ~ erzielen)
breakthrough thinking / Erfolgsdenken *n.*
bribe money; money under the table (coll.) / Schmiergeld *n.*
bridge (e.g. ~ the gap) / überbrücken *v.* (z.B. die Kluft ~)
brief / instruieren *v.*
brief / kurz *adj.*
briefing / Instruktion *f.* (kurze und knappe Information über relevante Schwerpunkte od. Ereignisse)
bring / bringen *v*
bring back / zurückbringen *v.*

bring up to speed (e.g. Is your warehouse operation keeping pace with state-of-the-art warehousing? If not, you better take a hard look at what steps are necessary to bring it up to speed.) / auf den Stand der Technik bringen; auf Vordermann bringen (fam.) (z.B. Hält Ihr Lager Schritt mit dem Stand der Technik im Lagerwesen? Wenn nicht, schauen Sie bitte, welche Schritte nötig sind, um es auf Vordermann (auf den Stand der Technik) zu bringen.)
broadband network / Breitbandnetz *n.*
broadband transmission / Breitbandübermittlung *f.*
brochure / Broschüre *f.*; Prospekt *m.*; Handbuch *n.*
broker's commission; brokerage / Maklergebühr *f.*; Maklerprovision *f.*
broker / Makler *m.*
broker, freight ~ (e.g. his brokerage is ... DM) / Frachtmakler *m.* (z.B. seine Maklergebühr beträgt ... DM)
brokerage; broker's commission / Maklergebühr *f.*; Maklerprovision *f.*
broker's fee; brokerage; commission / Courtage (Maklergebühr)
browse (e.g. ~ the internet) / herumstöbern *v.*; stöbern *v.* (z. B. im Internet ~)
browser / Browser (Zugangs-Software zum Internet, mit der die Internet-Inhalte dargestellt werden)
BTX (interactive videotext) / Bildschirmtext (BTX) *m.*
BU (business unit) / geschäftsverantwortliche Einheit
buddy (coll. AmE) / (guter) Kollege *m.*; Kumpel *m.*
budget; business plan / Budget *n.*; Geschäftsplan *m.*; Wirtschaftsplan *m.*
budget / Plan (Planung) (z.B. Finanz-~)
budget variance; variance of planned and actual data; plan-to-actual variance; estimated-to-actual variance / Plan-Ist-Abweichung *f.* (Rechnungswesen)

budgeting; planning / Planung *f.* (z.B. Finanz-~)

buffer / Puffer *m.*

buffer dimensioning / Pufferdimensionierung *f.*

buffer quantity / Puffermenge *f.*

buffer stocks / Bestandspuffer

buffer storage / Pufferlager *n.*

buffer time / Pufferzeit *f.*

buffer zone / Pufferzone *f.*

buffer, zero ~ / null Pufferbestand *m.*; bestandslos *adj.*

build a model / ein Modell erstellen

build schedule (on site) / Montageplan (Baustelle) *m.*

build-to-order; engineer-to-order / nach Auftrag bauen; nach Auftrag konstruieren; nach Auftrag errichten

build up / stapeln

build up inventory; build up stock / Lagervorrat aufbauen das Lager auffüllen; Lagerbestand auffüllen; Lager aufstocken

build volume (increase sales) / Geschäft ausweiten *v.* (i.S.v. Umsatz steigern)

building administration / Gebäudeverwaltung *f.*

building block (e.g. logistics building blocks, i.e. the major logistics principles that form a supply chain) / Baustein *m.* (z.B. Logistikbausteine, d.h. die wichtigsten Logistikprinzipien, welche die Logistikkette bilden)

building block system / Bausteinsystem *n.*

building site / Baustelle *f.*

building systems / Gebäudetechnik *f.*

building team (e.g. on site ~) / Montagetrupp *m.*; Montagegruppe *f.* (~ auf der Baustelle)

building, factory ~ / Fabrikgebäude *n.*

buildings and facilities / Bauten und Anlagen

bulk; mass / Masse *f.*; große Menge *f.*

bulk business / Massengeschäft *n.*

bulk buying / Massenkauf *m.*

bulk cargo / Massenladung *f.*

bulk commodity / Massengut *n.*

bulk consumer / Großverbraucher *m.*

bulk floor storage (storage mode where e.g. pallets of goods of the same SKU are floor stacked) / Massenlagerung *f.*; Lagerung von Massengütern (Lagerungsart, bei der z.B. Paletten mit Waren gleicher Lagernummer neben- oder übereinander gestapelt werden)

bulk goods / Massengut *n.*

bulk mail / Postwurfsendung *f.*

bulk mailing / Massenversand *m.*

bulk material; loose material / Schüttgut *n.*

bulk order / Großauftrag *m.*; Großbestellung *f.*

bulk pack; giant-size pack / Großpackung *f.*

bulk processing / Massenverarbeitung *f.*

bulk purchase / Großeinkauf *m.*

bulk warehouse / Großlager *n.*

bulk, buy in ~ / große Mengen kaufen *v.*

bulky (e.g. ~ luggage) / sperrig *m.* (z.B. ~es Gepäck)

Bundesvereinigung Logistik e.V. (BVL) (Equivalent in the US: s. 'Council of Logistics Management (CLM)') (Most important European logistics association with annual logistics conferences. BVL's objective is to push the approach of holistic thinking and acting in logistics processes. Its official magazine is "Logistik Heute", published by HUSS-VERLAG GmbH, Munich, Germany. BVL Headquarters: Schlachte 31, D-28195 Bremen, Germany. Phone: +49 (421) 173840, Fax: +49 (421) 167800, e-mail: bvl@bvl.de, Internet: www.bvl.de)

bundling of demand; pooling of demand / Bedarfsbündelung *f.*

burden rate / Gemeinkostensatz *m.*

bureaucracy / Bürokratie *f.*

bus / Bus *m.* (Leitungssystem zur Steuerung des Datenaustausches zwischen verschiedenen Komponenten eines PC's, wie z.B. zwischen Arbeitsspeicher, Prozessor, Festplatte, ...)

business / Geschäft n.

business accountability (e.g. decentralized ~) / Geschäftsverantwortung f. (z.B. dezentrale ~)

business administration / kaufmännische Aufgaben fpl.

business alliances; business ties / Geschäftsverbindungen fpl.; Geschäftsbeziehungen f. pl.; Geschäftszusammenschlüsse mpl.

business association / Geschäftsbeziehung

business condition / Geschäftsbedingung f.

business control (to run a business; to run an operation)/ Geschäftssteuerung (i.S.v. operational steuern) f.

business development / Geschäftsentwicklung f.

business driver / Geschäftstreiber m.

business economics; industrial economics (compare to 'national economy'; 'economics') / Betriebswirtschaft f. (vgl. zu 'Volkswirtschaft')

business environment (e.g. it's common practice in daily business, in normal ~) / Geschäftsumfeld n.; Geschäftswelt f. (z.B. es ist im täglichen Geschäft, im normalen Geschäftsumfeld, allgemein so üblich)

business excellence / Business Excellence f.; unternehmerische Spitzenleistung f.

business game / Unternehmensplanspiel n.

business guidelines / Geschäftsregeln fpl.

business habits / Geschäftsgebaren n.

business hazard / Unternehmerwagnis

business interests (e.g. the account manager represents the global ~ at the customer's head offices) / Geschäftsinteressen npl. (z.B. der Account Manager vertritt die weltweiten ~ am Headquarter des Kunden)

business key code system / Geschäftsverschlüsselungssystem n.

business letter (examples of letter opening and close: see 'letter') / Geschäftsbrief m. (Beispiele zu Briefanfang und -schluss: siehe 'Brief')

business logistics (definition by the Council of Logistics Management CLM, USA: "Logistics is that part of the supply chain process that plans, implements, and controls the efficient, effective flow and storage of goods, services, and related information from the point of origin to the point of consumption in order to meet customers' requirements") / Unternehmenslogistik f. (Logistik-Definition des Council of Logistics Management CLM, USA: "Logistik ist derjenige Teil des Supply-Chain-Prozesses, der den effizienten und kosten-effektiven Fluss von Gütern und deren Lagerung ebenso plant, implementiert und steuert wie Dienstleistungen und Informationen, die damit in Zusammenhang stehen; u. zw. vom Ursprungs- bis zum Verbrauchspunkt und mit dem Ziel, den Kundenwünschen zu entsprechen.")

business mandate (e.g. in the context of the ~ of a logistics department) / Geschäftsauftrag (z.B. im Rahmen eines ~es einer Logistikabteilung)

business message / Geschäftsnachricht f.

business objective; business target / Geschäftsziel n.

business operating area / Tätigkeitsbereich m.

business partner / Geschäftspartner m.

business plan / Budget

business planning / Geschäftsplanung *f.;* Geschäftsstrategie *f;* Wirtschaftsplanung *f.*

business policy / Geschäftspolitik *f.*

business premises; premises (e.g. the meeting will be in our ~) / Geschäftsräume *mpl.* (z.B. das Meeting findet in unseren ~n statt)

business process (e.g. 1. the key ~; 2. design or layout of a ~, 3. adjustment of ~es) / Geschäftsprozess *m.* (z.B. 1. der wesentliche ~, 2. Gestaltung des Geschäftsprozesses, 3. Anpassung von Geschäftsprozessen)

business process consulting / Prozessberatung *f.;* Geschäftsprozessberatung *f.*

business process management / Gestaltung der Geschäftsprozesse *f.;* Management der Geschäftsprozesse *n.*

business process reengineering / Geschäftsprozess-Neuorganisation *f.*

business processing, electronic ~ / elektronische Geschäftsabwicklung *f.*

business profit (e.g. ~ either as a net profit or a net loss) / Betriebsergebnis (z.B. ~ entweder als Nettogewinn oder als Nettoverlust)

business promotion and marketing; sales promotion and marketing (e.g. ~ domestic, ~ Europe, ~ international, ~ world) / Vertrieb und Marketing (z.B. ~ Inland, ~ Europa, ~ Ausland, ~ Welt)

business reengineering / Neugestaltung eines Geschäftes

business related / geschäftsbezogen *adj.*

business relation; business association / Geschäftsbeziehung *f.*

business requirement / Geschäftsanforderung *f.*

business responsibility / Geschäftsverantwortung *f.;* unternehmerische Verantwortung, *f.*

business risk / Unternehmensrisiko *n.*

business segment; business sector / Geschäftssegment *n.*

business simulation / Unternehmens-Simulation *f.*

business-specific (e.g. ~ necessities) / geschäftsspezifisch *adj.* (z.B. ~e Notwendigkeiten)

business strategy / Geschäftsstrategie *f.*

business structure / Geschäftsstruktur *f.*

business success factor / Geschäftserfolgsfaktor *m.*

business target; business objective / Geschäftsziel *n.*

business ties / Geschäftsverbindungen

business-to-business (B2B) / Geschäft zwischen Unternehmen *n.*

business-to-consumer (B2C) / Geschäft zwischen Unternehmen und Endabnehmern *n.*

business transaction / Geschäftsvorgang *m.*

business transaction handling process / Geschäftsabwicklungsprozess *m.*

business unit (e.g. entrepreneurially managed ~) / geschäftsverantwortliche Einheit *f.;* geschäftsführender Bereich *m.;* Geschäftsgebiet *n.;* Geschäftsfeld *n.;* Geschäftseinheit *f.* (z.B. unternehmerisch geführte ~)

business venture; business hazard / Unternehmerwagnis *n.*

business volume / Geschäftsvolumen *n.*

business, core ~ / Kerngeschäft *n.;* Hauptgeschäft *n.;* Schlüsselgeschäft *n.*

business, corporate ~ services (department) / zentrale Dienstleistungen (Abteilung)

business, course of ~ / Geschäftsablauf *m.*

business, criteria for ~ transactions / Kritieren für die Geschäftsabwicklung *npl.*

business, forwarding ~; forwarding industry / Speditionsgewerbe *n. ;* Speditionswirtschaft *f.*

business, freight ~; freight industry / Frachtgewerbe *n.;* Frachtgeschäft *n.*

business, fundamental ~ policies and procedures / Grundsatzaufgaben (des Geschäftsverkehrs)

business, get down to ~ / zur Sache kommen

business, in-house ~ / Verbundgeschäft *n.*

business, interdivisional ~ activities / Geschäftsbereich-übergreifender Geschäftsverkehr *m.*

business, international ~; international operations / internationales Geschäft *n.*

business, line of ~ / Arbeitsgebiet *n.*; Sparte *f.*

business, mind your own ~ (coll.) / sich um sein eigenes Geschäft kümmern (fam.)

business, retail ~ / Einzelhandel *m.*

business, service ~ / Dienstleistungsgeschäft *n.*

business, specific ~ requirements / konkrete geschäftliche Anforderungen *fpl.*

business, strategic ~ planning; strategic business planning and development / Geschäftsfeldplanung *f.*

business, transportation ~; transport business; transportation industry / Transportgewerbe *n.*; Transportwirtschaft *f.*; Verkehrsgewerbe *n.*; Verkehrswirtschaft *f.*

business, type of ~ / Geschäftsart *f.*

businessman / Geschäftsmann *m.*

busy tone (telephone); engaged-tone / Besetztton *m.*

buy (e.g. a good ~) (coll. AmE) / Kauf *m.* (z.B. ein guter ~)

buy at a premium / einkaufen für teures Geld

buy in bulk / große Mengen kaufen *v.*

buy on credit / auf Ziel kaufen *v.*

buy, obligation to ~ / Kaufverpflichtung *f.*; Verpflichtung zum Kauf; Abnahmeverpflichtung *f.*

buyer; purchaser / Einkäufer *m.*; Käufer *m.*

buyer code / Einkäuferschlüssel *m.*; Einkäuferkennzeichen *n.*

buyers conference / Einkaufsfachtagung *f.*

buyers council / Fachkreis Einkauf *m.*

buyers market / Käufermarkt *m.*

buyout / Aufkauf eines Unternehmens *m.*; Übernahme eines Unternehmens *f.*

buyout, management ~ (MBO) / Kauf eines Unternehmens durch dessen Management

buzzword (e.g. is 'reengineering' just again a new ~ in the market-place?) / Schlagwort *n.*; Modewort *n.* (z.B. ist 'Reengineering' nur wieder ein neues ~ auf dem Markt?)

BVL (see 'Bundesvereinigung Logistik')

by air / per Flugzeug

by hand, withdrawal ~ / Handentnahme *f.*

by mail / per Post

by-pass road / Umgehungsstraße *f.*

by-product; co-product / Nebenprodukt *n.*; Abfallprodukt *n.*

by rail / per Bahn

by rail, carriage ~ / Schienentransport *m.*

by-road; side street / Nebenstraße *f.*

by ship / per Schiff

by truck / per LKW (Lastkraftwagen)

bylaws; byelaws; charter; statutes and articles; regulations / Satzung *f.*

byte / Byte *n.*

BZEMPF (German abbr. for 'order recipient' is Bestellzettel-Empfänger') / BZ-Empfänger *m.* (Bestellzettel-Empfänger; Abk. BZEMPF)

C

c.o.d., send ~ (collect on delivery); send COD / per Nachnahme schicken *v.*

C-part / C-Teil *n.*

cable / Kabel *n.*

cable system / Kabelanlage *f.*

cabotage / Kabotage *f.* (Ausschluss ausländischer Speditionsunternehmen für den Binnentransport)

CAD (Computer Aided Design) / computerunterstützte Entwicklung *f.*

CAE (Computer Aided Engineering) / computerunterstützte Konstruktion *f.*

cage; skeleton box-pallet / Gitterboxpalette *f.*

cage pallet; skeleton box pallet / Gitterboxpalette *f.*

calculate / berechnen *v.*; kalkulieren,*v*

calculation / Kalkulation *f.*

calculation method / Kalkulationsart *f.*

calculation of inventory; calculation of stock / Bestandsrechnung *f.*

calculation of material costs / Materialkostenkalkulation *f.*

calculation of material planning / Dispositionsrechnung *f.*

calculation of requirements / Bedarfsberechnung *f.*

calculation time / Kalkulationszeitpunkt *m.*

calculation, order ~ / Beschaffungsrechnung *f.*; Bestellrechnung *f.*

calculation, order limit ~ / Bestellgrenzenrechnung *f.*

calculation, order quantity ~ / Bestellmengenrechnung *f.*

calculation, order stock ~; stock on order calculation / Bestellbestandsrechnung *f.*

calendar date / Kalender-Datum *n.*

calendar time / Zeitrechnung laut Kalender

calendar, shop ~; manufacturing day calendar; factory calendar; works calendar / Fabrikkalender *m.*; Betriebskalender *m*

calibrate / e˙

calibration ˙ *f.*

calibration s ˙nst *m.*

calibration system / Eichsystem *n.*

call (e.g. ~ for payment) / Aufforderung *f.*; Aufruf *m.* (z.B.: Zahlungs-~)

call (e.g. on ~); calling up / Abruf *m.* (z.B. auf ~)

call attempt / Belegungsversuch (Telekommunikation) *m.*

call booking (goods) / Rückruf (Waren) *m.*

call-by-call / Call-by-Call (Zugang zum Fernsprechnetz oder zum Internet ohne Vertrag und ohne Verpflichtung, d.h. die Wahl des Dienstleisters erfolgt jeweils 'von Telefonat zu Telefonat', also 'von Fall zu Fall'. Ggs. 'Preselection': hier wird mit einem Dienstleister der Zugang zum Fernsprechnetz oder zum Internet vertraglich festgelegt, d.h. alle Verbindungen in das Fernnetz werden automatisch über diesen Dienstleister geführt.)

call center / Call Center *n.*; Kundendienstzentrum *n.*; Servicezentrum *n.* ('Inbound'-Funktion eines Call Centers: es werden Anrufe, E-Mails oder Faxe entgegengenommen; 'Outbound'-Funktion: es wird aktiv kommuniziert, z.B. werden Kunden für Marketingaktionen gezielt angerufen)

call distribution / Anrufverteilung *f.*

call for competencies (e.g. ~ for professionals with know-how in the field of supply chain management) / Suche nach Kompetenzen (z.B. ~ von Fachkräften mit Kenntnissen auf dem Gebiet des SCM)

call for papers (e.g. ~ for a logistics conference) / Aufforderung zur Einreichung von Vortragsthemen (z.B. ~ für einen Logistikkongress)

call forward / abrufen *v.*

call forwarding / Rufumleitung *f.*

call forwarding busy; call forwarding no reply (CFNR); call forwarding unconditional (CFU) / Anrufweiterschaltung *f.*

call forwarding no reply /
 Anrufweiterschaltung
call forwarding unconditional /
 Anrufweiterschaltung
call hold / Halten der Verbindung *n.*
call number / Rufnummer
call-off amount / Abrufmenge *f.*
call-off delivery voucher /
 Lieferantenabrufbeleg *m.*
call-off method / Abrufmethode *f.*
call-off order / Abrufauftrag *m.*
call-off processing / Abrufverarbeitung *f.*
call waiting (used in telecommunication)
 / anklopfen *v.* (in der Telekommunikation
 verwendet)
call, automatic ~ back (phone) /
 automatischer Rückruf (Telefon) *m.*
call, consulting ~ (phone) /
 Rückfragegespräch (Telefon)
caller ID (phone) / Rufnummernanzeige
 (Telefon)
caller ID restriction (phone) /
 Unterdrückung der Rufnummernanzeige
 (Telefon)
calling card / Telefonkarte *f.*
calling line identification presentation;
 caller ID / Rufnummernanzeige *f.*
calling line identification restriction;
 caller ID restriction / Unterdrückung der
 Rufnummernanzeige
calling up (e.g. on call); / Abruf (z.B. auf
 ~)
CAM (Computer Aided Manufacturing) /
 computerunterstützte Fertigung *f.*
campaign, promotional ~ /
 Werbekampagne *f.*
can, oil ~ / Ölkanne *f.*
cancel / abbestellen *v.*
cancel / annullieren *v.*; stornieren *v.*
cancellation / Stornierung *f.*;
 Annullierung *f.;* Abbestellung *f.*
cancellation charge; cancellation fee /
 Annullierungsgebühr *f.*
cancellation clause / Rücktrittsklausel *f.*
cancellation period / Kündigungsfrist

cancellation term; cancellation period /
 Kündigungsfrist *f.*
candidate selection / Bewerberauswahl
 f.
CAO (Computer Aided Administration
 and Organization) /
 computerunterstützte Verwaltung und
 Organisation
CAP (Computer Aided Planning) /
 computerunterstützte Planung *f.*
cap, fuel ~ / Tankdeckel *m.;*
 Tankverschluss *m.*
capabilities; potential *pl.;* skills and
 abilities (~ of our people) / Können *n.*
 (das ~ unserer Mitarbeiter)
capability to provide information /
 Informationsfähigkeit
capability, delivery ~ / Lieferfähigkeit *f.*
capable (e.g. a very capable, competent,
 smart employee); competent; smart /
 fähig *adj.*; competent *adj.* (z.B. ein sehr
 fähiger, cleverer Mitarbeiter)
capacitor / Kondensator *m.*
capacity; net load (e.g. ~ of a forc lift
 truck) / Tragfähigkeit *f.* (z.B. ~ eines
 Gabelstaplers)
capacity / Kapazität *f.*
capacity / Rauminhalt (z.B.
 Kubikmeter=cbm)
capacity adjustment /
 Kapazitätsausgleich *m.*
capacity alignment; capacity levelling /
 Kapazitätsabgleich *m.*
capacity bottleneck / Kapazitätsengpass
 m.
capacity calculation /
 Kapazitätsrechnung *f.*
capacity control / Kapazitätssteuerung *f.*
capacity increment / Kapazitätssprung
 m.
capacity levelling / Kapazitätsabgleich
capacity levelling calculation /
 Kapazitätsausgleichsrechnung *f.*
capacity list / Kapazitätsliste *f.*
capacity load / Kapazitätsbelastung *f.*

capacity load calculation /
Kapazitätsbelastungsrechnung f.
capacity load overview /
Kapazitätsbelastungsübersicht f.
capacity load plan /
Kapazitätsbelegungsplan m.
capacity load reduction /
Kapazitätsentlastung f.
capacity management /
Kapazitätsverwaltung f.
capacity planning / Kapazitätsplanung f.
capacity requirements /
Kapazitätsbedarf m.
capacity requirements list /
Kapazitätsbedarfsliste f.
capacity requirements planning /
Kapazitätsbedarfsplanung f.
capacity scheduling /
Kapazitätsterminierung f.
capacity stock / Kapazitätsbestand m.
capacity utilization /
Kapazitätsauslastung f.
capacity where-used list /
Kapazitätsverwendungsnachweis m.
capacity, actual ~ / Ist-Kapazität f.
capacity, available ~; spare capacity /
verfügbare Kapazität f.; freie Kapazität f.
capacity, cargo ~ / Ladekapazität f.
capacity, dispatching of ~ /
Kapazitätseinlastung f.
capacity, estimated ~ / geschätzte
Kapazität f.
capacity, excess ~ / überschüssige
Kapazität f.
capacity, finite ~ planning /
Kapazitätsfeinplanung f.
capacity, ideal ~ (i.e. minimum of total
average costs) / Betriebsoptimum n.
(d.h. Minimum aller
Durchschnittskosten)
capacity, infinite ~ / unbegrenzte
Kapazität f.; unendliche Kapazität
capacity, initial ~ / Anfangskapazität f.
capacity, load ~ / Ladefähigkeit (z.B.
eines LKW)

capacity, normal ~ / Normalkapazität f.;
Kannkapazität f.
capacity, planned ~ / geplante Kapazität
f.
capacity, rough-cut ~ planning /
Kapazitätsgrobplanung f.
capacity, spare ~ / verfügbare Kapazität
f.; Kapazitätsreserve f.
capacity, storage ~ /
Lageraufnahmefähigkeit f.;
Lagerkapazität f.; Speicherkapazität f.
capacity, utilized ~ / belegte Kapazität f.
capacity, warehouse storage ~ /
Lagerkapazität f.; Kapazität des Lagers
capital assets / Anlagevermögen
capital cost / Kapitalkosten pl.
capital employed / eingesetztes Kapital
n.; Investitionskosten
capital expenditure /
Sachanlageinvestition f.
capital expenditure and investment /
Investition (nach Wirtschaftswert) (z.B.
für IuK-Ausstattung)
capital formation payment /
vermögenswirksame Leistung f.
capital goods / Investitionsgüter
capital-intensive / kapitalintensiv adj.
capital investment / Kapitalanlage f.
capital investment committee /
Investitionsausschuss m.
capital levy / Vermögensabgabe f.
capital spending / Investition (nach
Wirtschaftswert); Investitionskosten
(z.B. für IuK-Ausstattung)
capital tied up costs /
Kapitalbindungskosten pl.
capital tied-up list /
Kapitalbindungsnachweis m.
capital, authorized ~ / genehmigtes
Kapital n.
capital, conditional ~ / bedingtes Kapital
n.
capital, equity ~ / Eigenkapital n.
capital, extended ~ tied-up / hohe
Kapitalbindung f
capital, idle ~ / totes Kapital n.

capital, intellectual ~ (the employees as human resources of a company: skills, time, effort and know how) / geistiges Kapital *m.*(die Mitarbeiterressourcen einer Firma: Fähigkeiten, Zeit, Anstrengungen und Wissen)

capital, liquid ~ / Umlaufvermögen *n.*

capital, operating ~ / Umlaufkapital *n.*; Betriebskapital *n.*

capital, stock ~ / Aktienkapital *n.*; Grundkapital *n.*

capital, tied up ~ / gebundenes Kapital *n.*

capital, working ~ / Betriebsvermögen *n.;* Betriebskapital *n.;* Anlage- und Umlaufvermögen *n.*

capitalize / aktivieren

capture (e.g. ~ market share) / erobern *v.* (z.B. Marktanteil ~)

capturing (e.g. data ~) / Erfassung *f.* (z.B. Daten-~ *f.*)

CAQ (Computer Aided Quality) / computerunterstützte Qualitätssicherung *f.*

car cover / Fahrzeugplane *f.*

car load / Lastwagenladung

car rental / Autovermietung *f.*

car, freight ~; wagon / Waggon *m.*

carburettor / Vergaser *m.*

card number / Kartennummer *f.*

card, calling ~ / Telefonkarte *f.*

card, chip ~ / Chipkarte *f.* (Speicherkarte zur Autorisierung)

card, SIM ~ (Subscriber Identity Module) / SIM-Karte (Chipkarte mit Prozessor und Speicher für ein GSM-Handy, auf der die vom Netzbetreiber vergebene Teilnehmernummer gespeichert ist)

card, sound ~ / Soundkarte (Erweiterungskarte für Computer zur Aufnahme und Wiedergabe von Audiodaten)

cardboard carton / Pappkarton *m.*

cardholder (credit card) / Karteninhaber (Kreditkarte) *m.*

care, customer ~ / Kundenbetreuung *f.*

career pathing / Karriereentwicklung *f.*

career step / Karriereschritt *m.*

careless storage / unsachgemäße Lagerung *f.*

cargo; freight; cartage goods / Fracht *f.*; Frachtgut *n.*; Rollgut *n.;* Ladung *f.*

cargo book / Ladebuch *n.*

cargo capacity / Ladekapazität *f.*

cargo conveyor / Stückgutförderanlage *f.*

cargo handling charges / Umschlagskosten *pl.*

cargo hatch / Ladeluke *f.*

cargo industry, air ~ / Luftfrachtgewerbe *n.*

cargo insurance / Frachtversicherung *f.*

cargo lifter / Lastenheber *m.*

cargo list; tally / Frachtliste *f.*

cargo rate / Frachtrate *f.*

cargo ship; freighter / Frachtschiff *n.*

cargo terminal / Frachtterminal *n.*

cargo, additional ~ / Beiladung *f.*

cargo, air ~ / Luftfracht *f.*

cargo, bulk ~ / Massenladung *f.*

cargo, dangerous ~ / Gefahrgut *n.*

cargo, frozen ~ / Gefriergut *n.*

cargo, general ~; parcel service / Stückgut *n.*

cargo, havy ~ / Schwergut *n.*

cargo, inbound ~ / Fracht (Eingang); ankommende Ladung; eingehende Ladung

cargo, light ~ / Leichtgut *n.*

cargo, mixed ~ / Stückgutladung *f.*

cargo, outbound ~ / Fracht (Ausgang); ausgehende Ladung; abgehende Ladung

cargo, transit ~ / Transitgut *n.*

cargo, volume of ~ / Frachtaufkommen *n.*

carload / Waggonladung *f.*

carload freight / Waggonfracht *f.;* Frachtgebühr für Waggonfracht *f.*

carnet, TIR ~ / TIR-Heft *n.*

carousel (material handling system in warehouses for a better utilization of space) / Karussell *n.* (Materialhandlings-

System im Lager zur besseren Flächennutzung)
carriage / Beförderung *f.*
carriage / Rollfuhr
carriage and duty prepaid / franco Fracht und Zoll
Carriage and Insurance Paid To (definition of the 'incoterm' see CIP) / frachtfrei versichert (Definition des 'Incoterms' siehe CIP)
carriage by rail / Schienentransport *m.*
Carriage Insurance Freight / Frachtversicherung *f.*
carriage paid; freight paid / bezahlte Fracht *f.*
Carriage Paid To (definition of the 'incoterm' see CPT) / frachtfrei (Definition des 'Incoterms' siehe CPT)
carriage prepaid; freight prepaid / frachtfrei *adj.*
carriage, additional ~; additional freight / Frachtzuschlag *m.*
carriage, contract of ~; freight contract / Frachtvertrag *m.*
carried in stock / lagervorrätig *adv.*
carrier (e.g. ~ road) / Verkehrsträger *m.* (z.B. ~ Straße)
carrier, container ~ / Container-Fahrzeug *n.*
carrier, freight ~; transport company; freight forwarder; forwarding agent; haulage contractor / Transportunternehmen *n.*; Spediteur *m.*; Spedition *f.*; Frachtführer *m.*
carrier, inland waterway ~ / Binnenschiffer *m.;* Binnenschifffahrtsunternehmen *n.*
carry heavy stock / umfangreiche Lagervorräte haben
carry-on baggage / Handgepäck *n.*
carry out / verwirklichen (z.B. 1. einen Wunsch verwirklichen; 2. einen Plan ausführen)
carry out quickly / beschleunigt durchführen

carry, cash and ~ / bezahlen und mitnehmen
carrying capacity / Nutzlast
cart / Einkaufswagen *m.*
cart, hand ~; hand operated truck / Leiterwagen *m.;* Handwagen *m.*
cartage / Rollfuhr
cartage goods *pl.*; cargo; freight / Rollgut *n.*; Fracht *f.*; Frachtgut *n.*; Ladung *f.*
cartel / Kartell *n.*
cartel law; antitrust law / Kartellrecht *n.*
carton / Karton *m.*; Schachtel *f.*
carton flow rack / Durchlaufregal für Kartons
carve out (e.g. ~ X business in a new company Y) / Ausgliederung *f.* (z.B. ~ der Geschäftsaktivitäten X in eine neue Firma Y)
CAS (Computer Aided Storage) / computerunterstütztes Lagersystem *n.*
case; trial / (Straf~) Prozess *m.*
CASE (Computer Aided Software Engineering) / computerunterstützte Softwareentwicklung *f.*
case (usually a container which holds a fixed, pre-determined quantity of a product or material) / Behälter *m.* (i.d.R. mit vorab fest definierter Menge eines Produktes oder Materials)
case pick flow rack / Behälterentnahmen, Durchlaufregal für ~; Durchlaufregal für Kistenentnahmen
case pick flow rack / Durchlaufregal für Kistenentnahmen; Durchlaufregal für Behälterentnahmen
case study / Fallstudie *f.*
case, in ~ (e.g. call just in case); if necessary / im Bedarfsfall *m.* (z.B. nur im Bedarfsfall anrufen)
cash / bar *adv.*
cash / Bargeld *n.*; Barvermögen *n.*
cash and carry / bezahlen und mitnehmen
cash and carry shop / Abholgeschäft *n.*

cash assets / flüssige Mittel *npl.;* liquide Mittel *npl.*

cash before delivery; advance payment / Vorauszahlung *f.;* Zahlung vor Lieferung *f.*

cash card / Geldautomatenkarte *f.*

cash cow (e.g. this product is a ~) / Goldgrube *f.* (z.B. dieses Produkt ist eine ~)

cash discount / Skonto *m.;* Barzahlungsrabatt *m.*

cash dispenser / Geldautomat

cash expenditure / Barauslagen *fpl.*

cash flow / Cashflow *m.* (Jahresüberschuss minus Dividende plus Abschreibungen)

cash in advance / netto Kasse im voraus

cash on delivery / payment on delivery / zahlbar bei Lieferung; Barzahlung bei Lieferung *f.;* gegen Nachnahme *f.*

cash on hand / Kassenbestand *m.*

cash or credit (e.g. how would you like to pay, cash or credit?) / bar oder unbar (z.B. wie wollen Sie zahlen, bar oder unbar?)

cash or credit, pay ~ / bar oder per Kreditkarte bezahlen *v.*

cash order / Bestellung mit vereinbarter Zahlung

cash payment / Barzahlung *f.*

cash premium / Prämie *f.*

cash price / Preis bei Barzahlung; Barzahlungspreis *m.*

cash refund / Barerstattung *f.*

cash register / Ladenkasse *f.*

cash report / Kassenbericht *m.*

cash requirements / Kapitalbedarf *m.*

cash requirements date / Kapitalbedarfsdatum *n.*

cash resources / Kassenmittel *pl.*

cash transaction / Kassageschäft *n.*

cash utilization / Kapitalnutzung *f.;* Geldnutzung *f.*

cash, documents against ~ (DC) / Dokument gegen Kasse

cash, pay in ~ / bar bezahlen *v.*

cash, promt ~ (e.g. for ~ cash) / gegen sofortige Bezahlung

cashier / Kassierer *m.*

cashless money transfer / bargeldloser Zahlungsverkehr *m.*

cashless payment / bargeldlose Zahlung *f.*

cast part / werkzeuggebundenes Teil

casting / Guss *m.*

casting, die ~ / Spritzguss *m.*

casual job (BrE) / Gelegenheitsarbeit *f.*

CAT (Computer Aided Test) / computerunterstützter Test *m.*

catalogue / Katalog *m.*

catalyzer (e.g. 3-way ~) / Katalysator *m.* (z.B. 3-Wege-~)

category / Kategorie *f.;* Gruppe *f.;* Klasse *f.*

cater / versorgen; beliefern (~ mit Speisen und Getränken)

catering service / Verpflegungsdienst *m.*

causation, principle of ~ / Verursacherprinzip

cause-and-effect diagram; Ishikawa diagram; fishbone diagram / Ursache-Wirkung-Diagramm *n.*

cause of fault / Störursache *f.*

CBI (Computer Based Information) / computerunterstützte Information *f.*

CBT (Computer Based Training) / computerunterstütztes Training *n.*

CC (consolidation center); order collection center; order groupage center / Auftragssammelstelle *f.*

CCITT (Comité Consultatif International Télégraphique) (International Telegraph & Telephone Consultative Committee) / CCITT

CD ROM (Compact Disc - Read Only Memory) / CD ROM *f.*

ceiling / Höchstgrenze *f.;* Obergrenze *f.*

ceiling, warehouse ~ / Lagergebäudedecke *f.;* Decke des Lagergebäudes

cell, work ~ / Arbeitsinsel f. (z.B. ~ zur Komplettmontage eines Produktes in einer Montageeinheit)

cellphone; cellular phone; mobile phone (Anm.: in USA ist das Wort "handy" total unbekannt, im üblichen Sprachgebrauch wird meist "cellphone" benützt) / Handy n.; Mobiltelefon n.

center of competence; competence center (CC) / Kompetenzzentrum n.; Kompetenzcenter n.

central / zentral adj.

central concept / Zentralkonzept n.

central department / Zentralstelle (zentrale Abteilung)

central laboratories / Zentrallaboratorium n.

central material planning file / zentrale Dispositionsdatei f.

central sales / Stammhausvertrieb

central warehouse / Zentrallager n.

central works council / Gesamtbetriebsrat m.

centralization / Zentralisierung f.

centralized / zentralisiert adj.

centrally planned economies / Staatshandelsländer

CEO (see also 'president') (highest-ranking top executive of a corporation; also 'president and CEO') / Chief Executive Officer (CEO) (siehe auch 'President')

CEPT (European Post & Telegraph Conference) / CEPT (**C**onférence **E**uropéenne des Administrations des **P**ostes et des **T**élécommunications. Frühere Konferenz der europäischen Post- und Fernmeldeverwaltungen. Bekannt durch die gleichnamigen CEPT-Standards)

ceramic component / keramisches Bauelement n.

certificate / Bescheinigung f. (bei Urkunden und Bescheinigungen im Englischen: 'to whom it may concern')

certificate accompanying goods in transit / Warentransportbegleitschein m.

certificate of damage / Schadenszertifikat n.

certificate of delivered goods / Lieferbeleg m.

certificate of movement / Warenverkehrsbescheinigung f.

certificate of origin / Ursprungszeugnis n.

certificate of quality / Qualitätsbescheinigung f.

certificate, credit ~ / Gutschrift

certificate, declaration ~; declaration form / Deklarationsschein m.

certificate, export ~ / Ausfuhrbescheinigung

certification (e.g. ISO 9000) / Zertifizierung f. (z.B. ISO 9000)

certification / Beglaubigung f.; Zertifizierung f.; Bescheinigung f. (bei Urkunden und Bescheinigungen im Englischen: 'to whom it may concern')

certified / beglaubigt adj.; bescheinigt adj.

certified / zertifiziert adj.

certified acc. to ISO 9001 / zertifiziert nach ISO 9001

Certified Public Accountant (CPA) / Wirtschaftsprüfer (USA)

certified supplier / anerkannter Lieferant m.

cession (e.g. ~ in reinsurance) / Verzicht (z.B. ~ auf Rückversicherung)

cession (e.g. in reinsurance); abandonment / Abtretung f.; Verzicht m. (z.B. bei Rückversicherung)

CET (Central European Time) / Mitteleuropäische Zeit f.

CFB (call forwarding busy); call forwarding no reply (CFNR); call forwarding unconditional (CFU) / Anrufweiterschaltung f.

CFM / Fließfertigung f.

CFNR / Anrufweiterschaltung

CFO / Finanzchef m.

CFR - Cost and Freight (...named port of destination): seller must pay the costs and freight necessary to bring the goods to the named port of destination but the risk of loss of or damage to the goods, as well as any additional costs due to events occurring after the time the goods have been delivered on board the vessel, is transferred from the seller to the buyer when the goods pass the ship's rail in the port of shipment. The CFR term requires the seller to clear the goods for export. This term can only be used for sea and inland waterway transport. When the ship's rail serves no practical purpose, such as in the case of roll-on-roll-off or container traffic, the -> CPT term more appropriate to use. © Internationale Handelskammer; copyright-, source and use of Incoterms s. "Incoterms".) / CFR - Kosten und Fracht (translation s. German part)

CFU / Anrufweiterschaltung

CGI (see 'common gateway interface')

chain / Kette *f.*

chain buffer time / Kettenpufferzeit *f.*

chain file; process file / Strukturdatei *f.*

chain, intermodal transport ~ / intermodale Transportkette *f.*

chain, production ~ (e.g. the final link in the ~ is packing and dispatch) / Herstellungskette *f.* (z.B. das letzte Glied in der ~ ist die Versandabteilung)

chairman of the managing board (see also 'CEO' and 'president') / Vorsitzender des Vorstands *m.*; Vorstandsvorsitzender *m.* (siehe auch 'Chief Executive Officer (CEO)' und 'President')

chairman of the supervisory board / Vorsitzender des Aufsichtsrates *m.*; Aufsichtsratsvorsitzender *m.*

chairman, deputy ~ (e.g. ~ of the managing board, ~ of the supervisory board) / stellvertretender Vorsitzender *m.*

(z.B. ~ des Vorstandes, ~ des Aufsichtsrates)

challenge (tackle the ~) / Herausforderung *f.* (die ~ bewältigen)

chamber of commerce / Handelskammer *f.*

chance / Glück *n.*

change (e.g. culture ~) / Wechsel *m.*; Veränderung *f.* (z.B. ~ der Unternehmenskultur)

change / Modifizierung

change management; management of change / Veränderungs-Management *n.*

change mode / Änderungsmodus *m.*

change of due date / Terminänderung *f.*; Änderung des Fälligkeitstermines

change of suppliers / Lieferantenwechsel *m.*

change order / Bestelländerungs-Auftrag *f.*

change request listing / Änderungsliste *f.*

change requests (e.g. from customers) / Änderungsanforderungen *fpl.* (z.B. von Kunden)

change, agent of ~; change agent (AOC) (somebody who lobbies for new ways of doing business) / Veränderungs-Manager *m.* (jd., der sich dafür einsetzt, neue Wege zu finden, ein Geschäft zu betreiben)

change, awareness of ~ / Bewusstsein für Veränderungsnotwendigkeit *f.*

change, booking ~ (e.g. flight) / Umbuchung (Termin) *f.* (z.B. Flug)

change, culture of ~ / Veränderungskultur *f.*; Geisteshaltung für Wandel

change, date of ~ / Änderungsdatum

change, engineering ~ application / Konstruktions-Änderungsantrag *m.*

change, engineering ~ history / Änderungsgeschichte (z.B. eines Produktes)

change, engineering ~ notice; alteration notice / Änderungsmitteilung *f.*

change, general ~ / generelle Umstellung (Änderung) *f.*

change, mentality ~ / Mentalitätsänderung *f.*

change, momentum of ~ / Veränderungsschwung (-wirkung, -stoßkraft)

change, net ~ **planning run** / Netto-Änderungslauf *m.*

change, oil ~ / Ölwechsel *m.*

change, price is subject to ~ / Preisänderung vorbehalten *m.*

change, subject to ~ (.. without notice); subject to modification; subject to alteration / Änderung vorbehalten *f.* (.. ohne weitere Mitteilung)

change, technological ~ / technologischer Wandel *m.*

change, understanding of ~ / Verständnis für Veränderungsnotwendigkeit

change, willingness for ~ / Bereitschaft zur Veränderung; Änderungsbereitschaft *f.*

changeover (e.g. from old to new software) / umstellen *v.* (z.B. von alter auf neue Software)

changeover costs / Umrüstkosten *pl.*

changeover time / Rüstzeit

changes, record of ~ / Änderungsnachweis *m.*

channel (e.g. distribution ~) / Kanal *m.*; (z.B. Vertriebs-~)

channel, communication ~ / Kommunikationsweg *m.*

channel, delivery ~; supply line / Lieferweg *m.*

channel, distribution ~; sales channel / Vertriebsweg *m.*

channel, sales ~ / Vertriebsweg

channel, trade ~ / Handelsweg *m.*

chaotic storage / chaotische Lagerung *f.* (Methode zur Einlagerung auf vorher nicht festgelegte Lagerplätze)

characteristic / Merkmal *n.*; Ausprägung *f.*; Kenngröße *f.*

characteristic number / Kennzahl

characteristic, job ~ / Tätigkeitsmerkmal *n.*

charge; fee (e.g. ~ for a product or a support service) / Verrechnungspreis *m.*; Preis *m.*; Gebühr *f.* (z.B. ~ für ein Produkt oder eine Leistung)

charge (e.g. to bring a charge against s.o.) / Anklage *f.* (z.B. gegen jd. Anklage erheben)

charge (for) (e.g. charge department E. for project support); bill / verrechnen (für) *v.* (z.B. der Abteilung E. die Projektunterstützung in Rechnung stellen)

charge (with) (e.g. he was charged with 30 $) / belasten (mit) *v.* (z.B. er wurde mit 30 $ belastet)

charge an account / Konto belasten

charge rate (e.g. for internal (intergroup, intercompany) services) / Verrechnungssatz *m.* (z.B. für betriebliche (bereichsinterne, konzerninterne) Leistungen)

charge s.th. to s.o.'s account / in Rechnung stellen

charge, be in ~ (e.g. Mr. A is in charge of - or responsible for - the 'top+'-project. He is the person in charge.); be responsible / verantwortlich sein *adv.* (z.B. Herr A. ist verantwortlich für das 'top+'-Projekt. Er ist der Leiter.)

charge, cancellation ~; cancellation fee / Annullierungsgebühr *f.*

charge, deny the ~ / Beschuldigung dementieren; leugnen *v.*

charge, fixed ~ / Grundgebühr *f.*

charge, freight ~; cartage; drayage; carriage; carriage charges / Rollfuhr *f.*; Beförderungskosten *pl.*; Rollgeld *n.*

charge, handling ~ / Bearbeitungsgebühr *f.*

charge, landing ~ / Landegebühr *f.*

charge, loading ~ / Lagergebühr *f.*; Staugebühr *f.*; Beladegebühr *f.*

charge, person in ~ (e.g. 1. Mr. B. takes charge of the logistics training, 2. The management put Mr. C. in charge of the project.) / Leiter *m.*; Verantwortlicher *m.* (z.B. 1. Herr B. übernimmt die Leitung für das Logistiktraining, 2. Das Management hat Herrn C. die Leitung für das Projekt übertragen)

charge, storage ~ / Lagergebühr *f.*

chargeable weight / frachtpflichtiges Gewicht *n.*

charges; incidentals / Nebenkosten *pl.*

charges / Kosten

charges, additional ~ / Extrakosten *pl.*; Zusatzkosten *pl.*; Mehrkosten *pl.*; Nebenabgaben *fpl.*

charges, collection ~; collection expenses / Inkassospesen *pl.*

charges, collection of freight ~ / Frachtinkasso *n.*

charges, free of all ~; freight free / franco *adj.*; frei aller Kosten

charges, freight ~; freight expenditure / Frachtkosten *pl.*; Beförderungskosten *pl.*

charges, handling ~ / Auf- und Abladegebühr *f.*

charges, keelage ~ / Hafennutzungsgebühren *fpl.*

charges, loading ~; stowage / Ladegebühr *f.*; Staugeld *n.*; Staugebühr *f.*

charges, other's ~ / fremde Spesen *pl.*

charges, our ~ / eigene Spesen

charges, port ~ / Hafengebühren *fpl.*

charges, scale of ~; scale of fees / Gebührenordnung *f.*; Gebührenaufstellung *f.*

charges, subject to ~ / gebührenpflichtig *adj.*

charging (of services) (e.g. monthly charging for our consulting services) / Verrechnung (von Leistungen) *f.*; Gebührenerhebung *f.* (z.B. monatliche Verrechnung für unsere Beratungsleistung)

charging method / Abrechnungsart *f.*

charging principles / Verrechnungsprinzipien

chart; diagram; graph / grafische Darstellung *f.*; Diagramm *n.*; Grafik *f.*

charter; statutes and articles; regulations; bylaws / Satzung *f.*

charterer / Befrachter *m.*

cheap; inexpensive / billig *adj.*

cheap inventory item / Billigteil *n.*

cheat (e.g. to be suspected of having cheated) / betrügen *v.*; bestechen *v.*; schmieren *v.* (z.B. im Verdacht stehen, bestochen zu haben)

check; cheque (BrE) / Scheck *m.*

check (e.g. in a restaurant: that's on me; that's his doing) / Rechnung *f.* (z.B. im Restaurant: das geht auf meine ~; das geht auf seine ~)

check / prüfen

check box / Ankreuzfeld *n.*

check-in area (Airport) / Check-In Bereich *m.* (Flughafen)

check point / Messpunkt *m.*

check time / Überprüfungszeit

check, crossed ~; check (deposit only) / Verrechnungsscheck *m.*

check, plausibility ~; validity check / Plausibilitätsprüfung *f.*; Glaubhaftigkeitsprüfung *f.*

check, quality ~ / Qualitätskontrolle *f.*

check, snap ~; quick check; spot check; random sample / Stichprobe *f.*

check, stock ~ / Lagerüberprüfung *f.*

checkroom, baggage ~ / Gepäckaufbewahrung *f.*

chief executive / Geschäftsführer *m.*

chief executive officer (CEO) (see also 'president') (highest-ranking top executive of a corporation (also 'president and CEO')

chief executives / oberstes Management *n.*

chief financial officer (CFO) / Finanzchef *m.*

Chief Information Officer (CIO) (head of 'information and communication';

l&C) / Leiter Information und Kommunikation (IuK); IuK-Leiter

chief inspector / Leiter der Fertigungsprüfung

chief operating officer (COO) / Geschäftsführer m.

chock / Bremskeil m.

choice and variety (e.g. ~ of products) / Auswahl und Vielfalt f. (z.B. ~ von Produkten)

choice of products / Produktevielfalt f.

chucking tool / Spannzeug n.

chute / Rutsche f.

cif&c (cost, insurance, freight, commission) / Kosten, Versicherung, Fracht, Provision (cif&c)

cif&ci (cost, insurance, freight, commission, interest) / Kosten, Versicherung, Fracht, Provision, Zinsen (cif&ci)

cif&i (cost, insurance, freight, interest) / Kosten, Versicherung, Fracht, Zinsen (cif&i)

CIF - Cost, Insurance and Freight (...named port of destination): seller has the same obligations as under -> CFR but with the addition that he has to procure marine insurance against the buyer's risk of loss of or damage to the goods during the carriage. The seller contracts for insurance and pays the insurance premium. The buyer should note that under the CIF term the seller is only required to obtain insurance on minimum coverage. The CIF term requires the seller to clear the goods for export. This term can only be used for sea and inland waterway transport. When the ship's rail serves no practical purposes such as in the case of roll-on-roll-off or container traffic, the -> CIP term is more appropriate to use. © Internationale Handelskammer; copyright-, source and use of Incoterms s. "Incoterms".) / CIF - Kosten,

Versicherung und Fracht (translation s. German part)

CIM (Computer-Integrated Manufacturing) / computerintegrierte Fertigung f.

CIO (Chief Information Officer) (head of 'information and communication'; l&C) / Leiter Information und Kommunikation (IuK); IuK-Leiter

CIP (continuous improvement process) / Kontinuierlicher Verbesserungs-Prozess (KVP) m.

CIP - Carriage and Insurance Paid To (...named place of destination): seller has the same obligations as under -> CPT but with the addition that the seller has to procure cargo insurance against the buyer's risk of loss of or damage to the goods during the carriage. The seller contracts for insurance and pays the insurance premium. The buyer should note that under the CIP term the seller is only required to obtain insurance on minimum coverage. The CIP term requires the seller to clear the goods for export. This term may be used for any mode of transport including multimodal transport. © Internationale Handelskammer; copyright-, source and use of Incoterms s. "Incoterms".) / CIP - frachtfrei versichert (translation s. German part)

circuit switching; line switching / Leitungsvermittlung f.

circular; memo / Rundschreiben n.

city logistics (logistics in urban environment; mainly delivery to the end user) / Citylogistik f. (Logistik im städtischen Nahverkehr: meist Lieferung zum Endabnehmer)

city network / Stadtnetz n.; City Netz n.

civil servant / Beamter m.

civil service / öffentlicher Dienst m.; Staatsdienst m.

CKD-principle (completely knocked-down) / CKD-Prinzip *n.* (Methode, bei der ein Produkt total in Einzelpositionen zerlegt geliefert und erst nach Transport an seinem Bestimmungsort zusammengebaut wird)

claim; loss / Schadensfall *m.*

claim (e.g. 1. to ~ that the delivery has been complete; 2. ... our shipment does not ~ completeness) / beanspruchen *v.*; Anspruch erheben (z.B. 1. den Anspruch erheben, dass die Lieferung komplett war; 2. ... unsere Sendung erhebt keinen Anspruch auf Vollständigkeit)

claim / Anspruch *m.*; Rechtsanspruch *m.*; Versicherungsanspruch *m.*

claim / Beanstandung *f.*

claim / Forderung *f.*

claim damages / Schadensersatz fordern *v.*

claim for damages / Schadensersatzanspruch *m.*

claim, file a ~ / Anspruch einklagen *v.*

claim, hauling / Transportschaden *m.*

claim, notification of a ~ / Schadensmeldung *f.*

claims handling / Schadensbearbeitung *f.*

clamp truck / Gabelstapler (mit seitlicher Klemmvorrichtung) *m.*

clarification / Aufklärung *f.*

clarification, order ~; defining the order / Auftragsklärung *f.*

class of service / Teilnehmerklasse *f.*

classification / Klassifizierung *f.*; Gliederung *f.*

classification and coding / Klassifizierung und Codierung

classify / klassifizieren *v.*

classifying key / klassifizierend Schlüssel *m.*

classroom seminar; face-to-face seminar / Frontalunterricht; Seminar im Stil von Frontalunterricht

clause / Bestimmung; Klausel

clause, cancellation ~ / Rücktrittsklausel *f.*

clause, non-competition ~ / Wettbewerbsklausel *f.*

clause, price ~ / Preisklausel *f.*

clean bill of lading / reines Konnossement *n.*

clean draft / Tratte ohne Dokument *f.*

clean room facilities / Reinraumanlagen *fpl.*

clear; dispatch / abfertigen *v.*

clear inventory; clear stock; sell off inventory / Lager räumen

clear the goods (for export) / Ware (für Export) freimachen

clearance / Abfertigung *f.*

clearance / Lagerräumung *f.*

clearance sale / Ausverkauf *m.*; Schlussverkauf *m.*

clearing (department) / Verrechnungsstelle (~abteilung) *f.*; Clearing *n.*

Clearing / Clearing *n.*

clearing account / Verrechnungskonto *n.*

clearing, daily ~ / tägliche Abrechnung *f.*

clearing, monthly ~ / monatliche Abrechnung *f.*

clearing, yearly ~ / jährliche Abrechnung *f.*

click (e.g. with the mouse on the PC screen) / anklicken *v.* (z.B. mit der Maus auf dem PC-Bildschirm)

client / Kunde *m.*; Mandant *m.*

client focus / Kundenorientierung

client-independent / mandantenunabhängig *adj.*

client-server architecture / Client-Server-Architektur *f.*

client-server technology / Client-Server-Technik *f.*

client-specific (e.g. the customer demands ~ systems) / maßgeschneidert *adj.* (z.B. der Kunde verlangt ~e Systeme)

client-specific / mandantenabhängig *adj.*

clientele / Kundenkreis

clients, for all ~ / mandantenübergreifend *adj.*

CLIP (calling line identification presentation); caller ID / Rufnummernanzeige *f.*

CLIR (calling line identification restriction); caller ID restriction / Unterdrückung der Rufnummernanzeige

CLM (see Council of Logistics Management)

clock card; punch card / Stechkarte *f.* (Zeiterfassung)

closed loop / Zyklus

closed-loop planning system / System mit geschlossenem Planungszyklus *n.*

closed market; exclusive market / geschlossener Markt *m.*

closed shop (opp. open shop) / Betrieb (mit Pflicht der Gewerkschafts-Zugehörigkeit) *m.*

closed subscriber group / geschlossene Teilnehmergruppe *f.*

closed user groups / geschlossene Benutzergruppe *f.*

closed warehouse / geschlossenes Lager *n.*

closing (e.g. of an account) / Abschluss *m.* (z.B. einer Rechnung)

closing of an account / Kontoabschluss *m.*

closing operation (e.g. of a production order) / Abschlussarbeit *f.* (z.B. eines Fertigungsauftrages)

clue / Anhaltspunkt *m.*

clutch / Kupplung *f.*

co-distribution / Mitvertrieb *m.*

co-existence / Koexistenz *f.*

co-product; by-product; spinoff / Nebenprodukt *n.*; Abfallprodukt *n.*

co-worker / Mitarbeiter

coach (coach of employees) / Coach *m.* (Betreuer von Mitarbeitern)

coach (e.g. ~ employees to gain substantial improvements) / coachen *v.*; anleiten *v.*; betreuen *v.* (z.B. ~ von

Mitarbeitern, um wesentliche Verbesserungen zu erzielen)

coastal shipping / Küstenschifffahrt *f.*

cod (cash on delivery); c.o.d.; COD / gegen Nachnahme *f.*; Barzahlung bei Lieferung *f.*

COD charge (collect on delivery); c.o.d. charge / Nachnahmegebühr *f.*

COD consignment (collect on delivery) / Nachnahmesendung *f.*

code (e.g. barcode) (coded information on a label using bars) / Schlüssel *m.* (z.B. Barcode) (verschlüsselte Information auf einem Aufkleber mit 'bars'=Balken)

code number / Codenummer *f.*

code text / verschlüsselter Text

code, business key ~ system / Geschäftsschlüssel *m.*; Geschäftsverschlüsselungssystem *n.*

code, dress ~ (e.g. business meeting: dress code is business formal) / Kleiderordnung *f.* (z.B. Geschäftstermin: formale bzw. geschäftsmäßige Kleidung)

code, maturity ~ / Fälligkeitsschlüssel *m.*

code, order ~ / Auftragskennzeichen (AKZ) *n.*

coded text / verschlüsselter Text

codeshare flight / Kooperationsflug

codetermination / Mitbestimmung *f.*

Codetermination Act / Mitbestimmungsgesetz *n.*

coding / Codierung *f.*

cold room / Kühlraum *m.*

cold storage operation (for groceries) / Kühl(lager)haus (für Lebensmittel); Lebensmittel-Kühlhaus *n.*

collaborative working / Zusammenarbeit *f.*

collateral agreements / Nebenabreden *fpl.*

colleague / Kollege *m.*

collect *v.*; pick up *v.* (~ goods etc.) / abholen *v.* (Güter etc. ~)

collected invoice; summary invoice / Sammelrechnung *f.*

collection (~ of money) / Einzug *m.*; Inkasso *n.* (~ von Geld)

collection area / Einzugsgebiet *n.*

collection charges; collection expenses / Inkassospesen *pl.*

collection fee / Inkassogebühr *f.;* Einzugsgebühr *f.*

collection of freight charges / Frachtinkasso *n.*

collection order / Inkassoauftrag *m.*

collection, data ~ / Datenerhebung *f.*

collection, documentary ~ / Dokumenten-Inkasso *n.*

collection, order ~ center; order consolidation center (CC); order groupage center / Auftragssammelstelle *f.*

collectors, order ~ / Kommissionierpersonal *n.*

college / College *n.*; höhere Lehranstalt *f.*; Akademie *f.* (meistens mit besonderem fachlichen Schwerpunkt, daher in etwa vergleichbar - auch von der Art des Abschlusses - mit einer 'Fachhochschule')

color monitor / Farbmonitor *m.*

combined technology / Kombinationstechnik *f.*

command / Befehl

command economy / Planwirtschaft *f.*

command line / Befehlszeile *f.*

command, execute a ~ / Befehl ausführen

commencement of a contract / Vertragsbeginn *m.*

comment; thought (e.g. are there any comments, thoughts or remarks on this presentation?) / Kommentar *m.* (z.B. gibt es irgendwelche Kommentare, Fragen oder Bemerkungen zu dieser Präsentation?)

commerce / Handel *m.*

commerce, electronic ~; e-commerce (EC) / elektronischer Handel *m.*; E-Handel *m.;* E-Commerce *m.;* elektronische Geschäftsabwicklung *f.;* elektronischer Geschäftsverkehr *m.* (elektronischer Handel mit Produkten und Dienstleistungen, insb. über das Internet; z.B. präsentieren Firmen ihre Produkte auf eigenen Web-Seiten. Hier können sich die Kunden dann informieren, bestellen und gegebenenfalls auch gleich bezahlen.)

commercial; commercial on TV / Fernsehwerbung *f.*

commercial / kaufmännisch *adj.*

commercial / Werbesendung *f.;* Werbung *f.*

commercial administration / kaufmännische Aufgaben *fpl.*

commercial benefit / geschäftlicher Nutzen *m.*

commercial department; financial services; finance and business administration / kaufmännische Abteilung *f.*

commercial education / kaufmännische Bildung *f.*; kaufmännische Weiterbildung *f.*

commercial function / kaufmännische Funktion *f.*

commercial invoice / Handelsrechnung *f.;* Handelsfaktura *f.*

commercial law / Handelsrecht *n.*

commercial law, international ~; (export control) / Außenwirtschaftsrecht *n.*

commercial letter of credit / Handelskreditbrief *m.*

commercial management (e.g. of a regional unit) / kaufmännische Leitung *f.* (z.B. einer regionalen Einheit)

commercial relationship / Wirtschaftsbeziehung *f.*

commercial sales functions / kaufmännische Vertriebsaufgaben *fpl.*

commercial sector / kaufmännischer Bereich *m.*

commercial staff / kaufmännische Mitarbeiter *mpl*.

commercial terms / Bestellbedingungen *fpl*.

commercial training / kaufmännische Ausbildung *f*.

commercial value / Handelswert *m*.

commercial vehicle / Nutzfahrzeug *n*.

commercial weight / Handelsgewicht *n*.

commercial zone / Gewerbezone *f*.

commercial, international ~ law / Außenwirtschaftsrecht *n*.

commission (fee, charge) / Provision *f*.

commission, broker's ~; brokerage / Maklergebühr *f*.; Maklerprovision *f*.

commission, purchase ~ / Einkaufsprovision *f*.

commissioning; consignment / Kommissionierung *f*.; Auftragszusammenstellung *f*.

commit (e.g. the company committed itself to keep the delivery deadline) / festlegen *v*.; sich verpflichten *v*. (z.B. die Firma verpflichtete sich, die Lieferfrist einzuhalten)

commitment (e.g. the team made a commitment to reduce logistics costs) / Versprechen *n*.; Verpflichtung *f*. (z.B. das Team verpflichtete sich zu einer Reduzierung der Logistikkosten)

commitment, management ~ / Management(selbst)verpflichtung *f*.; Selbstverpflichtung des Managements; Verpflichtung des Managements

commitment, payment ~ / Zahlungsverpflichtung *f*.

committed (e.g. the staff is ~ to the company mission) / verpflichtet *adv*. (z.B. das Personal weiß sich dem Geschäftsauftrag ~)

committed workforce / engagiertes Personal *n*.; engagierte Mitarbeiter *mpl*.

committee (e.g. work ~) / Ausschuss *m*. (z.B. Arbeits-~)

committee, consulting ~; board of advisors / Beratungsausschuss (BA) *m*.

committee, executive ~; corporate committee / Zentralvorstand *m*.

committee, logistics ~ / Ausschuss für Logistik (AL); Logistikausschuss *m*.; Logistikkommission *f*.

commodities; necessaries / Bedarfsartikel *mpl*.

commodities / Waren *fpl*.; Handelswaren *fpl*.; Gebrauchsartikel *mpl*.; Wirtschaftsgüter *npl*.

commodities, trade ~ / Börsenmaterial *n*.

commodity / Wirtschaftsgut *n*.; Handelsartikel *m*.

commodity code / Schlüsselnummer (im Einkauf) *f*.

commodity group / Warengruppe *f*.

commodity value; goods value / Warenwert *m*.

commodity, bulk ~ / Massengut *n*.

commodity, scare ~ / Mangelware *f*.

common (e.g. common language) / gemeinsam *adj*. (z.B. gemeinsame Sprache)

common customs tariff / gemeinsamer Zolltarif *m*.

common data management / gemeinsame Datenhaltung *f*.

Common Gateway Interface (CGI) / CGI (Common Gateway Interface; es beschreibt, wie vom Anwender am Web-Browser eingegebene Daten an den Web-Server gesendet und dort an ein CGI-Programm weitergereicht werden.)

common part / Mehrfachverwendungsteil

common practice; quite normal / allgemein üblich *adj*.; allgemeine Gepflogenheit *f*.; allgemeiner Brauch *m*.

common research and development task / gemeinsame Entwicklungsaufgabe *f*.

common sense / gesunder Menschenverstand *m*.; allgemeine Auffassung *f*.; üblich *adv*.

common software functions / gemeinsame Softwarefunktionen *fpl.*
common stock / Stammkapital *n.*; Stammaktien
common tasks / gemeinsame Aufgaben *fpl.*
communication / Kommunikation *f.*
communication channel / Kommunikationsweg *m.*
communication link / Verkehrsbeziehung *f.*
communication terminal / Kommunikationsendgerät *n.*
communication, local ~ / lokale Kommunikation *f.*
communication, open ~ / offene Kommunikation *f.*
communication, satellite ~ / Satelliten-Übertragung *f.*
communication, terrestrial ~ / erdgebundene Übertragung *f.*
communication, wireless ~ / drahtlose Übertragung *f.*
communications application / Kommunikationsanwendung *f.*
communications bus / Informationsbus *m.*; Kommunikationsbus *m.*
communications engineer / Kommunikationsberater *m.*
communications expert / Kommunikationsfachmann *m.*
communications needs / Kommunikationsbedarf *m.*
communications network / Kommunikationsnetz *n.*
communications partner / Kommunikationspartner *m.*
communications path / Kommunikationsschiene *f.*
communications performance / Kommunikationsleistung *f.*
Communications Policy / Kommunikationsordnung (KO) *f.*
communications process / Kommunikationsgeschehen *n.*

communications satellite / Kommunikationssatellit *m.*
communications service / Kommunikationsdienst *m.*
communications technology / Kommunikationstechnologie *f.*
communications type / Kommunikationsart *f.*
communications, uniform ~ protocol / einheitliches Kommunikationsprotokoll *n.*
commuter / Pendler *m.*
commuting allowance / Fahrtkostenzuschuss *m.*
compact warehouse / Kompaktlager *n.*
compaction system (e.g. for emtied cartons) / Kompaktiereinrichtung *f.* (z.B. für leere Kartons)
compactor, trash ~ / Abfall-Kompaktor *m.*; Presse für Abfall
company´s competitive position / Marktposition des Unternehmens (im Wettbewerb)
company; corporation; concern / Konzern *m.*
company / Unternehmen
company guidelines; corporate guidelines; corporate mission statement / Unternehmensleitsätze *mpl.*
company history / Unternehmensgeschichte *f.*
company level / Unternehmensebene *f.*
company management / Unternehmensführung *f.*; Unternehmensleitung
company policy; corporate policy / Unternehmenspolitik *f.*; Firmenpolitik *f.*
company principles / Unternehmensleitbild *n.*
company profile / Firmensteckbrief *m.*
company spokesman / Firmensprecher *m.*
company structure / Firmenstrukur *f.*; Firmenaufbau *m.*; Firmengliederung *f.*

company takeover (e.g. unfriendly) / Firmen-Übernahme *f.* (z.B. gegen den Willen der Firma)

company unit / Unternehmenseinheit *f.*

company-wide; corporate-wide / unternehmensweit *adj.*

company, associated ~; affiliated company (minority stake, i.e. owned less than 50%) / Beteiligungs-gesellschaft *f.;* Tochtergesellschaft *f.* (Minderheitsbeteiligung, d.h. Beteiligung weniger als 50%)

company, global; international company; global player / globales Unternehmen *n.;* Weltunternehmen *n.*

company, in-~ / unternehmens-intern *adj.*

company, lean ~ / schlankes Unternehmen

company, logistics ~ / Logistikunternehmen *n*

company, majority owned subsidiary ~ (majority stake, i.e. owned more than 50%) / Tochtergesellschaft *f.* (Mehrheitsbeteiligung, d.h. Beteiligung mehr als 50%)

company, manufacturing ~; manufacturing corporation; manufacturer; producer / Fertigungsunternehmen *n.*; Hersteller *m.*

company, medium-sized ~; medium-sized enterprise / mittelständisches Unternehmen *n.*; Mittelstandsunternehmen *n.*

company, representative ~ / Stützpunktgesellschaft *f.*

company, service ~; service provider; third party company / Dienstleister *m.*; Dienstleistungsfirma *f.*; Dienstleistungsunternehmen *n.*

company, subsidiary ~ (wholly owned); first tier company; offshoot of a company (coll. AmE) / Tochter-gesellschaft *f.* (100%)

company, top notch ~ / eine hervorragende (super) Firma

comparison / Vergleich *m.*

comparison of planned and actual data; plan-to-actual comparison / Plan-Ist-Vergleich *m.*

comparison over time / Zeitvergleich *m.*

comparison period / Vergleichszeitraum *m.*

comparison, structural ~ / struktureller Vergleich *m.*

compatibility (i.e. interchangeability); portability / Kompatibilität *f.*; Portabilität *f.* (d.h. Austauschbarkeit)

compatible (~ with); consistent / kompatibel *adj.*; vereinbar *adj.* (~ mit)

compatible, upwardly ~ / aufwärtskompatibel *adj.*

compelling needs *pl.* / treibende Kraft *f.*

compensate / kompensieren *v.*; ausgleichen *v.*

compensation; damages; indemnification / Schadensersatz *m.*

compensation; indemnity / Abfindung *f.*; Schadensersatz *m.*; Entschädigung *f.*

compensation / Entlohnung *f.*

compensation, performance based ~ / leistungsorientierte Entlohnung *f.*

compete / konkurrieren *v.*

competence / Kompetenz *f.*; Aufgabengebiet *n.*

competence center; center of competence (CC) / Kompetenzzentrum *n.;* Kompetenzcenter *n.*

competence center, logistics ~ / Logistik-Kompetenzzentrum *n.*

competence in system selection / Systemauswahl-Kompetenz *f.*

competence in systems integration / Systemintegrations-Kompetenz *f.*

competence, economies of ~ (relates to: ... employees' skills, ... entrepreneurial spirit, ...training and motivation, ... innovation, ...) (e.g. economics through business- and goal-oriented training of management and staff) / Wirtschaftlichkeit durch Kompetenz (bezieht sich auf: ... Mitarbeiter-

Fähigkeiten, ... -Unternehmergeist, ... -Training und -Motivation, ... Innovation) (z.B. Wirtschaftlichkeit durch geschäfts- und zielorientiertes Training von Management und Mitarbeitern)

competence, professional ~; technical competence / Fachkompetenz *f.*

competence, social ~ / Sozialkompetenz *f.*

competencies, call for ~ (e.g. ~ for professionals with know-how in the field of supply chain management) / Suche nach Kompetenzen (z.B. ~ von Fachkräften mit Kenntnissen auf dem Gebiet des SCM)

competency, core ~ / Kernkompetenz *f.*; Schlüsselfähigkeit *f.*; Kern-Know-how *n.*

competent / fähig (z.B. ein sehr fähiger, cleverer Mitarbeiter)

competition (e.g ~ intensifies) / Wettbewerb *m.*; Konkurrenz *f.* (z.B. ~ nimmt zu)

competition clause, non-~ / Wettbewerbsklausel *f.*

competition, advantage over the ~ (e.g. with these short leadtimes we have an ~ over company A.) / Wettbewerbsvorteil *m.* (z.B. mit diesen kurzen Lieferzeiten haben wir einen ~ gegenüber Firma A.)

competitive / konkurrenzfähig *adj.*

competitive advantage / Wettbewerbsvorteil *m.*

competitive and market analysis / Wettbewerbs- und Marktbeobachtung *f.*

competitive benefits / Wettbewerbsnutzen *mpl.*

competitive conditions / Wettbewerbsbedingungen *fpl.*

competitive disadvantage / Wettbewerbsnachteil *m.*

competitive edge (e.g. to achieve an indisputable competitive advantage through logistics excellence) / Wettbewerbsvorsprung *m.* (z.B. einen

unbestrittenen Wettbewerbsvorteil erreichen durch hervorragende Logistik)

competitive edge, sustain ~ / Wettbewerbsvorsprung erhalten

competitive position / Wettbewerbsstellung *f.*

competitive situation / Wettbewerbssituation *f.*

competitiveness / Wettbewerbsfähigkeit *f.*

competitor / Konkurrent *m.*; Wettbewerber *m.*; Mitbewerber *m.*

competitors' projects / Konkurrenzvorhaben *n.*

competitors, nock ~ out of race; put competitors out of the running / Wettbewerber aus dem Rennen werfen

compiler (computer) / Übersetzer *m.* (Computer)

complain / sich beschweren *v.*; sich beklagen *v.*; beanstanden *v.*; reklamieren *v.*

complaint / Beschwerde *f.*; Mängelrüge *f.*; Reklamation *f.*

complaint management / Beschwerdemanagement *n.*

complaints department / Reklamationsabteilung *f.*

complete / ganz

complete load; full load; FCL (full carload) (opp. partial load, e.g. less than carload; LCL) / Komplettladung *f.*; ein ganzer Wagen voll (FCL) (Ggs. Teilladung, d.h. Stückgut; LCL)

complete order delivery (i.e. no partial deliveries) / Komplettauftragslieferung *f.* (d.h. keine Teillieferungen)

completed accounting quantity / Fertigstellungsmenge *f.* (gebuchte ~)

completeness / Vollständigkeit *f.*

completion / Fertigstellung *f.*

completion card / Fertigmeldekarte *f.*

completion note / Rückmeldung

completion of order; order completion / Auftragsabschluss *m.*

completion, degree of ~ / Fertigstellungsgrad *m*.

complex (e.g. a ~ situation) / komplex *adj*.; verwickelt *adj*.; verworren *adj*. (z.B. eine ~e Situation)

complexity / Komplexität *f*.; Kompliziertheit *f*.

complexity matrix / Komplexitätsmatrix *f*.

compliance (e.g. ~ with contracts) / Einhaltung *f*. (z.B. ~ von Verträgen)

complimentary copy / kostenloser Prospekt *m*.

comply / übereinstimmen *v*.

component (e.g. electronical) / Bauelement *n*.; Baugruppe *n*. (z.B. elektronisch)

component / Komponente *f*.; Bauteil *n*.

component availability / Teileverfügbarkeit *f*.

component chain / Strukturverkettung *f*. (von Baugruppen)

component requirements quantity / Teilebedarfsmenge *f*.

component store / Komponentenlager *n*.; Baugruppenlager *n*.

components side / Bestückungsseite *f*.

comprehensive approach / umfassende Sicht *f*.; ganzheitliche Sicht *f*.

comprehensive solution (e.g. ~ for logistics problems) / Integrallösung *f*. (z.B. ~ für logistische Aufgaben)

compress / verdichten

compressed air / Pressluft *f*.

compressor / Kompressor *m*.

compulsory / obligatorisch *adj*.; zwangsweise *adj*.

computation / Rechenmethode *f*.; Berechnung *f*.

Computer Aided (CAT) / computerunterstützter Test *m*.

Computer Aided Administration and Organization (CAA) / computerunterstützte Verwaltung und Organisation

Computer Aided Design (CAD) / computerunterstützte Entwicklung *f*.

Computer Aided Engineering (CAE) / computerunterstützte Konstruktion *f*.

Computer Aided Manufacturing (CAM) / computerunterstützte Fertigung *f*.

Computer Aided Planning (CAP) / computerunterstützte Planung *f*.

Computer Aided Quality (CAQ) / computerunterstützte Qualitätssicherung *f*.

Computer Aided Software Engineering (CASE) / computerunterstützte Softwareentwicklung *f*.

Computer Aided Storage (CAS) / computerunterstütztes Lagersystem *n*.

Computer Based Information (CBI) / computerunterstützte Information *f*.

Computer Based Training (CBT) / computerunterstütztes Training *n*.

Computer Integrated Manufacturing (CIM) / computerintegrierte Fertigung *f*.

computer science / Informatik *f*.

computer, desktop ~ / fest installierter PC (Tischgerät)

computer, laptop ~ / tragbarer PC (Laptop)

computerized methods / rechnergestützte Verfahren *npl*.

concealed assets / stille Reserven *fpl*.

concealed freight damage / verheimlichter Frachtschaden; versteckter Frachtschaden; kaschierter Schaden am Frachtgut

concealment / Geheimhaltung *f*.

concentration of data centers / Konzentration der Rechenzentren

concept / Konzept *n*.; Begriff *m*.

concept, holistic ~ / Konzept der Ganzheitlichkeit *n*.

concept, migration ~ / Migrationskonzept *n.;* Überleitungskonzept *n*.

concept, rated / Soll-Konzept *n*.

concern; corporation; company / Konzern *m.*

concern (e.g. concerning your letter ...) / betreffen *v.* (z.B. betreffend Ihres Schreibens ...)

concerned (e.g. we are very much concerned about your delivery problems) / betroffen sein *adv.*; beunruhigt sein *adv.*(z.B. wir sind sehr beunruhigt wegen Ihrer Lieferprobleme)

concert, in ~ (e.g. this is in full concert with my boss) / in Übereinstimmung mit (z.B. dies geschieht in voller Übereinstimmung mit meinem Chef)

concession (in a negotiation) (e.g. people who make small concessions early fail less) / Zugeständnis (in einer Verhandlung) *n.* (z.B. Leute, die frühzeitig kleine Zugeständnisse machen, versagen weniger)

conciliation; mediation; arbitration / Schlichtung *f.*

conciliator; mediator / Schlichter *m.*

conclusion / Schlussfolgerung *f.*; Schluss *m.*

conclusion of an agreement / Vertragsabschluss *m.*

conclusion, in ~ / zum Schluss *m.*; schließlich *adj.*

concurrent costing / mitlaufende Kalkulation *f.*

concurrent engineering / Simultaneous Engineering (SE) (simultane Konstruktion (parallel, gleichzeitig, überlappend), nicht sequentiell)

condense; compress / verdichten *v.*

condition / Kondition *f.*

condition, actual ~ / tatsächlicher Zustand *m.*

condition, business ~ / Geschäftsbedingung *f.*

condition, general ~ / Rahmenbedingung *f.*

condition, without ~; without reservation / ohne Vorbehalt *m.*

conditions of acceptance / Abnahmebedingungen *fpl.*

conditions of employment / Beschäftigungsbedingungen *fpl.*

conditions of sale / Verkaufsbedingungen

conditions, trading ~ / Geschäftsbedingungen

conference; convention / Kongress *m.*; Fachkongress *m.*

confidential; secret / vertraulich *adj.*; geheim *adj.*

confidentiality / Vertraulichkeit *f.*

configuration (e.g. of an order) / Konfiguration *f.*; Zusammenstellung *f.* (z.B. eines Auftrages)

configuration and interface management / Konfigurations- und Schnittstellenmanagement *n.*

configuration, order ~ / Auftragszusammenstellung *f.*

confirm / bestätigen *v.*

confirmation / Bestätigung *f.*

confirmation of booking / Buchungsbestätigung *f.*

confirmation of delivery / Lieferbestätigung *f.*

confirmation, export ~; export certificate / Ausfuhrbescheinigung *f.*

confirmation, order ~; acknowledgement of order; order acknowledgement / Auftragsbestätigung *f.*

conformity / Konformität *f.*

confuse (~ with); mix up (~ with) / verwechseln (~ mit) *v.*

congestion / Verkehrsstau *m.*

congress / Kongress *m.*

connection (e.g. ~ to the hinterland) / Anbindung *f.* (z.B. ~ an das Hinterland)

connection (link) (physically); linkage; link; interface connection / Verbindung (Bindeglied) *f.*; Verkettung *f.* (physikalisch)

connection (phone) / Verbindung (Telefon)

connection charge / Verbindungspreis m.

connection, air ~ (direct flight) / Flugverbindung (direkte) f.

connection, in ~ with ... / mit Bezug auf ...

connections (e.g. he has excellent connections to the competition); relations / Verbindungen fpl.; Beziehungen fpl. (z.B. er hat hervorragende Beziehungen zum Wettbewerb)

connector / Steckverbinder m.

consciousness / Bewusstsein

consecutive planning / sukzessive Planung f.

consensus / Übereinstimmung f.; Zustimmung f.

consider; regard / in Betracht ziehen v.; beachten v ; berücksichtigen v.

consideration / Abwägung f.

consign / beistellen v.; zusenden v.;

consigned inventory; consigned stock / Bestand beim Kunden (gehört dem Hersteller) m.

consigned materials or parts (by customer) / Materialbeistellung (durch den Kunden)

consignee / Konsignatär (Warenempfänger) m.

consignee, final ~ / Endempfänger m.

consignee's, to ~ account / zu Lasten des Empfängers

consigner / Absender (als Firma oder Person, nicht Absender als Adressangabe)

consignment / Beistellung f.; Kommissionierung f.; Zustellung f.;

consignment / Kommission f.; Frachtgutsendung f.; Sendung f.; Konsignation f. (Ware)

consignment freight / Partiefracht f.

consignment goods / Kommissionsware f.

consignment note; waybill / Frachtbrief m.; Versandanzeige f.

consignment store / Kommissionslager n.

consignment, international ~ note / internationaler Frachtbrief m.

consignment, railway ~ / Bahnfrachtbrief m.

consistency / Folgerichtigkeit f.; Widerspruchsfreiheit f.

consistent / kompatibel (~ mit)

consolidate (e.g. ~ the goods) / sammeln v. (zusammenfassen) (z.B. die Waren ~)

consolidate (e.g. ~ what has been achieved) / sichern v.; konsolidieren v. (z.B. das erreichte Ergebnis ~)

consolidated consignment / Sammelladung f.

consolidated financial statements / Konzernabschluss m.

consolidated net income / Konzerngewinn m.

consolidating forwarder / Sammelgutspediteur

consolidation / Sammelgut

consolidation concept / Konsolidierungskonzept n.

consolidation point / Konsolidierungsstelle f.; Bündelungspunkt m.

consolidation warehouse / Sammellager n.

consolidation, order ~; order configuration (e.g. of orders with same destination of delivery) / Auftragszusammenstellung f. (z.B. von Aufträgen mit gleicher Versandadresse)

consolidation, order ~ center; order collection center; order groupage center / Auftragssammelstelle f.

consolidator; consolidating forwarder / Sammelgutspediteur m.

consortium (e.g. consortium of the companies of the 'Integrated Supply Chain Management Program' of the Massachusetts Institute of Technology (MIT)) / Vereinigung f.; Konsortium n. (z.B. Vereinigung der am 'Integrated

Supply Chain Management Program[1] des Massachusetts Institute of Technology (MIT) beteiligten Firmen)

constraint / Zwang *m.*; Einschränkung *f.*

construction (e.g. 1. the road is under construction; 2. the construction of the article is very powerful) / Konstruktion *f.*; Aufbau *m.* (z.B. 1. die Straße ist im Bau; 2. der Satzaufbau (die Satzkonstruktion) des Artikels ist sehr wortgewaltig)

construction bill of material; design parts list / Konstruktionsstückliste *f.*

construction number; design number / Konstruktionsnummer *f.*

construction-site manufacturing; project shop / Baustellenfertigung *f.*

consular charge; consular fee / Konsulatsgebühr *f.*

consular invoice / Konsulatsfaktura *f.*

consular regulation / Konsulatsvorschrift *f.*

consultant; advisor (e.g. consultant's tasks: 1. identify and analyze problems, 2. recommend solutions, based on operational, technical and human factors, 3. prepare action plans, 4. train and qualify personal) / Berater *m.* (z.B. Aufgaben eines Beraters: 1. Probleme erkennen und analysieren, 2. Lösungen empfehlen, die auf betrieblichen, technischen und menschlichen Fakten beruhen, 3. Durchführungspläne entwickeln, 4. Mitarbeiter trainieren und qualifizieren)

consultant, engineering ~ / beratender Ingenieur *m.*

consultant, in-house ~ / interner Berater

consultant, outside ~ / externer Berater

consultant, professional ~; technical consultant / Fachberater *m.*

consulting; consulting service; advisory; advisory service / Beratung *f.*

consulting call (phone) / Rückfragegespräch (Telefon)

consulting committee; board of advisors / Beratungsausschuss (BA) *m.*

consulting project / Beratungsprojekt *n.*

consulting service / Beratung

consulting, outplacement ~ (professional placement support for institutions, companies and individuals (e.g. ~ is urgently needed for some two hundred people because the company will shut down its manufacturing site in July next year) / Outplacement-Beratung *f.* (professionelle Unterstützung bei der Vermittlung von Arbeitsverhältnissen für Institutionen, Firmen und Privatpersonen) (z.B. ~ wird dringend für ca. 200 Personen benötigt, da die Firma den Fertigungsstandort im Juli nächsten Jahres schließen wird)

consulting, technical ~ / Fachberatung *f.*

consumer / Verbraucher *m.*

consumer electronics / Unterhaltungselektronik *f.*

consumer goods; non-durables; non-durable goods (opp. durables; durable goods) / Konsumgüter *npl.*; Verbrauchsgüter *npl.* (Ggs. Gebrauchsgüter, dauerhaft haltbare, langlebige Güter)

consumer price / Verbraucherpreis *m.*; Endverbraucherpreis *m.*

consumer product / Endverbraucherprodukt (Produkt für den Endverbraucher; Kundenartikel) *n.*

consumer response, efficient ~ (see ECR)

consumer tax; indirect tax / Verbrauchssteuer *f.*

consumer, bulk ~ / Großverbraucher *m.*

consumption / Eigenverbrauch *m.*; Verbrauch *m.*

consumption-driven / verbrauchsgesteuert *adj.*

consumption-driven material planning; material planning by order point technique / verbrauchsgesteuerte Materialdisposition *f.*

consumption-driven planning /
verbrauchsgesteuerte Planung *f.*

consumption forecast /
Verbrauchsprognose *f.*

consumption-oriented /
verbrauchsorientiert *adj.*

consumption-oriented ordering system
/ verbrauchsorientiertes Bestellsystem *n.*

consumption, domestic ~ / inländischer
Verbrauch *m.*

consumption, fuel ~; gas consumption /
Kraftstoffverbrauch *m.;*
Benzinverbrauch *m.*

consumption, payment upon ~ /
Zahlung nach Verbrauch

contact / Ansprechpartner *m.*

contain (~ s-th) / beinhalten *v.* (etwas ~)

container; bin / Behälter *m.;* Container
m.; Sammelbehälter *m.;* Transporteinheit *f.*

container carrier / Container-Fahrzeug
n.

container chassis / Container-Fahrgestell

container hoisting system / Container-
Ladesystem *n.*

container lifting device / Container-
Hebevorrichtung *f.*

container port / Container-Hafen *m.*

container ship / Container-Schiff *n.*

container storage position /
Behälterstellposition *f.;*
Behälterstellplatz *m.*

container terminal / Containerterminal
n.

container transport /
Containerttransport *m.*

container truck / Container-LKW *m.*

container yard / Containerstellplatz *m.*

container, roll ~ / Rollcontainer *m.*

container, shuttle ~ / Pendel-Behälter *m.*

content / Inhalt *m.*

content / zufrieden *adj.*

content of functions / Funktionsinhalt *m.*

contentment / Zufriedenheit *f.*

contents, list of ~ / Inhaltsangabe *f.*

contents, table of ~ / Inhaltsverzeichnis
n.

contingency plan; emergency plan /
Notplan *m.;* Notfallplan *m.;* Plan für
unvorhersehbare Ereignisse *m.*

contingency reserves / Rücklagen für
Notfälle

continual stock file / laufende
Bestandsdatei

continue / weitermachen

continuing education; further education;
ongoing education / Weiterbildung *f.*

continuity (e.g. in deliveries) /
Beständigkeit *f.* (z.B. bei Lieferungen)

continuous / kontinuierlich *adj.;*
fortlaufend *adj.;* ständig *adj.;* dauernd
adj.

Continuous Flow Manufacturing
(CFM) / Fließfertigung

continuous improvement /
kontinuierliche Verbesserung *f.;* ständige
Verbesserung *f.*

continuous improvement process /
Kontinuierlicher Verbesserungs-Prozess
(KVP) *m.*

continuous inventory; perpetual
inventory / permanente Inventur *f.*

continuous planning / rollierende
Planung *f.*

continuous production / Fließfertigung

continuously increasing / ständig
zunehmend

contract (e.g. valid contract) / Vertrag *m.;*
Kontrakt *m.* (z.B. rechtswirsamer
Vertrag)

contract / vertraglich verpflichten *v.*

contract condition (e.g. for foreign
subsidiaries) / Vertragsbedingung *f.* (z.B.
für das Ausland)

contract negotiation /
Vertragsverhandlung *f.*

contract of carriage; freight contract /
Frachtvertrag *m.*

contract of lien / Pfandvertrag *m.*

contract penalty; penalty for breach of contract / Vertragsstrafe *f.*; Konventionalstrafe *f.*

contract, accept a ~ / Vertrag annehmen *v.*

contract, breach of ~ / Vertragsbruch *m.*

contract, commencement of a ~ / Vertragsbeginn *m.*

contract, delivery ~ / Lieferabkommen

contract, draw up a ~ / einen Vertrag gestalten *v.*

contract, hammer out a ~; sign a contract; sign an agreement / einen Vertrag abschließen

contract, master ~ / Rahmenvertrag

contract, sign a ~ / einen Vertrag abschließen *v.*

contract, term of a ~ / Vertragsdauer *f.*

contract, wage ~; wage agreement / Tarifvertrag *m.*

contracted production / Vertragsfertigung *f.*

contracted, as ~ / wie vereinbart wie vertraglich vereinbart

contractor; party to contract / Vertragspartner *m.*; Vertragsfirma *f.*

contractor, general ~ / Generalauftragnehmer *m.*

contractor, prime ~; preferred supplier / Vorzugslieferant *m.*; bevorzugter Auftragnehmer; bevorzugter Lieferant

contracts department / Vertragsabteilung *f.*

contracts, award of ~ / Vergabe von Aufträgen *f.*; Auftragsvergabe *f.*

contractual relationship / Vertragsverhältnis *n.*

contradiction (e.g. in ~ to the plan) / Widerspruch *m.* (z.B. im ~ zum Plan)

contradictory / widersprechend *adj.*; entgegengesetzt *adj.*

contrary to the agreement / vertragswidrig *adv.*

contribute (~ to *s.th.*) / beitragen *v.* (~ zu etw.)

contribution / Beitrag *m.*

contribution margin / Einlagenspanne *f.*

control (~ over); power / Gewalt *f.* (~ über); Macht *f.*

control / steuern *v.*; lenken *v.*; regeln *v.*

control / Steuerung *f.*

control board / Schalttafel *f.*

control center / Leitstelle *f.*

control computer / Leitrechner *m.*

control data / Steuerdaten *npl.*

control duty / Kontrollpflicht *f.*

control engineering / Steuerungstechnik *f.*; Regeltechnik *f..*

control loop; control system / Überwachungsschleife *f.*; Regelkreis *m.*

control method / Kontrollmethode

control of warehouse equipment / Lagersteuerung

control overhead / Steuerungsaufwand *m.*

control point / Messpunkt

control station / Leitstation *f.*

control system / Leitsystem *n.*

control system, storage ~ / Lagerverwaltungssystem *n.*

control, access ~ / Zugangsschutz *m.*

control, exchange ~ / Devisenkontrolle *f.*

control, fuel ~; fuel gauge / Tankanzeige *f.*; Benzinuhr *f.*

control, get out of ~ / außer Kontrolle geraten

control, input ~ / Eingangsprüfung

control, keep under ~ / beherrschen *v.*; im Zaume halten

control, lose ~ over ... / Herrschaft verlieren über ...

control, order ~ / Auftragssteuerung *f.*

control, scrap rate ~ / Ausschussfaktor-Überwachung *f.*

control, span of ~ (~ in management) / Führungsspanne *f.*; Leitungsspanne *f.* (~ im Management)

controlled economy / Planwirtschaft *f.*

controlled prices / gebundene Preise *mpl.*

controller / Rechnungsprüfer *m.*

controlling / Berichtswesen n.;
kaufmännisches Controlling n.

controlling / Leistungsmessung

controlling feature / Leitmerkmal n.

controlling of costs; cost control /
Kostenüberwachung f.

**controlling subsidiaries and associated
companies** / Beteiligungscontrolling n.

convenience goods / Waren des täglichen
Bedarfs

convenience products / Convenience-
Produkte (in der Großgastronomie
industriell vorgefertigte oder zubereitete
Lebensmittel für Schnellrestaurants oder
Fertigmenüs für Tiefkühlregale) npl.

convention; congress / Fachkongress m.;
Kongress m.

convention / Konvention f.

convention, customs ~; tariff agreement
/ Zollabkommen n.

conventional design; standard design /
Normalausführung f.

conventional system / konventionelles
System n.; herkömmliches System n.

conventional wisdom /
Allgemeinverständnis n.; herkömmliche
Auffassung f.

conversion, parallel ~ (e.g. of a new
system timely parallel to the existing
system) / parallele Umsetzung m. f.;
parallele Umstellung f.; parallele
Einführung (z.B. eines neuen Systems
zeitlich parallel zum bestehenden
bisherigen System)

convert (e.g. to convert ideas into
tangible results) / umsetzen v. (z.B.
Ideen nutzbringend umsetzen; Ideen in
nutzbare Ergebnisse umsetzen)

convey (e.g. goods); forward; transport /
befördern v. (i.S.v. transportieren)

conveyance of order /
Auftragsübermittlung f.

conveyor belt / Fließband n.

conveyor system / Fördersystem n.;
Förderband n.; Transportsystem n.

conveyor system, overhead ~ /
Deckenfördersystem n.

conveyor, cargo ~ /
Stückgutförderanlage f.

conveyor, gravity ~; gravity roller
conveyor / Rollenbahn (Beförderung
durch Schwerkraft auf schräger Ebene)
f.

COO (Chief Operation Officer) /
Geschäftsführer m.

cookie / Cookie (eigentlich amerikanisch
'Keks'; Cookies sind Miniprogramme
bzw. kleine Textdateien, die von Web-
Seiten auf der Festplatte des PC
gespeichert werden und Informationen
über den PC-Betreiber und seine
Interessen enthalten)

cooperation; alliance; joint operating
(e.g. 1. more effective integration of
functions through improved cooperation
of all employees involved in the supply
chain; 2. cooperation and alliances with
suppliers) / Kooperation f.;
Zusammenarbeit (allgemein) f.;
Zusammenwirken n. (z.B. 1. effektiveres
Zusammenspiel von Funktionen durch
verbesserte Kooperation aller in der
Lieferkette beteiligten Mitarbeiter; 2.
Zusammenarbeit und Partnerschaft mit
Lieferanten)

cooperation (across functions) /
Zusammenarbeit (über Funktionen
hinweg) f.

cooperation agreement /
Kooperationsvereinbarung f.

cooperation strategy /
Kooperationsstrategie f.

cooperation, horizontal ~; horizontal
integration (opp. see 'vertical
integration') / horizontale Kooperation;
horizontale Integration
(Zusammenschluss von z.B.
Unternehmen, die in den gleichen Stufe
der Wertschöpfungskette, entweder als
direkte Wettbewerber, oder
'nebeneinander' in benachbarten

geografischen und funktionalen Feldern tätig sind; Ggs. siehe 'vertikale Integration')

cooperation, vertical ~; vertical integration (opp. see 'horizontal integration') / vertikale Kooperation; vertikale Integration (Zusammenschluss von z.B. Dienstleistern und Verladern, die in 'nacheinander' angeordneten Stufen der Wertschöpfungskette tätig sind; Ggs. siehe 'horizontale Integration')

coordination / Koordination *f.*

coordination, in ~ (e.g. with the manager) / in Abstimmung *f.*; in Absprache *f.* (z.B. mit dem Geschäftsführer)

coordination, multi-disciplinary ~ task / übergreifende Koordinierungsaufgabe *f.*

coordinator, supply chain ~ / Prozess-Koordinator *m.*; Logistikketten-Koordinator *m.*

cope (e.g. ~ with delivery problems) / bewältigen *v.*; fertigwerden mit *v.* (z. B. ~ Lieferproblemen)

copyright / Urheberrecht *n.*

cordless phone / Schnurlostelefon *n.*

core business / Kerngeschäft *n.*; Hauptgeschäft *n.*; Schlüsselgeschäft *n.*

core buyer; core commodity manager / Leiteinkäufer *m.*

core commodity management / Leiteinkauf *m.*

core commodity manager; core buyer / Leiteinkäufer *m.*

core competency / Kernkompetenz *f.*; Schlüsselfähigkeit *f.*; Kern-Know-how *n.*

core network / Kernnetz *n.*

core process / Kernprozess *m.*

core team / Kernteam *n.*

corporate ... / zentral...; unternehmens...

corporate audit / Unternehmensrevision *f.*

corporate business guidelines / zentrale Regeln Geschäftsverkehr

corporate business services / zentrale Dienstleistungen

corporate committee; corporate executive committee; executive committee / Zentralvorstand *m.*

Corporate Communications / Unternehmenskommunikation *f.*

corporate culture / Firmenkultur *f.*; Unternehmenskultur *f.*

corporate department; corporate division / Zentralabteilung *f.*

corporate design / Corporate Design *n.* (visuelles Erscheinungsbild einer Firma, s. auch 'Corporate Identity')

corporate development; corporate strategy development / Unternehmensentwicklung *f.*

corporate division / Zentralabteilung

corporate executive committee; corporate committee; executive committee / Zentralvorstand *m.*

Corporate Finance / Zentralabteilung Finanzen *f.*

corporate goal / Unternehmensziel *n.*

corporate guidelines / Unternehmensleitsätze

corporate hierarchy / Unternehmenshierarchie *f.*

Corporate Human Resources / Zentralabteilung Personal

corporate identity / Corporate Identity *f.*; Erscheinungsbild eines Unternehmens *n.* (1. Außenwirkung: Gesamtbild, wie sich ein Unternehmen nach außen hin darstellt. 2. Innenwirkung: Ausdruck dafür, wie sich die Mitarbeiter mit ihrem Unternehmen identifizieren)

corporate information and communication / zentrale Information und Kommunikation

corporate leaders / Unternehmensleiter *mpl.*

Corporate Logistics / Zentrale Logistik
f.; Unternehmenslogistik f.;
Konzernlogistik f.

corporate network / Corporate Network
n.; unternehmensweites Netzwerk n.

corporate objective / Unternehmensziel
n.

corporate office; central department /
Zentralstelle f.; Zentrales Referat

corporate organization /
Unternehmensorganisation f.

corporate planning /
Unternehmensplanung f.

Corporate Planning and Development
/ Zentralabteilung
Unternehmensplanung und -
entwicklung

corporate policy / Unternehmenspolitik

corporate press office / zentrales
Pressereferat

corporate project /
Unternehmensprojekt n.

corporate projects development /
zentrale Vorfeldentwicklung f.

corporate purchasing / Zentraleinkauf

corporate purchasing and logistics /
Zentralstelle Einkauf und Logistik

corporate research and development /
Zentralabteilung Forschung und
Entwicklung

corporate sales; central sales; parent
company sales / zentrale
Vertriebsaufgaben; Stammhausvertrieb
m.

corporate services / zentrale Dienste

corporate stewardship / Stabsabteilung;
zentrale Administration

corporate strategy /
Unternehmensstrategie f.

corporate strategy development /
Unternehmensentwicklung

corporate structure /
Unternehmensstruktur f.

corporate success factor /
Unternehmenserfolgsfaktor m.

Corporate Technology /
Zentralabteilung Technik

corporate unit / Hauptabteilung f.

corporate value / Unternehmenswert m.

corporate-wide / unternehmensweit

corporation; company; concern /
Konzern m.

corporation, lean ~; lean company /
schlankes Unternehmen n.

corporation, manufacturing ~ /
Fertigungsunternehmen

correction (e.g. at the source) /
Korrektur f.; Abstimmung f. (z.B. an der
Fehlerquelle)

correctly / ordnungsmäßig adj.; richtig
adj.

correctness (e.g. ~ in data processing) /
Ordnungsmäßigkeit f.; Richtigkeit f.
(z.B. ~ in der Datenverarbeitung)

correlation / Wechselbeziehung f.

correspond; match / übereinstimmen v.;
zusammenpassen v.

correspondence / Briefwechsel m.

correspondence / Schriftwechsel m.

cost / kosten v.

cost account / Kostenaufstellung f.

cost accounting / Kostenrechnung f.

cost advantage / Kostenvorteil m.

cost allocation / Kostenverteilung f.;
Kostenumlage f.; Kostenzuordnung f.

cost analysis / Kostenanalyse f.;
betriebswirtschaftliche Auswertung f.

Cost and Freight (definition of the
'incoterm' see CFR) / Kosten und Fracht
(Definition des 'Incoterms' siehe CFR)

cost apportionment; cost allocation /
Kostenteilung f.; anteilmäßige
Kostenumlage f.

cost avoidance / Kostenvermeidung f.

cost book, open ~ (e.g. ~ in inter-
company partnering) / Offenlegung der
Kosten f. (z.B. ~ in einer unternehmens-
übergreifenden Partnerschaft)

cost-by-causer principle /
Verursacherprinzip

cost calculation / Kostenkalkulation f.

cost calculation type code / Kalkulationsarten-Kennzeichen *n.*

cost center / Kostenstelle *f.*

cost center number / Kostenstellennummer *f.*

cost center plan / Kostenstellenplan *m.*

cost collector / Kostensammler *m.*

cost comparison / Kostenvergleich *m.*

cost consciousness / Kostenbewusstsein *n.*

cost control / Kostenüberwachung

cost coverage / Kostendeckung *f.*

cost cutting / Kostenreduzierung

cost-effective / kostenwirksam *adj.*

cost element / Kostenfaktor *m.*

cost estimate / Kostenvoranschlag *m.*

cost estimation / Kostenschätzung *f.*

cost increase; price increase / Verteuerung *f.*

cost itemization / Kosteneinzelnachweis *m.*

cost leadership / Kostenführerschaft *f.*

cost object / Kostenträger

cost of waiting time / Wartekosten *pl.*

cost plan / Kostenplan *m.*

cost planning / Kostenplanung *f.*

cost pool / Kostenblock *m.*

cost position / Kostenposition *f.*

cost pressure / Kostendruck *m.*

cost price; landed cost / Einstandspreis *m.*; Selbstkostenpreis

cost rate / Kostensatz *m.*

cost reduction; cost cutting / Kostenreduzierung *f.*

cost reduction program / Kostensenkungsprogramm *n.*

cost reference / Kostenbezug *m.*

cost report / Kostenbericht *m.*

cost requirements / Kostenanforderungen *fpl.*

cost structure (e.g. from the process perspective) / Kostenstruktur *f.* (z.B. aus Sicht der Prozesse)

cost structure analysis / Kostenstrukturanalyse (KSA) *f.*

cost transfer / Kostenweiterverrechnung *f.*

cost unit; cost object / Kostenträger *m.*

cost variance / Kostenabweichung *f.*

cost, at ~ / zum Selbstkostenpreis; zu Selbstkosten *pl.*; nach Aufwand *f.*

Cost, Insurance and Freight (definition of the 'incoterm' see CIF) / Kosten, Versicherung, Fracht (Definition des 'Incoterms' siehe CIF)

cost, insurance, freight, commission / Kosten, Versicherung, Fracht, Provision (cif&c)

cost, insurance, freight, commission, interest / Kosten, Versicherung, Fracht, Provision, Zinsen (cifci)

cost, insurance, freight, interest / Kosten, Versicherung, Fracht, Zinsen (cif&i)

cost, internal ~ allocation / innerbetriebliche Leistungsverrechnung *f.*

cost, landed ~ / Einstandspreis

cost, opportunity ~ (e.g. profit that could have been obtained if no money had been borrowed or had been spent for other reasons) / Opportunitäts-Kosten *pl.*; Alternativkosten *pl.*; alternative Kosten *pl.* (z.B. Ertrag, der zu erzielen gewesen wäre, wenn kein Geld aufgenommen oder für etwas anderes ausgegeben worden wäre)

cost, receiver ~ center / empfangende Kostenstelle *f.*

cost, responsible ~ center / verantwortliche Kostenstelle *f.*; federführende Kostenstelle *f.*

cost, sender ~ center / abgebende Kostenstelle *f.*

cost, superior ~ center / übergeordnete Kostenstelle *f.*

cost, total ~ of ownership / Gesamtaufwand einer Unternehmung *m.*

costed interest / kalkulatorische Zinsen *mpl.*

costing a routing; costing a production plan / Arbeitsplankalkulation *f.*
costing, product ~ / Produktkostenrechnung *f.*
costing, target ~ / Zielkostenrechnung *f.*
costs; expenses; charges; expenditure / Kosten *pl.*; Kostenaufwand *m.*; Ausgaben *fpl.*; Aufwand (Kosten) *m.*
costs / Kosten *pl.*
costs of acquisition / Bezugskosten
costs of communications link (line cost) / Kosten der Kommunikations-Verbindung *pl.* (Leitungskosten)
costs of employee benefits / Personalzusatzkosten *pl.*
costs of labor; labor costs / Arbeitskosten *pl.*; Lohnkosten *pl.*
costs of material / Materialaufwand *m.*
costs of operations; operational costs; operating costs; working costs / Betriebskosten *pl.*; betrieblicher Aufwand *m.*
costs overview / Übersicht der Kosten
costs per unit / Stückkosten
costs, acquisition and production ~ / Anschaffungs- und Herstellkosten *pl.*
costs, allocate ~; transfer costs / Kosten verrechnen *v.*
costs, basic direct ~ / Basiskosten *pl.*
costs, breakdown of ~; costs overview / Übersicht der Kosten *f.*; Kostenübersicht *f.*
costs, capital tied up ~ / Kapitalbindungskosten *pl.*
costs, changeover ~ / Umrüstkosten *pl.*
costs, current overhead ~ / Ist-Gemeinkosten *pl.*
costs, development ~ / Entwicklungskosten *pl.*
costs, direct ~ / direkte Kosten *pl.*; Einzelkosten *pl.*
costs, direct material ~ / Materialeinzelkosten *pl.*
costs, downtime ~; shortage costs (~ through idle machine capacity; ~ through missing parts) / Ausfallkosten

pl.; Fehlmengenkosten *pl.* (~ durch Maschinenausfall; ~ durch Fehlteile)
costs, engineering ~ / Kosten für technische Planung und Bearbeitung *pl.*
costs, excessive ~ / übermäßige Kosten
costs, factory ~ (e.g. planned ~); production costs; manufacturing costs / Herstellkosten *pl.*; Produktionskosten *pl.*; Fertigungskosten *pl.* (z.B. geplante ~)
costs, financing ~ / Finanzierungskosten *pl.*
costs, fixed ~ / Festkosten *pl.*
costs, floating average ~ / gleitender Durchschnittspreis *m.*
costs, follow-up ~ / Nachlaufkosten *pl.*
costs, fuel ~ / Treibstoffkosten *pl.*; Kosten für Treibstoff
costs, guarantee ~; warranty costs / Gewährleistungskosten *pl.*
costs, guidance ~; management costs / Lenkungskosten *pl.*
costs, handling ~ / Bearbeitungskosten *pl.*
costs, idle capacity ~ / Kosten der ungenutzten Kapazität
costs, imputed ~ / kalkulatorische Kosten *pl.*
costs, indirect ~ / indirekte Kosten *pl.*
costs, indirect material ~; material overhead / Materialgemeinkosten *pl.*
costs, influenceable ~; variable costs / beeinflussbare Kosten *pl.*
costs, initial ~ / Anschaffungskosten
costs, inspection ~ / Prüfkosten *pl.*
costs, intangible ~ / nicht quantifizierbare Kosten *pl.*
costs, interface ~ / Schnittstellenkosten *pl.*
costs, inventory carrying ~ / Lagerhaltungskosten
costs, job ~ (production); job order costs / Auftragskosten *pl.* (Fertigung)
costs, launching ~ / Anlaufkosten
costs, life cycle ~ / Lebenszykluskosten *pl.*

costs, logistics ~ (e.g. total supply chain related costs as a percentage of sales) / Logistikkosten *pl.* (z.B. Kosten der Logistikkette in % vom Umsatz)

costs, maintenance ~ / Wartungskosten *pl.*; Kosten für Wartung

costs, management ~ / Lenkungskosten

costs, marginal ~ / Grenzkosten *f.*

costs, material and service ~ / Sach- und Dienstleistungskosten *pl.*

costs, MIS ~; MIS expenditures; MIS expenses / OI-Kosten *pl.*

costs, operational ~ / Betriebskosten

costs, order ~ (procurement); ordering costs / Auftragskosten *pl.*; Bestellkosten *pl.*; Beschaffungskosten *pl.* (Beschaffung)

costs, original ~; initial costs / Anschaffungskosten *pl.*

costs, overhead ~; overhead / Gemeinkosten *pl.*; Kosten des laufenden Geschäftes

costs, own ~ / Eigenkosten *pl.*

costs, personnel ~; employment costs / Personalkosten *pl.*; Personalaufwand *m.*

costs, planning ~ / Planungskosten *pl.*

costs, prime ~; costs of sales / Selbstkosten *pl.*; Gestehungskosten *pl.*

costs, process and handling ~ / Herstell- und Abwicklungskosten *pl.*

costs, product life cycle ~ / Produktlebenszyklus-Kosten *pl.*

costs, quality ~ / Qualitätskosten *pl.*

costs, recurring storage ~ / Wiedereinlagerungskosten *pl.*

costs, redundant ~ (e.g. ~ through waste of money) / überflüssige Kosten (z. B. ~ durch Geldverschwendung)

costs, running ~ / laufende Kosten *pl.*

costs, scheduled ~; target costs / Plankosten *pl.*

costs, setup ~ / Rüstkosten *pl.*

costs, shortage ~ (~ through idle machine capacity; ~ through missing parts) / Ausfallkosten *pl.*;

Fehlmengenkosten *pl.* (~ durch Maschinenausfall; ~ durch Fehlteile)

costs, standard ~ / Standardkosten *pl.*

costs, standby ~ / Bereitschaftskosten *pl.*

costs, standby operating ~ / Kosten der Betriebsbereitschaft

costs, start-up ~; launching costs / Anlaufkosten *pl.*

costs, supply chain ~ (e.g. total supply chain related costs as a percentage of sales) / Prozesskosten der Logistikkette (z.B. Prozesskosten der Logistik-Gesamtkette in % vom Umsatz)

costs, tangible ~ / quantifizierbare Kosten *pl.*

costs, target ~ / Plankosten *pl.*

costs, transaction ~ / Abwicklungskosten *pl.*

costs, transfer ~ / Überführungskosten

costs, transport ~ / Transportkosten *pl.*

costs, type of ~ / Kostenart *f.*

costs, unloading ~ / Ausladekosten *pl.*

costs, user ~ / Gebrauchskosten

costs, variable ~ / variable Kosten *pl.*; beeinflussbare Kosten *pl.*

costs, warehousing ~; inventory carrying costs; inventory holding costs / Lagerhaltungskosten *pl.*; Lagerkosten *pl.*

costs, warranty ~ / Gewährleistungskosten

costs, working ~ / Betriebskosten

council / Rat *m.*; Arbeitskreis *m.*; Fachkreis *m.*

Council of Logistics Management (CLM) (equivalent in Europe: s. 'Bundesvereinigung Logistik e.V., BVL) (Most important US logistics society with annual logistics conferences. Headquarters: 2805 Butterfield Road, Suite 200, Oak Brook, Illinois 60523, USA. Phone: +1 (630) 574-0985, Fax: +1 (630) 574-0989; E-mail: clmadmin@clm1.org; Internet: www.clm1.org)

council, buyers ~ / Fachkreis Einkauf *m.*

council, logistics ~ / Logistik-Arbeitskreis *m.*; Logistik-Fachkreis *m.*; Arbeitskreis Logistik

council, works ~ / Betriebsrat (BR) *m.*

count, cyclical inventory ~ / Periodeninventur *f.*

count, error of ~ / Zählfehler *m.*

count, physical ~ / physikalische Zählung

counter / Schalter *m.*

counter offer / Gegenangebot *n.*

counter productive (opp. productive) / kontraproduktiv *adj.* (Ggs. produktiv)

counter proposal / Gegenvorschlag *m.*

counter purchase / Gegengeschäft

counterbalanced forc lift / freitragender Gabelstapler *m.*

counterdeal; back-to-back transaction; counter-purchase / Gegengeschäft *n.*

counterpart / Gegenstück *n.*

countersign / gegenzeichnen *v.*

countersignature / Gegenzeichnung *f.*

counting scale / Zählwaage *f.*

countries, third world ~ / Drittländer *npl.*

country of delivery / Lieferland *n.*

country of exportation / Ausfuhrland *n*

country of importation / Einfuhrland *n*

country of origin (COO) / Herkunftsland *n.*; Ursprungsland *n.*

country road / Landstraße *f.*

couple (e.g. the data are coupled on-line) / koppeln *v.* (z.B. die Daten sind online miteinander gekoppelt)

courier service / Kurierdienst *m.*

course / Verlauf *m.*

course of business / Geschäftsablauf *m.*

course, refresher ~; refresher seminar / Auffrischungskurs *m.*; Auffrischungsseminar *n.*

court of arbitration / Schiedsgericht *n.*

courtage; broker's fee; brokerage / Courtage *f.*; Kurtage *f.* (Maklergebühr)

courtesy (e.g. 1. ~ towards the customer; 2. courtesy of ...) / Höflichkeit *f.* (z.B. 1. ~ gegenüber dem Kunden; 2. mit freundlicher Genehmigung von ...)

covenant / Vertragsklausel *f.*

cover (e.g. the insurance covers all) / umfassen *v.*; decken *v.* (z.B. die Versicherung deckt alles)

cover the demand; supply the needs / den Bedarf decken *m.*

cover, car ~ / Fahrzeugplane *f.*

coverage (e.g. an air carrier has a broad geographic coverage) / Reichweite *f.* (z.B. ein Luftfrachtspediteur hat eine gute geografische Reichweite)

coverage (e.g. the coverage of the damage by the insurance company is excellent) / Umfang *m.*; Deckung *f.* (z.B. die Deckung des Schadens durch die Versicherungsgesellschaft ist ausgezeichnet)

coverage / Deckung *f.*; Eindeckung *f.*

coverage analysis / Nutzenanalyse *f.*

coverage calculation / Eindeckungsrechnung *f.*

coverage time / Eindeckzeit *f.*

coverage, cost ~ / Kostendeckung *f.*

coverage, forward ~ / frühzeitige Eindeckung *f.*

coverage, range of ~ / Eindeckungsreichweite

CP (carriage paid); freight paid / bezahlte Fracht *f.*

CP (Communications Policy) / Kommunikationsordnung (KO) *f.*

CPA (Certified Public Accountant; USA) / Wirtschaftsprüfer (USA)

CPM (critical path method) / kritischer Weg-Methode

CPT - Carriage Paid To (...named place of destination): seller pays the freight for the carriage of the goods to the named destination. The risk of loss of or damage to the goods, as well as any additional costs due to events occurring after the time the goods have been delivered to the carrier, is transferred from the seller to the buyer when the

goods have been delivered into the custody of the carrier. *"Carrier"* means any person who, in a contract of carriage, undertakes to perform or to procure the performance of carriage, by rail, road, sea, air, inland waterway or by a combination of such modes. If subsequent carriers are used for the carriage to the agreed destination, the risk passes when the goods have been delivered to the first carrier. The CPT term requires the seller to clear the goods for export. This term may be used for any mode of transport including multimodal transport.
© Internationale Handelskammer; copyright-, source and use of Incoterms s. "Incoterms".) / CPT - frachtfrei (translation s. German part)

CPU (Core Processor Unit) / CPU (zentrale Recheneinheit eines Computers)

CPU date / CPU-Datum *n.*

CPU time / CPU-Zeit *f.*

craft / Handwerk *n.*; Gewerbe *n.*

craftsman; tradesman / Handwerker *m.*

craftsmanship / handwerkliches Können *n.*

crane installation / Krananlage *f.*

create and sustain (e.g. to create world class performance with this product) / schaffen und aufrechterhalten *v.* (z.B. mit diesem Produkt eine Spitzenstellung schaffen)

create customer value / Kundennutzen erzeugen *m.*

create demand / Bedarf schaffen *m.*; Bedarf erzeugen *m.*

created value / erzielter Wert

creation date / Erstellungsdatum *n.*

creation, job ~ program / Arbeitsbeschaffungsprogramm *n.*

credibility (e.g. towards the customer) / Glaubwürdigkeit *f.* (z.B. gegenüber dem Kunden)

credit; credit certificate / Gutschrift *f.*

credit card / Kreditkarte *f.*

credit check; credit investigation / Kreditprüfung *f.*

credit investigation / Kreditprüfung

credit note / Gutschriftsanzeige *f.*

credit note procedure / Gutschriftverfahren *n.*

credit rating / Bonität *f.*

credit, buy on ~ / auf Ziel kaufen *v.*

credit, letter of ~ / Akkreditiv *n.*

creditor / Gläubiger *m.*

creditor account / Kreditorenkonto *n.*; Gläubigerkonto *n.*

crew / Schiffsbesatzung *f.*; Besatzung *f.*; Mannschaft *f.*

crew, loading ~ / Verlademannschaft (beladen, entladen) *f.*

criteria for business transactions / Kriteren für die Geschäftsabwicklung *npl.*

criterion (*pl.* criteria) / Kriterium *n.* (*pl.* Kriterien)

critical path / kritischer Weg *m.*

critical path method / kritischer Weg-Methode (CPM)

CRM (customer relationship management) / Kundenbeziehungs-Management *n.*

cross-border; border-crossing (e.g. ~ trade; ~ traffic) / grenzüberschreitend (z.B. ~er Handel; ~er Verkehr) *adv.*

cross-company / firmenübergreifend *adj.*

cross comparison / Quervergleich *m.*

cross-divisional; inter-divisional; cross-group; inter-group / bereichsübergreifend *adj.*

cross docking (direct flow of merchandise from the receiving function to the shipping function, eliminating any additional steps in between. The idea is to decrease the number of times merchandise gets handled) / Cross Docking *n.* (direkter Warenfluss vom Wareneingang bis - ausgang durch Beseitigung irgendwelcher dazwischenliegender, zusätzlicher Schritte. Ziel ist es, die Anzahl der Zugriffe zu reduzieren, wie oft die Ware angefasst wird)

cross-fertilization (e.g. for the attendees, the seminar will stimulate cross-fertilization of logistics knowledge and practical experience) / Förderung *f.* (i.S.v. befruchten, z.B. das Seminar wird den Austausch von Wissen und praktischer Erfahrung zwischen den Teilnehmern fördern)

cross-functional / funktionsübergreifend *adj.*; interdisziplinär *adj.*

cross-functional team (refers to a team whose members are selected for their specific skill or knowledge levels, but who also act as representatives of their respective departments, locations, or divisions) / interdisziplinäres Team (bezieht sich auf ein Team, dessen Mitglieder aufgrund ihrer speziellen Fähigkeiten oder Kenntnisse ausgewählt wurden, aber ebenso als Vertreter ihrer entsprechenden Abteilungen, Standorte oder Bereiche handeln)

cross-functionally, work ~ / über Organisationsgrenzen hinweg zusammenarbeiten

cross-group project; inter-group project / bereichsüberschreitendes Projekt ~ *n.*

cross-postings (e.g. ... we apologize for any ~) / überschneidende Sendungen *fpl.* (z.B. ... wir entschuldigen uns für sich eventuell ~)

cross-reference / Querverweis *m.*

cross-regional project / regionenüberschreitendes Projekt ~ *f.*

cross selling / Geschäft auf Gegenseitigkeit *n.*

crossed check; check (deposit only) / Verrechnungsscheck *m.*

cryptogram; code text; coded text / verschlüsselter Text *m.*

cryptographer / Verschlüsselungsspezialist *m.*

CSA (cost structure analysis) / Kostenstrukturanalyse (KSA) *f.*

CTI (Computer Telephony Integration) / CTI (Verknüpfung von Telefon- und Computerfunktionen. Durch CTI können Funktionen der Telekommunikationsanlage von einem PC gesteuert bzw. ausgewertet werden.)

cubage (of a warehouse); warehouse cubage (in cubic foot; 1 cu.ft. = approx. 0,0283 cbm) / Rauminhalt (eines Lagers) *m.*; Lagerraum *m* (in Kubikfuß; 1 cbm = ca. 35.31 cu.ft.)

cube utilization (of the warehouse) (e.g. the ~ of the warehouse is pretty high) / Raumnutzung *f.*; Nutzung des Raumes; Nutzungsgrad des Raumes (z.B. die ~ des Lagers ist ziemlich hoch)

cubic content; volume; capacity; cubage (e.g. cubic foot=cu.ft.) / Rauminhalt (z.B. Kubikmeter=cbm)

cubic volume / Kubage *f.*

CUG (closed user groups) / geschlossene Benutzergruppe *f.*

cultural barrier (e.g. blockage in the way of thinking and acting) / kulturelle Barriere *f.* (i.S.v. Hindernis in der Art des Denken und Handelns)

culture of change / Veränderungskultur *f.*; Geisteshaltung für Wandel

culture, corporate ~ / Firmenkultur *f.*; Unternehmenskultur *f.*

cumulative / kumuliert *adj.*

cumulative amount / Auflaufwert *m.*

cumulative lead time (e.g. total production lead time) / Kettenlaufzeit *f.* (z.B. gesamte Fertigungs-Gesamtdurchlaufzeit)

currency development / Währungsentwicklung *f.*

currency rate / Wechselkurs

currency, foreign ~ / Fremdwährung *f.*

current / aktuell *adj.*

current assets / Umlaufvermögen *n.*

current domestic value / Inlandswert einer Ware

current due date / aktuelles Fälligkeitsdatum n.

current fiscal year; current financial year (BrE) / laufendes Geschäftsjahr n.

current month / laufender Monat m.

current order; running order / laufender Auftrag m.

current overhead costs / Ist-Gemeinkosten pl.

current price; ruling price / Tagespreis m.

current state; year-to-date (ytd) (e.g. achieved until today) / aktueller Stand; Jahresauflauf (zum Heutezeitpunkt) m. (z.B. im Geschäftsjahr bis heute erreicht)

current unit cost / momentane Kosten pro Einheit

current, alternating ~ (AC) / Wechselstrom m.

current, direct ~ (DC) / Gleichstrom m.

current, electric ~ / elektrischer Strom m.

curriculum vitae (BrE) / Lebenslauf (z.B. als Teil des Bewerbungsschreibens)

cursor / Mauszeiger

cursor positioning / Cursor-Positionierung f.

curve / Kurve f.

custody, customs ~ / Zollgewahrsam m.

custom-made; made to order / kundenspezifische Anfertigung f.

customary / handelsüblich adj.

customer (e.g. the ~ is always right); client / Kunde m.; Auftraggeber m. (z.B. der Kunde hat immer recht; der Kunde ist immer König);

customer alliance / Gemeinschaft mit Kunden f.; Zusammenarbeit mit Kunden f.

customer base / Kundenspektrum n.; Kundschaft f.; Kundenstamm m.

customer benefit / Kundenvorteil m.

customer care / Kundenbetreuung f.

customer classification / Kundenklassifizierung f.

customer confidence (e.g. gain ~, regain ~) / Kundenvertrauen n. (z.B. ~ gewinnen, ~ zurückgewinnen, ~ wiedererlangen)

customer demand / Kundennachfrage f.; Kundenwunsch m.; Kundenanforderung f.

customer-driven (e.g. procedure determined by the customer) / kundenbestimmt adj. (z.B. durch den Kunden bestimmtes Vorgehen)

customer-friendly / kundenfreundlich adj.

customer group / Kundengruppe f.

customer integration; customer involvement / Kundeneinbindung f.; Kundenanbindung f.; Einbeziehung des Kunden f.

customer involvement / Kundeneinbindung

customer loyality (to strengthen ~) / Kundenbindung f. (z.B. ~ erhöhen)

customer need / Kundenbedürfnis n.

customer order / Kundenauftrag m.; Kundenbestellung f.

customer order file / Kundenauftragsdatei f.

customer order planning and scheduling / Kundenauftragsdisposition f.

customer order processing; customer order servicing / Kundenauftragsabwicklung f.

customer order release / Kundenauftragsvorgabe f.

customer order servicing / Kundenauftragsabwicklung

customer orientation; client focus / Kundenorientierung f.

customer-oriented / kundenorientiert adj.

customer production; make-to-order poduction / Kundenfertigung f.

customer relationship / Kundenbeziehung *f.*

customer relationship management (CRM) / Kundenbeziehungs-Management *n.*

customer responsiveness (the ability to respond in ever-shorter leadtimes with the greatest possible flexibility) / Reaktionsvermögen *n.*; Reaktionsbereitschaft *f.*; Schnelligkeit des Feedbacks; Flexibilität bezüglich Kundenanforderungen *f.* (die Fähigkeit, auf immer kürzere Lieferzeiten mit der größtmöglichen Flexibilität zu reagieren)

customer satisfaction / Kundenzufriedenheit *f.*; Zufriedenstellung des Kunden *f.*

customer segment / Kundensegment *n.*

customer service / Kundendienst *m.*

customer service center; call center / Kundendienstzentrum *n.*; Call Center *n.*; Servicezentrum *n.* ('Inbound'-Funktion eines Call Centers: es werden Anrufe, E-Mails oder Faxe entgegengenommen; 'Outbound'-Funktion: es wird aktiv kommuniziert, z.B. werden Kunden für Marketingaktionen gezielt angerufen)

customer-supplied equipment / Beistellung des Kunden *f.*

customer supply assurance manager (manager with task and responsibility to coordinate the whole supply chain to assure reliable deliveries to the customer) / Manager zur Sicherung von Kundenlieferungen (Koordinator mit Aufgabe und Verantwortung über die ganze Lieferkette hinweg, um zuverlässige Kundenlieferungen zu garantieren)

customer-to-customer supply chain; end-to-end logistics chain (supply chain: see illustration in this dictionary) / Gesamtlogistikkette (Logistik-Kette: siehe Zeichnung in diesem Fachwörterbuch)

customer type / Kundentyp *m.*

customer value (net benefit the customer perceives from a product or service relative to the price paid) / Nutzwert (für den Kunden) *m.*

customer, create ~ value / Kundennutzen erzeugen *m.*

customer, direct ~ / Direktkunde *m.*

customer, end ~; end user / Endkunde *m.*; Endverbraucher *m.*

customer, internal ~ / interner Kunde *m.*

customer, material supplied by ~ / Materialbeistellung (durch den Kunden)

customer, potential ~ / Kaufinteressent *m.*

customer, time-to-~ / Zeitdauer bis zur Kundenanlieferung *f.*; Lieferdauer *f.*

customers; clientele / Kundenkreis *m.*

customer's site / Kundensitz *m.*

customers, existing and prospective ~ / bestehende und zukünftige Kunden *mpl.*

customization / Kundenanpassung *f.*

customize (e.g. ~ a product) / an Kundenanforderungen anpassen; an Kundenwünsche anpassen (z.B. ein Produkt)

customized / kundenindividuell *adj.*

customized application software; individualized application software / angepasste Anwendungssoftware *f.*; Individual-Anwendungssoftware *f.*

customs / Zoll *m.*; Zollbehörde *f.*

customs agent / Zollagent *m.*

customs bond; customs seal / Zollverschluss *m.*

customs charges / Zollkosten *pl.*

customs clearance / Verzollung *f.*; Zollabfertigung *f.*; Grenzabfertigung *f.*

customs control / Zollkontrolle *f.*

customs convention; tariff agreement / Zollabkommen *n.*

customs custody / Zollgewahrsam *m.*

customs declaration / Zolldeklaration *f.*; Zollerklärung *f.*

customs documents / Zollpapiere *npl.*

customs duty / Zoll *m.*

customs fees / Zollgebühren *fpl.*

customs investigation / Zollfahndung *f.*
customs invoice / Zollfaktura *f.*
customs permit / Zollbegleitschein
customs receipt / Zollquittung *f.*
customs regulations /
    Zollbestimmungen *fpl.;* Zollvorschriften
    fpl.
customs restriction / Zollbeschränkung
    f.
customs seal; customs bond /
    Zollverschluss *m.*
customs tariff / Zolltarif *m.*
customs union / Zollunion *f.*
customs value; value for customs /
    Zollwert *m.*
customs warehouse / Zolllager *n.*
customs, border ~ clearance /
    Grenzzollabfertigung *f.*
customs, common ~ tariff /
    gemeinsamer Zolltarif *m.*
customs, international ~ declaration /
    internationale Zollanmeldung *f.;*
    internationale Zollinhaltserklärung *f.*
customs, value for ~ purposes only /
    Wert nur für Zollzwecke
cut; reduce; shorten / kürzen *v.;*
    verkürzen *v.;* verringern *v.;* reduzieren
    v.; verkleinern *v.;* vermindern *v.*
cut back (e.g. ~ of expenditure) /
    Streichung *f.;* Kürzung *f.* (z.B. ~ von
    Ausgaben)
cut cost / Kosten reduzieren
cut-off date / Auslauftermin *m.*
cutting edge (e.g. this is a ~ invention) /
    bahnbrechend *adj.* (z.B. dies ist eine ~e
    Erfindung)
cutting edge company; leading-edge
    company / Spitzenunternehmen *f.* (z.B.
    führend mit Wettbewerbsvorsprung)
cutting edge service / Spitzenleistung im
    Service; Spitzenservice *m.*
CW (call waiting) (used in
    telecommunication) / anklopfen *v.* (in
    der Telekommunikation verwendet)

cybercash / Cybercash (Elektronisches
    Geld für die Bezahlung kleinerer
    Beträge über das Internet)
cyberspace (world of computers) (~ and
    the society that gathers around them)
    (coll. AmE.) / Cyberspace
    (Computerwelt) *f.* (~ und die
    Gesellschaft, die sich damit befasst)
    (fam. AmE.)
cycle; closed loop / Zyklus *m.*; Schleife *f.*
cycle days / Durchlaufzeittage *mpl.*
cycle inventory; cycle stock /
    Zyklusbestand *m.*
cycle time / Taktzeit *f.;* Durchlaufzeit
    (DLZ) *f.*
cycle, delivery ~ / Lieferprozess
cycle, logistics ~ / Logistikzyklus *m.*
cycle, make-market ~ / Auftrags-Liefer-
    Prozess *m.*
cycle, order ~ / Auftragszyklus *m.;*
    Auftragsdurchlauf *m.*
cycle, order-to-delivery ~ / Lieferzyklus
    m.; gesamte Lieferzeit *f.* (vom Auftrag
    bis zur Auslieferung)
cycle, overall ~ time / Gesamt-
    Durchlaufzeit *f.*
cycle, process ~ time /
    Prozessdurchlaufzeit *f.;* Prozessdauer *f.*
cycle, product development ~ /
    Produktentstehungszyklus *m.*
cyclic planning / zyklische Planung *f.*
cyclical / periodisch *adj.*
cyclical inventory count /
    Periodeninventur *f.*
cyclical production control / zyklische
    Fertigungssteuerung *f.*
cyclical variation /
    Konjunkturschwankung *f.*

D

D&M (deep and meaningful) (e.g. our
    HR department had a D&M talk with

Mr. X about his attitude towards his job) / ernsthaft *adj.*; tiefschürfend und bedeutungsvoll (z.B. unsere Personalabteilung hatte ein ernstes Gespräch mit Herrn X. über seine Einstellung zur Arbeit)

DAF- Delivered At Frontier (... named place): seller fulfils his obligation to deliver when the goods have been made available, cleared for export, at the named point and place at the frontier, but before the customs border of the adjoining country. The term *"frontier"* may be used for any frontier including that of the country of export. Therefore, it is of vital importance that the frontier in question be defined precisely by always naming the point and place in the term. The term is primarily intended to be used when goods are to be carried by rail or road, but it may be used for any mode of transport.
© Internationale Handelskammer; copyright-, source and use of Incoterms s. "Incoterms".) / DAF - geliefert Grenze (translation s. German part)

daily allowance / Tagegeld *n.*

daily capacity / Tageskapazität *f.*

daily clearing / tägliche Abrechnung *f.*

daily data / Tagesdaten *npl.*

daily pro rata billing / tagesgenaue Abrechnung *f.*

daily rate / Tagessatz *m.*

daily requirements; everyday consumption / täglicher Bedarf *m.*; Tagesbedarf *m.*

damage (wilful ~) / Sachbeschädigung *f.*; Beschädigung *f.* (mutwillige ~)

damage / Schaden *m.*

damage events, frequency of ~ / Schadenshäufigkeit *f.*

damage report / Schadensbericht *m.*

damage to financial assets / Vermögensschaden *m.*

damage to property / Sachschaden

damage, concealed freight ~ / verheimlichter Frachtschaden; versteckter Frachtschaden; kaschierter Schaden am Frachtgut

damage, serious ~ / ernsthafter Schaden *f.*

damage, warehouse ~ / Lagerschaden *m.*; beschädigte Ware (im Lager)

damage, willful ~ / absichtliche Beschädigung *f.*; vorsätzliche Beschädigung *f.*

damaged / schadhaft *adj.*

damages; indemnification; compensation / Schadensersatz *m.*

damages, action for ~; lawsuit for damages; / Schadensersatzklage *f.*

damages, claim ~ / Schadensersatz fordern *v.*

damages, claim for ~ / Schadensersatzanspruch *m.*

damages, liable for ~ / schadensersatzpflichtig *adj.*

damages, pay ~ / Schadensersatz leisten *v.*

damages, recover ~ / Schadensersatz erhalten *v.*

dangerous goods; hazardous goods / gefährliche Güter *npl.*

data / Daten *npl.*

data administration / Datenverwaltung *f.*

data and functional model / Daten- und Funktionsmodell *n.*

data and information systems / Daten- und Informationssysteme *npl.*

data backup / Datensicherung *f.*

data capturing; data capture / Datenerfassung *f.*

data center / Rechenzentrum (RZ) *n.*

data center output in MIPS (s. MIPS) / RZ-Leistung in MIPS *f.* (s. MIPS)

data collection / Datenerhebung *f.*; Datensammlung *f.*

data communication system (e.g. internet access for PC users via "data highway" such as ISDN: Integrated

Services Digital Network, ADSL: Asymetric Digital Subscriber Line, SDSL: Single Digital Subscriber Line, HDSL: High Digital Subscriber Line, VDSL: Very High Digital Subscriber Line) / Datenübertragungssystem (z.B. Internet-Zugang für PC-Nutzer über die "Datenautobahn" und digitalen Teilnehmeranschluss wie ISDN, ADSL, SDSL, HDSL, VDSL) *n.*

data communication system, wireless ~ / drahtloses Datenübertragungssystem *n.*

data communications equipment / Datenübertragungseinrichtung (DUE) *f.*

data compression / Datenverdichtung *f.*

data end system / Endsystem *n.*

data entry / Dateneingabe *f.*

data exchange / Datenaustausch

data flow / Datenfluss *m.*

data format / Datenformat *n.*

data highway; information highway (coll. AmE) / Datenautobahn *f.*

data interchange; data exchange / Datenaustausch *m.*

data line / Datenleitung *f.*

data model / Datenmodell *n.*

data modelling / Datenmodellierung *f.*

data object / Datenobjekt *n.*

data output / Datenausgabe *f.*

data path / Datenpfad *m.*

data peripheral equipment / Datenendgeräte *npl.*

data processing (DP) / Datenverarbeitung (DV) *f.*

data processing functional specification / DV-Pflichtenheft *n.*

data processing procedure environment / DV-Verfahrenslandschaft *f*

data processing requirement specification / DV-Lastenheft *n.*

data processing system; EDP (electronic data processing) system / DV-Verfahren

data protection / Datenschutz *m.*

data protection liasion official / Datenschutz-Verbindungsperson (DSVB) *f.*

data protection officer/ Datenschutzbeauftragter (DSB) *m.*

data quality (e.g. deficient ~) / Datenqualität *f.* (z.B. mangelnde ~)

data range / Datenintervall *n.*

data recovery / Wiederherstellung von Daten; Datenwiedergewinnung *f.*

data reduction / Datenreduzierung *f.*

data registration / Datenerfassung

data security / Datensicherheit *f.*

data source / Datenquelle *f.*

data storage / Datenspeicher *m.*

data switching equipment (electronical ~) / Datenübermittlungseinrichtung *f.*; Vermittlungseinrichtung *f.* (elektronische ~)

data transfer; PC upload (e.g. ~ from mainframe computer to PC) / Datenübernahme *f.* (z.B. ~ vom Großcomputer auf PC)

data transfer / Datenübertragung *f.*

data transfer system / Datenübertragungssystem *n.*

data, downloading of ~ (e.g. ~ from mainframe computer to PC) / Daten übertragen (z.B. ~ vom Großrechner auf PC)

data, mobile ~ entry / mobile Datenerfassung

data, movement ~ / Bewegungsdaten *npl.*

data, valid ~ / gültige Daten *npl.*; Angaben *fpl.*

database / Datenbank *f.*; Datenbestand *m.*

database access routine / Datenbankzugriffsroutine *f.*

database field / Datenbankfeld *n.*

database, local ~ / lokaler Datenbestand *m.*

database, old ~ / Altdatenbestand *m.*

date (meeting) / Termin (Treffen) *m.* (Vorsicht irreführend: "I have a date with Mr. F." hieße, ein Rendezvous mit Hr. F. zu haben - ein geschäftlicher Termin ist i.d.R. ein 'meeting' oder ein 'appointment')

date (point in time) (e.g. 1: date of delivery; e.g. 2: the date of the meeting is Monday or: the meeting will be held on Monday) / Termin (Zeitpunkt) *m.; Datum n.* (z.B. 1: Tag der Lieferung; z.B. 2: die Besprechung ist am Montag)

date closed / Abschlusstermin *m.*

date-dependent position / terminabhängige Position *f.*

date of acquisition (year and month) / Anschaffungsjahr und -monat

date of change / Änderungsdatum

date of dispatch / Versanddatum *n.*

date of expiration / Verfallstag *m.*; Verfallsdatum *n.*

date of invoice / Rechnungsdatum *n.*

date of issue / Ausstellungsdatum *n.*

date of last inventory transaction / Datum letzte Bestandsbewegung *n.*

date of last issue / Datum letzter Lagerabgang *n.*

date of last receipt / Datum letzter Lagerzugang *n.*

date of quotation / Angebotsdatum *n.*

date of requirements; requirements date / Bedarfstermin *m.*

date of update; date of change / Änderungsdatum *n.*

date processed / Bearbeitungsdatum *n.*

date requested; date wanted; desired date / Wunschtermin *m.*

date wanted / Wunschtermin

date, arrival ~ / Eingangsdatum *n.*

date, bid invitation ~ / Ausschreibungsdatum *n.*

date, creation ~ / Erstellungsdatum *n.*

date, current due ~ / aktuelles Fälligkeitsdatum *n.*

date, cut-off ~ / Auslauftermin *m.*

date, delivery ~ / Liefertermin *m.*

date, due ~ / Fälligkeitsdatum *n.*; Fälligkeitstag *m.*; Fälligkeitstermin *m.*

date, earliest finish ~ / frühester Endtermin *m.*

date, effective ~ / Stichtag

date, expected delivery ~ / erwarteter Anlieferungstermin *m.*

date, expiration ~ / Verfallsdatum *n.*

date, expiry ~ / Verfallsdatum *n.*

date, factory ~ / Fabrikdatum *n.*

date, implementation ~ / Einführungsdatum *n.*

date, key ~; effective date; vital due date / Stichtag *m.*

date, picking ~ / Entnahmedatum *n.*

date, reconciliation ~ / Abstimmdatum *n.*

date, release ~ (e.g. revised ~) / Abruftermin *m.*; Freigabetermin *m.* (z.B. geänderter ~)

date, revised due ~ / geänderter Liefertermin

date, shop ~ / Fabrikkalenderdatum *n.*

date, start-up ~ / Inbetriebnahmedatum *n.*

date, target ~ / Solltermin *m.*

date, validity ~ / Gültigkeitsdatum *n.*

DATEX-J (Germany: DATEX-J Netz) (network for interactive videotext)

DATEX-L (Germany: DATEX-L Netz) (data circuit switching network)

DATEX network / DATEX-Netz *n.*

DATEX-P connection (Germany: DATEX-P Anschluss) (synchronous X.25 connection)

DATEX-P network (Germany: DATEX-P Netz) (datex packet switching network)

day's takings / Tageseinnahmen *fpl.*

day-by-day value / Tageswert *m.*

day off (e.g. I would like to take a ~) / freier Tag (z.B. ich würde gerne einen Tag freinehmen)

day order / Tagesauftrag *m.*

day-shift / Tagesschicht *f.*

day trip / Tagestour *f.*

day, at any given ~ / an jedem beliebigen Tag *m.*

day, average per ~ / Tagesdurchschnitt *m.*

days of supply; range of coverage / Eindeckungsreichweite *f.*

DC (data center) / Rechenzentrum (RZ) *n.*

DC (direct current) / Gleichstrom *m.*

DC (distribution center) / Vertriebszentrum *n.*

DCE (data communications equipment) / DUE (Datenübertragungseinrichtung) *f.*

DD (direct dialing) / Durchwahl zu Nebenstellen

DDD (direct distance dialing) / Selbstwählfernverkehr *m.*

DDP - Delivered Duty Paid (named place of destination): seller fulfils his obligation to deliver when the goods have been made available at the named place in the country of importation. The seller has to bear the risks and costs, including duties, taxes and other charges of delivering the goods thereto, cleared for importation. Whilst the -> EXW term represents the minimum obligation for the seller, DDP represents the maximum obligation. This term should be used if the seller is unable directly or indirectly to obtain the import licence. If the parties wish the buyer to clear the goods for importation and to pay the duty, the term -> DDU should be used. If the parties wish to exclude from the seller's obligations some of the costs payable upon importation of the goods - such as value added tax (VAT) - this should be made clear by adding words to this effect: 'Delivered duty paid, VAT unpaid (...named place of destination)'. This term may be used irrespective of the mode of transport. © Internationale Handelskammer; copyright-, source and use of Incoterms s. "Incoterms".) / DDP - geliefert verzollt (translation s. German part)

DDU - Delivered Duty Unpaid (...named place of destination): seller fulfils his obligation to deliver when the goods have been made available at the named place in the country of importation. The seller has to bear the costs and risks involved in bringing the goods thereto (excluding duties, taxes and other official charges payable upon importation as well as the costs and risks of carrying out customs formalities). The buyer has to pay any additional costs and to bear any risks caused by his failure to clear the goods for import in time. If the parties wish the seller to carry out customs formalities and bearthe costs and risks resulting therefrom, this has to be made clear by adding words to this effect. If the parties wish to include in the seller's obligations some of the costs payable upon importation of the goods - such as value added tax (VAT) - this should be made clear by adding words to this effect: 'Delivered duty unpaid, VAT paid, (... named place of destination)'. This term may be used irrespective of the mode of transport. © Internationale Handelskammer; copyright-, source and use of Incoterms s. "Incoterms".) / DDU - geliefert unverzollt (translation s. German part)

de-pallet station / Depalettierstation *f.*

dead end / Sackgasse *f.*

dead load / nicht vorgegebene Fertigungsaufträge *mpl.*; nicht vorgegebene Belastung *m.*

dead time / Verlustzeit *f.* (Maschinenausfall)

deadline / Frist (Endtermin) *f.*

deadline expiration / Fristablauf

deadline for submission of quotations / Angebotsfrist *f.*

deadline order / Terminauftrag *m.*

deadline shift / Terminverschiebung *f.*

deadline, delivery ~ / Lieferfrist *f.*

deadline, exceed the ~ / Frist überschreiten *f.*; Frist überziehen

deadline, final ~ / äußerste Frist *m.*; letzter Termin *m.*; äußerster Termin

deadline, grant a ~ / Frist bewilligen *v.*

deadline, meet the ~ / die Frist einhalten

deadline, order ~ / Auftragsendtermin *m.*

deadlock (e.g. come to a ~ with negotiations) / Stillstand *m.;* toter Punkt *m.* (z.B. mit Verhandlungen am ~ ankommen)

deadlocked / festgefahren *adj.*

deal (coll.: e.g. this business was a big ~ for us) / Handel *m.;* Geschäft *n.;* (fam.: z.B. damit haben wir ein gutes Geschäft gemacht)

deal, package ~ / Pauschalangebot *n.*

dealer; trader / Händler *m.*

dealer allowance / Händlerprovision *f.*

dealers business / Breitengeschäft *n.*

debenture bond; bond / Schuldverschreibung *f.*

debit; direct debit / Abbuchung *f.*

debit (bank account) / abbuchen (Bankkonto) *v.*

debit account / Debitorenkonto *n.*

debit note / Belastungsaufgabe *f.*

debit note procedure / Lastschriftverfahren *n.*

debit order; direct debit order / Abbuchungsauftrag *m.*

debitors, trade ~ / Forderungen (aus Lieferungen und Leistungen) *fpl.*

debt / Schuld *f.*

debt-to-equity (e.g. the ~ ratio of this company is 0,5 to 1) / Finanzschulden zu Eigenkapital (e.g. das Verhältnis von ~ ist bei dieser Firma 0,5:1)

debt, doubtful ~ / zweifelhafte Forderung *f.*

debtor / Schuldner *m.;* Debitor *m.*

debts, free of ~ / schuldenfrei *adj.*

debts, liquidation of ~ / Schuldentilgung *f.*

debug / entstören *v.*

deceit; deception / Betrug *m.*

decentralization of responsibility / Dezentralisierung von Verantwortung *f.*

decentralized / dezentralisiert *adj.*; dezentral *adj.*

deception; deceit / Betrug *m.*

decimal, binary coded ~ / binär verschlüsselte Dezimale *f.*

decision / Beschluss *m.*; Entscheidung *f.*

decision committee / Entscheidungsausschuss (EA) *m.*

decision document / Entscheidungsunterlage *f.*

decision maker / Entscheidungsträger *m.*

decision path / Entscheidungsweg *m.*

decision preparation / Entscheidungsvorbereitung *f.*

decision proposal (e.g. the decision proposal for Mr. E.W. Mueller has to be delivered on time / Beschlussvorlage *f.;* Entscheidungsvorlage *f.* (z.B. die Entscheidungsvorlage für Herrn E.W. Müller muss rechtzeitig abgegeben werden)

decision support system / Entscheidungsunterstützungssystem *n.*

decision table / Entscheidungstabelle *f.*

decision to buy; purchase decision / Kaufentscheidung *f.*

decision tree / Entscheidungsbaum *m.*

declaration certificate; declaration form / Deklarationsschein *m.*

declaration form; declaration certificate / Deklarationsschein *m.*

declared / deklariert *adv.*

decline of exchange rates / Wechselkursverfall *m.*; Wechselkursverschlechterung *f.*

decline of prices / Preisverfall *m.*

declining balance method of depreciation / degressive Abschreibung *f.*

decompression / Dekomprimierung *f.*

decrease / Abnahme *f.*; Minderung *f.*

decrease of inventory; decrease of stock / Lagerminderung *f.*; Lagerabnahme *f.*; Bestandsabnahme *f.*

DECT (**D**igital **E**uropean **C**ordless **T**elecommunication) / DECT (Standard für die Schnurlos-Telefonie)

deductible (e.g. default drive) / abzugsfähig *adj.*

deduction / Abzug *m.*

deduction of withholding tax / Quellensteuerabzug *m.*

deduction, allowable ~ (tax-free amount) / Freibetrag *m.* (steuerlicher Freibetrag)

default (e.g. default drive) / Standardeinstellung *f.* (z.B. Standardlaufwerk)

default / Verschulden *n.*; Fahrlässigkeit *f.*; Vertragswidrigkeit *f.*

default value / Standardwert *m.*

default, in ~ / säumig *adj.*

defaulter / säumiger Schuldner *m.*

defect / Fehler *m.; Defekt m.*

defect detection / Fehlerfeststellung *f.*

defect, hidden ~ / versteckter Mangel *m.;* verborgener Mangel *m.*

defect, notice of ~ / Mängelanzeige *f.*

defective / mangelhaft *adj.*

defective loading / mangelhafte Verladung *f.*

defective packing; insufficient packing / mangelhafte Verpackung *f.*

defects, remedy ~ / Mängel beheben *v.;* Missstände abstellen *v.*

defendant / Angeklagter *m.*

defer payment / Zahlung aufschieben *v.*

deferred demand / zurückgestellter Bedarf *m.*

deficiency / Fehlmenge *f.*

deficit / Defizit *n.*

define; determine / definieren *v.*; bestimmen *v.*

definite / eindeutig *adj.*; bestimmt *adj.*

definition / Definition *f.*; Begriffsbestimmung *f.*

degree of automation / Automationsstufe *f.*; Automatisierungsgrad *m.*

degree of completion / Fertigstellungsgrad *m.*

degree of customer service; customer service degree / Kunden-Servicegrad *m.*

degree of modernization / Modernitätsgrad *m.*

degree of processing / Abarbeitungsgrad *m.*

delay / Verzug (Verzögerung) *m.*; Verspätung *f.*

delay in delivery; delinquent delivery / Lieferverzögerung *f.;* Lieferfristüberschreitung *f.*

delay in delivery / Lieferverzögerung *f.;* Lieferfristüberschreitung *f.*

delay in payment / Zahlungsverzug *m.*

delay in transit; transport delay / Transportverzögerung *f.*

delay notice / Verzugsmeldung *f.*

delay report / Rückstandsliste (Kundenaufträge)

delay, actual ~ / tatsächlicher Terminverzug *m.*

delay, delivery ~; delinquent delivery / Lieferverzug *m.*

delay, inherent ~ *n.* / ablaufbedingte Wartezeit *f.*

delay, without ~; straightaway; immediately / umgehend *adv.*; unverzüglich *adv.*

delayed (e.g. the shipment is ~) / verspätet *adv.;* verzögert *adv.* (z.B. die Lieferung kommt ~)

delayed, penalty for ~ delivery / Verzugsstrafe *f.*

delegate (~ long term; ~ short term); transfer / versetzen *f.*; abordnen *v.*

delegation (long term ~; short term ~) / Versetzung *f.*; Abordnung *f.*

delete; erase / löschen *v.*

delete flag (e.g. ~ set by user); delete indicator / Löschvormerkung *f.* (z.B. vom Benutzer gesetzte ~)

delinquent delivery; delivery delay / Lieferverzug *m.*

deliver / liefern

deliver, ship and ~ / versenden und liefern; versenden und ausliefern

deliverables (e.g. ~ of a study) / lieferbare Ergebnisse *npl.*; fertige Ergebnisse *npl.* (z.B. ~ einer Studie)

Delivered At Frontier (definition of the 'incoterm' see DAF) / Geliefert Grenze (Definition des 'Incoterms' siehe DAF)

Delivered Duty Paid (definition of the 'incoterm' see DDP) / Geliefert verzollt (Definition des 'Incoterms' siehe DDP)

Delivered Duty Unpaid (definition of the 'incoterm' see DDU) / Geliefert unverzollt (Definition des 'Incoterms' siehe DDU)

Delivered Ex Quay (Duty Paid) (definition of the 'incoterm' see CEQ) / Geliefert ab Kai (verzollt) (Definition des 'Incoterms' siehe CEQ)

Delivered Ex Ship (definition of the 'incoterm' see DES) / Geliefert ab Schiff (Definition des 'Incoterms' siehe DES)

delivered, quantity ~ / gelieferte Menge *f.*

deliveries logistics; supplies logistics / Lieferlogistik *f.*

deliveries, unbilled ~ and services / unverrechnete Lieferungen und Leistungen

delivery; outbound transportation / Lieferung an Kunden *f.*

delivery; shipment / Lieferung *f.*

delivery address / Lieferanschrift *f.*; Warenadresse *f.*

delivery advice / Ablieferungsanzeige *f.*; Lieferanzeige *f.*

delivery agreement; delivery contract / Lieferabkommen *n.*; Liefervertrag *m.*

delivery capability / Lieferfähigkeit *f.*

delivery channel; supply line / Lieferweg *m.*

delivery consistency / Lieferbeständigkeit *f.*

delivery contract / Lieferabkommen

delivery date / Liefertermin *m.*; Lieferdatum *n.*

delivery deadline / Lieferfrist *f.*

delivery department / Lieferabteilung *f.*

delivery dependability / Liefertreue

delivery due date / Liefertermin *m.*

delivery fob (see 'FOB'=free on board) / Foblieferung *f.*

delivery free destination; prepaid delivery / Lieferung franco Bestimmungsort; Lieferung frei Bestimmungsort; frei Bestimmungsort

delivery free house; delivery free domicile / Lieferung frei Haus

delivery initiation / Lieferanstoß *m.*

delivery instruction; delivery specification; terms of delivery / Liefervorschrift *f.*; Lieferbedingung *f.*

delivery item / Lieferkomponente *f.*

delivery lead time / Lieferzeit (Zeitdauer vom Zulieferer bis zum Hersteller bzw. Distributor)

delivery lot / Lieferlos *n.*

delivery notice / Liefermeldung *f.*; Lieferschein *m.*

delivery of goods / Warenlieferung *f.*

delivery order / Lieferauftrag *m.*; Auslieferungsauftrag *m.*; Versandauftrag *m.*

delivery performance / Lieferleistung *f.*; Lieferverhalten *n.*

delivery postponement / Lieferverschiebung *f.*

delivery process; delivery cycle; process of delivery / Lieferprozess *m.*

delivery program / Lieferprogramm *n.*

delivery quality / Lieferqualität *f.*

delivery quantity / Liefermenge *f.*

delivery record; proof of delivery / Liefernachweis *m.*

delivery reliability; delivery dependability / Liefertreue *f.*; Lieferzuverlässigkeit *f.*

delivery schedule / Lieferplan *m.*;
Liefereinteilung *f.*

delivery service / Lieferservice *m.;*
Zustelldienst *m.*

delivery service, pick up and ~ / Abhol-
und Zustellservice *m.*

delivery time; delivery lead time /
Lieferzeit *f.*

delivery verification (incoming goods) /
Wareneingangsbescheinigung *f.*

delivery, 24 hour ~ service; overnight
delivery / Rund-um-die-Uhr-
Lieferservice *f.*; Lieferung im
Nachtsprung *f.*; Übernacht-Lieferung *f.*

delivery, actual ~ time / tatsächliche
Lieferzeit *f.*

delivery, announced ~ / avisierter
Wareneingang *m.*

delivery, approved ~ time / bestätigte
Lieferzeit *f.*

delivery, bill of ~; delivery notice;
dispatch docket / Lieferschein *m.*

delivery, cash before ~; advance
payment / Vorauszahlung *f.;* Zahlung vor
Lieferung *f.*

delivery, cash on ~; payment on delivery
/ zahlbar bei Lieferung

delivery, central ~ center / zentrales
Lieferzentrum *n.*

delivery, complete order ~ (i.e. no partial
deliveries) / Komplettauftrags-Lieferung
f. (d.h. keine Teillieferungen)

delivery, confirmation of ~ /
Lieferbestätigung *f.*

delivery, confirmed ~ time; approved
delivery time / bestätigte Lieferzeit *f.*

delivery, delay in ~; delinquent delivery /
Lieferverzögerung *f.;*
Lieferfristüberschreitung *f.*

delivery, delinquent ~; delivery delay /
Lieferverzug *m.*

delivery, direct ~ / Direktlieferung (z.B.
ab Fabrik)

delivery, expected ~ date / erwarteter
Anlieferungstermin *m.*

delivery, free ~ / Frei-Haus-Lieferung *f.*;
Zustellung frei Haus

delivery, full ~ / Vollieferung *f.*

delivery, inbound ~ (opp. outbound
delivery) / ankommende Lieferung *f.*;
Anlieferung *f.* (Ggs. abgehende
Lieferung)

delivery, intersegment ~ / Querbezug
m.; Querlieferung *f.*

delivery, just-in-time ~ (e.g. inbound- or
outbound delivery) / just-in-time
Lieferung *f.*; wartezeitfreie Lieferung *f.*
(z.B. An- bzw. Auslieferung)

delivery, line-to-line ~; line-to-line
shipment / line-to-line-Lieferung *f.*

delivery, order ~ time / Bestellzeit *f.*

delivery, outbound ~ (opp. inbound
delivery) / abgehende Lieferung *f.*;
Auslieferung *f.* (Ggs. ankommende
Lieferung)

delivery, parcel ~ / Paketbeförderung *f.*

delivery, partial ~; split delivery (e.g.
purchasing order with ~) / Teillieferung
(z.B. Einkaufsauftrag mit Ablieferung in
Teilmengen)

delivery, payment on ~; cash on delivery
/ zahlbar bei Lieferung

delivery, place of ~ / Lieferort *m.*;.
Lieferadresse *f.*; Erfüllungsort *m.*

delivery, planned ~ time / geplante
Lieferzeit *f.*

delivery, point of ~ / Empfangsstation

delivery, prepaid ~ / Lieferung franco
Bestimmungsort

delivery, proof of ~ /
Auslieferungsnachweis *m.*

delivery, requested ~ time / geforderte
Lieferzeit *f.*; gewünschte Lieferzeit *f.*

delivery, ship-to-line ~; ship-to-line
shipment / ship-to-line-Lieferung *f.*;
Direktlieferung (in die Fertigung) *f.*;
Anlieferung (direkt in die Fertigung) *f.*;
Lieferung (direkt in die Fertigung) *f.*

delivery, ship-to-stock ~; ship-to-stock
shipment (i.e. without inspection of
incoming goods) / ship-to-stock-

Lieferung *f.*; Direktlieferung (an Lager) *f.*; Anlieferung (direkt an Lager) *f.*; Lieferung (direkt an Lager) *f.*

delivery, split ~; partial delivery (e.g. purchasing order with ~) / Teillieferung *f.* (z.B. Einkaufsauftrag mit Ablieferung in Teilmengen)

delivery, terms of ~ (e.g. our ~ are as follows: ...) / Lieferbedingungen *fpl.* (z.B. unsere ~ sind wie folgt: ...)

demand; need / Nachfrage *f.;* Bedarf *m.*

demand (~ for); market demand / Bedarf (Nachfrage) *m.*; Kundenbedarf *m.*; Marktbedarf *m.*; Marktnachfrage *f.* (~ nach)

demand control / Bedarfssteuerung *f.*

demand coverage / Bedarfsdeckung *f.*

demand discrepancy / Nachfrageunstimmigkeit *f.*

demand distribution / Bedarfsverteilung *f.*

demand-driven / bedarfsgesteuert *adj.;* nachfragegesteuert *adj.*; nachfragebedingt *adj.*

demand filtering / Bedarfsaufschlüsselung *f.*

demand flow technology (DFT) / kundenauftragsbezogene Fließfertigung *f.*

demand for payment; dunning letter / Zahlungsaufforderung *f.*

demand forecast / Bedarfsprognose

demand listing (~ with dates) / Bedarfsliste (~ mit Terminen)

demand management / Bedarfsmanagement *n.*

demand-orientation / Bedarfsorientierung *f.*

demand-oriented / bedarfsorientiert *adv.*

demand pattern / Bedarfsprofil *n.*

demand schedule (~ with dates); demand listing / Bedarfsliste *f.* (~ mit Terminen)

demand value / Bedarfswert *m.*

demand variance / Nachfrageschwankung *f.*

demand, according to ~ (e.g. according to the great demand for our outstanding products we had to deliver another one hundred items) / nachfragebedingt *adv.* (z.B. aufgrund der großen Nachfrage für unsere hervorragenden Produkte mussten wir weitere 100 Stück liefern)

demand, active ~ / lebhafte Nachfrage *f.*

demand, additional ~; supplementary demand / Zusatzbedarf *m.*; zusätzlicher Bedarf *m.*; Mehrbedarf *m.*

demand, average ~ / durchschnittlicher Bedarf *m.*

demand, cover the ~ / Bedarf decken *v.*

demand, create ~ / Bedarf schaffen *m.*; Bedarf erzeugen *m.*

demand, current ~ / momentane Nachfrage *f.*

demand, customer ~ / Kundennachfrage *f.*; Kundenwunsch *m.*; Kundenanforderung *f.*

demand, dependent ~ / mittelbar entstandener Bedarf *m.*

demand, external ~; exogenous demand / externer Bedarf *m.*

demand, fluctuating ~; lumpy demand / schwankende Nachfrage *f.;* schwankender Bedarf *m.*

demand, increased ~ / gesteigerter Bedarf *m.*; Bedarfszunahme *f.*

demand, interplant ~ / Bedarf vom Schwesterwerk

demand, joint ~ / gemeinschaftlicher Bedarf *m.*; komplementäre Nachfrage *f.*

demand, low ~ / geringer Bedarf *m.*

demand, meet the ~ / den Bedarf befriedigen *m.*

demand, original ~ / ursprünglicher Bedarf *m.*

demand, peaks in ~ / Bedarfsspitzen

demand, pent-up ~ / aufgestauter Bedarf *m.*

demand, pooling of ~; bundling of demand / Bedarfsbündelung *f.*

demand, potential ~ / möglicher Bedarf *m.*

demand, reduced ~ / Bedarfsabnahme f.; reduzierter Bedarf f.

demand, shift in ~ / Bedarfsverschiebung f.

demand, spikes in ~; peaks in demand / Bedarfsspitzen fpl.

demand, supplementary ~ / Zusatzbedarf

demand, tertiary ~ / Tertiärbedarf m.

demand, weak ~ / schwache Nachfrage f.; geringer Bedarf m.

demanding (e.g. the customer has become more and more ~) / anspruchsvoll adj. (z.B. der Kunde wird immer ~er)

Deming wheel (instructive symbol within the 'Continuous Improvement Process (CIP)') / Deming-Rad n. (symbolhafte Darstellung innerhalb des 'Kontinuierlichen Verbesserungs-Programmes (KVP)')

demurrage (a charge levied on the shipper for going beyond the 'free time' for loading and unloading; applies to railroads, water carriers, pipelines) / Strafe für Liegezeit (eine Strafe, die vom Spediteur erhoben wird, wenn er die 'zulässige Zeit' für das Laden oder Entladen überschreitet; wird angewendet bei Bahn, Wassertransport, Pipelines)

demurrage period; idle days / Liegetage mpl.

deny the charge / Beschuldigung dementieren; leugnen v.

department / Abteilung f.

department store / Kaufhaus n.; Warenhaus n.

department, complaints ~ / Reklamationsabteilung f.

department, head of ~; department head / Abteilungsleiter m.

departmentalization of costs / Kostenstellengliederung (nach Abteilungen) f.

departure / Abfahrt f.; Abflug m.

departure time / Abfahrtszeit f.

departure, estimated time of ~ (ETD) / geschätzte Abfahrtszeit f.

departure, port of ~; harbor of departure / Abgangshafen m.

departure, scheduled time of ~ / fahrplanmäßige Abfahrtszeit f.

dependable delivery / zuverlässige Lieferung f.

dependent demand / mittelbar entstandener Bedarf m.

dependent requirements; secondary requirements / Sekundärbedarf m.

deplete (e.g. to ~ a truck); empty / entleeren v. (z.B. einen Lastwagen ~)

deploy / entwickeln v.; entfalten v.; einsetzen v.

deployment (e.g. ~ of a business idea) / Entfaltung f.; Entwicklung f. (z.B. ~ einer Geschäftsidee)

deployment (e.g. ~ of consultants) / Einsatz m. (z.B. ~ von Beratern)

deposit; payment on account; down payment; advance payment; payment in advance / Anzahlung

deposit (e.g. we have to pay a ~ for this container) / Pfand n. (z.B. für diesen Behälter müssen wir ~ bezahlen)

deposit only, for ~ (check); not negotiable / nur zur Verrechnung (Scheck)

deposits account / Girokonto n.

depot / Depot n.; Nachschublager n.

depot, regional ~ (inventory) / regionales Warenlager

depreciable life; depreciation period / Abschreibungsdauer f.

depreciate; write off / abschreiben v. (i.S.v. finanzielle Forderung)

depreciation (financial ~) / Abschreibung f.; Entwertung f.; Wertminderung f. (finanzielle ~)

depreciation charges / Abschreibungskosten pl.

depreciation period / Abschreibungsdauer

depreciation rate / Abschreibungsrate *f.*
depreciation, book ~ / handelsrechtliche
 Abschreibung *f.*
depreciation, cost accounting ~;
 imputed depreciation / kalkulatorische
 Abschreibung *f.*
**depreciation, declining-balance
 method of ~** / degressive Abschreibung
 f.
depreciation, imputed ~ /
 kalkulatorische Abschreibung
depreciation, replacement method of ~
 (~ for tax or economic purpose) /
 Abschreibung auf Wiederbeschaffung *f.*
 (~ aus steuerlichen bzw.
 betriebswirtschaftlichen Gründen)
depreciation, straight-line method of ~
 / lineare Abschreibung *f.*
depreciation, table of ~ rates /
 Abschreibungstabelle *f.*
depts; liabilities / Finanzschulden *fpl.*
deputy / Stellvertreter
deputy chairman (e.g. ~ of the
 managing board, ~ of the supervisory
 board) / stellvertretender Vorsitzender *m.*
 (z.B. ~ des Vorstandes, ~ des
 Aufsichtsrates)
deputy member (~ of the managing
 board) / stellvertretendes Mitglied (~ des
 Vorstandes) *n.*
DEQ - Delivered Ex Quay (Duty Paid)
 (...named port of destination): seller
 fulfils his obligation to deliver when he
 has made the goods available to the
 buyer on the quay (wharf) at the named
 port of destination, cleared for
 importation. The seller has to bear all
 risks and costs including duties, taxes
 and other charges of delivering the
 goods thereto. This term should not be
 used if the seller is unable directly or
 indirectly to obtain the import licence. If
 the parties wish the buyer to clear the
 goods for importation and pay the duty
 the words "duty unpaid" should be used
 instead of "duty paid". If the parties wish

to exclude from the seller's obligations
some of the costs payable upon
importation of the goods - such as value
added tax (VAT) - this should be made
clear by adding words to this effect:
'Delivered ex quay, VAT unpaid (...
named port of destination)'. This term
can only be used for sea or inland
waterway transport.
© Internationale Handelskammer;
copyright-, source and use of Incoterms
s. "Incoterms".) / DEQ - geliefert ab Kai
(verzollt) (translation s. German part)
deregulation (privatization of public
 enterprises to private ownership) /
 Deregulierung *f.*
deregulation of prices; price
 deregulation / Aufhebung der
 Preisbindung
deregulation, market ~ / Deregulierung
 des Marktes *f.*; Marktöffnung *f.*
derive (~ from) / ableiten (~ von) *v*;
 zurückführen (~ auf) *v*; herrühren (~
 von) *v.*
derive profit; benefit (~ from) / Nutzen
 haben (~ von)
DES - Delivered Ex Ship (...named port of
 destination): seller fulfils his obligation
 to deliver when the goods have been
 made available to the buyer on board
 the ship uncleared for import at the
 named port of destination. The seller
 has to bear all the costs and risks
 involved in bringing the goods to the
 named port of destination. This term
 can only be used for sea or inland
 waterway transport.
© Internationale Handelskammer;
copyright-, source and use of Incoterms
s. "Incoterms".) / DES - geliefert ab
Schiff (translation s. German part)
description / Beschreibung *f.*;
 Bezeichnung *f.*
description of commodities /
 Warenbezeichnung *f.*

description, operation ~ / Arbeitsgangbeschreibung *f.*
design; engineer / konstruieren *v.*
design (e.g. ~ an office workplace, ~ a logistics process) / gestalten *v.* (z.B. einen Arbeitsplatz im Büro ~; einen Logistikprozess ~)
design (e.g. ~ of processes; ~ of I&C; ~ of the project course) / Gestaltung *f.* (z.B. ~ von Prozessen, ~ der IuK, ~ des Projektablaufs)
design (e.g. ~ of products, ~ of circuits, ~ of equipment, etc.) / Entwurf *m.* (z.B. ~ für Produkte, ~ von Schaltplänen, ~ von Geräten, etc.)
design / Konstruktion (Zeichnung) *f.*
design center / Entwicklungszentrum *n.*
design change / technische Änderung
design engineer / Konstrukteur
design number / Konstruktionsnummer
design of office workplace / Arbeitsplatzgestaltung im Büro *f.*
design of workplace / Arbeitsplatzgestaltung *f.*
design order / Entwicklungsauftrag *m.*
design parts list / Konstruktionsstückliste
design phase / Projektierungsphase *f.*
design-to-cost / kostenbewusste Gestaltung *f.*; kostenbestimmte Ausführung *f.*
design, preliminary ~ / Grobentwurf *m.*
designed for multi-user operation / multi-user-fähig *adj.*
designer; design engineer / Konstrukteur *m.*; Entwicklungsingenieur *m.*
desired date / Wunschtermin
desk (e.g. Mr. Kraske is away from his ~ right now but he'll be back in a minute) / Schreibtisch *m.* (z.B. Herr Kraske ist gerade nicht an seinem ~, aber er wird gleich zurück sein)
desk, help ~ (e.g. customer information and support, etc.) / Help Desk *n.* (z.B. Kundenauskunft und -beratung, etc.)

desktop computer / fest installierter PC (Tischgerät)
destination / Fahrtziel *n.*
destination / Ziel *n.*; Flugziel *n.*; Empfangsstation *f.*; Zieladresse *f.*
destination, long distance haul ~ (traffic) / Fernziel (Verkehr) *n.*
destination, short and medium haul ~ (traffic) / Kurz- und Mittelstreckenziel (Verkehr) *n.*
destination, station of ~ / Bestimmungsbahnhof *m.*
destocking / Bestandsabbau
detachable / demontierbar *adj.*
detail planning / Detailplanung *f.*
detailed procedure / Einzelverfahren *n.*
detailed scheduling / arbeitsgangweise Terminierung *f.*
detect; notice; find out; discover / entdecken *v.*; wahrnehmen *v.*
detection / Entdeckung *f.*
detention (a charge levied on the shipper for going beyond the 'free time' for loading and unloading; applies to trucking industry) / Strafe für Wartezeit (eine Strafe, die vom Spediteur erhoben wird, wenn er die 'zulässige Zeit' für das Laden oder Entladen überschreitet; wird angewendet im Speditionsgewerbe mit LKW)
deteriorating prices; eroding prices; plummeting prices / Preisverfall *m.*
deterioration (e.g. the ~ phase of a product's lifecycle) / Verschlechterung *f.*; Verfall *m.*; Abschwung *m.*; Wertminderung *f.* (z.B. die Abschwungphase im Lebenszyklus eines Produktes)
determination / Bestimmung *f.*
determine / definieren
deterministic / deterministisch *adj.*
detoriate / verderben *v.*
detour / Umweg *m.*
devaluate / abwerten *v.*
devaluation / Abwertung *f.*

develop (~ a better understanding) / entwickeln v. (ein besseres Verständnis ~)

develop (~ a product) / entwickeln v. (ein Produkt ~)

develop a plan / konzipieren v.; Plan entwickeln; Konzept entwickeln

developer / Entwickler m.

developer, software ~ / Softwareentwickler m.

development / Entwicklung f.

development costs / Entwicklungskosten pl.

development cycle, product ~ / Produktentstehungszyklus m.

development management / Entwicklungsmanagement n.

development of manpower; management development / Führungspersonal-Entwicklung f.

development, basic ~ / Grundlagenentwicklung f.

development, business ~ / Geschäftsentwicklung f.

development, executive ~ / Personalentwicklung Führungskreis

development, HR ~; human resources development / Personalentwicklung f.

development, in-house ~ / Eigenentwicklung f.

development, inventory level ~ / Bestandsentwicklung f.

development, management training and ~ / Managementtraining und -entwicklung

development, organizational ~ / Organisationsentwicklung f.

development, personality ~ / Persönlichkeitsentwicklung f.

development, personnel ~ / Personalentwicklung f.

development, product ~ / Produktentwicklung f.

development, professional ~ / fachliche Weiterbildung f.; berufliche Weiterbildung f.; fachliche Förderung f.

development, research and ~ / Forschung und Entwicklung (F&E) f.

development, system ~ / Verfahrensentwicklung f.

deviation; variance / Abweichung f.; Regelabweichung f.

deviation from plan; plan variance / Planabweichung f.

deviation, mean ~ / mittlere Abweichung f.

device; jig; appliance; fixture / Vorrichtung f.

device driver (e.g. ~ for a printer) / Gerätetreiber m.; Treiber für Geräte m. (z.B. ~ für einen Drucker)

device management / Geräteverwaltung f.

device, container lifting ~ / Container-Hebevorrichtung f.

devices / Ausrüstung

DFT (demand flow technology) / kundenauftragsbezogene Fließfertigung f.

diagnosis / Diagnose f.

diagnosis, process ~ / Prozessanalyse

diagnostic technique / Diagnosetechnik f.

diagram / grafische Darstellung

dial (phone) / wählen v. (Telefon)

dial tone; dialing tone / Wählton m.

dialing tone / Wählton

dialing, voice ~ / Voice-Dialing (Rufnummernwahl über Spracheingabe)

dialogue / Dialog m.

die casting / Spritzguss m.

diesel direct injector / Diesel-Direkteinspritzer m.

differential advantage / Differenzierungsvorteil m.

differential planning / Differenzplanung f.

differentiate / unterscheiden v.; differenzieren v.

differentiation / Unterscheidung f.; Differenzierung f.

differentiator / Unterscheidungskriterium *n.*

digital / digital *adj.*

digital signature / digitale Signatur *f.;* digitale Unterschrift *f.* (eindeutige Identifizierung des Absenders bei Übertragung elektronischer Nachrichten, wie z.B. für e-commerce, b2b, b2c, Internet-Shopping, E-mails, etc.)

digitize / digitalisieren *v.*

diligence / Sorgfalt *f.*

diligence, due ~ / Due Diligence *f.;* gebührende Sorgfalt *f.;* ganzheitliche Unternehmensbewertung *f.* (beim Verkauf einer Unternehmung die problemadäquate, strukturierte und sorgfältige Aufbereitung von Geschäftsdaten, um potentiellen Investoren eine faire Chancen- und Risikoprüfung zu ermöglichen) (z.B. ~ bei der Prüfung anlässlich der Übernahme eines Unternehmens)

dimension / Abmessung *f.*

dimension of the vehicle / Fahrzeugabmessung *f.*

dimensions, exterior ~ / Außenmaße *npl.*

dipstick, oil ~ / Ölmessstab *m.*

direct costs / direkte Kosten *pl.;* Einzelkosten *pl.*

direct current (DC) / Gleichstrom *m.*

direct customer / Direktkunde *m.*

direct debiting service / Abbuchungsverfahren *n.*

direct delivery (DD) / Direktlieferung (z.B. ab Fabrik)

direct dialing (DDD) / Durchwahl zu Nebenstellen

direct distance dialing / Selbstwählfernverkehr *m.*

direct injector, diesel ~ / Diesel-Direkteinspritzer *m.*

direct interaction (co-operation) / Direktverkehr *m.* (i.S.v. Zusammenarbeit)

direct labor / direkter Lohn

direct labor costs / direkte Lohnkosten *pl.;* direkte Fertigungskosten *pl.*

direct material costs / Materialeinzelkosten *pl.*

direct merchant / Direktversandfirma *f.*

direct shipping (e.g. ~ ex factory); direct delivery / Direktlieferung *f.* (z.B. ~ ab Fabrik)

direct wages; direct labor / direkter Lohn *m.;* Direktlohn *m.*

direction / Richtung *f.*

directions / Gebrauchsanweisung *f.*

directive; regulation (e.g. as of October 1, the following ~ will be in effect) / Regelung *f.;* Vorschrift *f.* (z.B. ab 01. Oktober gilt folgende ~)

director / Direktor *m.*

directors, board of ~ (US-American speciality: governing board of a corporation consisting of people from outside the company as well as of executives from inside the company) / Verwaltungsrat *m.;* Direktion *f.* (US-amerikanische Besonderheit: Geschäftsführung eines Unternehmens, bestehend aus Personen, die sowohl von außerhalb der Firma kommen (d.h. im Sinne einer Aufsichtsratfunktion) als auch von innerhalb der Firma kommen, d.h. leitende Führungskräfte im Sinne einer Vorstandsfunktion)

directory; address directory / Adressbuch *n.;* Adressverzeichnis *n.*

directory / Dateiverzeichnis *n.*

dirt-cheap (coll. AmE) / spottbillig *adj.*

disadvantage / Nachteil *m.*

disassemble / demontieren *v.;* auseinandernehmen *v.*

disassembly / Demontage *f.*

disbursement list / Auslagerungsliste *f.*

disbursement, storage and ~ / Ein- und Auslagerung *f.*

disbursements (ship) / Havariegelder *npl.* (Seeverkehr)

discharge / entlassen

discharge / Entlassung

disciplinary assigned to ...; assigned for disciplinary purposes to ...; subordinated in disciplinary terms / disziplinarisch ... zugeordnet

disclaimer / Verzichterklärung

disconnect (phone) / trennen (Telefon)

discontinue (e.g. ~ the supplier relationship) / aufhören *v.;* beenden *v.;* aufgeben *v.;* einstellen *v.* (z.B. die Lieferantenbeziehung ~)

discount / Rabatt

discount for resale / Wiederverkaufsrabatt *m.*

discount order quantity (e.g. ~ for a purchasing order) / Rabattmenge *f.* (z.B. ~ für eine Einkaufsbestellung)

discount, bank ~ / Damnum *n.*

discount, cash ~ / Skonto *m.*; Barzahlungsrabatt *m.*

discount, export ~ / Exportrabatt *m.*

discount, special ~ / Extrarabatt *m.*; Sonderrabatt *m.*

discount, trade ~ / Händlerrabatt *m.*

discounter / Billiganbieter *m.*

discover / entdecken

discrepancy, demand ~ / Nachfrageunstimmigkeit *f.*

discrepancy, inventory ~ / Inventurdifferenz *f.*

discrepancy, quality ~ / Qualitätsabweichung *f.*

discrete requirements planning / Einzelbedarfsführung *f.*

disinvestment (e.g. ~ of business activities; ~ of capital; ~ of stocks) / Abbau *m.;* Aufgabe *f.;* Zurücknahme *f.* (z.B. ~ von Geschäftsaktivitäten; ~ von Kapital; von Lagerbeständen)

disinvestment / Desinvestition *f.*

Disk Operating System (see DOS)

dismantle / zerlegen; demontieren

dismantle a shipment of cargo / Ladung auseinandernehmen *f.*

dismantling time / Abrüstzeit *f.*

dismissal / Entlassung *f.*

disorder / Störung (Unordnung) *f.*

dispatch; clear / abfertigen *v.*

dispatch; ship / versenden; verteilen; absenden

dispatch; shipping (department) / Versand *m.*; Versandabwicklung *f.*; Versandabteilung *f.*

dispatch according to instructions / Versand gemäß Instruktionen

dispatch board / Vorgabetafel *f.*

dispatch date / Abgangsdatum *n.*

dispatch docket / Lieferschein

dispatch fee; servicing fee / Abfertigungsgebühr *f.*

dispatch, packing and ~ (e.g. automated ~) / Verpackung und Versand (z.B. automatische ~)

dispatcher / Arbeitsverteiler *m.*

dispatching list / Vorgabeliste *f.*; Versandliste *f.*

dispatching location / Abgangsort *m.*

dispatching method / Versandsmethode *f.*

dispatching of capacity / Kapazitätseinlastung *f.*

dispatching parameters / Versandparameter *mpl.*

display (e.g. ~ of an instrument) / Anzeige *f.* (z.B. ~ eines Instrumentes)

display, large ~ screen / Großbildwand *f.*

disposable / verfügbar

disposal / Entsorgung *f.*

disposal equipment / Entsorgungseinrichtung

disposal logistics / Entsorgungslogistik *f.*; Logistik in der Entsorgung

disposal, at the ~ (... of) / zur Verfügung *f.* (von ...)

disposal, have at one's ~ / zur Verfügung haben *v.*

disposal, inventory at ~; stock at disposal / dispositiver Bestand *m.*

disposal, stock at ~ / dispositiver Bestand

dispose / entsorgen *v.*

disruption (e.g. 1. ~ between corporate functions; 2. ~ of the material flow); stop-and-go / Schnittstelle (Unterbrechung) *f.*; Bruch *m.*; Unterbrechung *f.* (z.B. 1. ~ zwischen betrieblichen Funktionen; 2. ~ des Materialflusses)

distance / Entfernung *f.*

distance learning (e.g. to improve the performance of our logistics workforce, online distance learning by using multimedia is becoming more and more important) / Distance Learning *n.*; Fernunterricht *m.*; Fernausbildung *f.* (z.B. um die Leistungsfähigkeit unserer Logistiker zu verbessern, gewinnt Distance Learning online und unter Einsatz von Multimedia zunehmend an Bedeutung)

distinctive (e.g. a ~ competitive advantage) / klar *adj.*; entscheidend *adj.*; wesentlich *adj.*; deutlich *adj.* (z.B. ein ~er Wettbewerbsvorteil)

distribute / verteilen *v.*

distribution (e.g. delivery of goods) / Distribution *f.*; Verteilung *f.*; Vertrieb *m.* (z.B. Warenauslieferung)

distribution by value / wertmäßige Verteilung *f.*

distribution center; shipping center / Distributionszentrum *n.*; Verteilzentrum *n.*; Lieferzentrum *n.*; Vertriebszentrum *n.*; Absatzzentrum *n.*

distribution center (DC) / Vertriebszentrum *n.*

distribution center, primary ~ / Hauptlieferzentrum *n.*

distribution center, retail ~ / Einzelhandelslager *n.*

distribution chain (~ for outbound deliveries) / Vertriebskette *f.* (~ für Auslieferungen)

distribution channel; sales channel / Vertriebsweg *m.*

distribution costs / Absatzkosten *pl.*; Distributionskosten *pl.*

distribution key / Verteilungsschlüssel *m.*

distribution list / Verteilerkreis *m.*; Verteilerliste *f.*

distribution logistics / Distributionslogistik *f.*; Logistik in der Distribution

distribution network / Distributionsnetz *n.*; Verteilnetz *n.*

distribution site / Verteilstelle *f.*

distribution time / Vertriebslaufzeit *f.*; Verteilungslaufzeit *f.*

distribution warehouse / Auslieferungslager *n.*; Distributionslager *n.*; Verteillager *n.*

distribution, European ~ / Europadistribution *f.*

distribution, regional ~ facility (building) / Regionallager (Gebäude)

distribution, statistical ~ / statistische Verteilung *f.*

distribution, work ~ / Arbeitsverteilung *f.*

distributor; wholesaler; wholesale dealer / Großhändler *m.*; Distributor *m.*

diverter (a device to divert boxes or similar items on a conveyor system to various locations) / Separiereinrichtung *f.* (Einrichtung bei einem Fördersystem, um Kisten oder ähnliche Behältnisse nach unterschiedlichen Bestimmungsorten zu trennen)

division / Bereich; Geschäftsgebiet

division management / Geschäftsgebietsleitung *f.*

division manager / Geschäftsgebietsleiter *m.*

division of labor / Arbeitsteilung *f.*

division, independent ~ / selbständiges Geschäftsgebiet

DMS (document management system)

do's and don'ts, the ~ (coll.) / Benimmregeln *fpl.*; Verhaltensregeln *fpl.*

do without / verzichten auf

dock / Dock *n.*

dock charges / Dockgebühr *f.*

docker; dock worker / Hafenarbeiter *m.*

docket / Warenbegleitschein *m.*

docket number / Belegnummer *f.*

docket type / Belegart *f.*

docking, cross ~ (direct flow of merchandise from the receiving function to the shipping function, eliminating any additional steps in between. The idea is to decrease the number of times merchandise gets handled) / Cross Docking *n.* (direkter Warenfluss vom Wareneingang bis - ausgang durch Beseitigung irgendwelcher dazwischenliegender, zusätzlicher Schritte. Ziel ist es, die Anzahl der Zugriffe zu reduzieren, wie oft die Ware angefasst wird)

document / Unterlage *f.*; Beleg *m.*

document format (e.g. the I&C department prefers a manufacturer-independent ~ for electronic document exchange) / Dokumentenformat *n.* (z.B. die Abteilung Information und Kommunikation bevorzugt ein herstellerunabhängiges ~ für den elektronischen Dokumentenaustausch)

document management system (DMS) / Dokumenten-Management-System

document organization / Belegorganisation *f.*

documentary collection / Dokumenten-Inkasso *n.*

documentary draft / dokumentäre Tratte *f.*

documentation / Dokumentation *f.*

documents against acceptance (DA) / Dokument gegen Akzept

documents against cash (DC) / Dokument gegen Kasse

documents against payment (DP) / Dokument gegen Zahlung

documents, accompanying ~ / Begleitpapiere *npl.*

documents, picking ~ / Entnahmepapiere *f.*

documents, shipping ~ / Frachtpapiere *npl.*

domain; field of action; assignment of duties; competence / Aufgabengebiet *n.*; Domäne *f.*

domain / Domäne (Name, der auf eine Internetseite bzw. -adresse verweist. Ein logisches Teilnetz eines Computernetzwerks wird als Domain bezeichnet und mit einem eigenen Namen, dem Domain-Namen, versehen. Die Domain-Struktur des Internets ist hierarchisch gegliedert. Die oberste Domain (Top-Level-Domain) bezeichnet das Land (z.B. 'de' für Deutschland) oder die Art der Einrichtung (z.B. 'com' für private Unternehmen), die eine Domain verwaltet.)

domain, first level ~ / First-Level Domain (Bezeichnung für den letzten Teil eines Namens im Internet, wie z.B. für Deutschland: 'de', Österreich: 'at')

domestic consumption / inländischer Verbrauch *m.*

domestic market; home market; national market / Binnenmarkt *m.*; eigener Markt *m.*; Heimatmarkt *m.*; Inlandsmarkt *m.*

domestic price / Inlandspreis *m.*

domestic production; national production / Inlandsfertigung *f.*

domestic regions; national regions / Regionen Inland *fpl.*

domestic sales; national sales / Vertrieb Inland *m.*; Inlandsvertrieb *m.*

domestic taxation / inländische Steuern *fpl.*

domestic trade; national trade / Binnenhandel

domestic traffic / Binnenverkehr

domestic, associated companies ~; affiliated companies domestic (minority stake, i.e. owned less than 50%) / Beteiligungen Inland *f.* (Beteiligung weniger als 50%)

door-to-door pick-up and delivery;
door-to-door carriage / Haus-zu-Haus-Beförderung f.

door, receiving ~ / Warenanlieferungstor n.; Tor zur Warenanlieferung

door, shipping ~ / Warenausgangstor n.; Tor zum Warenausgang

door, sliding ~; sliding gate / Schiebetür f.; Schiebetor n.

door, swing-out ~ (trailer) / Schwingtür (LKW-Anhänger) f.

doorman; security / Pförtner m.

DOS (days of supply); range of coverage / Eindeckungsreichweite f.

DOS (Disk Operating System) ('MS-DOS' is the trade name of the Microsoft disk operating system) / DOS (Plattenbetriebssystem) ('MS-DOS' ist der Markenname des Microsoft Betriebssystems)

DOT code / DOT-Code (verschlüsseltes Herstelldatum) m.

dot matrix printer / Nadeldrucker m.

dotted line responsibility; functionally reporting to ...; functional responsibility; subordinated in technical terms (e.g. he reports functionally, i.e. not organizationally, to Mr. A, or: he has a dotted, i.e. not solid, line responsibility to Mr. A; opp.: he has a solid line to ... see 'solid line responsibility') / fachlich zugeordnet zu ...; Fachverantwortung haben (z.B. er ist fachlich, d.h. nicht organisatorisch, Herrn A. zugeordnet; Ggs.: er gehört organisatorisch zu ... siehe 'organisatorisch zugeordnet zu ...')

double / verdoppeln v.

double-click (~ with the PC-mouse) / Doppelklick m. (~ mit der PC-Maus)

double-dealing / Doppelspiel n.

double-decker coach / Doppelstockwagen m.

double taxation / Doppelbesteuerung f.

doubtful debt / zweifelhafte Forderung f.

down payment; advance payment; payment in advance; payment on account / Anzahlung f.; Vorauszahlung f.; Akontozahlung f.

down the road (coll.); in the future / zukünftig adv.; in Zukunft

down-to-earth (e.g. the seminar will provide ~ advice) / praktisch adj. (z.B. im Seminar werden ~e Ratschläge gegeben)

down, machine ~ time / störungsbedingte Stillstandszeit der Maschine f.; Maschinenstillstandzeit f.

download (e.g. ~ of data from mainframe to PC) / laden in den PC v. (z.B. ~ von Daten des Großrechners in den PC)

downloading of data (e.g. ~ from mainframe computer to PC) / Daten übertragen (z.B. ~ vom Großrechner auf PC)

downsizing (workforce) / Abbau m. (Personal)

downsizing, corporate ~ / unternehmensweiter Personalabbau; Verringerung des Personalbestandes (in einer Firma); Verkleinerung des Unternehmens (Personal)

downstream (e.g. think ~: think of the future) / in Richtung zum Ziel; in Richtung zum Anwender; zukunftsgerichtet adj. (z.B. vorwärtsblicken: an die Zukunft denken)

downstream channel (internet; data communication) (e.g. subscriber line from provider towards user) / Verbindungskanal, ankommend (Internet; Datenübertragung) (z.B. Teilnehmer-Anschlussleitung vom Provider in Richtung Anwender)

downstream industries / nachgelagerte Wirtschaftszweige

downstream operation / Arbeitsgang (am Ende einer Fertigungslinie) m.; nachgelagerte Bearbeitung f.

downstream operations / Weiterverarbeitung f.

downswing / Abwärtstrend m.;
Rückgang m.

downtime; idle time / Stillstandszeit f.;
Ausfallzeit f.; Brachzeit f.; Leerzeit f. (~
bei Störungen)

downtime / Ausfall

downtime costs; shortage costs (~
through idle machine capacity; ~
through missing parts) / Ausfallkosten
pl.; Fehlmengenkosten pl. (~ durch
Maschinenausfall; ~ durch Fehlteile)

DP (data processing) / DV
(Datenverarbeitung)

dpi (dots per inch) / dpi (Punkte pro Zoll;
Maßeinheit für die Auflösung von
Druckern, Faxgeräten, Digitalcameras.
Je höher die Auflösung, desto
gleichmäßiger und hochwertiger, aber
auch speicherintensiver, werden die
Abbildungen)

draft (e.g. ~ of a letter or a document) /
Entwurf m. (z.B. ~ eines Briefes oder
Dokuments)

draft agreement / Vertragsentwurf m.

draft, accept a ~ / Wechsel akzeptieren v.

drag and drop (e.g. with PC-mouse
cursor) / anklicken und fallen lassen
(Bedienungstechnik auf grafischen
Benutzeroberflächen wie z.B. Windows.
Datenobjekte können mit der Maus
erfasst und verschoben werden (z.B. mit
dem Cursor der PC-Maus)

drain, go down the ~ (coll.: e.g. the
action, business or profit goes down the
drain); go down the tube / den Bach
runter gehen v.; es geht bergab (fam.:
z.B. ein Vorhaben, Geschäft oder
Geschäftsergebnis 'geht den Bach
runter' oder 'in die Binsen'.)

DRAM (Dynamic Random Access
Memory) / DRAM (Speicherchip)

draw up (e.g. to ~ a sales plan) /
aufstellen v.; entwickeln v.; entwerfen v.
(z.B. einen Vertriebsplan ~)

draw up a contract / einen Vertrag
gestalten v.

drawing / Zeichnung f.

drawing bill of material /
Zeichnungsstückliste f.

drawing number / Zeichnungsnummer
f.

drayage / Rollfuhr

dress code (e.g. business meeting: ~ is
business formal) / Kleiderordnung f.
(z.B. Geschäftstermin: formale bzw.
geschäftsmäßige Kleidung)

dress down day (USA: a certain day,
mainly Fridays: all employees from
board members to frontline workers
come to work dressed down with
casual clothing) / Dressdowntag m.
(USA: an einem bestimmten Tag,
meistens Freitag: alle Mitarbeiter, vom
Vorstand bis zum Arbeiter, kommen
leger bekleidet zur Arbeit)

drill / bohren v.

drive / Laufwerk n.

drive systems; drive technology /
Antriebstechnik f.

drive through rack / Durchfahrregal n.

drive, variable speed ~ / Antrieb
(drehzahlveränderbar) m.

driver's seat / Fahrersitz m.

driver program / Treiberprogramm n.

driver, fork truck ~ / Staplerfahrer m.;
Staplerführer m.

driver, truck ~; trucker / LKW-Fahrer
m.

drivers, business ~ / Geschäftstreiber
mpl.

driveway / Fahrweg

driving force / treibene Kraft f.;
Schubkraft f.

drop (e.g. ~ a big load) / entladen (z.B.
einen großen Haufen ~)

drop (e.g. ~ a box) / fallen lassen v. (z.B.
eine Kiste ~)

drop cable / Verbindungskabel n.

drop shipment (direct delivery from a
sub-supplier to a customer) /
Direktlieferung f. (eines
Unterlieferanten an einen Kunden)

drop, price ~ / Preissturz

DSL standard (digital subscriber line) / DSL-Standard (Zugangstechnologie bei der Datenübertragung)

DSS (decision support system) / Entscheidungsunterstützungssystem *n.*

dual-axle / zweiachsig *adj.*

dual mode cell / Dual Mode Handy (Mobiltelefon, das sowohl als Mobiltelefon als auch als Telefon für das Festnetz genutzt werden kann)

dual-use package / Mehrwegverpackung *f.*

due (e.g. ~ on presentation) / fällig *adj.* (z.B. ~ bei Vorlage)

due date / Fälligkeitsdatum *n.*; Fälligkeitstag *m.*; Fälligkeitstermin *m.*

due date, current ~ / aktuelles Fälligkeitsdatum *n.*

due date, purchase delivery ~ / Bestellfälligkeitsdatum *n.*

due diligence / Due Diligence *f.*; gebührende Sorgfalt *f.*; ganzheitliche Unternehmensbewertung *f.* (beim Verkauf einer Unternehmung die problemadäquate, strukturierte und sorgfältige Aufbereitung von Geschäftsdaten, um potentiellen Investoren eine faire Chancen- und Risikoprüfung zu ermöglichen) (z.B. ~ bei der Prüfung anlässlich der Übernahme eines Unternehmens)

due postage / Nachgebühr *f.*

due, change of ~ date / Terminänderung *f.*; Änderung des Fälligkeitstermines

due, current ~ date / aktuelles Fälligkeitsdatum *n.*

due, delivery ~ date / Liefertermin *m.*

due, original ~ date / ursprünglicher Endtermin *m.*; ursprünglicher Fälligkeitstermin *m.*

due, revised ~ date / geänderter Liefertermin *m.*; geänderte Fälligkeit *f.*

due, tax ~ / Steuerschuld *f.*; fällige Steuern *fpl.*

dues, port ~ / Hafengeld *n.*

dummy; fictious (e.g. a fictious, i.e. a dummy part number) / fiktiv (z.B. eine fiktive, d.h. keine tatsächlich existierende Sachnummer)

dummy activity / fiktiver Vorgang *m.*; Scheinvorgang *m.*

dummy entry / Pseudoeintrag *m.*

dummy parts list / Pseudostückliste

dump place; waste disposal site / Mülldeponie *f.*; Abfallplatz *m.*

dumping / Preisunterbietung

dunnage / Staumaterial *n.*

dunning / Mahnwesen *n.*

dunning letter / Zahlungsaufforderung

duplicate of consignment note / Duplikatfrachtbrief *m.*

durability / Haltbarkeit *f.*; Haltbarkeitsdauer *f.*

durables; durable goods (opp. non-durables; non-durable goods) / Gebrauchsgüter *npl.*; dauerhaft haltbare, langlebige Güter *npl.* (Ggs. Verbrauchsgüter; Konsumgüter)

duration / Dauer *f.*; Zeitdauer *f.*; Vorgangsdauer *f.*

duration of supply / Lieferreichweite

dutiable (e.g. ~ goods) / zollpflichtig (z.B. ~e Waren) *adj.*

duty-free / zollfrei

duty to inform / Informationspflicht *f.*

duty unpaid / unverzollt *adj.*

duty, control ~ / Kontrollpflicht *f.*

duty, export ~ / Ausfuhrzoll *m.*

duty, import ~ / Einfuhrzoll *m.*; Einfuhrbelastung *f.*

dynamic / dynamisch *adj.*

dynamic lot size / dynamische Losgröße *f.* (Losgröße mit bedarfsabhängiger Mengenanpassung)

E

e-business (electronic business) / E-Geschäftsabwicklung (elektronische Abläufe in und zwischen Firmen)

e-cash / e-cash (bargeldloser Zahlungsverkehr im Online-Betrieb)

e-commerce; electronic commerce (EC) / E-Commerce *m.*; E-Handel *m.*; elektronischer Handel *m.*; elektronische Geschäftsabwicklung *f.*; elektronischer Geschäftsverkehr *m.* (elektronischer Handel mit Produkten und Dienstleistungen, insb. über das Internet; z.B. präsentieren Firmen ihre Produkte auf eigenen Web-Seiten. Hier können sich die Kunden dann informieren, bestellen und gegebenenfalls auch gleich bezahlen.)

e-fulfillment / e-Fulfillment; elektronische Auftragserfüllung *n.*

e-logistics (electronic logistics) / E-Logistik (elektronisch organisierte Abläufe in der Logistik)

e-mail (electronic mail) / elektronische Post (E-mail) *f.*

e-mail connection; electronic mail connection / E-mail Anschluss *m.*

e-mail subscriber; electronic mail subscriber / E-mail Teilnehmer *m.*

e-procurement (electronic procurement) / E-Beschaffung (elektronisch organisierte Abläufe in der Beschaffung)

earliest finish date / frühester Endtermin *m.*

earliest start date / frühester Beginntermin *m.*; frühester Starttermin *m.*; frühester Anfangstermin *m.*

earmarking / Zurückstellung *f.*; Bereitstellung *f.*

earn (verdienen) *v.*

earning power / Ertragskraft *f.*

earning value / Ertragswert *m.*

earnings / Gewinn

earnings before tax; gross return; pretax income / Bruttoergebnis *n.*

earnings from operations (e.g. ~ either as a net profit or a net loss) / Betriebsergebnis (z.B. ~ entweder als Nettogewinn oder als Nettoverlust)

earnings, increase in ~ / Ertragssteigerung *f.*

earnings, net ~ (e.g. ~ of the fiscal year); net income; result / Ergebnis *n.*; Jahresüberschuss *m.* (z.B. ~ im Geschäftsjahr)

eastern markets (Europe) / Ostmärkte *mpl.* (Europa)

easy-to-pack / verpackungsfreundlich *adj.*

EBIT (Earnings Before Interest and Taxes) / EBIT (Ergebnis vor Zinsen und Ertragssteuern)

ECB (European Central Bank) / EZB (Europäische Zentralbank) *f.*

echelon (e.g. there are three ~s of hierarchy authority) / Stufe *f.*; Ebene *f.* (z.B. es gibt drei hierarchische ~n)

ecology / Ökologie *f.*

economic and market analysis / Wirtschafts- und Marktbeobachtung *f.*

economic batch quantity / rationelle Stückzahl *f.*

economic batch size / wirtschaftliche Losgröße *f.*

economic data / Wirtschaftsdaten *npl.*; wirtschaftliche Kennzahlen *fpl.*

economic lifetime; effective lifetime / wirtschaftliche Nutzungsdauer *f.*; wirtschaftliche Lebensdauer *f.*

economic lot size / optimale Losgröße

economic order quantity / wirtschaftliche Bestellmenge *f.*

economic policy / Wirtschaftspolitik *f.*

economic policy and external relations / Wirtschaftspolitik und Außenbeziehungen

economic value added (see EVA) / Geschäftswert *m.*

economical; profitable / wirtschaftlich *adj.*; sparsam *adj.*; profitabel *adj.*

economics (compare to 'business economics') / Volkswirtschaft *f.* (vgl. zu 'Betriebswirtschaft')

economics, business ~; industrial economics (compare to 'national economy'; 'economics') / Betriebswirtschaft *f.* (vgl. zu 'Volkswirtschaft')

economies of competence (relates to: ... employees' skills, ... entrepreneurial spirit, ...training and motivation, ... innovation, ...) (e.g. economics through business- and goal-oriented training of management and staff) / Wirtschaftlichkeit durch Kompetenz (bezieht sich auf: ... Mitarbeiter-Fähigkeiten, ... -Unternehmergeist, ... -Training und -Motivation, ... Innovation) (z.B. Wirtschaftlichkeit durch geschäfts- und zielorientiertes Training von Management und Mitarbeitern)

economies of scale (relates to: ... volume, ... quantity, ...) (e.g. economics through production of huge quantities of product P.) / Größenvorteil *m.*; Wirtschaftlichkeit durch Größenvorteil (bezieht sich auf: ... Volumen, ... Menge, ...) (z.B. Wirtschaftlichkeit durch Fertigung großer Stückzahlen des Produktes P.)

economies of scope (relates to: ... business volume, ... geografical range and expansion, ... joint production and shared services, ... partnering, ... etc.) / Verbundvorteil *m.*; Wirtschaftlichkeit durch Verbreiterung der Geschäftsbasis (bezieht sich auf: ... Geschäftsumfang, ... geografische Reichweite und Ausdehnung, ... gemeinsame Nutzung von Produktionseinrichtungen und Dienstleistungen durch mehrere Anwender oder Anwendungen, ... Partnerschaften, ... etc.)

economy / Ökonomie *f.*; Wirtschaft *f.*

economy / Sparsamkeit *f.*

economy, barter ~ / Tauschwirtschaft *f.*

economy, command ~ / Planwirtschaft *f.*

economy, liberalized ~ / liberalisierte Wirtschaft *f.*

economy, new ~ (represented by e.g. electronics, information, communication, biotechnology, ...) / neue Ökonomie *f.* (stellvertretend z.B. Elektronik, Informations-, Kommunikations-, Biotechnologie, ...)

economy, old ~ (represented by e.g. electrical industry, mechanical engineering, ...) / traditionelle Ökonomie *f.* (stellvertretend z.B. Elektro- oder Maschinenbauindustrie, ...)

economy, planned ~; controlled economy; command economy / Planwirtschaft *f.*

economy, service ~ / Dienstleistungsgesellschaft *f.*

ECR (efficient consumer response) (is primarily used in the grocery and consumer goods industries. It is a demand-driven replenishment system designed to link all parties in the channel to create a massive flow-through distribution network. The system is driven by time-phased replenishment based on consumer demand. The sharing of information allows the manufacturer or supplier to anticipate demand and react to it. Instead of 'waiting' for an order to arrive, they can initiate or manufacture product based on point of sale information. The sharing of accurate, instantaneous data is an essential ingredient to success of this concept) / ECR (effiziente Reaktion auf Kundennachfrage: wird in erster Linie im Lebensmittel- und Konsumgüterbereich eingesetzt. Es ist ein bedarfsgesteuertes Nachschubsystem, das so gestaltet ist, dass alle an der Kette beteiligten Mitglieder so miteinander verbunden sind, dass sie ein mächtiges, durchflussoptimiertes Distributionsnetz bilden. Das System wird durch zeitsynchronen Nachschub gesteuert, der auf Kundennachfrage basiert. Der Informationsaustausch gestattet es dem Hersteller oder Lieferanten, den Bedarf vorherzusagen und entsprechend darauf zu reagieren. Statt auf das Eintreffen eines Auftrages zu 'warten', kann er aufgrund der Kassenterminal-Informationen produktbezoge Maßnahmen einleiten oder fertigen. Der unverzügliche Austausch von genauen Daten ist ein wesentliches Merkmal für den Erfolg dieses Konzeptes)

edge (e.g. ~ of the container) / Kante *f.*; Grat *m.*; Rand *m.*; Vorsprung *m.* (z.B. ~ des Containers)

edge in productivity / Produktivitätsvorsprung *m.*

edge, competitive ~ (e.g. to achieve an indisputable ~ through logistics excellence) / Wettbewerbsvorsprung *m.* (z.B. einen unbestrittenen ~ durch hervorragende Logistik erreichen)

edge, cutting-~ company; leading-edge company / Spitzenunternehmen *f.* (z.B. führendes ~ mit Wettbewerbsvorsprung)

edge, have an ~ / im Vorteil sein *m.*; Vorsprung haben *m.*

edge, information ~ / Informationsvorsprung *m.*; Informationsvorteil *m.*

edge, sustain competitive ~ / Wettbewerbsvorsprung erhalten

EDI (Electronic Data Interchange: intercompany computer-to-computer communication of standard business transactions in a format that permits the receiver to perform the intended transaction, e.g. commonly used to transmit purchase orders to suppliers) / (EDI) (Elektronischer Datenaustausch: ist die Computer-zu-Computer-

Kommunikation zum Austausch standardisierter Geschäftsdaten in einem Format, das es dem Empfänger erlaubt, die beabsichtigte Transaktion auszuführen, z.B. häufig zur Übermittlung von Aufträgen an Lieferanten eingesetzt)

EDI partner / EDI-Partner *m.*

EDI standard / EDI-Standard *m.*

EDI transaction / EDI-Vorgang *m.*

EDIFACT (Electronic Data Interchange for Administration, Commerce and Transport) / Elektronischer Datenaustausch für Verwaltung, Handel und Transport (EDIFACT)

editing routine / Aufbereitungsroutine *f.*

editor; publisher / Herausgeber *m.*

EDP (electronic data processing) system / DV-System *n.*; DV-Verfahren *n.*

education / Bildung *f.*

education planning / Bildungsplanung *f.*

education policy / Bildungspolitik *f.*

education, commercial ~ / kaufmännische Bildung *f.*; kaufmännische Weiterbildung *f.*

education, continuing ~; further education; ongoing education / Weiterbildung *f.*

education, executive ~ / Führungskräftetraining *n.*; Führungskräfteweiterbildung *f.*

education, vocational ~ / gewerbliche Bildung *f.*

effect / Effekt *m.; Auswirkung *f.*

effect, long-term ~ / Langzeitwirkung *f.*

effect, short-term ~; short-term impact / Kurzfristwirkung *f.*

effect, side ~ / Nebeneffekt *m.*

effective / wirksam *adj.*; erfolgreich *adj.*; wirkungsvoll *adj.*; schlagkräftig *adj.*

effective date / Stichtag

effective demand / wirklicher Bedarf *m.*

effective from ... (date); effective as of ... (date) (e.g. ~ October 1, 20..) / mit Wirkung vom ... ; gültig ab ... (es folgt die Datumsangbe, z.B.: gültig ab 1. Oktober 20..)

effective lifetime / wirtschaftliche Nutzungsdauer

effectiveness (i.e. to do the right things) / Effektivität f.; Schlagkraft f.; Wirksamkeit f. (d.h. das richtige machen)

efficency rating / Leistungsbeurteilung, -schätzung

efficiency (i.e. to do the things right) / Effizienz f.; Leistungsfähigkeit f.; Wirtschaftlichkeit f. (d.h. etwas richtig machen)

efficiency bonus / Leistungszulage

efficiency variance / Leistungsabweichung f.

efficiency, improved ~ / Effizienzsteigerung

efficiency, increased ~; improved efficiency / Effizienzsteigerung f.

efficiency, level of ~ / Leistungsgrad m.

efficiency, operating ~ / betriebliche Leistungsfähigkeit f.

efficient (e.g. ~ computer); powerful / leistungsfähig adj. (z.B. ~er Computer)

efficient consumer response (see ECR)

effort / Aufwand (Leistung) m.; Anstrengung f.

EFQM (European Foundation for Quality Management) (see also 'European Quality Award (EQA)') (Initiative of leading Western European businesses in recognition of the potential for gaining competitive advantage through: accelerating the acceptance of quality as a strategy for global competitive advantage as well as stimulating and assisting the deployment of quality improvement activities. Annual Quality Award "European Quality Award (EQA)". Headquarters: Brussels Representative Office, Avenue des Pléiades 19, B-1200 Brussels, Belgium. Phone: +32 (2. 775 3511, Fax: +32 (2. 779 1237) / EFQM

(Initiative führender westeuropäischer Unternehmen, die die Möglichkeit erkannten, durch ein umfassendes Qualitätsmanagement Wettbewerbsvorteile zu erzielen durch u.a.: Förderung der Akzeptanz von TQM als Strategie zur Erzielung globaler Wettbewerbsvorteile sowie durch Förderung und Unterstützung der Einführung von Maßnahmen zur Qualitätsverbesserung. Vergibt jährlich den Qualitätspreis "European Quality Award (EQA)".

Einhaltung f. (z.B. ~ von Verträgen)

EIS (purchasing information system) / Einkaufs-Informations-System (EIS) n.

ELA (European Logistics Association. The European Logistics Association is a federation of 36 national organisations, covering almost every country in western Europe. The ELA-goal is to provide a link and an open forum for any individual or society concerned with logistics within Europe and to serve industry and trade. ELA formulates European Logistics Education Standards and encourages the acceptance of these standards in each member nation. Headquarters: Avenue des Arts 19, Kunstlaan 19, B-1210 Brussels, Belgium; Phone: +32 2 230 0211; Fax: +32 2 230 8123; E-mail: ela@elalog.org; Internet: www.elalog.org) / ELA (Europäische Logistik Gesellschaft)

elapse / verstreichen (Zeit) v.

elapsed time / verstrichene Zeit f.; abgelaufene Frist; vergangene Zeit

electric car / Elektrokarren m.

electric current / elektrischer Strom m.

electric motor / Elektromotor m.

electric platform truck / Elektrowagen m.

electric tractor / Elektroschlepper m.

electrical company / Elektrofirma f.

electrical distribution system (in cars) / Bordnetz n. (im Automobil)

electrical engineering;
electrotechnology / Elektrotechnik *f.*
electrical industry / Elektroindustrie *f.*
electrical motor system /
elektromotorisches System *n.*
electricity / Elektrizität *f.*
electromechanical / elektromechanisch
adj.
electronic; electronically / elektronisch
electronic business process /
elektronischer Geschäftsprozess *m.*
electronic business processing /
elektronische Geschäftsabwicklung *f.*
electronic business transaction /
elektronischer Geschäftsverkehr *m.*
electronic commerce; e-commerce (EC)
/ E-Handel *m.;* elektronischer Handel
m.; elektronische Geschäftsabwicklung
f.; elektronischer Geschäftsverkehr *m.*
(elektronischer Handel mit Produkten
und Dienstleistungen, z.B. präsentieren
Firmen ihre Produkte auf eigenen Web-
Seiten. Hier können sich die Kunden
dann informieren, bestellen und
gegebenenfalls auch gleich bezahlen.)
Electronic Data Interchange (EDI) /
Elektronischer Datenaustausch;
elektronischer Geschäftsverkehr
**Electronic Data Interchange for
Administration, Commerce and
Transport** / Elektronischer
Datenaustausch für Verwaltung, Handel
und Transport (EDIFACT)
electronic information flow /
elektronischer Informationsfluss *m.*
electronic link / elektronische
Verbindung *f.*
electronic mail (e-mail) / elektronische
Post (E-mail) *f.* (Nachrichten werden
von einem E-mail Anschluss über ein
Computernetzwerk an einen oder
mehrere E-mail Teilnehmer od.
Empfänger mittels spezieller Protokolle
automatisch verschickt) *f.*
electronic mail connection / E-mail
Anschluss

electronic mail subscriber / E-mail
Teilnehmer
electronic signature / elektronische
Unterschrift *f.*
electronically available; available in
electronic form / elektronisch verfügbar
electronics / Elektronik *f.*
electronics company / Elektronikfirma *f.*
electronics plant / Elektronikwerk *n.*
electronics supplier / Elektroniklieferant
m.
electrotechnology / Elektrotechnik
element / Element *n.*; Bestandteil *m.*;
Glied *n.*
elevator / Aufzug *m.;* Fahrstuhl *m.*
eligible (~ for) / berechtigt *adv.*; befähigt
adv.; qualifiziert *adv.* (~ für)
eligible for an incentive /
prämienberechtigt *adv.*
eliminate / eliminieren *v.*
elimination of barriers /
Barrierenbeseitigung
embargo; export prohibition /
Ausfuhrverbot *n.*
embargo / Handelsverbot *n.*; Embargo *n.*
embezzlement / Unterschlagung *f.*
emergency / Notfall *m.*
emerging market (e.g. we will install a
state-of-the-art logistics system in this
~) / aufstrebender Markt (z.B. wir
werden in diesem aufstrebenden Markt
ein modernes Logistiksystem
aufziehen)
emission, exhaust ~; exhaust fume /
Auspuff-Abgas *n.*
emission, harmful ~; harmful substance;
harmful material / Schadstoff *m.*
emphasis; key point (e.g. ~ of a
message) / Hauptansatzpunkt *m.*;
Schwerpunkt (z.B. ~ einer Aussage)
employ (~ *s.o.*); have *s.o.* on one's
payroll / *jmdn.* beschäftigen *v;*
employ (e.g. is information technology
being employed?) / anwenden *v.*;
verwenden *v.* (z.B. wird
Informationstechnologie verwendet?)

employability / Arbeitsfähigkeit *f.*;
Beschäftigungsfähigkeit *f.*; Job-
Verwendbarkeit *f.* (i.S.v. Erhaltung der
Arbeitsmarktfähigkeit der
Arbeitnehmer)

employee; staff member; co-worker /
Mitarbeiter *m.*

employee benefits; benefits (e.g. the
company policy is to grant good ~) /
Personalleistungen *fpl.*; Sozialleistungen
f.pl (z.B. die Firmenpolitik ist es, gute ~
zu gewähren)

employee-elected representative; board
employee representative (~ on the
supervisory board) /
Arbeitnehmervertreter (~ im
Aufsichtsrat)

employee empowerment /
Mitarbeiterbefähigung *f.*; Befähigung
der Mitarbeiter; Ertüchtigung der
Mitarbeiter

employee paid per piece / Akkordlöhner
m.

employee participation (e.g. ~ at
business decisions) /
Mitarbeiterbeteiligung *f.* (z.B. ~ bei
Geschäftsentscheidungen)

employee qualification /
Mitarbeiterqualifikation *f.*;
Mitarbeiterqualifizierung *f.*

employee relations / Personalabteilung

employee training; personnel training /
Mitarbeitertraining *n.*;
Mitarbeiterschulung *f.*

employee, blue-collar ~ / gewerblicher
Arbeitnehmer

employee, exempt ~ (opp. non-exempt
employee) / außertariflicher Mitarbeiter
m.; außertariflicher Angestellter *m.* (Ggs.
tariflicher Mitarbeiter)

employee, high-ranking ~ /
hochrangiger Mitarbeiter *m.*

employee, non-exempt ~ (opp. exempt
employee) / tariflicher Mitarbeiter *m.*;
tariflicher Angestellter *m.* (Ggs.
außertariflicher Mitarbeiter)

employee, retired ~; retiree /
Ruheständler *m.*

employee, salaried ~ / Angestellter *m.*;
Gehaltsempfänger *m.* (Gehalts-, nicht
Lohnempfänger)

employee, unskilled ~ / ungelernter
Mitarbeiter *m.*

employer / Arbeitgeber *m.*

employers' association /
Arbeitgeberverband *m.*

employment / Beschäftigung *f.*

employment costs / Personalkosten

employment level / Beschäftigungsgrad
m.

employment, level of ~ /
Beschäftigungsniveau *n.*

employment, security of ~ /
Arbeitsplatz-Sicherheit

empowerment (allowing a worker or
group of workers to make their own job
decisions. Each becomes responsible
and is held accountable) / Befähigung *f.*
(Arbeitnehmern oder einer Gruppe von
Arbeitnehmern einräumen, eigene
Entscheidungen treffen zu können.
Jeder trägt Verantwortung und muss
Rechenschaft geben)

empowerment, employee ~ /
Mitarbeiterbefähigung *f.*; Befähigung
der Mitarbeiter; Ertüchtigung der
Mitarbeiter

empties / Leergut *n.*

empty (e.g. ~ a truck / entleeren (z.B.
einen Lastwagen ~)

empty / leer

empty miles / Leerfahrten *pl.*

enable / ermöglichen *v.*

enabler / Befähiger *m.* (Maßnahme, die
etwas ermöglicht, z.B. Verbesserungen)

encipherment; encoding; encryption /
Verschlüsselung *f.*

enclosure (e.g. ~ of a letter); attachment /
Anlage *f.* (z.B. ~ zu einem Brief)

encode / verschlüsseln

encoding; encryption / Verschlüsselung

encrypt; encode / verschlüsseln *v.*

encryption program / Verschlüsselungsprogramm *n.*

end customer; end user / Endkunde *m.*; Endverbraucher *m.*

end item / Position für Endmontage *f.*

end of month / Monatsende *n.*

end of season / Ende der Saison *n.*; Saisonende *n.*

end product / Endprodukt

end-to-end logistics chain (logistics supply chain: see illustration in this dictionary); customer-to-customer supply chain; logistics pipeline / Gesamtlogistikkette *f.*; vom Kunden zum Kunden; Gesamt-Prozesskette; Logistik-Pipeline (Logistik-Kette: siehe Zeichnung in diesem Fachwörterbuch)

end-to-end process; total process; order-to-cash cycle (total flow of goods, material, information and money within a business) / Gesamtprozess *m.*; Gesamtzyklus *m.* (gesamter Waren-, Material-, Informations- und Geldfluss eines Geschäftes)

end user / Endverbraucher; Endkunde

endeavour; endeavor (BrE) / Bestreben *n.*; Bemühung *f.*

endorse (approve) / indossieren (genehmigen) *v.*; bestätigen (unterzeichnen) *v.*; zustimmen *v.*

endorsement / Indossament *n.*; Bestätigung *f.*; Zustimmung *f.* (Vermerk auf einem Dokument)

energy balance / Energiebilanz *f.*

energy distribution / Energieverteilung *f.*

energy reclamation / Energierückgewinnung *f.*

enforce (e.g. we have to ~ our charges) / geltend machen (z.B. wir müssen unsere Forderungen ~, eintreiben)

engaged-tone / Besetztton

engine / Motor *m.*

engineer / Ingenieur *m.*

engineer / konstruieren

engineer-to-order; build-to-order / nach Auftrag konstruieren; nach Auftrag errichten; nach Auftrag bauen

engineer, field service ~ / Außendiensttechniker *m.*

engineering (department) / Konstruktion *f.*; technische Planung *f.* (Abteilung)

engineering and manufacturing services (department) / Technik *f.* (Abteilung)

engineering change / technische Änderung

engineering change application / Konstruktions-Änderungsantrag *m.*

engineering change history / Änderungsgeschichte (z.B. ~ eines Produktes)

engineering change notice; alteration notice / Änderungsmitteilung *f.*

engineering company / Ingenieurbüro *n.*

engineering consultant / beratender Ingenieur *m.*

engineering costs / Kosten für technische Planung und Bearbeitung *pl.*

engineering data / technische Daten *npl.*

engineering department / Konstruktionsbüro *n.*; technische Abteilung *f.*

engineering focused / technikorientiert *adj.*

engineering revision level (e.g. ~ of drawings) / Ausgabestand *m.* (z.B. ~ von Zeichnungen)

engineering services / Produkttechnik *f.*

engineering works / Maschinenfabrik *f.*

engineering, simultaneous ~ (SE); concurrent engineering (i.e. parallel or overlapped, not sequential engineering) / Simultaneous Engineering (SE) *n.*; paralleles Konstruieren *n.*; simultane Arbeit *f.* (d.h. paralleles oder überlapptes und nicht sequentielles Konstruieren)

enhance / erhöhen *v.*; vergrößern *v.*; steigern *v.*; erweitern

enhancement; increase / Steigerung *f.*

enlargement, job ~ / Arbeitserweiterung f.

enter (PC screen) / eingeben v. (Bildschirm)

enterprise; corporation; company; firm / Unternehmen n.; Gesellschaft f.; Firma f.

enterprise model / Unternehmensmodell n.

enterprise resource management (ERM) / ERM (~ ist ein Ansatz zur integrierten Geschäftsabwicklung in einem Unternehmens unter Einbeziehung sämtlicher geschäftsrelevanter Ressourcen)

Enterprise, Extended ~ (see Extended Enterprise)

enterprise, large ~ / Großunternehmen n.

enterprise, learning ~; learning organization (e.g. action and result oriented learning with continuous improvement in the own organizational environment) / lernende Organisation (i.S.v. handlungsorientiertes, ergebnisgerichtetes Lernen mit kontinuierlicher Verbesserung in der eigenen Organisationsumgebung)

enterprise, small ~ / Kleinunternehmen n.

enterprises, small and medium sized ~ (SME) / Klein- und Mittelstands-Unternehmen (KMU) mpl.

entertainment expenses (e.g. travel and ~) / Bewirtungsspesen pl.; Bewirtungskosten pl. (z.B. Reise- und ~)

entertainment expenses / Auslagen im Geschäftsinteresse

entire; complete / ganz adj.; vollständig adj.

entirety (e.g. the ~ of a process approach) / Ganzheitlichkeit f. (z.B. die ~ einer Prozessmethode)

entitle (e.g. ~ s.o. to do s.th.) / berechtigen v. (z.B. jmdn. ~ etwas zu tun)

entitled (~ to) / berechtigt sein (~ zu); Anspruch haben (~ auf)

entitlement / Anspruch m.

entity; unit (e.g. business ~) / Einheit f. (z.B. Geschäfts-~)

entity / Unternehmen n.; Organisation f.

entity, legal ~ / rechtlich selbständige Organisation f.; rechtlich selbständiges Unternehmen n.; Rechtseinheit f.

entrepreneur / Unternehmer m.

entrepreneur, global ~ / Weltunternehmer m.

entrepreneur, regional ~ / Regionalunternehmer m.

entrepreneurial / unternehmerisch adj.; Unternehmer.

entrepreneurial spirit / Unternehmergeist m.

entrepreneurship / Unternehmertum n.

entry date; posting date / Buchungsdatum n.

entry field / Eingabefeld n.

entry-level salary; initial salary / Einstiegsgehalt n.; Anfangsgehalt n.

entry, market ~ / Markteintritt m.; Marktzugang m.

entry, point of ~ / Eingangshafen m.

entry, warehouse ~ / Lagereingang m.

environment / Umwelt f.

environment, business ~ (fig., e.g. it's common practice in daily business, in normal ~) / Geschäftsumfeld n.; Geschäftswelt f. (fig., z.B. es ist im täglichen Geschäft, im normalen Geschäftsumfeld, allgemein so üblich)

environmental awareness / Umweltbewusstsein n.

environmental protection / Umweltschutz m.

environmental protection representative / Bereichsreferent für Umweltschutz m.

EQA (see 'European Quality Award')

equation / Gleichung f.

equipment; devices / Ausrüstung *f.*; Geräte *npl.*; Betriebsanlagen *fpl.*; Maschinen *fpl.*

equipment goods / Investitionsgüter

equipment industry / Investitionsgüterindustrie *f.*

equipment, manipulating ~; processing tools / Handhabungsgeräte *npl.*

equipment, manipulating ~; processing tools / Handhabungsgeräte *npl.*

equipment, warehouse ~ / Lagerausstattung *f.*; Lagergeräte *pl.*

equitable / gerecht *adj.*

equity capital; shareholders' equity / Eigenkapital *n.*

equity, return on ~ / Eigenkapitalsrendite *f.*

equity, shareholders' ~ / Eigenkapital

erase / löschen

ergonomic / ergonomisch *adj.*

ergonomics / Ergonomie *f.*

eroding prices / Preisverfall

ERP (enterprise resource planning) / ERP (Unternehmensplanung)

error; defect / Fehler *m.*

error cause / Fehlerursache *f.*

error code / Fehlercode *m.*

error elimination / Fehlerbehebung *f.*

error message; error note / Fehlermeldung *f.*

error note / Fehlerhinweis

error of count / Zählfehler *m.*

error probability / Fehlerwahrscheinlichkeit *f.*

error rate; error ratio / Fehlerhäufigkeit *f.*

error source / Fehlerquelle *f.*

error, picking ~ / Entnahmefehler *m.*; Fehlentnahme *f.*

error, reading ~ (e.g. ~ due to a poorly printed barcode label) / Lesefehler *m.* (z.B. ~ wegen eines schlecht gedruckten Barcodeetiketts)

errors and omissions excepted / Irrtümer und Auslassungen vorbehalten

errors, avoid ~ / Fehler vermeiden

escalator / Rolltreppe *f.*

ESN (purchasing commodity code) / Einkaufsschlüsselnummer (ESN) *f.*

EST (estimated street price) / geschätzter Verkaufspreis; geschätzter Endverbraucherpreis

establishment (e.g. ~ of a branch offfice) / Gründung *f.*; Errichtung *f.* (z.B. ~ einer Zweigstelle)

estimate; valuate / bewerten *v.*; taxieren *v.*; schätzen *v.*

estimated-actual comparison; variance comparison; target-actual comparison (e.g. ~ of production cost) / SOLL-IST-Vergleich (z.B. ~ der Herstellkosten)

estimated inventory; estimated stock / geschätzter Lagerbestand *m.*

estimated street price (EST) / geschätzter Verkaufspreis; geschätzter Endverbraucherpreis

estimated-to-actual variance / Plan-Ist-Abweichung (Rechnungswesen)

estimation (e.g. rough ~) / Schätzung *v.* (z.B. grobe ~; grober Voranschlag)

ETA (estimated time of arrival) / geschätzte Ankunftzeit *f.*

ETD (estimated time of departure) / geschätzte Abfahrtszeit *f.*

ETSI (European Telecommunication Standards Institute) / ETSI (Europäisches Normierungsgremium für Telekommunikation)

EU (European Union) (guideline of the ~) / Europäische Union (EU) *f.* (Richtlinie der ~)

Euro pallet / Europalette *f.*

European Central Bank (ECB) / Europäische Zentralbank (EZB) *f.*

European distribution / Europadistribution *f.*

European Foundation for Quality Management (see EFQM; see also 'European Quality Award (EQA)')

European Post & Telegraph Conference / CEPT

European Quality Award (see also EFQM)') (The European Quality Award which was presented for the first time in 1992, incorporates: 1. European Quality Prizes, awarded to organizations that demonstrate excellence in the management of quality as their fundamental process for continuous improvement (see also CIP) and 2. The European Quality Award itself which is awarded to the best of Prizewinners - the most successful exponent of Total Quality Management (TQM) in Europe.) / European Quality Award (Zum ersten Mal 1992 verliehener Qualitätspreis; umfasst: 1. Europäische Qualitätspreise, die denjenigen Unternehmen verliehen werden, die Spitzenleistungen durch Qualitätsmanagement als grundlegenden Prozess zur kontinuierlichen Verbesserung (s. hierzu auch 'KVP') nachweisen und 2. den "eigentlichen" European Quality Award (EQA), der dem besten aller Gewinner der Europäischen Qualitätspreise und damit dem erfolgreichsten Vertreter von Total Quality Management (TQM) in Europa verliehen wird.)

European sales; sales Europe / Vertrieb Europa *m.*; Europavertrieb *m.*

European Union (guideline of the ~) / Europäische Union (EU) *f.* (Richtlinie der ~)

EVA (Economic Value Added) / GWB (Geschäftswertbeitrag) *m.*

EVA (Economic Value Added: a corporate financial performance measurement system most directly linked to stock market value. Bennett Stewart, USA, is the founder of the EVA concept) / EVA (ein sich stark am Marktwert der Aktie orientierendes System zur Beurteilung der Finanzkraft eines Unternehmens. Bennett Stewart, USA, ist Begründer des EVA-Konzeptes)

evaluate / auswerten *v.*; beurteilen *v.*

evaluation / Auswertung *f.*; Evaluierung *f.*; Bewertung *f.*

evaluation, inventory ~; stock evaluation / Lagerbestandsbewertung *f.*

evaluation, stock ~ / Lagerbestandsbewertung

evaluation, task ~ / Aufgabenbewertung *f.*

event-oriented / ereignisorientiert *adj.*

events, frequency of damage ~ / Schadenshäufigkeit *f.*

everyday consumption / täglicher Bedarf

evidence / Beweis *m.*; Beleg *m.*; Zeugenaussage *f.*

evidence of dispatch / Versandnachweis *m.*

evidently / einleuchtend *adv.*; offensichtlich *adv.*; zweifellos *adv.*

ex factory / ab Werk

ex-factory price / Werkspreis *m.*

ex-post costing / Nachkalkulation

ex-stock business / Lagerverkauf *m.*

ex works; ex factory / ab Werk *n.*; ab Fabrik *f.*

Ex Works (definition of the 'incoterm' see EXW) / Ab Werk (Definition des 'Incoterms' siehe EXW)

exact / genau *adv.*

example, real world ~ / praktisches Beispiel

exceed / überschreiten *v.*

exceed demand / den Bedarf übersteigen *m.*

excellence; excellent performance / Vortrefflichkeit *f.*; hervorragende Leistung *f.*

exception report / Fehlerliste *f.*

exceptional tariff / Ausnahmetarif *m.*

excess capacity / überschüssige Kapazität *f.*

excess inventory / Überbestand

excessive demand / übermäßiger Bedarf *m.*

excessive rates of storage / übermäßige Lagergebühren *fpl.*

exchange (~ for) / umtauschen *v.* (~ gegen)

exchange (e.g. ~ of information) / Austausch *m.* (z.B. ~ von Information)

exchange / Tausch *m.;* Umtausch *m.*

exchange control / Devisenkontrolle *f.*

exchange of experience / Erfahrungsaustausch *m.*

exchange of information / Informationsaustausch

exchange rate; rate of exchange; currency rate / Wechselkurs *m.*; Devisenkurs *m.*

exchange rates, decline of ~ / Wechselkursverfall *m.*; Wechselkursverschlechterung *f.*

exchange regulation / Devisenbestimmung *f.*

exchange, data ~ / Datenaustausch

exchange, freight ~ / Frachtenbörse *f.;* Frachtvermittlung *f.*

exchange, stock ~ / Börse *f.;* Aktienbörse *f.*

excluded, packing ~ / ausschließlich Verpackung

exclusion from liability / Haftungsausschluss *m.*

exclusive (opp. inclusive) (e.g. this is our exclusive price) / exklusiv *adj.*; ausschließend *adv.* (Ggs. inklusiv; einschließend) (z.B. dies ist unser Exklusivpreis; dieser Preis ist ohne alles bzw. beinhaltet keine Nebenkosten)

exclusive market / geschlossener Markt

executable (e.g. ~ computer program) / ablauffähig *adj.* (z.B. ~es Computerprogramm)

execute a command / Befehl ausführen *m.*

executive / geschäftsführende Führungskraft; leitender Angestellter

executive board / Vorstand

executive board committee / Exekutivausschuss *m.*

executive committee; corporate executive committee; corporate committee / Zentralvorstand *m.*

executive development / Personalentwicklung Führungskreis

executive education / Führungskräftetraining *n.*; Führungskräfteweiterbildung *f.*

executive floor / Chefetage *f.*

executive function (e.g. this is an ~) / Führungsaufgabe *f.* (z.B dies ist eine ~)

executive staff; managerial staff / leitende Angestellte *pl.*

executive, chief ~ / Geschäftsführer *m.*

executive, top-ranking ~ / hochrangige Führungskraft

exempt employee (opp. non-exempt employee) / außertariflicher Mitarbeiter *m.*; außertariflicher Angestellter *m.* (Ggs. tariflicher Mitarbeiter)

exemption (e.g. ~ from duty) / Befreiung *f.* (z.B. ~ vom Zoll)

exertion, physical ~ / körperliche Schwerarbeit *f.*

exhaust fume; exhaust emission / Auspuff-Abgas *n.*

exhibition; fair / Messe

exhibition and study room / Schau- und Studienraum *m.*

existing (e.g. ~ and prospective customers) / bestehend *adv.* (z.B. ~e und zukünftige Kunden)

existing system / Altsystem *n.*; vorhandenes System *n.*

exit, warehouse ~ / Lagerausgang *m.*

exogenous demand; external demand / externer Bedarf

expansion / Ausweitung *f.*; Erweiterung *f.* Expansion *f.*

expatriate / entsenden (von Mitarbeitern ins Ausland)

expatriate / ins Ausland versetzter Mitarbeiter

expatriate policy / Entsendungsbedingungen (für die

Entsendung von Mitarbeitern ins Ausland)

expected delivery date / erwarteter Anlieferungstermin *m.*

expedite; convey; forward; transport (e.g. ~ goods) / befördern *v.* (Waren)

expediting / Terminsicherung *f.*

expeditor / Disponent *m.*

expenditure / Kosten

expenditure, cash ~ / Barauslagen *fpl.*

expenditure, freight ~; freight charges / Frachtkosten *pl.*; Beförderungskosten *pl.*

expense account / Aufwandskonto *n.*

expense allowance / Aufwandsentschädigung *f.*

expense, neutral to the ~ account / aufwandsneutral *adj.*

expense, relevant to the ~ account / aufwandsrelevant *adj.*

expenses / Kosten *pl.*; Ausgaben *fpl.*; Spesen *pl.*

expenses by type of cost / Kosten nach Kostenarten *pl.*

expenses by work category / Kosten nach Arbeitsinhalt

expenses, affecting ~ / ausgabenwirksam

expenses, collection ~ / Inkassospesen

expenses, entertainment ~ (e.g. travel and ~ expenses) / Bewirtungsspesen *pl.*; Bewirtungskosten *pl.* (z.B. Reise- und ~)

expenses, entertainment ~ / Auslagen im Geschäftsinteresse

expenses, overhead ~ / Handlungskosten

expenses, storing ~ / Lagerspesen

expenses, travel ~ (e.g. ~ and entertainment expenses) / Reisespesen *pl.*; Reisekosten *pl.* (z.B. ~- und Bewirtungsspesen)

expensive / teuer *adj.*

experience, exchange of ~ / Erfahrungsaustausch *m.*

experience, professional ~ / Berufserfahrung *f.*

experimental studio / Experimental-Studio *n.*

expert; specialist / Fachmann *m.*

expert (e.g. he is an ~ on this subject) / Experte *m.*; Sachverständiger *m.* (z.B. er ist ~ auf diesem Gebiet)

expert know-how / Expertenwissen *n.*

expert knowledge / Expertenkenntnis *f.*

expert opinion / Expertenmeinung *f.*

expert system / Expertensystem *n.*

expertise (e.g. ~ from a project, real-life ~) / Erfahrung *f.* (z.B. ~ aus einem Projekt, ~ aus der Praxis)

expiration; expiry (e.g. ~ of a work permit; ~ of a deadline) / Ablauf (z.B. der Arbeitserlaubnis; ~ einer Frist)

expiration date (e.g. ~ of a credit card) / Verfallstag; Ablaufdatum (z.B. ~ einer Kreditkarte) *n.*

expiration date / Verfallsdatum *n.*

expiration of time; lapse of time; deadline expiration / Fristablauf *m.*

expiration of work permit / Ablauf der Arbeitserlaubnis

expire / verfallen *v.*; verderben *v.*

expiry (e.g. ~ of work permit, ~ of a deadline) / Ablauf (z.B. ~ der Arbeitserlaubnis, ~ einer Frist)

explanation (e.g. ~ of the excellent result) / Erklärung *f.* (z.B. ~ des guten Ergebnisses)

exploit (e.g. world class firms are far more apt to ~ logistics as a core competency than their less advanced competitors) / nutzen *v.* (z.B. Spitzenfirmen tendieren viel mehr dazu, Logistik als Kernkompetenz zu ~ als ihre weniger fortschrittlichen Konkurrenten)

exploitable / verwertbar

exploitation (e.g. ~ of resources) / Ausnutzung *f.*; Ausbeutung *f.* (z.B. ~ von Rohstoffen)

explosion (analytical) (e.g. using MRP-systems) / Auflösung (analytische) *f.* (z.B. Bedarfsauflösung mit Hilfe von Dispositionsverfahren)

explosion level code /
Dispositionsstufencode *m.*
explosion of bill of material /
Stücklistenauflösung *f.*
explosion, indented ~ /
Strukturstückliste
explosion, level of ~; level of product
structure / Dispositionsstufe *f.;*
Dispositionsebene *f.*
explosion, requirements ~ /
Bedarfsauflösung *f.*
explosion, summarized ~ /
Mengenübersichtsstückliste
exponential smoothing / exponentielle
Glättung *f.*
export (~ to) / exportieren *v.;* ausführen
v. (~ nach)
export / Export *m.;* Ausfuhr *f.*
export bill / Exportrechnung *f.*
export certificate /
Ausfuhrbescheinigung
export confirmation; export certificate /
Ausfuhrbescheinigung *f.*
export customs formality /
Ausfuhrzollformalität *f.*
export discount / Exportrabatt *m.*
export duty / Ausfuhrzoll *m.*
export formality / Exportformalität *f.*
export license / Ausfuhrgenehmigung
export officer / Ausfuhrverantwortlicher
m.
export order processing center /
Export-Abwicklungszentrum *n.*
export permit; export license /
Ausfuhrgenehmigung *f.*
export price / Exportpreis *m.*
export prohibition / Ausfuhrverbot
export regulation / Ausfuhrvorschrift *f.*
export sales / Vertrieb Ausland
export strategy / Exportstrategie *f.*
export surplus / Exportüberschuss *m.*
export tariff / Ausfuhrtarif *m.*
exportation, proof of ~ /
Ausfuhrnachweis *m.*
exporter (e.g. ~ to America) / Exporteur
m. (z.B. ~ nach Amerika)

express goods (e.g. ~ by rail) / Eilgut *n.;*
Eilfracht *f.* (z.B. ~ mit der Bahn)
express letter / Eilbrief *m.*
express order; urgent order; rush order /
Eilauftrag *m.;* Eilbestellung *f.*
express parcel; fast freight (AmE) /
Expressgut *n.*
express service / Expressdienst *m.*
expressway; throughway (AmE) ;
motorway (BrE) / Autobahn *f.;*
Schnellstraße *f.*
extend (e.g. ~ business activities) /
erweitern *v.;* ausdehnen *v.* (z.B.
Geschäftsaktivitäten ~)
Extended Enterprise (partner
relationship in which both the customer
and the supplier jointly assess and
improve the performance of their
combined efforts) / erweitertes
Unternehmen (partnerschaftliche
Beziehung, in der Kunde und Lieferant
gemeinsam die Potentiale einer
engeren Zusammenarbeit ermitteln und
ausschöpfen)
extended partnership (e.g. ~ beyond
business limits) / erweiterte
Partnerschaft (z.B. ~ über
Firmengrenzen hinaus)
extension (e.g. ~ of validity) /
Fristaufschub *m.;* Verlängerung *f.* (z.B. ~
der Geltungsdauer)
extension / Erweiterung *f.*
exterior dimensions / Außenmaße *npl.*
external contract / Fremdvertrag *m.*
external demand; exogenous demand /
externer Bedarf *m.*
external priority code / Kennziffer für
externe Priorität
external relations / Außenbeziehungen
fpl.
external service; outside services /
Fremdleistung *f.*
external supplier / externer Lieferant *m.;*
Fremdlieferant *m.*
extra allowance / Sondervergütung *f.*
extra value / Zusatznutzen *m.*

extranet (compare: 'intranet' and 'internet') / Extranet n. (durch Passwortzugang geschützter Bereich des Intranets, auf den ein externer Kunde oder Partner über das Internet zugreifen kann; das Zugangsverfahren muss i.d.R. mit den Geschäftspartnern vertraglich geregelt sein; vgl. 'Intranet' und 'Internet')

EXW - Ex Works (...named place): the seller fulfils his obligation to deliver when he has made the goods available at his premises (i.e. works, factory, warehouse, etc.) to the buyer. In particular, he is not responsible for loading the goods on the vehicle provided by the buyer or for clearing the goods for export, unless otherwise agreed. The buyer bears all costs and risks involved in taking the goods from the seller's premises to the desired destination. This term thus represents the minimum obligation for the seller. This term should not be used when the buyer cannot carry out directly or indirectly the export formalities. In such circumstances, the -> FCA term should be used.
© Internationale Handelskammer; copyright-, source and use of Incoterms s. "Incoterms".) / EXW - ab Werk (translation s. German part)

F

fabless company / Unternehmen ohne Fertigung n.; fertigungsloses Unternehmen n.
fabrication; prefabrication / Vorfertigung
fabrication order; prefabrication order / Vorfertigungsauftrag

face-to-face seminar; classroom seminar / Frontalunterricht; Seminar im Stil von Frontalunterricht
face value; nominal value (at par; below par) / Nennwert m. (zum ~; unter ~)
face value; nominal value / Nennwert m.
facilitate (~ the development or the progress of a person or a group) / fördern v. (eine Person oder eine Gruppe in Entwicklung und Fähigkeiten ~)
facilitating, organizing and ~ (e.g. ~ of workgroups) / Gestalten und Moderieren (z.B. ~ von Arbeitsgruppen)
facilitation of work / Arbeitserleichterung f.
facilitator / Moderator m.
facilities administration / Standortverwaltung
facilities and buildings / Anlagen und Bauten
facilities pl. / Einrichtung f.; Anlage f.
facility management; real estate management / Facility-Management n.; Gebäude-Management n.; Immobilien-Management n. (Betrieb und Unterhalt von Gebäuden, insb. mit dem Ziel, die Wirtschaftlichkeit zu erhöhen)
facility services; site services / Standortdienste mpl.
facility, production ~ / Fabrikationsanlage f.
facility, regional distribution ~ (building) / Regionallager (Gebäude)
facsimile; fax / Fax
factor / Faktor m.
factoring (the business of such a ~ firm is to purchase accounts receivable from suppliers by granting them loans and collecting afterwards the money from the suppliers' customers; that's how suppliers can get their money for deliveries faster or with less risks) / Factoring (die Geschäftstätigkeit einer ~-Firma besteht u.a. darin, gegen Gewährung eines Darlehens Forderungen von Lieferanten

anzukaufen und anschließend bei deren Kunden das Inkasso durchzuführen; damit können Lieferanten schneller oder risikoärmer an das Geld für die von ihnen erbrachten Leistungen gelangen.)

factory / Fabrik

factory automation / Produktionsautomatisierung *f.*

factory building / Fabrikgebäude *n.*

factory calendar / Fabrikkalender

factory costs (e.g. planned ~); production costs; manufacturing costs / Herstellkosten *pl.*; Produktionskosten *pl.*; Fertigungskosten *pl.* (z.B. geplante ~)

factory date / Fabrikdatum *n.*

factory manager; works manager / Betriebsleiter *m.*

factory outlet / Verkaufsladen (für 'direkt ab Fabrik'-Verkauf)

factory outlet center (FOC) / Fabrik-Verkaufszentrum

factory personnel / Betriebsbelegschaft *f.*

factory price; price ex works / Preis ab Werk

factory price / Fabrikpreis *m.*

factory structure data / Betriebsstrukturdaten *npl.*

factory supplies; fuels / Betriebsstoffe *mpl.*

factory worker / Fabrikarbeiter *m.*

factory, foreign ~ / ausländisches Werk (z.B. außerhalb von Deutschland)

facts, turn into ~ (e.g. turn a fiction into facts) / umsetzen *v.* (z.B. eine Vorstellung in die Realität ~)

faculty / Lehrkörper *m.*; Referenten *pl.*

failure / Ausfall

failure frequency; error ratio; error rate / Fehlerhäufigkeit *f.*; Störungshäufigkeit *f.*

failure origin / Fehlerverursacher *m.*

failure rate / Fehlerrate *f.*

fair, trade ~; trade show; exhibition / Messe *f.*; Fachmesse *f.*; Ausstellung *f.*

fake / falsch *adj.*

fake / fälschen *v.*

fake money / Falschgeld *n.*

family of parts / Teilefamilie

fancy goods; fashion goods / Modeartikel *fpl.*

fancy product (also fancy price, fancy food, fancy sports car, fancy business dress, etc.) / Modeprodukt *n.* (auch Liebhaberpreis, extrafeines Essen, schicker Sportwagen, ausgefallener Geschäftsanzug, etc.)

FAQ (frequently asked questions) / FAQ (häufig gestellte Fragen)

fare, air ~ / Flugpreis *m.*

FAS - Free Alongside Ship (...named port of shipment): seller fulfils his obligation to deliver when the goods have been placed alongside the vessel on the quay or in lighters at the named port of shipment. This means that the buyer has to bear all costs and risks of loss of or damage to the goods from that moment.The FAS term requires the buyer to clear the goods for export. It should not be used when the buyer cannot carry out directly or indirectly the export formalities. This term can only be used for sea or inland waterway transport.
© Internationale Handelskammer; copyright-, source and use of Incoterms s. "Incoterms".) / FAS - frei Längsseite Seeschiff (translation s. German part)

fashion goods; fancy goods / Modeartikel *m.*

fast freight (AmE) / Expressgut

fast mover (e.g. this warehouse item is a ~, i.e. with a frequent or great demand) / Schnelldreher *m.* (z.B. dieser Lagerartikel ist ein ~, d.h. mit häufiger oder großer Nachfrage)

fast moving goods / Waren mit hoher Umschlagshäufigkeit; Schnelldreher *mpl.*

fast selling products / gängige Artikel *mpl.*

fatigue allowance / Erholungszuschlag *m.*

fault analysis (e.g. ~ and correction at the source) / Fehleranalyse *f.* (z.B. ~ und Korrektur an der Fehlerquelle)

fault clearance / Störbehebung *f.*

fault management / Entstörmanagement *n.*; Fehlermanagement *n.*

fault rate / Fehlerrate *f.*

fault report / Störungsmeldung

fault reporting center / Störungsstelle *f.*

faulty / defekt *adj.*; fehlerhaft *adj.*

favour, in your ~ / zu Ihren Gunsten *fpl.*

favouritism; nepotism / Vetternwirtschaft *f.*

fax; facsimile (document) / Fax (Dokument) *n.*

fax (device) / Faxgerät *n.*

fax machine; fax (device) / Faxgerät *n.*; Telefaxgerät *n.*

fax on demand / Fax auf Abruf; Fax-on-Demand (Abruf von Textdokumenten aus einem Server durch den Empfänger)

fax, send a ~ / Fax senden *v.*; faxen *v.*

FCA - Free Carrier (...named place): seller fulfils his obligation to deliver when he has handed over the goods, cleared for export, into the charge of the carrier named by the buyer at the named place or point. If no precise point is indicated by the buyer, the seller may choose within the place or range stipulated where the carrier shall take the goods into his charge. When, according to commercial practice, the seller's assistance is required in making the contract with the carrier (such as in rail or air transport) the seller may act at the buyer's risk and expense. This term may be used for any mode of transport, including multimodal transport. *"Carrier"* means any person who, in a contract of carriage, undertakes to perform or to procure the performance of carriage by rail, road, sea, air, inland waterway or by a combination of such modes. If the buyer instructs the seller to deliver the cargo to a person, e.g. a freight forwarder who is not a "carrier", the seller is deemed to have fulfilled his obligation to deliver the goods when they are in the custody of that person. *"Transport terminal"*, means a railway terminal, a freight station, a container terminal or yard, a multi-purpose cargo terminal or any similar receiving point. *"Container"* includes any equipment used to unitise cargo, e.g. all types of containers or flats, whether ISO accepted or not, trailers, swap bodies, ro-ro equipment, igloos, and applies to all modes of transport.
© Internationale Handelskammer; copyright-, source and use of Incoterms s. "Incoterms".) / FCA - frei Frachtführer (translation s. German part)

FCL (full carload) (opp. LCL, less than carload) / FCL (ein ganzer Wagen voll; Ggs. LCL, d.h. Stückgut; Teilladung)

FCR (forwarding agent's certificate of receipt) / Spediteur-Übernahmebescheinigung (FCR) *f.*

feasibility / Ausführbarkeit *f.*; Durchführbarkeit *f.*; Realisierbarkeit *f.*

feasibility study / Durchführbarkeitsstudie *f.*; Wirtschaftlichkeitsbetrachtung *f.*; Machbarkeits-Studie *f.*

feature; attribute (e.g. optional ~ as an addition to the computer) / Ausstattungsmerkmal *n.* (z.B. wahlweises ~ als Computerzusatz)

feature / Leistungsmerkmal

Fed, the ~ / US-Notenbank

Federal Government; the Feds / Bundesregierung *f.* (in den USA wird die Bundesregierung 'the Feds' genannt)

federal office for telecommunications certification / Bundesamt für Zulassung in der Telekommunikation (BZT) *n.*

Feds, the ~ / Bundesregierung (in den USA wird die Bundesregierung 'the Feds' genannt)

fee; charge (e.g. ~ for a product or a support service) / Verrechnungspreis (z.B. ~ für ein Produkt oder eine Leistung)

fee / Honorar *n.*; Gebühr *f.*

fee waiver; remission of fees / Gebührenverzicht *m.;* Gebührenerlass *m.*

fee, cancellation ~ / Annullierungsgebühr

fee, consular ~ / Konsulatsgebühr

fee, settlement ~ / Abwicklungsgebühr *f.*

feedback; ready message; completion note / Rückmeldung *f.*

feedback (physics) / Rückkopplung *f.* (physikalisch)

feedback card / Fertigmeldekarte

feeder operation / Anfangsarbeitsgang *m.;* erster Schwerpunktsarbeitsgang *m.*

feeder service / Zubringerdienst *m.*

feeder trunk (communications) / Zubringerleitung *f.* (Kommunikation)

fees, collection ~ / Einzugskosten *pl.*

fees, remission of ~; fee waiver / Gebührenerlass *m.;* Gebührenverzicht *m.*

fees, scale of ~; scale of charges / Gebührenordnung *f.;* Gebührenaufstellung *f.*

FEFO (First-Expiration, First-Out) / FEFO (Waren mit dem zeitlich nächsten Verfallsdatum werden zuerst geliefert)

fellow participant / Mitteilnehmer *m.*

female; outlet; jack (opp. male; plug) / Steckdose *f.* (Ggs. Stecker *m.*)

fiber optic component / Lichtwellenleiter-Komponente *fpl.*

fiber optics / Glasfaser *f.*

fictious; dummy (e.g. a fictious, i.e. a dummy part number) / fiktiv *adj.* (z.B. eine fiktive, d.h. keine tatsächlich existierende Sachnummer)

field attribute / Feldeigenschaft *f.*

field installation / Außenmontage *f.*

field logistics / Außenlogistik *f.*

field of action / Aufgabengebiet

field service / Außendienst *m.*

field service engineer / Außendiensttechniker *m.*

field service logistics / Außendienstlogistik *f.*

field test (e.g. ~ at the customer's site) / Feldversuch *m.*; Einsatztest *m.* (z.B. ~ beim Kunden)

field, in the ~ / vor Ort *m.*

FIFO (First-In, First-Out) (storage method:"who comes first, serves first") (opp. LIFO) / First-In, First-Out (FIFO) (Lagerungsmethode: "was zuerst eingelagert wird, wird zuerst ausgelagert" oder: "wer zuerst kommt, mahlt zuerst") (Ggs. LIFO)

figure / Zahl *f.*

file (e.g. it is in the files) / Akte *f.;* Datei *f.;* Ablage *f.* (z.B. es steht in den Akten)

file a claim / Anspruch einklagen *v.*

file management / Dateiverwaltung *f.*

file reference / Aktenzeichen *n.*

file transfer / File Transfer (Datenübertragung von einem Computer zu einem anderen Computer nach FTP-Protokoll)

file, order ~ / Auftragsdatei *f.*

file, personal ~ / Personalakte *f.*

fill order / Auffüllorder *f.;* Auffüllauftrag *m.*

fill rate (e.g. the order ~ is 95 percent) / Erfüllungsgrad *m.*; Servicegrad *m.* (z.B. der Auftrags~ ist 95%)

filter, oil ~ / Ölfilter *m.*

final account / Schlussabrechnung

final assembly / Endmontage *f.;* Zusammenbau *m.*

final calculation / Nachkalkulation

final check / Endkontrolle *f.*

final consignee / Endempfänger *m.*

final deadline / äußerste Frist *m.*; letzter Termin *m.*; äußerster Termin

final inspection / Endprüfung *f.*

final manufacturing / Endfertigung *f.*
final product / Endprodukt
finance and business administration /
  kaufmännische Abteilung
finance department / Finanzabteilung *f.*
financial assets, damage to ~ /
  Vermögensschaden *m.*
financial insolvency /
  Zahlungsunfähigkeit *f.*
financial policy / Finanzpolitik *f.*
financial position / finanzielle Lage *f.*
financial requirements / Finanzbedarf
  m.
financial resource planning /
  Finanzmittelplanung *f.*
financial services / kaufmännische
  Abteilung
financial statements / Bilanzierung *f.*;
  Handelsbilanzierung *f.*
**financial statements and reporting for
  foreign subsidiaries** / Rechnungswesen
  Ausland *n.*
financial year / Geschäftsjahr (GJ) (z.B.
  im GJ 19..; kommendes GJ)
financial year end (BrE); fiscal year end
  / Geschäftsjahresschluss
financial, annual ~ statement / Bilanz
financial, current ~ year (BrE) /
  laufendes Geschäftsjahr
financing / Finanzierung *f.*
financing costs / Finanzierungskosten *pl.*
financing, project and export ~ /
  Auftragsfinanzierung *f.*
find out / entdecken; herausfinden
finish, latest ~ date / letzter Endtermin
  m.; spätester Fertigstellungstermin *m.;*
  letzter Termin *m.*
finished good / Endprodukt
finished goods / Fertiggüter *npl.*;
  Fertigwaren *fpl.*
finished product; finished good; end
  product; final product / Endprodukt *n.*;
  Enderzeugnis *n.*; Fertigerzeugnis *n.*
finished product stock /
  Fertigfabrikatebestand *m.*

finished stock control /
  Fertiglagerdisposition *f.*
finite capacity loading; finite loading /
  Maschinenbelastung mit
  Kapazitätsgrenze *f.*
finite capacity planning /
  Kapazitätsfeinplanung *f.*
finite loading / Maschinenbelastung mit
  Kapazitätsgrenze
finite planning / Feinplanung *f.*
finite production planning /
  Fertigungsfeinplanung *f.*
finite scheduling / Feinterminierung *f.*
fire / entlassen
fire fighting action / Eilmaßnahme *f.*;
  Eileinsatz *m.*
fire, plant ~ brigade / Werksfeuerwehr *f.*
firewall (e.g. in a company's intranet, the
  ~ serves to protect from unauthorized
  or illegal access from outside and to the
  outside) / Firewall *f.*; Brandschutzmauer
  f. (die ~ dient dazu, um z.B. beim
  Intranet einer Firma unberechtigte oder
  illegale Ein- und Zugriffe von und nach
  außen zu verhindern)
firing / Entlassung
firing line people (coll.) / Mitarbeiter an
  der Front (fam.)
firm / Unternehmen
firm allocated inventory; firm allocated
  stock / fest reservierter Bestand *m.*
firm allocated requirements / fest
  zugeordneter Bedarf *m.*
firm offer / Festoffertenangebot *n.*;
  bestätigtes Angebot
firm order / fester Auftrag *m.*
firm price / Festpreis
First-Come, First-Serve (FCFS) (e.g. be
  quick like a flash at the allocation of
  material for an order, the so-called
  'greyhound method', i.e. "who comes
  first, serves first") / FCFS (z.B. bei der
  Materialzuweisung für einen Auftrag
  blitzschnell sein, die sogenannte
  'Windhundmethode': "wer als erster

kommt, wird zuerst bedient" oder: "wer zuerst kommt, mahlt zuerst" (fam.)

First-Expiration, First-Out (FEFO) / FEFO (Waren mit dem zeitlich nächsten Verfallsdatum werden zuerst geliefert)

First-In, First-Out (FIFO) (storage method:"who comes first, serves first") (opp. LIFO) / First-In, First-Out (FIFO) (Lagerungsmethode: "was zuerst eingelagert wird, wird zuerst ausgelagert" oder: "wer zuerst kommt, mahlt zuerst") (opp. LIFO)

first level domain / First-Level Domain (Bezeichnung für den letzten Teil eines Namens im Internet, wie z.B. für Deutschland: 'de', Österreich: 'at')

firstrate / erstklassig *adj.*

first-tier company / Tochtergesellschaft (100%)

first tier supplier / Lieferant der ersten Ebene; direkter Lieferant

first, in the ~ place / primär

fiscal / Geschäftsjahr (GJ) (z.B. im GJ 19..; kommendes GJ)

fiscal year (e.g. in FY 19..; coming FY); fiscal; financial year / Geschäftsjahr (GJ) *n.*; Fiskaljahr *n.* (z.B. im GJ 19..; kommendes GJ)

fiscal year end; financial year end (BrE) / Geschäftsjahresschluss *m.*

fiscal, current ~ year; current financial year (BrE) / laufendes Geschäftsjahr *n.*

fiscal, previous ~ year / vergangenes Geschäftsjahr *n.*

fishbone diagram / Ursache-Wirkung-Diagramm

fitness project (e.g. ~ for productivity improvement) / Fitness-Projekt *n.* (z.B. ~ zur Produktivitätssteigerung)

fitting / Beschlag *m.*; Zubehör *n.*; Verbindungsstück *n.*

fixed assets; plant and equipment; capital assets / Anlagevermögen *n.*

fixed batch size; stationary batch size / feste Losgröße *f.*

fixed charge / Grundgebühr *f.*

fixed costs / Festkosten *pl.*

fixed-income securities / festverzinsliche Wertpapiere *npl.*

fixed order point / fester Bestellpunkt *m.*

fixed order quantity / feste Bestellmenge *f.*

fixed overhead / fixe Gemeinkosten *pl.*

fixed price; firm price / Festpreis *m.*

fixed program / festes Programm *n.*

fixed rate of interest / festverzinslich *adj.*

fixed storage rule / feste Lagerordnung *f.*

fixed time period override / Veränderung fixer Bestellperioden

fixture / Vorrichtung *f.*

fixtures and furnishings / Betriebs- und Geschäftsausstattung *f.*

flag, order activity ~ / Auftragsdurchführungsanzeige *f.*

flat pallet / Flachpalette *f.*

flat rate; all inclusive price / Pauschalpreis *m.*; Pauschaltarif *m.*; pauschale Gebühr *f.*

flat rate, taxation at a ~ / Pauschalbesteuerung *f.*

flat wagon / Flachwagen *m.*

fleet / Fuhrpark *m.*

flex the workforce (e.g. the use of temporary help is an excellent way to ~ and adjust to fluctuating work volumes) / Personaleinsatz flexibel gestalten (z.B. der Einsatz von Aushilfskräften Zeitarbeitern stellt eine hervorragende Möglichkeit dar, den ~ und an schwankendes Arbeitsvolumen anzupassen)

flexibility / Flexibilität *f.*

flexible automation (~ by using flexible utilization of equipment and through different products and procedures) / flexible Automatisierung *f.* (~ durch flexible Nutzung der Betriebsmittel und durch verschiedene Produkte und Vorgänge)

flexible manufacturing system / flexibles Fertigungssystem *n.*

flexible programming / flexible Programmierung *f.*

flexible routing / flexible Abarbeitung (Arbeitsschritte) (z.B. wahlfrei abzuarbeitende Folge von Arbeitsschritten)

flexible working hours / flexible Arbeitszeit

flexible working time; flexible working hours / flexible Arbeitszeit *f.*

flexible working time models / flexible Arbeitszeitmodelle *npl.*

flextime / Gleitzeit *f.*

flight information / Flugauskunft *f.*

flight number / Flugnummer *f.*

float / Losfüller *m.* (~ bei festen Losgrößen)

floating average costs / gleitender Durchschnittspreis *m.*

floating order point / gleitender Bestellpunkt *m.*

floor space (e.g. ~ of the warehouse) / Fläche *f.* (z.B. ~ des Lagers)

flow (e.g. ~ of material, ~ of goods, ~ of information) / Fluss *m.* (Ablauf eines Vorgangs bzw. Ablauffolge) (z.B. Material-~, Waren-~, Informations-~)

flow chart / Durchlaufdiagramm *n.*; Flussdiagramm *n.*; Ablaufdiagramm; Ablaufplan; Ablaufgrafik; Ablaufschema

flow control (e.g. ~ of orders) / Durchlaufüberwachung *f.*; Ablaufsteuerung *f.* (z.B. ~ von Aufträgen)

flow control system / Flussregelungssystem *n.*

flow management / Flussgestaltung *f.*; Management des Fließens *n.*

flow of goods / Warenfluss *m.*

flow of material / Materialfluss

flow optimization / Flussoptimierung *f.*

flow-oriented / flussorientiert *adj.*

flow principle / Flussprinzip *n.*

flow rack, carton ~ / Durchlaufregal für Kartons

flow rack, case pick ~ / Durchlaufregal für Kistenentnahmen; Durchlaufregal für Behälterentnahmen

flow rate / Flussrate *f.*; Flussgrad *m.*

flow storage rack / Durchlaufregal *n.*

flow trace / Ablaufprotokoll *n.*

flow, cash ~ / Cashflow *m.*; Geldfluss *m.*

flow, order ~ / Auftragsfluss *m.*

flow, process ~ chart / Prozessablaufplan *m.*

flow, system ~ chart / Datenflussplan *m.* (~ eines Systems)

flowchart / Flussschaubild *n.*

flowchart a process, to ~ / Flussdiagramm für einen Prozess erstellen

flowshop / Werkstatt mit Fließfertigung *f.*

fluctuating demand; lumpy demand / schwankende Nachfrage *f.*; schwankender Bedarf *m.*

fluctuating work (e.g. the use of temporary help is an excellent way to flex the workforce and adjust to ~ volumes) / schwankendes Arbeitsvolumen (z.B. der Einsatz von Aushilfskräften bzw. Zeitarbeitern stellt eine hervorragende Möglichkeit dar, den Personaleinsatz flexibel zu gestalten und an ~ anzupassen)

fluctuation; variation (e.g. ~ of inventory) / Schwankung *f.* (z.B. Bestands-~)

fluctuation (e.g. ~ of personnel) / Fluktuation *f.* (z.B. Personal-~)

fluctuation, market ~ / Marktschwankung *f.*

FMS (flexible manufacturing system) / flexibles Fertigungssystem *n.*

fob (delivery free on board) (e.g. 1. FOB rail; 2. FOB airport; 3. FOB shipping port; 4. FOB quay; 5. FOB truck) / Lieferung frei an Bord (FOB) Lieferung frei aller Kosten (z.B. 1. frei Bahnstation; 2. frei Abflughafen; 3. frei Hafen; 4. frei Kai; 5. frei LKW)

FOB - Free on Board (...named port of shipment): seller fulfils his obligation to deliver when the goods have passed over the ship's rail at the named port of shipment. This means that the buyer has to bear all costs and risks of loss of or damage to the goods from that point. The FOB term requires the seller to clear the goods for export. This term can only be used for sea or inland waterway transport. When the ship's rail serves no practical purpose, such as in the case of roll-on-roll-off or container traffic, the -> FCA term is more appropriate to use.
© Internationale Handelskammer; copyright-, source and use of Incoterms s. "Incoterms".) / FOB - frei an Bord (translation s. German part)

fob charges (FOB=free on board) / Fobkosten *pl.* (frei an Bord Versandhafen)

fob quay (free on quay) / frei Kai

fob truck (free on truck) / frei LKW

focus (e.g. to ~ on something) / konzentrieren *v.* (z.B. sich auf etwas ~)

focus / Betrachtung *f.*

focus of tasks (e.g. ~ in I&C activities) / Aufgabenschwerpunkt *m.* (z.B. ~ der IuK-Arbeit)

focus, key ~ / Hauptgesichtspunkt *m.*

focus, managerial ~ / Managementfokus *m.* (i.S.v. im Mittelpunkt des Management-Interesses)

follow-up costs / Nachlaufkosten *pl.*

follow-up of orders / Auftragsverfolgung

follow-up seminar / Nachfolgeseminar *n.*

follow-up time / Nachlaufzeit *f.*

footage, square ~ (~ of a warehouse); warehouse square footage (in square foot; 1 sq.ft. = approx. 0,093 qm) / Fläche (eines Lagers) *f.*; Lagerfläche *f.* (in Quadratfuß; 1 qm = ca. 10.76 sq.ft.)

foothold, gain a ~ (e.g. ~ in a market) / Fuß fassen (z.B. in einem Markt ~)

for deposit only; not negotiable / nur zur Verrechnung (Scheck)

for internal use only / nur für den internen Gebrauch *m.*

forc lift, counterbalanced ~ / freitragender Gabelstapler *m.*

forced distribution (independent of subsidiary demand) / zentrale Produktverteilung

forced sale / Zwangsverkauf *m.*; Zwangsversteigerung *f.*

forcing order / Füllauftrag *m.* (Füllaufträge, vorgezogen oder verspätet vorgegeben, dienen dem Abbau von Belastungsspitzen)

forecast; projection / Prognose *f.*; Voraussage *f.*; Vorhersage *f.*; Hochrechnung *f.*

forecast accuracy / Prognosegenauigkeit *f.*

forecast-based material planning / prognosegesteuerte Disposition *f.*

forecast horizon / Prognosehorizont *m.*

forecast key / Prognoseschlüssel *m.*; Vorhersageschlüssel *m.*

forecast type / Prognoseart *f.*

forecast, load ~; load projection / Belastungsvorschau *f.*; Belastungshochrechnung *f.*; Kapazitätsprognose *f.*

forecast, rolling ~ planning / rollierende Prognoseplanung

forecast, sales ~ / Absatzprognose *f.*

forecasting / Prognose *f.*; Planwertermittlung *f.*

forecasting department / Prognoseabteilung *f.*

forecasting interval / Prognoseintervall *n.*

forecasting model / Prognosemodell *n.*

foreign currency / Fremdwährung *f.*

foreign exchange / Devisen *fpl.*

foreign labor; foreign workforce / ausländische Arbeitskräfte *fpl.*

foreign language training / Fremdsprachentraining *n.*

foreign manufacturing (~ of) / Fremdherstellung (~ von) *f.*

foreign market / Auslandsmarkt *m.*

foreign plant (e.g. ~ outside of Germany); foreign factory / ausländisches Werk *n.*; ausländische Fertigung *f.* (z.B. ~ außerhalb von Deutschland)

foreign production / Auslandsfertigung *f.*

foreign trade / Außenhandel *m.*

foreign trade documents / Außenwirtschaftsmeldung *f.*

foreign trade zone (FTZ) (e.g. while in FTZ, merchandise is not subject to duty) / FTZ (z.B. in der FTZ ist die Ware nicht zollpflichtig)

foreign workforce / ausländische Arbeitskräfte

foreman / Werkmeister *m.*; Vorarbeiter *m.*; Polier *m.*

foreman, shift ~ / Schichtmeister *m.*

foreseeable; predictable / vorhersehbar *adj.*

forfeit; penalty / Geldstrafe *f.*

forgo; do without / verzichten auf *v.*

fork-lift truck; fork truck / Gabelstapler *m.*

fork truck driver / Staplerfahrer *m.;* Staplerführer *m.*

form / Formular

form feed / Formularzuführung *f.*

form type / Dokumententyp *m.*

form, billing ~; voucher / Rechnungsbeleg *m.*

form, order ~ / Orderschein *m.;* Orderformular *n.;* Auftragsformular *n.*

form, pallet ~ / Palettenschein *m.*

formal obligation; undertaking (e.g. ~ in connection with operating business) / Verpflichtungserklärung *f.;* Haftungserklärung *f.* (z.B. ~ für das operative Geschäft)

formal training / Pflichttraining *n.*

format, data ~ / Datenformat *n.*

formation of customer price / Kundenpreisbildung *f.*

formation of pools / Poolbildung *f.*

fortune, make a ~ / ein Vermögen verdienen

forum / Forum *n.*; Diskussionsveranstaltung *f.*

forward / befördern *v.*; absenden *v.* (i.S.v. transportieren)

forward / nachschicken *v;* nachsenden *v.;* weitergeben *v.*

forward coverage / frühzeitige Eindeckung *f.*

forward integration / Vorwärtsintegration *f.*

forward planning / Zukunftsplanung *f.*

forward scheduling / Vorwärtsterminierung *f.*

forwarded; shipped (~ by) / gesendet *adv.*; verschickt *adv.* (~ von)

forwarder; shipper; sender / Verlader *m.*

forwarder / Spediteur *m.*

forwarder integration / Spediteuranbindung *f.*

forwarder's receipt / Übernahmebescheinigung *f.*

forwarding agent / Transportunternehmen

forwarding agent's certificate of receipt / Spediteur-Übernahmebescheinigung (FCR) *f.*

forwarding industry; forwarding business / Speditionsgewerbe *n.* ; Speditionswirtschaft *f.*

forwarding instruction; shipping instruction / Transportvorschrift *fpl.*; Beförderungsvorschrift *f.*; Versandanweisung *f.*

forwarding quantity; send-ahead quantity / Weitergabemenge *f.*

forwarding station / Versandstation *f.*

fraction / Bruch *m.*; Bruchteil *m.*

fragile / zerbrechlich *adj.*

frame / Frame (Technologie zur Gliederung von Seiten im WWW, die eine Unterteilung der Webseiten in

unterschiedliche Bereiche ermöglicht, so
dass diese sich einzeln anklicken und
verändern lassen)

framework, production ~ planning
(rough cut planning) /
Produktionsrahmenplanung *f.*

franchising (exclusive privilege granted
by a company to a retailer to market a
product or service; producer: franchisor;
retailer: franchisee) / Franchise *n.* (von
einer Unternehmung eingeräumtes
Alleinverkaufsrecht bzw. Privileg, ein
Produkt oder eine Dienstleistung zu
vermarkten) (Franchisegeber i.d.R.
Hersteller: franchisor; Franchisenehmer
i.d.R. Einzelhändler: franchisee)

fraud (e.g. find *s.o.* guilty of ~) / Betrug
m.; Schwindel *m.* (z.B. *jmdn.* des ~s für
schuldig halten)

free (charges prepaid by sender) / frei
adv. (Gebühren vom Absender im
Voraus bezahlt)

Free Alongside Ship (definition of the
'incoterm' see FAS) / frei Längsseite
Seeschiff (Definition des 'Incoterms'
siehe FAS)

Free Carrier (definition of the
'incoterm' see FCA) / frei Frachtführer
(Definition des 'Incoterms' siehe FCA)

free circulation (~ at the border or at
customs) / freier Verkehr *m.* (~ beim
Grenzübertritt bzw. Zoll)

free delivery / Frei-Haus-Lieferung *f.*;
Zustellung frei Haus

free market economy / freie
Marktwirtschaft *f.*

free of all charges; freight free / franco
adj.; frei aller Kosten

free of charge / kostenlos *adv.*; gratis
adv.; umsonst *adv.*; gebührenfrei *adv.*

free of debts / schuldenfrei *adj.*

free of warehouse charges /
lagergeldfrei *adj.*

Free on Board (definition of the
'incoterm' see FOB) / frei an Bord
(Definition des 'Incoterms' siehe FOB)

free on quay / frei Kai

free on truck / frei LKW; frei Waggon

free sample; no commercial value / Ware
ohne Wert *n.*

free trade area / Freihandelszone *f.*

free, delivery ~ border / Lieferung frei
Grenze (unverzollt)

free, delivery ~ destination; prepaid
delivery / Lieferung franco
Bestimmungsort; Lieferung frei
Bestimmungsort; frei Bestimmungsort

free, delivery ~ domicile / Lieferung frei
Haus

free, delivery ~ frontier (not cleared);
delivery free border / Lieferung frei
Grenze (unverzollt)

free, delivery ~ house; delivery free
domicile / Lieferung frei Haus

free, delivery ~ on board (e.g. 1. FOB
rail; 2. FOB airport; 3. FOB shipping
port; 4. FOB quay; 5. FOB truck) /
Lieferung frei an Bord (FOB); Lieferung
frei aller Kosten (z.B. 1. frei Bahnstation;
2. frei Abflughafen; 3. frei Hafen; 4. frei
Kai; 5. frei LKW)

free, delivery ~ site / Lieferung frei
Baustelle

freedom of action / Handlungsfreiheit *f.*

freelance work / freiberufliche Tätigkeit
f.

freight; cargo; cartage goods / Fracht *f.*;
Frachtgut *n.*; Rollgut *n.*; Ladung *f.*

freight (by rail; rail freight) / Fracht *f.* (per
Bahn)

freight (by ship; shipload) / Fracht *f.* (per
Schiff)

freight (by truck) / Fracht *f.* (per LKW)

freight / Fracht; Rollgut

freight broker (e.g. his brokerage is ...
DM) / Frachtmakler *m.* (z.B. seine
Maklergebühr beträgt ... DM)

freight car; wagon / Waggon *m.*

freight carrier; transport company;
freight forwarder; forwarding agent;
haulage contractor /

Transportunternehmen n.; Spediteur m.; Spedition f.; Frachtführer m.

freight charge; cartage; drayage; carriage; carriage charges / Rollfuhr f.; Beförderungskosten pl.; Rollgeld n.

freight charges; freight expenditure / Frachtkosten pl.; Beförderungskosten pl.

freight contract / Frachtvertrag

freight damage, concealed ~ / verheimlichter Frachtschaden; versteckter Frachtschaden; kaschierter Schaden am Frachtgut

freight depot (station); goods yard (BrE) / Güterbahnhof m.

freight down payment; advanced freight; freight payment in advance / Frachtvorlage (d.h. Fracht ist im voraus zu bezahlen)

freight exchange / Frachtenbörse f.; Frachtvermittlung f.

freight expenditure; freight charges / Frachtkosten pl.; Beförderungskosten pl.

freight forwarder / Spediteur m.; Transportunternehmer m.

freight free / franco

freight industry; freight business / Frachtgewerbe n.; Frachtgeschäft n.

freight paid / bezahlte Fracht

freight payment in advance; advanced freight; freight down payment / Frachtvorlage (d.h. Fracht ist im voraus zu bezahlen)

freight prepaid / frachtfrei

freight rate / Frachtsatz m.

freight station / Güterumschlagsanlage f.

freight terminal / Güterbahnhof m.

freight tons / Frachttonnen pl.

freight traffic (e.g. ~ by rail, by truck, by air, by ship) / Frachtverkehr m. (z.B. ~ per Bahn, per LKW, per Luft, per Schiff)

freight traffic / Güterverkehr m.

freight traffic center (Integration of freight handling companies and service providers - e.g. transportation, warehousing, forwarding - and

intermodal transportation freight carriers - e.g. using truck, rail, air - with the objective to plan, control and process integrated flow of goods) / Güterverkehrszentrum n. (Zusammenschluss von Verkehrsbetrieben unterschiedlichster Ausrichtung - z.B. Transport, Lagerei, Spedition - und mehrerer Verkehrsträger - z.B. LKW, Bahn, Flugzeug - mit dem Ziel der Planung, Steuerung und Abwicklung integrierter Güterströme.)

freight, additional ~ / Frachtzuschlag

freight, carload ~ / Waggonfracht f.; Frachtgebühr für Waggonfracht f.

freight, inbound ~ / eingehende Fracht f.

freight, increase of ~ rates / Frachterhöhung f.

freight, over~ / Überfracht f.

freight, payable ~ / zu bezahlende Fracht f.

freight, rail ~ / Bahnfracht f.

freight, reduction in ~ rate / Frachtermäßigung f.

freight, size of ~ / Abmessung der Fracht; Frachtgröße f.

freighter; cargo ship / Frachtschiff n.

freighter; sender; shipper; forwarder / Verlader m.

frequency / Häufigkeit f.

frequency of damage events / Schadenshäufigkeit f.

frequently asked questions (FAQ) / FAQ (häufig gestellte Fragen)

freshman / Student (im 1. Jahr) m. (ebenfalls für Schüler (im 1. Jahr) einer 'high school' verwendet)

fringe benefits (~ in addition to wages and salaries) / geldlose Zuwendungen fpl.; Nebenleistungen fpl.; Sondervergünstigungen fpl. (~ zu Lohn und Gehalt)

front end (production process) (e.g. in chip production: manufacturing of the chips; opp. back end production process: assembly and packaging of the chips) / Anfang (Fertigungsprozess) (z.B. bei der Herstellung von Chips: die eigentliche Chipfertigung; *Ggs.* Ende eines Fertigungsprozesses: Montage und Verpackung der Chips)

front end / Kettenanfang *m.* (z.B. ~ einer Wertschöpfungskette, d.h. Angebotsbearbeitung)

front-end processor / Vorrechner *m.*

front-line employee / Mitarbeiter mit Kundenkontakt *m.*; Verkäufer *m.*

frontloader / Schaufellader *m.*

frozen cargo / Gefriergut *n.*

frozen inventory / eingefrorener Lagerbestand *m.*

frozen order (e.g. non-changeable, i.e. frozen delivery date) / gefrorener Auftrag *adj.* (z.B. nicht änderbar d.h. eingefrorener Liefertermin)

frozen order stock / eingefrorener Auftragsbestand *m.*

frozen zone / eingefrorene Zone *f.*

FTC (Federal Trade Commission) / FTC (amerik. Kartellbehörde)

FTP (File Transfer Protocol)

FTZ (foreign trade zone) (e.g. while in FTZ, merchandise is not subject to duty) / FTZ (foreign trade zone) (z.B. in der FTZ ist die Ware nicht zollpflichtig)

fuel / Betriebsstoff *m.*

fuel cap / Tankdeckel *m.;* Tankverschluss *m.*

fuel consumption / Kraftstoffverbrauch *m.*

fuel control; fuel gauge / Tankanzeige *f.;* Benzinuhr *f.*

fuel costs / Treibstoffkosten *pl.*; Kosten für Treibstoff

fuel gauge; fuel control / Tankanzeige *f.;* Benzinuhr *f.*

fulfill obligations / Verpflichtungen erfüllen *v.*

fulfillment (e.g. order ~) / Erfüllung *f.* (z.B. Auftrags-~)

full absorption costing / Vollkostenrechnung

full carload (FCL) (opp. LCL, less than carload) / FCL (ein ganzer Wagen voll; Ggs. LCL, d.h. Stückgut, Teilladung)

full cost pricing / Vollkostenkalkulation, *f.*

full delivery / Vollieferung *f.*

full-line supplier (i.e. supplier with a full range of products) / Vollsortimenter (d.h. Lieferant mit vollständigem Produktangebot 'aus einer Hand') *m.*

full load / Komplettladung (Ggs. Stückgut)

full text search / Volltextrecherche *f.*

fully booked (e.g. the flight is ~) / total ausgebucht (z.B. der Flug ist ~)

function; job / Tätigkeit *f.*; Aufgabe *f.* (ausgeübte ~)

function and task structure / Funktionen- und Aufgabenstruktur *f.*

function module / Funktionsbaustein *m.*

function optimization / Funktionsoptimierung *f.*

function-oriented production; function-oriented manufacturing; blocked operations; intermittent production (batches) / funktionsorientierte Produktion *f.*; funktionsorientierte Fertigung *f.*

function-oriented unit / funktionsorientierte Einheit *f.*

function, executive ~ (e.g. this is an ~) / Führungsaufgabe *f.* (z.B dies ist eine ~)

functional (e.g. ~ analysis) / funktional; Funktions- (z.B. ~-Analyse)

functional layout; line layout (e.g. ~ of machines as a production line) / Anordnung (z.B. ~ von Maschinen als Fertigungslinie nach dem Verrichtungsprinzip)

functional responsibility; functionally reporting to ...; subordinated in technical terms; dotted line responsibility (e.g. he reports functionally, i.e. not organizationally, to Mr. A, or: he has a dotted, i.e. not solid, line responsibility to Mr. A.; opp.: he has a solid line to ...

see 'solid line responsibility' / fachlich
zugeordnet zu ...; Fachverantwortung
haben (z.B. er ist fachlich, d.h. nicht
organisatorisch, Herrn A. zugeordnet;
Ggs.: er gehört organisatorisch zu ...
siehe 'organisatorisch zugeordnet zu ...')
functional sample / Funktionsmuster *n.*
functional silos; walls; barriers; stove
pipes (figuratively, coll. AmE; i.e.
especially mental barriers in cross-
functional co-operation) / Barrieren *fpl.*;
Trennwände *fpl.* (im übertragenen Sinn;
d.h. vor allem mentale Barrieren bei der
Zusammenarbeit über
Abteilungsgrenzen hinweg, also
Schnittstellen oder Brüche zwischen
Abteilungen, Funktionen, etc.)
functional specification / Pflichtenheft
functional system /
betriebswirtschaftliches System *n.*
functional, data processing ~
specification / DV-Pflichtenheft *n.*
functionality / Funktionalität *f.*
fund, pension ~ / Pensionskasse *f.*
fundamental commercial functions /
kaufmännische Grundsatzaufgaben *fpl.*
fundamentals / Grundlagen
funds (financial) / Finanzmittel *npl.*
furniture transport / Möbeltransport *m.*
further education / Weiterbildung
future leaders / Führungsnachwuchs *m.*
future trend / Zukunftstrend *m.*
future, in the ~ / zukünftig
future, meet ~ needs / für die Zukunft
gerüstet sein *f.*; Zukunft bewältigen
fuzzy logic / Fuzzy Logik *f.*
FY (fiscal year) (e.g. in FY 19..; coming
FY); fiscal; financial year / Geschäftsjahr
(GJ) *n.* (z.B. im GJ 19..; kommendes
GJ)

G

GAAP (Generally Accepted Accounting
Practices; e.g. US GAAP is the standard
for listing on the US stock exchanges) /
GAAP (allgemein anerkannte
Bilanzierungs-Regeln; z.B. ist US
GAAP der Standard für den Börsengang
in den USA)
gain a foothold (e.g. ~ in a market) / Fuß
fassen (z.B. in einem Markt ~)
gain in productivity /
Rentabilitätssteigerung *f.*
gain insight (e.g. to ~s into the logistical
aspects that are important for the firm's
profitability) / Einblick bekommen *v.*
(z.B. Einblick in die logistischen Aspekte
~, die für das wirtschaftliche Ergebnis
der Firma von Bedeutung sind)
gap; niche / Lücke *f.*
gap analysis / Defizitanalyse *f.*
gap, bridge the ~ / überbrücken (z.B. die
Kluft ~)
gap, market ~ / Marktlücke *f.*
gaps / Schwachstellen
garage; parking garage / Garage *f.;*
Parkgarage *f.*
garbage can / Mülltonne *f.*;
Abfallbehälter *m.*
gas consumption / Benzinverbrauch *m.*
gas station / Tankstelle *f.*
gate / Bordwand *f.*
gate / Flugsteig *m.*
gate, sliding ~; sliding door / Schiebetor
n.; Schiebetür *f.*
gateway / Gateway *n;* Zugang *m;*
(Verbindungspunkt, der verschiedene
Internetprotokolle übersetzt, z.B. für E-
Mail, und somit die netzübergreifende
Kommunikation ermöglicht)
gather (e.g. ~ market information) /
sammeln *v.;* erheben *v.* (z.B. ~ von
Marktinformationen)
GATT (General Agreement on Tariffs
and Trade: The GATT agreements were

signed by 117 countries in April of 1994 and covers 90% of all world trade. The ruling body of GATT is WTO, the World Trade Organization) / GATT: Das GATT-Abkommen wurde im April 1994 von 117 Ländern unterzeichnet und deckt 90% des gesamten Welthandels ab. Die tragende Körperschaft von GATT ist WTO, die Welt-Handels-Organisation)

gauge / Messlehre *f.*

gauge, fuel ~; fuel control / Tankanzeige *f.*; Benzinuhr *f.*

gauge, oil-level ~ / Ölstandsanzeiger *m.*

GBK number (group identification number) / Geschäftsbereichskennzahl (GBK) *f.*

gender; sex (male; female) / Geschlecht (männlich; weiblich) *n.*

general / allgemein

general agent / Generalvertreter *m.*

General Agreement on Tariffs and Trade (see GATT)

general cargo; parcel service / Stückgut *n.*

general commodities / Sammelgut

general condition / Rahmenbedingung *f.*

general contractor / Generalunternehmer *m.*; Generalauftragnehmer *m.*

general delivery / postlagernd *adj.*

general ledger account / Hauptbuchkonto *n.*

general operational service / Betriebsbüro *n.*

general review / Lagebericht *m.*

general services; facilities administration / Standortverwaltung *f.*

general terms of business / allgemeine Geschäftsbedingungen (AGB) *fpl.*

generalist / Generalist *m.* (Mitarbeiter mit größerem Überblick über betriebliche Zusammenhänge; Ggs. Spezialist)

generation, order ~ / Auftragsbildung *f.*

generic *adj.*; general / allgemein *adj.*; allgemeingültig *adj.*; generell *adj.*

generic key / generischer Schlüssel *m.*

generic *n.* / Gattung *f.*

generic *n.* / markenloses Produkt *n.*

generic route / Standardarbeitsplan *m.* (gleicher Vorgang für unterschiedliche Sachnummern)

generic term / Oberbegriff *m.*

generics *n.* / Gemeinsamkeiten *fpl.*

genuine; real / unverfälscht *adj.*; echt *adj.*

geographical location / geografischer Standort *m.*

german federal data protection act / Bundesdatenschutzgesetz (BDSG) *n.*

Gesellschaft für Produktionsmanagement e.V. (see also 'American Production and Inventory Control Society (APICS)') (Important German professional society for companies and people engaged in the field of production control, logistics, supply chain and production management. Annual logistics conferences and regular meetings in work committees all over Germany and Austria. GfPM is a member of the international APICS-organization. Headquarters: Luitpoldstraße 22, D-84347 Pfarrkirchen, Germany. Phone: +49 (8561. 5427, Fax +49 (8561. 5688; Internet: www.gfpm-online.de)

get down to business / zur Sache kommen

get out of control / außer Kontrolle geraten

GfPM (see 'Gesellschaft für Produktionsmanagement e.V.')

giant-size pack; bulk pack / Großpackung *f.*

giga operations per second (GOP=giga operations, i.e. billion operations) / Gigaoperationen pro Sekunde (GOP) *fpl.* (GOP=Milliarden Operationen pro Sekunde)

gist; main plot; central thread / roter Faden *m.*; das Wesentliche *n.*; Hauptaussage *f.*; Kernaussage *f.*

give a receipt (e.g.: ~ for the reception of the delivery) / quittieren v. (z.B.: den Empfang der Sendung ~)

giveaway / Werbegeschenk n. (kleines)

global (e.g. go ~); worldwide / global adv.; weltweit adv. (z.B. ~ tätig werden)

global company; international company; global player (coll.) / globales Unternehmen n.; Weltunternehmen n.

global entrepreneur / Weltunternehmer m.

global logistics; international logistics / weltweite Logistik f.; internationale Logistik

global market / weltweiter Markt m.

global player (coll.); global company; international company / globales Unternehmen n.; Weltunternehmen n.

global procurement board / zentraler Ausschuss für Einkauf (weltweit) m.; zentrales Einkaufsgremium (weltweit) n.

global procurement office / zentrales Büro Einkauf (weltweit) f.

global sources / weltweite Bezugsquellen fpl.

global sourcing / weltweite Beschaffung f.

global thinking (e.g. think globally, act locally) / globales Denken n. (z.B. global denken, lokal handeln)

globalization / Globalisierung f. (i.S.v. weltweit tätig)

GNP (Gross National Product) / Bruttosozialprodukt (BSP) n.

go down the drain; go down the tube (coll.: e.g. the action, business or profit goes down the drain) / den Bach runter gehen v.; es geht bergab (fam.: z.B. ein Vorhaben, Geschäft oder Geschäftsergebnis 'geht den Bach runter' oder 'in die Binsen'.)

go-slow / Bummelstreik m.

goal / Ziel

goal, achieve a ~ (e.g. we are on our way to achieving the goal) / Ziel erreichen

good, finished ~ / Endprodukt

goods / Waren fpl.; Güter npl.

goods afloat / schwimmende Ware f.

goods in stock / Lagerbestand (Ware)

goods in storage / Lagergut

goods in transit (rail or road); in-progress inventory / rollende Ware (Bahn oder Straße); Unterwegsbestand

goods on consignment / Konsignationsware f.

goods on hand; goods in stock / Lagerbestand m.; Lagervorrat m. (Ware)

goods on order / Auftragsbestand

goods received notice / Wareneingangsmeldung

goods recipient (e.g. in-house ~) / Warenempfänger m. (z.B. innerbetrieblicher ~)

goods sold / verkaufte Ware f.

goods traffic, local ~; local transportation / Nahtverkehr m.; Nahtransport m.

goods traffic, long distance ~; long distance hauling / Güterfernverkehr m.

goods traffic, short distance ~; short haul transportation; local hauling / Güternahverkehr m.

goods value / Warenwert

goods yard (BrE) / Güterbahnhof

goods, bonded ~ / Waren unter Zollverschluss f.

goods, bonded ~ / Zollgut n.; Zollverschlussware f.

goods, consumer ~ / Gebrauchsgüter npl.; Verbrauchsgüter npl.; Konsumgüter n.pl

goods, express ~ / Eilfracht f.; Eilgut n.

goods, fancy ~; fashion goods / Modeartikel fpl.

goods, fast moving ~ / Waren mit hoher Umschlagshäufigkeit; Schnelldreher mpl.

goods, hazardous ~; dangerous goods / gefährliche Güter npl.

goods, import ~ / Einfuhrartikel mpl.

goods, imported ~ / Importe mpl.

goods, miscellaneous ~ / Sammelgüter *npl.*; Sammelware *f.*

goods, origin of ~ / Warenherkunft *f.*

goods, packaged ~ / abgepackte Waren *fpl.*

goods, returned ~ / Retouren *fpl.*

goods, semi-finished ~ / Halbfabrikate

goods, ship ~ / Ware versenden *v.*

goods, shipment of ~ / Warensendung *f.*

goods, slow moving ~ / Waren mit geringer Umschlagshäufigkeit; Langsamdreher *mpl.*

goods, tax-free ~ / zollfreie Ware *f.*

goods, transfer of ~ / Warenumschlag *m.*

goodwill (e.g. important for the acquisition of a company: extra charge for the value of a company that exceeds the net assets) / Goodwill (z.B. wichtig beim Erwerb einer Firma: finanzieller Aufschlag zum Geschäfts- bzw. Firmenwert, der über das eigentliche Vermögen eines Unternehmens hinausgeht)

GOP (giga operations per second) (GOP=giga operations, i.e. billion operations) / Gigaoperationen pro Sekunde (GOP) *fpl.* (GOP=Milliarden Operationen pro Sekunde)

GPRS standard (general packet radio service) / GPRS-Standard (Übertragungstechnik für GSM-Datenfunk, bei dem die Teilnehmer permanent online sind)

grade / Note *f.*

grade, labor ~ / Lohngruppe *f.*

grade, pay ~ / Gehaltsgruppe *f.*

grading, job ~ / Arbeitseinstufung *f.*

grading, labor ~ **key** / Arbeitsbewertungs-Schlüssel *m.*

graduate (i.e. ~ from highschool, college or university) (e.g. to be graduated from Michigan State University in Lansing,MA) / Absolvent *m.*; Hochschulabsolvent *m.*; Akademiker *m.*; Graduierter *m.* (dies gilt ganz allgemein, d.h. ein "graduate" kann Absolvent einer Schule, eines College oder einer Hochschule sein) (z.B. als Absolvent an der Michigan State University in Lansing,MA abgeschlossen haben)

graduate ... / Diplom-...

graduate / Graduate-Student (siehe 'Student')

graduate school / Universität (der deutsche Begriff 'Hochschule' (vergleichbar mit einem amerikanischen College oder einer amerikanischen 'university') entspricht nicht dem amerikanischen Begriff 'highschool' (dieser entspricht in etwa dem deutschen Begriff 'Gymnasium'). Der Abschluss am Gymnasium (Abiturzeugnis) berechtigt einen Schüler zum Studium an einer beliebigen Universität der EU, d.h. der Begriff 'Gymnasium' hat nichts zu tun mit dem amerikanischen Begriff 'gymnasium' oder 'gym', das ein Gebäude ist, in welchem man turnt oder Turnunterricht hat)

grafics; diagram; chart / grafische Darstellung *f.*; Diagramm *n.*; Grafik *f.*

grand total / Gesamtsumme *f.*

grant a deadline / Frist bewilligen *v.*

grant, loan ~ / Darlehensgewährung *f.*

granted, take for ~ (e.g. don't take it for granted that ...); presuppose / voraussetzen *v.* (z.B. setzen Sie nicht selbstverständlich voraus, dass ...)

graph / grafische Darstellung

gravity conveyor; gravity roller conveyor / Rollenbahn (Beförderung durch Schwerkraft auf schräger Ebene) *f.*

great / groß (z.B. *big* (groß, bedeutend: z.B. building, business, profit, mistake, the big Five); *great* (bedeutend, berühmt: z.B. celebrity, actor, speaker; beträchtlich: z.B. number; super: time); *large* (Fläche, Umfang, Inhalt: z.B. container, room, business, enterprise, producer, farm); *huge* (riesig, enorm, mächtig, gewaltig, ungemein groß: z.B. mountain); *vast* (unermesslich, riesig, weit, ausgedehnt: z.B. quantity, majority, difference); *tall* (hochgewachsen: z.B. person, tree)

green product (coll.) / umweltfreundliches Produkt n.

grid / Raster n.

grocery industry / Lebensmittelhandel m.

grocery store / Lebensmittelgeschäft n.

gross / brutto adv.

gross load / Bruttobelastung f.

gross load method / Bruttobelastungsmethode f.

Gross National Product (GNP) / Bruttosozialprodukt (BSP) n.

gross profit / Bruttogewinn m.; Vertriebsspanne f.

gross requirements / Bruttobedarf m.

gross requirements calculation / Bruttobedarfsermittlung f.

gross result / Rohertrag m.

gross sales / Bruttoumsatz m.

gross sales price / Bruttoverkaufspreis m.

gross vehicle weight (GVW) (e.g. ~ is the maximum load allowed on US highways including the vehicle and the load. The GVW in the United States is 80,000 pounds) / GVW (z.B. ~-Brutto-Fahrzeuggewicht ist das auf amerikanischen Highways erlaubte Maximalgewicht inklusive des Fahrzeugs und der Ladung. Das GVW in den USA beträgt 80.000 Pfund = ca. 36 to)

gross wage / Bruttolohn m.

gross weight / Bruttogewicht n.

ground conveyor / Flurförderzeug n.

ground storage / Bodenlager n.

ground transportation; land transportation; land carriage / Landverkehr m.

ground transportation / Flurfördermittel n.

group; division / Bereich m.; Geschäftsbereich m.; Unternehmensbereich m.

group; put together; arrange (e.g. 1: to put a delivery together, 2: to arrange overhead transparencies for a presentation, 3: to group figures to report the results) / zusammenstellen v. (z.B. 1. eine Lieferung ~, 2: Overheadfolien für einen Vortrag ~, 3: Zahlen ~, um über die Ergebnisse zu berichten)

group / Arbeitsgruppe f.

group and regional boundaries / Bereichs- und Regionengrenzen

group data protection officer / Bereichsbeauftragter für den Datenschutz (BBDS)

group data security officer / Bereichsbeauftragter für Informationssicherheit (BBIS)

group executive management / Bereichsvorstand f.; Bereichsleitung f.

group identification number / Geschäftsbereichskennzahl (GBK) f.

group incentive / Gruppenprämie f.

group-oriented / bereichsorientiert adj.

group president / Vorsitzender des Bereichsvorstands m.

group production / Gruppenfertigung

group project / Bereichsprojekt n.

group sales / Bereichsvertriebe mpl.

group technology / Inselfertigung f.; Nestfertigung f.

group work / Gruppenarbeit f.

group work center / Gruppenarbeitsplatz m.

group, commodity ~ / Warengruppe f.

group, member of the ~ executive management / Mitglied des Bereichsvorstands m.

group, product ~ / Produktgruppe f.; Erzeugnisgruppe f.

groupage; consolidation; general commodities; mixed consignment / Sammelgut n.

groupage service / Sammelgutverkehr
m.

groupage, order ~ center; order
consolidation center (CC); order
collection center / Auftragssammelstelle
f.

groupage, railway ~ / Bahnsammelstelle
f.

grouping / Gruppenbildung f.; Einteilung
in Gruppen f.

groups and regions / Bereiche und
Regionen

groupware / Groupware f.

growth; increase (e.g. ~ of productivity) /
Wachstum n.; Zunahme f.; Erhöhung f.;
Anstieg m. (z.B. ~ der Produktivität)

growth rate / Wachstumsrate f.;
Zuwachsrate f.

growth, accelerator for ~ /
Wachstumstreiber m

growth, solid ~ / stabiles Wachstum n.

GSM (global system for mobile
communication) / GSM
(Mobilfunkstandard für Sprach-
Anwendungen; Nachfolgesystem ist
UMTS für Multimedia-Anwendungen)

guarantee / Gewährleistung

guarantee costs; warranty costs /
Gewährleistungskosten pl.

guarantee, payment ~ /
Zahlungsgarantie f.

guaranty claim / Garantieanspruch m.

guidance / Lenkung f.; Führung f.

guidance costs; management costs /
Lenkungskosten pl.

guidance, route ~; navigation /
Routenführung f.; Routenlenkung f.;
Navigation f.

guideline / Richtlinie f.; Leitlinie, -faden

guideline authority /
Richtlinienkompetenz f.

**guideline for drawing up a balance
sheet** / Bilanzierungsgrundsatz

guidelines, business ~ / Geschäftsregeln
fpl.

guidelines, company ~; corporate
guidelines; corporate mission statement
/ Unternehmensleitsätze mpl.

guilty, plead ~ / sich schuldig bekennen

guinea pig / Versuchskaninchen n.

GVW (see 'gross vehicle weight')

H

habit (e.g. get out of practice, become a
~); practice / Gewohnheit f.; Übung f.
(z.B. aus der Übung kommen, zur
Gewohnheit werden)

habit, work ~ / Arbeitsgewohnheit f.

hacker (person that penetrates
unauthorized and illegally computer
networks) / Hacker m. (Person, die
unerlaubt und strafwidrig in
Computernetze eindringt)

hammer out a contract (coll. AmE); sign
a contract; sign an agreement / Vertrag
abschließen

hand cart; hand operated truck /
Leiterwagen m.; Handwagen m.

hand made / manuell hergestellt adj.;
handgemacht adj.

hand operated truck; hand cart /
Handwagen m.; Leiterwagen m.

hand pallet truck. /
Handgabelhubwagen m.

hand, money on ~ / verfügbares Geld n.

hand, orders on ~; order stock; orders in
hand; goods on order / Auftragsbestand
m.

hand, withdrawal by ~ / Handentnahme
f.

handbrake / Handbremse f.

handheld power tool / elektrisches
Handwerkzeug n.

handle / abwickeln v.; bearbeiten v.;
verarbeiten v. (z.B. ~ eines Vorganges)

handling / Abwicklung

handling charge / Bearbeitungsgebühr
f.; Auf- und Abladegebühr *f.*
handling costs / Bearbeitungskosten *pl.*
handling of payments /
Zahlungsabwicklung *f.*
handling place (e.g. ~ port) /
Umschlagplatz *m.* (z.B. ~ Hafen)
handling system / Fördersystem *n.*
handling, material ~ / Fördertechnik *f.;*
Materialbeförderung *f.;* Montage und
Transport
handling, material ~ system /
Handhabungssystem für Materialien *n.*
handling, postage & ~ (e.g. please do
not forget to add $ 10 to ~ on US
orders) / Porto und Versand; Porto und
Versandspesen (z.B. bitte vergessen Sie
nicht, für US-Aufträge $ 10 für ~ zu
berücksichtigen)
handouts / Tagungsbericht *m.*;
Tagungsunterlagen *fpl.*
handset, lift the ~ (phone) / Hörer
abnehmen (Telefon)
hang on (on the phone: i.e. hold the line)
/ dranbleiben (am Telefon ~, d.h. nicht
einhängen)
hang up (e.g. we will be right with you,
please hold the line, don't ~) / das
Telefon einhängen (z.B. wir sind gleich
für Sie da, bitte bleiben Sie am Apparat,
hängen Sie nicht ein)
hangar / Flughalle *f.*
happen; occur / vorkommen *v.*
harbor; port / Hafen *m.*
harbor of arrival / port of arrival /
Ankunftshafen *f.*
harbor of departure; port of departure /
Abgangshafen *m.*
hard automation / Automatisierung für
einen bestimmten Zweck (Vorgang,
Produkt), ohne Möglichkeit das
Investment anders zu nutzen
harmful substance; harmful material;
harmful emission / Schadstoff *m.*
harmonization; harmonizing /
Harmonisierung *f.*

harmonization concept /
Harmonisierungskonzept *n.*
harmonizing / Harmonisierung
haul transportation, short ~; local
hauling; short distance goods traffic /
Güternahverkehr *m.*
haulage / Transport
haulage company / Fuhrunternehmen *n.*
haulage, long-distance ~ /
Überlandverkehr
hauling claim / Transportschaden *m.*
hauling, local ~; short distance goods
traffic; short haul transportation /
Güternahverkehr *m.*
hauling, long distance ~; long distance
goods traffic / Güterfernverkehr *m.*
havy cargo / Schwergut *n.*
hazardous goods / gefährliche Güter
hazardous goods / gefährliche Güter *npl.*
HBI standard (home banking computer
interface) / HBI-Standard
(Schnittstellenstandard für sicheres
Homebanking)
HDSL (see data communication system)
head of ... / Leiter von ... *m.*
head of corporate unit /
Hauptabteilungsleiter *m.*
head of department; department head /
Abteilungsleiter *m.*
head of sales region / Leiter der
Vertriebsregion
head office; parent company /
Stammhaus *n.*
headcount; number of people; payroll
number / Kopfzahl (Anzahl von
Mitarbeitern) *f.*
headhunter (F) / Personalvermittler *m.*
headlights / Autoscheinwerfer *mpl.*
headquarters / Firmenleitung *f.*;
Hauptsitz *m.*; Zentrale *f.*
health and safety at work /
Arbeitssicherheit *f.*
health insurance / Krankenversicherung
f.
heavy goods; heavy lift / Schwergut *n.*

heavy, carry ~ stock / umfangreiche Lagervorräte haben

hedge inventory / spekulativer Bestand *m.*

hedging instrument / Sicherungsinstrument *n.*

height / Höhe *f.*

height, lift ~ (e.g. ~ of a reach truck for stacking) / Hubhöhe *f.* (z.B. ~ eines Schubmaststaplers für das Stapeln)

hello, say ~ (e.g. please ~ to Felix) / grüßen *v.* (z.B. bitte ~ Sie Felix von mir)

help desk (e.g. customer information and support, etc.) / Help Desk *n.* (z.B. Kundenauskunft und -beratung, etc.)

help, temporary ~ (e.g. the use of ~ is an excellent way to flex the workforce and adjust to fluctuating work volumes) / Aushilfe *f.*; Aushilfskraft *f.*; Zeitarbeiter (z.B. der Einsatz von Aushilfskräften bzw. Zeitarbeitern stellt eine hervorragende Möglichkeit dar, den Personaleinsatz flexibel zu gestalten und an schwankendes Arbeitsvolumen anzupassen)

helper / Hilfskraft *f.*

hidden defect / versteckter Mangel *m.*; verborgener Mangel *m.*

hide problems / Probleme verdecken *npl.*

hierarchical level / Hierarchieebene *f.*

hierarchical network / hierarchisches Netz *n.*

hierarchy (e.g. 1. bloated ~, 2. flat ~, 3. flattened ~) / Hierarchie *f.* (z.B. 1. aufgeblähte ~, 2. flache ~, 3. reduzierte ~)

high base store; high bay warehouse / Hochregallager *n.*

high bay racking; high density store / Regallager *n.*

high bay warehouse / Hochregallager

high density store / Regallager

high-end product / Produkt der oberen Preiskategorie; Hochpreisprodukt *n.* (i.S.v. Marktkategorie)

high-grade technology / überlegene Technik *f.*

high quality product / Qualitätserzeugnis *n.*

high rack stacker / Hochregalstapler *m.*

high-ranking employee / hochrangiger Mitarbeiter *m.*

high school / Highschool *f.*; weiterführende Schule *f.* (keinesfalls mit dem deutschen Begriff 'Hochschule' vergleichbar, sondern in etwa mit einem deutschen Gymnasium. Der Abschluss ('graduation' mit 'highschool diploma') erfolgt nach 12 Klassen einer weiterführenden Schule und berechtigt zum Studium an einem amerikanischen College.)

high-speed data network / Hochgeschwindigkeits-Datennetz *n.*

high-usage item / Renner *m.*

high voltage / Hochspannung *f.*

highway, data ~ (coll. AmE); information highway / Datenautobahn *f.*

hint / Tip *m.*; Hinweis *m.*

hinterland (e.g. connection of a port to the ~) / Hinterland *n.* (z.B. Anbindung eines Hafens an das ~)

hinterland traffic, port ~ / Hafenhinterlandverkehr *m.*

hire and fire / einstellen und entlassen *v.*

historical data / ursprüngliche Daten

hit list / Trefferliste

hits (e.g. measurement of logistics performance: number of ~ or rate of deliveries on time) / Treffer *mpl.* (z.B. Messung der Logistikleistung: ~zahl bzw. -quote pünktlicher Lieferungen)

hive-off (e.g. ~ of assets and liabilities of a company to a separate legal entity) / Ausgliederung *f.*; Ausgründung *f.* (z.B. ~ von Unternehmensteilen in eine rechtlich selbständige Einheit)

hoisting system, container ~ / Container-Ladesystem *n.*

hold a job / Beruf ausüben *m.*

hold in store; keep in store / auf Lager halten *n.*; vorrätig haben

hold the line; hang on (e.g. we will be right with you, please ~, don't hang up) / am Telefon bleiben (z.B. wir sind gleich für Sie da, bitte bleiben Sie am Apparat, hängen Sie nicht ein)

holding company; holding / Holdinggesellschaft *f.*; Dachgesellschaft *f.*

holidays, works ~ / Betriebsruhe *f.*; Betriebsferien *pl.*

holistic approach; integrated approach; holistic point of view / ganzheitliche Betrachtung; gesamtheitliche Betrachtung; integrierte Betrachtung

holistic approach; overall approach / ganzheitlicher Ansatz *m.*; gesamtheitlicher Ansatz *m.*; integrierter Ansatz *m.*

holistic concept / Konzept der Ganzheitlichkeit *n.*

home made / hausgemacht *adj.*; selbst hergestellt *adj.*

home market / Binnenmarkt

home trade; domestic trade; national trade / Binnenhandel *m.*

homepage / Homepage *f.* (Hauptseite innerhalb des WWW, mit der sich Organisationen, Unternehmen und Privatpersonen im Internet darstellen.)

honorary chairman (e.g. ~ of the supervisory board) / Ehrenvorsitzender *m.* (z.B. ~ des Aufsichtsrates)

hooked up to the network / ans Netz angeschlossen sein *n.*

hookup to the Internet / Anschaltung an das Internet

hoop (e.g. boxes ready for dispatch are automatically ~ed and stacked according to their geographic destination) / umreifen *v.* (z.B. versandbereite Kartons werden automatisch umreift und nach geografischem Bestimmungsort sortiert)

horizontal integration; horizontal cooperation (opp. see 'vertical integration') / horizontale Integration; horizontale Kooperation (Zusammenschluss von z.B. Unternehmen, die in der gleichen Stufe der Wertschöpfungskette, entweder als direkte Wettbewerber, oder 'nebeneinander' in benachbarten geografischen und funktionalen Feldern tätig sind; Ggs. siehe 'vertikale Integration')

horizontal organization / horizontale Organisation *f.*

horn / Hupe *f.*

hotline (direct call) / Hotline (Direktruf) *f.*; Telefonschnelldienst *m.* (z.B. Telefonschnelldienst für Fehlermeldung und -lokalisierung einer Softwarefirma)

hour, wage rate per ~ / Lohnsatz pro Stunde

hourly earnings / Stundenverdienst *m.*

hourly paid employee / Zeitlöhner *m.*

hourly rate (costs) / Kostenstundensatz *m.*

hourly rate / Stundensatz *m.*

hourly wage / Zeitlohn

hours, actual ~ / tatsächliche Arbeitsstunden *fpl.*

HQ (headquarters) / Firmenleitung *f.*; Hauptsitz *m.*; Zentrale *f.*

HR (human resources) / Personalabteilung *f.*

HR development; human resources development / Personalentwicklung *f.*

HTML (Hyper Text Markup Language)

HTTP (Hyper Text Transfer Protocol)

huge / groß (z.B. big (groß, bedeutend: z.B. building, business, profit, mistake, the big Five); *great* (bedeutend, berühmt: z.B. celebrity, actor, speaker; beträchtlich: z.B. number; super: time); *large* (Fläche, Umfang, Inhalt: z.B. container, room, business, enterprise, producer, farm); *huge* (riesig, enorm, mächtig, gewaltig, ungemein groß: z.B.

mountain); *vast* (unermesslich, riesig, weit, ausgedehnt: z.B. quantity, majority, difference); *tall* (hochgewachsen: z.B. person, tree)

hull / Schiffsrumpf *m.*

human engineering / Arbeitswirtschaft *f.*

human factors engineering / Arbeitsgestaltung *f.*

human relations / Kontaktpflege im Betrieb *f.*

human resources (HR) / Personalabteilung

human resources / menschliche Arbeitskraft *f.*

human resources development / Personalentwicklung *f.*

human resources management / Personalführung *f.*; Personaldisposition *f.*

human resources tasks / Personalaufgaben *fpl.*

hybrid costing / Mischkalkulation *f.*

hybrids / Hybride *m.*

hypertext (WWW procedure to link pages of different files and computers, i.e. text is linked to other documents containing more information on the same or related topic. Hypertext links are identified as different colored text with underline) / Hypertext *m.* (Methode, mit der im World Wide Web Seiten unterschiedlicher Dateien und Rechner miteinander verknüpft werden können, d.h. Texte sind mit anderen Dokumenten verknüpft, die weitere Informationen zur gleichen oder verwandten Thematik enthalten. Hypertext-Verknüpfungen sind durch unterschiedliche Farbe und Unterstreichung gekennzeichnet.)

I

I&C (information and communication) / IuK (Information und Kommunikation)

I&C application / IuK-Anwendung *f.*; IuK-Einsatz *m.*

I&C architecture / IuK-Architektur *f.*

I&C infrastructure / IuK-Infrastruktur *f.*

I&C level / IuK-Ebene *f.*

I&C manager; manager I&C / Leiter Information und Kommunikation (IuK) *m.*; IuK-Leiter *m.*

I&C needs; I&C requirements / IuK-Bedarf *m.*

I&C penetration / IuK-Durchdringung *f.*

I&C performance / IuK-Leistung *f.*

I&C platform / IuK-Plattform *f.*

I&C report / IuK-Berichterstattung *f.*

I&C requirements / IuK-Bedarf

I&C services / IuK-Dienste *m.*

I&C systems (e.g. ~ that meet the requirements) / IuK-Systeme *npl.* (z.B. anforderungsgerechte ~)

I&C technology / IuK-Technik *f.*

I&C, universal ~ infrastructure / durchgängige IuK-Infrastruktur *f.*

IC (information and communication) / IK (Information und Kommunikation)

ICC (International Chamber of Commerce: the world business organization); see also -> 'Incoterms' / Internationale Handelskammer (die Weltorganisation der Wirtschaft)

icon / Icon; Ikone (Symbol in einer grafischen Benutzeroberfläche, das einen Befehl, eine Anwendung, eine Datei o.ä. repräsentiert)

ID, user ~ / Benutzeridentifikation *f.* (Benutzer-ID)

identical part / Gleichteil *n.*

identical parts list / Gleichteilestückliste *f.*

identification / Identifikation *f.*

identification card (ID) / Ausweis *m.*

identification code; identification key / identifizierender Schlüssel *m.*

identification key / identifizierender Schlüssel

identification number / Identifikationsnummer *f.*

identification point / I-Punkt (ID) *m.* (z.B. ~ im Lager, an dem die ordnungsmäßige Auslagerung kontrolliert wird)

identification process / Identifikationsvorgang *m.*

identification system, automated ~ (e.g. ~ by using barcode labels) / automatisiertes Identifikationssystem (z.B. ~ unter Verwendung von Barcodeetiketten)

identification, numbering and ~ **system** / Benummerungs- und Identifizierungssystem *n.*

identifier / Identbegriff *m.*

identify / identifizieren *v.*

identity (customs) / Nämlichkeit (Zoll) *f.*

idle / ungenutzt *adj.*; brachliegend *adj.*

idle capacity costs / Kosten der ungenutzten Kapazität

idle capital / totes Kapital *n.*

idle days / Liegetage

idle money; idle cash / ungenutztes Geld *v.*; ungenutztes Bargeld *v.*

idle plant expenses / Stillstandskosten *pl.* (z.B. ~ bei Maschinen)

idle time / Stillstandszeit (~ bei Störungen)

idle, make s.o. ~; put *s.o.* out of work / *jmdn.* beschäftigungslos machen

illegitimate / unrechtmäßig *adj.*; nicht legitim

illiquidity / Illiquidität *f.*

image and communication research / Image- und Kommunikationsforschung *f.*

image processing / Bildverarbeitung *f.*

imbalance / Ungleichgewicht *n.*

immediately; without delay; straightaway / umgehend *adv.*; unverzüglich *adv.*

impact (e.g. 1. the weight has an ~ on the transportation price, 2. to have an ~ on ...) / Einwirkung *f.*; Einfluss *m.* (z.B. 1. das Gewicht hat ~ auf den Transportpreis, 2. z.B. ~ haben auf ...)

impact on net result; impact on net result / Ergebniswirkung *f.*

impact on price level / niveauwirksam (preislich) *adj.*

impact on profitability (e.g. the measurement will have an ~) / ergebniswirksam (z.B. die Maßnahme wird ~ sein)

impact on the market / Marktbeeinflussung *f.*

impact, short-term ~ / Kurzfristwirkung

impersonal account / Sachkonto *n.*

implement (e.g. ~ concepts, projects or improvements); put into practice / einführen *v.*; in die Tat umsetzen *v.*; ausführen *v.*; realisieren (z.B. ~ von Konzepten, Projekten oder Verbesserungen)

implement, to ~ **improvements** / Verbesserungen einführen; Verbesserungen umsetzen; Verbesserungen durchführen (realisieren)

implementation (e.g. ~ of a concept) / Einführung *f.*; Umsetzung *f.*; Ausführung *f.*; Realisierung *f.;* Einsatz *m.* (z.B. ~ eines Konzeptes)

implementation date / Einführungsdatum *n.*

implementation in stages (e.g. ~ of a concept) / stufenweise Implementierung *f.;* stufenweise Einführung *f.* (z.B. ~ eines Konzeptes)

implementation plan; action plan / Einführungsplan *m.*; Umsetzungsplan *m.*; Ausführungsplan *m.*; Realisierungsplan *m.*

implementation strategy (e.g. to develop a strategy for the implementation of a new logistics concept) / Einführungsstrategie f. (z.B. eine ~ für den Breiteneinsatz eines neuen Logistiksystems entwickeln)

implementation time / Einführungsdauer f.; Umsetzungsdauer f.; Realisierungsdauer f.

implementation, parallel ~; parallel conversion (e.g. ~ of a new system timely parallel to the existing system) / parallele Einführung (z.B. ~ eines neuen Systems zeitlich parallel zum bestehenden bisherigen System)

implementation, practical ~ / praktische Einführung (Realisierung) f.; praktische Umsetzung f.; praktische Ausführung f.

implementation, problem-solving and ~ ability / Problemlösungs- und Einführungsfähigkeit f.

import (~ to) / importieren v.; einführen v. (~ nach)

import bill / Einfuhr f.; Import m.

import bill / Importrechnung f.

import bill of lading / Importkonossement n.

import clearance / Einfuhrabfertigung f.

import customs formality / Einfuhrzollformalität f.

import duty / Einfuhrzoll m.; Einfuhrbelastung f.

import goods / Einfuhrartikel mpl.

import license; import permit / Einfuhrgenehmigung f.; Importlizenz f.; Importbewilligung f.

import matters / Importfragen fpl.

import notification / Einfuhranmeldung f.

import permit / Einfuhrgenehmigung

import quota / Importkontingent n.

import regulation / Importbestimmung f.; Einfuhrbestimmung f.

import restriction / Einfuhrbeschränkung f.

import restriction / Importbeschränkung f.

import restriction / Importbeschränkung f.

import sales tax / Einfuhrumsatzsteuer f.

import strategy / Importstrategie f.

import surplus / Importüberschuss m.

import tariff / Einfuhrtarif m.

import tax / Importsteuer f.

import turnover tax / Einfuhrumsatzsteuer f.

import, international ~ certificate / internationale Einfuhrbescheinigung f.

import, tax free ~ / zollfreie Einfuhr f.

import, temporary ~ / vorübergehende Einfuhr f.

importable / einführbar adj.

importance / Bedeutung f.

imported goods / Importe mpl.

importer / Importeur m.

improper packaging / ungenügende Verpackung

improve / verbessern v.

improved efficiency / Effizienzsteigerung

improvement / Verbesserung f.

improvement suggestion (e.g. to get an ~ bonus) / Verbesserungsvorschlag (VV) m. (z.B. eine ~s-Prämie erhalten)

improvement, continuous ~ / kontinuierliche Verbesserung f.; ständige Verbesserung f.

improvement, double-digit ~ (double-digit percentage, e.g. a 15 percent increase in profit) / zweistellige Verbesserung f. (i.S.v. zweistelliger Prozentsatz, z.B. eine 15 %-ige Steigerung des Gewinnes)

improvement, holistic ~ / gesamtheitliche Verbesserung f.

improvement, partial ~ / teilweise Verbesserung f.

improvements, major ~ (e.g. ~ in cost, time and quality) / sprunghafte Verbesserungen fpl. (z.B. ~ bei Kosten, Zeit und Qualität)

improvements, operational ~ / betriebliche Verbesserungen *fpl.*

imputed costs / kalkulatorische Kosten *pl.*

imputed depreciation / kalkulatorische Abschreibung

in-company / unternehmensintern *adj.*

in default / säumig *adj.*

in-depth (detailliert) (e.g. to take an ~ look at the logistics processes) / detailliert *adj.* (z.B. die Logistikprozesse ~ untersuchen)

in-depth (tiefgehend) (e.g. ~ logistics expertise) / profund *adj.*; tiefschürfend *adj.*; in die Tiefe gehend *adj.* (z.B. ~ Logistikerfahrung)

in-house (e.g. ~ production) / im Hause (Eigenfertigung ~)

in-house business / Verbundgeschäft *n.*

in-house consultant / interner Berater

in-house development / Eigenentwicklung *f.*

in-house manufacturing / Eigenfertigung *f.*

in-house production part / Eigenfertigungsteil *n.*

in-house structure / Inhouse-Struktur *f.*

in-house training / innerbetriebliche Ausbildung *f.*

in-house transport / innerbetrieblicher Transport *m.*

in-line process / sequentielle Abarbeitung *f.*

in-process inventory / im Prozess befindlicher Bestand; Bestand im Prozess; Pipelinebestand *m.*; Unterwegsbestand *m.*

in vain / umsonst *adv.*; vergeblich *adv.*

inbound; incoming / eingehend *adj.*; ankommend *adv.*

inbound cargo / Fracht (Eingang); ankommende Ladung; eingehende Ladung

inbound delivery (opp. outbound delivery) / ankommende Lieferung *f.*;

Anlieferung *f.* (Ggs. abgehende Lieferung)

inbound freight / eingehende Fracht *f.*

inbound traffic; inbound transportation / ankommender Verkehr; eingehender Transport

incentive / Anreiz *m.*; Ansporn *m.*

incentive bonus (e.g. ~ as a compensation tied to mutually agreed goals); individual performance incentive / Leistungsprämie *f.* (z.B. Vergütung in Form einer ~, die an eine beiderseitig vereinbarte Zielerreichung gebunden ist)

incentive system; reward system / Leistungsprämiensystem *n.*

incentive, group ~ / Gruppenprämie *f.*

incentive, individual ~ / individuelle Prämie *f.*

incidental data / Nebendaten *npl.*

incidentals; charges / Nebenkosten *pl.*

included, packing ~ / einschließlich Verpackung

including (e.g. ~ packaging) / einschließlich *adv.* (z.B. ~ Verpackung)

including / inklusive *adv.*

inclusive (opp. exclusive) (e.g. this is our all ~ price) / inklusiv *adv.*; einschließend *adv.* (Ggs. exklusiv; ausschließend) (z.B. dies ist unser Inklusiv- bzw. Pauschalpreis; dieser Preis schließt alles mit ein)

inclusive, all ~ price; flat rate / Pauschalpreis *m.*

income / Einkünfte *fpl.*

income position / Ertragslage *f.*

income statement; statement of income / Ergebnisrechnung *f.*

income, net ~ / Ergebnis (z.B. im Geschäftsjahr)

income, real ~ / Realeinkommen *n.*

incoming / eingehend

incoming goods; receiving / Wareneingang *m.*; Warenannahme *f.*

incoming goods inspection; receiving inspection; input check; input control /

Eingangsprüfung *f.*;
Wareneingangsprüfung *f.*

incoming goods notice; goods received notice / Wareneingangsmeldung *f.*

incoming goods transaction; receiving transaction / Wareneingangsbuchung *f.*.

incoming mail / Posteingang *m.*

incoming message / Eingangsnachricht *f.*

incoming order / eingehender Kundenauftrag *m.*

incoming, certificate of ~ goods / Wareneingangsschein *m.*

incoming, inspection of ~ material / Eingangskontrolle *f.*

incompatible / inkompatibel *adj.*

inconsistency / Inkonsistenz *f.*

Incoterms (INternational COmmercial TERMS): international rules for the interpretation of the most commonly used trade terms in foreign trade according to ICC (International Chamber of Commerce); for more details see CFR, CIF, CIP, CPT, DAF, DDP, DDU, DEQ, DES, EXW, FAS, FCA, FOB. © Internationale Handelskammer (International Chamber of Commerce) Germany 1990, ICC-Publ. Nr. 460; Source: the full text of the Incoterms 1990 is obtainable together with a price and publication list through ICC Germany, PO Box 10 08 26, D-50448 Cologne, Fax.: +49-228-257 5593. The professional use of the Incoterms 1990 is only possible by using a full text of this publication. / Incoterms (translation s. German part)

increase (e.g.~ of productivity); growth / Zunahme *f.*; Erhöhung *f.*; Anstieg *m.*; Wachstum *n.* (z.B. ~ der Produktivität)

increase in earnings / Ertragssteigerung *f.*

increase in value; value-added / Wertsteigerung *f.*

increase, price ~ ; cost increase / Verteuerung *f.*

increased efficiency; improved efficiency / Effizienzsteigerung *f.*

increasing volume / steigendes Volumen *n.*

indemnification; damages; compensation / Schadensersatz *m.*

indemnity / Abfindung

indemnity insurance / Schadensversicherung *f.*

indented explosion / Strukturstückliste

independent / unabhängig

independent division / selbständiges Geschäftsgebiet

index / Index *n.*; Indexverzeichnis *n.*

index, base ~ / Basisindex *m.*

indirect costs / indirekte Kosten *pl.*

indirect labor / indirekter Lohn

indirect material / Hilfsmaterial *n.*; Hilfs- und Betriebsstoffe *mpl.*

indirect material costs; material overhead / Materialgemeinkosten *pl.*

indirect tax / Verbrauchssteuer

indirect wages; indirect labor / indirekter Lohn *m.*

individual assembly workplace / Montageeinzelarbeitsplatz *m.*

individual incentive / individuelle Prämie *f.*

individual liability / Individualhaftung *f.*

individual production / Einzelanfertigung

individual requirements / Einzelbedarf *m.*

individualized application software; customized application software / Individual-Anwendungssoftware *f.*; angepasste Anwendungssoftware *f.*

indoor use (e.g. ~ of a forc lift truck) / Inneneinsatz *m.* (z.B. ~ eines Gabelstaplers)

industrial and building systems / Anlagentechnik *f.*

industrial automation system / Industrie-Automatisierungssystem *n.*

industrial economics / Betriebswirtschaft

industrial electronics / Industrieelektronik f.

industrial engineering / Fertigungswirtschaft f.; Industriebetriebslehre f.

industrial equipment / Industrieausrüstung f.

industrial fields of production / industrieller Fertigungsbereich m.

industrial goods / Investitionsgüter pl.

industrial park / Industriepark m.

industrial product / Industrieerzeugnis n.

industrial qualification / gewerbliche Qualifizierung

industrial robot / Industrieroboter m.

industrial safety / Arbeitsschutz m.; Betriebssicherheit f.

industrial security / Geheimschutz m.

industrial standard / Industriestandard m.

industrial training; vocational training / gewerbliche Berufsausbildung; gewerbliche Weiterbildung

industrial truck (e.g. forc lift truck) / Flurförderzeug n. (z.B. Gabelstapler)

industrial turbine / Industrieturbine f.

industrial vacuum cleaner / Industriestaubsauger m.

industries, downstream ~ / nachgelagerte Wirtschaftszweige

industry / Industrie f.

industry structures / Industrie-Strukturen fpl.

industry, apparel ~ / Bekleidungsindustrie f.

industry, equipment ~ / Investitionsgüterindustrie f.

industry, forwarding ~; forwarding business / Speditionsgewerbe n. ; Speditionswirtschaft f.

industry, freight ~; freight business / Frachtgewerbe n.; Frachtgeschäft n.

industry, grocery ~ / Lebensmittelhandel m.

industry, supplier ~ / Zulieferindustrie f.

industry, transportation ~; transport industry; transportation business / Transportgewerbe n.; Transportwirtschaft f.; Verkehrsgewerbe n.; Verkehrswirtschaft f.

industry, trucking ~ / Speditionsgewerbe (LKW) n.

ineligible (~ for) / nicht berechtigt adj.; nicht befähigt adj.; nicht qualifiziert adj. (~ für)

inexpensive; cheap / billig adj.

infinite capacity / unbegrenzte Kapazität f.; unendliche Kapazität

infinite capacity loading; infinite loading / Maschinenbelastung ohne Kapazitätsgrenze f.

inflation / Inflation f.

inflation rate / Inflationsrate f.

influence; bias / beeinflussen v.

inform; notify; advise / benachrichtigen v.

information / Information f.; Nachricht (Information) f. (Hinweis: im Englischen nie 'informations')

information and communication (I&C) / Information und Kommunikation (IuK)

information and communication service / Informations- und Kommunikationsdienst m.

information board / Schautafel f.

information capability; capability to provide information / Informationsfähigkeit f.

information center / Informationszentrum n.

information chain / Informationskette f.

information channel / Informationsweg m.

information edge / Informationsvorsprung m.; Informationsvorteil m.

information exchange; exchange of information / Informationsaustausch m.

information flow analysis / Informationsflussanalyse f.

information highway (coll. AmE) /
Datenautobahn
information interrupt /
Informationsbruch *m.*
information logistics /
Informationslogistik *f.*
information management /
Informationsmanagement *n.*
information network / Informationsnetz
n.
information process /
Informationsprozess *m.*
information processing /
Informationsverarbeitung *f.*
information quantity /
Informationsmenge *f.*
information relevant to business /
geschäftlich notwendige Information *f.*
information scientist / Informatiker *m.*
information security /
Informationssicherheit (IS) *f.*
information security officer /
Beauftragter für Informationssicherheit
m.
information sharing /
Informationsweitergabe *f.*;
Informationsaustausch *m.*
information storage /
Informationsspeicherung *f.*
information system /
Informationssystem *n.*
information technology /
Informationstechnologie (IT) *f.*
information, flight ~ / Flugauskunft *f.*
information, trade ~ **with the customer**
/ Informationen mit dem Kunden
austauschen
information, transparent ~ **flow** (e.g.
electronical ~) / durchgängiger
Informationsfluss (z.B. elektronischer ~)
information, uniform ~ **and
communication platform** /
durchgängige Informations- und
Kommunikationsplattform *f.*
infrastructure / Infrastruktur *f.*

infrastructure services /
Infrastrukturdienste *mpl.*
infrastructure, road ~ /
Straßeninfrastruktur *f.*
infringement (of the law) /
Rechtsverletzung *f.*
ingenuity / Genialität *f.*; Einfallsreichtum
m.; Erfindungsgabe *f.*; Geschicklichkeit
f.
inhouse requirements / Eigenbedarf *m.*
initial capacity / Anfangskapazität *f.*
initial costs / Anschaffungskosten
initial installation / Erstinstallation *f.*
initial salary / Einstiegsgehalt
initial situation / Ausgangssituation *f.*;
Ausgangslage *f.*
initial stock; opening stock /
Anfangsbestand *m.*
initialization / Programmstart *m.*
initiate orders / Aufträge anstoßen
injury (e.g. he has injured his leg during
transportation) / Verletzung *f.* (z.B. er hat
sich während des Transportes das Bein
verletzt)
inland shipping / Binnenschifffahrt *f.*
inland traffic; domestic traffic /
Binnenverkehr *m.*
inland waterway / Binnenschifffahrt *f.*
inland waterway carrier /
Binnenschiffer *m.*;
Binnenschifffahrtsunternehmen *n*
innovation / Innovation *f.*
innovation center / Innovationscenter *n.*
innovation process / Innovationsprozess
m.
innovation, accelerated ~ /
Innovationsbeschleunigung *f.*
innovative strength / Innovationskraft *f.*
input / Eingabe *f.*
input check / Eingangsprüfung
input control / Eingangsprüfung
input-output control / Eingangs-
Ausgangsüberwachung *f.*
input screen / Eingabemaske *f.*
input, data ~ / Dateneingabe *f.*
inquire / nachfragen *v.*; nachforschen *v.*

inquiry / Anfrage
inquiry scheduling / Anfrageplanung *f.*
insert / einfügen *v.*
insert, package ~ / Packungsbeilage *f.*
inside measurements / Innenmaße *npl.*
insolvency, financial ~ / Zahlungsunfähigkeit *f.*
insolvent; unable to pay / zahlungsunfähig *adj.*
inspection / Prüfung *f.*; Kontrolle *f.*
inspection costs / Prüfkosten *pl.*
inspection device; test equipment / Prüfeinrichtung *f.*
inspection of incoming material / Eingangskontrolle *f.*
inspection station / Prüfplatz *m.*
inspection time / Prüfzeit
inspection, attribute ~; attribute check / Attributprüfung *f.*
inspection, incoming goods ~; receiving inspection; input check; input control / Eingangsprüfung *f.*; Wareneingangsprüfung *f.*
inspection, quality ~ / Qualitätskontrolle
inspection, receiving ~ / Eingangsprüfung
install; mount; assemble / montieren *v.*
installation (on site) / Montage (an der Baustelle) *f.*
installation device / Installationsgerät
installation equipment / Installationsausrüstung *f.*
installation instruction; manual / Einbauanleitung *f.*
installation order / Anlagenauftrag *m.*
installation site (e.g. at the ~) / Montagebaustelle *f.*; Montagegelände *n.* (z.B. auf dem Montagegelände)
installation, field ~ / Außenmontage *f.*
installment / Abschlagszahlung
installment purchase / Ratenkauf *m.*
installments, pay in ~ / abzahlen
installments, payment of ~ / Abzahlung *f.*
instantaneous delivery / Sofortlieferung *f.*

instantaneous processing / sofortige Bearbeitung von Aufträgen *f.*
instruct / anleiten *v.*
instruction (command) / Befehl *m.*
instruction (specification); directions / Gebrauchsanweisung *f.*; Anleitung *f.*; Anweisung *f.*
instruction, installation ~; manual / Einbauanleitung *f.*
instruction, work ~; work specification; processing instruction / Bearbeitungsvorschrift *f.*; Arbeitsanweisung *f.*
instructions, acceptance ~; acceptance specifications / Abnahmevorschriften *fpl.*
instructions, delivery ~; delivery specifications; terms of delivery / Liefervorschriften *fpl.*; Lieferbedingungen *fpl.*
instructor / Dozent *m.*
instrument / Instrument *n.*
insufficient packing / mangelhafte Verpackung
insurance / Versicherung *f.*
insurance policy / Versicherungspolice *f.*
insurance premium / Versicherungsprämie *f.*
insurance tax / Versicherungssteuer *f.*
insurance value / Versicherungswert *m.*
insurance, cargo ~ / Frachtversicherung *f.*
insurance, health ~ / Krankenversicherung *f.*
insurance, indemnity ~ / Schadensversicherung *f.*
insurance, issue an ~ policy / Police ausstellen *f.*; Versicherungsschein ausstellen *m.*
insurance, liability ~ / Haftpflichtversicherung *f.*
insurance, life ~ / Lebensversicherung *f.*
insurance, risk ~ / Risikoversicherung *f.*
intangible / nicht greifbar *adj.*; immateriell *adj.*

intangible assets / Anlagenwerte (immaterielle) *mpl.*

intangible costs / nicht quantifizierbare Kosten *pl.*

integrate / integrieren *v.*

integrated approach / ganzheitliche Betrachtung

integrated circuit / integrierter Schaltkreis *m.*

integrated data processing / integrierte Datenverarbeitung *f.*

integrated logistics / ganzheitliche Logistik *f.*

integrated manufacturing system / integriertes Fertigungssystem *n.*

integrated process (e.g~ approach vs. 'functional silo' approach) / integrierter Prozess (z.B. ~ im Vgl. zu funktionalem Ansatz)

integrated production control system / integriertes Fertigungssteuerungssystem *n.*

integrated production method / integrierte Produktionsmethode *f.*

Integrated Services Digital Network / ISDN

integrated sub-contracting (subcontracting a company, i.e. regarding it like an own manufacturing department) / verlängerte Werkbank *f.* (an eine Firma Unteraufträge vergeben, d.h. sie wie eine eigene Fertigungsabteilung betrachten)

integration (e.g. through ~ of different tasks) / Integration *f.* (z.B. ~ durch Zusammenführung verschiedener Aufgaben)

integration test / Integrationstest *m.*

integration workshop (e.g. ~ with cross-functional mix of participants) / Integrationsworkshop *m.* (z.B. ~ mit interdisziplinärer Zusammensetzung der Teilnehmer)

integration, customer ~; customer involvement / Kundeneinbindung *f.*;

Kundenanbindung *f.*; Einbeziehung des Kunden *f.*

integration, forwarder ~ / Spediteuranbindung *f.*

integration, horizontal ~; horizontal cooperation (opp. see 'vertical integration') / horizontale Integration; horizontale Kooperation (Zusammenschluss von z.B. Unternehmen, die in der gleichen Stufe der Wertschöpfungskette, entweder als direkte Wettbewerber, oder 'nebeneinander' in benachbarten geografischen und funktionalen Feldern tätig sind; Ggs. siehe 'vertikale Integration')

integration, supplier ~; supplier involvement / Lieferanteneinbindung *f.*; Lieferantenanbindung *f.*; Einbindung des Lieferanten *f.*

integration, supply chain ~ (objective of ~: continuously improving the relationship between the firm, its suppliers, and its customers to ensure the highest added value) / Prozessketten-Integration *f.*; Logistikketten-Integration *f.* (Ziel der ~: möglichst hohen Mehrwert erzielen durch kontinuierliche Verbesserung der Beziehungen zwischen dem Unternehmen, seinen Lieferanten und seinen Kunden)

integration, vertical ~; vertical cooperation (opp. see 'horizontal integration') / vertikale Integration; vertikale Kooperation (Zusammenschluss von z.B. Dienstleistern und Verladern, die in 'nacheinander' angeordneten Stufen der Wertschöpfungskette tätig sind; Ggs. siehe 'horizontale Integration')

integrator / Integrator *m.*

intellectual capital (the employees as human resources of a company: skills, time, effort and know how) / geistiges Kapital *m.*(die Mitarbeiterressourcen einer Firma: Fähigkeiten, Zeit, Anstrengungen und Wissen

intellectual property (e.g. ~ for patents) / gewerblicher Rechtsschutz *m.* (z.B. ~ für Patente)

intellectual property / geistiges Eigentum *n.*

intelligent / intelligent *adj.*

intent / beabsichtigen *v.*

intentionally / absichtlich *adv.*

inter-... (e.g. 1. inter-company sales, 2. compare 'intra-...') / inter-... *adv.*; zwischen; wechselseitig; übergreifend (z.B. 1. Verkauf zwischen unterschiedlichen Bereichen oder externen Firmen, 2. vergleiche 'intra-...')

inter-group / bereichsübergreifend

inter-group development / bereichsübergreifende Entwicklung *f.*

inter-group project; cross-group project / bereichsüberschreitendes Projekt ~ *n.*

inter-group team / bereichsübergreifendes Team *n.*

inter-groups and inter-regional measure / bereichs- und regionenüberschreitende Maßnahme

interchange, data ~; data exchange / Datenaustausch *m.*

interchangeable / austauschbar *adj.*

intercompany / zwischenbetrieblich *adj.*

intercultural training / interkulturelles Training *n.*

interdivisional / bereichsübergreifend

interdivisional business activities / Geschäftsbereich-übergreifender Geschäftsverkehr *m.*

interdivisional task / geschäftsgebietsübergreifende Aufgabe *f.*

interest(s) / Zinsen *mpl.*

interest bearing / verzinslich *adj.*

interest rate / Zinssatz *m.*

interests, business ~ (e.g. the account manager represents the global ~ at the customer's head offices) / Geschäftsinteressen *npl.* (z.B. der Account Manager vertritt die weltweiten ~ am Headquarter des Kunden)

interface / Schnittstelle (Verbindung) *f.*

interface connection / Verbindung (Bindeglied) (physikalisch)

interface costs / Schnittstellenkosten *pl.*

interface management / Schnittstellenmanagement *n.*

interfunctional alignment (e.g. to align functions) / funktionsübergreifende Anpassung; funktionsübergreifende Ausrichtung *f.* (z.B. Einzelfunktionen aufeinander abstimmen)

interim period / Zwischenzeit (Produktion)

interlink / verketten *v.*

interlinked; wired (e.g. ~ with the server) / verbunden (z.B. mit dem Server~)

interlock / Programmsperre *f.*

intermediary; middleman / Zwischenhändler *m.*

intermediate customer / Zwischenkunde *m.*

intermediate forwarder / Zwischenspediteur *m.*

intermediate result / Zwischenergebnis *n.*

intermediate store / Zwischenlager *n.*

intermediate trade / Zwischenhandel *m.*

intermittent production (batches) / funktionsorientierte Produktion

intermodal transport chain / intermodale Transportkette *f.*

intern, student ~; trainee; work placement student / Praktikant *m.*

internal audit / Hausrevision

internal customer / interner Kunde *m.*

internal order / interne Bestellung *f.*; interner Auftrag *m.*

internal reporting system / internes Berichtswesen *n.*

internal requirements; own requirements / Eigenbedarf *m.*; interner Bedarf *m.*

Internal Revenue Service (IRS) / Finanzbehörde f. (in USA so bezeichnet)
internal service; inside service / Eigenleistung f.
internal supplier / interner Lieferant m.
internal technical services / interne technische Dienste mpl.
internal, for ~ use only / nur für den internen Gebrauch m.
internalization / Verinnerlichung f.
international business; international operations / internationales Geschäft n.
International Chamber of Commerce (ICC: the world business organization); see also -> 'Incoterms' / Internationale Handelskammer (die Weltorganisation der Wirtschaft)
international commercial law (export control) / Außenwirtschaftsrecht n.
international import certificate / internationale Einfuhrbescheinigung f.
international market / internationaler Markt m.
International Organization for Standardization / Internationale Standardisierungs Organisation (ISO) f.
international procurement office / internationales Einkaufsbüro n.
international regions / Regionen Ausland fpl.
international sales / Vertrieb Ausland m.; Auslandsvertrieb m.
international subsidiary; international affiliate / Landesgesellschaft f.
International Telegraph & Telephone Consultative Committee / CCITT
international, affiliated companies ~ / Beteiligungen Ausland
international, associated companies ~; affiliated companies international / Beteiligungen Ausland fpl.
international, in the ~ arena (coll.) / im internationalen Wettbewerb m.
internet (compare: 'extranet' and 'intranet') / Internet n. (Definition: vgl. 'Extranet' und 'Intranet' n.;) (Aus Anwendersicht alle Daten od. Verfahren, auf die die Öffentlichkeit zugreifen kann; aus technischer Sicht alle über ein bestimmtes Netz-Protokoll - nämlich TCP-IP - erreichbaren Netze, Server und Dienste)
internet protocol / Internet-Protokoll (IP) n.
Internet Service Provider (ISP) / Internet-Dienstleister m. (IT-Unternehmen, das gegen Entgelt den Internet-Zugang über eigene Netze bietet)
Internet Telephony / Internet-Telefonie f. (Telefonie über das Internet)
Internet, hookup to the ~ / Anschaltung an das Internet
internship; traineeship; work placement / Praktikum n.
interoperation time (manufacturing); interim period / Zwischenzeit f. (Produktion)
interplant demand / Bedarf vom Schwesterwerk
interplant order / Bezug vom Schwesterwerk
interpretation / Deutung f.
interrupt, information ~ / Informationsbruch m.
intersection / Schnittpunkt m.
intersegment delivery / Querbezug m.; Querlieferung f.
intersegment shipment / Querlieferung f.; Querbezug m.
intra-... (e.g. 1. intra-company sales; 2. compare 'inter-...') / intra-... adv.; innerhalb adv. (z.B. 1. Verbundvertrieb, d.h. innerhalb der Firma, firmenintern; 2. vergleiche 'inter-...')
intra-company sales / Verbundvertrieb m.
intranet (compare: 'extranet' and 'internet') / Intranet n. (Definition: vgl. 'Extranet' und 'Internet') (Aus Anwendersicht alle Daten od. Verfahren, auf die von internen

Mitarbeitern od. Verfahren ohne weiteres zugegriffen werden kann; aus technischer Sicht alle durch eine oder mehrere Firewalls vom Internet abgeschirmten Netze, Server und Dienste im Unternehmen)

introduce (e.g. Jack, may I introduce Mr. Peter Fischer to you or: Jack, I would like you to meet Mr. Peter Fischer) / vorstellen *v.* (z.B. Jack, ich möchte Ihnen gerne Herrn Peter Fischer vorstellen)

introduction (e.g. ~ of a new product) / Einführung *f.* (z.B. ~ eines neuen Produktes)

introduction concept / Einführungskonzept *n.*

introductory offer (e.g. ~ of a new product into the marketplace) / Einführungsangebot *n.* (z.B. ~ eines neuen Produktes in den Markt)

invalid / ungültig *adj.*

inventory; stocktaking / Inventur *f.*; Lageraufnahme *f.*; Bestandsaufnahme *f.*

inventory (AmE) (e.g.: all finished goods, unfinished material, raw material); stock (BrE) / Bestand *m.*; Bestände *fpl.*; Vorrat *m.* (z.B.: fertige Erzeugnisse, unfertiges Material, Rohmaterial)

inventory accounting; stock accounting / Lagerbuchführung *f.*

inventory adjustment; stock adjustment / Lagerangleichung *f.*

inventory alignment; stock alignment; inventory levelling; stock levelling / Lagerabgleich *m.*

inventory at disposal; stock at disposal / dispositiver Bestand *m.*

inventory balancing; stock balancing / Bestandsabgleich *m.*

inventory buffer; stock buffer; buffer stocks / Bestandspuffer *m.*; Pufferbestand *m.*

inventory build-up; restocking / Lagerauffüllung *f.*

inventory carrying costs / Lagerhaltungskosten

inventory change (e.g. exchange of computer equipment) / Inventarumstellung *f.* (z.B. Austausch von Computern)

inventory chart; stock chart / Bestandstabelle *f.*

inventory completion; stock completion / Lagervervollständigung *f.*

inventory control; stock control / Bestandssteuerung *f.*; Lagerbestandssteuerung *f.*; Bestandskontrolle *f.*; Lagerhaltungskontrolle *f.*

inventory costs; stock costs / Bestandskosten *pl.*

inventory count, cyclical ~ / Periodeninventur *f.*

inventory cutting / Bestandsabbau

inventory data / Bestandsdaten *npl.*

inventory delivery order; stock delivery order / Lagerversandauftrag *m.*

inventory difference / Bestandsdifferenz *f.*

inventory discrepancy / Inventurdifferenz *f.*

inventory evaluation; stock evaluation / Lagerbestandsbewertung *f.*

inventory holding costs / Lagerhaltungskosten

inventory in transit; stock in transit; inventory in the pipeline (e.g. ~ factory and customer) / Unterwegsbestand *m.*; im Verteilsystem befindlicher Bestand (z.B. ~ zwischen Werk und Kunde)

inventory issue card; stock issue card / Lagerentnahmekarte *f.*

inventory issue unit; stock issue unit / Entnahmeeinheit (Lager) *f.*

inventory item / Bestandsposition *f.*

inventory item, cheap ~ / Billigteil *n.*

inventory ledger account; stock ledger account; store account / Lagerbuchkonto *n.*; Lagerkonto *n.*

inventory level / Bestandshöhe *f.*

inventory level control; stock level control / Bestandshöhenüberwachung *f.*
inventory level development / Bestandsentwicklung *f.*
inventory levelling / Lagerabgleich
inventory management; stock management / Bestandsführung *f.*; Bestandsmanagement *n.*; Bestandswirtschaft *f.*; Lagerwirtschaft *f.*
inventory movement; stock movement / Lagerbewegung *f.*
inventory movement report; stock movement report / Lagerbewegungsliste *f.*; Lagerbewegungsübersicht *f.*
inventory order; stock order / Lagerauftrag *m.*; Vorratsauftrag *m.*
inventory pile; stock pile; inventory reserves / Lagerreserve *f.*
inventory policy; stock policy / Bestandspolitik *f.*; Lagerpolitik *f.*
inventory proceedings; stocktaking proceedings / Inventurarbeiten *fpl.*
inventory program; stock program / Bestandsprogramm *n.*
inventory ratio optimization; stock ratio optimization / Optimierung des Lagerumschlages *f.*
inventory reconciliation; stock reconciliation / Bestandsabstimmung *f.*; Bestandsausgleich *m.*
inventory record; stock record / Bestandsprotokoll *n.*; Bestandsunterlage *f.*
inventory reduction; stock reduction; inventory cutting; destocking / Bestandsabbau *m.*; Bestandsreduzierung *f.* vorratsabbau *m.*; Lagerabbau *m.*
inventory register / Inventurbuch *n.*
inventory replenishment / Wiederauffüllung des Lagerbestandes *f.*
inventory replenishment order; stock replenishment order / Lagerergänzungsauftrag *m.*
inventory report / Lagerbestandsbericht *m.*

inventory request; stock request / Bestandsabfrage *f.*
inventory requirements; stock requirements / Lagerbedarf *m.*
inventory requisition; stock requisition / Lageranforderung *f.*
inventory reserves / Lagerreserve
inventory risk / Beständewagnis *n.*
inventory selection; stock selection / Lagerauswahl *f.*
inventory shortage; stock shortage / Bestandsknappheit *f.*; Lagerknappheit *f.*
inventory shrinkage / Bestandsverlust *m.*
inventory status report; stock status report / Bestandsübersicht *f.*; Lagerbestandsliste *f.*
inventory storage and handling / Bestandslagerung und -verwaltung *f.*
inventory tag; stock tag / Lagerzettel *m.*
inventory turn; inventory turnover; stock turnover / Lagerumschlag *m.*; Bestandsumschlag *m.*
inventory turnover rate / Lagerumschlagsrate
inventory unit value / Beständeeinheitswert *m.*
inventory update / Bestandsfortschreibung *f.*
inventory valuation / Lagerbewertung *f.*
inventory valuation adjustment; stock valuation adjustment / Lagerbewertungsausgleich *m.*
inventory value; stock value / wertmäßiger Lagerbestand *m.*; Lagerbestandswert *m.*
inventory value levelling; stock value levelling / Lagerwertausgleich *m.*
inventory write-off / Bestandsabwertung *f.*
inventory write-up / Bestandsaufwertung *f.*
inventory, accounted ~; accounted stock / buchmäßiger Lagerbestand *m.*
inventory, actual ~; actual stock / Ist-Bestand *m.*

inventory, allocated ~; allocated stock; reserved inventory / reservierter Bestand *m.*; blockierter Bestand *m.*

inventory, annual ~ take; annual stock take / Jahresinventur *f.*

inventory, available ~; available stock / verfügbarer Bestand *m.*; verfügbarer Lagerbestand *m.*

inventory, average ~; average stock / durchschnittlicher Lagerbestand *m.*

inventory, average ~ coverage time; average stock coverage time / durchschnittliche Lagereindeckungszeit *f.*

inventory, base ~ level / Basisbestand *m.*

inventory, book ~ / buchmäßiger Bestand *m.*

inventory, booked ~ / buchmäßiger Bestand *m.*

inventory, booked ~ at actual cost; booked stock at actual cost / buchmäßiger Bestand zu Ist-Kosten *m.*

inventory, booked ~ at standard cost; booked stock at standard cost / buchmäßiger Bestand zu Standardkosten *m.*

inventory, build up ~; build up stock / Lagervorrat aufbauen das Lager auffüllen; Lagerbestand auffüllen; Lager aufstocken

inventory, calculation of ~; calculation of stock / Bestandsrechnung *f.*

inventory, clear ~; clear stock; sell off inventory / Lager räumen

inventory, consigned ~; consigned stock / Bestand beim Kunden (des Herstellers) *m.*

inventory, continuous ~; perpetual inventory / permanente Inventur *f.*

inventory, cycle ~; cycle stock / Zyklusbestand *m.*

inventory, date of last ~ transaction / Datum letzte Bestandsbewegung *n.*

inventory, decrease of ~; decrease of stock / Lagerminderung *f.*; Lagerabnahme *f.*; Bestandsabnahme *f.*

inventory, effective ~; effective stock / effektiver Lagerbestand *m.*

inventory, estimated ~; estimated stock / geschätzter Lagerbestand *m.*

inventory, firm allocated ~; firm allocated stock / fest reservierter Bestand *m.*

inventory, frozen ~ / eingefrorener Lagerbestand *m.*

inventory, have ~; have in stock / auf Lager haben

inventory, heavy ~; heavy stock / reichhaltiges Lager *n.*; umfangreiche Bestände *mpl.*

inventory, hedge ~; hedge stock / spekulativer Bestand *m.*

inventory, incoming ~; incoming stock / Lagerzugang *m.*

inventory, low ~; low stock / geringer Lagervorrat *m.*; geringer Bestand *m.*

inventory, make up an ~; take stock; take inventory / Inventur machen den Lagerbestand aufnehmen

inventory, manufacturing ~ / Fabrikbestand *m.*

inventory, maximum ~ level / Bestandsobergrenze *f.*

inventory, minimum ~ level / Bestandsuntergrenze *f.*

inventory, obsolete ~; obsolete stock / veralteter Bestand *m.*

inventory, order point ~ level / Bestand zum Bestellzeitpunkt

inventory, out of ~; out of stock / ohne Bestand *m.*

inventory, perpetual ~; continuous inventory / permanente Inventur *f.*

inventory, perpetual ~ file; on-going stock file; continual stock file / laufende Bestandsdatei *f.*

inventory, physical ~ / körperliche Inventur *f.*

inventory, planned ~; planned stock / geplanter Bestand *m.*; Sollbestand *m.*; Planbestand *m.*

inventory, process ~ / Bestand an unfertigen Erzeugnissen *m.*

inventory, range of ~; range of stock / Bestandsreichweite *f.*

inventory, reconciling ~ / Abgleich (mit Bestandskorrektur) (~ von körperlichem und buchmäßigem Bestand)

inventory, reduce ~; reduce stock / Lager (Ware) abbauen

inventory, regional ~; regional stock / Regionallager (Bestand) *n.*

inventory, reserve ~; safety level / Sicherheitsbestand *m.*; eiserner Bestand *m.*

inventory, semi-finished product ~ / Halbfabrikatebestand *m.*

inventory, surplus ~; surplus stock; excess inventory; overstock; oversupply / Überbestand *m.*; Mehrbestand *m.*

inventory, target ~; planned inventory / Planbestand *m.*

inventory, total ~ / Gesamtbestand *m.*

inventory, turnover of ~; turnover of stock / Lagerbestandsumschlag *m.*

inventory, type of ~; type of stock / Bestandstyp *m.*

investigation / Untersuchung *f.*; Erhebung *f.* (i.S.v. Nachforschung)

investment (economic value); capital spending; capital expenditure and investment (e.g. on I&C equipment) / Investition (nach Wirtschaftswert) *f.* (z.B. für IuK-Ausstattung)

investment advisory / Anlageberatung *f.*

investment goods; capital goods; equipment goods / Investitionsgüter *npl.*

investment in stock / Lagerinvestition *f.*

investment plan / Investitionsplan *m.*

investment planning / Investitionsplanung *f.*

investment, return on ~ / Rentabilität des investierten Kapitals (RIK)

investor relation / Aktionärspflege (Werben und Betreuen von Aktionären) *f.*

invitation to bid; request for bids; quotation request; invitation to tender / Ausschreibung

invitation to tender; request for bids; quotation request; invitation to bid / Ausschreibung

invoice; bill / Rechnung *f.*; Faktura *f.*

invoice address / Rechnungsadresse *f.*

invoice amount / Rechnungsbetrag *m.*

invoice auditing / Eingangsrechnungsprüfung (ERP) *f.*

invoice number / Rechnungsnummer *f.*

invoice recipient / Rechnungsempfänger *m.*

invoice value / Fakturawert *m.*; Rechnungswert *m.*

invoice, after receipt of ~ / nach Rechnungslegung *f.*

invoice, as per ~ / laut Rechnung

invoice, commercial ~ / Handelsfaktura *f.*

invoice, issuing an ~ / Rechnungsstellung

invoice, monthly ~; monthly payment / monatliche Rechnung *f.;* monatliche Bezahlung *f.*

invoice, receipt of ~ / Rechnungseingang *m.*

invoice, uncleared ~ / offene Rechnung *f.*

invoicing; invoicing to customer / Fakturierung *f.*

invoicing / Rechnungslegung *f.;* Rechnungsschreibung *f.;* Fakturierung *f.*

involvement, customer ~ / Kundeneinbindung

involvement, people ~ / Einbeziehung der Mitarbeiter *f.*

involvement, supplier ~ / Lieferanteneinbindung

IP (Internet Protocol)

IP address (the unique numeric address assigned to a computer on the internet) / IP-Adresse *f.* (eindeutig identifizierende und weltweit gültige numerische Adresse eines Rechners im Internet)

IP telephony / IP-Telefonie *f.* (auf der Grundlage des 'Internet Protokoll'-Standards lassen sich gemeinsam mit der Sprache auch Daten und Video im Intra- bzw. Internet übertragen)

irrevocable / unwiderruflich *adv.*

IRS (Internal Revenue Service) / Finanzbehörde *f.* (in USA so bezeichnet)

IS (information security) / Informationssicherheit (IS) *f.*

ISDN (Integrated Services Digital Network) / ISDN

ISDN subscriber / ISDN-Teilnehmer *m.*

Ishikawa diagram / Ursache-Wirkung-Diagramm

ISO (International Organization for Standardization) / Internationale Standardisierungs Organisation (ISO) *f.*

ISO 9000 (quality standard) / ISO 9000 (Qualitätsstandard)

ISO 9001, certified acc. to ~ / zertifiziert nach ISO 9001

ISO reference model / ISO-Referenzmodell *n.*

ISP (Internet Service Provider) / Internet-Dienstleister *m.* (IT-Unternehmen, das gegen Entgelt den Internet-Zugang über eigene Netze bietet)

issue; release (e.g. ~ material for assembly) / vorgeben (z.B. Material für die Montage ~)

issue (e.g. what's the ~?) / Punkt *m.*; Sachverhalt *m.*; Problem *n.* (z.B. wo ist das Problem?)

issue card; requisition card / Bezugskarte *f.*

issue code / Lagerabgangscode *m.*

issue price / Ausgabekurs *m.*

issue, date of ~ / Ausstellungsdatum *n.*

issue, date of last ~ / Datum letzter Lagerabgang *n.;* Datum letzte Ausgabe *n.*

issue, that's not the ~ / das ist nicht das Problem *n.*; das steht nicht zur Debatte *f.*

issue, unplanned ~ / ungeplante Entnahme *f.*

issuing an invoice / Rechnungsstellung

IT (information technology) / Informations-Technologie (IT) *f.*

IT infrastructure / IT-Infrastruktur

IT system (information technology system) / IT-System (System der Informations-Technologie) *n.*

item / Artikel

item master / Teilestamm

item number / Artikelnummer

item, cheap inventory ~ / Billigteil *n.*

item, costs per ~ / Stückkosten

item, non moving ~ / Ladenhüter *m.*

itemized (e.g. ~ invoice) / aufgegliedert; spezifiziert (z.B. ~e Rechnung)

itemizing and accounting / Leistungserstellung und Abrechnung

J

jack; outlet; female (opp. male; plug) / Steckdose *f.* (Ggs. Stecker *m.*)

jack / Wagenheber *m.*

jack-hammer / Presslufthammer *m.*

jack, pallet ~ / Palettenhebezeug *n.*; Hebevorrichtung für Paletten

Java (programming language) / Java (Programmiersprache)

jet lag (airplane) / Zeitunterschied (Flugzeug) *m.*

jetty; pier / Pier *f.*

jig / Vorrichtung

JIT (just-in-time) / just-in-time (JIT)

job / Tätigkeit (ausgeübte ~)

job assessment; job evaluation / Arbeitsbewertung *f.*

job assignment / Arbeitszuweisung *f.*

job breakdown (e.g. to divide a job in single steps); subdive / Arbeitsunterteilung *f.* (z.B. eine Arbeit unterteilen in einzelne Schritte)

job characteristic / Tätigkeitsmerkmal n.

job costs; job order costs (production) / Auftragskosten pl. (Fertigung)

job creation program / Arbeitsbeschaffungsprogramm n.

job description / Arbeitsbeschreibung f.; Stellenbeschreibung f.

job enlargement / Arbeitserweiterung f.

job enrichment / Arbeitsbereicherung f.

job evaluation / Arbeitsbewertung f.

job grading / Arbeitseinstufung f.

job loss / Arbeitsplatzverlust m.

job market / Arbeitsmarkt m.

job number / Arbeitsauftragsnummer f.

job order / Fertigungsauftrag

job order costs; job costs (production) / Auftragskosten (Fertigung)

job order production / Auftragsfertigung f.

job papers; work papers / Arbeitspapiere npl.

job performance / Arbeitsleistung f.; Berufstätigkeit f.

job production / Einzelfertigung

job rate / Akkordlohnsatz m.

job rotation / Arbeitsplatzwechsel m.

job routing / Fertigungsablauf

job satisfaction / Arbeitszufriedenheit f.

job security; security of employment / Arbeitsplatz-Sicherheit f.

job shop; workshop; shopfloor (e.g. in the shop; in the job shop; in the workshop; on the floor; on the shopfloor) / Werkstatt f.; Werkstattbereich m. (z.B. in der Werkstatt)

job shop production; shop production / Werkstattfertigung f.

job status / Auftragszustand m.

job time / Stückzeit

job, casual ~ (BrE) / Gelegenheitsarbeit

job, hold a ~ / Beruf ausüben m.

job, inhouse ~ posting / interne Stellenausschreibung f.

job, odd ~; casual job (BrE) / Gelegenheitsarbeit f.

jobless; unemployed / arbeitslos adj.

jobs, generate ~ / Arbeitsplätze schaffen mpl.

joint (project) (e.g. joint software project) / gemeinsam (Projekt) adj. (z.B. gemeinsames Softwareprojekt)

joint / gemeinsam (zusammen) adj.

joint demand / gemeinschaftlicher Bedarf m.; komplementäre Nachfrage f.

joint operating; cooperation; alliance (e.g. 1. more effective integration of functions through improved cooperation of all employees involved in the supply chain; 2. cooperation and alliances with suppliers) / Kooperation f.; Zusammenarbeit f.; Zusammenwirken n. (z.B. 1. effektiveres Zusammenspiel von Funktionen durch verbesserte Kooperation aller in der Lieferkette beteiligten Mitarbeiter; 2. Zusammenarbeit und Partnerschaft mit Lieferanten)

joint order / Auftragsverbund m.

joint order / Verbundbestellung f.

joint product / Koppelprodukt n.

joint project / Gemeinschaftsprojekt n.

joint research / Gemeinschaftsforschung f.

joint responsibility / Mitverantwortung f.

joint venture / Gemeinschaftsunternehmen n.

journal, corporate ~ / Firmenzeitschrift f.

junior / Student (im 3. =vorletzten Jahr) m. (ebenfalls für Schüler (im 3. =vorletzten Jahr) einer 'high school' verwendet)

junior staff / Nachwuchskräfte fpl.

just-in-time / just-in-time (JIT)

just-in-time delivery (e.g. ~ for inbound- or outbound delivery) / just-in-time Lieferung f.; wartezeitfreie Lieferung f. (z.B. ~ für An- bzw. Auslieferung)

just-in-time purchasing / fertigungssynchrone Beschaffung *f*.

JVM (Java Virtual Machine) (individual program that is part of all browsers to translate into the computer's specific language) / JVM (Java Virtuelle Maschine) (individuelles Programm als Teil aller Browser, das in die Sprache des jeweiligen Computers übersetzt)

K

Kaizen (s. Continuous Improvement Process) (CIP) / Kaizen (s. Kontinuierlicher Verbesserungs Prozess) (KVP)

Kanban system (Japanese manufacturing method: pull principle) / Kanban System *n*.

Kaufmann, the ~ (e.g. head of the 'finance and business administration' department: no specific eqivalent in English) / der Kaufmann *m*. (z.B. Leiter der kaufmännischen Abteilung)

keelage charges / Hafennutzungsgebühren *fpl*.

keep an eye on / überwachen

keep in store / auf Lager halten

keep score; keep records (e.g. ~ about the results) / Ergebnis verfolgen *n*. (z.B. das ~ beobachten, nicht aus den Augen lassen)

keep the minutes; take the minutes / Protokoll führen

keep the time limit; meet the deadline / die Frist einhalten *v*.

keep under control / beherrschen *v*.; im Zaume halten

kerbstone; kerb / Bordstein *m*.

key; code / Code *m*.

key account / Großkunde *m*.

key account management / Großkundenmanagement *n*.

key account manager (~ who is responsible for major customers) / Groß- bzw. Schlüsselkunden-Manager *m*. (~ für Großkundenbetreuung)

key code system / Schlüsselsystem *n*.

key data; metrics / Kennzahlen *fpl*.

key data structure / Strukturkennzahl *f*.

key date; effective date; vital due date / Stichtag *m*.

key driver (e.g. ~ for market and succes) / Schlüsselgröße *f*. (z.B. markt- und erfolgsbestimmende ~)

key figure; reference number; characteristic number / Kennzahl *f*.

key figures / Eckdaten *npl*.

key focus / Hauptgesichtspunkt *m*.

key for success / Schlüssel zum Erfolg *m*.

key issue / Hauptpunkt *m*.; wesentliches Thema *n*.

key item (e.g. ~ in terms of product turnover) / Hauptumsatzträger *m*. (z.B. bezogen auf ein Produkt)

key operation; primary operation / Schwerpunktsarbeitsgang *m*.

key point; main focus; emphasis; key point (e.g. ~ of a message) / Schwerpunkt (z.B. ~ einer Aussage)

key term / Schlüsselbegriff *m*.

key work center / Schwerpunktsarbeitsplatz *m*.

key, by pressing a ~ (e.g. all relevant process data can be retrieved simply ~ on the keybord) / auf Tastendruck (z.B. alle relevanten Prozessdaten lassen sich ~ am Steuerpult abrufen)

keynote speaker / Hauptredner *m*.

kick-off (e.g. ~ of a project) / starten *v*. (z.B. ~ eines Projektes)

kit / Gebinde *n*.; Garnitur *f*.

kitting area / Bereitstellfläche

kitting station (e.g. in the ~ kits are composed without any paperwork) / Kommissionierbereich *m*. (z.B. im ~ werden Konfigurationen papierlos zusammengestellt)

know-how / Know-how *n.*; Sachkenntnis *f.*; Fachwissen *n.*; Erfahrung *f.*

know-how and training profile / Wissens- und Ausbildungsprofil *n.*

knowledge (e.g. excellent ~ of business practices) / Kenntnis *f.* (z.B. profunde ~ der Geschäftspraxis)

knowledge base / Wissensbasis *f.*

knowledge management / Wissensmanagement *n.*

knowledge processing / Wissensverarbeitung *f.*

knowledge, thorough ~ / profunde Kenntnis *f.*

L

label; tag / Etikett *n.*

label (e.g. ... if it comes to clothing, it is most important to her to buy only big labels) / Marke *f.* (z.B. ... was die Kleidung betrifft ist es für sie äußerst wichtig, nur bekannte Marken zu kaufen)

label / auszeichnen *v.*

labelling / Etikettierung *f.*

labor and management / Arbeitnehmer und Arbeitgeber

labor costs / Arbeitskosten

labor grade / Lohngruppe *f.*

labor grading key / Arbeitsbewertungs-Schlüssel *m.*

labor hours; wage hours / Lohnstunden *fpl.*

labor-intensive / personalintensiv *adj.*

labor law / Arbeitsrecht *n.*

labor-management agreement / Betriebsvereinbarung *f.*

labor-management relations act / Betriebsverfassungsgesetz *n.*

labor productivity; workforce productivity / Arbeitsproduktivität *f.*

labor rate per hour; wage rate per hour / Lohnsatz pro Stunde *m.*

labor relations / Betriebsverfassung *f.*

labor utilization rate / Leistungsgrad *m.*

labor, direct ~ / direkter Lohn

labor, direct ~ cost / direkte Lohnkosten *pl.*; direkte Fertigungskosten *pl.*

labor, indirect ~ / indirekter Lohn

labor, low-skilled ~ / einfache Arbeit *f.*

lack (e.g. ~ of time) / Mangel *m.* (z.B. ~ an Zeit)

lack of productivity / Produktivitätsmangel *m.*; Produktivitätsdefizit *n.*

lack of space (e.g.: they are suffering from constant ~) / Platzmangel *m.* (z.B.: sie leiden unter ständigem ~)

lading / Ladung *f.*

lading, through bill of ~ / durch Konnossement *n.*

lag / Rückstand *m.*; Verzögerung *f.*

lag behind; stay back / zurückbleiben *v.*; hinterherhinken *v.*

lag, jet ~ (airplane) / Zeitunterschied *m.*

lag, time ~; time difference / Zeitunterschied *m.*

LAN (local area network) / lokales Netz *n.*

land transportation; ground transportation; land carriage / Landverkehr *m.*

land, by ~ / per Landweg; über Landweg

landed cost / Einstandspreis

landfill / Deponie *f.*

landing charge / Landegebühr *f.*

lane / Fahrstreifen *m.*

lanes (e.g. a sorting system of 15 ~ sorts the goods for final destination) / Bahnen *fpl.* (z.B. ein Sortiersystem, bestehend aus 15 ~ sortiert die Waren nach ihrem Bestimmungsort)

language, foreign ~ training / Fremdsprachentraining *n.*

language, technical ~ / Fachsprache *f.*

LAP (logistics analysis process) (e.g. after the LAP a continuous ReLAP takes place) / Durchführung einer Logistikanalyse (z.B. nach der Analyse des Logistikprozesses wird eine kontinuierliche Analyse durchgeführt, d.h. die Analyse wird ständig wiederholt)

lap phasing / überlappte Fertigung

lap phasing type / Überlappungsart *f.*

lapse of time / Fristablauf

laptop PC; laptop computer / tragbarer PC *m.*; tragbarer Computer *m.*

large (s. 'groß' in the German part of the dictionary: different examples how to use the German word 'groß'); big; great; huge; tall / groß *adj.* (z.B. *big* (groß, bedeutend: z.B. building, business, profit, mistake, the big Five); *great* (bedeutend, berühmt: z.B. celebrity, actor, speaker; beträchtlich: z.B. number; super: time); *large* (Fläche, Umfang, Inhalt: z.B. container, room, business, enterprise, producer, farm); *huge* (riesig, enorm, mächtig, gewaltig, ungemein groß: z.B. mountain); *vast* (unermesslich, riesig, weit, ausgedehnt: z.B. quantity, majority, difference); *tall* (hochgewachsen: z.B. person, tree)

large container / Großcontainer *m.*

large display screen / Großbildwand *f.*

large drive / Großantrieb *m.*

large enterprise / Großunternehmen *n.*

large scale operation / Großbetrieb *m.*

laser welding / Laserschweißen *n.*

Last-In, First-Out (LIFO) (storage method:"who comes last, serves first") (opp. FIFO) / Last-In, First-Out (LIFO) (Lagerungsmethode: "was zuletzt eingelagert wird, wird zuerst entnommen" oder: "wer zuletzt kommt, mahlt trotzdem zuerst") (Ggs. FIFO)

last-time buy / letzter Kauf *m.*

last year / letztes Jahr

latest finish date / letzter Endtermin *m.*; spätester Fertigstellungstermin *m.*; letzter Termin *m.*

latest order date / spätester Bestellzeitpunkt *m.*

latest start date / letzter Beginntermin *m.*; letzter Starttermin *m.*; spätester Anfangstermin *m.*

lathe / Drehmaschine *f.*

launch orders; start orders; initiate orders / Aufträge anstoßen *mpl.*

launching costs / Anlaufkosten

launching date / Einführungstermin *m.*

lavish salary / üppiges Gehalt *n.*

law suit / Rechtsstreit *m.*

law, antitrust ~ / Kartellrecht *n.*

law, attorney at ~; attorney; lawyer / Anwalt *m.*; Rechtsanwalt *m.*

law, commercial ~ / Handelsrecht *n.*

law, international commercial ~; (export control) / Außenwirtschaftsrecht *n.*

law, labor ~ / Arbeitsrecht *n.*

lawful; legal / rechtmäßig *adj*; legal *adj*; gesetzmäßig *adj.*

lawsuit / Klage *f.*; Gerichtsverfahren *n.*

lawsuit for damages; action for damages / Schadensersatzklage *f.*

lawyer; attorney; attorney at law / Anwalt *m.*; Rechtsanwalt *m.*

lay down the battle-lines / abstecken (z.B. Interessensgebiete)

layer (e.g. management ~) / Ebene *f.* (z.B. Management-~)

layoff; discharge; dismissal; firing / Entlassung *f.*

layoff; discharge; fire / entlassen *v.*

layout plan / Belegungsplan (Flächen) *m.*

LCL (less than carload) (opp. full carload FCL, e.g. a whole wagon); partial load / Stückgut (LCL) *n.*; Teilladung *f.* (Ggs. eine volle Ladung, z.B. ein ganzer Waggon voll)

lead negotiator; senior buyer / verhandlungsführender Einkäufer *m.*

lead time; throughput time; cycle time / Durchlaufzeit (DLZ) *f.*

lead time code / Laufzeitcode *m.*

lead, cumulative ~ time (e.g. total production lead time) / Kettenlaufzeit f. (z.B. gesamte Fertigungsdurchlaufzeit)
lead, delivery ~ time / Lieferzeit
lead, manufacturing ~ time / Fertigungsdurchlaufzeit f.
lead, manufacturing ~ time scheduling / Durchlaufterminierung f.
lead, purchase ~ time / Bestelllaufzeit f.
leaders, future ~ / Führungsnachwuchs m.
leadership / Führung f.
leadership framework (e.g. ~ as a suitable tool for personnel development and leadership) / Führungsrahmen m. (z.B. ~ als geeignetes Instrument für die Personalentwicklung und Führung)
leadership level / Managementebene
leading edge (e.g. a ~ technology) / modern adj.; führend adj. (z.B. eine ~e Technologie)
leading edge company / Spitzenunternehmen (z.B. führend mit Wettbewerbsvorsprung)
leadtime offset / Durchlaufzeitversatz m. (Differenz von End- zu Anfangstermin)
leaflet; flyer / Faltblatt n.
lean / schlank adj.; mager adj.
lean company; lean corporation / schlankes Unternehmen n.
lean management / Lean Management n.; schlankes Management (wenig Hierarchie)
lean management logistics / Logistik im schlanken Unternehmen (Management, Administration)
lean production / schlanke Fertigung f.; Lean Production f. (schneller, kosten- und aufwandsarmer Durchlauf)
lean production logistics / Produktionslogistik im schlanken Unternehmen
leap (e.g. a big ~ forward) / Schritt m. (z.B. ein großer ~ vorwärts, ein Sprung nach vorne, ein toller Fortschritt)

learning curve (e.g. ~ in chip production) / Einarbeitungskurve f.; Lernkurve f. (z.B. ~ bei der Chipherstellung)
learning cycle / Lernzyklus m.
learning organization; learning enterprise (e.g. action and result oriented learning with continuous improvement in the own organizational environment) / lernende Organisation f.; lernendes Unternehmen n. (i.S.v. handlungsorientiertes, ergebnisgerichtetes Lernen mit kontinuierlicher Verbesserung in der eigenen Organisationsumgebung)
learning, distance ~ (e.g. to improve the performance of our logistics workforce, online distance learning by using multimedia is becoming more and more important) / Distance Learning n.; Fernunterricht m.; Fernausbildung f. (z.B. um die Leistungsfähigkeit unserer Logistiker zu verbessern, gewinnt Distance Learning online und unter Einsatz von Multimedia zunehmend an Bedeutung)
lease; rent / Pacht f.; Miete f.
leasing / Leasing n.
leasing agreement / Leasingvertrag m.
leasing period / Leasingdauer f.
left-justified / linksbündig adj.
leftover; remainder / Rest m.
leftover stock / Lagerrestbestand
legacy (Computer) / Altlast (Computer)
legal; lawful / rechtmäßig adj; legal adj; gesetzmäßig adj.
legal department / Rechtsabteilung f.
legal entity / rechtlich selbständige Organisation f.; rechtlich selbständiges Unternehmen n.; Rechtseinheit f.
legal remedy; appeal (e.g. we should lodge legal remedies) / Rechtsmittel n. (z.B. wir sollten ~ einlegen)
legal, separate ~ unit / Bereich mit eigener Rechtsform m.
legality of contract / Verbindlichkeit des Vertrages

legally binding / rechtsverbindlich *adj.*
legislation / Gesetzgebung *f.*
legitimate / legitim *adj.*; gesetzlich *adj.*; rechtmäßig,*adj*
legitimate / legitimieren *v.*; rechtfertigen *v.*
legitimate / rechtmäßig *adj.*
lemon, pick a ~ (coll. AmE) / eine Niete ziehen (umgansssprachlich)
lend money (~ to *sbd.*) / Geld ausleihen; Geld verleihen (an *jmdn.* ~)
length / Länge *f.*
length of service / Dienstalter
less than carload (LCL) (opp. full load, e.g. a whole wagon); partial load / Stückgut *n.*; Teilladung *f.* (LCL) (Ggs. eine volle Ladung, z.B. ein ganzer Waggon voll)
less than truckload (LTL) / Stückgut (LTL)
lessons learned (e.g. ~ from a project) / Erfahrungen *fpl.* (z.B. ~ aus einem Projekt)
letter (examples of letter opening and close: 1 (formal): Dear Sirs, Thank you for the delivery ... Yours sincerely, First and last name; 2 (formal, last name of addressee known): Dear Mr. or Ms. X, Thank you ... Yours sincerely, First and last Name; 3 (formal, addressing s.o. by his first name; not common in German): Dear John: Thank you ... Regards, First and last name; 4 (less formal, addressing s.o. by his first name; not common in German): Dear John, Thank you ... Regards, First name; 5 (personal, informal): Dear Peter, Thank you ... Best regards, Paul) / Brief *m.* (Beispiele zu Briefanfang und -schluss: 1 (formell): Sehr geehrte Damen und Herren, besten Dank für die Lieferung ... Hochachtungsvoll, Nachname; 2 (formell, Nachname des Adressaten bekannt): Sehr geehrter Herr oder Frau X, besten Dank ... Mit freundlichen Grüßen, Nachname; 3 (formell, Anrede im Amerikanischen mit Vornamen, im Deutschen nicht üblich): Sehr geehrter Herr oder Frau X, besten Dank ... Mit freundlichen Grüßen, Vor- und Nachname; 4 (weniger formell, Anrede im Amerikanischen mit Vornamen, im Deutschen nicht üblich): Sehr geehrter Herr oder Frau X, besten Dank ... Mit freundlichen Grüßen, Vor- und Nachname; 5 (persönlich, nicht formell): Lieber Peter, vielen Dank ... Herzliche Grüße, Paul)
letter box; mail box / Briefkasten *m.*; Postkasten *m.*
letter of credit / Akkreditiv *n.*
letter of intent (LOI) / Absichtserklärung *f.;* vorläufige (noch nicht feste) Bestellung *f.*
letter of support (e.g. ~ to a bank) / Patronatserklärung *f.* (z.B. ~ gegenüber einer Bank)
letter, business ~ / Geschäftsbrief *m.*
letter, express ~ / Eilbrief *m.*
letterbox company / Briefkastenfirma *f.*
level (e.g. ~ of product structure in a bill of material) / Dispositions-Stufe *f.*; Dispositionsebene *f.* (z.B. ~ in einer Stückliste)
level-by-level / stufenweise *adj.*
level-by-level planning / stufenweise Planung *f.*
level of efficiency; labor utilization rate / Leistungsgrad *m.*
level of explosion; level of product structure / Dispositionsstufe *f.*; Dispositionsebene *f.*
level of product structure / Dispositionsstufe
level of service / Servicegrad
level-oriented / ebenenorientiert *adj.*
level, automation ~ / Automatisierungsstufe
level, noise ~ / Lärmpegel *m.*
level, picking ~ / Regalebene für Entnahmen *f.*

level, position ~ (e.g. the income is determined by the ~) / Funktionsstufe *f.* (z.B. die Bezahlung bzw. das Gehalt richtet sich nach der ~)

level, service ~; service rate; level of service / Servicegrad *m.*; Lieferbereitschaftsgrad *m.*; Grad der Lieferbereitschaft *m.*

lever / Hebel *m.*

leverage / Hebelkraft *f.*; Hebelwirkung *f.*

leverage point (e.g. ~ for improvements) / Ansatzpunkt *m.* (z.B. ~ für Verbesserungen)

liabilities / accounts payable / Verbindlichkeiten *fpl.*; Schulden *fpl.*

liabilities & equity / Verbindlichkeiten und Eigenmittel

liabilities / Finanzschulden

liabilities, statement of assets and ~ / Bilanz *f.*

liability / Leistungspflicht *f.*

liability / Obligo *n.*; Haftung *f.*; Haftpflicht *f.*

liability insurance / Haftpflichtversicherung *f.*

liability, assume ~; take responsibility / Haftung übernehmen *v.*

liability, exclusion from ~ / Haftungsausschluss *m.*

liability, individual ~ / Individualhaftung *f.*

liability, product ~ / Produkthaftung *f.*; Haftung für ein Produkt

liable for damages / schadensersatzpflichtig *adj.*

liable to pay / leistungspflichtig *adj.*

liable, be ~; be responsible / haften *v.*

liablity, waiver of ~ / Haftungsverzicht *m.*

liaison office; representative office / Verbindungsbüro *n.*; Verbindungsstelle *f.*; Außenstelle *f.*; Stützpunkt *m.*

liaison services / Kontaktstelle *f.*

liberalization (~ of foreign trade: no restrictions of money and volume) / Liberalisierung *f.* (Öffnung des Marktes: keine Geld- und Mengenbeschränkungen)

liberalized economy / liberalisierte Wirtschaft *f.*

license; permit / Lizenz *f.*; Konzession *f.*; Genehmigung *f.*

license fee; royalty / Lizenzgebühr *f.*; Lizenzbetrag *m.*

license plate (allgemein) (e.g. fixed metal plate of reusable transport unit in a factory with imprinted barcode to identify a product) / Identifikationsschild *n.* (z.B. Metallschild auf einer wiederverwendbaren Transporteinrichtung zur Identifikation des darauf befindlichen Produktes)

license plate (car) / Nummernschild *n.* (KFZ)

license, export ~ / Ausfuhrgenehmigung

license, import ~; import permit / Einfuhrgenehmigung *f.*; Importlizenz *f.*; Importbewilligung *f.*

license, under ~ / in Lizenz

licensed production / Nachbau (Lizenz)

licensing / Lizenznahme *f.*

licensor / Lizenzgeber *m.*

lie idle / stilliegen *v.*

lien / Pfandrecht *n.*

lien, contract of ~ / Pfandvertrag *m.*

lieu, payment in ~ / Abgeltung *f.*

life cycle / Lebensdauer *f.*; Lebenszyklus *m.*

life cycle costs / Lebenszykluskosten *pl.*

life cycle, logistics ~ (e.g. products move through different stages of their ~, from raw materials procurement to distribution and use of finished goods) / Logistik-Lebenszyklus *m.* (z.B. Produkte durchlaufen verschiedene Stadien in ihrem ~, von der Beschaffung des Rohmaterials über die Distribution bis zur Verwendung als Endprodukt)

life cycle, physical ~; physical life / technische Nutzungsdauer *f.*

life cycle, product ~ /
Produktlebenszyklus *m.*;
Produktlebensdauer *f.*
life insurance / Lebensversicherung *f.*
life time / Lebenszeit *f.*
life, mean ~ / mittlere Lebensdauer *f.*
life, product ~ cycle /
Produktlebenszyklus *m.*;
Produktlebensdauer *f.*
life, shelf ~ limit (e.g. maximum ~) /
Haltbarkeit (im Lager) *f.* (z.B. maximale
~)
lifetime, actual product ~ / tatsächliche
Produkt-Nutzungsdauer *f.*
lifetime, economic ~; effective lifetime /
wirtschaftliche Nutzungsdauer *f.*;
wirtschaftliche Lebensdauer *f.*
LIFO (Last-In, First-Out) (storage
method:"who comes last, serves first")
(opp. FIFO) / Last-In, First-Out (LIFO)
(Lagerungsmethode: "was zuletzt
eingelagert wird, wird zuerst
entnommen" oder: "wer zuletzt kommt,
mahlt trotzdem zuerst") (Ggs. FIFO)
lift / heben *v.*; hochheben *v.*
lift height (e.g. ~ of a reach truck for
stacking) / Hubhöhe *f.* (z.B. ~ eines
Schubmaststaplers für das Stapeln)
lift the handset (phone) / Hörer
abnehmen (Telefon)
lift truck / Hebezeug *n.*
lift truck, pallet ~ / Palettenhubwagen *m.*
lift, counterbalanced forc ~ /
freitragender Gabelstapler *m.*
lifting and lowering (e.g. ~ of cargo) /
Heben und Senken *n.* (z.B. ~ von Lasten)
lifting device, container ~ / Container-
Hebevorrichtung *f.*
light cargo / Leichtgut *n.*
light system, pick by ~ /
Lichtzeigersystem *n.*
lighter / Leichterschiff *n.*
lighting systems / Beleuchtungstechnik
f.
lights, head~ / Autoscheinwerfer *mpl.*
likelihood / Wahrscheinlichkeit *f.*

likely (e.g. its more ~ that the delivery is
delayed than on time) / wahrscheinlich
adv. (z.B. es ist eher ~, dass die
Lieferung verspätet statt pünktlich ist)
likewise (e.g. thank you, ~) / ebenfalls
adv.; gleichfalls *adv* (z.B. danke ~)
limit / Grenze *f.*
limit, acceptance ~ / Abnahmegrenze *f.*
limitation / Beschränkung *f.*
limitation period / Verjährungsfrist *f.*
limiting operation / Engpassarbeitsgang
m.
limits, unilateral ~ / einseitige Grenzen
fpl.
line; queue (BrE) / Warteschlange *f.*;
Anstellreihe *f.*
line assembly / Bandmontage *f.*;
Bandfertigung *f.*
line buffer / Linienpuffer *m.*
line cost (~ for communication) /
Leitungskosten *pl.* (~ für
Kommunikation)
line-filler / Materialbereitsteller *m.* (~ an
der Montagelinie)
line function / Linienfunktion *f.*
line item (e.g. ~ of a customer order) /
Einzelposition *f.* (z.B. ~ eines
Kundenauftrages)
line layout (e.g. ~ of machines as a
production line); functional layout /
Anordnung *f.* (z.B. ~ von Maschinen als
Fertigungslinie nach dem
Verrichtungsprinzip)
line manager / Linienmanager *m.*;
Manager in der Linie *m.*
line of business (LOB) / Arbeitsgebiet *n.*;
Geschäftsgebiet *f.*; Sparte *f.*
line production / Montagebandfertigung
f.
line-set / Reihenfolgeplanung am
Montageband
line shop / Werkstatt mit Bandfertigung
line switching / Leitungsvermittlung *f.*
line-to-line delivery; line-to-line
shipment / line-to-line-Lieferung *f.*
line worker / Bandarbeiter *m.*

line, hold the ~ (e.g. we will be right with you, please hold the line, don't hang up) / am Telefon bleiben (z.B. wir sind gleich für Sie da, bitte bleiben Sie am Apparat, hängen Sie nicht ein)

line, order ~ / Auftragszeile *f.*

line, rolling ~ / Walzstraße *f.*

line, shipping ~ / Schifffahrtslinie *f.*

lines (e.g. complete ~ shipped as a percentage of total ~ called for) / Partie *f.*; Posten *m.* (z.B. Anzahl gelieferter Positionen als Prozentsatz gewünschter Positionen)

link (e.g. is there a formal strategic plan to ~ the performance of the supply chain to the corporate goals?) / verknüpfen *v.*; verbinden *v.* (z.B. gibt es einen strategischen Plan, um die Leistung der Lieferkette mit den Unternehmenszielen zu ~?)

link (e.g. the final ~ in the production chain is packing and dispatch) / Glied *f.* (z.B. das letzte ~ in der Herstellkette ist die Versandabteilung)

link (WWW procedure to ~ pages of different files and computers, i.e. text is linked to other documents containing more information on the same or related topic. Hypertext links are identified as different colored text with underline) / Link *m.* (Methode, mit der im World Wide Web Seiten unterschiedlicher Dateien und Rechner miteinander verknüpft werden können, d.h. Texte sind mit anderen Dokumenten verknüpft, die weitere Informationen zur gleichen oder verwandten Thematik enthalten. Hypertext-Verknüpfungen sind durch unterschiedliche Farbe und Unterstreichung gekennzeichnet)

link / Verbindung (Bindeglied) (physikalisch)

link, electronic ~ / elektronische Verbindung *f.*

linkage / Verbindung (Bindeglied) (physikalisch)

linkage capability / Kopplungsfähigkeit *f.*

liquid assets / flüssige Mittel *npl.*

liquid capital / Umlaufvermögen *n.*

liquidated damages / Konventionalstrafe *f.*

liquidation / Auflösung *f.* (i.S.v. Geschäftsaufgabe)

liquidation of debts / Schuldentilgung *f.*

liquidation value / Liquidationswert *m.*

liquidity / Liquidität *f.*

list of abbreviations / Abkürzungsverzeichnis *n.*

list of components / Stückliste *f.*

list of dates / Terminliste *f.*

list price / Listenpreis *m.*

listing, tabular ~ / tabellarische Auflistung *f.*

live load / Aufträge in Arbeit *mpl.*

load; cargo / Ladung *f.*; Last *f.*

load (capacity-wise) / Auslastung *f.*; Belastung (von Maschinen) *f.* (kapazitätsmäßig)

load / beladen *v.*

load area; load space / Ladefläche *f.*; Lademaß *n.*

load balancing / Belastungsausgleich

load center; machine center / Belastungsgruppe *f.*

load chart / Belastungsübersicht

load compensation / Belastungsausgleich

load forecast; load projection / Belastungsvorschau *f.*; Belastungshochrechnung *f.*; Kapazitätsprognose *f.*

load levelling; load compensation; load balancing / Belastungsausgleich *m.*; Belastungsglättung *f.*

load planning / Belastungsplanung *f.*

load profile (e.g. ~ of a machine) / Belastungsprofil *n.* (z.B. ~ einer Maschine)

load projection / Belastungsvorschau

load report; load chart / Belastungsübersicht f.

load space / Ladefläche

load type / Belegungsart f.

load, basic ~ / Grundlast f.

load, drop a ~; unload (e.g. ~ a big load) / entladen v.; ausladen v. (z.B. einen großen Haufen ~)

load, long ~ / lange Last f.

load, order release with ~ **limitation** / Auftragsfreigabe mit Belastungsschranke (ABS) f.

load, over~ / Überlast f.

load, overview of work center capacity ~ / Belastungsübersicht je Arbeitsplatz

load, peak ~ / Arbeitshäufung f.; Belastungsspitze f.

load, ship~; cargo / Schiffsladung f.

load, trailor ~ / Anhängelast f.

loader, wheel ~ / Radlader m.

loading / Verladung f.

loading bay; loading site / Ladeplatz m.

loading capacity; load capacity (e.g. ~ of a truck) / Ladefähigkeit f. (z.B. ~ eines LKW)

loading charge; stowage / Lagergebühr f.; Staugebühr f.; Beladegebühr f.

loading crew / Verlademannschaft (beladen, entladen) f.

loading factor / Auslastungsfaktor m.

loading list / Belegungsliste f.; Ladeliste f.

loading method / Lademethode f.

loading of a ship / Schiffsbeladung f.

loading period (i.e. time allowed for loading) / Ladefrist f.; Verladefrist f.; Beladefrist f. (d.h. erlaubte Ladezeit)

loading plan / Belastungsplan m.; Belegungsplan (Kapazität) m.

loading platform / Laderampe f.

loading ramp; ramp / Ladeampe f.; Rampe f.; Verladerampe f.

loading rate; percentage utilization / Auslastungsgrad m.

loading records / Ladungsregister n.

loading time; occupation period / Belegungszeit f.

loading time / Beladungszeit f.

loading, balanced ~ / geglättete Maschinenauslastung f.; geglättete Belastung f.

loading, defective ~ / mangelhafte Verladung f.

loan / Bankkredit m.; Kredit m.; Darlehen n., Ausleihung f.; Anleihe f.

loan container; returnable / Leihbehälter m.; Pfandgut n.; Leihverpackung f.

loan grant / Darlehensgewährung f.

LOB (line of business) / Arbeitsgebiet n.; Geschäftsgebiet f.; Sparte f.

lobby (e.g. Mr. D. is lobbying for the acquisition of the company) / Einfluss nehmen (z.B. Herr D. versucht, seinen Einfluss auf die Firmenübernahme auszuüben)

lobby / Lobby f.; Vertretung einer Interessensgruppe

local area network / Local Area Network (LAN) lokales Netz n.

local authority / Kommune f.

local call (phone) / Ortsgespräch n. (Telefon)

local exchange / Ortsvermittlungsstelle

local goods traffic; local transportation / Nahverkehr m.; Nahtransport m.

local hauling; short distance goods traffic; short haul transportation / Güternahverkehr m.

local network area / Ortsnetzbereich m.

local office; local exchange / Ortsvermittlungsstelle f.

local time / Ortszeit f.

local traffic / Nahverkehr m.; Lokalverkehr m.

local transportation; local goods traffic / Nahtransport m.; Nahverkehr m.

location / Einsatzort

location, geographical ~ / geografischer Standort m.

location, warehouse ~ / Lagerstandort m.

locator system, stock ~ / Lagerplatz-Identifikationssystem *n.*
lock-out / Aussperrung *f.*
lockbox account number (bank account); safe custody account number / Depotnummer *f.* (Bankkonto)
locked; sealed / abgeschlossen *adj.;* verschlossen *adj*
locker / Schließfach *n.*
log file / Protokolldatei *f.*
log off (e.g. ~ from the server) / sich abmelden *v.* (z.B. ~ vom Server)
log on (e.g. ~ to a server) / sich anmelden *v.* (z.B. ~ am Server)
logbook / Bordbuch *n.;* Fahrtenbuch *n.*
logging / Protokollierung *f.*
logical sequence / logische Reihenfolge *f.*
logistic (the term "logistic" is not common usage; correct is "logistics") / logistic (im Englischen ist der Ausdruck "logistic" nicht gebräuchlich; richtig ist "logistics")
logistical / logistisch *adj.*
logistician / Logistiker *m.*
logistics (definition by Siemens AG: 'logistics is the market-oriented design, planning, control and processing of all material, goods and information flows to fulfill the customer orders') / Logistik *f.* (Definition der Siemens AG: Logistik ist die marktgerechte Gestaltung, Planung, Steuerung und Abwicklung aller Material-, Waren- und Informationsflüsse zur Erfüllung der Kundenaufträge)
logistics (definition by the Council of Logistics Management CLM, USA: "Logistics is that part of the supply chain process that plans, implements, and controls the efficient, cost-effective flow and storage of goods, services, and related information from the point of origin to the point of consumption in order to meet customers' requirements") / Logistik *f.* (Definition des Council of Logistics Management CLM, USA: "Logistik ist derjenige Teil des Supply-Chain-Prozesses, der den effizienten und kosten-effektiven Fluss von Gütern und deren Lagerung ebenso plant, implementiert und steuert wie Dienstleistungen und Informationen, die damit in Zusammenhang stehen; u. zw. vom Ursprungs- bis zum Verbrauchspunkt und mit dem Ziel, den Kundenwünschen zu entsprechen.")
logistics ... (e.g. logistics cost, "logistical" is not common usage) / Logistik... (z.B. Logistikkosten)
logistics analysis process (LAP) (e.g. after the LAP a continuous ReLAP takes place) / Durchführung einer Logistikanalyse (z.B. nach der Analyse des Logistikprozesses wird eine kontinuierliche Analyse durchgeführt, d.h. die Analyse wird ständig wiederholt)
logistics awareness / Logistikbewusstsein *n.*
logistics basics / Logistikgrundlagen, Logistikgrundsätze
logistics benchmarks (examples: 1. error rates of less than one per 1,000 order shipments, 2. logistics costs of well under 5% of sales, 3. inventory turnover of 10 or more times per year, 4. transportation costs of one percent of sales revenues or less) / Logistikbenchmarks *pl.* (Beispiele: 1. Fehlerraten von weniger als eins pro 1.000 Sendungen, 2. Logistikkosten von gut unter 5% des Umsatzes, 3. Bestandsumschlag von 10 oder mehr pro Jahr, 4. Transportkosten von einem Prozent der Umsatzerlöse oder weniger)
logistics center / Logistikzentrum *n.*
logistics chain / Logistikkette *f.*
logistics committee / Ausschuss für Logistik (AL) Logistikausschuss *m.;* Logistikkommission *f.*

logistics company /
Logistikunternehmen *n.*
logistics competence center / Logistik-
Kompetenzzentrum *n.*
logistics concept / Logistikkonzept *n.*
logistics conference /
Logistikfachtagung *f.*; Logistiktagung *f.*
logistics control points /
Logistikmesspunkte *mpl.*
logistics controlling / Logistiksteuerung
f.
logistics cost variance (e.g. ~ of
targeted and actual costs) /
Logistikkosten-Abweichung *f.* (z.B. ~
von SOLL und IST-Kosten)
logistics costs (e.g. total ~ related costs
as a percentage of sales) /
Logistikkosten *pl.* (z.B. ~ der
Logistikkette in % vom Umsatz)
logistics council / Logistik-Arbeitskreis
m.; Logistik-Fachkreis *m.*; Arbeitskreis
Logistik
logistics cycle / Logistikzyklus *m.*
logistics definition / Logistikdefinition *f.*
logistics department / Logistikabteilung
f.
logistics executive / Logistik-
Führungskraft *f.*
logistics information /
Logistikinformation *f.*
logistics life cycle (e.g. products move
through different stages of their ~, from
raw materials procurement to
distribution and use of finished goods) /
Logistik-Lebenszyklus *m.* (z.B. Produkte
durchlaufen verschiedene Stadien in
ihrem ~, von der Beschaffung des
Rohmaterials über die Distribution bis
zur Verwendung als Endprodukt)
logistics management /
Logistikmanagement *n.*
logistics manager / Logistikleiter *m.*
logistics metrics (e.g. fill rate, cycle time,
inventory, cost) / logistische
Kennzahlen; logistische Messgrößen

(z.B. Servicegrad, Durchlaufzeit,
Bestand, Kosten)
logistics organization /
Logistikorganisation *f.*
logistics performance / logistische
Leistung *f.*; Logistikleistung *f.*
logistics performance measurement /
Logistikcontrolling *n.*
**logistics pipeline; end-to-end logistics
chain** (logistics chain, supply chain: see
illustration in this dictionary); customer-
to-customer supply chain; logistics
pipeline / Gesamtlogistikkette *f.*; vom
Kunden zum Kunden;
Gesamtprozesskette; Logistikpipeline
(Logistik-Kette: siehe Zeichnung in
diesem Fachwörterbuch)
logistics planning / Logistikplanung *f.*
logistics principles / Logistikprinzipien
npl.
logistics process; supply chain process /
Logistikprozess *m.*
logistics process reengineering /
Neugestaltung von Logistikprozessen;
Neugestaltung von Logistikabläufen
logistics profession / Logistik-Beruf *m.*;
Beruf des Logistikers *m.*
logistics project / Logistikprojekt *n.*
logistics rules / Logistikregeln *fpl.*
logistics services (LS) /
Logistikdienstleister
logistics staff / Logistikpersonal *n.*;
Logistikmitarbeiter *m.*
logistics strategy / Logistikstrategie *f.*
logistics system / Logistiksystem *n.*
logistics targets / Logistikziele *npl.*
logistics tasks (Logistics deals with the
design and operation of the geografical
and timely availability of goods and
services based on economical and
ecological requirements. Related to this,
the integration of processes is of
substantial importance) /
Logistikaufgaben *fpl.* (Logistik befasst
sich mit der Gestaltung und dem Betrieb
der räumlichen und zeitlichen

Verfügbarkeit von Gütern und Dienstleistungen auf der Grundlage ökonomischer und ökologischer Erfordernisse. Die Vernetzung von Abläufen spielt dabei eine wesentliche Rolle)

logistics terms / Logistikbegriffe *mpl.*

logistics training / Logistiktraining *n.*

logistics, deliveries ~; supplies logsitics / Lieferlogistik *f.*

logistics, disposal ~ / Entsorgungslogistik *f.*; Logistik in der Entsorgung

logistics, distribution ~ / Distributionslogistik *f.*; Logistik in der Distribution

logistics, end-to-end ~ chain (logisticschain, supply chain: see illustration in this dictionary); customer-to-customer supply chain; logistics pipeline / Gesamtlogistikkette *f.*; vom Kunden zum Kunden; Gesamtprozesskette; Logistikpipeline (Logistik-Kette: siehe Zeichnung in diesem Fachwörterbuch)

logistics, field ~ / Außenlogistik *f.*

logistics, field service ~ / Außendienstlogistik *f.*

logistics, information ~ / Informationslogistik *f.*

logistics, integrated ~ / ganzheitliche Logistik *f.*

logistics, international ~ / weltweite Logistik

logistics, lean management ~ / Logistik im schlanken Unternehmen (Management, Administration)

logistics, lean production ~ / Produktionslogistik im schlanken Unternehmen

logistics, measures of performance in ~ / Leistungskenngrößen der Logistik *fpl.*

logistics, procurement ~ / Beschaffungslogistik *f.*; Logistik in der Beschaffung

logistics, production ~ / Produktionslogistik *f.*; Logistik in der Produktion

logistics, purchasing ~ / Einkaufslogistik *f.*

logistics, quick response ~ / schnelle Logistik *f.*

logistics, recycling ~; reuse logistics; reverse logistics / Recyclinglogistik *f.*; Wiederverwertungslogistik *f.*; Entsorgungslogistik *f.*

logistics, reuse ~; recycling logistics; reverse logistics / Wiederverwertungslogistik *f.*; Recyclinglogistik *f.*; Entsorgungslogistik *f.*

logistics, reverse ~; recycling logistics; reuse logistics / Entsorgungslogistik *f.*; Recyclinglogistik *f*; Wiederverwertungslogistik *f.*;

logistics, sales ~ / Vertriebslogistik *f.*; Logistik im Vertrieb

logistics, seamless ~ process / durchgängiger Logistikprozess *m.*

logistics, strategic ~ planning / strategische Logistikplanung *f.*

logistics, third party ~ / Logistikdienstleister *m.*

logistics, traffic ~ / Verkehrslogistik *f.*

logistics, transportation ~ / Transportlogistik *f.*

logistics, virtual ~ (e.g. global application of just-in-time, i.e. the process of delivering parts and materials in small timely batches as needed; allows multinationals to produce at low cost anywhere in the world and still get goods to market at a competitive speed) / virtuelle Logistik (z.B. weltweite Anwendung von just-in-time, d.h. Teile und Material in kurzer Zeit bedarfsorientiert liefern; erlaubt 'Multis' überall auf der Welt zu geringen Kosten zu produzieren und trotzdem die Waren in wettbewerbsgerechter Zeit zu vermarkten)

logistics, wastestream ~ / Entsorgungslogistik *f.*

logo and name (~ of a company) / Marke und Name (~ einer Firma)

logistics, supplies ~ / Lieferlogistik

LOI (letter of intent) / Absichtserklärung *f.;* vorläufige (noch nicht feste) Bestellung *f.*

long-dated / langfristig

long distance call (phone) / Ferngespräch *n.* (Telefon)

long distance center / Fernvermittlungsstelle

long distance goods traffic; long distance hauling / Güterfernverkehr *m.*

long distance haul destination (traffic) / Fernziel (Verkehr) *n.*

long distance haulage / Überlandverkehr *m.*

long distance hauling; long distance goods traffic / Güterfernverkehr *m.*

long distance traffic (phone) / Fernverkehr (Telefon) *m.*

long distance transport; long-distance haulage / Überlandverkehr *m.*; Fernverkehr *m.*

long-haul flight / Langstreckenflug *m.*

long-haul shipment / Lieferung im Fernverkehr

long-lead item / Langläufer *m.*

long load / lange Last *f.*

long load warehouse / Langgut-Lager *n.*

long-range; long-dated / langfristig *adj.*

long size material / Langgut *n.*

long size vehicle / überlanges Fahrzeug *n.*

long term delegation (e.g. ~ of personnel to foreign countries) / Versetzung *f.* (z.B. ~ von Mitarbeitern ins Ausland)

long-term effect / Langzeitwirkung *f.*

long-term liabilities / langfristige Verbindlichkeiten *fpl.*

long-term objective / Fernziel (Zielsetzung) *n.*

long-term planning / Langfristplanung *f.*

long-term profit / Langzeitgewinn *m.*

long-term program / langfristiges Programm *m.*

long-term success / Langzeiterfolg *m.*

look-ahead / Ausblick

loop / Schleife *f.*

loop, control ~ / Regelkreis *m.*

lorry (BrE) / truck (AmE) / LKW *m.;* Lastwagen *m.*

loss (e.g. a titanic ~) / Verlust *m.* (z.B. ein riesiger ~)

loss / Schadensfall

loss analysis / Schadensanalyse *f.*

lost and found (Airport) / Fundbüro *n.* (Flughafen)

lot; batch / Los *n.*; zusammengefasste Bestellmenge *f.*; Partie (Los) *f.*

lot-by-lot production / losweise Werkstattfertigung *f.*

lot quantity variation / Losmengenabweichung *f.*

lot range / Losreichweite *f.*

lot size; batch size / Losgröße *f.*

lot splitting / Losteilung *f.*

lot, dynamic ~ **size** / dynamische Losgröße *f.* (Losgröße mit bedarfsabhängiger Mengenanpassung)

lot, least unit cost ~ **size** / gleitende wirtschaftliche Losgröße *f.*

lot, splitted ~ / Teillos

lotsizing / Losbildung *f.*; Losgrößenbildung *f.*

low-cost (e.g. ~ version of a product) / kostengünstig *adj.*; billig *adj.* (z.B. Billigausgabe bzw. ~e Version eines Produktes)

low end product / Produkt der unteren Preiskategorie; Billigprodukt *n.* (i.S.v. Marktkategorie)

low-level code / Kennzeichen niedrigste Dispositionsstufe

low-wage / Niedriglohn *m.*

lower part number / untergeordnete Teilenummer *f.*; Unterstufennummer *f.*; Sachnummer der Unterstufe *f.*

lower subassembly / untergeordnete
  Baugruppe f.
lowering, lifting and ~ (e.g. ~ of cargo) /
  Heben und Senken n. (z.B. ~ von Lasten)
lowest value / niedrigster Wert m.
LPG fork lift / Treibgas-Gabelstapler m.
LS (logistics services) /
  Logistikdienstleister m.
LTL (less than truckload) / LTL
  (Stückgut)
luggage; baggage / Gepäck n.
lump sum / Pauschalsumme f.; Pauschale
  f.; Pauschalsatz m.
lump sum freight / Pauschalfracht f.
lump sum settlement /
  Pauschalregulierung f.
lumpy demand; fluctuating demand /
  schwankende Nachfrage f.;
  schwankender Bedarf m.

M

machine / bearbeiten v. (Fertigung)
machine automation /
  Fertigungsautomation f.
machine breakdown; machine failure /
  Maschinenausfall m.; Maschinenstörung
  f.
machine burden unit /
  Maschinenkostensatz m.
machine capacity / Maschinenkapazität
  f.
machine center / Belastungsgruppe f.
machine down time / störungsbedingte
  Stillstandszeit der Maschine f.;
  Maschinenstillstandzeit f.
machine feeding / Maschinenzuführung
  f.
machine-hour / Maschinenstunde f.
machine-hour rate /
  Maschinenstundensatz m.
machine key / Maschinenschlüssel m.

machine load; machine loading /
  Maschinenbelastung f.;
  Maschinenbelegung f.
machine loading / Maschinenbelastung
machine made / maschinell hergestellt
  adj.
machine operator / Bediener (einer
  Maschine) m.
machine run time / Maschinenlaufzeit f.
machine running time / Hauptzeit (eines
  Maschinenlaufes) f.
machine time / Nutzungszeit f.
machine tool; tool machine (e.g. ~ for
  cutting) / Werkzeugmaschine (z.B. ~
  für spanende Bearbeitung)
machine utilization / Maschinennutzung
  f.
machine, alternate ~ /
  Ausweichmaschine f.
machine, controlled ~ time /
  beeinflussbare Maschinenzeit f.
machine, normal ~ capacity / normale
  Maschinenkapazität f.
machining cell / Fertigungsnest n.
machining procedure; processing
  procedure / Bearbeitungsverfahren n.
  (Fertigung)
machining sequence /
  Bearbeitungsreihenfolge f. (Fertigung)
made-to-order / kundenspezifische
  Anfertigung
made, hand ~ / manuell hergestellt adj.;
  handgemacht adj.
made, home ~ / hausgemacht adj.; selbst
  hergestellt adj.
made, machine ~ / maschinell hergestellt
  adj.
magazine; warehouse / Magazin n.
magnetic tape / Magnetband n.
magnetic tape unit / Magnetbandgerät n.
mail / Postsendung f.
mail order company / Versandfirma f.;
  Postversandfirma f.
mail server / Mail-Server (Anwendung
  auf einem Server, der ein- und

ausgehende E-mails verwaltet und an die Clients weiterleitet)
mail, bulk ~ / Postwurfsendung *f.*
mail, by ~ / per Post *f.*
mail, incoming ~ / Posteingang *m.*
mail, outgoing ~ / Postausgang *m.*
mailbox / Postkorb *m.*; Briefkasten *m.*
mailing address / Postadresse *f.*
mailing list; address list / Adressliste *f.*
mailing, bulk ~ / Massenversand *m.*
main competitor; major competitor / Hauptkonkurrent *m.*
main data / Stammdaten
main deadline / Haupttermin *m.*
main focus; emphasis; key point (e.g. ~ of a message) / Schwerpunkt *m.*; Hauptansatzpunkt *m.* (z.B. ~ einer Aussage)
main line rolling stock / Fernverkehr-Fahrzeuge *npl.*
main menu / Hauptmenü *n.*
main operations / Hauptbetrieb *m.*
main personnel office / Hauptpersonalbüro *n.*
main plant / Hauptwerk *n.*
main storage (computer) / Hauptspeicher *m.* (Computer)
main storage volume (computer) / Hauptspeichergröße *f.* (Computer)
main store / Hauptlager *n.*
main supplier / Hauptlieferant *m.*.
mainframe computer / Zentralrechner *m.*; Großrechner *m.*
mainstream (e.g. going ~) / Hauptströmung *f.*; Trend *m.* (z.B. mit dem Trend gehen, tun was die Allgemeinheit macht)
maintain; service / warten (Service) *v.*
maintenance / Wartung *f.*; Instandhaltung *f.*
maintenance agreement; service contract / Wartungsvertrag *m.*
maintenance costs / Wartungskosten *pl.*; Kosten für Wartung
maintenance cycle / Wartungszyklus *m.*; Wartungsrhythmus *m.*

maintenance-free / wartungsfrei *adj.*
maintenance of basic data / Grunddatenverwaltung *f.*
maintenance of bill of material / Stücklistenverwaltung *f.*
maintenance service / Wartungsdienst *m.*; Wartungsservice *m.*
maintenance warehouse / Wartungslager *n.*
maintenance, plant ~ / Betriebserhaltung *f.*
maintenance, preventive ~ / vorbeugende Wartung
major (a ~ problem) / größeres (ein ~ Problem)
major competitor; main competitor / Hauptkonkurrent *m.*
major player / führende Firma *f.*; führendes Unternehmen *n.*
major project / Großprojekt *n.*
majority stake (e.g. acquire a ~) / mehrheitlicher Anteil *f.* (z.B. einen ~ erwerben)
make-and-take order / Abrufauftrag *mpl.*
make for stock / auf Lager fertigen
make-market cycle / Auftrags-Liefer-Prozess *m.*
make or buy / Eigenfertigung oder Kauf
make or buy decision / Make or Buy-Entscheidung *f.*
make profit / Gewinn machen *v.* (Ergebnis erwirtschaften)
make-ready time / Rüstzeit *f.*
make s.o. idle; put *s.o.* out of work / *jmdn.* beschäftigungslos machen
make-to-order; produce-to-order / auftragsbezogen fertigen *v.*; nach Maß fertigen
make-to-order poduction / Kundenfertigung
make-to-stock; make for stock; produce to store; produce for stock / auf Lager fertigen fertigen auf Lager
make up (e.g. ~ the time) / aufholen *v.* (z.B. die Zeit ~)

make up / Nachholbedarf
makeshift production / Notfertigung *f.*
male; plug (opp. female; outlet) / Stecker *m.* (Ggs. Steckdose *f.*)
malfunction (e.g. ~ of a machine) / fehlerhafte Funktion *f.* (z.B. ~ einer Maschine)
malicious call identification (e.g. identification (tracking) of abusive or criminal calls) / Rufnummern-Identifizierung *f.*
MAN (Metropolitan Area Network)
man-hour / Mannstunde *f.*
man-hour output / Ausstoß pro Arbeitsstunde
man-month / Mannmonat (MM) *m.*
manage / verwalten
management / Leitung *f.*; Geschäftsführung *f.*
management buyout (MBO) / Kauf eines Unternehmens durch dessen Management.
management by objectives (MBO) / Führung durch Zielvereinbarung *f.*; zielgesteuerte Unternehmensführung *f.*
management commitment / Management(selbst)verpflichtung *f.*; Selbstverpflichtung des Managements; Verpflichtung des Managements
management committee / Leitungskreis *m.*
management consultant / Unternehmensberater *m.*
management costs / Lenkungskosten
management development / Führungspersonal-Entwicklung
management expenses / Leitungskosten *pl.* (Management)
management function / Managementfunktion *f.*
management information system (MIS) / Management Informations-Systeme
management layer / Managementebene

management level; management layer; leadership level / Managementebene *f.*; Führungsebene *f.*
management of change / Veränderungsmanagement
management processes / Verwaltungsprozesse *mpl.*; Verwaltungsabläufe *mpl.*
Management Resource Planning (MRP II); resource planning / Einsatzfaktorenplanung *f.*; Ressourcenplanung *f.*
management style / Führungsverhalten *n.*
management training / Managementtraining *n.*; Führungskräftetraining *n.*; Führungskräfteseminar *n.*
management training and development / Managementtraining und -entwicklung
management, account ~ / Kundenbetreuung *f.*
management, assets ~ / Management der Vermögenswerte; Bestandsmanagement (i.S.v. Betriebsvermögen) *n.*
management, business process ~ / Gestaltung der Geschäftsprozesse *f.*; Management der Geschäftsprozesse *n.*
management, core commodity ~ / Leiteinkauf *m.*
management, customer relationship ~ (CRM) / Kundenbeziehungs-Management *n.*
management, enterprise resource ~ (ERM) / ERM (~ ist ein Ansatz zur integrierten Geschäftsabwicklung in einem Unternehmens unter Einbeziehung sämtlicher geschäftsrelevanter Ressourcen)
management, facility ~; real estate management / Facility-Management *n.*; Gebäude-Management *n.*; Immobilien-Management *n.* (Betrieb und Unterhalt von Gebäuden, insb. mit dem Ziel, die Wirtschaftlichkeit zu erhöhen)

management, file ~ / Dateiverwaltung f.
management, flow ~ / Flussgestaltung f.; Management des Fließens n.
management, inventory ~; stock management / Bestandsführung f.; Bestandsmanagement n.; Bestandswirtschaft f.; Lagerwirtschaft f.
management, lean ~ / Lean Management n.; schlankes Management (wenig Hierarchie)
management, mid-level ~ / mittleres Management
management, real estate ~ / Immobilienmanagement n.
management, senior ~ / oberes Management n.; obere Führungskräfte (OFK) fpl.
management, shelf ~ (e.g. at the retailer's site, the supplier cares for the on-time replenishment of the shelf) / Regalnachfüllmanagement n. (z.B. der Lieferant sorgt beim Einzelhändler für rechtzeitiges Auffüllen des Regals)
management, stock ~ / Bestandsführung f.
management, supplier ~ / Lieferantenmanagement n.
management, supply chain ~ (SCM; the practice of controlling all the interchanges in the logistics process from acquisition of raw materials to delivery to end user. Ideally, a network of firms interact to deliver the product or service. -> 'Extended Enterprise') / Supply Chain Management (SCM; Methode zur Steuerung aller Vorgänge im Logistikprozess - vom Bezug des Rohmaterials bis zur Lieferung an den Endverbraucher. Idealerweise arbeitet hierbei ein Netzwerk von Firmen zusammen, um ein Produkt oder eine Dienstleistung zu liefern. -> 'Extended Enterprise') Prozessmanagement der Logistikkette n.; Gestaltung der Logistikkette n.; Prozessmanagement der Logistikkette n.; Versorgungsmanagement n.; Lieferkettenmanagement n.; Pipelinemanagement n
management, top ~ / oberster Führungskreis
management, traffic ~ / Versandmanagement n.
management, upper-level ~ / oberes Management
management, warehouse ~ / Lagermanagement n.
management, works ~ / Betriebsleitung (BL) f.; Betriebsführung f.
manager (person responsible for conducting business) / Geschäftsverantwortlicher m.; Führungskraft f.
manager I&C; I&C manager / Leiter Information und Kommunikation (IuK) m.; IuK-Leiter m.
manager, account ~ / Kundenbetreuer m.
manager, core commodity ~; core buyer / Leiteinkäufer m.
manager, personnel ~ / Personalleiter m.; Personalchef m.
manager, warehouse ~ / Lagerleiter m.
managerial focus / Managementfokus m. (i.S.v. im Mittelpunkt des Managementinteresses)
managerial staff / leitende Angestellte pl.
managing (e.g. ~ partner); acting / leitend adj.; geschäftsführend adj. (z.B. ~er Gesellschafter)
managing board; executive board / Vorstand m.; Geschäftsleitung f.; Gesamtvorstand m.
managing director / Generaldirektor m.; Hauptgeschäftsführer m.; Leiter eines Geschäftes
managing, member of the ~ board / Vorstandsmitglied n.; Mitglied des Vorstandes n.
mandatory data element / Muss-Datenelement n.
mandatory data field / Mussdatenfeld n.
mandatory field / Mussfeld n.

maneuver, room for ~ / Handlungsspielraum *m.*

manipulating equipment; processing tools / Handhabungsgeräte *npl.*

manoeuvring area / Manövrierfläche *f.*

manpower / Arbeitskräfte *fpl.*; Personalkapazität *f.*

manpower, skilled ~ / fähiges Mitarbeiterpotential *n.*

manual / Betriebsanleitung *f.*; Handbuch *n.*; Manual *n.*

manual work center / Handarbeitsplatz *m.*

manual, operation ~; manual; installation instruction / Bedienungsanleitung *f.;* Einbauanleitung *f.*

manufacture / erzeugen *v.*; herstellen *v.*

manufacture, trade ~ / handwerkliche Fertigung *f.*

manufacturer / Fertigungsunternehmen

manufacturer's suggested retail price (MSRP) / vom Hersteller empfohlener Verkaufspreis *m.*

manufacturing / Produktion; Fertigung (auch als Abteilung)

manufacturing automation protocol / MAP

manufacturing bill of material / Fertigungsstückliste

manufacturing capacity / Fertigungskapazität

manufacturing company; manufacturing corporation; manufacturer; producer / Fertigungsunternehmen *n.*; Hersteller *m.*

manufacturing control / Produktionssteuerung

manufacturing corporation / Fertigungsunternehmen

manufacturing costs (e.g. planned ~); production costs / Fabrikationskosten; Herstellkosten (z.B. geplante ~)

manufacturing costs / Herstellkosten (z.B. geplante ~)

manufacturing day calendar / Fabrikkalender

manufacturing depth / Fertigungstiefe *f.*

manufacturing engineering / Fertigungsvorbereitung (Abteilung)

manufacturing equipment; manufacturing facilities / Fertigungsmittel (Ausstattung) *npl.*

manufacturing facility / Produktionsstätte

manufacturing industries / verarbeitende Industrie

manufacturing inventory / Fabrikbestand *m.*

manufacturing lead time / Fertigungsdurchlaufzeit *f.*

manufacturing lead time scheduling / Durchlaufterminierung *f.*

manufacturing location / Produktionsstandort

manufacturing management / Fertigungsleitung

manufacturing order / Fabrikauftrag *m.;* Fertigungsauftrag *m.*

manufacturing overhead / Fertigungsgemeinkosten

manufacturing planning / Produktionsplanung

manufacturing plant abroad; foreign production / Fertigung im Ausland

manufacturing process / Fertigungsprozess *m.*

manufacturing progress; production progress / Fertigungsfortschritt *m.*

manufacturing quantity; production quantity / Fertigungsmenge; Produktionsmenge

manufacturing resource planning (MRP I) / Produktionsfaktorenplanung *f.*

manufacturing services / Werksaufgaben *fpl.*

manufacturing site / Produktionsstandort

manufacturing stores / Werkstattlager *n.*

manufacturing technology /
Fertigungstechnik f.
manufacturing throughput time /
Fabrikationszeit f.
manufacturing throughput time /
Herstell-Durchlaufzeit f.;
Fabrikationszeit f.; Verarbeitungszeit f.
manufacturing to order /
auftragsbezogene Fertigung f.
manufacturing, downstream ~ step;
successor stage / nachgelagerte
Fertigungsstufe f.
manufacturing, function-oriented ~ /
funktionsorientierte Produktion
manufacturing, in-house ~ /
Eigenfertigung f.
manufacturing, integrated ~ system /
integriertes Fertigungssystem n.
manufacturing, open ~ order / offene
Bestellung offener Auftrag (Fertigung)
manufacturing, process-oriented ~ /
prozessorientierte Produktion
manufacturing, release to ~; release to
production / Fertigungsfreigabe f.;
Produktionsfreigabe f.
MAP (manufacturing automation
protocol)
mapping, process ~ (method to analyze,
to follow up and to design processes) /
Prozessmapping n.; Prozessverfolgung f.
(Methode zur Prozessanalyse, -
darstellung und -gestaltung)
margin (profit) / Spanne (Gewinn) f.;
Gewinnspanne f.; Handelsspanne f.;
Deckungsbeitrag m.
margin, contribution ~ /
Einlagenspanne f.
margin, required ~ / Bedarfsspanne f.
marginal costs / Grenzkosten f.
marginal productivity /
Grenzproduktivität f.
marine engineering / Schiffbau m.
mark / kennzeichnen v.
mark down prices (e.g. ~ for
merchandise during sale) / Preise

reduzieren v. (z.B. ~ für Waren während
des Schlussverkaufes)
mark with a cross; tick (e.g. ~ questions
in a form) / ankreuzen v. (z.B. Fragen in
einem Formular ~)
mark, calibration ~ / Eichmarke f.
market; market-place (e.g. this product
is not yet available on the ~) / Markt m.
(z.B. dieses Produkt gibt es noch nicht,
ist noch nicht auf dem ~ erhältlich)
market / Absatzmarkt m.; Absatzgebiet
n.
market a service (e.g. market city
logistics as an additional service for our
customers) / Dienst anbieten (z.B. für
unsere Kunden Citylogistik als
zusätzlichen ~)
market a service / Dienst anbieten m.
market analysis / Marktanalyse f.
market and competition analysis /
Markt- und Wettbewerbsbeobachtung f.
market behavior / Marktverhalten n.
market demand (~ for) / Bedarf
(Nachfrage) (~ nach)
market deregulation / Deregulierung
des Marktes f.; Marktöffnung f.
market disturbance / Marktstörung f.
market dominance / Marktvorherrschaft
f.
market-driven / marktbestimmt adj.
market entry / Markteintritt m.;
Marktzugang m.
market fluctuation / Marktschwankung
f.
market gap; niche / Marktlücke f.
market introduction / Markteinführung
f.
market leader / Marktführer m.
market observation / Marktbeobachtung
f.
market orientation / Marktorientierung
f.
market-oriented / marktorientiert adj.
market-oriented, be more ~ / sich
verstärkt am Markt orientieren

market penetration / Marktdurchdringung *f.*

market position / Marktposition *f.*

market potential analysis (MPA) / Marktpotentialanalyse (MPA) *f.*

market price; trade price / Handelspreis *m.*

market price behaviour / Marktpreisverhalten

market price level / Marktpreisniveau *n.*

market proximity / Marktnähe *f.*

market rate / Kurswert

market requirement / Marktanforderung *f.*

market research / Absatzforschung *f.*; Marktforschung *f.*

market review / Marktbeobachtung *f.*

market saturation / Marktsättigung *f.*

market share / Marktanteil *m.*

market structure / Marktstruktur *f.*

market study / Marktuntersuchung *f.*

market transparency; clarity / Markttransparenz *f.*

market value; market rate / Marktwert *m.*

market, average ~ price / durchschnittlicher Marktpreis *m.*

market, closed ~; exclusive market / geschlossener Markt *m.*

market, domestic ~; home market / Binnenmarkt *m.*; eigener Markt *m.*; Heimatmarkt *m.*; Inlandsmarkt *m.*

market, emerging ~ (e.g. we will install a state-of-the-art logistics system in this ~) / aufstrebender Markt (z.B. wir werden in diesem aufstrebenden Markt ein modernes Logistiksystem aufziehen)

market, foreign ~ / Auslandsmarkt *m.*

market, home ~ / Binnenmarkt

market, international ~ / internationaler Markt *m.*

market, mature ~ / gesättigter Markt *m.*

market, movement of the ~ / Marktbewegung *f.*

market, recovery of the ~ / Markterholung *f.*

market, tap a ~ / einen Markt erschließen

market, time-to-~ / Zeitdauer bis zur Markteinführung *f.*; Produkteinführungszeit *f.*

marketing / Marketing *n.*; Vermarktung *f.*

marketing communications / Absatzwerbung *f.*

marketing plan / Marktstrategieplanung *f.*

marketing service / Marketingdienst *m.*

marketing, purchasing ~ / Einkaufsmarketing *n.*

marketplace (e.g. this product is not yet available on the ~) / Markt (z.B. dieses Produkt gibt es noch nicht, ist noch nicht auf dem Markt erhältlich)

marking / Markierung *f.*

marking instruction / Beschriftungsvorschrift *f.*

markup / Preiserhöhung *f.*; Gewinnaufschlag *m.*

markup, percentage ~ / prozentualer Aufschlag *m.*

marshalling station / Bereitstellstation *f.*

mass / Masse

mass market / Massenmarkt *m.*

mass processing; bulk processing / Massenverarbeitung *f.*

mass-produced series / Großserie *f.*

mass producer / Massenfertiger *m.*

mass product / Massenprodukt *n.*

mass production / Massenfertigung *f.*

mass shipment / Lieferung von Massengut

mass storage / Massenspeicher *m.*

mass transit rolling stock / Nahverkehrfahrzeuge *npl.*

mast (e.g. ~ of a reach truck) / Hubgerüst *n.* (z.B. ~ eines Schubmaststaplers)

master agreement / Rahmenvertrag

master bill of material / Ausgangsstückliste *f.*

master data; main data / Stammdaten *npl.*

master data management / Stammdatenverwaltung *f.*

master file / Stammdatei *f.*

master policy / Generalpolice *f.*

master production schedule; master schedule (e.g. overstated ~, understated ~) / Hauptproduktionsplan *m.*; Primärprogramm *n.* (z.B. ~ mit Überdeckung, ~mit Unterdeckung)

master production scheduling / Primärbedarfsdisposition *f.*; Fertigproduktdisposition *f.*

master record / Stammsatz *m.*

master record maintenance / Stammsatzpflege *f.*

master route sheet / Produktionsplan *m.*

master schedule item / Position des Primärprogramms *f.*

master scheduling / Fertigungsgrobplanung *f.*

match; correspond / zusammenpassen *v.*; übereinstimmen *v.*; in Einklang bringen *v.*

matchcode / Matchcode *m.*

material (e.g. general ~, special ~) / Material *n.* (z.B. allgemeines ~, besonderes ~)

material additions / Materialzugang *m.*

material and service costs / Sach- und Dienstleistungskosten *pl.*

material content / Materialanteil *m.*

material control; materials management (and control) / Materialwesen *n.*; Materialwirtschaft *f.*

material costs / Materialkosten *pl.*

material costs overview / Materialkostenübersicht

material costs reduction / Materialkostensenkung (MKS) *f.*

material damage; damage to property / Sachschaden *m.*

material demand / Materialverbrauch *m.*

material description / Materialbeschreibung *f.*

material flow; flow of material; physical flow / Materialfluss *m.*

material flow control / Materialflusssteuerung *f.*

material flow system / Materialflusssystem *n.*

material handling / Fördertechnik *f.*; Materialbeförderung *f.*; Montage und Transport

material handling engineering / Materialflusstechnik *f.*

material handling system / Handhabungssystem für Materialien *n.*

material handling time / Materialtransportzeit *f.*

material inventory / Materialbestand *m.*

material issue card; material requisition card / Materialbezugskarte *f.*

material level / Materialebene *f.*

material movement / Warenbewegung *f.*; Materialbewegung *f.*

material number / Materialnummer *f.*

material overhead / Materialgemeinkosten

material planning / Disposition *f.*; Terminwesen *n.*; Terminwirtschaft

material planning control / Dispositionsüberwachung *f.*

material planning data / Dispositionsdaten *npl.*

material planning department / Dispositionsabteilung *f.*

material planning error / Fehldisposition *f.*

material planning file / Dispositionsdatei *f.*

material planning key / Dispositionsarten-Schlüssel *m.*

material price change / Materialpreisveränderung

material procurement / Materialbeschaffung *f.*

material-related / materialbezogen *adj.*

material requirements / Materialbedarf *m.*

material requirements planning
(material planning for dependent
requirements) / Bedarfs- und
Auftragsrechnung *f.*; Materialdisposition
f.; Materialbedarfsplanung *f.*
material requisition; material
withdrawl. / Materialabruf *m.*
material requisition card /
Materialbezugskarte
material requisition form /
Materialbezugsschein
material shortage / Materialknappheit *f.*
material supplied by customer /
Materialbeistellung durch den Kunden
material supply bill; material requisition
form / Materialbezugsschein *m.*
material to be processed /
Materialbereitstellung *f.*
material trim allowance /
Materialzuschlag *m.* (beim
Zuschneiden)
material type / Materialtyp *m.*
material warehouse / Materiallager *n.*
material withdrawl; material requisition
/ Materialabruf *m.*; Materialabgang *m.*
material, calculation of ~ planning /
Dispositionsrechnung *f.*
**material, consumption-driven ~
planning**; material planning by order
point technique / verbrauchsgesteuerte
Disposition *f.*
material, harmful ~; harmful substance;
harmful emission / Schadstoff *m.*
material, indirect ~ / Hilfsmaterial *n.*;
Hilfs- und Betriebsstoffe *mpl.*
material, long size ~ / Langgut *n.*
material, master bill of ~ /
Ausgangsstückliste *f.*
material, method of ~ planning (e.g. ~
for finished goods) /
Dispositionsmethode *f.* (z.B. ~ für
Fertigungserzeugnisse)
material, obsolete ~ / veraltetes Material
n.
material, order bill of ~ /
Auftragsstückliste *f.*; Bestellstückliste *f.*

material, original ~ / Ausgangsmaterial
n.
material, reserved ~ (e.g. ~ to assemble
a product, i.e. material for orders in
process) / reserviertes Material *n.* (z.B. ~
um ein Erzeugnis zu montieren, d.h.
Materialbestand für laufende Aufträge)
material, type of ~ planning /
Dispositionsart *f.*
materials administration /
Materialverwaltung *f.*
materials management / Materialwesen *n.*
materials manager /
Materialwirtschaftsleiter *m.*
materials, residual ~ (e.g. ~ are
collected for recycling) / Reststoffe *mpl.*
(z.B. ~ werden gesammelt für die
Wiederverwertung)
matrix bill of material /
Erzeugnismatrix Teilematrix
maturity code / Fälligkeitsschlüssel *m.*
maximum inventory level /
Bestandsobergrenze *f.*
maximum machine capacity / maximale
Maschinenkapazität *f.*
maximum stock / Maximalbestand *m.*
maximum utilization / maximale
Ausnutzung *f.*
MBO (management buyout) / Kauf eines
Unternehmens durch dessen
Management.
MBO (management by objectives) /
Führung durch Zielvereinbarung *f.*;
management by objectives *n.*;
zielgesteuerte Unternehmensführung *f.*
MCID (malicious call identification)
(e.g. identification (tracking) of abusive
or criminal calls) /
Rufnummernidentifizierung *f.*
Mean Time Between Failures (MTBF)
Mean Time To Repair (MTTR)
mean, simple ~ / einfacher Mittelwert *m.*
means / Mittel (Maßnahme) *n.*
means and methods / Mittel und
Methoden
means of payment / Zahlungsmittel *npl.*

means of production / Produktionsmittel *npl.*; Fertigungsmittel *npl.* (Material)

means of transport / Beförderungsmittel *npl.*; Transportmittel *mpl.*

measure (e.g. take a ~) / Maßnahme *f.* (z.B. eine ~ ergreifen)

measure / messen *v.*

measure, strategic ~ / strategische Maßnahme *f.*

measurement / Maß *n.*; Messung *f.*

measurement category / Messgröße *f.*

measurement process / Messvorgang *m.*

measurement system; controlling system / Controllingsystem *n.*

measurement unit / Messgrößeneinheit *f.*

measurement, performance ~; controlling / Leistungsmessung *f.*; Leistungsüberwachung *f.*; Controlling *n.*; Kontrolle des Ablaufverhaltens

measures of performance in logistics / Leistungskenngrößen der Logistik *fpl.*

measuring stick / Maßstab *m.;* Metermaß *n.*

mechanical finishing / maschinell Nachbearbeitung *f.*

mechanical production; mechanical manufacturing / mechanische Fertigung *f.*

media policies / Medienpolitik *f.*

mediation / Schlichtung *f.*

mediation, peer ~ / Streitschlichtung unter Gleichen *f.* (z.B. bei zivilrechtlichen Auseinandersetzungen zwischen zwei Partnern mit dem Ziel, Konflikte außergerichtlich zu lösen)

mediator; conciliator / Schlichter *m.*

medical, company ~ service / betriebsärztlicher Dienst *m.*

medium-range; medium-term / mittelfristig *adj.*

medium-sized enterprise / mittelständisches Unternehmen

medium-term / mittelfristig

meet (e.g. 1. Jack, I would like you to ~ Mr. Peter Fischer; 2. pleased to ~ you) / kennenlernen *v.;* vorstellen *v.* (z.B. 1. Jack, ich hätte gerne, dass Sie Herrn Peter Fischer kennenlernen *bzw.*: Jack, ich würde Ihnen gerne Herrn Peter Fischer vorstellen; 2. sehr erfreut, Sie kennenzulernen)

meet (e.g. nice to ~ you, nice meeting you) / treffen *v.* (z.B. es ist eine Freude, Sie zu ~)

meet (e.g. the product ~s the demand) / entsprechen *v.* (z.B. das Produkt entspricht der Nachfrage)

meet the deadline / die Frist einhalten

meet the demand / den Bedarf befriedigen *m.*

meeting / Besprechung *f.*

member of the group executive management / Mitglied des Bereichsvorstands *n.*

member of the managing board / Vorstandsmitglied *n.*; Mitglied des Vorstandes *n.*

member of the supervisory board / Mitglied des Aufsichtsrats *n.*

member state / Mitgliedstaat *m.*

member, deputy ~ / stellvertretendes Mitglied *n.* (z.B. des Vorstandes)

members and nonmembers (e.g. the participation fee for the logistics seminar is the same ~) / Mitglieder und Nichtmitglieder (z.B. die Teilnahme am Logistikseminar kostet für ~ das gleiche)

memo / Rundschreiben

memorandum / Notiz *f.*, Vermerk *m.*

memorandum of understanding (MOU) / Zusammenarbeitserklärung *f.*

memory / Speicher *m.*

memory protection / Speicherschutz *m.*

mentality change / Mentalitätsänderung *f.*

mentor / Betreuer *m.*; Ratgeber *m.*

menu-driven handling; menu-driven operation / menügeführte Bedienung *f.*

menu-driven operation / menügeführte Bedienung

merchandise; merchandise held for resale / Ware *f.;* Handelsware *f.*
merchandise / Handelsgüter *npl.*
merchandise sample / Warenprobe *f.*
merchandise, type of ~ / Warengattung *f.*
merchant (operates for his own account) / Handelsvertreter *m.* (nicht gebundener Groß- oder Einzelhändler)
merchant, direct ~ / Direktversandfirma *f.*
merge (e.g. to merge boxes or similar items from various conveyor lines to a single conveyor line) / einfügen *v.;* zusammenführen *v.* (z.B. zusammenführen von Boxen oder ähnlichen Behältnissen von unterschiedlichen Fördersystemen auf eine einzige Linie)
merge / fusionieren *v.*
merger / Fusion *f.;* Fusionierung *f.*
mergers and acquisitions (M&A) / Fusionen und (Firmen-)Übernahmen
merit raise / efficiency bonus / Leistungszulage *f.*
merit rating / Leistungsbeurteilung; Leistungsschätzung *f.*
mess (e.g. don't ~ around with this software) / murksen *v.* (z.B. ~ Sie doch nicht mit dieser Software herum)
mess (e.g. this warehouse is a ~!) / Chaos *n.;* Durcheinander *n.* (z.B. dieses Lager ist ein ~!)
message / Nachricht *f.;* Mitteilung *f.*
message preparation / Nachrichtenerstellung *f.*
message, beginning of ~ (communications) / Beginn der Nachricht (Kommunikation)
messages, transfer of ~; transmission of messages / Nachrichten übertragen
meter (e.g. electrometer) / Zähler *m.* (z.B. Elektrozähler)
meter, speedo~ / Tachometer *m.;* Tacho *m.*
method / Vorgehensweise

method mix (e.g. mix of push and pull) / Methodenmix *m.* (z.B. Mix von Schiebe- und Ziehprinzip)
method of material planning (e.g. ~ for finished goods) / Dispositionsmethode *f.* (z.B. ~ für Fertigungserzeugnisse)
Method of Shipment (MOS) (e.g. by train) / Versandart *f.* (z.B. per Bahn)
method, payment ~ / Zahlungsweise *f.*
methods and tools / Methoden und Tools
methods training / Methodenschulung *f.*
metrics; key data (standards of measurement e.g. in areas such as production costs, cycle time, overhead costs, retail prices, etc.) / Kennzahlen *pl.* (Maßstäbe als Messungen, z.B. bei Produktionskosten, Durchlaufzeit, Gemeinkosten, Verkaufspreisen, etc.)
metrics, logistics ~ (e.g. fill rate, cycle time, inventory, cost) / logistische Kennzahlen; logistische Messgrößen (z.B. Servicegrad, Durchlaufzeit, Bestand, Kosten)
metrics, performance ~ / Leistungsmessdaten *npl.*
Metropolitan Area Network (MAN)
mezzanine, warehouse ~ / Zwischengeschoss im Lager
microcomputer component / Microcomputerbaustein *m.*
microelectronics / Mikroelektronik *f.*
mid-level management / mittleres Management
mid-range product / Produkt der mittleren Preiskategorie; Normalpreisprodukt *n.* (i.S.v. Marktkategorie)
mid-term planning / Mittelfristplanung *f.;* mittelfristige Planung *f.*
middleman; intermediary / Zwischenhändler *m.*
middleware (a layer of software or functions between client and server that allows both, the interconnection and the exchange of information between the systems) / Middleware *f.* (Software- oder

Funktionsschicht, die zwischen Client und Server liegt und welche die Verbindung und den Informationsaustausch zwischen den Systemen ermöglicht)

migration (e.g. ~ from BAV to EDIFACT) / Migration f.; Überführung f.; Umänderung f. (z.B. ~ von BAV zu EDIFACT)

migration concept / Migrationskonzept n.; Überleitungskonzept n.

migration strategy / Migrationsstrategie f.; Überleitungsstrategie f.

milestone / Meilenstein m.

milling / Fräsen n.

million instructions per second (MIPS)

million operations per second / Megaoperationen pro Sekunde (MOPS) fpl. (MOPS=Millionen Operationen pro Sekunde)

minded, service-~; service-oriented; focused on service / servicebewusst; serviceorientiert; dienstleistungsorientiert

mindset; attitude (e.g. to have a different ~ towards this logistics solution); attitude / Einstellung f. (z.B. eine unterschiedliche ~ haben zu dieser Logistiklösung)

miniload crane / Regalbediengerät n.

minimize / minimieren v.

minimum batch; minimum lot / Mindestlos n.

minimum delivery quantity / Mindestliefermenge f.

minimum freight rate / Minimalfracht f.

minimum inventory level / Bestandsuntergrenze f.

minimum lot / Mindestlos

minimum price / Preisuntergrenze f.

minimum processing time / Mindestbearbeitungszeit f.

minimum stock / Mindestbestand m.; minimaler Bestand m.

minus availability / negative Verfügbarkeit f.

minutes / Besprechungsprotokoll n.

minutes, take the ~; keep the minutes / Protokoll führen n.

MIPS (million instructions per second)

MIS (management information systems) / Management Information Systeme

MIS department / OI-Stelle f.

miscellaneous / sonstige adj.

miscellaneous goods / Sammelgüter npl.; Sammelware f.

misfiling (~ of information) / Fehlspeicherung (~ von Informationen) f.

mispicks / Fehlentnahmen fpl.; falsche Entnahmen; falsche Lagerentnahmen

misrouted (e.g. the shipment is ~) / fehlgeleitet (z.B. die Lieferung ist ~)

misships / Fehlsendungen fpl.

missing part / Fehlteil n.

missing quantity / Fehlmenge f.

mission / Geschäftsauftrag m.

mission statement / Absichtserklärung f.; Leitsatz m.

mission, corporate ~ statement / Unternehmensleitsätze

misuse / Missbrauch m.; falsche Anwendung f.

mix up (~ with); confuse (~ with) / verwechseln (~ mit) v.

mix, method ~ (e.g. mix of push and pull) / Methodenmix m. (z.B. Mix von Schiebe- und Ziehprinzip)

mixed cargo / Stückgutladung f.

mixed consignment / Sammelgut

mnemonic key / sprechender Schlüssel m.

mobile / mobil adj.

mobile crane / Mobilkran m.

mobile phone; cellular phone; cell phone / Handy n.; Mobiltelefon n. (Anm.: in USA ist das Wort "handy" total unbekannt, im üblichen Sprachgebrauch wird meist "cellphone" benützt)

mobile phone; cellular phone; cellphone / Handy n.; Mobiltelefon n. (Anm.: in USA ist das Wort "handy" total unbekannt, im üblichen Sprachgebrauch wird meist "cellphone" benützt)

mobile rack / Verschieberegal n.

mobile radio equipment / bewegliche Funkanlagen fpl.

modal, multi~ / multimodal adj.

modality / Modalität f.; Ausführungsart f.; Art und Weise f.

mode of payment / Zahlungsmodus m.; Zahlungsart f.

mode of procurement / Beschaffungsart f.

mode of transportation / Beförderungsart f.

model / Modell n.

model analysis / Modellanalyse f.

model, build a ~ / ein Modell erstellen

modelling; build a model / ein Modell erstellen ein Modell entwickeln

modem / Modem n. (zusammengesetztes Wort aus MODulator, DEModulator: wandelt (moduliert bzw. demoduliert) Signale um, die z.B. vom PC über Telefonleitung zu einem anderen PC übertragen werden)

modification; alteration; change; variation / Modifizierung f.; Änderung f.

modification, subject to ~ / Änderung vorbehalten (.. ohne weitere Mitteilung)

modular bill of material; modular bill / modulare Stückliste f.

modular build-up system / System in Modulbauweise

modular building-block system / modulares Bausteinsystem n.

module / Baugruppe

mold (AmE); mould (BrE) / Formwerkzeug n.

momentum of change / Veränderungsschwung; Veränderungswirkung; Veränderungsstoßkraft

monetary system / Währungssystem n.

money and capital markets / Geld- und Kapitalmarkt m.

money back guarantee / Geld-zurück-Garantie f. (z.B. bei Nichtgefallen: ~)

money due / ausstehendes Geld n.

money machine; ATM (Automated Teller Machine); cash dispenser / Geldautomat m.

money on account / Geldguthaben n.

money on hand / verfügbares Geld n.

money order; postal order / Postanweisung f.

money transfer; remittance; bank transfer / Banküberweisung f.

money transfer / Geld überweisen v.

money transfer, cashless ~ / bargeldloser Zahlungsverkehr m.

money, borrow ~ / Geld leihen (ausleihen)

money, bribe ~; money under the table (coll.) / Schmiergeld n.

money, lend ~ / Geld leihen (verleihen)

money, pour ~ down the drain / Geld zum Fenster hinauswerfen

money, waste of ~ / Geldverschwendung

monitor (e.g. ~ logistics performance of the order cycle) / überwachen v. (z.B. Logistikleistung in der Auftragspipeline ~)

monitoring / Überwachung

monitoring system / Beobachtungssystem n.

monitoring, order ~; order tracking; follow-up of orders / Auftragsverfolgung f.; Auftragsüberwachung f.

monitoring, order ~ / Bestellüberwachung f.

monopolist / Monopolist m.

monopoly / Monopol n.

month-end closing / Abschluss zum Monatsende m.

month, end of ~ / Monatsende n.

monthly / monatlich adj.

monthly clearing / monatliche Abrechnung f.

monthly closing / Monatsabschluss m.

monthly invoice; monthly payment / monatliche Rechnung *f.;* monatliche Bezahlung *f.*

monthly payment; monthly invoice / monatliche Bezahlung *f.;* monatliche Rechnung *f.*

moonlighting / Schwarzarbeit *f.*

MOPS (million operations per second) / Megaoperationen pro Sekunde (MOPS) *fpl.* (MOPS=Millionen Operationen pro Sekunde)

mortgage (e.g. raise a ~ on a house) / Hypothek *f.*; Pfandbrief *m.* (z.B. eine Hypothek aufnehmen auf ein Haus)

mortgage bond / Hypothekenpfandbrief *m.*

MOS (Method of Shipment) (e.g. by train) / Versandart *f.* (z.B. per Bahn)

motivation / Motivation *f.*

motor transport / LKW-Transport *m.*

motorail service (e.g. rail roll-on-roll-off service for trucks); piggy-back service / Huckepackverkehr *m.* (z.B. Bahnverladung für LKW)

motorway (BrE); throughway; expressway (AmE) / Autobahn *f.;* Schnellstraße *f.*

MOU (memorandum of understanding) / Zusammenarbeitserklärung *f.*

mould (BrE) / Formwerkzeug

mount / montieren

mounting and dismounting (~ of a truck) / Ein- und Aussteigen (~ bei einem LKW) *n.*

mouse (PC) / Maus *f.*

mouse button (PC) / Maustaste *f.*

mouse handling (PC) / Mausbedienung *f.*

move lot / Standardmenge pro Transporteinheit

move order (instruction) / Transportanweisung *f.*

move ticket / Warenbegleitkarte *f.*

move time / Transportzeit

mover, fast ~ (e.g. this warehouse item is a ~, i.e. with a frequent or great demand) / Schnelldreher *m.* (z.B. dieser Lagerartikel ist ein ~, d.h. mit häufiger oder großer Nachfrage)

moving average / gleitender Durchschnitt *m.*

moving expenses / Umzugskosten *pl.*

moving item, non ~ / Ladenhüter *m.*

MPA (market potential analysis) / Marktpotentialanalyse (MPA) *f.*

MPS (master production schedule); master schedule (e.g. 1. overstated ~, 2. understated ~) / Hauptproduktionsplan *m.*; Primärprogramm *n.* (z.B. 1. ~ mit Überdeckung, 2. ~ mit Unterdeckung)

MRP (material requirements planning) (material planning for dependent requirements) / Bedarfs- und Auftragsrechnung *f.*; Materialdisposition *f.*; Materialbedarfsplanung *f.*

MRP I (manufacturing resource planning) / Produktionsfaktorenplanung *f.*

MRP II (Management Resource Planning); resource planning / Einsatzfaktorenplanung *f.*; Ressourcenplanung *f.*

MSN (multiple subscriber number) / Mehrfachrufnummer *f.*

MSN (part of version 'Windows 95' and later) / Microsoft Netzsoftware (MSN)

MSRP (manufacturer's suggested retail price) / vom Hersteller empfohlener Verkaufspreis *m.*

MSV 1 (synchronized transmission for midrange bit rates) / MSV 1

MTBF (Mean Time Between Failures)

MTM (..method for time measurement) / Methode zur Zeiterfassung (MTM-Verfahren)

MTTR (Mean Time To Repair)

multi-client system / Mehrmandantensystem *n.*

multi-functional / multi-funktionell *adj.*

multi-level; multi-stage / mehrstufig *adj.*

multi-level bill of material / mehrstufige Stückliste *f.*

multi-purpose cargo terminal /
Mehrzweckumschlagsanlage *f.*
multi-skilled / vielseitig *adj.*
(Fähigkeiten)
multi-stage / mehrstufig
multi-user system / Mehrplatzsystem *n.*
multidisciplinary / überbereichlich (für
mehrere Bereiche) *adj.*
multimedia / Multimedia *pl.* (Nutzung
verschiedener Medien auf Computer, z.
B. Text, Bild, Ton, Kommunikation,
Animation, Videosequenzen)
multimodal / multimodal *adj.*
multinational / multinational *adj.*
multiple / mehrfach *adj.*; vielfach *adj.*
multiple-level where-used list /
mehrstufiger Verwendungsnachweis *m.*
multiple machine operation /
Mehrmaschinenbedienung *f.*
multiple shift operation /
Mehrschichtarbeit *f.*
multiple-shift usage / Mehrfachnutzung
(Mehrschichtbetrieb) *f.*
multiple sources (opp. single sources) /
mehrfache Bezugsquellen *fpl.*
multiple sourcing (opp. single sourcing)
/ Bezug von mehreren Lieferanten *m.*;
Mehrfachbezug *m.* (Ggs. Einzelbezug;
Bezug bei nur einem Lieferanten)
multiple subscriber number /
Mehrfachrufnummer *f.*
multiple usage part; common part /
Mehrfachverwendungsteil *n.*;
Wiederholteil
multiple use; multiple usage /
Mehrfachverwendung, -verwendbarkeit
f.; Vielfachverwendung *f.*
multiplexer / Multiplexer (MUX) *m.*
multipurpose railcar /
Vielzweckwaggon; Mehrzweckwaggon
multistocking / Lagerung (an mehreren
Lagerplätzen) *f.*
mutual / bilateral
mutual / gegenseitig *adj.*
mutual interest / beiderseitiges Interesse
n.

mutual trust / gegenseitiges Vertrauen
n.; beiderseitiges Vertrauen

N

**NAFTA (North American Free Trade
Agreement) (The North American Free
Trade Agreement has, since it became
effective on January 1, 1994, created a
free trade area comprising the United
States, Mexico and Canada) /** NAFTA
(Das Nordamerikanische
Freihandelsabkommen hat, seitdem es
am 1. Januar 1994 in Kraft getreten ist,
eine Freihandelszone geschaffen, die
die USA, Mexico und Kanada umfasst)
name, company ~ and trade name /
Firmenname und Firmenmarke
naming convention / Namenskonvention
f.
national market / nationaler Markt *m.*
national regions / Regionen Inland
navigable / schiffbar *adj.*
navigation; route guidance / Navigation
f.; Routenführung *f.*; Routenlenkung *f.*
navigation / Schifffahrt *f.*
navigation system; route guidance
system / Navigationssystem *n.;*
Routenführungssystem *n.;*
Routenlenkungssystem *n.*
navigator / Navigator *m.*
(Softwareprogramm zum Ansteuern
verschiedener Stellen einer WWW-
Seite oder verschiedener Dokumente
im WWW durch Anklicken von Links)
necessaries; commodities /
Bedarfsartikel *mpl.*
necessary / erforderlich
necessary, if ~; in case (e.g. call just ~)/
im Bedarfsfall (z.B. nur ~ anrufen)
necessity of reaction; necessity of
responsiveness /
Reaktionsnotwendigkeit *f.*

need; demand / Bedarf *m.;* Nachfrage *f.*
need (e.g. to have ~ for s-th.) / Bedarf
(Notwendigkeit) *m.*; Bedürfnis *n.* (z.B. ~
für etwas haben)
need for action / Handlungsbedarf *m.*
needs, compelling ~ *pl.* / treibende Kraft
f.
neglect / vernachlässigen *v.*
negotiable / verhandelbar *adj.*
negotiate / handeln *v.*; aushandeln *v.*;
verhandeln *v.*
negotiate a price / Preis aushandeln
negotiating skills /
Verhandlungsgeschick *n.*
negotiation / Verhandlung *f.*
negotiation margin /
Verhandlungsspanne *f.*
negotiation result /
Verhandlungsergebnis *n.*
negotiation, order ~ /
Auftragsverhandlung *f.*
negotiator, lead ~ /
verhandlungsführender Einkäufer *m.*
nepotism / Vetternwirtschaft
net; network / Netz *n.*; Netzwerk *n.*
net / netto *adv.*
net amount / Nettobetrag *m.*; Endbetrag
m.
net change planning run / Netto-
Änderungslauf *m.*
net earnings; net income; result (e.g. ~
of the fiscal year) / Ergebnis *n.*;
Jahresüberschuss *m.* (z.B. ~ im
Geschäftsjahr)
net income from operations /
Unternehmensgewinn *m.*
net income, impact on ~; impact on net
result / Ergebniswirkung *f.*
net load; carrying capacity (e.g. ~ of a
forc lift truck) / Nutzlast *f.*; Tragfähigkeit
f. (z.B. ~ eines Gabelstaplers)
net load method / Nutzlastmethode *f.*
net loss / Nettoverlust *m.*
net proceeds; profits / Reinertrag *m.*
net profit / Nettogewinn *m.*
net profits / Gewinn

net requirements / Nettobedarf *m.*
net requirements calculation /
Nettobedarfsrechnung *f.*;
Nettobedarfsermittlung *f.*
net result / Nettoergebnis *n.*
net result, impact on ~; impact on net
income / Ergebniswirkung *f.*
net sales / Nettoumsatz *m.*
net sales price / Nettoverkaufspreis *m.*
net wage / Nettolohn *m.*
net weight / Nettogewicht *n.*;
Reingewicht *n.*
net, consolidated ~ **income** /
Konzerngewinn *m.*
net, surf the ~ (coll. AmE) / im Internet
stöbern (F)
Net, the ~ (worldwide computer network
based on TCP-IP) / Internet
netting; balancing / Abgleich *m.*
network (relations) (e.g. informal
relations) / Beziehungsnetz *n.* (z.B.
informelle Beziehungen)
network / Netz
network access point /
Netzanschlusspunkt *m.*
network architecture / Netzarchitektur
f.
network bridge / Netzübergang *m.*
network connecting equipment /
Netzübergangseinrichtung *f.*
network connecting service /
Netzübergangsdienst *m.*
network coordination /
Netzkoordinierung (NK) *f.*
network element / Netzelement *n.*
network gateway / Netzzugang *m.*
network interface / Netzschnittstelle *f.*
network management /
Netzmanagement *n.*
network operator / Netzbetreiber *m.*
network plan / Netzplan *m.*
network plan technique /
Netzplantechnik *f.*
network power system control /
Netzleittechnik *f.*
network services / Netzwerkdienst *f.*

network technology / Netzwerktechnik f.

network topology / Netztopologie f.

network v. / Daten über Verbundsysteme austauschen v.

network, broadband ~ / Breitbandnetz n.

network, hierarchical ~ / hierarchisches Netz n.

network, hooked up to the ~ / ans Netz angeschlossen sein n.

network, order ~ / Auftragsnetz n.

network, public ~ / öffentliches Netz n.

network, shipping ~ / Versandnetz n.; Transportnetz n.; Speditionsnetz n.

networking / Vernetzung f.

networks, road and rail ~ pl. / Verkehrsnetz n.

neural network / neuronales Netz n.

neutral to the expense account / aufwandsneutral

new economy (represented by e.g. electronics, information, communication, biotechnology, ...) / neue Ökonomie f. (stellvertretend z.B. Elektronik, Informations-, Kommunikations-, Biotechnologie, ...)

new guideline (e.g. ~ for electronic business transactions) / Neues Regelsystem (NRS) n. (z.B. ~ für die elektronische Geschäftsabwicklung)

new orders / Auftragseingang

new orders and sales / Auftragseingang und Umsatz m.

new planning; regenerative MRP / Neuaufwurf m. (Einarbeitung von neuen bzw. geänderten Daten in das Primärprogramm)

new product introduction / Produkteinführung f.

newly (e.g. he is the newly appointed logistics manager of the company) / kürzlich adv. (z.B. er ist der vor kurzem ernannte Logistikmanager der Firma)

newsgroup (PC) / Newsgroup f. (PC)

newsletter / Mitteilungsblatt n.

niche market / Nischenmarkt m.

night shift / Nachtschicht f.

no-claims bonus / Schadenfreiheitsrabatt m.

no commercial value / Ware ohne Wert

nock competitors out of race (coll.); put competitors out of the running / Wettbewerber aus dem Rennen werfen

node / Knoten m.

noise level / Lärmpegel m.

nominal amount / Nennbetrag m.

nominal value; face value (at par; below par) / Nennwert m. (zum ~; unter ~)

non-acceptance; refusal (e.g. ~ of a delivery) / Annahmeverweigerung (z.B. ~ einer Lieferung)

non-competition clause / Wettbewerbsklausel f.

non-durables; non-durable goods; consumer goods (opp. durables; durable goods) / Verbrauchsgüter npl.; Konsumgüter npl. (Ggs. Gebrauchsgüter, dauerhaft haltbare, langlebige Güter)

non-exempt employee (opp. exempt employee) / tariflicher Mitarbeiter m.; tariflicher Angestellter m. (Ggs. außertariflicher Mitarbeiter)

non moving item / Ladenhüter m.

non-productive (e.g. the major part of the throughput time is considered to be non-productive) / unproduktiv adj.; nicht produktiv (z.B. der größte Teil der Durchlaufzeit wird als nicht produktiv betrachtet)

non-returnable package / Einwegverpackung f.

non-significant part number / anonyme Sachnummer f.

non-value adding (e.g. activity) / nicht wertschöpfend adj. (z.B. Tätigkeit)

non-value adding activity (waste) / nichtwertschöpfende Tätigkeit f. (Verschwendung)

normal; usual / normal ('üblich') adj.; adv.

normal capacity / Normalkapazität *f.*;
Kannkapazität *f.*

normal cost calculation /
Normalkostenkalkulation *f.*

normal distribution / Normalverteilung
f.

normal level of capacity utilization /
Normalbeschäftigung *f.*

normal, quite ~ / allgemein üblich

normally; usually / üblicherweise *adv.*

note, promissory ~ / Schuldschein *m.*

notice / entdecken

notice / Meldung *f.*; Ankündigung *f.*

notice of acceptance /
Annahmebestätigung *f.*

notice of arrival / Eingangsbestätigung *f.*

notice of meeting / Einladung *f.*;
Einladungsmitteilung *f.* (z.B. ~ für einen
Besprechungstermin)

notice of receipt / Eingangsvermerk *m.*

notice period / Kündigungsfrist *f.*

notification / Benachrichtigung *f.*

notification of a claim /
Schadensmeldung *f.*

notification, import ~ /
Einfuhranmeldung *f.*

notify; advise; inform / benachrichtigen
v.

notion / Meinung *f.*; Ansicht *f.*

NRS (new guideline) (~ for electronic
business transactions) / Neues
Regelsystem (NRS) *n.* (~ für die
elektronische Geschäftsabwicklung)

NRS terminology / NRS-Terminologie *f.*

nuclear power plant / Kernkraftwerk *n.*

number / Nummer *f.*; Zahl *f.*

number assignment / Nummernvergabe
f.

number interval / Nummernbereich *m.*

number of parts / Teilezahl *f.*;
Teileanzahl *f.*

number of people; headcount / Kopfzahl
(Anzahl von Mitarbeitern)

number of types (variants) / Typenzahl *f.*

number range / Nummernkreis *m.*

number, invoice ~ / Rechnungsnummer
f.

number, order ~ / Auftragsnummer *f.*;
Bestellnummer *f.*

numbering and identification system /
Benummerungs- und
Identifizierungssystem *n.*

numbering scheme / Numerierungsplan
m.

numeric control / numerische Steuerung
f.

nuts (e.g. to drive someone ~) / verrückt
adv. (z.B. jemanden ~ machen)

nuts and bolts / Muttern und Schrauben

O

**object linking and embedding
technique** / OLE-Technik *f.*

object of an agreement /
Vertragsgegenstand *m.*

objective / Ziel

objective / Zielsetzung

objective and means planning / Ziel-
Mittelplanung *f.*

objective, binding ~ / verbindliche
Zielsetzung *f.*

objective, business ~; business target /
Geschäftsziel *n.*

objective, corporate ~ /
Unternehmensziel *n.*

objective, long-term ~ / Fernziel
(Zielsetzung) *n.*

objective, short and medium-term ~ /
Kurz- und Mittelfristziel *n.*
(Zielsetzung)

objectives, management by ~ / Führung
durch Zielvereinbarung *f.*; zielgesteuerte
Unternehmensführung *f*

obligation to buy / Kaufverpflichtung *f.*;
Verpflichtung zum Kauf;
Abnahmeverpflichtung *f.* .

obligation, formal ~; undertaking (e.g. ~ in connection with operating business) / Verpflichtungserklärung *f.*; Haftungserklärung *f.* (z.B. ~ für das operative Geschäft)

obligations, fulfill ~ / Verpflichtungen erfüllen *v.*

obligations, rights and ~ / Rechte und Pflichten

obsolescence / Veralterung *f.*

obsolete inventory; obsolete stock / veralteter Lagerbestand *m.*

obsolete stock / veralteter Lagerbestand

obstacle / Hindernis

occupancy (e.g. occupancy = used locations in relation to available locations as a percentage) / Inanspruchnahme *f.*; Füllgrad (z.B. eines Lagers) *m.*; Belegung *f.* (z.B. Belegung = genutzte Lagerplätze zu Gesamtlagerplatz in Prozent)

occupancy, warehouse ~ / Lagerbelegung *f.*; Belegung des Lagers; genutzte Lagerkapazität; genutzte Kapazität des Lagers

occupation / Beruf

occupation period / Belegungszeit

occur / vorkommen

occurence / Vorgangsart

ocean cargo / Seefracht

ocean freight; ocean cargo / Seefracht *f.*

ocean shipping / Seeschifffahrt *f.*

odd (e.g. an odd piece) / einzeln *adj.* (z.B. ein einzelnes Stück)

odd (i.e. strange behavior) / sonderbar *adj.*; seltsam (d.h. eigenartiges, komisches Verhalten)

odd and even (numbers) / ungerade und gerade Zahlen (Nummern)

odd job (AmE); casual job (BrE) / Gelegenheitsarbeit *f.*

oddly / seltsamerweise *adv.*; merkwürdig *adv.*

odds (e.g. ~ are in *s.o.*'s favor or against *s.o.*, e.g. 1 to 5) / Chancen *fpl.*;

Gewinnchancen (z.B. die ~ stehen gut oder schlecht für *jmdn.*, z.B. 1 zu 5)

odds (e.g. what's the ~) / Unterschied *m.* (z.B. wo ist denn der ~)

odds, at ~ (~ with) / uneinig sein *adv.* (~ mit)

OEM (original equipment manufacturer)

OEM business / OEM-Geschäft *n.*

OEM product / OEM-Produkt *n.*

off and on (e.g. off and on there are some special offers) / ab und zu (z.B. ab und zu gibt es Sonderangebote)

off-the-record / inoffiziell *adv.*

offer; bid; quotation; tender / Angebot *n.*; Lieferangebot *n.*; Offerte *f.*

offer / anbieten *v.*

offer and order processing / Angebots- und Auftragsbearbeitung *f.*

offer processing / Angebotsabwicklung

offer, counter-~ / Gegenangebot *n.*

offer, firm ~ / Festoffertenangebot *n.*; bestätigtes Angebot

offer, introductory ~ / Einführungsangebot *n.*

offer, submit an ~; submit a bid; submit a proposal / Angebot einreichen Angebot unterbreiten

office / Büro *n.*

office application software / Büroanwendersoftware *f.*

office automation / DV-Bürotechnologie *f.*; Büroautomatisierung *f.*

office communication / Bürokommunikation *f.*

office communications equipment / Bürokommunikationsgeräte *npl.*

office equipment / Bürogerät

office machine; office equipment / Bürogerät *n.*; Büromaschine *f.*

office stationery / Büromaterial *n.*

office supplies / Büromaterial *n.*

office, back ~ (e.g. our ~ should design some overheads for the next customer meeting) / Back Office; Abteilung zur Unterstützung (z.B. unser Back Office sollte einige Overheadfolien für das nächste Kundengespräch entwerfen)

officer, information security ~ / Beauftragter für Informationssicherheit m.

offset / Versatz m.

offsetting / Rückwärtsterminierung

offshoot of a company (coll. AmE) / Tochtergesellschaft (100%)

OI (Organisation und Information) / Organisation und Information (OI)

OI commission / OI-Kommission f.

OIL (organization, information and logistics) / Organisation, Information und Logistik (OIL)

oil can / Ölkanne f.

oil change / Ölwechsel m.

oil dipstick / Ölmessstab m.

oil filter / Ölfilter m.

oil-level gauge / Ölstandsanzeiger m.

oil sump / Ölwanne f.

oil tanker / Öltanker m.

old database / Altdatenbestand m.

old economy (represented by e.g. electrical industry, mechanical engineering, ...) / traditionelle Ökonomie f. (stellvertretend z.B. Elektro- oder Maschinenbauindustrie, ...)

OLE (object linking and embedding technique) / OLE-Technik f.

on credit, buy ~ / auf Ziel kaufen v.

on-hand inventory / vorhandener Bestand m.

on-site / vor Ort

on-site training (opp. training outside the company) / Training im Betrieb (Ggs. Training außerhalb des Betriebes)

on-the-job training / Lernen im Beruf praktische Ausbildung f.

on the premises / an Ort und Stelle; im Haus

on the spot / an Ort und Stelle; sofort adv.

on the spot / sofort adv.; an Ort und Stelle

one-level bill of material; quick-deck; single-level explosion / Baukastenstückliste f.

one-way container / Einwegbehälter m.

one-way pallet / Einwegpalette f.

one way street / Einbahnstraße f.

one way traffic / Einbahnverkehr m.

one-way transportation item / Einwegverpackung f.

ongoing education / Weiterbildung

ongoing monitoring / ständige Überwachung f.

ongoing process / ständiger Prozess

online / online adj.

online help / Online-Hilfe f.

online-promt (e.g. PC: ~ to warn about an important delivery date) / Online-Hinweis (z.B. PC: ~ zur Erinnerung an einen wichtigen Liefertermin)

onward-carriage; subsequent transport / Nachlauf m.

open communication / offene Kommunikation f.

open cost book (e.g. ~ in inter-company partnering) / Offenlegung der Kosten f. (z.B. ~ in einer unternehmens-übergreifenden Partnerschaft)

open manufacturing order / offene Bestellung; offener Auftrag (Fertigung)

open order; unfilled order; backorder (e.g. article A. is on backorder but will be delivered to you soon) / unerledigter Kundenauftrag (Terminverzug); offener Kundenauftrag (z.B. Artikel A. ist gerade nicht lieferbar, wird aber bald an Sie geliefert)

open policy / offene Police f.

open purchase order / offene Bestellung f.; offener Auftrag m.

open release quantity / offene Abrufmenge f.

open shop (opp. closed shop) / Betrieb (ohne Pflicht der Gewerkschaftszugehörigkeit) m.

Open Systems Interconnection (OSI)

open warehouse / offenes Lager n.

opening of an account / Kontoeröffnung f.

opening stock / Anfangsbestand

operate / in Betrieb sein v.; betreiben v.; bedienen v.; funktionieren v.

operating capital / Umlaufkapital n.; Betriebskapital n.

operating costs / Betriebskosten

operating instruction / Arbeitsanweisung f.; Organisationsanweisung f.

operating officer, chief ~ (COO); chief executive / Geschäftsführer m.

operating ratio / Wirkungsgrad m.

operating result; operating income; earnings from operations; business profit (e.g. ~ either as a net profit or a net loss) / Betriebsergebnis n.; operatives Ergebnis n.; Geschäftsergebnis n. (z.B. ~ entweder als Nettogewinn oder als Nettoverlust)

operating sequence / Folge von Arbeitsgängen

operating system / Betriebssystem n.

operation (e.g. of I&C) / das Betreiben n. (z.B. von IuK)

operation / Arbeit

operation / Arbeitsgang m.

operation attachment parts / zugesteuerte Teile npl.

operation category / Betriebsart

operation description / Arbeitsgangbeschreibung f.

operation equipment / Bediengerät n.

operation manual / Bedienungsanleitung f.

operation number / Arbeitsgangnummer f.

operation record / Arbeitsfolgeplan m.

operation scheduling; process planning / Ablaufplanung f.

operation sheet / Arbeitsgangbogen m.

operation time / Bearbeitungszeit (z.B. ~ für ein Stück pro Arbeitsgang)

operation type / Betriebsart

operation, downstream ~ / Arbeitsgang (am Ende einer Fertigungslinie) m.; nachgelagerte Bearbeitung f.

operation, feeder ~ / Anfangsarbeitsgang m.; erster Schwerpunktarbeitsgang m.

operation, mode of ~; operation category; operation type / Betriebsart f.

operation, overlapping ~ / überlappender Arbeitsvorgang m.

operation, put in ~ / in Betrieb nehmen

operation, small-scale ~ / Kleinbetrieb m.

operation, taxing ~ / körperlich belastender Arbeitsschritt m.

operation, upstream ~ / Arbeitsgang (am Anfang einer Fertigungslinie) m.; vorgelagerte Bearbeitung f.

operational / operativ adj.

operational costs / Betriebskosten

operational organization; process organization / Ablauforganisation f.

operational planning / operative Planung f.

operational task / operative Aufgabe f.

operational, agreement on ~ targets / Zielvereinbarung f.

operations... / Betriebs...; betriebs...

operations / Fabrik; Betrieb

operations path / Fertigungsablauf

operations planning and scheduling / Arbeitsvorbereitung f.

operations variant / Arbeitsvorgangsvariante f.

operations, downstream ~ / Weiterverarbeitung f.

operations, international ~; international business / internationales Geschäft n.

operations, main ~ / Hauptbetrieb m.

operations, sales and ~ planning / Absatz- und Vertriebsplanung f.

operations, sequence of ~; operating sequence / Folge von Arbeitsgängen Arbeitsgangfolge f.

operations, warehouse ~ / Lager n.;
Lagerbetrieb m.
operative level (opp. management level)
/ operative Ebene f.; Arbeitsebene f.
(Ggs. Managementebene)
operator communication system /
Bediensystem n.
operator station / Bedienplatz m.
operator, machine ~ / Bediener (einer
Maschine) m.
operator, telephone ~; operator /
Telefonvermittlung f.
opinion leader / Meinungsbildner m.
opportunities, risks and ~ / Risiken und
Chancen
opportunity (for improvements) /
Möglichkeit (für Verbesserungen) f.;
Verbesserungspotential n.
opportunity cost (e.g. profit that could
have been obtained if no money had
been borrowed or had been spent for
other reasons) / Opportunitäts-Kosten
pl.; Alternativkosten pl.; alternative
Kosten pl. (z.B. Ertrag, der zu erzielen
gewesen wäre, wenn kein Geld
aufgenommen oder für etwas anderes
ausgegeben worden wäre)
optimal batch size; economic lot size /
optimale Losgröße f.
optimization (~ of, ~ through) /
Optimierung f. (~ von, ~durch)
optimization process /
Optimierungsprozess m.
optimization quantities /
Optimierungsgrößen fpl.
optimization, cost ~ /
Kostenoptimierung f.
optimization, order ~ /
Auftragsoptimierung f.
optimize / optimieren v.
optimum order quantity / optimale
Auftragsmenge f.
optimum value / Optimalwert m.
option / Option f.; Möglichkeit f.
option / Wahlmöglichkeit f.
optional field / Kannfeld n.

order (e.g. the boss's ~) / Anordnung f.
(z.B. die ~ des Chefs)
order / Auftrag m.; Bestellung f.;
Beschaffungsauftrag m.
order / bestellen v.; beschaffen v.
order / Order f.; Bestellung f.
order / Sequenz
order acknowledgement /
Auftragsbestätigung
order activity flag /
Auftragsdurchführungsanzeige f.
order backlog / Auftragsrückstand;
unerfüllter Auftragsbestand
order bill of lading /
Orderkonnossement n.
order bill of material / Auftragstückliste
f.; Bestellstückliste f.
order calculation /
Beschaffungsrechnung f.;
Bestellrechnung f.
order clarification; defining the order /
Auftragsklärung f.
order code / Auftragskennzeichen
(AKZ) n.
order collection area /
Kommissionierbereich m.
order collection center; order
consolidation center (CC); order
groupage center / Auftragssammelstelle
f.
order collectors /
Kommissionierpersonal n.
order completion / Auftragsabschluss
order configuration /
Auftragszusammenstellung f.
order confirmation; acknowledgement
of order; order acknowledgement /
Auftragsbestätigung f.
order consolidation; order configuration
(e.g. ~ of orders with same destination
of delivery) / Auftragszusammenstellung
f. (z.B. ~ von Aufträgen mit gleicher
Versandadresse)
order consolidation center (CC); order
collection center; order groupage center
/ Auftragssammelstelle f.

order control / Auftragssteuerung f.

order costs; ordering costs / Auftragskosten pl.; Bestellkosten pl.; Beschaffungskosten pl.

order cycle / Auftragszyklus m.; Auftragsdurchlauf m.

order cycle time; order throughput time / Auftragsdurchlaufzeit f.

order data / Auftragsdaten npl.

order date / Auftragsdatum m.

order deadline / Auftragsendtermin m.

order entry; order receipt; orders received; new orders / Auftragseingang m.

order execution / Auftragsdurchführung f.

order file / Auftragsdatei f.

order file of suppliers / Lieferanten-Auftragsdatei f.

order fill rate / Auftragserfüllungsgrad m.

order finish card / Auftragsabschlusskarte f.

order flow / Auftragsfluss m.

order form / Bestellschein m.; Bestellzettel (BZ) m.; Auftragsformular n.; Orderschein m.; Orderformular n.

order fulfillment / Auftragserfüllung f.

order generation / Auftragsbildung f.

order groupage center; order collection center; order consolidation center (CC) / Auftragssammelstelle f.

order initiation / Auftragsstart m.; Auftragsbeginn m.

order item / Auftragsposition f.

order limit / Bestellgrenze f.

order limit calculation / Bestellgrenzenrechnung f.

order line (e.g. ~ of a purchasing order) / Auftragszeile f. (z.B. ~ einer Einkaufsbestellung)

order list / Auftragsliste f.

order monitoring; order tracking; follow-up of orders / Auftragsverfolgung f.; Auftragsüberwachung f.

order monitoring / Bestellüberwachung f.

order negotiation / Auftragsverhandlung f.

order network / Auftragsnetz n.

order number / Auftragsnummer f.; Bestellnummer f.

order of priority / Prioritätenreihenfolge f.; Dringlichkeitsreihenfolge f.

order optimization / Auftragsoptimierung f.

order pad / Bestellblock m. (Papiervordrucke)

order phase / Auftragsphase f.

order picker device / Kommissioniergerät n.

order picking; picking; pick / kommissionieren v.

order picking; picking / Kommissionierung f.

order picking (from the rack) / Auftragsentnahme (~ aus dem Lagerregal) f.; Entnahme von Aufträgen (~ aus dem Lagerregal)

order picking warehouse / Kommissionierlager n.

order plan / Auftragsplan m.

order planning / Auftragsplanung f.; Auftragsdisposition f.,

order planning / Beschaffungsplanung f.; Beschaffungsdisposition f.

order point / Bestellpunkt m.; Bestellzeitpunkt m.; Beschaffungszeitpunkt m.

order point calculation / Bestellpunktrechnung f.

order point method (inventory control method to refill stock, e.g. on a max-min level basis) / Bestellpunktmethode f.; Bestellzeitpunktmethode f.; Beschaffungszeitpunktmethode f. (Bestandssteuerungsmethode zur Lagerauffüllung nach z.B. Maximum-Minimum Level)

order point stock level; order point inventory level / Bestand zum Bestellzeitpunkt m.
order policy / Bestellregel n.
order preparation lead time / Laufzeit der Auftragsvorbereitung
order priority / Auftragspriorität f.
order processing / Auftragszentrum (AZ) n.; Auftragsabwicklung f.; Auftragsbearbeitung f.; Bestellabwicklung f.
order processing system / Auftragsabwicklungsverfahren n.
order processing time / Auftragsbearbeitungszeit f.
order promise / Lieferzusage f.
order proposal (purchasing); order recommendation / Auftragsvorschlag (Beschaffung) m.; Bestellvorschlag m.; Beschaffungsvorschlag m.
order quantity (e.g. minimum ~); ordering quantity / Auftragsmenge f.; Bestellmenge f. (z.B. kleinste ~)
order quantity / Bestellmenge f.; bestellte Menge f.
order quantity calculation / Bestellmengenrechnung f.
order quantity key / Auftragsmengenschlüssel m.
order receipt / Auftragseingang
order receipt forecast / Auftragseingangsprognose f.
order recipient (German abbr. BZEMPF: Bestellzettel-Empfänger) / BZ-Empfänger m. (Bestellzettel-Empfänger: Abk. BZEMPF)
order recommendation / Auftragsvorschlag
order-related / auftragsbedingt adj.
order release / Auftragsfreigabe f.; Auftragsvorgabe f.; Bestellvorgabe f.
order release with load limitation / Auftragsfreigabe mit Belastungsschranke (ABS) f.
order schedule / Auftragsablaufplan m.
order scheduling / Auftragseinplanung f.

order scheduling method / Auftragseinplanungsmethode f.
order sequence / Auftragsfolge f.
order slack / Auftragspufferzeit f.
order slip; order form / Bestellzettel (BZ) m.
order slip, paper ~ / Laufzettel m.
order status / Auftragsstand m.; Auftragsstatus m.
order stock / Auftragsbestand
order stock calculation; stock on order calculation / Bestellbestandsrechnung f.
order structure / Auftragsstruktur f.
order throughput time; order cycle time / Auftragsdurchlaufzeit f.
order time / Auftragszeit f.
order timing; order scheduling / Auftragsterminierung f.
order-to-cash cycle (total flow of goods, material, information and money within a business) / Gesamtprozess
order-to-delivery cycle / Lieferzyklus m.; gesamte Lieferzeit f. (vom Auftrag bis zur Auslieferung)
order to pay / Zahlungsbefehl m.
order tracking / Auftragsverfolgung
order type; type of order / Auftragsart f.
order value / Auftragswert m.; Wert der Bestellung; Bestellwert m.
order, all-time ~ (after product phase-out) / Gesamtbedarfsauftrag m. (nach Produkteinstellung) (Auftrag zur Abdeckung des gesamten noch zu erwartenden Bedarfs, z.B. für ein Auslaufprodukt)
order, as per ~ / auftragsgemäß adj.
order, back~; open order; unfilled order (e.g. article A. is on backorder but will be delivered to you soon) / unerledigter Kundenauftrag (Terminverzug); offener Kundenauftrag (z.B. Artikel A. ist gerade nicht lieferbar, wird aber bald an Sie geliefert)
order, bulk ~ / Großauftrag m.
order, by ~ (~ and for account of ...) / im Auftrag (~ und auf Rechnung von ...)

order, call-off ~ / Abrufauftrag *m.*

order, cash ~ / Bestellung mit
vereinbarter Zahlung

order, change ~ /
Bestelländerungsauftrag *f.*

order, completion of ~; order
completion / Auftragsabschluss *m.*

order, conveyance of ~ /
Auftragsübermittlung *f.*

order, current ~; running order /
laufender Auftrag *m.*

order, customer ~ / Kundenauftrag *m.*;
Kundenbestellung *f.*

order, day ~ / Tagesauftrag *m.*

order, deadline ~ / Terminauftrag *m.*

order, defining the ~ / Auftragsklärung *f.*

order, delivery ~ / Lieferauftrag *m.*;
Auslieferungsauftrag *m.*; Versandauftrag
m.

order, design ~ / Entwicklungsauftrag *m.*

order, express ~; urgent order; rush order
/ Eilauftrag *m.*; Eilbestellung *f.*

order, fill ~ / Auffüllorder *f.*;
Auffüllauftrag *m.*

order, firm ~ / fester Auftrag *m.*

order, firmly planned ~ / fest
eingeplanter Auftrag *m.*

order, floating ~ point / gleitender
Bestellpunkt *m.*

order, forcing ~ / Füllauftrag *m.*
(Füllaufträge, vorgezogen oder
verspätet vorgegeben, dienen dem
Abbau von Belastungsspitzen)

order, frozen ~ (e.g. non-changeable, i.e.
~ delivery date) / gefrorener Auftrag *adj.*
(z.B. nicht änderbarer, d.h. ~)

order, frozen ~ stock / eingefrorener
Auftragsbestand *m.*

order, hold ~ / angehaltener Auftrag *m.*

order, incoming ~ / eingehender
Kundenauftrag *m.*

order, internal ~ / interne Bestellung *f.*;
interner Auftrag *m.*

order, inventory ~; stock order /
Lagerauftrag *m.*; Vorratsauftrag *m.*

order, inventory delivery ~; stock
delivery order / Lagerversandauftrag *m.*

order, inventory replenishment ~; stock
replenishment order /
Lagerergänzungsauftrag *m.*

order, job ~ in process / in Arbeit
befindlicher Werkauftrag

order, joint ~ / Auftragsverbund *m.*

order, make-and-take ~ / Abrufauftrag
mpl.

order, make-to-~; produce-to-order /
auftragsbezogen fertigen *v.*; nach Maß
fertigen

order, manufacturing ~ / Fabrikauftrag
m.

order, manufacturing to ~ /
auftragsbezogene Fertigung *f.*

**order, material planning by ~ point
technique** / verbrauchsgesteuerte
Disposition

order, open ~; backorder; unfilled order
(e.g. article A. is on backorder but will be
delivered to you soon) / unerledigter
Kundenauftrag (Terminverzug); offener
Kundenauftrag (z.B. Artikel A. ist gerade
nicht lieferbar, wird aber bald an Sie
geliefert)

order, outstanding ~ / rückständiger
Auftrag *m.* (noch nicht belieferter,
fälliger Kundenauftrag)

order, partial ~ / teilbelieferter Auftrag
m.

order, place an ~ / Auftrag erteilen
Bestellung aufgeben

order, planned ~ / geplanter Auftrag *m.*

order, production ~ stock; production
orders on hand /
Fertigungsauftragsbestand *m.*

order, production to customer ~ /
Kundenauftragsfertigung (i.S.v.
auftragsbezogen fertigen)

order, purchase ~ / Bestellung *f.*;
Bestellauftrag *m.*

order, receipt of ~ / Auftragserhalt *m.*

order, replacement ~ / Ersatzauftrag *m.*

order, replenishment ~; reorder /
Nachbestellung *f.*; Auffüllauftrag *m.*
order, shop ~ release /
Betriebsauftragsvorgabe *f.*
order, shop ~ tracking /
Betriebsauftragsüberwachung *f.*
order, skeleton ~ / Rahmenbestellung
order, spare parts ~ /
Ersatzteilbestellung *f.*
order, staging ~ / Bereitstellauftrag *m.*
order, stock ~ / Lagerauftrag
order, stock delivery ~ /
Lagerversandauftrag
order, stock replenishment ~ /
Lagerergänzungsauftrag
order, store / Lagerbestellung *f.*
order, subcontracting ~ /
Fremdfertigungsauftrag *m.*;
Entlastungsauftrag *m.*
order, take an ~ / Auftrag
entgegennehmen *m.*; Auftrag annehmen
order, time-based ~ point /
terminabhängiger Bestellpunkt *m.*
order, urgent ~ / Eilauftrag
order, vital ~ / wichtiger Auftrag *m.*;
entscheidender Auftrag *m.*
order, work ~ / Arbeitsauftrag *m.*
ordering / Bestellwesen *n.*
ordering costs / Auftragskosten
(Beschaffung)
ordering deadline / Beschaffungsfrist *f.*
ordering key / Beschaffungsschlüssel *m.*
ordering method /
Beschaffungsmethode *f.*
ordering parameter /
Beschaffungsparameter *m.*
ordering period / Beschaffungszeit *f.*
ordering price / Einkaufspreis
ordering procedure / Auftragsverfahren
n.; Auftragsvorgehen *n.*;
Bestellverfahren *n.*; Bestellvorgehen *n.*
ordering program / Bestellprogramm *n.*
ordering quantity (e.g. minimum ~) /
Auftragsmenge (z.B. kleinste ~)

**ordering, consumption-oriented ~
system /** verbrauchsorientiertes
Bestellsystem *n.*
orderly / plangemäß *adj.*;
ordnungsgemäß *adj.*
orders on hand; order stock; orders in
hand; goods on order / Auftragsbestand
m.
orders received / Auftragseingang
orders received book /
Auftragseingangsbuch *n.*
orders, batch ~ / Aufträge
zusammenfassen; kommissionieren
orders, launch ~; start orders; initiate
orders / Aufträge anstoßen *mpl.*
orders, production ~ on hand /
Fertigungsauftragsbestand
orders, shipped ~ / ausgelieferte
Aufträge *mpl.*
orders, stage ~ / Bereitstellen von
Aufträgen; Auftragsbereitstellung *f.*
orders, start ~ / Aufträge anstoßen
organization (e.g. ~ of a business unit);
organizational structure / Organisation
f.; Organisationsstruktur *f.*;
Strukturorganisation *f.* (z.B. ~ einer
Geschäftseinheit)
organization chart / Organisationsplan
n.; Organisationsschema *n.*
organization, bloated ~ / aufgeblähte
Organisation *f.*; aufgeblähte Verwaltung
f.
organization, hierarchical ~; structural
organization (e.g. participating in
shaping the ~) / Aufbauorganisation *f.*
(z.B. die ~ mitgestalten)
organization, horizontal ~ / horizontale
Organisation *f.*
organization, learning ~; learning
enterprise (e.g. action and result
oriented learning with continuous
improvement in the own organizational
environment) / lernende Organisation *f.*;
lernendes Unternehmen *n.* (i.S.v.
handlungsorientiertes,
ergebnisgerichtetes Lernen mit

kontinuierlicher Verbesserung in der eigenen Organisationsumgebung)

organization, operational ~; process organization / Ablauforganisation f.

organization, process ~ / Ablauforganisation

organization, regional ~ / Regionalorganisation f.

organization, streamlined ~ / gestraffte Organisation f.

organization, structural ~ / Aufbauorganisation (z.B. die Aufbauorganisation mitgestalten)

organization, vertical ~ / vertikale Organisation f.

organization, virtual ~ (e.g. ... by using teleworking) / virtuelle Organisation n. (z.B. ... unter Nutzung von Telearbeit)

organization, virtual ~ / virtuelle Organisation f.

organizational consulting / Organisationsberatung f.

organizational development / Organisationsentwicklung f.

organizational goal; organizational objective / Organisationsziel n.

organizational learning (opp. seminars open to everybody) / Organisationslernen n.; Lernen in der Organisation (Ggs. offene Seminare für jedermann)

organizational objective / Organisationsziel

organizational project / Organisationsprojekt n.

organizational responsibility; organizationally reporting to ...; solid line responsibility (e.g. he reports to Mr. B. or: he has a solid line responsibility to Mr. B.; opp. he has a dotted line to ...; see 'dotted line responsibility') / organisatorisch zugeordnet zu ...; organisatorische Verantwortung haben; organisatorisch gehören zu ... (z.B. er gehört organisatorisch zu Herrn B.; Ggs. er berichtet fachlich an ...; siehe 'fachlich zugeordnet zu ...')

organizational structure / Organisation (z.B. einer Geschäftseinheit)

organizational work / Organisationsarbeit f.

organizations, work across ~; work cross-functionally / über Organisationsgrenzen hinweg zusammenarbeiten; funktionsübergreifend zusammenarbeiten

organizer / Organisator m.

organizing and facilitating (e.g. ~ of workgroups) / Gestalten und Moderieren (z.B. ~ von Arbeitsgruppen)

orientation / Orientierung f.; Ausrichtung f.

origin / Ausgangsort m.; Ursprung m.; Herkunft f.

origin of goods / Warenherkunft f.

original / original adj.

original / Original n.

original costs; initial costs / Anschaffungskosten pl.

original data; historical data / ursprüngliche Daten npl.

original equipment manufacturer (OEM)

original inspection / Erstprüfung f.

original material / Ausgangsmaterial n.

original packing / Originalverpackung f.

original value; acquistion value / Anschaffungswert m.

OSI (Open Systems Interconnection)

out-dated (e.g. ~ equipment) / alt adj.; altmodisch adj. (z.B. ~e Einrichtung, ~e Betriebsanlagen)

out, put s.o. ~ of work / jdmdn. beschäftigungslos machen

outbound cargo / Fracht (Ausgang); ausgehende Ladung; abgehende Ladung

outbound delivery (opp. inbound delivery) / abgehende Lieferung f.; Auslieferung f. (Ggs. ankommende Lieferung)

outbound traffic; outbound transportation / ausgehender Verkehr; abgehender Transport

outcome (e.g. extremely quick settlements often result in extreme outcomes) / Ergebnis *n.*; Resultat *n.* (z.B. außergewöhnlich schnelle Entscheidungen führen oft zu außergewöhnlichen Ergebnissen)

outdoor use (e.g. ~ of a forc lift truck) / Außeneinsatz *m.* (z.B. ~ eines Gabelstaplers)

outflow of funds / Mittelabfluss *m.*

outgoing (opp. incoming) / abgehend *adj.* (Ggs. eingehend)

outgoing goods; shipping / Warenausgang *m.*

outgoing mail / Postausgang *m.*

outgoings, warehouse ~; warehouse output / Lagerausgang *m;* Lagerausstoß *m.*

outlet; jack; female (opp. male; plug) / Steckdose *f.* (Ggs. Stecker *m.*)

outlet store; factory outlet / Verkaufsladen (für 'direkt ab Fabrik' Verkauf) *m.*; Fabrikverkauf *m.*

outlet, sales ~ / Verkaufsstelle *f.*

outline; stake out (e.g. ~ fields of interests) / abstecken (z.B. Interessensgebiete ~)

outline / Grobdarstellung *f.*; Übersicht *f.*

outlook; look-ahead / Ausblick *m.*; Vorausschau *f.*

outplacement consulting (professional placement support for institutions, companies and individuals (e.g. ~ is urgently needed for some two hundred people because the company will shut down its manufacturing site in July next year) / Outplacement-Beratung *f.* (professionelle Unterstützung bei der Vermittlung von Arbeitsverhältnissen für Institutionen, Firmen und Privatpersonen) (z.B. ~ wird dringend für ca. 200 Personen benötigt, da die Firma

den Fertigungsstandort im Juli nächsten Jahres schließen wird)

output (e.g. ~ of a machine) / Ausstoß *m.*; Ausgangsleistung *f.*; Arbeitsergebnis *n.* (z.B. ~ einer Maschine)

output control / Lieferüberwachung *f.*

output format / Ausgabeformat *n.*

output loss / Leistungseinbuße *f.*

output, data ~ / Datenausgabe *f.*

output, man-hour ~ / Ausstoß pro Arbeitsstunde

output, peak ~ / Höchstleistung

output, warehouse ~; warehouse outgoings / Lagerausgang *m.;* Lagerausstoß *m.*

outside consultant / externer Berater

outside product; external product; product from other vendors / Fremdprodukt *n.*

outside production; subcontracting / Fremdfertigung *f.*

outside services / Fremdleistung

outside supply; purchase from outside supplier / Fremdbezug *m.*

outside work; work at home / Heimarbeit *f.*

outsource; spin off (e.g. ~ a part of the company) / ausgliedern *v.*; abstoßen *v.* (z.B. ~ eines Unternehmensteiles)

outsourcing / Outsourcing *n.* (Vergabe bzw. Ausgliederung von Leistungen an externe Dienstleister)

outsourcing contract / Outsourcingvertrag *m.*

outstanding / hervorragend *adj.*; außergewöhnlich *adj.*

outstanding debts / Debitoren

outstanding order / rückständiger Auftrag *m.* (noch nicht belieferter, fälliger Kundenauftrag)

outstandings / Außenbestände *mpl.*

over delivery; overrun; over shipment; surplus delivery / Überlieferung (zu viel geliefert) *f.*

over-estimate / überschätzen *v.*

over-evaluate / überbewerten *v.*

over production / Überproduktion

over shipment / Überlieferung (zu viel geliefert)

over withdrawal / Mehrentnahme f.

overall approach / ganzheitlicher Ansatz

overall cycle time / Gesamtdurchlaufzeit f.

overall optimization / Gesamtoptimierung f.

overall process / ganzheitlicher Prozess; gesamtheitlicher Prozess

overall strategy / Gesamtstrategie f.

overcapacity / Überkapazität f.

overdue; past due / überfällig adj.

overflow / Überlauf m.

overfreight / Überfracht f.

overhead; overhead rate; burden rate / Gemeinkostensatz m.

overhead (coll. AmE) / Geschäftsführungsaufwand m.

overhead / Gemeinkosten

overhead chart; transparency (e.g. ~ for an overhead projector) / Folie f. (z.B. ~ für einen Overheadprojektor)

overhead conveyor system / Deckenfördersystem n.

overhead costs; overhead / Gemeinkosten pl.; Kosten des laufenden Geschäftes

overhead expenses / Handlungskosten

overhead rate / Gemeinkostensatz

overhead rate per hour / Gemeinkostensatz pro Stunde m.

overhead, production ~; manufacturing overhead / Fertigungsgemeinkosten pl.

overhead, proportionate ~ / anteilige Gemeinkosten pl.

overlapping / Lademaßüberschreitung f.

overlapping / Überlappung f.

overlapping operation / überlappender Arbeitsvorgang m.

overlapping production; lap phasing; telescoping / überlappte Fertigung f.

overload / Überbelastung f.; Überlast f.

overload saftey device / Überlastsicherung f.

overloaded / überlastet adv.

overnight delivery; 24 hour delivery service / Rund-um-die-Uhr-Lieferservice f.; Lieferung im Nachtsprung f.; Übernacht-Lieferung f.

overpriced / überbezahlt adv.

overrun / Überlieferung (zu viel geliefert)

overseas / Ausland

oversize / Übergröße f.

overstock / Überbestand m.

overstocking / Überbevorratung f.

overtime / Überstunden fpl.

overtime premium / Überstundenzuschlag m.

overview / Überblick m.

owe (to ~ s.o. s.th.) / schulden adj. (jd. etwas ~)

own and foreign share / Eigen- und Fremdanteil m.

own requirements / Eigenbedarf

owner / Eigentümer m.; Besitzer m.

owner, process ~ / Prozessverantwortlicher m.; Prozessinhaber m.; Inhaber eines Prozesses

owner, product ~ / Inhaber eines Produktes; Produktverantwortlicher m.; Produktinhaber m.

owner, ship~ / Schiffseigner m.

ownership; property / Besitz m.; Eigentum n.; Eigentumsrecht n.

ownership, joint ~ **of processes** / gemeinsame Prozessverantwortung f.

ownership, right of ~ / Eigentumsvorbehalt m.

ownership, take ~ (The K. company takes ownership of the transport) / Verantwortung übernehmen (Firma K. übernimmt die Verantwortung für den Transport)

ownership, total cost of ~ / Gesamtkosten für die Einführung eines IT-Systems (Gesamtheit aller Kosten, d.h. nicht nur für Erwerb oder Lizenzierung, sondern auch Zusatz- oder

Folgekosten, wie z.B. System-Analysen und -Anpassungen, Training und Qualifizierung, Versions-Änderungen und -Upgrades, Speichererweiterungen, etc.)

P

P&D location (Pick-up and Delivery location) (e.g. location for temporary material storage in a manufacturing unit) / P&D; Bereitstellager n. (z.B. ausgewiesene Fläche in einer Fertigungseinheit, in der Material zum kurzen Zugriff bereitgestellt wird)

P&L (profit and loss); profit and loss statement) / (GuV) Gewinn und Verlust; Gewinn- und Verlustrechnung f.

P.O. Box / Postfach n.

PABX (private automatic branch exchange) / Nebenstellenanlage f.

pacemaker (e.g. this company is a real pacemaker in logistics) / Schrittmacher m. (z.B. diese Firma ist ein echter Schrittmacher in der Logistik)

pack / packen v.; einpacken v.; verpacken v.

pack area / Packzone f.; Packerei f.

pack, bulk ~; giant-size pack / Großpackung f.

pack, transparent ~ / Klarsichtpackung f.

package; packaging / Verpackerei f.

package / Kollo n.; Packstück n.

package deal / Pauschalangebot n.

package identification / Packstückidentifikation f.

package insert / Packungsbeilage f.

package tracking; shipment tracking; tracking / Sendungsverfolgung f.

package tracking system / Ladungs-Verfolgungssystem n.

package, dual-use ~ / Mehrwegverpackung f.

package, non-returnable ~ / Einwegverpackung f.

package, service ~ / Leistungspaket n.

packaged goods / abgepackte Ware f.

packaging / Verpackung f.; Grundverpackung f.

packaging quantity / Verpackungsmenge f.

packaging, improper ~ / ungenügende Verpackung

packed / verpackt adj.

Packet Assembly/Disassembly (PAD)

packet connection / Paketanschluss m.

packet switching / Paketvermittlung f.

packing / Warenausgabeabteilung f.

packing and dispatch (e.g. automated ~) / Verpackung und Versand (z.B. automatische ~)

packing and shipping service / Verpackungs- und Versanddienst m.

packing and transport / Verpackung und Transport

packing charges / Verpackungskosten pl.

packing department; packing / Packerei f.

packing excluded / ausschließlich Verpackung

packing included / einschließlich Verpackung

packing instruction / Verpackungsvorschrift f.

packing item / Verpackungseinheit f.

packing line / Verpackungslinie f.

packing list / Kolliliste f.; Packliste f.

packing machine; packing unit / Verpackungsmaschine f.

packing material / Packmaterial n.; Verpackungsmaterial f.

packing material inventory / Kartonagenlager n.

packing paper / Packpapier n.

packing slip / Packzettel m.

packing system / Verpackungsanlage f.

packing table / Packtisch m.

packing, defective ~ / mangelhafte Verpackung f.

packing, original ~ / Originalverpackung f.

packing, seaworthy ~ / seemäßige Verpackung f.

packing, special ~ / Spezialverpackung f.

PAD (Packet Assembly/Disassembly)

pad, truck ~ / LKW-Rampe f.

paging device / Personensuchanlage f.

paid by the hour; hourly wage / Zeitlohn m.

pallet / Palette f.

pallet approval / Palettenprüfung f.

pallet changer / Palettenwechsler m.

pallet form / Palettenschein m.

pallet handling system / Paletten-Fördersystem n.

pallet jack / Palettenhebezeug n.; Hebevorrichtung für Paletten f.

pallet lift truck / Palettenhubwagen m.

pallet rack / Palettenregal n.

pallet recycling; reuse of pallets / Palettenrecycling n.; Wiederverwendung von Paletten

pallet station, de-~ / Depalettierstation f.

pallet storage and retrieval vehicle / Palettenstapler m.

pallet storage unit / Palettenspeicher m.

pallet throughput / Palettenumschlag m.

pallet truck / Hubwagen m.

pallet truck, pedestrian ~ / Deichselhubwagen m.

pallet warehouse / Palettenlager n.

pallet, cage ~; skeleton box pallet / Gitterboxpalette f.

pallet, Euro ~ / Euro-Palette f.

pallet, one-way ~ / Einwegpalette f.

pallet, wooden ~ / Holzpalette f.

palletize / palettieren v.

palletizing / Palettierung f.

paper order slip / Laufzettel m.

paper, read a ~; give a presentation (e.g. to ~ on ...) / Vortrag halten (z.B. einen ~ über ...)

paperless purchasing / papierloser Einkauf m.

papers, call for ~ (e.g. ~ for a logistics conference) / Aufforderung zur Einreichung von Vortragsthemen (z.B. ~ für einen Logistikkongress)

paradigm shift / Paradigmenwechsel m.

parallel implementation; parallel conversion (e.g. ~ of a new system timely parallel to the existing system) / parallele Einführung (z.B. ~ eines neuen Systems zeitlich parallel zum bestehenden bisherigen System)

parameter / Parameter m.; Einflussgröße f.

parameter card / Parameterkarte f.

parameterization / Parametrisierung f.

parcel / Paket n.; Postpaket n.

parcel delivery / Paketbeförderung f.

parcel dispatch notice / Paketkarte f.

parcel post / Paketpost f.

parcel receiving station / Paketannahme f.; Paketannahmestelle f.

parcel service / Paketdienst m.; Stückgut n.

parcel van / Paketzustellwagen m.

parent company / Stammhaus

parent item / Artikel der höheren Dispositionsstufe

parent part / Teil der Oberstufe

pareto analysis / Paretoanalyse f.

parking area / Parkfläche f.; Parkplatz m.

parking garage; garage / Parkgarage f.; Garage f.

parking lot / Parkplatz m.

part / Artikel

part cost calculation / Teilkostenkalkulation f.; Stückkostenkalkulation f.

part description / Teilebezeichnung f.

part number / Artikelnummer; Teilenummer

part number master record / Teilestammsatz m.

part number master records file /
Teilestammsatzdatei *f.*
part number record file /
Sachnummernverzeichnis *n.*
part payment / Abschlagszahlung
part production shop / Teilefertigung
part-time employee / Teilzeitmitarbeiter
m.
part-time work / Teilzeitarbeit *f.*
part to specification / Zeichnungsteil *n.*
part, lower ~ number / untergeordnete
Teilenummer *f.*; Unterstufennummer *f.*;
Sachnummer der Unterstufe *f.*
part, non-significant ~ number /
anonyme Sachnummer *f.*
part, service ~ / Ersatzteil
part, significant ~ number /
beschreibende Sachnummer *f.*
part, spare ~; service part; repair part /
Ersatzteil *n.*
part, wearing ~ / Verschleißteil *n.*
partial delivery; split delivery (e.g.
purchasing order with ~) / Teillieferung
(z.B. Einkaufsauftrag mit Ablieferung in
Teilmengen)
partial load; less than carload (LCL)
(opp. a full load, e.g. a whole wagon) /
Stückgut (LCL) (Ggs. eine volle Ladung,
z.B. ein ganzer Waggon voll)
partial loss / Teilschaden *m.*
partial new planning / partieller
Neuaufwurf *m.*
partial order / Teilauftrag *m.*
partial payment; part payment;
installment / Abschlagszahlung *f.*
partially qualified / teilqualifiziert *adj.*
participant in the process /
Prozessbeteiligter
participation / Beteiligung (Kapital-~)
partner relationship / partnerschaftliche
Beziehung *f.;* Partnerschaftsbeziehung *f*
partner, business ~ / Geschäftspartner
m.
partner, trading ~ / Geschäftspartner *m.*;
Verhandlungspartner *m.*

partnering / Zusammenarbeit (mit
Geschäftspartnern) *f.*
partnership (e.g. ~ with suppliers) /
Partnerschaft *f.* (z.B. ~ mit Lieferanten)
partnership concept (e.g. ~ beyond
business limits) / Partnerkonzept (z.B. ~
über Firmengrenzen hinaus)
parts code / Teilecode *m.*
parts family; family of parts /
Teilefamilie *f.*
parts list / Teileliste *f.*
parts manufacture / Vorfertigung
parts master; item master / Teilestamm
m.
parts master file / Teilestammdatei *f.*
parts movement list /
Teilebewegungsliste *f.*
parts production; part production shop /
Teilefertigung *f.*
parts variety / Teilevielfalt *f.*
parts, identical ~ list /
Gleichteilestückliste *f.*
party to contract / Vertragspartner
pass on (e.g. ~ a message); transmit /
übermitteln *v.* (z.B. eine Nachricht ~)
passage; driveway / Fahrweg *m.*
passage hight / Durchfahrthöhe *f.*
passage width / Durchfahrtbreite *f.*
passenger protection / Fahrgast-Schutz
m.
passenger seat / Beifahrersitz *m.*
passenger service / Fahrgast-Service *m.*
passenger traffic, short distance ~ /
Personennahverkehr *m.*
passengers terminal / Passagierterminal
n.
passive components / passive
Bauelemente
past due / überfällig
paternoster storage; rotating storage /
Paternosterregal *n.*
paternoster warehouse /
Paternosterlager *n.*
path / Weg *m.*; Pfad *m.*
patrol inspection / Wanderrevision *f.*

patronage position / Gönnerschaftsposten *m.*
pay; wages / Lohn
pay a bill / Rechnung begleichen *f.*
pay-as-you-go, payment ~; pay at cost / Bezahlung nach Aufwand *f.*
pay-back / Rückfluss *m.*
pay cash or credit / bar oder per Kreditkarte bezahlen *v.*
pay damages / Schadensersatz leisten *v.*
pay down / anzahlen *v.*
pay for use / Bezahlung nach Nutzung *f.*
pay grade / Gehaltsgruppe *f.*
pay in cash / bar bezahlen *v.*
pay in installments / abzahlen
pay interest (pay interest on) / verzinsen *v.* (Zins zahlen für)
pay off; pay in installments / abzahlen *v.*; abbezahlen *v.*; tilgen *v.*
pay off (e.g. that doesn't ~) / auszahlen; lohnen (z.B. das lohnt sich nicht)
pay week / Lohnwoche *f.*
pay, liable to ~ / leistungspflichtig *adj.*
payable / zahlbar *adj.*
payable freight / zu bezahlende Fracht *f.*
payable, amount ~ / Rechnungssumme *f.*
paycheck (AmE); salary / Gehalt
payee / Zahlungsempfänger *m.*
payer / Zahlungsleister
payment / Bezahlung *f.*; Zahlung *f.*; Entlohnung *f.*
payment agreement; payment arrangement / Zahlungsvereinbarung *f.*
payment arrangement / Zahlungsvereinbarung
payment by installments / Ratenzahlung *f.*
payment commitment / Zahlungsverpflichtung *f.*
payment extension / Zahlungsaufschub *m.*
payment guarantee / Zahlungsgarantie *f.*
payment in advance / Anzahlung
payment in lieu / Abgeltung *f.*
payment method / Zahlungsweise *f.*
payment of installments / Abzahlung *f.*

payment on account / Anzahlung
payment on delivery; cash on delivery / zahlbar bei Lieferung
payment on delivery / Zahlung bei Auslieferung *f.*
payment order / Zahlungsanweisung *f.*
payment procedure / Zahlungsverfahren *n.*
payment upon consumption / Zahlung nach Verbrauch *f.*
payment, advance ~; cash before delivery / Vorauszahlung *f.*; Zahlung vor Lieferung *f.*
payment, annual ~ / Jahresbericht *f.*
payment, cashless ~ / bargeldlose Zahlung *f.*
payment, defer ~ / Zahlung aufschieben *v.*
payment, delay in ~ / Zahlungsverzug *m.*
payment, demand for ~; dunning letter / Zahlungsaufforderung *f.*
payment, documents against ~ (DP) / Dokument gegen Zahlung
payment, down ~; advance payment; payment in advance; payment on account / Anzahlung *f.*; Vorauszahlung *f.*; Akontozahlung *f.*
payment, means of ~ / Zahlungsmittel *npl.*
payment, mode of ~ / Zahlungsmodus *m.*; Zahlungsart *f.*
payment, monthly ~; monthly invoice / monatliche Bezahlung *f.*; monatliche Rechnung *f.*
payment, partial ~; part payment; installment / Abschlagszahlung *f.*
payment, reminder of ~ / Zahlungserinnerung *f.*
payment, terms of ~ (e.g. our ~ are as follows: ...) / Zahlungsbedingungen *fpl.* (z.B. unsere ~ sind wie folgt: ...)
payments, advice of ~ / Zahlungsanzeige *f.*
payments, handling of ~ / Zahlungsabwicklung *f.*

payments, receipt of ~ / Zahlungseingang *m.*

payroll / Lohn- und Gehaltsliste *f.*

payroll accounting / Lohnbuchhaltung *f.*

payroll number; headcount / Kopfzahl (Anzahl von Mitarbeitern)

payroll, have s.o. on one's ~ / jmdn. beschäftigen *v.*

PC (personal computer) / Personal Computer (PC) *m.*

PC upload (e.g. ~ from mainframe computer to PC) / Datenübernahme (z.B. ~ vom Großcomputer auf PC)

PC, desktop ~; desktop computer / fest installierter PC *m.*; Arbeitsplatzcomputer *m.* (Tischgerät)

PC, laptop ~; laptop computer / tragbarer PC *m.*; tragbarer Computer *m.*

PCB (printed circuit board); plug-in module; printed board assembly (i.e. electronic plug-in module, equipped with electronic components) / Flachbaugruppe (FBG) *f.*; bestückte Leiterplatte

PCMCIA card (Personal Computer Memory Card International Association) / PCMCIA-Karte (scheckkartengroße Speicher-Einsteckkarte für Laptops zur Datenübertragung)

PDT (Portable Data Terminal) / portables Datenerfassungsgerät *n.*

peak; peak level / Höhepunkt *m.*; Höchststand *m.*

peak load / Arbeitshäufung *f.*; Belastungsspitze *f.*

peak performance; peak output / Höchstleistung *f.*

peaks in demand / Bedarfsspitzen

pedestrian pallet truck / Deichselhubwagen *m.*

pedestrian stacker / Deichselstapler *m.*

peer / gleichrangiger Mitarbeiter *m.*; gleichrangiger Partner *m.*; Kollege *m.*

peer mediation / Streitschlichtung unter Gleichen *f.* (z.B. bei zivilrechtlichen Auseinandersetzungen zwischen zwei Partnern mit dem Ziel, Konflikte außergerichtlich zu lösen)

peer pressure / Druck von Kollegen *m.*; sozialer Druck *m.*

peer-to-peer networking / Partner-zu-Partner Kommunikation *f.*

pegged requirements / auftragsbezogener Bedarf *m.*

penalty; forfeit / Geldstrafe *f.*

penalty for breach of contract / Vertragsstrafe *f.*

penalty for delayed delivery / Verzugsstrafe für verspätete Lieferung *f.*

pending, a lawsuit is ~ / ein Gerichtsverfahren ist anstehend

penetration, high ~ / hohe Durchdringung *f.*

pension / Pension *f.*; Rente *f.*

pension contribution / Rentenversicherungsbeitrag *m.*

pension fund / Pensionskasse *f.*

pension plan / Pensionsplan *m.*; Versorgungsplan für die Pensionierung *m.*; Altersversorgung *f.*

pension reserve / Pensionrückstellung *f.*

pension, corporate ~ plan; retirement benefits / betriebliche Altersversorgung *f.*

pension, retirement ~; retirement pay / Pension *f.*

pent-up demand / aufgestauter Bedarf *m.*

people involvement / Einbeziehung der Mitarbeiter *f.*

per annum; per year (e.g. variance of inventory ~) / pro Jahr; p.a. *f.* (z.B. Veränderung der Bestände ~)

per capita / pro Kopf *m.*

per capita consumption / Pro-Kopf-Verbrauch *m.*

per capita demand / Pro-Kopf-Bedarf *m.*

per capita income / Pro-Kopf-Einkommen *n.*

per day, average ~ / Tagesdurchschnitt *m.*

per, as ~ statement / laut Aufstellung *f.*

per, labor rate ~ hour; wage rate per hour / Lohnsatz pro Stunde *m.*

perceived risk / wahrgenommenes Risiko *n.*

percentage / Prozentsatz *m.*

percentage markup / prozentualer Aufschlag *m.*

percentage split / Verteilungsprozentsatz *m.*

percentage utilization / Auslastungsgrad *m.*

perception / Wahrnehmung *f.*; Erkenntnis *f.*

perform, willingness to ~ / Leistungsbereitschaft *f.*

performance / Leistung *f.*

performance appraisal / Leistungsbeurteilung *f.*; Mitarbeiterbeurteilung *f.*; Personalbeurteilung *f.*

performance characteristic; performance criterion; feature / Leistungsmerkmal *n.*

performance factor / Leistungsfaktor *m.*

performance figures / Leistungsdaten *npl.*

performance improvement / Leistungsverbesserung *f.*; Leistungssteigerung *f.*

performance in logistics, measures of ~ / Leistungskenngrößen der Logistik *fpl.*

performance measurement; controlling / Leistungsmessung *f.*; Leistungsüberwachung *f.*; Controlling *n.*; Kontrolle des Ablaufverhaltens

performance measurement system / Kennzahlensystem *n.*

performance measures / Leistungsmesswerte *mpl.*

performance metrics / Leistungsmessdaten *npl.*

performance monitoring / Leistungsüberwachung *f.*

performance profile / Leistungsprofil *n.*

performance rating; efficency rating; merit rating / Leistungsbeurteilung, -schätzung *f.*

performance record / Leistungsnachweis *m.*

performance specification / Leistungsbeschreibung *f.*

performance standard / Leistungsnorm *f.*

performance standards / Leistungskennzahlen, -messgrößen *fpl.*

performance variance / Leistungsabweichung *f.*

performance, actual ~ / Ist-Leistung *f.*

performance, individual ~ incentive; incentive bonus (e.g. ~ as a compensation tied to mutually agreed goals) / Leistungsprämie (z.B. Vergütung in Form einer ~, die an eine beiderseitig vereinbarte Zielerreichung gebunden ist)

performance, job ~ / Arbeitsleistung *f.*; Berufstätigkeit *f.*

performance, logistics ~ / logistische Leistung *f.*; Logistikleistung *f.*

performance, peak ~; peak output / Höchstleistung *f.*

performance, upward ~ appraisal; upward appraisal (~ down to top, i.e. employees rate their bosses) / Vorgesetztenbeurteilung *f.*; Leistungsbeurteilung der vorgesetzten Führungskraft (~ von unten nach oben, d.h. Mitarbeiter geben Feedback und beurteilen ihre Vorgesetzten)

period / Periode *f.*

period allowed for payment / Zahlungsziel *n.*

period length / Periodenlänge *f.*

period, accounting ~ / Abrechnungszeitraum *m.*

period, depreciation ~ / Abschreibungsdauer

period, limitation ~ / Verjährungsfrist *f.*

period, planning ~ / Planungsperiode *f.*

period, stop ~ / Haltedauer *f.*

period, storage ~ / Verweildauer im Lager
peripheral sales / Peripherievertrieb *m.*
permanent stock control / laufende Lagerkontrolle *f.*
permanent virtual circuit (PVC) / feste virtuelle Verbindung *f.*
permit / Lizenz
permit, export ~; export license / Ausfuhrgenehmigung *f.*
permit, import ~ / Einfuhrgenehmigung
perpetual inventory; perpetual stocktaking; continuous inventory / permanente Inventur *f.*
perpetual inventory file; on-going stock file; continual stock file / laufende Bestandsdatei *f.*
personal / persönlich *adj.*
personal computer (PC) / Personal Computer
personal data (e.g. processing of ~); privacy data / personenbezogene Daten *npl.* (z.B. Verarbeitung von ~)
personal file / Personalakte *f.*
personal identification number / PIN-Code *m.*
personal need allowance / persönliche Verteilzeit *f.*
personal security; bodyguards / Sicherungsgruppe *f.*
personality development / Persönlichkeitsentwicklung *f.*
personnel; staff; workforce / Personal (Mitarbeiter) *m.*; Belegschaft *f.*
personnel (department); employee relations / Referat Personal *n.*
personnel administration / Personalverwaltung *f.*
personnel costs; employment costs / Personalkosten *pl.*; Personalaufwand *m.*
personnel development / Personalentwicklung *f.*
personnel manager / Personalleiter *m.;* Personalchef *m.*
personnel matter / Personalangelegenheit *f.*

personnel matters of company management / Personalangelegenheiten der Firmenleitung
personnel recruitment; staff recruitment; recruitment of personnel / Personalbeschaffung *f.;* Einstellung *f.*
personnel reduction / Personalreduzierung *f.*
personnel selection / Personalauswahl *f.*
personnel services / Personaldienste *mpl.*
personnel training / Mitarbeitertraining
PERT (Program Evaluation and Review Technique)
PFA (production flow analysis) / Fertigungsflussanalyse *f.*
phantom bill of material / Phantomstückliste
phase / Phase *f.*
phase-out part / Auslaufteil *n.*
phase, order ~ / Auftragsphase *f.*
phased, time-~ / zeit-synchron *adj.*
phone answering machine; answerphone (examples of messages: 1.: "You reached Julius Martini. I am away from my desk right now but if you leave your name and phone number I'll get back to you as soon as possible"; 2.: This is Lisa Morgen. I can't come to the phone right now. Please leave a message after the beep. I'll call you back as soon as possible") / Anrufbeantworter *m.;* Telefon-Anrufbeantworter *m.*(Beispiele für Ansagen: 1.: "Dies ist der Apparat von Julius Martini. Ich bin zur Zeit nicht am Arbeitsplatz; aber wenn Sie Ihren Namen und Ihre Telefonnummer hinterlassen, werde ich mich so schnell wie möglich mit Ihnen in Verbindung setzen"; 2.: "Lisa Morgen. Ich bin gerade nicht erreichbar. Bitte hinterlassen Sie eine Nachricht nach dem Signalton. Ich werde Sie so bald wie möglich zurückrufen")
phone conference; telephone conference / Telefonkonferenz *f.*

phone service; telephone service /
Telefonservice *m.*; Telefondienst *m.*
phone, mobile ~; cellular phone;
cellphone / Handy *n.*; Mobiltelefon *n.*
(Anm.: in USA ist das Wort "handy" total
unbekannt, im üblichen Sprachgebrauch
wird meist "cellphone" benützt)
photocell / Lichtschranke *f.*
physical (e.g. system for the physical
movement of products) / körperlich *adj.*
(z.B. System zur körperlichen
Bewegung von Produkten)
physical count / physikalische Zählung
physical distribution (e.g. delivery of
goods) / Distribution *f.*; Verteilung *f.*;
Vertrieb *m.* (z.B. Warenauslieferung)
physical exertion / körperliche
Schwerarbeit *f.*
physical flow / Materialfluss
physical inventory / körperliche
Bestandsaufnahme *f.*; körperliche
Inventur *f.*.
physical life / technische Nutzungsdauer
f.
physical protection / Objektschutz *m.*
physical stock / physischer Bestand *m.*;
körperlicher Lagerbestand *m.*
pick; picking; order picking /
kommissionieren *v.*
pick; take out / entnehmen *v.*;
herausnehmen *v.*
pick & pack / pick-pack
(kommissionieren, d.h. bereit- bzw.
zusammenstellen von Waren nach
vorgegebenen Aufträgen in z.B.
Warenentnahme und
Versandabteilungen, Logistikzentren,
Lager- und Verteilsystemen)
pick & pack system / Pick-Pack-
Kommissioniersystem *n.*
(Kommissioniersystem zum Bereit-
bzw. Zusammenstellen von Waren nach
vorgegebenen Aufträgen)
pick a lemon (coll. AmE); to have bad
luck / eine Niete ziehen (fam.); Pech
haben

pick-and-place (printed circuit board) /
bestücken *v.* (Leiterplatte)
pick-and-place machine /
Bestückungsautomat *m.*; Bestücksystem
n.; Bestückungsmaschine *f.*
pick area / Ladezone *f.*; Bereitstellfläche
f.
pick by light system / Lichtzeigersystem
n.
pick date / Bereitstelltermin
pick up / abholen (von Gütern)
Pick-up and Delivery location (P&D
location) (e.g. location for temporary
material storage in a manufacturing unit)
/ Bereitstelllager *n.* (z.B. ausgewiesene
Fläche in einer Fertigungseinheit, in der
Material zum kurzen Zugriff
bereitgestellt wird)
pick-up and delivery service / Abhol-
und Zustellservice *m.*
pick-up service / Abholdienst *m.*
picking; order picking /
Kommissionierung *f.*
picking (e.g. process of selecting
material from storage area) /
Entnahmevorgang *m.* (z.B. Vorgang der
Materialentnahme aus dem
Lagerbereich)
picking date / Entnahmedatum *n.*
picking documents / Entnahmepapiere
fpl.
picking error / Entnahmefehler *m.*;
Fehlentnahme *f.*
picking level / Regalebene *f.* (z.B.
Regalhöhe bei der Entnahme von
Paletten)
picking line / Sortierlinie *f.*; Sortiergang
n.
picking list; staging list / Entnahmeliste
f.; Bereitstelliste *f.*
picking receipt./ Entnahmebeleg *m.*
picking, order ~ / Auftragsentnahme *f.*;
Auftragskommissionierung *f.*
picking, order ~ warehouse /
Kommissionierlager *n.*
pie chart diagram / Kreisdarstellung *f.*

piece; single-part / Einzelteil *n.*
piece list / Stückverzeichnis *n.*
piece rate / Stücklohn *m.*
piece time / Stückzeit
piece value / Stückwert *m.*
piece, costs per ~; costs per item; costs per unit; unit costs / Stückkosten *pl.*; Kosten per Einheit *pl.*; Verrechnungswert (pro Stück) *m.*
piece, employee paid per ~ / Akkordlöhner *m.*
piece, time per ~; piece time; standard time per unit; job time / Stückzeit *f.*
piecework / Akkordarbeit *f.*; Akkord *m.*
piecework earnings / Akkordverdienst *m.*
piecework time / Akkordzeit *f.*
piecework wages / Akkordlohn *m.*
piecework, basic ~ rate / Akkordrichtsatz *m.*
piecework, differential ~ / differenzierter Akkordsatz *m.*
pieceworker / Akkordarbeiter *m.*
pier; jetty / Pier *f.*
pigeon-hole / Brieffach *n.*
piggy-back service / Huckepackverkehr (z.B. Bahnverladung für LKW)
pile up / stapeln
pillar / Pfeiler *m.*; Säule *f.*
pilot line / Versuchslinie *f.*
pilot lot; pilot production / Anlaufserie *f.*; Nullserie *f.*
pilot order / Erstauftrag *m.*
pilot plant (plant to manufacture new products or to develop new production procedures) / Pilotwerk *n.*; Pilotfertigung *f.* (Werk zur Fertigung neuer Produkte oder zur Entwicklung neuer Fertigungsverfahren)
pilot production / Anlaufserie
pilot project / Pilotprojekt *n.*; Versuchsprojekt *n.*
PIN (personal identification number) / PIN-Code *m.*

PIP (productivity improvement program) / Produktivitätssteigerungs-programm (PSP) *n.*
pipeline control (control of the entire logistics chain) / Pipelinesteuerung *f.* (i.S.v. Steuerung der gesamten Logistikkette)
pissed off (e.g. he was totally pissed off because of the delayed delivery) / sauer *adj.* (z.B. wegen der verspäteten Lieferung war er stocksauer; *Anm.:* 'pissed off' ist im amerikanischen Sprachgebrauch ein durchaus 'ziviler' Ausdruck)
piston / Kolben *m.*
place an order / Auftrag erteilen Bestellung aufgeben
place of delivery / Lieferort *m.*; Lieferadresse *f.*
place of performance / Erfüllungsort *m.*
place, handling ~ (e.g. ~ port) / Umschlagplatz *m.* (z.B. ~ Hafen)
place, have in ~ (e.g. the department has tools in place for logistics performance measurement) / eingesetzt haben einsetzen *v.* (z.B. die Abteilung hat Tools zum Logistikcontrolling eingesetzt)
placement / Vermittlung von Arbeitskräften *f.*
placing of orders / Auftragserteilung *f.*
plaintiff / Kläger *m.*
plan (e.g. financial ~); budget / Plan (Planung) *m.* (z.B. Finanz-~)
plan-controlled / plangesteuert *adj.*
plan cost calculation / Plankostenkalkulation *f.*
plan number / Plannummer *f.*
plan of activities / Aktivitätenplan *m.*
plan position / Planposition *f.*
plan-to-actual comparison / Plan-Ist-Vergleich
plan-to-actual variance / Plan-Ist-Abweichung (Rechnungswesen)
plan variance / Planabweichung
plan, action ~; implementation ~ / Einführungsplan *m.*

plan, assembly ~ (manufacturing) / Montageplan (Fertigung) *m.*

plan, cost ~ / Kostenplan *m.*

plan, pension ~ / Pensionsplan *m.*; Versorgungsplan für die Pensionierung; Altersversorgung *f.*

plan, strategic ~ (e.g. is there a formal ~ that links the performance of the supply chain to the corporate goals and objectives?) / Strategiepapier *n.*; strategischer Plan (z.B. gibt es einen strategischen Plan, um die Leistung der Lieferkette mit den Unternehmenszielen zu verknüpfen?)

plane; airplane / Flugzeug *n.*

planned arrival date / geplanter Eingangstermin *m.*

planned delivery (incoming goods) / geplanter Wareneingang *f.*

planned economy; controlled economy; command economy / Planwirtschaft *f.*

planned inventory; planned stock; target inventory / geplanter Bestand *m.*; Sollbestand *m.; Planbestand m.*

planned order / geplanter Auftrag *m.*

planned supply (incoming delivery) / geplanter Bezug *m.*

planned time / geplante Zeit *f.*

planned withdrawals of material / geplante Materialentnahmen *fpl.*

planning / Planung

planning bill of material; dummy parts list / Pseudostückliste *f.*

planning costs / Planungskosten *pl.*

planning cycle / Planungszyklus *m.*

planning date / Planungstermin *m.*

planning horizon; planning time span / Planungshorizont *m.*

planning method / Planungsmethode *f.*

planning period / Planungsperiode *f.*; Planungszeitraum *m.*

planning stage / Planungsphase *f.*

planning time span / Planungshorizont

planning variance / Planungsabweichung *f.*

planning, business ~ / Geschäftsplanung *f.; *Geschäftsstrategie *f;* Wirtschaftsplanung *f.*

planning, business policy ~ / geschäftspolitische Planung *f.*

planning, capacity ~ / Kapazitätsplanung *f.*

planning, capacity requirements ~ / Kapazitätsbedarfsplanung *f.*

planning, closed-loop ~ system / System mit geschlossenem Planungszyklus *n.*

planning, consecutive ~ / sukzessive Planung *f.*

planning, consumption-driven ~ / verbrauchsgesteuerte Planung *f.*

planning, continuous ~ / rollierende Planung *f.*

planning, cost ~ / Kostenplanung *f.*

planning, customer order ~ and scheduling / Kundenauftragsdisposition *f.*

planning, detail ~ / Detailplanung *f.*

planning, level-by-level ~ / stufenweise Planung *f.*

planning, long-term ~ / Langfristplanung *f.*

planning, material ~ / Disposition *f.*; Terminwesen *n.*; Terminwirtschaft

planning, mid-term ~ / Mittelfristplanung *f.; *mittelfristige Planung *f.*

planning, operations ~ and scheduling / Arbeitsvorbereitung *f.*

planning, order ~ / Auftragsplanung *f.*; Auftragsdisposition *f.*,

planning, process ~ / Ablaufplanung

planning, production ~; manufacturing planning / Produktionsplanung *f.*; Fertigungsplanung *f.*

planning, quality ~ / Qualitätsplanung *f.*

planning, resource ~ / Mittelplanung (Finanzen) *f.*

planning, revolving ~ / revolvierende Planung *f.*

planning, rough ~ / Grobplanung

planning, shop ~ / Auftragseinplanung in der Werkstatt f.

planning, short-term ~ / Kurzfristplanung f.

planning, spare parts ~ / Ersatzteildisposition f.

plant; factory; operations; works / Fabrik f.; Betrieb m.; Werk n.

plant administration / Werksverwaltung f.

plant and building security / Werks- und Objektschutz m.

plant and equipment / Anlagevermögen

plant layout / Betriebsanordnung f.; Fabrikplanung f.; Anlagenplanung f.

plant library; site library; works library / Werksbibliothek f.

plant list / Betriebsliste f.

plant maintenance / Betriebserhaltung f.

plant management / Werksleitung f.

plant security / Werkschutz m.

plant, foreign ~; foreign factory (e.g. ~ outside of Germany) / ausländisches Werk n.; ausländische Fertigung f. (z.B. ~ außerhalb von Deutschland)

plant, main ~ / Hauptwerk n.

plant, optimum ~ size; optimal size of operations / optimale Betriebsgröße f.

plastics plant / Kunststoffwerk n.

platform / Plattform f.

plausibility check; validity check / Plausibilitätsprüfung f.; Glaubhaftigkeitsprüfung f.

plead guilty / sich schuldig bekennen v.

pleasure (e.g. it's been a ~) / Freude f.; Vergnügen n. (z.B. es war eine Freude)

pledge / Versprechen n.; feste Zusage f.; Bürgschaft f.

plenary session (seminar) / im Plenum (Seminar)

plot, main ~; gist; central thread / Faden, roter ~ m.; das Wesentliche n.; Hauptaussage f.; Kernaussage f.

plug; male (opp. outlet; female) / Stecker m. (Ggs. Steckdose f.)

plug & play (PC) / einschalten und loslegen; einstecken und loslegen (PC)

plug-in module (i.e. electronic plug-in module, equipped with electronic components) / Flachbaugruppe (FBG)

plummeting prices / Preisverfall

plunge, price ~; price drop / Preissturz m.

PO (purchase order) / Einkaufsauftrag m.; Bestellung f.; Bestellauftrag m.

poduction, make-to-order ~ / Kundenfertigung

point of arbitration / Gerichtsstand

point of delivery / Empfangsstation

point of destination / Bestimmungsort m.

point of measurement; control point; check point; break point / Messpunkt m.

point of sale (POS) / Verkaufspunkt m. (z.B. an der Registrierkasse)

point of supply; supply point / Übergabepunkt m.; Ablieferungsstelle f.

point of time / Zeitpunkt m.

point-to-point connection / Punkt-zu-Punkt Verbindung f.

point, consolidation ~ / Konsolidierungsstelle f.; Bündelungspunkt m.

point, identification ~ / I-Punkt (ID) m. (z.B. ~ im Lager, an dem die ordnungsmäßige Auslagerung kontrolliert wird)

pointer; cursor / Mauszeiger m.

police, border ~ / Grenzschutz m.; Bundesgrenzschutz m.

policies / Grundsätze mpl.

policy deployment / Geschäftszielvermittlung f.; -entfaltung f. (i.S.v. Mitarbeitern die unternehmerischen Zielsetzungen aufzeigen bzw. entfalten)

policy deployment process / Zielvereinbarungsprozess m.

policy, company ~; corporate policy / Unternehmenspolitik f.; Firmenpolitik f.

policy, expatriate ~ / Entsendungsbedingungen (für die Entsendung von Mitarbeitern ins Ausland)

poll / Meinungsumfrage *f.*; Stimmabgabe *f.*

polluter pays principle; principle of causation; cost-by-causer principle / Verursacherprinzip *n.*

polythene sheet / Plastikfolie *f.*

pooling of demand; bundling of demand / Bedarfsbündelung *f.*

POP Server (Point of Presence) / POP-Server (Rechner eines Dienstleisters ('Providers'), z.B. als Einwählpunkt für den Internetzugang)

port; harbor / Hafen *m.*

port / portieren *v.*

port agent / Hafenspediteur *m.*

port charges / Hafengebühren *fpl.*

port dues / Hafengeld *n.*

port hinterland traffic / Hafenhinterlandverkehr *m.*

port of arrival; harbor of arrival / Ankunftshafen *f.*

port of departure; harbor of departure / Abgangshafen *m.*

port of destination / Bestimmungshafen *m.*

port of discharge / Löschhafen *m.*

port of shipment / Verschiffungshafen *m.*

port of transshipment / Umschlagshafen *m.*

port, container ~ / Containerhafen *m.*

portability / Kompatibilität (d.h. Austauschbarkeit)

Portable Data Terminal (PDT) / portables Datenerfassungsgerät *n.*

portal ('entrance', i.e. access to the internet presenting customer oriented information, offers and commercials; known as enterprise, marketplace or workplace portals) / Portal ('Empfangstor' d.h. Zugang zum Inter- oder Intranet mit kundenorientierten

Informationen, Angeboten und Werbung; bekannt als Unternehmens-, Markt- oder Arbeitsplatzportale) *n.*

portfolio (e.g. the company's ~ shows the field of business activities) / Portfolio (z.B. das Firmen-~ zeigt das Spektrum der Arbeitsgebiete) *n.*

POS (point of sale) / Verkaufspunkt *m.* (z.B. an der Registrierkasse)

POS terminal (point of sale) / POS-Terminal *n.*; Terminal am Verkaufspunkt *n.*; Kassenterminal *n.*

position (e.g. to position a product or service within a chosen market segment) / positionieren *v.* (z.B. eines Produktes oder einer Leistung in einem ausgewählten Marktsegment)

position / Position *f.*

position assessment / Positionsbestimmung *f.*

position level (e.g. the income is determined by the ~) / Funktionsstufe *f.* (z.B. die Bezahlung bzw. das Gehalt richtet sich nach der ~)

position, patronage ~ / Gönnerschaftsposten *m.*

position, put into ~ (e.g. put goods into position by means of automated rack operation equipment) / plazieren *v.* (z.B. ~ von Gütern durch automatische Regalbediengeräte)

positioning (e.g. of logistics resources) / Positionierung *f.* (z.B. der Logistik-Ressourcen)

positioning aid / Positionierhilfe *f.*

positioning system (e.g. global positioning satellite system) / Positionierungssystem *n.* (z.B. System zur weltweiten Positionsbestimmung über Satellit)

positive effect / positive Wirkung *f.*

post; mail / Post *f.*; Briefpost *f.*

post / Pfosten *m.*

post office / Post *f.*; Postamt *n.*

post-order phase / Nachauftragsphase *f.*

post, parcel ~ / Paketpost *f.*

post, user ~ office (communications) / Benutzerpostamt *n.* (Kommunikation)

postage & handling (e.g. please do not forget to add $ 10 to ~ on US orders) / Porto und Versand; Porto und Versandspesen (z.B. bitte vergessen Sie nicht, für US-Aufträge $ 10 für ~ zu berücksichtigen)

postage / Porto *n.*

postage due / Nachgebühr *f.*

postage paid / Porto bezahlt *n.*; portofrei *adj.*

postal order / Postanweisung

postal receipt / Posteinlieferungsschein *m.*

Postal, Telegraph and Telephone / PTT

postcode (BrE); ZIP code / Postleitzahl

postdate / nachdatieren *v.*

posted, keep ~ (e.g. 1. I will keep you posted on the developments; 2. Usually he is well posted) / auf dem laufenden halten; informieren (z.B. 1. Ich werde Sie über die Entwicklungen auf dem laufenden halten *bzw.* informieren; 2. Im allgemeinen ist er gut unterrichtet *bzw.* informiert)

postgraduate / Postgraduate-Student (siehe 'Student')

postgraduate studies / Weiterstudium *n.*; Zusatzstudium *n.*

posting / Buchung

posting date / Buchungsdatum

posting month / Buchmonat *m.*

postman / Postbote *m.*

postpone / verschieben *v.* (zeitlich)

postponement, delivery ~ / Lieferverschiebung *f.*

postprocessing / Nachbearbeitung *f.*

postprocessing, electronic ~ / elektronische Weiterbearbeitung *f.*

potential / Fähigkeiten (von Personen)

potential / potentiell *adj.*; Potential *n.*

potential analysis / Potentialanalyse *f.*

potential customer / Kaufinteressent *m.*

potential demand / möglicher Bedarf *m.*

potential, high ~ (e.g. a special qualified ~ junior employee) / Hoffnungsträger *m.* (z.B. ein besonders befähigter ~ als Nachwuchskraft)

power; control (~ over) / Macht (~ über)

power cables / Stromkabel und -leitungen

power consumption / Energieverbrauch *m.*

power distribution system / Energieverteilungsanlage *f.*

power economics / Energiewirtschaft *f.*

power engineering / Energietechnik *f.*

power generation / Energieerzeugung *f.*

power station; power plant (e.g. fossil-fuelled ~) / Kraftwerk *n.* (z.B. fossil befeuertes ~)

power to sign; proxy / Unterschriftsvollmacht

power, loss of ~ (electrical ~) / Leitungsverlust *m.* (elektrischer ~)

powerful (e.g. a ~ computer) / leistungsfähig; leistungsstark *adj.* (z.B. ein ~er Computer)

PR (public relations) / Öffentlichkeitsarbeit (PR) *f.*; Informations- und Pressewesen *n.*

practical implementation / praktische Einführung (Realisierung) *f.*; praktische Umsetzung *f.*; praktische Ausführung *f.*

practice (e.g. it works in ~, not only in theory) / Praxis *f.* (z.B. es funktioniert in der ~, nicht nur in der Theorie)

practice / praktizieren *v.*; ausüben *v.* (einer Tätigkeit)

practice-oriented, problem-related and ~ / problem- und praxisbezogen *adj.*

practice, best ~ (e.g.: as a result of our benchmarking, ~ concepts in city logistics in Europe are provided by company X) / Vorbildlösung *f.* (z.B.: das Ergebnis unseres Benchmarkings ist, dass Firma X in Europa die besten Konzepte für City-Logistik liefert)

practice, common ~; quite normal / allgemein üblich *adj.*; allgemeine Gepflogenheit *f.*; allgemeiner Brauch *m.*

practice, put into ~ (e.g. put a concept into practice) / umsetzen *v.* (z.B. ein Konzept ~)

practice, test in ~ / praktisch erproben *v.*

practioneer / Praktiker *m.*

preassembly; subassembly / Vormontage *f.*

pre-order phase / Vorauftragsphase *f.*

pre-retirement / Vorruhestand *m.*

precalculation / Vorkalkulation *f.*

precarriage / Vorlauf *m.*

precaution / Vorsichtsmaßnahme *f.*

precautionary / vorbeugend *adv.*

precision tool / Präzisionswerkzeug *n.*

preconceived added value / erwarteter Nutzen

precondition; premise; prerequisite / Voraussetzung *f.*; Prämisse *f.*

predecessor (e.g. the ~ of this job was Renate) / Vorgänger(in) *m.* (z.B. die ~ dieses Jobs war Renate)

predetermined / vorbestimmt *adj.*

predictable requirement / vorhersehbarer Bedarf *m.*

prediction risk / Prognoserisiko *n.*

prefabrication; fabrication; parts manufacture; preproduction / Vorfertigung *f.*

prefabrication order; fabrication order / Vorfertigungsauftrag *m.*

prefer / vorziehen *v.*; bevorzugen *v.*

preference item / Präferenzgut *n.*

preferential code / Präferenzkennziffer *f.*

preferential entitlement / Präferenzberechtigung *f.*

preferential rate (e.g. ~ at customs) / Präferenzsatz *m.* (z.B. beim Zoll)

preferred customer / Vorzugskunde *m.*

preferred supplier; prime contractor / Vorzugslieferant *m.*; bevorzugter Auftragnehmer; bevorzugter Lieferant

preliminary; tentative / vorläufig *adj.*

preliminary design / Grobentwurf *m.*

preliminary estimate / Voranschlag *m.*

premise / Voraussetzung

premises; business premises (e.g. the meeting will be in our ~) / Geschäftsräume *mpl.* (z.B. das Meeting findet in unseren ~n statt)

premises (e.g. 1: at the customer's ~; e.g. 2: ~ of factory) / Betriebsgelände *n.*; Grundstück *n.;* Gelände *n.* (z.B. 1: auf dem ~ des Kunden; z.B. 2: auf dem Fabrik~)

premises, on the ~ / an Ort und Stelle; im Haus

premium; cash premium / Prämie *f.*

premium (extra or special payment) / Bonus *m.*; Aufschlag *m.* (Preisaufschlag)

premium collection / Sammelinkasso *n.*

premium system / Prämienlohnsystem *n.*

premium, buy at a ~ / einkaufen für teures Geld

premium, insurance ~ / Versicherungsprämie *f.*

premium, sell at a ~ / mit Gewinn verkaufen

prepaid / vorausbezahlt *adv.*

prepaid delivery / Lieferung franco Bestimmungsort

prepaid expenses; deferred income / Rechnungsabgrenzungsposten *mpl.*

prepaid, carriage ~; freight prepaid / frachtfrei *adj.*

prepaid, carriage and duty ~ / franco Fracht und Zoll

prepaid, freight ~ / frachtfrei

preparation / Vorbereitung *f.*

preparation cost(s) / Vorbereitungskosten *pl.*

preparation time (e.g. ~ of a shop order) / Vorlaufzeit *f.* (z.B. ~ für einen Fertigungsauftrag)

prepayment instruction / Frankaturvorschrift *f.*

preproduction / Vorfertigung

prerequisite / Voraussetzung

preselection / Vorauswahl *f.*

preselection contract / Preselection Vertrag (im ~ wird mit einem Dienstleister der Zugang zum Fernsprechnetz oder zum Internet vertraglich festgelegt, d.h. alle Verbindungen in das Fernnetz werden automatisch über diesen Dienstleister geführt. Ggs. 'Call-by-Call': hier erfolgt der Zugang bzw. die Wahl des Dienstleisters zum Fernsprechnetz oder zum Internet 'von Fall zu Fall' durch den Teilnehmer)

present value / Gegenwartswert *m.*

presentation / Referat *n.*; Vortrag *m.*

presentation graphics / Präsentationsgraphik *f.*

presentation tool / Präsentationswerkzeug *n.*

presentation, give a ~; read a paper (on ~) / Vortrag halten (~ über)

president (in the US: a company or group has only one chief executive officer (CEO) who may also be the president ('president and CEO'). A bigger companies may have more presidents for different operative functions but never more than one CEO.) / President *m.*

press office / Pressereferat *n.*

press shop / Stanzerei *f.*

pressing a key, by ~ / (e.g. all relevant process data can be retrieved simply by pressing a key on the keyborg) / auf Tastendruck (z.B. alle relevanten Prozessdaten lassen sich auf Tastendruck am Steuerpult abrufen)

pressure / Druck (Zwang) *m.*

pressure, peer ~ / Druck von Kollegen *m.*

presuppose; take for granted (e.g. don't take it for granted that ...) / voraussetzen (z.B. setzen Sie nicht selbstverständlich voraus, dass ...)

pretax income / Bruttoergebnis *n.*

prevailing / vorrangig *adv.*

prevention / Verhütung (Vorbeugung) *f.*; Vorbeugung (Verhinderung) *f.*

preventive maintenance / vorbeugende Wartung *f.*

previous fiscal year (FY) / vergangenes Geschäftsjahr (GJ) *n.*

previous year / Vorjahr *n.*

previous year, against ~ (e.g. the slide shows the actual sales against the sales of the previous year) / gegenüber Vorjahr; im Vergleich zum Vorjahr (z.B. die Folie zeigt den aktuellen Umsatz im Vergleich zum Umsatz des letzten Jahres)

previously / bisher *adv.*

price; pricing / Preis festsetzen *m.*

price / Preis *m.*

price adjustment / Preisanpassung *f.*

price advantage / Preisvorteil *m.*

price agreement / Preisvereinbarung *f.*

price and cost / Preise und Kosten

price behaviour / Preisverhalten *n.*

price ceiling / Preisobergrenze *f.*

price clause / Preisklausel *f.*

price collusion / Preisabsprache *f.*

price competition / Preiswettbewerb *m.*

price condition / Preisstellung *f.*

price cut; price reduction / Preissenkung *f.*

price deregulation; deregulation of prices / Aufhebung der Preisbindung

price determination / Preisermittlung

price difference / Preisdifferenz *f.*

price elastic / preiselastisch *adj.*

price elasticity; price flexibility / Preiselastizität *f.*

price escalation clause / Preisgleitklausel *f.*

price ex works; factory price / Preis ab Werk

price fixing / Preisabsprache *f.*

price flexibility / Preiselastizität

price fluctuation / Preisschwankung *f.*

price increase; cost increase / Verteuerung *f.*; Preiserhöhung *f.*

price label / Preisetikett *n.*

price level / Preisniveau *n.*; Preishöhe *f.*
price list / Preisliste *f.*
price margin / Preisspanne *f.*
price-performance ratio / Preis-
Leistungsverhältnis *n.*
price plunge; price drop / Preissturz *m.*
price policy / Preispolitik *f.*
price premium / Preisaufschlag
(~bonus) *m.*
price pressure / Preisdruck *m.*
price reaction; market price behaviour;
price behaviour / Marktpreisverhalten *n.*
price reduction / Preisminderung *f.*;
Preissenkung *f.*
price regulation; regulation of prices /
Preislenkung *f.*
price research; price determination /
Preisermittlung *f.*
price structure / Preisstruktur *f.*
price subject to change / Preisänderung
vorbehalten *f.;* unverbindlicher Preis *m.*
price war / Preiskampf (~krieg) *m.*
price, all inclusive ~; flat rate /
Pauschalpreis *m.*
price, average ~ / Durchschnittspreis *m.*
price, base ~ / Basispreis *m.*
price, consumer ~ / Verbraucherpreis *m.;*
Endverbraucherpreis *m.*
price, cost ~; landed cost / Einstandspreis
m.; Selbstkostenpreis
price, current ~; ruling price /
Tagespreis *m.*
price, domestic ~ / Inlandspreis *m.*
price, export ~ / Exportpreis *m.*
price, factory ~ / Fabrikpreis *m.*
price, fixed ~; firm price / Festpreis *m.*
price, gross sales ~ / Bruttoverkaufspreis
m.
price, issue ~ / Ausgabekurs *m.*
price, market ~; trade price /
Handelspreis *m.*
price, net sales ~ / Nettoverkaufspreis *m.*
price, ordering ~ / Einkaufspreis
price, purchase ~; ordering price /
Einkaufspreis *m.*; Kaufpreis *m.*

price, quoted ~ / angebotener Preis *m.*;
Angebotspreis *m.*
price, retail ~ / Einzelhandelspreis *m.*;
Ladenpreis *m.*
price, rock-bottom ~ (coll. AmE) /
absoluter Tiefstpreis absolut tiefster
Preis *m.*; allerniedrigster Preis
price, ruling ~; current price / Tagespreis
m.
price, staggering ~ /
schwindelerregender Preis *m.*
price, standard ~ / Standardpreis *m.*;
Normalpreis *m.*
price, terms and conditions / Preise und
Konditionen
price, trade ~ / Handelspreis
price, uniform ~ / Einheitspreis *m.*
prices, controlled ~ / gebundene Preise
mpl.
prices, decline of ~ / Preisverfall *m.*
prices, mark down ~ (e.g. for
merchandise during sale) / Preise
reduzieren *v.* (z.B. bei Ware während
des Schlussverkaufes)
prices, schedule of ~ / Preisverzeichnis *f.*
pricing / bepreisen *v.;* Preis festsetzen *v.*
pricing / Preisbildung *f.*
pricing policy / Preispolitik
pricing, product ~ /
Produktpreisgestaltung *f.*
pricing, road~ / Erhebung von Straßen-
Nutzungsgebühren
primarily; in the first place / primär *adj.*;
vor allem *adv.*
primary distribution center /
Hauptlieferzentrum *n.*
primary key / Primärschlüssel *m.*
primary operation /
Schwerpunktsarbeitsgang
primary requirement / Primärbedarf *m.*
primary requirement list /
Primärbedarfsliste *f.*
prime contractor; preferred supplier /
Vorzugslieferant *m.*; bevorzugter
Auftragnehmer; bevorzugter Lieferant

prime costs; costs of sales / Selbstkosten
pl.; Gestehungskosten pl.

prime costs (material, wages, etc.) /
direkte Auftragskosten fpl. (Material,
Lohn, etc.)

**principal business policies and
procedures**; fundamental business
policies and procedures /
Grundsatzaufgaben (des
Geschäftsverkehrs) fpl.

principle; axiom / Grundsatz m.

principle, accounting ~; guideline for
drawing up a balance sheet /
Bilanzierungsgrundsatz m.

principle, pull ~ (opp. push principle);
pull system / Pull-Prinzip n.;
Ziehprinzip n.; Holprinzip n. (Ggs.
Push-, Schiebe-, Bring-Prinzip)

principle, push ~ (opp. pull principle);
push system / Push-Prinzip n.;
Schiebeprinzip n.; Bringprinzip n.;
planungsorientierte Steuerung (Ggs.
Pull-, Zieh-, Hol-Prinzip)

principles, company ~ /
Unternehmensleitbild n.

print / Druck m.

print initialization / Druckanstoß m.

print layout / Druckbild n.

print, repeat ~ / Druckwiederholung f.

printed circuit board; plug-in module;
printed board assembly (i.e. electronic
plug-in module, equipped with
electronic components) /
Flachbaugruppe (FBG) f.; bestückte
Leiterplatte

printed form / Vordruck m.

printed matter / Drucksache f.

printer driver / Druckertreiber m.

printer, barcode ~ / Barcodedrucker m.

printout / Ausdruck m.

prior-carriage charges / Vorfracht f.

prior, without ~ notice / ohne
Vorankündigung f.

prioritize; give priority (~ to) /
priorisieren v.

priority / Priorität f.; Rangfolge f.

priority control / Prioritätssteuerung f.

priority planning / Prioritätsplanung f.

priority rule / Prioritätsregel f.

priority rules method /
Prioritätsregelmethode f.

priority, give ~ to / vorziehen v.;
priorisieren v.

priority, order ~ / Auftragspriorität f.

priority, order of ~ /
Prioritätenreihenfolge f.;
Dringlichkeitsreihenfolge f.

privacy data / personenbezogene Daten
(z.B. Verarbeitung von ~)

private automatic branch exchange /
Nebenstellenanlage f.

private network / privates Netz n.

proactive (emphasized 'active') / pro-
aktiv adj.; tatkräftig unterstützend adj.
(Steigerung von 'aktiv', z.B. i.S.v.
zukünftigen Vorhaben)

probation period; qualifying period;
probationary period / Probezeit f.

probationary period / Probezeit

problem; issue (e.g. what's the ~?) /
Problem (z.B. wo ist das ~?)

problem-related and practice-oriented
/ problem- und praxisbezogen adj.

**problem-solving and implementation
ability** / Problemlösungs- und
Einführungsfähigkeit f.

problem, recognized ~ / erkanntes
Problem

procedure / Vorgehen n.; Verfahren n.;
Handlungsweise f.; Ablauf m.

procedure planning / Verfahrensplanung
f.

procedure, data processing ~; data
processing system; EDP system; EDP
procedure / DV-Verfahren n.

procedure, EDP ~ / DV-Verfahren

procedure, machining ~; processing
procedure / Bearbeitungsverfahren n.
(Fertigung)

procedure, ordering ~ / Bestellverfahren
(-vorgehen) n.

procedure, processing ~ /
Bearbeitungsverfahren (Fertigung)
procedure, purchasing ~ /
Bestellabwicklungsverfahren n.
proceed; continue / weitermachen v.;
fortfahren v.; fortsetzen v.
proceedings, arbitration ~ /
Schiedsverfahren n.
process; handle / abwickeln v.;
bearbeiten v.; verarbeiten v. (z.B. ~ eines
Vorganges)
process; production process / Prozess m.;
Fertigungsverfahren n.
process (e.g. manufacturing ~) / Prozess
m. (z.B. Fertigungs-~)
process analysis; process diagnosis;
activity analysis / Prozessanalyse f.;
Prozessuntersuchung f.
process and handling costs / Herstell-
und Abwicklungskosten pl.
process automation /
Prozessautomatisierung f.
process capability / Prozessfähigkeit f.
process chain / Prozesskette f. f.
process chart / Arbeitsablaufdarstellung
f.
process comprehensiveness /
Prozessdurchgängigkeit f.
process configuration; process design;
process engineering / Prozessgestaltung
f.
process consulting / Prozessberatung f.
process control / Prozesssteuerung f.;
Prozesslenkung f.
process control system /
Prozessleitsystem n.
process cycle time /
Prozessdurchlaufzeit f.; Prozessdauer f.
process design / Prozessgestaltung
process design competence;
competence in process design /
Prozessgestaltungs-Kompetenz
process development /
Prozessentwicklung f.
process diagnosis / Prozessanalyse
process engineering / Prozessgestaltung

process engineering systems / Anlagen
(Verfahrenstechnik) fpl.
process file / Strukturdatei
process flow / Prozessstrecke f.
process flow chart / Prozessablaufplan
m.
process handling / Prozessabwicklung f.
process improvement /
Prozessverbesserung f.
process industries; manufacturing
industries / verarbeitende Industrie f.
process inventory / Bestand an
unfertigen Erzeugnissen m.
process inventory, in-~ / im Prozess
befindlicher Bestand; Bestand im
Prozess; Pipelinebestand m.;
Unterwegsbestand m.
process line / Prozesslinie f.
process mapping (method to analyze, to
follow up and to design processes) /
Prozessmapping n.; Prozesserfassung f.;
Prozessverfolgung f. (Methode zur
Prozessanalyse, -darstellung und -
gestaltung)
process of delivery / Lieferprozess
process optimization /
Prozessoptimierung f.
process organization /
Ablauforganisation; Prozessorganisation
process organizer / Prozessorganisator
m.
process orientation /
Prozessorientierung f.
process-oriented / prozessorientiert adj.;
am Prozess orientiert m.
process-oriented production; process-
oriented manufacturing /
prozessorientierte Produktion f.;
prozessorientierte Fertigung f.
process owner / Prozessverantwortlicher
m.; Prozessinhaber m.; Inhaber eines
Prozesses
process planning / Ablaufplanung
process quality / Prozessqualität f.
process reengineering / Prozess-
Neugestaltung

process reliability / Prozesssicherheit *f.*
process sheet / Produktionsplan
process simplification /
Prozessvereinfachung *f.*
process step / Prozessschritt *m.*
process supervisor (s-b in an
organization who continuously
accompanies, monitors and improves
e.g. the business, sales, manufacturing
or logistics processes) / Prozessbegleiter
m. (jd in einer Organisation, der z.B.
Geschäfts-, Vertriebs-, Fertigungs- oder
Logistikprozesse kontinuierlich
begleitet, überwacht und verbessert)
process time / Bearbeitungszeit (z.B.
Bearbeitungszeit für ein Stück pro
Arbeitsgang)
process, business ~ (e.g. the key ~;
design or layout of a ~; adjustment of ~)
/ Geschäftsprozess *m.* (z.B. der
wesentliche ~; Gestaltung des ~;
Anpassung des ~)
process, business transaction handling
~ / Geschäftsabwicklungsprozess *m.*
process, competence in ~ consulting;
competence in process design /
Prozessgestaltungs-Kompetenz *f.*
process, end-to-end ~; total process;
order-to-cash cycle (total flow of goods,
material, information and money within
a business) / Gesamtprozess *m.*;
Gesamtzyklus *m.*
process, in ~ / in Arbeit *f.*
process, integrated ~ (e.g. ~ approach
vs. 'functional silo' approach) /
integrierter Prozess (z.B. ~-Ansatz im
Vgl. zu funktionalem Ansatz)
process, logistics ~; supply chain process
/ Logistikprozess *m.*
process, ongoing ~ / ständiger Prozess
process, overall ~ / ganzheitlicher
Prozess gesamtheitlicher Prozess
process, policy deployment ~ /
Zielvereinbarungsprozess *m.*
process, statistical ~ control /
statistische Prozesssteuerung (SPC) *f.*

process, supply chain ~ /
Logistikprozess
process, throughout the whole ~ / den
gesamten Prozess betreffend
process, to flowchart a ~ /
Flussdiagramm für einen Prozess
erstellen
process, total ~ (total flow of goods,
material, information and money within
a business) / Gesamtprozess
processing; handling / Abwicklung *f.*;
Abarbeitung *f.*; Bearbeitung *f.*;
Handhabung *f.*; Verarbeitung *f.*
processing capability /
Verarbeitungsleistung *f.*
processing center /
Bearbeitungszentrum *n.*
processing instruction /
Bearbeitungsvorschrift
processing logic / Ablauflogik *f.*;
Verarbeitungslogik *f.*
processing plant / Verarbeitungsbetrieb
m.
processing procedure /
Bearbeitungsverfahren (Fertigung)
processing sheet / Fertigungsvorschrift *f.*
processing stage / Bearbeitungsstand *f.*
processing time / Bearbeitungszeit (z.B.
Bearbeitungszeit für ein Stück pro
Arbeitsgang)
processing tools; manipulating
equipment / Handhabungsgeräte *npl.*
processing, batch ~; batch production;
batch mode of operation / losweise
Fertigung *f.*; Batchverarbeitung *f.*;
Stapelverarbeitung *f.*
processing, degree of ~ /
Abarbeitungsgrad *m.*
processing, electronic business ~ /
elektronische Geschäftsabwicklung *f.*
processing, instantaneous ~ / sofortige
Bearbeitung von Aufträgen *f.*
processing, order ~ / Auftragszentrum
(AZ) *n.*; Auftragsabwicklung *f.*;
Auftragsbearbeitung *f.*;
Bestellabwicklung *f.*

processor (the computer's 'brain') /
Prozessor *m*.
procurement; procurement office /
Einkauf *m*.; Beschaffungsabteilung *f*.
procurement / Beschaffung *f*.; Einkauf
m.
procurement activities /
Beschaffungsvorgänge *mpl*.
procurement competence /
Beschaffungskompetenz *f*.
procurement lead time /
Wiederbeschaffungszeit
procurement logistics /
Beschaffungslogistik *f*.; Logistik in der
Beschaffung
procurement objectives /
Beschaffungsziele *npl*.
procurement office /
Beschaffungsabteilung *f*.;
Einkaufsabteilung *f*.
procurement possibility /
Beschaffungsmöglichkeit *f*.
procurement, mode of ~ /
Beschaffungsart *f*.
produce for stock / auf Lager fertigen
produce-to-order / auftragsbezogen
fertigen
produce-to-store / auf Lager fertigen
producer / Fertigungsunternehmen
producers' market / Produzentenmarkt
m.
product / Erzeugnis *n*.; Produkt *n*.;
Fabrikat *n*.
product business / Produktgeschäft *n*.
product configuration /
Produktausprägung *f*.
product costing /
Produktkostenrechnung *f*.
product database / Fabrikatedatenbank
f.
product description; product
specification / Produktbeschreibung *f*.
product design / Produktentwurf *m*.;
Produktgestaltung *f*.
product development /
Produktentwicklung *f*.

product development cycle /
Produktentstehungszyklus *m*.
product development process;
Produktentwicklungsprozess *m*.;
Produktentstehungsprozess *m*.
product engineering / Gerätetechnik *f*.;
Produktionstechnik *f*.
product family / Produktfamilie *f*.
product group / Erzeugnisgruppe *f*.;
Produktgruppe *f*.
product level / Erzeugnisebene *f*.
product liability / Produkthaftung *f*.;
Haftung für ein Produkt
product life cycle / Produktlebenszyklus
m.; Produktlebensdauer *f*.
product life cycle analysis /
Produktlebenszyklusanalyse *f*.
product life cycle costs /
Produktlebenszykluskosten *pl*.
product lifetime, actual ~ / tatsächliche
Produkt-Nutzungsdauer *f*.
product line / Produktlinie *f*.
product management /
Produktmanagement *n*.
product marketing / Produktmarketing
n.
product name / Fabrikatebezeichnung *f*.
product number / Erzeugnisnummer *f*.
product organization /
Produktorganisation *f*.
product owner / Inhaber eines
Produktes; Produktverantwortlicher *m*.;
Produktinhaber *m*.
product phase-out; product wind-down /
Produktauslauf *m*.
product plan / Produktplan *m*.
product planning / Produktplanung *f*.
product pricing / Produktpreisgestaltung
f.
product profitability /
Produktrentabilität *f*.
product program planning; program
planning / Produktprogrammplanung *f*.;
Programmplanung *f*.
product quality / Produktqualität *f*.

product range / Erzeugnisspektrum n.; Produktsortiment n.

product-related / produktbezogen adj.

product responsibility / Produktverantwortung f.

product routing (e.g. the ~ through manufacturing is identified by means of bar code scanning) / Produktweg m. (z.B. der ~ durch die Fertigung wird durch Abtastung von Strichcodes ermittelt)

product solution / Produktlösung f.

product specification / Produktbeschreibung

product start-up / Produktanlauf m.

product structure / Artikelstruktur f.; Erzeugnisstruktur f.; Erzeugnisgliederung f.

product sub-group / Fabrikategruppe f.

product throughput time / Produktdurchlaufzeit f.

product variant / Erzeugnisvariante f.

product variety / Produktvielfalt f.

product wind-down; product phase-out / Produktauslauf m.

product, defined ~ / definiertes Erzeugnis n.

product, final ~; end product / Endprodukt

product, finished ~; finished good; end product; final product / Endprodukt n.; Enderzeugnis n.; Fertigerzeugnis n.

product, green ~ (coll.) / umweltfreundliches Produkt n.

product, self-made ~ / Eigenerzeugnis n.

product, semi-finished ~ / angearbeitetes Produkt n.; Zwischenprodukt n.

production; manufacturing (also as department) / Produktion f.; Fertigung f. (auch als Abteilung)

production allowance (e.g. ~ to compensate scrap) / Fertigungszuschlag m. (z.B. ~ zur Ausschuss-Kompensierung)

production and procurement / Produktion und Beschaffung

production bill of material; manufacturing bill of material / Fertigungsstückliste f.

production break note; fault report / Störungsmeldung f.

production capacity; manufacturing capacity / Fertigungskapazität f.; Produktionskapazität f.

production center / Produktionszentrum n.

production chain (e.g. the final link in the ~ is packing and dispatch) / Herstellungskette f. (z.B. das letzte Glied in der ~ ist die Versandabteilung)

production control; manufacturing control / Produktionssteuerung f.; Fertigungssteuerung f.; Produktionslenkung f.; Fertigungslenkung f.

production control systems / Produktionsleittechnik f.

production costs / Fabrikationskosten; Herstellkosten (z.B. geplante ~)

production cycle / Produktionsprozess m.

production data / Betriebsdaten npl.; Fertigungsdaten n.pl

production data capturing / Betriebsdatenerfassung f.

production date / Fertigungstermin m.

production documents; production papers / Fertigungsunterlagen fpl.; Fertigungsbelege mpl.

production efficiency / Produktionseffektivität f.

production engineering (department); manufacturing engineering / Fertigungsvorbereitung f. (Abteilung)

production facility; manufacturing facility / Produktionsstätte f.; Produktionsanlage f.; Fertigungsanlage f.

production facility / Fabrikationsanlage f.

production failure; production breakdown / Fertigungsstörung f.; Fertigungsstillstand m.

production file / Betriebsdatei f.

production flow / Fertigungsfluss m.

production flow analysis / Fertigungsflussanalyse f.

production for customer orders; production to customer order (e.g. make-to-order) / Kundenauftragsfertigung f. (i.S.v. auftragsbezogen fertigen)

production framework planning (rough cut planning) / Produktions-Rahmenplanung f. (Grobplanung)

production hour / Fertigungsstunde f.

production island / Fertigungsinsel f.

production key / Fertigungsschlüssel m.

production level / Baustufe f.; Fertigungsstufe f.

production line / Fertigungsstraße f.

production logistics / Produktionslogistik f.; Logistik in der Produktion

production main data / Fertigungsstammdaten npl.

production management; manufacturing management / Fertigungsleitung f.

production manager / Fabrikleiter m.

production network / Produktionsnetzplan m.

production order; manufacturing order; shop order; job order / Fertigungsauftrag m.; Werkstattauftrag m.; Betriebsauftrag m.

production order stock; production orders on hand / Fertigungsauftragsbestand m.

production orders on hand / Fertigungsauftragsbestand

production output / Produktionsergebnis n.; Produktionsleistung f.; Produktionsausbeute f.

production overhead; manufacturing overhead / Fertigungsgemeinkosten pl.

production papers / Fertigungsunterlagen

production phase; stage of production / Produktionsphase f.

production plan; process sheet; master route sheet / Produktionsplan m.; Fertigungsplan m.

production plan period / Produktionsplanperiode f.

production planner / Fertigungsplaner m.

production planning; manufacturing planning / Produktionsplanung f.; Fertigungsplanung f.

production planning and control / Produktionsplanung und -steuerung (PPS)

production procedure; job routing; operations path / Fertigungsablauf m.

production process (back end) (e.g. in chip production: assembly and packaging of the chips; opp. front end production process) / Fertigungsprozess (Ende) (z.B. bei der Herstellung von Chips: Montage und Verpackung der Chips; Ggs. Anfang eines Fertigungsprozesses)

production process (front end) (e.g. in chip production: manufacturing of the chips; opp. back end production process) / Fertigungsprozess (Anfang) (z.B. bei der Herstellung von Chips: die eigentliche Chipfertigung; Ggs. Ende eines Fertigungsprozesses)

production progress / Fertigungsfortschritt

production quantity; manufacturing quantity / Produktionsmenge; Fertigungsmenge

production range / Fertigungsspektrum n.; Produktionsspektrum n.

production rate / Produktionsgrad m.; Produktionsleistung f.; Ausbringungsleistung m.

production release / Fertigungsfreigabe f.

production report / Produktionsbericht m.

production schedule / Produktionsprogramm m.; Fertigungsprogramm n.; Produktionsterminplanung n.; Fertigungsterminplanung f.

production scrap / Fertigungsausschuss m.

production site; manufacturing site; manufacturing location / Produktionsstandort m.; Fertigungsstandort m.

production status / Fertigungsstand m.

production step / Fertigungsschritt m.

production stoppage / Produktionsstillstand m.

production system / Produktionssystem n.

production to customer order / Kundenauftragsfertigung (i.S.v. auftragsbezogen fertigen)

production to order / Fertigung nach Kundenauftrag f.

production to stock; stock production / Lagerfertigung f.; Vorratsfertigung f.; Fertigung auf Lager f.

production type / Fertigungsart f.

production under license; licensed production / Nachbau (Lizenz) m.

production wages / Fertigungslohn m.; Fertigungslohnkosten pl.

production work / Fertigungsarbeit f.

production, batch ~ / losweise Fertigung

production, break in ~ / Betriebsstörung f.; Störung der Fertigung

production, computerized ~ control / maschinelle Fertigungssteuerung f.

production, costing a ~ plan / Arbeitsplankalkulation

production, current ~ plan / aktiver Arbeitsplan m.

production, domestic ~; national production / Inlandsfertigung f.

production, drawing up of a ~ plan / Arbeitsplanerstellung

production, foreign ~ / Auslandsfertigung f.

production, function-oriented ~; function-oriented manufacturing; intermittent production (batches) / funktionsorientierte Produktion f.; funktionsorientierte Fertigung f.

production, individual ~ / Einzelanfertigung

production, integrated ~ control system / integriertes Fertigungssteuerungssystem n.

production, integrated ~ method / integrierte Produktionsmethode f.

production, job order ~ / Auftragsfertigung f.

production, lean ~ / schlanke Fertigung f.; Lean Production f. (schneller, kosten- und aufwandsarmer Durchlauf)

production, makeshift ~ / Notfertigung f.

production, non-repetitive ~ / Einmalfertigung f.

production, overlapping ~; lap phasing; telescoping / überlappte Fertigung f.

production, process-oriented ~; process-oriented manufacturing / prozessorientierte Produktion f.; prozessorientierte Fertigung f.

production, release to ~; release to manufacturing / Produktionsfreigabe f.; Fertigungsfreigabe f.

production, simultaneous ~ control / simultane Fertigungssteuerung f.

production, single-item ~; unit production; job production / Einzelfertigung f.

production, specific ~; individual production / Einzelanfertigung f.

production, stockless ~ / bestandslose Fertigung f.

production, total ~ time / Gesamtbearbeitungszeit (in der Fertigung) f.

production, unit ~ / Einzelfertigung
productive operation / produktiver
  Betrieb *m.*
productive use (e.g. of a procedure) /
  Echteinsatz *m.* (z.B. eines Verfahrens)
productive work / produktive Arbeit *f.*
productive, become ~ / produktiv
  werden
productive, non-~ (e.g. the major part of
  the throughput time is considered to be
  non-productive) / unproduktiv *adj.*; nicht
  produktiv
productiveness / Produktivität
productivity; productiveness /
  Produktivität *f.*
productivity enhancement /
  Produktivitätssteigerung
productivity gap / Produktivitätslücke *f.*
productivity goal / Produktivitätsziel *n.*
productivity growth /
  Produktivitätswachstum *n.*
productivity improvement; productivity
  enhancement / Produktivitätssteigerung
  f.; Produktivitätsverbesserung *f.*
productivity improvement program /
  Produktivitätssteigerungsprogramm
  (PSP) *n.*
productivity movement (~ as a
  company program) /
  Produktivitätsbewegung *f.* (~ als
  Firmenprogramm)
productivity per employee /
  Arbeitsproduktivität *f.*
productivity per head / Pro-Kopf-
  Produktivität *f.*
productivity program /
  Produktivitätsprogramm *n.*;
  Produktivitätssteigerungsprogramm
productivity progress /
  Produktivitätsfortschritt *m.*
productivity, gain in ~ /
  Rentabilitätssteigerung *f.*
productivity, labor ~; workforce
  productivity / Arbeitsproduktivität *f.*
productivity, marginal ~ /
  Grenzproduktivität *f.*

productivity, warehouse ~ /
  Lagerproduktivität *f.*; Produktivität des
  Lagers
productivity, workforce ~ /
  Arbeitsproduktivität
products per hour / Produktausstoß pro
  Stunde
profession; occupation / Beruf *m.*
professional; expert; specialist /
  Fachmann *m.*; Fachkraft *f.*
professional / professionell *adj.*;
  Berufs...; Fach...
professional association /
  Berufsgenossenschaft *f.*
professional competence; technical
  competence / Fachkompetenz *f.*
professional consultant; technical
  consultant / Fachberater *m.*
professional development / fachliche
  Weiterbildung *f.;* berufliche
  Weiterbildung *f.;* fachliche Förderung *f.*
professional experience /
  Berufserfahrung *f.*
professional school / Fachschule *f.*;
  Berufsschule *f.*
professional studies / Fachstudium *n.*
professor, associate ~ /
  außerordentlicher Professor *m.*
proficiency / Fertigkeit
proficiency allowance / Zulage wegen
  Mehrleistung
profile / Profil *n.*
profile, know-how and training ~ /
  Wissens- und Ausbildungsprofil *n.*
profit; net profits; earnings / Gewinn *m.*;
  Ertrag *m.*; Erlös *m.*
profit after tax / Gewinn nach Steuern
  m.
profit and loss (P&L) / Gewinn und
  Verlust (GuV)
profit and loss statement / Gewinn- und
  Verlustrechnung *f.*
profit before tax; before tax yield /
  Gewinn vor Steuern *m.*; Rendite (vor
  Steuern) *f.*
profit center / Ertragszentrum *n.*

profit limit; yield limit / Ertragsgrenze f.
profit margin / Gewinnspanne f.;
Handelsspanne f.
profit sharing / Erfolgsbeteiligung f.;
Gewinnbeteiligung f.
profit, business ~ (e.g. ~ either as a net
profit or a net loss) / Betriebsergebnis
(z.B. ~ entweder als Nettogewinn oder
als Nettoverlust)
profit, long-term ~ / Langzeitgewinn m.
profit, make ~ / Gewinn machen v.
(Ergebnis erwirtschaften)
profit, produce with ~ / produzieren mit
Gewinn
profit, short-term ~ / Kurzfristgewinn
m.; Kurzfristerfolg m.
profitability / Rentabilität f.
profitability computation /
Wirtschaftlichkeitsberechnung f.
profitability, impact on ~ (e.g. the
measurement will have an ~) /
ergebniswirksam (z.B. die Maßnahme
wird ~ sein)
profitable / wirtschaftlich
profits / Reinertrag
profits soar / Gewinne schnellen in die
Höhe
proforma invoice / Proformarechnung f.
program directory /
Programmverzeichnis n.
Program Evaluation and Review
Technique (PERT)
program flow / Programmablauf m.
program planning /
Produktprogrammplanung
program production /
Programmfertigung f.
program progress / Programmfortschritt
m.
program-to-program communication /
Programm-zu-Programm
Kommunikation
program type / Programmtyp m.
program, attend a ~ / an einer
Veranstaltung teilnehmen; eine
Veranstaltung besuchen

program, long-term ~ / langfristiges
Programm m.
program, utility ~ / Dienstprogramm n.
programming / Programmierung f.
programming schedule /
Programmierungsplan m.
progress / Fortschritt m.;
Weiterentwicklung f.
progress control; progress check /
Arbeitsfortschrittsüberwachung f.;
Arbeitsfortschrittskontrolle f.;
Fortschrittskontrolle f.
progress, work in ~ / Umlaufbestand m.
progress, work-in-~ inventory /
Werkstattbestand m.; Bestand in der
Fertigung
prohibition, export ~ / Ausfuhrverbot
project / Projekt n.; Vorhaben n.
project and system engineering /
System- und Anlagenengineering n.
project business / Anlagengeschäft n.
project controlling / Projektcontrolling
n.
project documentation /
Projektdokumentation f.
project kick-off / Projektstart m.
project management /
Projektmanagement n.;
Projektabwicklung f.
project organization /
Projektorganisation f.
project organizer / Projektorganisator
m.
project planning / Projektierung f.;
Projektplanung f.
project planning method /
Projektierungsmethode f.
project services / Projektdienste mpl.
project shop / Baustellenfertigung
project structure / Projektstruktur f.
project team (e.g. installation of a ~) /
Projektteam n. (z.B. Einsatz eines ~s)
project, cross-group ~; inter-group
project / bereichsüberschreitendes
Projekt ~ n.

project, cross-regional /
regionenüberschreitendes Projekt ~ *f.*

project, fitness ~ (e.g. ~ for productivity improvement) / Fitnessprojekt *n.* (z.B. ~ zur Produktivitätssteigerung)

project, joint ~ / Gemeinschaftsprojekt *n.*

project, sponsor for a ~ / Geldgeber für ein Projekt

project, strategic ~ / strategisches Projekt *n.*

projected usage per year /
voraussichtlicher Jahresverbrauch

projection / Prognose

proliferation / starke Vermehrung starke Ausbreitung

prolongation / Prolongation *f.*

promise / versprechen *v.*

promise / Zusage *f.*

promissory note / Schuldschein *m.*

promote (job) / befördern *v.* (beruflich)

promotion / Beförderung *f.* (ranglich) (Mitarbeiterbeförderung)

promotion / Verkaufsaktion (~förderung) *f.*; Werbungsmaßnahme *f.*

promotion chance / Aufstiegschance *f.*

promotion list / Beförderungsliste *f.* (ranglich) (Mitarbeiterbeförderung)

promotional campaign /
Werbekampagne *f.*

promotional gift / Werbegeschenk

promt (e.g. for ~ cash) / sofort *adv.* (z.B. gegen sofortige Bezahlung)

promt (e.g. PC: online-~ to warn about an important delivery date) / Hinweis *m.* (z.B. PC: Online-~ zur Erinnerung an einen wichtigen Liefertermin)

proof / Nachweis *m.*

proof of delivery; delivery record / Liefernachweis *m.;* Abliefernachweis *m.*; Auslieferungsnachweis *m.*

proof of exportation / Ausfuhrnachweis *m.*

proof of payment / Zahlungsnachweis *m.*

proof of transaction /
Bewegungsnachweis *m.*

proof, water ~ / dicht *adj.;* wasserdicht *adj.;* wasserundurchlässig *adj.*

properly / ordentlich *adj.*

property / Besitz

property records / Eigentumsunterlagen *fpl.*

property, intellectual ~ (e.g. ~ for patents) / gewerblicher Rechtsschutz *m.* (z.B. ~ für Patente)

property, intellectual ~ / geistiges Eigentum *n.*

property, intellectual ~ / geistiges Eigentum *n.*

proportionate(ly) (e.g. the proportionate costs are ...) / anteilig *adj.; adv.* (z.B. die anteiligen Kosten betragen ...)

proposal / Vorschlag

proposal, counter ~ / Gegenvorschlag *m.*

proposal, decision ~ / Beschlussvorlage *f.;* Entscheidungsvorlage *f.*

proposal, order ~ (purchasing); order recommendation / Auftragsvorschlag (Beschaffung) *m.*; Bestellvorschlag *m.*; Beschaffungsvorschlag *m.*

proposal, solicit a ~ / Angebot einholen

pros and cons (e.g. the ~ concerning just-in-time) / Für und Wider *n.* (z.B. das ~ bezüglich von just-in-time)

prospective (e.g. ~ and existing customers) / zukünftig *adj.* (z.B. ~e und bestehende Kunden)

prosperity / Wohlstand *m.*

protection / Sicherung (Schutz) *f.*

protectionism / Protektionismus *m.*; Schutzzollpolitik *f.*

protocol / Protokoll *n.*

protrude (e.g. damage on warehouse items by protruding nails in pallets) / herausstehen *v.* (z.B. Schaden an Lagergütern durch herausstehende Nägel in Paletten)

prove (e.g. the concept has proved itself in practice) / bewähren, sich ~ *v.* (z.B.

das Konzept hat sich in der Praxis
bewährt)
provide (e.g. 1. Material; e.g. 2. provide
accurate and timely information to
exporters); make available / bereitstellen
v. (z.B. 1. Material körperlich
bereitstellen; z.B. 2. genaue und
aktuelle Informationen für Exporteure
bereitstellen)
provider; service provider / Dienstleister
m.; Dienstleistungsfirma *f.*;
Dienstleistungsunternehmen *n.*
Provider, Internet Service ~ (ISP) /
Internet-Dienstleister *m.* (Unternehmen,
das gegen Entgelt den Internet-Zugang
über eigene Netze bietet)
provider, training ~ / Trainingsanbieter
m.
provision; clause / Bestimmung *f.*;
Klausel *f.*; Vorschrift (Bestimmung) *f.*
provision; staging; allocation (e.g. ~ of
material, ~ of an order) / Bereitstellung
f.; Zuordnung (z.B. körperliche ~ von
Material, ~ eines Auftrages)
provision (accounting) / Rückstellung *f.*
provision and operation (of ~) /
Bereitstellen und Betreiben (von ~)
provision of material; material supplied;
consigned material or parts (~ by the
customer) / Materialbeistellung (~ durch
den Kunden) *f.*; Kundenbeistellung (~
von Material) *f.*
provision, uncharged ~ of material /
unverrechnete Bereitstellung von
Material
provisional average deposit /
Havarieeinschluss *m.*
provisional production; temporary
production / provisorische Fertigung *f.*
proximity of terminals / Nähe von
Terminals
proxy / Proxy *m.*; Proxy-Server *m.*
(lokaler Rechner eines Providers
('Betreiber'), der für den schnellen
Zugriff Internet-Seiten aus dem World
Wide Web speichert bzw.
zwischenspeichert)
proxy / Unterschriftsvollmacht *f.*; Proxy
m.
pseudo-bill of material /
Phantomstückliste
pseudo-supplier / Pseudolieferant
pseudo-vendor; pseudo-supplier /
Pseudolieferant *m.*
PTT (Postal, Telegraph and Telephone)
public (in ~) / Öffentlichkeit *f.* (in der ~)
public / öffentlich *adj.*
Public Accountant, Certified ~ (CPA) /
Wirtschaftsprüfer (USA)
public authorities / öffentlicher
Auftraggeber *m.*
public communication network /
öffentliches Kommunikationsnetz *n.*
public relations / Öffentlichkeitsarbeit
(PR) *f.*; Informations- und Pressewesen
n.
public sector / öffentliche Hand *f.*
public switching systems / öffentliche
Vermittlungssysteme *npl.*
public transportation / öffentliche
Verkehrsmittel *npl.*
publisher / Herausgeber
puchase part; purchased item; bought
item / Kaufteil *n.*)
pull-distribution (e.g. ~ according to the
demand of the subsidiary) /
Produktverteilung *f.* (z.B. ~
entsprechend dem Bedarf der
Zweigstelle)
pull-down menu (~ on the PC screen) /
Aktionsmenü *n.* (~ auf dem PC-
Bildschirm)
pull file / Ziehdatei *f.*
pull forward; pull ahead / vorziehen *v.*
(zeitlich)
pull principle; pull system (opp. push
principle) / Pull-Prinzip *n.*; Ziehprinzip
n.; Holprinzip *n.* (Ggs. Push-, Schiebe-,
Bring-Prinzip)
pull-type ordering system /
bedarfsorientiertes Bestellsystem *n.*

punch card / Stechkarte;
Zeiterfassungskarte

punctuality / Pünktlichkeit *f.*

pupil; student / Schüler (USA: als
'Student' wird auch ein Schüler
bezeichnet, der die 'elementary school'
oder 'high school' (12 Klassen) besucht)

purchase (e.g. goods from outside) /
Bezug *m.*; Beschaffung *f.* (z.B.. Waren
von extern)

purchase agreement /
Einkaufsvereinbarung *f.*

purchase commission /
Einkaufsprovision *f.*

purchase commitment / Wert offener
Bestellungen

purchase conditions /
Einkaufsbedingungen *fpl.*

purchase contract / Kaufvertrag

purchase decision; decision to buy /
Kaufentscheidung *f.*

purchase delivery batch quantity /
Bestellosgröße *f.*

purchase delivery due-date /
Bestellfälligkeitsdatum *n.*

purchase from outside supplier /
Fremdbezug

purchase lead time / Bestellaufzeit *f.*

purchase matrix / Einkaufsmatrix *f.*

purchase on acceptance / Kauf auf
Probe *m.*

purchase order (PO) / Bestellung *f.*;
Bestellauftrag *m.*; Einkaufsauftrag *m.*

purchase price; ordering price /
Einkaufspreis *m.*; Kaufpreis *m.*

purchase price variance; material price
change / Materialpreisveränderung *f.*

purchase progress / Bestellfortschritt *m.*

purchase requisition /
Bestellanforderung *f.*

purchase, blank ~ / Blankobezug *m.*

purchase, blanket ~ order; skeleton
order / Rahmenbestellung *f.*;
Abrufbestellung *f.*

purchase, incoming ~ order /
Bestelleingang *m.*

purchase, installment ~ / Ratenkauf *m.*

purchase, open ~ order / offene
Bestellung *f.*; offener Auftrag *m.*

purchased item / Kaufteil

purchaser / Einkäufer

purchasing (also for a department) /
Einkauf *m.* (auch als
Abteilungsbezeichnung)

purchasing agent / Einkaufsbeauftragter
m.

purchasing commodity code /
Einkaufsschlüsselnummer (ESN) *f.*

purchasing-effective / einkaufswirksam
adj.)

purchasing engineer, advanced ~ (APE)
(e.g. early involvement of the
purchasing engineer in the production
process) / APE-Einkaufstechniker *m.*;
APE-Einkäufer *m.*

purchasing information system /
Einkaufs-Informations-System (EIS) *n.*

purchasing key data /
Einkaufskennzahlen *fpl.*

purchasing logistics / Einkaufslogistik *f.*

purchasing manager / Einkaufsleiter *m.*

purchasing marketing /
Einkaufsmarketing *n.*

purchasing policy / Einkaufspolitik *f.*

purchasing power / Kaufkraft *f.*

purchasing procedure /
Bestellabwicklungsverfahren *n.*;
Einkaufsverfahren *n.*

purchasing volume (PVO) /
Einkaufsvolumen (EVO) *n.*

purchasing, adjustment of ~ power /
Kaufkraftberichtigung *f.*;
Kaufkraftanpassung *f.*

pursue (e.g. companies which are
pursuing logistics excellence) / streben
nach *v.* (z.B. Firmen, die hervorragende
Leistungen in der Logistik anstreben)

push button, by ~ / per Knopfdruck *m.*

push-distribution; forced distribution
(independent of subsidiary demand) /
zentrale Produktverteilung *f.*;
Zwangsverteilung *f.*

push principle (opp. pull principle); push system / Push-Prinzip *n.*; Schiebeprinzip *n.*; Bringprinzip *n.*; planungsorientierte Steuerung (Ggs. Pull-, Zieh-, Hol-Prinzip)

put competitors out of the running / Wettbewerber aus dem Rennen werfen

put in operation / in Betrieb nehmen

put into position (e.g. put goods into position by means of automated rack operation equipment) / plazieren *v.* (z.B. ~ von Gütern durch automatische Regalbediengeräte)

put into practice; put into action (e.g. put a concept into practice) / umsetzen *v.* (z.B. ein Konzept ~)

put one's name down (e.g. ~ for a delivery) / vormerken *v.* (z.B. für eine Lieferung ~)

put s.o. out of work / jmdn. beschäftigungslos machen

put through (e.g.: "Could you put me through to Mr. Eckhart Morgen please") / am Telefon verbinden (z.B.: "Können Sie mich, bitte, mit Herrn Eckhart Morgen verbinden?")

put to work (e.g. to put expert systems to work in logistics) / einführen *v.*; zum Laufen bringen (z.B. Expertensysteme auf dem Gebiet der Logistik einführen)

put together; group; arrange (e.g. 1: to put a delivery together, 2: to arrange overhead transparencies for a presentation, 3: to group figures to report the results); group; arrange / zusammenstellen *v.* (z.B. 1: eine Lieferung ~, 2: Overheadfolien für einen Vortrag ~, 3: Zahlen ~, um über die Ergebnisse zu berichten)

PVC (permanent virtual circuit) / feste virtuelle Verbindung (PVC) *f.*

PVO (purchasing volume) / Einkaufsvolumen (EVO) *n.*

Q

QFD (quality function deployment)

quadruple (e.g. the number of deliveries quadrubled) / vervierfachen *v.* (z.B. die Anzahl von Lieferungen hat sich vervierfacht)

Qualification & Training / Qualifizierung & Training

qualification / Qualifizierung *f.*; Qualifikation *f.*

qualification, industrial ~ / gewerbliche Qualifizierung

qualify (~ for) / qualifizieren *v.*; befähigen *v.* (~ für)

qualifying period / Probezeit

qualitative / qualitativ *adj.*

quality / Qualität *f.*

quality assurance (e.g. according to ISO 9000) / Qualitätssicherung (QS) *f.* (z.B. nach ISO 9000)

quality audit / Qualitätsrevision *f.*

quality awareness / Qualitätsbewusstsein *n.*

quality certificate / Qualitätszeugnis *n.*

quality check / Qualitätskontrolle *f.*

quality circle / Qualitätszirkel *m.*

quality control / Qualitätssteuerung *f.*; Qualitätslenkung *f.*

quality control inspector / Qualitätsprüfer *m.*

quality costs / Qualitätskosten *pl.*

quality defect / Qualitätsfehler *m.*; Qualitätsmangel *m.*

quality discrepancy / Qualitätsabweichung *f.*

quality function deployment / Quality Function Deployment (QFD)

quality group / Qualitätsgruppe *f.*

quality improvement / Qualitätsverbesserung *f.*

quality inspection and test; quality inspection / Qualitätskontrolle *f.*; Qualitätsprüfung *f.*

quality management / Qualitätsmanagement *n.*
quality officer / Qualitätsbeauftragter (QB) *m.*
quality planning / Qualitätsplanung *f.*
quality policy / Qualitätsordnung *f.*
quality problems / Qualitätsprobleme *npl.*
quality promotion / Qualitätsförderung *f.*
quality shortcoming / Qualitätsmangel *m.*
quality standard / Qualitätsstandard *m.*; Qualitätsnorm *f.*
quantitative / quantitativ *adj.*
quantity; amount / Menge *f.*; Stückzahl *f.*
quantity available; quantity in stock / lieferbare Anzahl *f.*; lieferbare Menge *f.* lieferbare Stückzahl *f.*
quantity delivered / gelieferte Menge *f.*
quantity discount / Mengenrabatt *m.*
quantity in stock; quantity available / lieferbare Anzahl *f.*; lieferbare Menge *f.* lieferbare Stückzahl *f.*
quantity of delivery / Lieferumfang *f.*
quantity planning / Mengenplanung *f.*
quantity standard / Mengenvorgabe *f.*
quantity structure / Mengengerüst *n.*
quantity variance / Mengenabweichung *f.*
quantity, assembly ~ / Montagemenge *f.*
quantity, information ~ / Informationsmenge *f.*
quantity, manufacturing ~; production quantity / Fertigungsmenge; Produktionsmenge
quantity, order ~ / Bestellmenge *f.*; bestellte Menge *f.*
quantity, order ~ key / Auftragsmengenschlüssel *m.*
quantity, required ~ / Bedarfsmenge *f.*
quantity, revolving ~ planning (e.g. ~ for finished products) / revolvierende Mengenplanung *f.* (z.B. ~ von Fertigungserzeugnissen)
quantity, short ~ / unterlieferte Menge *f.*

quantity, total ~ / Gesamtmenge *f.*
quantum jump; quantum leap (substantial innovation improvement) / Quantensprung *m.*
quarterly accounts / Quartalszahlen *fpl.*
quartile (e.g. the business results are in the upper ~ of the shareholder value scale) / Viertel (z.B. die Geschäftsergebnisse bewegen sich im oberen ~ der Shareholder Value Skala)
quay / Kai *m.*
query / Anfrage
query language / Abfragesprache *f.*
query, search ~ (e.g. prescribed~) / Suchbegriff *m.* (z.B. vorgegebener ~)
quest for quotation / Angebotsanfrage *f.*
question / Frage *f.*
questionnaire / Fragebogen *m.*
queue (BrE) / Warteschlange
queue time (e.g. waiting for free machine capacity) / Wartezeit (vor einer Maschine) *f.* (z.B. warten auf freie Maschinenkapazität)
queuing theory (while waiting for free machine capacity) / Warteschlangentheorie *f.*
quick check / Stichprobe
quicken / beschleunigen
quota / Quote *f.*
quotation / Angebot
quotation calculation; quotation costing / Angebotskalkulation *f.*
quotation costing / Angebotskalkulation
quotation processing; bid processing; tender processing; offer processing / Angebotsabwicklung *f.*; Angebotsbearbeitung *f.*
quotation request; invitation to bid; invitation to tender; request for bids / Ausschreibung *f.*
quotation, date of ~ / Angebotsdatum *n.*
quotation, quest for ~ / Angebotsanfrage *f.*
quotation, send out a request for a ~ / Angebot einholen

quotations, deadline for submission of
~ / Angebotsfrist *f.*
quote / quotieren *v.*
quoted price / angebotener Preis *m.*;
Angebotspreis *m.*
quoting procedure / Angebotsprozess *m.*

R

R&D (research and development) /
Forschung und Entwicklung (F&E) *f.*
R&R (rail and road) / Schiene und Straße
rack / Regal *n.*; Lagerregal *n.*
rack operation equipment /
Regalbediengerät *n.*
rack serving unit / Regalförderzeug *n.*
rack, drive through ~ / Durchfahrregal
n.
rack, flow storage ~ / Durchlaufregal *n.*
rack, mobile ~ / Verschieberegal *n.*
rack, pallet ~ / Palettenregal *n.*
racking system (e.g. shelved or pallet ~)
/ Regalsystem *n.* (z.B. Fachboden- oder
Paletten-~)
racking, row of ~ / Regalreihe *f.*
radiation protection / Strahlenschutz *m.*
radio frequency data communication
(RFDC): manages realtime, two-way
exchange of inventory information
between mobile terminals and a host
computer of any size. Inventory
information is typically scanned into the
mobile terminal from barcodes) / RFDC
(wird für den beiderseitigen Austausch
von Bestandsinformationen zwischen
mobilen Terminals und einem Rechner
beliebiger Größe eingesetzt. Die
Bestandsinformation wird
normalerweise in das mobile Terminal
direkt von Barcodeetiketten
eingescannt)

radio frequency identification system /
Identifizierungs- (Datenerfassungs-)
System mit Funkübertragung *n.*
rail; track / Schiene *f.*
rail and road (R&R) / Schiene und
Straße
rail freight / Bahnfracht *f.*
rail networks, road and ~ *pl.* /
Verkehrsnetz *n.*
rail service (e.g. ~ is needed) /
Bahnanbindung *f.* (z.B. ~ ist
vorausgesetzt, ~ wird benötigt)
rail transport / Bahntransport *m.*;
Eisenbahntransport *m.*
rail transport / Eisenbahnfrachtverkehr
m.
rail, by ~ / per Bahn *f.*
rail, carriage by ~ / Schienentransport
m.
railroad agent / Bahnspediteur *m.*
railroad track; railway track / Bahngleis
n.
railway / Bahn *f.*
railway consignment / Bahnfrachtbrief
m.
railway groupage / Bahnsammelstelle *f.*
railway terminal / Güterbahnhof *m.*
railway traffic / Schienenverkehr *m.*
railway, by ~ **officials** / bahnamtlich *adj.*
RAM (Random Access Memory;
storage area for data in a computer, size
measured in Mega Bytes) /
Arbeitsspeicher *m.* (Speicherplatz für
Daten in einem Computer, Größe
gemessen in Megabytes)
ramp; loading ramp; loading platform /
Rampe *f.*; Laderampe *f.*
ramp-up / Neuanlauf *m.*
rampant (e.g. the distribution costs are
running ~) / überhandnehmen *v.*;
wuchern *v.* (z.B. die Distributionskosten
laufen davon od. steigen)
random / wahlfrei *adj.*; aufs Geratewohl;
wahllos *adj.*; zufällig *adj.*
random access / wahlfreier Zugriff

random access memory (temporary storage area for data in a computer, size measured in Mega Bytes) / Arbeitsspeicher *m.* (Speicherplatz für Daten in einem Computer, Größe gemessen in Mega Bytes)

random organization / gestreute Speicherungsform *f.*

random sample / Stichprobe *f.*

range; area / Bereich *m.* (i.S.v. Schwankungsbreite)

range (e.g. of inventories) / Reichweite *f.* (z.B. von Beständen)

range of coverage / Eindeckungsreichweite

range of products / Produktpalette *f.*

range of supply; duration of supply / Lieferreichweite *f.*

rank order / Rangordnung *f.*

rate (e.g. delivery fill ~) / Grad (z.B. Liefer-Servicegrad)

rate (e.g. growth rate) / Rate *f.* (z.B. Wachstumsrate)

rate (e.g. you'll get it there for a better rate) / Preis (z.B. Sie bekommen es dort zu einem besseren Preis)

rate of exchange / Wechselkurs

rate of inventory turnover; rate of stock turnover; inventory turnover rate; stock turnover rate / Lagerumschlagsrate *f.*

rate of networked PCs / Vernetzungsgrad von PCs *m.*

rate of stock turnover / Lagerumschlagsrate

rate, at any ~ / auf jeden Fall

rate, basic ~; basic wage rate / Ecklohn *m.*; Grundlohn *m.*

rate, cargo ~ / Frachtrate *f.*

rate, fault ~ / Fehlerrate *f.*

rate, flat ~ ; all inclusive price / Pauschalpreis *m.*

rate, hourly ~ / Stundensatz *m.*

rate, labor utilization ~ / Leistungsgrad

rate, service ~ / Servicegrad

rate, tariff ~; tariff / Tarifsatz *m.*; Tarif *m.*

rate, turnover ~ / Umlaufgeschwindigkeit *f.*

rated capacity / Soll-Kapazität *f.*

rated concept; reference concept / Soll-Konzept *n.*

rated output; rated performance / Solleistung *f.*

rated performance / Solleistung

rated value; target value / Sollwert *m.*

rating / Beurteilung *f.*

rating, credit ~ / Bonität *f.*

rating, customer satisfaction ~ / Beurteilung der Kundenzufriedenheit

rating, performance ~; efficency rating; merit rating / Leistungsbeurteilung, -schätzung *f.*

rating, supplier ~ / Lieferantenbeurteilung *f.*

ratio (~ of material A and B) / Verhältnis *n.*; Wertverhältnis (~ zwischen Material A und Material B)

rationalization / Rationalisierung *f.*

rationalize; streamline / rationalisieren *v.*; modernisieren *v.*; durchorganisieren *v.*; verbessern *v.*

raw material / Rohmaterial *n.*; Werkstoff *m.*; Rohstoff *m.*

raw part / Rohteil *n.*

reactive (opp. active, proactive) / reaktiv *adj.*; nur reagierend *adj.* (Ggs. aktiv, proaktiv)

reading error (e.g. ~ due to a poorly printed barcode label) / Lesefehler *m.* (z.B. ~ wegen eines schlecht gedruckten Barcodeetiketts)

ready card; feedback card; completion card / Fertigmeldekarte *f.*; Rückmeldekarte *f.*

ready for dispatch / versandbereit *adj.*

ready message / Rückmeldung *f.*

real; genuine / echt *adj.*; unverfälscht *adj.*

real estate / Immobilie *f.*

real income / Realeinkommen *n.*

real needs / echte Notwendigkeit *f.*

real time / Echtzeit *f.*

real world example / praktisches Beispiel *n*.

realize (e.g. 1. to realize a desire; 2. to carry out a plan); carry out / verwirklichen *v*.; ausführen *v*. (z.B. 1. einen Wunsch verwirklichen; 2. einen Plan ausführen)

realize / begreifen (merken) *v*.; sich klarmachen *v*.; erkennen *v*.; feststellen *v*.

reallocate / neuzuordnen *v*.

realtime environment / Echtzeitumgebung *f*.

realtime tracking (e.g. ~ of a shipment, i.e. to know at any given time where the shipment is located, e.g. through a satellite positioning system) / Echtzeitverfolgung *f*. (z.B. ~ einer Sendung, d.h. zu jedem Zeitpunkt wissen, wo sich die Sendung befindet, z.B. mittels eines Satelliten-Positionierungs-Systems)

realtor / Immobilienmakler *m*.

rear drive; rear wheel drive / Heckantrieb *m*.

rear mirror / Rückspiegel *m*.

rearrange / neuordnen *v*.

rebate; discount / Rabatt *m*

rebates and allowances / Rabatte *mpl*.

receipt; slip; voucher / Quittung *f*.; Beleg *m*.; Abrechnungsbeleg *m*.; Empfangsbestätigung; Empfangsbescheinigung *f*.

receipt (e.g. the ~ of incoming goods) / Annahme *f*.; Entgegennahme *f*. (z.B. die ~ der Waren)

receipt / Kassenzettel *m*.

receipt of invoice / Rechnungseingang *m*.

receipt of order / Auftragserhalt *m*.

receipt of payments / Zahlungseingang *m*.

receipt sheet; receiving report / Eingangsmeldung *f*.

receipt, after ~ of invoice / nach Rechnungslegung *f*.

receipt, date of last ~ / Datum letzter Lagerzugang *n*.

receipt, give a ~ (e.g.: ~ for the reception of the delivery) / quittieren *v*. (z.B.: den Empfang der Sendung ~)

receipt, picking ~./ Entnahmebeleg *m*.

receipt, scheduled ~ / geplanter Lagerzugang *m*.

receipt, unplanned ~ / ungeplanter Zugang *m*.

receipts / Einnahmen *fpl*.; Geldeinnahmen *fpl*.

receivables; accounts receivable; outstanding debts / Debitoren *mpl*.; Forderungen *fpl*

receiver (e.g. of a message) / Empfänger (z.B. ~ einer Mitteilung)

receiving; incoming goods / Wareneingang *m*.

receiving / Wareneingang

receiving agent / Empfangsspediteur *m*.

receiving area / Wareneingangszone *f*.

receiving door / Warenanlieferungstor *n*.; Tor zur Warenanlieferung; Wareneingang *m*.

receiving inspection / Eingangsprüfung *f*.

receiving of material / Materialannahme *f*.

receiving point / Empfangsstelle *f*.; Güterannahmestelle *f*.

receiving report / Eingangsmeldung *f*.

receiving station; receiving point / Empfangsstelle *f*.

receiving station, parcel ~ / Paketannahme *f*.; Paketannahmestelle *f*.

receiving transaction / Wareneingangsbuchung

recent cost price / letzter Einstandspreis *m*.

reception; reception area / Empfang *m*.; Empfangsbereich *m*.; Empfangszone *f*.

recession / Rezession *f*.

recipient / Empfänger (z.B. einer Mitteilung)

recipient of payment / Zahlungsempfänger

recipient, goods ~ (e.g. in-house ~) / Warenempfänger m. (z.B. innerbetrieblicher ~)

reclassification; reposting; book transfer (e.g. book transfer to ...) / Umbuchung (Position) f. (z.B. Umbuchung auf ...)

recognition / Anerkennung f.

recognition system, voice ~ / Spracherkennungs-System n.

recognized problem / erkanntes Problem

recommendation; suggestion; proposal / Vorschlag m.; Empfehlung f.

recommendation, order ~ / Auftragsvorschlag

reconcile; match; align; adjust (e.g. ~ the bank account) / abstimmen v.; in Einklang bringen v.; korrigieren v.; berichtigen v. (z.B. das Bankkonto ~)

reconciliation account / Abstimmkonto n.; Berichtigungskonto

reconciliation date / Abstimmdatum n.

reconciliation total / Abstimmsumme f.

reconciliation, inventory ~; stock reconciliation / Bestandsabstimmung f.; Bestandsausgleich m.

reconciliation, stock ~ / Bestandsabstimmung

reconciling inventory (~ of stock on hand and booked inventory) / Abgleich (~ mit Bestandskorrektur) (Abgleich von körperlichem und buchmäßigem Bestand)

reconstruction / Rekonstruktion f.

record (e.g. ~ a measurement) / erfassen v. (z.B. Messwert ~)

record / Aufzeichnung f.; Eintragung f.

record description / Satzbeschreibung f.

record format / Satzformat n.

record layout / Satzbett n.

record of changes / Änderungsnachweis m.

recording speedometer / Fahrtenschreiber m.

recourse / Regress m.; Rückgriff m.

recover damages / Schadensersatz erhalten v.

recovery of the market / Markterholung f.

recovery routine / Wiederherstellungsprogramm n.

recovery software / Wiederherstellungssoftware f.

recovery start-up / Wiederanlauf

recovery time / Wiederherstellungszeit f.

recruitment, staff ~; personnel recruitment; recruitment of personnel / Personalbeschaffung f.; Einstellung f.

rectification station / Korrekturstation f.; Korrekturplatz m.

recurring storage costs / Wiedereinlagerungskosten pl.

recycling / Recycling n.; Abfallverwertung f.; Wiederverwertung f.; Wiederverwendung f.

recycling logistics; reuse logistics; reverse logistics / Recyclinglogistik f.; Wiederverwertungslogistik f.; Entsorgungslogistik f.

recycling, pallet ~; reuse of pallets / Palettenrecycling n.; Wiederverwendung von Paletten

red, be in the ~ / rote Zahlen schreiben fpl.; in den roten Zahlen sein fpl.

redesign; reengineering / Neugestaltung (~organisation) f.; Umgestaltung (~organisation) f.; Reengineering f.

redesign / Neuentwicklung f.

redesign / überarbeiten v.

redesign, business ~; business reengineering / Neugestaltung eines Geschäftes Umgestaltung eines Geschäftes; Reengineering eines Geschäftes; Umorganisation eines Geschäfts

redesign, logistics process ~; logistics process reengineering / Neugestaltung von Logistikprozessen; Reengineering von Logistikprozessen

redesign, process ~; process reengineering / Prozess-Neugestaltung f.; Prozess Reengineering n.

reduce; shorten; cut / reduzieren *v.;* verkürzen *v.;* kürzen *v.;* verringern *v.;* verkleinern *v.;* vermindern *v.*

reduce / nachlassen *v.;* Preis ermäßigen *v.*

reduce inventory; reduce stock / Lager abbauen (Waren)

reduced demand / Bedarfsabnahme *f.*

reduction / Ermäßigung *f.;* Reduzierung *f.*

reduction in price / Verbilligung *f.;* Preisermäßigung *f.*

redundance / Redundanz *f.*

redundant costs (e.g. ~ through waste of money) / überflüssige Kosten (z.B. ~ durch Geldverschwendung)

redundant step / überflüssiger Arbeitsschritt *m.*

reel / Bandspule *f.*

reengineering / Neugestaltung (~organisation)

reentry permit / Nämlichkeitsschein *m.*

reference concept; rated concept / Soll-Konzept *n.*

reference information, billing ~ / Rechnungshinweis *m.;* Rechnungsbezugshinweis *m.*

reference number / Kennzahl

reference point / Bezugspunkt

refinement / Verfeinerung *f.*

refit; retool / umrüsten (Maschinen)

reflect / widerspiegeln *v.;* darstellen *v.*

reflux of data / Datenrückfluss *m.*

refresher seminar; refresher course / Auffrischungskurs *m.;* Auffrischungsseminar *n.*

refrigerated space; refrigerated zone / Kühlzone *f.*

refund; refunding; reimbursement (e.g. ~ of freight charges) / Rückerstattung *f.;* Preisrückerstattung *f.;* Rückvergütung *f.;* Refaktie *f.* (z.B. ~ von Fracht)

refusal to accept (e.g. ~ a delivery); refusal; non-acceptance / Annahmeverweigerung *f.;* Nichtannahme *f.* (z.B. ~ einer Lieferung)

refusal to pay / Zahlungsverweigerung *f.*

refuse acceptance / Annahme verweigern *v.*

regard; consider / berücksichtigen *v* ; beachten *v.*

regards, give ~ (e.g. please give my best regards to Guggi) / grüßen *v.* (z.B. bitte ~ Sie Guggi sehr herzlich von mir)

regenerative MRP / Neuaufwurf (Einarbeitung von neuen oder geänderten Daten in das Primärprogramm)

region / Region *f.*

regional and local authorities / Länder und Kommunen

regional boundary / Regionengrenze *f.*

Regional Company / Regionalgesellschaft (RG) *f.*

regional delivery center / regionales Lieferzentrum *n.*

regional depot (building); regional distribution facility / Regionallager (Gebäude)

regional depot (inventory) / regionales Warenlager (Lagerbestände)

regional functions / Regionalaufgaben *fpl.*

regional inventory; regional stock / Regionallager (Bestand) *n.*

regional market / regionaler Markt *m.*

regional office; subsidiary; branch office (domestic ~, international ~) / Niederlassung (~ im Inland, ~ im Ausland)

regional operation / Länderbereich *m.*

regional organization / regionale Einheit

regional organization / Regionalorganisation *f.*

regional post office / Regionenpostamt *n.*

regional representative office / Regionale Repräsentanz (RR) *f.*

regional representative office / Regionale Repräsentanz (RR) *f.*

regional sales / Regionalvertrieb *m.*

regional SCN service provider
(SCN=Siemens Corporate Network) /
regionaler SCN-Dienstleister *m.*

regional stock / Regionallager (Bestand)

regional strategy / Regionalstrategie *f.*

regional subsidiary / regionale
Gesellschaft *f.*

regional unit; regional organization /
regionale Einheit *f.* (RE)

regional warehouse; regional
distribution facility; regional depot /
Regionallager *n.*; regionales Lager
(Gebäude)

regional warehouse (inventory);
regional depot (inventory) / regionales
Warenlager *n.*

regions, domestic ~; national regions /
Regionen Inland *fpl.*

regions, international ~ / Regionen
Ausland *fpl.*

register for a seminar / sich zu einem
Seminar anmelden *n.*

register, cash ~ / Ladenkasse *f.*

registered letter / Einschreiben *n.*

regular routed traffic connection /
Relationsverkehr *m.*

regulation; directive (e.g. as of October
1, the following ~ will be in effect) /
Regelung *f.;* Vorschrift *f.* (z.B. ab 01.
Oktober gilt folgende ~)

regulation of prices; price regulation /
Preislenkung *f.*

regulation, exchange ~ /
Devisenbestimmung *f.*

regulation, export ~ / Ausfuhrvorschrift
f.

regulations; statutes and articles; charter;
bylaws / Satzung *f.*

regulations, technical ~ / technische
Vorschriften *f.pl*

regulatory parameter /
Überwachungsparameter *m.*

reimbursement; repayment; refund /
Rückerstattung *f.;* Preisrückerstattung *f.*

reimbursement / Rückerstattung
(~vergütung) (z.B. von Fracht)

reimbursement of expenses /
Kostenerstattung *f.*

reimport / Reimport *m.;* Wiedereinfuhr *f.*

reinforcement / Verstärkung *f.*

reinsurance / Rückversicherung *f.*

rejection / Rückweisung *f.*

rejects / Ausschuss (Zurückweisung) *m.;*
Ausschussteile *npl.*

relate / in Beziehung bringen verbinden
(gedanklich) *v.;* Bezug haben; in
Zusammenhang bringen

relate to / Bezug haben auf *m.;* sich
beziehen auf *v.*

relating to / bezüglich *adj.;* in bezug auf
v.

relation (correlation) (e.g. there is a ~
between the distance and the delivery
time) / Zusammenhang (kausale
Beziehung) *m.* (z.B. es besteht ein ~
zwischen der Entfernung und der
Lieferzeit)

relation, investor ~ / Aktionärspflege
(Werben und Betreuen von Aktionären)
f.

relations; connections (e.g. he has
excellent ~ to the competition) /
Verbindungen (z.B. er hat hervorragende
~ zum Wettbewerb)

relations, external ~ /
Außenbeziehungen *fpl.*

relations, labor ~ / Betriebsverfassung *f.*

relationship / Beziehung *f.*

relationship, contractual ~ /
Vertragsverhältnis *n.*

relationship, customer ~ /
Kundenbeziehung *f.*

relationship, customer ~ management
(CRM) / Kundenbeziehungs-
Management *n.*

relationship, shaping of the supplier ~ /
Gestaltung der Lieferantenbeziehung

relationship, supplier ~ /
Lieferantenbeziehung *f.*

relationship, win-win-~ (e.g. this is a
real ~ with our supplier) / Win-Win-
Beziehung *f.;* Beziehung zu

beiderseitigem Nutzen (z.B. das ist eine echte ~ mit unserem Lieferanten)

relay / Relais *n.*

release (e.g. ~ material for assembly); issue / vorgeben *v.*; freigeben *v.* (z.B. Material für die Montage ~)

release (e.g. order ~) / Vorgabe (Freigabe) *f.* (z.B. Auftrags-~)

release authorization / Freigabeberechtigung *f.*

release code / Freigabecode *m.*

release date (e.g. revised ~) / Freigabetermin *m.*; Abruftermin *m.* (z.B. geänderter ~)

release of software / Freigabe von Software *f.*

release point / Freigabestelle *f.*

release procedure / Freigabeverfahren *n.*

release quantity (e.g. current ~) / Abrufmenge *f.* (z.B. aktuelle ~)

release time / Freigabezeit *f.*

release to manufacturing; release to production / Fertigungsfreigabe *f.*; Produktionsfreigabe *f.*

relevant to the expense account / aufwandsrelevant.

reliability / Zuverlässigkeit *f.*

reliability, delivery ~; service reliability; delivery dependability / Liefertreue *f.*; Lieferzuverlässigkeit *f.*; Termintreue *f.*

reliability, service ~ / Liefertreue

reliable supplier / zuverlässiger Lieferant *m.*

relinquish / abtreten *v.*; überlassen *v.*; verzichten *v.*

reload / Lagervorräte aufstocken

relocation / Standortwechsel *m.*

relocation expenses / Verlagerungskosten *pl.*

remain in stock; remain in store / auf Lager bleiben *n.*

remainder / Rest

remaining quantity / Restmenge *f.*

remedy defects / Mängel beheben *v.;* Missstände abstellen *v.*

remedy, legal ~; appeal (e.g. we should lodge legal remedies) / Rechtsmittel *n.* (z.B. wir sollten Rechtsmittel einlegen)

reminder / Mahnung *f.*

reminder of payment / Zahlungserinnerung *f.*

remission of fees; fee waiver / Gebührenerlass *m.;* Gebührenverzicht *m.*

remit / überweisen *v.*; Zahlung leisten *f.*

remittance; bank transfer; money transfer (e.g. ~ of money); / Banküberweisung *f.;* Überweisung *f.*; Übertrag *m.* (z.B. ~ von Geld)

remittance account / Überweisungskonto *n.*

remittance order / Überweisungsauftrag *m.*

remittee; payee; recipient of payment / Zahlungsempfänger *m.*; Empfangender *m.*

remitter; payer; sender of payment / Zahlungsleister *m.*; Zahlender *m.*

remnant sale / Resteverkauf *m.*

remote / entfernt *adj.*

remote control / Fernsteuerung *f.*

remote maintenance / Fernwartung *f.*

removal / Beseitigung *f.*; Umzug *m.*

removal device; disposal equipment / Entsorgungseinrichtung *f.*

removal of business / Verlegung des Geschäftes

removal, trash ~ / Abfallbeseitigung *f.*

remuneration / Gehalt

rent; lease / Miete *f.;* Pacht *f.*

rent / vermieten *v.*

rental business / Mietgeschäft *n.*

rental, car ~ / Autovermietung *f.*

renunciation / Verzichterklärung *f.*

reorder / nachbestellen *v.*

reorder / Nachbestellung *f.*

reorder level / Nachbestellungsniveau *n.*

reorganization / Reorganisation *f.*; Umorganisation

repack / umpacken *v.*

repair / Reparatur *f.*; Instandsetzung *f.*

repair and replacement service /
  Reparatur- und Austauschdienst m.
repair center / Reparaturzentrum n.
repair costs / Reparaturkosten pl.
repair part / Ersatzteil
repair time / Reparaturzeit f.
repayable / rückzahlbar adj.
repayment; refund; reimbursement /
  Rückerstattung f.; Preisrückerstattung f.;
  Rückzahlung f.; Tilgung f.
repetitive production /
  Wiederholfertigung f.
replace / ersetzen v.
replacement / Ersatz m.;
  Ersatzbeschaffung f.;
  Wiederbeschaffung f.
replacement deadline /
  Wiederbeschaffungsfrist f.
replacement free of charge / kostenlose
  Nachlieferung f.
replacement method of depreciation (~
  for tax or economic purpose) /
  Abschreibung auf Wiederbeschaffung f.
  (~ aus steuerlichen bzw.
  betriebswirtschaftlichen Gründen)
replacement order / Ersatzauftrag m.
replacement period; procurement lead
  time; replenishment lead time /
  Wiederbeschaffungszeit f.
replacement supply / Ersatzlieferung f.
replacement value /
  Wiederbeschaffungswert m.
replanning (e.g. bottom-up ~) /
  Neuplanung f. (z.B. ~ von unten nach
  oben)
replenish / Lagervorräte aufstocken
replenishment / Nachlieferung f.;
  Auffüllung f.
replenishment / Nachschub m.;
  Wiederauffüllung f.; Nachlieferung f.;
  Auffüllung f.
replenishment cycle / Bestellintervall n.
replenishment lead time /
  Wiederbeschaffungszeit
replenishment of stocks /
  Lagerergänzung f.

replenishment order; reorder /
  Nachbestellung f.; Auffüllauftrag m.
replenishment planning /
  Nachschubdisposition f.
replenishment system /
  Nachschubsystem n.; Nachfüllsystem n.;
  Wiederbeschaffungssystem n.
replenishment, inventory ~ /
  Wiederauffüllung des Lagerbestandes f.
report (on) / berichten (über) v.
report / Bericht m.
report on logistics / Logistikbericht m.;
  Bericht über Logistik
report, annual ~ / Jahresbericht m.
report, cash ~ / Kassenbericht.
report, damage ~ / Schadensbericht m.
report, inventory ~ /
  Lagerbestandsbericht m.
reporting / Berichtswesen n.
reporting directly to ... (organization) /
  unmittelbar ... zugeordnet; unmittelbar
  ... unterstellt (Organisation)
reporting responsibility /
  Berichtspflicht f.
reporting, frequency of ~ /
  Berichtserstattungshäufigkeit f.
reporting, functionally ~ to ...;
  functional responsibility; dotted line
  responsibility (e.g. he reports
  functionally, i.e. not organizationally, to
  Mr. A or: he has a dotted, i.e. not solid,
  line responsibility to Mr. A.; opp.: he has
  a solid line to ... see 'solid line
  responsibility') / fachlich zugeordnet zu
  ...; Fachverantwortung haben (z.B. er ist
  fachlich, d.h. nicht organisatorisch,
  Herrn A. zugeordnet; Ggs.: er gehört
  organisatorisch zu ... siehe
  'organisatorisch zugeordnet zu ...')
reporting, internal ~ system / internes
  Berichtswesen n.
reporting, organizationally ~ to ...;
  organizational responsibility; solid line
  responsibility (e.g. he reports to Mr. B.
  or; he has a solid line responsibility to
  Mr. B.; opp. he has a dotted line to ...;

see 'dotted line responsililily') / organisatorisch zugeordnet zu ...; organisatorische Verantwortung haben; organisatorisch gehören zu ... (z.B. er gehört organisatorisch zu Herrn B.; Ggs. er berichtet fachlich an ...; siehe 'fachlich zugeordnet zu ...')

reporting, tax ~; tax return / Steuererklärung f.

reports, analyses and ~ / Analysen und Berichte

repost; transfer to another account / umbuchen v.

reposting (e.g. ~ to ...) / Umbuchung (Position) (z.B. ~ Umbuchung auf ...)

representation in associations / Unternehmensvertretung in Verbänden

representative / Beauftragter m.; Repräsentant m.

representative company / Stützpunktgesellschaft f.

representative office / Repräsentanz f.

representative office, regional ~ / Regionale Repräsentanz (RR) f.

representative, area ~ / Länderreferent mpl.

representative, environmental protection ~ / Bereichsreferent für Umweltschutz m.

representative, technical ~ / Fachvertreter m.

reprioritize / Prioritäten neu vergeben

reproduce / nachbilden v.

reproduction / Nachbau m.

repurchase / Rückkauf m.

reputation; standing / Ruf m.; Reputation f.

request; query; inquiry / Anfrage f.; Auskunft f.

request for proposal; request for quotation (RFQ); request to submit an offer / Aufforderung zur Angebotsabgabe

request for quotation (RFQ); request to submit an offer / Aufforderung zur Angebotsabgabe

request to submit an offer / Aufforderung zur Angebotsabgabe

requestor / Antragsteller

required; necessary / erforderlich adj.; notwendig adj.

required availability time / geforderte Verfügbarkeitszeit f.

required margin / Bedarfsspanne f.

required quantity / Bedarfsmenge f.

required, when ~ / nach Bedarf m.

requirement (~ for information and communication, I&C) / Anforderung (~ zu Information und Kommunikation, IuK)

requirement / Bedarf m.

requirement schedule / Bedarfsplan m.

requirement scheduling / Bedarfsplanung

requirement, business ~ / Geschäftsanforderung f.

requirement, daily ~ / Tagesbedarf m.

requirement, data processing ~ specification / DV-Lastenheft n.

requirements alteration / Bedarfsänderung f.

requirements date / Bedarfstermin

requirements explosion / Bedarfsauflösung f.

requirements forecast; demand forecast / Bedarfsprognose f.; Bedarfsvorhersage f.; Bedarfsvorschau f.

requirements notice / Bedarfsmeldung f.

requirements pegging / Bedarfsreservierung f.

requirements planning; requirement scheduling / Bedarfsplanung f.; Bedarfsermittlung f.; Bedarfsrechnung f.

requirements time series / Bedarfszeitreihe f.

requirements, calculation of ~ / Bedarfsberechnung f.

requirements, fall short of the ~ / hinter den Bedarf zurückfallen m.

requirements, firm allocated ~ / fest zugeordneter Bedarf m.

requirements, gross ~ / Bruttobedarf m.

requirements, inhouse ~ / Eigenbedarf
m.

requirements, internal ~; own
requirements / Eigenbedarf m.; interner
Bedarf m.

requirements, pegged ~ /
auftragsbezogener Bedarf m.

requirements, planned ~ / disponierter
Bedarf m.

requirements, secondary ~ /
Sekundärbedarf

requirements, summarized ~ /
auftragsanonymer Bedarf m.

requirements, total ~ / Gesamtbedarf m.

requirements, unplanned ~ /
ungeplanter Bedarf m.

requirements, updating of ~ /
Bedarfsfortschreibung f.

requisition analysis / Bedarfsanalyse f.

requisition card / Bezugskarte

requisition receipt (withdrawal) /
Bezugspapier n.

requisition, material ~; material
withdrawl. / Materialabruf m.

resale / Wiederverkauf m.

resale, merchandise held for ~ /
Handelsware

reschedule / terminlich neu einplanen

rescheduling, automatic ~ / maschinelle
Umterminierung f.

rescue / retten v.

rescue operation (e.g. ~ to prevent an
enterprise of bankruptcy) / Sanierung f.;
Rettungsaktion f. (z.B. ~, um ein
Unternehmen vor dem Bankrott zu
retten)

research / Forschung f.

research and development / Forschung
und Entwicklung (F&E) f.

research, basic ~ / Grundlagenforschung
f.

reseller / Wiederverkäufer m.

reservation / Reservierung f.

reservation, without ~ / ohne Vorbehalt

reserve / zurückstellen

reserve capacity / Reservekapazität f.

reserve inventory; safety level /
Sicherheitsbestand m.; eiserner Bestand
m.

reserved inventory / reservierter
Bestand

reserved material (e.g. ~ to assemble a
product of material and orders in
process) / reserviertes Material n. (z.B.
um ein Erzeugnis zu montieren aus
reserviertem Material und laufenden
Aufträgen)

reserved quantity; allocated quantity /
reservierte Menge f.

reserves / Rücklagen fpl.

reshipment / Rückversand f.;
Rücksendung f.; Reexpedition f.

residential buildings / Wohnbauten mpl.

residual capacity (e.g. ~ of a reach
truck) / Resttragfähigkeit f. (z.B. ~ eines
Schubmaststaplers)

residual materials (e.g. ~ are collected
for recycling) / Reststoffe mpl. (z.B. ~
werden gesammelt für die
Wiederverwertung)

residue of stocks; leftover stock /
Lagerrestbestand m.

resource / Produktionsfaktor m.

resource / Ressource; Quelle
(Geldmittel) f.; Mittel (Geld) n.

resource planning (finance) /
Mittelplanung (Finanzen) f.

resource planning /
Einsatzfaktorenplanung

resource planning, financial ~ /
Finanzmittelplanung f.

resource, enterprise ~ management
(ERM) / ERM (~ ist ein Ansatz zur
integrierten Geschäftsabwicklung in
einem Unternehmens unter
Einbeziehung sämtlicher
geschäftsrelevanter Ressourcen)

resource, human ~ / menschliche
Arbeitskraft

response / Antwort f.; Reaktion f.;
Rückantwort f.

response time / Reaktionszeit *f.*; Antwortzeit *f.*

response, efficient consumer ~ (see ECR)

responsibility / Verantwortung *f.*

responsibility for defects / Mangelhaftung *f.*

responsibility, decentralization of ~ / Dezentralisierung von Verantwortung *f.*

responsibility, functional ~ (e.g. he reports functionally, i.e. not organizationally, to Mr. A, or: he has a dotted, i.e. not solid, line responsibility to Mr. A.; opp.: he has a solid line to ... see 'solid line responsibility') / fachlich zugeordnet zu ...; Fachverantwortung haben (z.B. er ist fachlich, d.h. nicht organisatorisch, Herrn A. zugeordnet; Ggs.: er gehört organisatorisch zu ... siehe 'organisatorisch zugeordnet zu ...')

responsibility, main ~ (according to the organization chart, Mr. C. has the ~) / Hauptverantwortung *f.* (gemäß Organisationsplan hat Hr. C die ~)

responsibility, organizational ~; organizationally reporting to ...; solid line responsibility (e.g. he reports to Mr. B. or: he has a solid line responsibility to Mr. B.; opp. he has a dotted line to ...; see 'dotted line responsilility') / organisatorisch zugeordnet zu ... (z.B. er gehört organisatorisch zu Herrn B.; Ggs. er berichtet fachlich an ...; siehe 'fachlich zugeordnet zu ...')

responsibility, take ~; assume liability / Haftung übernehmen *v.*

responsible (e.g. find *s.o.* guilty of fraud) / verantwortlich *adj.* (z.B. *jmdn.* des Betruges für schuldig halten)

responsible (e.g. this is Mr. X's responsibility) / zuständig *adv.* (z.B. dafür ist Herr X ~)

responsible, be ~; be liable / haften *v.*

responsible, be ~ (e.g. Mr. A is in charge of - or is responsible for - the 'top+'-project. He is the person in charge.) / verantwortlich sein (z.B. Herr A. ist verantwortlich für das 'top+'-Projekt. Er ist der Leiter.)

responsiveness (the ability to respond in ever-shorter leadtimes with the greatest possible flexibility) / Reaktionsvermögen *n.*; Reaktionsbereitschaft *f.*; Schnelligkeit des Feedbacks; Flexibilität bezüglich Kundenanforderungen *f.* (die Fähigkeit, auf immer kürzere Lieferzeiten mit der größtmöglichen Flexibilität zu reagieren)

rest period / Betriebspause

restart; recovery start-up / Wiederanlauf *m.*

restock; replenish; reload / Lagervorräte aufstocken

restock pile / umlagern *v.*

restocking / Lagerauffüllung *f.*; Wiedereinlagerung *f.*

restriction / Beschränkung *f.*

restriction, import ~ / Einfuhrbeschränkung *f.*

restriction, import ~ / Importbeschränkung *f.*

restructuring / Restrukturierung *f.*; Umstrukturierung *f.*

restructuring measures / Restrukturierungsmaßnahmen *fpl.*

restructuring of the company / Restrukturierung der Firma Firmenrestrukturierung *f.*

result; net earnings; net income (e.g. ~ of the fiscal year) / Ergebnis (z.B. ~ im Geschäftsjahr)

result-oriented / ergebnisorientiert *adj.*

result, tangible ~ / nutzbares Ergebnis

résumé; curriculum vitae (BrE) / Lebenslauf *m.* (z.B. ~ als Teil des Bewerbungsschreibens)

retail / Einzelverkauf *m.*

retail business / Einzelhandel *m.*

retail distribution center / Einzelhandelslager *m.*

retail market / Einzelhandelsmarkt *m.*

retail price / Einzelhandelspreis *m.*; Ladenpreis *m.*
retail shop / Laden *m.* (Einzelhandels-~)
retail store / Einzelhandelsgeschäft *n.*
retailer / Einzelhändler *m.*
retained earnings / freie Rücklage *f.*
retention (e.g. ~ of a delivery) / Rückhaltung *f.;* Zurückhaltung *f.* (z.B. ~ einer Lieferung)
retention time / Aufbewahrungsfrist *f.*
retired employee; retiree / Ruheständler *m.*; Pensionär *m.*
retiree / Ruheständler
retirement (e.g. early ~) / Pensionierung *f.*; Ruhestand *m.*; Ausscheiden *n.* (z.B. vorzeitiger Ruhestand)
retirement benefits / betriebliche Altersversorgung
retirement pay / Pension
retirement pension; retirement pay / Pension *f.*
retirement, early ~ / vorzeitiger Ruhestand *m.*
retool; refit / umrüsten *v.* (Maschinen)
retraining / Umschulung *f.*
retrieval system / Auskunftssystem *n.*
retrieval, stacking and ~ / Ein- und Ausstapeln *n.*
retroactive / rückwirkend *adj.*
return / Rückgabe *f.*
return / zurücksenden *v.*; zurückschicken *v.*
return address / Absender (Adresse) *m.*
return call (phone) / Rückruf (Telefon) *m.*
return cargo / Rückfracht *f.*; Rückladung *f.*
return delivery / Rücklieferung *f.*
return goods; returns / Rückwaren *fpl.*; Rückgut *n.*; Retouren *fpl.*
return goods notice / Lagerrückgabebeleg *m.*
return on assets / Rendite des Anlagevermögens
return on equity / Eigenkapitalsrendite *f.*

return on investment (ROI) / Rentabilität des investierten Kapitals (RIK)
return parts processing / Rückläuferabwicklung *f.*
return shipment / Rücksendung *f.*
return, tax ~; tax reporting / Steuererklärung *f.*
returnable; loan container / Pfandgut *n.;* Leihbehälter *m.*
returned empty / leer zurück
returned goods / Retouren *fpl.*; Rückgut *n.;* Rückwaren *fpl.*
reusable (e.g. ~ packaging material) / wiederverwertbar *adj.*; wiederverwendbar *adj.* (z.B. ~es Verpackungsmaterial)
reuse / Wiederverwendung *f.*; Wiederverwertung *f.*
reuse logistics; recycling logistics; reverse logistics / Wiederverwertungslogistik *f.*; Recyclinglogistik *f.*; Entsorgungslogistik *f*
reuse of pallets; pallet recycling / Palettenrecycling *n.*; Wiederverwendung von Paletten
reuse of waste / Abfallwiederverwertung *f.*
revenue *pl.* / Einnahmen *fpl.*; Verrechnungseinnahmen *fpl.*
revenue, sales ~ / Umsatzerlös *m.*
reverse logistics / Entsorgungslogistik *f.*
review / Nachprüfung *f.*
review time; check time / Überprüfungszeit *f.*; Überprüfzeit *f.*
revised due date / geänderter Liefertermin *m.*; geänderte Fälligkeit *f.*
revision level, engineering ~ (e.g. ~ of drawings) / Ausgabestand *m.* (z.B. ~ von Zeichnungen)
revision service / Änderungsdienst *m.*
revolving planning / revolvierende Planung *f.*
revolving quantity planning (e.g. ~ for finished products) / revolvierende

Mengenplanung *f.* (z.B. ~ von Fertigungserzeugnissen)

reward system / Leistungsprämiensystem

rework / Nacharbeit *f.*

rework / nachbessern *v.*

rework loop / Nacharbeitsschleife *f.*

rework order / Nacharbeitsauftrag *m.*

RFDC (see 'Radio Frequency Data Communication')

RFQ (request for quotation)

right-justified / rechtsbündig *adj.*

right of ownership / Eigentumsvorbehalt *m.*

right of recourse / Rückgriffsrecht *n.*; Regressanspruch *m.*

right of use / Nutzungsrecht *n.*

right to compensation / Entschädigungsanspruch *m.*

rights and obligations / Rechte und Pflichten

rights, all ~ reserved / alle Rechte vorbehalten *npl.*

rigid / starr *adj.*; steif *adj.*; unbeweglich *adj.*

rigidity / Starrheit *f.*; Unbeweglichkeit *f.*

risk (e.g. ~ an agreement) / riskieren; gefährden (z.B. einen Vertrag ~)

risk / Risiko *n.*

risk-free / risikolos *adj.*

risk insurance / Risikoversicherung *f.*

risk management / Risikomanagement *n.*

risk, at consignee's ~ / auf Gefahr des Empfängers

risk, high ~; high stakes / hohes Risiko *n.*; allerhand riskieren *v.*

risk, on account and ~ (~ of) / auf Kosten und Gefahr (~ von)

risk, take a high ~ / ein hohes Risiko eingehen *v.*

risk, transfer of ~ / Gefahrenübergang *m.*

risks and opportunities / Risiken und Chancen

ROA (return on assets) / Rendite des Anlagevermögens

ro-ro-equipment / Ro-Ro-Einrichtung *f.*

road and rail networks *pl.* / Verkehrsnetz *n.*

road block; stumbling block; obstacle; barrier / Hindernis *n.*

road infrastructure / Straßeninfrastruktur *f.*

road toll / Straßengebühr *f.*; Straßennutzungsgebühr *f.*

road transport / Straßentransport *m.*

road, by~; side street / Nebenstraße *f.*

road, by-pass ~ / Umgehungsstraße *f.*

road, country ~ / Landstraße *f.*

roadmap / Bebauungsplan

roadpricing / Erhebung von Straßen-Nutzungsgebühren

roaming, international ~ / Internationales Roaming *n.* (durch das 'internationale Wandern' ist es möglich, unter der eigenen Mobiltelefonnummer länderübergreifend erreichbar zu sein.)

robot control / Robotersteuerung *f.*

robot transportation system / fahrerloses Transportsystem *n.*

robot, industrial ~ / Industrieroboter *m.*

robotics / Robotertechnologie *f.*

robotization / Automatisierung mit Robotern

rock bottom price (coll. AmE) / absoluter Tiefstpreis; absolut tiefster Preis *m.*; allerniedrigster Preis

rock the boat / eine Sache gefährden

ROE (return on equity) / Eigenkapitalsrendite *f.*

ROI (return on investment) / Rentabilität des investierten Kapitals (RIK)

role; part (e.g. just-in-time plays a vital ~ in our business) / Rolle *f.* (z.B. JIT spielt eine wesentliche ~ für unser Geschäft)

roll container / Rollcontainer *m.*

roll-on-roll-off; roro; ro-ro; Roo (e.g. ~ traffic; ~ trailer; ~ cargo) / Roll-On-Roll-Off ; Ro-Ro; RoRo; Roo (z.B. ~ Verkehr; ~ Auflieger; ~ Ladung)

roll-out / Breiteneinführung *f.*

roll-out strategy (e.g. to develop a ~ for the global implementation of a new corporate concept) / Roll-out Strategie *f.* (z.B. eine ~ für den weltweiten Einsatz eines neuen Unternehmenskonzeptes entwickeln)

roller conveyor, gravity ~; gravity conveyor / Rollenbahn (Beförderung durch Schwerkraft auf schräger Ebene) *f.*

rolling forecast planning / rollierende Prognoseplanung

rolling line / Walzstraße *f.*

rolling warehouse / Unterwegsbestand (auf Straße oder Schiene)

ROM (Read Only Memory) / ROM (Speicher, der nur das Lesen zulässt, d.h. auf den also nicht geschrieben werden kann)

roof, sliding ~; sunshine roof / Schiebedach *n.*

root causes (e.g. ~ for a poor material flow) / Gründe herausfinden (z.B. ~ für einen schlechten Materialfluss)

roro; ro-ro; Roo; roll-on-roll-off (e.g. ~ traffic; ~ trailer; ~ cargo) / Roll-On-Roll-Off ; Ro-Ro; RoRo; Roo (z.B. ~ Verkehr; ~ Auflieger; ~ Ladung)

rotating storage; paternoster storage / Paternosterregal *n.*

rough (e.g. a ~ estimation) / grob *adj.* (z.B. eine ~ Schätzung)

rough-cut capacity planning / Kapazitätsgrobplanung *f.*

rough-cut planning / Grobplanung *f.*

rough-cut scheduling / Grobterminierung *f.*

rough planning / Grobplanung

round-the-clock, at any time ~ / zu jeder Tages- und Nachtzeit

route / Beförderungsweg *m.*; Leitweg *m.*; Route *f.*; Fahrtstrecke *f.*

route guidance; navigation / Routenführung *f.*; Routenlenkung *f.*; Navigation *f*

route map (e.g. ~ to logistics success) / Vorgehensweise; Vorgehensplan; Weg (z.B. ~ zum Logistikerfolg)

route sheet / Arbeitsplan (Fertigung)

route, air ~ / Flugstrecke *f.*

route, shipping ~ / Schifffahrtsweg *m.*

route, transport ~ / Transportweg *m.*

routed traffic connection, regular ~ / Relationsverkehr *m.*

router / Router *m.*

routing / Arbeitsplan (Fertigung)

routing card / Arbeitsplan (Fertigung)

routing plan (production); route sheet; routing; routing card / Arbeitsplan *m.* (Fertigung)

routing plan administration / Arbeitsplanverwaltung *f.*

routing plan header line / Arbeitsplankopfzeile *f.*

routing plan material line / Arbeitsplanmaterialzeile *f.*

routing scheduling; sequencing / Arbeitsgangterminierung *f.*

routing, costing a ~; costing a production plan / Arbeitsplankalkulation *f.*

routing, creation of a ~; drawing up of a production plan / Arbeitsplanerstellung *f.*

routing, product ~ (e.g. the ~ through manufacturing is identified by means of bar code scanning) / Produktweg *m.* (z.B. der ~ durch die Fertigung wird durch Abtastung von Strichcodes ermittelt)

routing, shipment ~ / Liefer(routen)planung *f.*

row of racking / Regalreihe *f.*

royalties / Schutzrechtskosten *pl.*

royalty / Lizenzgebühr; Nutzungsgebühr

rule / Regel *f.*

rule and administration system (guideline) / Regel- und Ordnungssystem (Leitlinie)

rule and key code system (guideline) / Regelwerk und Schlüsselsystem (Leitlinie)

rules for business policies and procedures / Regeln im Geschäftsverkehr

ruling price; current price / Tagespreis *m.*

rumor (AmE) (e.g. there is a ~ that ...) / Gerücht *n.* (z.B. es gibt ein ~, dass ...)

run idle / im Leerlauf sein *m.*; leerlaufen *v.*

run long (e.g. ~ of material) / zu viel haben *v.*; reichlich versehen mit *v.*; reichlich eingedeckt mit *v.* (z.B. Material reichlich auf Lager haben)

run quantity / Losquantität *f.*

run short; run out (e.g. we are running short with material) / knapp sein *v.*; auslaufen *v.*; ausgehen *v.* (z.B. das Material geht uns aus)

run time (e.g. ~ of an information signal) / Laufzeit *f.* (z.B. ~ eines Informations-Signals)

running costs / laufende Kosten *pl.*

running order / laufender Auftrag

running time; operation time; process time; processing time / Bearbeitungszeit *f.* (z.B. ~ für ein Stück pro Arbeitsgang)

rush hour; traffic peak time / Hauptverkehrszeit *f.*; Spitzenzeit (Verkehr) *f.*

rush order / Eilauftrag

S

safe custody account number / Depotnummer (Bankkonto)

safety / Sicherheit *f.*

safety cushion / Sicherheitspolster *n.* (z.B. zu viele ~ einbauen, Verschwendung)

safety device / Sicherheitsvorrichtung *f.*

safety lead time / Sicherheitslaufzeit *f.*

safety level / Sicherheitsbestand

safety stock calculation / Sicherheitsbestandsermittlung *f.*

safety time / Sicherheitszeit *f.*

safety, industrial ~ / Arbeitsschutz *m.*; Betriebssicherheit *f.*

saftey device, overload ~ / Überlastsicherung *f.*

sailors' knot / Schifferknoten *m.*

salary; remuneration; paycheck (AmE) / Gehalt *n.*

salary increase / Gehaltserhöhung *f.*

salary, entry-level ~; initial salary / Einstiegsgehalt *n.*; Anfangsgehalt *n.*

sale / Verkauf *m.*

sale, clearance ~ / Ausverkauf *m.*; Schlussverkauf *m.*

sales; sales department / Vertriebsabteilung *f.*; Verkaufsabteilung *f.*

sales; turnover / Umsatz *m.*; Absatz *m.*

sales / Vertrieb *m.*

sales agent; sales representative; sales rep / Vertreter; Verkaufsvertreter

sales and new orders / Umsatz und Auftragseingang

sales and operations planning / Absatz- und Vertriebsplanung *f.*

sales branch / Verkaufsniederlassung *f.*

sales call / Verkaufsbesuch *m.*

sales channel / Vertriebsweg

sales company / Vertriebsgesellschaft *f.*

sales contract; purchase contract / Kaufvertrag *m.*

sales contracts; sales order processing / Auftragswesen *n.*

sales cost adjustment / Auftragskostenausgleich *m.*

sales costs / Vertriebskosten *pl.*

sales department / Vertriebsabteilung

sales distribution facility / Vertriebslager

sales Europe / Vertrieb Europa

sales force / Verkäufer *mpl.*; Vertriebsmannschaft *f.*; Vertrieb vor Ort

sales forecast / Absatzprognose f.
sales growth / Umsatzwachstum m.
sales guideline / vertrieblicher Leitfaden m.
sales level / Umsatzhöhe f.
sales logistics / Vertriebslogistik f.; Logistik im Vertrieb
sales management / Vertriebsleitung f.
sales manager / Verkaufsleiter m.
sales material planning / Vertriebsdisposition f.
sales method / Verkaufsmethode f.
sales order / Verkaufsauftrag m.
sales order date / Verkaufsauftragsdatum n.
sales order processing / Auftragswesen
sales order quantity / Verkaufsauftragsmenge f.
sales outlet / Verkaufsstelle f.
sales overseas / Vertrieb Übersee m.; Überseevertrieb m.
sales plan / Absatzplan m.
sales planning / Umsatzplanung f.
sales policy / Vertriebspolitik f.
sales price, gross ~ / Bruttoverkaufspreis m.
sales price, net ~ / Nettoverkaufspreis m.
sales program / Verkaufsplan m.
sales promotion / Verkaufsförderung f.
sales promotion and marketing (e.g. ~ domestic, ~ Europe, ~ international, ~ world); business promotion and marketing / Vertrieb und Marketing (z.B. ~ Inland, ~ Europa, ~ Ausland, ~ Welt)
sales region / Vertriebsregion f.
sales representative; sales rep; sales agent / Vertreter m.; Verkaufsvertreter m.; Handelsvertreter m.
sales result / Vertriebsergebnis n.
sales revenue / Umsatzerlös m.
sales slip~; receipt / Quittung f.; Kassenbeleg m.
sales statistics / Verkaufsstatistik f.
sales support / Vertriebsunterstützung f.
sales tax / Umsatzsteuer f.
sales training / Vertriebstraining n.

sales variation / Vertriebsabweichung f.
sales warehouse / sales distribution facility / Vertriebslager n.
sales, central ~ / Stammhausvertrieb
sales, corporate ~; central sales; parent company sales / Stammhausvertrieb m.
sales, European ~ / Vertrieb Europa
sales, interdivisional ~ promotion / geschäftsgebietsübergreifende Vertriebs- und Marketingaufgaben fpl.
sales, international ~ / Vertrieb Ausland
salvage / ausschlachten v.
salvage / Ausschussverwertung f.
salvage operation / Ausschlachtung f.
salvage value / Schrottwert m.
same day shipment / Lieferung am selben Tag; Sofortlieferung f.
sample; specimen / Ausfallmuster n.; Muster n.
sample (e.g. this article is a free ~) / Probe f. (z.B. diese Ware ist eine kostenlose ~)
sample quotation / Musterangebot n.
sample, merchandise ~ / Warenprobe f.
sample, random ~ / Stichprobe
sampling / Stichprobenentnahme f.
sanction, trade ~ / Sanktion f.; Handelsbeschränkung f.; Handels-Zwangsmittel n.
SAP module / SAP-Baustein m.
satellite / Satellit m.
satellite communications / Satellitenkommunikation f.
satellite positioning system / Satelliten-Positionierungs-System n.
satisfaction, job ~ / Arbeitszufriedenheit f.
saving potential / Einsparungspotential n.
savings (e.g.significant ~) / Ersparnisse f.pl; Einsparungen fpl. (z.B.erhebliche ~)
savings account / Sparkonto n.
say (e.g. you know what I'm saying) / sagen v.; ausdrücken v. (z.B. Sie wissen schon, was ich meine)

say hello (e.g. please ~ to Annette) / grüßen v. (z.B. bitte ~ Sie Annette von mir)

SC (see supply chain)

scale / Maßstab m.

scale of fees; scale of charges / Gebührenordnung f.

scale, economies of ~ (relates to: ... volume, ... quantity, ...) (e.g. economics through production of huge quantities of product P.) / Größenvorteil m.; Wirtschaftlichkeit durch Größenvorteil (bezieht sich auf: ... Volumen, ... Menge, ...) (z.B. Wirtschaftlichkeit durch Fertigung großer Stückzahlen des Produktes P.)

scale, weighing ~ / Waage f.

scan / abtasten v.; abfragen v.

scan analysis; scanning (e.g. as a quick ~ actual processes are taken) / Ist-Aufnahme f.; Untersuchung von Abläufen f.; Ablaufuntersuchung f. (z.B. werden aktuelle Prozesse in Form einer Grobablaufanalyse untersucht)

scanner, barcode ~ / Strichcodescanner m.

scare commodity / Mangelware f.

schedule; form / Formular n.; Liste f.; Verzeichnis n.

schedule / Plan (Fahr~, Vorgehens~, Zeit~) m.

schedule of prices / Preisverzeichnis f.

schedule, according to ~; as scheduled / planmäßig adj.; plangemäß adj.

schedule, according to ~; in due time / termingerecht adv.; zur rechten Zeit

schedule, build ~ (on site) / Montageplan (Baustelle) m.

schedule, delivery ~ / Lieferplan m.

schedule, master ~; master production schedule (MPS) (e.g. 1. overstated ~, 2. understated ~)/ Hauptproduktionsplan (z.B. 1. ~ mit Überdeckung, 2. ~ mit Unterdeckung)

schedule, on~ / fristgerecht adv.; pünktlich adv.

schedule, production ~ / Produktionsprogramm m.; Fertigungsprogramm n.; Produktionsterminplanung n.; Fertigungsterminplanung f.

scheduled costs; target costs / Plankosten pl.

scheduled load / geplante Maschinenbelastung f.

scheduled order / Planauftrag m.

scheduled purchasing / planmäßige Bestellung f.

scheduled receipt / geplanter Lagerzugang m.

scheduled service / fahrplanmäßiger Betrieb m.

scheduled time of arrival / fahrplanmäßige Ankunftszeit f.

scheduled time of departure / fahrplanmäßige Abfahrtszeit f.

scheduled, as ~; according to schedule / planmäßig adj.; plangemäß adj.

scheduler / Terminplaner m.

scheduling / Terminierung f.; Terminplanung f.

scheduling delay / Terminverzug m.

scheduling framework / Termingerüst n.; Terminrahmen m.

scheduling sequence / Ablaufterminierung f.

scheduling, detailed ~ / arbeitsgangweise Terminierung f.

scheduling, finite ~ / Feinterminierung f.

scheduling, master ~ / Fertigungsgrobplanung f.

scheduling, master production ~ / Primärbedarfsdisposition f.; Fertigproduktdisposition f.

scheduling, operation ~; process planning / Ablaufplanung f.

scheduling, order ~ / Auftragseinplanung f.

scheduling, rough-cut ~ / Grobterminierung f.

scheme / Tabelle f.; Übersicht f.; Schema n.; Aufstellung f.

school, professional ~ / Fachschule *f.*; Berufsschule *f.*

SCM (supply chain management) (the practice of controlling all the interchanges in the logistics process from acquisition of raw materials to delivery to end user. Ideally, a network of firms interact to deliver the product or service. -> 'Extended Enterprise') / SCM (Supply Chain Management) (Methode zur Steuerung aller Vorgänge im Logistikprozess - vom Bezug des Rohmaterials bis zur Lieferung an den Endverbraucher. Idealerweise arbeitet hierbei ein Netzwerk von Firmen zusammen, um ein Produkt oder eine Dienstleistung zu liefern. -> 'Extended Enterprise')

SCN (Siemens Corporate Network) / Siemens Unternehmensnetz

SCN node / SCN-Knoten *m.*

SCN service provider / SCN-Dienstleister *m.*

scope / Rahmen *m.*; Umfang *m.*

scope of application / Anwendungsbereich *m.*

scope, economies of ~ (relates to: ... business volume, ... geografical range and expansion, ... joint production and shared services, ... partnering, ... etc.) / Verbundvorteil *m.*; Wirtschaftlichkeit durch Verbreiterung der Geschäftsbasis (bezieht sich auf: ... Geschäftsumfang, ... geografische Reichweite und Ausdehnung, ... gemeinsame Nutzung von Produktionseinrichtungen und Dienstleistungen durch mehrere Anwender oder Anwendungen, ... Partnerschaften, ... etc.)

score / Bewertungsziffer *f.*

score, keep ~; keep records (e.g. ~ about the results) / Ergebnis verfolgen (z.B. das ~, beobachten, nicht aus den Augen lassen)

scorecard (e.g. ~ with results achieved, using objectives, e.g. financial and operational measures, outcome measures and performance drivers, short and longtime aspects) / Berichtsbogen *f.*; Bewertungsblatt *f.*; Bewertungsliste *f.*; Blatt mit Bewertungsziffern (z.B. ~ mit erzielten Ergebnissen anhand von Zielsetzungsparametern, wie z.B. finanzielle und operative Kennzahlen, Ergebnis- und Treibergrößen, kurz- und langfristige Aspekte)

scorecard, balanced ~ (BSC) / Balanced Scorecard (Managementmethode, die Vision und strategische Unternehmensziele mit operativen Maßnahmen, der normalen Geschäftätigkeit, verbindet. Damit verbunden ist ein Bewertungssystem, das für eine Organisation oder auch für einzelne Personen eine Balance herstellen soll zwischen z.B. finanziellen Ergebnisgrößen und operativen Treibergrößen)

scrap / Abfall *m.*; Schrott *m.*; Ausschuss *m.*; Verschnitt *m.*

scrap / verschrotten *v.*

scrap factor / Ausschussanteil *m.*

scrap material / Schrottmaterial *n.*

scrap rate / Ausschussfaktor *m.*; Ausschussrate *f.*

scrapping / Verschrottung *f.*; Verwurf *m.*

screen / Bildschirm *m.*; Bildschirmmaske *f.*

screen procedure / Funktionsablauf am Bildschirm

screen, input ~ / Eingabemaske *f.*

scrolling / Scrolling *n.*

scrutiny (e.g. contracts which are subject to legal ~) / Prüfung *f.* (Verträge, die einer gesetzlichen ~ unterliegen)

SDSL (see data communication system)

SE (simultaneous engineering) (parallel (not sequential) work); concurrent engineering / Simultaneous Engineering (SE) *n.*; paralleles Konstruieren *n.*

(simultane Arbeit (parallel, gleichzeitig, überlappend), nicht sequentiell)

sea transport / Seetransport *m.*

sea, by ~ / per Schiff; über Seeweg

seal / Zollverschluss

sealed / locked / verschlossen *adj.;* abgeschlossen *adj.*

sealing material / Abdichtmaterial *n.*

sealing unit, automated ~ / Folienschweißgerät *n.*

search criterion / Suchbegriff

search function / Suchfunktion *f.*

search query (e.g. prescribed~) / Suchbegriff *m.* (z.B. vorgegebener ~)

search term; search criterion / Suchbegriff *m.*; Suchkriterium *n.*

search, full text ~ / Volltextrecherche *f.*

season, end of ~ / Ende der Saison *n.*; Saisonende *n.*

seasonal / saisonabhängig *adj.*

seasonal component / Saisonkomponente *f.*

seasonal demand / saisonabhängiger Bedarf *m.*

seasonal factors / Saisonfaktoren *mpl.*

seasonal model / Saisonmodell *n.*

seasonal variations / saisonale Schwankungen *fpl.*; jahreszeitliche Schwankungen *fpl.*

seat (e.g. Ms. Friederike, please be seated) / Sitzplatz *m.* (z.B. nehmen Sie doch bitte Platz, Frau Friederike)

seat reservation / Platzreservierung *f.*

seat, driver's ~ / Fahrersitz *m.*

seat, passenger ~ / Beifahrersitz *m.*

seaworthy packing / seemäßige Verpackung *f.*

SEC (Securities and Exchange Commission; independent US regulatory agency) / SEC (Börsenaufsichtsbehörde in den USA; SEC-Regeln erfordern u.a. eine umfassende Quartals-Berichterstattung der an den US-Börsen gelisteten Firmen)

second source / Zweitquelle (für Lieferungen) *f.;* Zweithersteller *m.;* Zweitlieferant *m.*

second tier supplier / Lieferant der zweiten Ebene; Unterlieferant *m.*

secondary demand / Nebenbedarf *m.*

secondary equipment / Sekundärtechnik *f.*

secondary index / Sekundärindex *m.*

secondary requirements / Sekundärbedarf

sector, public ~ / öffentliche Hand *f.*

securities / Wertpapiere *npl.*; Effekten *pl.*

securities description / Wertpapierbezeichnung *f.*

security; doorman / Pförtner *m.*

security / Betriebsschutz *m.;* Werksschutz *m.*

security / Pfand (i.S.v. Sicherheit) *n.*

security / Sicherheit *f.*; Bürgschaft *f.*; Kaution *f.*; Pfand *n.*

security and alarm systems / Sicherheitstechnik *f.*

security issue / Sicherheitsfrage *f.*

security of employment / Arbeitsplatz-Sicherheit

security principle (because of security reasons at least two persons are required to double-check) / Vier-Augen-Prinzip *n.* (aus Sicherheitsgründen sind mindestens zwei Personen nötig um genau nachzuprüfen)

security retainment / Sicherheitseinbehalt *m.*

security, job ~; security of employment / Arbeitsplatzsicherheit *f.*

seemless / nahtlos *adj.*

segment / Abschnitt *m.*

segmentation / Segmentierung *f.*; Aufteilung *f.*

select / auswählen *v.*

selection / Auswahl *f.*

selection, candidate ~ / Bewerberauswahl *f.*

selective demand / spezifischer Bedarf *m.*

self-assessment / Selbstbewertung *f.*

self-checking / selbstprüfend *adj.*

self-control / Selbststeuerung *f.*; Selbstverantwortung *f.*

self-directed work team / autonome Arbeitsgruppe

self-made product / Eigenerzeugnis *n.*

self-managing / autonom

self-regulating / selbststeuernd *adj.*

sell at a premium / mit Gewinn verkaufen

sell off inventory / Lager räumen

sell-out / Ausverkauf *m.*

sell-out or shut-down (e.g. ~ of a business, ~ of a factory) / Verkauf oder Schließung (z.B. ~ eines Geschäftes, ~ einer Fabrik)

seller / Verkäufer

sellers; suppliers / Anbieterkreis *m.*

selling price / Verkaufspreis *m.*; Abgabepreis *m.*

selling, cross ~ / Geschäft auf Gegenseitigkeit *n.*

semi-finished / halbfertig *adj.*

semi-finished product / angearbeitetes Produkt *n.*; Zwischenprodukt *n.*

semi-finished product inventory / Halbfabrikatebestand *m.*

semi-process flow / loseweise Werkstattfertigung mit sehr hohem Wiederholgrad

semi-processed items / Halbfabrikate

semi-processed material / Halbzeug *n.*

semi-skilled worker / Anlernkraft *f.*; angelernter Mitarbeiter *m.*; angelernter Arbeiter *m.*

semi-trailer / Sattelauflieger *m.*

semiconductor / Halbleiter *m.*

semiconductor, small-signal ~ / Einzelhalbleiter *m.*

seminar, follow-up ~ / Nachfolgeseminar *n.*

seminar, refresher ~; refresher course / Auffrischungskurs *m.*; Auffrischungsseminar *n.*

seminar, register for a ~ / sich zu einem Seminar anmelden *n.*

send-ahead batch / weitergeleitetes Teillos *n.*

send-ahead quantity / Weitergabemenge

send off / absenden

send out a request for a quotation / Angebot einholen

sender; consigner; shipper / Absender *m.*; Versender *m.*; Verlader *m.* (~ als Firma oder Person, nicht Absender als Adressangabe)

sender and receiver / Sender und Empfänger

sender of payment / Zahlungsleister

sender-recipient-relationship / Sender-Empfängerbeziehung *f.*

senior / ranghöher *adj.*; dienstälter *adj.*; Ober.

senior / Student (im 4. =letzten Jahr) *m.* (ebenfalls für Schüler (im 4. =letzten Jahr) einer 'high school' verwendet)

senior buyer; lead negotiator / verhandlungsführender Einkäufer *m.*

senior director / Prokurist *m.*

senior management / oberes Management *n.*; obere Führungskräfte (OFK) *fpl.*

seniority; length of service / Dienstalter *n.*

sense of urgency / Gespür für Dringlichkeit; Empfindung für Dringlichkeit; Sinn der Notwendigkeit

sensitive to frost / frostempfindlich *adj.*

sensor system / Sensorsystem *n.*

sensor technology / Sensortechnik *f.*

separate legal unit / Bereich mit eigener Rechtsform *m.*

sequence; order / Sequenz *f.*; Reihenfolge *f.*; Folge *f.*; Ablauf *m.*

sequence of operations; operating sequence / Folge von Arbeitsgängen; Arbeitsgangfolge *f.*

sequence planning / Reihenfolgeplanung *f.*

sequence, scheduling ~ / Ablaufterminierung *f.*

sequencing / Arbeitsgangterminierung

serial number / Seriennummer *f.*; laufende Nummer *f.*

serial production / Serienfertigung *f.*

serious damage / ernsthafter Schaden *f.*

server / Server *m.*; Netzrechner *m.*

server, mail ~ / Mail-Server (Anwendung auf einem Server, der ein- und ausgehende E-mails verwaltet und an die Clients weiterleitet)

server, Point of Presence-~ (POP) / POP (Point of Presence)-Server (Rechner eines Dienstleisters ('Providers'), z.B. als Einwählpunkt für den Internetzugang)

server, web ~ / Web-Server (Server, der Dokumente im HTML-Format zum Abruf über das Internet bereithält)

service; after-sales service / Kundendienstabteilung *f.*; Kundenbetreuung

service; maintain / warten (Service) *v.*

service (e.g. ~ delivered) / Service *m.*; Dienstleistung *f.*; Dienst *m.* (z.B. erbrachte Dienstleistung)

service and installation (department) / Service und Einschaltung (Abteilung)

service area / Nebenbetriebszone *f.*

service business / Dienstleistungsgeschäft *n.*

service center / Dienstleistungszentrum *n.*

service company; service provider; third party company / Dienstleister *m.*; Dienstleistungsfirma *f.*; Dienstleistungsunternehmen *n.*

service contract / Wartungsvertrag

service economy / Dienstleistungsgesellschaft *f.*

service engineer / Kundendienstmonteur *m.*; Serviceingenieur *m.*

service-friendliness / Wartungsfreundlichkeit *f.*

service level; service rate; level of service (a common calculation for a service level is: complete lines shipped as a percentage of total lines called for) / Servicegrad *m.*; Lieferbereitschaftsgrad *m.*; Grad der Lieferbereitschaft *m.* (eine übliche Berechnung des Servicegrades ist: Anzahl gelieferter Positionen als Prozentsatz gewünschter Positionen)

service logistics / Servicelogistik *f.*; Logistik im Service

service organization / Wartungsorganisation *f.*

service-oriented; focused on service / serviceorientiert *adj.*; dienstleistungsorientiert *adj.*

service package / Leistungspaket *n.*

service part / Ersatzteil

service provider / Dienstleister

service rate / Servicegrad

service reliability / Liefertreue

service unit / Dienstleistungseinheit *f.*

service, add-on (~ as an additional offer) / Add-on Dienstleistung *f.*; Add-on Dienst *m.*; Add-on Service *m.* (~ als ein zusätzliches Angebot)

service, degree of customer ~ / Kunden-Servicegrad *m.*

service, delivery ~ / Lieferservice *m.*

service, express ~ / Expressdienst *m.*

service, field ~ / Außendienst *m.*

service, focused on ~; service-minded; service-oriented / serviceorientiert; servicebewusst; dienstleistungsorientiert

service, internal ~; inside service / Eigenleistung *f.*

service, length of ~ / Dienstalter

service, market a ~ (e.g. market city logistics as an additional service for our customers) / Dienst anbieten (z.B. für unsere Kunden Citylogistik als zusätzlichen ~)

service, parcel ~ / Paketdienst *m.*; Stückgut *n.*

service, pick up and delivery ~ / Abhol- und Zustellservice *m.*

service, rail ~ (e.g. ~ is needed) / Bahnanbindung *f.* (z.B. ~ ist vorausgesetzt, ~ wird benötigt)

service, scheduled ~ / fahrplanmäßiger Betrieb *m.*

services / Dienste *pl.*

services and costing; / Leistungen und Kosten

services and expenditures / Leistungen und Ausgaben

Services, Shared ~ (business unit which offers and provides services and resources for internal but also for external customers) (e.g. cost reduction through setting up Shared Services with services as facility management, IT infrastructure as well as services for logistics, personnel, accounting or cash management) / Shared Services; Gemeinsame Dienste (Geschäftseinheit, die Dienstleistungen und Ressourcen für interne oder auch externe Kunden anbietet und liefert) (z.B. Kostensenkung durch Aufbau von Shared Services mit beispielsweise Gebäudemanagement und IT-Infrastruktur, aber auch Dienstleistungen für Logistik, Personal, Buchhaltung oder Zahlungsabwicklung)

servicing fee / Abfertigungsgebühr

set aside; reserve / zurückstellen *v.*

set of parts / Satzteile *npl.*

set of tools / Werkzeugsatz *m.*

set up / einrichten *v.*; rüsten *v.*

setback in production / Produktionsrückgang *m.*

settle an account / Rechnung begleichen; eine Rechnung bezahlen

settlement (e.g. extremely quick settlements often result in extreme outcomes) / Vereinbarung *f.*; Regelung *f.* (z.B. außergewöhnlich schnelle Entscheidungen führen oft zu außergewöhnlichen Ergebnissen)

settlement fee / Abwicklungsgebühr *f.*

settlement of accounts; final account / Schlussabrechnung *f.*; Endabrechnung *f.*

settlement, lump sum ~ / Pauschalregulierung *f.*

setup allowance / Einrichtezuschlag *m.*

setup change (e.g. ~ of supplementary features) / nachrüsten *v.* (z.B. ~ von zusätzlichen Eigenschaften)

setup costs / Rüstkosten *pl.*

setup man / Einrichter

setup time; make-ready time; changeover time; tear-down time / Rüstzeit *f.*; Umrüstzeit *f.*; Einrichtezeit *f.*

sex; gender (male; female) / Geschlecht (männlich; weiblich) *n.*

shadow price / Schattenpreis *m.*

shaping of the supplier relationship / Gestaltung der Lieferantenbeziehung

share / Aktie

Shared Services (business unit which offers and provides services and resources for internal but also for external customers) (e.g. cost reduction through setting up Shared Services with services as facility management, IT infrastructure as well as services for logistics, personnel, accounting or cash management) / Shared Services; Gemeinsame Dienste (Geschäftseinheit, die Dienstleistungen und Ressourcen für interne oder auch externe Kunden anbietet und liefert) (z.B. Kostensenkung durch Aufbau von Shared Services mit beispielsweise Gebäudemanagement und IT-Infrastruktur, aber auch Dienstleistungen für Logistik, Personal, Buchhaltung oder Zahlungsabwicklung)

shareholder; stockholder (AmE) / Aktionär *m.*

shareholder benefit (e.g. delivering value to the customer for the benefit of the shareholders) / Shareholder-Nutzen *m.* (z.B. Kundennutzen zum Wohle der Shareholder schaffen)

shareholder meeting / Aktionärsversammlung n.

shareholder return (e.g. determined by the sum of the dividends plus the increase in the share price relative to the acquisition price of the share) / Shareholder-Rendite m. (z.B. definiert durch Summe der Dividende plus Zuwachs des Aktienwertes in Relation zum Aktienpreis)

shareholder value (e.g. determined by the value of the company, the kind of business activities and how they are communicated to the public, the quality of management practices, the standard of employees' qualification, ...) / Shareholder Value m. (z.B. definiert durch Unternehmenswert, Art und Offenlegung der Geschäftsaktivitäten, Qualität der Managementpraktiken, Qualifikation der Mitarbeiter, ...)

shareholders' equity / Eigenkapital

shareware / Shareware f. (Softwareprogramme, die z.B. zum kostenlosen Test aus dem Internet heruntergeladen werden können. Wird das Programm dann regelmäßig benützt, ist oftmals eine kleine Gebühr zu entrichten)

sharing, application ~ / Application Sharing n. (gemeinsames Bearbeiten einer Anwendung von unterschiedlichen PCs aus)

sharp, at one o'clock ~ / Punkt ein Uhr; pünktlich um ein Uhr; genau um ein Uhr

sheet, polythene ~ / Plastikfolie f.

shelf (pl. shelves) / Fach n.; Bord n.; Regalbrett n.; Regalfach n.

shelf life limit (e.g. maximum ~) / Haltbarkeit (im Lager) f. (z.B. maximale ~)

shelf management (e.g. at the retailer's site, the supplier cares for the on-time replenishment of the shelf) / Regalnachfüllmanagement n (z.B. der Lieferant sorgt beim Einzelhändler für rechtzeitiges Auffüllen des Regals)

shelf time / Einlagerungszeit f.

shielded cardboard / Panzerkarton m.

shielded room / geschirmter Raum m.

shift / Schicht f.

shift change / Schichtwechsel m.

shift differential / Schichtzulage f.

shift factor / Schichtfaktor m.

shift foreman / Schichtmeister m.

shift in demand / Bedarfsverschiebung f.

shift time / Schichtdauer f.

shift work / Schichtarbeit f.

ship's rail / Schiffsreling f.

ship; dispatch; send off; forward / absenden v.; versenden v.; abschicken v.

ship; vessel / Schiff n.

ship and deliver / versenden und liefern; versenden und ausliefern

ship goods / Ware versenden v.

ship-to-line delivery; ship-to-line shipment / ship-to-line-Lieferung f.; Direktlieferung (in die Fertigung) f.; Anlieferung (direkt in die Fertigung) f.; Lieferung (direkt in die Fertigung) f.

ship-to-stock delivery; ship-to-stock shipment (i.e. without inspection of incoming goods) / ship-to-stock-Lieferung f.; Direktlieferung (an Lager) f.; Anlieferung (direkt an Lager) f.; Lieferung (direkt an Lager) f.

ship, by ~ / per Schiff

ship, cargo ~; freighter / Frachtschiff n.

ship, loading of a ~ / Schiffsbeladung f.

ship, unloading of a ~ / Schiffsentladung f.

shipbroker / Schiffsmakler m.

shipbuilding / Schiffbau m.

shipload; cargo / Schiffsladung f.

shipment / Sendung f.; Verladung f.; Verschiffung f.

shipment by sea / Seetransport m.

shipment of goods / Warensendung f.

shipment routing / Liefer(routen)planung f.

shipment size / Liefergutgröße f.

shipment tracking / Lieferüberwachung
f.; Liefergutverfolgung f.
shipment, acceptance of a ~ /
Übernahme einer Sendung f.; Annahme
einer Sendung f.
shipment, dismantle a ~ of cargo /
Ladung auseinandernehmen f.
shipment, drop ~ (direct delivery from a
sub-supplier to a customer) /
Direktlieferung f. (~ eines
Unterlieferanten an einen Kunden)
shipment, intersegment ~ /
Querlieferung f.; Querbezug m.
shipment, line-to-line ~ / line-to-line-
Lieferung
shipment, long-haul ~ / Lieferung im
Fernverkehr
shipment, mass ~ / Lieferung von
Massengut
Shipment, Method of ~ (MOS) (e.g. by
train) / Versandart f. (z.B. per Bahn)
shipment, same day ~ / Lieferung am
selben Tag; Sofortlieferung f.
shipment, ship-to-line ~ / ship-to-line-
Lieferung
shipment, ship-to-stock ~ (i.e. without
inspection of incoming goods) / ship-to-
stock-Lieferung
shipowner / Schiffseigner m.
shipped (~ by); forwarded / gesendet
adv.; verschickt adv. (~ von)
shipper; forwarder; sender / Verlader m.
shipper / Absender (~ als Firma oder
Person, nicht Absender als
Adressangabe)
shipping; outgoing goods /
Warenausgang m.
shipping & handling (e.g. please do not
forget to add $ 10 to cover shipping &
handling on US orders) / Transport und
Bearbeitung; Versand- und Bearbeitung
(z.B. bitte vergessen Sie nicht, für US-
Aufträge $ 10 für Versand- und
Bearbeitungsspesen zu
berücksichtigen)
shipping / Transport

shipping agent / Spediteur m.
shipping and storage logistics / Liefer-
und Lagerlogistik f.
shipping area / Warenausgangszone f.
shipping center / Distributionszentrum
shipping date / Versandtermin m.
shipping documents / Frachtpapiere
npl.; Versandpapiere npl.
shipping door / Warenausgangstor n.;
Tor zum Warenausgang
shipping initiation / Versandanstoß m.
shipping instruction /
Transportvorschrift
shipping lead-time /
Versanddurchlaufzeit f.
shipping line / Schifffahrtslinie f.
shipping logistics / Lieferlogistik f.
shipping network / Versandnetz n.;
Transportnetz n.; Speditionsnetz n.
shipping note / Frachtannahmeschein
m.; Verladungsschein m.
shipping order / Speditionsauftrag m.
shipping point / ausliefernde Stelle f.
shipping route / Schifffahrtsweg m.
shipping route optimization /
Tourenoptimierung f.
shipping service, packing and ~ /
Verpackungs- und Versanddienst m.
shipping unit / Versandeinheit f.
shipping warehouse / Speditionslager n.
shipping, coastal ~ / Küstenschifffahrt f.
shipping, direct ~; direct delivery (e.g. ~
ex factory) / Direktlieferung f. (z.B. ~ ab
Fabrik)
shipping, inland ~ / Binnenschifffahrt f.
shipping, ocean ~ / Seeschifffahrt f.
shipwreck / Schiffbruch m.
shipyard / Schiffswerft f.
shop calendar; manufacturing day
calendar; factory calendar; works
calendar / Fabrikkalender m.;
Betriebskalender m.
shop date / Fabrikkalenderdatum n.
shop order / Fertigungsauftrag
shop order administration /
Fertigungsauftragsverwaltung f.

shop order file / Fertigungsauftragsdatei f.

shop paper / Werkstattbeleg m.

shop production / Werkstattfertigung

shop traveller / Auftragsbegleitkarte f.

shopfloor; workshop; job shop (e.g. in the shop; in the job shop; in the workshop; on the floor; on the shopfloor) / Werkstatt f.; Werkstattbereich m. (z.B. in der Werkstatt, im Werkstattbereich)

shopfloor control / Werkstattsteuerung f.

shopfloor environment / Werkstattumfeld n.

short (e.g. ~ of cash; ~ of material) / knapp adv. (z.B. ~ bei Kasse; ~ an Material)

short and medium haul destination (traffic) / Kurz- und Mittelstreckenziel n.(Verkehr)

short and medium-term objective / Kurz- und Mittelfristziel n. (Zielsetzung)

short distance goods traffic; short haul transportation; local hauling / Güternahverkehr m.

short distance passenger traffic / Personennahverkehr m.

short haul transportation; local hauling; short distance goods traffic / Güternahverkehr m.

short quantity / unterlieferte Menge f.

short-term / kurzfristig adj.

short term delegation (e.g. ~ of personnel to foreign countries) / Abordnung f. (z.B. ~ von Mitarbeitern ins Ausland)

short-term effect; short-term impact / Kurzfristwirkung f.

short-term planning / Kurzfristplanung f.

short-term profit / Kurzfristgewinn m.

short-term success / Kurzfristerfolg m.

short-time work (opp. overtime) / Kurzarbeit f. (Ggs. Überstunden)

shortage (e.g. ~ of a certain quantity of material) / Fehlbestand m.; Fehlbetrag m.; Mangel m. (z.B. ~ an einer bestimmten Menge an Material)

shortage / Verknappung f.

shortage costs; downtime costs (~ through idle machine capacity; ~ through missing parts) / Ausfallkosten pl; Fehlmengenkosten pl. (~ durch Maschinenausfall; ~ durch Fehlteile)

shortage in weight / Mindergewicht n.

shortage list / Fehlteilliste f.

shortcoming / Mangel m.

shortcoming, quality ~ / Qualitätsmangel m.

shorten (e.g. ~ the supply chain) / verkürzen v.; reduzieren v. (z.B. die Lieferkette ~)

shortening of delivery time / Lieferzeitverkürzung f.

shortest path / kürzester Weg m.

shortest processing time rule / Kürzeste Operationszeit Regel (KOZ) f. (Methode zur Reihenfolgeplanung: Arbeitsgang mit kürzester Bearbeitungszeit wird zuerst eingeplant)

shortfall; under-coverage / Unterdeckung f.

show, trade ~ / Messe

shrink wrapping / Verpackung mit Schrumpffolie

shrinkage / Schwund m.; Minderung f.

shrinkage, inventory ~ / Bestandsverlust m.

shut down / beenden v.

shut-down / Stillsetzung m.

shut down the system (computer) / System herunterfahren n. (Computer)

shut-down, sell-out or ~ (~ of a business; of a factory) / Verkauf oder Schließung (z.B. ~ eines Geschäftes; einer Fabrik)

shuttle / Pendelfahrzeug n.; Shuttle n.

shuttle container / Pendel-Behälter m.

shuttle service (e.g. at the airport) / Pendelverkehr m. (z.B. am Flughafen)

side effect / Nebeneffekt *m.*

side street; by-road / Nebenstraße *f.*

sign (e.g. ~ an agreement) / unterschreiben *v.;* unterzeichnen *v.* (z.B. eine Vereinbarung ~)

sign, authority to ~ / Zeichnungsvollmacht *f.*

sign, counter~ / gegenzeichnen *v.*

signatory power; proxy; power to sign / Unterschriftsvollmacht *f.*

signature / Unterschrift *f.*

signature authorization / Unterschriftsberechtigung *f.*

signature, counter~ / Gegenzeichnung *f.*

signature, digital ~ / digitale Signatur *f.;* digitale Unterschrift *f.* (eindeutige Identifizierung des Absenders bei Übertragung elektronischer Nachrichten, wie z.B. für e-commerce, b2b, b2c, Internet-Shopping, E-mails, etc.)

signature, electronic ~ / elektronische Unterschrift *f.*

SIM card (Subscriber Identity Module) / SIM-Karte (Chipkarte mit Prozessor und Speicher für ein GSM-Handy, auf der die vom Netzbetreiber vergebene Teilnehmernummer gespeichert ist)

simplification / Vereinfachung *f.*

simplified (e.g. the company uses ~ shipping procedures) / vereinfacht *adj.* (z.B. die Firma verwendet ~e Verfahren zur Versandabwicklung)

simplify (e.g. ~ procedures) / vereinfachen *v.* (z.B. Abläufe ~)

simulation / Simulation *f.*

simulation order / Simulationsauftrag *m.*

simulation run / Simulationslauf *m.*

simulation, business ~ / Unternehmens-Simulation *f.*

simultaneous engineering (parallel, not sequential work); concurrent engineering / Simultaneous Engineering (SE) *n.;* paralleles Konstruieren *n.* (simultane Arbeit, parallel, gleichzeitig unf überlappend, nicht sequentiell)

simultaneous production control / simultane Fertigungssteuerung *f.*

single-axle / einachsig *adj.*

single-buffer time / Einzelpufferzeit *f.*

single-item order / Einzelteilbestellung *f.*

single-item production; unit production; job production / Einzelfertigung *f.*

single-job processing / losfreie Fertigung (~ in der Serienfertigung)

single-level explosion / Baukastenstückliste

single-level where-used list / einstufiger Verwendungsnachweis *m.*

single-part / Einzelteil

single-part due date / Einzelteil-Fälligkeitstermin *m.*

single-processing / Einzelverarbeitung *f.*

single-product manufacturer / Einzelfertiger *m.*

single-purpose tool / typengebundenes Werkzeug *n.*

single-schedule tariff / Einheitszolltarif *m.*

single source (opp. multiple source) / einzige Bezugsquelle *f.;* Einzelbezugsquelle *f.*

single-sourcing (opp. multiple-sourcing) / Bezug von nur einem Lieferant Einzelbezug *m.* (Ggs. Mehrfachbezug)

single-unit processing; single-job processing / losfreie Fertigung *f.;* stückweise Fertigung *f.* (~ in der Serienfertigung)

single-work center / Einzelarbeitsplatz *m.*

site (e.g. ~ of a business unit or factory) / Standort *m.* (z.B. ~ einer Geschäftseinheit oder einer Fabrik)

site / Einsatzort

site assembly / Baustellenmontage *f.*

site library / Werksbibliothek

site of usage; location; site / Einsatzort *m.*

site plan (e.g. of the plant) / Lageplan m. (z.B. des Werkes)

site services; facility services / Standortdienste mpl.

site-specific / standortspezifisch m.

site, at ~; on-site (e.g. at the installation site) / am Standort; vor Ort (z.B. auf dem Montagegelände)

site, loading ~; loading bay / Ladeplatz m.

situation, initial ~ / Ausgangssituation f.; Ausgangslage f.

size / Größe f.

size of freight / Abmessung der Fracht; Frachtgröße f.

size of the warehouse / Lagergröße f.

size, optimal ~ of operations / optimale Betriebsgröße

size, shipment ~ / Liefergutgröße f.

skeleton box pallet; cage pallet / Gitterboxpalette f.

skeleton contract / Rahmenvertrag

skeleton order / Rahmenbestellung

sketch / Zeichnungsentwurf (Skizze)

skewed / schief adj.

skill; proficiency / Fähigkeit f.; Fertigkeit f.; Qualifikation f.

skilled manpower / fähiges Mitarbeiterpotential n.

skilled worker / Facharbeiter m.; gelernte Arbeitskraft f.

skills and abilities; capabilities; potential pl. (e.g. ~ of our people) / Fähigkeiten fpl.; Können n. (~ unserer Mitarbeiter)

SKU (stockkeeping unit); stockkeeping item / Lagerposition f.; Lagerartikel m.

slack / Schlupf m.

slack-time / Schlupfzeit f.

slack-time rule / Schlupfzeitregel f.

slack, order ~ / Auftragspufferzeit f.

sleep on it (e.g. if you have doubts about it, delay your decision until tomorrow and ~) / darüber schlafen (z.B. wenn Sie Zweifel daran haben, verschieben Sie die Entscheidung auf morgen, und schlafen Sie eine Nacht darüber)

sliding gate; sliding door / Schiebetor n.; Schiebetür f.

sliding roof; sunshine roof / Schiebedach n.

slip, packing ~ / Packzettel m.

slip, sales ~ / Quittung f.; Kassenbeleg m.

slot / freier Platz (Warteschlange)

slow-down (in economic activity) / Konjunkturflaute

slow-moving / sich langsam umschlagend

slow-moving goods / Waren mit geringer Umschlagshäufigkeit; Langsamdreher mpl.

SLP (suggested list price) / empfohlener Listenpreis

slump; slow-down (in economic activity) / Konjunkturflaute f.; Flaute f.

small and medium sized enterprises (SME) / Klein- und Mittelstands-Unternehmen (KMU) mpl.

small components / Kleinteile npl.

small components warehouse / Kleinteilelager n.

small enterprise / Kleinunternehmen n.

small parcel / Päckchen n.

small-scale operation / Kleinbetrieb m.

small-sized production / Kleinserie f.

smart (e.g. a very capable, competent, smart employee) / fähig (z.B. ein sehr fähiger, cleverer Mitarbeiter)

SMD (surface mount device)

smooth / glatt adj.; glätten v.

smoothing / Glättung f.; Glätten n.

smoothing constant / Glättungskonstante f.

smoothing factor / Glättungsfaktor m.

smoothing parameter / Glättungsparameter m.

smoothing, exponential ~ / exponentielle Glättung f.

SMS (Short Message Service) / SMS (Dienst für die Versendung von Kurznachrichten über Handy)

SMT (surface mount technology)

SMTP-MIME (Simple Mail Transfer Protocol-Multipurpose Internet Mail Extension) / SMTP-MIME (herstellerneutraler, internationaler Standard der Internet-Welt. SMTP bildet die Basis für den Austausch von Nachrichten; darüberhinaus sorgt MIME dafür, dass nicht nur einfache Textinformationen, sondern z.B. auch Fotos oder Videos über das Internet verschickt werden können)

snap check; quick check; spot check; random sample / Stichprobe f.

soar, profits ~ / Gewinne schnellen in die Höhe

social competence / Sozialkompetenz f.

social insurance / Sozialversicherung

social policy / Sozialpolitik f.

social security; social insurance / Sozialversicherung f.

social services / soziale Einrichtungen

software architect / Softwarearchitekt m.

software configuration management / SW-Konfigurationsmanagement n.

software designer / Softwaremodellierer m.

software developer / Softwareentwickler m.

software ergonomics / Softwareergonomie f.

software interface management / SW-Schnittstellenmanagement n.

software program package / Softwarepaket n.

software project / Softwareprojekt n.; Softwarevorhaben n.

software service / Softwaredienst m.

software technology / Softwaretechnologie f.

software, release of ~ / Freigabe von Software f.

solar energy / Solarenergie f.

sold out / ausverkauft adv.

sole; only (e.g. for this product he is the ~ retailer in town) / exklusiv m.;

einzige(r) adj. (z.B. er ist für dieses Produkt der einzige Händler in der Stadt)

sole agent / Alleinvertreter m.

solicit a bid; solicit a proposal; send out a request for a quotation / Angebot einholen n.

solid growth / stabiles Wachstum n.

solid line responsibility; organizationally reporting to ...; organizational responsibility (e.g. he reports to Mr. B. or: he has a solid line responsibility to Mr. B.; opp. he has a dotted line to ...; see 'dotted line responsibility') / organisatorisch zugeordnet zu ...; organisatorische Verantwortung haben; organisatorisch gehören zu ... (z.B. er gehört organisatorisch zu Herrn B.; Ggs. er berichtet fachlich an ...; siehe 'fachlich zugeordnet zu ...')

solution (e.g. there is no ~ to it) / Lösung f. (z.B. hierzu gibt es keine ~)

solvent / zahlungsfähig adj.

soot filter / Rußfilter m.

sophomore / Student (im 2. Jahr) m. (ebenfalls für Schüler (im 2. Jahr) einer 'high school' verwendet)

sort / sortieren v.; ordnen v.

sort criterion (plural of 'criterion'='criteria') / Ordnungsbegriff m.

sort criterion / Sortierbegriff

sort feature (plural of 'criterion'='criteria') / sort criterion; sorting feature / Sortierbegriff m.; Sortierkriterium n.; Ordnungsmerkmal n.; Ordnungsbegriff m.

sort field / Sortierfeld n.

sort indicator / Sortierkennzeichen n.

sort sequence / Sortierfolge f.

sortation / Sortierung f.

sorter outlet; sorting output spur / Sortierausgang m.

sorter system / Sortieranlage f.

sorting feature / Sortierbegriff

sorting machine / Sortiermaschine *f.*
sorting process / Sortiervorgang *m.*
sound card / Soundkarte
(Erweiterungskarte für Computer zur
Aufnahme und Wiedergabe von
Audiodaten)
source / Quelle (Bezugsmöglichkeit) *f.*;
Bezugsquelle *f.*
source code / Quellcode *m.*
source language / Quellsprache *f.*
source of supply / Beschaffungsmarkt *m.*
source program / Quellprogramm *n.*
source, data ~ / Datenquelle *f.*
source, second ~ / Zweitquelle (~ für
Lieferungen) *f.;* Zweithersteller *m.;*
Zweitlieferant *m.*
source, single ~ (opp. multiple source) /
einzige Bezugsquelle *f.*;
Einzelbezugsquelle *f.*
sources, global ~ / weltweite
Bezugsquellen *fpl.*
sources, multiple ~ (opp. single sources)
/ mehrfache Bezugsquellen
sourcing profile /
Bezugsquellenübersicht *f.*
sourcing, multiple-~ (opp. single-
sourcing) / Bezug von mehreren
Lieferanten *m.*; Mehrfachbezug *m.* (Ggs.
Einzelbezug; Bezug bei nur einem
Lieferanten)
sourcing, single-~ (opp. multiple-
sourcing) / Bezug von nur einem
Lieferanten; Einzelbezug *m.* (Ggs.
Mehrfachbezug)
space (e.g.: there is a lot of open ~ left) /
Platz *m.* (z.B.: da gibt es noch viel freien
~)
space planning / Raumplanung *f.*
space-saving / raumsparend *adj.*
space, lack of ~ (e.g.: they are suffering
from constant ~) / Platzmangel *m.* (z.B.:
sie leiden unter ständigem ~)
space, refrigerated ~; refrigerated zone /
Kühlzone *f.*

span of control (~ in management) /
Führungsspanne *f.*; Leitungsspanne *f.* (~
im Management)
spare capacity / Kapazitätsreserve *f.*
spare capacity / verfügbare Kapazität
spare part; service part; repair part /
Ersatzteil *n.*
spare parts / Ersatzteile *npl.*
spare parts order / Ersatzteilbestellung
f.
spare parts planning /
Ersatzteildisposition *f.*
spares replenishment /
Ersatzteilversorgung *f.*
SPC (statistical process control) /
statistische Prozesssteuerung *f.*
special assignment; special task /
Sonderaufgabe *f.*
special changes / spezielle Umstellungen
fpl.
special design / Sonderanfertigung *f.*
special discount / Extrarabatt *m.*;
Sonderrabatt *m.*
special division; independent division /
selbständiges Geschäftsgebiet *n.*
special offer / Sonderangebot *n.*
special packaging / Sonderverpackung *f.*
special packing / Spezialverpackung *f.*
special payment / Sonderzahlung *f.*
special project / Sonderprojekt *n.*
special publication / Sonderausgabe *f.*
special task / Sonderaufgabe
specialist; expert / Fachmann *m.*
specialist / Spezialist *m.*
specialist support / fachliche Förderung
f.
specialist workplace / Facharbeiterplatz
m.
specialists; experts / Fachleute *pl.*
specific production; individual
production / Einzelanfertigung *f.*
specification (reqirement ~; functional ~)
/ Spezifikation (Lastenheft;
Pflichtenheft) *f.*
specification, acceptance ~ /
Abnahmevorschrift

specification, data processing functional ~ / DV-Pflichtenheft *n.*

specification, data processing requirement ~ / DV-Lastenheft *n.*

specification, delivery ~ / Liefervorschrift

specification, work ~ / Bearbeitungsvorschrift

specify / detaillieren *v.*

specimen / Ausfallmuster

speed-dial number (phone) / Kurzrufnummer *f.* (Telefon)

speed-dialling (phone) / Kurzwahl *f.* (Telefon)

speed up / beschleunigen

speed, bring up to ~ (e.g. is your warehouse operation keeping pace with state-of-the-art warehousing? If not, you better take a hard look at what steps are necessary to bring it up to speed.) / auf den Stand der Technik bringen; auf Vordermann bringen (fam.) (z.B. Hält Ihr Lager Schritt mit dem Stand der Technik im Lagerwesen? Wenn nicht, schauen Sie bitte, welche Schritte nötig sind, um es auf Vordermann, d.h. auf den Stand der Technik zu bringen.)

speedometer / Tachometer *m.; Tacho m.*

speedometer, recording ~ / Fahrtenschreiber *m.*

spikes in demand; peaks in demand / Bedarfsspitzen *fpl.*

spin off; outsource (e.g. ~ a part of the company) / ausgliedern *v.*; abstoßen *v.* (z.B. ~ eines Unternehmensteiles)

spinoff / Nebenprodukt

spirit, entrepreneurial ~ / Unternehmergeist *m.*

split / teilen *v.*

split delivery; partial delivery (e.g. purchasing order with ~) / Teillieferung *f.* (z.B. Einkaufsauftrag mit ~, d.h. mit Ablieferung in Teilmengen)

split lot; splitted lot / Teillos *n.*

spokesman, company ~ / Firmensprecher *m.*

spokesperson / Teamsprecher

spokespersons' committee / Sprecherausschuss *m.*

sponsor for a project / Geldgeber für ein Projekt

sporadic demand / sporadischer Bedarf *m.*

spot cash / Sofortzahlung *f.; Barkasse f.*

spot check / Stichprobe

spot market / Kassamarkt *m.* (Verkauf gegen Sofortkasse)

spot price; spot rate / Kassapreis *m.*

spot sale / Kassageschäft *n.*

spot, on the ~ / an Ort und Stelle; sofort *adv.*

spouse (e.g. at the logistics conference, a ~ program will be offered) / Ehepartner *m.* (z.B. beim Logistik-Kongress wird ein ~-Programm angeboten)

spread / Streuung *f.*

spreadsheet calculation / Tabellenkalkulation *f.*

SPT (shortest processing time rule) / Kürzeste Operationszeit Regel (KOZ) *f.* (Methode zur Reihenfolgeplanung: Arbeitsgang mit kürzester Bearbeitungszeit wird zuerst eingeplant)

spur, sorting output ~; sorter outlet / Sortierausgang *m.*

SQL (Structured Query Language) / SQL-Abfragesprache *f.*

square footage (of a warehouse); warehouse square footage / (in square foot; 1 sq.ft. = approx. 0,093 qm) Fläche (eines Lagers) *f.;* Lagerfläche *f* (in Quadratfuß; 1 qm = ca. 10.76 sq.ft.)

stack (e.g. ~ of books) / Stapel *m.* (z.B. Bücher-~)

stack / stapeln *v.;* aufschichten *v.*

stacker / Stapler *m.*

stacker, high rack ~ / Hochregalstapler *m.*

stacker, pedestrian ~ / Deichselstapler *m.*

stacking and retrieval / Ein- und Ausstapeln *n.*

staff / Personal (Mitarbeiter)
staff and line / Stab und Linie
staff department / Stabsabteilung *f.*
staff member / Mitarbeiter
staff recruitment; personnel recruitment; recruitment of personnel / Personalbeschaffung *f.;* Einstellung *f.*
staffing pattern / Personalprofil *n.*
stage of automation; automation level / Automatisierungsstufe *f.*
stage of process / Prozessschritt *m.*; Prozessstufe *f.*; Prozessphase *f.*; Prozessstadium *n.*
stage of production / Produktionsphase
stage orders / Bereitstellen von Aufträgen
staged material / bereitgestelltes Material *n.*
stages, implementation in ~ (e.g. ~ of a concept) / stufenweise Implementierung *f.;* stufenweise Einführung *f.* (z.B. ~ eines Konzeptes)
staggering price / schwindelerregender Preis *m.*
staging; provision; allocation (e.g. ~ of material, ~ of an order) / Bereitstellung *f.*; Zuordnung (z.B. körperliche ~ von Material, ~ eines Auftrages)
staging area; kitting area / Bereitstellfläche *f.*
staging bill of material / Materialbereitstellungsliste *f.*
staging charge / Bereitstellungspreis *m.*
staging date; pick date / Bereitstelltermin *m.*
staging list / Entnahmeliste
staging of orders / Bereitstellung von Aufträgen; Auftragsbereitstellung *f.*
staging order / Bereitstellauftrag *m.*
staging system / Bereitstellsystem *n.*
stake (e.g. stakes are high) / Einsatz *m.* (z.B. der Einsatz bzw. das Risiko ist groß)
stake (financial ~); participation / Beteiligung *f.* (Kapital-~)

stake out; outline; lay down the battle-lines (coll. AmE) (e.g. ~ fields of interests) / abstecken *v.* (z.B. Interessensgebiete ~)
stake, at ~ (e.g. our business is ~) / auf dem Spiel stehen (z.B. unser Geschäft steht auf dem Spiel)
stake, hold a ~ (e.g. company X holds a 20 percent stake in company Y) / einen Anteil haben (z.B. Firma X hält einen Anteil von 20 Prozent an Firma Y)
stake, majority ~ (e.g. acquire a majority stake) / mehrheitlicher Anteil *f.* (z.B. einen Mehrheitsanteil erwerben)
stakeholder / Beteiligter *m.*; Interessensvertreter *m.* (wirtschaftliche, staatliche oder andere gesellschaftliche Gruppen, wie z.B. Aktionäre, Mitarbeiter, Kunden, Lieferanten, die ein Interesse an den Leistungen und am finanziellen Ergebnis eines Unternehmens geltend machen)
stakeholder in the process; participant in the process / Prozessbeteiligter *m.*
stakes, play for high ~ / hohes Risiko
stamp / Briefmarke *f.*
stand-in / Springer *m.*
standard ... / normal ... ('Norm') *adj.*
standard / Standard *m.*; Norm *f.*; Messgröße *f.*
standard application software / Standard-Anwendungssoftware *f.*
standard business; standardized business / Standardgeschäft *n.*
standard cost change amount / Standardkosten-Änderungsbetrag *m.*
standard costs / Standardkosten *pl.*
standard design / Normalausführung
standard deviation / Standardabweichung *f.*
standard evaluation / Standardauswertung *f.*
standard labor time / Sollfertigungszeit *f.*
standard load / Ladeeinheit *f.*

standard package (e.g. PC ~ like Microsoft's 'Word for Windows', 'Powerpoint', 'Excel', etc.) / Standardpaket *n*. (z.B. PC ~ wie Microsoft's 'Word for Windows', 'Powerpoint', 'Excel', etc.)

standard part / Normteil *n*.

standard performance / Standardleistung *f*.; Normalleistung *f*.

standard price / Standardpreis *m*.; Normalpreis *m*.

standard product / Serienprodukt *n*.; Standarderzeugnis *n*.

standard product business / Liefergeschäft *n*.

standard quantity run / Richtlosgröße *f*.

standard rating / Standardleistungsgrad *m*.

standard record method / Verrechnungssatzverfahren *n*.

standard run time / Normallaufzeit *f*.

standard running time / Standardlaufzeit *f*.

standard software / Standardsoftware *f*.

standard tariff / Regeltarif *m*.

standard time; time allowance (e.g. ~ per item) / Standardzeit *f*.; Vorgabezeit *f*. (z.B. ~ pro Stück)

standard time per unit / Stückzeit

standard work center / Normarbeitsplatz *m*.

standard work day / Normalarbeitstag *m*.

standard, industrial ~ / Industriestandard *m*.

standard, quality ~ / Qualitätsstandard *m*.; Qualitätsnorm *f*.

standardizability / Standardisierbarkeit

standardization / Standardisierung *f*.; Normung *f*.; Vereinheitlichung *f*.

standardization, high degree of ~ / hoher Standardisierungsgrad *m*.

standardized business / Standardgeschäft

standardized transfer protocol / genormtes Übertragungsprotokoll *n*.

standards / Normen *fpl*.

standards for the use.. / Standards für die Nutzung von ...

standby costs / Bereitschaftskosten *pl*.

standby equipment / Reserveausrüstung *f*.

standby machine / Hilfsmaschine; Ausweicharbeitsplatz

standby work center / Ausweicharbeitsplatz

standing / Ruf

standing order (e.g. bank account) / Dauerauftrag *m*. (z.B. auf ein Bankkonto)

standpoint; point of view / Standpunkt *m*.; Gesichtspunkt *m*.

staple (e.g. to ~ the papers) / zusammenheften *v*. (z.B. die Papiere ~)

stapler / Hefter *m*.; Heftmaschine *f*.

star coupler / Sternkoppler *m*.

star network / Sternnetzwerk *n*.

start of production / Fertigungsanlauf *m*.

start orders / Aufträge anstoßen

start-up; put in operation / in Betrieb nehmen *f*.

start-up costs; launching costs / Anlaufkosten *pl*.

start-up date / Inbetriebnahmedatum *n*.

start, earliest ~ date / frühester Beginntermin *m*.; frühester Starttermin *m*.; frühester Anfangstermin *m*.

start, latest ~ date / letzter Beginntermin *m*.; letzter Starttermin *m*.; spätester Anfangstermin *m*.

starting point / Startzeitpunkt *m*.; Ansatzpunkt *m*.

state-controlled economies; centrally planned economies / Staatshandelsländer *npl*.

state-of-the-art / Stand der Technik *m*.

state-of-the-art technology (e.g. ~ in I&C) / Spitzentechnologie *f*. (z.B. ~ in IuK)

stated, as ~ (e.g. often used in combination with ".. unless stated otherwise") / wie angegeben (z.B.

häufige Formulierung in Zusammenhang mit "... außer es ist speziell darauf hingewiesen")

statement (e.g. to make a ~) / Erklärung f. (z.B. eine ~ abgeben)

statement of assets and liabilities / Bilanz f.

statement of income / Ergebnisrechnung

statement, annual financial ~ / Jahresbilanz

statement, mission ~ / Absichtserklärung f.; Leitsatz m.

statement, year-end financial ~ / Jahresendbilanz

statements, financial ~ / Bilanzierung f.; Handelsbilanzierung f.

station of destination / Bestimmungsbahnhof m.

station, be left at the ~ until called for / bahnlagernd adj.

station, parcel receiving ~ / Paketannahme f.; Paketannahmestelle f.

stationary batch size / feste Losgröße

stationery / Schreibwaren fpl.

stationery, office ~ / Büromaterial n.

statistical / statistisch adj.

statistical distribution / statistische Verteilung f.

statistical forecasting / statistische Prognose f.

statistical process control (SPC) / statistische Prozesssteuerung f.

statistics / Statistik f.

status (e.g. delivery status) / Stand m. (z.B. Lieferstand)

status / Zustand m.

status of processing / Verarbeitungsstatus m.

status, job ~ / Auftragszustand m.

status, order ~ / Auftragsstand m.; Auftragsstatus m.

statutes and articles; charter; regulations; bylaws / Satzung f.

statutory; in accordance with the statutes / satzungsgemäß adj.

stay back / zurückbleiben

steering committee / Lenkungsausschuss, -gremium

steering team / Lenkungsteam n.

steering wheel adjustment / Lenkradverstellung f.

step / Schritt m.

step-by-step / schrittweise adj.

step date / Stufentermin m.

stewardship process / Administrationsprozess m.

stewardship, corporate ~ / Stab; zentrale Administration

stick to (e.g. ~ to the facts; coll. '... hey man, just the facts, please, no stories') / sich halten an v. (z.B. sich an Fakten halten; fam. '... halten Sie sich an Tatsachen, keine Märchen bitte')

sticks (coll.) (e.g. he had to deliver some urgent stuff in the ~) / hinterste Provinz (z.B. er musste einiges dringendes Zeug in die ~ liefern)

stimulus (e.g. provide stimuli for a continuous process of improvement in the supplier relationship) / Impuls m. (z.B. Impulse für einen permanenten Verbesserungsprozess in der Lieferantenbeziehung geben)

stochastic / stochastisch adj.

stock; share / Aktie f.

stock (BrE); inventory (AmE) (e.g. ~ of finished goods, ~ of unfinished material, ~ of raw material) / Bestand m.; Bestände fpl.; Vorrat m. (z.B. ~ an fertigen Erzeugnissen, ~ an unfertigem Material, ~ an Rohmaterial)

stock accounting / Lagerbuchführung

stock adjustment / Lagerangleichung

stock alignment / Lagerabgleich

stock at disposal / dispositiver Bestand

stock balancing / Bestandsabgleich

stock buffer / Bestandspuffer

stock capital / Aktienkapital n.; Grundkapital n.

stock chart / Bestandstabelle

stock check / Lagerüberprüfung f.

stock completion / Lagervervollständigung

stock control / Bestandssteuerung

stock costs / Bestandskosten

stock delivery order / Lagerversandauftrag

stock evaluation / Lagerbestandsbewertung

stock exchange / Börse f.

stock in hand / vorhandener Lagervorrat (Material)

stock in transit / Unterwegsbestand (z.B. Bestand auf dem Weg zwischen Werk und Kunde)

stock issue card / Lagerentnahmekarte

stock issue unit / Entnahmeeinheit (Lager)

stock ledger account / Lagerbuchkonto

stock level control / Bestandshöhenüberwachung

stock levelling / Lagerabgleich

stock locator system / Lagerplatz-Identifikationssystem n.

stock management / Lagerführung

stock market / Aktienmarkt m.

stock movement / Lagerbewegung

stock movement report / Lagerbewegungsliste

stock on hand; stock in hand / vorhandener Lagervorrat vorhandener Lagerbestand; körperlicher Bestand (Material)

stock on order / Bestellbestand m.

stock on order value / Bestellbestandswert m.

stock order / Lagerauftrag

stock out item / Lagerposition mit Nullbestand f.

stock out rate / Fehlbestandsrate f.; Fehlbestandsgrad m.

stock-peak / höchster Lagerbestand m.; Lagerhöchststand m.

stock pile / Lagerreserve

stock policy / Bestandspolitik

stock production / Lagerfertigung

stock program / Bestandsprogramm

stock ratio optimization / Optimierung des Lagerumschlages

stock reconciliation / Bestandsabstimmung

stock record / Bestandsprotokoll

stock reduction / Bestandsabbau

stock register / Lagerliste f.

stock replenishment order / Lagerergänzungsauftrag

stock request / Bestandsabfrage

stock requirements / Lagerbedarf

stock requisition / Lageranforderung

stock selection / Lagerauswahl

stock shortage / Bestandsknappheit

stock status report / Bestandsübersicht

stock tag / Lagerzettel

stock turnover / Lagerumschlag

stock turnover rate / Lagerumschlagsrate

stock up (e.g. ~ with material) / eindecken (z.B. sich mit Material~)

stock valuation adjustment / Lagerbewertungsausgleich

stock value / wertmäßiger Lagerbestand

stock value levelling / Lagerwertausgleich

stock, accounted ~ / buchmäßiger Lagerbestand

stock, actual ~ / Ist-Bestand

stock, allocated ~ / reservierter Bestand

stock, annual ~ take / Jahresinventur

stock, available ~ / verfügbarer Bestand

stock, average ~ / durchschnittlicher Lagerbestand

stock, average ~ coverage time / durchschnittliche Lagereindeckungszeit

stock, booked ~ at actual cost / buchmäßiger Bestand zu Ist-Kosten

stock, booked ~ at standard cost / buchmäßiger Bestand zu Standardkosten

stock, build up ~ / Lagervorrat aufbauen

stock, calculation of ~ / Bestandsrechnung

stock, clear ~ / Lager räumen

stock, consigned ~ / Bestand beim Kunden (gehört dem Herstellers)

stock, cycle ~ / Zyklusbestand
stock, decrease of ~ / Lagerminderung
stock, effective ~ / effektiver Lagerbestand
stock, estimated ~ / geschätzter Lagerbestand
stock, firm allocated ~ / fest reservierter Bestand
stock, have in ~ / auf Lager haben
stock, heavy ~ / reichhaltiges Lager
stock, incoming ~ / Lagerzugang
stock, low ~ / geringer Lagervorrat
stock, make-to-~; make for stock; produce to store; produce for stock / auf Lager fertigen; fertigen auf Lager
stock, movable ~ / bewegliche Lagerung f.
stock, not in ~ / nicht auf Lager n.
stock, obsolete ~ / veralteter Lagerbestand
stock, ongoing ~ file / laufende Bestandsdatei
stock, order point ~ level; order point inventory level / Bestand zum Bestellzeitpunkt m.
stock, out of ~ / ohne Bestand
stock, planned ~ / geplanter Bestand
stock, range of ~ / Bestandsreichweite
stock, reduce ~ / Lager abbauen
stock, regional ~ / Regionallager (Bestand)
stock, remain in ~; remain in store / auf Lager bleiben n.
stock, surplus ~ / Überbestand
stock, take ~ / Inventur machen
stock, take in ~ / auf Lager legen
stock, take into ~ / einlagern v.; in das Lager aufnehmen v.
stock, turnover of ~ / Lagerbestandsumschlag
stock, type of ~ / Bestandstyp
stock, well assorted ~ / reichsortiertes Lager n.
stockholder (AmE) / Aktionär
stocking echelon / Lagerstufe f.

stocking hight (e.g. the loading capacity of the truck depends on the ~ of the boxes) / Stapelhöhe f. (z.B. die Ladekapazität des LKW hängt von der ~ der Kisten ab)
stockkeeper / Lagerverwalter
stockkeeping / Lagerhaltung f.
stockkeeping unit (SKU); stockkeeping item / Lagerposition f.; Lagerartikel m.
stockless / lagerlos adj.
stockless production / bestandslose Fertigung f.
stockout / Nullbestand m.
stockpile / bevorraten v.; Vorräte anlegen
stockpiling / Lageraufbau m.; Bevorratung f.
stockroom / Vorratslager
stockroom control; control of warehouse equipment / Lagersteuerung f.; Steuerung des Lagers
stocktaking / Inventur
stocktaking proceedings / Inventurarbeiten
stop-and-go; disruption (e.g. 1: ~ between corporate functions; 2: ~ of the material flow) / Schnittstelle (Unterbrechung) f.; Bruch m.; Unterbrechung f. (z.B. 1: ~ zwischen betrieblichen Funktionen; 2: ~ des Materialflusses)
stop period / Haltedauer f.
stop time / Haltezeit f.
stoppage (in transit) / Anhalten der Ware (auf dem Transport)
stoppage, production ~ / Produktions-Stillstand m.
storable / lagerfähig adj.
storage; warehousing / Lagerung f.; Einlagerung f.
storage / Lagerabteilung f.
storage allocation / Speicherbelegung f.
storage and disbursement / Ein- und Auslagerung f.
storage area; storage space / Lagerfläche f.

storage automation / Lagerautomatisierung f.

storage bin / Lagerbehälter m.

storage box / Lagerbox f.

storage capacity / Lageraufnahmefähigkeit f.; Lagerkapazität f.; Speicherkapazität f.

storage capacity, warehouse ~ / Lagerkapazität f.; Kapazität des Lagers

storage charge / Lagergebühr f.

storage check / Lagerschein m.

storage control program (computer) / Hauptspeicherverwaltung f. (Computer)

storage control system / Lagerverwaltungssystem n.

storage costs, recurring ~ / Wiedereinlagerungskosten pl.

storage deadline / Lagerfrist f.

storage expenses / Lagerausgaben fpl.

storage facilities / Lagereinrichtungen fpl.; Lagermittel npl.

storage function / Lagerfunktion f.

storage identification number / Lagerplatzkennzahl f.

storage interests / Lagerungszinsen mpl.

storage level / Lagerebene f.

storage life span / Lagerfähigkeitsdauer f.

storage location; storage bin / Lagerort m.; Lagerplatz m.; Lagerstelle f.

storage logistics / Lagerlogistik f.

storage means / Lagermöglichkeiten fpl.

storage methods / Lagermethoden fpl.

storage number / Lagernummer f.

storage operation / Lagerbetrieb m.

storage operation, cold ~ (for groceries) / Kühl(lager)haus (für Lebensmittel); Lebensmittel-Kühlhaus n.

storage operations; warehousing / Lagerabwicklung f.

storage place / Speicherplatz m.

storage requirement / Speicherbedarf m.

storage shape; warehouse shape / Lagerform f.

storage space / Lagerfläche

storage system / Lagersystem n.

storage system, automated ~ / automatisiertes Lagersystem

storage technology / Lagertechnik f.

storage time; storage period / Verweildauer im Lager f.; Lagerungszeit f.; Lagerzeit f.; Einlagerungszeit f.

storage unit / Lagereinheit f.

storage unit control (~ by items) / Lagerkontrolle f. (~ nach Wareneinheiten)

storage, chaotic ~ / chaotische Lagerung f.

storage, data ~ / Datenspeicher m.

storage, ground ~ / Bodenlager n.

storage, information ~ / Informationsspeicherung f.

storage, paternoster ~; rotating storage / Paternosterregal n.

storage, rotating ~; paternoster storage / Paternosterregal n.

storage, supplier ~ / Lieferantenlager n.

store; warehouse / Lager (Gebäude)

store / lagern v.

store account / Lagerbuchkonto

store and handle (e.g. ~ inventory) / lagern und verwalten v. (z.B. ~ von Beständen)

store assortment / Sortimentsgestaltung f.

store book / Lagerbuch n.

store for unpaid supply items / Konsignationslager n.

store hire / Lagermiete

store ledger / Lagerhauptbuch n.

store management / Lagerverwaltung

store manager / Lagerleiter m.

store order / Lagerbestellung f.

store rent / Lagermiete

store supplies / Lageranlieferung f.

store, component ~ / Komponentenlager n.; Baugruppenlager n.

store, consignment ~ / Kommissionierlager n.

store, ex ~ / ab Lager n.

store, have only conventional designs in ~ / nur gängige Sorten auf Lager haben

store, high base ~; high bay warehouse / Hochregallager n.

store, hold in ~; keep in store / auf Lager halten n.; vorrätig haben

store, main ~ / Hauptlager n.

store, remain in ~ / auf Lager bleiben

stored goods; goods in storage / Lagergut n.

storehouse / Lager (Gebäude)

storekeeper; stockkeeper / Lagerist m.; Lagerverwalter m.

storeroom; stockroom / Vorratslager n.; Lagerraum m.; Vorratslagerraum m.

stores ledger card / Lagerkarte f.

storing expenses / Lagerspesen

stove pipes; walls; barriers; functional silos (figuratively, coll. AmE; i.e. especially mental barriers in cross-functional co-operation) / Trennwände fpl.; Barrieren fpl. (im übertragenen Sinn; d.h. vor allem mentale Barrieren bei der Zusammenarbeit über Abteilungsgrenzen hinweg, also Schnittstellen oder Brüche zwischen Abteilungen, Funktionen, etc.)

stow; pile up; build up / stapeln v.; stauen

stow away / verstauen v.

stowage / Ladegebühr

stowage / Stauraum m.; Laderaum m.

straight-line method of depreciation / lineare Abschreibung f.

straightaway; without delay; immediately / umgehend adv.; unverzüglich adv.

strategic business discussion / Geschäftsdurchsprache f.

strategic business planning; strategic business planning and development / Geschäftsfeldplanung f.

strategic plan (e.g. is there a formal ~ that links the performance of the supply chain to the corporate goals and objectives?) / strategischer Plan (z.B. gibt es einen ~, um die Leistung der Lieferkette mit den Unternehmenszielen zu verknüpfen?)

strategic planning / strategische Planung f.

strategic task / strategische Aufgabe f.

strategy / Strategie f.

strategy, business ~ / Geschäftsstrategie f.

strategy, implementation ~ (e.g. to develop a strategy for the implementation of a new logistics concept) / Einführungsstrategie f. (z.B. eine ~ für den Breiteneinsatz eines neuen Logistiksystems entwickeln)

strategy, migration ~ / Migrationsstrategie f.; Überleitungsstrategie f.

strategy, overall ~ / Gesamtstrategie f.

strategy, roll-out ~ (e.g. to develop a ~ for the global implementation of a new corporate concept) / Roll-out Strategie f. (z.B. eine ~ für den weltweiten Einsatz eines neuen Unternehmenskonzeptes entwickeln)

streamline / rationalisieren; straffen

streamlined organization / gestraffte Organisation f.

streamlining (e.g. the ~ of the distribution policy) / Straffung f. (z.B. ~ des Vertriebes)

street, one way ~ / Einbahnstraße f.

street, side ~; by-road / Nebenstraße f.

strike / Streik m.

strike off (e.g. ~ the company from the list of suppliers) / streichen v. (z.B. die Firma von der Liste der Lieferanten ~)

string search / Stringsuche f.

strip; strip down; dismantle; take apart / zerlegen v.; demontieren v.

strip down / zerlegen

structural break / Strukturbruch m.

structural comparison / struktureller Vergleich m.

structural connection / Strukturverbindung f.

structural data / Strukturdaten npl.

structural data management / Strukturdatenverwaltung fpl.

structural diagram / Struktogramm *n.*
structural hierarchy / Ordnungsschema *n.*
structural organization; hierarchical organization; structural (e.g. participating in shaping the ~) / Aufbauorganisation (z.B. die ~ mitgestalten)
structural step / Strukturstufe *f.*
structural tree / Strukturbaum *m.*
structure / Struktur *f.*
structure bill of material; indented explosion / Strukturstückliste *f.*
structure, business ~ / Geschäftsstruktur *f.*
structure, market ~ / Marktstruktur *f.*
structure, order ~ / Auftragsstruktur *f.*
structure, product ~ / Artikelstruktur *f.*; Erzeugnisstruktur *f.*; Erzeugnisgliederung *f.*
structure, quantity ~ / Mengengerüst *n.*
structure, task ~ (organization) / Arbeitsplan *m.*; Aufgabenstruktur *f.* (Organisation)
Structured Query Language / SQL-Abfragesprache *f.*
Stückgut (LTL)
student (USA: a 'student' is also somebody who attends an elementary school or a high school. See also 'university': differentiation of terms 'freshman', 'sophomore', 'junior', 'senior') / Student *m.* (USA: als 'Student' wird auch ein Schüler bezeichnet, der die 'elementary school' oder 'high school' (12 Klassen einer weiterführenden Schule) besucht. Siehe auch unter 'Student': begriffliche Unterscheidung von 'freshman', 'sophomore', 'junior', 'senior')
student, temporary ~ worker / Werkstudent(in)
study / Studie *f.*
stumbling block / Hindernis
SUB (subaddressing) / Subadressierung *f.*

sub-supplier / Unterlieferant *m.*; Lieferant des Lieferanten
subassembly; module / Baugruppe *f.*; Modul *n.*
subassembly / Vormontage
subcontract / Vergabe von Aufträgen an Fremdfirmen
subcontracting / Fremdfertigung
subcontracting order / Fremdfertigungsauftrag *m.*; Entlastungsauftrag *m.*
subcontractor (e.g. by prime contractor employed supplier) / Subunternehmer *m.* (z.B. vom Unternehmer beauftragter Zulieferer)
subdive; job breakdown (e.g. ~ a job into single steps) / Arbeitsunterteilung (z.B. eine Arbeit unterteilen in einzelne Schritte)
subject; topic / Thema *n.*; Gesprächsgegenstand *m.*
subject / Gegenstand *m.*
subject to / vorbehaltlich *v.*
subject to acceptance / Annahme unter Vorbehalt
subject to alteration; subject to change; subject to modification (~ without notice) / Änderung vorbehalten (~ ohne weitere Mitteilung)
subject to approval; subject to authorization / genehmigungspflichtig *adj.*
subject to charges / gebührenpflichtig *adj.*
subject to prior sale / Zwischenverkauf vorbehalten *m.*
subject to withdrawal / Rücktritt vorbehalten *m.*
subject, price is ~ to change / Preisänderung vorbehalten *m.*
submit / einreichen *v.*; unterbreiten *v.*; beantragen *v.*; vorlegen *v.*
submit a claim / Anspruch geltend machen *v.*

submit a proposal; submit an offer / Angebot einreichen; Angebot unterbreiten

subnet / Teilnetz n.

suboptimization (e.g. ~ for a certain area of responsibility without referring to higher or overall objectives) / Suboptimierung f. (z.B. ~ eines begrenzten Verantwortungsbereiches, ohne Bezug auf höhere oder gesamtheitliche Ziele)

subprocess / Teilprozess m.

subscriber / Teilnehmer m.; Abonnent m.

subscriber group / Teilnehmergruppe f.

subscriber number / Rufnummer

subsequent insurance / Nachversicherung

subsequent transport / Nachlauf

subsidiary; branch office; regional office (domestic ~, international ~) / Niederlassung f.; Zweigniederlassung f. (~ im Inland, ~ im Ausland)

subsidiary; branch office; regional office (domestic ~, international ~) / Niederlassung f.; Zweigniederlassung; Beteiligungsgesellschaft f. (~ im Inland, ~ im Ausland)

subsidiary (wholly owned); first tier company; offshoot of a company (coll. AmE) / Tochtergesellschaft f. (100%)

subsidiary, international ~; international affiliate / Landesgesellschaft f.

subsidiary, majority owned ~ (majority stake, i.e. owned more than 50%) / Beteiligungsgesellschaft f.; Tochtergesellschaft f. (Mehrheitsbeteiligung, d.h. Beteiligung mehr als 50%)

subsidiary, regional ~ / regionale Gesellschaft f.

subsidize / subventionieren v.

subsidy / Subvention f.

substance, harmful ~; harmful material; harmful emission / Schadstoff m.

substitute; deputy / Stellvertreter m.

substitute / Ausweichmaterial

substitution / Substitution f.

subtotal / Zwischensumme f.

succeed (e.g. ~ Mr. A. in this position) / folgen v.; nachfolgen v. (z.B. Nachfolger werden für diese Position von Herrn A.)

succeed (e.g. 1. he succeeded in the project; 2. succeed as a manager; 3. succeed with the boss) / erfolgreich sein v.; gelingen v. (z.B. 1. das Projekt gelang ihm; 2. erfolgreich sein als Manager; 3. Erfolg haben bei Vorgesetzten)

success / Erfolg m.

success factor (e.g. substantial ~; critical ~) / Erfolgsfaktor m. (z.B. wesentlicher ~)

success-oriented / erfolgsorientiert adj.

success potential / Erfolgspotential n.

success, key for ~ / Schlüssel zum Erfolg m.

success, long-term ~; long-time ~ / Langzeiterfolg m.

success, short-term ~ / Kurzfristerfolg m.

successful tenderer / Zuschlagsempfänger m. (Gewinner bei der Angebotsauswahl)

successively / hintereinander adv.; der Reihe nach

successor / Nachfolger m.

successor activity / Folgetätigkeit f.

successor stage / nachgelagerte Fertigungsstufe f.

sue (e.g. Mr. X will be sued for unpaid invoices) / verklagen v. (z.B. Herr X wird wegen unbezahlter Rechnungen verklagt)

suggested list price (SLP) / empfohlener Listenpreis

suggestion / Vorschlag

suggestion program / Verbesserungsvorschlags-Programm n.

suggestion system / Vorschlagswesen n.

suit / Prozess m.; Rechtsstreit m.

suit, law ~ / Rechtsstreit m.

suitability for standardization;
standardizability / Standardisierbarkeit *f.*
sum; total amount / Summe (Addition)
sum, in ~ / in Summe
summarize; wrap up / zusammenfassen
v.
summarized bill of material;
summarized explosion /
Mengenübersichtsstückliste *f.*;
Summenstückliste *f.*
summarized explosion /
Mengenübersichtsstückliste
summarized requirements /
auftragsanonymer Bedarf *m.*
summary / Summe (Zusammenfassung)
summary / Zusammenfassung *f.*
summary invoice / Sammelrechnung
summary of material cost; material cost
overview / Materialkostenübersicht *f.*
summary where-used list /
Mengenübersichts-
Verwendungsnachweis *m.*
sump, oil ~ / Ölwanne *f.*
sunshine roof; sliding roof / Schiebedach
n.
super bill; super bill of material /
Typenvertreterstückliste *f.*
superimposed / überlagert *adj.*
superior; boss / Vorgesetzter *m.*
supervise; survey; keep an eye on /
überwachen *v.*; kontrollieren *v.*
supervisor; tool setter; setup man /
Einrichter *m.*
supervisor / Aufseher *m.*;
Aufsichtsperson *f.*
supervisor, process ~ (s-b in an
organization who continuously
accompanies, monitors and improves
e.g. the business, sales, manufacturing
or logistics processes) / Prozessbegleiter
m. (jd in einer Organisation, der z.B.
Geschäfts-, Vertriebs-, Fertigungs- oder
Logistikprozesse kontinuierlich
begleitet, überwacht und verbessert)
supervisory board / Aufsichtsrat *m.*
supervisory duty / Aufsichtspflicht *f.*

supervisory, chairman of the ~ board /
Vorsitzender des Aufsichtsrates *m.*;
Aufsichtsratsvorsitzender *m.*
supervisory, member of the ~ board /
Mitglied des Aufsichtsrats *n.*
supplementary demand / Zusatzbedarf
supplementary payment / Nachleistung
f.
supplementation; addition / Ergänzung
supplier; vendor (vending firm) /
Lieferant *m.*; Zulieferer (Zulieferfirma)
supplier account / Lieferantenkonto *n.*
supplier alliance / Gemeinschaft mit
Lieferanten *f.*; enge Zusammenarbeit mit
Lieferanten *f.;* Kooperation mit
Lieferanten *f.*
supplier industry / Zulieferindustrie *f.*
supplier integration; supplier
involvement / Lieferanteneinbindung *f.*;
Lieferantenanbindung *f.*; Einbindung
des Lieferanten *f.*
supplier lead time / Lieferzeit des
Lieferanten
supplier management /
Lieferantenmanagement *n.*
supplier number; vendor number /
Lieferantennummer *f.*
supplier rating / Lieferantenbeurteilung
supplier-related / lieferantenbezogen
adj.
supplier relations (maintaining good
relations with suppliers and vendors) /
Lieferantenpflege *f.*
supplier relationship /
Lieferantenbeziehung *f.*
supplier relationship, shaping of the ~ /
Gestaltung der Lieferantenbeziehung
supplier selection / Lieferantenauswahl
f.
supplier spectrum; supplier structure /
Lieferantenstruktur *f.*
supplier storage / Lieferantenlager *n.*
supplier structure / Lieferantenstruktur
supplier training / Lieferantentraining
n.; Training des Lieferanten

supplier, be ~ (~ to the Hautz company) / Lieferant sein (~ für die Firma Hautz)

supplier, certified ~ / anerkannter Lieferant m.

supplier, external ~ / externer Lieferant m.; Fremdlieferant m.

supplier, first tier ~ / Lieferant der ersten Ebene; direkter Lieferant

supplier, full-line ~ (i.e. supplier with a full range of products) / Vollsortimenter (d.h. Lieferant mit vollständigem Produktangebot 'aus einer Hand') m.

supplier, internal ~ / interner Lieferant m.

supplier, loosely coupled ~ / kaum angebundener Lieferant m.

supplier, main ~ / Hauptlieferant m.

supplier, preferred ~; prime contractor / Vorzugslieferant m.; bevorzugter Auftragnehmer; bevorzugter Lieferant

supplier, reliable ~ / zuverlässiger Lieferant m.

supplier, second tier ~ / Lieferant der zweiten Ebene; Unterlieferant m.

supplier, sub-~ / Unterlieferant m.; Lieferant des Lieferanten

supplier, tightly coupled ~ / stark angebundener Lieferant m.

suppliers / Anbieterkreis

supplier's image / Lieferantenimage n.

supplies logsitics / Lieferlogistik

supplies on hand / Vorräte mpl. (körperliche ~)

supplies, factory ~ / Betriebsstoffe mpl.

supply; deliver / liefern v.; beliefern v.

supply and demand / Angebot und Nachfrage

supply base / Lieferantenbasis f.

supply capacity / Bedarfsdeckungsmöglichkeit f.

supply chain (SC; the managed flow of goods and information from raw material to final sale) / Supply Chain (SC; der gesteuerte Waren- und Informationsfluss vom Rohmaterial bis zum Verkauf an den Endverbraucher); Prozesskette f.; Logistikkette f.; Lieferkette f.; Pipeline f.

supply chain analysis / Analyse der Prozesskette; Analyse der Logistikkette; Analyse der Lieferkette

supply chain coordinator / Prozess-Koordinator m.; Logistikketten-Koordinator m.

supply chain costs (e.g. total supply chain related costs of sales) / Prozesskosten der Logistikkette (z.B. Prozesskosten der Logistik-Gesamtkette in % vom Umsatz)

supply chain integration (objective of ~: continuously improving the relationship between the firm, its suppliers, and its customers to ensure the highest added value) / Prozesskettenintegration f.; Logistikkettenintegration f. (Ziel der ~: möglichst hohen Mehrwert erzielen durch kontinuierliche Verbesserung der Beziehungen zwischen dem Unternehmen, seinen Lieferanten und seinen Kunden)

supply chain management (SCM) (the practice of controlling all the interchanges in the logistics process from acquisition of raw materials to delivery to end user. Ideally, a network of firms interact to deliver the product or service. -> 'Extended Enterprise') / Supply Chain Management (SCM) (Methode zur Steuerung aller Vorgänge im Logistikprozess - vom Bezug des Rohmaterials bis zur Lieferung an den Endverbraucher. Idealerweise arbeitet hierbei ein Netzwerk von Firmen zusammen, um ein Produkt oder eine Dienstleistung zu liefern. -> 'Extended Enterprise'); Prozessmanagement der Logistikkette n.; Versorgungsmanagement n.; Lieferkettenmanagement n.; Pipelinemanagement n.

supply compliance / Lieferübereinstimmung f.

supply line / Lieferweg
supply management / Liefermanagement n.
supply pipeline / Lieferkette; Prozesskette
supply risk / Versorgungsrisiko n.
supply the needs / den Bedarf decken
supply with / mitliefern v.
supply, customer-to-customer ~ chain / Gesamtlogistikkette (Logistik-Kette: siehe Zeichnung in diesem Fachwörterbuch)
supply, planned ~ (incoming delivery) / geplanter Bezug m.
supply, point of ~; supply point / Übergabepunkt m.; Ablieferungsstelle f.
supply, range of ~; duration of supply / Lieferreichweite f.
supply, replacement ~ / Ersatzlieferung f.
support / Betreuung f.
support / unterstützen v.
support team / Unterstützungsteam n.
support, specialist ~ / fachliche Förderung f.
support, user ~ / Anwenderbetreuung f.
supreme (e.g. ~ goal) / höchstes adj; oberstes adj (z.B. ~ Ziel)
surcharge / Zuschlag m.; Aufpreis m.
surety / Sicherheitsleistung f.
surf the net (coll. AmE) / im Internet stöbern (F)
surface mount device (SMD)
surface mount technology (SMT)
surface transport / Landtransport m.
surplus / Überschuss m.; Reingewinn m.
surplus delivery / Überlieferung (zu viel geliefert)
surplus inventory; surplus stock; excess inventory; overstock; oversupply / Überbestand m.; Mehrbestand m.
surplus material / überzähliges Material n.
surplus production; over production / Überproduktion f.
surplus, export ~ / Exportüberschuss m.

surplus, import ~ / Importüberschuss m.
surveillance; monitoring / Überwachung f.; Beobachtung f.
survey; supervise; keep an eye on / überwachen v.; kontrollieren v.
survey / Umfrage f.; statistische Erhebung f.
survey, user ~ / Anwenderbefragung f.
suspense account / Interimskonto
suspension / Aufschub m.
suspension of payment / Zahlungseinstellung
sustain competitive edge / Wettbewerbsvorsprung erhalten
swap; barter ~ / Tauschgeschäft n.; Tauschhandel m.
swap body / Wechselaufbau (LKW) m.
swing-out door (trailer) / Schwingtür (LKW-Anhänger) f.
switchboard / Schaltschrank m.
switchboard / Telefonzentrale f.
switched virtual circuit (SVC) / geschaltete virtuelle Verbindung f.
switching network / Koppelnetz n.
switching post office (electronical ~) / Vermittlungspostamt n. (elektronisches ~)
switching service / Vermittlungsleistung f.
synchronize / synchronisieren v.; aufeinander abstimmen v.
synchronized transmission for midrange bit rates / MSV 1
synchronous transmission / Synchronübertragung f.
synchronous X.25 connection / DATEX-P Anschluss
synergies, exploiting inter-business unit ~ / Nutzung überbereichlicher Synergien
synergy / Synergie f.
synergy effect / Synergieeffekt m.
system accessories / Anlagenzubehör n.
system administrator / Systemverwalter m.

system architecture / Systemarchitektur
f.

system assembly / Anlagenmontage f.

system authorization /
Systemberechtigung f.

system component / Systemkomponente
f.

system convention / Systemkonvention f.

system crash / Systemabsturz m.

system design / Systementwicklung f.

system design parameter / Parameter
für Systemgestaltung

system development /
Systementwicklung f.;
Verfahrensentwicklung f.

system engineering / Systemtechnik f.

system gateway / System-Übergang m.

system integrator / Systemintegrator m.

system performance / Systemdurchsatz
m.

system planning / Systemplanung f.

system requirements /
Systemanforderungen fpl.

system selection / Systemauswahl f.

system software / System-Software f.

system solution / Systemlösung f.

system-specific / systemspezifisch adj.

system test / Systemtest m.

system, calibration ~ / Eichsystem n.

system, competence in ~ selection /
Systemauswahl-Kompetenz f.

system, data processing ~ / DV-
Verfahren

system, existing ~ / vorhandenes System
n.

system, IT ~ (information technology
system) / IT-System (System der
Informations-Technologie)

system, Kanban ~ (Japanese
manufacturing method, pull principle) /
Kanban System n.

system, navigation ~; route guidance
system / Navigationssystem n.;
Routenführungssystem n.;
Routenlenkungssystem n.

system, pick-and-pack ~; pick & pack
system / Pick-Pack-
Kommissioniersystem n.
(Kommissioniersystem zum Bereit-
bzw. Zusammenstellen von Waren nach
vorgegebenen Aufträgen)

system, positioning ~ (e.g. global
positioning satellite system) /
Positionierungssystem n. (z.B. System
zur weltweiten Positionsbestimmung
über Satellit)

system, pull ~ / Pull-Prinzip (Ggs. Push-,
Schiebe-, Bring-Prinzip)

system, push ~ / Push-Prinzip (Ggs. Pull-,
Zieh-, Hol-Prinzip)

system, replenishment ~ /
Nachschubsystem n.; Nachfüllsystem n.;
Wiederbeschaffungssystem n.

system, shut down the ~ (computer) /
System herunterfahren n. (Computer)

systems and procedures / Systeme und
Verfahren

systems business / Systemgeschäft n.

systems integrator (~ in) /
Systemintegrator m. (~ für)

systems, competence in ~ integration /
Systemintegrations-Kompetenz f.

systems, process engineering ~ /
Anlagen (Verfahrenstechnik) fpl.

T

T&D (Transportation & Distribution) /
Transport und Versand

table maintenance / Tabellenpflege f.

table of depreciation rates /
Abschreibungstabelle f.

tabular listing / tabellarische Auflistung
f.

tackle (e.g. ~ to reduce inventories) /
anpacken v.; in Angriff nehmen (z.B. ~,
die Bestände zu reduzieren)

tactical measure / taktisches Vorgehen n.

tag / Etikett
take / nehmen v.
take a high risk / ein hohes Risiko eingehen v.; allerhand riskieren v.
take an order / Auftrag entgegennehmen m.; Auftrag annehmen
take apart / zerlegen
take back (e.g. Ms. Schiller is on her way to ~ what she has bought yesterday) / umtauschen v. (z.B. Frau Schiller tauscht gerade um, was sie gestern gekauft hat)
take back / zurücknehmen v.
take down; tear down / abrüsten v.
take in stock / auf Lager legen
take inventory / Inventur machen
take off (e.g. during sale you may take an additional ten percent off) / abziehen v.; reduzieren v. (z.B. während des Schlussverkaufes können Sie weitere 10% abziehen)
take off (e.g. I would like to take a day ~) / freinehmen v. (z.B. ich würde gerne einen Tag ~)
take out; pick / herausnehmen v.; entnehmen v.
take the minutes; keep the minutes / Protokoll führen n.
takeover, company-~ (e.g. unfriendly ~) / Firmen-Übernahme f. (z.B. ~ gegen den Willen der Firma)
taking back / Rücknahme f.
takings, day's ~ / Tageseinnahmen fpl.
talk, walk the ~ (coll. AmE; e.g. you better should ~ instead of just playing around with theories) / anpacken; in die Tat umsetzen v. (z.B. Sie sollten lieber ~ statt nur Theorien zu wälzen)
tall / groß
tally; cargo list / Frachtliste f.
tangible / greifbar adj.; real adj.
tangible assets / materielle Vermögenswerte mpl.; Sachvermögen n.
tangible benefits / greifbarer Nutzen m.; realer Nutzen m.

tangible costs / quantifizierbare Kosten pl.; reale Kosten pl.; wirkliche Kosten pl.
tangible property / Sachvermögen n.
tangible result / nutzbares Ergebnis n.
tanker, oil ~ / Öltanker m.
tap (e.g. new markets) / erschließen v. (z.B. neue Märkte)
tap a market / einen Markt erschließen
tape / Band n.
tape mark (computer) / Bandmarke f. (Computer)
tape test / Bandprüfung f.
TAPI standard (Telephony Application Programming Interface) / TAPI-Standard (Telefonieschnittstelle, mit der Telefunktionen aus aus Windows-Anwendungen heraus steuerbar sind)
tare (weight of the package and packaging material as part of the whole weight of a merchandise) / Tara (Gewicht der Verpackung und des Verpackungsmaterials als Teil des Gesamtgewichtes einer Ware)
tare weight; unladen weight (e.g. tare or unladen weight is the weight of a truck or trailer set without the weight of the load) / Tara n.; Leergewicht n. (z.B. Tara oder Leergewicht ist das Gewicht eines LKW oder Anhängers ohne das Gewicht der Ladung)
target (opp. actual) / SOLL n. (Ggs. IST)
target / Ziel
target-actual comparison; variance comparison; estimated-actual comparison (e.g. ~ of production cost) / SOLL-IST-Vergleich (z.B. ~ der Herstellkosten)
target budgeting / Zielplanung
target costing / Zielkostenrechnung f.
target costs / Plankosten
target date / Solltermin m.
target inventory; planned inventory / Planbestand m.

target language (opp. source language) (dictionary) / Zielsprache f. (Ggs. Quellensprache)
target list; hit list / Trefferliste f.
target planning; target budgeting / Zielplanung f.
target pricing / Preise aufgrund der Marktsituation bilden
target value / Sollwert
target, business ~; business objective / Geschäftsziel n.
targeted time / Soll-Zeit f.
targets, agreement on operational ~; target agreement / Zielvereinbarung f.
tariff; tariff rate / Tarif m.; Tarifsatz m.
tariff agreement; customs convention / Zollabkommen n.
tariff number / Tarifnummer f.
tariff quota / Zollkontingent n.
tariff rate; tariff / Tarifsatz m.; Tarif m.
tariff, exceptional ~ / Ausnahmetarif m.
tariff, export ~ / Ausfuhrtarif m.
tariff, import ~ / Einfuhrtarif m.
tariff, single-schedule ~ / Einheitszolltarif m.
tarpaulin / Plane f ; Persenning f.
tarpaulin chain / Planenkette f.
tarpaulin eye / Planenöse f.
tarpaulin frame / Planengestell n.
tarpaulin rope / Planenseil n.
task / Aufgabe f.
task area / Aufgabenfeld n.
task evaluation / Aufgabenbewertung f.
task of common interest (e.g. a ~ on behalf of the business group management) / übergreifende Aufgabe f. (z.B. eine ~ im Auftrag der Bereichsleitung)
task structure (organization) / Arbeitsplan m.; Aufgabenstruktur f. (Organisation)
task, interdivisional ~ / geschäftsgebietsübergreifende Aufgabe f.
task, principle ~ / Grundsatzaufgabe f.

tasks, assignment of ~ / Aufgabenzuweisung f.; Aufgabenzuteilung f.; Aufgabenzuordnung f.
tasks, common ~ / gemeinsame Aufgaben fpl.
tasks, focus of ~ (e.g. ~ in I&C activities) / Aufgabenschwerpunkt m. (z.B. ~ der IuK-Arbeit)
tax / Steuer f.
tax allowance / Steuerfreibetrag m.
tax authority / Steuerbehörde f.
tax-deductible / steuerabzugsfähig adj.
tax department / Steuerabteilung f.
tax due / Steuerschuld f.; fällige Steuern fpl.
tax-free (e.g. the purchase is ~: there is VAT-reimbursement at departure) / zollfrei adj.; steuerfrei adj.; abgabefrei adj.. (z.B. der Kauf ist ~: es gibt Mehrwertsteuerrückerstattung bei der Ausreise)
tax-free goods / zollfreie Ware f.
tax-free import / zollfreie Einfuhr f.
tax on asset values / Substanzsteuer f.
tax-paid; after-tax / versteuert adj.
tax reporting; tax return / Steuererklärung f.
tax, deduction of withholding ~ / Quellensteuerabzug m.
tax, earnings before ~; gross return; pretax income / Bruttoergebnis n.
tax, import ~ / Importsteuer f.
tax, import sales ~ / Einfuhrumsatzsteuer f.
tax, profit after ~ / Gewinn nach Steuern m.
tax, profit before ~; before tax yield / Gewinn vor Steuern m.; Rendite (vor Steuern) f.
tax, withholding ~ / Quellensteuer f.
taxable / steuerpflichtig adj.
taxation at a flat rate / Pauschalbesteuerung f.
taxation, domestic ~ / inländische Steuern fpl.

taxation, double ~ / Doppelbesteuerung f.

taxation, foreign ~ / ausländische Besteuerung fpl.

taxing operation / körperlich belastender Arbeitsschritt m.

taylorism / Taylorismus m.

TBM (time based management)

TCP-IP (Transmission Control Protocol over Internet Protocol) (the basic communication program that runs on all computers connected to the Internet) / TCP-IP (Basis-Kommunikationsprogramm, das auf allen ans Internet angeschlossenen Computern läuft)

TCT (total cycle time)

team; workgroup; group / Arbeitsgruppe f.; Gruppe f.

team approach / Teammethode f.

team involvement / Teambeteiligung f.; Teamengagement n.

team leader / Gruppenleiter m.; Teamleiter m.

team motivation / Teammotivation f.

team production; group production / Gruppenfertigung f.

team speaker; spokesperson / Teamsprecher m.

team, inter-group ~ / bereichsübergreifendes Team n.

teamwork / Teamarbeit f.; Zusammenarbeit (Team) f.; Gemeinschaftsarbeit (Team) f.

tear down / abrüsten

tear-down time / Rüstzeit

technical ... / Fach...; fach ...

technical / technisch adj.

technical alteration; technical change; engineering change; design change / technische Änderung f.; Konstruktionsänderung f.

technical area / Fachgebiet n.

technical book / Fachbuch n.

technical buyer / Facheinkäufer m.

technical change / technische Änderung

technical competence; professional competence / Fachkompetenz f.

technical consultant; professional consultant / Fachberater m.

technical consulting / Fachberatung f.

technical drawing / technische Zeichnung f.

technical education / technische Bildung f.

technical functions / technische Aufgaben fpl.

technical information service / Fachinformationsdienst m.

technical language / Fachsprache f.

technical regulations / technische Vorschriften f.pl

technical representative / Fachvertreter m.

technical safety / technische Sicherheit f.

technical services (department) / technische Dienste mpl.; technisches Referat n. (Abteilung)

technical standard / technisches Niveau n.

technical task / Fachaufgabe f.

technical training center / technische Ausbildungsstätte f.

technician / Techniker m.

technique / Technik (Methode) f.; Arbeitsverfahren n.; Arbeitsmethode f.

technological change / technologischer Wandel m.

technologies and materials / Technologien und Werkstoffe

technology / Technik f.; Technologie f.

technology center / Technologiezentrum n.

technology group / produktorientierte Fertigungsgruppe f.

technology, base ~ / Basistechnologie f.

technology, storage ~ / Lagertechnik f.

telecommunication / Telekommunikation (TK) f.

telecommunication / Telekommunikation f.; Datenfernübertragung f.

telecommunications /
Nachrichtentechnik *f.*;
Fernmeldetechnik *f.*
telecommunications cables /
Nachrichtenkabel *n.*
telecommunications system /
Kommunikationsanlage *f.*
telecommute / Heimarbeit
telephone answering machine;
answerphone; answering machine
(examples of messages: 1.: "You
reached Julius Martini. I am away from
my desk right now but if you leave your
name and phone number I'll get back to
you as soon as possible"; 2.: This is Lisa
Morgen. I can't come to the phone right
now. Please leave a message after the
beep. I'll call you back as soon as
possible") / Anrufbeantworter *m.*;
Telefon-Anrufbeantworter *m.*(Beispiele
für Ansagen: 1.: "Dies ist der Apparat
von Julius Martini. Ich bin zur Zeit nicht
am Arbeitsplatz; aber wenn Sie Ihren
Namen und Ihre Telefonnummer
hinterlassen, werde ich mich so schnell
wie möglich mit Ihnen in Verbindung
setzen"; 2.: "Lisa Morgen. Ich bin
gerade nicht erreichbar. Bitte
hinterlassen Sie eine Nachricht nach
dem Signalton. Ich werde Sie so bald
wie möglich zurückrufen")
telephone conference /
Telefonkonferenz
telephone number; call number;
subscriber number / Rufnummer *f.*
telephone operator; operator /
Telefonvermittlung *f.*
telephone service / Telefonservice
telephone, mobile ~; cellular phone;
cellphone / Handy ~; Mobiltelefon *n.*
(Anm.: in USA ist das Wort "handy" total
unbekannt, im üblichen Sprachgebrauch
wird meist "cellphone" benützt)
telephone, put s.o through at the ~
(e.g.: " Could you put me through to Mr.
Eckhart Morgen please") / am Telefon
verbinden (z.B.: "Können Sie mich,
bitte, mit Herrn Eckhart Morgen
verbinden?")
telephony / Telefonie *f.*
teletext / Videotext *m.*
telework / Telearbeit *f.*
telex / Fernschreiber *m.*
template / Gestaltungsvorlage *f.*;
Schablone *f.*; Leerformular *n.*; Muster *n.*
(z.B. ~ für PC mit der Möglichkeit zum
Ausfüllen von Leerfeldern)
temporary help (e.g. the use of ~ is an
excellent way to flex the workforce and
adjust to fluctuating work volumes) /
Aushilfe *f.*; Aushilfskraft *f.*; Zeitarbeiter
(z.B. der Einsatz von Aushilfskräften
bzw. Zeitarbeitern stellt eine
hervorragende Möglichkeit dar, den
Personaleinsatz flexibel zu gestalten
und an schwankendes Arbeitsvolumen
anzupassen)
temporary import / vorübergehende
Einfuhr *f.*
temporary production / provisorische
Fertigung
temporary storage / Zwischenlagerung
temporary warehousing; temporary
storage / Zwischenlagerung *f.*
temporary work / vorübergehendes
Beschäftigungsverhältnis *n.*; befristetes
Beschäftigungsverhältnis *n.*
tenancy / Mietdauer; Mietverhältnis;
Pachtverhältnis
tenant / Mieter; Pächter
tendency; bias / Tendenz
tender / Angebot
tender processing /
Angebotsabwicklung
tenderer / Anbieter
tendering; bidding (e.g. to advertise
biddings; submission of bids; tendering
of bids) / Angebotsabgabe (z.B.
Angebote ausschreiben; Abgabe von
Angeboten)
tentative / vorläufig

term / Begriff *m.*; Fachbegriff *m.*;
  Fachausdruck *m.*
term / Klausel *f.*
term control / Terminkontrolle *f.*
term of a contract / Vertragsdauer *f.*
term plan / Terminplan *m.*
term, key ~ / Schlüsselbegriff *m.*
terminal / Endgerät *n.*
terminal control / Bildschirmsteuerung
  f.
terminal, cargo ~ / Frachtterminal *n.*
terminal, freight ~ / Güterbahnhof *m.*
terminal, passengers ~ /
  Passagierterminal *n.*
terminals, proximity of ~ / Nähe von
  Terminals
termination (of a program) / Abbruch *m.*
  (eines Programms)
terms / Bedingungen (Verträge etc.) *pl.*;
  Vertragsbedingungen *pl.*
terms of a bid / Angebotsbedingungen
  fpl.
terms of delivery (e.g. our ~ are as
  follows: ...) / Lieferbedingungen *fpl.*
  (z.B. unsere ~ sind wie folgt: ...)
terms of payment (e.g. our ~ are as
  follows: ...) / Zahlungsbedingungen (z.B.
  unsere ~ sind wie folgt: ...) *fpl.*
terms of sale; conditions of sale /
  Verkaufsbedingungen *fpl.*
terms of trade; trading conditions /
  Geschäftsbedingungen *fpl.*;
  Handelsbedingungen *pl.*
terms, commercial ~ /
  Bestellbedingungen *fpl.*
terms, general ~ of business /
  allgemeine Geschäftsbedingungen
  (AGB) *fpl.*
terrestrial communication /
  erdgebundene Übertragung *f.*
tertiary demand / Tertiärbedarf *m.*
test; check / prüfen *v.*
test; testing / Test *m.*; Versuch *m.*
test and measurement technology /
  Mess- und Prüftechnik *f.*
test equipment / Prüfeinrichtung

test equipment / Prüfmittel *n.*
test in practice / praktisch erproben *v.*
test installation / Testinstallation *f.*
test instruction / Prüfvorschrift *f.*
test order / Prüfauftrag *m.*
test run / Probelauf
test section; testing / Prüffeld *n.*
test systems / Prüftechnik
test time; inspection time / Prüfzeit *f.*
test, acceptance ~ (e.g. customer ~) /
  Abnahmetest; Abnahmeprüfung *m.* (z.B.
  ~ durch Kunden)
test, field ~ (e.g. ~ at the customer's
  site) / Feldversuch *m.*; Einsatztest *m.*
  (z.B. ~ beim Kunden)
testbed / Testumgebung *f.*
testing / Test
testing capacity ~ / Prüfkapazität *f.*
testing facilities; test systems /
  Prüftechnik *f.*
testing instrument / Prüfgerät *n.*
testing method; control method /
  Kontrollmethode *f.*; Testmethode *f.*
theft / Diebstahl *m.*
theme-orientated / themenbezogen *adj.*
think globally, act locally / global
  denken, lokal handeln
think tank (coll.: e.g. we had a ~ last
  Friday with Graham Archer) /
  Brainstorming *n.* (fam.: z.B. wir hatten
  vergangenen Freitag ein ~-Meeting mit
  Graham Archer)
thinking and acting / Denken und
  Handeln
third party company / Dienstleister
third party logistics /
  Logistikdienstleister *m.*
third party order processing /
  Auftragsabwicklung durch Dienstleister
third world countries / Drittländer *npl.*
thought; comment (e.g. are there any
  comments, thoughts or remarks on this
  presentation?) / Kommentar *m.* (z.B. gibt
  es irgendwelche Kommentare, Fragen
  oder Bemerkungen zu dieser
  Präsentation?)

thread / Faden *m.*

thread, central ~; gist; main plot / roter Faden *m.*; das Wesentliche *n.*; Hauptaussage *f.*; Kernaussage *f.*

threat / Gefahr *f.*; Bedrohung *f.*; Drohung *f.*

threaten (~ with) / bedrohen *v.*; drohen *v.* (~ mit)

three-party service (3PTY) (communications) / Dreierkonferenz *f.* (Kommunikation)

through bill of lading / durch Konnossement *n.*

throughput / Durchsatz *m.*

throughput key data / Durchlaufkennzahl *f.*

throughput performance; throughput capacity / Umschlagleistung *f.*

throughput time / Durchlaufzeit (DLZ)

throughput time, manufacturing ~ / Fabrikationszeit *f.*

throughput, batch ~ time / Losdurchlaufzeit *f.*

throughput, manufacturing ~ time / Herstelldurchlaufzeit *f.*; Fabrikationszeit *f.*; Verarbeitungszeit *f.*

throughput, order ~ time; order cycle time / Auftragsdurchlaufzeit *f.*

throughput, pallet ~ / Palettenumschlag *m.*

throughway; expressway (AmE); motorway (BrE) / Autobahn *f.*; Schnellstraße *f.*

tick; mark (e.g. ~ questions in a form) / ankreuzen (z.B. Fragen in einem Formular ~)

ticketing (e.g. to apply price tags or price labels to merchandise) / Auszeichnung *f.*; Bepreisung *f.* (z.B. anbringen von Preisschildern oder -etiketten an die Ware)

tie-in sale / Kopplungsgeschäft *n.*

tied up capital / gebundenes Kapital *n.*

tier / Ebene *f.*

tier supplier, first ~ / Lieferant der ersten Ebene; direkter Lieferant

tier supplier, second ~ / Lieferant der zweiten Ebene; Unterlieferant *m.*

ties, business ~; connections / Geschäftsverbindungen

ties, have ~ / Verbindungen haben (Beziehungen)

tight schedule / enger zeitlicher Rahmen *m.*

tilt / kippen *v.*

tilt cart / Kippwagen *m.*

tilt-tray sorter (mechanism of moving boxes or trays that tilt on certain positions to deliver the products carried into container or onto distinctive chutes) / Kippsorter (Umlaufsystem aus Kästen oder Paletten, die an bestimmten Stellen kippen, um die transportierten Produkte in unterschiedliche bereitgestellte Container oder auf Richtungsrutschen abzuladen)

time advantage / Zeitvorteil *m.*

time allowance (e.g. ~ per item) / Standardzeit (z.B. pro Stück)

time allowed (e.g. ~ is ten days) / Frist (z.B. die ~ ist 10 Tage)

time and attendance capturing / Zeit- und Anwesenheitserfassung *f.*

time based management (TBM)

time being, for the ~ / bis auf weiteres *adv.*

time-bucket (e.g. to calculate with monthly time-buckets in the planning system) / Zeitscheibe *f.* (z.B. mit monatlichen Zeitscheiben in der Planung rechnen)

time budget / Zeitaufwand *m.*

time buffer / Terminpuffer *m.*

time card / Arbeitskarte *f.*

time difference; time lag; jet lag (airplane) / Zeitunterschied *m.*

time division multiplex / Zeitmultiplex *m.*

time limit (e.g. ~ of ten days); time allowed; time-span / Frist *f.*; Zeitabschnitt *m.* (z.B. ~ von 10 Tagen)

time management / Zeitmanagement *n.*

time measurement / Zeitaufnahme *f.*
time network / Terminnetz *n.*
time of arrival, scheduled ~ / fahrplanmäßige Ankunftszeit *f.*
time of circulation / Umlaufzeit *f.*
time of departure, scheduled ~ / fahrplanmäßige Abfahrtszeit *f.*
time-optimized processes (top+) / zeitoptimierte Prozesse *mpl.*
time orientation / Zeitorientierung *f.*
time per piece; piece time; standard time per unit; job time / Stückzeit *f.*
time-phased zeitsynchron *adj.;* / terminiert *adj.*; getaktet *adj.*
time reduction / Zeitreduzierung *f.*
time schedule / Zeitplan *m.*
time-sharing process / Zeitmultiplexverfahren *n.*
time-sharing system / Teilnehmersystem *n.*
time sheet / Stundenzettel *m.*; Stundennachweis *m.*
time-span; time limit; time allowance (e.g. ~ of ten days) / Frist *f.*; Zeitabschnitt *m.* (z.B. ~ von 10 Tagen)
time study; work measurement / Zeitstudie *f.*
time-to-customer; lead time / Zeitdauer bis zur Kundenanlieferung *f.*; Lieferdauer *f.*
time-to-market / Zeitdauer bis zur Markteinführung *f.*; Produkteinführungszeit *f.*
time window / Zeitfenster *n.*
time work rate / Zeitlohnsatz *m.*
time, actual ~ / effektive Zeit *f.*; Ist-Zeit *f.*
time, alternate loading ~; alternate occupation time / Ersatzbelegungszeit *f.*
time, alternate processing ~ / Ersatzbearbeitungszeit *f.*
time, at any given ~ / zu jedem beliebigen Zeitpunkt
time, available ~ (e.g. ~ between ordering and due date) / verfügbare Zeit

(z.B. ~ zwischen Auftragsbildung und Fälligkeitstermin)
time, basic ~ limit / Ecktermin *m.*
time, check ~ / Überprüfungszeit
time, coverage ~ / Eindeckzeit *f.*
time, cycle ~ / Taktzeit *f.*
time, idle ~ / Stillstandszeit (~ bei Störungen)
time, implementation ~ / Einführungsdauer *f.*; Umsetzungsdauer *f.*; Realisierungsdauer *f.*
time, in ~ / rechtzeitig *adv.*
time, in due ~ / termingerecht
time, keep the ~ limit; meet the deadline / die Frist einhalten *v.*
time, lead ~; throughput time; cycle time / Durchlaufzeit (DLZ) *f.*
time, limited ~ frame / begrenzter Zeitraum *m.*; begrenzter Zeitrahmen
time, loading ~ / Beladungszeit *f.*
time, local ~ / Ortszeit *f.*
time, manufacturing throughput ~ / Fabrikationszeit *f.*
time, method for ~ measurement (MTM) / Methode zur Zeiterfassung (MTM-Verfahren)
time, on ~; on schedule / pünktlich *adv.*
time, order ~ / Auftragszeit *f.*
time, planned ~ / geplante Zeit *f.*
time, real ~ / Echtzeit *f.*
time, review ~; check time / Überprüfungszeit *f.*; Überprüfzeit *f.*
time, setup ~ / Einrichtezeit *f.*
time, single-buffer ~ / Einzelpufferzeit *f.*
time, standard ~ (e.g. ~ per item); time allowance / Standardzeit *f.*; Vorgabezeit *f.*; Normalzeit *f.* (z.B. ~ pro Stück)
time, standby ~ / Wartezeit (allgemein)
time, stop ~ / Haltezeit *f.*
time, storage ~; storage period / Verweildauer im Lager *f.*; Lagerungszeit *f.*; Lagerzeit *f.*; Einlagerungszeit *f.*
time, targeted ~ / Soll-Zeit *f.*
time, throughput ~ / Durchlaufzeit (DLZ)
timeliness / Rechtzeitigkeit *f.*

timely / rechtzeitig *adj.*; aktuell *adj.*

timing (e.g. its a good timing) / Zeitplanung *f.* (z.B. der Zeipunkt ist gut gewählt)

timing, order ~ / Auftragsterminierung *f.*

titanic (e.g. this product is a ~ success on the market) / riesig *adj.;* gigantisch *adj.* (z.B. dieser Artikel ist ein ~er Erfolg am Markt)

TL (truck load); car load; wagon load / Lastwagenladung *f.*; Ladungspartie *f.*; Wagenladung *f.*

TM (trademark) (e.g. registered ~) / Warenzeichen (WZ) *n.* (z.B. eingetragenes ~)

toggle (phone) / makeln (Telefon)

token-ring / Token-Ring *m.*

tolerance / Toleranz *f.*

tolerance design / Bestimmung der Toleranzgrenze

tolerance limit / Toleranzgrenze *f.*; Toleranzlimit *n.*

toll-free numbers; free call (free of charge phone call numbers, e.g. in Germany '0-800', in the USA '1-800') / 800er-Nummern *fpl.;* Servicenummern *fpl.* (gebührenfreie Rufnummern, z.B. in Deutschland 0-800, in USA '1-800')

toll office; long-distance center / Fernvermittlungsstelle *f.*

toll, road ~ / Straßennutzungsgebühr *f.*; Maut (Straße) *f.*

toll, tunnel ~ / Tunnelnutzungsgebühr *f.*; Maut (Tunnel) *f.*

ton (e.g. the forc lift truck has a capacity of 1.5 tons) / Tonne *f.* (z.B. der Gabelstapler hat eine Tragfähigkeit von 1,5 Tonnen)

tons, freight ~ / Frachttonnen *pl.*

tool / Werkzeug *n.*

tool allowance / Werkzeugwechselzeit *f.*

tool kit (e.g. ~ of PC-tools) / Werkzeugkasten *m.* (z.B. ~ mit PC-Tools)

tool machine (e.g. ~ for cutting) / Werkzeugmaschine (z.B. ~ für spanende Bearbeitung)

tool order / Werkzeugleihschein *m.*

tool room / Werkzeuglager *n.*

tool setter / Einrichter

tool shop / Werkzeugbau *m.*

tool, standard ~ (e.g. PC ~ like Microsoft's 'Word for Windows', 'Powerpoint', 'Excel', etc.) / Standardtool *n.* (z.B. PC ~ wie Microsoft's 'Word for Windows', 'Powerpoint', 'Excel', etc.)

tooling (e.g. machine ~) / Einrichtearbeit *f.* (z.B. Maschinen-~)

tools and methods / Tools und Methoden

tools, presentation ~ / Präsentationswerkzeuge *pl.*; Medieneinsatz *m.*

tools, processing ~; manipulating equipment / Handhabungsgeräte *npl.*

tools, strategic ~ and methods / strategische Instrumente und Methoden

top+ (time optimized processes) / zeitoptimierte Prozesse (top+) *mpl.*

top-down (~ approach) / von oben nach unten (~-Ansatz)

top management / oberster Führungskreis

top notch company / hervorragende (super) Firma

top-rank executive; top-ranking executive / hochrangige Führungskraft *f.*

topic / Thema

torque converter / Drehmomentwandler *m.*

total capital expenditures / Gesamtkosten *pl.*

total cost of ownership / Gesamtkosten für die Einführung eines IT-Systems (Gesamtheit aller Kosten, d.h. nicht nur für Erwerb oder Lizensierung, sondern auch Zusatz- oder Folgekosten, wie z.B. System-Analysen und -Anpassungen, Training und Qualifizierung, Versions-Änderungen und -Upgrades, Speichererweiterungen, etc.)

total cycle time / TCT

total inventory / Gesamtbestand *m.*

total loss / Totalverlust m.

total operating performance / Gesamtleistung f.

total output of data centers / Rechenzentrums (RZ)-Gesamtleistung f.

total process (total flow of goods, material, information and money within a business) / Gesamtprozess

total productive maintenance (TPM) / TPM (Methode, die durch vorbeugende Instandhaltung zur bestmöglichen Maschinenverfügbarkeit führt)

total quality control (TQC)

total quality management (TQM)

total requirements / Gesamtbedarf m.

total usage / Gesamtverbrauch m.

total value / Gesamtwert m.

tote (reusable container, mainly used for transport of loose items) / Container m. (wiederverwendbarer Behälter, wird hauptsächlich für den Transport loser Teile verwendet)

tote / transportieren v.; schleppen v.

tote bag / Einkaufstasche f.; Tragetasche f.

tow-veyor (system to pull movable carts by underfloor chains and setting of indicators automatically to certain destinations of a manufacturing site) / Flurförderzeug mit Unterflurketten n. (System, um bewegliche Transportbehälter mittels in den Fußboden eingelassener Ketten und Richtungszeigern automatisch an bestimmte Stellen der Fertigung zu lenken)

towards / in Richtung von f.

TPM (see total productive maintenance)

TQC (total quality control)

TQM (total quality management) / TQM

tracing (e.g. of an order) / Nachforschung f. (z.B. Auftragsverfolgung)

track; rail / Schiene f.; Gleis n.; Spur f.

track (e.g. the company is off ~) / Weg m.; Pfad m. (z.B. die Firma ist vom richtigen ~ abgekommen)

track, railroad ~; railway track / Bahngleis n.

tracking; shipment tracking; package tracking / Sendungsverfolgung f.

tracking & tracing (e.g. the application of ~ technology allows any part to be monitored and steered throughout the entire production process) / Erfassung und Steuerung f. (z.B. die Anwendung der 'Tracking & Tracing'-Techniken ermöglicht die lückenlose ~ der einzelnen Komponenten während des gesamten Produktionsvorganges)

tracking signal / Abweichsignal n.

tracking system, package ~ / Ladungs-Verfolgungssystem n.

tracking, order ~ / Auftragsverfolgung

tracking, realtime ~ (e.g. ~ of a shipment, i.e. to know at any given time where the shipment is located, e.g. through a satellite positioning system) / Echtzeitverfolgung f. (z.B. ~ einer Sendung, d.h. zu jedem Zeitpunkt wissen, wo sich die Sendung befindet, z.B. mittels eines Satelliten-Positionierungssystems)

tracking, shop order ~ / Betriebsauftragsüberwachung f.

tractor / Schlepper m.; Zugmaschine f.

tractor, electric ~ / Elektroschlepper m.

trade / Handel m.; Handwerk n.

trade agreement / Handelsabkommen n.

trade association / Unternehmerverband m.; Wirtschaftsverband m.

trade balance / Handelsbilanz f.

trade barriers / Handelsschranken fpl.

trade channel / Handelsweg m.

trade commodities / Börsenmaterial n.

trade cycle / Konjunkturzyklus m.

trade debitors / Forderungen (aus Lieferungen und Leistungen) fpl.

trade discount / Händlerrabatt m.

trade fair; trade show; exhibition / Messe *f.*; Fachmesse *f.*; Ausstellung *f.*

trade fair agency / Messeagentur *f.*

trade fairs and exhibitions / Messen und Ausstellungen

trade for (e.g. the company's business is to trade goods for service) / eintauschen *v.* (z.B. das Geschäft dieser Firma besteht darin, Waren gegen Dienstleistung zu tauschen)

trade gap / Handelsbilanzdefizit *n.*

trade handeln *v.*; Handel treiben; mit *jmdm.* in einer Geschäftsbeziehung stehen

trade in / in Zahlung geben *f.*

trade manufacture / handwerkliche Fertigung *f.*

trade mission / Handelsmission *f.*

trade name / Handelsbezeichnung *f.*; Markenname *m.*

trade off / kompensieren *v.*

trade post / Handelsniederlassung *f.*

trade practices act / Gesetz gegen unlauteren Wettbewerb *n.*

trade price / Handelspreis

trade receivables / Warenforderungen *fpl.*

trade sample / Warenmuster *n.*

trade sanction / Sanktion *f.*; Handelsbeschränkung *f.*; Handels-Zwangsmittel *n.*

trade show / Messe

trade usage / Handelsbrauch *m.*

trade, by ~ (e.g. ~ he is a logistician) / von Beruf (z.B. er ist ~ Logistiker)

trade, company name and ~ name / Firmenname und Firmenmarke

trade, domestic ~; national trade / Binnenhandel

trade, foreign ~ / Außenhandel *m.*

trade, home ~; domestic trade; national trade / Binnenhandel *m.*

trade, intermediate ~ / Zwischenhandel *m.*

trade, terms of ~ / Handelsbedingungen *fpl.*

traded goods / Markenartikel *mpl.*

trademark (e.g. registered ~) / Warenzeichen (WZ) *n.* (z.B. eingetragenes ~)

tradeoff; trade-off (e.g. the ~ was to guarantee from now on a 24 hour delivery service by slightly increasing delivery costs) / Kompromiss *m.*; Tausch *m.*; Tradeoff *m.* (z.B. der ~ bestand darin, ab jetzt einen 24 Stunden Lieferservice auf Kosten etwas höherer Liefergebühren zu garantieren)

trader / Händler

tradesman; craftsman / Handwerker *m.*

tradespeople / Geschäftsleute *pl.*

trading company / Handelsgesellschaft *f.*

trading conditions / Geschäftsbedingungen

trading partner / Geschäftspartner *m.*; Verhandlungspartner *m.*

traffic / Verkehr

traffic connection, regular routed ~ / Relationsverkehr *m.*

traffic control systems / Straßenverkehrstechnik *f.*

traffic guidance system / Verkehrsleitsystem *n.*

traffic jam; congestion / Verkehrsstau *m.*

traffic logistics / Verkehrslogistik *f.*

traffic management / Versandmanagement *n.* (Fuhrpark)

traffic manager / Versandleiter *m.* (Fuhrpark)

traffic peak time; rush hour / Spitzenzeit (Verkehr) *f.*; Hauptverkehrszeit *f.*

traffic regulation / Verkehrsvorschrift *f.*

traffic, freight ~ / Frachtverkehr *m.*

traffic, inbound ~; inbound transportation / ankommender Verkehr; eingehender Transport

traffic, local goods ~; local transportation / Nahtverkehr *m.*; Nahtransport *m.*

traffic, long distance goods ~; long distance hauling / Güterfernverkehr *m.*

traffic, one way ~ / Einbahnverkehr m.
traffic, outbound ~; outbound transportation / ausgehender Verkehr; abgehender Transport
traffic, railway ~ / Schienenverkehr m.
traffic, short distance goods; short haul transportation; local hauling / Güternahverkehr m.
traffic, short distance passenger ~ / Personennahverkehr m.
traffic, water-bound ~ / wassergebundener Verkehr m.
trailer / Hänger m.; Anhänger m.; Lastanhänger m. (LKW-~)
trailer loading and unloading system / Güterumschlagstechnik f.
trailer record / Beisatz m.
trailer, box ~ / Kastenanhänger m.
trailor load / Anhängelast f.
trainee / Praktikant; Mitarbeiter in Ausbildung
traineeship / Praktikum
training (conduct a ~) / Schulung f.; Training n.; Trainingsmaßnahme f. (eine ~ durchführen)
training and development, management ~ / Managementtraining und -entwicklung
training and education / Training und Weiterbildung
training and know-how profile / Ausbildungs- und Wissensprofil n.
training center / Trainingszentrum n.; Bildungszentrum n.; Ausbildungszentrum n.
training program / Trainingsprogramm n.
training provider / Trainingsanbieter m.
training time / Anlernzeit f.
training, commercial ~ / kaufmännische Ausbildung f.
training, in-house ~ / innerbetriebliche Ausbildung f.
training, industrial ~; vocational training / gewerbliche Ausbildung; gewerbliche Berufsausbildung

training, intercultural ~ / interkulturelles Training n.
training, logistics ~ / Logistiktraining n.
training, management ~ / Managementtraining n.; Führungskräftetraining n.
training, on-the-job ~ / Lernen im Beruf praktische Ausbildung f.
training, sales ~ / Vertriebstraining n.
training, supplier ~ / Lieferantentraining n.; Training des Lieferanten
training, vocational ~; industrial training / gewerbliche Ausbildung f.; gewerbliche Berufsausbildung f.
transaction / Transaktion f.
transaction costs / Abwicklungskosten pl.
transaction date / Bewegungsdatum n.
transaction quantity / Bewegungsmenge f.
transaction system / Teilhabersystem n.
transaction type / Vorgangsart f.
transaction, business ~ / Geschäftsvorgang m.
transaction, proof of ~ / Bewegungsnachweis m.
transfer; delegate (e.g. ~ of personnel to foreign countries) / versetzen f.; abordnen v. (z.B. ~ von Mitarbeitern ins Ausland)
transfer; delegation (e.g. ~ of personnel to foreign countries) / Versetzung f.; Abordnung f. (z.B. ~ von Mitarbeitern ins Ausland)
transfer (~ of old database) / Übernahme f. (~ des alten Datenbestandes)
transfer (e.g. ~ merchandise) / übergeben v. (z.B. Ware ~)
transfer (e.g. ~ of merchandise) / Übergabe f. (z.B. ~ von Ware)
transfer / Überweisung f. (z.B. von Geld)
transfer bridge / Transferbrücke f.
transfer charges; transfer costs / Überführungskosten pl.
transfer costs / Überführungskosten
transfer note / Übergabeschein m.

transfer of goods / Warenumschlag m.
transfer of messages; transmission of messages / Nachrichten übertragen
transfer of old data / Altdatenübernahme f.
transfer of risk / Gefahrenübergang m.
transfer time; transit time / Übergangszeit f.
transfer to another account / umbuchen
transfer, cashless money ~ / bargeldloser Zahlungsverkehr m.
transfer, data ~; PC upload (e.g. ~ from mainframe computer to PC) / Datenübernahme f. (z.B. ~ vom Großcomputer auf PC)
transfer, data ~ / Datenübertragung f.
transfer, money ~ / Geld überweisen v.
transfer, standardized ~ protocol / genormtes Übertragungsprotokoll n.
transferable (e.g. ~ concept) / übertragbar adj. (z.B. ~es Konzept)
transform / umwandeln v.; umändern (verändern) v. (von einem Zustand in einen anderen ~)
transformation (e.g. ~ from a push to a pull system) / Umwandlung f.; Umänderung (Veränderung) f. (z.B. ~ von einem Schiebe- in ein Ziehprinzip)
transformation process / Veränderungsprozess m.
transient subassembly / fiktive Baugruppe f.; Phantombaugruppe f.
transit / Transit m.
transit bond; customs permit / Zollbegleitschein m.
transit cargo / Transitgut n.
transit goods / Transitgut n.; Durchfuhrgut n.
transit store / Transitlager
transit time / Übergangszeit
transit-time matrix / Übergangszeitenmatrix f.
transit warehouse; transit store / Transitlager n.
translation (language) / Übersetzung f. (Sprache)

transmission control protocol (TCP)
transmission of master data / Stammdatenübernahme f.
transmission of messages / Nachrichtenübertragung
transmission path / Übertragungsweg m.
transmission performance / Übertragungsleistung f.; Übertragungsverhalten n.
transmission quality / Übertragungsgüte f.; Übertragungsqualität f.
transmission system / Übermittlungssystem n.; Übertragungssystem n.
transmission, asynchronous ~ / asynchrone Übertragung n.
transmission, broadband ~ / Breitbandübermittlung f.
transmit (e.g. ~ a message) / übermitteln (z.B. eine Nachricht ~)
transnational processes / multinationale Prozesse (über Ländergrenzen hinweg)
transparency; chart; overhead; slide (e.g. ~ for an overhead projector) / Folie (z.B. ~ für einen Overheadprojektor)
transparency / Transparenz f.
transparent pack / Klarsichtpackung f.
transport / befördern v.
transport / Transport m.
transport and packing / Transport und Verpackung
transport capacity / Transportkapazität f.
transport chain / Transportkette f.
transport chain, intermodal ~ / intermodale Transportkette f.
transport company / Transportunternehmen
transport contract / Transportvertrag m.
transport costs / Transportkosten pl.
transport delay / Transportverzögerung
transport insurance / Transportversicherung f.
transport network (communications) / Transportnetz n. (Kommunikation)

transport planning / Transportplanung *f.*

transport protocol / Transportprotokoll *n.*

transport route / Transportweg *m.*

transport service (network) / Transportleistung *f.* (Netz)

transport tax / Verkehrssteuer *f.*

transport technology / Transporttechnik *f.*

transport time / Transportzeit

transport, combined ~ / kombinierter Verkehr *m.*

transport, further ~ / Weiterbeförderung *f.*

transport, in-house ~ / innerbetrieblicher Transport *m.*

transport, long distance ~; long distance haulage / Überlandverkehr *m.*; Fernverkehr *m.*

transportation; transport; haulage; shipping / Transport *m.*; Beförderung *f.*

transportation and distribution / Transport und Versand

transportation automation / Transportautomatisierung *f.*

transportation control / Transportsteuerung *f.*

transportation economy / Verkehrswirtschaft *f.*

transportation industry; transport industry; transportation business / Transportgewerbe *n.*; Transportwirtschaft *f.*; Verkehrsgewerbe *n.*; Verkehrswirtschaft *f.*

transportation logistics / Transportlogistik *f.*

transportation system / Transportsystem *n.*

transportation systems / Verkehrstechnik *f.*

transportation time; move time; transport time / Transportzeit *f.*

transportation, ground ~; land transportation; land carriage / Landverkehr *m.*

transportation, inbound ~ / ankommender Verkehr; eingehender Transport

transportation, local ~; local goods traffic / Nahtransport *m.*; Nahverkehr *m.*

transportation, mode of ~ / Beförderungsart *f.*

transportation, outbound ~ / ausgehender Verkehr; abgehender Transport

transportation, outbound ~ / Lieferung an Kunden

transportation, public ~ / öffentliche Verkehrsmittel *npl.*

transportation, short haul ~; local hauling; short distance goods traffic / Güternahverkehr *m.*

transporter; van / Lieferwagen *m.*; Van *m.*

transporting-time matrix / Transportzeitenmatrix *f.*

transship (also spelled: tranship) / umladen *v.*

transshipment charges / Umladegebühr *f.*

transshipment, port of ~ / Umschlagshafen *m.*

trash compactor / Abfallkompaktor *m.*; Presse für Abfall

trash removal / Abfallbeseitigung *f.*

travel advance / Reisevorschuss *m.*

travel chart / Wegdarstellung *f.*

travel expenses / Reisekosten *pl.*

travel expenses / Reisespesen *pl.*; Reisekosten *pl.*

travel requisition / Reiseantrag *m.*

travel, warehouse ~ / Lagerfahrten *pl.*

tray / Ablagekorb *m.*(Büro); Schale (Kleinpalette) *f.;* Tablett *n.;* Tablar *n.*

tray / Behälter *m.;* Kiste *f.*

treatment / Behandlung *f.*

tree structure / Baumstruktur *f.*

trend / Trend *m.*

trend model / Trendmodell *n.*

trend, accelerating ~ / Zunahmetrend *m.*; beschleunigte Tendenz *f.*

trend, downward ~ / Abwärtstrend *m.*; fallende Tendenz *f.*

trend, upward ~ / Aufwärtstrend *m.*; steigende Tendenz *f.*

trial; case / (Straf~) Prozess *m.*

trial (e.g. 1. go to trial; 2. to be on trial for ...;. 3. to bring *s.o.* to trial) / Gericht *n.* (z.B. 1. vor Gericht gehen, anklagen; 2. angeklagt sein wegen ...; 3. *jmdm.* den Prozess machen)

trial (for trial) / Probe *f.* (zur Probe)

trial order / Probeauftrag *m.*; Versuchsauftrag *m.*

trial run; test run / Probelauf *m.*

trip, day ~ / Tagestour *f.*

triple (e.g. the number of deliveries tripled) / verdreifachen *v.* (z.B. die Anzahl von Lieferungen hat sich verdreifacht)

troubleshooting / Fehlersuche *f.*

troubleshooting report / Fehlerbericht *m.*

truck (AmE); lorry (BrE) / LKW *m.*; Lastwagen *m.*; Transporter *m.*

truck AC / LKW-Klimaanlage *f.*

truck driver; trucker / LKW-Fahrer *m.*

truck driver, fork ~ / Staplerfahrer *m.*; Staplerführer *m.*

truck load (TL); car load; wagon load / Lastwagenladung *f.*; Ladungspartie *f.*; Wagenladung *f.*

truck pad / LKW-Rampe *f.*

truck, by ~ / per LKW (Lastkraftwagen)

truck, container ~ / Container-LKW *m.*

truck, electric platform ~ / Elektrowagen *m.*

truck, free on ~ / frei Waggon

truck, hand operated ~; hand cart / Handwagen *m.*; Leiterwagen *m.*

truck, hand pallet ~ / Handgabelhubwagen *m.*

truck, industrial ~ (e.g. forc lift truck) / Flurförderzeug *n.* (z.B. Gabelstapler)

truck, pallet ~ / Hubwagen *m.*; Gabelhubwagen *m.*

truck, pallet lift ~ / Palettenhubwagen *m.*

truckage / Fuhrgeld *n.*; Rollgeld *n.*; Transportgeld *n.*; Wagengeld *n.*

trucker; truck driver / LKW-Fahrer *m.*

trucking industry / Speditionsgewerbe (LKW) *n.*

truckload, less than ~ (see LTL)

trust center / Trustcenter (Institution, die elektronische Schlüssel für die digitale Signatur vergibt) *n.*

trust, in ~ / treuhänderisch *adj.*

trust, mutual ~ / gegenseitiges Vertrauen *n.*; beiderseitiges Vertrauen

tub file / Ziehkartei *f.*

tube, go down the ~; go down the drain (coll.: e.g. the action, business or profit goes down the drain) / den Bach runtergehen (fam.: z.B. ein Vorhaben, Geschäft oder Geschäftsergebnis 'geht den Bach runter' oder 'in die Binsen'.)

turn; turnover / Umschlag *m.*

turn down (e.g. ~ a proposal) / ablehnen *v.* (z.B. einen Vorschlag ~)

turn into facts (e.g. turn a fiction into facts) / umsetzen *v.* (z.B. eine Vorstellung in die Realität ~)

turn, inventory ~ / Bestandsumschlag (z.B. der Ware)

turnaround (e.g. the ~ was Mr. Fischer's success, the business results changed from red ink to black) / Kehrtwendung *f.*; Umschwung (Umkehr) (z.B. Herrn Fischer gelang der ~, das Geschäftsergebnis änderte sich von rot nach schwarz)

turnaround time (manufacturing) / Umschlagzeit *f.*; Verweilzeit *f.* (Fertigung)

turning / Drehen *n.*

turning point / Scheitelpunkt *m.*

turnkey / schlüsselfertig *adj.*

turnkey system / schlüsselfertige Anlage *f.*; Gesamtanlage *f.*

turnover (e.g. ~ of goods); inventory turn / Bestandsumschlag *m.*; Bestandsumschlagshäufigkeit (z.B. ~ der Ware)

turnover / Umsatz
turnover factor; turnover rate / Umschlagsfaktor *m.*; Umschlagsziffer *f.*
turnover of inventory; turnover of stock / Lagerbestandsumschlag *m.*
turnover rate / Umschlagsfaktor *m.*; Umlaufgeschwindigkeit *f.*
turnover, inventory ~; stock turnover / Lagerumschlag *m.*; Bestandsumschlag *m.*
turret truck, warehouse ~ (picking device) / Lagerfahrzeug mit Kanzel (zur Regalentnahme)
TUT (German method: 'types (variants) and parts reduction') / Typen- und Teilereduzierung (TUT) *f.*
TV, commercial on ~ / Fernsehwerbung
twinaxial cable / Twinaxialkabel *n.*
two-bin system / Zwei-Behälter-System *n.*
tycoon (AmE, F) / Industriemagnat *m.*; Industriebonze *m.*
type / Marke; Typ; Art
type classification / Typklassifizierung *f.*
type of business / Geschäftsart *f.*
type of costs / Kostenart *f.*
type of event; transaction type; occurence / Vorgangsart *f.*
type of inventory; type of stock / Bestandstyp *m.*
type of material / Materialart *f.*
type of merchandise / Warengattung *f.*
type of order / Auftragsart *f.*
type variety; variants variety / Typenvielfalt *f.*
types of purchasing / Kauftypen *mpl.*
typical product / Typenvertreter *m.*
tyre wear / Reifenverschleiß *m.*

U

UMTS (Universal Mobile Telecommunication System) / UMTS

(Mobilfunkstandard für Multimedia-Anwendungen; Nachfolgesystem von GSM für Sprach-Anwendungen)
unable to pay / zahlungsunfähig
unbreakable; breakproof / bruchsicher *adj.*
uncharged deliveries and services; unbilled deliveries and services / unverrechnete Lieferungen und Leistungen
uncleared invoice / offene Rechnung *f.*
undeclared / nicht deklariert *adv.*
undeliverable / unzustellbar *adj.*
under-coverage / Unterdeckung
under-estimate / unterschätzen *v.*; unterbewerten *v.*
under-production / Unterproduktion *f.*
underbid; undercut; undersell; underquote / unterbieten *v.*
undercapacity / Unterkapazität *f.*
undercut / unterbieten
underdog / der Unterlegene *m.*; der Schwächere *m.*; der Verlierer *m.*
undergraduate / Undergraduate-Student (siehe 'Student')
underquote / unterbieten
undersell / unterbieten
underselling; dumping / Preisunterbietung *f.*
understanding / Übereinkunft *f.*
understanding, memorandum of ~ (MOU) / Zusammenarbeitserklärung *f.*
understocking / Unterbevorratung *f.*
undertaking; formal obligation (e.g. ~ in connection with operating business) / Verpflichtungserklärung *f.*; Haftungserklärung *f.* (z.B. ~ für das operative Geschäft)
undertime, work ~ / kurzarbeiten *v.*
unemployed / arbeitslos
unemployment / Arbeitslosigkeit *f.*
unemployment insurance / Arbeitslosenversicherung *f.*
unemployment rate / Arbeitslosenrate *f.*
unfilled order; backorder; open order (e.g. article A. is on backorder but will be

delivered to you soon) / unerledigter Kundenauftrag (Terminverzug); offener Kundenauftrag (z.B. Artikel A. ist gerade nicht lieferbar, wird aber bald an Sie geliefert)

unforeseen / unvorhergesehen *adj.*

uniform price / Einheitspreis *m.*

unify / vereinheitlichen *v.*

union / Gewerkschaft *f.*

unique selling proposition (USP) / Alleinstellungsmerkmal (Marketing) *n.*; besondere Verkaufsmöglichkeit *f.*

unit; entity (e.g. business ~) / Einheit (z.B. Geschäfts-~~)

unit costs / Stückkosten

unit of measurement / Maßeinheit *f.*

unit of work / Arbeitseinheit *f.*

unit price / Stückpreis *m.*; Preis je Einheit *m.*

unit production / Einzelfertigung

unit, function-oriented ~ / funktionsorientierte Einheit *f.*

unitized load / Einheitsladung *f.*

universal information flow (e.g. electronical ~); transparent information flow / durchgängiger Informationsfluss *m.* (z.B. elektronischer ~)

universal tool machine / Universalmaschine *f.*

universal transaction monitor (UTM) / Universeller Transaktions Monitor *m.*

university (the German term 'Hochschule' (comparable to an American 'university') does not correspond with the american term 'highschool' (comparable to the German term 'Gymnasium'). Graduating from the German 'Gymnasium' (Abitur diploma) entitles a student to study at any university in the European Union, i.e. the term has nothing to do with the American 'gymnasium' or 'gym' that is a building in which you do gymnastics or physical education); graduate school / Universität *f.*; Hochschule *f.* (der deutsche Begriff 'Hochschule'

(vergleichbar mit einer amerikanischen 'university') entspricht nicht dem amerikanischen Begriff 'highschool' (dieser entspricht in etwa dem deutschen Begriff 'Gymnasium'). Der Abschluss am Gymnasium (Abiturzeugnis) berechtigt einen Schüler zum Studium an einer beliebigen Universität der EU, d.h. der Begriff 'Gymnasium' hat nichts zu tun mit dem amerikanischen Begriff 'gymnasium' oder 'gym', das ein Gebäude ist, in welchem man turnt oder Turnunterricht hat)

UNIX flavor / UNIX-Derivat *n.*

unladen weight; tare weight (e.g. tare or unladen weight is the weight of a truck or trailer set without the weight of the load) / Tara *n.*; Leergewicht *n.* (z.B. Tara oder Leergewicht ist das Gewicht eines LKW oder Anhängers ohne das Gewicht der Ladung)

unless otherwise agreed upon / wenn nicht Gegenteiliges vereinbart

unload; drop (e.g. ~ a big load) / entladen *v.*; ausladen *v.* (z.B. einen großen Haufen ~)

unloading / Entladung *f.*

unloading charge / Entladegebühr *f.*

unloading costs / Ausladekosten *pl.*

unloading of a ship / Schiffsentladung *f.*

unloading period / Entladefrist *f.*

unpacked / unverpackt *adj.*; ohne Verpackung *f.*

unpaid (postal) / unfrei *adj.* (postalisch)

unplanned requirements / ungeplanter Bedarf *m.*

unpredictable / unvorhersehbar *adj.*

unskilled worker / ungelernte Arbeitskraft *f.*

up-to-the-minute (e.g. ~ information) / aktuell (allerneuest) *adj.* (z.B. ~e Informationen)

update / aktualisieren *v.*

update / Aktualisierung *f.*

update log / Änderungsprotokoll *n.*

update rule / Änderungsregel f.

update, date of ~; date of change / Änderungsdatum n.

updating / Aktualisierung f.; Fortschreibung f.

updating of requirements / Bedarfsfortschreibung f.

upfront (e.g. to pay for the delivery ~, in advance); in advance / voraus adv. (z.B. für die Lieferung im ~ bezahlen)

upheaval, industrial ~ / industrieller Umbruch m.

upload, PC ~ (e.g. ~ from mainframe computer to PC) / Datenübernahme (z.B. ~ vom Großcomputer auf PC)

upper-level management / oberes Management

upper part number / Sachnummer der Oberstufe f.; obere Sachnummer f.; Oberstufe f.

upstream / in Richtung zur Quelle; vom Anwender weg (z.B. versenden von Daten über Modem)

upstream channel (internet; data communication) (e.g. subscriber line from user towards provider) / Verbindungskanal, abgehend (Internet; Datenübertragung) (z.B. Teilnehmer-Anschlussleitung vom Anwender in Richtung Provider)

upstream industries / vorgelagerte Wirtschaftszweige

upstream operation / Arbeitsgang (am Anfang einer Fertigungslinie) m.; vorgelagerte Bearbeitung

uptime / Verfügbarkeitszeit f.

upward appraisal; upward performance appraisal (~ down to top, i.e. employees rate their bosses) / Vorgesetztenbeurteilung f.; Leistungsbeurteilung der vorgesetzten Führungskraft (~ von unten nach oben, d.h. Mitarbeiter geben Feedback und beurteilen ihre Vorgesetzten)

upwardly compatible / aufwärtskompatibel adj.

urgency, sense of ~ / Gespür für Dringlichkeit; Empfindung für Dringlichkeit; Sinn der Notwendigkeit

urgent / dringend adj.; eilt! adj.

urgent demand / vordringlicher Bedarf m.

urgent order / Eilauftrag

URL standard (Uniform Resource Locator) / URL-Standard (bezeichnet eindeutig die Adresse eines Dokuments im Internet)

US GAAP (Generally Accepted Accounting Practices; e.g. US GAAP is the standard for listing on the US stock exchanges) / US GAAP (allgemein anerkannte Bilanzierungs-Regeln; z.B. ist US GAAP der Standard für den Börsengang in den USA)

usable; useful; exploitable (invention, resources etc.) / verwertbar adj. (Erfindung, Ressourcen, etc.)

usage / Verbrauch m.

usage control / Verbrauchssteuerung

usage main time / Nutzungshauptzeit f.

usage per period / Periodenverbrauch m.

usage per year / Jahresverbrauch m.

usage rate / Nutzungsgrad m.

usage value / Verbrauchswert m.

usage weight factor / gewichteter Verbrauchsfaktor m.

usage, annual ~ / jährlicher Verbrauch m.

usage, multiple ~ / Mehrfachverwendung, -verwendbarkeit

usage, past ~ / Verbrauch der Vergangenheit m.

usage, projected ~ / erwarteter Verbrauch m.

usage, projected ~ per year / voraussichtlicher Jahresverbrauch m.

usage, site of ~; location; site / Einsatzort m.

USB standard (Universal Serial Bus) / USB-Standard (einfacher Anschluss von Peripheriegeräten an einen Computer durch serielle-, d.h. Reihenschaltung)

use; application / Gebrauch *m.;* Anwendung *f.*
use; utilize; apply / nutzen *v.;* benutzen *v.;* verwenden *v.;* anwenden *v.*
use (e.g. ~ of a forc lift truck) / Einsatz *m.* (z.B. ~ eines Gabelstaplers)
use, right of ~ / Nutzungsrecht *n.*
useful / nützlich *adj.;* zweckmäßig *adj.*
usefulness / Nützlichkeit *f.;* Zweckmäßigkeit *f.*
useless / nutzlos *adj.;* zwecklos *adj.;* unbrauchbar *adj.*
uselessness / Nutzlosigkeit *f.;* Zwecklosigkeit *f.*
user / Anwender *m.;* Nutzer *m.*
user costs / Gebrauchskosten
user-friendly / benutzerfreundlich *adj.*
user ID / Benutzeridentifikation *f.* (Benutzer-ID)
user interface / Benutzeroberfläche *f.*
user post office (communications) / Benutzerpostamt *n.* (Kommunikation)
user requirement / Anwenderanforderung *f.*
user rights / Benutzerrechte *npl.*
user support / Anwenderbetreuung *f.*
user survey / Anwenderbefragung *f.*
user, end ~ / Endkunde
USP (unique selling proposition) / Alleinstellungsmerkmal (Marketing) *n.;* besondere Verkaufsmöglichkeit *f.*
usual; normal / normal ('üblich') *adj.; adv.*
usually; normally / üblicherweise *adv.*
utility program / Dienstprogramm *n.*
utilization (e.g. ~ of rights, ~ of chances etc.) / Inanspruchnahme *f.;* Nutzung (z.B. ~ von Rechten, ~ von Möglichkeiten usw.)
utilization limit / Auslastungsgrenze *f.*
utilization, cube ~ (e.g. the ~ of the warehouse is pretty high) / Raumnutzung *f.;* Nutzung des Raumes; Nutzungsgrad des Raumes; Auslastung des Raumes (z.B. die ~ des Lagers ist ziemlich hoch)

utilization, maximum ~ / maximale Ausnutzung *f.*
utilize; use; apply / verwenden *v.;* benutzen *v.;* anwenden *v.;* nutzen *v.*
UTM (universal transaction monitor) / Universeller Transaktions Monitor

V

vacuum cleaner / Staubsauger *m.*
vain, in ~ / umsonst *adv.;* vergeblich *adv.*
valid (e.g. the contract is ~) / rechtswirksam *adj.* (z.B. der Vertrag ist ~)
valid until ... / gültig bis ...
validity / Gültigkeit *f.*
validity check / Plausibilitätsprüfung
validity date / Gültigkeitsdatum *n.*
validity period / Bindefrist *f.;* Gültigkeitsdauer *f.*
valuable article / Wertgegenstand *m.*
valuate; estimate / taxieren *v.;* bewerten *v.*
valuation / Bewertung *f.;* Wertbestimmung *f.*
valuation, customs ~ / Zollwertbestimmung *f.*
value / Wert *m.;* Sachwert *m.*
value-added (e.g. VAT, value-added tax) / Mehrwert *m.;* Wertzuwachs *m.;* Wertschöpfung *f.* (z.B. Mehrwert-Steuer)
value-added chain; value-adding chain / Wertzuwachskette *f.;* Wertschöpfungskette *f.*
value-added curve / Wertzuwachskurve *f.*
value-added network / Value Added Network (VAN) *n.*
value-added process; value-adding process / Wertschöpfungsprozess *m.*
value-added profile; value-adding profile / Wertschöpfungsprofil *n.*

value-added service (VAS)
value-added system; value adding system / Wertschöpfungssystem *f.*
value-added tax / Mehrwertsteuer (MwSt.) *f.*
value-added, economic ~ / Geschäftswert *m.*
value-adding (e.g. ~ activity) / wertschöpfend *adj.* (z.B. ~ Tätigkeit)
value-adding chain / Wertzuwachskette
value-adding partnership / Wertschöpfungspartnerschaft *f.*
value-adding process / Wertschöpfungsprozess
value-adding profile / Wertschöpfungsprofil
value-adding system / Wertschöpfungssystem
value adjustment; adjustment of value (accounting) / Wertberichtigung *f.*
value analysis / Wertanalyse *f.*
value date / Wertstellung *f.*
value enhancement; value-added; increase in value / Wertsteigerung *f.*
value for customs / Zollwert *m.*
value, acquistion ~ / Anschaffungswert
value, actual ~ / tatsächlicher Wert *m.*; Ist-Wert *m.*
value, add ~ (e.g. excellent companies seek to ~ to the products and services they market) / Mehrwert schaffen; Zusatznutzen erzeugen; Wert steigern (z.B. hervorragende Firmen versuchen, für die von ihnen vertriebenen Produkte und Leistungen Mehrwert zu schaffen)
value, added ~ / Zusatzwert *m.*; Zusatznutzen *m.*; zusätzlicher Nutzen
value, arbitrative ~ / Schiedswert *m.*
value, basic ~ / Basiswert *m.*
value, book ~ / Buchwert *m.*
value, commercial ~ / Handelswert *m.*
value, customs ~; value for customs / Zollwert *m.*
value, distribution by ~ / wertmäßige Verteilung *f.*
value, earning ~ / Ertragswert *m.*

value, highest ~; maximum value / höchster Wert *m.*
value, invoice ~ / Fakturawert *m.*; Rechnungswert *m.*
value, lowest ~; minimum value / niedrigster Wert *m.*
value, maximum ~ / höchster Wert
value, minimum ~ / niedrigster Wert
value, nominal ~; face value (at par; below par) / Nennwert *m.* (zum ~; unter ~)
value, optimum ~ / Optimalwert *m.*
value, order ~ / Auftragswert *m.*; Wert der Bestellung; Bestellwert *m.*
value, original ~; acquistion value / Anschaffungswert *m.*
value, piece ~ / Stückwert *m.*
value, present ~ / Gegenwartswert *m.*
value, shareholder ~ (e.g. determined by the value of the company, the kind of business activities and how they are communicated to the public, the quality of management practices, the standard of employees' qualification, ...) / Shareholder Value *m.* (z.B. definiert durch Unternehmenswert, Art und Offenlegung der Geschäftsaktivitäten, Qualität der Managementpraktiken, Qualifikation der Mitarbeiter, ...)
value, stock on order ~ / Bestellbestandswert *m.*
value, total ~ / Gesamtwert *m.*
valve / Ventil *n.*
van; transporter / Van *m.*; Lieferwagen *m.*
VAN (value-added network) / Value Added Network (VAN) *n.*
van, parcel ~ / Paketzustellwagen *m.*
vanity number (0800-dialing number) / Vanity-Nummer (Telefon- oder Faxnummer, die wegen der leichteren Merkbarkeit aus einer Buchstabenkombination besteht; besonders im Bereich der 0800 "Free-Call"-Nummern üblich)
variable / variabel *adj.*
variable costs / variable Kosten *pl.*

variable speed drive / Antrieb (drehzahlveränderbar) *m.*

variance (~ in material planning) / dispositive Abweichung *f.* (~ in der Materialplanung)

variance / Abweichung

variance analysis; target-actual comparison; estimated-actual comparison (e.g. ~ of production cost) / Abweichungsanalyse; SOLL-IST-Vergleich *m.* (z.B. ~ der Herstellkosten).

variance of planned and actual data / Plan-Ist-Abweichung (Rechnungswesen)

variance, demand ~ / Nachfrageschwankung *f.*

variance, logistics cost ~ (e.g. ~ of targeted or actual costs) / Logistikkosten-Abweichung *f.* (z.B. ~ von SOLL und IST-Kosten)

variance, planning ~ / Planungsabweichung *f.*

variant / Variante *f.*

variant bill of material / Variantenstückliste *f.*

variant part / Variantenteil *n.*

variants variety / Typenvielfalt

variation; fluctuation / Schwankung *f.*

variation / Modifizierung

variation, cyclical ~ / Konjunkturschwankung *f.*

variation, lot quantity ~ / Losmengenabweichung *f.*

variations, seasonal ~ / jahreszeitliche Schwankungen

variety (e.g. ~ of variants, parts) / Vielfalt *f.* (z.B. ~ von Varianten, Teilen)

variety, choice and ~ (e.g. ~ of products) / Auswahl und Vielfalt *f.* (z.B. ~ von Produkten)

variety, product ~ / Produktvielfalt *f.*

VAS (value-added service)

VAT (value-added tax) / Mehrwertsteuer (MwSt) *f.*

VDSL (see data communication system)

VDU (visual display unit) / Bildschirmgerät *n.*; Bildsichtgerät *n.*; Datensichtgerät *n.*

vehicle electronics / Kraftfahrzeugelektronik *f.*

vehicle fleet / Fuhrpark *m.*

vehicle, dimension of the ~ / Fahrzeugabmessung *f.*

vehicle, long size ~ / überlanges Fahrzeug *n.*

vendor; seller / Verkäufer *m.*

vendor; vending firm / Lieferant

vendor delivery frequency / Zulieferintervall *n.*

vendor lead time / Lieferzeit

vendor number / Lieferantennummer

vendor rating; supplier rating (BrE) / Lieferantenbeurteilung *f.*

venture / Wagnis *n.*

venture capital / Risikokapital *n.*; Wagniskapital *n.*

venture, joint ~ / Gemeinschaftsunternehmen *n.*

verdict / Urteil *n.*

verification / Bestätigung

verify / nachprüfen *v.*

version administration / Versionsverwaltung *f.*

version identification / Versionsbezeichnung *f.*

version release / Versionsfreigabe *f.*

vertical integration; vertical cooperation (opp. see 'horizontal integration') / vertikale Integration; vertikale Kooperation (Zusammenschluss von z.B. Dienstleistern und Verladern, die in 'nacheinander' angeordneten Stufen der Wertschöpfungskette tätig sind; Ggs. siehe 'horizontale Integration')

vertical order picker device / Vertikal-Kommissioniergerät *n.*

vertical organization / vertikale Organisation *f.*

vertical units / vertikale Bereiche *mpl.*

verticalization / Vertikalisierung *f.*

vessel / Schiff

vice president (executive, mostly responsible for a certain functional area of the business, e.g. logistics or production or ...: A relating term does not exist in German) / Vice President *m.* (Führungskraft, meistens verantwortlich für eine bestimmte Funktion in einem Unternehmen, z.B. für Logistik oder Produktion oder ...: eine entsprechende Bezeichnung gibt es im Deutschen nicht)

video conference / Videokonferenz *f.*

video system / Videosystem *n.*

videotext; teletext / Bildschirmtext (BTX) *m.*

violation / Verstoß *m.*

violation of professional ethics / Pflichtverletzung *f.*

virtual (as in reality, as real) (e.g. 'virtual' computer address: can be used like a 'real' address but must not necessarily exist in reality, i.e. physically) / virtuell *adj.*; tatsächlich *adj.*; praktisch *adj.*; eigentlich *adj.* (z.B. 'virtuelle' Adresse im Computer: kann wie eine 'echte Adresse' verwendet werden, muss aber in Wirklichkeit (physikalisch) nicht existieren)

virtual logistics (e.g. global application of just-in-time, i.e. the process of delivering parts and materials in small timely batches as needed; allows multinationals to produce at low cost anywhere in the world and still get goods to market at a competitive speed) / virtuelle Logistik (z.B. weltweite Anwendung von just-in-time, d.h. Teile und Material in kurzer Zeit bedarfsorientiert liefern; erlaubt 'Multis' überall auf der Welt zu geringen Kosten zu produzieren und trotzdem die Waren in wettbewerbsgerechter Zeit zu vermarkten)

virtual organization (e.g. ... by using teleworking) / virtuelle Organisation *f.* (z.B. ... unter Nutzung von Telearbeit)

virtual reality (VR) (e.g. VR simulation software gives the ability to look around just like in real life. VR panorama movies can be used to provide realistic 360 degree views of the inside of a warehouse that allow you to look up, down, turn around, zoom in to see the detail, or zoom out for a broader view.) / virtuelle Realität (wie in der Wirklichkeit) (z.B. VR-Simulations-Software ermöglicht es, etwas wie in der Wirklichkeit zu betrachten. VR Panoramafilme können benutzt werden, um das Innere eines Lagers in einem 360 Grad Rundumblick wirklichkeitsnah zu betrachten; es ist möglich hinauf- oder herabzublicken, sich herumzudrehen oder für einen detaillierteren Blick oder einen Gesamtüberblick her- oder wegzuzoomen.)

virtually (e.g. virtually anyone can call himself an entrepreneur) / virtuell *adv.* (i.S.v. im Grunde genommen ..., praktisch ..., fast ...) (z.B. praktisch jeder kann sich 'Unternehmer' nennen)

vision / Vision *f.*

visitor services / Besucherdienst *m.*

visual display unit / Bildschirmgerät *n.*; Bildsichtgerät *n.*; Datensichtgerät *n.*

visual inspection / Sichtprüfung *f.*

visual management (e.g. ~ to visualize results of improvements to all employees) / Visualisierungsmanagement *f.* (z.B. ~ um Verbesserungsergebnisse allen Mitarbeitern sichtbar zu machen)

visualization / Visualisierung *f.*

vital due date / Stichtag *m.*

vocational education / gewerbliche Bildung *f.*

vocational training; industrial training / gewerbliche Ausbildung *f.*; gewerbliche Berufsausbildung *f.*

voice communication / Sprachkommunikation *f.*

voice dialing / Voice-Dialing (Rufnummernwahl über Spracheingabe)
voice recognition system / Spracherkennungs-System *n.*
volatility (e.g. stock market: strong fluctuation of a share's market price) / Volatilität *f.*; Lebhaftigkeit *f.* (z.B. im Aktienmarkt: starke Kursschwankung einer Aktie)
volume; capacity; cubage; cubic content (e.g. cubic foot=cu.ft.) / Rauminhalt *m.* (z.B. Kubikmeter=cbm)
volume of cargo / Frachtaufkommen *n.*
volume variance / Mengenschwankung *f.*
volume, business ~ / Geschäftsvolumen *n.*
voluntary agreement / außergerichtlicher Vergleich *m.*
voucher; billing form / Rechnungsbeleg *m.*
voucher / Quittung
voucher, call-off delivery ~ / Lieferantenabrufbeleg *m.*
VP (see 'vice president')
VR (see 'virtual reality') / VR (virtuelle Realität)

W

wage contract; wage agreement / Tarifvertrag *m.*
wage earner / Lohnempfänger *m.*
wage hours / Lohnstunden
wage increase / Lohnsteigerung *f.*
wage rate / Lohngruppe *f.*; Lohnsatz *m.*
wage rate per hour / Lohnsatz pro Stunde
wage slip / Lohnbeleg *m.*; Lohnzettel *m.*
wage, basic ~ rate / Ecklohn
wage, piecerate ~ (pay) / mengenabhängiger Fertigungslohn *m.*
wages; pay / Lohn *m.*

wages and salaries / Lohn und Gehalt
wages at the production level / Lohnkosten der Fertigungsstufe
wages, direct ~; direct labor / direkter Lohn *m.*; Direktlohn *m.*
wages, indirect ~; indirect labor / indirekter Lohn *m.*
wages, piecework ~ / Akkordlohn *m.*
wagon; freight car / Waggon *m.*; Güterwagen *m.*
wagon load / Lastwagenladung
wagon, ex ~ / ab Waggon *m.*
wait / warten (Zeit) *v.*
waiting time; standby time / Wartezeit (allgemein) *f.*; Liegezeit *f.*; Verweildauer *f.*
waiting time, cost of ~ / Wartekosten *pl.*
waiver; renunciation; disclaimer / Verzicht *m.*; Verzichterklärung *f.*
waiver of liablity / Haftungsverzicht *m.*
waiver, fee ~; remission of fees / Gebührenverzicht *m.*; Gebührenerlass *m.*
walk, ~ the talk (coll. AmE; e.g. you better should ~ instead of just playing around with theories) / anpacken; in die Tat umsetzen *v.* (z.B. Sie sollten lieber ~ statt nur Theorien zu wälzen)
walls; barriers; functional silos; stove pipes (figuratively, coll. AmE; i.e. especially mental barriers in cross-functional co-operation) / Trennwände *fpl.*; Barrieren *fpl.* (im übertragenen Sinn; d.h. vor allem mentale Barrieren bei der Zusammenarbeit über Abteilungsgrenzen hinweg, also Schnittstellen oder Brüche zwischen Abteilungen, Funktionen, etc.)
WAN (wide area network)
WAP (Wireless Application Protocol; Standard zur kabellosen Übertragung von Web-Seiten auf die Bildschirme von mobilen Endgeräten wie Handys, Organizern und Palmgeräten. Die dabei eingesetzte Seitenbeschreibungssprache

ist WML, Wireless Markup Language) / Wireless Application Protokoll *n.*

warehouse; storehouse; store (building) / Lager (Gebäude) *n.*; Lagergebäude *n.*; Lagerhaus *n.*

warehouse ceiling / Lagergebäudedecke *f.*; Decke des Lagergebäudes

warehouse cubage; cubage (of a warehouse) (in cubic foot; 1 cu.ft. = approx. 0,0283 cbm) / Rauminhalt (eines Lagers) *m.*; Lagerraum *m.* Rauminhalt (eines Lagers) *m.* (in Kubikfuß; 1 cbm = ca. 35.31 cu.ft.)

warehouse damage / Lagerschaden *m.*; beschädigte Ware (im Lager)

warehouse entry / Lagereingang *m.*

warehouse equipment / Lagerausstattung *f.*; Lagergeräte *pl.*

warehouse exit / Lagerausgang *m.*

warehouse for automobile bodies / Karossenlager *n.*

warehouse location / Lagerstandort *m.*

warehouse management; store management / Lagerverwaltung *f.*; Lagermanagement *n.*

warehouse manager / Lagerverwalter *m.*

warehouse mezzanine / Zwischengeschoss im Lager

warehouse occupancy / Lagerbelegung *f.*; Belegung des Lagers; genutzte Lagerkapazität; genutzte Kapazität des Lagers

warehouse operations / Lager *n.*; Lagerbetrieb *m.*

warehouse order form set / Lagerbestellzettelsatz (LBS) *m.*

warehouse output; warehouse outgoings / Laderausgang *m.*

warehouse personnel / Lagerpersonal *n.*

warehouse productivity / Lagerproduktivität *f.*; Produktivität des Lagers

warehouse receipt / Lagerempfangsbescheinigung *f.*

warehouse rent; store rent; store hire / Lagermiete *f.*

warehouse requisition / Lagerabruf *m.*

warehouse shape / Lagerform

warehouse square footage; square footage (of a warehouse) / (in square foot; 1 sq.ft. = approx. 0,093 qm) Fläche (eines Lagers) *f.*; Lagerfläche *f.* (in Quadratfuß; 1 qm = ca. 10.76 sq.ft.)

warehouse storage capacity / Lagerkapazität *f.*; Kapazität des Lagers

warehouse travel / Lagerfahrten *pl.*

warehouse turret truck (picking device) / Lagerfahrzeug mit Kanzel (zur Regalentnahme)

warehouse worker / Lagerarbeiter *m.*

warehouse, automated ~ / automatisiertes Lager *n.*

warehouse, bulk ~ / Großlager *n.*

warehouse, closed ~ / geschlossenes Lager *n.*

warehouse, compact ~ / Kompaktlager *n.*

warehouse, high bay ~ / Hochregallager *n.*

warehouse, order picking ~ / Kommissionierlager *n.*

warehouse, regional ~; regional distribution facility; regional depot (building) / Regionallager *n.*; regionales Lager (Gebäude); regionales Warenlager *n*

warehouse, rolling ~ / Unterwegsbestand (auf Straße oder Schiene)

warehouse, size of ~ / Lagergröße *f.*

warehouse, small components ~ / Kleinteilelager *n.*

warehouse, type of ~ / Lagertyp *m.* (i.S.v. Gebäudetyp; Art der Lagereinrichtung)

warehousing / Lagerabwicklung *f.*; Lagerung *f.*

warehousing costs; inventory carrying costs; inventory holding costs / Lagerhaltungskosten *pl.*; Lagerkosten *pl.*

warning (preceding punishment) / Verwarnung *f.*; Warnung *f.*

warrantee / Garantienehmer *m.*

warranty; guarantee / Gewährleistung *f.*; Garantie *f.*

warranty clause / Garantieklausel *f.*

warranty costs / Gewährleistungskosten

waste / Verschwendung *f.*

waste disposal site / dump place / Abfallplatz *m.;* Mülldeponie *f.*

waste factor / Verschnittfaktor *m.*

waste of money / Geldverschwendung

waste processing ~ / Restmüllverarbeitung *f.*; Restmüllverwertung *f.*

wastestream logistics / Entsorgungslogistik *f.*

water-bound traffic / wassergebundener Verkehr *m.*

water proof / dicht *adj.;* wasserdicht *adj.;* wasserundurchlässig *adj.*

way street, one ~ / Einbahnstraße *f.*

way, through ~; expressway (AmE) ; motorway (BrE) / Autobahn *f.;* Schnellstraße *f.*

waybill / Frachtbrief

weak demand / schwache Nachfrage *f.;* geringer Bedarf *m.*

weak points; gaps / Schwachstellen *fpl.*

wear and tear / Abnutzung *f.*

wear-out / Verschleiß *m.*

wearing part / Verschleißteil *n.*

weather protection cab / Wetterschutzkabine *f.*

web server / Webserver (Server, der Dokumente im HTML-Format zum Abruf über das Internet bereithält)

weighing scale / Waage *f.*

weight / Gewicht *n.*

weight note; weight list / Gewichtsnota *f.*

weight rate / Gewichtsfracht *f.*

weight, tare ~; unladen weight (e.g. tare or unladen weight is the weight of a truck or trailer set without the weight of the load) / Tara *n.;* Leergewicht *n.* (z.B. Tara oder Leergewicht ist das Gewicht eines LKW oder Anhängers ohne das Gewicht der Ladung)

weighting / Gewichtung *f.*

weighting bias / Gewichtungsfehler *m.*

weights & measurements / Kollispezifikation *f.*

welding, laser ~ Laserschweißen *n.*

welfare; social services / soziale Einrichtungen *fpl.*

well assorted stock / wohlsortiertes Lager *n.*

wheel loader / Radlader *m.*

wheelbase / Radstand *m.*

where-used bill of material (parts) / Teilenachweis *m.;* Teileverwendungsnachweis *m.;* Baukastenverwendungsnachweis *m.*

where-used bill of material (structures) / Strukturverwendungsnachweis *m.*

where-used, summary ~ list / Mengenübersichts-Verwendungsnachweis *m.*

white-collar worker / Büroangestellter *m.*

wholesale / Großhandel *m.*

wholesaler; wholesale dealer / Großhändler

wide area network (WAN)

width / Breite *f.*

willful damage / absichtliche Beschädigung *f.;* vorsätzliche Beschädigung *f.*

willingness for change / Bereitschaft zur Veränderung; Änderungsbereitschaft *f.*

WIN (value creation initiative to produce economic value-added; used to assess performance in all areas of business in terms of the contribution to a corporate's long-term value) / WIN (Wertsteigerungsinitiative; alle Geschäfte werden danach beurteilt, ob sie ihren Beitrag zur nachhaltigen Steigerung des Unternehmenswertes leisten)

win-win-alliance (e.g. ~ between customer and supplier) / Gemeinschaft zu beiderseitigem Nutzen (z.B. ~ zwischen Hersteller und Lieferant)

win-win-relationship (e.g. this is a real ~ with our supplier) / Win-Win-

Beziehung *f.*; Beziehung zu beiderseitigem Nutzen (z.B. das ist eine echte ~ mit unserem Lieferanten)

WIP (work in process); semi-finished goods; semi-processed items / Halbfabrikate *npl.*; unfertige Erzeugnisse *npl.*

wired; interlinked (e.g. ~ with the server) / verbunden (z.B. ~ mit dem Server)

wireless / drahtlos *adj.*

wireless application protocol (WAP; Standard zur kabellosen Übertragung von Web-Seiten auf die Bildschirme von mobilen Endgeräten wie Handys, Organizern und Palmgeräten. Die dabei eingesetzte Seitenbeschreibungssprache ist WML, Wireless Markup Language) / Wireless Application Protokoll *n.*

wireless communication / drahtlose Übertragung *f.*

wireless data communication system / drahtloses Datenübertragungssystem *n.*

with reservations / unter Vorbehalt *m.*

withdraw (e.g. ~ inventory from stock) / abziehen *v.* (z.B. Bestand vom Lager ~)

withdraw a bid / Angebot zurückziehen

withdraw money / Geld abheben *v.*

withdrawal / Entnahme *f.*; Lagerentnahme *f.*

withdrawal by hand / Handentnahme *f.*

withdrawal, unplanned ~ / ungeplanter Bezug *m.*

withdrawals, actual ~ / tatsächliche Materialentnahmen *fpl.*

withdrawals, planned ~ **of material** / geplante Materialentnahmen *fpl.*

withdrawl, material ~; material requisition / Materialabruf *m.*

withhold / einbehalten *v.;* zurückhalten *v.*

withholding tax / Quellensteuer *f.*

withholding tax, deduction of ~ / Quellensteuerabzug *m.*

without delay; straightaway; immediately / umgehend *adv.*; unverzüglich *adv.*

without notice / fristlos *adv.*

without prior notice / ohne Vorankündigung *f.*

without value / wertfrei *adj.*

WML (Wireless Markup Language; s. 'Wireless Application Protocol')

WOF (warehouse order form set) / Lagerbestellzettelsatz (LBS) *m.*

word module / Textbaustein *m.*

word processing / Textverarbeitung *f.*

work; labor; operation / Arbeit *f.*

work accompanying bill / Arbeitsbegleitschein *m.*

work across organizational interfaces / über Organisationsgrenzen hinweg zusammenarbeiten

work at home / Heimarbeit

work cell / Arbeitsinsel *f.* (z.B. ~ zur Komplettmontage eines Produktes in einer Montageeinheit)

work center; workplace; work station / Arbeitsplatz *m.*

work center description; workplace description / Arbeitsplatzbeschreibung *f.*

work center file / Maschinengruppendatei *f.*

work center group / Arbeitsplatzgruppe *f.*

work center identification / Arbeitsplatzkennung *f.*

work condition allowance / Zulage wegen Arbeitserschwernis

work content / Arbeitsinhalt *m.*

work control / Arbeitskontrolle *f.*

work cross-functionally / über Organisationsgrenzen hinweg zusammenarbeiten

work day / Arbeitstag *m.*

work distribution / Arbeitsverteilung *f.*

work group; workgroup / Arbeitsgruppe

work habit / Arbeitsgewohnheit *f.*

work holder / Werkstückträger *m.*

work in process; semi-finished goods; semi-processed items / Halbfabrikate *npl.*; unfertige Erzeugnisse *npl.*

work in progress / Umlaufbestand *m.*

work instruction; work specification; processing instruction / Bearbeitungsvorschrift *f.*; Arbeitsanweisung *f.*

work mate / Arbeitskollege *m.*

work measurement / Zeitstudie

work on hand; available work / Arbeitsvorrat *m.*

work order / Arbeitsauftrag *m.*

work papers / Arbeitspapiere

work placement / Praktikum

work placement student / Praktikant

work planning; work scheduling / Arbeitsplanung *f.*

work release / vorgegebener Auftrag *m.*

work scheduler / Arbeitsplaner *m.*

work scheduling / Arbeitsplanung

work sheet / Arbeitsblatt *n.;* Arbeitsunterlage *f.*

work specification / Bearbeitungsvorschrift

work station / Arbeitsplatz

work status / Arbeitsfortschritt *m.*

work step buffer time / Arbeitsgangpufferzeit *f.*

work study / Arbeitsstudium *n.*

work technique / Arbeitstechnik (Methode) *f.*; Arbeitsverfahren *n.*; Arbeitsmethode *f.*

work-to-rule / Dienst nach Vorschrift

work undertime / kurzarbeiten *v.*

work, alternate ~ center; standby work center / Ausweicharbeitsplatz *m.*; Ersatzarbeitsplatz *m.*

work, autonomous ~ group; self-directed work team / autonome Arbeitsgruppe *f.*

work, available ~ / Arbeitsvorrat

work, expiration of ~ permit / Ablauf der Arbeitserlaubnis

work, fluctuating ~ (e.g. the use of temporary help is an excellent way to flex the workforce and adjust to fluctuating work volumes) / schwankendes Arbeitsvolumen (z.B. der Einsatz von Aushilfskräften bzw. Zeitarbeitern stellt eine hervorragende Möglichkeit dar, den Personaleinsatz flexibel zu gestalten und an schwankendes Arbeitsvolumen anzupassen)

work, self-directed ~ team / autonome Arbeitsgruppe

work, shift ~ / Schichtarbeit *f.*

work, short-time ~ (opp. overtime) / Kurzarbeit *f.* (Ggs. Überstunden)

work, single ~ center / Einzelarbeitsplatz *m.*

work, standby ~ center / Ausweicharbeitsplatz

work, suggested ~ order; order proposal / Auftragsvorschlag (Fertigung) *m.*

work, temporary ~ / vorübergehendes Beschäftigungsverhältnis *n.*; befristetes Beschäftigungsverhältnis *n.*

work, unit of ~ / Arbeitseinheit *f.*

workday calendar / Werkstagekalender *m.*

worker / Arbeiter *m.*

worker, blue-collar ~; blue-collar employee / gewerblicher Arbeitnehmer *m.*

worker, dock ~; docker / Hafenarbeiter *m.*

worker, factory ~ / Fabrikarbeiter *m.*

worker, semi-skilled ~ / Anlernkraft *f.*; angelernter Mitarbeiter *m.*

worker, skilled ~ / Facharbeiter *m.*; gelernte Arbeitskraft *f.*

worker, unskilled ~ / ungelernte Arbeitskraft *f.*

worker, warehouse ~ / Lagerarbeiter *m.*

worker, white-collar ~ / Büroangestellter *m.*

workflow / Workflow *m.*

workforce / Personal (Mitarbeiter)

workforce productivity / Arbeitsproduktivität

workforce reduction / Mitarbeiterabbau *m.*; Personalabbau *m.*

workforce structure / Beschäftigungsstruktur f.

workforce, committed ~ / engagiertes Personal n.; engagierte Mitarbeiter mpl.

workforce, to flex the ~ (e.g. the use of temporary help is an excellent way to flex the workforce and adjust to fluctuating work volumes) / Personaleinsatz flexibel gestalten (z.B. der Einsatz von Aushilfskräften bzw. Zeitarbeitern stellt eine hervorragende Möglichkeit dar, den Personaleinsatz flexibel zu gestalten und an schwankendes Arbeitsvolumen anzupassen)

workgroup / Arbeitsgruppe f.

working capital / Betriebsvermögen n.; Betriebskapital n.; Anlage- und Umlaufvermögen n.

working conditions / Arbeitsbedingungen fpl.

working costs / Betriebskosten

working hight (e.g. articles are presented to the workers at a convenient ~) / Arbeitshöhe f. (z.B. Artikel werden in der richtigen ~ übergeben)

working hours / Dienstzeit f.; Arbeitszeit f.

working practice / Arbeitspraxis f.

working, collaborative ~ / Zusammenarbeit f.

working, flexible ~ time; flexible working hours / flexible Arbeitszeit f.

working, flexible ~ time models / flexible Arbeitszeitmodelle npl.

workplace / Arbeitsplatz

workplace description / Arbeitsplatzbeschreibung

workplace layout / Arbeitsplatzanordnung f.

workplace structure / Arbeitsplatzstruktur f.

works / Fabrik

works calendar / Fabrikkalender

works council / Betriebsrat (BR) m.

works holidays / Betriebsruhe f.; Betriebsferien pl.

works library / Werksbibliothek

works management / Betriebsleitung (BL) f.; Betriebsführung f.

works manager / Betriebsleiter

works siding / Gleisanschluss (in der Fabrik) m.

works transport / Werksverkehr m.

works, central ~ council / Gesamtbetriebsrat m.

works, head of ~ council / Betriebsratsvorsitzender m.

workshop; shopfloor; job shop (e.g. in the shop; in the job shop; in the workshop; on the floor; on the shopfloor) / Werkstatt f.; Werkstattbereich m. (z.B. in der Werkstatt)

workshop (e.g. 1. the consultant facilitates a workshop with the senior management; 2. the trainer organizes a business game that includes a one day workshop) / Workshop m. (z.B. 1. der Berater moderiert einen Workshop mit dem Leitungskreis; 2. der Trainer veranstaltet ein Planspiel mit integriertem eintägigen Workshop)

workshop output / Werkstattleistung f.

workshop, awareness ~ / Workshop zur Bewusstmachung

workshop, integration ~ (e.g. ~ with cross-functional mix of participants) / Integrationsworkshop m. (z.B. ~ mit interdisziplinärer Zusammensetzung der Teilnehmer)

workstation / Arbeitsplatzcomputer m.; Arbeitsplatz-PC m.

world class (a term used to denote a standard of excellence in a particular area, e.g. logistics, that is among the 'best in the world'. The idea is to try to develop similar approaches to meet or exceed this norm of excellence) / world class adj. (ein Begriff zur Bezeichnung einer hervorragenden Leistung auf einem bestimmten Gebiet, z.B. der Logistik, die zu den 'Weltbesten' zählt. Der Sinn dahinter ist es, ähnliche Lösungen zu entwickeln, um diesen Standard zu erreichen oder zu übertreffen)

world class manufacturing / Spitzenleistung in der Fertigung; Weltspitzenfertigung *f.*

world class performance (e.g. create and sustain ~) / Spitzenstellung *f.* (z.B. ~ schaffen und aufrechterhalten)

world market level / Weltmarktniveau *n.*

World Wide Web (The WWW is a network of computers providing information and resources on the Internet.) / World Wide Web (WWW) *n.*; weltweites Netz

worldwide / weltweit *adj.;* global *adj.* (z.B. weltweit tätig werden)

worn; worn out / abgenutzt *adj.*

wrap / einwickeln *v.;* verpacken *v.*

wrap up / zusammenfassen

wrapping, shrink ~ / Verpackung mit Schrumpffolie

write off / abschreiben (i.S.v. finanzielle Forderung)

wrong delivery / Fehllieferung *f.*

WTO (World Trade Organization) / WTO (Welt-Handels-Organization)

WWW (The WWW is a network of computers providing information and resources on the Internet.) / World-Wide Web (WWW) *n.*; weltweites Netz

X

X.400 (CCITT e-mail protocol) / X.400 *n.* (CCITT E-mail Protokoll)

X.500 (CCITT directory services protocol) / X.500 *n.*

X-ray analysis / Röntgenanalytik *f.*

XML (Extensible Markup Language) / XML ('X' in Verbindung mit 'ML') ist ein Akronym für Internet-Technologien, wie z.B. 'WML'; 'XML' steht für die Erweiterung des Internet-Standards HTML zur Strukturierung von Web-Dokumenten nach inhaltlichen Kriterien. Dadurch entsteht eine Sprache, die es Unternehmen im Rahmen des elektronischen Handels ermöglicht, Dokumente mit ihren Online-Partnern auszutauschen und darüber hinaus Systeme und Prozesse unabhängig von der Anwenderstruktur zu integrieren)

Y

y2k problem / Jahr 2000 Problem *n.*

yardstick (e.g. our new supply chain system represents a ~ for our competition) / Messlatte (z.B. unser neues Logistiksystem ist eine ~ für unsere Wettbewerber)

year-end results; year-end financial statement / Jahresabschluss *m.*

year-to-date (e.g. achieved until today); current state / aktueller Stand *m.*; Jahresauflauf (zum Heutezeitpunkt) *m.* (z.B. im Geschäftsjahr bis heute erreicht)

year, preceding ~; last year / vorhergehendes Jahr *n.*; letztes Jahr *n.*

yearly; annual / jährlich *adj.*

yearly clearing / jährliche Abrechnung *f.*

yearly requirements / Jahresbedarf *m.*

yield (interest) / Rendite (Verzinsung) *f.*; Nominalverzinsung *f.*; Effektivverzinsung *f.*

yield / Ergebnis erzielen; Ergebnis erreichen; Ergebnis abwerfen; Ergebnis liefern

yield / Gutmenge *f.*; Ausbringung *f.*

yield factor / Zuschlagsfaktor *m.*
yield limit / Ertragsgrenze
yield-to-target / erreichte Gutmenge (in Relation zur Vorgabemenge)
yield, after tax ~ / Rendite (nach Steuern) *f.*
yield, before tax ~ / Gewinn vor Steuern
ytd (year-to-date) (e.g. achieved until today); current state / aktueller Stand *m.*; Jahresauflauf (zum Heutezeitpunkt) *m.* (z.B. im Geschäftsjahr bis heute erreicht)

Z

ZBB (Zero-Based-Budgeting)
Zentralvorstand *m.* / corporate executive committee
zero defect production / Null-Fehler-Fertigung *f.*
zero offset / Nullpunktverschiebung *f.*
ZIP code; postcode (BrE) / Postleitzahl *f.*
zone, commercial ~ / Gewerbezone *f.*
zone, refrigerated ~; refrigerated space / Kühlzone *f.*
zoning plan / Bebauungsplan *m.*